Bau großer Elektrizitätswerke

Von

G. Klingenberg
Geheimer Baurat, Prof. Dr.-Ing. h. c., Dr. phil.

Zweite, vermehrte und verbesserte Auflage
Berichtigter Neudruck

Mit 770 Textabbildungen
und 13 Tafeln

Springer-Verlag
Berlin Heidelberg GmbH 1926

ISBN 978-3-642-89951-5   ISBN 978-3-642-91808-7 (eBook)
DOI 10.1007/978-3-642-91808-7

Vorwort zur zweiten Auflage.

Die gute Aufnahme, die mein Buch „Bau großer Elektrizitätswerke" in der technischen Welt gefunden hat, ermutigte mich, im vorigen Jahre mit einer Neubearbeitung zu beginnen. Der erste Band erschien im Jahre 1913, der zweite Band 1914, der hauptsächlich Anlagen für die Verteilung elektrischer Arbeit und die Elektrizitätsversorgung der Großstädte behandelt. 1920 folgte dann der dritte Band über das Großkraftwerk Golpa. Übersetzungen sind inzwischen in englischer und französischer Sprache herausgekommen, die deutsche Auflage wurde zweimal neu gedruckt.

Die allmähliche Entstehung der ersten drei Bände bedingte eine Gliederung des Stoffes nach der Zeitfolge der Veröffentlichungen meiner zugehörigen Arbeiten.

In der neuen Auflage wurde dieser Nachteil vermieden, die Einteilung erfolgte nach sachlichen Gesichtspunkten. Daraus hat sich, abgesehen von den durch die Fortschritte der Technik bedingten Ergänzungen der einzelnen Abschnitte, eine völlige Umgruppierung ergeben. Es konnten ferner die drei Bände in einem Bande zusammengefaßt werden.

Wie in der alten Auflage sind auch in dieser verschiedene inzwischen erschienene Vorträge und Veröffentlichungen verwertet worden, u. a.: Elektrische Großwirtschaft unter staatlicher Mitwirkung (ETZ 1916), Die Wirtschaftlichkeit von Nebenproduktenanlagen für Kraftwerke (Z. d. V. D. I. 1918), Über den Kraftbedarf von Kondensationsanlagen (ETZ 1915), Neuere Gesichtspunkte für den Bau von Großkraftwerken (Vortrag im Wiener Elektrotechnischen Verein 1920, ETZ 1920), Energiewirtschaft und Wasserkraft (Vortrag im Reichswirtschaftsrat am 24. XI. 1921, als Manuskript gedruckt).

Neu bearbeitet wurden das Kapitel II über Energiewirtschaft, ferner in Kapitel V der Abschnitt 5 betreffend Verbesserung des Leistungsfaktors, und der Abschnitt 7 über die wirtschaftliche Spannweite. Hierfür wurden sämtliche Kurven neu berechnet und die am häufigsten angewandten Querschnitte mit den zur Zeit zulässigen Beanspruchungen besonders berücksichtigt. Hinzugefügt sind noch die Kurven für 60 000 V Leitungen, die in der ersten Auflage fehlten.

Auch die Abschnitte 8 bis 11 in Kapitel V, die Energieübertragung mit Kabeln, Schutzsysteme, das Projekt einer Kraftübertragung und Verteilungsstationen betreffend, wurden neu eingefügt, bzw. wesentlich ergänzt und erweitert.

In Kapitel VI sind die neueren Erfahrungen für den Entwurf des Kohlen- und Aschentransportes, für den dampftechnischen Teil der Elektrizitätswerke und für die Schaltanlagen behandelt. Aus der amerikanischen Praxis wurden eine Anzahl moderner Anlagen aufgenommen.

Die Beschreibungen der ausgeführten Anlagen: Märkisches Elektrizitätswerk, Victoria Falls and Transvaal Power Co. und Golpa sind in etwas gekürzter Form wiedergegeben.

Wie bei der ersten Auflage durfte ich mich auch bei dieser der freundlichen Mitarbeit verschiedener Herren erfreuen, denen ich nochmals an dieser Stelle meinen besten Dank hierfür aussprechen möchte.

Herr Direktor Wilkens hat mir zunächst bei der Ordnung des Stoffes und der Umgruppierung des vorhandenen Materials geholfen, eine Arbeit, die später von Herrn Feldmann, der bereits meine früheren Arbeiten ins Englische übertragen hatte, weiter durchgeführt und in dankenswerter Weise zum Abschluß gebracht wurde.

Herr Dr. Münzinger hat mich im besonderen bei dem Kapitel III über Energiewirtschaft und in Kapitel VI, Abschnitt 7 über Kesselhäuser unterstützt, die Ausführungen über Dampfdruck und Temperaturen bei Abschnitt 8 richten sich zum Teil nach seinen eigenen Veröffentlichungen.

Ebenso danke ich Herrn Dr. Probst für die Mitarbeit an Schaltanlagen, Herrn Heinemann an Regulierstationen, Herrn Gröbler an den Berechnungen über wirtschaftliche Spannweite.

Die Ausführungen über die Bestimmung des Betriebszeitfaktors und die Methode von „geordneten" Belastungskurven folgen im wesentlichen früheren Veröffentlichungen von Herrn Tröger, der auch die Unterlagen zu dem Projekt der Kraftübertragung (Kapitel V) bearbeitet hat.

Außer den bereits in der ersten Auflage enthaltenen Abbildungen konnte ich Zeichnungen größerer Schaltanlagen der Firma Siemens-Schuckertwerke, Bergmann Elektricitätswerke A.-G., Brown, Boveri & Co. A.-G. aufnehmen und von Kesselkonstruktionen der Firma Babcock & Wilcox, denen ich gleichfalls meinen besten Dank hierfür an dieser Stelle abstatten möchte.

Neu hinzugefügt wurde ein umfangreiches alphabetisches Sachregister, hauptsächlich zu dem Zwecke, dem projektierenden Ingenieur die Auffindung desjenigen Materials zu erleichtern, das er für den Entwurf der einzelnen Teile der Anlage benötigt.

Berlin, im Juni 1924.

G. Klingenberg.

Inhaltsverzeichnis.

VI. Richtlinien für den Bau großer Elektrizitätswerke.

IX. Drittes Ausführungsbeispiel: Das Kraftwerk Golpa.

Einleitung.

Elektrizität ist eine derjenigen Energieformen, die ebenso wie Gas und Druckwasser nur in zentraler Erzeugung zur wirtschaftlichen Auswertung gebracht werden kann. Diese Tatsache hat die bisherige Elektrizitätswirtschaft beherrscht. Es fragt sich nun, bis zu welcher Grenze die Zentralisierung getrieben werden soll, bzw. wie groß der Einflußbereich des einzelnen Kraftwerkes zweckmäßigerweise zu wählen ist. Für die Antwort sind wirtschaftliche Erwägungen maßgebend.

Der Anfang zentraler elektrischer Versorgung bestand in der Errichtung sogenannter Blockanlagen, die ihren Wirkungsbereich auf einen Häuserblock und meistens unter widerruflicher Genehmigung der Straßenkreuzung noch auf die nächste Nachbarschaft erstreckten. In einzelnen Städten entstanden so eine Reihe von Blockwerken und man war eine Zeitlang der Ansicht, daß diese sehr wohl die Konkurrenz größerer Anlagen aushalten könnten, die zur einheitlichen Versorgung der ganzen Stadt dienten. Bald zeigte sich aber der Irrtum dieser Anschauung. Den Blockwerken kam zwar der Vorteil geringerer Fortleitungskosten des Stromes infolge der kurzen zu überbrückenden Entfernungen zugute. Dieser Vorteil wurde jedoch mehr als aufgewogen durch den Nachteil unwirtschaftlicherer Erzeugung mit kleinen, schlecht belasteten Maschinensätzen. Und so war es nur eine naturgemäße Entwicklung, daß die Blockwerke in kurzer Zeit durch die größeren städtischen Werke erdrückt wurden.

In dieser Tatsache spiegelt sich schon der Kern der ganzen Frage wider. Auch die städtischen Werke, deren Wirkungsbereich wegen des für sie gewählten Stromsystems meistens schon an den Stadtmauern seine Grenze fand, haben sich in der ursprünglichen Form nur selten halten können. Sie haben die Verbindung mit den Werken der nächsten Entwicklungsstufe, den sogenannten Überlandzentralen, suchen müssen, die, auf breitere Grundlage gestellt, die Versorgung ganzer Kreise, ja ganzer Provinzen und vor allen Dingen auch die der dort befindlichen Industrie, der elektrischen Bahnen und der Landwirtschaft, übernahmen und dazu durch das gewählte Stromsystem (Drehstrom mit Hochspannungsübertragung) auch ohne weiteres in der Lage waren.

Parallel zu dieser Entwicklung geht die der Elektrizitätserzeugung für die Industrie, allerdings mit dem Unterschiede, daß diese sich in wesentlich kürzerer Zeit und in viel größerem Ausmaße vollzogen hat. Während im Jahre 1920 die Leistung der öffentlichen Elektrizitätswerke auf etwa 2,8 Millionen kW mit einer Jahreserzeugung von 6,2 Milliarden kWh geschätzt wird, kann man annehmen, daß in den industriellen Werken Deutschlands etwa die 5fache Jahresleistung vorhanden war.

Die Entwicklung der industriellen Versorgung hat sich zunächst unabhängig von der der öffentlichen Elektrizitätswerke vollzogen. Erst in den letzten Jahren ist es gelungen, mehr und mehr industrielle Werke von Bedeutung zum Strombezug aus den öffentlichen Werken zu bewegen.

Um ein richtiges Bild zu gewinnen, ist es erforderlich, diejenigen Faktoren klarzustellen, die für und gegen die Ausdehnung des Zentralisierungsgedankens sprechen.

Die Erweiterung des Zentralisierungsgedankens führt zu Großkraftwerken mit ausgedehntem Einflußbereich. Die Vorteile der Erzeugung im Großen liegen auf der Hand. Großkraftwerke lassen sich je kW beträchtlich billiger errichten als Kleinkraftwerke; das Anlagekapital beträgt oft nur einen Bruchteil des für die gleiche Leistung in Kleinkraftwerken erforderlichen. Die ausgebaute Leistung des Großkraftwerkes wird zudem für dieselbe Energielieferung in kWh an ein gegebenes Versorgungsgebiet wesentlich niedriger als die ausgebaute Leistung der Kleinkraftwerke. Diese Tatsache hat zwei Ursachen. Das Kleinkraftwerk muß einmal für die örtliche Spitze eingerichtet sein und zweitens darüber hinaus noch die nötige Reserve besitzen. Im Großkraftwerk mischt sich der verschiedenartigste Verbrauch, dessen Spitzen nicht gleichzeitig auftreten und dessen Belastung vor allen Dingen durch die größere Wahrscheinlichkeit auch durchlaufende industrielle Betriebe und Nachtbetriebe anzuschließen, erheblich günstiger wird. Sollen beispielsweise drei Kleinbetriebe von je 1000 kW, wovon eines der städtischen Beleuchtung und Kleinkraft, das andere einem Bahnbetrieb und das dritte einer landwirtschaftlichen Versorgung dienen möge, an ein Großkraftwerk angeschlossen werden, so ist die hierfür bereitzustellende Leistung nicht etwa 3000 kW, sondern in der Regel weniger. Auch die für das Großkraftwerk erforderliche Reserveleistung ist kleiner, als die Summe dieser in den drei Kleinkraftwerken.

Die Überlegenheit der Großkraftwerke wird noch dadurch vergrößert, daß die im Versorgungsgebiete des Großkraftwerks liegenden Kleinkraftwerke einen Vorteil darin finden können die Spitzenleistung zu übernehmen. Je größer nämlich der Preisunterschied zwischen dem Brennmaterial des Großkraftwerkes und dem des kleineren Werkes ist, bzw. je billiger das Großkraftwerk erzeugt, um so wirtschaftlicher läßt sich im Kleinkraftwerk der Betrieb gestalten, wenn die Grundbelastung vom Großkraftwerk gedeckt wird und das kleine Werk nur die verbleibende Spitze und die Scheinleistung übernimmt. Besonders für Niederdruckwasserkräfte ergeben sich aus solcher Betriebsweise wirtschaftliche Vorteile, da die Wasserkraft auch des Nachts ungeschmälert zur Verfügung steht und andernfalls unbenutzt zu Tal fließt.

Ein weiterer Vorteil, der größer als der sich aus der Minderung des Anlagekapitals ergebende geringere Zinsen- und Abschreibungsdienst ist, liegt aber in der wirtschaftlicheren Betriebsführung. Wenn schon an sich größere Maschinen und Kessel billiger betrieben werden können als kleinere, so ergibt sich geringerer Wärmeverbrauch vorwiegend wiederum aus der vorerwähnten Tatsache, daß es eben möglich ist, in Großkraftwerken eine gleichmäßigere Belastung herbeizuführen und dadurch das Verhältnis der sogenannten konstanten Verluste zu dem nützlichen Wärmeverbrauch zu verbessern. Rechnet man hinzu, daß außerdem auf die erzeugte Kilowattstunde weniger Personalunkosten und geringere Beträge für die sogenannten Nebenausgaben entfallen und daß dieser Vorteil noch durch die nur in Großkraftwerken durchführbare weitestgehende Mechanisierung der Betriebe verstärkt wird, daß ferner die Großkraftwerke nicht so stark an den Ort des Verbrauches gebunden sind und an Orten errichtet werden können, wo günstigste Baubedingungen und Brennstoff- und Wasserverhältnisse herrschen, und daß sie sich schließlich für die Verarbeitung auch minderwertiger Brennstoffe (und von Abfallwärme), die keinen Transport vertragen, einrichten lassen, so dürfte die wirtschaftlich beträchtliche Überlegenheit der Elektrizitätserzeugung im Großen hiermit klargelegt sein.

Diesen Vorteilen stehen als sehr wesentlicher Nachteil die hohen Fortleitungskosten der Großkraftwerke gegenüber, die um so stärker durchschlagen, je größer ihr Einflußbereich ist. Je größer die Entfernung, desto höher muß bei großen Energiemengen aus wirtschaftlichen Rücksichten die Übertragungsspannung gewählt werden. Die höchste Übertragungsspannung in Deutschland beträgt zurzeit etwa 100 000 Volt, ohne daß damit die obere Grenze schon erreicht ist. Technisch bestehen keine Bedenken, die Übertragungsspannung auf den doppelten Wert heraufzusetzen.

Wenn es nun auch möglich ist, mit höherer Spannung große Energiemengen auf weite Entfernungen wirtschaftlich zu übertragen, so wachsen doch die Anlagekosten ganz beträchtlich, die überdies noch durch die sehr kostspieligen Einrichtungen zum Herauf- und Herabtransformieren des Stromes vermehrt werden. Die Übertragungskosten des Stromes bestehen nun einerseits in der auf Verzinsung, Abschreibung, Instandhaltung und Bedienung der Übertragungseinrichtung entfallenden Ausgaben, anderseits in den Kosten der Stromverluste, die die Übertragungseinrichtung verursacht. Beide erreichen in heutiger Zeit infolge der beträchtlich gestiegenen Anlagekosten, Kohlenkosten und Löhne sehr hohe Werte, und es ist deshalb nicht ohne weiteres möglich, allgemein zu sagen, wo die wirtschaftlichen Grenzen für die Kraftübertragung auf große Entfernungen liegen. Es bedarf hierfür vielmehr einer sorgfältigen Wirtschaftlichkeitsrechnung von Fall zu Fall.

Vor dem Kriege lagen die Verhältnisse für die Durchführung der elektrischen Großwirtschaft wesentlich günstiger als jetzt. Das Großkraftwerk stand gewissermaßen auf gleicher Grundlage in Wettbewerb nicht nur mit den kleineren, sondern auch mit den mittleren Kraftwerken. Als ich in den Jahren 1911—1914 für die Durchführung der elektrischen Großwirtschaft eintrat, ging mein Plan dahin, in Deutschland etwa 30 Großkraftwerke an geeigneten Stellen zu errichten, diese mit leistungsfähigen Hochspannungsleitungen untereinander zu verkuppeln, um die Vorteile der gemeinschaftlichen Reserve, des Belastungsausgleiches, der Verwendung minderwertiger Brennstoffe und der Ausnutzung der Wasserkräfte zu verbinden und neben einer beträchtlichen Kohlenersparnis (bzw. Ersparnis an hochwertigen Brennstoffen) größere Wirtschaftlichkeit zu erzielen. Da ein solcher Plan nur mit staatlicher Unterstützung durchführbar war, mußte ich naturgemäß auch für diese eintreten, trotzdem ich mir bewußt war, daß die staatliche Mitwirkung und vor allen Dingen die dadurch bedingte Zentralisierung des behördlichen Einflusses solchen Projekten in der Regel nicht zum Segen gereicht. Die damals sehr sorgfältig durchgeführten Rechnungen ergaben, daß bei einem Gesamtkapital, das für Preußen allein zu rund 1 Milliarde Goldmark berechnet wurde, eine ausreichende Rentabilität erzielbar war. Von besonderen gesetzgeberischen Maßnahmen, ausgenommen solchen für Wegerechte, glaubte ich absehen zu können, da meiner festen Überzeugung nach die wirtschaftliche Überlegenheit der Großkraftwerke allein ausgereicht hätte, um dem Projekt die nötige finanzielle Tragkraft zu geben. Es kam hinzu, daß die wirtschaftliche Eigenbrödelei der Wegeinteressenten zur Errichtung einer großen Zahl von Kleinkraftwerken geführt hatte, denen eine wirtschaftliche Berechtigung nicht zukam, so daß der Zustand allmählich unerträglich geworden war. Die Großkraftwerke konnten damals mit einem Preise von 200 $\mathcal{M}$ je ausgebautes Kilowatt errichtet werden, denen 300—500 $\mathcal{M}$ in mittleren und Kleinkraftwerken· gegenüberstanden.

Wenngleich dieses Projekt als letztes Endziel jeder Elektrizitätspolitik in Deutschland auch heute noch besteht, so muß doch ebenso klar ausgesprochen werden, daß es infolge der inzwischen eingetretenen außerordentlichen wirtschaftlichen Verschiebungen sich so jedenfalls nicht mehr verwirklichen läßt.

Ein schrittweises Vorgehen ist deshalb in Deutschland leider zur unerläßlichen Voraussetzung jeder Elektrizitätspolitik geworden und nur dort sind zurzeit sofortige Erfolge erzielbar, wo kleinere, unwirtschaftlich arbeitende Betriebe zusammengefaßt und an größere angegliedert werden können, oder wo infolge steigenden Verbrauches Erweiterungen nötig sind.

Diese Fragen, nämlich die Zusammenfassung und Verkuppelung kleinerer Betriebe mit größeren, die Verkuppelung benachbarter Betriebe an sich und die wirtschaftlichste Betriebsführung, Lastverteilung und Herstellung notwendiger Erweiterungen, müssen demgemäß für die nächste Zukunft das Hauptfundament jeder Elektrizitätspolitik bilden. Auch die staatliche Einflußnahme in irgend einer Form vermag an diesen Tatsachen nichts zu ändern, was hinsichtlich aller gesetzgeberischen Maßnahmen nicht unbeachtet bleiben darf.

Die Erkenntnis dieser fundamentalen und verhältnismäßig naheliegenden Wahrheit hat mich nach dem Kriege veranlaßt, zunächst unter Aufgabe des großen Projektes vorzuschlagen. die Pflege dieser Aufgaben elektrischen Bezirksverbänden zu überlassen, die aus der Kenntnis der örtlichen Erzeugungs- und Verbrauchsverhältnisse heraus in ihrem Wirtschaftsbezirke die Frage der Zusammenfassung, Verkuppelung und Erweiterung nach wirtschaftlichen Gesichtspunkten jeder für sich entscheiden sollten. Soweit diese Aufgaben in Betracht kommen, brauchte die Einflußnahme der Behörden nur gewissermaßen eine anstoßende und anregende zu sein. Finanzielle Mittel des Reiches sind hierfür nicht erforderlich, da der Ausbau der für diese Aufgaben benötigten elektrischen Einrichtungen die bessere Gesamtwirtschaftlichkeit des Bezirkes zur Voraussetzung hat und neu zu investierende Kapitalien somit auf sicherer Grundlage stehen.

Die bisher bestehende behördliche und gesetzgeberische Tendenz ist der in der Industrie herrschenden gerade entgegengesetzt und es ist nicht uninteressant mit ihr einen Vergleich zu ziehen. Gewiß vollziehen sich auch in der Industrie Zusammenschlüsse, sie lassen sich jedoch mit den behördlich erzwungenen nicht vergleichen. Im übrigen sucht die Industrie nach Kräften zu dezentralisieren, indem sie Unterorganisationen nicht nur schafft, sondern deren Leitern wiederum die denkbar größten Machtbefugnisse einräumt. Allerdings ist sie dabei stets bestrebt, den richtigen Mann auf den richtigen Platz zu stellen. Diesen stattet sie dann aber mit der denkbar größten Selbständigkeit und damit auch mit der größten Verantwortung aus. Das gibt den Anreiz zur größten Anspannung aller Kräfte, zur raschen Erreichung des gewollten Zweckes bei Verbrauch der geringsten Mittel an Geisteskraft und Geld.

Wenn nach vorstehenden Ausführungen der Eindruck erweckt werden könnte, als wenn alle Aufgaben unserer jetzigen Elektrizitätspolitik durch die vorgenannten, von den Bezirksorganisationen zu lösenden erschöpft seien, so würde ein solcher Schluß falsch sein. Es gibt eine Anzahl von großen Projekten, die über die finanzielle Leistungsfähigkeit der Bezirksverbände hinausgehen und trotzdem mit guter Aussicht auf wirtschaftlichen Erfolg in Angriff genommen werden müssen. Hierbei wird eine organisatorische Mitwirkung des Reiches und der Länder nicht entbehrt werden können.

Ihre Zahl ist allerdings beschränkt und wahrscheinlich kleiner, als nach der allzu stark einsetzenden Propaganda in der Fachpresse und in den Tageszeitungen angenommen werden darf. Es handelt sich einmal um solche Wärmekraftprojekte, für die außergewöhnlich billiger Brennstoff zur Verfügung steht, wenn gleichzeitig neuer Energiebedarf zu decken ist, und zweitens um die Wasserkraftprojekte.

Für erstere bieten sich an einigen Stellen in Deutschland gute Aussichten. Sie stützen sich fast sämtlich auf die mitteldeutschen und linksrheinischen Braunkohlenvorkommen und werden zum Teil durch das Reich (Elektrizitätswerk Golpa — Bitterfelder Braunkohle und Trattendorf — Spremberger Braunkohle), zum Teil durch die Länder (staatl. Elektrizitätsunternehmungen in Sachsen, Bayernring, Kraftwerk Borken bei Cassel) verfolgt, zum Teil durch private Initiative errichtet (Ausbau des Kraftwerkes Fortuna bei Köln, Erweiterung des Goldenbergwerkes, Knapsack bei Köln — linksrheinisches Braunkohlenvorkommen).

Weitere Braunkohlenprojekte befinden sich in Vorbereitung (Braunkohlenvorkommen bei Helmstedt). Auch dort, wo anderweitig schlecht verwertbare Steinkohle abfällt, sind unter der gleichen Voraussetzung solche Projekte als aussichtsreich anzusehen (Projekte des Elektrizitätsverbandes Westfalen).

Steht ausreichende Kohle zur Verfügung, so werden für die Großwirtschaft die rein wirtschaftlichen Überlegungen in den Vordergrund treten. Es bleiben dann nur noch solche Projekte übrig, bei denen die Verteuerung der Nachkriegspreise durch billigere Erzeugung und durch steigenden Bedarf ausgeglichen werden kann.

Eine ganz besondere Stellung nehmen in diesem Rahmen Wasserkraftprojekte ein und es ergeben sich bei ihnen, was zunächst die reinen Erzeugungskosten anbetrifft, auffallend niedrige Werte, die die Konkurrenz selbst mit billig arbeitenden Wärmekraftwerken durchaus bestehen.

Dieses Ergebnis wird durch folgende Überlegung verständlich.

Man kann annehmen, daß alle industriellen Anlagewerte ungefähr im Verhältnis des Kohlenpreises gestiegen sind. Die Tatsache ist erklärlich und natürlich, weil in allen Anlageteilen der Wert der Kohle als maßgebender Faktor enthalten ist. Er steckt nicht nur unmittelbar in den für die Herstellung der Anlage erforderlichen Baustoffen (Eisen, Zement, Ziegel usw.), sondern auch wiederum mittelbar in den zu ihrer Herstellung erforderlichen Maschinen und Einrichtungen. Das Verhältnis wird zwar durch den Wert der Arbeitslöhne gemildert, die nicht in gleichem Maße gewachsen sind. Diese Änderung wird jedoch durch stärkere Preissteigerung anderer Materialien ungefähr wieder ausgeglichen.

In Wasserkraftanlagen macht sich die Preissteigerung der Kohle nur einmal bemerkbar, nämlich lediglich in den Anlagekosten. In Dampfkraftanlagen tritt sie zweimal auf, in den Anlagekosten und in den Ausgaben für Brennstoffe. Letzterer Betrag ist durchschlagend und führt beim Vergleich eben zu vorgenanntem Ergebnis.

Es ist deshalb verständlich, daß von vielen Seiten die Forderung erhoben wird, mit dem Ausbau der in Deutschland noch verfügbaren Wasserkräfte so rasch wie möglich vorzugehen und durch ihren Ausbau zur Verminderung der Inanspruchnahme unserer wertvollen Kohlenschätze beizutragen.

Interessant ist in diesem Zusammenhange das Ergebnis, zu dem Ministerialdirektor Dr. Sympher gekommen ist; er stellte fest, daß die ausbauwürdigen Wasserkräfte Deutschlands für eine Jahreserzeugung von 10 Milliarden kWh ausreichen würden. Der größte Teil hiervon sind Niederdruckwasserkräfte, also nicht speicherfähige Kräfte.

Wenn aus diesen Aufstellungen jedoch gefolgert würde, daß es nunmehr angezeigt sei, mit dem Ausbau aller Wasserkräfte im raschesten Tempo vorzugehen, um der Allgemeinheit die damit verknüpften wirtschaftlichen Vorteile sobald wie möglich zuzuführen, so würde man damit über ein vernünftiges Ziel weit hinausschießen. Zunächst ist einmal festzustellen, daß die gewinnbare Kraftleistung weit mehr als die in deutschen öffentlichen Elektrizitätswerken zurzeit überhaupt benötigte beträgt. Und wenn auch ohne weiteres zuzugeben ist, daß der Verbrauch der Werke durch den Anschluß von Industrie noch beträchtlich gesteigert werden kann, so wird sich die Umstellung der Industrie doch nur schrittweise vollziehen lassen, weil nicht nur die für die Umstellung erforderlichen Werte, sondern auch die Entwertung der frei gewordenen Betriebsmittel oft außerordentlich hohe Beträge erreichen.

Beachtet man ferner, daß alle Industrien mit großem Wärmeverbrauch sich auf die Ausnutzung der Abfallwärme in Zukunft werden einstellen müssen, soweit dies nicht bereits geschehen ist, und daß der riesige Verbrauch derjenigen Industrien, die für ihre Krafterzeugung Abfallkräfte verwenden können, von vornherein ausfällt, so erkennt man, daß auch hier viel Wasser in den Wein fließt. Es muß ferner hervorgehoben werden, daß die in Niederdruckwasserkräften gewinnbare Arbeit auch zu Zeiten schwächer Belastung ausgenutzt werden muß, wenn die für sie errechneten niedrigen Erzeugungskosten Geltung behalten sollen. Hierfür liegt aber, zurzeit wenigstens noch kein ausreichender Bedarf vor; er muß erst geschaffen werden.

Ein weiterer Nachteil der nicht bereits ausgebauten Wasserkräfte besteht darin, daß sie in der Regel ziemlich weit entfernt von den Gegenden großen Verbrauches liegen. Die Kosten der Übertragung verschieben infolgedessen das Niveau des Vergleiches noch stärker nach unten als bei Wärmekraftwerken, und es bedarf bei Wasserkräften infolgedessen erst recht der Prüfung von Fall zu Fall, ob wirtschaftliche Vorteile ihren Ausbau wenigstens einigermaßen rechtfertigen.

Auf der andern Seite braucht man jedoch auch nicht allzu pessimistisch zu urteilen. Die Erfahrung hat gezeigt, daß sich für die ausgebauten Wasserkräfte bisher noch immer die erforderliche Belastung gefunden hat, sei es auch dadurch, daß sich Industrien mit großem Verbrauch in ihrer Nähe angesiedelt haben, wie dies beispielweise bei den Rheinkräften oberhalb Basel der Fall war. Immerhin muß hervorgehoben werden, daß die bis heute ausgebauten Wasserkräfte wohl die günstigsten waren, d. h. bei ihnen war ein gutes oder doch erträgliches Verhältnis zwischen Leistung, Ausbaukosten und der Entfernung bis zum Schwerpunkte des Verbrauches vorhanden. Ein schrittweises Vorgehen wird also auch hier angezeigt sein, und zwar schon aus finanziellen Gründen, weil die enormen Kapitalien, die heute für den Ausbau großer Wasserkräfte erforderlich sind, selbst wenn deren Wirtschaftlichkeit einwandfrei feststehen sollte, dem Markte nur nach und nach entzogen werden können. Was an guten, an sich ausbauwürdigen Wasserkräften in Deutschland vorhanden ist, steht fest. Der Ausbau der minder guten muß aus den angeführten Gründen ohnehin verschoben werden.

I. Grundbegriffe.

A. Anschlußwert, Spitze, Benutzungsdauer, Belastungsfaktor, Gleichzeitigkeitsfaktor, Betriebszeitfaktor, Ausnutzungsfaktor, Reservefaktor, Wirkungsgrad.

Einen raschen Überblick über die Betriebsverhältnisse gewinnt man, wenn die Betriebsergebnisse regelmäßig aufgezeichnet und in Beziehung zu den früheren Ergebnissen, z. B. des Vormonates und des Vorjahres, gebracht werden. Diese statistischen Nachweise gestatten ferner, aus einem Vergleich mit denen anderer Werke wertvolle Schlüsse für die Beurteilung der eigenen Betriebsführung zu ziehen, und auch den Einfluß besonderer Stromabsatzverhältnisse zu erkennen und durch sachgemäße Tarifgestaltung und Werbung die Wirtschaftlichkeit des eigenen Werkes zu fördern.

Damit die Betriebsstatistik diesen Bedingungen gerecht werden kann, ist es erforderlich, die Statistik nach einheitlichen Gesichtspunkten aufzustellen und sich über die Grundbegriffe zu einigen. Für solche Ermittlungen haben sich die nachstehend definierten Begriffe als sehr zweckmäßig erwiesen.

1. Anschlußwert, d. i. die Summe des nominellen Energiebedarfs aller an das Elektrizitätswerk angeschlossenen Stromverbraucher in kW. Da jedoch das richtige Äquivalent der Anschlüsse keine eindeutige Größe ist und diese Ziffer infolge von Neuanschlüssen, Erweiterungen und Änderungen sehr schwer kontrollierbar ist, so wird bei vielen großen Werken dieser Wert in der Statistik nicht mehr geführt.

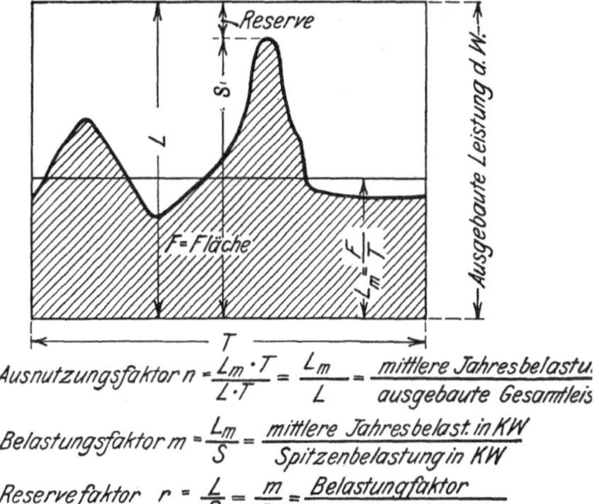

$$\text{Ausnutzungsfaktor } n = \frac{L_m \cdot T}{L \cdot T} = \frac{L_m}{L} = \frac{\text{mittlere Jahresbelastu.}}{\text{ausgebaute Gesamtleis}}$$

$$\text{Belastungsfaktor } m = \frac{L_m}{S} = \frac{\text{mittlere Jahresbelast. in KW}}{\text{Spitzenbelastung in KW}}$$

$$\text{Reservefaktor } r = \frac{L}{S} = \frac{m}{n} = \frac{\text{Belastungfaktor}}{\text{Ausnutzungsfaktor}}$$

Abb. 1.

2. Mit Spitze wird die Höchstbelastung oder Höchstleistung in einem gegebenen Zeitraume bezeichnet (Größe S in Abb. 1).

3. Benutzungsdauer des Werkes. Sie ergibt sich durch Division der in einem bestimmten Zeitabschnitt, z. B. einem Jahre, erzeugten oder ins Leitungsnetz abgegebenen kWh durch die zugehörige Spitze in kW. Wäre z. B. Fläche F in Abb. 1 gleich der Jahresleistung in kWh mit dem Mittelwert L_m kW, so wäre

$$\text{die Benutzungsdauer} = \frac{F \,(\mathrm{kWh})}{S \,(\mathrm{kW})} = t \,(\mathrm{h}).$$

Dieser Begriff hat sich in Deutschland eingebürgert, während im Auslande, insbesondere England und Amerika, mit dem Belastungsfaktor gerechnet wird.

4. Belastungsfaktor des Werkes, m. Das Verhältnis der in einem bestimmten Zeitabschnitt, z. B. einem Jahre, erzeugten oder ins Leitungsnetz abgegebenen kWh zu denjenigen kWh, die bei ununterbrochener Belastung mit der tatsächlich erreichten

Spitze hätten erzeugt werden können, oder, was dasselbe ist, das Verhältnis de
durchschnittlichen Belastung zur Spitze.

$$m = \frac{\text{mittlere Jahresbelastung des Werkes in kW}}{\text{Spitzenbelastung des Werkes in kW}} = \frac{L_m}{S}.$$

5. **Belastungsfaktor des Stromverbrauchers.**

a) Das Verhältnis der in einem bestimmten Zeitabschnitt aus dem Leitungs
netz entnommenen Energie in kWh zu derjenigen Energie in kWh, welch
entnommen worden wäre, wenn die Spitze des Verbrauchers während de
ganzen Zeitraumes bestanden hätte.

b) Das Verhältnis der in einem bestimmten Zeitabschnitt entnommenen Energi
zu derjenigen Energie, welche entnommen worden wäre, wenn sämtlich
angeschlossenen Apparate dauernd voll belastet gewesen wären, oder, wa
dasselbe ist, das Verhältnis der durchschnittlichen entnommenen Energi
in kW,

zu a) der Spitze des Verbrauchers,
zu b) dem Anschlußwert des Verbrauchers.

Man unterscheidet hiernach zwischen einem Belastungsfaktor bezogen auf di
Spitze und einem Belastungsfaktor bezogen auf den Anschlußwert.

6. **Gleichzeitigkeitsfaktor,** d. i. das Verhältnis der wirklich aufgetretene
Netzspitze zur Summe aller bei den einzelnen Abnehmern aufgetretenen Spitzen.

7. **Betriebszeitfaktor des Werkes, f,** d. i. das Verhältnis derjenigen Leistun
die mit den in Betrieb genommenen Maschinen bei Vollbelastung hätte erzeug
werden können, zu derjenigen Leistung, die in dem gleichen Zeitabschnitt mit säm
lichen vorhandenen Maschinen hätte erzeugt werden können.

$$f = \frac{\text{Gesamtbetriebszeit aller Maschinen in Stunden}}{\text{höchstmögliche Betriebszeit aller Maschinen in Stunden}},$$

sofern alle Maschinen von gleicher Größe sind. Haben die Maschinen verschieder
Leistungen[1]) $L_1, L_2, L_3 \ldots$ und beträgt ihre Betriebszeit $t_1, t_2, t_3 \ldots$, so ist

$$f = \frac{L_1 t_1 + L_2 t_2 + L_3 t_3 + \ldots L_n t_n}{t \cdot (L_1 + L_2 + \ldots L_n)}.$$

Soll als Zeitabschnitt ein Jahr gewählt werden, so wird

$$f = \frac{\Sigma (L t)}{8760 \, \Sigma (L)}.$$

Sind alle Maschinen von gleicher Größe und ist ihre Anzahl Z, so wird

$$f = \frac{\Sigma (t)}{Z \cdot 8760}.$$

Für Projekte wird der Betriebszeitfaktor aus dem zugrunde liegenden Konsur
diagramm ermittelt. Seine Größe wird wesentlich beeinflußt durch die Zahl v
Maschinensätzen, die zur Zeit der Spitze gleichzeitig laufen sollen. Durch die üblicl
Voraussetzung, daß mindestens ein voller Maschinensatz größter Leistung als Reser
vorhanden sein muß, ergibt sich eine weitere Eingrenzung des Betriebszeitfakto
Sind z. B. nur zwei Maschinensätze vorhanden, so wird der Betriebszeitfaktor 0,5.

---

[1]) Unter der „Leistung einer Maschine“ wird, soweit nichts anderes angegeben ist, diejeni
Leistung verstanden, die sie bei dauernder voller Belastung hergeben könnte. Bei Dampfturboger
ratoren wird dies im allgemeinen die zulässige Dauerleistung des Generators bei dem $\cos \varphi$ sein, f
welchen Turbine, Kondensator und Generator bemessen wurden.

8. **Ausnutzungsfaktor des Werkes**, n, ist das Verhältnis der durchschnittlichen Belastung zur ausgebauten Leistung oder, was dasselbe ist, das Verhältnis der erzeugten kWh zu denjenigen kWh, welche bei voller und dauernder Belastung aller Maschinen hätte erzeugt werden können. Der Ausnutzungsfaktor wird somit beeinflußt von der jeweils vorhandenen Maschinenreserve und verringert sich sprungweise bei jeder Vermehrung der Betriebsmaschinen. Arbeitet ein Werk vollbelastet ohne Reserve, so wird der Ausnutzungsfaktor gleich dem Belastungsfaktor (Abb. 1).

$$n = \frac{\text{mittlere Jahresbelastung des Werkes in kW}}{\text{ausgebaute Gesamtleistung des Werkes in kW}} = \frac{L_m \cdot T}{L \cdot T} = \frac{L_m}{L}.$$

9. **Reservefaktor des Werkes**, r, ist das Verhältnis der ausgebauten Leistung zur Spitze.

$$r = \frac{L}{S} = \frac{m}{n} = \frac{\text{Belastungsfaktor}}{\text{Ausnutzungsfaktor}}.$$

Während m und n nach vorstehender Definition stets < 1 sind, empfiehlt es sich, r so zu definieren, daß r stets > 1. Ein Reservefaktor von 1,4 bedeutet somit beispielsweise, daß über die Spitze hinaus noch eine Reserveleistung von 40 vH vorhanden ist.

10. **Wirkungsgrad.**

a) **Gesamtwirkungsgrad.** Verhältnis der das Kraftwerk verlassenden zu der dem Kraftwerk in Form von Brennstoff oder Druckwasser zugeführten Energie. In diesem Wirkungsgrad sind also sämtliche Verluste des Kraftwerkes, sowie der Eigenverbrauch für den Betrieb von Hilfsmaschinen, der Kohlenförderanlage, der Beleuchtung u. ä. enthalten. Nicht dazu gehören die Verluste, die durch Herauftransformieren des Stromes auf eine höhere Spannung entstehen, die grundsätzlich zu den Netzverlusten zu zählen sind, selbst wenn die erste Transformierung im Kraftwerk erfolgt.

b) **Wirkungsgrad der Erzeugung.** Verhältnis der an den Generatorklemmen erzeugten zu der im Brennstoff oder Druckwasser im gleichen Zeitabschnitt zugeführten Energie. In diesem Wirkungsgrad sind somit einbegriffen die Verluste, die durch die Hilfsbetriebe entstehen, soweit diese für den Betrieb des Kraftwerks und die Erzeugung von Strom und Spannung erforderlich sind, beispielsweise Erzeugung des Erregerstromes, Antrieb der Kondensationsanlage, Antrieb der Roste, der Ventilatoren für künstlichen Zug u. ä. Nicht enthalten sind die Verluste, die hinter den Generatorklemmen in der Schaltanlage entstehen, ferner der Eigenverbrauch des Werkes für Beleuchtung und für die Kohlenförderung.

c) **Wirkungsgrad des Kesselhauses.** Verhältnis der das Kesselhaus in Dampfform verlassenden Energie zur im Brennstoff zugeführten Energie. In diesem Wirkungsgrad sind die Energieverluste, die durch die Hilfsbetriebe des Kesselhauses entstehen, enthalten. Der in den Rohrleitungen bis zu den Maschinen entstehende Verlust pflegt vom Wirkungsgrad des Kesselhauses abgezogen zu werden. Zweckmäßig wird der Wirkungsgrad der Rohrleitungen einzeln angeführt.

d) **Wirkungsgrad des Maschinenhauses.** Verhältnis der an den Generatorklemmen erzeugten Energie zu der dem Maschinenhaus im Dampf oder Druckwasser zuströmenden Energie.

Das Produkt des Kesselhauswirkungsgrades und des Maschinenhauswirkungsgrades ergibt den Erzeugungswirkungsgrad.

e) **Einzelwirkungsgrade.** Verhältnis der abgegebenen zu der empfangenen Energie der Kessel, Maschinen u. dgl., ermittelt nach dem für jeden Fall üblichen Verfahren und gemäß der üblichen Definition.

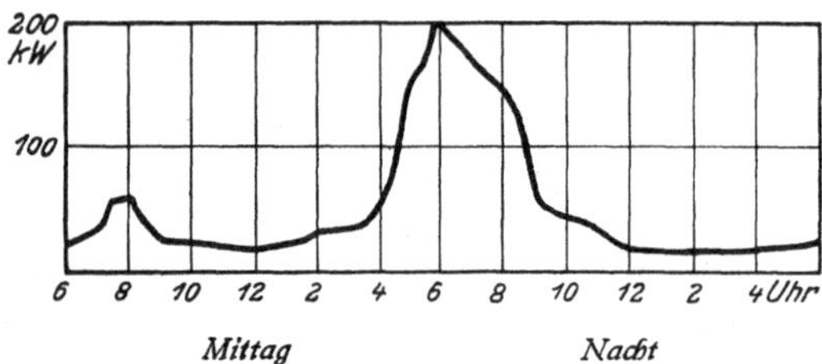

Abb. 2. Winterkurve einer Kleinstadt (Wolfen-
büttel). (Vorwiegend Lichtverbrauch, mäßiger Klein-
motorenanschluß, kein Industrieanschluß.)

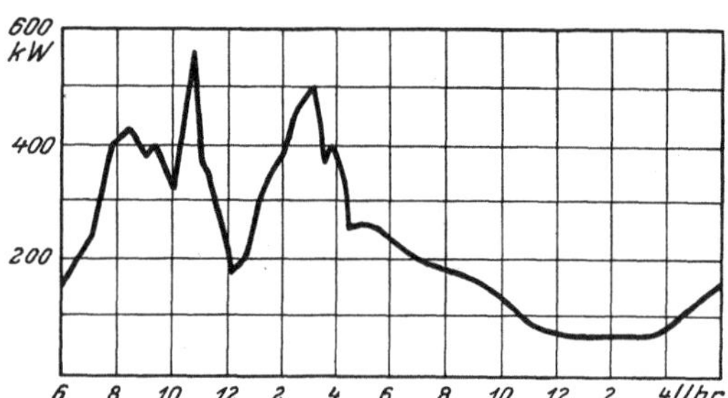

Abb. 3. Herbstkurve einer landwirtschaftlichen
Überlandzentrale (Birnbaum–Meseritz–Schwerin).
Landwirtschaftliche Motoren und Licht.

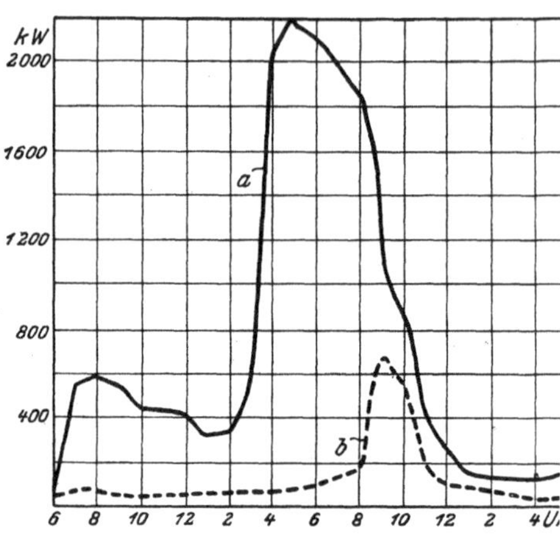

Abb. 6. Größte Winterkurve und kleins
Sommerkurve (Sonntag) einer Großsta
(Königsberg ohne Straßenbahnverbrauch
Vorwiegend Lichtverbrauch, mäßiger Klei
motorenanschluß, kein Industrieanschluß.

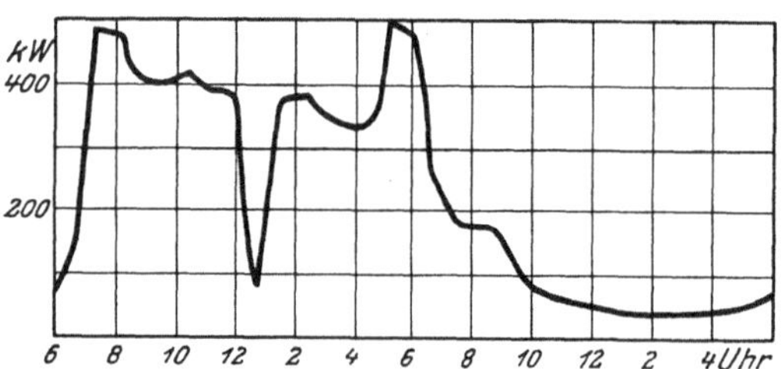

Abb. 4. Winterkurve einer Kleinstadt mit Industrieanschluß (Lahr).

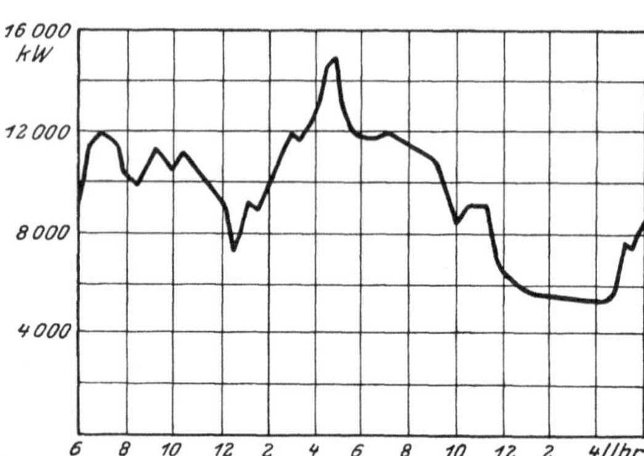

Abb. 5. Winterkurve eines Großindustriebezirks
(Oberschlesische Elektrizitätswerke). Vorwiegend
industrieller Verbrauch, verhältnismäßig wenig
Lichtverbrauch.

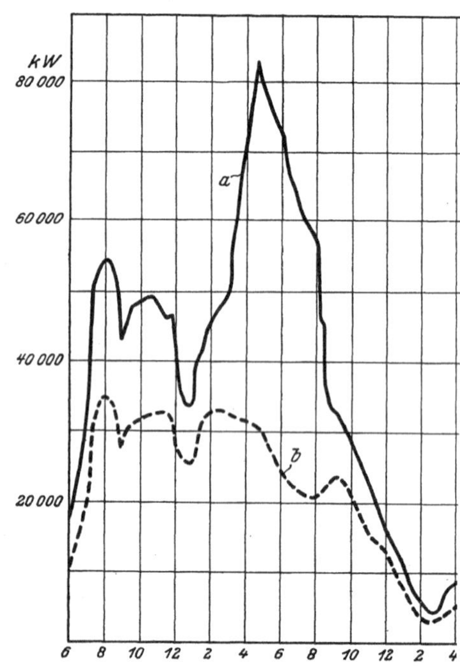

Abb. 7. Winter- und Sommerkurve einer Gr
stadt (Berlin). Großer Lichtanschluß, gro
Straßenbahnverbrauch.

B. Charakteristische Verbrauchskurven.

Der jeweilige Belastungszustand öffentlicher Elektrizitätswerke ist eine gegebene und im voraus ziemlich genau bekannte Größe, die durch den Bedarf der angeschlossenen Stromverbraucher festgelegt ist. Auch die Zeit des Überganges von einer Belastungsstufe zur andern ist somit im voraus bekannt, sie geht aus der Belastungskurve hervor, die sich in der Regel von einem Tag zum andern (abgesehen von Feiertagen) nur wenig ändert; ihre Form hängt von der Eigenart des Verbrauches und von der Jahreszeit ab, ihr Verlauf zeigt auch zu gleichen Zeiten aufeinanderfolgender Jahre meist nur unwesentliche Verschiebungen. Einsichtige Betriebsleiter haben längst erkannt, daß durch Umgestaltung der Kurve große wirtschaftliche Vorteile zu erlangen sind, und haben demgemäß durch geschickte Tarifbildung ständig auf ihre Verflachung hingearbeitet; bahnbrechend sind in dieser Hinsicht die Oberschlesischen Elektrizitätswerke (Tarif von Agthe) vorgegangen. Die durch Änderung der Kurve erzielbaren wirtschaftlichen Vorteile sind größer als die mit irgendwelchen anderen technischen Mitteln erreichbaren, sie verdienen deshalb besondere Beachtung. (Über das Maß der erreichbaren Verbesserung geben die an späterer Stelle durchgeführten Rechnungen Aufschluß.) Aber selbst wenn man die Verbrauchskurve als etwas fest Gegebenes ansieht, so bieten sich doch dem Betriebsleiter für die Erzeugung des jeweiligen Bedarfes mannigfaltige Möglichkeiten, weil er zu seiner Deckung verschiedene Maschinen und Kessel heranziehen und die Belastung auf die einzelnen innerhalb weiter Grenzen beliebig verteilen kann. Bestehen also für jede Belastungsstufe fast unbegrenzt viele Betriebsarten, so muß doch eine die wirtschaftlich günstigste sein, d. h. es gibt für jede Belastungsstufe eine bestimmte Gruppierung von Maschinen und eine bestimmte Verteilung der Belastung auf diese, die die geringsten Unkosten verursacht. Wenn wir unsere Betrachtungen für jede Belastungsstufe auf diese beschränken, so ergibt sich eine eindeutige Betriebsführung des ganzen Werkes. Man kann das Werk als einheitliche Maschine ansehen, die wie jede andere Betriebsmaschine den auftretenden Belastungsschwankungen zu folgen hat und deren Wirkungsgrad dann nur von der jeweiligen Belastung abhängt.

Es soll damit nicht behauptet werden, daß der praktische Betrieb sich stets der für jede Belastungsstufe günstigsten Betriebsform anpassen ließe. Treten z. B. plötzliche Belastungsänderungen nur vorübergehend auf (Bahnkraftwerke), so wird man sich diesen nicht durch Änderung der Zahl der betriebenen Maschinen anzupassen suchen, wenn die neue Belastung auch an sich durch eine andere Gruppierung der Maschinen wirtschaftlicher gedeckt werden könnte, sondern möglichst die einmal in Betrieb befindlichen Maschinen beibehalten und ihnen gegebenenfalls auch kurzzeitige Überlastungen zumuten, weil das An- und Absetzen neuer Maschinen größere Wärmeverluste bedingt, als die Ersparnis durch günstigere Belastung ausmachen würde. Derartige Ausnahmefälle können aber bei den nachfolgenden Betrachtungen unberücksichtigt bleiben, da es sich bei diesen lediglich um grundsätzliche Erwägungen handelt.

Um das günstigste wirtschaftliche Ergebnis zu erzielen, sind bei der Projektierung die besonderen Belastungsverhältnisse zu berücksichtigen. Man legt der Rechnung charakteristische Kurven solcher Werke zugrunde, deren Stromabsatzgebiet ähnliche Erwerbsverhältnisse der Bevölkerung aufweist, wie das neu zu bearbeitende Gebiet. Als Beispiele charakteristischer Tagesbelastungskurven sind die Abb. 2 bis 7 wiedergegeben.

Je gleichmäßiger sich die Belastung über die ganze Betriebszeit erstreckt, um so mehr ist auf guten Wirkungsgrad der Betriebsmittel zu achten. Je ungünstiger der Belastungsfaktor ist, um so niedriger muß das investierte Kapital gehalten werden. Die Ausgaben bestehen aus einem konstanten, vom aufgewendeten Anlagekapital abhängigen und einem der Leistung und damit auch der Benutzungsdauer bzw. dem Belastungsfaktor proportionalen Teil; es ist einleuchtend, daß der Kapitaldienst bei schlechtem Belastungsfaktor der Zentrale eine unverhältnismäßige Verteuerung des erzeugten Stromes bewirkt. Die Leiter von Elektrizitätswerken sind daher mit Recht bestrebt, u. a. durch eine zweckmäßige Tarifpolitik, den Belastungsfaktor zu erhöhen.

C. Wirtschaftliche Charakteristik.

Die Ausgaben für Brennstoff, Öl, Putzwolle usw. und bis zu einem gewissen Grade auch die Personalkosten hängen von der Belastung des Werkes ab. Trägt man in ein Diagramm die ermittelten gesamten Betriebskosten für jede Belastungsstufe ein, so wird die Abhängigkeit dieser beiden Größen innerhalb der auftretenden Grenzen annähernd durch eine Gerade dargestellt, die als wirtschaftliche Charakteristik der Zentrale bezeichnet werden möge. Sie schneidet auf der Ordinatenachse den von der Belastung unabhängigen Teil der gesamten Betriebskosten ab.

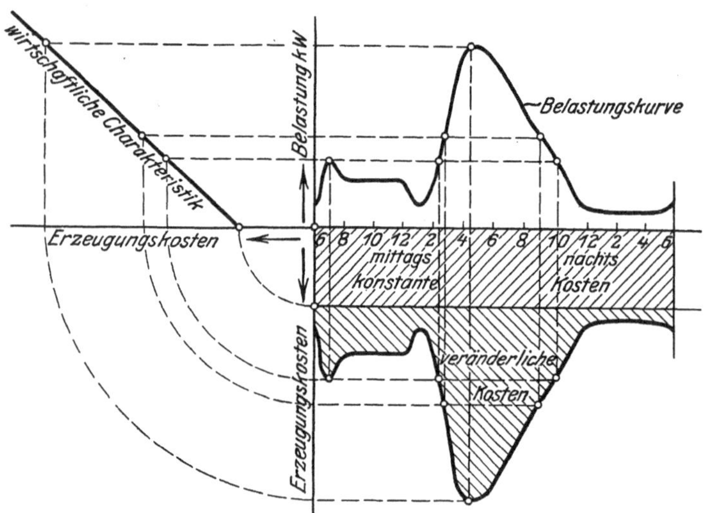

Abb. 8. Wirtschaftliche Charakteristik und Tagesbetriebskosten.

Die Reparaturkosten sind zum Teil konstant und von der Belastung unabhängig, zum Teil dieser proportional.

Der Hauptteil der konstanten Kosten, der Kapitaldienst, besteht aus dem für Abschreibung der Anlagewerte, für Verzinsung und Tilgung des Anlagekapitals, sowie für die allgemeine Verwaltung aufzuwendenden Beträgen.

Die Abschreibungsquoten werden in der Regel nach der wahrscheinlichen Lebensdauer der einzelnen Teile der Anlage ein für allemal festgesetzt. Richtiger wäre es allerdings, für stark in Anspruch genommene Teile auch höhere Abschreibungsquoten zu wählen und sie von der wirklichen Benutzungsdauer bzw. vom Belastungsfaktor abhängig zu machen. Häufig wird so verfahren, daß nicht auf die einzelnen Teile des Werkes, sondern auf die ganze Anlage einschließlich der Netze eine durchschnittliche Abschreibung vorgenommen wird; in Anbetracht des hohen Altwertes der Leitungsnetze werden unter normalen Verhältnissen hierfür 3 bis 4 vH als ausreichend angesehen.

Die für Verzinsung und Tilgung des Anlagekapitals aufzuwendenden Summen sind ihrer Natur nach als konstante Ausgaben anzusehen, so daß sämtliche indirekten Ausgaben einen konstanten und von der Belastung des Werkes unabhängigen Kostenbetrag darstellen.

Ist das Tagesbelastungsdiagramm bekannt, so kann mit Hilfe der wirtschaftlichen Charakteristik das Diagramm der Betriebskosten gezeichnet werden, dessen Flächeninhalt die Erzeugungskosten des betreffenden Tages ergibt. (Abb. 8.)

Die jährlichen Erzeugungskosten sind in Abb. 9 durch Vereinigung der wirtschaftlichen Charakteristik mit dem Jahresbelastungsdiagramm ermittelt. Letztere wird aus den täglichen Belastungskurven dadurch erhalten, daß die einzelnen Be lastungsstufen mit derjenigen Jahresstundenzahl aufgetragen werden, die für die betreffende Stufe gilt. Bei neu zu projektierenden Werken ist dieses Diagramm in ein-

facher Weise aus den Konsumerhebungen und der hierbei zugrunde gelegten Benutzungsdauer unter Berücksichtigung des Gleichzeitigkeitsfaktors zu entwerfen.

Die große Bedeutung des Ausnutzungsfaktors für wirtschaftliche Betriebsführung ist schon zeitig erkannt worden und man hat verschiedentlich versucht, aus den Betriebsdaten gewisse Konstanten zu ermitteln, die gestatten sollten, die wirtschaftlichen Ergebnisse vorauszuberechnen und insbesondere die Selbstkosten der einzelnen Abnehmern zu liefernden Energie zu bestimmen.

Je kleiner der Ausnutzungsfaktor, desto größer wird der Einfluß der konstanten Kosten, wäh

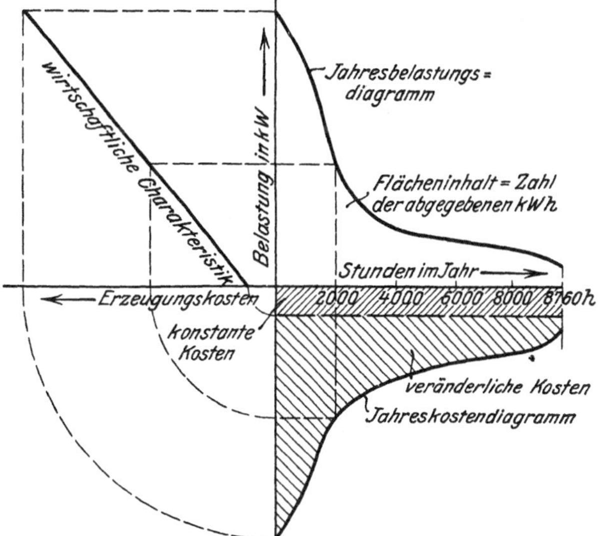

Abb. 9. Jahreskostendiagramm.

rend der Vollastwirkungsgrad der einzelnen Anlageteile, der vielfach als ausschlaggebendes Kriterium für deren Güte angesehen wird, die Erzeugungskosten tatsächlich nur wenig beeinflußt.

Man muß also zur Erzielung des günstigsten wirtschaftlichen Ergebnisses beim Entwurf eines Kraftwerkes desto mehr bemüht sein, jeden der drei Faktoren: Anlagekapital, konstante Betriebsverluste und Bedienungskosten, auf das Mindestmaß zu beschränken, je kleiner der Ausnutzungsfaktor ist.

Die Verminderung des Anlagekapitals darf selbstverständlich nur durch zweckmäßige Bemessung und Anordnung, nicht aber auf Kosten der Güte und Betriebssicherheit erstrebt werden[1]).

Unter Benutzung von Betriebsergebnissen des Märkischen Elektrizitätswerkes möge die Ableitung der wirtschaftlichen Charakteristik

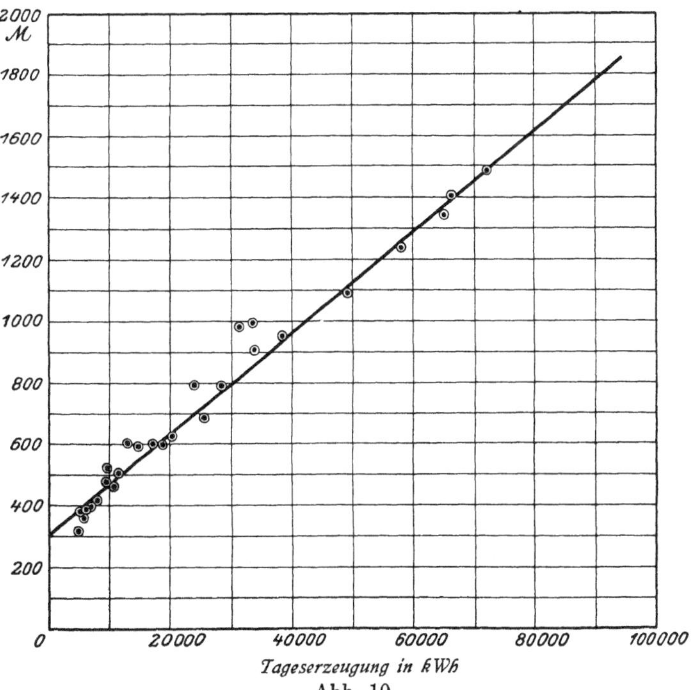

Abb. 10.
Tägliche Betriebskosten des Märkischen Elektrizitätswerkes.

---

[1]) Aussichtsvoll erscheint es, den konstanten Teil der Jahresbelastung mit möglichst wirtschaftlich arbeitenden Betriebsmitteln zu erzeugen, für den veränderlichen Teil hingegen vorzugsweise auf geringes Anlagekapital zu sehen (Spitzenzentralen). Eine Kombination von Gasmaschinen bzw. Dieselmotoren mit Dampfturbinen oder von Wasserkraftanlagen mit Dampfzentralen wird sich aus diesem Grunde

näher erläutert werden. Naturgemäß zeigen einzelne Werte Abweichungen, je nachdem in einer Monatsrechnung zufälligerweise größere Beträge für Steuern, Reparaturen u. dgl. erscheinen (Abb. 10). Bessere Übereinstimmung wäre zu erzielen, wenn außergewöhnliche Beträge auf die 12 Monate des Jahres gleichmäßig verteilt würden; immerhin läßt sich aus den gefundenen Werten mit genügender Genauigkeit ableiten, daß die stündlichen Betriebsausgaben sich durch die Formel

$$K_t' = 1250 + 1{,}63 \cdot L_t \; \text{Pfg.}$$

darstellen lassen, worin L_t die Belastung des Werkes während der betrachteten Stunde ist. In diesen sind die Kosten für Verzinsung und Rücklagen noch nicht enthalten; rechnet man hierfür 12 vH des Anlagekapitals, das für das Kraftwerk allein 1 650 000 $\mathscr{M}$ [1]) betrug, so erhält man die wirtschaftliche Charakteristik nach der Formel

$$K_t = 3510 + 1{,}63 \cdot L_t \; \text{Pfg.}$$

Die Erzeugungskosten je kWh sind somit

$$k_t = \frac{K_t}{L_t} = \frac{3510}{n \cdot 7400} + 1{,}63 = \frac{0{,}475}{n} + 1{,}63 \; \text{Pfg/kWh.}$$

Hierin bedeutet n den Ausnutzungsfaktor und die Zahl 7400 die Leistung sämtlicher Maschinen des Werkes in kW.

Es ergibt sich nachstehende Tabelle:

Ausnutzungsfaktor n	Erzeugungskosten der kWh in Pfg
0,5	2,58
0,4	2,82
0,3	3,21
0,2	4,01
0,1	6,38

D. Wärmecharakteristik.

Die Abhängigkeit des Brennstoffverbrauchs vom Belastungsfaktor ist an Hand der Brennstoff- oder Wärmecharakteristik des Werkes zu ermitteln. Die Abhängigkeit von der jeweiligen Werksbelastung kann innerhalb der vorkommenden Belastungsgrenzen annähernd durch eine gerade Linie dargestellt werden, ähnlich wie für die wirtschaftliche Charakteristik. Diese Gerade, rückwärts verlängert, schneidet auf der Ordinatenachse ungefähr denjenigen Verbrauch an Brennstoff ab, der für Inbetriebhaltung des unbelasteten Werkes aufgewendet werden muß und der zur Deckung des konstanten Teiles der Energieverluste dient (Abb. 11).

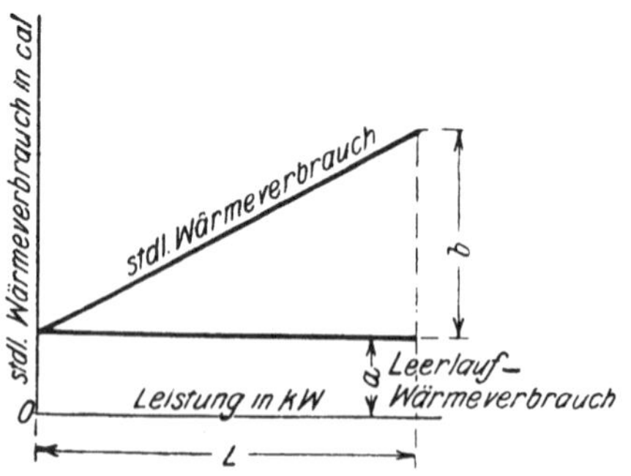

Abb. 11. Brennstoff- oder Wärmecharakteristik.

in manchen Fällen empfehlen. Für die Elektrifizierung der Berliner Stadtbahn waren zwei Kraftwerke geplant, wovon das eine auf einer Braunkohlengrube gelegen und die durchlaufende gleichmäßige Belastung aufnehmen sollte, während das andere mit Steinkohlen betrieben zur Deckung der Spitzen in Berlin errichtet werden sollte.

[1]) In diesem Betrage sind die Kosten für Grunderwerb (rd. 30 000 $\mathscr{M}$), Regulierung des Finowkanals, Anlage des Privathafens, Herrichtung des Grundstückes, Wasserversorgung, Anlage der Zufahrtstraße usw. enthalten. Die Anlagekosten betragen somit im ersten Ausbau $\dfrac{1\,650\,000}{7400} = 224 \; \mathscr{M}/\text{kW.}$

Bezeichnet

a den stündlichen Leerlaufwärme- bzw. Kohlenverbrauch des Werkes in kcal/h bzw. kg/h,

b den zusätzlichen stündlichen Wärme- bzw. Kohlenverbrauch des Werkes in kcal/h bzw. kg/h,

V_t den stündlichen Kohlenverbrauch (Wärmeverbrauch) zu irgendeiner Zeit t und ist L_t die zugehörige Belastung des Werkes in kW, oder, was dasselbe ist, die

Leistung des Werkes in kWh während der betrachteten Stunde,

so läßt sich V_t durch den Ausdruck darstellen:

$$V_t = a + b \cdot L_t \,\text{kg/h}.$$

Der gesamte Kohlenverbrauch (V) während irgendeiner Zeit T hängt somit gleichfalls in linearer Weise von den Belastungsschwankungen ab, die sich in dieser Zeit zwischen den Grenzen L_1 und L_2 beliebig bewegen mögen, und da die durchschnittliche Leistung L_m innerhalb dieser Zeit

$$L_m = \frac{1}{T} \int_0^T L_t \cdot dt \,\text{kW}$$

ist, so ergibt sich der gesamte Kohlenverbrauch als

$$V = a \cdot T + b \int_0^T L_t \cdot dt \,\text{kg},$$

und der durchschnittliche Kohlenverbrauch als

$$V_m = \frac{V}{T} = a + b \cdot L_m \,\text{kg}.$$

Die Ausdrücke für V_t und V_m sind identisch.

Die Kohlenverbrauchscharakteristik läßt sich somit auch aus den Betriebsergebnissen ermitteln, wenn der Kohlenverbrauch und die zugehörige Arbeitsabgabe

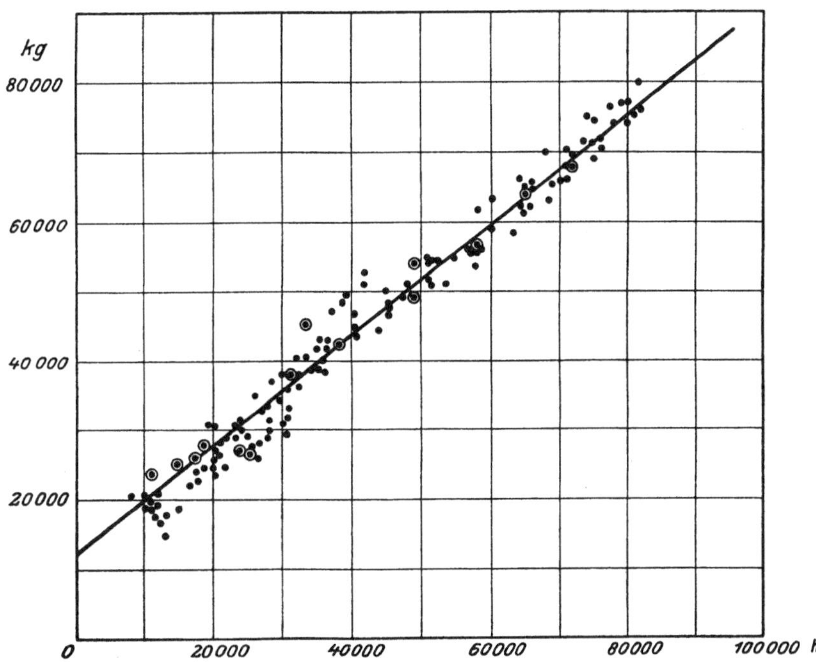

Abb. 12. Täglicher Kohlenverbrauch des Märkischen Elektrizitätswerkes.

an das Netz während bestimmter Betriebsabschnitte festgestellt worden sind. Werden regelmäßige Kohlenverbrauchsmessungen für jeden Betriebstag gemacht, so kann man aus diesen Werten ohne weiteres die Kohlenverbrauchscharakteristik und ebenso die Wärmecharakteristik des Werkes ableiten. Auch bei Werken, die nur eine monatliche Kontrolle des Kohlenverbrauchs ausüben, kann man die Charakteristik danach finden.

In Abb. 12 sind sowohl die täglichen als auch die monatlichen Betriebswerte des Märkischen Elektrizitätswerkes zur Feststellung der Wärmecharakteristik des Werkes benutzt. Die durch mannigfache Zufälligkeiten beeinflußten Tageswerte haben also in der Monatsstatistik schon einen gewissen Ausgleich erfahren.

Dargestellt wurde zunächst der tägliche Kohlenverbrauch in Abhängigkeit von der täglich ins Netz abgegebenen Arbeit. Da sich die Statistik über annähernd 3 Jahre erstreckt, würde die Eintragung jedes einzelnen Tageswertes sehr große Arbeit verursacht haben, es wurde deshalb aus jedem Monat der relativ günstigste und relativ ungünstigste Tageswert ausgewählt, so daß die eingetragenen Punkte gleichzeitig die maximalen Abweichungen gegenüber der Kurve des täglichen Kohlenverbrauchs darstellen; diese ist als mittlere Gerade durch die eingetragenen Punkte hindurchgelegt worden. (Die wirklichen Verbrauchswerte der einzelnen Tage liegen also näher an der Geraden als die eingezeichneten.) Außerdem sind noch die monatlichen Durchschnittswerte, auf den Tag umgerechnet, eingetragen und durch kleine Kreise gekennzeichnet.

Der lineare Charakter der Kurve[1]) kommt klar zum Ausdruck; der tägliche Kohlenverbrauch ergibt sich für das Märkische Elektrizitätswerk hieraus nach der Formel:

$$V = 12000 + 0{,}796 \cdot L \text{ kg}$$

und der stündliche Kohlenverbrauch und damit die Kohlencharakteristik nach der Formel:

$$V_t = 500 + 0{,}796 \cdot L_t \text{ kg/h.}$$

Der Heizwert der verfeuerten Kohle (oberschlesische Staubkohle) schwankt zwischen 7000 und 7100 kcal. Legt man den mittleren Heizwert von 7050 kcal zugrunde, so ergibt sich die Wärmecharakteristik in kcal:

$$W_t = 3525000 + 5610 \cdot L_t.$$

Aus diesen Formeln läßt sich der Kohlen- und Wärmeverbrauch je kWh in Abhängigkeit von dem Ausnutzungsfaktor der Anlage darstellen. In dem Werke waren (vor der Erweiterung) vorhanden: 2 Turbogeneratoren mit einer Leistung von je 3600 bis 3800 kW; die ausgebaute Leistung beträgt somit rund 7400 kW. Danach ist der Ausnutzungsfaktor:

$$n = \frac{L_t}{7400}$$

---

[1]) Tatsächlich liegen die Werte für den Wärme- bzw. Kohlenverbrauch eines Werkes in Abhängigkeit von der Belastung nur dann auf einer Geraden, wenn das Werk nur eine einzige Maschine hat. Bei mehreren Maschinen aber tritt, ohne daß gleichzeitig mehr Leistung erzeugt wird, beim Zuschalten jeder neuen Maschine deren Leerlaufverbrauch zu dem bereits vorhandenen Verbrauch hinzu, deshalb besteht die Charakteristik eines Werkes mit mehreren Maschinen aus eben so vielen parallelen Strecken, die um den Leerlaufverbrauch einer Maschine gegeneinander verschoben sind. Dieser Zusammenhang, der in Abb. 23 und Kapitel II, S. 19 näher auseinandergesetzt wird, kommt bei genauer Betrachtung auch in Abb. 12 wieder zum Ausdruck. Für alle praktisch vorkommenden Rechnungen genügt es aber den Zusammenhang zwischen Wärme- bzw. Kohlenverbrauch und Belastung durch eine einzige Gerade darzustellen. Von dieser Darstellung wird daher in den folgenden Kapiteln, soweit nicht ausdrücklich etwas anderes vermerkt ist, ihrer großen Einfachheit wegen ausschließlich Gebrauch gemacht.

und man erhält den Kohlenverbrauch resp. Wärmeverbrauch je kWh zu

$$v_t = \frac{V_t}{L_t} = \frac{500}{n \cdot 7400} + 0{,}796 = \frac{0{,}0676}{n} + 0{,}796 \ \text{kg/kWh}$$

und

$$w_t = \frac{W_t}{L_t} = \frac{3\,525\,000}{n \cdot 7400} + 5610 = \frac{477}{n} + 5610 \ \text{kcal/kWh} .$$

Es ergibt sich somit für Kohlenverbrauch und Wärmeverbrauch nachstehende Tabelle:

Ausnutzungsfaktor n	Kohlenverbrauch in kg/kWh	Wärmeverbrauch in kcal/kWh
0,5	0,931	6565
0,4	0,965	6800
0,3	1,021	7200
0,2	1,134	7995
0,1	1,472	10380

E. Dampfverbrauchscharakteristik.

Innerhalb der vorkommenden Belastungsgrenzen läßt sich der gesamte Dampfverbrauch annähernd durch eine Gerade darstellen. Rückwärts verlängert, schneidet sie auf der Ordinatenachse einen Wert ab, der für Dampfturbinen etwas unter dem wirklichen Leerlaufsverbrauch liegt. Es läßt sich somit der Dampfverbrauch Q mit

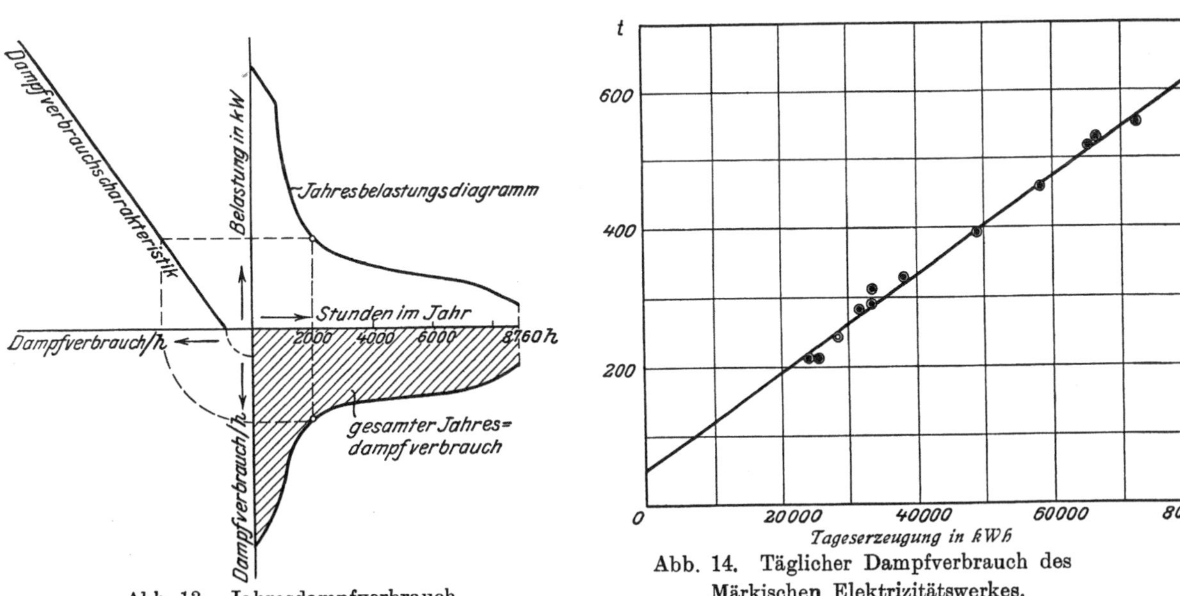

Abb. 13. Jahresdampfverbrauch.

Abb. 14. Täglicher Dampfverbrauch des Märkischen Elektrizitätswerkes.

ausreichender Genauigkeit nach der Formel $Q = a + b \cdot L$ darstellen, worin a der konstante Teil des Dampfverbrauches, b der spezifische Belastungsverbrauch und L die Belastung.

Die Größe a wird für das wirtschaftliche Resultat wiederum desto mehr ins Gewicht fallen, je kleiner der Belastungsfaktor ist.

In Abb. 13 ist der Jahresdampfverbrauch aus dem Konsumdiagramm mit Hilfe der Dampfverbrauchscharakteristik ermittelt.

Der Dampfverbrauch resp. Wasserverbrauch des Märkischen Elektrizitätswerkes ist in Abb. 14 als Funktion der durchschnittlichen Leistung des Werkes dargestellt; hierfür wurden monatliche Ziffern benutzt, umgerechnet auf einen Tag. Die Gleichung für die den Dampfverbrauch darstellende Gerade in Abb. 14 lautet

$$D = 50\,000 + 7{,}06 \cdot L \text{ kg};$$

also ist der stündliche Dampfverbrauch $D_t = 2080 + 7{,}06 \cdot L_t$ kg/h.

Der Dampfverbrauch in Abhängigkeit vom Ausnutzungsfaktor der Anlage ist daher

$$d_t = \frac{D_t}{L_t} = \frac{2080}{n \cdot 7400} + 7{,}06 = \frac{0{,}281}{n} + 7{,}06 \text{ kg/kWh}.$$

Das Verhältnis des Dampfverbrauchs zum Kohlenverbrauch ist die Verdampfungsziffer; beide Werte sind in nachstehender Tabelle zusammengestellt:

Ausnutzungsfaktor n	Dampfverbrauch je kWh in kg	Mit 1 kg Kohle erzeugter Dampf in kg
0,5	7,62	8,2
0,4	7,76	8,05
0,3	8,00	7,83
0,2	8,46	7,47
0,1	9,87	6,72

Aus der Betriebsstatistik ergibt sich ferner der Eigenverbrauch des Werkes an Elektrizität zu 1,5 bis 2 vH der abgegebenen Arbeit; hierbei ist zu beachten, daß Kondensationspumpen, Umlaufwasserpumpen und Speisepumpen mit Dampf betrieben werden.

Kohlenverbrauch, Wärmeverbrauch, Wasserverbrauch, Verdampfungsziffer und Erzeugungskosten je kWh sind als Funktionen des Ausnutzungsfaktors in Abb. 15 verzeichnet.

Es hätte insbesondere für den Wärmeverbrauch mit neuzeitlichen Maschinen noch ein besseres Ergebnis erreicht werden können. Die ungünstigeren Werte erklären sich daraus, daß die Dampfverbrauchsziffern der bereits vor 15 Jahren für das Märkische E.-W. bestellten Dampfturbinen von heutigen Konstruktionen weit übertroffen werden. Man würde auch Dampfturbinen für diese Leistung heute nicht mehr für 1500 Umdrehungen, sondern für 3000 Uml./min bauen und dadurch außer besserem Dampfverbrauch auch geringeres Anlagekapital erzielen.

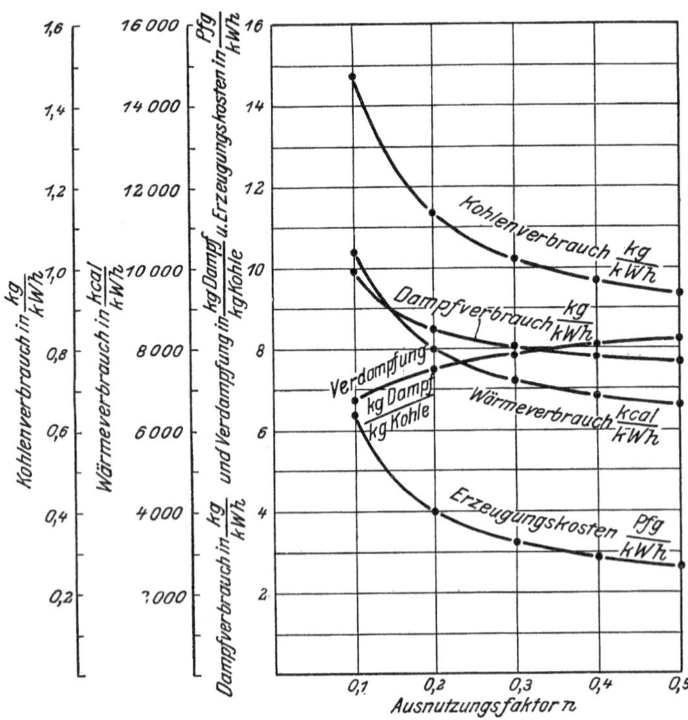

Abb. 15. Kohlenverbrauch, Wärmeverbrauch, Dampfverbrauch, Verdampfung, Erzeugungskosten der elektrischen Energie.

II. Wirtschaftlichkeit und Energiegestehungskosten in Abhängigkeit von Größe und Ausnutzungsfaktor.

A. Rechnungsgrundlagen.

Handelt es sich nicht lediglich um den Vergleich der Energietransportkosten (Kap. V, 3. S. 107), sondern um die Beurteilung ganzer Projekte für die Elektrizitätsversorgung großer Gebiete, so muß gleichzeitig eine Parallele zwischen der Errichtung eines einzigen Werkes und einer größeren Anzahl mittelgroßer örtlicher Werke gezogen werden. Bei diesem Vergleich ergeben sich aber so wesentliche Unterschiede, daß der beträchtliche Vorteil der Erzeugung in großen Werken klar zum Ausdruck kommt.

Die Baukosten von Elektrizitätswerken mit Dampfkraft sind für verschiedene Gegenden Deutschlands praktisch die gleichen. Für die Maschinenausrüstung trifft dies ohne weiteres zu, aber auch die Kosten der Hochbauten, die dem Werte nach größtenteils aus Eisenkonstruktionen bestehen, sind nahezu unabhängig von der Gegend, in welcher der Bau erstellt wird.

In ein und derselben Gegend können dagegen die Kosten der Wasserversorgung die gesamten Baukosten stark beeinflussen; es wird sich jedoch häufig ermöglichen lassen, die Baustelle derart zu wählen, daß teure aus dem üblichen Rahmen herausfallende Kunstbauten vermieden werden; dasselbe gilt von den für die Kohlenzufuhr erforderlichen Anlagen, so daß man ohne merklichen Fehler die Gesamtkosten der Werke überall als gleich annehmen darf.

In Abb. 16 sind die Kraftwerkskosten ausgeführter Anlagen mittlerer Größe für 1 kW ausgebauter Leistung zeichnerisch dargestellt, sie betragen ohne die Kosten für die Transformatoren, die je nach den örtlichen Verhältnissen sehr verschieden sein können, bei einer

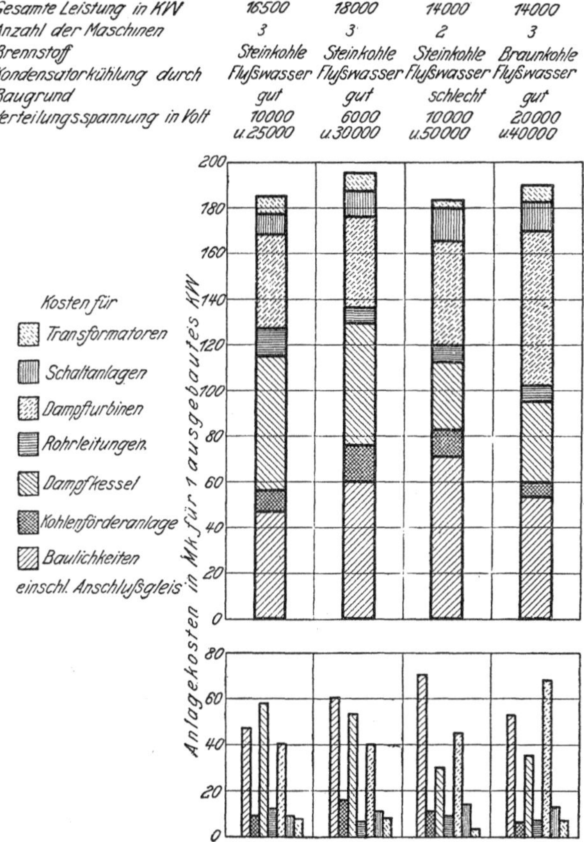

Abb. 16. Anlagekosten ausgeführter Werke.

2*

Maschinenleistung von 5000 bis 7000 kW fast übereinstimmend rd. 180 ℳ. In diesem Betrage sind jedoch die Baukosten der Verwaltungsgebäude und dergl. nicht enthalten.

Die einzelnen Beträge der Gesamtkosten weisen allerdings große Unterschiede auf, dies gilt besonders von den Kosten für Baulichkeiten und Dampfkessel. Erstere werden durch den Baugrund und die Kühlwasserversorgung beeinflußt, letztere hängen vom Kesselsystem, der Heizflächenbelastung und der Größe der Reserven ab.

Der Unterschied in den Kosten der Dampfturbinenanlage rührt außer von ihrer Größe hauptsächlich davon her, daß inzwischen durch Erhöhen der Umlaufszahl und durch Vereinfachung des Aufbaues eine wesentliche Verbilligung erzielt wurde; endlich spielt die Phasenverschiebung für die Generatoren und die Bemessung der Kondensation für die Turbinen eine merkbare Rolle.

Es ist manchmal schwer zu entscheiden, unter welchem Posten gewisse Bestandteile des Werkes zu buchen sind. Immerhin gibt Abb. 16 einen ausreichenden Überblick über Größe und Art der Zusammensetzung der Baukosten.

Sie berücksichtigt nur Werke, die günstig liegen und bei denen die Kühlwasserbeschaffung einfach war.

Kleine Werke mit Einheiten bis zu 1000 kW zeigen weit größere Unterschiede der Baukosten, die, wie eine besondere Untersuchung zeigte, zuweilen Werte von mehr als 500 ℳ/kW erreichen. Es rührt dies u. a. davon her, daß derartige Werke oft aus den kleinsten Anfängen heraus entstanden sind.

Man kann jedoch mit ausreichender Zuverlässigkeit annehmen, daß die mittleren Baukosten für ein ausgebautes Kilowatt unter günstigen Verhältnissen bei kleineren Werken mit Maschinen-Einheiten von 1000 kW etwa 300 ℳ, bei mittleren Werken mit Einheiten von rd. 3000 bis 5000 kW etwa 200 ℳ und bei großen Werken mit Turbinen von 15000 bis 20000 kW und bei günstiger Lage etwa 150 ℳ betragen; sie nehmen also mit zunehmender Leistung des Werkes stark ab. Erst von einer Zentralen-Leistung von rd. 80000 bis 100000 kW an sind kaum noch Ersparnisse zu erzielen; es wird daher aus anderen Gründen manchmal besser sein, diese Leistung nicht zu überschreiten und dafür lieber zwei getrennte Werke zu errichten.

Alles in allem können Vergleichsrechnungen etwa folgende Werte für die Anlagekosten bezogen auf 1 kW gesamter Maschinenleistung des Werkes zugrunde gelegt werden:

Kleinere Werke mit einer Leistung von rd. 1000 kW rd. 300 ℳ/kW.

Mittlere Werke mit einer Leistung von rd. 10000 bis 30000 kW rd. 200 ℳ/kW.

Große Werke mit einer Leistung von rd. 50000 kW und mehr rd. 140 bis 150 ℳ/kW.

Beachtet man weiter, daß jedes der selbständigen kleinen Werke für die örtliche Spitze eingerichtet sein muß, während ein gemeinsames Werk nur die Summe aller örtlichen Spitzen, multipliziert mit dem Gleichzeitigkeitsfaktor, zu decken braucht, und daß ferner jedes der Einzelwerke wiederum den gleichen Prozentsatz an Reserve aufweisen muß, so verschiebt sich das wirtschaftliche Bild noch stärker zugunsten der Zentralisation, da die Unterschiede in den Erzeugungskosten des Stromes dann sehr beträchtlich werden. Schon bei Werken mittlerer Größe werden bekanntlich die Fortleitungskosten häufig größer als die Erzeugungskosten.

Einen Vergleich erhält man durch folgende Rechnungen:

Kraftwerk.

A. Maschineneinheiten . . 20000 kW,
    Kesseleinheiten . . . . 7 Stück je Maschine.
B. Maschineneinheiten . . 5000 kW,
    Kesseleinheiten . . . . 4 Stück je Maschine.
C. Maschineneinheiten . . 1000 kW,
    Kesseleinheiten . . . . 1 Stück je Maschine.

Für die Rechnung sind nachstehende Werte maßgebend:

1. **Gesamtwärmeverbrauch** (W_t) eines Werkes in Abhängigkeit vom momentanen Belastungsfaktor der in Betrieb befindlichen Maschinen

$$W_t = \frac{a_w}{m} + b_w \qquad \text{kcal/kWh}$$

Hierin ist:

m = momentaner Belastungsfaktor

$$= \frac{\text{momentane Belastung der im Betriebe befindlichen Maschinen}}{\text{günstigste (= volle) Belastung aller im Betriebe befindlichen Maschinen}} \cdot$$

a_w = Wärmeverbrauch der Kessel bei Leerlauf der Maschinen in Kalorien und je kW der Gesamtleistung der in Betrieb befindlichen Maschinen.

b_w = zusätzlicher Wärmeverbrauch der im Betriebe befindlichen Kessel in Kalorien je h und je kW nutzbare Energieabgabe.

2. **Mittlerer jährlicher Wärmeverbrauch** (W_m) eines Werkes in Abhängigkeit vom mittleren Ausnutzungsfaktor der Anlage (kcal/kWh).

Es bedeuten:

$s_1 s_2 \ldots$ = jährliche Betriebsstunden der einzelnen Maschinensätze.

$L_1 L_2 \ldots$ = Volleistung der einzelnen Maschinen in kW.

Z = Anzahl der Maschinen.

n = Ausnutzungsfaktor des Werkes $\cdot$

$$= \frac{\text{mittlere Jahresbelastung in kW}}{\text{ausgebaute Gesamtleistung des Werkes in kW}} \cdot$$

a_w u. b_w = wie unter I.

Es beträgt die jährliche Leistung des

$$\text{Werkes} = n \cdot 8760 \cdot \Sigma(L) \qquad \text{kW}$$

und der jährliche Wärmeverbrauch des

$$\text{Werkes} = n \cdot 8760 \cdot \Sigma(L) \cdot W_m \qquad \text{kcal}$$

Der Leerlaufwärmeverbrauch der ersten Maschine ist $s_1 \cdot L_1 \cdot a_w$ kcal/Jahr, der der zweiten Maschine $s_2 \cdot L_2 \cdot a_w$ kcal/Jahr, der der ganzen Anlage $(s_1 \cdot L_1 + s_2 \cdot L_2 + s_3 \cdot L_3) \cdot a_w$ $= \Sigma(s \cdot L)\, a_w$ kcal/Jahr und der gesamte zusätzliche Wärmeverbrauch somit

$$= n \cdot 8760 \cdot \Sigma(L) \cdot b_w \text{ kcal/Jahr.}$$

Der jährliche Gesamtwärmeverbrauch des Werkes wird gefunden aus der Gleichung:

$$n \cdot 8760 \cdot \Sigma \cdot (L) \cdot W_m = \Sigma(s \cdot L) \cdot a_w + n \cdot 8760 \cdot b_w \cdot \Sigma(L)$$

$$W_m = \frac{1}{n} \cdot \frac{\Sigma(s \cdot L)}{8760 \cdot \Sigma L} \cdot a_w + b_w \qquad \text{kcal/kWh}$$

Bei gleicher Volleistung aller Maschinen ist:

$$W_m = \frac{1}{n} \cdot \frac{\Sigma(s)}{8760 \cdot Z} \cdot a_w + b_w \qquad \text{kcal/kWh}$$

Es wird gesetzt:

$$\frac{\Sigma(s)}{8760 \cdot Z} = f = \text{Betriebszeitfaktor}[1] = \frac{\text{Gesamtbetriebszeit aller Maschinen}}{\text{höchstmögliche Betriebszeit aller Maschinen}} \cdot$$

$$W_m = \frac{1}{n} \cdot f \cdot a_w + b_w \qquad \text{kcal/kWh}$$

---

[1] Für ungleiche Maschinensätze S. 8 u. 28.

Grenzfälle für f[1].

Erster Grenzfall: $f_{max} = 1$, d. h. es ist nur eine Maschine vorhanden bzw. sämtliche Maschinen sind dauernd in Betrieb.

$$W_m = \frac{1}{n} \cdot a_w + b_w \quad \text{kcal/kWh}$$

Zweiter Grenzfall: $f_{min} = n$, d. h. entweder sämtliche laufende Maschinen sind dauernd voll belastet, oder bei einer größeren Anzahl von Maschinen wird das An- und Abstellen derselben so reguliert, daß die in Betrieb befindlichen Maschinen voll belastet sind.

$$W_m = a_w + b_w \quad \text{kcal/kWh},$$

d. h. der Wärmewirkungsgrad ist unabhängig von n, dem Ausnutzungsfaktor.

3. Mittlere jährliche Betriebskosten in Abhängigkeit von dem Ausnutzungsfaktor (n) des Werkes in Pfg/kWh.

$$K = \frac{1}{n} \cdot c + g \cdot W_m \quad \text{Pfg/kWh}$$

$$= \frac{1}{n} (c + g \cdot f \cdot a_w) + g \cdot b_w \quad \text{Pfg/kWh}$$

$$= \frac{1}{n} \cdot A + B \quad \text{Pfg/kWh}$$

$$A = c + g \cdot f \cdot a_w \quad \text{Pfg/kWh}$$
$$B = g \cdot b_w \quad \text{Pfg/kWh}$$

In vorstehenden Gleichungen bedeuten:

$c =$ mittlere jährliche Betriebs- und Kapitalkosten (ausschließlich Heizmaterial) je h und ausgebautes kW in Pfg.

$g =$ Kosten des Heizmaterials je kcal in Pfg.

$A =$ Gesamtbetriebskosten je ausgebautes kW und h bei Leerlauf (ohne nutzbare Energieabgabe) in Pfg.

$B =$ zusätzliche Betriebskosten je nutzbar abgegebene kWh in Pfg.

4. Anwendung der Werte auf die Beispiele A, B und C.

Bei dem Vergleich der eingangs erwähnten Beispiele A, B und C werden folgende Werte zugrunde gelegt:

Ausgangswerte[2].

Nr.	Position	Größe des Maschinensatzes		
		Kraftwerk		
		A 20 000 kW	B 5000 kW	C 1000 kW
1	Wirkungsgrad einer Kesseleinheit bei günstigster Belastung (= Vollast) einschließlich Energieaufwand für künstlichen Zug, Kettenrost- und Reinigerantrieb und Kesselspeisepumpen	78 vH	76 vH	75 vH
2	Leerverbrauch einer Kesseleinheit nach 1 in Prozenten des Vollastverbrauchs			
	Kessel allein	9 vH	9,75 vH	10 vH
	Hilfsantriebe	1,5 vH	1,5 vH	1,5 vH
	Speisepumpen	0,5 vH	0,5 vH	0,5 vH
	Total	11,0 vH	11,75 vH	12,0 vH

[1]) Wegen der tatsächlichen Größe von f siehe S. 28.
[2]) Alle Preisangaben beziehen sich auf Goldmark.

Nr.	Position	Größe des Maschinensatzes		
		Kraftwerk		
		A 20000 kW	B 5000 kW	C 1000 kW
3	Wärmegefälle für 1 kg Dampf innerhalb der Turbine und Kondensation (12 at, 300° C)	690 kcal	690 kcal	690 kcal
4	Dampfverbrauch einer Maschineneinheit bei günstigster Belastung (= Vollast) einschließlich Energieaufwand für Erregung und Kondensationsmaschinen pro abgegebene kWh	5,8 kg	6,5 kg	7,5 kg
5	Wärmeäquivalent einer kWh	860 kcal	860 kcal	860 kcal
6	Wirkungsgrad einer Maschineneinheit nach 4 . .	21,5 vH	19,1 vH	16,6 vH
7	Leerverbrauch einer Maschineneinheit nach 4 in Prozenten des Vollastverbrauchs	10 vH	12,5 vH	15 vH
8	Rohrleitung. Sämtliche Rohrleitungen werden unter Zugrundelegung der Wärmeverluste auf die Dimensionen der Frischdampfleitung reduziert angenommen. Frischdampfleitung: reduzierte Länge	150 m	150 m	160 m
	Durchmesser	380 mm	275 mm	200 mm
	reduzierte Oberfläche	180 m²	130 m²	100 m²
9	Wärmeverlust der Frischdampfleitung je m² Oberfläche und Stunde	1000 kcal	1000 kcal	1000 kcal
10	Wirkungsgrad der Rohrleitung nach 8 und 9 (ausschließlich Drosselverluste, die vernachlässigt werden) .	99,8 vH	99,7 vH	99,6 vH
11	Eigenverbrauch der Zentrale in Prozenten der Vollastleistung (Licht, Werkstatt usw.)	0,5 vH	0,75 vH	1,0 vH
12	Anlagekosten je kW	150 ℳ	200 ℳ	300 ℳ
13	Kleinmaterial, Wasser, Steuern usw. je kW/Jahr .	0,30 ℳ	0,42 ℳ	0,60 ℳ
14	Personalkosten je kW/Jahr	3,00 ℳ	4,20 ℳ	6,00 ℳ
15	Reparaturen (1 vH der Anlagekosten) je kW/Jahr . .	1,50 ℳ	2,00 ℳ	3,00 ℳ
16	Zinsen und Erneuerung (12 vH der Anlagekosten) je kW/Jahr	18,00 ℳ	24,00 ℳ	36,00 ℳ
17	Heizwert der Kohle	7500 kcal	7500 kcal	7500 kcal
18	Preis der Kohle im Kesselhaus je t	15 ℳ	15 ℳ	15 ℳ
19	Preis der Wärmeeinheit	$0,2 \cdot 10^{-3}$ Pfg	$0,2 \cdot 10^{-3}$ Pfg	$0,2 \cdot 10^{-3}$ Pfg

Wärmebilanz.

Ausgangswert: 100 kcal. Die Werte der Positionen 20 bis 24 geben somit gleichzeitig den prozentualen Wirkungsgrad an.
Die eingeklammerten Ziffern beziehen sich auf Positionsnummern der Ausgangswerte.

Nr.	Position	Wärmeverbrauch im Kraftwerk bei Vollast								
		A. 20000 kW			B. 5000 kW			C. 1000 kW		
		konstant	veränderlich	insgesamt	konstant	veränderlich	insgesamt	konstant	veränderlich	insgesamt
20	Kessel (1, 2):									
	Zugang . . . . kcal	11,00	89,00	**100,00**	11,75	88,25	**100,00**	12,00	88,00	**100,00**
	Abgabe . . . . „	—	—	78,00	—	—	76,00	—	—	75,00
21	Rohrleitung (10):									
	Zugang . . . . „	0,16	77,84	78,00	0,23	75,77	76,00	0,30	74,70	75,00
	Abgabe . . . . „	—	—	77,84	—	—	75,77	—	—	74,70
22	Maschinen (6, 7):									
	Zugang . . . . „	7,78	70,06	77,84	9,45	66,32	75,77	11,20	63,50	74,70
	Abgabe . . . . „	—	—	16,70	—	—	14,50	—	—	12,40
23	Sammelschienen (11):									
	Zugang . . . . „	0,08	16,62	16,70	0,11	14,39	14,50	0,12	12,28	12,40
	Abgabe . . . . „	—	—	16,62	—	—	15,39	—	—	12,28
24	Gesamtbilanz:									
	Zugang . . . . kcal	19,02	80,98	100,00	21,54	78,46	100,00	23,62	76,38	100,00
	Abgabe . . . . „	—	—	16,62	—	—	14,39	—	—	12,28

Nr.	Position	Wärmeverbrauch im Kraftwerk bei Vollast								
		A. 20000 kW			B. 5000 kW			C. 1000 kW		
		kon-stant	ver-änder-lich	ins-gesamt	kon-stant	ver-änder-lich	ins-gesamt	kon-stant	ver-änder-lich	ins-gesamt
25	Gesamtbilanz pro nutzbare kWh bei Vollast:									
	Zugang . . . . kcal	984	4190	5174	1295	4705	6000	1655	5345	7000
	Abgabe . . . . „	—	—	860	—	—	860	—	—	860
26	Günstigster Kohlenverbrauch pro nutzbare kWh . . . . kg	0,13	0,56	0,69	0,17	0,63	0,80	0,22	0,713	0,93

Bilanz der Betriebskosten.

Nr.	Position	Betriebskosten in Pfg je nutzbare kWh bei Vollast								
		A. 20000 kW			B. 5000 kW			C. 1000 kW		
		kon-stant	ver-änder-lich	ins-gesamt	kon-stant	ver-änder-lich	ins-gesamt	kon-stant	ver-änder-lich	ins-gesamt
27	Kohle (19, 25)	0,1968	0,8380	1,0348	0,2590	0,9410	1,2000	0,3310	1,0690	1,400
28	Kleinmaterial, Wasser usw. (13)	0,0034	—	0,0034	0,0048	—	0,0048	0,0069	—	0,0069
29	Personal (14)	0,0342	—	0,0342	0,0480	—	0,0480	0,0687	—	0,0687
30	Reparaturen (15)	0,0171	—	0,0171	0,0229	—	0,0229	0,0343	—	0,0343
31	Zinsen und Erneuerung (16)	0,2060	—	0,2060	0,2750	—	0,2750	0,4120	—	0,4120
32	Gesamt	0,4575	0,8380	1,2955	0,6097	0,9410	1,5507	0,8529	1,0690	1,9219

Gleichungskonstanten.

(Die eingeklammerten Ziffern bezeichnen die Positionsnummern, aus denen sich die Werte ergeben.)

Bezeichnung	Dimension	Symbol	Kraftwerk		
			A. 20000 kW	B. 5000 kW	C. 1000 kW
Wärmeverbrauch bei Leerlauf (25)	kcal/kW Betriebsleistung	a_w	984	1295	1655
Zusätzlicher Wärmeverbrauch (25)	kcal/kWh	b_w	4190	4705	5345
Betriebskosten außer Kohle (32, 27)	Pfg/ausgebaute kWh	c	0,2607	0,3507	0,5219
Kohlekosten (19)	Pfg/kcal	g	$0,2 \cdot 10^{-3}$	$0,2 \cdot 10^{-3}$	$0,2 \cdot 10^{-3}$

Endgleichungen.

Nr.	Bezeichnung	Dimension	Kraftwerk		
			A. 20 000 kW	B. 5000 kW	C. 1000 kW
1	Momentaner Wärmeverbrauch	kcal/kWh Betriebsleistung	$W_t = 984 \cdot \dfrac{1}{m} + 4190$	$W_t = 1295 \cdot \dfrac{1}{m} + 4705$	$W_t = 1655 \cdot \dfrac{1}{m} + 5345$
4	Mittlerer jährlicher Wärmeverbrauch	kcal/kWh	$W_m = 984 \cdot \dfrac{1}{n} \cdot f + 4190$	$W_m = 1295 \cdot \dfrac{1}{n} \cdot f + 4705$	$W_m = 1655 \cdot \dfrac{1}{n} \cdot f + 5345$
5	Grenzfall $f = 1$	kcal/kWh	$W_{m_1} = 984 \cdot \dfrac{1}{n} + 4190$	$W_{m_1} = 1295 \cdot \dfrac{1}{n} + 4705$	$W_{m_1} = 1655 \cdot \dfrac{1}{n} + 5345$
6	Grenzfall $f = n$	kcal/kWh	$W_{m_2} = 5174$	$W_{m_2} = 6000$	$W_m = 7000$
7	Mittlere jährliche Betriebskosten	Pfg/kWh	$K = 0{,}2607 \cdot \dfrac{1}{n} + 0{,}2 \cdot W_m \cdot 10^{-3}$	$K = 0{,}3507 \cdot \dfrac{1}{n} + 0{,}2 \cdot W_m \cdot 10^{-3}$	$K = 0{,}5219 \cdot \dfrac{1}{n} + 0{,}2 \cdot W_m \cdot 10^{-3}$

Beispiel 1.

Mittlerer jährlicher Wärmeverbrauch je nutzbare kWh (W_m).

Ausnutzungsfaktor n	Grenzfall: $f = 1$, $n = m$, Gleichung 5						Grenzfall: $f = n$, Gleichung 6		
	Kraftwerk			Kraftwerk			Kraftwerk		
	A. 20 000 kW kcal/kWh	B. 5000 kW kcal/kWh	C. 1000 kW kcal/kWh	A.	B. In Prozenten von Beispiel A bei $n = 1{,}0$	C.	A. kcal/kWh	B. kcal/kWh	C. kcal/kWh
1,0	5174	6000	7000	100	86,1	74,0	5174	6000	7000
0,9	5283	6144	7184	98,0	84,2	72,1	5174	6000	7000
0,8	5420	6324	7414	95,5	81,9	69,6	5174	6000	7000
0,7	5647	6555	7709	91,8	79,0	67,0	5174	6000	7000
0,6	5830	6863	8103	88,9	75,6	63,8	5174	6000	7000
0,5	6158	7295	8655	84,1	71,0	59,8	5174	6000	7000
0,4	6650	7943	9483	77,9	65,2	54,7	5174	6000	7000
0,3	7470	9022	10862	69,4	57,2	47,5	5174	6000	7000
0,2	9110	11180	13620	56,7	46,4	37,9	5174	6000	7000
0,1	14030	17655	21895	36,8	29,3	23,6	5174	6000	7000

Anm.: Die prozentualen Werte der mittleren Kolonnen ergeben mit 0,1662 multipliziert den Gesamt-Wärmewirkungsgrad des Werkes in Prozenten, 0,1662 = Pos. Nr. 24 A, S. 23.

Beispiel 2.

Mittlere jährliche Gesamtbetriebskosten in Pfg je nutzbare kWh (K).

Ausnutzungsfaktor	Grenzfall: $f = 1$, Gleichung 5 u. 7			Grenzfall: $f = n$, Gleichung 6 u. 7		
	Kraftwerk			Kraftwerk		
	A. 20 000 kW Pfg/kWh	B. 5000 kW Pfg/kWh	C. 1000 kW Pfg/kWh	A. 20 000 kW Pfg/kWh	B. 5000 kW Pfg/kWh	C. 1000 kW Pfg/kWh
1,0	1,2955	1,5507	1,9219	1,2955	1,5507	1,9219
0,9	1,3463	1,6188	2,0168	1,3245	1,5900	1,9800
0,8	1,4099	1,7038	2,1331	1,3607	1,6390	2,0503
0,7	1,5018	1,8120	2,2898	1,4072	1,7010	2,1480
0,6	1,6005	1,9376	2,4916	1,4693	1,7850	2,2710
0,5	1,7530	2,1604	2,7748	1,5562	1,9014	2,4438
0,4	1,9818	2,4666	3,2016	1,6866	2,0780	2,7050
0,3	2,3630	2,9714	3,9124	1,9038	2,3670	3,1400
0,2	3,1255	3,9900	5,3340	2,3383	2,9540	4,0100
0,1	5,4130	7,0380	9,5980	3,6418	4,7070	6,6190

Aus den Rechnungen ergibt sich, daß der Wärme- bzw. Kohlenverbrauch außer vom Ausnutzungsfaktor noch vom Betriebszeitfaktor abhängt, und zwar in desto höherem Maße, je kleiner der jährliche Ausnutzungsfaktor des Werkes ist. Dies sollte aus dem Grunde besonders beachtet werden, weil der Betriebsleiter eines Werkes es bis zu einem gewissen Grade in der Hand hat, den Betriebszeitfaktor durch eine verständige Einteilung der Betriebszeit der verschiedenen Maschinen niedrig zu halten und sich damit dem durch Gl. (6) ausgedrückten günstigsten Kohlenverbrauch zu nähern. Die Aufzeichnung des Betriebszeitfaktors (der sich naturgemäß ebenso wie der Ausnutzungsfaktor auch für kürzere Zeitverhältnisse ermitteln läßt) würde somit eine wertvolle Handhabe bieten, die Zweckmäßigkeit der Betriebsleitung zu überwachen.

In Wirklichkeit ist, wie auf S. 8 gezeigt wurde, f fast stets kleiner als $\dfrac{1+n}{2}$ und nähert sich mit zunehmender Zahl der parallel arbeitenden Maschinen immer mehr der Größe n.

Die Unterschiede im Wärmeverbrauch für die beiden Grenzfälle des Betriebszeitfaktors in Abhängigkeit vom Ausnutzungsfaktor sind aus der Tabelle, Beispiel 1, S. 25 ersichtlich (vgl. auch Abb. 17 und 18).

Es geht daraus hervor, daß der Kohlenverbrauch z. B. bei einem Ausnutzungsfaktor von 0,1 auf das Dreifache des erreichbaren Wertes ansteigen kann, entsprechend der Größe des Betriebszeitfaktors.

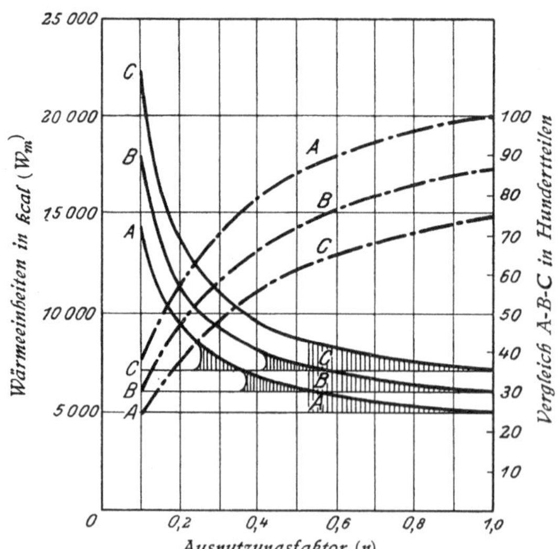

Abb. 17. Abhängigkeit von W_m von dem Ausnutzungsfaktor n
für $f = 1$, stark ausgezogene Kurve,
für $f = n$, dünner Strich.

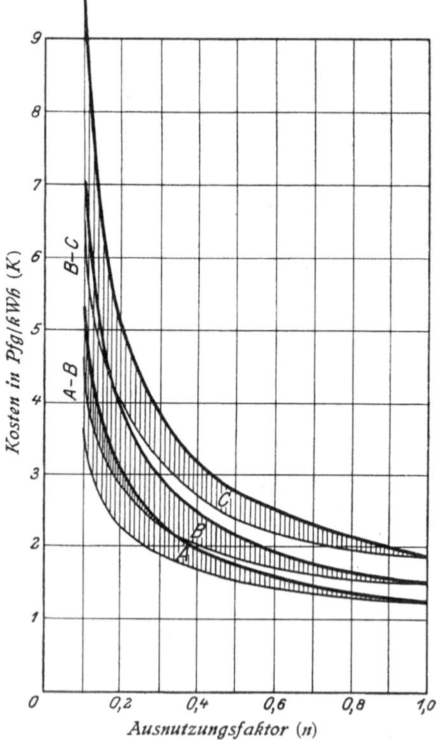

Abb. 18. Abhängigkeit der Erzeugungskosten K von dem Ausnutzungsfaktor n
für $f = 1$, stark ausgezogene Kurve,
für $f = n$, dünner Strich.

5. Kostencharakteristik der gesamten Anlage unter Berücksichtigung der Fortleitungskosten.

In den vorhergehenden Abschnitten sind die Rechnungsgrundlagen für die Bestimmung der Erzeugungskosten entwickelt; sie erfordern eine Erweiterung, weil in den gesamten Betriebskosten eines Unternehmens („Normalpreise") noch die Fortleitungskosten enthalten sind und diese somit noch hinzukommen.

Der „Normalpreis" wird gebildet durch die Summe

$$K = K_c + K_v + K_n \quad \mathcal{M},$$

dabei bedeuten:

K „Normalpreis" $=$ Gesamte Betriebskosten (einschließlich Zinsen).
K_c Anteil der Zentralenkosten $=$ Erzeugungskosten.
K_v Anteil der Netzverlustkosten.
K_n Anteil der Netzbetriebskosten.

Die Abhängigkeit der einzelnen Werte von der Art des Verbrauchs bzw. von der Ausnutzung ergibt sich aus nachfolgenden Gleichungen.

Analog der für die Ermittlung der Erzeugungskosten gegebenen Definition des Ausnutzungsfaktors

$$n^1 = \frac{\text{mittlere in das Netz abgegebene Leistung des Werkes}}{\text{vorhandene Gesamtleistung}}$$

wird der für den „Normalpreis" maßgebende Ausnutzungsfaktor (n) dargestellt durch den Ausdruck:

$$n = \frac{\text{mittlere Jahresbelastung}}{\text{ausgebaute Gesamtleistung}},$$

die Beziehung zwischen diesen beiden Werten ist gegeben durch

$$\frac{n}{n^1} = \eta = \frac{\text{mittlere Jahresbelastung}}{\text{mittlere Leistung des Werkes}} = \frac{\text{verkaufte kWh}}{\text{erzeugte kWh}},$$

mithin durch den mittleren Wirkungsgrad (η) des Gesamtnetzes.

Die Erzeugungskosten (K_c) betragen nach Vorhergehendem:

$$K_c = \frac{1}{n^1} \cdot a_c + b_c \quad \text{Pfg/kWh}$$

und werden somit als Anteilkosten am Verkaufspreis ausgedrückt durch die Gleichung:

$$K_c = \frac{1}{n} \cdot \eta \cdot a_c + b_c \quad \text{Pfg/kWh}.$$

Hinsichtlich der Netzverluste läßt sich eine ähnliche Gleichung aufstellen mit der Annäherung, daß die Kupferverluste, die genau genommen quadratisch mit der Belastung wechseln, letzterer proportional sind. Diese Vereinfachung ist zulässig, weil die Verlustkosten nur einen kleinen Teil der Gesamtkosten ausmachen.

Es betragen somit die Verluste je verkaufte Kilowattstunde

$$V = \frac{1}{n} \cdot a_v + b_v \, \text{kWh}$$

wobei a_v die Leerlaufverluste (Eisenverluste der Umformer, Transformatoren, dielektrische Verluste usw.) und b_v die Kupferverluste der Transformatoren, Umformer, Kabel usw. bedeuten.

Um hierzu die Verlustkosten (K_v) zu finden, ist obiger Wert V mit dem für K_c gefundenen Betrag der Erzeugungskosten zu multiplizieren, mithin beträgt

$$K_v = V \cdot K_c \quad \text{Pfg je verkaufte kWh}$$

$$= \frac{1}{n^2} \cdot \eta \cdot a_c \cdot a_v + \frac{1}{n} [\eta \cdot a_c \cdot b_v + b_c \cdot a_v] + b_c b_v$$

Der Wert für η ist gegeben durch die Beziehung

$$\eta = \frac{1}{1+V} = \frac{n}{a_v + n\,(1+b_c)}$$

Der Anteil der Netzbetriebskosten (K_n) am Verkaufspreis läßt sich ebenfalls durch eine Gleichung ausdrücken von der Form:

$$K_n = \frac{1}{n} \cdot a_n + b_n \quad \text{Pfg/kWh}$$

Hierin bedeuten wiederum a_n die Betriebskosten bei unbelasteter Anlage und b_n den von der Ausnutzung unabhängigen Kostenanteil.

Berücksichtigt man, daß η innerhalb der praktisch vorkommenden Werte für n nur wenig variiert und somit für diesen Bereich ohne großen Fehler als konstant angenommen werden kann, so erhält man als Endgleichung für den Verkaufspreis eine Gleichung von der Form:

$$K = \frac{1}{n} \cdot a + \frac{1}{n^2} \cdot a_1 + b \quad \text{Pfg/kWh}\,,$$

die man als „Kostencharakteristik" der gesamten Anlage bezeichnen kann. Es ist einleuchtend, daß die Kenntnis dieser Gleichung die Möglichkeit bietet, nicht nur den mittleren Strompreis der Gesamtanlage zu bestimmen, sondern auch die für die verschiedenen Konsumarten zu zahlenden Preise in richtiger Weise abzustufen, sobald deren Einfluß auf den Ausnutzungsfaktor bekannt ist.

6. Bestimmung des Betriebszeitfaktors und Einfluß verschiedener Faktoren auf die Übertragungsverluste.

Die vorstehende Berechnung der Übertragungsverluste einer Leitung, bei der die Kupferverluste proportional der abgegebenen kWh-Zahl angenommen wurden, gibt hinreichend genaue Ergebnisse für wirtschaftliche Vergleichsrechnungen von dem Umfange, mit dem diese Frage in dem vorliegenden Falle behandelt wurde. Handelt es sich dagegen darum, die Einzelverluste einer Kraftübertragung zu bestimmen, um daraus den Einfluß der verlustbringenden Faktoren festzustellen und Verbesserungsmöglichkeiten abzuleiten, so sind diese im einzelnen zu erfassen und vorauszubestimmen. Die von Tröger (ETZ 1920, Heft 46 u. 47) angegebene Methode bietet dazu eine einfache und zuverlässige Handhabe. Das wesentliche dieser Berechnungsart ist die Ermittlung von Werten, die nicht, wie bisher üblich, sich auf momentane Größen von Belastung, Leistungsfaktor, Wirkungsgrad, Fortleitungskosten u. a. stützen, sondern den ununterbrochenen Wechsel der einzelnen Momentangrößen während des Dauerbetriebes des ganzen Jahres erfassen. Denn nur dieses Integrieren der einzelnen Momentangrößen nach der Zeit führt zu den Werten, die die Übertragungsverluste bestimmen, zum effektiven Arbeitsstrom, ein Begriff, der von der Bestimmung der Wechselstromgrößen her hinreichend bekannt ist. Ein Unterschied besteht lediglich darin, daß an Stelle des sinusförmigen Verlaufes der Stromkurve die unregelmäßige Belastungskurve tritt und an Stelle einer Periode die Zeitdauer eines ganzen Jahres.

Die jährlichen Arbeitsverluste für eine Einfachleitung vom Widerstande w lassen sich durch die Gleichung ausdrücken:

$$A_v = \int_0^{8760} V \cdot dt = w \int_0^{8760} J_t^2 \cdot dt.$$

Für die Lösung des Integrals der Stromquadratwerte sind nun in der angeführten Abhandlung gewisse Kurven, sogenannte „geordnete Belastungskurven" aufgestellt, die die Ermittlung des Betriebszeitfaktors in Abhängigkeit von dem Belastungsfaktor des Werkes ermöglichen. In der Regel bediente man sich hierzu einer Exponentialfunktion. Die in Abb. 19 gezeigten Kurven stellen jedoch eine verein-

fachte Näherung dar, welche für Verhältnisse der Großkraftübertragung mit Belastungsfaktoren von mindestens 0,25 ausreicht. Der gebrochene Linienzug zwischen den 4 Punkten:

$$x_1 = 0, \qquad x_2 = 0,2, \qquad x_3 = 0,8,$$
$$x_4 = 1,0$$

ist ermittelt durch:

$$y_1 = \tfrac{4}{3} m_a - \tfrac{1}{3}, \qquad y_2 = \tfrac{4}{3} m_a - \tfrac{1}{3},$$
$$y_3 = \tfrac{5}{6} m_a + \tfrac{1}{6}, \qquad y_4 = 1,0.$$

Die jährlichen Maschinenbetriebsstunden für jedes Aggregat eines Werkes ergeben sich aus den Schnittpunkten der der normalen Vollastleistung entsprechenden Ordinaten mit derjenigen geordneten Belastungskurve, die dem Belastungsfaktor des Werkes entspricht.

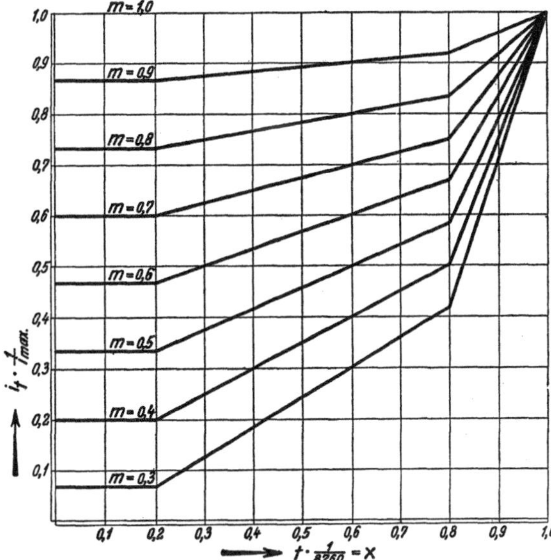

Abb. 19. Geordnete Belastungskurven.

Der zu einem bestimmten Belastungsfaktor zugehörige Arbeitsbetrag in kWh für die Zeitdauer 1 (Tag, Monat, Jahr usw.) und für die Spitzenlast von 1 kW, entspricht dem Flächeninhalt unter dem Arbeitsdiagramm. Der Belastungsfaktor, der nach Abschnitt I durch die Beziehung definiert wurde:

$$m = \frac{\text{abgegebene kWh-Zahl}}{\text{Spitze} \cdot 8760}$$

ist aus den charakteristischen Konsumkurven für die verschiedenen Belastungsarten abzuleiten, die für ein bestimmtes Stromabsatzgebiet als bekannt vorausgesetzt werden können und die in Kapitel IV noch eingehender behandelt werden. Die aus den geordneten Belastungskurven ermittelten Werte für den Verlustfaktor der Arbeit, das ist das Verhältnis

$$\vartheta = \frac{\text{Zeitintegral der Leitungsverluste}}{\text{Zeitintegral des Spitzenverlustes}} = \frac{A_v}{A_{vh}} = \frac{\int V \cdot dt}{8760 \cdot V_h},$$

sind in der nachstehenden Tabelle übersichtlich zusammengestellt:

Tabelle 1.

Arbeitsverlustfaktor (ϑ) von stromdurchflossenen Leitern
in Abhängigkeit vom Belastungsfaktor der Jahresarbeit (m) und dem Leistungsfaktor bei Spitzenbelastung (cos φ_{ah})

ϑ^{I} für Leistungsfaktor $=$ konstant $\qquad$ ϑ^{II} für Blindleistung $=$ konstant $\qquad$ ϑ für tg $\omega_{at} = \tfrac{1}{2}(\vartheta^{I} + \vartheta^{II})$

cos φ_{ah}	$m = 1$	$m = 0,9$			$m = 0,8$			$m = 0,7$		
	$\vartheta = \vartheta^{I} = \vartheta^{II}$	ϑ	ϑ^{I}	ϑ^{II}	ϑ	ϑ^{I}	ϑ^{II}	ϑ	ϑ^{I}	ϑ^{II}
1	1,000	0,811	0,811	0,811	0,645	0,645	0,645	0,501	0,501	0,501
0,9	1,000	0,828	0,811	0,848	0,677	0,645	0,713	0,543	0,501	0,596
0,8	1,000	0,844	0,811	0,880	0,705	0,645	0,773	0,581	0,501	0,681
0,7	1,000	0,858	0,811	0,908	0,730	0,645	0,826	0,615	0,501	0,756
0,6	1,000	0,870	0,811	0,932	0,751	0,645	0,872	0,644	0,501	0,821
0,5	1,000	0,880	0,811	0,953	0,770	0,645	0,911	0,669	0,501	0,875
0,4	1,000	0,888	0,811	0,970	0,785	0,645	0,943	0,689	0,501	0,920
0,3	1,000	0,894	0,811	0,983	0,796	0,645	0,968	0,705	0,501	0,955
0,2	1,000	0,899	0,811	0,993	0,804	0,645	0,986	0,716	0,501	0,981
0,1	1,000	0,902	0,811	0,998	0,809	0,645	0,996	0,723	0,501	0,995
0,0	1,000	0,903	0,811	1,000	0,811	0,645	1,000	0,725	0,501	1,000

$\cos \varphi_{ah}$	$m = 0,6$			$m = 0,5$			$m = 0,4$			$m = 0,3$		
	ϑ	ϑ^{I}	ϑ^{II}	ϑ	ϑ^{I}	ϑ^{II}	ϑ	ϑ^{I}	ϑ^{II}	ϑ	ϑ^{I}	ϑ^{II}
1	0,379	0,379	0,379	0,280	0,280	0,280	0,203	0,203	0,203	0,149	0,149	0,14
0,9	0,430	0,379	0,497	0,335	0,280	0,417	0,259	0,203	0,354	0,204	0,149	0,31
0,8	0,475	0,379	0,603	0,385	0,280	0,539	0,310	0,203	0,490	0,253	0,149	0,3
0,7	0,515	0,379	0,696	0,428	0,280	0,647	0,355	0,203	0,610	0,296	0,149	0,5
0,6	0,549	0,379	0,777	0,466	0,280	0,741	0,394	0,203	0,713	0,333	0,149	0,6
0,5	0,578	0,379	0,845	0,498	0,280	0,820	0,426	0,203	0,801	0,365	0,149	0,7
0,4	0,602	0,379	0,901	0,524	0,280	0,885	0,453	0,203	0,873	0,391	0,149	0,8
0,3	0,621	0,379	0,944	0,544	0,280	0,935	0,474	0,203	0,928	0,411	0,149	0,9
0,2	0,634	0,379	0,975	0,558	0,280	0,971	0,489	0,203	0,968	0,426	0,149	0,9
0,1	0,642	0,379	0,944	0,567	0,280	0,993	0,498	0,203	0,992	0,434	0,149	0,9
0,0	0,645	0,379	1,000	0,570	0,280	1,000	0,501	0,203	1,000	0,437	0,149	1,00

Die praktische Anwendung der Tabelle ergibt sich aus dem Beispiel für d Projekt einer Energie-Fernübertragung (Kap. V, 10, S. 215). Sie ist wertvoll für d Untersuchung des Einflusses von Leistungsfaktor, Belastungsfaktor und Spannung abfall auf das wirtschaftliche Jahresergebnis.

Man erkennt den großen Einfluß des Belastungsfaktors auf die Übertragung verluste. Nicht unbedeutender ist die Wirkung des Leistungsfaktors. Der Einfl dieser beiden bestimmenden Faktor ist aus dem auf Abb. 20 dargestellt Rechenbeispiel für eine 100 km lan Leitung von 100 kV Betriebsspannu deutlich zu ersehen. Es sind hierin d Fortleitungskosten (Goldmarkpreise) Abhängigkeit vom Belastungsfaktor u Leistungsfaktor aufgetragen.

7. Zum Schluß soll noch kurz d Kraftverbrauch der Hilfsbetrie in Abhängigkeit vom Ausnutzung faktor untersucht werden, und zw wird als ihr wesentlichster Vertreter c Kondensationsanlage der Dampfturbi gewählt. Gegenüber ihrem Kraftbeda treten andere Hilfsmaschinen, wie z. die Speisepumpen für die Kessel, Sau zugmotore und andere Hilfsmaschin erheblich zurück. Zudem ist es f Speisepumpen nicht ohne weiteres mö lich, eine einfache gesetzmäßige A hängigkeit vom Ausnutzungsfaktor fe zustellen, weil ihr Kraftbedarf je na den besonderen Betriebsbedingung eines Werkes und nach der gewählt

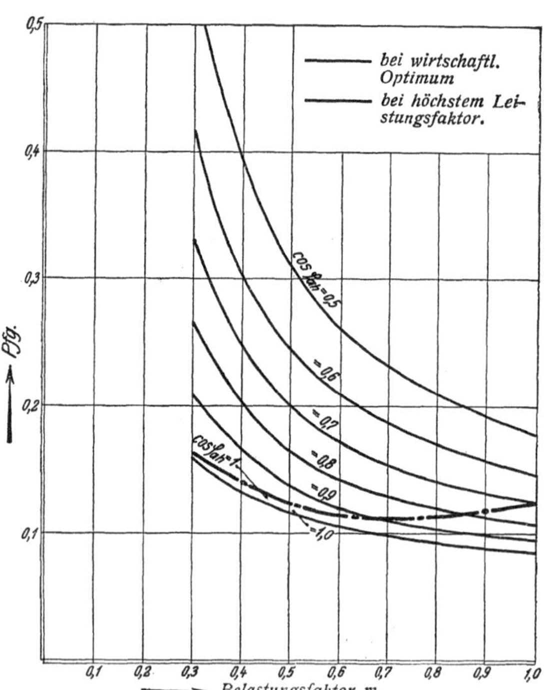

Abb. 20. Fortleitungskosten für eine 100 km lange Fernleitung für 100 kV.

Pumpengröße ein recht verschiedener sein kann.

Unter Benutzung der bereits erwähnten Konstanten beträgt der Dampfverbrau d_m der Hauptturbine für 1 kWh

$$d_m = \frac{\Sigma(s\,L)}{\Sigma(L)} \cdot \frac{a_w}{n \cdot 8760} + b_w \quad \text{kg/kWh} \dots \dots \dots ($$

Sind sämtliche Turbinen von gleicher Größe und haben sie sämtlich gleich Dampfverbrauch, so wird

$$d_m = \frac{f}{n} \cdot a_w + b_w \quad \text{kg/kWh} \dots \dots \dots ($$

Der Dampfverbrauch der Kondensation bei wechselnder Leistung der Hauptturbine kann mit guter Annäherung als konstant angenommen werden.

Beträgt der stündliche Dampfverbrauch der Hilfsturbine $\mathfrak{D}$ kg/h oder, auf 1 kW Volleistung der Hauptturbine bezogen,

$$\mathfrak{d}_w = \frac{\mathfrak{D}}{L} \ \text{kg/h},$$

so beträgt der Dampfverbrauch der Kondensationshilfsturbinen, auf 1 kW/h nutzbar abgegebene Energie der Hauptturbine bezogen,

$$\mathfrak{d}_\mathfrak{m} = \frac{\Sigma(s \cdot \mathfrak{D})}{\Sigma(L)\,n \cdot 8760} \ \text{kg/kWh}, \ \dots \dots \dots \quad (3)$$

und für den besonderen Fall, daß sämtliche Maschinen von gleicher Größe sind,

$$\mathfrak{d}_\mathfrak{m} = \mathfrak{d}_\mathfrak{w} \cdot f \cdot \frac{1}{n} \ \text{kg/kWh} . \ \dots \dots \dots \quad (4)$$

Der verhältnismäßige Anteil des Dampfverbrauches der Kondensationshilfsturbinen am Gesamtdampfverbrauch ist

$$x = 100 \cdot \frac{\mathfrak{D} \cdot f}{a\,f + b\,n} \ \text{vH} . \ \dots \dots \dots \quad (5)$$

Es sind nun zwei Grenzfälle möglich:

Grenzfall I: $\qquad f_{\max} = 1$

$$x = 100 \cdot \frac{\mathfrak{D}}{a + b \cdot n} \ \text{vH}, \ \dots \dots \dots \quad (6)$$

d. h. sämtliche Maschinen laufen dauernd.

Grenzfall II: $\qquad f_{\min} = n$

$$x = 100 \cdot \frac{\mathfrak{D}}{a + b} \ \text{vH}, \ \dots \dots \quad (7)$$

d. h. sämtliche Maschinen sind dauernd voll belastet.

Im ersten Fall ist x abhängig vom Ausnutzungsfaktor, im zweiten Fall ist x konstant und erreicht seinen günstigsten Wert.

In Abb. 21 ist der Energiebedarf der Kühlwasser- sowie der Luft- und Kondensatpumpen für Turbinengrößen von 1000 bis 20000 kW einmal für Frischwasserbetrieb, das andere Mal für Betrieb mit Rückkühlung unter Berücksichtigung des mit der Pumpengröße und der Förderhöhe wechselnden Wirkungsgrades der Umlaufpumpen zusammengestellt. Der Abbildung sind mittlere Verhältnisse zugrunde gelegt, indem man bei Flußwasserbetrieb mit 95 vH Luftleere im Jahresmittel, 50 facher Kühlwassermenge und unter Voraussetzung des Wasserschlusses des Kühlwassers mit 5 m manometrischer Förderhöhe der Umlaufpumpen rechnete; die entsprechenden Zahlen bei Rück-

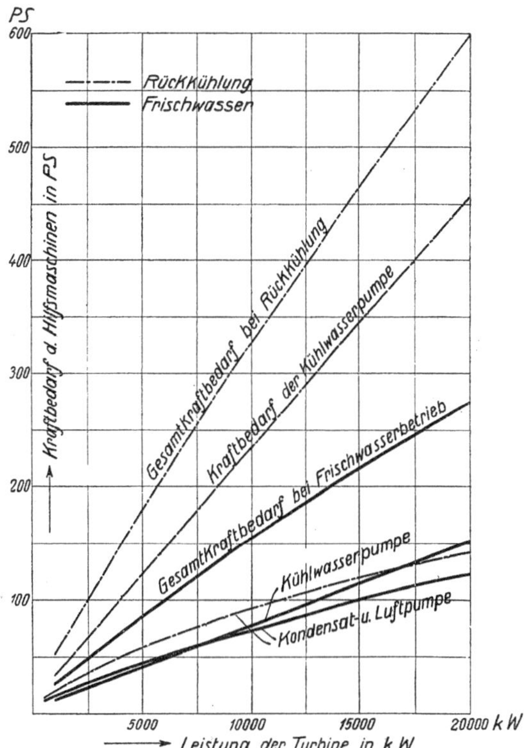

Abb. 21. Energiebedarf der Kühlwasser- und Luftpumpen.

kühlung sind 90 vH Luftleere, 60fache Kühlwassermenge und 12,5 m manometriscł Förderhöhe.

Nimmt man ferner heute erreichbare mittlere Werte für den Dampfverbrauc der Hauptturbine, so läßt sich der verhältnismäßige Anteil des Dampfverbrauch‹ der Hilfsturbine an demjenigen der Hauptturbine oder am Gesamtdampfverbrauc des ganzen Maschinensatzes berechnen.

Tabelle 2.

**Verhältnismäßiger Dampfverbrauch der Konden-
sationshilfsmaschinen.**

Turbinengröße kw	x beträgt bei	
	Frischwasserbetrieb vH	Rückkühlung vH
20 000	$\dfrac{1500 \cdot f}{80 \cdot f + 1000 \cdot n}$ (95)	$\dfrac{3500 \cdot f}{87 \cdot f + 1090 \cdot n}$ (120)
15 000	$\dfrac{1170 \cdot f}{65 \cdot f + 745 \cdot n}$ (77)	$\dfrac{2750 \cdot f}{71 \cdot f + 810 \cdot n}$ (98)
10 000	$\dfrac{850 \cdot f}{45 \cdot f + 500 \cdot n}$ (54)	$\dfrac{1950 \cdot f}{49 \cdot f + 545 \cdot n}$ (69)
5 000	$\dfrac{470 \cdot f}{22 \cdot f + 255 \cdot n}$ (27)	$\dfrac{1085 \cdot f}{24 \cdot f + 275 \cdot n}$ (35)
1 000	$\dfrac{150 \cdot f}{7,5 \cdot f + 53 \cdot n}$ (9,0)	$\dfrac{335 \cdot f}{8,2 \cdot f + 57 \cdot n}$ (11,5)

In Abb. 22 ist für einen Betriebszeitfaktor $f = 1$ und für verschiedene Turbine: größen der Anteil des Dampfverbrauches der Hilfsturbine an dem der Hauptturbii in Abhängigkeit vom Ausnutzungsfaktor n für Frischwasserbetrieb und für Rüc̟ kühlung eingetragen. Man sieht, daß x zumal bei Rückkühlung und bei Einheit‹ unter 5000 kW schon bei einem Ausnutzungsfaktor $n = 0,4$ recht erhebliche Betrą̈ erreicht.

Bei Einheiten von 10000 bis 15000 kW an werden die Kondensationshilfsmaschin‹ aus verschiedenen Ursachen in zwei Maschinensätze unterteilt. Abb. 22 zeigt, welcl Dampfersparnis man erzielen kann, wenn man bei schwacher Belastung nur ei‹ Hilfsturbine laufen läßt.

Nun würde aber Abb. 22 von den in Elektrizitätswerken herrschenden Verhä̈ nissen meist ein falsches Bild geben, weil die Kurven für den Höchstwert des Betriet zeitfaktors, $f = 1$, entworfen sind, während in Kraftwerken der Betriebszeitfaktor i Jahresdurchschnitt wohl nur in besonderen Ausnahmefällen diesen Wert erreicht, daß x fast durchweg zwischen den Werten der Kurven der Abb. 22 und Parallel‹ zur Abszissenachse liegt, die durch die Mindestwerte der Kurven (für Abszissen $n =$ gezogen sind (siehe Formel 6 und 7).

Man muß daher bei Elektrizitätswerken so vorgehen, daß man aus der mittler‹ Belastungskurve eines Werkes, aus der Größe der aufgestellten Turbinen und der A ihres Zu- und Abschaltens die jährlichen Betriebsstunden jeder Maschine bzw. d‹ Betriebszeitfaktor ermittelt und damit den verhältnismäßigen Dampfverbrauch d‹ Kondensation bestimmt.

Dies wurde für die auf S. 85 angegebene Belastungskurve eines Großkraftwerkes getan, das 25 vH Licht-, 25 vH Kraft- und 50 vH Bahnstrom liefert. Die Betriebsführung ist hierbei so gedacht, daß die zweite Maschine zugeschaltet wird, wenn die erste mit 85 vH belastet ist. Die dritte (vierte) Maschine soll dagegen erst dann zugeschaltet werden, wenn eine (zwei) Maschinen voll und die zweite (dritte) Maschine mit 85 vH Belastung arbeitet usw.

Für die Einfachheit der Berechnung ist es vorteilhaft, die Abszisse der Belastungskurve nicht in 24 Stunden bzw. 8760 Stunden, sondern in 100 vH einzuteilen.

Die Durchführung der Berechnung werde nun an Hand der Abb. 23 zuerst für den allgemeineren Fall der zeichnerischen Behandlung erklärt. Aus der mittleren Jahresbelastungskurve ermittelt man die sog. geordnete („mittlere symbolische") Kurve, d. h. man zeichnet auf, wieviel Stunden im Jahre jede Belastung dauert.

In dem linken oberen Felde wird dann der Dampfverbrauch der Hauptturbine und Hilfsturbine eingetragen. Diese Dampfverbrauchskurve ist keine stetige Linie, sondern treppenartig abgestuft, da beim Zuschalten eines neuen Maschinensatzes zum Dampfverbrauch der schon im Betrieb befindlichen Maschinen der Leerlaufs-Dampfverbrauch der neuen in Betrieb genommenen Maschinen hinzutritt. Nimmt man für verschiedene Punkte der „mittleren geordneten Kurve" die zugehörigen Werte der Dampfverbrauchscharakteristik des Werkes, so bekommt man im rechten unteren Felde von Abb. 23 eine Kurve, deren Flächeninhalt bis zur Abszissenachse den jährlichen Gesamtdampfverbrauch von Hauptturbine und Hilfsturbine darstellt. Da der Flächeninhalt zwischen Abszissenachse und mittlerer geordneter Kurve gleich den jährlich erzeugten Kilowattstunden ist, gibt der Quotient beider Flächen den Dampfverbrauch für 1 kWh nutzbar erzeugter Energie. Die Punkte a_2, a_3, a_4, a_5 auf der mittleren geordneten Kurve zeigen, wann ein neuer Maschinensatz zugeschaltet wird, und die Strecken $a_2 a_2'$, $a_3 a_3'$, $a_4 a_4'$, $a_5 a_5'$, geben die jährlichen Betriebsstunden jedes Maschinensatzes, deren Summe dividiert durch die Anzahl der aufgestellten Maschinen mal 100 der Betriebszeitfaktor des Werkes ist. Multipliziert man ihre Summe mit dem Dampfverbrauch der Kondensationshilfsturbinen, so bekommt man ihren jährlichen Dampfverbrauch und durch Division mit dem jährlichen Gesamtdampfverbrauch des Werkes auch den verhältnismäßigen Anteil x.

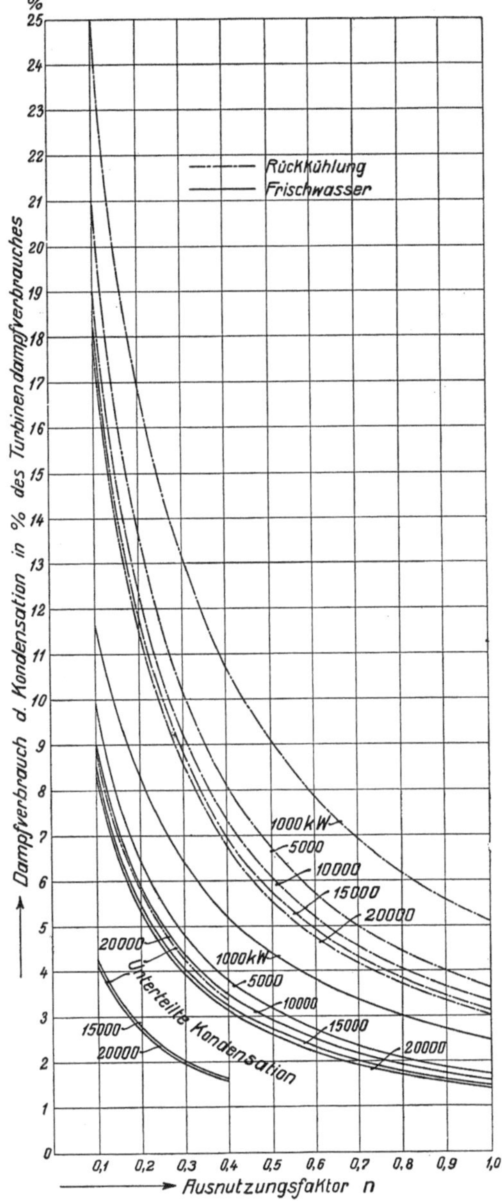

Abb. 22.

Diese Art der Berechnung behält ihre Gültigkeit auch dann, wenn Maschine verschiedener Größe und von verschiedenem spezifischen Dampfverbrauch in eine Kraftwerk zusammenarbeiten und dient vor allem für die rechnerische Verfolgu unter solchen Verhältnissen.

Werden endlich in vorhandenen Werken die Betriebsstunden der verschiedene Maschinen aufgeschrieben und die erzeugten Kilowattstunden gemessen, so kann ma ohne jede zeichnerische Arbeit lediglich mit Hilfe der Formeln (2) und (5) feststelle

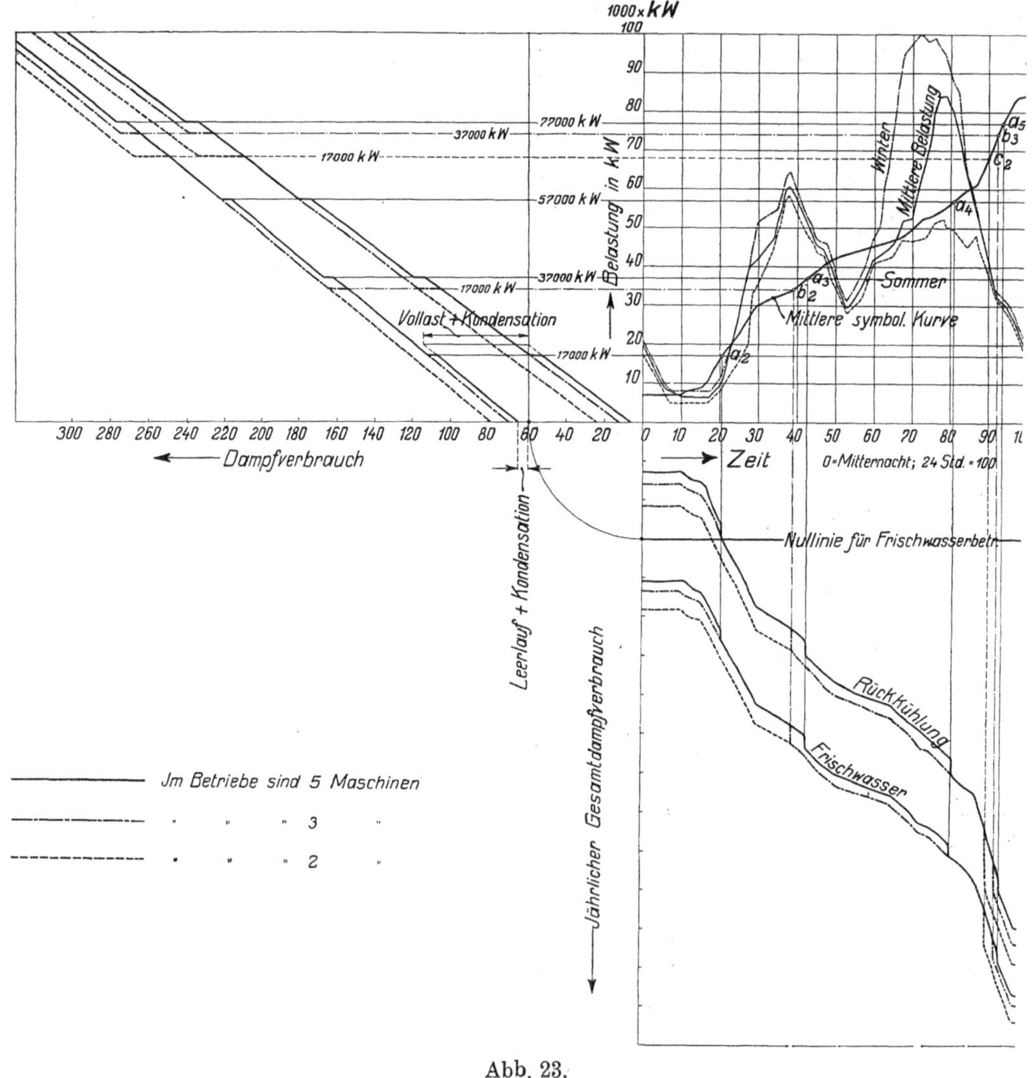

Abb. 23.

wie groß der Dampfverbrauch für 1 kWh und der verhältnismäßige Dampfverbrauc der Kondensation bei in Ordnung befindlichen Maschinen sein darf. Eine solc Nachprüfung kann sich natürlich über jede beliebige Zeitdauer erstrecken.

In Abb. 23 wurde nun die Untersuchung noch weiter ausgedehnt, indem m unter der Voraussetzung, daß die Leistung einer Turbine dieselbe bleiben möge (20000 kV das Maximum des Werkes zu 100000, 50000, 25000 und 12500 kW wählte. Das V hältnis von mittlerer Jahresbelastung zur Spitzenleistung des Kraftwerkes (Belastun faktor) bleibt dabei unverändert.

Endlich wurde die Berechnung sowohl für Frischwasserbetrieb als auch für Rückkühlung durchgeführt, wobei der besseren Übersichtlichkeit wegen die Nullpunkte der beiden Kurvenscharen um eine gewisse Strecke auseinanderliegend gewählt wurden.

Die Berechnung wurde trotz ihrer größeren Umständlichkeit besonders deshalb auch zeichnerisch durchgeführt, weil die gegenseitige Lage der Kurven bzw. ihre zeitweilige Überdeckung deutlich zeigen, welche Maschinenkombinationen gleichwertig sind usw.

Wenn nun auch ein 12500 kW Werk wohl nie mit 20000 kW Turbinen ausgerüstet werden wird, so ist die Berechnung trotzdem insofern von Interesse, als sie darlegt, wie sich in einem bestimmten Fall die Verhältnisse selbst unter extremen Annahmen gestalten.

Die Ergebnisse sind in Tabelle 3 und in Abb. 24 wiedergegeben und zeigen, daß bei 20000 kW Turbinen und einer Spitze von 100000 kW bzw. 50000 kW der verhältnismäßige Dampfverbrauch der Kondensation bei Frischwasserbetrieb 1,76 vH bzw. 2,19 vH und bei Rückkühlung 3,71 vH bzw. 4,59 vH beträgt. Endlich zeigt

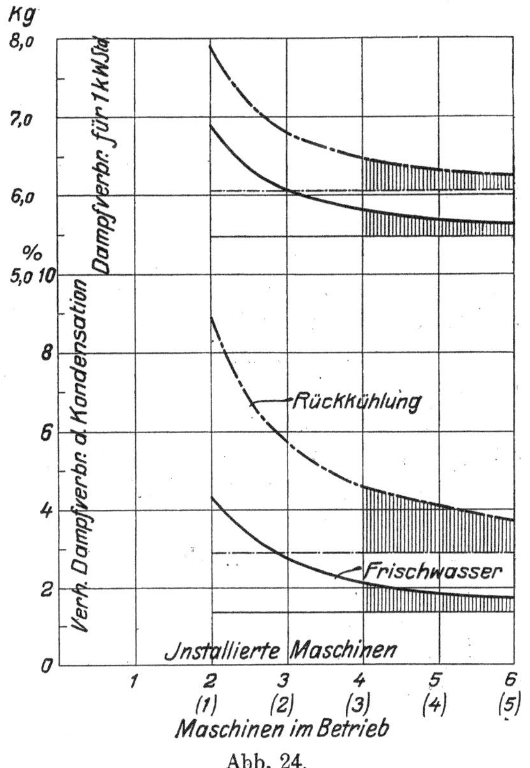

Abb. 24.

Tabelle 3.

Betrieb mit		Frischwasser				Rückkühlung			
Leistung einer Einheit . .	kW	20000				20000			
Aufgestellt sind Einheiten .		6	4	3	2	6	4	3	2
Im Betriebe sind Einheiten		5	3	2	1	5	3	2	1
Spitze	kW	100000	50000	25000	12500	100000	50000	25000	12500
Mittlere Leistung des Werkes im Jahresdurchschnitt . .	„	39900	19950	9975	4988	39900	19950	9975	4988
Spitzenleistung der Jahresmittelkurve	„	84000	42000	21000	10500	84000	42000	21000	10000
Betriebszeitfaktor $= f$ . . .	vH	43,8	42,1	36,7	50,0	43,8	42,1	36,7	50,0
Belastungsfaktor $= m$ . . .	„	39,9	39,9	39,9	39,9	39,9	39 9	39,9	30,9
Ausnutzungsfaktor $= n$ . .	„	33,2	24,9	16,6	12,5	33,2	24,9	16,6	12,5
Mittlerer jährlicher Dampfverbrauch der Turbine mit Kondensation für 1 kWh	kg	5,63	5,81	6,05	6,90	6,26	6,48	6,80	7,90
Dasselbe zum Vergleich in .	vH	100	107,5	103,2	122,6	100	103,5	108,6	126,2
Günstigster erreichbarer Dampfverbrauch für 1 kWh	kg	5,48				6,06			
Verhältnismäßiger Dampfverbrauch der Kondensation in vH des Gesamtdampfverbrauches	vH	1,76	2,19	2,74	4,35	3,71	4,59	5,71	8,95
Günstigster erreichbarer Dampfverbrauch der Kondensation	vH	1,37				2,90			

Abb. 24 noch, daß man die Größe einer Maschineneinheit mit Rücksicht auf geringen Dampfverbrauch selbst bei verhältnismäßig kleiner Leistung des Kraftwerkes nicht allzu knapp bemessen sollte, da sich der Dampfverbrauch für 1 kWh innerhalb ziemlich weiter Grenzen nur wenig ändert, und da dann die Anlagekosten und der Betrieb des Werkes bei einer etwaigen späteren Vergrößerung sich günstiger stellen, als wenn die Größe der Maschinensätze ursprünglich zu knapp bemessen worden wäre.

Ferner mag man aus der Berechnung erkennen, daß bei Kraftwerken mit mehreren Einheiten von unterteilten Kondensationshilfsmaschinen nur kleine Ersparnisse zu erwarten sind, wenn die Turbinen bei vorübergehender schwächerer Belastung nur mit einer Hälfte der Kondensationshilfsmaschinen fahren. Auch die des öfteren gewählte Anordnung, bei der die eine Hilfsmaschine mit Dampf, die andere elektrisch betrieben wird, ist im allgemeinen wohl weniger wegen größerer Dampfökonomie als wegen größerer Betriebssicherheit und geringerer Anlagekosten berechtigt.

Um endlich einen Anhalt für die entsprechenden Werte auch für kleine Werke zu haben, wurde noch eine Zentrale mit drei Turbinen von je 1000 kW und einer Spitzenleistung von rd 1800 kW untersucht (Tabelle 4).

Die beiden Tabellen zeigen, daß bei mittleren Verhältnissen und bei Werken von 1000 kW bis 100 000 kW der verhältnismäßige Dampfverbrauch x der Kondensation bei Frischwasserbetrieb etwa zwischen 1,8 bis 5,0 vH und bei Rückkühlung etwa zwischen 3,7 bis 10,0 vH liegt, also bei kleineren Werken, die mit Rückkühlung arbeiten und einen niedrigen Ausnutzungsfaktor haben, recht erhebliche Beträge erreicht.

Tabelle 4.

Betrieb mit		Frisch-wasser	Rück-kühlung
Leistung einer Einheit	kW	1000	1000
Aufgestellt sind Einheiten		3	3
Im Betriebe sind Einheiten		2	2
Vorkommende Spitzenleistung	kW	1800	1800
Mittlere Leistung des Werkes in Jahresdurchschnitt	„	540	540
Betriebszeitfaktor	vH	43,0	43,0
Ausnutzungsfaktor	„	18,0	18,0
Mittlerer jährlicher Dampfverbrauch der Turbine mit Kondensation für 1 kWh	kg	7,40	8,47
Günstigster erreichbarer Dampfverbrauch für 1 kWh	„	5,15	6,87
Verhältnismäßiger Dampfverbrauch der Kondensation in vH des Gesamtdampfverbrauches	vH	4,80	9,47
Günstigster erreichbarer Dampfverbrauch der Kondensation	„	2,42	4,89

B. Wirtschaftliche Folgerungen.

Die errechneten Werte zeigen die Überlegenheit großer Werke gegenüber mittleren und kleinen. Der Umstand, daß der Gleichzeitigkeitsfaktor mit zunehmender Größe des Versorgungsbereichs und des Konsums sinkt und Belastungsfaktor und somit auch Ausnutzungsfaktor steigen, läßt den Vorteil der Errichtung großer Werke noch klarer zum Ausdruck kommen. Man dürfte beispielsweise nach den Tabellen 3 u. 4 für die Werke A, B, C mit einem Ausnutzungsfaktor von 0,4, 0,3, 0,2 rechnen; der Mittelwert der Erzeugungskosten zwischen $f = 1$ und $f = n$ würde sich dann für A zu 1,83 Pfg, für B zu 2,67 Pfg, für C zu 4,67 Pfg ergeben. Diese großen Unterschiede, die für Neuanlagen berechnet wurden, wachsen noch erheblich, wenn man vorstehende Ziffern mit den Selbstkosten der gegenwärtig betriebenen Elektrizitätswerke vergleicht.

Würde man vor die Aufgabe gestellt, ein sehr großes Gebiet, beispielsweise ganz Deutschland, ohne Beschränkung durch politische Grenzen und Sonderinteressen einzelner Werke und kommunaler Verbände, in möglichst wirtschaftlicher Weise mit Elektrizität zu versorgen, so müßte man hiernach zu folgender Lösung des Problems gelangen:

Es wären verhältnismäßig wenige sehr große Werke mit Einheiten von mindestens 20 000 kW an geeigneten Punkten zu errichten. Als geeignete Lage kämen für Dampfkraftwerke natürlich in erster Linie die Kohlenfelder in Betracht, jedoch unter Berücksichtigung des mit Mittelspannung noch erreichbaren Verbrauchs, wobei auf Verfeuerung von Abfallkohlen und Ausnutzung etwa vorhandener Abwärme besonderer Wert zu legen wäre. In Braunkohlengegenden müßte ein solches Werk unmittelbar auf den Kohlenfeldern errichtet werden, da die Fortleitungskosten aus den angeführten Gründen nur eine unwesentliche Rolle spielen. Als geeignete Orte können außerdem, wegen des Wassertransportes der Kohle, Seehäfen und Wasserstraßen angesehen werden.

Eine Reihe derartiger Werke wäre über ganz Deutschland zu verteilen, ihr gegenseitiger Abstand und ihre Größe richten sich nach dem Verbrauch. Für gegebene Verhältnisse läßt sich der wirtschaftlich günstigste Abstand berechnen (S. 115); solche Rechnungen haben aber nur geringe Bedeutung für die Praxis, weil Erwägungen anderer Art für die tatsächliche Lage ausschlaggebend sind. Immerhin würde es sich kaum empfehlen, die einzelnen Werke größer als für etwa 100 000 bis 200 000 kW zu bemessen, da bei diesen Leistungen zwei Zentralen halber Größe in Anlage und Betrieb nicht viel teurer werden als eine.

Die Kraftwerke wären durch Hochspannungsleitungen von etwa 100 000 bis 200 000 V miteinander zu verbinden, die Leitungen so zu bemessen, daß je nach der Konsumdichte eine gegenseitige Unterstützung von 20 000 bis 40 000 kW gewährt werden könnte. Die Leitungen müßten zwischenliegende größere Verbrauchszentren berühren; die Zahl der Anzapfungen sollte jedoch auf wenige beschränkt bleiben. Die Anzapfstationen, zu denen die Sammelschienen der Werke selbst natürlich auch gehören, stellen gewissermaßen Unterzentralen für den örtlichen Konsum dar und würden auf eine Zwischenspannung transformieren, die sich zum Teil nach der Spannung vorhandener großer Netze richten müßte, im übrigen aber etwa zwischen 10 000 und 20 000 V liegen würde. Von diesen Netzen aus hätte dann die Verteilung für den lokalen Bedarf in bekannter Weise zu erfolgen. Man würde somit ein Maschensystem von Hochspannungsleitungen erhalten, dessen Maschengröße sich nach der spezifischen Konsumdichte richtet; der gegenseitige Abstand der Werke würde etwa zwischen 80 und 300 km schwanken.

An das sich so ergebende Netz wären die vorhandenen größeren Wasserkräfte gleichfalls anzuschließen, deren weiterer Ausbau sich nunmehr nach der wirtschaftlich ausreichenden mittleren Wassermenge richten könnte und nicht mehr auf kleine Wassermengen beschränkt zu sein brauchte.

Der Betrieb würde sich dann so gestalten, daß man den Ausnutzungsfaktor der am billigsten arbeitenden Werke möglichst hoch hielte, während die kleineren und unwirtschaftlicheren in erster Linie zur Deckung des Spitzenverbrauchs herangezogen würden.

Es möge an dieser Stelle noch auf die Ausführungen von Tröger, ETZ, Heft 46 u. 47, 1920, hingewiesen werden, der zu dem Ergebnis kommt, daß die günstigste Spannung zum Betrieb eines einheitlichen Netzes für ganz Deutschland 200 kV beträgt.

Vorstehende Betrachtungen lassen sich dahin zusammenfassen, daß auf dem Gebiete des Kraftwerkbaues noch lohnende Aufgaben sowohl in technischer als in wirtschaftlicher Hinsicht vorliegen, mit deren Lösung neue Absatzfelder für die Anwendung der Elektrizität gewonnen werden können.

Die weitere Entwicklung dieses großen technischen Gebietes muß notgedrungen schließlich zu einheitlicher Behandlung des zuletzt geschilderten Problems führen, weil die Ersparnisse an Nationalvermögen gegenüber der jetzigen Stromerzeugung in Anlage und Betrieb so beträchtliche Werte darstellen, daß sie auf die Dauer nicht übersehen werden dürfen.

III. Energiewirtschaft.

A. Energievorkommen und Energiebedarf.

„Kohlenersparnis" ist das Schlagwort geworden, das zur Zeit alle mit der Zukunft der Energiewirtschaft verbundene Begriffe übertönt. Das ist verständlich, denn alle anderen Energiequellen, über die wir verfügen, machen zusammen noch nicht 2 vH des Energiewertes der in Deutschland vorhandenen Steinkohle aus.

Eine besonders gute Übersicht über die in Deutschland vorhandenen Energievorräte gibt nachstehende im Auftrage des Reichsschatzministeriums bearbeitete Aufstellung.

1. Energievorräte, ausgedrückt in t bzw. kWh.

In ganz Deutschland sind in nutzbaren Energievorräten vorhanden:

Steinkohle (bis 2000 m Teufe) . . . . 305 Milliarden t
   hiervon etwa die Hälfte bis 1000 m Teufe

Braunkohle . . . . 13,4 „

Torf . . . . 0,85 „

Wasserkraft . . . . 1000·7,6 „   kWh

(Bei voller Ausnutzung aller Wasserkräfte 1000 Jahre lang, entsprechend der veraussichtlichen Lebensdauer unserer Steinkohlenvorräte.)

2. Energievorräte, ausgedrückt in Wärmeeinheiten[1]).

In Wärmeeinheiten ausgedrückt, stellen die obengenannten Vorräte folgende Energiemengen dar:

$$
\begin{aligned}
\text{Steinkohle} \ \ldots \ldots \ldots \ldots &= 20\,130 \cdot 10^{14}\ \text{kcal} = 98,20\ \text{vH} \\
\text{Braunkohle} \ \ldots \ldots \ldots \ldots &= 281 \cdot 10^{14}\ \text{„} \ = 1,37\ \text{„} \\
\text{Torf} \ \ldots \ldots \ldots \ldots \ldots &= 23 \cdot 10^{14}\ \text{„} \ = 0,11\ \text{„} \\
\text{Wasserkraft (volle Ausnutzung 1000 Jahre} & \\
\text{lang)} \ \ldots \ldots \ldots \ldots &= 65 \cdot 10^{14}\ \text{„} \ = 0,32\ \text{„} \\
\hline
&= 20\,499 \cdot 10^{14}\ \text{kcal} = 100,00\ \text{vH}
\end{aligned}
$$

3. Energievorräte, umgerechnet auf den gleichwertigen nutzbaren Energiewert von Steinkohle.

Da sich die chemische Energie der Brennstoffe nicht mit demselben Wirkungsgrade ausnutzen läßt, wie die kinetische Energie der Wasserkraft, so soll an Stelle des absoluten Maßstabes der Wärmeeinheiten ein anderer praktischer Vergleichsmaßstab gesetzt werden, und zwar soll der nutzbare Energiewert der Braunkohle, des Torfes und der Wasserkraft in den nutzbaren Energiewert einer entsprechenden Menge Steinkohle umgerechnet werden. Es soll gesetzt werden:

---

[1]) Der Vergleich der Wasserkraft mit den Brennstoffen, ausgedrückt in Kalorien, ist nur richtig, insoweit die Brennstoffe unmittelbar zur Wärmeerzeugung dienen. Wird mit dem Brennstoff jedoch mechanische oder elektrische Arbeit erzeugt, so müssen sechs- bis siebenmal kleinere Zahlen, entsprechend dem thermischen Wirkungsgrade, eingesetzt werden. Nach der Tabelle über die Verteilung des Energiebedarfs würden diese für etwa 30 vH der Steinkohlenvorräte zu gelten haben.

```
Nutzbarer Energiewert von          Nutzbarer Energiewert von
    1 kg Steinkohle                = 3,14 kg Braunkohle
    1  „        „                  = 2,47  „  Torf
    1  „        „                  = 0,735 Wasserkraft-kWh
                                   ――――――
                                     1,36
```

```
 305 Milliarden t Steinkohle  entsprechen  305 Milliarden t Steinkohle =  95,3 v
  13,4     „     t Braunkohle       „         4,2     „    t      „     =   1,3 ,
   0,5     „     t Torf             „         0,34    „    t      „     =   0,1 ,
1000·7,6   „       Wasserkr.-kWh    „        10,3     „    t      „     =   3,3 ,
                                           ――――――――――――――――――――――――
                                           319,84 Milliard. t Steinkohle = 100,0 vl
```

4. Anteil der einzelnen Energiequellen an der Stromerzeugung.

Im Jahre 1919 sind in sämtlichen deutschen öffentlichen Elektrizitätswerke
die Strom an Dritte abgeben, erzeugt worden:

```
durch Steinkohle   3191 Millionen kWh =  52 vH
  „   Braunkohle   2332     „        „  =  38  „
  „   Wasserkraft   614     „        „  =  10  „
                   ―――――――――――――――――――――――――
                   6137 Millionen kWh = 100 vH
```

Die durch Treiböl, Gas, Torf, Holz usw. erzeugten kWh sind unbedeutend ur
in den vorstehenden Zahlen mitenthalten.

5. Steinkohle.

Die Steinkohlenvorräte Deutschlands stellen mit ihrer nutzbaren Menge vc
305 Milliarden t 95,3 vH des nutzbaren Wertes aller Energievorkommen in Deutschlaɪ
dár. In der Steinkohlenmenge von 305 Milliarden t sind die sicheren und wahrschei:
lichen Vorkommen bis zu 2000 m Teufe enthalten. Mögliche Vorkommen ohne groⅼ
Wahrscheinlichkeit sind fortgelassen.

3,191 Milliarden kWh = 52 vH der gesamten Stromerzeugung von 6,137 Milliardᵉ
kWh in den Elektrizitätswerken Deutschlands wurden im Jahre 1919 durch Steinkoh
erzeugt. Dieser Prozentsatz kann durch stärkere Ausnutzung der Braunkohle
vorkommen und der Wasserkräfte für Elektrizitätserzeugung herabgedrückt werde

Durch Einschränkung des Elektrizitätsverbrauches kann eine fühlbare Beseitiguɪ
der Kohlennot nicht erreicht werden, denn sämtliche Elektrizitätswerke Deutschlan
verbrauchen gegenwärtig nur etwa 5 vH der gesamten Kohlenförderung.

Die Steinkohlenförderung betrug im Jahre 1913 190 Millionen t und im Jahre 19
117 Millionen t.

6. Braunkohle.

Die Braunkohlenvorräte stellen mit ihrer nutzbaren Menge von 13,4 Milliarden
(sichere und wahrscheinliche Vorkommen) 1,3 vH des nutzbaren Wertes aller Energi
vorkommen in Deutschland dar.

2,332 Milliarden kWh = 38 vH der gesamten Stromerzeugung von 6,137 M
liarden kWh in den Elektrizitätswerken Deutschlands wurden im Jahre 1919 durꞏ
Braunkohle erzeugt. Dieser Prozentsatz kann durch stärkere Ausnutzung der Brau
kohlenvorkommen erhöht werden. Bau von Großkraftwerken an Braunkohlengrubᵉ

Die Braunkohlenförderung betrug im Jahre 1913 87 Millionen t und im Jahre 19
94 Millionen t. Die Braunkohlenförderung wird sich schneller steigern lassen als d
Steinkohlenförderung, da die Braunkohle großenteils im Tagebau gewonnen wiɪ
Die voraussichtliche Lebensdauer der deutschen Braunkohlenvorräte beträgt 90 Jahɪ

7. Torf.

Die Torfvorräte Deutschlands stellen mit ihrer nutzbaren Menge von 0,85 Milliarden t lufttrocknen Torfes nur 0,1 vH des nutzbaren Wertes aller Energievorkommen in Deutschland dar. Der Energiewert der gesamten nutzbaren Torfvorräte Deutschlands entspricht nur dem Energiewert einer zweijährigen Steinkohlenförderung.

0,013 Milliarden kWh = 0,2 vH der gesamten Stromerzeugung von 6,137 Milliarden kWh in den Elektrizitätswerken Deutschlands wurden im Jahre 1919 durch Torf erzeugt. Dieser Prozentsatz läßt sich durch vermehrte Ausnutzung der Torfmoore steigern. Ein ausschlaggebender Faktor in der deutschen Elektrizitätserzeugung wird der Torf aber nicht werden. Die Errichtung von Torf-Großkraftwerken ist nicht möglich, da hierzu nicht genügend große ausnutzbare Torfmoore in Deutschland vorhanden sind. Ein Großkraftwerk von der Größe des Kraftwerkes Golpa mit 128 000 kW installierter Maschinenleistung würde bei Torffeuerung eine Moorfläche von 32 000 ha erfordern. Wenn das ganze Moor bereits aufgeschlossen ist, genügen 16 000 ha.

Torf kommt in erster Linie für Hausbrandzwecke und erst in zweiter Linie für die Verwendung in kleineren oder mittleren Torfkraftwerken in Frage.

8. Wasserkräfte.

Wenn alle vorhandenen Wasserkräfte Deutschlands voll ausgebaut würden, so könnten hiermit jährlich 7,6 Milliarden kWh erzeugt werden. Würde man die Wasserkräfte 1000 Jahre, entsprechend der voraussichtlichen Lebensdauer der Steinkohlenvorräte, voll ausnutzen, so könnten in dieser Zeit 1000·7,6 Milliarden kWh erzeugt werden. Diese Kilowattstundenzahl stellt einen nutzbaren Energiewert von 3,3 vH aller in Deutschland vorhandenen nutzbaren Energiewerte dar. Praktisch ist es nicht möglich, alle vorhandenen Wasserkräfte voll auszunutzen. Rechnet man, daß die Hälfte aller Wasserkräfte Deutschlands ausgenutzt werden kann, so erhält man durch Wasserkräfte jährlich erzeugbare 3,8 Milliarden kWh.

3,8 Milliarden kWh sind 62 vH der im Jahre 1919 in deutschen öffentlichen Elektrizitätswerken erzeugten 6,137 Milliarden kWh. Ein erheblicher Teil der deutschen öffentlichen Elektrizitätserzeugung könnte also durch Wasserkräfte gedeckt werden, wenn noch mehr Wasserkräfte ausgebaut würden. 3,8 Milliarden kWh, die durch Wasserkräfte erzeugt werden, bedeuten eine Steinkohlenersparnis von 5,1 Millionen t Steinkohle = 2,7 vH der Steinkohlenförderung von 190 Millionen t im Jahre 1913 oder = 4,3 vH der Steinkohlenförderung von 117 Millionen t im Jahre 1919.

Tatsächlich sind im Jahre 1919 0,614 Milliarden kWh durch Wasserkräfte erzeugt worden, das sind 10 vH der gesamten Stromerzeugung. 0,614 Milliarden kWh bedeuten eine Steinkohlenersparnis von 0,835 Millionen t Steinkohle = 0,44 vH der Steinkohlenförderung von 190 Millionen t im Jahre 1913 oder = 0,71 vH der Steinkohlenförderung im Jahre 1919.

Die vorstehenden Zahlen zeigen, daß eine Beseitigung der Kohlennot auch durch vollständigen Ausbau der deutschen Wasserkräfte nicht zu erwarten ist, daß aber die Wasserkräfte für die Elektrizitätserzeugung erhebliche Bedeutung haben.

Betrachtet man daneben den nachstehenden Verteilungsplan der deutschen Kohlenerzeugung aus dem Jahre 1913[1]), so sieht man, daß weitaus der größte Teil der Kohle zur unmittelbaren Verbrennung (oder zur Verbrennung auf dem Umwege über Koks) zum Zwecke der Wärmeerzeugung gelangt und daß für die Elektrizitätswerke, für die Krafterzeugung in der Industrie und für Eisenbahnen, Schiffahrt und Landwirtschaft insgesamt nur etwa 30 vH der geförderten Kohle gebraucht werden. Daraus folgt, daß die wirkungsvollste Kohlenersparnis auf rein wärmetechnischem

---

[1]) Vgl. Klingenberg: Die Wirtschaftlichkeit von Nebenproduktenanlagen für Kraftwerke, 1917.

Gebiete gesucht werden muß, und daß demgemäß der Verbesserung der Feuerungsanlagen, der Glüh- und Schmelzöfen, der keramischen und Zementöfen und dem Hausbrand noch größere Bedeutung zukommt als der Verbesserung der eigentlichen Energiewirtschaft.

Verteilung des Energiebedarfs.

Elektrizitätswerke	2,9	vH ⎫
Krafterzeugung in der Industrie	10,0	„ ⎪
Deutsche Bahnen	9,3	„ ⎬ ~ 30 vH
Schiffahrt	5,3	„ ⎪
Landwirtschaft	4,0	„ ⎭
Kokereien	23,4	„ ⎫
Wärmebedarf der Industrie	14,1	„ ⎪
Brikettfabriken	3,5	„ ⎪
Gaswerke	5,3	„ ⎬ ~ 70 vH
Hausbrand	9,1	„ ⎪
Ausfuhr-Überschuß	13,1	„ ⎭

B. Kohlenersparnis.

So natürlich und berechtigt alle auf Kohlenersparnis abzielenden Bestrebungen an sich sind, und so berechtigt es ist, von der Kohlenvergeudung als von einer Vergeudung von Nationalvermögen zu sprechen in denjenigen Fällen, wo aus Nachlässigkeit und Unachtsamkeit oder aus Unkenntnis eine leicht behebbare Kohlenverschwendung getrieben wird, so muß man anderseits auch fragen: Was kostet denn die Kohlenersparnis, und welche Aufwendungen und Ausgaben sind erforderlich, um im Einzelfalle eine an sich technisch mögliche Kohlenersparnis herbeizuführen? Der Beantwortung dieser Frage geht aber eine Vorfrage voran: was ist denn eigentlich Kohlenersparnis oder Kohlenvergeudung? Welcher Begriff verbindet sich mit diesen Werten und worin besteht ihr eigentliches Wesen?

Nicht die Vergeudung des Stoffes an sich ist Verschwendung (und daher verwerflich), sondern die nutzlose Vernichtung seines Wertes. Da nun am Werte nur gespart werden kann, wenn man am Stoffe selbst spart, die Maßnahmen in beiden Fällen also auf dasselbe hinauslaufen, so klingt dieser Satz paradox und scheint von geringem Werte. Er bedarf der Erläuterung.

Der deutsche Kohlenvorrat, bis zu einer Teufe von 2000 m gerechnet, reicht, bezogen auf den Friedensverbrauch, auf etwa 1000 Jahre. Wird in einem Wärmeprozeß irgendwelcher Art Kohlenvergeudung betrieben, so braucht uns diese nutzlose Vernichtung des Stoffes an sich nur wenig zu berühren; unsere Generation und auch die folgenden würden nicht darunter leiden, ja es ist anzunehmen, daß auch die Lebensdauer des Kohlenvorkommens nicht merkbar dadurch verringert würde, weil die Produktionsmethoden sich im Laufe von 20 bis 50 Jahren ohnehin ändern und durch bessere ersetzt werden.

Die nutzlose Vernichtung des Stoffes selbst läßt uns also ziemlich gleichgültig, nicht so aber die nutzlose Vernichtung seines Wertes. Diese ist vom privatwirtschaftlichen, nationalwirtschaftlichen und weltwirtschaftlichen Standpunkt gleich verwerflich, etwa so (und zwar in gleichem Maßstabe), wie die nutzlose Vernichtung irgendeines andern wirtschaftlichen Wertes. Hieraus ergeben sich einige sehr wichtige Folgerungen.

Hat man die Wahl, entweder den einen oder den anderen Stoff zu sparen, und sind die ersparbaren Werte gleich, so ist es richtiger, denjenigen Stoff zu wählen, dessen Stoffvorkommen beschränkter ist.

Da wir jedoch Kohlen für etwa 1000 Jahre besitzen, ist für uns also die Kohle kein durch besondere Merkmale ausgezeichneter Stoff, und es ist beispielsweise gleichbedeutend, ob Kohle oder Ziegelsteine gespart werden, sofern nur die ersparten Werte die gleichen sind. Es ist demnach, wirtschaftlich gesprochen, ebenso wertvoll, eine Bauweise auszubilden, die Baustoff erspart, wie ein Feuerungsverfahren, das den gleichen Wert an Kohlen rettet.

Wenn wir nun auch bereits wissen, daß für Kohle die gleichen wirtschaftlichen Erwägungen gelten müssen wie für andere Stoffe, und daß der Wert der Kohle und nicht der Stoff an sich dasjenige ist, worin wir zu sparen haben, so wissen wir trotzdem noch nicht, was wir eigentlich ersparen, wenn wir Kohlenwerte vor nutzlosem Untergang bewahren, mit andern Worten: aus welchen Teilwerten sich der Gesamtwert zusammensetzt. Diese Kenntnis ist aber zur Beurteilung der Ersparnis und der Eignung der verschiedenen Sparverfahren erforderlich.

Der Wert der Kohle besteht aus dem Stoffwert und aus Transportwerten. Veredelungswerte durch Sortieren, Waschen usw. seien der Einfachheit halber den Transportwerten zugerechnet, zu denen sie gehören. Der Stoffwert entsteht aus denjenigen Ausgaben, die jährlich durch den Erwerb und die Erhaltung des Besitzes an Kohlenfeldern erwachsen. Er wird im wesentlichen durch Zinsen (Abschreibungen seien unter den Zinsausgaben stets einbegriffen) gebildet, zu denen oft Pachtzinsen, Abgaben auf die geförderte Kohlenmenge u. a. treten. Der Quotient aus der jährlichen Summe solcher Ausgaben und der geförderten Kohlenmenge stellt den durchschnittlichen Stoffwert dar. Die Stoffwerte der Kohle sind somit ihrer Natur nach stets sehr niedrige Werte (im Gegensatz zu manchen andern Stoffen), sie machen in der Regel nur wenige Prozente des Gesamtwertes aus.

Wir erkennen somit, daß die Kohlenvergeudung weder vom Standpunkt der Erhaltung des Stoffes an sich, noch aus dem Gesichtspunkt der Vernichtung von Stoffwerten beurteilt werden darf. Maßgeblich ist vielmehr das, was nach vorstehendem unter dem Begriff Transportwerte zusammengefaßt wurde. Die Transportwerte entstehen durch die Kosten der Bewegung der Kohle vom Fundorte (Flöz) bis zum Gebrauchsorte.

An diesen haben die Kosten für die Einleitung der Bewegung in der Regel ausschlaggebenden Anteil; hierauf wird noch zurückgekommen werden müssen.

Die Kosten selbst setzen sich aus Kapitalkosten (Zinsen und Abschreibungen) und aus Bargeldausgaben zusammen; letztere wiederum bestehen größtenteils aus Ausgaben für Löhne und Gehälter. Auch von den sogenannten Kapitalkosten (häufig als indirekte im Gegensatz zu den direkten Bargeldausgaben bezeichnet) besteht ein Teil aus den Zinsen der früher für Personalausgaben aufgewandten Beträge, so daß man auch sämtliche Ausgaben in solche für Löhne (laufende und Zinsendienst für frühere Löhne) und in solche für Sachwerte einteilen kann. Je nachdem der Beurteiler vom privatwirtschaftlichen, nationalwirtschaftlichen oder weltwirtschaftlichen Standpunkt ausgeht, fallen bei dieser Einteilung die einzelnen Teilbeträge sehr verschieden aus. Bevor wir aber hierauf eingehen, empfiehlt es sich, die Natur der einzelnen Teilausgaben noch etwas eingehender zu erörtern.

Wie schon vorerwähnt, sind die Kosten für die Einleitung der Bewegung in der Regel ausschlaggebend für den Wert der Kohle. Zu diesen Kosten gehören die einmaligen und laufenden Kosten für die Aufschließung der Flöze, d. h. die laufenden Ausgaben für Schächte, Stollen, Wasserhaltung usw., also alle Vorbereitungskosten und deren Zinsausgaben, die aufzuwenden sind, um den Zugang zu der Kohle zu gewinnen und die Möglichkeit zur Einleitung der Bewegung der Kohle zu schaffen. Stellte man die Kosten der Bewegung der Kohle als Funktion des von ihr zurückgelegten Weges dar, so würde gewissermaßen auf die ersten wenigen Zentimeter der Bewegung der Löwenanteil dieser Kosten entfallen.

Zu den Kosten für die Einleitung der Bewegung gehören dann vor allem alle laufenden Kosten, die Lohnausgaben der Häuer, die Kosten zur Beseitigung der Berge usw., also überwiegend Lohnausgaben.

Die weiteren Kosten, die mit Fortschreiten der Bewegung entstehen: Transport im Stollen, Förderung im Schacht, Verladung in die Eisenbahn, Transport mit der Eisenbahn bis zum Gebrauchsorte usw., sind ihrer Natur nach wiederum zum Teil Kapitalkosten, zum Teil Lohnkosten, wobei unter den Kapitalkosten wiederum der Zinsendienst für früher ausgegebene Löhne überwiegt.

Behalten wir zunächst einmal die Einteilung aller Ausgaben in solche für Löhne und solche für Sachwerte bei und betrachten wir zunächst das Problem privatwirtschaftlich, so erkennen wir, daß der überwiegende Teil der Transportkosten unter Lohnausgaben zu rechnen ist. Von den Kosten, die bis zur Schachtmündung entstehen, gehören dann in vorstehendem Sinne nur diejenigen Ausgaben nicht zu den Lohnkosten, die als Zinsausgaben für die von dritter Seite bezogenen bergbaulichen Einrichtungen zu buchen sind (beispielsweise Gleisanlagen, maschinelle Einrichtungen u. ä.). Alles andere, und das ist der größte Teil der Unkosten, besteht aber aus laufenden Lohnausgaben und den Zinsen früherer.

Nationalwirtschaftlich betrachtet, verschieben sich diese Werte zugunsten der Lohnausgaben. Denn von diesem Standpunkt aus ist es gleichgültig, ob die Ausgaben innerhalb der einen oder andern Privatwirtschaft entstanden sind, und es interessiert nur, wieviel Barausgaben aus Deutschland ins Ausland abgeflossen sind, soweit diese eben für die Schaffung der erforderlichen Einrichtungen nötig waren. Diese dürften sich in unserm Beispiel im wesentlichen auf die Ausgaben für Hämatit und Kupfer beschränken, so daß vom nationalen Standpunkt jetzt alle für die Bewegung der Kohle erforderlichen Ausgaben bis auf die Zinsen der Ausgaben für die genannten Rohstoffe als laufende oder ehemalige Lohnausgaben sich darstellen.

Weltwirtschaftlich betrachtet, zerfließen auch diese letzteren noch und verwandeln sich wiederum größtenteils in Lohnausgaben, so daß letzten Endes von dem Werte der Kohle nur ein ganz geringer Prozentsatz übrig bliebe, der nicht auf Lohnausgaben oder deren Zinsen zu verbuchen ist. Die weltwirtschaftliche Betrachtungsweise interessiert uns jedoch zur Zeit weniger. Wir haben unsere Überlegungen vielmehr auf die nationalwirtschaftliche und die privatwirtschaftliche zu stützen.

Wenn wir das tun, so kommen wir nach vorstehendem zu dem Ergebnis, daß Kohlenersparnis und Lohnersparnis sich voneinander in ihrer wirtschaftlichen Wirkung nur wenig unterscheiden und daß insbesondere vom nationalwirtschaftlichen Standpunkt aus Kohlenersparnis und Lohnersparnis als fast identisch anzusehen sind. Der Gedanke, daß es sich bei Maßnahmen zur Herbeiführung einer Kohlenersparnis in erster Linie um die Ersparnis eines an sich im Besitze der Nation befindlichen, besonders wertvollen Stoffes handle, muß jedenfalls bei den weiteren Betrachtungen ausscheiden. Nicht die Kohle an sich ist wertvoll, sie gewinnt ihren Wert in ausschlaggebendem Maß erst durch die Hinzufügung der Löhne.

Sehen wir uns daraufhin jetzt die vielen Maßnahmen an, die zur Verminderung des Kohlenverbrauches vorgeschlagen sind, so können wir fast in allen Fällen feststellen, daß auch bei diesen wiederum die Lohnausgaben und deren Zinsen ausschlaggebend sind. Es stehen also bei dem Vergleich gewissermaßen Löhne gegen Löhne, und da es an sich vom volkswirtschaftlichen Standpunkt aus gleichgültig ist, an welcher Stelle die Löhne ausgegeben werden, so folgt daraus, daß es für solche Vergleiche nur einen Maßstab gibt, nämlich den, der sich durch das wirtschaftliche Ergebnis ausdrückt.

Aus dem Gesagten lassen sich nun eine Reihe praktischer Schlüsse ziehen, die am besten an einigen Beispielen erläutert werden können.

In Deutschland besteht eine große Anzahl von Dampfanlagen, die neuzeitlichen Anforderungen nicht mehr entsprechen. Viele davon weisen einen Wärmeverbrauch auf, der mehr als das Doppelte von demjenigen beträgt, der mit neuzeitlichen Einrichtungen spielend erreicht werden könnte. Es ist von verschiedenen Seiten wiederholt berechnet worden, wie außerordentlich groß die Kohlenersparnis sein würde, wenn man alle diese Anlagen umbauen würde. Sieht man sich jedoch einen typischen Einzelfall genauer an, so ist das Ergebnis einer richtig durchgeführten Wirtschaftlichkeitsrechnung fast stets dasselbe. Die Ausgaben für die Neueinrichtung sind meist so hoch, daß deren Zinsen mehr ausmachen, als die bestenfalls mögliche Kohlenersparnis. Mit andern Worten: vom privatwirtschaftlichen Standpunkt aus läßt sich der Umbau nicht rechtfertigen. Es ist deshalb wiederholt vorgeschlagen worden, man solle solchen Anlagen eine staatliche Unterstützung gewähren, um der Kohlenverschwendung Einhalt zu tun. Nach vorstehendem aber ist es ohne weiteres klar, daß sich auch die staatliche Unterstützung nationalwirtschaftlich nicht rechtfertigen läßt, weil man Lohnkosten leisten muß, um Lohnkosten zu ersetzen. Man muß deshalb so lange warten, bis diese Anlagen gewissermaßen eines natürlichen Todes sterben, d. h. bis Maschinen und Kessel usw. soweit verschlissen sind, daß sie ohnehin durch neue ersetzt werden müssen. Dieser Zeitpunkt tritt in der Regel viel früher ein, als nach der natürlichen Lebensdauer der Einrichtungen erwartet werden sollte, und zwar aus dem Grunde, weil in den meisten Fällen Erweiterungen der vorhandenen Anlage nötig werden. In dem Augenblick aber, wo Erweiterungen ohnehin erforderlich sind, ist es wirtschaftlich viel leichter, alte Anlagen außer Betrieb zu nehmen und sie lediglich zu Reservezwecken und zur Spitzendeckung zu benutzen, weil die spezifischen Kosten der Vergrößerung der Leistung um den ganzen oder einen Teilbetrag der bereits vorhandenen stets viel niedriger sind als diejenigen, die durch den Austausch der vorhandenen Einrichtungen entstehen würden.

Daneben gibt es eine Unzahl von Anlagen, in denen — ich möchte sagen — nur aus Gedankenlosigkeit Wärmeverschwendung getrieben wird und wo mit verhältnismäßig geringen Aufwendungen eine beträchtliche Verbesserung erzielbar ist, beispielsweise durch bessere Isolation, gute Abdichtung, Verbesserung der Betriebsweise u. ä., und man muß es geradezu als unpatriotisch bezeichnen, wenn solche Betriebe bestehen bleiben und aus Bequemlichkeit die auch privatwirtschaftlich durchaus zu rechtfertigenden Ausgaben gescheut werden.

Ähnliche Verhältnisse finden sich in den zahlreichen Anlagen, die Wärme für Heizungszwecke erfordern, wenn zwischen der erzeugten und der verbrauchten Wärme ein genügend großes Temperaturgefälle liegt, das für Kraftzwecke ausgenutzt werden könnte. So einfach es gewesen wäre, bei der Anlage solcher Einrichtungen von vornherein die Krafterzeugung mit vorzusehen, so schwierig ist der nachträgliche Umbau in wirtschaftlicher Hinsicht. Ich denke dabei vor allen Dingen an den großen Kohlenverbrauch der öffentlichen Gebäude, die zum Zwecke der Wärmeversorgung zusammengefaßt werden können. Leider sind die Fälle, in denen sich der nachträgliche Umbau wirtschaftlich rechtfertigen läßt, verhältnismäßig selten. Handelt es sich aber um Neubauten, oder werden Umbauten ohnehin aus andern Gründen erforderlich, so ist der Zeitpunkt gekommen, um solche Fragen neu zu studieren, und in diesem Zusammenhang ist die erfolgreiche Tätigkeit der Hauptstelle für Wärmewirtschaft, die das wirtschaftliche Gewissen der Wärmeverbraucher aufzuwecken beginnt, aufs wärmste zu begrüßen, wobei ich den Haupterfolg nicht so sehr in der Behandlung von Einzelfragen sehe, sondern darin, daß immer wieder von frischem auf die Notwendigkeit der Überprüfung der Wärmewirtschaft in der Industrie und in den öffentlichen Anlagen hingewiesen wird. Gerade das, was man vielleicht als Reklame für Wärmeersparnis im besten Sinne bezeichnen könnte, ist meines Erachtens das Wirkungsvollste.

Allerdings kann die am falschen Platze gerührte Werbetrommel auch zu unrichtigen Ergebnissen führen, und diese Gefahr beginnt bei der manchmal übertriebenen Reklame für den Ausbau von Wasserkräften sich jetzt bereits zu zeigen. Es ist zweifellos, daß vielfach die Tendenz besteht, Wasserkräfte lediglich mit der Begründung des Schlagwortes „Kohlenersparnis" auszubauen, selbst dann, wenn die wirtschaftliche Berechtigung hierfür nicht festliegt, im sogenannten Interesse der Volkswohlfahrt.

Die Urheber dieser Projekte fordern für diese große staatliche Zuschüsse, deren Verzinsung auf Jahre hinaus nicht erzielt werden kann, immer in dem Gedanken, daß es sich um die Ersparnis eines an sich wertvollen Stoffes handle. Dieser Stoff ist aber zunächst nicht vorhanden, er liegt fast wertlos zunächst unerreichbar tief unter der Erde und erhält einen Wert im volkswirtschaftlichen Sinne lediglich durch die Hinzufügung der Löhne, und zwar erst dann, wenn er gefördert ist.

Es steht durchaus nicht fest, ob auch im volkswirtschaftlichen Sinne es nicht richtiger wäre, solche Mittel zur Steigerung der Kohlenförderung zur Verfügung zu stellen und beispielsweise die Kohlenproduktion durch das Abteufen neuer Schächte zu heben.

C. Ausnutzung freier Kräfte.

Gelingt es, durch solche Überlegungen für die wirtschaftliche Beurteilung der Projekte den richtigen Standpunkt zu gewinnen, so ist es auch nicht schwer, an denjenigen Vorschlägen Kritik zu üben, die zur Verbesserung der Energiewirtschaft bisher gemacht wurden. Sie lassen sich durch folgende Schlagworte kennzeichnen:

1. Vollkommenere Ausnutzung der Naturkräfte (Wind, Wasser, Ebbe und Flut);
2. Ausnutzung von Überschußenergie oder Abfallenergie (Wärme, Wasserkraft);
3. Beseitigung des Einflusses der zeitlichen Verschiebung zwischen Erzeugung und Verbrauch und des schädlichen Einflusses der Belastungsschwankungen (Verkupplung und Akkumulierung);
4. Ersatz der Kohle durch andere Brennmaterialien (minderwertige Brennstoffe, Müllverbrennung, Kohlenabfälle, Braunkohle, Torf);
5. Bessere Ausnutzung der Kohle durch Gewinnung der Nebenprodukte;
6. Verbesserung des thermischen Wirkungsgrades der einzelnen Wärme- und Energieprozesse;
7. Verbesserung des wirtschaftlichen Wirkungsgrades.

Viele dieser Vorschläge sind, obgleich längst bekannt, durch die Kohlennot zu neuem Leben erwacht, und es sind zum Teil neuerdings recht geistreiche Lösungen vorgeschlagen worden, ohne daß allerdings ihre wirtschaftliche Überlegenheit stets einwandfrei hätte festgestellt werden können. In vielen Fällen findet die Tatsache wirtschaftlich nicht genügende Würdigung, daß zwischen dem Anfall einer Naturkraft oder einer Wärmequelle und ihrer Ausnutzungsmöglichkeit eine beträchtliche zeitliche Verschiebung besteht, die den Wert solcher Kräfte viel weiter herunterdrückt, als gewöhnlich vermutet wird. Der Ausdruck „Abfallkraft" ist geradezu durch das Vorhandensein dieser Verschiebung charakterisiert. Immer wieder findet man Wirtschaftlichkeitsberechnungen, in denen zunächst die mögliche Jahreserzeugung in Kilowattstunden ganz richtig berechnet wird. Auch die durchschnittlichen Erzeugungskosten der Kilowattstunde werden ebenfalls noch richtig angegeben. Hierbei wird dann aber die häufig nicht erfüllbare stillschweigende Voraussetzung gemacht, daß sich für die erzeugte Kilowattstunde auch ein Verwendungszweck findet. Schließlich werden die so errechneten niedrigen Durchschnittskosten der Kilowattstunde den durchschnittlichen Erzeugungskosten in einem guten Elektrizitätswerk gegenübergestellt. Bleibt hierbei ein genügender Unterschied zugunsten des neuen Vorschlages, so glaubt der Urheber einen großen wirtschaftlichen Erfolg nachgewiesen zu haben.

Nichts ist fehlerhafter als solche Rechnungen. Es gibt nur sehr wenige Betriebe, die eine wechselnde und beliebig anfallende Kraft auszunutzen gestatten. Fast stets muß sich die Kraftlieferung in Übereinstimmung mit den Betriebsforderungen befinden. Ausnahmen sind selten, sie finden sich in Be- und Entwässerungsanlagen, Poldern, überhaupt Wasserförderanlagen, in denen wenigstens tägliche periodische Schwankungen in der Regel ausgeglichen werden können. Fast stets wird deshalb von den Urhebern der Projekte die Verwendung der gewinnbaren Arbeit in den Leitungsnetzen eines größeren öffentlichen Elektrizitätswerkes in Aussicht genommen.

Für das Elektrizitätswerk entsteht jetzt die Frage: Welche Ersparnis entsteht dem Gesamtbetriebe durch die Verwendung solcher Kraft? Denn diese Ersparnis stellt die äußerste Grenze dessen dar, was das Elektrizitätswerk für die Kilowattstunde zahlen könnte. Im Falle unregelmäßig anfallender Kräfte bleiben aber die Ausgaben des Elektrizitätswerkes unverändert bis auf einen Teilbetrag der Brennstoffkosten, der in den meisten Fällen unter dem Werte von 1 kg Steinkohle liegen dürfte. Denn erspart wird tatsächlich nur der sogenannte zusätzliche Kohlenverbrauch, während der von der Belastung unabhängige, ferner der Zinsendienst und die Personalkosten unverändert nach wie vor dem Elektrizitätswerk verbleiben. Der zusätzliche Wärmeverbrauch liegt in neueren Elektrizitätswerken jedoch weit unter 7000 kcal/kWh. Wird hiernach die Vergleichsrechnung richtiggestellt, so ergibt sich leider häufig die wirtschaftliche Unmöglichkeit des Vorschlages.

Der Ausnutzung der Windkräfte, der Ebbe und Flut, der Abfallkraft von Niederdruckwasserwerken, häufig auch der Ausnutzung von Abfallwärme wird so ein Hindernis bereitet, das wirtschaftlich nur schwer zu überwinden ist.

Für Windkraftwerke sind gerade in der letzten Zeit einige technisch sehr interessante Vorschläge gemacht worden. Sie gipfeln fast alle in der Erzielung ziemlich beträchtlicher Leistungen, manchmal von mehreren tausend Pferdekräften bei normaler Windstärke. Ihre Aufstellung wird in Gegenden hoher Durchschnittswindstärke, für Deutschland also an der Küste der Nordsee und der Westküste von Schleswig-Holstein, geplant. Die technischen Schwierigkeiten liegen fast immer in der Überwindung der großen Beanspruchungen, die bei Stürmen auftreten und ein verhältnismäßig hohes Anlagekapital bedingen, ferner in der Regulierung der Umlaufzahl. Einschaltung verschiedener Übersetzungsgetriebe oder verschiedener Generatoren mit verschiedenen Drehzahlen sind die Mittel, die zur Überwindung der letzteren vorgeschlagen werden. Die gewonnene Kraft soll in bestehenden Überlandwerken ausgenutzt werden. Unverhältnismäßig hohe Anlagekosten, hoher Zinsendienst und hohe Aufwendungen für Instandhaltung, insbesondere für den Farbanstrich, sind die wirtschaftlich schwächsten Punkte solcher Projekte, die obendrein von allen Naturkräften wohl als diejenigen zu bezeichnen sind, bei denen die zeitliche Verschiebung zwischen Erzeugung und Verbrauch am ungünstigsten und am unregelmäßigsten ist. Es muß damit gerechnet werden, daß der Wind tagelang ausbleibt. In den Einrichtungen des den Strom aufnehmenden Elektrizitätswerkes kann deshalb nicht das mindeste gespart werden, es muß vielmehr für den vollen Eigenbetrieb stets gerüstet dastehen.

Nicht ganz so ungünstig liegen die Verhältnisse für Ebbe- und Flutwerke. Hier ist wenigstens mit einer regelmäßigen Periodizität während des Tages in der Regel zu rechnen, wenn diese auch gelegentlich durch Stürme überdeckt werden kann. Dagegen wechselt die Zeit der Höchstleistung auch hier täglich, wobei die Leistungskurve täglich zweimal |durch Null geht. Vor und nach Erreichung dieses Zustandes müßten aber diejenigen Flutwerke, bei denen Turbinenbetrieb vorgesehen war (und das war bisher in der Regel der Fall), schon außer Betrieb gesetzt werden, weil das dann eintretende |geringe Gefälle für die Erzielung normaler Umdrehungszahlen nicht mehr ausreicht. Hierdurch wird natürlich der Wirkungsgrad nicht unbeträchtlich herabgesetzt.

Interessant ist eine in Vorschlag gebrachte Lösung (Aquapulsor genannt), bei der große Schwimmkörper durch das in einem Staubecken ein- und auslaufende Wasser in ständige Vertikalbewegung versetzt werden. Die Bewegung wird auf Pumpen übertragen, die eine Triebflüssigkeit unter konstantem Druck speichern, so daß die spätere Krafterzeugung mit kleinen, schnellaufenden Maschinen sich sehr einfach gestaltet, im Gegensatz zu Turbinenanlagen, die wegen der erforderlichen großen Schluckfähigkeit der Turbinen außerordentlich große Durchmesser, infolgedessen niedrige Umdrehungszahlen erhalten müssen. Windkraftwerke großer Leistung weisen übrigens den gleichen Nachteil sehr niedriger Umlaufzahlen auf.

Die wirtschaftliche Ausnutzung der Ebbe und Flut ist noch viel stärker als die der Windkraftwerke an die geographische Lage dadurch gebunden, daß große Überflutungsbecken durch die Verhältnisse gegeben sein müssen. Am bekanntesten geworden ist das englische Projekt an der Mündung des Severn, wo die örtlichen Verhältnisse die Schaffung eines riesigen Überflutungsbeckens begünstigen. In Deutschland ist vor einer Reihe von Jahren die Anlage eines Flutwerkes bei Husum in Vorschlag gebracht worden, die Untersuchungen sind aber an der mangelnden Wirtschaftlichkeit gescheitert.

Neuerdings wird der Vorschlag gemacht, geeignete Seehäfen, soweit sie ohnehin durch Schleusen während der Zeit der Flut und Ebbe abgesperrt werden müssen, für die Kraftgewinnung auszunutzen, und zwar gerade in Verbindung mit der sogenannten Aquapulsor-Anlage, weil dann die Ausbaukosten verhältnismäßig niedrig werden.

Wasserkraft. Die Nichtberücksichtigung des zeitlichen Unterschiedes zwischen Erzeugung und Verbrauch und die hieraus folgende fehlerhafte Bewertung findet sich überaus häufig auch bei größeren Wasserkraftprojekten, und zwar in der Form, daß der Ausnutzungsfaktor der mittleren Leistung zu hoch angesetzt wird. In neueren Veröffentlichungen ist die durch den Ausbau der in Deutschland vorhandenen Wasserkräfte verhältnismäßig leicht erzielbare Arbeit auf 10 bis 12 Milliarden kWh angegeben worden, und wenn man den Wert der Kilowattstunde auch nur dem von 1 kg Kohle gleichsetzt, so würde der Ausbau dieser Wasserkräfte einer Ersparnis von jährlich 10 Millionen Tonnen, gleich etwa 6 vH der gesamten deutschen Steinkohlenerzeugung, gleichkommen. Selbst wenn man zunächst davon absieht, daß die gesamte zurzeit vorhandene Leistung der öffentlichen Kraftwerke schon ohnehin nicht ausreicht, um diese Leistung unterzubringen, so verschieben sich die Verhältnisse noch dadurch, daß etwa zwei Drittel dieser Leistung zu Zeiten der Schwachlast der öffentlichen Werke und der Industrie anfallen, so daß 3 bis 4 Milliarden kWh ausnutzbarer Tagesleistung 7 bis 8 Milliarden kWh Schwachlast gegenüberstehen. Sofern die industrielle Arbeitsweise nicht von Grund auf geändert wird (Verstärkung der Nachtarbeit), dürfte es aber auf lange hinaus völlig unmöglich sein, so große Schwachlastmengen unterzubringen. Bei der heutigen Art des Verbrauches müßte der Gesamtbedarf an Elektrizität in Deutschland auf schätzungsweise 30 bis 40 Milliarden kWh angestiegen sein, um etwa 7 Milliarden kWh Schwachlast bewältigen zu können. Es muß deswegen immer wieder betont werden, daß die Rechnungen, die sich auf den Durchschnittspreis einer Kilowattstunde aufbauen, so lange falsch sind, als der Nachweis der Verwendung der erzeugten Schwachlastarbeit nicht erbracht ist.

Diese für alle Abfallenergie kennzeichnende Eigentümlichkeit hat natürlich Vorschläge für die Beseitigung ihrer Nachteile gezeitigt.

D. Verkupplung von Kraftwerken.

Die von mir in verschiedenen Veröffentlichungen empfohlene Verkupplung der Kraftwerke untereinander vermag auch in dieser Hinsicht vorteilhaft zu wirken (Kap. V 4, S. 115). Es ist ja ohne weiteres einleuchtend, daß die leistungsfähige Verkupplung benachbarter Kraftwerke untereinander den Betrag der durch Abfallenergie ersetzbaren Kilowattstunden ganz beträchtlich erhöht. Läßt sich beispielsweise in dem Bezirk eines Elektrizitätswerkes zu Zeiten von Schwachlast aus Wasserkräften gewinnbare Abfallenergie in diesem Werk selbst nicht unterbringen, so steht, wenn dieses Werk mit den benachbarten leistungsfähig verkuppelt wird, eine viel größere Schwachlast zur Verfügung. Mit anderen Worten: man schafft durch die Verkupplung für die Abfallkraft einen großen Aktionsradius und dies zudem mit um so größerem Vorteil, als die Fortleitungsverluste bekanntlich mit dem Quadrat der Stromstärke wachsen, zur Zeit der Schwachlast also klein sind, so daß die Fortleitungskosten der Abfallenergie selbst auf große Entfernungen niedrig werden. Die Abfallenergie erlangt durch die Verkupplung einen sehr großen wirtschaftlichen Transportbereich. Steht genügend Abfallenergie zur Verfügung und fällt diese regelmäßig an, was zwar bei Wind, Ebbe und Flut nicht, wohl aber bei Wasserkräften und Abfallwärme der Fall ist, so kann man zur Zeit der Schwachlast einzelne der verkuppelten Werke völlig still legen und dann auch während dieser Zeit einen Teil der konstanten Wärmeverluste und der Personalkosten einsparen. Beachtet man die Tatsache, daß die leistungsfähige Verkupplung der Werke es erlaubt, überhaupt die Erzeugung der sogenannten durchlaufenden Belastung auf diejenigen Werke zu legen, die am günstigsten arbeiten, und ferner die Tatsache, daß durch Verkupplung sich der Ausnutzungsfaktor infolge Verbesserung des Reservefaktors und oft auch durch Verbesserung des Belastungsfaktors wesentlich (manchmal um 100 vH) erhöhen läßt, so kommt man notwendigerweise zu der Erkenntnis, daß die Verkupplung allerdings eines der vorzüglichsten Mittel zur Brennstoffersparnis und zur Verbesserung der Wirtschaftlichkeit darstellt.

E. Akkumulierung.

Das zweite uns zur Verfügung stehende Mittel zur Beseitigung der Nachteile der zeitlichen Verschiebung zwischen Erzeugung und Verbrauch besteht in der Akkumulierung, wobei Akkumulierung im weitesten Sinne zu verstehen ist. Jeder Kohlenhaufen vor dem Kesselhaus und jeder gefüllte Kohlenbunker stellt einen Akkumulator dar, der die Energieerzeugung nach Maßgabe des Verbrauches von dem mehr oder minder unregelmäßigen Energiezufluß der angefahrenen Kohle unabhängig macht. Auch der Wirkungsgrad dieser Akkumulierung ist ebenso wie der der Wasserakkumulierung in Talsperren sehr hoch (annähernd 100 vH), weil er hier nur durch die Verschlechterung der Kohle infolge Lagerns und Zerfalls, dort nur durch Verdunstung und Versickerung beeinflußt wird. Beide Akkumulierverfahren, die sich in ihrer wirtschaftlichen Wirkung im übrigen sehr ähnlich sind, weisen aber den Nachteil auf, daß die wärmetechnischen, mechanischen und elektrischen Einrichtungen der Kraftwerke für die auftretende Spitze bemessen sein müssen, im Gegensatz zu der elektrischen Akkumulierung in Sammelbatterien, deren Zweck häufig geradezu das Herausschneiden der Belastungsspitze ist, so daß in letzterem Falle die Anlage um die herausgeschnittene Leistung kleiner wird. Dafür muß man allerdings etwa 30 vH Verluste in Kauf nehmen, zu denen in der Regel noch gewisse wirtschaftliche Verluste durch höhere Anlagekapitalien hinzutreten.

Es besteht nun eine Reihe von Vorschlägen, die Vorteile der Akkumulierung noch in anderer Weise zu erzwingen. Ein sehr bekannter, der meines Wissens bis jetzt nur in Verbindung mit Niederdruckwasserkräften gemacht wurde, für die Ausnutzung von Ebbe und Flut, von Windkraftwerken jedoch noch von größerer Bedeutung sein würde, bezweckt die hydraulische Akkumulierung in hochgelegenen Staubecken. Während der Zeit der Schwachlast soll die in Niederdruckwasserkräften ohnehin zur Verfügung stehende Kraft einen Wasservorrat durch Pumpen in einen hochgelegenen Speicher drücken, aus dem das Wasser zum Betrieb von Turbinen zur Zeit der Spitze entnommen und wie bei der elektrischen Akkumulierung zum Abschneiden benutzt wird. Solche Anlagen lassen sich natürlich wirtschaftlich nur dort schaffen, wo die örtliche Lage ihren Ausbau mit verhältnismäßig geringen Kosten gestattet. Der erzielbare Wirkungsgrad dürfte 50 vH kaum erreichen, nämlich wenn man etwa mit 70 vH Gesamtwirkungsgrad für die Wasserförderung und mit dem gleichen Wirkungsgrad für die Wiedergewinnung rechnen darf. Da die örtlichen Verhältnisse meistens dazu zwingen die Förderpumpen elektrisch anzutreiben kommen die Umformungsverluste zwischen elektrischer und mechanischer Energie noch einmal hinzu. Die mir bekannt gewordenen Projekte liegen der Grenze der Wirtschaftlichkeit jedenfalls außerordentlich nahe.

Eine Akkumulierungsform, die meines Erachtens wesentlich größere Beachtung verdient und in der Zukunft wahrscheinlich eine ziemlich beträchtliche Rolle spielen wird, bietet sich überall dort, wo die akkumulierte Arbeit unmittelbar in Form von Wärme von verhältnismäßig niederer Temperatur verwendet werden kann, beispielsweise dort, wo bisher ohnehin Dampf oder Warmwasser als Wärmeübertragungsmittel zur Anwendung gelangte (Kochprozesse, Eindampfungsprozesse, Raumheizung u. ä.). Die in der Regel in Form von elektrischem Strom zur Verfügung stehende Abfallenergie, fast stets aus zeitweise schlecht belasteten Wasserkräften stammend, läßt sich in elektrisch beheizten Vorratsbehältern in Form von überhitztem Wasser und Dampf oder in Form von heißem Wasser mit gutem Wirkungsgrad speichern und zur Zeit des Verbrauches wieder auslösen, so daß beispielsweise die nachts aufgespeicherte Wärme am Tage zur Verwendung gelangt. Auch die chemisch-physikalische Speicherung durch Eindicken und Wiederverdünnung von Laugen (Natronlauge), die sich gleichfalls mit gutem Wirkungsgrad durchführen läßt, verdient in diesem Zusammenhang besondere Beachtung. Natürlich ist es ohne weiteres technisch möglich, die so aufgespeicherte Wärmeenergie auch zur Kraftgewinnung auszunutzen, indem an den Wärmespeicher eine Kraftmaschine angeschlossen wird. Der sich aus dieser doppelten Transformation ergebende schlechte Wirkungsgrad läßt sich nach einem Vorschlag von Hausmann und Dr. Marguerre vermeiden, wenn man Entladung und Ladung des Speichers in einem geschlossenen Kreisprozeß durchführt und zur Wiederaufladung eine Wärmepumpe benutzt. Die einmal als Motor, das andere Mal als Generator laufende Synchronmaschine ist beiderseitig mit einer Dampfturbine und einer Wärmepumpe gekuppelt. Da an Verlusten neben den elektrischen in dieser Maschine nur noch die aus dem thermischen Wirkungsgrad der Turbine und der Wärmepumpe folgenden, sowie die in mäßigen Grenzen zu haltenden Strahlungsverluste entstehen, wird ein ziemlich hoher Wirkungsgrad (in der Gegend von 50 vH) erwartet. Legt man einen solchen Speicher in den Schwerpunkt des Verbrauchsgebietes, so ergibt sich als weiterer Vorteil ein beträchtlich besserer Ausgleich der zeitlichen Verschiebung im Verbrauch elektrischer Energie.

F. Wärmespeicher.

Veranlaßt durch die Erfolge von Dr. Ruths, dem Schöpfer des nach ihm benannten Wärmespeichers, ist in Deutschland der Frage der Speicherung von Arbeit bzw. von Wärme während der letzten Jahre erhöhte Aufmerksamkeit gewidmet worden.

Es gibt zur Zeit zwei grundsätzlich verschiedene Arten von Wärmespeichern:

a) den Ruths-Wärmespeicher, der im wesentlichen aus einem großen, druckfesten, zu etwa 90 vH mit Wasser gefüllten Behälter besteht, in welchem während der Schwachlastperioden überschüssiger Dampf unter gleichzeitiger Steigerung von Druck und Temperatur des Wassers niedergeschlagen und aus welchem zu Zeiten von Überlast unter Abnahme von Druck und Temperatur der gespeicherte Dampf zu zusätzlicher Arbeitsleistung wieder entnommen wird;

b) den sogenannten Gleichdruck- oder Speiseraumspeicher, in welchem während Schwachlastperioden ein Vorrat heißen Wassers von annähernd der Sättigungstemperatur des Kesselinhaltes gespeichert und zu Zeiten starker Belastung an Stelle des aus dem Ekonomiser oder unmittelbar aus dem Speisewasserbehälter kommenden Wassers in den Kessel gespeist wird.

Andere Speicher, wie Rateau-, Glocken- und Festraumspeicher sollen aus dieser Betrachtung ausgeschieden werden, da sie nur recht kleine Energie- bzw. Dampfmengen speichern und daher nur sehr kurzzeitige Spitzen decken können. Sie kommen nur in Verbindung mit intermittierend arbeitenden Maschinen wie Fördermaschinen und Schmiedhämmern in Frage.

Ferner sollen hier die wesentlichen Unterschiede der verschiedenen Speicherarten nur soweit geschildert werden, als es zum Verständnis ihrer Eignung für Elektrizitätswerke erforderlich erscheint.

Mit Ruthsspeichern können an sich Spitzen beliebiger Höhe und beliebiger Dauer gedeckt werden, bei Speiseraumspeichern ist dagegen die Höhe der deckbaren Spitze beschränkt. Arbeitet z. B. eine Kesselanlage mit einem Dampfdruck von 16 at abs, der einer Sättigungstemperatur von rd. 200^0 C entspricht, und hat das Speisewasser hinter dem Ekonomiser eine Temperatur von 130^0 C, so kann durch Speisung mit Wasser von Sättigungstemperatur während der Spitzenperioden lediglich der Unterschied der Flüssigkeitswärme des Speisewassers zwischen 130^0 C und 200^0 C, das sind rd. 70 kcal auf 1 kg erzeugten Dampf zu zusätzlicher Dampferzeugung frei gemacht werden. Da die Erzeugungswärme von 1 kg gesättigten Dampf von 16 at abs Druck und aus Wasser von 130^0 C rd. 540 kcal/kg beträgt, so kann durch Speiseraumspeicher höchstens die $\dfrac{540}{470}$- oder die 1,15fache Mehrverdampfung erzielt werden.

Sind keine Ekonomiser vorhanden, so wird die Mehrverdampfung wesentlich größer, sie beträgt bei 50^0 C Speisewassertemperatur und Drücken von 15 bis 20 at rd. 35 vH. Aber auch in solchen größeren Werken, die ohne Ekonomiser arbeiten, wird, schon um die Kessel zu schonen und sie vor Wärmespannungen zu schützen, das Wasser durch Dampf auf rd. 100^0 C vorgewärmt, wodurch die mögliche Mehrverdampfung auf höchstens rd. 25 vH sinkt.

Da die höhere Dampferzeugung ohne Änderung der Feuerführung erreicht werden soll, so wird dem Überhitzer auch bei Spitzen dieselbe Wärmemenge in den Rauchgasen, aber eine um 15 bis 35 vH größere Dampfmenge zugeführt. Die Folge davon ist ein merklicher Rückgang der Dampfüberhitzung und eine nennenswerte Zunahme des Dampfverbrauches für 1 kWh.

Die Überhitzung geht natürlich um so stärker zurück, je höher die Mehrverdampfung durch Speisen von Wasser von Sättigungstemperatur ist. Unter Berücksichtigung der zurückgehenden Überhitzung und andere Umstände, auf die hier nicht näher eingegangen werden soll, beträgt bei den heute üblichen Drücken die mittels Speiseraumspeichern erzielbare Mehrleistung im allgemeinen höchstens 15 vH. Dabei ist zu beachten, daß ihr absoluter Betrag keine konstante Größe ist, sondern von der jeweiligen Rostbelastung bzw. der ihr im Beharrungszustand entsprechenden Dampfmenge abhängt, von welcher er, wie gesagt, rd. 15 vH ausmacht. In Werken, wie z. B. in Bahnkraftwerken, wo der absolute Betrag der Spitze auch bei verschiedener mittlerer Werkbelastung oft konstant bleibt, wird es daher wohl öfters nicht möglich sein, mit Speiseraumspeichern einen befriedigenden Belastungsausgleich zu erzielen.

Da zur Zeit noch keine Anlage mit Speiseraumspeichern von nennenswerter Bedeutung im Betrieb ist, läßt sich nicht beurteilen, in welcher Weise die selbsttätige Regelung der Anlage und das Zusammenarbeiten des Speichers mit den Kesseln gelöst werden kann, besonders dann, wenn zahlreiche Kessel vorhanden sind, von denen jeder seinen besonderen Ekonomiser hat.

Die Erfahrung muß zeigen, inwieweit die Beseitigung der vorerwähnten Schwierigkeiten bei Speiseraumspeichern gelingen und wie den Forderungen nach Einfachheit und Betriebssicherheit Rechnung getragen werden wird. Es ist nicht ausgeschlossen, daß bei Ersatz der Ekonomiser durch Luftvorwärmer und nach Durchführung einiger anderer Maßnahmen Speiseraumspeicher in Kombination mit Ruthsspeichern auch im Kraftbetriebe von Nutzen sein werden.

Mit Ruthsspeichern können in Kraftwerken zwei grundsätzlich verschiedene Aufgaben gelöst werden:

1. Herbeiführung eines mehr oder weniger weitgehenden Belastungsausgleiches für die Kessel,
2. Schaffung einer Momentanreserve, die so lange die Dampflieferung übernimmt, bis die hierfür erforderlichen Kessel hochgeheizt worden sind.

Solche Momentanreserven haben vor allem da Bedeutung, wo Fremdstrom bezogen wird und wo im Falle einer Störung der Fernleitung die Stromlieferung nicht unterbrochen werden darf. Bisher mußten in solchen Werken einige Kessel dauernd unter Dampfdruck gehalten werden, um im Bedarfsfalle sofort die Dampflieferung übernehmen zu können. Sie verursachten erhebliche Leerlaufsverluste und große Ausgaben für Wartung, Instandhaltung und Reparaturen. Im Elektrizitätswerk der Stadt Malmö wurde im Jahre 1922 die erste Momentanreserve-Anlage mit Ruthsspeichern dem Betrieb übergeben, sie hat ihren Zweck voll erreicht.

Abb. 25 zeigt das Schema dieser Anlage, die die Stromversorgung der Stadt Malmö für den Fall des Ausbleibens von Fernkraftstrom aus dem Wasserkraftwerk Lagan (*l*) solange übernehmen soll, bis der Betrieb Zeit hatte, die Kesselanlage (*a*) des in Malmö selbst gelegenen Dampfkraftwerkes, das nur als Reserve dient, hochzuheizen.

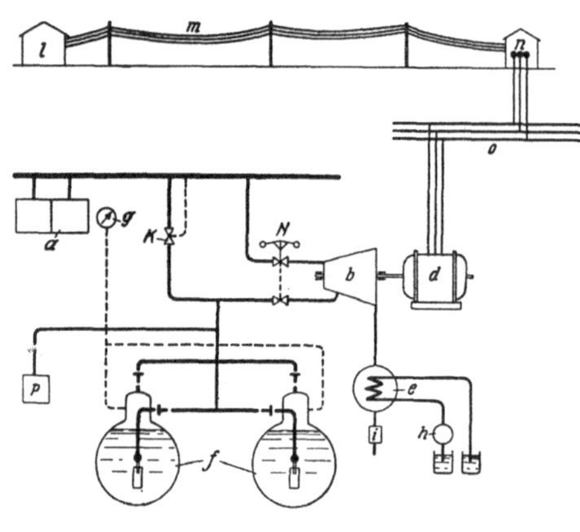

------ Betätigungs-Dampfleitungen

Abb. 25. Momentanreserveanlage, bestehend aus zwei parallel geschalteten Ruths-Speichern, im Elektrizitätswerk Malmö.

a = Kesselanlage, *b* = Dampfturbine, *d* = Generator, *e* = Kondensator, *f* = Ruths-Speicher, *g* = Speichermanometer, *h* = Kühlwasserpumpe, *k* = selbsttätiges Überströmventil, *l* = Wasserkraftwerk, *m* = Fernleitung, *n* = Schalthaus, *o* = Leitungsnetz im Dampfkraftwerk, *p* = elektrisch beheizter Dampfkessel.

Auf Grund eingehender Wirtschaftlichkeitsberechnungen wurde eine Ruths-Speicheranlage von 456 m³ Rauminhalt, bestehend aus zwei parallel geschalteten Speichern von 4 m Durchmesser und 19,2 m Länge, aufgestellt, die zwischen 7 und 1 at Überdruck arbeiten und eine Dampfmenge von 36 000 kg zu speichern vermögen, was einer $^3/_4$ stündigen Leistung von 3750 kW entspricht (Abb. 26). Die Ausstrahlungsverluste des Speichers können durch einen kleinen Elektrokessel (*p*) gedeckt werden, der mit billigem Nachtstrom den täglichen $^1/_2$ at Druckabfall entsprechenden Wärmeverlust ersetzt. Der Generator (*d*) läuft dauernd als Synchronmotor mit und gibt zur Verbesserung des Leistungsfaktors wattlosen Strom in das Netz ab. Die Turbinenwelle hat zur Vermeidung von Dampfverlusten Wasserdichtungen. Die leerlaufende Turbine (*b*) wird durch eine besondere kleine Luftpumpe unter Vakuum gehalten, infolgedessen beträgt die Ventilationsarbeit nur etwa 1 kW, und die Ausstrahlung der Turbine reicht zur Abführung der Ventilationswärme aus. Der Tourenregler (N) der Turbine ist im Normalbetrieb so gespannt, daß die Turbine von der Dampfleitung abgesperrt ist.

Sinkt infolge einer Unterbrechung des Wasserkraftstromes die Periodenzahl etwas, so schaltet der Tourenregler selbsttätig die Dampfzufuhr zur Turbine und die Kondensationshilfsmaschinen ein.

Die Leerlaufsarbeit von Turbine, Generator und Kondensationsmaschinen und der Ausgleich der Abkühlungsverluste der Speicher und Rohrleitungen benötigen 220 kW, während durch den Phasenausgleich 800 kW gewonnen werden. Es wurde also eine Momentanreserve geschaffen, die praktisch ohne Bedienung und ohne Betriebskosten dauernd verfügungsbereit ist und ohne Umformung Drehstrom unmittelbar ins Netz abgeben kann. Über die wirtschaftlichen Vorteile wird weiter unten berichtet.

Zwischen Ruthsspeichern und Speiseraumspeichern besteht noch insofern ein wesentlicher Unterschied, als erstere auch dann noch Dampf liefern können, wenn die zugehörigen Kessel außer Betrieb sind. Ähnlich wie in Kraftwerken Wärmespeicher zwei grundsätzlich verschiedene Aufgaben erfüllen können, so haben sie im wesentlichen folgende drei Vorteile:

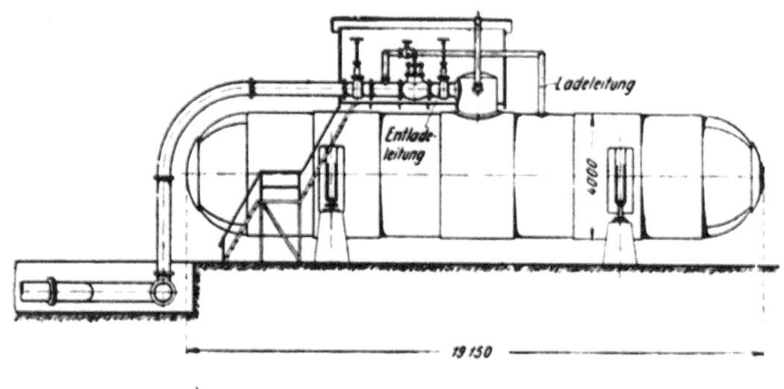
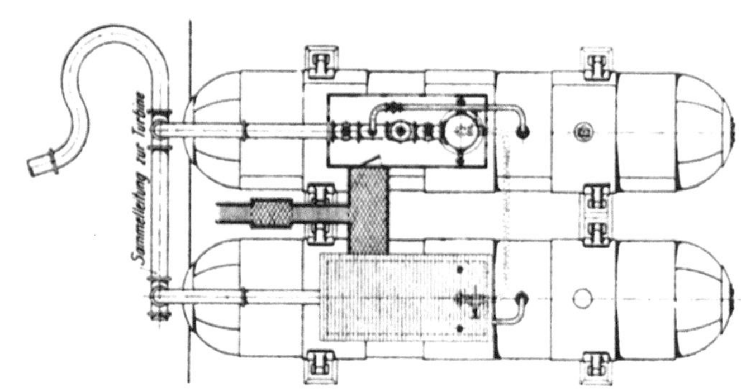
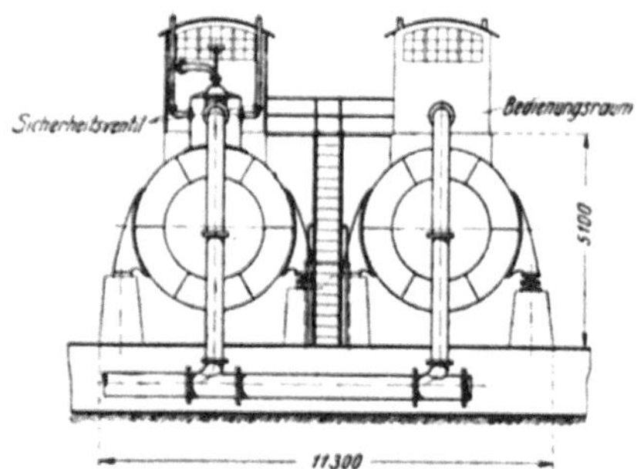

Abb. 26. 456-m³-Ruths Wärmespeicher der Momentanreserveanlage im Elektrizitätswerk Malmö.

1. Kohlenersparnis infolge des durch sie bewirkten mehr oder weniger vollständigen Belastungsausgleiches der Kesselanlage,
2. größere Unabhängigkeit der Stromerzeugung vom Kesselhaus und
3. in vielen Fällen Ersparnisse an Anlagekosten.

Zu Punkt 1 soll hier nur kurz so viel gesagt sein, daß im normalen Betriebe eines mit ungleichmäßiger Belastung betriebenen Werkes der Kesselwirkungsgrad erheblich unter dem Betrage liegt, der bei der mittleren Werksbelastung aus der bei den Abnahmeversuchen aufgenommenen Kesselcharakteristik zu erwarten wäre. Die Ursache liegt nicht allein in den Anheiz- und Stillstandsverlusten, der Spitzenkessel, sondern hauptsächlich in der Trägheit der mechanischen Roste. Wird nämlich die Feuerführung so schnell geändert, wie es mit Rücksicht auf das Belastungsdiagramm erforderlich ist, so haben die Feuerungen meist nicht genügend Zeit, um verlustlos in den neuen Beharrungszustand überzugehen. Die dadurch verursachten Verluste sind um so größer, je kleiner die Rostbelastung und je minderwertiger die

Kohle ist. Sie können leicht Beträge von 10 bis 15 vH erreichen. Durch Wärmespeicher kann, unabhängig von der jeweiligen Werksbelastung, eine konstante Kesselleistung erzielt werden, so daß die Kessel dauernd mit günstigstem Wirkungsgrad arbeiten.

Unter den in Elektrizitätswerken vorliegenden Verhältnissen wird völliger Belastungsausgleich allerdings nur in Ausnahmefällen wirtschaftlich sein, weshalb man sich meist mit einem solchen Ausgleich begnügen wird, der für die Feuerung genügend Zeit läßt, sich einem neuen Gleichgewichtszustand anzupassen. Hierfür werden im allgemeinen 10 bis 30 min ausreichen.

Die hauptsächlichsten Gesichtspunkte für die Bemessung von Ruths-Wärmespeichern in Elektrizitätswerken mögen an Hand von Abb. 27, deren Charakter etwa dem Belastungsdiagramm der Berliner Elektrizitätswerke entspricht, gezeigt werden. Es wurden folgende drei Fälle untersucht:

a) Das Werk arbeitet ohne jeden Speicher (Fall I),

b) die Ruthsspeicheranlage wird für teilweisen Belastungsausgleich bemessen, derart, daß nach der strichpunktierten Linie gearbeitet wird (Fall II),

c) die Ruthsspeicheranlage wird so bemessen, daß völliger Belastungsausgleich erzielt wird (Fall III).

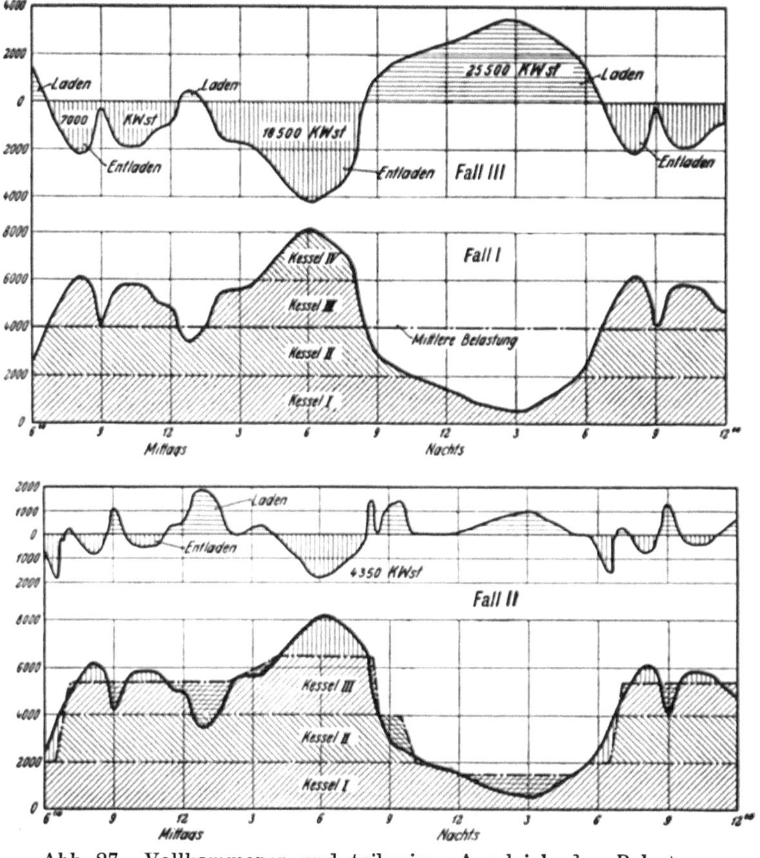

Abb. 27. Vollkommener und teilweiser Ausgleich der Belastungsschwankungen in der Dampfkesselanlage durch Aufstellung eines Ruths-Speichers.

Die Zahl der erforderlichen Kessel und die erforderliche Speicherfähigkeit wäre dann

Fall	Kesselzahl	Speicherfähigkeit
I	4	0 kWh
II	3	4350 „
III	2	25500 „

Abb. 28 zeigt für Fall I und Fall II die durch die wechselnde Belastung mindestens hervorgerufene Verschlechterung des Kesselwirkungsgrades. Hierbei sind Verluste, die durch die öftere Veränderung der Schütthöhe, des Rostvorschubes und der Zugstärke und nicht ganz sachgemäße Bedienung entstehen, noch nicht berücksichtigt. Die tatsächlich auftretenden Verluste werden daher um etwa 2 bis 4 vH größer als in Abb. 28 sein.

Auf 1 kWh Speichervermögen werden jährlich gespart bei vollständigem Belastungsausgleich 150 kg Kohle, bei teilweisem Belastungsausgleich 480 kg Kohle. Der Speicher ist also bei teilweisem Ausgleich spezifisch erheblich besser ausgenutzt und dies ist der Hauptgrund, weshalb in Elektrizitätswerken vollkommener Belastungsausgleich nur in Ausnahmefällen zweckmäßig ist.

Für die Speicherfähigkeit von Ruthsspeichern besteht an sich keine obere Grenze. Wegen Transport- und Montageschwierigkeiten und anderen Gründen wird man aber im allgemeinen in einen Speicherkörper nicht mehr als 300 bis 500 m³ legen, je nach dem Höchstdruck und den örtlichen Verhältnissen, unter welchen der Speicher arbeiten soll.

Die Speicher können ins Niederdruckgebiet, d. h. zwischen Hochdruck- und Niederdruckteil einer Turbine gelegt werden, und etwa zwischen 4 und 1 at abs arbeiten, oder vor den Hochdruckteil der Turbine geschaltet werden. In letzterem Fall ist ihr höchster Druck gleich dem Kesseldruck und der tiefste Entladedruck etwa 6 bis 8 at abs. Infolge des fallenden Speicherdruckes arbeitet der aus dem Speicher kommende Dampf bei

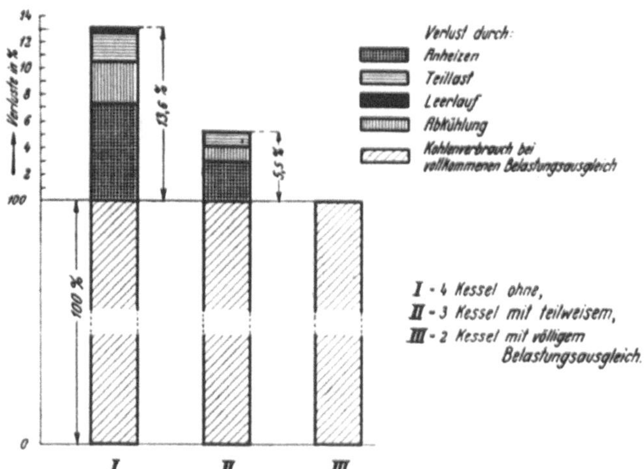

Abb. 28. Verschlechterung des Wirkungsgrades der Kesselanlage infolge der Schwankungen der Belastung (Abb. 27) bei fehlendem oder nur teilweise durchgeführtem, gegenüber vollständigem, Belastungsausgleich.

einem ganz bestimmten Druck am günstigsten, bei allen anderen Drücken treten Verluste auf. Im Elektrizitätswerk Malmö ist daher die Anordnung so getroffen, daß mit fallendem Speicherdruck der Dampf in eine immer tiefer liegende Stufe eingeführt wird. Diese Maßregel wird aber nur in Ausnahmefällen lohnen, weil sie eine große Verwicklung der Turbine und sehr umständliche und teuere Regulierungsvorrichtungen bedingt. Man wird einfache und betriebssichere Zweidruckturbinen vorziehen und einen etwas höheren Dampfverbrauch in Kauf nehmen. Es ist ja zu bedenken, daß eine Wirkungsgradeinbuße infolge veränderlichen Druckes nur bei der den Speicherdampf verarbeitenden Maschine zur Geltung kommt und sich demnach auch bei weitgehendem Belastungsausgleich nur in einem verhältnismäßig geringen Teil der gesamten verarbeiteten Dampfmenge auswirkt.

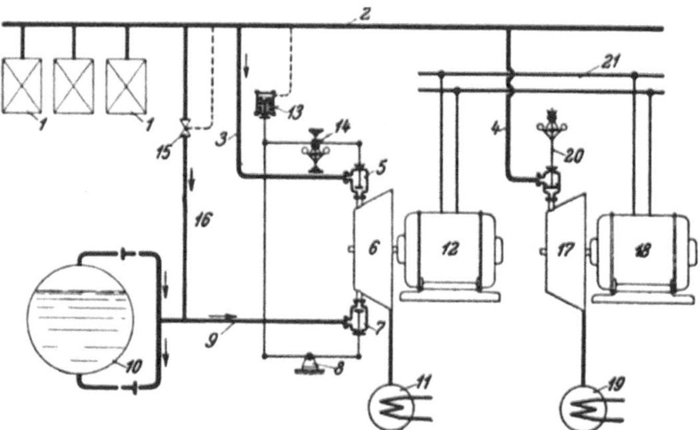

Abb. 29. Schaltungsschema eines Ruths-Speichers im Zusammenarbeiten mit einer Hochdruckspeicherturbine (mit zwei Hochdruckdüsensätzen ausgestattete Turbine), Bahnkraftwerk Altona.
1=Dampfkessel, 2=Frischdampfsammelleitung, 3=Frischdampfleitung nach 6, 4=Frischdampfleitung zur normalen Turbine, 5=Einlaßventil für Frischdampf von 6, 6=Kombinierte Frischdampfspeicherturbine, 7=Einlaßventil für Speicherdampf von 6, 8=Festes Drehlager für Reguliergestänge, 9=Speicherdampfleitung nach 6, 10=Ruths-Speicher, 11=Kondensator von 6, 12=Generator von 6, 13=Druckregler, 14=Tourenregler, 15=Überströmventil, 16=Überströmleitung 17=Frischdampfturbine, 18=Generator von 17, 19=Kondensator von 17, 20=Tourenregler, 21=Elektrische Sammelschienen

Ein ähnlicher Grund war dafür maßgebend, daß neuerdings Ruthsspeicher für Elektrizitätswerke als Hochdruckspeicher ausgebildet werden. Dadurch können Turbinenmodelle verwendet werden, die sich von den normalen nur insofern unterscheiden, als die Düsen im Hochdruckteil in 2 Gruppen unterteilt sind, von denen

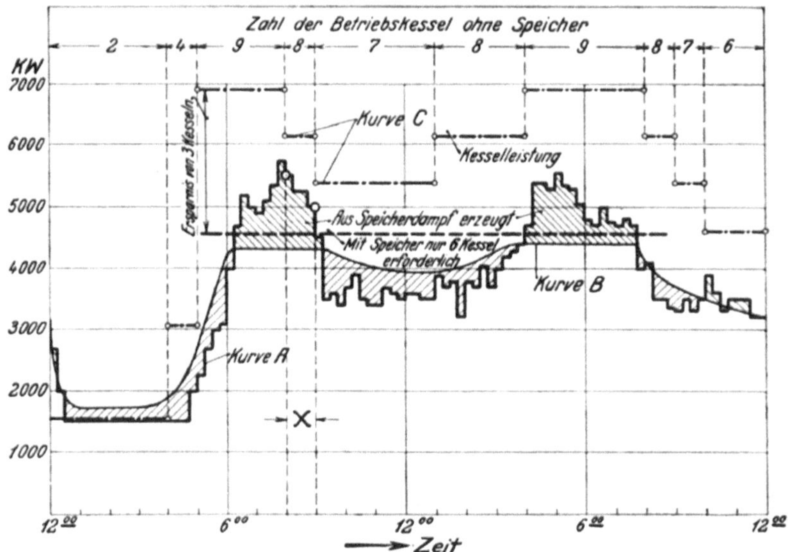

Abb. 30. Belastungskurve des Bahnkraftwerkes Altona aus Viertelstundenmittelwerten aufgezeichnet.

Kurve A = Belastungskurve,
Kurve B = Ungefährer Verlauf der Kesselbelastung (in kw umgerechnet),
Kurve C = Gesamte höchste Dampfleistung der ohne Ruths-Speicher erforderlichen Dampfkessel,
⬚ = Vom Ruths-Speicher aufgespeicherte Arbeit,
⬚ = Vom Ruths-Speicher abgegebene Arbeit.

die eine Dampf von konstantem Druck (Frischdampf aus dem Kessel), die andere Speicherdampf mit wechselndem Druck verarbeitet. Bei dieser Schaltung braucht die Turbinenregulierung nur noch für den Speicherdampf und nicht, wie bei An-

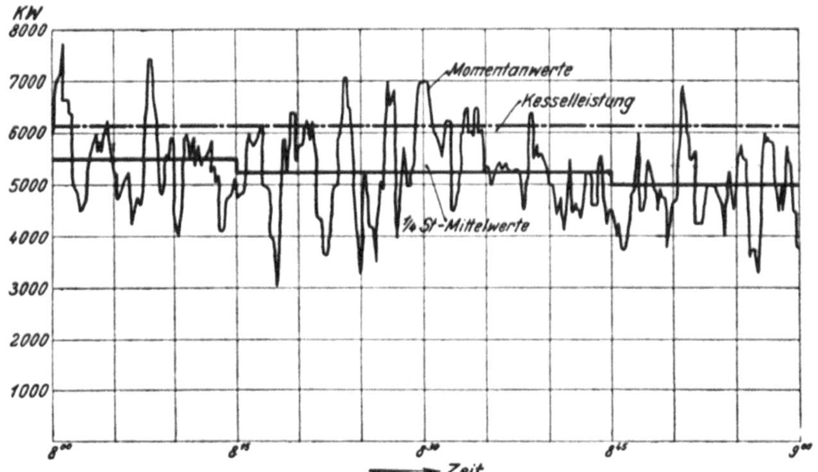

Abb. 31. Belastung des Bahnkraftwerkes Altona von 8°° bis 9°° in stark vergrößertem Zeitmaßstab aus Momentanwerten aufgezeichnet.
Die Länge des Diagrammes entspricht der Strecke X in Abb. 72.

lagen mit Niederdruckspeichern, für die gesamte verarbeitete Dampfmenge bemessen zu werden. Dazu kommt, daß die „Hochdruckspeicherturbine" billiger ist als eine

Zweidruckturbine, weil letztere wegen des stark wechselnden Druckes vor der Niederdruckstufe sehr kräftige Zwischenböden benötigt.

Da auch hier, mit Rücksicht auf Einfachheit und Betriebssicherheit lieber eine kleine Einbuße an Wirkungsgrad in Kauf genommen werden sollte, wird auch eine an sich unschwer durchführbare Wiederüberhitzung des aus dem Speicher kommenden Dampfes nicht in allen Fällen lohnen.

Das Schaltungsschema einer solchen für Bahnkraftwerk Altona bestimmten Hochdruckspeicheranlage zeigt Abb. 29. Abb. 30 und 31 geben die Belastungsdiagramme dieses Werkes.

Die Anlage hat folgende Hauptabmessungen:

Speicherfähigkeit des Ruths-Speichers . . . . rd.	2600 kWh
Anzahl der Speicherkörper	2
Volumen eines Speicherkörpers	150 m³
Kesseldruck	16 at abs
Höchster Druck im Speicher	16 at abs
Tiefster Druck im Speicher	6 at abs
Leistung der Turbine mit Frischdampf allein	8000 kW
Höchste Leistung aus Speicherdampf bei tiefstem Speicherdruck	3500 kW

Für überschlägige Berechnungen diene als Anhalt, daß mit 1 m³ Speichervolumen bei Hochdruckspeichern, die etwa zwischen 16 und 6 at abs arbeiten, rund 8 bis 10 kWh und bei Niederdruckspeichern, die etwa zwischen 4 und 1 at abs arbeiten, rund 4 kWh gespeichert werden können.

Der im Freien aufstellbare Speicher bedingt keine besonderen Gebäudekosten. Kohlenstapelungs- und Kohlenfördereinrichtungen sowie Kesselanlagen bleiben unberührt und erfahren lediglich eine gleichmäßigere Ausnutzung, die sich in Wärmegewinn ausprägt.

G. Abfallkohle, Staubkohle, Braunkohle.

Der Ersatz der Steinkohle durch andere Brennstoffe ist eher eine Frage feuerungstechnischer als wirtschaftlicher Natur. Die Übersicht in wirtschaftlicher Hinsicht ist leicht zu gewinnen, solange es sich um die Verbrennung von Abfallkohle, Staubkohle (Waschberge) und Braunkohle handelt. Bei diesen tritt jedenfalls ein nachteiliger Einfluß einer zeitlichen Verschiebung zwischen Erzeugung und Verbrauch des Energieträgers nicht auf, und es läßt sich die Krafterzeugung dem Energiebedarf ebenso gut wie für Steinkohle anpassen. So kann man beispielsweise ohne weiteres feststellen, wie weit im Einzelfalle der Aktionsradius einer Braunkohlengrube geht, d. h. bis zu welcher Entfernung von ihr die Verfeuerung von Rohbraunkohle wirtschaftlicher ist als die Verfeuerung von Steinkohle.

In diesem Zusammenhange sei auch auf die Kohlenstaubfeuerung nochmals hingewiesen, die, ursprünglich von Deutschland ausgehend, sich jetzt allmählich wieder in Deutschland einzuführen beginnt, nachdem in Amerika an einzelnen Stellen mit solchen Einrichtungen gute Erfolge erzielt worden sein sollen.

H. Torf.

Eine Sonderstellung nehmen Torfkraftwerke ein, die oft eine der Wirklichkeit nicht entsprechende Beurteilung erfahren. Für die Verwendung des Torfes in Kraftwerken spielt die zeitliche Verschiebung zwischen Gewinnung des Torfes und seines Verbrauchs eine große Rolle, die sich noch unangenehmer äußert, als bei irgendeiner anderen Energieform. Torf wurde bisher entweder von Hand oder mittels Baggermaschinen, stellenweise auch nach dem Abspritzverfahren mittels Pumpenförderung, gewonnen. Man darf in Deutschland mit einer etwa 100 tägigen Kampagne im Sommer rechnen. In dieser Zeit muß so viel Torf gefördert werden, als in dem betreffenden Werke für das ganze Jahr benötigt wird. Handelt es sich beispielsweise um Krafterzeugung im Großen, so müssen für diese 100 Tage zahlreiche Arbeiter, Maschinen und sonstige Einrichtungen in Betrieb sein, für die für den Rest des Jahres keine Verwendung besteht. Das sind wirtschaftliche Nachteile, die durch den niedrigeren Preis des Torfes schon an sich schwer auszugleichen sind und die durch die notwendige Stapelung des Torfes an einer oder wenigen Stellen noch gesteigert werden. Kann man die Akkumulierung des Torfes dezentralisieren, wie dies beispielsweise bei der Verwendung im Hausbrande von selbst geschieht, indem der Torf im Herbst in den einzelnen Haushaltungen gestapelt wird, so verschwindet dieser Nachteil größtenteils, auch kleinere Fabriken können oft mit großem Vorteil zur Torfverfeuerung übergehen.

Brennstoff	Heizwert kcal/kg	Gewicht von 1 m³ kg	Wärmeinhalt von 1 m³ in Millionen kcal	Ein 15 t-Wagen enthält Millionen kcal	Für den Transport v. 100 Millionen kcal sind er- forderlich an 15 t-Wagen
Steinkohle . . .	$\sim$ 7000 bis 7500	$\sim$ 750 bis 850	$\sim$ 5,8	$\sim$ 105	$\sim$ 1
Braunkohle lufttrocken . .	1800 „ 2300	650 „ 780	$\sim$ 1,5	$\sim$ 31,5	$\sim$ 3 $^1/_3$
Maschinen-Torf lufttrocken . .	3700 „ 4200	325 „ 410	$\sim$ 1,5	$\sim$ 60	$\sim$ 1 $^2/_3$

Aus vorstehender Tabelle erkennt man, daß zur Stapelung eines bestimmten Wärmevorrats Braunkohle und Torf etwa viermal soviel Raum verlangen wie Steinkohle, und daß zum Transport von 100 Millionen Kalorien für Steinkohle etwa 1, für Braunkohle $3^1/_3$, für Torf $1^2/_3$ Waggon (15 t) erforderlich sind. Torf hat also einen wesentlich besseren Aktionsradius als Rohbraunkohle, er kommt ungefähr dem der Braunkohlenbriketts gleich, während er sich bezüglich der Stapelung ebenso ungünstig wie Braunkohle verhält, d. h. etwa den vierfachen Raumbedarf fordert. Der Gegensatz zur Braunkohle liegt nun darin, daß der Transportweg von einer Braunkohlengrube bis zum Kraftwerk klein ist und daß abgeräumte Braunkohle einen großen Akkumulator an sich darstellt, während für das Torfkraftwerk der ganze Jahresbedarf gestapelt werden muß.

Rechnet man mit einem Kalorienverbrauch von 7000 je kWh, so ist zur Erzeugung von jeder Million Kilowattstunden im Jahre ein Stapel von 4700 m³ Torf erforderlich. Demnach ergibt sich für ein mittleres Kraftwerk, das jährlich 100 Millionen Kilowattstunden erzeugt, unter Einrechnung von unvermeidlichen Böschungsverlusten u. ä., ein Stapelraum von etwa 500 000 m³. Soll nun wenigstens der Brennstofftransport vom Stapel bis in die Kesselhäuser rein mechanisch unter möglichster Ausschaltung von Handarbeit geschehen, wie dies für moderne Kraftwerke gefordert werden müßte, so wird bei 10 m durchschnittlicher Stapelhöhe ein Bunker von 20 m Breite, 15 m Höhe und 1500 m Gesamtlänge erforderlich, der natürlich praktisch in mehrere parallele Schuppen aufgelöst werden müßte.

Man erkennt aus diesen Zahlen die Schwierigkeit des Problems am besten.

Stapelt man den Torf in der Nähe des Stiches in Haufen, so kann man natürlich das Anlagekapital für den Bunker sparen, hat dann aber den Nachteil, daß zum Schichten und späteren Abtragen der einzelnen Torfhaufen sehr viel Handarbeit erforderlich ist, die das ganze Jahr hindurch geleistet werden muß. Es besteht obendrein die Gefahr, daß der Torf infolge schlechter Witterung zu naß gestapelt werden muß und daß er dann später ausfriert, wobei der Heizwert bekanntlich auf einen Bruchteil herabsinkt. Schließlich ist in Betracht zu ziehen, daß die Entfernungen zum Kraftwerk mit fortschreitendem Abbau der Torffelder von Jahr zu Jahr wachsen.

Da nun, wie hervorgehoben, anderseits der Eisenbahnaktionsradius für schweren Maschinentorf nur etwa um 40 vH schlechter ist als bei Steinkohle und doppelt so gut wie der von Rohbraunkohle, so ergibt sich, daß es im allgemeinen wärmewirtschaftlich richtiger ist, den Torf mit der Eisenbahn zu versenden und ihn dezentralisiert in Haushaltungen und kleineren Fabrikunternehmungen zu akkumulieren, als ihn zur Großkrafterzeugung am Orte der Gewinnung zu benutzen. Dies um so mehr, als die Lage eines Großkraftwerkes inmitten eines großen Torfvorkommens auch aus anderen Gründen nicht günstig ist, und zwar einmal, weil die Entfernungen vom Verbrauchszentrum stets groß sind, und ferner, weil die Beschaffung von Kühl- und Speisewasser oft große Schwierigkeiten bereitet. Es kommen endlich zu den hohen Akkumulierungskosten die höheren Stromfortleitungskosten noch hinzu.

Diese Nachteile lassen sich natürlich wesentlich mildern, wenn es gelingt, Torfgewinnungsverfahren zu entwickeln, die den Abbau während des ganzen Jahres gestatten. Das Problem läuft somit in erster Linie auf eine künstliche Trocknung des Torfes hinaus. In dieser Richtung sind viele Vorschläge gemacht worden, die zwar technisch, nicht aber wirtschaftlich zum Teil zum Ziele geführt haben. Alle Versuche, die Feuchtigkeit auf rein mechanischem Wege zu entfernen, beispielsweise durch Pressen, Walzen usw., sind daran gescheitert, daß Torf ein Kolloidalkörper ist, aus dem sich die Feuchtigkeit auf mechanischem Wege erst dann entfernen läßt, wenn der Kolloidalcharakter der Torfmasse vorher zerstört worden ist. Das läßt sich einesteils auf elektrischem Wege machen durch die sogenannte Elektroosmose, andernteils durch Erhitzen vor dem Auspressen. Schließlich ist noch die Beimengung gewisser Chemikalien in Vorschlag gebracht worden. Es ist aber bis jetzt nicht bekannt geworden, ob letzteres Verfahren Ergebnisse gehabt hat. Elektroosmose scheidet wegen der Kosten der Stromerzeugung von vornherein aus. Die Erhitzung des Torfes hat den Nachteil, daß ein erheblicher Prozentsatz des Torfes für die Erzeugung der Wärme verloren geht. Versuche in dieser Richtung sind bis jetzt deshalb nicht sehr befriedigend verlaufen.

Die mir bisher vorgelegten Rentabilitätsberechnungen der Torfkraftwerke wiesen stets zu niedrige Torfgewinnungskosten auf. Es war immer leicht festzustellen, daß sich ein viel besseres Geschäft — die angegebenen Torfgewinnungskosten als richtig vorausgesetzt — durch unmittelbaren Verkauf des Torfes ergeben würde als durch seine Verwertung auf dem Umwege über die Elektrizitätserzeugung.

J. Nebenprodukte.

Die Gewinnung der Nebenprodukte aus der Kohle hat in den letzten Jahren zunächst dadurch einen neuen Anstoß erhalten, daß neben den alten Schachtgeneratoren Drehtrommelgeneratoren entwickelt wurden, wodurch der frühere, vielen Zufälligkeiten unterworfene und sich unregelmäßig vollziehende Vergasungsprozeß zu einem stetigeren und besser kontrollierbaren gemacht worden ist, unter gleichzeitiger Erhöhung des Durchsatzes. Soweit die Gewinnung der Nebenprodukte mit der Großkraftgewinnung in Verbindung tritt, trifft auch heute noch das Ergebnis meiner Untersuchungen aus dem Jahre 1916 zu[1]. Sie sind nachstehend unverändert im Auszug wiedergegeben, weil, ähnlich wie zur Zeit ihrer Niederschrift, die Frage der Bewertung der Nebenprodukte noch immer so unsicher und schwankend ist, daß eine Umrechnung auf andere Preisgrundlagen die dadurch verursachten außerordentlich mühevollen Arbeiten nicht gelohnt hätte. Wegen Einzelheiten möge auf

---

[1] Klingenberg: Die Wirtschaftlichkeit von Nebenproduktenanlagen für Kraftwerke. 1917.

die Originalabhandlung verwiesen werden. Über die Änderungen, die die Ergebnisse der Untersuchungen dadurch erfahren, daß inzwischen neue Methoden für die Gewinnung von Nebenprodukten ausgearbeitet worden sind und daß sich die wirtschaftlichen Grundlagen der Rechnungen zum Teil etwas verschoben haben, ist am Ende der folgenden Darlegungen das Erforderliche gesagt.

Das wirtschaftliche Ergebnis der Verarbeitung von Kohlen auf Nebenprodukte hängt besonders von folgenden Werten ab:

1. Preis und Heizwert des Brennstoffes,
2. Ausbeute und Preis der gewonnenen Nebenprodukte,
3. Ausnutzungsfaktor des zugehörigen Kraftwerkes,
4. Art der Kraftmaschinen (Dampfturbine oder Gasmaschine).

Da es seiner Zeit nicht möglich war und auch heute noch nicht möglich ist, die zukünftige Marktlage der Nebenprodukte auch nur annähernd zu übersehen, verliert die Wirtschaftlichkeitsrechnung zunächst ihr Fundament. Sollen trotzdem allgemein gültige Schlüsse über den wirtschaftlichen Wert für Kraftwerke erlangt werden, so mußte die Rechnung für eine Reihe von angenommenen Preisen durchgeführt werden, deren höchster und tiefster die zukünftige Preisgestaltung in sich schließen. Beide Werte, die Kohlenpreise und die Preise der Nebenprodukte, müssen variiert werden.

Den nachstehenden Rechnungen sind demgemäß unter Annahme eines Heizwertes der Kohle von 7000 kcal/kg Kohlenpreise von 7,0 $\mathscr{M}/t$, 10,5 $\mathscr{M}/t$, 14,0 $\mathscr{M}/t$, 17,5 $\mathscr{M}/t$, 21,0 $\mathscr{M}/t$, 24,5 $\mathscr{M}/t$ und 28,0 $\mathscr{M}/t$ zugrunde gelegt, entsprechend einer Steigerung des Wärmepreises von 1 Pfg auf 4 Pfg/10 000 kcal.

Von wesentlichem Einfluß auf das Ergebnis ist die Größe des Kraftwerkes. Da es aber zweifellos feststeht, daß sich die Ausnutzung der Nebenprodukte in größeren Kraftwerken leichter lohnend gestalten läßt als in kleineren, genügt für die Zwecke dieser Arbeit die Durchführung der Rechnungen für ein großes Kraftwerk (Spitzenleistung 100 000 kW). Es ist dann rückwärts der Schluß zulässig, daß die Wirtschaftlichkeitsgrenze für kleinere Kraftwerke unter sonst gleichen Verhältnissen bereits früher erreicht wird. Der Vergleich braucht dann nur noch für folgende Fälle durchgeführt zu werden:

A. Dampfturbinenkraftwerk mit kohlengefeuerten Kesseln,
B. Dampfturbinenkraftwerk mit gasgefeuerten Kesseln und Nebenproduktenanlage,
C. Gasmaschinenkraftwerk mit Nebenproduktenanlage.

Für diese Kraftwerke ist die wirtschaftliche Charakteristik, d. h. die Abhängigkeit der gesamten Erzeugungskosten der elektrischen Arbeit von den verschiedenen Belastungsstufen zu ermitteln; zu verändern ist somit der Belastungsfaktor oder die mittlere Belastung.

Es bleibt schließlich noch die Veränderung des Erträgnisses der Nebenprodukte zu berücksichtigen. Da es zunächst gleichgültig ist, wie sich deren Erlös auf Sulfat und Teer verteilt und wie sich der Verkaufspreis aus der erzeugten Menge und dem Einzelpreis ergibt, genügt die Durchrechnung folgender drei Fälle, wenn der Gesamterlös auf die Tonne durchgesetzter Kohle bezogen wird:

Fall   I: 6,44 $\mathscr{M}/t$ (mäßige Ausbeute, schlechte Preise)
Fall II: 12,00 $\mathscr{M}/t$ (gute Ausbeute, gute Preise)
Fall III: 17,56 $\mathscr{M}/t$ (gute Ausbeute, sehr hohe Preise).

Über diese Annahmen ist noch folgendes zu sagen:

Ein Stickstoffgehalt von 1,5 vH, bezogen auf Rohkohle, ist für deutsche Steinkohlen als hoch anzusehen. Rechnet man mit einer Ausbeute von 68 vH des Kohlenstickstoffes, so würde man auf 1 t Kohle 48 kg Sulfat gewinnen, entsprechend einer Ausbeute von 32 kg Sulfat bei einem Stickstoffgehalt von 1 vH, der ungefähr als Mittelwert für deutsche Steinkohlen angenommen werden kann. Auf 1 t Sulfat braucht man rd. 1 t Schwefelsäure, die im Frieden etwa 30 ℳ gekostet hat. Die mittlere Teerausbeute beträgt ungefähr 50 kg/t. Damit ergeben sich folgende Verhältnisse für 1 t vergaste Kohle:

Fall I.

			ℳ	vH
Mäßige Ausbeute, schlechte Preise:	Sulfat $0,032 \cdot (200-30)$ ℳ		5,44	84,5
	Teer $0,050 \cdot 20$ ℳ =		1,00	15,5
		zus.	6,44	100,0

Fall II.

			ℳ	vH
Gute Ausbeute, gute Preise:	Sulfat $0,048 \cdot (250-30)$ ℳ		10,50	87,5
	Teer $0,050 \cdot 30$ ℳ =		1,50	12,5
		zus.	12,00	100,0

Fall III.

			ℳ	vH
Gute Ausbeute, sehr hohe Preise:	Sulfat $0,048 \cdot (354-30)$ ℳ =		15,56	88,6
	Teer $0,050 \cdot 40$ ℳ =		2,0	11,4
		zus.	17,56	100,0

Der Vergasungswirkungsgrad wurde für Vollast zu 70 vH, der Leerlaufverbrauch der Generatoren zu 12 vH ihres Vollastverbrauches angenommen. Auf 1 kg Kohle werden 2,2 kg Zusatzdampf benötigt, von denen 0,8 kg durch die Eigenwärme der Generatorgase gedeckt werden mögen. In Dampfturbinenkraftwerken müssen demnach 1,4 kg Zusatzdampf mit einer besondern Kesselanlage erzeugt werden, in Gasmaschinenanlagen nur rd. 0,4 kg, da durch die Wärme der Abgase rd. 1 kg Dampf auf 1 kg Kohle gewonnen wird. Die Erzeugungswärme des Zusatzdampfes beträgt 620 kcal/kg, der Wirkungsgrad der Dampferzeugungsanlage samt Rohrleitung usw. 75 vH.

Ferner wurde mit folgenden Werten gerechnet:

		Dampfturbine mit		Gas-maschine
		kohlenge-feuerten Kesseln	gasge-feuerten Kesseln	
Wärmeverbrauch der Maschine allein bei Vollast	kcal kWh	3960	3960	3250
Zuschlag für Hilfsbetriebe usw.	vH	10	10	10
Wärmeverbrauch der Maschine samt Hilfsbetrieben bei Vollast	kcal/kWh	4360	4360	3570
Leerlaufverbrauch der Maschine in vH des Vollastverbrauches	vH	13	13	45
Kesselwirkungsgrad bei Vollast	„	79	81	—
Leerlaufverbrauch des Kessels in vH des Vollastverbrauches	„	10	8	—
Wärmeverlust der Rohrleitungen in vH des Vollastverbrauches	„	1	1	—
Wirkungsgrad der Gasgeneratoren bei Vollast	„	—	70	70
Leerlaufverbrauch der Gasgeneratoren in vH des Vollastverbrauches	„	—	12	12
Zusatzdampf aus besonderem Dampfkessel auf 1 kg Kohle	kg	—	1,4	0,4
Wirkungsgrad der Zusatzdampferzeugung	vH	—	75	75
Erzeugungswärme des Zusatzdampfes	kcal/kg	—	620	620
Spitzenleistung des Kraftwerkes	kW	100 000	100 000	100 000
Ausgebaute Leistung des Kraftwerkes	„	125 000	125 000	135 000
Anzahl der Maschinen		6	6	22
Leistung einer Maschine	„	20 800	20 800	6 100

Auf die Einzelheiten der umständlichen Berechnungen soll hier nicht näher eingegangen, sondern jeweils nur das wichtigste Ergebnis der einzelnen Berechnungsabschnitte gebracht werden.

In Abb. 32 bis 34 ist die Abhängigkeit des jährlichen Kohlenverbrauches von der mittleren Jahresnutzleistung (Belastungsfaktor) für die drei vorerwähnten Fälle dargestellt. Das Verhältnis des Kohlenverbrauches des Dampfturbinenwerkes ohne Nebenproduktenanlage (A) zu dem des Gasmaschinenwerkes mit Nebenprodukten-

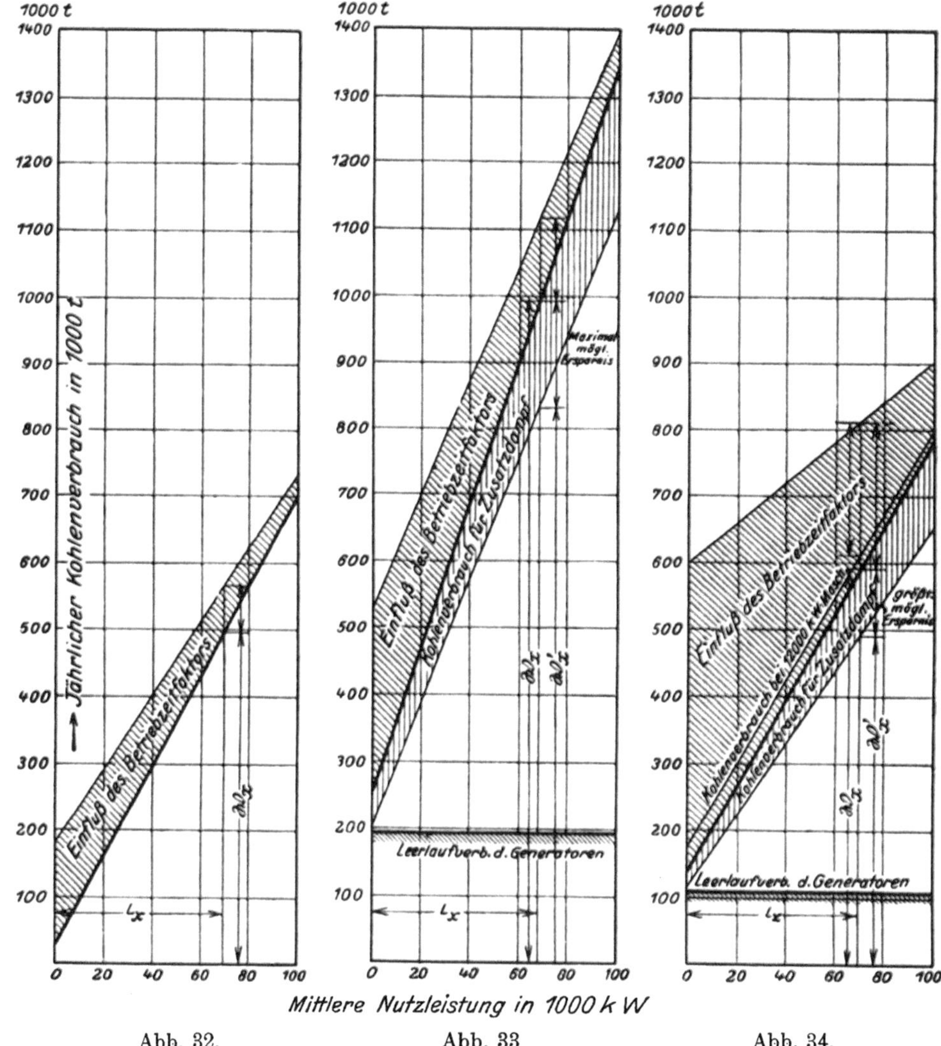

Abb. 32.   Abb. 33   Abb. 34.

Jährlicher Kohlenverbrauch des Werkes in 1000 t (Kohlenheizwert = 7000 kcal/kg).

anlage (C) zu dem des Dampfturbinenkraftwerkes mit Nebenproduktenanlage (B) stellt sich für

     eine mittlere Nutzleistung von 100 000 kW (Vollast) wie 1 : 1,13 : 1,92,
     eine mittlere Leistung von 50 000 kW (Halblast) wie 1 : 1,25 : 2,2
     und für Belastungen, die etwa dem heutigen mittleren Belastungsfaktor (etwa 0,25) von Elektrizitätswerken entsprechen, wie 1 : 1,4 : 2,5 (Abb. 35).

Die immer wieder vorgebrachte Behauptung, die unmittelbare Verfeuerung der Kohle unter Verzicht auf die Gewinnung der Nebenprodukte stelle eine ungeheure Verschwendung von Brennstoffen und von Nationalvermögen dar, ist hiernach irreführend. Es werden zwar in der Kohle enthaltene bedeutende Werte vernichtet; dem steht aber eine fühlbare Schonung unserer Kohlenvorräte gegenüber.

Die obersten dünn ausgezogenen Linien der Abb. 32 bis 34 zeigen die Abhängigkeit des Kohlenverbrauches von der mittleren Belastung für den ungünstigsten Fall,
daß der Belastungsfaktor gleich 1 ist, die linksschraffierte Fläche die Abnahme des Kohlenverbrauches durch den Einfluß des Betriebszeitfaktors nach vorstehenden Voraussetzungen.

Die senkrecht schraffierte Fläche in Abb. 33 und 34 stellt den Kohlenbedarf für die Erzeugung des Zusatzdampfes für die Generatoren dar, die strichpunktierte Linie in Abb. 34 die Änderung des Kohlenverbrauches, wenn an Stelle von 6000 kW Maschinensätzen solche von 12 000 kW aufgestellt würden. Die geringere Schmiegsamkeit der größeren Maschine kommt hierbei deutlich zum Ausdruck, sie macht sich desto mehr geltend, je geringer die Belastung ist.

Gelänge es, durch Verbesserung der Generatoren die Menge des Zusatzdampfes soweit zu verringern, daß er aus der Eigenwärme des Gases gewonnen werden könnte, so verbesserte sich der Kohlenverbrauch um den durch die Senkrechtschraffur dargestellten Betrag. Im Falle C könnte dann die Abwärme der Gasmaschinen in Niederdruckdampfturbinen noch für Kraftzwecke ausgenutzt werden, und es ist angenommen, daß sich hierdurch die Gesamtleistung um 13 vH erhöht. Diese Ersparnis wird allerdings durch die Betriebskosten der Abwärmeturbinenanlage zum Teil ausgeglichen.

Für die Anlagekosten bekommt man etwa folgendes Bild:

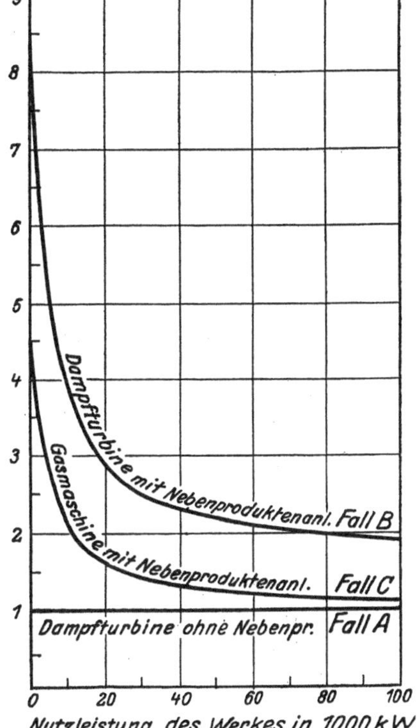

Abb. 35. Verhältnismäßiger Kohlenverbrauch der drei Betriebsarten (Kohlenverbrauch der Dampfturbine ohne Nebenprod. — Anl. = 1 gesetzt).

	Dampfturbinenwerk		Gasmaschinenwerk
	ohne	mit	
	Nebenproduktengewinnung		
	A	B	C
Anlagekosten in Millionen $\mathscr{M}$ für Maschinen- und Kesselanlage . . .	22,5	21,2	32,4
Anlage für Erzeugung von Zusatzdampf, Generatoren, Nebenproduktengewinnung	—	25,0	15,2
Gesamte Anlagekosten in Millionen $\mathscr{M}$	22,5	46,2	47,6

Die Anlagekosten sind für B und C also annähernd gleich und rd. doppelt so groß wie für A.

Unter Anrechnung angemessener Beträge für Verzinsung, Abschreibung, Gehälter, Reparaturen und Wartung bekommt man die in Abb. 36 bis 38 dargestellten Betriebskosten, wenn für Nebenprodukte 12 $\mathscr{M}$/t Kohlendurchsatz erzielt werden, und zwar für einen Kohlenpreis von 14 $\mathscr{M}$/t, entsprechend einem Wärmepreis von 2 Pfg/1000 kcal bzw. für 17,5 $\mathscr{M}$/t und einen Wärmepreis von 2,5 Pfg/1000 kcal (Fall II).

Die außer den Kohlenkosten entstehenden Betriebskosten werden für B und C durch den höheren Kapitaldienst und die höheren Ausgaben für Löhne und Reparaturen beherrscht. Der schädliche Einfluß dieser Ausgaben kann trotz der vorausgesetzten hohen Einnahme für die Nebenprodukte selbst im Falle C nur für hohe Belastung wieder gut gemacht werden.

Sehr groß ist für B und C der Einfluß des Brennstoffpreises auf die Wirtschaftlichkeit. Sinkt dieser um 0,5 Pfg für 10 000 kcal, so verschieben sich alle Wirtschaftlichkeitsgrenzen stark zugunsten der Nebenproduktengewinnung. Umgekehrt verschiebt jede Steigerung des Kohlenpreises die Verhältnisse im entgegengesetzten
Sinne. Entgegen vielfach geäußerten Ansichten liegen also die Verhältnisse so, daß

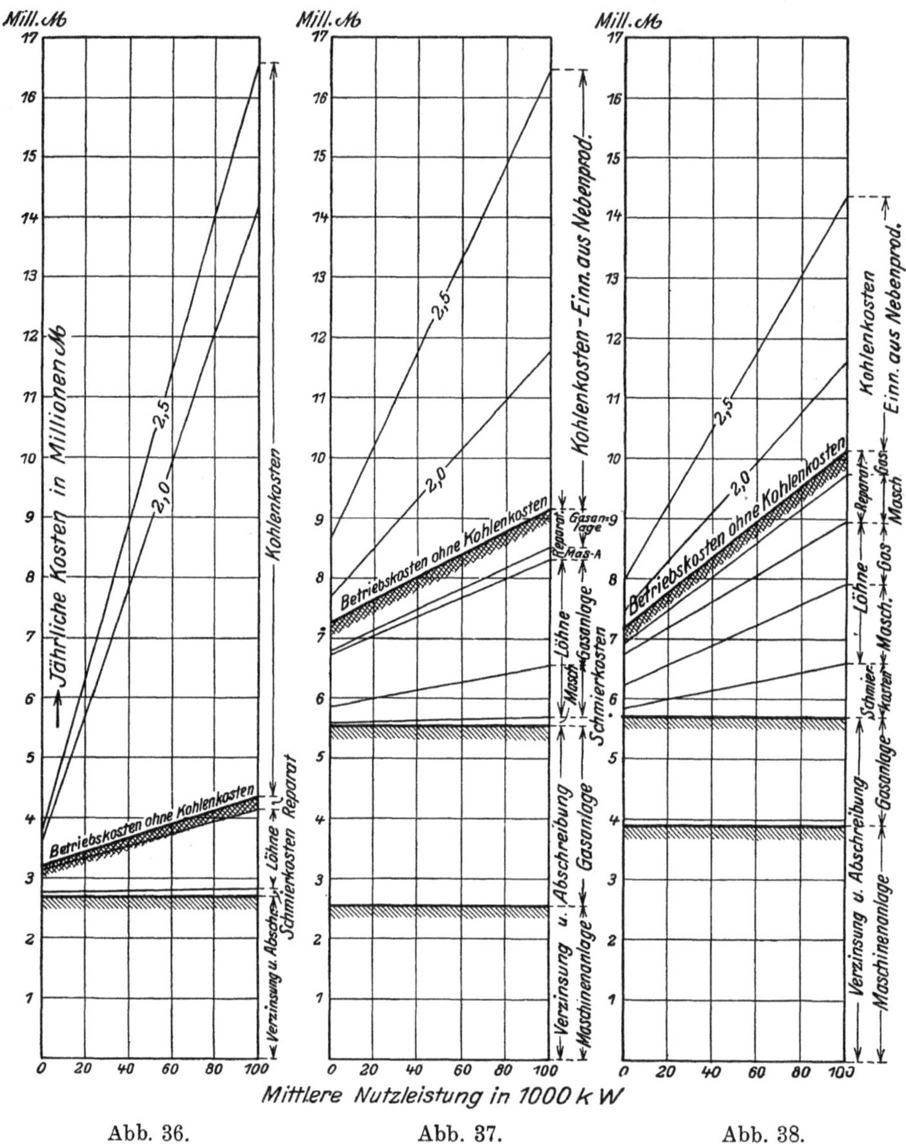

Abb. 36.   Abb. 37.   Abb. 38.

Vergleich der jährlichen Betriebskosten. (Gute Nebenprodukten-Ausbeute: 12 ℳ/t Kohle.)

je höher der Kohlenpreis, um so geringer ist die Aussicht, die zur Gewinnung der
Nebenprodukte errichteten Anlagen wirtschaftlich zu gestalten. Der schädigende
Einfluß jeder Steigerung des Kohlenpreises ist ein Vielfaches der in Kraftwerken
mit kohlengefeuerten Kesseln entstehenden Verteuerung.

Wird die Rechnung für verschiedene Kohlenpreise (von 0 bis 28 ℳ/t steigend,
entsprechend einer Zunahme der Wärmepreise von 0 bis 4 Pfg/10 000 kcal) für
die drei betrachteten Fälle durchgeführt, so erhält man Scharen wirtschaftlicher
Charakteristiken, die in Abb. 39 bis 41 für Nebenproduktenpreise von 17,56 ℳ/t

(Abb. 39), von 12 $\mathscr{M}$/t (Abb. 40) und von 6,44 $\mathscr{M}$/t (Abb. 41) dargestellt sind. Durch Verbindung der Gleichwertigkeitspunkte ergeben sich Grenzpunkte, welche die Gebiete abschließen, in denen der eine Betrieb dem andern überlegen ist.

Die wirtschaftlichen Charakteristiken der Anlagen mit Nebenproduktengewinnung zeigen für die niedrigen Brennstoffpreise insofern einen ungewohnten und zunächst überraschenden Verlauf, als die gesamten jährlichen Kosten mit abnehmender Leistung steigen.

Der Vergleich zwischen Abb. 39, 40 und 41 zeigt, daß diese fallende Neigung desto schwächer wird, je geringer die Einnahme aus Nebenprodukten ist. Die Linienscharen B und C drehen sich in Abb. 39 bis 41 gewissermaßen im entgegengesetzten Sinne des Uhrzeigers.

Als Ursache für dieses Verhalten erkennt man leicht den Umstand, daß für höhere Preise der Nebenprodukte der infolge schwächerer Belastung steigende Einnahmeausfall mehr und mehr zur Wirkung gelangt. Die Einnahme aus Nebenprodukten kann unter Umständen sogar die Kohlenkosten übersteigen, so daß dann Neigung bestehen würde, mehr Kohle zu vergasen, als zur Deckung des Strombedarfes nötig ist.

In dem Schnittpunkt der drei Grenzkurven werden die drei Betriebsarten gleich teuer. Dieser Fall tritt in Abb. 39 (Nebenprodukteneinnahme 17,56 $\mathscr{M}$/t) bei einer mittleren Belastung von rd. 35 000 kW und einem Wärmepreis von rd. 2,7 Pfg, in Abb. 41 bei einer Belastung von durchschnittlich 60 000 kW und einem Wärmepreis von rd. 1,9 Pfg ein. In Abb. 41 besteht gleichfalls eine Grenzkurve zwischen den Dampfbetrieben, der Schnittpunkt mit dem Gasmaschinenbetrieb liegt jedoch bereits außerhalb des Bildes, d. h. die Gasmaschine arbeitet unter allen Verhältnissen ungünstiger, sie kommt wirtschaftlich nicht mehr in Betracht.

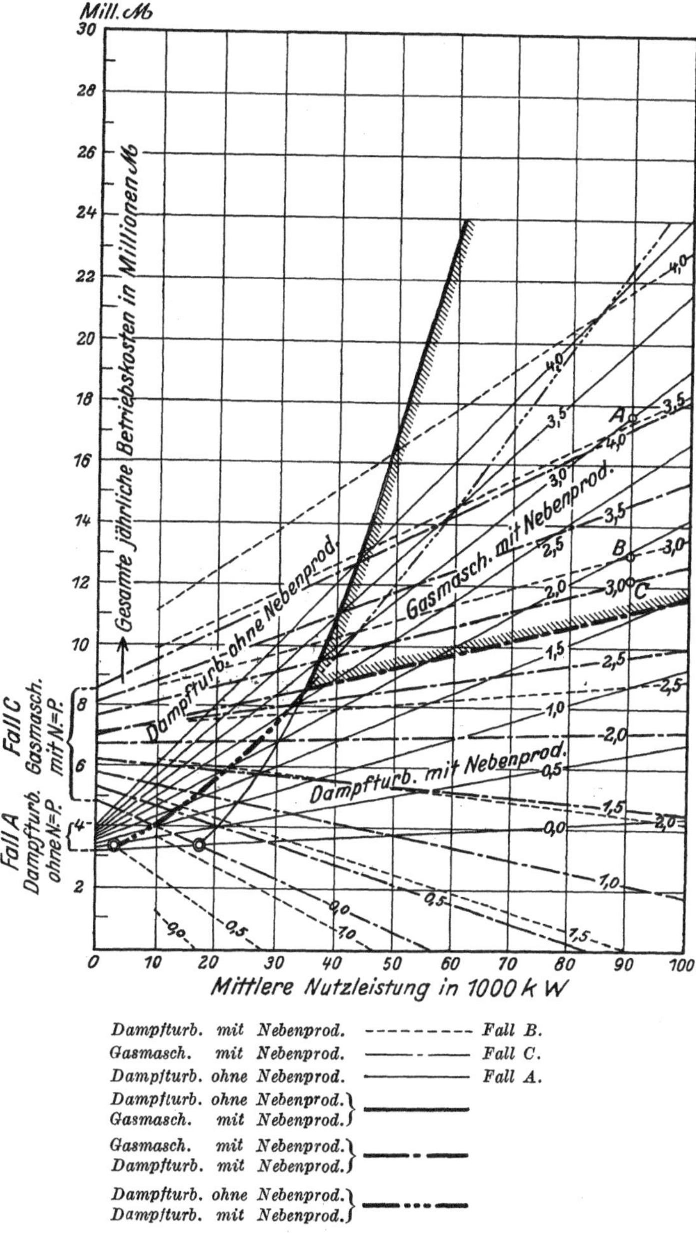

Dampfturb. mit Nebenprod. -------- Fall B.
Gasmasch. mit Nebenprod. —·—·— Fall C.
Dampfturb. ohne Nebenprod. ——— Fall A.
Dampfturb. ohne Nebenprod.⎫ ———
Gasmasch. mit Nebenprod.⎭
Gasmasch. mit Nebenprod.⎫ —·—·—
Dampfturb. mit Nebenprod.⎭
Dampfturb. ohne Nebenprod.⎫ —··—··—
Dampfturb. mit Nebenprod.⎭

Abb. 39. Gesamte jährliche Betriebskosten.
Einnahme aus den Nebenprodukten = 17,56 $\mathscr{M}$/t Kohle, Fall I.

d) Ergebnisse der Berechnung.

Aus den drei Abbildungen lassen sich folgende allgemeine Schlüsse ziehen:

1. Die unmittelbare Verbrennung ist der Vergasung stets überlegen, wenn die Kohle mehr als 6 $\mathscr{M}/t$ kostet (Wärmepreis 0,85 Pfg/10000 kcal) und wenn die Einnahme aus den Nebenprodukten weniger als rd. 6,5 $\mathscr{M}/t$ beträgt.

Daraus folgt zunächst, daß Nebenproduktenanlagen (mit Generatoren) für deutsche Steinkohlen mit kleinem Stickstoffgehalt überhaupt nicht ausführbar sind. Auch Kohlen mit mittlerem Stickstoffgehalt können nur unter der Voraussetzung vergast werden, daß die Sulfatpreise auf normaler Höhe bleiben.

2. Solange die Kohlenpreise unter 14 $\mathscr{M}/t$ liegen, arbeiten Nebenproduktenanlagen in Verbindung mit Dampfturbinen bei jeder Belastung wirtschaftlicher als mit Gasmaschinen.

3. Gaskraftwerke kommen nur in Betracht, wenn die Kohlenpreise höher als 14 $\mathscr{M}/t$ sind und wenn die Gewinnung der Nebenprodukte mindestens 10 $\mathscr{M}/t$ einbringt. Bei einem Nebenprodruktenpreis von 12 $\mathscr{M}/t$ muß die durchschnittliche Belastung des Werkes bereits 60 vH der Vollast (Belastungsfaktor 0,6) betragen, sie muß also weit höher sein als die normaler Kraftwerke. Erst bei einem Kohlenpreis von rd. 18 $\mathscr{M}/t$ darf der Belastungsfaktor unter 40 vH sinken.

Der Belastungsbereich, innerhalb dessen die unmittelbare Verfeuerung den Vorzug verdient, ist um so größer, je weniger die Nebenprodukte einbringen. Die unmittelbare Verfeuerung der Kohle ist für alle Belastungsverhältnisse und alle praktisch vorkommenden Kohlenpreise die billigste Betriebsart, solange aus Nebenprodukten weniger als rd. 8 $\mathscr{M}/t$ Kohlen erzielt wird.

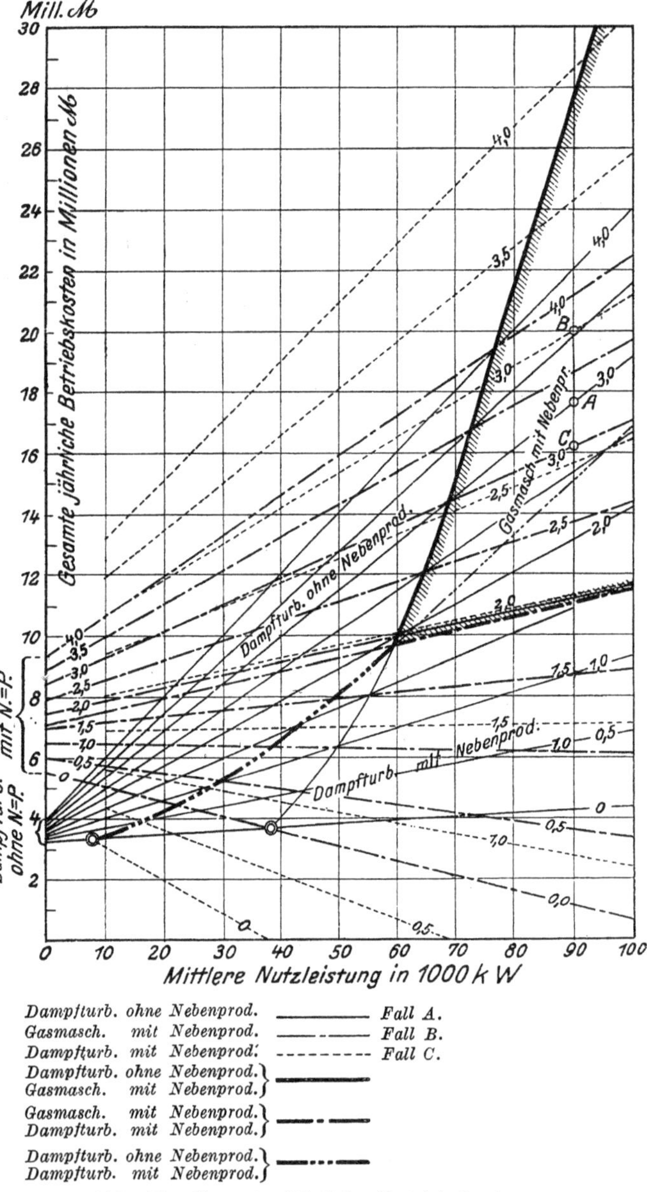

Dampfturb. ohne Nebenprod. ———— Fall A.
Gasmasch. mit Nebenprod. —·—·— Fall B.
Dampfturb. mit Nebenprod. --------- Fall C.
Dampfturb. ohne Nebenprod. ⎫
Gasmasch. mit Nebenprod. ⎭ ————
Gasmasch. mit Nebenprod. ⎫
Dampfturb. mit Nebenprod. ⎭ —·—·—
Dampfturb. ohne Nebenprod. ⎫
Dampfturb. mit Nebenprod. ⎭ —··—··—

Abb. 40. Gesamte jährliche Betriebskosten.
Einnahme aus den Nebenprodukten = 12 $\mathscr{M}/t$ Kohle, Fall II.

Trägt man für eine bestimmte mittlere Belastung die jährlichen Betriebskosten als Funktion des Kohlenpreises auf, so ergibt sich für 90000 kW das in Abb. 42, für 60000 kW in Abb. 43 dargestellte Bild. Die Nebenprodukte sind darin von 16 $\mathscr{M}$ bis 7 $\mathscr{M}$ für 1 t vergaste Steinkohle abgestuft.

Die stark ausgezogene Linie stellt den Fall A dar (Dampfturbinenkraftwerk ohne Nebenproduktenanlage), die strichpunktierte stark ausgezogene Linie die Grenze zwischen B und C.

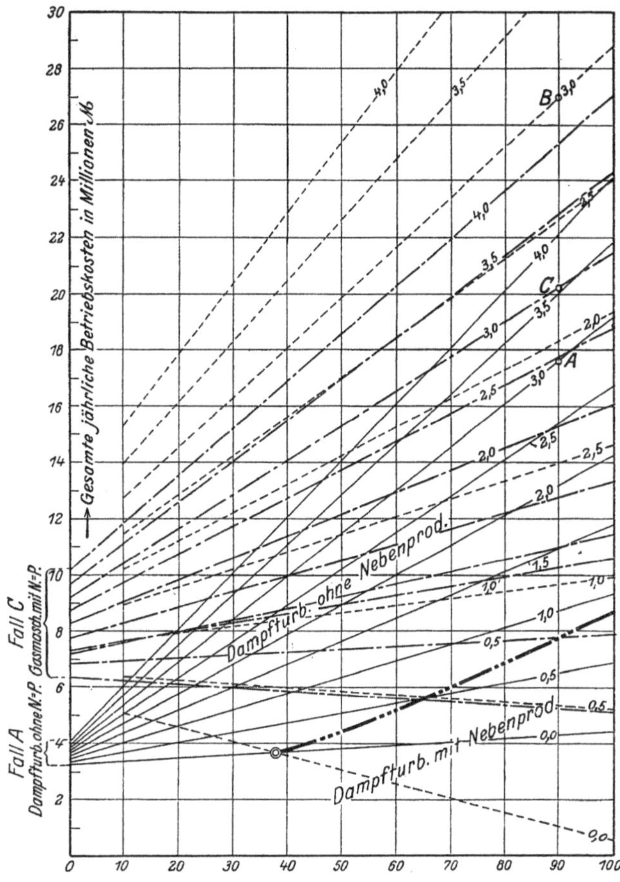

Abb. 41. Gesamte jährliche Betriebskosten.
Einnahme aus den Nebenprodukten = 6,44 ℳ/t Kohle, Fall III.

Aus den Abb. 39 und 41 lassen sich ähnliche Schaubilder auch für noch kleinere Nutzleistungen ableiten. Man sieht aber bereits an Abb. 43, daß B und C dann innerhalb der praktisch vorkommenden Grenzen mit A nicht mehr in Wettbewerb treten können. Abgesehen davon würde der Betrieb von Nebenproduktenanlagen bei Belastungsfaktoren unter 60 vH wahrscheinlich schon aus praktischen Gründen undurchführbar sein.

An einigen Rechnungsbeispielen möge der Gebrauch der Schaubilder gezeigt und untersucht werden, wie sie sich ändern, wenn die Voraussetzungen, auf Grund derer sie entworfen wurden, andere werden.

I. Beispiel.
Einfluß der Kohlenkosten und der Nutzleistung.

Annahme: Lage des Werkes auf der Grube. Industrieller Betrieb mit großer Nachtschicht. Spitzenleistung 100000 kW, Durchschnittsleistung 60000 kW.

Es soll untersucht werden, wie sich die Verhältnisse gestalten, wenn der Kohlenpreis von 12 $\mathscr{M}/t$ auf 15 $\mathscr{M}/t$ steigt (s. Zusammenstellung).

Zusammenstellung aus Abb. 42 und 43.

Nutzleistung des Werkes	kW	60000	90000
Spitzenleistung des Werkes	„	100000	100000
Belastungsfaktor	vH	60	90
Einnahme aus den Nebenprodukten	$\mathscr{M}/t$	10	10

		jährliche Betriebskosten in	
Kohlenpreis		Mill. $\mathscr{M}$	Mill. $\mathscr{M}$
12 $\mathscr{M}/t$ {	A	9,13	11,9
	B	10,10	11,4
	C	10,20	11,2
15 $\mathscr{M}/t$ {	A	10,4	13,8
	B	12,8	15,1
	C	11,6	13,4
21 $\mathscr{M}/t$ {	A	13,0	17,6
	B	18,2	22,5
	C	14,7	17,6
25,5 $\mathscr{M}/t$ {	A	15,0	20,5
	B	22,4	28,2
	C	17,0	20,8

Bei niedrigerem Kohlenpreise ist A um rd. 1 Mill. $\mathscr{M}$ günstiger als C (Punkte A, B, C in Abb. 42); dieser Unterschied erhöht sich durch die Preissteigerung der Kohle auf 1,2 Mill. $\mathscr{M}$ (Punkt A′, B′, C′ in Abb. 42).

Würde das Werk z. B. in Berlin errichtet und treten zu den reinen Kohlenkosten noch die Transportkosten für 400 bis 500 km Entfernung und die Verladungskosten hinzu (Kohlenpreis 21 $\mathscr{M}/t$), so arbeitet A um 1,7 Mill. $\mathscr{M}$ billiger als C (Punkte A_1, B_1, C_1 in Abb. 43).

In der Zusammenstellung sind noch die Betriebskosten für einen Belastungsfaktor von 0,9 angegeben, ein Wert, der in sehr gleichmäßig arbeitenden elektrochemischen Betrieben erzielt wird.

Für mäßige Kohlenpreise (12 $\mathscr{M}/t$) stellt sich jetzt C um 0,7 Mill. $\mathscr{M}$, d. h. um 6 vH der gesamten Betriebskosten billiger als A. Die wirtschaftliche Überlegenheit von A ist also (Punkt A, B, C in Abb. 42) ins Gegenteil verkehrt worden.

II. Beispiel.
Einfluß der Nebenproduktenpreise.

Der unsicherste Wert in den vorstehenden Rechnungen ist der Preis der Nebenprodukte. Läßt man für 90000 kW mittlere Belastung die Einnahmen aus den Nebenprodukten von 11 $\mathscr{M}$ auf 9 $\mathscr{M}$ für 1 t vergaste Steinkohle sinken, so erhält man bei einem Kohlenpreis von 20 $\mathscr{M}/t$ folgende Werte:

Mittlere Nutzleistung	kW	90000	
Preis der Kohle	$\mathscr{M}/t$	20	
Einnahme aus den Nebenprodukten	$\mathscr{M}/t$	11	9
A Mill. $\mathscr{M}$		17,0	17,0
B „ „		20,0	22,6
C „ „		16,2	17,6

Während früher C um 0,8 Mill. ℳ billiger arbeitete als A, sind infolge des Preissturzes der Nebenprodukte um 20 vH die Betriebskosten von C um 0,6 Mill. ℳ höher geworden.

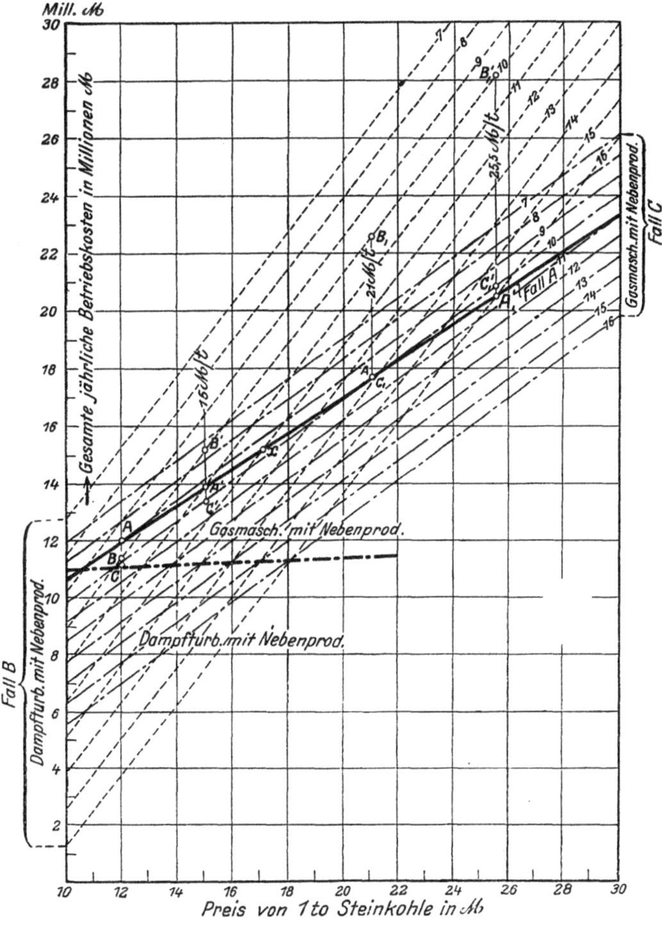

Abb. 42. Gesamte jährliche Betriebskosten für verschiedene Preise der Kohle und der Nebenprodukte.

Mittlere Nutzleistung = 90 000 kW.

III. Beispiel.

Einfluß der Anlagekosten.

Die Schaubilder 36 bis 43 wurden mit folgenden Anlagekosten berechnet: A 22,5 Mill. ℳ, B 46,2 Mill. ℳ, C 47,6 Mill. ℳ.

Für eine mittlere Nutzleistung von 90 000 kW, einen Kohlenpreis von 22 ℳ/t und eine Einnahme aus den Nebenprodukten von 10 ℳ/t betragen die jährlichen Betriebskosten für A und C 18,3 Mill. ℳ (Abb. 42).

Fällt nun z. B. infolge Verbesserung der Generatoren (etwa durch Erhöhung der spezifischen Durchsatzleistung) das hierfür angenommene Anlagekapital von 15,2 auf 10 Mill. $\mathcal{M}$, so sinken die Anlagekosten C auf 42,4 Mill. $\mathcal{M}$. Der Betrag für Verzinsung und Abschreibung geht von 5,7 Mill. $\mathcal{M}$ auf $\dfrac{5\,700\,000 \cdot 42\,4}{47,6} \mathcal{M} = 5,08$ Mill. $\mathcal{M}$ zurück. C arbeitet also jetzt um rd. 0,62 Mill. $\mathcal{M}$ billiger als A.

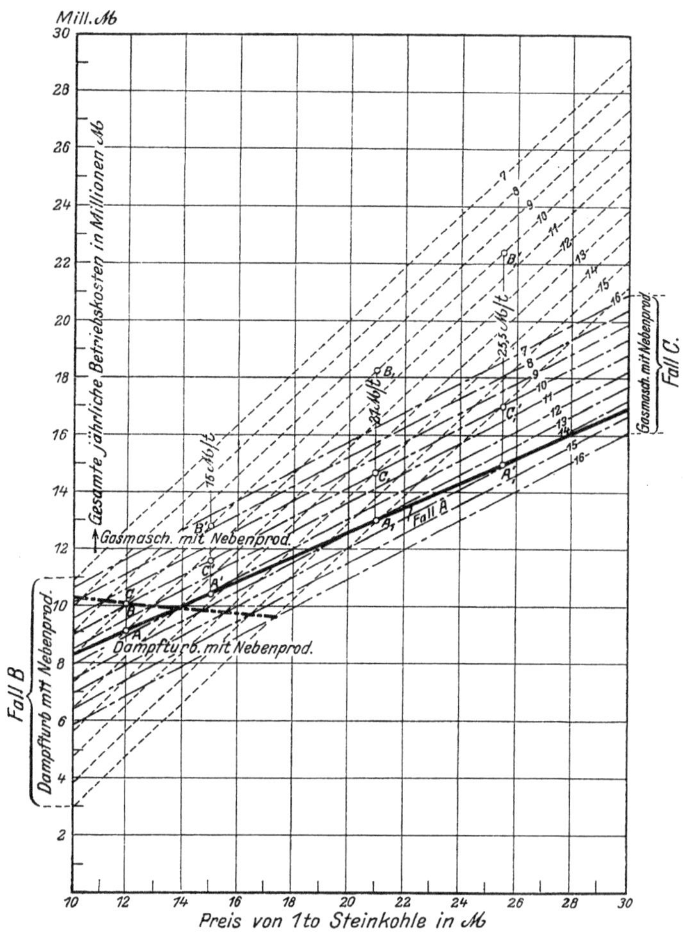

Abb. 43. Gesamte jährliche Betriebskosten für verschiedene Preise der Kohle
und der Nebenprodukte.
Mittlere Nutzleistung = 60 000 kW.

IV. Beispiel.

Braunkohlenanlagen.

Der Heizwert mitteldeutscher Braunkohlen liegt zwischen 2200 und 2500 kcal/kg, 1 kg Steinkohlen ist sonach rd. 3 kg Braunkohlen gleichwertig (diese Zahl ist von Fall zu

Fall zu bestimmen). Mitteldeutsche Braunkohle enthält 0,25 bis 0,40 vH Stickstoff und 2 bis 8 vH Teer. In Generatoranlagen wurden bisher 2 bis 3 vH Teer ausgebracht, es ist aber nicht ausgeschlossen, daß es durch Verbesserungen gelingt, die Teerausbeute auf etwa 5 vH zu steigern.

Die Einnahmen aus den Nebenprodukten dürften sonach zwischen folgenden Grenzen liegen:

Fall I. Schlechte Ausbeute, schlechte Preise.

	$\mathscr{M}/t$	vH
Sulfat $= 0,008 \cdot (200 - 30)\ \mathscr{M}$	1,36	69,4
Teer $= 0,020 \cdot 30\ \mathscr{M}$	0,60	30,6
zusammen	1,96	100,0

Fall II. Gute Ausbeute, gute Preise.

	$\mathscr{M}/t$	vH
Sulfat $= 0,0128 \cdot (250 - 30)\ \mathscr{M}$	2,82	47,5
Teer $= 0,050 \cdot 60\ \mathscr{M}$	3,00	52,5
zusammen	5,82	100,0

Während bei Steinkohle der Erlös aus Teer 11 bis 16 vH der gesamten Einnahmen aus den Nebenprodukten beträgt, steigt er bei mitteldeutscher Braunkohle auf 30 bis 50 vH. Die Teerausbeute beeinflußt also hier die Wirtschaftlichkeit der Nebenproduktengewinnung in weit höherem Maße. Es kann sogar unter Umständen bei gewissen Braunkohlen vorteilhaft sein, auf die Ammoniakgewinnung überhaupt zu verzichten.

Für den gleichen Heizwert (7 Mill. kcal) ergeben sich danach (für 1 t Steinkohlen oder 3 t Braunkohle) die Nebenprodukteneinnahmen für Braunkohle zu 5,9 bis 17,5 $\mathscr{M}$ für Steinkohle zu 6,4 bis 12,00 $\mathscr{M}$.

Bleibt dieses Preisverhältnis erhalten, so würde die Gewinnung der Nebenprodukte für Braunkohle lohnender sein, zumal der Wärmepreis der Braunkohle auf der Grube wesentlich billiger als der der Steinkohle ist.

Die Aussichten für Kraftwerke lassen sich demnach etwa folgendermaßen kennzeichnen:

1. Nebenproduktenanlagen in Kraftwerken sind unwirtschaftlich, wenn der Belastungsfaktor unter 60 vH sinkt.

2. Die Aussichten werden desto geringer, je kleiner das Kraftwerk ist. Bis herunter zu einer Spitzenleistung von 50000 kW können die Rechnungen noch als zutreffend angesehen werden. Liegt die Spitze wesentlich tiefer, so muß der Belastungsfaktor entsprechend höher sein, wenn dieselbe Wirtschaftlichkeit wie in einem größeren Werke erreicht werden soll.

3. Würde man die Belastung eines Kraftwerkes so teilen, daß auf die Nebenproduktenanlage der durchlaufende Teil entfällt (etwa durch Verbindung einer Gasmaschinenanlage mit Nebenproduktengewinnung und einer Dampfturbinenanlage), so würde die verhältnismäßig kleine Leistung der Nebenproduktenanlage und die Verschlechterung des Belastungsfaktors des Dampfturbinenteiles die Betriebskosten ungünstig beeinflussen.

4. Einzelkraftanlagen sind hiernach für die Gewinnung von Nebenprodukten selten geeignet. Eine Ausnahme machen elektrochemische und ähnliche Betriebe mit gleichmäßig durchlaufender Belastung. Auch bei diesen hängt der Erfolg von einer vorsichtigen Prüfung des wirtschaftlichen Wagnisses ab. Gute Ausbeute, ausreichender Preis der Nebenprodukte und mäßiger Kohlenpreis sind unerläßliche Voraussetzung der Wirtschaftlichkeit.

5. Transporte über größere Entfernungen machen die wirtschaftliche Gewinnung der Nebenprodukte in der Regel unmöglich.

6. Braunkohlenanlagen sind in Fällen guter Teerausbeute in der Regel günstiger als Steinkohlenanlagen. — Für manche Braunkohlen mit niedrigem Stickstoffgehalt und hohem Teergehalt kann es vorteilhafter sein, auf die Gewinnung des Ammoniaks ganz zu verzichten.

7. In diesem Zusammenhange gewinnt die Verkupplung von Großkraftwerken erhöhte Bedeutung. Bei diesen wird man den auf der Grube belegenen, mit niedrigeren Kohlenpreisen arbeitenden Werken die durchlaufende Belastung ohnehin zuweisen. Es ist dann ein Wert des Belastungsfaktors von mehr als 60 vH durchaus erreichbar. Die dadurch entstehende Betriebsverteuerung der übrigen Kraftwerke kann durch Schichtenausfall zum Teil ausgeglichen werden. Die nicht auf Gruben belegenen Kraftwerke werden soweit als möglich des Nachts still gesetzt.

Im Zusammenhang mit der graphischen Darstellung der Verteilung der deutschen Kohlenerzeugung im Jahre 1913 zeigt Abb. 44 die Möglichkeiten für die Gewinnung von Nebenprodukten.

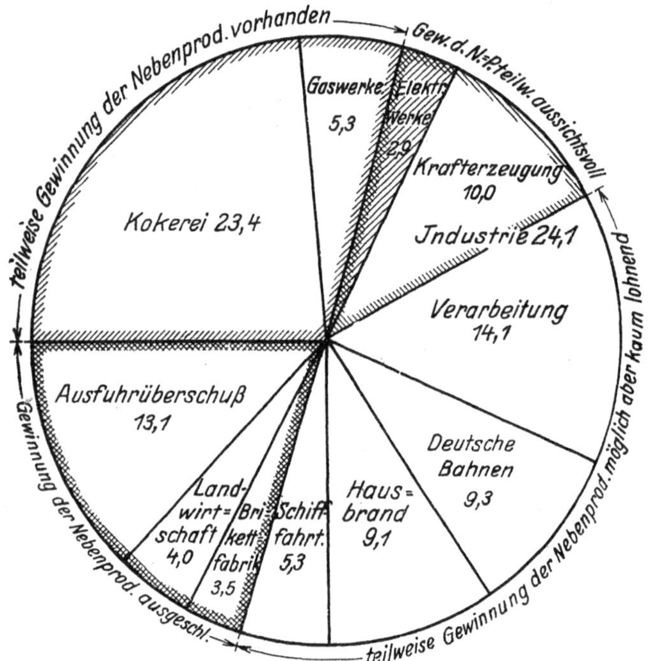

Abb. 44. Ungefähre Verteilung der deutschen Kohlenerzeugung (im Jahre 1913).

Es fragt sich nun, ob durch die inzwischen eingetretene Wertverschiebung eine wesentlich andere Beurteilung eintreten muß. Dabei ist zu beachten, daß inzwischen in der Erzeugung sogenannter Tieftemperaturteere beträchtliche Fortschritte gemacht worden sind.

Man kann ungefähr annehmen, daß alle industriellen Anlagewerte im Verhältnis des Kohlenpreises gestiegen sind. Dieses Verhalten ist erklärlich und natürlich, weil in allen Anlageteilen der Wert der Kohle als maßgebender Faktor enthalten ist. Er steckt nicht nur unmittelbar in den für die Herstellung der Anlage erforderlichen Baustoffen (beispielsweise im Eisen, im Zement, in den Ziegeln usw.), sondern auch mittelbar in den zu ihrer Herstellung erforderlichen Maschinen und Einrichtungen. Das Verhältnis wird zwar durch den Wert der Arbeitslöhne gemildert, die bis jetzt nicht in gleichem Maße gewachsen sind. Diese Änderung wird jedoch wieder ausgeglichen durch spätere Preissteigerung anderer Baumaterialien (zum Beispiel von Glas und Kupfer), bei denen das Verhältnis ungünstiger ist.

In obigen Rechnungen würde sich also nichts geändert haben, und die Ergebnisse könnten bestehen bleiben, soweit sie sich auf Anlagekosten und Kohlenpreise beziehen, man müßte lediglich alle damals angeführten Zahlen mit einer einheitlichen Zahl multiplizieren.

Ganz aus der Relativität herausgefallen sind aber inzwischen die Werte für die Nebenprodukte, insbesondere für Teer, der heute einmal an sich, soweit er als Tieftemperaturteer gewonnen wird, einen wesentlich höheren inneren Wert besitzt, dessen

Preis aber außerdem infolge der Knappheit einen sehr hohen Konjunkturaufschlag erfahren hat. Durch diese Tatsachen würde die Rechnung eine völlige Umgestaltung erfahren und ihre Ergebnisse müßten sich beträchtlich zugunsten der Vergasung der Brennstoffe verschieben.

Soweit die Ursache hiervon auf die Konjunkturverhältnisse zurückzuführen ist, muß allerdings davor gewarnt werden, hieraus ohne weiteres praktische Folgerungen zu ziehen. Es ist meines Erachtens vielmehr anzunehmen, daß allmählich derjenige Ausgleich wieder einsetzt, der durch das Verhältnis der tatsächlichen Herstellungskosten bewirkt wird. Die Erfahrung hat bisher stets gezeigt, daß ein Mißverhältnis zwischen Konjunkturgewinn und Herstellungskosten durch gesteigerte Produktion immer bald beseitigt worden ist. Dazu muß betont werden, daß die im Jahre 1916 durchgeführten Rechnungen die Herstellung der verschiedenen Anlagen in dem gleichen Zeitraume zur Voraussetzung hatten. Soll jetzt aber die wirtschaftliche Zweckmäßigkeit von Neueinrichtungen erörtert werden, so treten Neuwerte mit Altwerten in Wettbewerb, und wenn auch, wie wir später sehen werden, hinsichtlich der Abschreibungen kein wesentlicher Unterschied besteht, so bleibt doch die Differenz der Verzinsung, welche die Neuanlagen mit dem Vielfachen belastet.

Zuverlässige Wirtschaftlichkeitsrechnungen lassen sich heute (1923) schwer ausführen, weil während der Zeit, die für die Durchführung der Rechnungen erforderlich ist, sich alle preisbildenden Werte so stark verschieben, daß die Rechnung nach ihrer Durchführung schon wieder falsch geworden ist, im großen und ganzen darf man auch heute noch sagen, daß sich die Neueinrichtung von Generatoranlagen dann lohnt, wenn die Erträgnisse aus den Nebenprodukten nicht nur für Unkosten, Verzinsung und Abschreibungen ausreichen, sondern daneben noch einen beträchtlichen Gewinn lassen, und wenn außerdem der Preis des erzeugten Gases auf gleiche Wärmewerte bezogen, nicht teurer wird als der jeweils zur Verfügung stehende Brennstoff. Es darf eben nicht vergessen werden, daß die Einrichtung einer Gasgeneratorenanlage tatsächlich die Hinzufügung einer großen chemischen Fabrik zum Kraftwerk bedeutet, die als wirtschaftliches Unternehmen für sich betrachtet werden muß.

Als Hauptnachteil der Gasgeneratoren hat sich der geringe Durchsatz des einzelnen Apparates, die starke Abhängigkeit der Ausbeute von der Betriebsführung sowie von Belastungsschwankungen, die Notwendigkeit der Vorbereitung des Brennstoffes herausgestellt. Neuere Bestrebungen zielen demgemäß vorwiegend dahin, diese Nachteile zu beseitigen. Man hat zunächst versucht, nach dem alten Prinzip wesentlich größere Generatoren (bis zu 11 m Durchmesser) zu konstruieren. Meines Erachtens verspricht dieser Weg wenig Erfolg, weil bei den größeren Apparaten die Gefahren ungleichmäßigen Abbrandes, des Durchbrennens der deckenden Kohlenschicht an einzelnen Stellen, die Schwierigkeit der Entaschung nur noch wachsen. Der grundsätzliche Nachteil aller bisherigen Generatoren liegt eben darin, daß die durch Luft und Wasserdampfzufuhr beeinflußte Verbrennungszone ein technisch zu rohes und sich zu sehr der Kontrolle entziehendes Mittel ist, um den Vergasungsprozeß der darüber liegenden Kohle in wirtschaftlicher Weise zu beeinflussen. Es kommt hinzu, daß die mit dem Quadrat des Durchmessers veränderliche Kontaktfläche zu einem Mißverhältnis zwischen der Größe des Generators und seiner Leistung führt.

Neuzeitliche Bestrebungen sind denn auch in erster Linie darauf gerichtet, diese Mängel zu beseitigen. Man versucht, die Kontaktfläche zu vergrößern und die Kontaktzeit abzukürzen, indem man den Brennstoff beispielsweise rotierende Trommeln durchlaufen läßt, die ihn nach Art der Zementfabrikation langsam umwälzen. Die Wärme wird entweder durch Außenbeheizung oder durch Innenbeheizung mittels überhitzten Dampfes zugeführt. Letzteres Verfahren hat den Vorteil einer sehr genauen, wenig Überwachung erfordernden Temperaturregulierung und läßt deshalb eine der theoretischen nahekommende Ausbeute an Nebenprodukten erwarten.

Schwierigkeiten dürfte noch die Wiedergewinnung der in dem Dampf enthaltenen Wärme bereiten, die möglicherweise den thermischen Wirkungsgrad des Prozesses in unzulässiger Weise herabsetzt. Immerhin sind die eingeschlagenen Wege als aussichtsvoll zu bezeichnen, und es ist nicht ausgeschlossen, daß es gelingt, in einem einzelnen Aggregat beträchtlichen Durchsatz und ersprießliche Ausbeute zu erzielen und gleichzeitig Anlage- und Bedienungskosten herabzusetzen.

Noch größere Beachtung verdienen die auf die Konstruktion brauchbarer Gasturbinen gerichteten Bestrebungen. Über die Entwicklung der von der Firma Thyssen gebauten Holzwarth-Turbine ist der Öffentlichkeit bis jetzt nur wenig bekannt geworden, eine 1000 kW Turbine soll gelaufen haben, eine 10000 kW Turbine sich im Bau befinden.

Aussichtsvoll sind ferner neuere Bestrebungen, die auf eine Art Kombination der Humphrey-Wasserkolbenmaschine mit einer Wasserturbine abzielen, bei der also als Energieträger ein Zwischenmittel, nämlich Wasser, verwendet wird, so daß die Schaufeln weder thermisch noch dynamisch außergewöhnlichen Beanspruchungen ausgesetzt sein würden.

Sollte in absehbarer Zeit eine wesentlich verbesserte Umgestaltung des Generatorbetriebes zugleich mit der Ausbildung einer brauchbaren Gasturbine verwirklicht werden, so dürfte daraus eine völlige Umwälzung der thermischen Energieerzeugung folgen, da die Anlagekosten dann eher niedriger als höher als die der Dampfkraftwerke werden und da neben dem Anfall der Nebenprodukte die Verbesserung des thermischen Wirkungsgrades einhergeht.

Aber auch wenn der thermische Wirkungsgrad einer Gasturbinenanlage nicht höher wäre als der einer Dampfanlage, wäre eine solche Umgestaltung doch zu erwarten, und zwar einmal deshalb, weil dann die Erzeugung von Gas die notwendige Voraussetzung für den Betrieb wird, zweitens aber, weil die Anlagekosten des Kraftwerkes durch den Fortfall der Kesselhäuser auf einen Bruchteil der bisherigen herabgedrückt würden. Der Vorteil entsteht dann durch Verminderung der Gesamtanlagekosten, zunächst also auf finanziellem Gebiete. An die Stelle des Kesselhauses tritt die Generatorenanlage, und damit wird die gleichzeitige Gewinnung der Nebenprodukte zur Selbstverständlichkeit.

Der Fall, daß sich durch gleichzeitige Umwälzung auf zwei Nachbargebieten ganz neue wirtschaftliche Kombinationen ergeben haben, ist ja in der Geschichte der Technik keine Seltenheit. Es sei nur an die Entwicklung der Automobilmotoren in Verbindung mit der Luftschiffahrt erinnert.

Zur Zeit wird wohl den Drehretorten eine größere Zukunft als den Drehrostgeneratoren beigemessen und die gleichzeitige Gewinnung von Teer und Ammoniumsulfat tritt gegenwärtig hinter die alleinige Gewinnung eines sehr hochwertigen Teeres zurück. Vorstehende Rechnungen können aber mit ausreichender Genauigkeit, wenigstens was ihre Hauptergebnisse betrifft, auch auf Drehretorten angewendet werden, indem man als Ertrag an Nebenprodukten die in obigen Berechnungen getrennt aufgeführten Beträge für Sulfat und Teer in einem Posten zusammenfaßt. Auch dann zeigt sich genügend klar, wie eine Erhöhung des Ertrages an Nebenprodukten im Verhältnis zu der verarbeiteten Kohle das wirtschaftliche Ergebnis beeinflußt.

K. Schlußbetrachtung.

Wenn wir uns jetzt der eingangs gemachten Ausführungen erinnern, wo wir festgestellt haben, daß der Wert anderer wirtschaftlicher Vorteile denen der Wärme- und Kohlenersparnis annähernd gleich kommt, so müssen wir daraus auch notwendigerweise den Schluß ziehen, daß unsere Anstrengungen ebensosehr auf diese wie auf jene gerichtet sein und bleiben müssen. Das ist in neuerer Zeit über dem Schlagwort „Kohlenersparnis" etwas vergessen worden. Wirtschaftliche Vorteile werden sich in erster Linie durch die Ersparnisse an Anlagekapital für eine gegebene Leistung ausdrücken, aber auch jede andere Verbesserung des Betriebes, wie Ersparnis an Personalkosten, Erhöhung der Betriebssicherheit, Verbesserung der Betriebskontrolle, Verbesserung der Aschenförderung, insbesondere auch die Herabsetzung der sogenannten konstanten Verluste des Kraftwerkes, sind hierher zu rechnen.

Die von mir seinerzeit aufgestellte, aber vielfach bestrittene Behauptung, daß es möglich sei, mittlere und große Kraftwerke mit weniger als 200 Goldmark je ausgebautes Kilowatt zu errichten, wofür der Beweis durch den Bau des Märkischen Elektrizitätswerkes[1]) erbracht wurde, ist inzwischen durch eine Reihe weiterer Bauten bestätigt worden. Während bis dahin kein Kraftwerk bestand, das mit weniger als etwa 400 Goldmark je Kilowatt gebaut war, sanken die Baukosten mit der Errichtung des Märkischen Elektrizitätswerkes und des fast gleichzeitig erbauten Kraftwerkes Rosherville der Victoria Falls & Transvaal Power Co. Ltd. in Südafrika auf etwa die Hälfte. Gleichzeitig wurden die sogenannten konstanten Wärmeverluste des Werkes auf einen Bruchteil der früheren vermindert.

Die Maßnahmen, die zu diesem Ergebnis geführt haben, sind an anderer Stelle dieses Buches wiedergegeben. Sie sind durch folgende Stichworte gekennzeichnet: Vereinfachung der Kohlenförderung und der Kohlenstapelung, Mechanisierung des Kohlenförderbetriebes einschließlich der Feuerung und der Kohlenkontrolle, beträchtliche Erhöhung der Durchschnittsbelastung der Kessel, Erhöhung der Grundflächenausnutzung im Kesselhaus, möglichste Verringerung der Spannweiten der Kesselhäuser, möglichste Verringerung der in das Kesselhaus eingebauten Materialmassen, Zusammenbau von Kessel, Ekonomiser und Kamin in möglichst enger Verbindung, Herabsetzung der Zugwiderstände, richtiges Verhältnis der Kesselheizfläche zur Ekonomiserheizfläche, sorgfältige Grundrißanordnung bezüglich gegenseitiger Lage von Kessel- und Maschinenhaus, richtige Wahl der Höhenlage der einzelnen Stockwerke, möglichst kurze Dampfleitungen, verhältnismäßig hohe Dampfgeschwindigkeiten, Ersatz der Dampfventile durch Schieber, richtige Anordnung der Rohrleitungen zur Verhütung von Wasserschlägen, geringe Spannweiten der Maschinenhäuser, richtiges Verhältnis der Länge der Maschinenhäuser zu der Summenbreite der Kesselhäuser, sorgfältige Durchbildung der Dachbinder der Kessel- und Maschinenhäuser, möglichste Herabsetzung des umbauten Raumes von Kessel- und Maschinenhaus, kurze Verbindungsleitungen zwischen Generator und Schaltanlage, Unabhängigkeit der Schaltanlage vom Maschinenhaus, einfache und übersichtliche Anordnung der Schaltanlage, möglichste Vermeidung verschiedener Betriebsspannungen, einfache und übersichtliche Ausgestaltung der Sammelschienen, Erhöhung der Betriebssicherheit der Schaltanlage durch Wahl großer Abstände zwischen den einzelnen Phasen, strenge Durchführung eines einheitlichen, genügend hohen Sicherheitsgrades des ganzen elektrischen Teiles der Anlage.

Kann mit steigender Entwicklung der Erzeugung gerechnet werden, so sollte man in der Wahl der Größe der Maschinen nicht zu ängstlich sein. Es ist auch heute noch richtiger, in den ersten Jahren einen etwas erhöhten Kohlenverbrauch in Kauf zu nehmen, anstatt durch Wahl zu kleiner Maschinen und Kessel zu einer frühen Erweiterung der Anlage genötigt zu sein. Der anfänglich höhere Kohlenverbrauch wird durch spätere Ersparnisse mehr als ausgeglichen. Die geringsten

---

[1]) Vgl. Z. 1911, S. 2121 u. f.

Anlagekosten und die günstigste Ausnutzung des umbauten Raumes ergibt sich stets
für Maschinentypen, die für jede der Normalumlaufzahlen der herstellbaren Grenz-
leistung nahekommen. Fügt man hinzu, daß heute der sorgfältigsten chemischen
oder physikalischen Wasserbehandlung in der Regel noch keine genügende Aufmerksamkeit gewidmet wird und daß auch der mechanischen Aschenbeseitigung
große wirtschaftliche Bedeutung beizumessen ist, so haben wir in vorstehenden
Stichworten eine annähernde Übersicht über diejenigen Bestrebungen, die neben der
unmittelbar zur Kohlenersparnis führenden eine ebenso tatkräftige Förderung erfahren müßten.

Bezüglich der Aschenbeseitigung sei noch auf die neuerdings vielerorts in der
Entwicklung begriffene hydraulische Aschenbeförderung hingewiesen, die in technischer und wirtschaftlicher Hinsicht ein Erfolg zu werden verspricht.

IV. Elektrizitätsversorgung der Großstädte[1]).

Von allen Energieformen, deren Anwendung zur Deckung städtischen Bedarfes versucht wurde, hat sich die Elektrizität wegen ihrer Vielseitigkeit und leichten Verteilbarkeit als die geeignetste erwiesen. Mit Ausnahme der nicht an eine bestimmte Fahrbahn gebundenen Fahrzeuge, denen die Arbeit der Zentrale nur auf dem kostspieligen Umwege über den Akkumulator zugeführt werden kann, will man heute alle Arbeitsmaschinen elektrisch betreiben, in der richtigen Erkenntnis, daß die in großen Maschinen zentral erzeugte und mit geringen Verlusten fortgeleitete Energie wirtschaftlicher geliefert werden kann als die jedes Detailsystems. Der Betrieb von Straßenbahnen durch Druckluftmotoren, von denen selbst Reuleaux noch vor wenigen Jahren die Umwandlung des Straßenbahnbetriebes erhoffte, die Kraftverteilung mittels des vor etwa 20 Jahren in Paris benutzten Druckluftsystemes von Popp sind bereits heute undenkbar.

Die Lösung des besonderen Großstadtproblemes: Zentralisierung der Geschäfte und Dezentralisation der Wohnungen ist nur mit Hilfe der Elektrizität möglich, die ferner als einzigste Betriebskraft für städtische Schnellbahnen (Hoch- und Untergrundbahnen) in Betracht kommt.

Über alle ihre Konkurrenten hat die Elektrizität einen leichten Sieg davongetragen und findet lediglich auf dem Gebiete der Beleuchtung im Gas und Petroleum noch ernsthaften Wettbewerb, aber auch diesen gewissermaßen nur aus historischen Gründen; denn der Kampf wird mit ungleichen Mitteln geführt: selbst die größten städtischen Gasanstalten sind bezüglich der Erzeugungskosten heute der möglichen Grenze sehr nahe und bezüglich der Anwendung des Gases stehen z. Zt. keine wesentlichen Verbesserungen in Aussicht. Die Elektrizität ist jedoch von der rentablen unteren Grenze noch sehr entfernt und sie bereitet sich in aller Stille auf einen weiteren Angriff durch Einführung stromsparender Lampen vor. Aber auch die heutigen Einrichtungen und Preise genügen schon, um der Elektrizität den Sieg zu sichern, denn die Kosten der Kerzenstunde, die ihre Gegner zum Vergleich heranzuziehen pflegen, sind allein nicht maßgebend: die sehr wichtigen hygienischen Eigenschaften, die Beseitigung der Feuergefahr, vor allem die außerordentlich zur Herabminderung der Kosten beitragende leichte Schaltbarkeit sind unübertreffbare Vorteile elektrischer Beleuchtung. Es sind, wie gesagt, im wesentlichen historische Gründe, die die Gasanstalten als Beleuchtungszentralen am Leben erhalten; sie werden sich notgedrungen mehr und mehr zu Wärmezentralen umwandeln müssen. Dort, wo dem Gaswerke der beste Langverbraucher, die ererbte Straßenbeleuchtung genommen und dem Elektrizitätswerk übergeben wurde, hat sich die Richtigkeit dieser Behauptung bereits erwiesen. Wenngleich der elektrische Strom anfängt, wie der rasch steigende Absatz von Koch- und Heizapparaten zeigt, unter bestimmten Voraussetzungen auch dieses Gebiet zu erobern, so muß doch z. Zt. in kontinentalen Großstädten mit einer ernsthaften Konkurrenz des Gases auf dem Gebiet des Heizens

---

[1]) Nach einem Vortrag vor der Institution of Electrical Engineers, London (Electricity Supply of large Cities) am 4. XII. 1913. ETZ 1914.

und Kochens gerechnet werden, weil das Preisverhältnis für die allgemeine Anwendung elektrischen Stromes noch zu ungünstig liegt.

Ob dieses Verhältnis in Zukunft das gleiche bleiben wird, muß abgewartet werden. So glaubt man beispielsweise in London, wo die Lebensgewohnheiten der Bevölkerung eine sehr gleichmäßige Inanspruchnahme elektrischen Stromes für Koch- und Heizzwecke erwarten lassen, an seine baldige großzügige Verwendung auch hierfür, und es ist nicht unwahrscheinlich, daß dort in absehbarer Zeit die Verteilungsnetze ein Vielfaches des heutigen Lichtstromes an Koch- und Heizstrom führen werden.

Nur der hohe Preisunterschied für die verschiedenen Anwendungsgebiete elektrischen Stromes steht heute seiner allgemeinen Einführung noch hindernd im Wege, jede Verbilligung führt daher zu steigendem Verbrauch. Es darf ohne Übertreibung gesagt werden, daß die zielbewußte Anwendung derjenigen Faktoren, die bereits nach heutiger Kenntnis und Erfahrung zur Verfügung stehen, ausreicht, um den Verbrauch auf ein Vielfaches zu steigern, wenn die Elektrizitätswerke sich gleichzeitig von denjenigen Fesseln befreien können, die ihnen ursprünglich im vermeintlichen Interesse der Abnehmer auferlegt wurden und die sich heute häufig als das Gegenteil, nämlich als eine Schädigung der Allgemeinheit erweisen. Diese Faktoren sind zwar ihrer Art nach bekannt und man weiß, welche unter ihnen günstige und welche ungünstige Einflüsse ausüben, es fehlt aber z. Zt. noch an einer Feststellung des Maßes; Berechnungen allgemeiner Art, die die Wirkung verschiedener Belastungsarten auf Erzeugungs- und Verteilungskosten feststellen, sind insbesondere für Großstädte bisher nicht durchgeführt worden.

Es ist der Zweck nachstehender Ausführungen, diese Ergänzung zu liefern.

1. Erörterung der preisbildenden Werte.

Es wurde bereits eingangs darauf hingewiesen, daß die Größe des Anschlusses wesentlich von dem Strompreise abhängt. Es sollen daher zunächst diejenigen Faktoren erörtert werden, die für seine Höhe bestimmend sind.

a) Anlagekosten.

Da jedes im Kraftwerk ausgebaute Kilowatt nur die Abgabe einer bestimmten Zahl von Kilowattstunden gestattet, steht ihr Erzeugungspreis, unter sonst gleichen Bedingungen, in linearem Verhältnis zu dem für jede Einheit aufgewandten Kapital. Die Kosten für das Kraftwerk und für das Netz werden dabei am besten getrennt behandelt.

Die spezifischen Kosten der Kraftwerke fallen um so rascher, je größer die Maschinensätze gewählt werden. Infolge der durch zentrale Erzeugung großer Elektrizitätsmengen ermöglichten Aufstellung großer Maschinen ist es gelungen, die Anlagekosten von Kraftwerken auf den vierten Teil der noch vor zehn Jahren erreichten Werte herunterzudrücken. (S. 20, 75.)

Für die Verteilungsnetze liegen die Verhältnisse nicht so günstig. Versucht man die Leistung der Leiter durch größere Querschnitte zu steigern, so erreicht man bald die Grenze der Wirtschaftlichkeit, weil die zulässige spezifische Belastung des Leiters und somit seine Ausnutzung rasch abnimmt.

Die vorstehend für die Kraftwerke als besonders vorteilhaft gefundene Steigerung der Zentralisierung führt somit für die Verteilungsnetze zunächst zu dem entgegengesetzten Ergebnis, weil sich das Netz durch längere Speisekabel verteuert, ohne daß es dadurch möglich ist, einen Gewinn für die Verteilungsleitungen herauszuholen.

Trotzdem lassen sich auch in den Netzen die Anlagekosten wesentlich verbilligen.

Zunächst sei auf die Anwendung höherer Betriebsspannungen hingewiesen. Die bisher üblichen Speisekabel für 6000 bis 10000 V sind heute für Großstädte unzureichend. Die zusätzlichen Kosten des Transformierens im Kraftwerk, die bei Spannungen über 10000 V entstehen, werden (abgesehen von der besseren Ausnutzung der Generatoren) schon bei kurzen Strecken durch die Ersparnisse an Kabeln ausgeglichen. Daher sollten Erweiterungen mit Spannungen von mindestens 20000 bis 30000 V ausgeführt werden, selbst wenn der Anschluß an vorhandene Anlagen eine teilweise nochmalige Herabtransformierung bedingt. Bei diesen Spannungen ist man imstande, 10000 kW noch in einem Kabel zu übertragen; die Kosten der Speisekabel werden damit auf etwa 2,50 $\mathscr{M}$ je übertragenes Kilowatt und je km Entfernung herabgedrückt, so daß dann dieser Teil der Anlagekosten für städtische Entfernungen nur noch von geringem Einfluß ist.

Als weitere Maßnahme zur Verbilligung der Anlagekosten ist die Umwandlung des Netzes in ein einheitliches Drehstromnetz mit geschlossenem Niederspannungsnetz (soweit ein solches System nicht schon vorhanden ist) zu empfehlen, weil die Anlage von Ringleitungen und der Zusammenschluß verschiedener Stadtteile eine bessere Ausnutzung der Kabel ermöglicht. Berücksichtigt man ferner, daß die Zentralenspannung schon bei mittleren städtischen Anlagen zur Herabminderung der Fortleitungskosten ein Vielfaches der Gebrauchsspannung sein muß, so stellt die nachträgliche Umwandlung in Gleichstrom (außer für Bahnzwecke!), die heute noch vielfach üblich ist, lediglich eine überflüssige und unzweckmäßige Verteuerung der Netzkosten dar. Die spezifischen Anlagekosten zur Umwandlung von Wechselstrom in Gleichstrom sind etwa vier- bis fünfmal so hoch als die der einfachen Spannungstransformierung des Wechselstromes.

Die Statistik hat ferner längst erwiesen, daß die früher vielfach behauptete größere Betriebssicherheit der Batterieumformerwerke in Verbindung mit Gleichstromnetzen gegenüber den Drehstromnetzen nicht besteht. Dem Vorteil der Momentanreserve durch die Batterie steht eben die größere Kompliziertheit des Systems gegenüber.

b) Verzinsung des Anlagekapitals.

Für alle wirtschaftlichen Vergleichsrechnungen ist ein einheitlicher Zinssatz anzunehmen, der für eine gedeihliche Entwicklung ausreichen muß. Ein zu kleiner Zinsertrag ist stets ein Hemmnis für die Beschaffung neuer Mittel, er hindert somit das Unternehmen daran, den raschen Fortschritten der Wirtschaftlichkeit zu folgen, so daß hierdurch schließlich der Strompreis unnötig verteuert wird. Anderseits sind der Verzinsung obere Grenzen gesetzt, weil ein Unternehmen, das auf Benutzung öffentlicher Straßen und Plätze angewiesen ist und auch sonst öffentliche Privilegien in Anspruch nimmt, neben dem Interesse der Besitzer das Interesse der Allgemeinheit wahrzunehmen verpflichtet ist.

Zweifellos sind jedoch hierbei die Forderungen häufig überspannt worden und haben dann durch Hemmung der Entwicklung der Allgemeinheit eher geschadet als genützt. Es ist daher von großem Interesse, in dieser Hinsicht den Standpunkt verschiedener Länder miteinander zu vergleichen. In Deutschland sehen die Städte die sogenannte Konzession, d. h. die Erteilung der Erlaubnis zur Benutzung öffentlichen Eigentums für Fortleitungszwecke als einen wertvollen Besitz an, den die Stadt, wenn sie ihn nicht selbst verwalten will, möglichst vorteilhaft (was leider häufig mit möglichst teuer verwechselt wird) an einen Dritten verkauft oder verpachtet. Man glaubt damit dem Interesse der Allgemeinheit am besten zu dienen. Das besondere Interesse des Stromverbrauchers wird, hauptsächlich wenn es sich um Beleuchtung handelt, erst in zweiter Linie berücksichtigt, aus der Erwägung heraus, daß der Allgemeinheit in den Gasanstalten eine zweite zentrale Lichtquelle zur

Verfügung steht. Ist die Gasanstalt zudem in städtischem Besitz, so wird dieser Standpunkt aus naheliegenden Gründen um so stärker betont. Solange elektrische Beleuchtung als Luxusbeleuchtung anzusehen war, liefen somit die an die Städte zu zahlenden Abgaben auf eine Lichtsteuer für die wohlhabenderen Klassen hinaus und ließen sich dadurch rechtfertigen. Für gewerbliche Zwecke war aber die häufig zu hohe Besteuerung schon damals ein Fehler. Dies trifft in wachsendem Maße auch für Beleuchtung zu, je mehr die Verwendung elektrischen Lichtes Allgemeingut wird. Insbesondere ist es die Bruttoabgabe von den Einnahmen, die in dieser Hinsicht prohibitiv wirkt, weil sie das zentrale Werk den Einzelanlagen gegenüber vorbelastet und damit konkurrenzunfähig macht. Die große Anzahl von Einzelanlagen, die Nichtausführung industrieller Anschlüsse, der ungenügende Anschluß von Vororten usw. ist oft auf zu hohe Bruttoabgaben zurückzuführen.

In England haben sich Parlament und Behörden fast stets auf den gegensätzlichen Standpunkt gestellt, daß jede Verbesserung technischer oder wirtschaftlicher Natur nicht nur dem Unternehmen, sondern in gleichem Maße auch den Verbrauchern zugute kommen müßte. Wenn überhaupt Abgaben gefordert werden, so sind sie außerordentlich niedrig. Es wird dagegen in fast allen Konzessionen verlangt, daß ein großer Teil der eine bestimmte Verzinsung übersteigenden Überschüsse zu Preisermäßigungen verwandt wird. Auch die in städtischem Betriebe befindlichen Werke sollen nicht in erster Linie Überschüsse, sondern billigen Strom liefern. Man findet deshalb in Enlgand fast überall niedrige Tarife.

Eine Verzinsung von 6 bis 8 vH des Wertes der Anlagen dürfte ungefähr die untere Grenze darstellen, die dem Unternehmen noch einen günstigen Markt und somit eine unbehinderte Entwicklung sichert, ohne dabei den Strompreis in erheblichem Maße zu belasten. Hinsichtlich der Abschreibungen und sonstigen Rücklagen scheint für Kraftwerke, Unterstationen und Verteilungsnetze ein mittlerer Satz von 3 bis 4 vH angemessen; für Fernleitungen und Speisekabel, bei denen das Leitungsmaterial (Kupfer) einen großen Prozentsatz der Kosten ausmacht und bleibenden Wert besitzt, dürften hierfür 2 vH als ausreichend anzusehen sein. Den nachfolgenden Rechnungen ist daher eine Gesamtverzinsung von 10 vH für Kraftwerke, Unterstationen und Verteilungsnetze und von 8 vH für Fernleitungen und Speisekabel zugrunde gelegt; die auf dieser Basis berechneten Strompreise sind als „normale" bezeichnet.

c) Betriebskosten.

Die Betriebskosten setzen sich aus denen des Kraftwerkes und denen des Netzes zusammen, wobei zum Netze auch Unterstationen und Transformatorstationen gerechnet werden; die Betriebskosten sind somit die Summe der Erzeugungskosten und der Fortleitungskosten. Getrennt zu berechnen sind außerdem die Kosten der Fortleitungsverluste, die sich als Produkt der Verluste und der Erzeugungskosten darstellen. Wie nachstehende Ausführungen zeigen, erweist sich diese Dreiteilung als besonders zweckmäßig für solche Untersuchungen.

Die Erzeugungskosten hängen von der Größe des Werkes ab oder genauer von der Größe der Maschinensätze. Kraftwerke mit Sätzen von 20 000 kW gebrauchen bei Vollast nur etwa $^3/_4$ soviel Kohle als Werke mit 1000 kW-Sätzen und nur die Hälfte oder noch weniger als ältere Zentralen. Der Bedarf an Betriebspersonal richtet sich wesentlich nach der Zahl der Maschinen, weniger nach ihrer Größe; die Personalkosten fallen mit steigender Leistung der Werke, und zwar um so mehr, als Menschenarbeit durch automatische Einrichtungen ersetzbar wird; das ist aber wiederum in großen Kraftwerken in höherem Maße der Fall. Ähnlich verhält es sich mit den Beträgen für Reparaturen, Lagerkosten und allgemeine Unkosten.

Für die Fortleitungskosten ist ein einfacher Zusammenhang zwischen Größe und Betriebskosten der Netze nicht feststellbar, infolgedessen lassen sich einfache Regeln für möglichst wirtschaftlichen Betrieb der Netze nicht angeben. Zweckmäßige Einteilung nach betriebstechnischen Grundsätzen, möglichste Normalisierung der Einrichtungen, Vereinfachung der Organisation ergeben um so größere Ersparnisse, je weiter die Zentralisierung durchgeführt ist, d. h. je größere Gebiete nach einem Willen· versorgt werden. Hierbei sei nochmals die Überlegenheit der reinen Wechselstromnetze über gemischte Systeme ausdrücklich hervorgehoben.

Auch die Netzverlustkosten, die in älteren Anlagen manchmal bis zu 20 vH der erzeugten Arbeit und bis zu 12 vH der Einnahmen verschlingen, lassen sich mit der Vergrößerung und Vereinheitlichung der Anlagen auf etwa die Hälfte ermäßigen, da dann gleichzeitig die niedrigen Erzeugungskosten auf die Verlustkosten verbilligend wirken.

2. Vorausbestimmung des Ausnutzungsfaktors.

Der Ausnutzungsfaktor einer Anlage, d. h. das Verhältnis der in einer beliebigen Zeit (t) verkauften Kilowattstunden (z) zu der mit der gesamten vorhandenen Leistung (L) möglichen Energieabgabe

$$\left(n = \frac{z \cdot t}{L \cdot t} = \frac{z}{L} \right)$$

setzt sich aus drei Faktoren zusammen, deren Einzelwerte entsprechend der Art der Anlage und ihrer Teile variieren, nämlich

$$n = \frac{1}{r} \cdot \eta \cdot m$$

Hierin bedeuten[1]):

$$r = \frac{\text{ausgebaute Leistung}}{\text{Spitze}} = \text{Reservefaktor;}$$

$$\eta = \frac{\text{verkaufte Kilowattstunden}}{\text{ins Netz abgegebene Kilowattstunden}} = \text{Wirkungsgrad der Fortleitung;}$$

$$m = \frac{\text{mittlere Leistung}}{\text{Spitze}} = \text{Belastungsfaktor.}$$

Reservefaktor und Ausnutzungsfaktor stehen in reziprokem Verhältnis zueinander. Obwohl sich für die Höhe der Reserveleistung bestimmte Regeln nicht aufstellen lassen, darf man doch behaupten, daß der Prozentsatz der Spitze um so kleiner sein darf, je größer die Anlage ist. Dies gilt sowohl für das Kraftwerk wie für das Netz und wird dadurch begründet, daß der Belastungsverlauf in kleineren Werken größeren Zufälligkeiten unterworfen ist. Man muß daher (außer der Reserve für Überholen und Reparaturen) auf solche Unsicherheiten durch entsprechende Erhöhung der ausgebauten Leistung Rücksicht nehmen.

Das Abhängigkeitsverhältnis zwischen Wirkungsgrad und Ausnutzungsfaktor kann angenähert linear angenommen werden. Für den Verkaufspreis des Stromes bedeutet dies somit, daß die Verbesserung des Netzwirkungsgrades nicht nur Ersparnis an Verlustkosten, sondern gleichzeitig (durch Erhöhung des Ausnutzungsfaktors) Ermäßigung der Gesamtkosten bewirkt.

Nach obiger Gleichung für n ist der Belastungsfaktor dem Ausnutzungsfaktor proportional. Berücksichtigt man ferner, daß der Wirkungsgrad (η) innerhalb der praktisch vorkommenden Belastungsverhältnisse nur in geringem Maße von letzterem abhängig ist, so folgt, daß der Belastungsfaktor des Werkes angenähert mit dem Belastungsfaktor des

---

[1]) Kap. I, S. 7.,

Verbrauches (ausgeglichen) übereinstimmt, und daß somit Erfahrungswerte über den Belastungsverlauf in den Kraftwerken gleichfalls für den Verbrauch zutreffen und umgekehrt.

In kleineren Anlagen wird jede Unregelmäßigkeit der Stromentnahme im Kraftwerk fühlbar; der den Stromverlauf kennzeichnende Belastungsfaktor wird deshalb von einzelnen Verbrauchern stark beeinflußt und ändert sich oft sprungweise. Im Gegensatz hierzu tritt in größeren Anlagen ein stetig zunehmender Ausgleich ein, es ist damit die Möglichkeit gegeben, den Belastungsverlauf und daher auch den Belastungsfaktor mit einer für praktische Verhältnisse ausreichenden Genauigkeit vorauszubestimmen, wenn man in großen Zügen über die Verwendung des Stromes unterrichtet ist.

Läßt man Heizen und Kochen, die heute noch von geringer Bedeutung sind, zunächst außer acht, so bleiben drei Anwendungsgebiete übrig, nämlich Kraft, Bahn und Licht.

Die Untersuchung einer Anzahl von Stromkurven für Großstädte hat nun zu dem interessanten Ergebnis geführt, daß ihre Form für jede dieser drei Kategorien annähernd die gleiche ist, für Licht natürlich unter Voraussetzung annähernd gleicher geographischer Breite. Der Grund ist zum Teil in den Lebensgewohnheiten der Großstädter, die sich voneinander meist weniger unterscheiden als von denen der Einwohner mittlerer Städte ein und desselben Landes, zum Teil in dem besseren Ausgleich infolge der größeren Anzahl von Anschlüssen zu suchen. So findet sich z. B. in großstädtischen Verbrauchskurven stets der eigentümliche Einfluß der sogenannten Bureauspitze der City auf die Lichtkurve, ebenso wie der verhältnismäßig hohe Nachtbedarf an Licht, veranlaßt durch Theater, Hotels, Restaurationen u. ä. Auch die Betriebszeiten der Straßenbahnen unterscheiden sich von denen der mittleren Stadt. Das gleiche gilt für Kraftstrom. Offenbar entspricht ebenso der von Handwerkern und mittleren Industriellen verlangte Kraftbedarf den besonderen Bedürfnissen der Großstadt, da sich auch die handwerksmäßig und industriell hergestellten Produkte im wesentlichen nach diesen richten. Größere Unterschiede ergeben sich lediglich in den Kraftverbrauchskurven der Feiertage. Die hier gegebenen Werte des täglichen Belastungsfaktors für die einzelnen Kategorien sind deshalb höher als diejenigen Werte, die bei der Statistik mittlerer Werke als Durchschnittsstatistik des ganzen Jahres veröffentlicht zu werden pflegen. Konstruiert man aus den Belastungskurven verschiedener Großstädte „mittlere" Kurven für die einzelnen Kategorien, so werden die prozentualen Abweichungen noch geringer, so daß es um so zulässiger ist, bei Großstadtrechnungen mit solchen mittleren Kurven zu arbeiten. Für „Licht" ist es natürlich erforderlich, sowohl die „mittlere" Sommer- als auch die „mittlere" Winterkurve festzustellen. Aus beiden ergibt sich dann graphisch die Kurve für die mittlere Jahresbelastung.

Derartige charakteristische Belastungskurven für Kraft, Bahn und Licht sind in Abb. 45 dargestellt. Hierbei ist die Spitze in allen drei Fällen gleich 100 gesetzt und die Tageszeit von 24 Stunden hundertteilig aufgetragen. Als Ausgangswert der Zeit ist 12 Uhr nachts angenommen.

Die Belastungsfaktoren betragen hierbei

für Licht angenähert 18 vH
für Kraft angenähert 50 „
für Bahn angenähert 50 „

Es ist einleuchtend, daß man unter Zugrundelegung derartiger Normalkurven den resultierenden Belastungsverlauf und damit auch den resultierenden Belastungsfaktor m für jede beliebige Zusammensetzung des Verbrauches an Licht-, Kraft und Bahnstrom bestimmen kann. Beispiele derartig kombinierter Belastungskurven

sind in Abb. 46 und 47 dargestellt, und zwar Abb. 46 für Licht und Kraft,
Abb. 47 für Kraft, Licht und Bahn[1]). Um jedoch imstande zu sein, alle Beziehungen,
die sich durch Kombination verschiedenen Verbrauches und bei Übergang von Einzel-
betrieben zu Großkraftwerken ergeben, rechnerisch zu verfolgen, ist in Abb. 48 eine
Kurvenschar dargestellt, aus der die Abhängigkeit des resultierenden Belastungs-

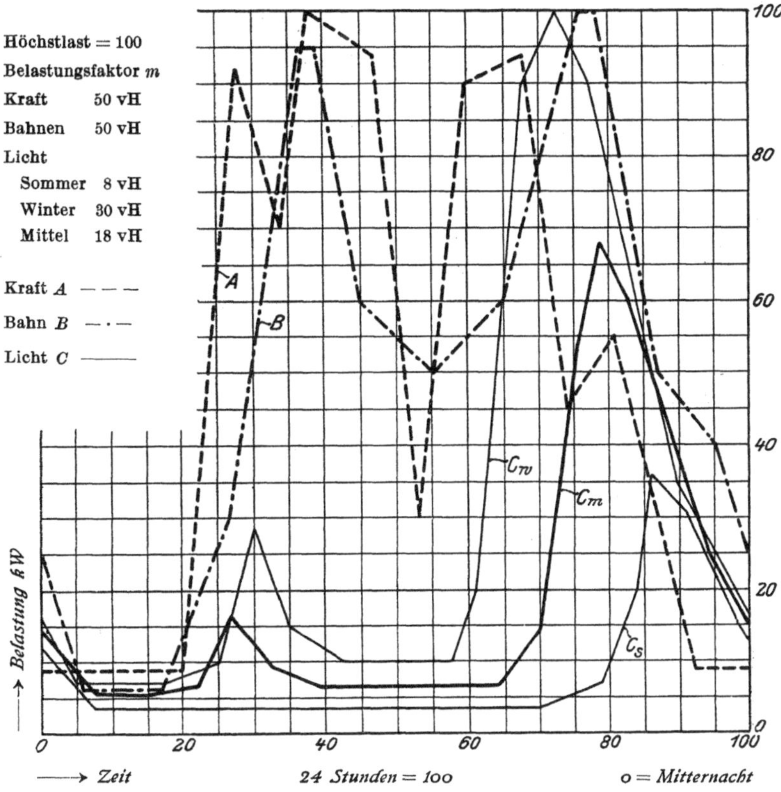

Abb. 45. Tagesbelastung von Groß-Kraftwerken.

faktors von dem jeweiligen Verhältnis von Kraft-, Bahn- und Lichtverbrauch unmittelbar ersichtlich ist. Zur Ermittelung der Punktwerte dieser Kurven mußte eine
große Zahl von Licht-, Kraft- und Bahnkurven aufgestellt und dann zusammengesetzt werden. Diese langwierige Arbeit, auf deren Widergabe hier verzichtet sei,
wurde auf rechnerischem Wege und zwar durch Zerlegung der Einzelkurven in Drei-
ecke erledigt, weil die Rechnung rascher zum Ziele führt als die graphische Zusammenstellung.

Ist z. B. bekannt, daß in einer Stadt an Kilowattstunden gebraucht werden:
20 vH Licht, 12 vH Kraft und 68 vH Bahn (dies entspricht angenähert den Verhältnissen in Chicago vom Jahre 1911), so liegt der resultierende Belastungsfaktor im
Schnittpunkt der Kurve:

$$r_k = \frac{12}{20} = 0{,}6$$

---

[1]) In Abb. 46 und 47 ist durch Einteilung der Maschinenbetriebsstunden noch der Betriebszeitfaktor (f) bestimmt worden. (Kap. II.) In den weiteren Rechnungen ist für den Wert
dieses Faktors das arithmetische Mittel der Grenzen, $f_{max} = 1$ und $f_{min} = n$, $f = \frac{1+n}{2}$ eingesetzt;
(Tabelle 9, Spalte 8 und 9).

6*

mit dem Abszissenwert:

$$r_b = \frac{68}{12 + 20} = 2,13,$$

mithin würde für obige Verhältnisse ein resultierender Belastungsfaktor von 40 vH zu erwarten sein, was dem wirklich erreichten Wert von 41 vH sehr gut entspricht.

Die Kurven der Abb. 48 lassen u. a. die wertvolle Tatsache erkennen, daß die Verschmelzung von Kraft- und Bahnstrom allein (obere Kurve $k_r = \infty$) nur eine Verbesserung des Belastungsfaktors um 2 bis 3 vH zur Folge hat, während anderseits bei Vorhan-

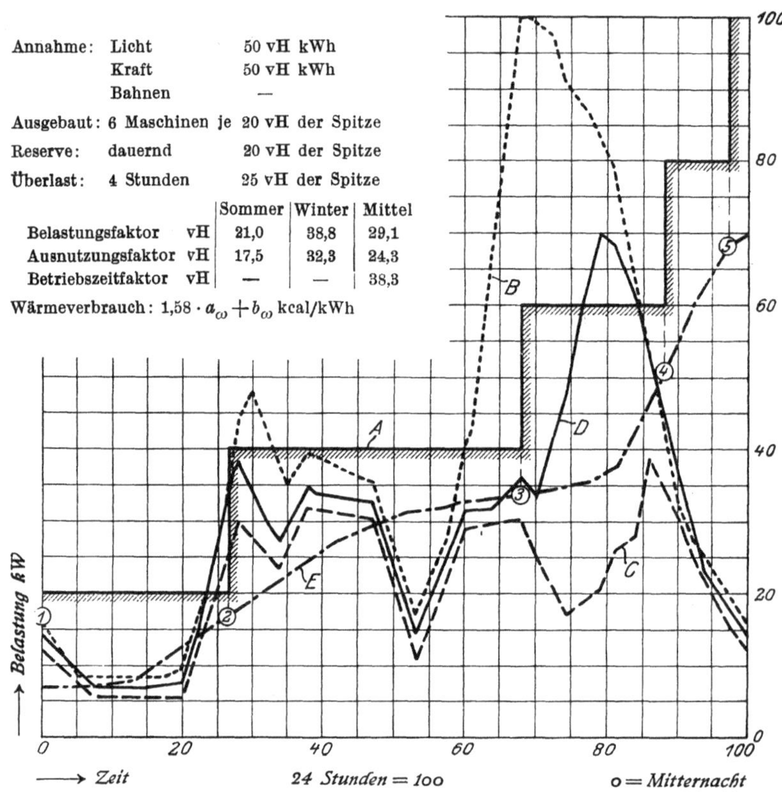

	Sommer	Winter	Mittel
Belastungsfaktor vH	21,0	38,8	29,1
Ausnutzungsfaktor vH	17,5	32,3	24,3
Betriebszeitfaktor vH	—	—	38,3

Wärmeverbrauch: $1,58 \cdot a_\omega + b_\omega$ kcal/kWh

Abb. 46. Tagesbelastung und Maschinenbetriebszeit ohne Bahnbetrieb.

A = Maschinenbetriebszeit $\quad B$ = Winterkurve $\quad C$ = Sommerkurve
D = mittlere Belastung $\quad E$ = mittl. geordnete Belastungskurve.

densein von Kraft- und Bahnbelastung eine Beteiligung von Licht bis zu etwa 12 vH der Gesamtbelastung zulässig ist, ohne daß der resultierende Belastungsfaktor hierdurch unter den für Bahn und Kraft allein herabgedrückt wird. Verfolgt man den Bedarf der Großstädte, so wird man erkennen, daß der Anteil des Lichtbedarfes mit 12 vH nicht wesentlich von dem wirklichen Wert abweicht und daß somit Aussicht vorhanden ist, in Zukunft Licht-, Bahn- und Kraftstrom zu den gleichen Preisen zu erzeugen (natürlich nicht fortzuleiten!).

Mit Rücksicht auf die wichtigen Folgerungen, die sich aus der Kombination verschiedenartigen Verbrauches für den Ausnutzungsfaktor und somit für die Betriebskosten ergeben, seien hier noch einige Bemerkungen für die Möglichkeit einer derartigen Betriebsweise hinzugefügt.

In den ersten Kraftwerken wurden für Kraft und Licht gewöhnlich besondere Maschinen aufgestellt, zum mindesten wurde der Strom in getrennten Netzen fortgeleitet; während man hiervon inzwischen abgekommen ist, besteht auch heute in

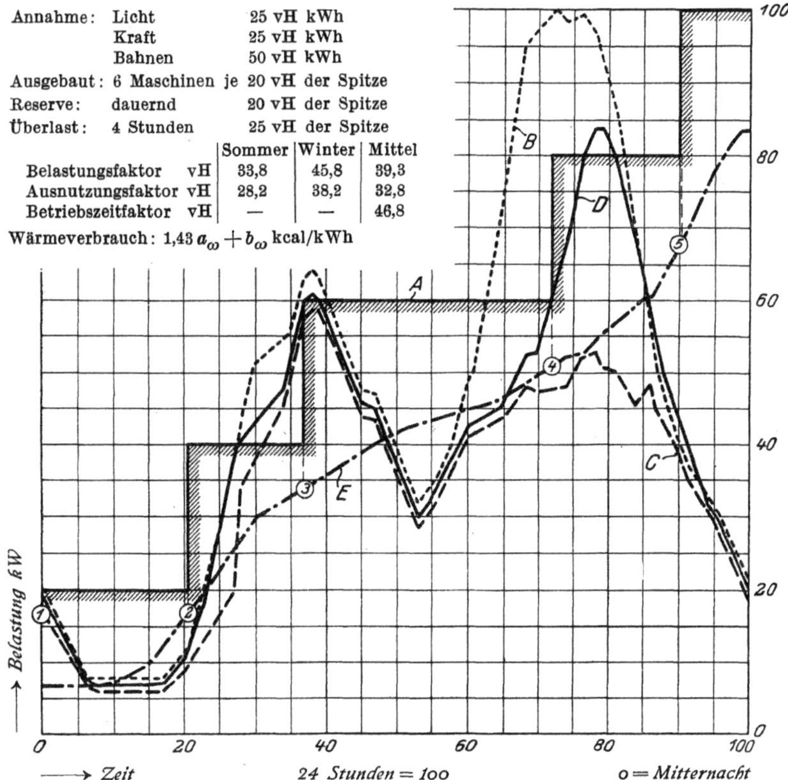

	Sommer	Winter	Mittel
Belastungsfaktor vH	33,8	45,8	39,3
Ausnutzungsfaktor vH	28,2	38,2	32,8
Betriebszeitfaktor vH	—	—	46,8

Wärmeverbrauch: $1{,}43\,a_\omega + b_\omega$ kcal/kWh

Abb. 47. Tagesbelastung und Maschinenbetriebszeit mit Bahnbetrieb.

A = Maschinenbetriebszeit B = Winterkurve C = Sommerkurve.
D = mittlere Belastung E = mittl. geordnete Belastungskurve.

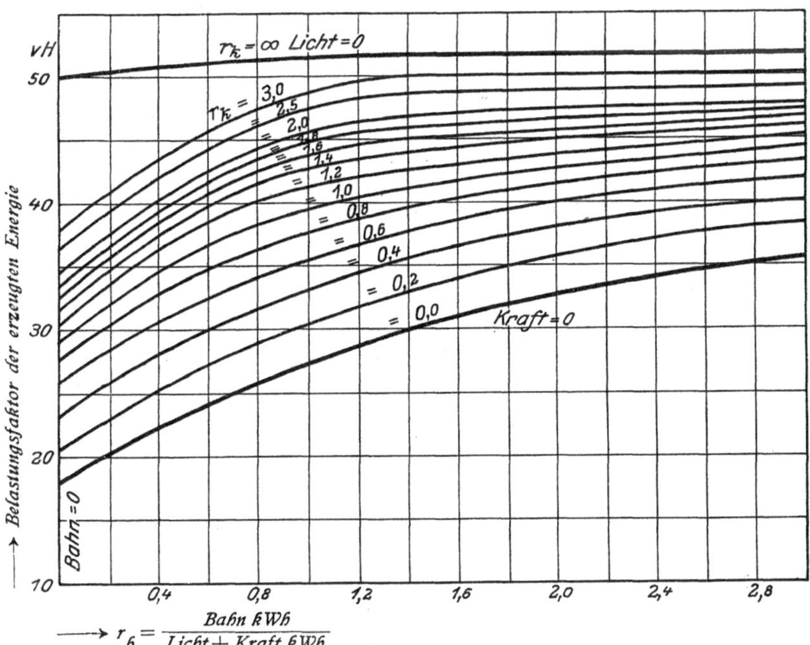

$$r_b = \frac{\text{Bahn kWh}}{\text{Licht} + \text{Kraft kWh}}$$

Abb. 48. Belastungsfaktor in Großstädten abhängig vom kWh Bedarf für Licht, Kraft und Bahnen.

Belastungsfaktor für Licht allein 18 vH, für Kraft 50 vH, für Bahnen 50 vH.

$$r_k = \frac{\text{Kraft kWh}}{\text{Licht kWh}} \qquad r_b = \frac{\text{Bahn kWh}}{\text{Licht} + \text{Kraft kWh}}$$

vielen größeren Städten noch die Gepflogenheit, den Betrieb der Bahnen von Kraft und Licht zu trennen, bzw. für Bahnen besondere Kraftwerke und Netze anzulegen. Es muß darauf hingewiesen werden, daß diese Methode, die bei Zersplitterung der Stromerzeugung in einer Reihe kleinerer Anlagen berechtigt sein mochte, für Zentralanlagen, wie sie in großen Städten benötigt werden, nicht scharf genug verurteilt werden kann. Sie führt, wie die Ergebnisse der Abb. 48 zeigen, infolge schlechter Ausnutzung nicht nur zu einer Kapitalverschwendung, sondern benachteiligt für alle Zeiten sämtliche Stromabnehmer. Unzuträglichkeiten infolge von Belastungsstößen durch die Anfahrströme der Bahnen sind nicht zu befürchten, da sie sich in Großkraftwerken ausgleichen. Es ist falsch, wenn seitens der Anhänger getrennter Betriebe vorgebracht wird, der Bahnbedarf sei groß genug, um einen besonderen Betrieb zu rechtfertigen; sie übersehen, daß man in einer einzigen Bahnzentrale die wirtschaftlich günstigste Größe nicht erreichen kann, und lassen ferner außer acht, daß es nicht nur auf Verbilligung des Bahnstromes, sondern besonders auf die des Licht- und Kraftstromes ankommt. Es wurde zahlenmäßig nachgewiesen, daß es möglich ist, unter Verhältnissen, wie sie in Großstädten erreichbar sind, Licht- und Kraftstrom zu den gleichen Preisen zu erzeugen wie Bahnstrom.

3. Beispiele.

Der Vergleich mit vorhandenen Verhältnissen erstreckt sich auf drei typische Beispiele. Die hierfür zur Verfügung stehenden Unterlagen gestatteten, die Untersuchungen auf Einzelheiten auszudehnen, die für die Beurteilung der ganzen Frage von Wert sein dürften. Es sind dies für Berlin: die Berliner Elektrizitäts-Werke, für Chicago: die Commonwealth Edison Company und für London: die behördlichen bzw. autorisierten Elektrizitätswerke in und um London. Dabei sind folgende Geschäftsjahre zugrunde gelegt:

Berlin 1911/12,
Chicago 1911,
London . . . . 1910/11.

Es sei aber ausdrücklich betont, daß keine Polemik für oder gegen das eine oder andere Beispiel beabsichtigt wird. Der Grund, weshalb gerade diese Fälle gewählt wurden, ist vielmehr ein rein zufälliger, er erklärt sich einfach aus der Tatsache, daß die Beschaffung der umfangreichen Rechnungsgrundlagen für obige Anlagen am leichtesten fiel; derselbe Grund ist auch für die Auswahl der Jahre maßgeblich gewesen. Die gewählten Beispiele sind aber deshalb besonders gut geeignet, weil die Zentralisierung in Chicago am weitesten und in London am wenigsten durchgeführt ist; Berlin liegt in der Mitte. Dies mag wohl auch jetzt noch (1924) gelten.

Die leider auch in Fachkreisen herrschende Gepflogenheit, die Güte und Wirtschaftlichkeit der Anlage und des Betriebes lediglich nach den Kosten einer Kilowattstunde zu beurteilen, ist falsch. Wie später gezeigt wird, ist der jeweilige Ausnutzungsfaktor von größerem Einfluß auf die Erzeugungskosten als irgendein anderer Wert, wie z. B. billiger Betrieb und niedrige Anlagekosten. Ein Vergleich der Betriebskosten ohne gleichzeitige Nennung des dazugehörigen Ausnutzungsfaktors ist deshalb wertlos.

Berlin: Die Aktiengesellschaft Berliner Elektrizitäts-Werke hatte nach den Verträgen von 1888, 1899 und 1907 das Recht, Straßen usw. zur Verlegung von Leitungen zu benutzen gegen die Verpflichtung, den in dem Weichbild von Berlin hervortretenden Bedürfnissen an Elektrizität für alle Verwendungszwecke zu genügen. Sie durfte nach ihrer Wahl die Elektrizität im Innern der Stadt erzeugen oder von außerhalb gelegenen Kraftwerken in die Stadt leiten. Auch die Stromlieferung außerhalb des Weichbildes war freigestellt, mit der Maßgabe jedoch, daß auf Wunsch der Stadt sowohl die inneren Anlagen wie auch alle Anlagen außerhalb der Stadt innerhalb eines Umkreises von 30 km nach Ablauf der Vertragsdauer (1915) zum Buch- oder Taxwert in den städtischen Besitz übergehen. Die Tarife unterlagen der behördlichen Genehmigung, es hatte eine Ermäßigung derselben zu erfolgen, sobald der Reingewinn $12^1/_2$ vH des Aktienkapitals übersteigt. Die Stadt war in der Weise an den Einnahmen beteiligt, daß sie 10 vH von der Bruttoeinnahme der Gesellschaft erhielt und außerdem die Hälfte desjenigen Reingewinns, der 6 vH des Vorzugs-Aktienkapitals und 4 vH des Aktienkapitals übersteigt. Die Höhe dieser Abgaben stieg z. B. im Geschäftsjahre 1912/13 auf 7 184 000 ℳ und übertraf damit erheblich die Dividende des 64 Mill. ℳ betragenden Aktienkapitals der Gesellschaft.

Die Entwicklung der Berliner Elektrizitäts-Werke zeigen folgende Zahlen:

1900/01 verkauft	. . . .	69 700 000 kWh
1905/06 „	. . . .	126 200 000 „
1910/11 „	. . . .	192 100 000 „
1912/13 „	. . . .	244 300 000 „

Die Verteilung innerhalb Berlins geschieht durchweg in Gleichstrom, mit Ausnahme eines Stadtteils im Norden von Berlin, und einiger Vororte, die unmittelbar mit Drehstrom versorgt werden.

Außer den Berliner Elektrizitäts-Werken und einer Anzahl sogenannter Blockstationen bestehen mehrere getrennte Bahnkraftwerke, in denen der Strom für die Untergrundbahnen und einen Teil der Straßenbahnen erzeugt wird[1]).

Chicago: Die heutige Stromversorgung von Chicago ist aus einer großen Anzahl kleiner Stromlieferungsgesellschaften (ca. 36) hervorgegangen, die sich in den Jahren 1892 bis 1906 zu zwei großen Gesellschaften zusammenschlossen, bzw. von diesen aufgekauft wurden, der

Chicago Edison Company

und der

Commonwealth Electric Company.

1907 erfolgte dann die Verschmelzung dieser beiden Gesellschaften zu der

Commonwealth Edison Company.

Alle kleineren Kraftwerke wurden stillgesetzt, so daß der gesamte Strom nur noch von vier großen Zentralen geliefert wird.

Die Genehmigung zur Stromlieferung erstreckt sich auf 50 Jahre (von 1907 ab) und ist an die Bedingung eines Höchsttarifes und einer Abgabe an die Stadt von 2 vH des Bruttogewinnes geknüpft.

Die Entwicklung geht aus folgenden Zahlen hervor:

1900 verkauft	. . . . .	33 700 000 kWh
1905 „	. . . . .	93 000 000 „
1910 „	. . . . .	550 000 000 „
1912 „	. . . . .	712 000 000 „
1921 „	. . . . .	1 928 000 000 „

Die Speisung der Unterstationen erfolgt mit Drehstrom von 9000 V und 25 Perioden, z. T. auch mit 20 000 V und 60 Perioden. Die Verteilung geschieht im Innern der Stadt durch Gleichstrom in den äußeren Gebieten durch Drehstrom von 2000 bis 4000 V bei 60 Perioden.

---

[1]) Unberücksichtigt sind auch diejenigen Vororte, die unabhängige Elektrizitätswerke besitzen. Vgl. ETZ 1913, S. 579 und 636.

London: Auch hier wurde, ähnlich wie in Chicago, die elektrische Versorgung durch eine Reihe privater Gesellschaften eingeleitet. Ihre Entwicklung wurde jedoch gleich im Anfang durch gesetzliche Bestimmungen behindert, die Konzessionen wurden auf einen Zeitraum von nur 21 Jahren beschränkt, die Stromversorgung der Stadt nach Gebieten geteilt, die der überkommenen administrativen Einteilung entsprachen, ohne Rücksicht auf die natürliche Entwicklung zu nehmen. Jeder Stadtteil erhielt seine eigene Zentrale und sein besonderes Netz, die z. T. von der Behörde des betreffenden Stadtteiles selbst betrieben, z. T. Privatgesellschaften konzessioniert wurden. Die Verbindung der einzelnen Werke war verboten, sie wurde erst durch ein Gesetz vom Jahre 1908 ermöglicht; seit dieser Zeit sind Bestrebungen im Gange, die auf Verschmelzung der zahlreichen Werke und auf Zentralisierung der Krafterzeugung abzielen. Gleichzeitig sollen die verschiedenen Systeme der Stromverteilung nach Möglichkeit vereinheitlicht werden.

Um die Übersicht über die Betriebsverhältnisse der drei Anlagen zu erleichtern und vorstehende Ausführungen nachzuprüfen, wurde das zur Verfügung stehende Material gesichtet und so in Tabellen nebeneinander angeordnet, daß die einzelnen Positionen der drei Anlagen unmittelbar miteinander vergleichbar sind. Es ist ferner gelungen, allerdings bei einzelnen Positionen unter Zuhilfenahme von Schätzungen (diese sind im einzelnen aufgeführt und können nachgeprüft werden), die Abhängigkeit der Betriebskosten vom Ausnutzungsfaktor zu bestimmen und damit die Kostencharakteristik für alle drei Anlagen aufzustellen. Diese Umrechnung ist notwendig, weil die betreffenden Anlagen wegen der verschiedenen Zusammensetzung ihres Verbrauches so abweichende Ausnutzungsfaktoren besitzen, daß jeder Versuch, allgemein gültige Schlußfolgerungen abzuleiten, gescheitert wäre. Außerdem erschien diese Analyse wünschenswert, um einen Anhalt zu bekommen über den Einfluß, den das Maß der Zentralisierung auf die Betriebskosten ausübt.

Vergleich der Betriebstatistiken für Berlin, Chicago und London.

Das statistische Vergleichsmaterial ist in den Tabellen 1 bis 3 zusammengestellt.

Tabelle 5. Umfang der Anlagen.

Lfd. Nr.	Position	Berlin 1911/12	Chicago 1911	London 1910/11
1	Gesellschaften	Berliner Elektrizitäts-Werke	Commonwealth Edison Co.	Behörden und Gesellschaften in und um London
2	Einwohner	2 600 000	2 200 000	6 000 000
3	Zahl der Werke	6	6	64
4	Ausgebaute Leistung kW	137 000	221 700 [1])	298 400
5	Mittlere Größe . . . kW	23 000	37 000	4 670

Tabelle 6. Kapital.

Lfd. Nr.	Position	Berlin 1911/12		Chicago 1911		London 1910/11	
6	Passiven . . . . ℳ	163 700 000		285 930 000		558 000 000	
7	Rückstellungen . . . „	31 000 000		14 430 000		114 000 000	
8	Buchwert . . . . . „	132 700 000		271 500 000		444 000 000	
	Je ausgebautes kW:		vH		vH		vH
9	Werk . . . . ℳ	363,20	38	486,65	40	675,20	45
10	Netz einschließlich Zähler . . . . . . „	605,80	62	737,70	60	812,90	55
11	Insgesamt . . ℳ	969,00	100	1224,35	100	1488,10	100

[1]) Chicago 1921 — 626 000 kW ausgebaute Leistung und 2 700 000 Einwohner.

Tabelle 7. Betriebsergebnisse.

Lfd. Nr.	Position	Berlin 1911/12	Chicago 1911	London 1910/11
	Umfang.			
12	Spitze . . . . kW	94 600	199 300	185 500
13	Durchschnittliche Spitze je Werk . . „	15 800	31 700	2 900
14	Erzeugte kWh	274 000 000	684 000 000	405 000 000
15	Gekaufte „	—	32 000 000	—
16	Verkaufte „	216 300 000	640 000 000	319 243 000
17	davon Licht . . . . vH	24	19	61
18	„ Kraft . . . . „	45	12	27
19	„ Bahn . . . . „	31	69	12
	Faktoren.			
20	Belastungsfaktor (erzeugte kWh)	0,331	0,410	0,249
21	Netzwirkungsgrad $\left\{\dfrac{\text{verkaufte kWh}}{\text{erzeugte kWh}}\right\}$ . . .	0,790	0,894	0,788
22	Reservefaktor	1,450	1,110	1,610
23	Ausnutzungsfaktor	0,180	0,330	0,122
	Kohle:			
24	Preis je t . . . . ℳ	17,76	ca. 8,00	ca. 13,00
25	Verbrauch je verkaufte kWh in kg .	1,38	„ 1,61	„ 2,37
26	Wirkungsgrad der Gesamtanlage . vH	9,7	„ 7,6	„ 5,0
	Betriebskosten.			
27	Einnahme aus verkauften kWh . . . ℳ	35 035 000	59 002 000	63 648 000
28	Ausgabe . . . . „	17 996 000	29 459 000	28 376 000
29	Gewinn absolut . . . ℳ	17 039 000	29 543 000	35 272 000
30	vH vom Buchwert	12,83	10,87	7,85
	Betriebskosten je verkaufte kWh.			
31	Einnahme . . . . Pfg	16,180	9,225	19,921
	Ausgabe:			
32	Brennmaterial . . . . Pfg	2,442	1,169 [1]	3,112
33	Öl, Schmierung, Lager . . . . . „	0,040	0,046	0,267
34	Löhne . . . . „	0,520	0,626	1,068
35	Reparatur, Unterhaltung . . . . „	0,956	0,847	1,512
36	Miete, Steuern, Personalversicherung, Abgaben . . . . „	0,355	0,617	1,512
37	Generalunkosten . . . . „	0,857	0,853	1,424
38	Gekaufter Strom . . . . „	—	0,170	—
39	Sonderabgaben . . . . „	3,130	0,276	—
40	Gesamtausgaben . . Pfg	8,300	4,604	8,895
41	Gewinn (brutto) . . . Pfg	7,880	4,621	11,026

Der auf jeden Einwohner entfallende Energieverbrauch ist nach den angegebenen Zahlen nicht unmittelbar vergleichbar, da man sowohl für London wie für Berlin die in besonderen Bahnkraftwerken erzeugte Energie, sowie außerdem in Berlin noch die

---

[1] Umrechnung auf verkaufte kWh schließt gekaufte kWh ein, daher tatsächlicher Wert ca. 4 bis 5 vH höher.

Energieerzeugung der Blockstationen hinzurechnen müßte. Leider war es nicht möglich, hierüber genaue Angaben zu erhalten; angenähert dürften sich diese Zahlen für die betreffenden Jahre wie folgt stellen:
Stromverbrauch je Einwohner in kWh:

Chicago 310
Berlin 170
London 110

Diese Zahlen beweisen trotz vorstehender Mängel, daß die Stromabgabe in den beiden letzten Städten noch wesentlich steigerungsfähig ist, selbst wenn man Chicago schon als gesättigt ansieht, wozu indes kein Anlaß vorliegt.[1]

Besonders auffallend zeigt sich die Wirkung der Zersplitterung in London, während hinsichtlich der Zentralisierung Chicago an der Spitze steht. Der Durchschnitt der auf die einzelnen Werke entfallenden Spitze steht ungefähr im Verhältnis von:

London . . . . = 1
Berlin . . . . = 5
Chicago . . . . = 10.

Um eine Vergleichsbasis für die wirklich zu verzinsenden Anlagekosten (Buchwerte) zu erhalten, wurden in allen drei Fällen (soweit dies nach den Bilanzen möglich war) Rücklagen, Fonds, sowie alle Barbestände, mit Ausnahme des Betriebskapitals, abgezogen.

Das spezifische Anlagekapital ergibt sich danach:

Berlin . . . 950 ℳ je ausgebautes kW
Chicago . . . 1200 „ „ „ „
London . . . 1400 „ „ „ „

Die auffällige Erscheinung, daß die Einheitskosten in Chicago bei nahezu doppelter Gesamtleistung sich um etwa 25 vH höher stellen als in Berlin, ist z. T. dadurch zu erklären, daß hierin die Kosten enthalten sind, die für den Ankauf der Einzelanlagen aufgewendet wurden. Dieser Betrag stellt sich etwa auf 9 bis 10 vH des Gesamtkapitals. Die danach verbleibende Differenz zwischen Chicago und Berlin dürfte in der unterschiedlichen Bauweise und in den teureren Preisen zu suchen sein. Es ist daher nicht möglich, Vergleiche bezüglich Änderung der spezifischen Kosten bei zunehmender Leistung anzustellen. Dies scheint dagegen statthaft bei Berlin und London, wo Bauweise und Lebensverhältnisse nicht wesentlich voneinander abweichen. Aus diesem Vergleich geht hervor, daß die Gesamtkosten für das ausgebaute Kilowatt für Anlagen von rd. 5000 kW sich etwa um 50 vH teurer stellen als für Anlagen von rd. 25000 kW; noch größer wird der Unterschied (nämlich 80 bis 90 vH), wenn man die Kosten der Werke allein vergleicht.

Bemerkenswert ist auch das Verhältnis der Teilkosten für Werke und Netz (einschließlich Zähler), das für Chicago und Berlin rd. 40:60 und für London 45:55 beträgt und erkennen läßt, daß die anteiligen Kosten der Werke mit ihrer Vergrößerung zurückgehen. Auf diese Erscheinung wird später zurückgegriffen.

Hinsichtlich der Verbrauchsverteilung charakterisieren sich die drei Anlagen folgendermaßen: Chicago vorwiegend Bahn (ca. 70 vH), London vorwiegend Licht (ca. 60 vH), Berlin: Kraft, Licht und Bahn in gleichmäßigerem Verhältnis.

Die Belastungsfaktoren im Werke entsprechen nur für Chicago den nach Abb. 48 berechneten Werten, da hier die Voraussetzung des gemeinsamen Betriebes von Licht,

---

[1] Die Daten für Chicago 1921 sind Einwohnerzahl 2700000
Stromabnehmer . . . 536892
Stromverbrauch . . . 714 kWh je Einwohner
für London 1921 Stromverbrauch . . . 155 „ „ „

Kraft und Bahn am vollständigsten erfüllt zu sein scheint. Berlin bleibt hinter dem berechneten Wert zurück, was einmal durch die teilweise Trennung der Betriebe sowie durch den Einfluß der Sonntage auf den Kraftverbrauch zu erklären sein dürfte. London bleibt wegen der überwiegenden Lichtbelastung in bezug auf Ausnutzung erheblich hinter den anderen beiden Städten zurück. Abb. 48 zeigt, daß in London der Belastungsfaktor durch Zentralisierung allein ohne gleichzeitige Änderung der Zusammensetzung des Konsums nicht wesentlich verbessert werden kann.

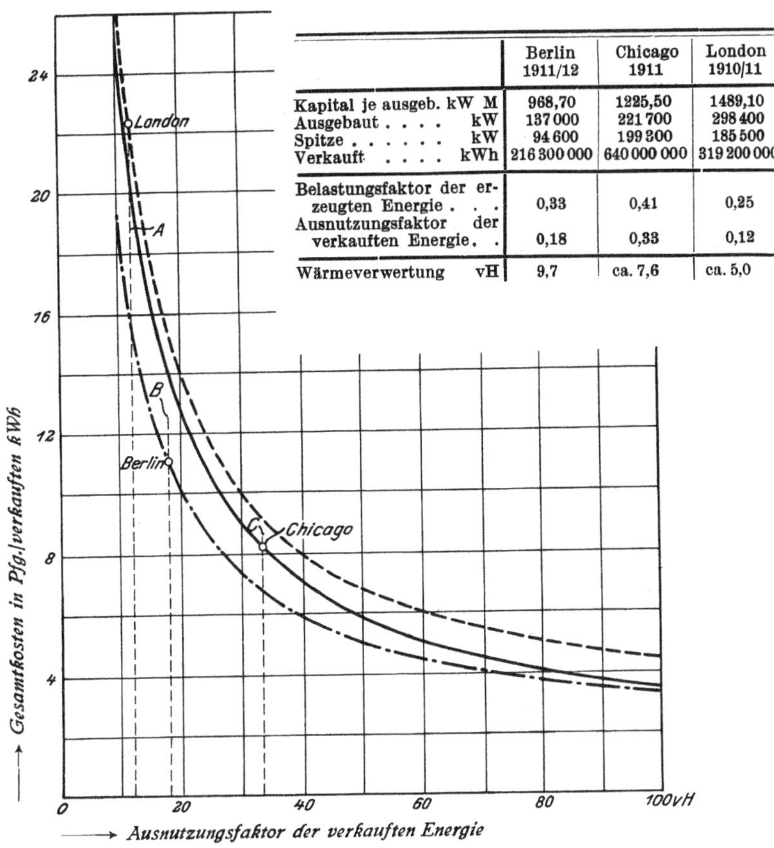

	Berlin 1911/12	Chicago 1911	London 1910/11
Kapital je ausgeb. kW M	968,70	1225,50	1489,10
Ausgebaut . . . . . kW	137 000	221 700	298 400
Spitze . . . . . . kW	94 600	199 300	185 500
Verkauft . . . . kWh	216 300 000	640 000 000	319 200 000
Belastungsfaktor der erzeugten Energie . . .	0,33	0,41	0,25
Ausnutzungsfaktor der verkauften Energie. .	0,18	0,33	0,12
Wärmeverwertung vH	9,7	ca. 7,6	ca. 5,0

Abb. 49. Gesamtkosten je verkaufte kWh einschließlich 10 vH
für Nutzen und Abschreibung.

A = mittl. Verkaufspreis London. B = mittl. Verkaufspreis Berlin.
C = mittl. Verkaufspreis Chicago.

Die Reservefaktoren, soweit sie sich auf die Werke beziehen, sind naturgemäß mit dem Übergang zu großen Einheiten bei jeder Erweiterung starken Änderungen unterworfen. Es müßte gerechterweise hierfür der Durchschnitt einer größeren Reihe von Jahren in Betracht gezogen werden. So scheint der Wert von 1,11 für Chicago zu niedrig und der Wert von 1,45 für Berlin zu hoch zu sein, während für Londoner Verhältnisse, wo die größte Maschineneinheit zur Zeit der vorliegenden Bearbeitung etwa 5000 kW beträgt, der angegebene Wert von 1,61 zutreffen dürfte. Daß bei Bemessung der Reserven der Belastungsfaktor eine Rolle spielt, ist unwahrscheinlich, der Prozentsatz an Reserven hängt wesentlich nur von der Größe der Anlagen ab. Wenn ihm aber ein Einfluß einzuräumen ist, so müßte die Anlage mit größerem Belastungsfaktor verhältnismäßig mehr Reserve erhalten.

Auf Grund dieser Erwägungen scheinen mir etwa folgende Reservefaktoren normalen Bedürfnissen großstädtischer Praxis zu entsprechen:

Spitze der Einzelwerke: 30 000 kW, Reservefaktor rd. 1,25
„   „   „   15 000 „   „   „ 1,40
„   „   „   3 000 „   „   „ 1,60,

wobei für jedes Kraftwerk mindestens ein vollständiger Maschinensatz als Reserve vorhanden sein sollte.

Da der Ausnutzungsfaktor, wie auf S. 81 gezeigt wurde, außer vom Belastungsfaktor auch von dem Netzwirkungsgrad und dem Reservefaktor abhängig ist, ver-

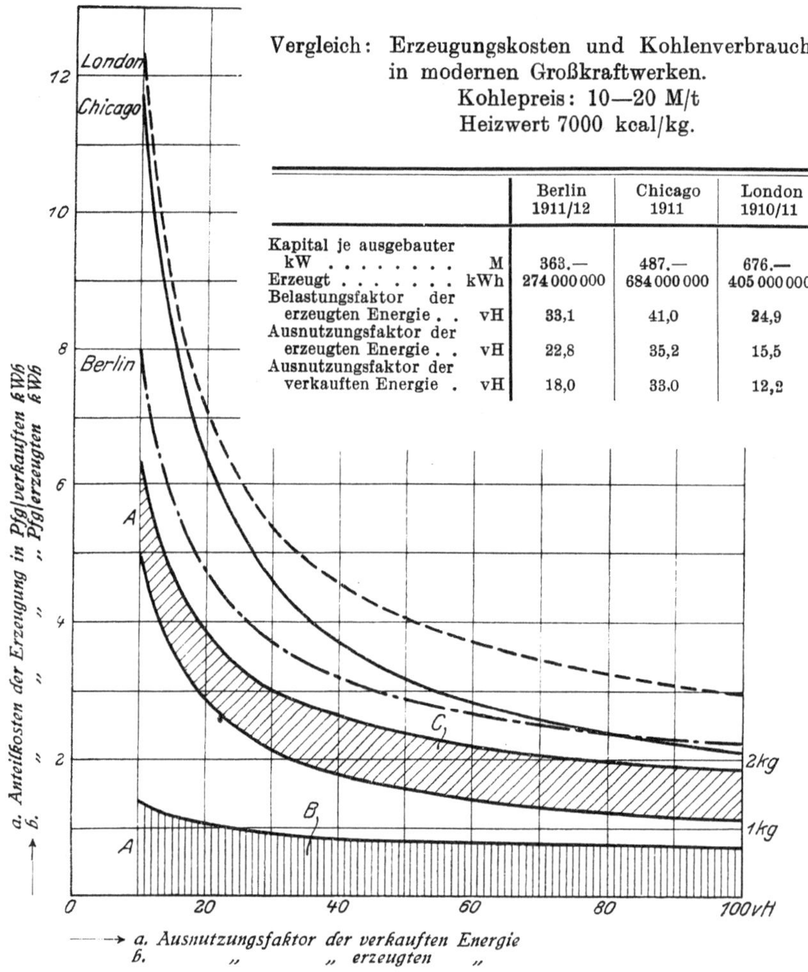

Vergleich: Erzeugungskosten und Kohlenverbrauch
in modernen Großkraftwerken.
Kohlepreis: 10—20 M/t
Heizwert 7000 kcal/kg.

		Berlin 1911/12	Chicago 1911	London 1910/11
Kapital je ausgebauter kW	M	363.—	487.—	676.—
Erzeugt	kWh	274 000 000	684 000 000	405 000 000
Belastungsfaktor der erzeugten Energie	vH	33,1	41,0	24,9
Ausnutzungsfaktor der erzeugten Energie	vH	22,8	35,2	15,5
Ausnutzungsfaktor der verkauften Energie	vH	18,0	33.0	12,2

——→ a. Ausnutzungsfaktor der verkauften Energie
       b.   „   „   erzeugten   „

Abb. 50. Kostenanteil des Kraftwerkes je verkaufter kWh (je erzeugte kWh)
einschließlich 10 vH für Nutzen und Abschreibung.

A = Modernes Kraftwerk. *B* = Kohlenverbrauch. *C* = Preis der Kohle 10—20 ℳ/t.

größert sich naturgemäß der Unterschied in dem Ausnutzungsfaktor der drei Anlagen mehr, als nach der Zusammensetzung des Verbrauchs allein zu erwarten war. Es ergibt sich hierfür rund:

	Ausnutzungsfaktor	Belastungsfaktor
London	12 vH	25 vH
Berlin	18 „	33 „
Chicago	33 „	41 „

Bei derartiger Verschiedenheit der für die Wirtschaftlichkeit grundlegenden Werte sind die auf Tabelle 7, Position 31 bis 42 angegebenen Betriebskosten nicht

miteinander vergleichbar. Diese Ergebnisse bieten jedoch zusammen mit den übrigen
Positionen der Tabelle 5 und 6 die Möglichkeit, ihre Abhängigkeit von der Aus-
nutzung zu ermitteln und an Hand der so gefundenen Kostencharakteristik die
Unterschiede der Betriebsverhältnisse unter gleichen Voraussetzungen zu erkennen.

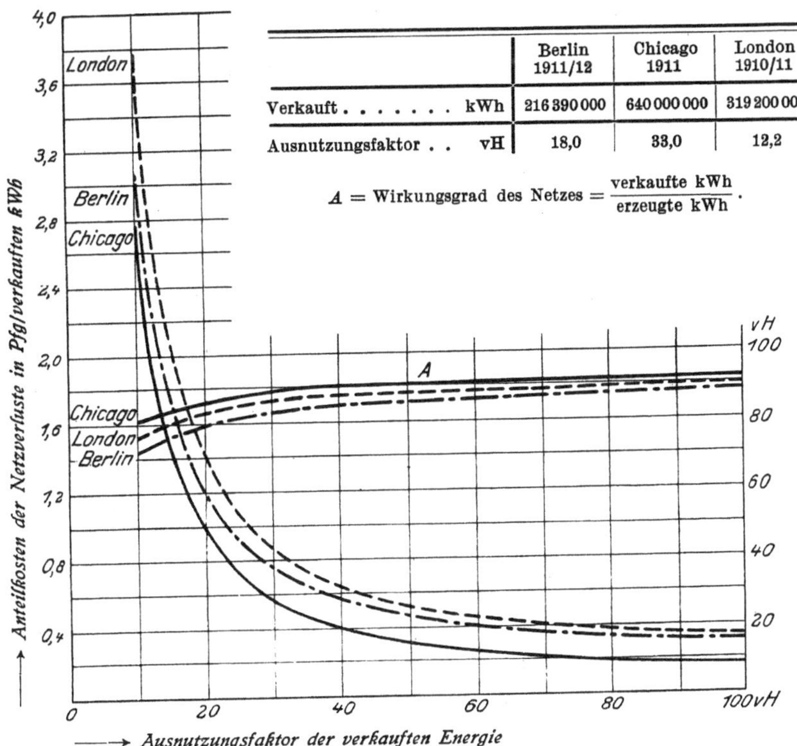

		Berlin 1911/12	Chicago 1911	London 1910/11
Verkauft	kWh	216 390 000	640 000 000	319 200 000
Ausnutzungsfaktor . .	vH	18,0	33,0	12,2

$$A = \text{Wirkungsgrad des Netzes} = \frac{\text{verkaufte kWh}}{\text{erzeugte kWh}}.$$

Abb. 51. Kostenanteil der elektrischen Netzverluste je verkaufter kWh
einschließlich 10 vH für Nutzen und Abschreibung.

Die Ergebnisse dieser Rechnungen sind in den Abb. 49 bis 52 graphisch dargestellt, und zwar zeigt Abb. 49 die Kostencharakteristik der Gesamtanlagen,
während Abb. 50, 51 und 52 die Einzelwerte der Erzeugungskosten, Netzverlustkosten
und Netzbetriebskosten veranschaulichen.

Die Endgleichungen finden sich in Tabelle 8.

Sämtliche Kosten schließen die Kapitalzinsen ein, und zwar ist bei allen mit
dem früher erwähnten Normalsatz von 10 vH gerechnet. Ferner sind die Positionen
Nr. 39 und 40 der Tabelle 7 (gekaufter Strom und Stromabgaben, die die Berliner
und Chicagoer Werke an die Stadt zu zahlen haben) fortgelassen.

Um eine Trennung der Betriebskosten, Position 32 bis 41, Tabelle 7, in Kraft-
werks- und Netzkosten zu ermöglichen, ist angenommen worden, daß ihr Verhältnis
(volle Ausnutzung und gleiche Anlagekosten vorausgesetzt) dem in Spalte 4, Tabelle 9, angegebenen Werten entspricht. Diese sind dann unter Berücksichtigung
des Verhältnisses der Anlagekosten für Werk und Netz (Position 9 und 10, Tabelle 6)
in Spalte 5 bis 7 den einzelnen Beispielen entsprechend abgeändert. Die weitere
Unterteilung der einzelnen Positionen in Kosten, die von der Ausnutzung abhängig
und solche, die davon unabhängig sind (Werte a und b der Kostencharakteristik Gl. (1)
bis (3), Tabelle 8) geschah nach den in Spalte 8 und 9, Tabelle 9, angegebenen
Hundertsätzen. Trotz der Unsicherheit dieser Verhältniszahlen ist anzunehmen, daß
die Endergebnisse befriedigende Übereinstimmung mit den wirklichen Werten zeigen,

weil ein Ausgleich bei der späteren Summierung zu erwarten ist und weil gerade die überwiegenden Teilwerte, nämlich Kapitalzinsen und Brennmaterialkosten, einwandfrei sind.

Tabelle 8. Gleichungen für die Betriebskosten bestehender Anlagen.
$n = $ Ausnutzungsfaktor.

Anteil	Betriebskosten einschl. Nutzen und Abschreibung je verkaufte kWh in Pfg.		
	Berlin 1911/12	Chicago 1911	London 1910/11
1. Kraftwerk K_Zentr . . . (ausschl. Netzverluste)	$\frac{1}{n} \cdot 0{,}648 + 1{,}639$	$\frac{1}{n} \cdot 1{,}092 + 1{,}057$	$\frac{1}{n} \cdot 1{,}055 + 1{,}985$
2. Netzbetreb K_Netz . . .	$\frac{1}{n} \cdot 0{,}837 + 0{,}034$	$\frac{1}{n} \cdot 1{,}136 + 0{,}058$	$\frac{1}{n} \cdot 1{,}133 + 0{,}027$
3. Netzverluste a) V_kW . . . . . . kWh	$\frac{1}{n} \cdot 0{,}028 + 0{,}111$	$\frac{1}{n} \cdot 0{,}017 + 0{,}068$	$\frac{1}{n} \cdot 0{,}022 + 0{,}008$
b) Kosten . . . . . K_V	$V_\text{kW} \cdot K_\text{Zentr}$	$V_\text{kW} \cdot K_\text{Zentr}$	$V_\text{kW} \cdot K_\text{Zentr}$

Tabelle 9. Ausgangswerte für die Unterteilung der Betriebskosten.

Position	1	2	3	4	5	6	7	8	9
	Unterteilung der Betriebskosten je kWh								
	Betriebskosten: $\frac{\text{Kraftwerk (einschl. Netzverl.)}}{\text{Netz}}$							Abhängigkeit vom Ausnutzungsfaktor	
	Anlagekosten: $\frac{\text{Kraftwerk}}{\text{Netz}}$			ohne	Betriebskosten: $\frac{\text{Kraftwerk}}{\text{Netz}}$ mit Berücksichtigung der Anlagekosten			abhängig a_k	unabhängig b_k
	Berlin	Chicago	London		Berlin	Chicago	London		
Brennmaterial .	0,61	0,67	0,82	—	—	—	—	$\frac{1}{2\,n} \cdot 24$	$100 - \frac{1}{2\,n} \cdot 24$
Öl, Schmierung, Lager usw. .	0,61	0,67	0,82	4	2,45	2,67	3,27	70	30
Löhne	0,61	0,67	0,82	4	2,45	2,67	3,27	70	30
Reparatur . .	0,61	0,67	0,82	4	2,45	2,67	3,27	80	20
Miete, Steuern, usw.	0,61	0,67	0,82	1,5	0,92	1,00	1,23	90	10
Generalien . .	0,61	0,67	0,82	4	2,45	2,67	3,27	90	10
Nutzen und Abschreibung .	0,61	0,67	0,82	1	0,61	0,67	0,82	100	0
Netzverluste . .	0,61	0,67	0,82	—	—	—	—	20	80

Naturgemäß muß die Übereinstimmung der so gefundenen Kostencharakteristik mit den Ausgangswerten für die Ausnutzungsfaktoren, Position 23, Tabelle 7, eine vollkommene sein. Diese Werte sind in Abb. 49 durch einen Kreis angedeutet, sie stellen somit den „Normalpreis" des Stromes dar, d. h. bei diesen Preisen würden die Werke gerade eine Bruttoverzinsung ihres Kapitals von 10 vH erzielen, wenn keine besonderen Abgaben zu entrichten sind.

Die durch A, B und C in Abb. 49 markierten Preise bedeuten die jeweiligen mittleren Verkaufspreise, die von den einzelnen Werken in dem zugehörigen Jahre tatsächlich erreicht worden sind (nach Abzug der Sonderabgaben).

4. Ergebnis der Vergleichungsrechnungen.

Die Darstellung der Kostencharakteristiken (Abb. 49 bis 52) zeigt, daß die Berliner Werke in bezug auf Gesamtkosten trotz kleinerer Kraftwerke billiger arbeiten als die Chicagoer, während der Durchschnitt der Londoner Werke, wie zu erwarten war, auch bei gleicher Ausnutzung am ungünstigsten dasteht. Wenn trotzdem die wirklich erzielten Strompreise unter gleichen Voraussetzungen bei allen drei Anlagen

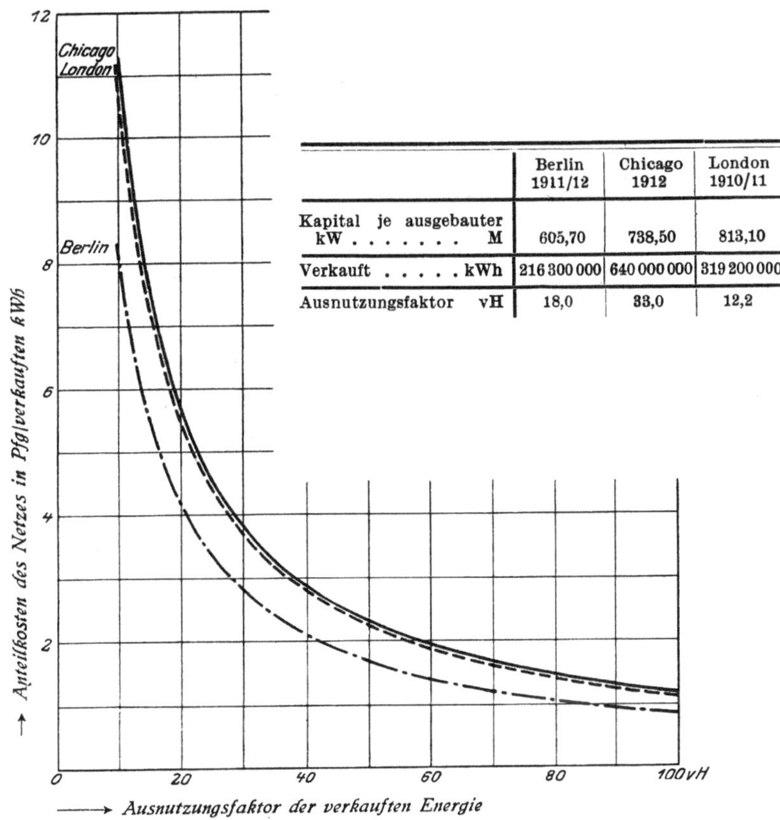

	Berlin 1911/12	Chicago 1912	London 1910/11
Kapital je ausgebauter kW . . . . M	605,70	738,50	813,10
Verkauft . . . . . kWh	216 300 000	640 000 000	319 200 000
Ausnutzungsfaktor vH	18,0	33,0	12,2

Abb. 52. Kostenanteil des Gesamtnetzes je verkaufter kWh einschließlich 10 vH für Nutzen und Abschreibung ausschließlich der Kosten für elektrische Verluste.

angenähert gleich sind, so erkennt man als Grund hierfür, daß der Strom in London etwa um 13 vH billiger und in Berlin etwa um den gleichen Prozentsatz teurer verkauft wird, als dem „Normalpreis" entspricht.

Die ungünstigeren Normalpreise Chicagos sind durch höhere Anlagekosten (Position 11, Tabelle 6) und durch höhere Löhne und Gehälter zu erklären. Außerdem ist eine erhebliche Überlegenheit der Berliner Anlagen in bezug auf Verbrauch an Brennmaterial vorhanden, wenngleich dies in den Kostenbeträgen durch die wesentlich höheren Kohlenpreise ausgeglichen wird (Position 24 bis 26, Tabelle 7).

Aus dem Verlauf der Kostencharakteristiken geht für alle drei Anlagen der große Einfluß des Ausnutzungsfaktors auf die Betriebskosten hervor. Die Darstellungen zeigen, daß sich die Preise für jedes Prozent besserer Ausnutzung innerhalb der Grenzen von 10 bis 30 vH) um mehr als 3 vH ermäßigen lassen, ohne Erweiterungen oder sonstige Änderungen der Anlagen vorzunehmen.

Um einen Anhalt zu gewinnen für diejenigen Ersparnisse, die auf Grund unserer heutigen Erfahrungen überhaupt erzielt werden können, wurde in Abb. 50 die Kostencharakteristik für die Erzeugungskosten eines modernen Großkraftwerkes mit Maschinensätzen von ca. 20 000 kW vergleichsweise aufgetragen, und zwar unter der Annahme von Kohlenpreisen zwischen 10 und 20 $\mathcal{M}$/t. Die untere senkrecht schraffierte Fläche läßt den Kohlenverbrauch eines solchen Werkes erkennen, bzw. die Ausgaben für Kohle bei einem Preis von 10 $\mathcal{M}$/t. Aus dem Abstand der beiden schraffierten Flächen ergeben sich die Erzeugungskosten ausschließlich Kohle, jedoch einschließlich 10 vH Kapitalverzinsung.

Der Vergleich der erreichten und erreichbaren Werte zeigt, daß z. B. in London die Erzeugungkosten um mehr als die Hälfte verringert werden können.

Die Ausdehnung des Vergleiches auf die übrigen Betriebskosten (Netz) scheitert leider an der Schwierigkeit, eine zuverlässige Kostenberechnung hierfür aufzustellen, weil die besonderen örtlichen Verhältnisse zu große Verschiedenheiten aufweisen. In der Überlegenheit Chicagos in bezug auf Netzverluste (Wirkungsgradkurven der Abb. 51) ist jedoch eine Bestätigung dafür zu finden, daß der Zusammenschluß der Stromverteilung und besonders der Übergang zu ausschließlicher Wechselstromverteilung die Verlustkosten und auch die Netzbetriebskosten erheblich herabzusetzen erlauben.

Es ist außerdem zu beachten, daß die Netzverlustkosten unter sonst gleichen Bedingungen ebenfalls im Verhältnis der Erzeugungskosten abnehmen und daß daher die für diese maßgeblichen Grundsätze auch für die Verlustkosten zutreffen.

5. Anwendung der Ergebnisse auf bestehende Anlagen.

Ist durch vorstehende Ausführungen das Ziel der Elektrizitätsversorgung großer Städte vorgezeichnet, so handelt es sich jetzt darum, Mittel und Wege zu finden, um die festgestellten Grundsätze mit den praktischen Verhältnissen in Einklang zu bringen. Hierbei wird man am besten von politischen Schwierigkeiten absehen und sich auf technische und wirtschaftliche Erwägungen beschränken, in der Erwartung, daß das, was einmal als richtig erkannt ist, sich letzten Endes durchsetzen wird.

Änderungen sind natürlich nur dann berechtigt, wenn die hierbei erreichbaren wirtschaftlichen Vorteile nicht nur die zusätzlichen Anlagekosten zu verzinsen imstande sind, sondern darüber hinaus eine Verminderung der bisherigen Betriebskosten erwarten lassen.

Dies bedeutet gleichzeitig, daß man Änderungen um so durchgreifender vornehmen und solche Arbeiten um so mehr beschleunigen kann, je älter und unrationeller eine Anlage ist; es sind daher Fälle denkbar, in denen der Ersatz alter Anlagen durch völlig neue sich als die beste Lösung erweist.

Ein anderer Weg, der nach früheren Betrachtungen näher zu liegen scheint, nämlich die Verbilligung des Stromes durch Anschluß von Bahnen (und damit bessere Ausnutzung) anzustreben, ist nur dann gangbar, wenn sich die alten Anlagen den Bahnwerken hinsichtlich der Wirtschaftlichkeit als gleichwertig erweisen. was bei der gewaltigen Entwicklung, die gerade die Kraftversorgung elektrischer Bahnen in den letzten Jahren genommen hat, in der Regel nicht der Fall ist. Es läßt sich vielmehr voraussagen, daß unter den heutigen Verhältnissen ein derartiger Zusammenschluß nur dann durchführbar sein wird, wenn für die Neuanlagen bestehenden Bahnwerken gegenüber eine bemerkenswerte wirtschaftliche Überlegenheit nachgewiesen werden kann. Daher hat einem solchen Zusammenschluß (dessen außerordentliche Vorteile für die Kraft- und Lichtversorgung nachgewiesen wurden) in der Regel erst die durchgreifende Reorganisation der alten Kraft- und Lichtanlagen voranzugehen.

Die für die Gesamtanlagen maßgebenden Grundsätze gelten auch für Verbesserungen einzelner Teile. Es ergibt sich demgemäß von selbst das zweckmäßigste Programm für die Vornahme von Änderungen, wenn man die einzelnen Abschnitte der Anlage auf die Möglichkeit von Verbesserungen untersucht und diese dann in der Reihenfolge ausführt, daß für den jedesmaligen Kapitalaufwand die höchste Ersparnis an Betriebskosten erreicht wird.

Prüft man daraufhin die Ergebnisse der Untersuchungen (Abb. 49 bis 52), so erkennt man, daß der Prozentsatz der anteiligen Betriebskosten des Netzes bei den verschiedenen Anlagen nur unerheblich voneinander abweicht, und daß hier um so weniger Ersparnisse zu erwarten sind, als dieser Teil der Kosten in der Hauptsache auf Kapitalverzinsung zurückzuführen ist (Tabelle 8, Netzkosten), die bei Vornahme von Änderungen noch weiter ansteigen würden. Abb. 51 zeigt außerdem, daß selbst eine erhebliche Verbesserung des an sich meist hohen Netzwirkungsgrades nur eine unerhebliche Ermäßigung der Betriebskosten zur Folge hätte, und daß die Verlustkosten in weit höherem Maße herabgesetzt werden, wenn es gelingt, die Erzeugungskosten zu verringern.

Ein Blick auf die Erzeugungskosten in bestehenden Werken (Abb. 50) und ihr Vergleich mit den erreichbaren Werten zeigt, daß der Hebel für Verbesserungen an dieser Stelle anzusetzen ist, indem man die Erzeugung in großen modernen Zentralen vereinigt. So würde z. B. bei Stillsetzung sämtlicher Londoner Werke der Ersparnis von etwa 40 vH aller Betriebskosten nur ein Mehrkapital von ca. 20 vH für Neuanlagen gegenüberstehen.

6. Anwendungsbeispiel.

Um vorstehende Ausführungen an einem praktischen Fall zu erläutern, wurde ein Beispiel durchgerechnet, dem Londoner Verhältnisse zugrunde gelegt sind. Selbstverständlich kann nicht Anspruch auf völlige Zuverlässigkeit erhoben werden, da ein Teil der Ausgangswerte auf Schätzung beruht, die Ergebnisse können jedoch trotz dieser Unsicherheiten im allgemeinen als zutreffend gelten. Es liegt hierbei ja auch nicht so sehr die Absicht vor, die erreichbaren Resultate für einen ganz bestimmten Fall nachzuweisen, als die Anwendung der in den vorhergehenden Kapiteln dargestellten richtunggebenden Rechnungsweisen zu zeigen. Aus diesem Grunde wurde das ursprünglich gewählte Beispiel in der Neuauflage wiederholt.

Gemäß dem im vorangehenden Abschnitt erörterten Programm für Änderungen sind aus den 64 bestehenden Werken solche ausgewählt, bei denen die Stillsetzung und der Anschluß an ein zentrales Werk die kleinsten Änderungskosten des Netzes ergibt; ferner wurde vorausgesetzt, daß ihre durchschnittliche Wirtschaftlichkeit dem Gesamtdurchschnitt entspricht. Nach diesem Gesichtspunkt erweisen sich diejenigen Werke am günstigsten, die bereits heute Wechselstrom von normaler Periodenzahl verteilen und daher zum Anschluß nur stationärer Transformatoren bedürfen.

Aus der Statistik des Jahres 1910/11 ergibt sich, daß 25 Werke mit 50-periodigem Wechselstrom arbeiten, die zusammen eine ausgebaute Leistung von 126 000 kW besitzen; darunter sind drei Werke von mehr als 10 000 kW, mit zusammen 46 000 kW. Es ist nun anzunehmen, daß letztere relativ wirtschaftlich arbeiten, und daß ihr Ersatz zunächst nicht erforderlich ist. Dann bestünde also die erste Aufgabe darin, ein neues Werk zu errichten für 80 000 kW als Ersatz für die ausscheidenden 22 kleineren Werke und diese durch ein zusammenhängendes Speisenetz von dem neuen Werk aus zu versorgen.

Es werden hierzu konzentrische Kabelringe verlegt, die durch diagonal laufende Kabel untereinander verbunden sind. Die Maschengröße richtet sich nach der Dichte des Verbrauchs, nimmt also nach dem Innern der Stadt hin ab. An dieses

Hochspannungsnetz werden die Verteilungsnetze der einzelnen Werke je nach Bedarf angeschlossen. Abb. 53 zeigt ein derartiges Schema für London, die nach dem Innern der Stadt zunehmende Stromdichte ist durch stärkere Schraffur gekennzeichnet. Für vorstehend genannte Leistung (80 000 kW) würden drei konzentrische Kabelringe (Drehstromkabel 3×450 mm², Leistung jedes Kabels ca. 10 000 kW) ausreichen. Es werden dann die zum Außenringe gehörigen Stationen mindestens durch zwei Kabel, die inneren Stationen dementsprechend durch mehr Kabel ge-

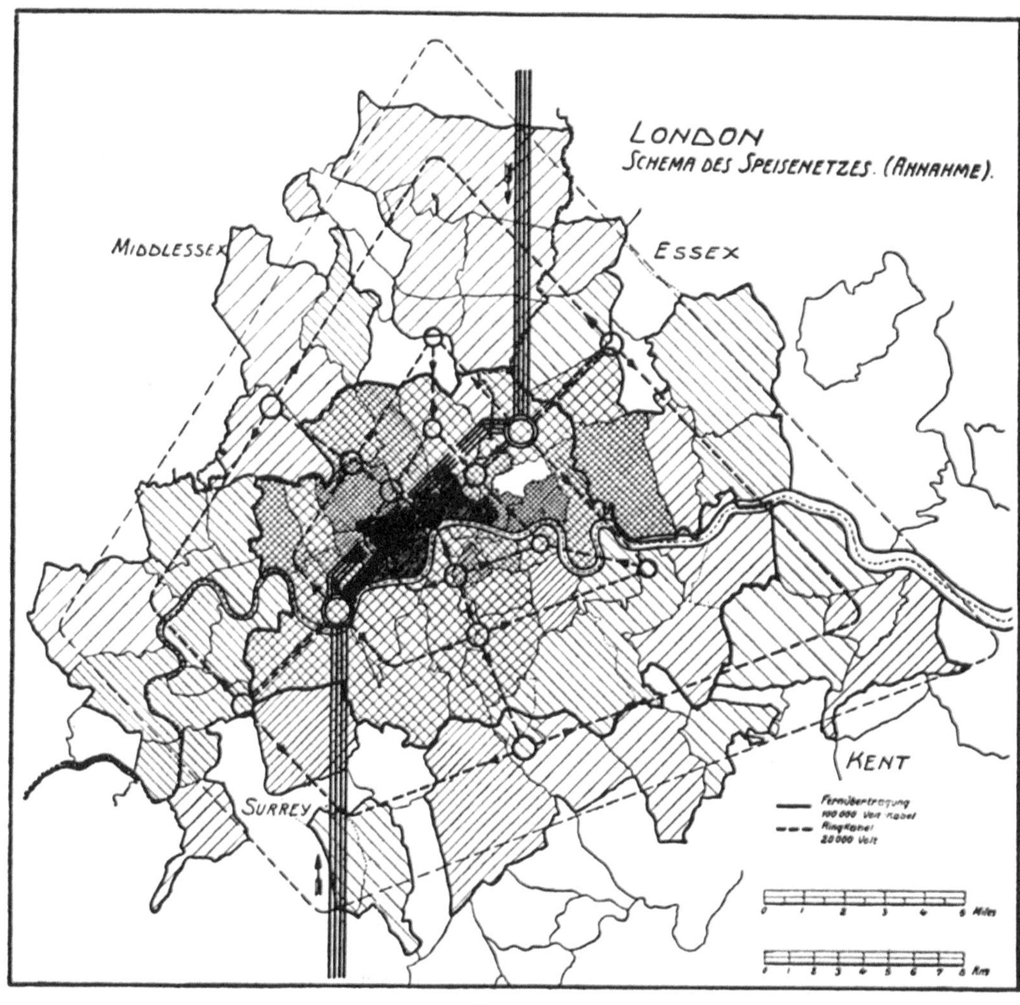

Abb. 53.

speist. Das eingezeichnete Netz würde übrigens zur Verteilung von 150 000 kW ausreichen, so daß über den Anschluß von 80 000 kW hinaus noch eine erhebliche Reserve vorhanden ist. Um die Abweichungen der wirklichen Kabeltrace von dem Schema zu berücksichtigen, ist von außen nach innen gezählt mit Längenzuschlägen von 15, 20 und 30 vH gerechnet worden. Hiernach ergibt sich eine Gesamtlänge des Kabelnetzes von rd. 250 km.

Anzuschließen sind 25 Unterstationen mit einer ausgebauten Transformatorleistung von $80\,000$ kVA $+ 25$ vH $= 100\,000$ kVA. Die Verluste in diesem zunächst schwach belasteten Netz werden sehr niedrig sein, sie können durch die Verbesserungen, die voraussichtlich durch teilweise zweckmäßigere Anschlüsse des bestehenden Niederspannungsnetzes erreicht werden, als ausgeglichen angesehen werden. Als

Ort der Zentrale ist ein Grundstück an der unteren Themse in einer Entfernung von ca. 15 km vom Zentrum der Stadt angenommen. Das Grundstück muß eine Größe von etwa 50 ha haben; die örtlichen Verhältnisse bedingen Pfahlrostfundierung. Zur Speisung des Ringnetzes dienen zehn 20 000 V Kabel von gleichen Abmessungen, deren Gesamtlänge 180 km betragen würde.

Die Höchstverluste dieser Kabel betragen

rd. 180 kW dielektrische Verluste,

rd. 3240 kW Kupferverluste,

demgemäß wird die Verlustcharakteristik angenähert durch die Gleichung dargestellt:

$$v = \frac{1}{n} \cdot 0{,}0023 + 0{,}0428 \text{ kWh je abgegebene kWh.}$$

Die weiteren Rechnungen ergeben sich danach wie folgt:

A. Kostenanschlag:

	$\mathscr{M}$	$\mathscr{M}$
1. Kraftwerk 83 000 kW einschl. Transformatoren, Schalthaus und Nebengebäude, je kW	173,40	
Zuschlag für Grundstück, Pfahlrostfundierung, Pumpenanlage usw., je kW	40,80	
Insgesamt . . .		17 778 000
2. Speisekabel 180 km, 20 000 V, 3×150 mm², fertig verlegt, je km	28 356	
Insgesamt . . .		5 100 000
3. Ringkabel, 250 km, 20 000 V, 3×150 mm², einschl. Prüfdrahtkabel fertig verlegt, je km	31 620	
Insgesamt . . .		7 905 000
4. Unterstationen: 25 mit stationären Transformatoren, Gesamtleistung 100 000 kVA, teilweise Benutzung vorhandener Gebäude und Grundstücke, je kVA	40,80	
Insgesamt . . .		4 080 000

Gesamtanlagekosten $\mathscr{M}$ 34 863 000

je kW $\mathscr{M}$ 435,80

B. Betriebskosten der Neuanlagen.

Kapitalverzinsung: Kraftwerk und Unterstationen . . . 10 vH

Kabel . . . . 8 vH

Kohle: Preis je t . . . . $\mathscr{M}$ 10,50

Heizwert je kg . . . . kcal 7000

Der Ausnutzungsfaktor ist für alle Teile auf Vollast (80 000 kW) bezogen.

Hiernach berechnen sich die Betriebskosten einschließlich Kapitalverzinsung wie folgt:

1. Kraftwerk:

$$K_c = \frac{1}{n_{80}} \cdot 0{,}488 + 0{,}748 \text{ Pfg je erzeugte kWh.}$$

2. Speisekabel:

a) Verluste

$$V = \frac{1}{n_{80}} \cdot 0{,}0023 + 0{,}0428 \text{ kWh je abgegebene kWh.}$$

b) Verlustkosten

$$K_v = V \cdot K_c \text{ Pfg je abgegebene kWh.}$$

c) Betriebskosten

$$K_b = \frac{1}{n_{80}} \cdot 0{,}075 \text{ Pfg je abgegebene kWh.}$$

3. Ringnetz und Transformatorstationen:

$$K_r = \frac{1}{n_{80}} \cdot 0{,}189 \text{ Pfg je abgegebene kWh.}$$

4. Gesamtkosten:

$$K = K_c + K_v + K_b + K_r \text{ Pfg je abgegebene kWh.}$$

Die Gesamtkosten Pos. B 4 gelten für die an der Niederspannungsseite der Anschlußstationen des Ringnetzes abgegebene Arbeit und sind daher mit den Erzeugungskosten der vorhandenen Kraftwerke [Tabelle 8, Gl. (1)] zu vergleichen.

C. Betriebskosten der alten Anlagen.

Diese setzen sich zusammen:

1. Aus der Kapitalverzinsung für die Anlagekosten der 25 Kraftwerke mit einer Gesamtleistung von 126 000 kW, deren Wert entsprechend Nr. 9, Tabelle 6, mit 675,20 ℳ je kW. angenommen wird, und

2. aus den unmittelbaren Betriebskosten für die drei weiter benutzten alten Werke. Da vorausgesetzt wird, daß die Wirtschaftlichkeit dieser über dem Gesamtdurchschnitt der Londoner Werke liegt, wurde als tatsächliche Kostencharakteristik der Mittelwert zwischen dem Londoner Durchschnitt (Tabelle 8, Pos. 1) und dem neuen Kraftwerke (Pos. B 1) (nach Abzug der Kapitalverzinsung, die bereits unter 1 eingeschlossen ist) eingesetzt.

Es kann ferner angenommen werden, daß das neue Werk den Betrieb (wegen des Überragens der Lichtbelastung) während eines großen Teiles des Jahres allein bewältigen kann und daß daher die drei alten Kraftwerke im Mittel nur 8 Monate betrieben werden.

Die Ausnutzungsfaktoren sind bezüglich der Kapitalverzinsung der bestehenden Anlage auf eine Leistung von 126 000 kW und bezüglich der Betriebskosten der drei alten Kraftwerke auf eine Leistung von 46 000 kW zu beziehen.

Somit berechnen sich die Betriebskosten der alten Anlagen wie folgt:

1. Kapitalverzinsung wie bisher ca. 8 vH auf 85 075 200 ℳ:

$$K_z = \frac{1}{n_{126}} \cdot 0{,}617 \text{ Pfg je abgegebene kWh.}$$

2. Betriebskosten der drei alten Kraftwerke ausschließlich Kapitalverzinsung:

$$K_a = \frac{1}{n_{46}} \cdot 0{,}395 + 1{,}367 \text{ Pfg je abgegebene kWh.}$$

3. Gesamtkosten:

$$K = K_z + K_a \text{ Pfg je abgegebene kWh.}$$

Die auf vorstehender Grundlage durchgeführten Vergleichsrechnungen sind in Tabelle 10 zusammengestellt.

Ihr Ergebnis läßt sich dahin zusammenfassen: Die Außerbetriebsetzung von 22 Wechselstrom-Kraftwerken und ihr Ersatz durch ein Großkraftwerk in der Nähe Londons bietet bei den jetzigen Strompreisen nicht nur die Möglichkeit, das in den stillgelegten Werken angelegte Kapital in dem gleichen Maße wie bisher zu verzinsen und zu tilgen, sondern ergibt außer der angemessenen Verzinsung und Abschreibung des neuen Kapitales noch einen jährlichen Überschuß von 5,3 Mill. $\mathcal{M}$ Dieser Gewinn wird ohne Änderung bestehender Verteilungssysteme erreicht. Der angenommene Zuwachs der verkauften Arbeit von 135 Mill. kWh auf 172 Mill. kWh darf als natürliche Verbrauchszunahme während der Bauzeit des neuen Werkes angesehen werden, deren Dauer unter normalen Umständen etwa 16 Monate betragen würde.

Tabelle 10.

Vergleichende Zusammenstellung der Betriebsergebnisse vor und nach dem Umbau bei Ersatz von 25 städtischen Kraftwerken durch ein Großkraftwerk unter teilweiser Mitbenutzung der drei größten alten Zentralen.

Lfd. Nr.	Position		Vor dem Umbau	Nach dem Umbau
1	Verfügbare Leistung in den Anschlußstationen des Ringnetzes bzw. am Ausgang der alten Kraftwerke	kW	126 000	126 000
2	Anzahl Kraftwerke	kW	25	4
3	Ausgebaute Leistung:			
	Neues Werk	kW	—	83 000
	Alte Kraftwerke	kW	—	46 000
4	Speisekabelverluste je verkaufte kWh		—	0,041
5	Gesamtnetzwirkungsgrad $= \dfrac{\text{verkaufte kWh}}{\text{erzeugte kWh}}$		0,788	ca. 0,788
6	Gesamtbelastungsfaktor der Kraftwerke		0,249	0,249
7	Gesamtreservefaktor		1,61	1,25
8	Gesamtausnutzungsfaktor $= n_{126}$		0,122	0,156
9	Verkauft je ausgebautes kW und Jahr	kWh	1 069	1 370
10	Davon aus alten Kraftwerken 8 Monat Betrieb $n_{46} = 0,156$	kWh	—	333
11	Aus dem Großkraftwerk	kWh	—	1 037
12	Ausnutzungsfaktor:			
	Alte Kraftwerke n_{46}		—	0,156
13	Großkraftwerk n_{80}		—	0,186
	Betriebskosten je abgegebene kWh am Eintritt ins Niederspannungsnetz.			
14	Großkraftwerk (einschließlich 10 vH Verzinsung)	Pfg	—	4,976
15	Alte Kraftwerke (ausschließlich Verzinsung)	Pfg	—	3,896
16	Kapitalverzinsung der 25 alten Kraftwerke (8 vH wie bisher)	Pfg	—	3,951
17	Mittlerer Preis je abgegebene kWh	Pfg	9,629	8,680
	Ausgaben für das Niederspannungsnetz je verkaufte kWh.			
18	Verluste je verkaufte kWh in	kWh	0,268	0,229
19	Verlustkosten	Pfg	2,530	1,979
20	Betriebskosten (bei bisheriger Kapitalverzinsung von ca. 8 vH)	Pfg	7,762	6,085
21	Gesamtkosten einschließlich Kapitalverzinsung je verkaufte kWh	Pfg	19,921	16,744
22	Kapital	$\mathcal{M}$	187 507 000	222 370 000
23	Jährliche Stromabgabe (verkauft)	kWh	137 700 000	175 440 000
24	Einnahme im Jahr	$\mathcal{M}$	26 928 000	34 272 000
25	Ausgabe im Jahr	$\mathcal{M}$	26 928 000	28 968 000
26	Verfügbar	$\mathcal{M}$	—	5 304 000

Mit der Stillegung der 22 50-periodigen Wechselstromwerke würde der erste Schritt für eine aussichtsreiche Fortentwicklung gemacht sein, weil die erzielten Überschüsse die Möglichkeit bieten, die Vereinheitlichung des Systems fortzusetzen und die Strompreise zu verbilligen.

Nächst den 50-periodigen Wechselstromwerken scheint dies am einfachsten durchführbar bei denjenigen Werken, die Gleichstrom abgeben; es handelt sich hierbei nach der Statistik von 1910/11 um 29 Werke mit einer ausgebauten Leistung von 116 000 kW. Läßt man zunächst wieder die größeren (über 10 000 kW-Leistung) bestehen (es sind dies drei Werke mit zusammen ca. 54 000 kW), so würde diese Änderung, da das Ringnetz noch ausreichende Reserve besitzt, lediglich die Aufstellung von 62 000 kW Umformern und Transformatoren, die Verlegung von etwa sieben weiteren Speisekabeln und die Erweiterung des neuen Werkes um drei Maschinensätze bedingen, eine Änderung, die sich schätzungsweise mit einem Gesamtkostenaufwand von 316 ℳ je ausgebautes Kilowatt ausführen ließe. Damit wären denn mehr als 80 vH sämtlicher bestehenden Werke zu einem gemeinsamen und wirtschaftlichen Betriebe zusammnengeschlossen, so daß hiernach die allmähliche Umgestaltung der übrigen mit anormalen Systemen keine Schwierigkeiten mehr bieten dürfte.

V. Verteilung elektrischer Arbeit über große Gebiete.

1. Rechnungsgrundlagen.

Ein technisches Feld, bei dessen Literaturstudium man unwillkürlich zu der Überzeugung kommen kann, daß die wichtigsten Probleme mathematischer Natur sind, ist der Bau von Leitungsnetzen, der zu einer großen Reihe an sich höchst interessanter mathematischer Arbeiten Anlaß gegeben hat; ihr wissenschaftlicher Reiz wird noch durch die vielfachen Analogien mit der Statik gehoben. Auch an den Hochschulen findet man manchmal besondere Vorlesungen über die Berechnung elektrischer Leitungsnetze. Eine Anzahl sehr sinnreicher und eleganter Methoden sind ausgearbeitet, um die Stromverteilung in gekuppelten Leitungsnetzen zu ermitteln, den Einfluß von Belastungsänderungen zu verfolgen usw.

Sieht man aber näher zu, welche dieser Methoden in der Praxis wirklich Anwendung finden, so zeigt sich das merkwürdige Ergebnis, daß kaum von dem Elemente der ganzen Theorie, der Schnittpunktmethode, Gebrauch gemacht wird. Der Grund hierfür ist einleuchtend: Die Rechnungsunterlagen sind fast in allen Fällen mit so großer Unsicherheit behaftet, daß genaue Durchrechnung keinen Zweck hat; und selbst wenn der für bestimmte Annahmen gefundene Querschnitt beispielsweise mit 18,273 mm² auf das genaueste ermittelt ist, so sieht sich der Ingenieur doch nachher vor die Notwendigkeit gesetzt, statt des errechneten Querschnitts entweder 16 oder 25 zu wählen, weil Zwischenstufen nicht bestehen.

Für die Praxis genügt es in der Regel, die neutralen Punkte zwischen den Speisepunkten nach Schätzung zu bestimmen, an ihnen die Netze aufzuschneiden und so das Netz auf unvermaschte Strecken zurückzuführen. Etwaige Fehler bei der Schätzung der neutralen Punkte zeigen sich durch größere Querschnittsunterschiede zu beiden Seiten. Wichtig ist dann noch, namentlich für den weniger Geübten, die Nachprüfung der richtigen Wahl der Speisepunkte durch Veränderung ihrer Lage und ihrer Anzahl.

Für die Speiseleitungen, zu denen auch die Hauptleitungen großer Drehstromübertragungen zu rechnen sind, ist neben der Berechnung auf Spannungsabfall und gelegentlich auf Erwärmung die Bestimmung des wirtschaftlichen Querschnitts häufig anzustellen, sie ist aber nur dann zuverlässig möglich, wenn Belastung und Benutzungsdauer einigermaßen bekannt sind.

Bei Freileitungen darf der induktive Spannungsabfall nicht vernachlässigt werden. Für den Leistungsfaktor 1 von geringer Bedeutung, steigt sein Einfluß bei abnehmendem Leistungsfaktor rasch beträchtlich an, derart, daß eine Querschnittserhöhung den Spannungsabfall nur unwesentlich verringert.

Für Leitungsabstände von ca. 100 cm, wie sie für Mittelspannungen von 6 bis 20 kV gewählt zu werden pflegen, gibt nachstehende Tabelle für verschiedene Kupferquerschnitte den Faktor, mit dem der Spannungsabfall bei $\cos \varphi = 1$ zu multiplizieren ist, um denjenigen bei anderen Werten des Leistungsfaktors zu erhalten:

$q =$	10	16	25	35	50	70	95 mm^2
$\cos\varphi = 0{,}9$	1,11	1,17	1,27	1,37	1,52	1,68	1,91
$\cos\varphi = 0{,}8$	1,17	1,26	1,41	1,56	1,78	2,05	2,39
$\cos\varphi = 0{,}7$	1,24	1,39	1,55	1,75	2,06	2,43	2,89

Für Niederspannung (Leitungsabstand 50 cm) sind die Faktoren durchschnittlich 5 vH kleiner. Für höhere Spannungen bis 100 kV und entsprechend größere Leistungsabstände hat Bryn (ETZ 1917, S. 311) Kurven gegeben, aus denen sich für die gebräuchlichsten Leiterquerschnitte der Spannungsabfall für Kupfer- und Aluminiumleitungen unmittelbar ablesen läßt.

Auch der Einfluß der Kapazität muß bei Kabeln und bei längeren Freileitungen berücksichtigt werden. Bis zu ca. 300 km für Freileitungen, 100 km für Kabel kann die Kapazität bei 50 Perioden in der Mitte der Leitungen konzentriert angenommen werden. Für Freileitungen kann man mit hinreichender Genauigkeit die Spannungserhöhung durch die Kapazität $= 2{,}28 \cdot v^2 \cdot l^2 \cdot 10^{-8}$ vH setzen, wo v die Periodenzahl, l die Leitungslänge in Kilometer bedeutet. Rechnungsmethoden für die Berücksichtigung verteilter Induktivität und Kapazität für noch größere Entfernungen haben Roeßler, Blondel und La Roy, sowie die Amerikaner Thomas und Kenelly entwickelt.

Die Bestimmung des wirtschaftlichen Querschnitts und der wirtschaftlichen Spannung erfolgt am schnellsten durch Probieren, indem man die mittelbaren und unmittelbaren Betriebskosten für einige Querschnitte und einige Spannungen ermittelt. Unter den mittelbaren Betriebskosten darf die durch die Übertragungsverluste bedingte Erhöhung der Zentralenleistung nicht vergessen werden. Von den Übertragungsverlusten können bei Freileitungen die Ausstrahlung, bei Kabeln die elektrischen Verluste eine Rolle spielen.

Die Querschnittsbestimmung nach wirtschaftlichen Grundsätzen wird übrigens selbst bei ungenauen Voraussetzungen wesentlich dadurch erleichtert, daß die Kurve der Fortleitungskosten in der Nähe des wirtschaftlichen Optimums ziemlich flach

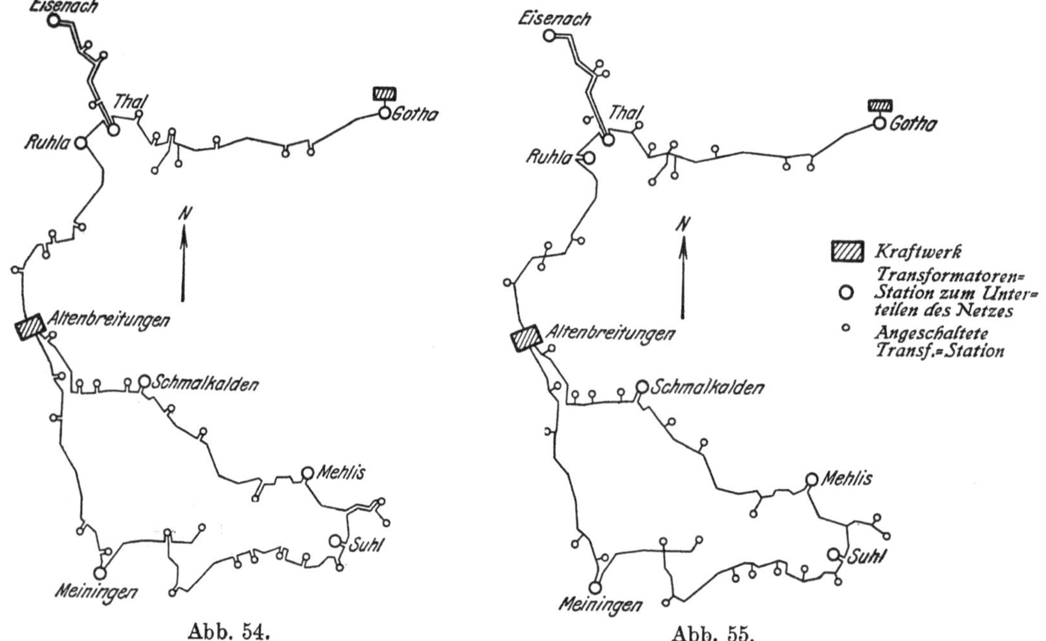

Abb. 54.   Abb. 55.

Abb. 54 und 55. Hochspannungsnetz der Thüringer Elektrizitäts-Lieferungsgesellschaft. 1. Netz mit vielen Trennstellen. 2. Durchlaufende Hochspannungsleitung, kleinere Transformatorenstation unmittelbar abgezweigt, Trennstellen nur in den Hauptabnahmepunkten.

verläuft; Abweichungen von dem errechneten Wert sind daher in der Regel nur von mäßigem Einfluß auf das wirtschaftliche Ergebnis. Deshalb ist die sprunghafte Abstufung der sogenannten Normalquerschnitte auch vom wirtschaftlichen Standpunkte aus berechtigt. Man wird sich lediglich zu überlegen haben, ob die Abweichung vom Optimum in der Richtung der Verkleinerung oder Vergrößerung des Querschnitts erfolgen soll, und hierfür wiederum sind die Aussichten auf spätere Leistungserhöhung entscheidend. Aus der Praxis des Verfassers sind nur zwei Fälle bekannt, in denen es sich lohnte, im Interesse der Verbesserung des wirtschaftlichen Ergebnisses von normalen Querschnitten abzuweichen und besondere Querschnitte herzustellen (Übertragung einer festliegenden Leistung, Wasserkraft, auf große Entfernungen).

2. Gestaltung der Leitungsnetze.

Hinsichtlich der Gestaltung der Leitungsnetze lassen sich nur einzelne Grundsätze aufstellen. Im allgemeinen wird gefordert werden müssen, daß der Strom zu wichtigen Abnahmestellen auf mindestens zwei Wegen gebracht werden kann; es müssen demgemäß Doppelleitungen oder Ringe verlegt werden. In Anlagen, für die spätere Gebietsausdehnung anzunehmen ist, verdienen letztere den Vorzug, weil sie ohne wesentliche Mehrkosten von vornherein ein größeres Gebiet

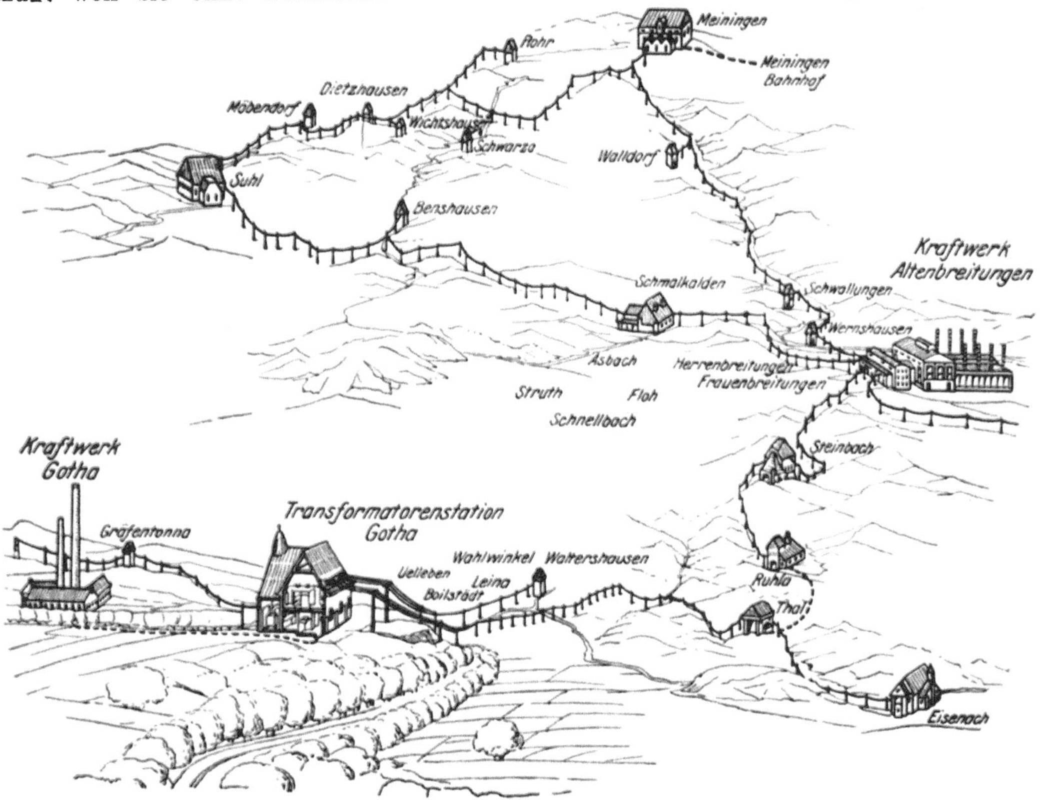

Abb. 56. Haupttransformatorenstationen und Netzstationen im Hochspannungsnetz der Thüringer Elektrizitäts-Lieferungsgesellschaft, Kraftwerke in Gotha und Altenbreitungen. Verbindung des Werkes Gotha mit der Haupttransformatorenstation Gotha durch 3000 V Kabel. Transformierung auf 30 000 V für das Hochspannungs-Verteilungsnetz und auf 6000 V für eine Stichleitung nach dem Norden; ebenso Transformierung im Werke Altenbreitungen auf 30 000 V. Haupttransformatorenstationen mit Trennstellen in Meiningen, Suhl, Schmalkalden, Steinbach, Ruhla, Thal und Eisenach; Ruhla und Thal sind wegen Geländeschwierigkeiten durch ein 30 000 V Kabel verbunden. Von Thal führt eine Doppelleitung nach Eisenach (dargestellt ist nur eine einfache Leitung). Die Netzstationen in den kleineren Orten sind mit Stichleitungen unmittelbar an die Hauptleitungen angeschlossen.

bestreichen. Um auftretende Fehler begrenzen zu können, ist dann Unterteilung des Ringes in einzelne Abschnitte nötig. An sich wird nun der Einflußbereich einer Störung desto geringer, je kleiner solche Abschnitte sind, d. h. je mehr Trennstellen eingerichtet werden. Dabei ist aber zu beachten, daß der Einbau jeder Trennstelle wieder eine Komplikation bedeutet, die eine Verminderung der Betriebssicherheit zur Folge hat; man sollte deshalb die Trennstellen auf verhältnismäßig wenige beschränken. Das früher beliebte Verfahren, jedes Transformatorenhaus gleichzeitig zu einer Trennstelle mit Schutzeinrichtungen usw. auszubilden, ist verfehlt; es zwingt dazu, die Hauptleitungen in jede Transformatorenstation einzuführen und ergibt eine Diskontinuität im Leitungsnetze, die im Interesse des selbsttätigen Abklingens von Überspannungswellen nicht wünschenswert ist. Auch der Einbau vieler Schutzapparate in Freileitungsnetze hat sich als Vorteil nicht erwiesen, man tut besser daran, wie früher schon hervorgehoben wurde, die ersparten Kapitalien zur Verstärkung der Isolation und der Vergrößerung der Abstände zu verwenden, da die Betriebssicherheit der Netze durch diese Maßnahmen wesentlicher gesteigert wird, als durch Einbau vieler Schutzapparate. Die Leitungsschemata (Abb. 54 und 55) zeigen den Unterschied der früheren und der jetzigen Anordnung.

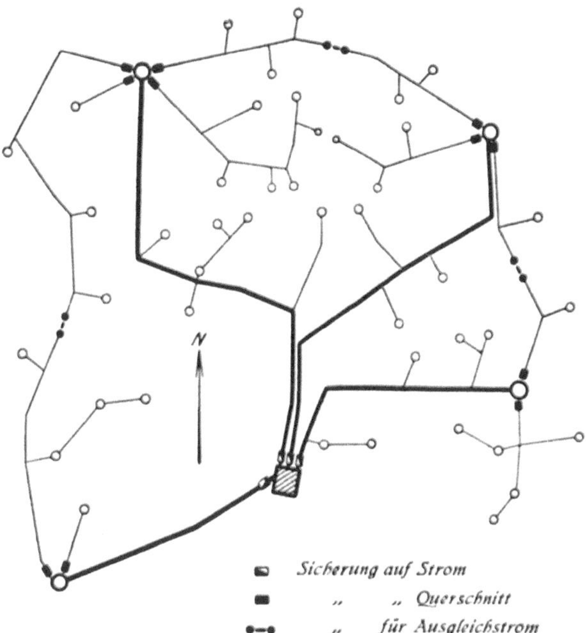

Abb. 57. Sicherungsschema für geschlossene Netze. Die vom Werk ausgehenden (stark gezeichneten) Speiseleitungen sind durch wenige (dünn gezeichnete) Verteilungsleitungen verbunden; in den Schnittpunkten dieser liegen die schwach gesicherten Trennstellen.

Große Überlegung erfordert die Wahl der anzuwendenden Mittelspannung in solchen Fällen, in denen der Vorteil höherer Spannung für die Hauptleitungen nicht zweifelsfrei feststeht, d. h. also insbesondere bei Überlandzentralen, die ganz oder zum Teil landwirtschaftlichen Charakters sind, mit mäßig ausgedehntem Versorgungsgebiet. Für diese hat sich als vorteilhafteste Mittelspannung 15000 V durch die Praxis ergeben, weil das Verhältnis der Anlagekosten der Leitungsnetze und Transformatorenstationen zur übertragenen Leistung günstig wird. Vergrößert sich das Versorgungsgebiet jedoch bis zu solcher Grenze, daß mit 15000 V Verteilungsleitungen allein nicht mehr durchzukommen ist, so wird der Einbau von Speiseleitungen erforderlich, für die etwa eine Spannung von 30000 V ausreichen würde. Man erhält dann aber ein ungünstiges Verhältnis der Hochspannung zur Mittelspannung und somit hohe Anlagekosten. Es ist zu prüfen, ob sich nicht statt dessen eine Erhöhung der Mittelspannung bis zu solcher Grenze empfiehlt, daß besondere Hochspannungsleitungen fortfallen können; in manchen Fällen läßt sich die Überlegenheit dieses Systems feststellen. Ein Beispiel hierfür ist die Überlandzentrale der Thüringer Elektrizitäts-Lieferungsgesellschaft mit den Elektrizitätswerken Gotha und Breitungen; den einzelnen Ortschaften wird unmittelbar eine Spannung von 30000 V zugeführt und auf 380 V herabtransformiert (Abb. 56).

Handelt es sich um die Disposition von Verteilungsnetzen mit vielen Abnahmestellen in größeren Gebieten, so stehen die Rücksichten auf Ausgleich und auf Betriebssicherheit in gegenseitigem Widerspruch. Ersterer erfordert ein eng vermaschtes Netz, ein solches erschwert aber die Begrenzung und Auffindung von Fehlern; jeder Fehler kann einen großen Teil des Netzes in Mitleidenschaft ziehen. Kann dieser Nachteil nicht durch Anwendung automatischer Schutzsysteme beseitigt werden, so sollte man die Speisepunkte durch kräftige, dem Ausgleich dienende Leitungen verbinden, zwischen letzteren aber möglichst keine Querverbindungen herstellen. Eine nur einseitige Speisung kleinerer Bezirke ist unbedenklich. Um im Falle eines Fehlers den betreffenden Speisepunktbezirk von den andern selbsttätig zu trennen, fügt man in die Schnittpunkte der erwähnten Verbindungsleitungen schwach bemessene Sicherungen bzw. Höchststromausschalter ein.

Eine derartige Anordnung empfiehlt sich insbesondere für große städtische Leitungsnetze mit vielen Speisepunkten. Die von den Speisepunkten abzweigenden Verteilungsleitungen werden auf Querschnitt, das zugehörige Speisekabel in der Zentrale auf Strom gesichert. Die Schnittpunkte derjenigen Verteilungsleitungen, welche die einzelnen Bezirke verbinden, werden lediglich für die Ausgleichströme gesichert. Tritt ein Fehler ein, so trennt sich der betroffene Bezirk automatisch ab, ohne die übrigen in Mitleidenschaft zu ziehen. In der Regel kann dann das Speisekabel für den gestörten Bezirk sofort wieder eingeschaltet werden, da bekanntlich die meisten der auftretenden Fehler vorübergehender Natur sind und verschwinden, nachdem der Strom abgeschaltet ist (Schema Abb. 57).

3. Kostenvergleich zwischen elektrischer Energieübertragung und Kohlentransport.

Die Erörterung der Grundsätze, die für die Lage der Werke ausschlaggebend sind, ist deswegen wichtig, weil gewiß viele Werke an Stellen liegen, an denen sie nicht errichtet worden wären, wenn man die maßgeblichen Faktoren von vornherein richtig gewürdigt und die Entwicklung vorausgesehen hätte.

Mit dem Bau großer Überlandwerke gewinnt heute diese Frage um so höhere Bedeutung, als in vielen Fällen für bestehende große Verbrauchsgebiete Kraftübertragungen auf weitere Entfernungen geplant werden. Es ist deshalb von Interesse, festzustellen, wie sich der Vergleich des Energietransportes der Kohle auf mechanischem Wege (Eisenbahn oder Wasserstraße) zum elektrischen stellt und welchen Einfluß wiederum der Belastungsfaktor auf die Kosten hat.

Nachstehende Rechnungen geben zunächst nur einen prinzipiellen Vergleich, sie sind aber auch von praktischem Wert, wenn man die Wirkung einzelner Faktoren erkennen will, und können leicht auf den wirklichen Fall umgerechnet werden.

Gegenüber einem Nahkraftwerk im Mittelpunkte des Absatzgebietes ergibt sich für ein Fernkraftwerk mit elektrischer Übertragung der Energie:

1. eine Erhöhung der mittelbaren Ausgaben infolge Vermehrung des Anlagekapitals um
   a) die Kosten der Fernleitung,
   b) die Kosten einer Transformatorenstation und eventueller Zwischenstationen bei größeren Entfernungen,
   c) die Kosten der Vergrößerung der Zentralenleistung, entsprechend dem in der Fernleitung maximal auftretenden Verlust;
2. eine Erhöhung der unmittelbaren Betriebsausgaben durch
   d) die Kosten der Fernleitungsverluste (Kupfer- und Koronaverluste),
   e) die Kosten der Transformatorenverluste in der zusätzlichen Transformatorenstation,
   f) die Kosten für Reparaturen und Bedienung der Leitungen und der Transformatorenstation usw.

In den folgenden Untersuchungen wurden diese Mehrausgaben[1]), wie folgt, rücksichtigt:

1. Die Erhöhung der mittelbaren Ausgaben wurde zu 10 vH des Me kapitals für Verzinsung, Erneuerungen und Abschreibungen angenommen (u1 Berücksichtigung des Altwertes des Leitungsmaterials).

a) Kosten der Fernleitung. Die Kosten der Fernleitung für die ha1 sächlich in Frage kommenden Querschnitte und Spannungen sind im einzel je km veranschlagt.

Es wurde durchweg Doppelleitung auf einem gemeinsamen Gestänge vorgese und der Querschnitt jeweils so gewählt, daß die erforderliche Leistung im Notf auch mit einer Leitung übertragen werden kann.

Die zugrunde gelegten Kilometerpreise sind in nachstehender Tabelle sammengestellt:

Preis von 1 km Doppelleitung:

60 000 V	$2 \times 3 \times 35$ mm²	11 000	ℳ
	$2 \times 3 \times 50$ „	12 800	„
	$2 \times 3 \times 70$ „	14 800	„
80 000 V	$2 \times 3 \times 35$ „	11 500	„
	$2 \times 3 \times 50$ „	13 600	„
	$2 \times 3 \times 70$ „	15 700	„
100/110 000 V	$2 \times 3 \times 50$ „	14 000	„
	$2 \times 3 \times 70$ „	16 100	„
125/150 000 V	$2 \times 3 \times 70$ „	16 500	„
	$2 \times 3 \times 95$ „	20 300	„
	$2 \times 3 \times 120$ „	23 400	„
	$2 \times 3 \times 150$ „	26 500	„

Da man sehr große Leistungen nicht mehr mit einem Gestänge übertragen w wurden die Untersuchungen nur bis Leistungen von 50 000 kW ausgedehnt.

b) Die Kosten der Transformatorenstationen wurden, wie folgt, in Re nung gesetzt:

Leistung der Station:	kW 10 000	20 000	50 000
bei 60 000 V	ℳ 135 000	260 000	620 000
„ 80 000 V	„ 155 000	290 000	700 000
„ 100 000 V	„ 170 000	310 000	760 000
„ 125 000 V	„ 180 000	330 000	800 000

Die Zwischenschaltstationen wurden je nach Spannung und durchzuschalt der Leistung mit 40 000 bis 70 000 ℳ eingesetzt, und es wurden vorgesehen

bei 50 km keine Zwischenstation,
„ 100 „ 2 Zwischenstationen,
„ 200 „ 4 Zwischenstationen.

c) Die Vergrößerung der Zentralenleistung wurde in Rechnung gese

bei 10 000 kW mit 200 ℳ je kW,
„ 20 000 „ „ 195 „ „ „
„ 50 000 „ „ 185 „ „ „

2. Erhöhung der unmittelbaren Betriebsausgaben.

d) Die Kosten der Fernleitungsverluste wurden angenommen zu

1,50 Pfg je kWh beim Steinkohlenkraftwerk,
0,75 Pfg je kWh beim Braunkohlenkraftwerk.

---

[1]) Alle Kosten basieren auf Goldmark.

Die Größe der Kupferverluste wurde bei den verschiedenen Benutzungsdauern, wie folgt, angenommen:

$$8 \text{ vH der Vollastverluste bei } 1000 \text{ h}$$
$$22 \text{ ” ” ” ” } 2500 \text{ ”}$$
$$55 \text{ ” ” ” ” } 5000 \text{ ”}$$
$$100 \text{ ” ” ” ” } 8000 \text{ ”}$$

Die Größe der Koronaverluste wurde je nach Spannung und Leitungsdurchmesser zu 0,3 kW (bei 60000 V und 70 mm²) bis 1,0 kW (bei 125000 V und 30 mm²) geschätzt und für 8760 h jährliche Betriebsdauer eingesetzt.

e) Die Kosten der Transformatorenverluste wurden ebenfalls zu 1,5 bzw. 0,75 Pfg je kWh berechnet. Die Leerlauf- und Kupferverluste wurden auf je 0,6 vH bei voller Leistung angesetzt. Die Abhängigkeit letzterer von der Benutzungsdauer ist dieselbe wie die der Leitungen.

f) Die Kosten für Reparaturen und Bedienung wurden durchweg zu 1,5 vH des Mehrkapitals angenommen, da bei Freileitungen Abhängigkeit dieser Ausgaben von der Benutzungsdauer nicht besteht.

Auf Grund dieser Voraussetzungen wurden die jährlichen Übertragungskosten für Leistungen von 10000, 20000 und 50000 kW bei $\cos\varphi = 0,8$ auf Entfernungen von 50, 100 und 200 km bei Benutzungsdauern von je 1000, 2500, 5000 und 8000 h ermittelt; z. B. für 125000 V, 50000 kW, 200 km, 2500 Benutzungsstunden, wie folgt:

Spannung und Querschnitt der Leitung:
  125000 V, $2 \times 3 \times 70$ mm²,

Preis je km	16500 ℳ
Maximaler Leistungsverlust (12,5 vH)	6250 kW
Koronaverlust (1 kW je km)	200 ”
Maximaler Gesamtverlust	6450 kW

Anlagekosten:

200 km Fernleitung zu je 16500 ℳ	3300000 ℳ
6450 kW Zentralenleistung zu je 185 ℳ, rund	1200000 ”
Transformatorenstation für 50000 kW	800000 ”
4 Zwischenstationen	270000 ”
Gesamtes Mehrkapital	5570000 ℳ

Ausgaben:

1. Kosten der Verluste:

Leerlauf der Transformatoren	1,90 Mill. kWh	
Kupferverluste der Transformatoren	0,50 ”	”
Koronaverluste: 200×8760 rund	1,80 ”	”
Kupferverluste der Leitung	11,00 ”	”
	15,20 Mill. kWh	
zu je 1,5 Pfg (bei Steinkohle)	228000 ℳ	
2. Kapitaldienst: 10 vH von 5575000 ℳ	557000 ”	
3. Reparaturen und Bedienung 1,5 vH von 5570000 ℳ . .	84000 ”	
Gesamtausgaben für die Fernleitung	869000 ℳ.	

bei $50000 \times 2500 = 125$ Mill. am Ende der Freileitung abgegebenen kWh, d. h. 0,69 Pfg kWh.

Für jede Leistung und Entfernung wurden jeweils die wirtschaftlich günstigsten Übertragungsverhältnisse ermittelt, wie dies beispielsweise in Abb. 58 und 59 für die Übertragung von 50 000 kW auf 200 km Entfernung geschehen ist.

Die ermittelten jährlichen Gesamtausgaben sind für die verschiedenen Leistungen und Entfernungen für ein Steinkohlenkraftwerk in Abb. 60, für ein Braunkohlenkraftwerk in Abb. 61 abhängig von der Benutzungsdauer dargestellt.

Die wirtschaftlichsten Übertragungsspannungen und Querschnitte sind in diesen Kurven durch die Buchstabenbezeichnung a bis h gekennzeichnet.

In Abb. 62 und 63 sind die Kosten der Fernübertragung für jede am Ende der Fernleitung abgegebene kWh abhängig von der Benutzungsdauer aufgetragen. Die Kurven dieser beiden Abbildungen zeigen den großen Einfluß der Benutzungsdauer auf die Wirtschaftlichkeit.

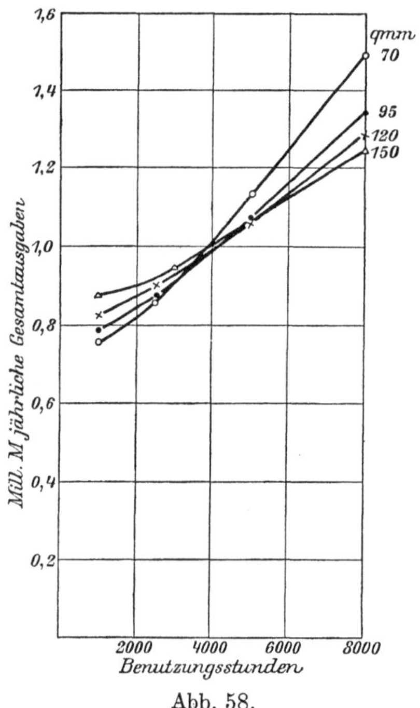

Abb. 58.

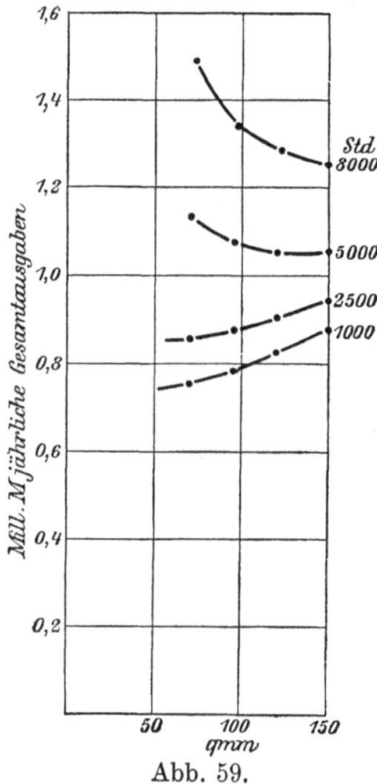

Abb. 59.

Abb. 58 u. 59. Abhängigkeit der Jahresausgaben von Benutzungsdauer und Leiterquerschnitt für Übertragung von 50 000 kW auf 200 km (Steinkohlenkraftwerk).

Um den Vergleich mit den Kosten des Kohlentransportes zu ermöglichen, wurden in Abb. 64 für Steinkohle und in Abb. 65 für Braunkohle die Übertragungskosten des Fernkraftwerkes auf die Tonne Stein- bzw. Braunkohlenverbrauch eines Nahkraftwerkes gleicher Leistung und Benutzungsdauer bezogen.

Es wurde hierbei der Kohlenverbrauch dieses Kraftwerkes, wie folgt, angenommen:

	Steinkohlen- kraftwerk	Braunkohlen- kraftwerk
1000 Benutzungsstunden:	1,4 kg/kWh	4,5 kg/kWh
2500 „	1,15 „	3,7 „
5000 „	1,00 „	3,2 „
8000 „	0,90 „	2,9 „

Im Falle einer auf 200 km zu übertragenden Leistung von 50 000 kW und 2500 Benutzungsstunden betragen (siehe oben) z. B. die Gesamtausgaben für die Fernleitung 869 000 ℳ im Jahr (bei Steinkohle).

Ein Nahkraftwerk gleicher Leistung würde bei einer Jahreserzeugung von $50\,000 \times 2500 = 125$ Mill. kWh: $125\,000\,000 \times 0{,}00115 = 144\,000$ t Steinkohle verfeuern.

Die Fernübertragungskosten, bezogen auf die Tonne Steinkohle, sind also:

$$869\,000 : 144\,000 = \text{rd. } 6{,}00 \; \mathcal{M} \; \text{t.}$$

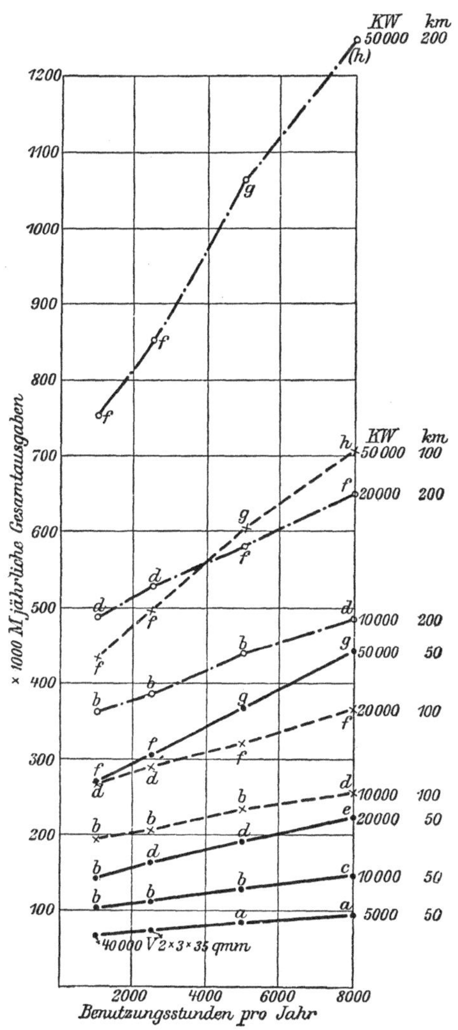

Abb. 60. Steinkohlenkraftwerk.

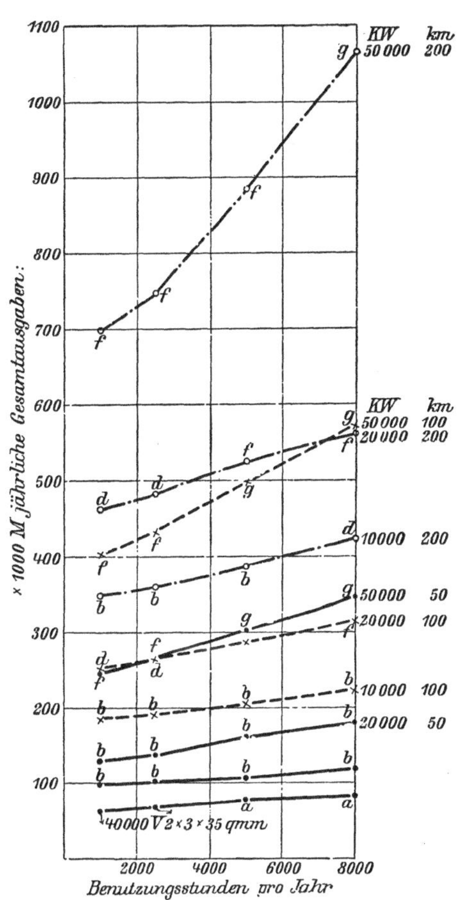

Abb. 61. Braunkohlenkraftwerk.

Abb. 60 u. 61. Jährliche Gesamtkosten der Kraftübertragung.

$a = 60\,000$ V $2 \times 3 \times 35$ mm²	$e = 100\,000$ V $2 \times 3 \times 70$ mm²
$b = 80\,000$ V $2 \times 3 \times 35$ mm²	$f = 125\,000$ V $2 \times 3 \times 70$ mm²
$c = 80\,000$ V $2 \times 3 \times 50$ mm²	$g = 125\,000$ V $2 \times 3 \times 120$ mm²
$d = 100\,000$ V $2 \times 3 \times 50$ mm²	$h = 125\,000$ V $2 \times 3 \times 150$ mm²

Kann die Steinkohle dem Nahkraftwerke einschließlich Lade- und Entladekosten zu einem geringeren Preise als 6 $\mathcal{M}$ t zugeführt werden, so wird in diesem Falle der mechanische Transport der Kohle der elektrischen Übertragung der Energie vorzuziehen sein.

An Hand der Abb. 64 und 65 ist es also leicht möglich, die Wirtschaftlichkeit der einen oder anderen Übertragungsart zu vergleichen.

Eine allgemeine Entscheidung bezüglich des Vorzuges der einen oder anderen Art ist bei Steinkohle, wie aus Abb. 64 hervorgeht, schwer zu treffen: Es sind dort die reinen Frachtkosten bei Bahntransport (mit F bezeichnet) ebenfalls eingetragen, und es ist ersichtlich, daß in vielen Fällen die Lade- und Entladekosten sowie die Kosten der Anfuhr von der Bahnstation nach dem Kraftwerke über die Wirtschaftlichkeit der einen oder der anderen Transportart in dieser Rechnung entscheiden würden.

Für große Leistungen und eine Benutzungsdauer von mehr als 2500 h wird jedoch die elektrische Fernübertragung meist wirtschaftlicher sein als der Eisenbahntransport der Kohle.

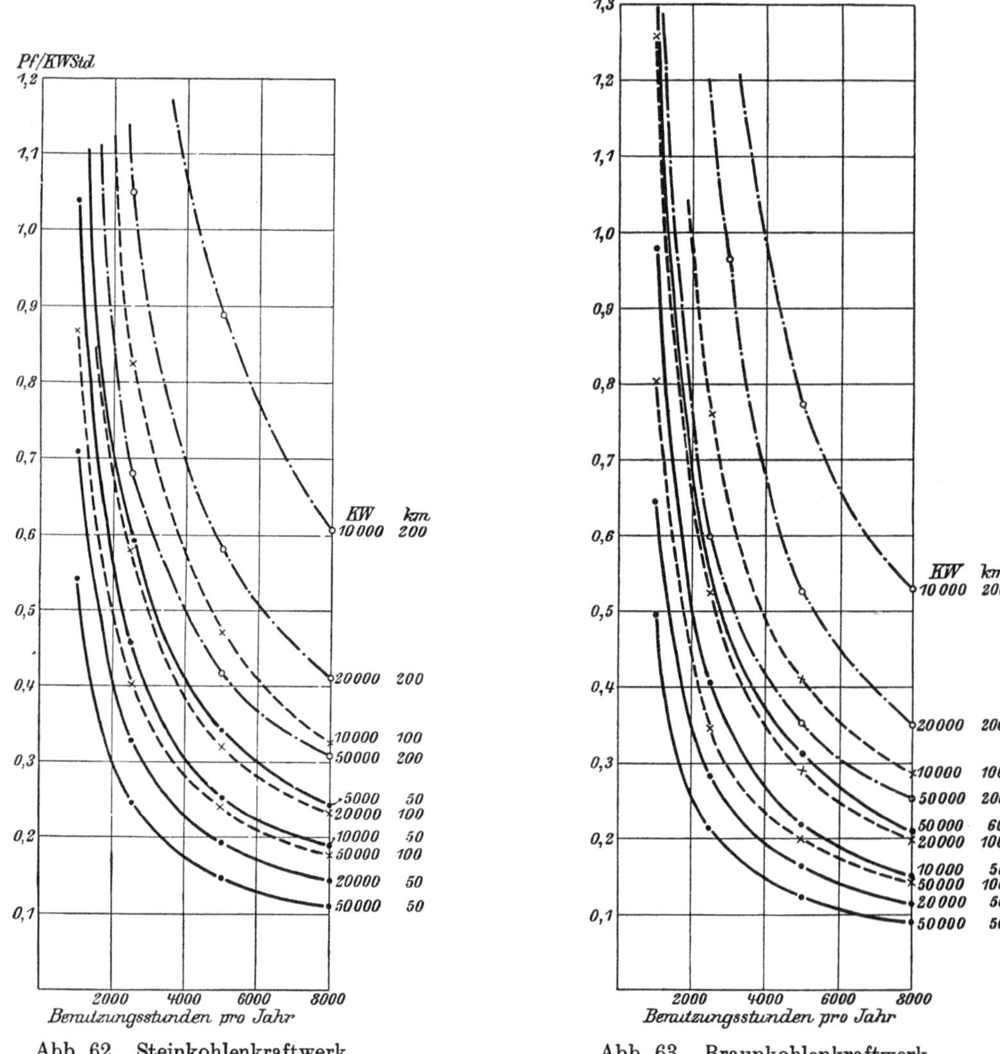

Abb. 62. Steinkohlenkraftwerk.   Abb. 63. Braunkohlenkraftwerk.

Abb. 62 u. 63. Kosten der Kraftübertragung in Pfg/kWh.

Bei Braunkohle (Abb. 65) ist fast ausnahmlos elektrische Fernübertragung billiger als Eisenbahntransport, auch die billige Wasserfracht wird in vielen Fällen mit der Fernleitung nicht in Wettbewerb treten können.

Abb. 65 ermöglicht es, bei bekannten Stein- und Braunkohlenpreisen in einfacher Weise den wirtschaftlichen Aktionsradius eines Braunkohlenkraftwerkes zu ermitteln.

In Abb. 66 wurden die Kosten der Fernübertragung für jede kWh (Steinkohle) abhängig von der Entfernung und in Abb. 67 abhängig von der Größe der zu übertragenden Leistung aufgetragen.

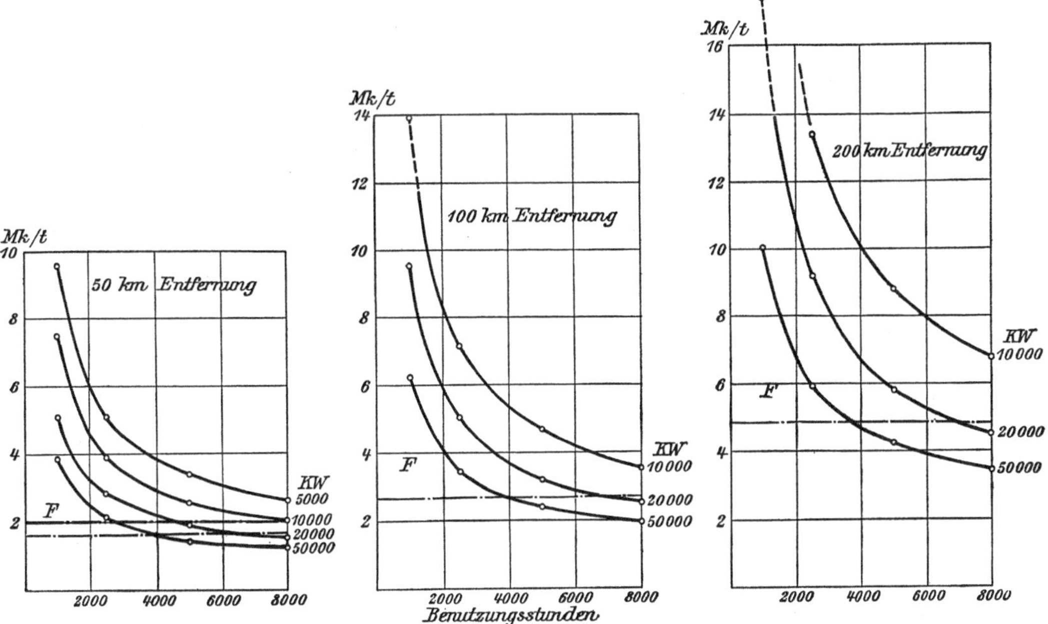

Abb. 64. Kosten der Kraftübertragung in M/t Steinkohle.

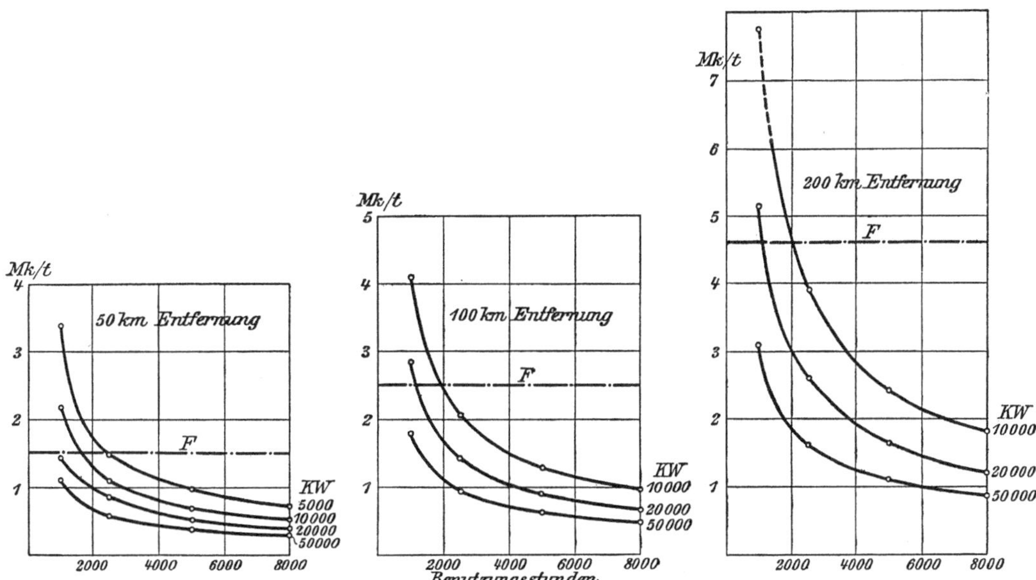

Abb. 65. Kosten der Kraftübertragung in M/t Braunkohle.

Aus letzteren Kurven ist ersichtlich, daß bei höheren Leistungen als 50 000 kW für normale Benutzungsdauer erhebliche Verbilligung des Elektrizitätstransportes nicht zu erwarten ist, ganz abgesehen davon, daß man derartig große Leistungen auf einem einzigen Gestänge kaum übertragen wird.

Aus Abb. 67 geht hervor, daß die Übertragungskosten bei größeren Entfernungen als 200 km nahezu proportional der Entfernung steigen.

Aus dem ziffernmäßigen Vergleich der Transportkosten auf mechanischem und elektrischem Wege läßt sich nach Vorstehendem die Berechtigung zum Bau ganz

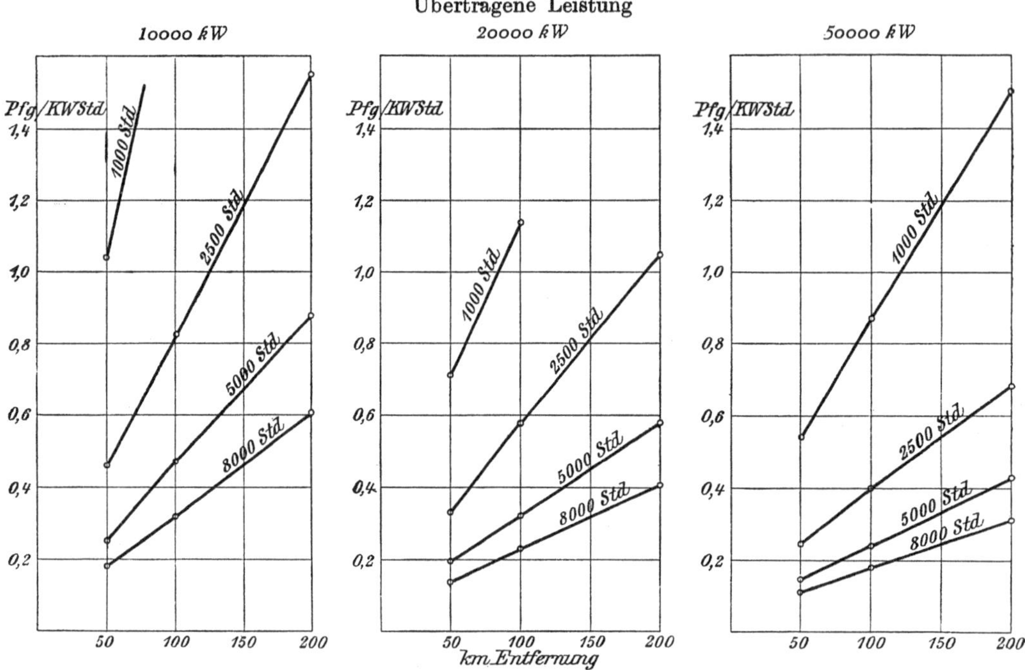

Abb. 66. Kosten der Übertragung in Pfg/kWh in Abhängigkeit von der Entfernung (Steinkohlenkraftwerk).

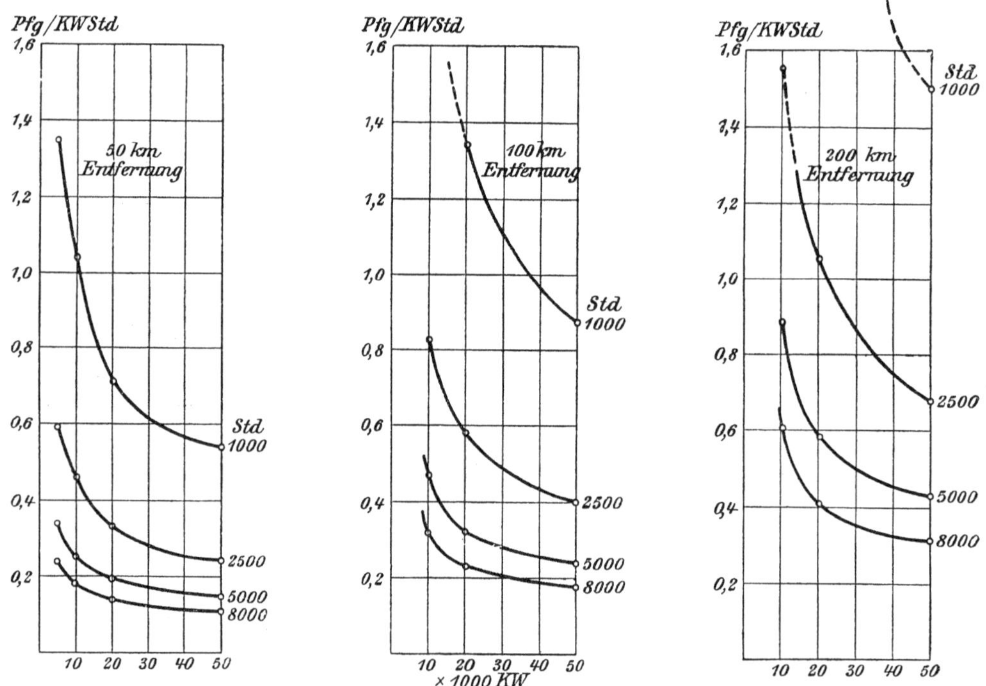

Abb. 67. Kosten der Übertragung in Pfg/kWh in Abhängigkeit von der übertragenen Leistung (Steinkohlenkraftwerk).

großer Drehstromzentralen somit zunächst nur für Braunkohlenkraftwerke und solche Werke ableiten, denen besonders billiges Brennmaterial oder Abwärme zur Verfügung steht. Es ist bei diesem Vergleiche außerdem zu beachten, daß die Eisenbahnwege in der Regel geradliniger verlaufen als elektrische Hochspannungsleitungen, die infolge der Grundeigentumsverhältnisse und entgegenstehender Hindernisse oft. nur auf Umwegen ihr Ziel erreichen können.

Maßgeblich für den Vergleich ist ferner, daß der Kohlentransport dem Staate einen wesentlichen Nutzen läßt, während für elektrischen Transport, abgesehen von einer mäßigen Verzinsung des zu investierenden Kapitals, lediglich Selbstkosten angenommen wurden.

Schließlich ist in Betracht zu ziehen, daß für Eisenbahntransport von vornherein mit gegebenen Verhältnissen gerechnet werden kann, daß ferner die elektrischen Leitungen zunächst nicht in dem Maße ausgenutzt sind, das die Voraussetzung der Rechnung bildete und daß sich die Rechnung somit für die Entwicklungszeit zuungunsten elektrischer Übertragung verschiebt.

Auf Grund dieser Erwägungen wird man nun sagen können, daß die Transportkosten beider Energieformen unter normalen Bedingungen gleich werden; erst bei sehr gutem Belastungsfaktor tritt Überwiegen des elektrischen Transportes ein. Daraus darf aber nicht die Schlußfolgerung gezogen werden, daß damit der Bau großer Drehstromzentralen an sich keine Berechtigung hätte; die Vorteile liegen eben auf anderem Gebiete.

Zunächst muß aber noch einmal auf vorstehende Rechnung zurückgegriffen werden. Die Rechnung erfährt nämlich in dem Falle, daß wesentliche Teile der Energie an Zwischenpunkten abgenommen werden, eine Modifikation zugunsten der Zentralisation, weil die Belastungsverhältnisse der Leitung dann günstiger werden, wobei jedoch darauf aufmerksam gemacht werden muß, daß sich aus einer Hochspannungsleitung natürlich nicht beliebig kleine Energiemengen abzapfen lassen; die hohen Kosten der Transformatorenstationen fordern auch an den Zwischenstellen Abnahme großer Energiemengen. Die örtliche Lage des Zwischenverbrauchs bedingt aber wiederum neue Umwege der Hauptleitung. Sollen ausgedehnte Gebiete erschlossen werden, so wird man ebenfalls von dem Rechnungsbeispiel abgehen müssen und einfache Leitungen in Ringform zu verlegen haben, durch welche gleichzeitig die Reserveforderung erfüllt wird.

4. Fortleitung großer Arbeitsmengen auf große Entfernungen und Kupplung großer Kraftwerke.

Die Kosten der Fortleitung elektrischer Arbeit auf große Entfernungen hängen zunächst wesentlich von der Wahl der sogenannten „wirtschaftlichen" Spannung ab. Die betreffenden Berechnungen sind an anderer Stelle durchgeführt (Kap. V. 7. S. 174). Handelt es sich um die Übertragung größerer Arbeitsmengen (etwa 100 Millionen kWh im Jahr und mehr) auf größere Entfernungen (50 km und mehr), so ist eine Spannung von 100000 V aus technischen und geldlichen Gründen als diejenige Normalspannung zu bezeichnen, die als Mindestspannung gewählt werden sollte. 100000 V Apparate können bereits als Normalfabrikate angesehen werden. Höhere Spannungen (150000 und 200000 V) sind erst dann vorteilhafter, wenn vorerwähnte Grenzen, die durch das Produkt von Jahresleistung und Entfernung charakterisiert werden können, ganz wesentlich überschritten werden.

Geht man von dieser Spannung aus, so hängen die Kosten für die Freileitungen lediglich von der konstruktiven Bemessung der Einzelteile ab, die wiederum wesentlich von der Spannweite zwischen den Gestängen beeinflußt wird.

Auch diese Rechnungen sind bereits durchgeführt worden, wobei sich für eine 100000 V Leitung etwa 250 m als günstigster Wert ergab. (Kap. V. 7. S. 174.)

Aus praktischen Gründen und im Interesse leichter und sicherer Zugänglichkeit ist es unzweckmäßig, ein Gestänge mit mehr als zwei Stromkreisen zu belasten, andererseits ist ein einzelner Stromkreis auf einem Leitungsgestänge für die Übertragung großer Energiemassen zu teuer, so daß für die konstruktive Ausbildung der Leitungsgestänge gleichfalls eine Norm vorliegt, nämlich ein Leitungsgestänge mit je einem Stromkreis rechts und links vom Mast und mit ein oder zwei Erdungsseilen, im ganzen also mit acht Leitungen.

Nachdem die wirtschaftliche Spannweite und die Konstruktion des Leitungsgestänges festgelegt sind, beschränkt sich jetzt die Frage, auf welche Weise die elektrische Energie am wirtschaftlichsten fortzuleiten ist, lediglich auf die Ermittelung des günstigsten Leitungsquerschnittes.

Berechnungen zeigen, daß meist 70 mm² oder 95 mm² in Frage kommen. Der Einfluß des Unterschiedes in den Leitungsverlusten für 70 mm² und 95 mm² auf die gesamten Übertragungskosten ist jedoch so gering, daß es für die Zwecke unserer Betrachtung genügt, die Berechnung für einen der beiden Querschnitte durchzuführen. Selbstverständlich kann man mit 95 mm² eine größere Leistung übertragen, doch werden dann die Gestänge soviel schwerer, daß dieser Vorteil ausgeglichen wird. Die mit 95 mm² übertragene Leistung wird nämlich so groß, daß derartige Leitungen oft lange Zeit hindurch nicht voll ausgenutzt werden können. Mit 70 mm² lassen sich bei 100 000 V 20 000 kW mit einem Stromkreis fortleiten, mit einem Leitungsgestänge also 40 000 kW.

Im Falle der Beschädigung einer Leitung können immer noch 40 000 kW vorübergehend übertragen werden, wenn man die erhöhten Verluste in Kauf nimmt. Diese Leistung darf aber im allgemeinen bis auf weiteres als ausreichend zur gegenseitigen Unterstützung der Werke angesehen werden.

Ein weiterer Vorteil der Leitungsgestänge mit zwei Stromkreisen besteht darin, daß man zunächst nur den einen Stromkreis aufzuhängen und den zweiten erst dann hinzuzufügen braucht, wenn die steigende Belastung oder die Forderung erhöhter Sicherheit dies wünschenswert machen.

Für die Berechnung der Fortleitungskosten auf 100 km Entfernung mit 100 000 V Spannung und $\cos \varphi = 0{,}8$ wurden die Kosten für 1 km Fernleitung, bestehend aus zwei Stromkreisen von je 3×70 mm² Querschnitt und zwei Erdungsseilen zu 18 000 Goldmark[1]) eingesetzt. Verzinsung, Abschreibung und Reparaturen sind unter Berücksichtigung des Altwertes des Kupfers mit 10 vH der Anlagekosten angenommen. Die Glimmverluste für 1 km Einfachleitung sind mit 0,8 kW (reichlich gerechnet) eingesetzt. Die Leistung des Kraftwerkes muß um den Höchstwert der in den Leitungen auftretenden Kupfer- und Glimmverluste vergrößert werden; die entsprechenden Kosten sind mit 180 ℳ/kW berücksichtigt, die einen Kapitaldienst von 13,5 vH verlangen.

Die Fortleitungskosten für eine kWh sind in wesentlich höherem Maße von örtlichen Bedingungen abhängig als die Erzeugungskosten im Kraftwerk, da das Verhältnis zwischen den Kosten für die Transformatorenanlagen und den Kosten für die Hochspannungsleitungen stark wechselt. Maßgeblich ist dabei, ob die gesamte Arbeit auf die ganze Leitungslänge übertragen oder ob sie bereits unterwegs abgegeben wird.

Die Glimmverluste scheiden für den Vergleich aus, ihr Wert hängt lediglich von der Gesamtlänge der Leitung ab; auch die Kosten der Leitungsverluste, die sich zwar für verschiedene Verteilung der Belastung stark ändern, sind auf das Ergebnis von mäßigem Einfluß. Dagegen wirken Zahl und Größe der Unterwerke deshalb so stark auf die Fortleitungskosten, weil einesteils die Summe der ausgebauten Leistungen in den einzelnen Unterwerken desto größer wird, je größer ihre Zahl ist, und weil anderseits die verhältnismäßigen Baukosten gleichfalls mit der Zahl der Unterwerke beträchtlich wachsen. Es ist nämlich wegen des Einflusses des Gleichzeitigkeitsfaktors und der Reserven die Einzelleistung des Unterwerkes um so größer

---

[1]) Alle Preisangaben beziehen sich auf Goldmark.

anzusetzen, je mehr Unterwerke einzurichten sind. Ist nur ein Unterwerk am Ende der Leitung vorhanden, so hat dieses naturgemäß dieselbe Leistung wie das Hochspannungswerk am Anfang der Leitung. Sind aber z. B. zwei Unterwerke von annähernd gleicher Leistung vorhanden, so muß jedes bereits etwas größer als die Hälfte werden, weil jedes der örtlichen Spitze genügen muß. Werden drei Unterwerke eingerichtet, so gilt dies in verstärktem Maße usf.

Der Kapitaldienst und die Wartung der Unterwerke können deshalb die Fortleitungskosten erheblich beeinflussen. Um die Verhältnisse möglichst klar überblicken zu können, wurden die Fortleitungskosten für Übertragung einer Höchstleistung von je 20 000 kW und 40 000 kW, auf 100 km und auf eine kWh bezogen, auf folgende Weise ermittelt:

a) Außer den Stromkosten der Leitungsverluste wurde lediglich der Kapitaldienst in Ansatz gebracht, der aus den Anlagekosten der Leitungen und aus der zur Deckung der Leitungsverluste erforderlichen Kraftwerksvergrößerung entsteht.

b) Zu den unter a) genannten Kosten wurde der Kapitaldienst für die Anlagekosten der beiden Transformatorenanlagen im Kraftwerk selbst und am Ende der 100 km langen Leitung zugeschlagen.

c) Wie unter b), aber unter der Annahme, daß die Hälfte der Leistung auf 50 km, der Rest auf 100 km übertragen wird. Die Glimmverluste bleiben dieselben wie für b), die Kupferverluste werden kleiner. Da der Strom auf eine durchschnittliche Entfernung von 75 km ferngeleitet wird, wurde bei der Ermittelung der Fortleitungskosten eine entsprechende Umrechnung vorgenommen, um auch hier ebenso wie für a) und b) die mittleren Fortleitungskosten angeben zu können.

d) Wie unter c) mit dem Unterschied, daß je $^1/_3$ der übertragenen Leistung nach 33,3 km, 66,6 km und 100 km abgenommen wird.

Die Kosten für die Transformatorenanlagen wurden im Fall b) mit 40 ℳ/kW im Falle c) mit 55 ℳ/kW und im Falle d) mit 65 ℳ/kW eingesetzt. In diesen Zahlen ist der Einfluß des Gleichzeitigkeitsfaktors und der Reserven auf die Größe der Unterwerke bereits berücksichtigt.

Man könnte gegen die Voraussetzungen im Fall c) und d) einwenden, daß die Leitung nicht auf ihrer ganzen Länge mit demselben Querschnitt ausgeführt zu werden braucht. In der Berechnung ist aber vorausgesetzt, daß die Leitungen gleichzeitig zum Belastungsausgleich und zur gegenseitigen Unterstützung mehrerer über ein großes Gebiet verteilter Kraftwerke im Falle von Maschinenschäden dienen sollen. Alle Werte sind zudem für Doppelleitungen berechnet, die im Interesse einer sicheren Stromversorgung selbst für die Übertragung mittlerer Leistungen als erforderlich angesehen wurden.

In Abb. 68 und 69 sind die Fortleitungskosten je für die übertragene Höchstleistung von 40 000 kW und von 20 000 kW eingetragen, abgestuft nach verschiedenen Strompreisen (2, 4, 6 Pfg/kWh). Die Abbildungen zeigen die starke Abhängigkeit der Fortleitungskosten von den besonderen Verhältnissen der Fernleitungsanlage. Ein allgemein gültiger Wert für diese Kosten läßt sich daher selbst für eine bestimmte Größe der übertragenen Leistung nicht ohne weiteres angeben.

Immerhin gewähren die beiden Schaubilder, die zunächst nur unter der Voraussetzung gelten, daß sich sämtliche Transformatorwerke auf einer Leitungslänge von 100 km befinden, ein brauchbares Bild zur überschlägigen Beurteilung der Fortleitungskosten unter mittleren Verhältnissen, und zwar um so mehr, als die hohen Kosten der Transformatorwerke und andere Ursachen eine Abnahme kleiner Energiemengen sowieso verbieten.

Man erkennt auch hier wieder den starken Einfluß des Belastungsfaktors (und damit des Ausnutzungsfaktors). Für niedere Werte des Belastungsfaktors ist die Höhe der übertragenen Leistung von großem Einfluß, es wird sich daher bei kleinen

Leistungen (10000 kW und darunter) im allgemeinen empfehlen, nur einen Stromkreis aufzuhängen. Dies wird in vielen Fällen um so eher möglich sein, als die Versorgung ausgedehnter Gebiete zur Anlage von Ringleitungen führt, die hierfür ausreichende Sicherheit bieten.

Mit Hilfe vorliegender Unterlagen kann jetzt ein Bild der Abgrenzung der Versorgungsgebiete zweier mit verschiedenen Stromkosten arbeitender Werke erlangt werden. In Abb. 70 sind unter gewissen, vereinfachenden Voraussetzungen für zwei verschiedene Ausnutzungsfaktoren und für eine übertragene Höchstleistung von

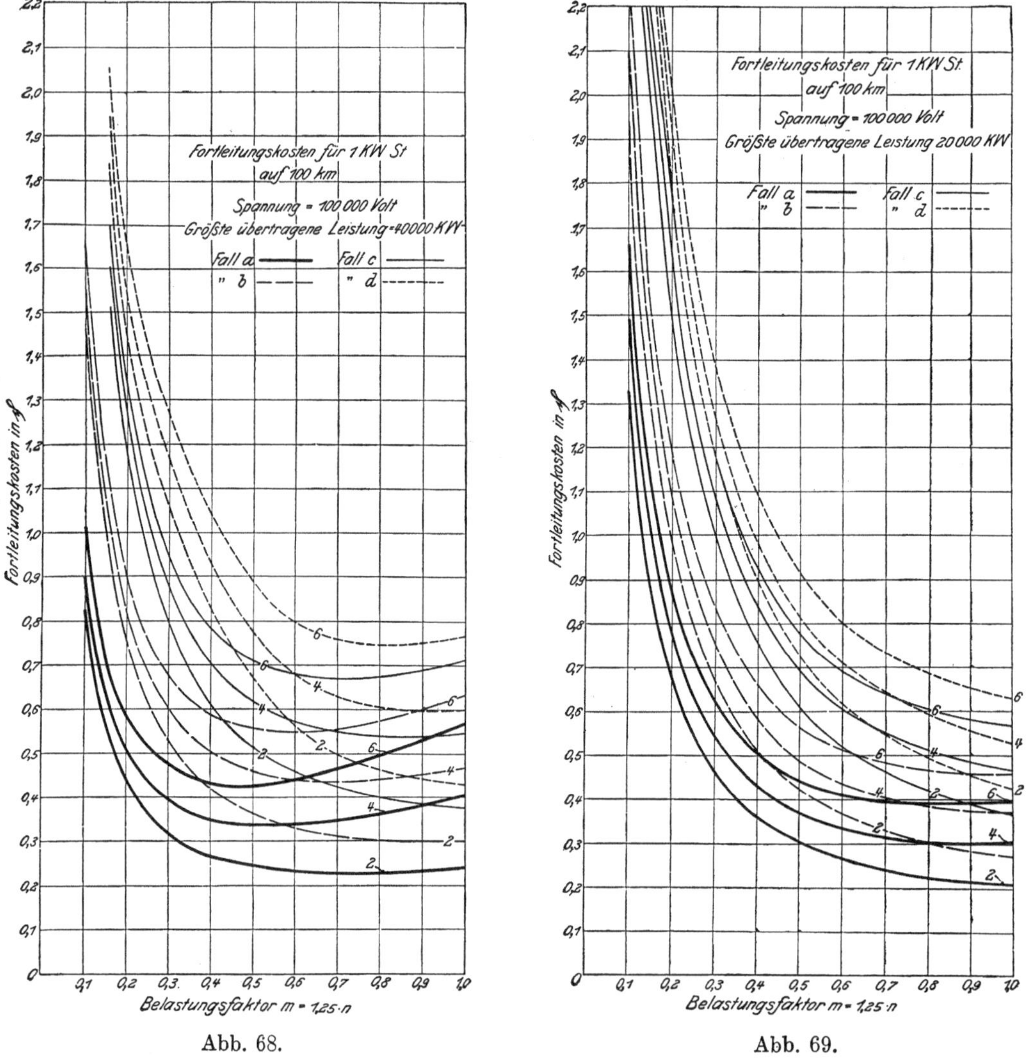

Abb. 68.   Abb. 69.

20000 kW die Grenzkurven zweier 150 km voneinander entfernter Werke eingezeichnet, deren eines 2 Pfg für 10000 kcal bezahlt, während die Wärmekosten des anderen 3 Pfg/10000 kcal betragen. Man sieht, daß die Grenzkurve mit steigendem Ausnutzungsfaktor näher an das teurer arbeitende Werk heranrückt. Die Abgrenzung des Versorgungsgebietes nach der errechneten Linie wird sich jedoch aus vielen Gründen nicht immer erreichen lassen. Um überblicken zu können, wie sich die Stromkosten an einer bestimmten Stelle gegenüber dem erreichbaren niedrigsten Werte erhöhen, wenn der Strom von dem „nicht zuständigen" Werk bezogen wird, sind deshalb in Abb. 70 noch Linien konstanter Strompreise für beide Werke eingetragen (Kreise um Werk I und Werk II als Mittelpunkte).

Würde z. B. aus irgendeinem Grunde bei einem Ausnutzungsfaktor von $n = 0,15$ Punkt A von Werk I aus mit Strom versorgt werden, so würden die Kosten für 1 kWh 5,8 Pfg betragen, während sie bei Lieferung von Werk II aus sich auf nur 5,6 Pfg belaufen hätten. Der Unterschied von 0,2 Pfg ist mit Rücksicht darauf, daß Punkt A von der Grenzlinie 35 km entfernt ist, nicht erheblich und beweist die früheren Ausführungen, daß bei derartigen Berechnungen selbst eine merkbare Abweichung von dem errechneten Werte nach der einen oder anderen Seite auf das Endergebnis nur mäßigen Einfluß hat.

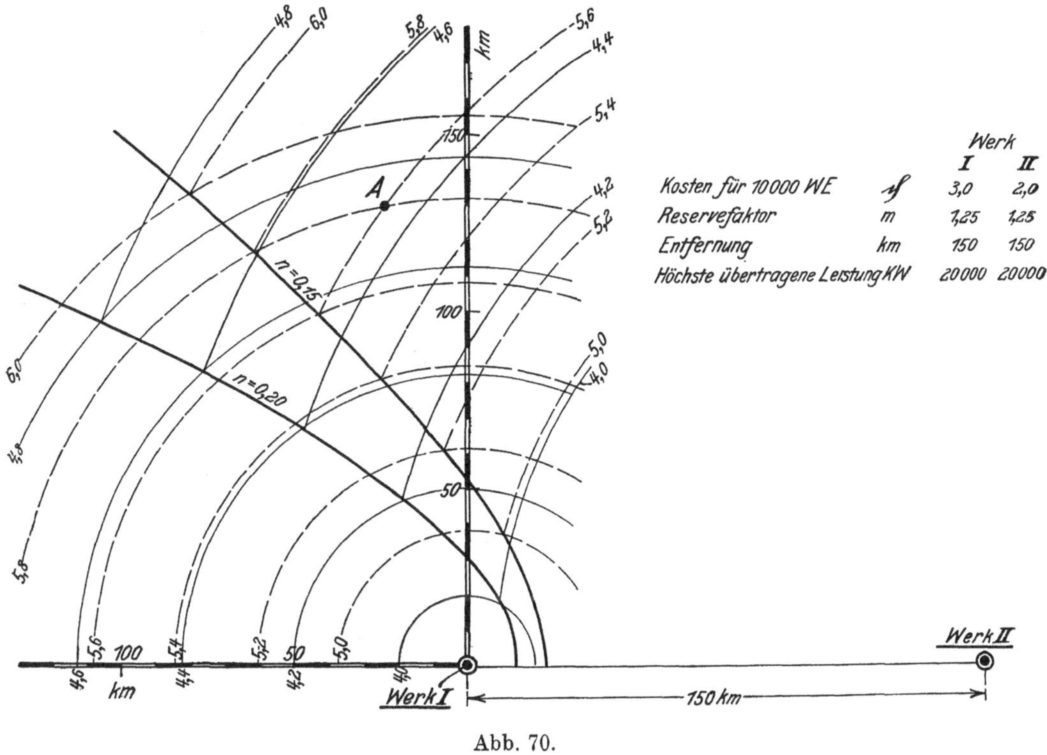

Abb. 70.

Um die gewonnene Erkenntnis zu vertiefen und auf eine breitere Grundlage zu stellen, wurden in Abb. 71 die Grenzkurven für verschiedene Entfernungen der Kraftwerke (100 bis 400 km) und für verschiedene Ausnutzungsfaktoren bei einem Wärmepreis von 2,5 Pfg bzw. 2,0 Pfg eingezeichnet. Je näher die Werke aneinander liegen und je größer der Ausnutzungsfaktor ist, um so kleiner wird das Versorgungsgebiet des mit höherem Wärmepreis arbeitenden Werkes.

In der unteren Hälfte von Abb. 71 ist eine weitere Kurvenschar eingezeichnet für eine übertragene Leistung von 20000 kW und einen Wärmepreis von 2,5 Pfg bzw. 1,5 Pfg. Ein Vergleich mit den entsprechenden Kurven in der oberen Hälfte zeigt, daß die Grenzkurven um so näher an das teurer arbeitende Werk heranrücken, je größer der Unterschied in den Wärmekosten ist. Endlich enthält die untere Hälfte der Abb. 71 noch eine zweite Kurvenschar für eine übertragene Leistung von 40000 kW bei einem Wärmepreis von 2,5 Pfg, die zeigt, daß, je höher die größte übertragene Leistung ist, um so näher sich die Grenzlinien an das Werk mit dem teureren Wärmepreis heranschieben.

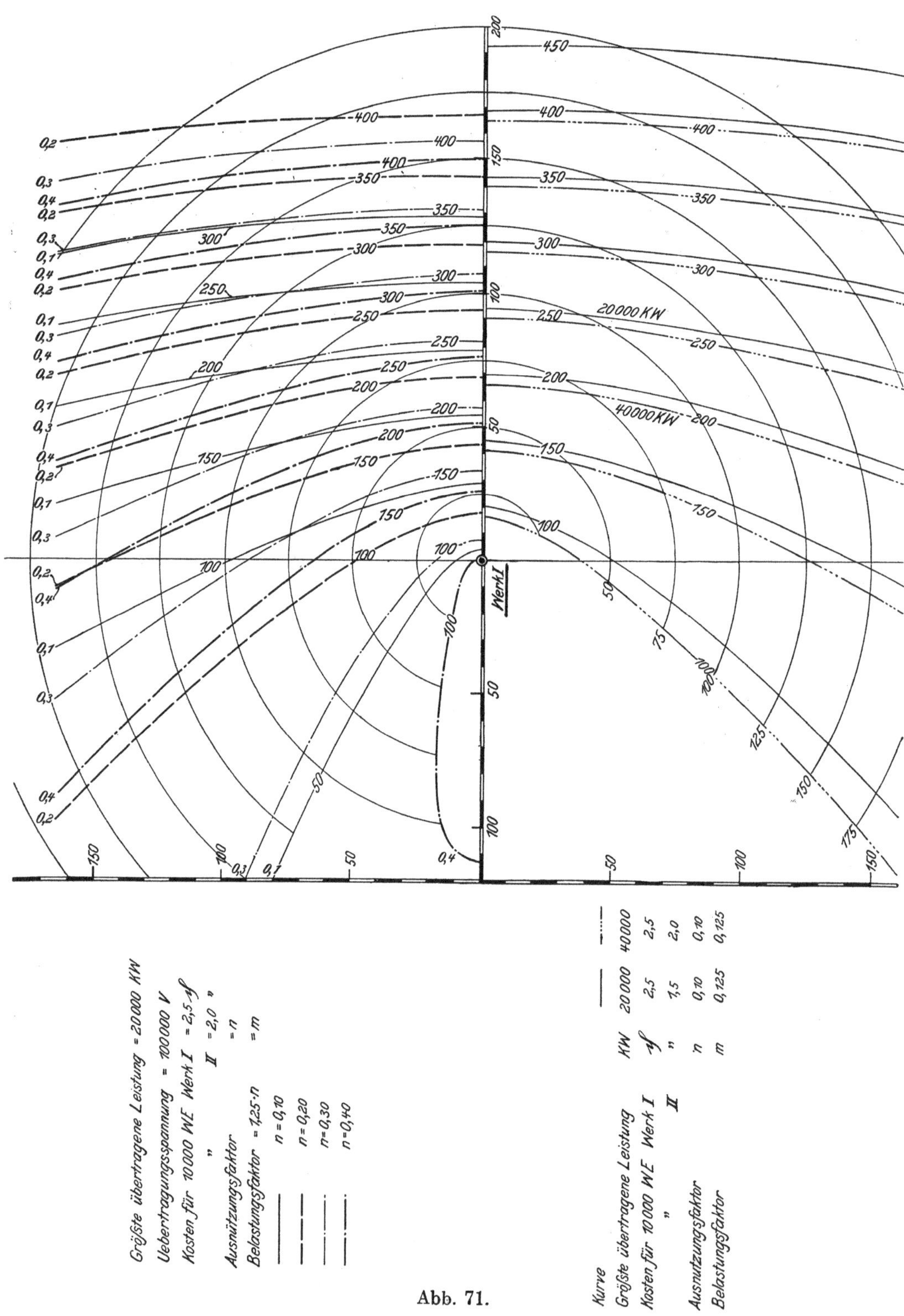

Abb. 71.

Das Versorgungsgebiet des mit höheren Wärmekosten arbeitenden Werkes wird somit um so kleiner, je höher die größte übertragene Leistung, je größer der Ausnutzungsfaktor und je bedeutender der Unterschied der Wärmepreise ist.

Die Wirklichkeit zeigt jedoch meist verwickeltere Verhältnisse, weil ein großer Teil des übertragbaren Stromes schon unterwegs abgezapft und nicht auf die ganze Leitungslänge übertragen wird. Auch die Grundbelastung der Werke ist von Einfluß.

Sieht man zunächst von solchen Fällen ab, in denen es sich um die Belieferung eines Großabnehmers (z. B. einer großen Stadt) handelt, also um den Transport großer Strommengen durch Leitungen, die lediglich diesem einen Zwecke dienen, so bleiben die Verbindungsleitungen zwischen den Werken übrig, die nur selten voll belastet sind. Nach dem Charakter der Belastungskurven und dem Wärmepreis läßt sich dann feststellen, ob es empfehlenswert ist, einen Teil der Belastung des teurer arbeitenden Werkes auf das billiger arbeitende herüberzunehmen.

Die durch die Eigenbelastung nicht voll ausgenutzte Leitung erlaubt zunächst, die dem Fehlbetrag entsprechende Strommenge zu übertragen, wobei dann die Fortleitungskosten der von dem billiger arbeitenden Werk übernommenen zusätzlichen Strommenge durch den Kapitaldienst der aus anderen Gründen ohnehin erforderlichen Leitung nicht betroffen werden. Auch die Glimmverluste ändern sich nicht durch den Wechsel der Betriebsweise. Zusätzliche Fortleitungskosten entstehen daher durch die vermehrten Kupferverluste und den Kapitaldienst für diejenige Vergrößerung des Kraftwerkes und der Transformatorenanlage, die zur Deckung dieser Verluste erforderlich ist.

Für die Berechnung des Einflusses solcher Betriebsänderungen auf die Gesamtwirtschaft läßt sich eine allgemein gültige Lösung nicht finden, man muß vielmehr von Fall zu Fall untersuchen, wie die Belastungsverteilung am zweckmäßigsten zu gestalten ist.

Der Gang der Rechnung läßt sich deswegen nur an einem Beispiel zeigen. Es wurde eine willkürliche Belastungskurve angenommen und die für die erzielbaren Ersparnisse ungünstigste Voraussetzung gemacht, daß die Belastungskurve beider Werke die gleiche ist, daß also insbesondere die Spitzen zeitlich zusammenfallen. Der Gleichzeitigkeitsfaktor ist also 1. Jede andere Annahme ergibt günstigere Verhältnisse, weil die Spitzensumme kleiner wird und der Wert des Gleichzeitigkeitsfaktors unter 1 sinkt. Auch für die Grundbelastung der Leitung selbst wurde die in Abb. 72 festgelegte, etwa dem mittleren Charakter der Werkbelastung entsprechende willkürliche Annahme gemacht. Die Wirkung dieser Grundbelastung wurde als in der Mitte der Leitung liegend angenommen. Die angenommene Belastungskurve selbst ist in Abb. 72 nicht besonders eingetragen, man erhält sie, wenn man die endgültige Belastungskurve des Werkes I (Abb. 72 unten) um die Hälfte der Differenz zwischen Kurve I und II nach unten verschiebt.

Die Werke seien durch eine Doppelleitung von 70 mm² Querschnitt miteinander verbunden, ihre Entfernung sei 115 km (diese Entfernung ergibt sich aus der Überlegung, daß für 115 km die Frachtdifferenz gerade 0,5 Pfg/10 000 kcal beträgt). Beide Werke mögen mit derselben mittleren Steinkohle betrieben werden, der Wärmepreis wurde für das billiger arbeitende Werk (Lage auf der Grube) zu 1,5 Pfg/10 000 kcal, für das entferntere Werk demgemäß zu 2 Pfg/10 000 kcal angenommen.

Zur Ermittelung des wirtschaftlichen Optimums wurde nun folgendermaßen verfahren: Die Belastung des Werkes II wurde durch fortgesetztes Abschneiden horizontaler Streifen von der Basis der Belastungskurve verkleinert, die Belastung des Werkes I demgemäß um den gleichen Betrag vergrößert. Die sich hieraus ergebende Veränderung des Ausnutzungsfaktors des Werkes I ist in Abb. 72 als Funktion des Ausnutzungsfaktors des Werkes II dargestellt (Kurve c). Die stark ausgezogene Kurve d zeigt die eintretenden Ersparnisse der Gesamtwirtschaft. Sie zeigt gleichzeitig, daß Ersparnisse überhaupt nur innerhalb sehr enger Grenzen der Belastungsverschiebung erzielbar sind. Wenngleich der absolute Betrag recht ansehnlich ist (130 000 ℳ jährlich), so ist doch die im Vergleich zu den Betriebskosten beider

Werke erzielbare Ersparnis verhältnismäßig klein. Es ist aber dabei zu beachten, daß sie ohne Kapitalsaufwand lediglich durch geeignete betriebstechnische Maßnahmen erzielt wird, daß die Annahme gleichen Charakters beider Belastungskurven, wie vorerwähnt, den ungünstigsten Fall darstellt und daß der Unterschied in den Wärmepreisen klein ist. Die unteren Kurven stellen die sich ergebenden Belastungen der Werke für den günstigsten Fall dar. Im praktischen Betriebe lassen sich weitere Ersparnisse erzielen, wenn neben oder an Stelle der horizontalen Teilung eine vertikale Teilung der Belastungskurve derart vorgenommen wird, daß in dem Werk II eine volle Arbeitsschicht ausfällt. Bei dem gewählten Beispiel würde man durch einen mäßigen Abschnitt an den beiden Enden der dem Werke II verbleibenden Belastung beispielsweise eine volle Arbeitsschicht sparen können.

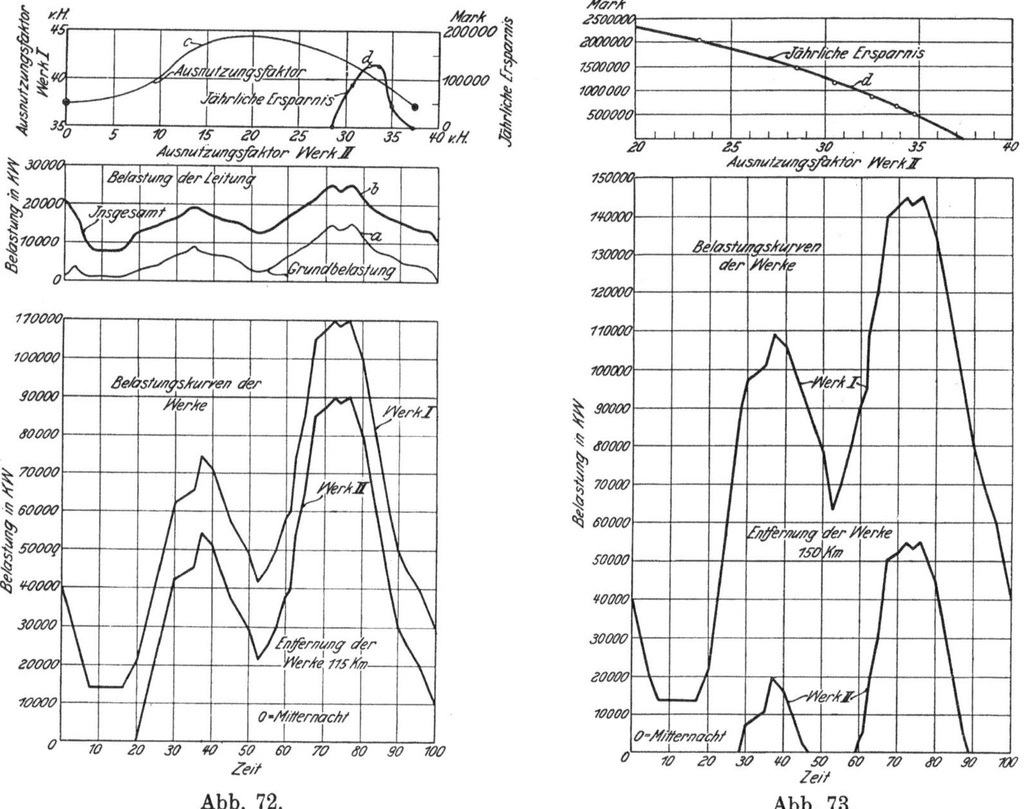

Abb. 72.   Abb. 73.

Wesentlich größer werden die Ersparnisse, wenn Werk I mit billiger Abfallkohle oder Braunkohle, Werk II mit guter Steinkohle arbeitet. Um auch für diesen Fall Unterlagen zu gewinnen, wurde ein zweites Beispiel für die gleichen Belastungskurven, jedoch mit einem Wärmepreis von 0,7 Pfg/10 000 kcal (Braunkohle, Werk I) bzw. von 3,0 Pfg/10 000 kcal (Braunkohle, Werk II) gerechnet und die durch teilweise Übertragung der Belastung für eine Entfernung beider Kraftwerke von 150 km erreichbaren Ersparnisse ermittelt.

Abb. 73 enthält die Ergebnisse. Der Unterschied der Belastung wird jetzt sehr beträchtlich. Die erzielbaren Ersparnisse würden, wie Kurve d zeigt, mit dem eingetragenen Höchstwerte von 2,3 Millionen $\mathcal{M}$ noch nicht ihren günstigsten Wert erreichen, wenn nicht der übertragbaren Arbeit durch die Belastungsfähigkeit der Leitung bei einem Ausnutzungsfaktor von 20 vH des Werkes II eine Grenze gesetzt wäre.

Beide Beispiele dürften hinsichtlich des Unterschiedes der Wärmepreise untere und obere Grenzfälle darstellen, die wirklichen Verhältnisse werden in der Regel dazwischen liegen.

Auch die Verschiebung der Diagramme durch Horizontalteilung trägt praktischen Verhältnissen nicht immer Rechnung. Insbesondere wird, wie schon für Beispiel 1 gezeigt, im Falle verschiedener Belastungskurven häufig eine andere Einteilung noch günstigere Werte ergeben. So wird der Wirkungsbereich von Braunkohlenwerken sich nachts, d. h. zu Zeiten schwacher Belastung der Netze, nicht nur bis zum nächstgelegenen Steinkohlenkraftwerk, sondern unter Umständen noch über das folgende hinaus erstrecken.

Vorstehende Untersuchungen bedürfen noch in einer Hinsicht einer Ergänzung. Es muß auch für den Fall verkuppelter Kraftwerke für die sich bei diesen ergebenden Leitungsbelastungen festgestellt werden, ob und wann der Transport der Kohle auf mechanischem Wege billiger wird als die Übertragung ihrer Energie auf elektrischem. Diese Berechnungen sind an anderer Stelle durchgeführt (S. 107). Sie wurden jedoch nur für den Fall einer Einzelübertragung, bei der die ganze Leistung am Ende der Leitung abgenommen wird, ermittelt, und sie enthalten nicht die Kosten der Herauftransformierung am Kraftwerk, weil die Einrichtungen hierfür als zum Kraftwerk gehörig angesehen wurden.

Abb. 68 und 69 stellen die Fortleitungskosten auf 100 km Entfernung für Höchstleistungen von 20 000 kW und 40 000 kW in Abhängigkeit vom Ausnutzungsfaktor dar. Abb. 74 zeigt die eingesetzten durchschnittlichen Frachtkosten von 1 kg Kohle für verschiedene Entfernungen. Nimmt man an, daß für 1 kWh 1,0 bis 1,2 kg Steinkohle und 3,2 bis 3,7 kg minderwertige Braunkohle erforderlich sind,

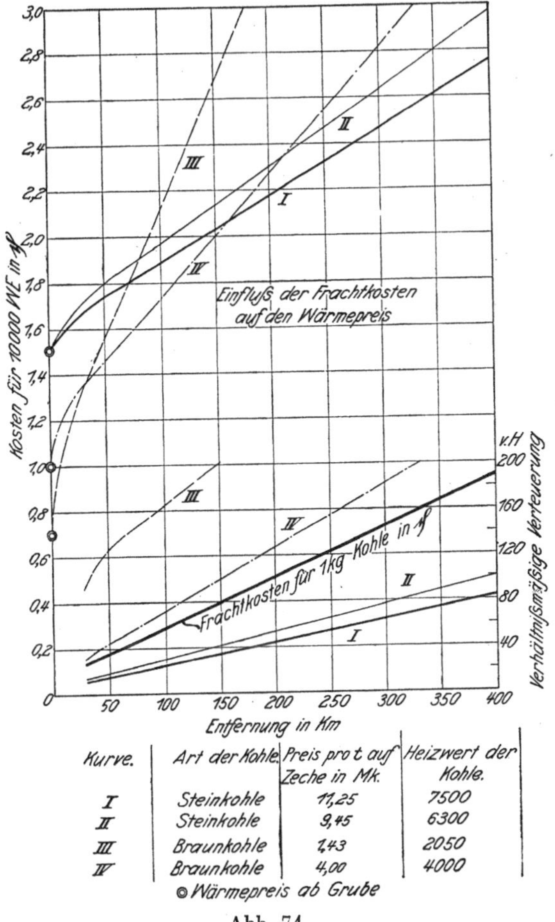

Kurve.	Art der Kohle.	Preis pro t auf Zeche in Mk.	Heizwert der Kohle.
I	Steinkohle	11,25	7500
II	Steinkohle	9,45	6300
III	Braunkohle	1,43	2050
IV	Braunkohle	4,00	4000

⊙ Wärmepreis ab Grube

Abb. 74.

so ergeben sich die auf 1 kWh bezogenen Übertragungskosten auf mechanischem Wege für 100 km Entfernung zu 0,29 bis 0,35 Pfg bzw. 0,93 bis 1,1 Pfg, während elektrische Übertragung mit einem Ausnutzungsfaktor von 0,4 bis 0,5 bei einem Strompreis von 2 Pfg/kWh für eine Höchstleistung von 40 000 kW rd. 0,40 Pfg kostet. Selbst bei dieser Leistung ist also mechanischer Transport guter Steinkohle noch billiger, der minderwertiger Braunkohle allerdings beträchtlich teurer.

Abb. 74 zeigt ferner den Einfluß der Frachtkosten auf den Wärmepreis; er macht sich in um so stärkerem Maße geltend, je geringer der Heizwert des Brennstoffes und je niedriger der Wärmepreis auf der Grube ist. Minderwertige Braunkohle kann somit nur in der Nähe der Gruben mit Vorteil verfeuert werden. Die Verhältnisse verschieben sich weiter zugunsten mechanischer Übertragung, wenn die Kohle den Kraftwerken auf dem Wasserwege zugeführt werden kann.

Aus vorstehenden Erwägungen darf nun nicht gefolgert werden, daß die Verbindungsleitungen zwischen den Kraftwerken etwa überflüssig seien oder daß sie auch nur in manchen Fällen entbehrt werden könnten. Als Arbeitstransportmittel haben sie unmittelbaren Wert zwar nur für solche Werke, die minderwertige Steinkohlen, Braunkohlen oder Abwärme verbrauchen. Ihr großer mittelbarer Wert liegt aber zu einem Teil darin, daß sie zum Bau sehr großer Kraftwerke führen, deren Erzeugungskosten niedrige sind. Zum andern Teil bewirken sie die wesentliche Verbesserung des Ausnutzungsfaktors, deren Einfluß nachgewiesen wurde. Schießlich erlauben sie eine beträchtliche Verminderung der Reserve.

5. Verbesserung des Leistungsfaktors.

Es ist vielfach der Vorschlag gemacht worden, Wirkungsgrad und Leistungsfähigkeit der Wechselstromnetze durch Aufstellung von Blindgeneratoren in der Nähe des Verbrauches zu verbessern. Ob und inwieweit dieser Zweck wirtschaftlich erreichbar ist, ist Gegenstand der folgenden Ausführungen, die allerdings auf Verhältnisse zugeschnitten sind, wie sie in Mittelspannungsanlagen vorliegen. Ich stütze mich dabei auf eine Arbeit von Tröger, veröffentlicht in Nr. 305 der „Mitteilungen der Vereinigung der Elektrizitätswerke" 1922, in der der Fall einer Drehstromübertragung von 3500 kW durch eine Leitung von 50 mm² Querschnitt auf 30 km behandelt ist. Ist bei dieser Belastung der Leistungsfaktor $\cos\varphi = 0{,}7$ und soll dieser auf 0,9 bzw. auf 1,0 gesteigert werden, so ist hierfür ein Blindgenerator von 1800 bzw. 3600 BkW erforderlich.

Mit Hilfe der geordneten Belastungskurve (S. 28) sind die Rechnungen für den Belastungsfaktor 0,4 ($m_a = 0{,}4$) durchgeführt. Der Verlustfaktor der Stromübertragung läßt sich unmittelbar aus der Tabelle S. 30 entnehmen. Wird ferner nur lineare Abhängigkeit zwischen Blind- und Wirkbelastung vorausgesetzt, mit der Maßgabe, daß die Blindbelastung bei der Wirkbelastung 0 noch 50 vH der Spitzenblindbelastung ausmacht (das ist für die Kompensation eine sehr günstige Annahme), so können die Arbeitsverlustfaktoren (Verhältnis der mittleren jährlichen Stromverluste zu den Verlusten bei Spitzenlast) für den Fall der unkompensierten Leitung (ϑ) und für die kompensierte Leitung und Blindgeneratoren aus der Tabelle S. 29 entnommen werden.

Für die Verluste der Blindgeneratoren und ihrer Transformatoren sind folgende Annahmen gemacht:

Leistung	1800 BkW		3600 BkW	
	vH	kW	vH	kW
Dauerverluste (Eisen, Reibung usw.)	4,25	76,5	3,75	135
Stromwärmeverluste	2,25	40,5	1,75	63
	6,5	117	5,5	198

Die Leistung der Kraftwerksgeneratoren und deren Transformatoren sei der am Leitungsanfang sich ergebenden Scheinleistung, ihre prozentualen Verluste denjenigen des größten Blindgenerators gleichgesetzt.

Aus Abb. 19 S. 29 der geordneten Belastungskurve ergibt sich dann für die oben angenommene Abhängigkeit der Blindbelastung und den Belastungsfaktor $m_a = 0{,}4$ ein Belastungsfaktor der Blindarbeit $m_{bl} = 0{,}7$. Wir erhalten somit als Arbeitsverlustfaktor der Stromwärmeverluste aus Tab. 1 S. 29 für die einzelnen Anlageteile folgende Werte:

Leitung und Werkgenerator

bei $\cos\varphi_h = 0{,}7$	$m_a = 0{,}4$	$\vartheta = 0{,}355$
„ $\cos\varphi = 0{,}9$ konst.	$m_a = 0{,}4$	$\vartheta = 0{,}203$
„ $\cos\varphi = 1{,}0$ konst.	$m_a = 0{,}4$	$\vartheta = 0{,}203$

Blindgenerator

bei $\cos \varphi = 0$ konst. $\qquad m_a = 0,7 \qquad \vartheta = 0,501$

und danach für den Fall a) der unkompensierten Leitung, b) der kompensierten Leitung von 0,7 auf 0,9, c) der Kompensation von 0,7 auf 1,0 folgende Bilanz (Tab. 11) für die Spitzenbelastung:

Tabelle 11.

| Nr. | Position | Leistungsfaktor 0,7 unkompensiert | | Leistungsfaktor 0,7 kompensiert auf: | | | |
| | | Fall a | | $\cos \varphi = 0,9$ Fall b | | $\cos \varphi = 1,0$ Fall c | |
		Wirk-leistung kW	Blind-leistung BkW	Wirk-leistung kW	Blind-leistung BkW	Wirk-leistung kW	Blind-leistung BkW
1	Abnehmer	3500	3600	3500	3600	3500	3600
2	Blindgenerator	—	—	76,5	— 1900	135	— 3600
3	Blindgenerator	—	—	40,5	—	63	—
4	Zustand am Ende	3500	3600	3617	1700	3698	0,0
5	Scheinstrom . . . . A	96,5		77,2		71,3	
6	Leitungsverluste	293	337	188	216	160	185
7	Zustand am Anfang	3793	3937	3805	1916	3858	185
8	Scheinleistung . . . . . kVA	5450		4260		3860	
9	$\cos \varphi_{ah}$	0,697		0,894		0,999	
10	Werkgenerator Dauerverluste	204	—	160	—	145	—
11	Stromwärmeverluste	95	—	75	—	68	—

Die sich danach ergebenden jährlichen Übertragungsverluste sind in Tab. 12 zusammengestellt, und zwar sind unter b) und c) nur die Unterschiede der Verluste gegenüber a) aufgeführt.

Tabelle 12. Vergleich der jährlichen Übertragungsverluste.

Nr.	Position	Fall a unkompensiert kWh	Fall b kompensiert 0,9 kWh	Fall c kompensiert 1,0 kWh
	Mehrverluste (Blindgenerator)			
12	Dauerverluste	0	670 000	1 182 000
13	Stromwärmeverluste	0	178 000	277 000
	zusammen:	0	848 000	1 459 000
	Minderverluste (Werkgenerator)			
15	Dauerverluste	0	376 000	516 000
16	Stromwärmeverluste	0	163 000	175 000
17	zusammen:	0	539 000	691 000
18	Bleibt Mehrverlust der Maschinen (Nr. 14 minus Nr. 17)	0	309 000	768 000
19	Leitungsverluste	910 000	334 000	285 000
20	Gesamte Übertragungsverluste absolut =	910 000	643 000	1 053 000
21	in Prozenten der nutzbaren Arbeit ($= 12,25 \cdot 10^6$ kWh) = ...	7,44 vH	5,25 vH	8,61 vH

Zur Berechnung der jährlichen Übertragungskosten sind folgende Werte eingesetzt:

Anlagekosten der Blindgeneratoren und ihrer Transformatoren

für den Fall a . . . . 28,— ℳ je BkW;

für den Fall b . . . . 19,— ℳ je BkW;

Erzeugungskosten der kWh (Selbstkosten) . . 0,025 ℳ je kWh;

Ersparnis an Werkgeneratoren . . . . 18,50 ℳ je kVA;

Selbstkosten der kWh am Ende der Leitung . . 0,028 ℳ je kWh.

Man sieht aus der vorstehenden Tabelle bereits, daß die Mehrkosten der Blindgeneratoren größer sind als die Ersparnis an Werkgeneratoren. Hiernach errechnen sich die jährlichen Übertragungskosten nach Tab. 13, worin für den Kapitaldienst (Zinsen und Abschreibungen) nur 10 vH eingesetzt wurden.

Tabelle 13. Vergleich der jährlichen Übertragungskosten.

Nr.	Position	Fall a unkompensiert	Fall b kompensiert 0,9	Fall c kompensiert 1,0
22	Minderleistung Werkgenerator (Nr. 8) .	0,—	1190,—	1590,—
23	Minderkosten „ ℳ kVA	0,—	22000,—	29400,—
24	Mehrkosten Blindgenerator . . . . . ℳ	0,—	50500,—	68500,—
25	Bleiben Mehrkosten für Maschinen . ℳ	0,—	28500,—	39100,—
26	Kapitaldienst für Mehrkosten der Maschinen (Nr. 25) = 10 vH . . ℳ	0,—	2850,—	3910,—
	Verlustkosten			
27	für Mehrverluste im Blindgenerator (Nr. 14) . . . . ℳ	0,—	23800,—	40800,—
28	für Minderverluste im Werkgenerator (Nr. 17) . . . . ℳ	0,—	13500,—	17300,—
29	Bleiben Mehrkosten für Maschinenverluste . . . . ℳ	0,—	10300,—	23500,—
30	Kosten für Leitungsverluste (Nr. 19) .	22800	8350,—	7130,—
31	Gesamte Übertragungskosten (Nr. 26 + 29 + 30) . . . . ℳ	22800	21500,—	34540,—
32	Vergleichsfaktor der Übertragungskosten nach vorstehender Rechnung . . .	1,0	0,94	1,51

Ergebnis.

Die durch die Hebung des Leistungsfaktors von 0,7 auf 0,9 entstehenden zusätzlichen Maschinenverluste (Nr. 18) sind kleiner als die Leitungsverluste (Nr. 19), so daß die gesamten Übertragungsverluste (Nr. 20) nicht unbeträchtlich kleiner werden als für Fall a. Durch die höheren Anlagekosten verschwindet dieser Vorteil jedoch vollständig (Nr. 31), wobei zu berücksichtigen ist, daß alle Annahmen eher zugunsten der Kompensation als zu ihren Ungunsten gemacht sind. Für die Kompensation auf den Leistungsfaktor 1 werden alle Ziffern weiter in einem der Kompensation ungünstigen Sinne verschoben. Beachtet man ferner, daß die erhöhten Personalunkosten (Vergrößerung des Maschinenbetriebes durch die Blindgeneratoren) überhaupt nicht berechnet wurden, daß ferner die Erschwerung des Betriebes bewertet werden muß, so kommt man entgegen häufig gehörter Behauptung zu dem Ergebnis, daß die Kompensation sich weder technisch noch wirtschaftlich rechtfertigen läßt.

Anders liegen die Verhältnisse nur dann, wenn die Kraftwerksgeneratoren durch wachsende Wirk- und Scheinbelastung an der Grenze ihrer Leistungsfähigkeit angelangt sind und deren Kraftmaschinen hiernach noch unausgenutzte Leistung zur Verfügung steht und wenn eben durch vorhandene, unbenutzte Generatoren eine billige Kompensation bewirkt werden kann.

An sich führt jedoch die gesteigerte Ausnutzung der Werkgeneratoren, Transformatoren und Leistungen nicht zu einer Verbesserung des wirtschaftlichen Vergleichs. Ist

$V_d =$ jährliche Dauerverluste der Werk- und Blindgeneratoren einschließlich Transformatoren in kWh,

$V_{str} =$ jährliche Stromwärme- oder Stromquadratverluste der Werk- und Blindgeneratoren einschließlich Transformatoren in kWh,

$S =$ Spitzenbelastung,

$c_1 c_2 =$ durch den Belastungsverlauf bedingte spezifische Verluste der Maschinen und Transformatoren, die für unsere Betrachtungen als unveränderlich angesehen werden dürfen,

und werden mit a), b), c) wiederum die drei Fälle der unkompensierten Leitung, der Kompensation von 0,7 auf 0,9 und der Kompensation von 0,7 auf 1,0 bezeichnet, so betragen im Falle b die Dauerverluste:

$$V_d^b = (c_1^b - c_1^a) \cdot S \ \text{kWh},$$

aus Nr. 12 und 15 berechnet sich:

$$c_1^b - c_1^a = \frac{670\,000 - 376\,000}{3500} = 84,$$

mithin $\qquad V_d^b = 84 \cdot S \ \text{kWh}$

und für Fall c

$$V_d^c = \frac{1\,182\,000 - 516\,000}{3500} \cdot S \ \text{kWh}$$

$$= 190 \cdot S \ \text{kWh}.$$

Die Stromwärmemehrverluste betragen:

für Fall b $\qquad V_{str}^b = (c_2^b - c_2^a) \cdot S^2 \ \text{kWh},$

aus Nr. 13 und 16 berechnet sich:

$$c_2^b - c_2^a = \frac{178\,000 - 163\,000}{3500^2} = 1{,}225 \cdot 10^{-3}$$

mithin $\qquad V_{str}^b = 1{,}225 \cdot 10^{-3} \cdot S^2 \ \text{kWh},$

für Fall c

$$V_{str}^c = \frac{277\,000 - 175\,000}{3500^2} \cdot S^2$$

$$= 8{,}33 \cdot 10^{-3} \cdot S^2 \ \text{kWh}.$$

Die Mehrverluste der Maschinen und Transformatoren steigen danach, und zwar um so stärker, je weiter die Kompensation durchgeführt wird. Dasselbe gilt für den Kapitaldienst (Nr. 26). Ist man jedoch aus äußeren Gründen genötigt, den Leitungsquerschnitt auch bei steigender Belastung ungeändert zu belassen, so kommt man bald zu einer Belastungsgrenze, bei der die Minderung der Leitungsverlustkosten mehr ausmacht als vorstehende durch Kompensation verursachten Mehrkosten. Für diesen Sonderfall läßt sich gegebenenfalls auch die Kompensation bis $\cos \varphi = 1$ rechtfertigen. Für den grundsätzlichen Vergleich ist aber von solchen Sonderfällen abzusehen, es ist vielmehr die Frage zu stellen, ob die Leistungssteigerung besser durch Blindgeneratoren oder durch Leitungsverstärkung erreicht werden kann.

Ist die alte Spitze S_0, die neue S_1 und die dazugehörigen Querschnitte q_0 und q_1, so wird

$$q_1 = \left(\frac{S_1}{S_0}\right)^2 \cdot q_0.$$

Ist ferner der Leitungspreis (Cu) 1,60 Goldmark je kg, das Leitungsgewicht 9 kg je mm² und km und wird nur 8 vH Kapitaldienst gerechnet, so betragen die jährlichen Mehrausgaben, wenn V_0^b und V_0^c die Leitungsverluste (19) sind:

Im Fall a)

$$\Delta K_a = 3 \cdot 30 \cdot 9 \cdot 40 \cdot \frac{8}{100} \cdot (q_1 - q_0) \ \mathscr{M}$$

$$= 2592 \cdot q_0 \left[\left(\frac{S_1}{S_0}\right)^2 - 1\right] \ \mathscr{M}$$

mithin, da $q_0 = 50$,

$$\varDelta K_a = 129\,600 \cdot \left[\left(\frac{S_1}{S_0}\right)^2 - 1\right] \mathscr{M}.$$

Im Fall b betragen die jährlichen Mehrkosten für Verluste

$$\varDelta K_b = 0{,}5 \cdot (V_1^b - V_0^b) \, \mathscr{M},$$

mithin, da

$$V_1^b = \left(\frac{S_1}{S_0}\right)^2 \cdot V_0^b,$$

$$\varDelta K_b = 0{,}5 \cdot V_0^b \cdot \left[\left(\frac{S_1}{S_0}\right)^2 - 1\right] \mathscr{M},$$

und entsprechend im Fall c

$$\varDelta K_0 = 0{,}5 \cdot V_0^c \cdot \left[\left(\frac{S_1}{S_0}\right)^2 - 1\right] \mathscr{M}.$$

Die Werte V_0^b und V_0^c entsprechen den Leitungsverlusten (Nr. 19). Da die Klammergrößen in allen drei Fällen gleich sind, erhalten wir demnach als Ausdruck des Vergleichs zwischen Fall a und Fall b:

$$\varDelta K_a = \frac{129\,600}{0{,}5 \cdot 334\,000} \cdot \varDelta K_b$$
$$= 0{,}775 \cdot \varDelta K_b;$$

zwischen Fall a und Fall c:

$$\varDelta K_a = \frac{129\,600}{0{,}5 \cdot 285\,000} \cdot \varDelta K_c,$$
$$= 0{,}91 \cdot \varDelta K_c.$$

M. a. W.: Die durch Verstärkung der Leitung entstehenden Mehrkosten betragen nur 78 bzw. 91 vH derjenigen einer mehr oder minder vollkommenen Kompensation.

Auch diese Rechnung bestätigt nur das schon oben erzielte Ergebnis: für Mittelspannungsanlagen ist die Kompensation durch Blindgeneratoren zur Leistungssteigerung in der Regel kaum wirtschaftlich anwendbar.

Noch ungünstigere Ergebnisse würde man erhalten, wenn die Rechnung für ältere Niederspannungsnetze durchgeführt würde. Erlangen die Werte der Nr. 19 und 30 (Leitungsverluste und deren Kosten) gegenüber den anderen Werten überragende Bedeutung, so verschiebt sich das Bild zugunsten der Aufstellung von Blindgeneratoren. Das könnte in Höchstspannungsanlagen der Fall sein, zumal bei diesen der Einfluß der Eigenkapazität im Sinne der Verringerung der zusätzlichen Blindleistung wirkt. Das Projekt einer Kraftübertragung von 50 000 kW auf 250 km (S. 203) zeigt jedoch, daß auch hier bei richtiger Bemessung besondere Blindleistungsgeneratoren sehr wohl entbehrt werden können.

Eine grundsätzliche Änderung tritt jedoch dann ein, wenn durch die Kompensation nicht nur das unmittelbar kompensierte Netz, sondern auch ein vorgeschaltetes Netz beeinflußt wird. Erhält beispielsweise die vorstehend behandelte 30 000 V Anlage ihren Strom nicht unmittelbar vom Kraftwerk, sondern aus einem 100 000 V Netz, so kommt die Kompensation gewissermaßen beiden zugute; die Wirkung wird also annähernd verdoppelt. Speist die 30 000 V Anlage wiederum ein Niederspannungsnetz und wird die Kompensation in diesem vorgenommen, so tritt eine noch wesentlichere Verbesserung ein, weil ihre Wirkung sich jetzt auf alle drei Netze erstreckt. Man wird allerdings in letzterem Fall von der Aufstellung besonderer Blindgeneratoren in der Regel absehen, vielmehr bestrebt sein, die Kompensation unmittelbar beim Verbraucher durch Verbesserung der Phasenverschiebung der angeschlossenen Motoren vorzunehmen. Hierfür bieten sich verschiedene Wege.

Die Verbesserung der Phasenverschiebung kann durch den nachträglichen Einbau von Phasenreglern vorgenommen werden, die zweckmäßig so zu bemessen sind, daß sie den gesamten Blindstrom der Anschlußanlage kompensieren. Tröger berechnet die Kosten für ein kompensiertes BkW einschließlich aller Zubehörteile und Montage auf etwa 22 $\mathscr{M}$ für einen 100 kW Asynchronmotor und auf etwa 9 $\mathscr{M}$ bei Anschluß an einen 1000 kW Asynchronmotor. Für große Blindgeneratoren von 10000 bis 20000 kVA betragen die Anlagekosten einschließlich Transformatoren, Zubehör, Montage und Gebäude etwa 13 bis 17 $\mathscr{M}$ je BkW. Die mittleren spezifischen Anlagekosten weichen daher in beiden Fällen wenig voneinander ab.

Nachdem es jedoch gelungen ist, Asynchronmotoren zu bauen, die den von ihnen benötigten Blindstrom selbst erzeugen, so sollte bei Neuanschlüssen der Verbraucher von vornherein veranlaßt werden, nur diese kompensierten Asynchronmotoren aufzustellen. Da sich aber der Preis dieser kompensierten Asynchronmotoren nur unwesentlich höher stellt, als Phasenregler gleicher Leistung, so kommt auch bei einer nachträglich notwendig werdenden Verbesserung des Leistungsfaktors der Austausch nicht kompensierter Asynchronmotoren durch kompensierte in erster Linie in Frage.

Häufig ist der Verbraucher nicht ohne weiteres geneigt, die Kosten der Kompensation in Kauf zu nehmen; hierzu muß ihm der nötige Anreiz gegeben werden. Wenn auch die Verbesserung der Phasenverschiebung seiner eigenen Anlage zugute kommt und deren Verluste vermindert, so reicht dieser Vorteil doch nicht immer aus, um die ihm entstehende Mehrausgabe zu decken. Will man ihn gar veranlassen, voreilende Phasenverschiebung einzurichten, so muß der finanzielle Anreiz um so größer sein. Dieser kann entweder in einer einmaligen Geldentschädigung oder in Tariferleichterungen oder in beiden bestehen. Im allgemeinen wird man wohl bestrebt sein, auf dem Wege der Tarifabmachung für die Einrichtung der erforderlichen BkW Leistung zu wirken. Verständnisvolle Zusammenarbeit des Werkes mit seinen Verbrauchern ist jedenfalls erforderlich. Im allgemeinen wird wohl der m. W. zuerst vom Rheinisch-Westfälischen Elektrizitätswerk beschrittene Weg, nach dem nacheilende Blindbelastung bezahlt, voreilende vergütet wird, am raschesten zum Ziele führen.

6. Konstruktion der Freileitungen.

Die konstruktive Ausbildung der Freileitung läßt sich wie folgt gliedern:
- a) Spannweite,
- b) Beanspruchung des Materiales,
- c) Anordnung und Abstand der Leitungen,
- d) Leitungsmaterial,
- e) Isolatoren,
- f) Spreizung der Maste,
- g) Befestigung im Erdboden,
- h) Erdseile.

a) Spannweite.

Die für die Wahl der Spannweite anzuwendenden Grundsätze sind nachstehend besonders behandelt. Aus der Spannweite ergibt sich der Durchhang. Dieser und der Mindestabstand des untersten Leiters vom Erdboden sind maßgebend für die Höhe der Maste; auch die mechanische Beanspruchung (Leitungszug, Winddruck) hängt in erster Linie von der Spannweite ab, man wird deshalb beim Entwurf einer Freileitungsanlage von der zu wählenden Spannweite ausgehen müssen.

b) Beanspruchung des Materiales.

Die Beanspruchung des Materiales ist durch die Normen für Starkstromleitungen des Verbandes deutscher Elektrotechniker eindeutig festgelegt; es genügt deshalb an dieser Stelle der Hinweis hierauf.

c) Anordnung und Abstand der Leitungen.

Die erwähnten Normen geben in ihrer neuesten Fassung eine Formel, die den gegenseitigen Leitungsabstand von dem Durchhang abhängig darstellt; sie ist rein empirisch gewonnen, indem sie sich an die im Freileitungsbau gewählten und durch die Praxis als ausreichend gefundenen Werte genau anschließt. Die früher in den Vordergrund gestellte Abhängigkeit des Leitungsabstandes von der Spannung kommt mittelbar dadurch zur Geltung, daß man bei höherer Spannung in der Regel die Spannweite und damit auch den Durchhang vergrößert. Ebenso wird die Abhängigkeit vom Querschnitt mittelbar dadurch berücksichtigt, daß der Durchhang mit zunehmendem Querschnitt abnimmt und daher der Leitungsabstand für größere Querschnitte kleiner bemessen werden kann. Ein von der Betriebsspannung abhängiges Zusatzglied, das aber nur für Spannungen von 30 000 V aufwärts merkliche Werte annimmt, soll dem Umstand Rechnung tragen, daß bei höheren Spannungen nicht nur ein Zusammenschlagen der Leitungen, sondern ihre Annäherung bis zum Überschlag verhütet werden muß.

Werden Leitungen verschiedenen Materiales und Querschnittes an demselben Gestänge verlegt, was im allgemeinen vermieden werden soll, so muß namentlich bei Hängeisolatoren und großen Spannweiten, durch Zeichnen von Ausschwingungskurven der erforderliche Abstand und die günstigste Leitungsanordnung ermittelt werden.

Für hohe Übertragungsspannungen ist der Mindestabstand bei gegebenem Querschnitt der Leitungen durch die Koronaverluste begrenzt, d. h. es gibt in jedem Falle einen Wert für den Leitungsabstand, der nicht unterschritten werden darf, wenn die Koronaverluste nicht unzulässige Werte annehmen sollen.

Abb. 75. Holzmast mit gemeinschaftlichem Isolatorenträger aus U-Eisen, der gleichzeitig die Stützen leitend verbindet. Jockenholz, Celle. SSW.

Für die Abhängigkeit der Verluste von Spannung, Leitungsabstand und Durchmesser der Leitungen hat Peek auf Grund umfangreicher Versuche eine empirische Formel aufgestellt, die auch den Einfluß der Temperatur und des Luftdrucks berücksichtigt. Die Verluste sind dem Quadrat von $e - e_0$ proportional, wo e die Betriebsspannung, e_0 die sogenannte kritische Spannung bedeutet; sie steigen also sehr rasch, wenn die Betriebsspannung die kritische Spannung übersteigt. Letztere ist ihrerseits auch von der Oberflächenbeschaffenheit des Leiters (massiv oder verseilt, glatt oder rauh) und von der physikalischen Beschaffenheit der Luft und den jeweiligen Witterungsverhältnissen abhängig. Diese Abhängigkeit macht die Bestimmung der kritischen Spannung ziemlich unsicher, infolgedessen konnten feste Regeln für die Wahl des Leitungsabstandes bei hohen Spannungen bis jetzt nicht aufgestellt werden.

Abb. 76.

Abb. 77.

Abb. 76.
40000 V Leitung des Märkischen Elektrizitätswerkes auf hölzernen **A**-Masten, Spannweite 150 m, 3 Leitungen, 35 mm² u. Erdungsseil. AEG.

Abb. 77.
Märkisches Elektrizitätswerk. Zwei Drehstromleitungen, 40000 u. 10000 V, mit einem Erdungsseil auf hölzernen **A**-Masten, Spannw. 150 m. AEG.

Abb. 78.
Anlage Aachen, Tragmast, Höhe 16 m, 500 kg Zug, 3 Leitungen an Hängeisolatoren, 35000 V, 2 Fernsprechleitungen. SSW.

Abb. 78

9*

Ob es zulässig ist, auf Werte herunterzugehen, wie sie die Lauchhammer Anlage zeigt (rd. 1,80 m Leiterabstand für 100 000 V und 42 mm² Leitungsquerschnitt), ist zum mindesten zweifelhaft und stellt jedenfalls die Grenze des für kurze Leitungen noch eben Zulässigen dar. Wenn auch die Messungen ergeben haben, daß der gewählte Abstand noch unterhalb der kritischen Grenze der Koronaverluste liegt, so ist doch mit der Tatsache zu rechnen, daß beträchtliche Überspannungen auftreten können und daß man hierdurch auf den steilsteigenden Ast der Kurve gerät.

Es wird zwar behauptet, daß in der Steigerung der Ausstrahlung auch ein gewisser Selbstschutz der Leitungen insofern liegt, als die Überspannungsenergie automatisch in die Luft zerstreut werde. Da die Erfahrung fehlt, ob ein solches Verfahren zulässig und empfehlenswert ist und ob es nicht etwa leicht zur Lichtbogenbildung zwischen den Leitungen führt, sollte man deshalb bei der Wahl der Abstände vorsichtig vorgehen. Unter sonst gleichen Verhältnissen ist jedenfalls diejenige Leitung als betriebssicherer anzusehen, die die größeren Abstände aufweist.

In diesem Zusammenhange sei besonders noch auf die Gefahr hingewiesen, die infolge teilweiser oder vollständiger Überbrückung des Zwischenraumes durch Fremdkörper (Vögel, Baumäste usw.) als häufigste Ursache der Störung entsteht, und es ist zunächst zweifellos, daß sich diese Gefahren mit steigendem Abstand der Leitungen mehr als proportional vermindern. Tatsächlich zeigt denn auch die Erfahrung, daß die Leitungsanlagen höherer Spannung (also mit größerem Abstand) trotz des kleineren Sicherheitsgrades wesentlich betriebssicherer sind als die mäßiger Spannung. So ist z. B. die Zahl der Störungen auf den 40 000 V

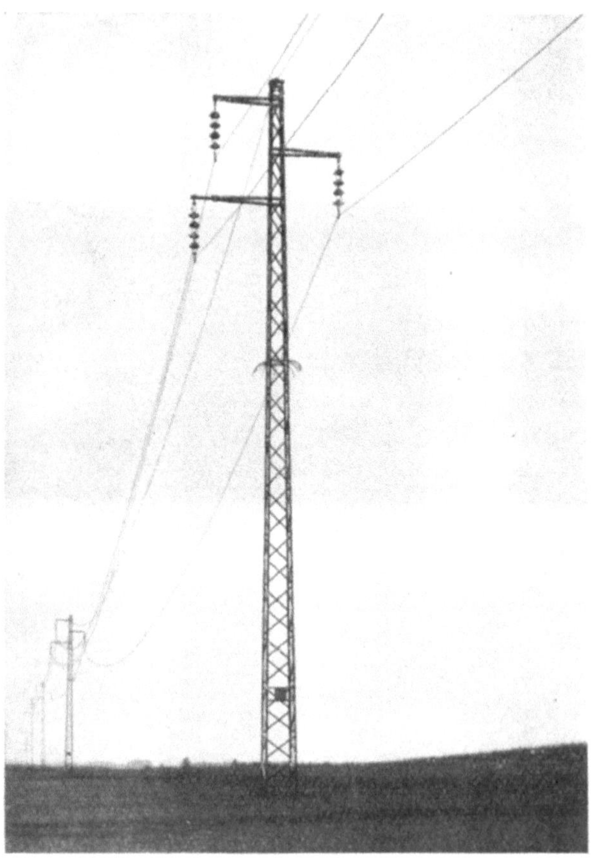

Abb. 79. Maste aus Eisenkonstruktion (Eisenwerk Martin Lamitz). 58 000 V Saalachleitung, nordöstlich Traunstein.

Leitungen des Märkischen Elektrizitätswerkes nur ein kleiner Bruchteil derjenigen auf den 10 000 V Leitungen, trotzdem letztere mit $4^1/_2$ fachem und erstere nur mit $2^1/_2$ fachem Sicherheitsgrad ausgeführt worden sind. Hinzu tritt der Umstand, daß das Verhältnis der auftretenden Überspannungen zur Betriebsspannung für niedrigere Spannungen wesentlich ungünstiger ist als für höhere.

Die räumliche Anordnung der Leitungen, d. h. ihre gegenseitige Lage und die zum Maste richtet sich in erster Linie nach ihrer Zahl und danach, ob Erdungsseile angewandt werden sollen oder nicht. Hat man lediglich drei Leitungen je Mast, so gibt die Anordnung im gleichseitigen Dreieck mit einer Leitung auf der Spitze des Mastes (Abb. 75) die naturgemäße Lösung. Ist ein Erdungsseil vorhanden oder sind die Leitungen an Hängeisolatoren montiert, so wird man zwei Leitungen auf einer, die andere auf der anderen Seite des Mastes ebenfalls im gleichseitigen Dreieck unterbringen (Abb. 76, 78—80). Gegebenenfalls kann das Erdseil auch auf einen besonderen Bügel über der höchsten Leitung liegen; diese muß dann durchgezogen werden (Abb. 109). Zum Zwecke der Verdrillung, die meist an den Abspannmasten erfolgt, können Leitungen ohne Erdungsseil an diesen entweder in horizontaler Ebene nebeneinander auf einem an der Spitze des Mastes befestigten Querträger oder in vertikaler Ebene übereinander (im Falle eines Erdungsseiles am besten in dieser Weise) befestigt werden. Handelt es sich aber um sechs Leitungen, so ergibt sich die einfachste Lösung, wenn auf jeder Seite des Mastes die drei zu einem Strom-

kreise gehörigen Leitungen übereinander liegen (Abb. 77). Diese Anordnung ist aber nur zulässig, solange die infolge unsymmetrischer Lage entstehende Veränderung der Spannungsvektoren bedeutungslos bleibt, wenn es sich also um Übertragungen mäßiger Leistungen auf mäßige Entfernungen handelt. Werden die Unterschiede der einzelnen Spannungen zu groß[1]), so muß man zur Anordnung im gleichseitigen Dreieck übergehen; sie ist zwar für die Lage von je drei Leitungen übereinander ebenfalls durchführbar und gibt sogar die elektrisch vorteilhafteste Lösung, wenn man je einen Leiter des Nebenstromkreises auf die andere Seite des Mastes verlegt. Man wird von dieser Anordnung jedoch nur ausnahmsweise Gebrauch machen, da es richtiger ist, getrennte Stromkreise auch auf getrennten Seiten des Mastes zu führen. Die Verdrillung ist bei kurzen Leitungen nur dann nötig, wenn diese längere Strecken parallel zu Fernsprechleitungen liegen. Bei langen Leitungen empfiehlt sie sich außer diesen Gründen auch wegen gleichmäßigerer Kapazitätsverteilung und zur Beseitigung der Symmetriestörung, die durch die Wirkung des einen Stromkreises auf den anderen entstehen kann; sie erfolgt für alle Leitungen am einfachsten an den Abspannmasten durch Anbringung der Leitungen zu je drei übereinander auf jeder Seite

Abb. 80. Maste aus Schleuderbeton (Dyckerhoff & Widmann A. G.). 60 000 V Fernleitung Gröba—Dresden.

des Mastes; dabei ergibt sich der gerade für die hoch beanspruchten Abspannmaste wichtige weitere Vorteil, daß die Querträger kurz werden.

Die Anordnung mehrerer Leitungen senkrecht übereinander bringt, namentlich bei großen Spannweiten, die Gefahr mit sich, daß bei plötzlicher Entlastung einer Leitung von anhaftendem Eis diese die darüber befindliche berührt. Für Leitungen an Hängeisolatoren besteht die gleiche Gefahr schon bei ungleicher Eislast in benachbarten Spannfeldern. Man macht daher in der Regel für 6 Leitungen den mittleren Querarm länger als die beiden anderen (Abb. 85, 90) und ist neuerdings bei

---

[1]) Über diese Frage hat Markovitch interessante Untersuchungen angestellt („La Lumière électrique" Nr. 31 vom 5. Aug. 1911 über „L'inductance et la chute de tension des lignes aériennes pour courants triphasés").

sehr großen Spannweiten zu der sogenannten Tannenbaumanordnung (Abb. 83, 88, 91, 92, 93) oder auch der umgekehrten Anordnung (Abb. 94) übergegangen. Ländern mit besonders starken Eislasten (manche Gegenden von Nordamerika, Schw den) verlegt man auch 3 oder 6 Leitungen in derselben Horizontalen nebeneinand

Abb. 82. Märkisches Elektrizitätswerk. Mastschalter für eine 40000 V Drehstromleitung, Betätigung durch Stahlseil, Abspannung der Leitungen an Tellerisolatoren.

Abb. 81. Märkisches Elektrizitätswerk. Mastschalter für 2 Drehstromleitungen.

unter Verzicht auf die elektrisch günstige Dreiecksanordnung (Abb. 95 bis 98, 1 105). Die hierbei erforderlichen Doppelmaste werden niedriger; in dichter bauten Gegenden dürfte jedoch der Grunderwerb Schwierigkeiten machen, obgle die von den Doppelmasten in Anspruch genommene Grundfläche nicht größer ist, die von einem Mast der bisher in Deutschland üblichen Anordnung.

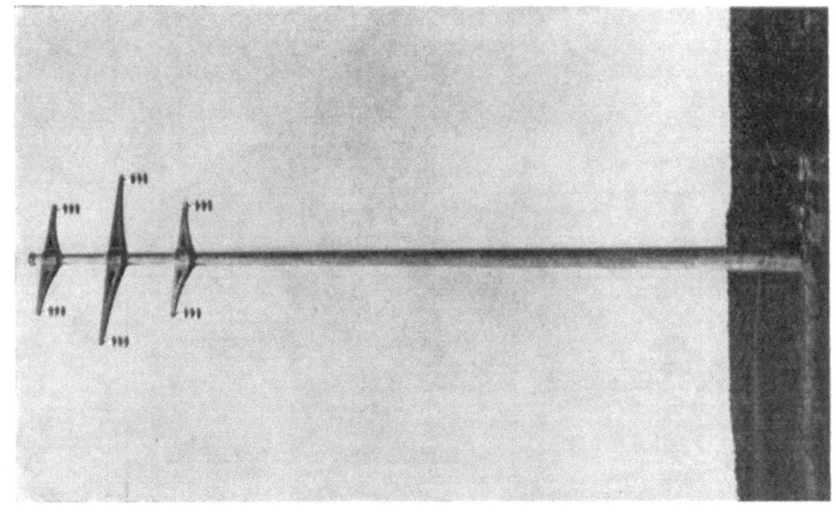

Abb. 85. Mast aus Schleuderbeton (Dyckerhoff & Widmann A.G.). Strecke Ottendorf der Leitungsanlage des E.V. Gröba.

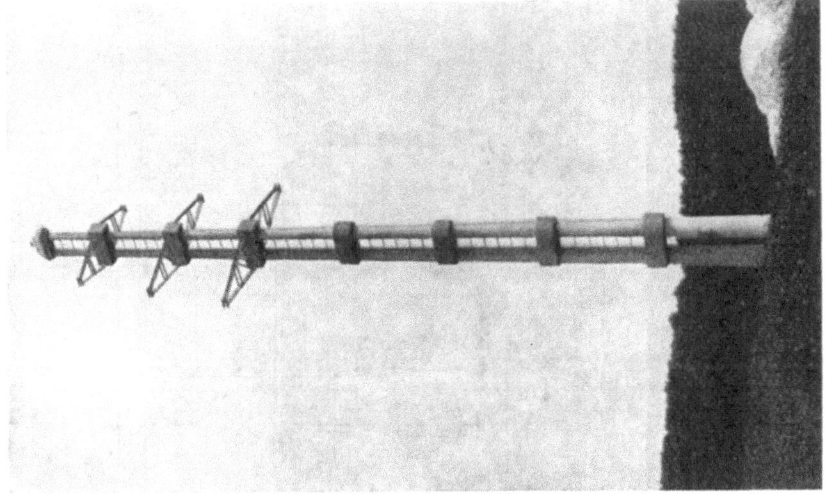

Abb. 84.

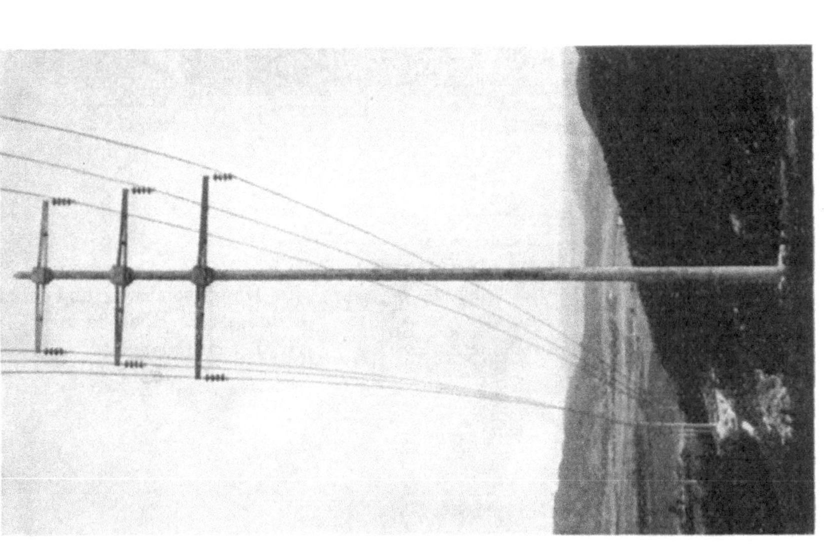

Abb. 83.

Abb. 83 u. 84. Maste aus Schleuderbeton (Dyckerhoff & Widmann A.G.). 50000 V Leitung, Strecke Ziegenrück—Burgau.

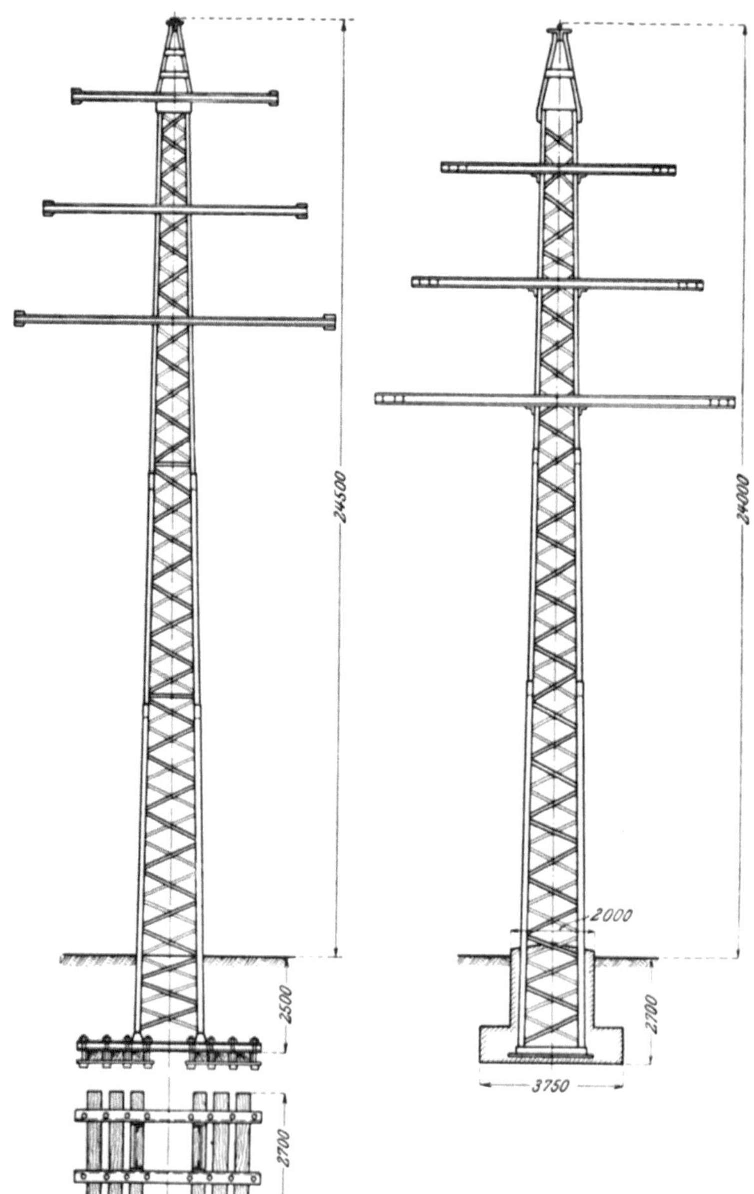

Abb. 86. Tragmast für Hänge-
isolatoren und Erdungsseil,
Höhe 24,5 m.
Schwellenfundament.

Abb. 87. Eck- u. Abspannmast
für Hängeisolatoren und
Erdungsseil, Höhe 24 m.
Betonfundament.

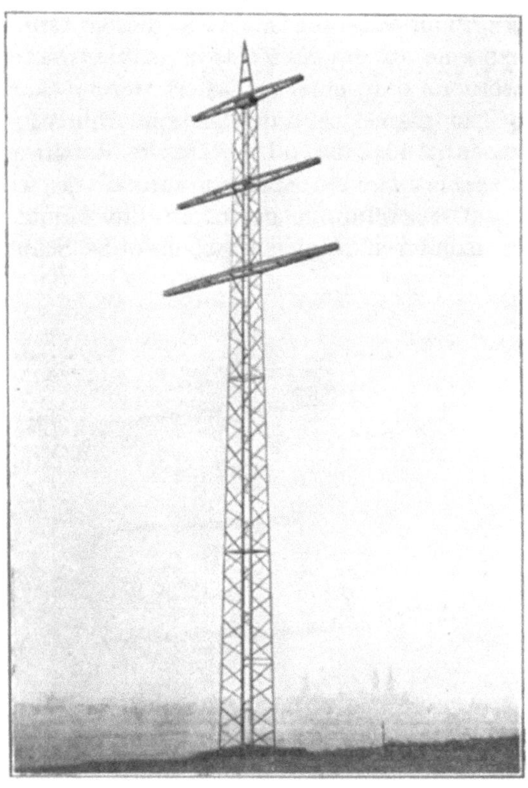

Abb. 89.
Tragmast der 70000 V
Leitung Anwil—Bott-
mingen. BBC. Die
mittleren Leitungen an
längeren Querträgern,
damit die Leitungen
beim Hochschnellen
nicht zusammenschla-
gen, wenn Rauhreif von
der unteren Leitung
plötzlich abfällt.

Abb. 88. Tragmast der 100000 V Leitungsanlage
des Bayernwerkes.

Abb. 90. Tragmast der 100000 V Leitungsanlage im
Gebiet des Rhein.-Westfälisch. Elektrizitätswerkes.

Abb. 91. Tragmast der 100000 V Leitungsanlage
der Staatlichen Elektrizitätswerke in Sachsen.

Abb. 75 bis 113 zeigen die Ausbildung von Mastköpfen nach diesen Grundsätzen. Sollen im Interesse der Kostenersparnis an einem Maste zwei voneinander unabhängige Stromkreise derart verlegt werden, daß einer repariert werden kann, wenn der andere noch im Betrieb ist, so hat man sich zuweilen zur Anbringung von Schutzgittern an den Masten entschlossen (Abb. 115 und 117). Die Reparaturmöglichkeit setzt aber großen Abstand der Leitungen vom Mast voraus, sie wird somit vorwiegend für hohe Spannungen zur Anwendung gelangen; die häufigste Reparatur, das ist der Ersatz fehlerhafter Isolatoren, läßt sich auch ohne Schutz-

Abb. 92 u. 93. 100000 V Leitung, Strecke Herlasgrün—Silberstraße. Lauchhammer.

gitter gefahrlos ausführen. Der Ersatz gerissener Leitungen verlangt allerdings größte Vorsicht und darf nur bei Windstille durch zuverlässige Leute bewirkt werden. Die vorher ausgelegte Leitung muß dann in dem zu spannenden Felde durch Seile geführt werden, damit sie nicht mit den unter Spannung befindlichen zusammenschlagen kann.

d) Leitungsmaterial.

Nach dem heutigen Stand der Technik kommt lediglich Kupfer und Aluminium bzw. Verbundseile aus Stahl und Aluminium in Frage.

Zweifellos spricht zugunsten von Kupfer der Umstand, daß für dieses Material die umfangreichsten und zeitlich längsten Erfahrungen vorliegen. Die Verwendung von Aluminium zum Leitungsbau, die sich auf einen Zeitraum von etwa 20 Jahren erstreckt, hat im Anfang vereinzelt zu Anständen geführt. Das Material zeigte nach einiger Zeit erhebliche Veränderungen und Rückbildungen zu Aluminiumoxyd, so daß die Leitungen ausgewechselt werden mußten. Die Ursache hierfür lag in der ungenügenden Auswahl des Rohmaterials unter Verwendung marktgängiger Ware, die nicht selten über 2 vH Verunreinigungen aufwies. Für die Fabrikation ist jedoch nur ein Material zu gebrauchen, welches eine Mindestreinheit von 99 vH aufweist und das einem Aluminiumwerk entstammt, in dem jede Schmelze der Aluminiumbarren gewissenhaft analysiert wird. Wird dann die Weiterverarbeitung zu Drähten in Werken durchgeführt, die Erfahrung in der Behandlung von Alumi-

nium besitzen, so hat man die Gewähr, daß Aluminiumseil und Kupferseil in bezug auf Haltbarkeit und Güte einander gleichwertig sind.

Die Einführung des Aluminiums wurde noch dadurch erschwert, daß die spezifisch geringere Festigkeit größere Durchhänge als bei Kupfer ergab. Dies führte zu hohen und verhältnismäßig teuren Masten. Man begnügte sich daher bei Aluminium vielfach mit einer zweifachen Sicherheit, während für Kupfer nach deutschen Normalien die 2,5fache Sicherheit gefordert wurde, indem man von der Überlegung ausging, daß als Sicherheit der Maste ebenfalls nur eine zweifache vorgeschrieben war. So wurde im wesentlichen die Verteuerung der Maste vermieden, allerdings auf Kosten der Sicherheit der Leitungen. Ein merklicher Fortschritt zugunsten des Aluminiums wurde durch den Übergang zu Verbundseilen erzielt, welche im Innern ein als Tragdraht dienendes Stahlseil von hoher Festigkeit besitzen. Hierbei erhält man unter Zugrundelegung der gleichen Sicherheit wie für Kupfer (2,5fach) angenähert die gleichen Durchhänge und Mastgewichte, wie bei dem äquivalenten

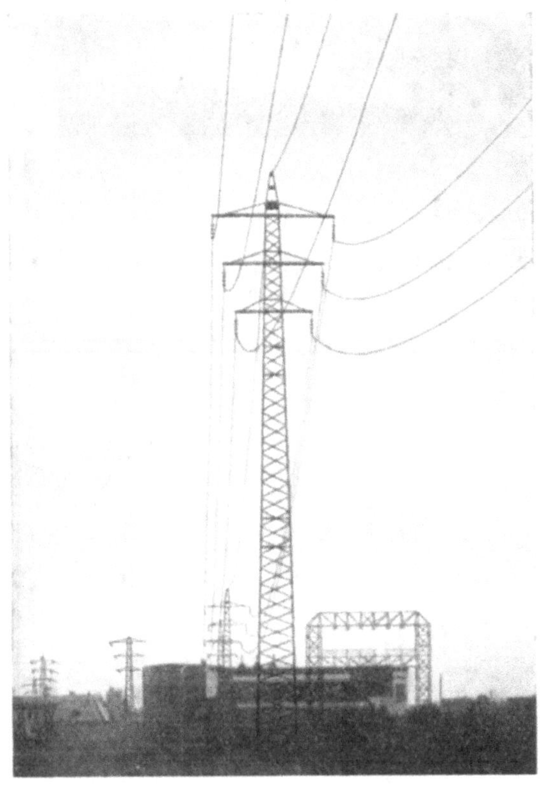

Abb. 94. Umgekehrte Tannenbaum-Anordnung. 60 000 V Leitungsanlage, Strecke Magdeburg–Stendal, ausgeführt von der Elektro-Baugesellschaft m. b. H., Dessau.

Kupferseil, und zwar unter der ungünstigsten Annahme, daß das Aluminiumseil überhaupt nicht mitträgt und die Leitfähigkeit des Stahlseils völlig vernachlässigt wird. (Die Vergleichswerte s. S. 205, 206, 209.)

Das Bedenken wegen der Gefahr der elektrolytischen Zersetzung, infolge der Verwendung von zwei verschiedenen Metallen, hat sich als unberechtigt erwiesen. Verbundseile älterer Konstruktion ergaben nach etwa 7jährigem Betrieb, daß die Stahlseele wie neu aussah und an den Aluminiumdrähten keine Veränderungen wahrnehmbar waren. Abgesehen von der Tatsache, daß durch die Auswahl des Stahlmaterials (120 kg Festigkeit) und die Verzinkung die Vorbedingungen für eine Zersetzung nach Möglichkeit ausgeschaltet sind, bietet die über die Stahlseele gezogene, geschlossene Doppellage von Aluminiumdrähten, wie die Erfahrung zeigt, einen natürlichen wasserdichten Schutz.

Abb. 95. Maste und Querträger aus Eisenkonstruktion.

Abb. 96. Maste aus Beton, Querträger aus
Eisenkonstruktion.

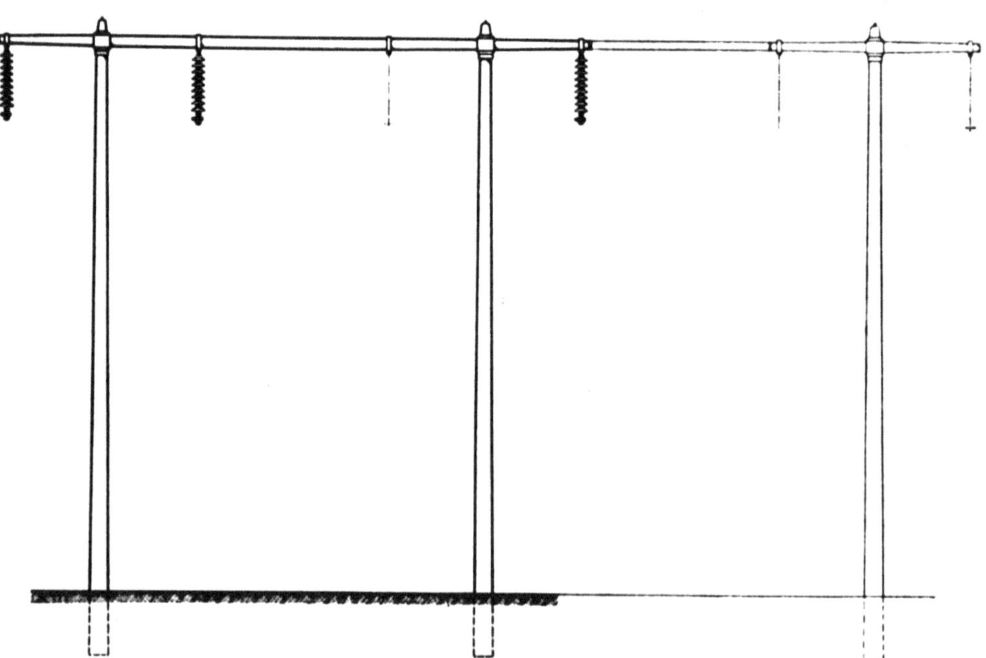

Abb. 97. Maste und Querträger aus Beton.

Abb. 95 bis 97. 220000 V Stammlinien der Staatlichen Kraftwerke Schwedens, Strecke Trollkättan–
Västerås. Alle Leiter (je 240 mm² Cu) in einer horizontalen Ebene. Für eine zweite Leitung kommt
eine dritte Mastreihe mit Querträgern und Anschlußstück zur Aufstellung.

Gegenüber Feuererscheinungen infolge von Überschlägen verhält sich Aluminium
weniger widerstandsfähig als Kupfer. Dieser Unterschied ist aber praktisch von
geringem Belang, weil moderne Hochspannungsleitungen durchweg mit Funkenlösch-
vorrichtungen gebaut werden und der durch einen Kurzschluß hervorgerufene Lichtbogen fast ausnahmslos das Abschmelzen der Leitung zur Folge hat, einerlei, ob diese
aus Kupfer oder Aluminium besteht.

Abb. 98. 100000 V Leitung, Tragmast, Hängeisolatoren. Central Colorado Power Co.

Abb. 99. Dreieckiger Eckmast mit Füßen und Ab-
spannketten.
Au Sabie Power Co.

Abb. 100. Doppelmast in Dreieckform mit Füßen.
Southern Power Co.

Abb. 101. Doppelleitung auf Tragmasten, hochliegendes Erdungsseil in der Mitte.
Great Northern Power Co., Minnesota.

Abb. 102. Beweglicher Zwischenmast
mit Stützisolatoren.
Rochester & Sodus Bay Power Co.

Abb. 103. Normaler Mast und Verdrillungsmast, Hängeisola
Great Western Power Co.

Abb. 105. Schwierige Eckmasten in hügeligem Gelände, doppelte Abspannketten. Great Falls Power Co., Montana.

Abb. 104. Bewegliche Zwischenmaste einer Versuchsanlage. General Electric Co.

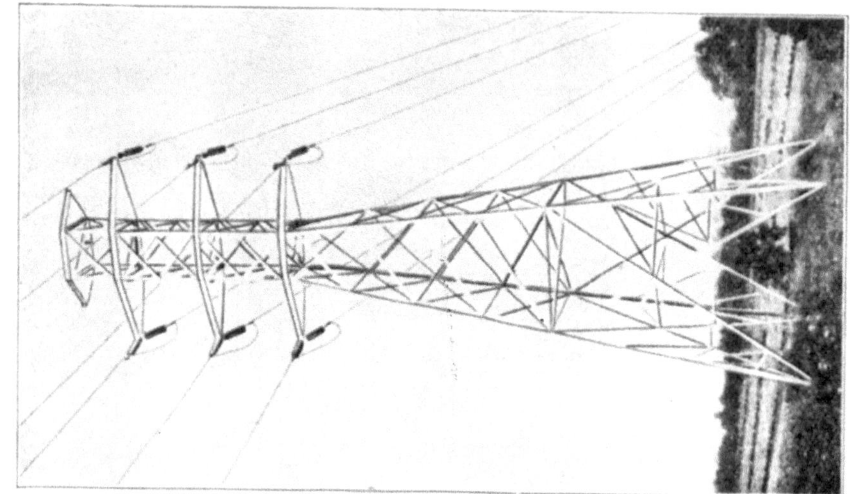

Abb. 108. Abspann-Zwischenmast mit Abspannketten und Erdungsseilen. Pennsylvania Water & Power Co.

Abb. 107. Vierfüßiger Eckmast mit doppelten Abspannisolatoren auf Betonfundamenten. Hydro Electric Power Commission of Ontario.

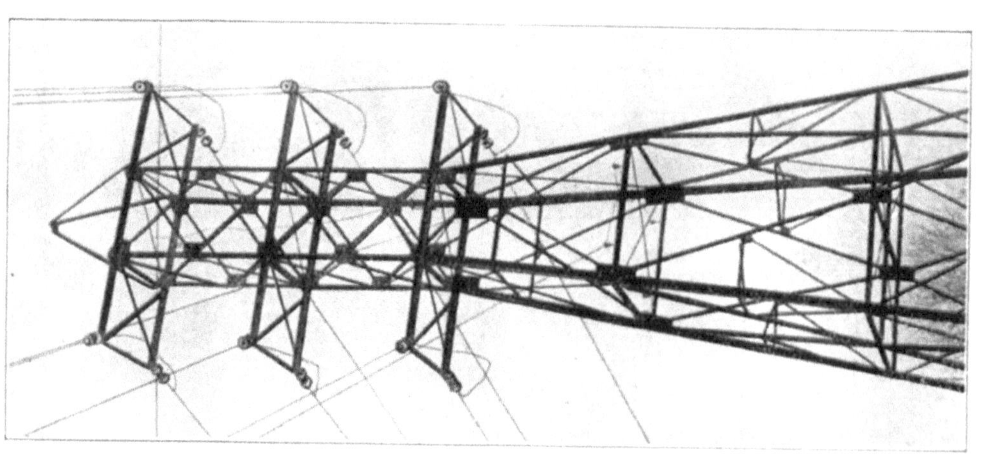

Abb. 106. Eckmast für eine Spannweite von ca. 400 m mit Erdungsseil. Schenectady Power Co.

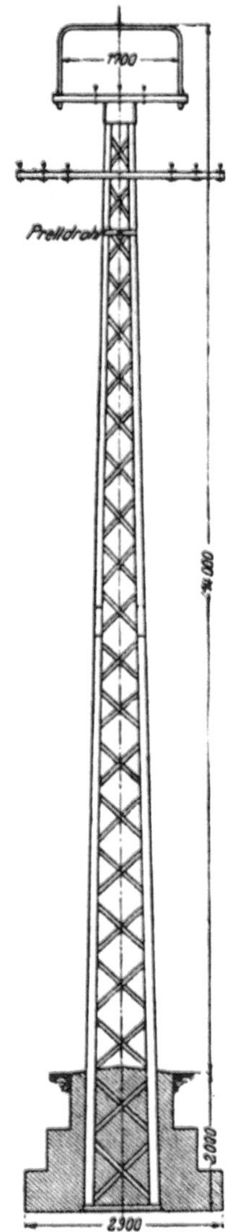

Abb. 109. U. C. Helmstedt, Harbker Kohlenwerke. Kreuzungsmast für 2 Leitungen mit Dreifachaufhängung an Stützisolator. 1 Erdungsseil auf besonderem Bügel, Höhe 14 m, 1800 kg Zug. Weserhütte.

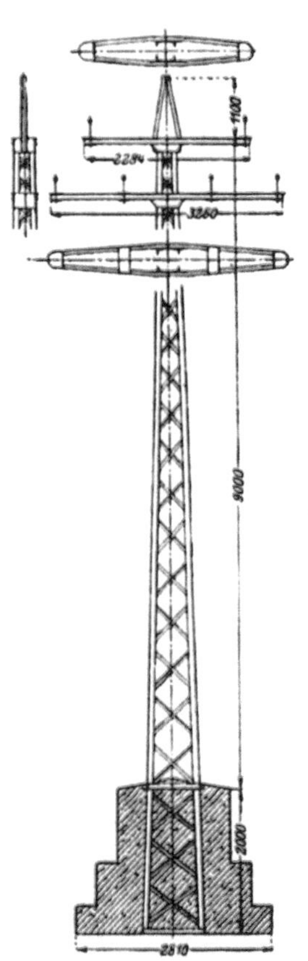

Abb. 110. E. W. Obererzgebirg. Eckmast für 6 Leitungen auf Stützisolatoren, 1 Erdungsseil, Höhe 9 m, 3000 kg Zug. Anordnung der Leitungen auf 2 Querträgern. Weserhütte.

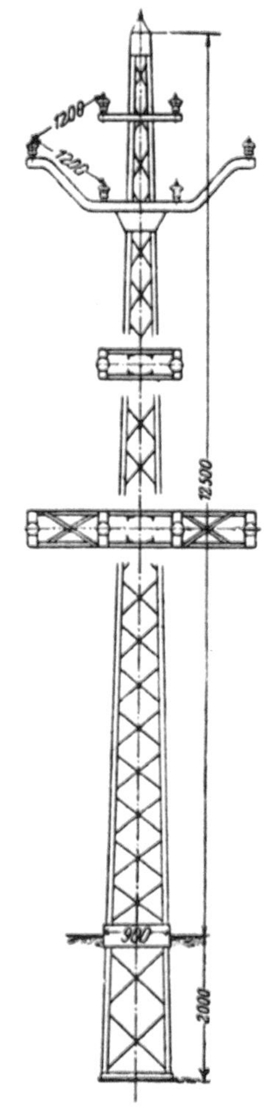

Abb. 111. Besondere Ausbildung der Querträger. Tragmast des Saalkreises Bitterfeld, Höhe 12,5 m, 300 kg Zug, 3 Leitungen auf Stützisolator., 1 Erdungsseil. Lauchhammer.

Der Vorteil geringerer Glimmverluste für Aluminiumseile fällt mit zunehmender Spannung derartig ins Gewicht, daß für 150 kV und mehr voraussichtlich nur noch Aluminium verwendet werden wird.

Bei dieser Sachlage hängt die Beantwortung der Frage, welches von beiden Metallen in einem bestimmten Fall zu verwenden ist, im wesentlichen von wirtschaftlichen Gesichtspunkten ab. Für deutsche Verhältnisse ist berechnet, daß unter Berücksichtigung sämtlicher Kosten für die betriebsfertige Leitung, die Anlagekosten in beiden Fällen praktisch einander gleich sind, sofern der Preis des Rohaluminiums etwa dem 1,3fachen Preis für Elektrolytkupfer entspricht. Hierbei ist allerdings der Wert des Altmaterials, durch den die Höhe der Abschreibung bestimmt wird, nicht berücksichtigt; für Altkupfer wird heute ein verhältnismäßig höherer

Preis bezahlt als für Altaluminium. Die Entwicklung scheint jedoch in absehbarer Zeit dahin zu führen, daß die Ungleichheit in der Bewertung des Altmaterials fortfällt.

e) Isolatoren.

Systematische Untersuchungen über die Verteilung des Potentials an Isolatoren und die elektro-statische Beanspruchung seiner einzelnen Teile, die zur Ermittlung zweckmäßiger Formen wünschenswert wären, sind bis jetzt nicht durchgeführt worden. Die heute verbreiteten Formen sind vielmehr auf empirischem Wege entstanden und durch Abänderung einzelner Maße lediglich in bezug

Abb. 112. Tragmast der Inawashiro Hydro Electric Co., Tokio, für 2 Drehstromleitungen und 1 Erdungsseil. Gespreizte Ausführung.

Abb. 113. Rechteckiger Tragmast (Weserhütte), Höhe 14 m, 1200 kg Zug, 6 Leitungen an Hängeisolatoren für 50000 V, 2 Erdungsseile, 2 Querträger für Kreuzen von 2 Fernsprechleitungen. Fundierung durch Holzschwellen. E.W. Westfalen.

auf Durchschlagsfestigkeit und Überschlagsspannung allmählich verbessert worden. Über die Wirkung und die zweckmäßige Form der Zwischenmäntel herrschen noch ziemlich unklare Vorstellungen; eine eingehende wissenschaftliche Prüfung dieser und der damit zusammenhängenden Fragen wäre eine lohnende und dankbare Aufgabe.

Nach vorliegenden Erfahrungen scheint sich das häufige Versagen zusammengesetzter Isolatoren, die in irgendeiner Form unelastisch fest miteinander verbunden sind, darauf zurückführen zu lassen, daß Temperaturdifferenzen (die einmal negativ, einmal positiv sein können, je nachdem der Isolator von außen erwärmt oder abgekühlt wird) Beanspruchungen in den außenliegenden oder innenliegenden Schichten der Scherbenoberfläche hervorrufen, die größer sind, als der Festigkeit, bzw. Elastizität des Materials entspricht. Mit anderen Worten: Temperaturbeanspruchungen wirken dann besonders schädlich, wenn entweder das Material nur verhältnismäßig

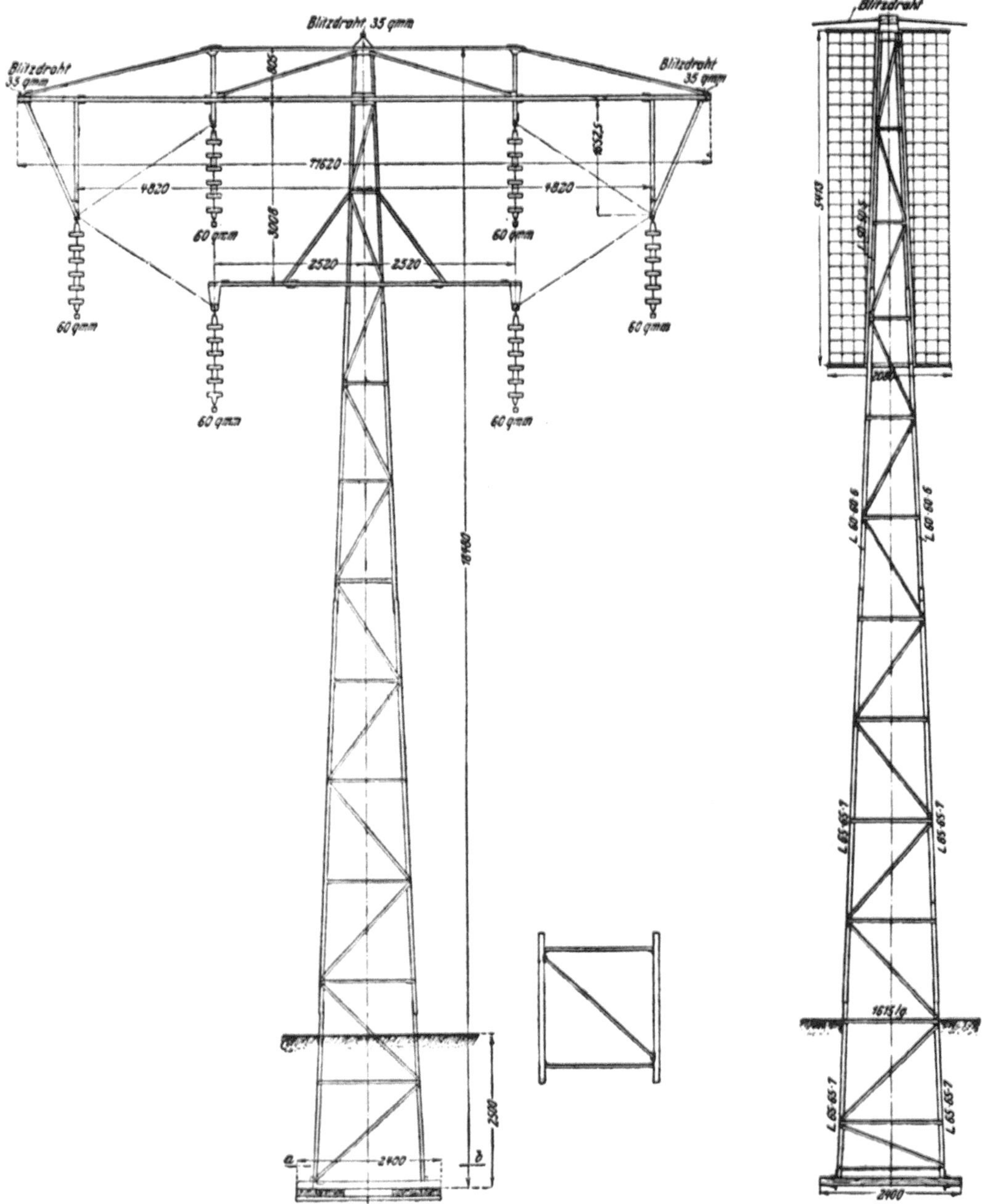

Abb. 114 u. 115. Zwischenmast für 2 Stromkreise, 80 000 V. Schutz für die Arbeiter.
Kraftwerk Vereeniging.

geringe Festigkeit hat oder wenn es verhältnismäßig unelastisch ist. Ein fest zusammengekitteter, aus mehreren Teilen bestehender Porzellankörper verhält sich in dieser Hinsicht mechanisch ebenso wie ein Porzellankörper von zu großer Wandstärke, wenn eben das Zwischenmittel entweder von Anfang an oder im Laufe der Zeit unelastisch gewesen oder geworden ist.

10*

Diese Tatsachen erklären das verschiedenartige Verhalten zusammengekitteter Isolatoren. Es ist trotzdem durchaus denkbar und wird durch die Erfahrung bestätigt,

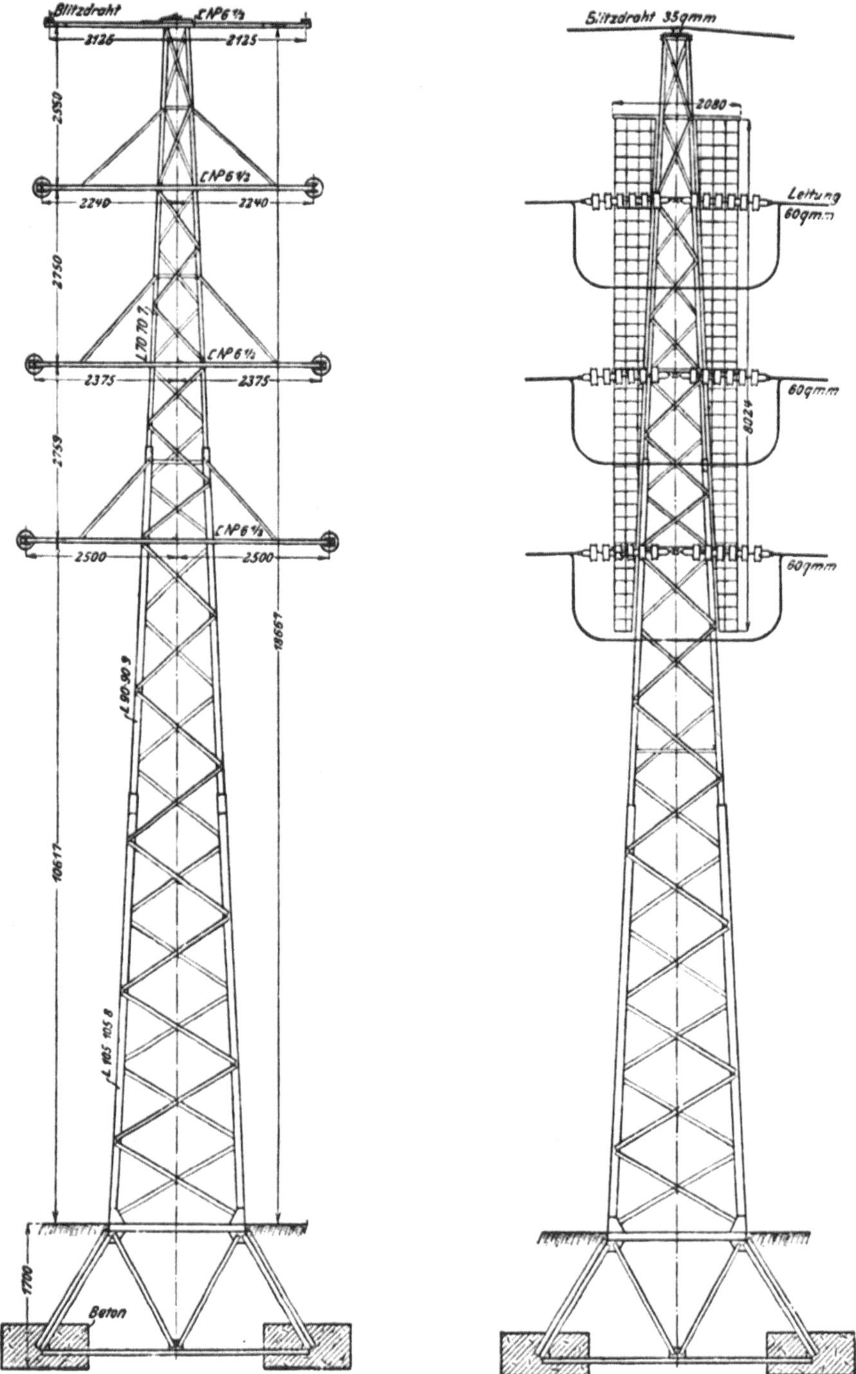

Abb. 116 u. 117. Abspannmast für 2 Stromkreise, 80 000 V, 1 Erdungsseil. Für Verdrillung der Leitungen eingerichtet. Schutznetz für die Arbeiter. Kraftwerk Vereeniging.

daß einzelne gut gehalten haben. Das muß der Fall sein, wenn entweder ein besonders gutes, gegen innere Beanspruchungen sehr widerstandsfähiges Porzellan oder wenn zufälligerweise ein Zement verwandt worden ist, der aus irgendwelchen,

heute noch unbekannten Ursachen seine Elastizität sehr lange bewahrt hat. Es ist
übrigens wahrscheinlich (wenn auch nicht sicher), daß die Elastizität des Zement-

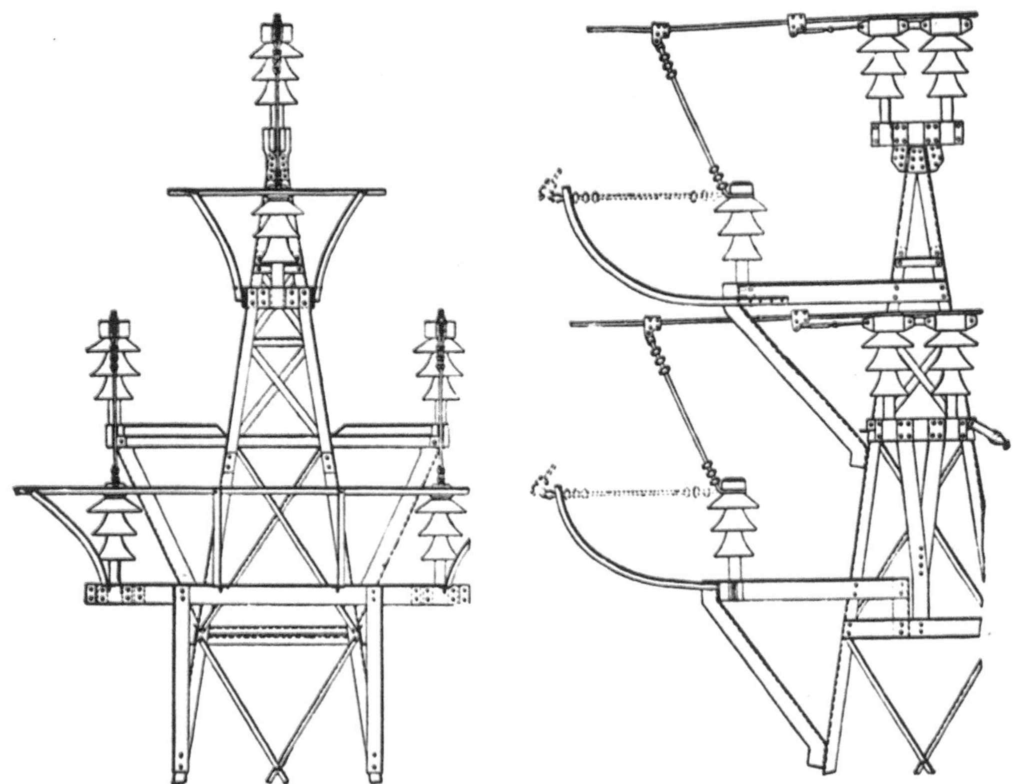

Abb. 118 u. 119. Einrichtung für automatische Erdung bei Bruch der Leitung. General Electric Co.

kittes von seiner Feuchtigkeit abhängt und daß frisch eingebrachter Zementkitt, der
gegen Austrocknen durch die Form der Porzellankörper sehr gut geschützt ist, weil
nur ein ringförmiger, sehr kleiner Spalt mit
der Luft in Verbindung steht, seine Elastizität
sehr lange bewahrt. Das völlige Austrocknen
findet erst nach Jahren statt, und zwar um so
später, je dünner die Zementschicht ist.

Dies Verhalten würde eine naturgemäße
Erklärung dafür geben, daß Isolatoren mit
starker Zementschicht erfahrungsgemäß viel
rascher zerstört werden. Treffen günstige Umstände zusammen, beispielsweise die Verwendung sehr festen und dabei verhältnismäßig
elastischen Porzellans und gleichzeitig die Anwendung einer sehr dünnen Zementschicht, so
ist es durchaus möglich (wie die Erfahrung
zeigt), daß mit solchen Isolatoren auch gute
Ergebnisse erzielt werden. Immerhin muß festgestellt werden, daß man bezüglich der Eigenschaften des Porzellans und der Stärke der
Zementschicht (ebenso betr. innerer Gleichmäßigkeit) einmal stark vom Zufall abhängt
und daß zweitens in jedem Falle die Bean-

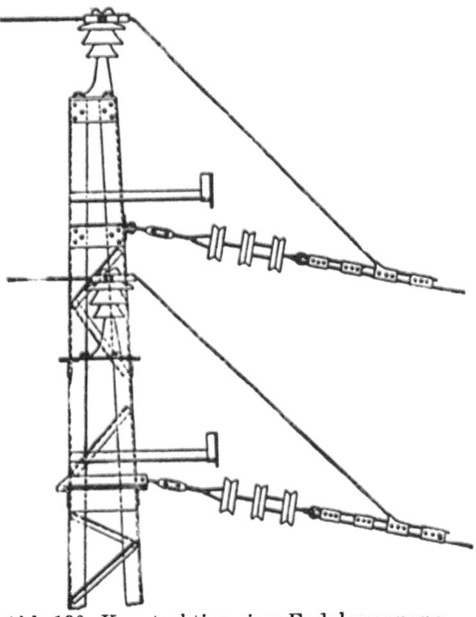

Abb. 120. Konstruktion einer Endabspannung.
General Electric Co.

spruchungen in unmittelbarer Nähe der überhaupt zulässigen Grenzen liegen. Das im Maschinenbau allgemein gültige Prinzip, mit der tatsächlichen Beanspruchung weit unterhalb der Festigkeitsgrenze zu bleiben, wird bei diesen Konstruktionen außer Kraft gesetzt.

Die Erkenntnis, daß die Unelastizität der Zementschicht zu einem Teil die Ursache der Zerstörung ist, hat nun zu dem Bestreben geführt, durch künstliche Mittel die Elastizität des Zwischenmittels zu steigern, indem Lacküberzüge, elastische Einlagen und ähnliches hinzugefügt wurden. Es ist aber um so mehr zu bezweifeln, daß durch solche Mittel wirklich eine Abhilfe geschaffen wird, als nicht feststeht, wie lange die Elastizität solcher Zwischenmittel tatsächlich erhalten bleibt. Da wiederum die Isolatorenkörper ständigen einseitigen Beanspruchungen durch Zug ausgesetzt sind, steht zu erwarten, daß das elastische Zwischenmittel an den Stellen, wo die Kräfteübertragung stattfindet, weggedrückt wird, so daß schließlich doch die Zementschicht wieder zur Anlage kommt. Die freie Ausdehnung des Porzellankörpers wird dann aber verhindert, weil der der Zugrichtung folgende Körper wegen der sehr großen Reibung zu den zusammenhängenden Oberflächen sich im Falle der Temperaturveränderung nicht wieder rückwärts bewegen kann, dies um so weniger, als die Reibungswinkel bei den vorliegenden Konstruktionen stets sehr flach ausfallen. Es wird also jedesmal, ganz abgesehen von den inneren Spannungen, die schon infolge von Temperaturdifferenzen in den einzelnen Scherben auftreten, bei jeder Zusammenkittung noch eine zusätzliche Beanspruchung hinzukommen, die sich eben aus der Tatsache ergibt, daß überhaupt Kitt zur Anwendung gelangt ist. Könnte man Isolationsmaterialien sehr großer Elastizität verwenden, beispielsweise Materialien von der Elastizität des Eisens, so würden alle diese Bedenken fortfallen.

Hieraus ergeben sich nun die technischen Folgerungen, die an zusammengesetzte Isolatoren gestellt werden müssen, unter der Voraussetzung, daß nun einmal mit der Anwendung eines in mechanischer Hinsicht ungeeigneten Materials, wie Porzellan, gerechnet werden muß.

1. Die Scherbenstärke muß möglichst gleichmäßig sein. Massenanhaufungen sind tunlichst zu vermeiden.

Schon bei der Herstellung bzw. beim Austrocknen der vorbearbeiteten Porzellankörper an der Luft (vor dem Brennen) ist die Anhäufung großer Massen an einzelnen Stellen unerwünscht. Wird nämlich der Austrocknungsprozeß zu rasch durchgeführt, so können hierbei schon Haarrisse entstehen, die sich der späteren Beobachtung völlig entziehen.

2. Die Scherbenstärke soll nicht größer sein, als sich nach der elektrischen und mechanischen Beanspruchung als notwendig ergibt.

3. Werden mehrere Porzellanscherben zu einem Körper verbunden, so sollen die Verbindungen so ausgeführt werden, daß der einzelne Scherben sich gegen den andern frei ausdehnen und zusammenziehen kann.

Hierzu ist zu bemerken, daß in doppelt so starkem Material wahrscheinlich wesentlich höhere Beanspruchungen als die doppelten auftreten, weil einmal an sich die Beanspruchungen ungünstig sind und zweitens die Durchwärmung des dünneren Scherbens rascher erfolgt, so daß die Temperaturdifferenzen an den Oberflächen kleiner ausfallen. Auch in dieser Hinsicht (Verhinderung gleichmäßiger Durchwärmung) wirkt jede Kittschicht ungünstig.

Aus Vorstehendem geht hervor, daß selbst sehr scharfe Prüfbestimmungen, die für den Anfangszustand genügt haben, keinen Rückschluß auf Dauerhaltbarkeit zulassen. Die Prüfung wird stets an frisch zusammengekitteten Isolatoren vorgenommen, und es ist deshalb ohne weiteres erklärlich, daß selbst Prüfungen auf große Temperaturunterschiede gute Ergebnisse gezeitigt haben, solange eben der frische Zementkitt infolge der vorhandenen Feuchtigkeit (oder aus anderen Ursachen) noch elastisch gewesen ist. Solche Prüfungen lassen eben keinen Rückschluß auf die Lebensdauer zu. Im Gegenteil: gerade die Tatsache, daß meistens nach erst vierjähriger Betriebszeit (selten früher, manchmal ein oder zwei Jahre später) Isolatoren, die anfänglich gut gehalten haben, zerstört worden sind, und daß sich bei der mikroskopischen Untersuchung im Porzellan feine Haarrisse gezeigt haben, läßt auf Strukturveränderungen der Kittmasse schließen. Es wäre sonst nicht verständlich, daß gerade Isolatoren, die besonders große Abmessungen aufwiesen, die also elektrisch und mechanisch besonders niedrig beansprucht waren, häufig eine viel kleinere Lebensdauer hatten als kleinere Typen für die gleiche Betriebsspannung.

Dieses Verhalten führt ebenfalls zu der Folgerung, daß weder äußere mechanische Kräfte noch elektrische Beanspruchungen die Ursache der Zerstörungen gewesen sind, daß vielmehr die Ursachen lediglich in inneren Kräften zu suchen waren, was nach Vorstehendem ohne weiteres verständlich ist.

Abb. 121. Aufrichten eines Abspannmastes der 70000 V Leitung Auwil—Bottmingen. BBC.

Für Anlagen bis etwa 50000 V, in vereinzelten Fällen auch bis zu 70000 und 80000 V, hat sich immer mehr der Stützisolator nach dem sogenannten Deltatyp eingeführt, der zuerst von der Porzellanfabrik Hermsdorf herausgebracht wurde. Er ist für höhere Spannungen aus mehreren Teilen zusammengesetzt, die fast ausschließlich mittels einer Zementsandmischung zusammengefügt werden. Durch die Herstellung aus mehreren Teilen wurde eine höhere Durchschlagsfestigkeit erreicht, weil der dünnere Scherben besser und gleichmäßiger hergestellt und jeder einzelne vor dem Zusammenbau einer Güteprüfung unterworfen werden kann. Einige Fabriken haben auf die Kittung verzichtet, sie brannten die einzeln getrockneten, nach Eintauchung in dickflüssige Glasur zusammengesetzten Teile zusammen. Die Glasur bildet also das Bindemittel. Es entstehen hierbei leicht zwischen den einzelnen Isolatorenteilen kleinere oder größere Hohlräume, die wohl in einigen Fällen nachteiligen Einfluß auf die Festigkeit des Isolators hatten, ihm jedoch, wie die Praxis lehrt, nichts schadeten, trotzdem theoretisch das Vorhandensein von Hohlräumen ungünstig ist.

In Amerika sind niedrigere und breitere Formen gebräuchlich. Die Forderung, die Stützen höher als die Halsrille zu führen, wird dort nicht erhoben. In Deutschland wird für diese amerikanische Type Propaganda gemacht, sie soll bei gleicher Sicherheit billiger sein als Deltaglocken.

Die Normung von Stützisolatoren für Spannungen bis 35000 V nebst den zugehörigen Stützen ist durch den Verband deutscher Elektrotechniker vorgenommen worden. Derselbe hat gleichzeitig Bestimmungen für die Prüfung solcher Isolatoren festgelegt.

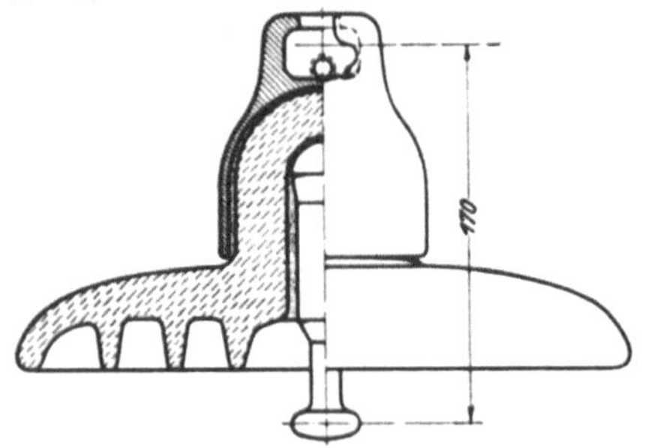

Abb. 122. Hängeisolator.

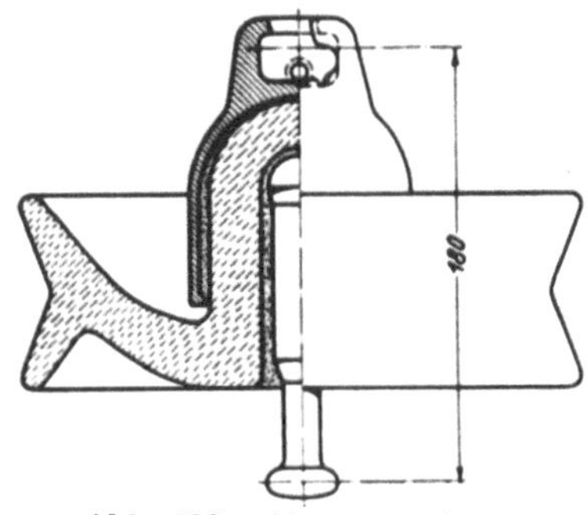

Abb. 123. Abspannisolator.

Abb. 122 u. 123. Kappentellerisolatoren mit festen Armaturen.

Für höhere Spannungen, etwa von 50000 V ab, haben mit wenigen Ausnahmen Gliederisolatoren Verwendung gefunden. Sie lassen sich grundsätzlich in zwei Gruppen teilen, die beide aus Amerika stammen, in Tellerisolatoren mit fest einzementierten Armaturteilen und in solche mit frei beweglichen Teilen. Da Unterschiede innerhalb der gleichen Gruppe von Isolatoren nur wenig ausmachen, genügt es, aus jeder Gruppe die gebräuchlichste Type zur Besprechung auszuwählen, das

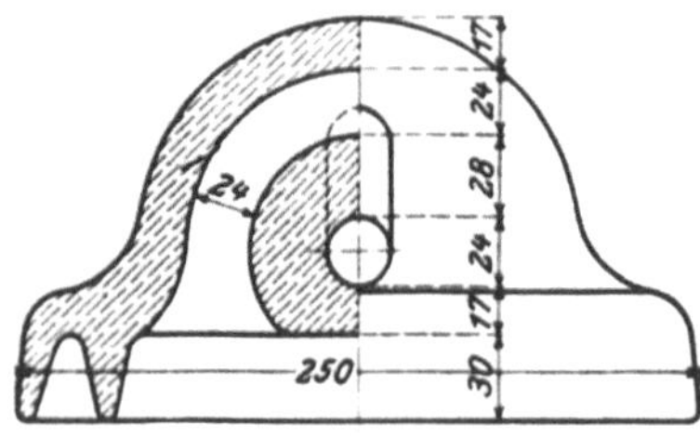

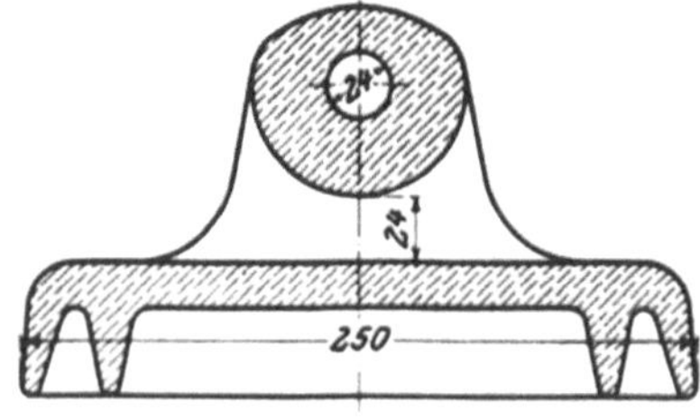

Abb. 124. Hängeisolatoren (Hewlett Type).

ist der Kappentellerisolator mit festen Armaturen (Abb. 122, 123) und der Hewlett-Isolator mit losen Armaturen (Abb. 124, 125).

Zur Verbindung der einzelnen Glieder der Kappentellerisolatoren dienen entsprechend geformte Klöppel und Fassungen, die aus Schmiedeeisen bzw. Temperguß hergestellt werden. Diese Teile werden mechanisch (Abb. 126 bis 128) oder mittels einer Zementmischung am Isolator befestigt. Bei den Hewlett-Isolatoren erfolgt die Befestigung mittels Seilschlingen, also ohne Kittmasse.

Abb. 125. Abspannisolator (Hewlett Type).

Abb. 124 u. 125. Hewlett-Isolatoren mit losen Armaturen.

Die Kappenisolatoren, mit denen längere Betriebserfahrungen vorliegen, ergaben nach etwa 4—7 jährigem Betrieb eine schnell zunehmende Zahl von Fehlern. Von mehreren 100 000 Kappenisolatoren, die durch ein Unternehmen von verschiedenen erstklassigen Porzellanfirmen bezogen wurden, mußten im Laufe der Zeit etwa 30 vH ausgewechselt werden. Die gleichen Erfahrungen haben andere Gesellschaften gemacht. Vielfach hat man sich durch ständige Kontrollmessungen vor dauernden Betriebsstörungen schützen können. Für Ersatz einzelner fehlerhafter Glieder wurde dann sofort gesorgt, bevor die ganze Kette durchbrochen wurde. Die Fehler lassen sich fast ausnahmslos auf haarfeine Risse in der Porzellanmasse zurückführen, die wahrscheinlich durch mechanische Beanspruchungen zwischen Metall- und Porzellanteilen unter dem Einfluß dauernden Temperatur- und Wetterwechsels entstehen.

Von Hewlett-Isolatoren, die von deutschen Porzellanfirmen seit etwa 12 Jahren in großer Zahl geliefert worden sind, ist bis heute noch kein Isolatorfehler gemeldet worden. Hierzu sind auch zu rechnen große Lieferungen für die Victoria Falls & Transvaal Power Co. in Südafrika, deren Leitungen außergewöhnlich hohen atmosphärischen Beanspruchungen ausgesetzt sind. Die Hewlett-Isolatoren zeigen daher bis heute ein sehr bemerkenswertes Betriebsergebnis.

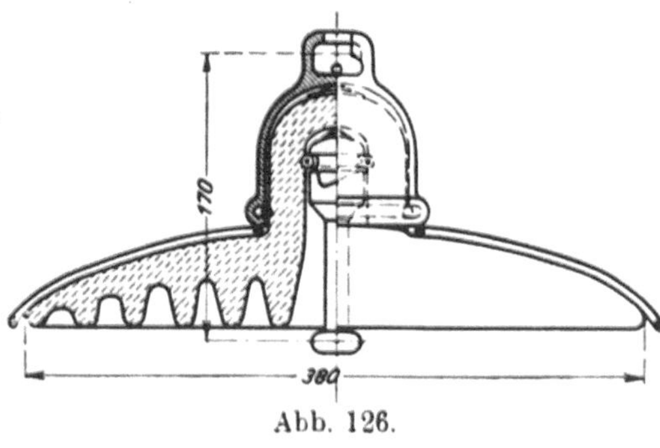

Abb. 126.

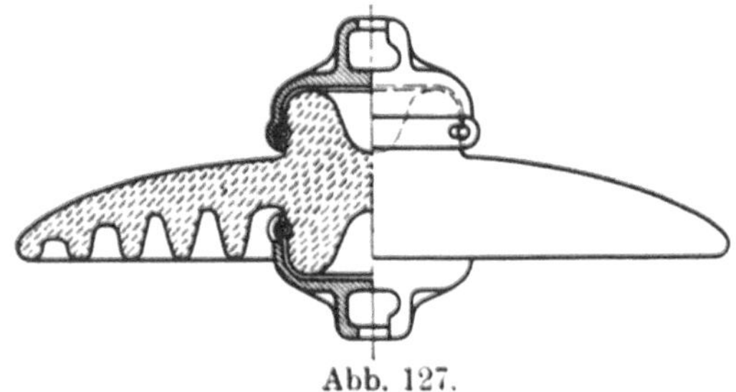

Abb. 127.

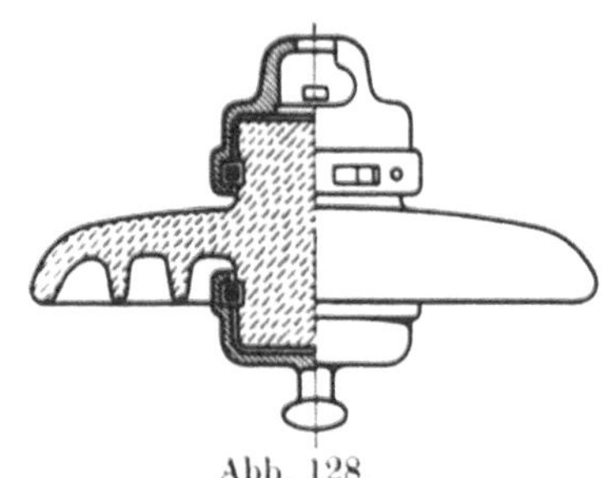

Abb. 128.

Abb. 126 bis 128. Tellerisolatoren mit mechanisch befestigten, losen Armaturen.

Wenn trotzdem an der Verbesserung des Kappenisolators gearbeitet und seine Verwendung befürwortet wird, so ist dies, abgesehen von rein geschäftlichen Gründen, auf Vorteile zurückzuführen, die ihnen auf Grund von Laboratoriumsversuchen, meist amerikanischen Ursprungs, zugesprochen werden, die aber durch in Deutschland angestellte Untersuchungen im wesentlichen Teil als abwegig erwiesen sind.

So ergibt der Kappenisolator auf dem Versuchsstand eine größere Bruchfestigkeit. Wird dies als richtig zugegeben, so genügt bei gleicher Sicherheit zur Leitungsabspannung in vielen Fällen eine Kette aus Kappenisolatoren, wo die Hewlett-Type zwei Ketten erfordert. In Wirklichkeit ist aber nicht die Zugfestigkeit des neuen Isolators maßgebend, sondern ihre Veränderlichkeit im Dauerbetrieb. Für Hewlett-Isolatoren ist diese gleich Null, dagegen nimmt sie für Kappenisolatoren eine Größe an, die sich jeglicher Kontrolle entzieht und zweifellos mit zu dem frühzeitigen Versagen beiträgt.

Ferner zeigt der Kappenisolator im Prüffeld eine größere Durchschlagsfestigkeit. Abgesehen davon, daß bei den neuesten Lieferungen von Hewlett-Isolatoren ähnliche Durchschlagswerte erzielt wurden, ist dieser Umstand bedeutungslos, sofern nur die Durchschlagsspannung überhaupt höher liegt als die Überschlagsspannung. Für Hewlett-Isolatoren, auch der ältesten Ausführung, wurde diese Bedingung stets erfüllt.

Vielfach wird die Überlegenheit des Kappenisolators auch mit seiner höheren Überschlagsspannung begründet, wobei man sich wiederum auf Laboratoriumsversuche, und zwar bei normaler Periodenzahl, beruft. Die veröffentlichten Ergebnisse weichen aber sehr voneinander ab, und soweit es sich um reine Laboratoriumsversuche handelt, ist eine gewisse Vorsicht in der Bewertung für Vergleichszwecke geboten. Ein gutes Resultat im Laboratorium läßt auch nicht ohne weiteres auf gleiche Resultate im praktischen Dauerbetrieb schließen, weil die Prüf- und Betriebsverhältnisse von so sehr vielen veränderlichen Faktoren abhängen, die sich schwer wiederholen oder nachmachen lassen. Kappenisolatoren der Hängetype zeigen jedenfalls für Wechselstrom von 50 Perioden eine höhere Überschlagsspannung als Hewlett-Isolatoren; für die Abspanntype dagegen dürften in den beiden Gruppen keine wesentlichen Unterschiede in der Überschlagsspannung bei dieser Periodenzahl bestehen.

In Wirklichkeit erfolgt aber die Beanspruchung auf Überschlag nicht bei normaler Periodenzahl, sondern unter Erscheinungen hoher Frequenz, für die sich vollkommen andere Überschlagswerte ergeben. Die nachstehenden Spannungen sind bei schlagartiger Entladung, also bei hoher Frequenz gemessen worden.

Zahl der Glieder je Kette	Überschlagsspannung bei 50 Per. in kV eff. trocken		Überschlagsspannung bei Schlagprüfung in kV Maximum naß und trocken	
	Hewlett-Type	Kappentype	Hewlett-Type	Kappentype
1	80 kV	90 kV	152 kV	151 kV
2	112 „	156 „	267 „	278 „
3	202 „	220 „	390 „	385 „

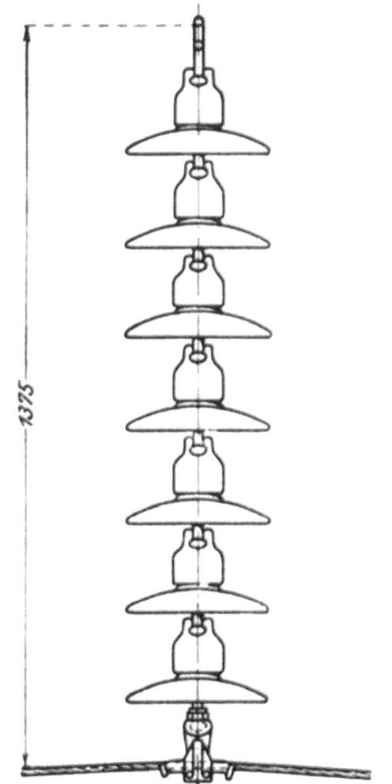

Abb. 129. Hängekette von Kappenisolatoren.

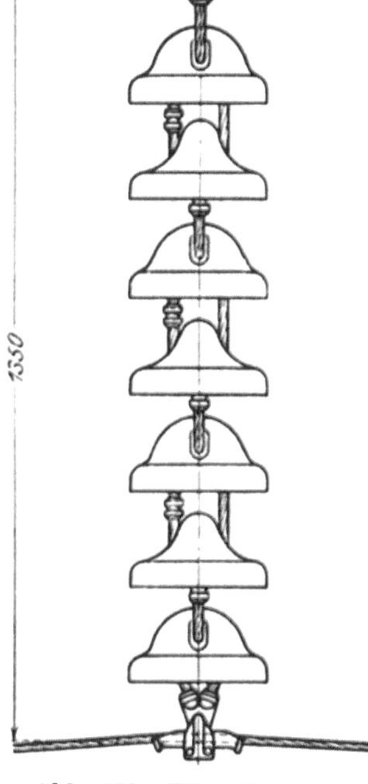

Abb. 130. Hängekette von Hewlett-Isolatoren.

Man ersieht hieraus, daß die Überschlagswerte bei hoher Frequenz, also unter Umständen, die der Wirklichkeit nahe kommen, für beide Isolatortypen praktisch einander gleich sind.

Besonders von amerikanischer Seite wird noch gegen die Hewlett-Isolatoren die ungünstige Spannungsverteilung auf die einzelnen Glieder einer Kette angeführt. Auffallend ist jedoch, daß die durch Versuche festgestellte übermäßige Beanspruchung des untersten Gliedes einer Kette, trotz langjähriger Betriebserfahrungen noch nicht bestätigt worden ist. Neuere Versuche haben zur Klärung dieses scheinbaren Widerspruches geführt. Erreicht nämlich der Spannungsunterschied zwischen den Metallteilen der Glieder einer Kette eine bestimmte Höhe, die noch innerhalb der zulässigen Beanspruchung liegt, so tritt eine schwache Ionisierung der Luft ein, die sich elektrisch als eine Minderung des Übergangswiderstandes darstellt. Infolgedessen erfolgt mit zunehmender Spannung automatisch ein Ausgleich der Spannungsverteilung über die ganze Kette, und zwar um so schneller, je kleiner die Eigenkapazität des Isolators ist. In dieser Beziehung ist also gerade der Hewlett-Isolator wegen seiner geringeren Eigenkapazität überlegen.

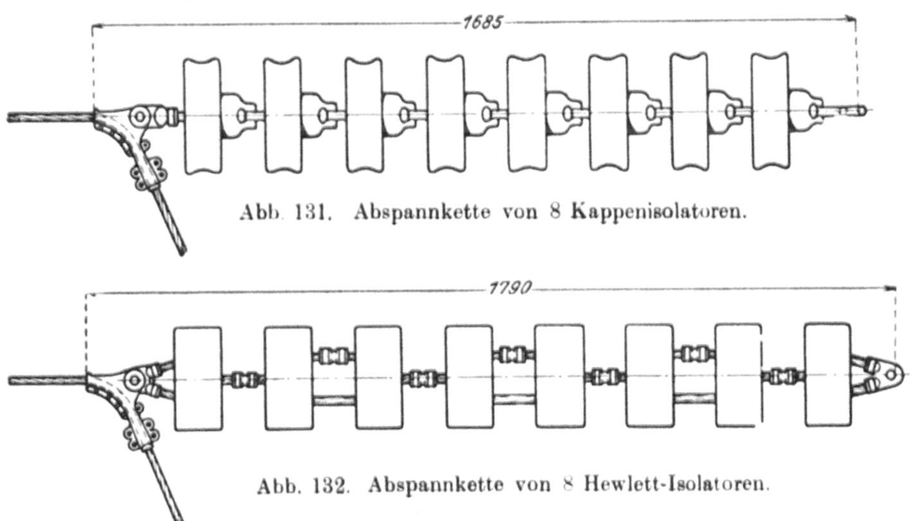

Abb. 131. Abspannkette von 8 Kappenisolatoren.

Abb. 132. Abspannkette von 8 Hewlett-Isolatoren.

Im praktischen Betrieb ist aber die gleichmäßige Spannungsverteilung bereits erfolgt, bevor die Anfangsspannung das meist beanspruchte Glied der Kette erreicht ist. Es zeigt sich nämlich, daß die geringen Verschmutzungen und Ablagerungen, abgesehen von Feuchtigkeitsniederschlägen, genügen, im Verhältnis zu dem Kapazitätsstrom der Kette so beträchtliche Oberflächenströme hervorzurufen, daß die Ungleichheit der Spannungsverteilung gemildert bzw. gänzlich beseitigt wird. Diese Überlegungen haben den Vorzug, durch Betriebserfahrungen als richtig bestätigt zu sein.

Je nach der Höhe der Betriebsspannung wird die Anzahl der einzelnen Glieder festgelegt.

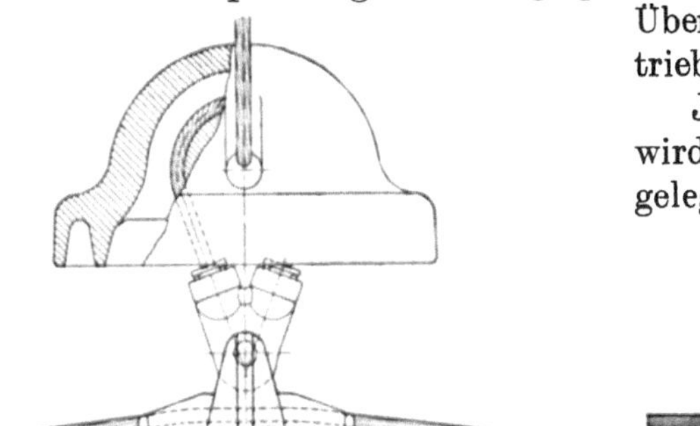

Abb. 133. Armaturteile aus Preßmessing für einen Hewlett-Hängeisolator, Tragklemme.

Es wurden in deutschen 100 000 V Anlagen in der Regel 6 bis 7 Kappenhängeisolatoren und 8 bis 10 Abspannisolatoren verwendet, wobei die Abspannisolatoren meistens besondere Formen zeigen.

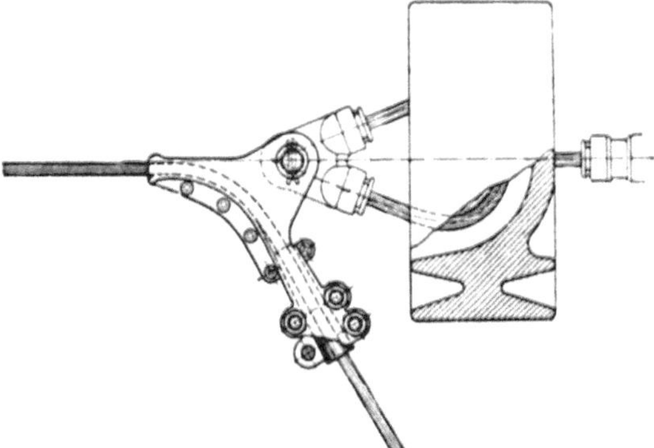

Abb. 134. Armaturteile aus Preßmessing für einen Hewlett-Abspannisolator, Abspannklemme.

Zu beachten ist, daß für gleiche Gliederzahl die Baulänge der Ketten mit Hewlett-Isolatoren größer ist als die mit Kappenisolatoren. Durch Verbesserung der Armaturteile ist jedoch die Baulänge auf das geringste Maß gebracht. So beträgt jetzt z. B. die Länge einer Hängekette mit 7 Hewlett-Gliedern 1350 mm gegen 1375 mm für die gleiche Kette mit Kappenisolatoren (Abb. 129, 130). Die in den Abb. 133 bis 137 dargestellten Normalkonstruktionen für Armaturteile haben sich im Betrieb bewährt. Sie sind fast ausschließlich aus Preßmessing hergestellt. Die Befestigung der Seilschlingen wird in allen drei Fällen durch den bekannten Bay-Verbinder bewirkt. Die Abspannklemme besitzt eine auf Keilwirkung beruhende Klemmvorrichtung; Schraub- oder Kerbverbindungen sind vermieden; die Zugfestigkeit des Seiles in der Klemme ist angenähert 100 vH, eine Nachregulierung der Spannung des Seiles ist in einfacher Weise möglich.

Maßgebend für die Bestimmung der für eine gegebene Betriebsspannung erforderlichen Isolatorengröße ist die Überschlagsspannung unter Regen bzw. Nebel. Der Sicherheitsgrad wird nicht für alle Betriebsspannungen gleich hoch gewählt; die Prüfspannung beträgt für 10 000 V etwa das 5,3fache, für 15 000 V etwa das 4fache, für 35 000 V etwa das 2,8fache der Betriebsspannung.

Der Sicherheitsgrad gegen Durchschlag, also das Verhältnis zwischen Durchschlag unter Öl zur Überschlagsspannung in Luft ist etwa 1,6. Aus fabrikationstechnischen Gründen werden Kappenisolatoren nicht mit mehr als etwa 25 mm Scherbenstärke ausgeführt (bei größerer Scherbenstärke trocknen die Isolatoren zu langsam, innere Spannungen können leicht zu Rißbildungen führen); hierdurch ist die Durchschlagsfestigkeit der Isolatoren bestimmt, sie beträgt bei gutem Porzellan ca. 150 000 V. Wird nun ein Sicherheitsgrad gegen Durchschlag von 1,6 gewünscht, so muß demnach der Isolator so gebaut sein, daß er trocken in

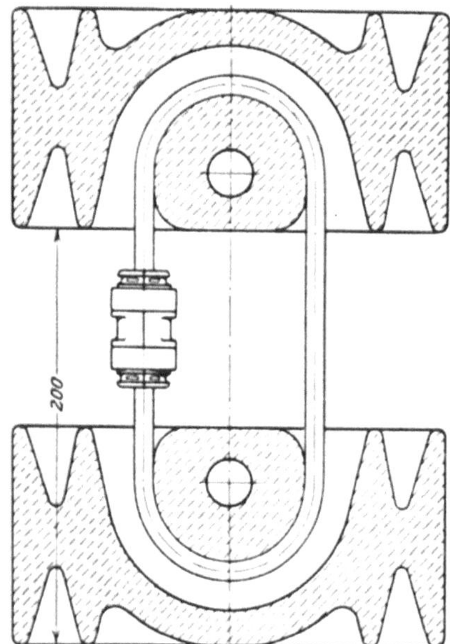

Abb. 135. Hewlett-Isolator mit Seilschlinge und Bay-Verbinder.

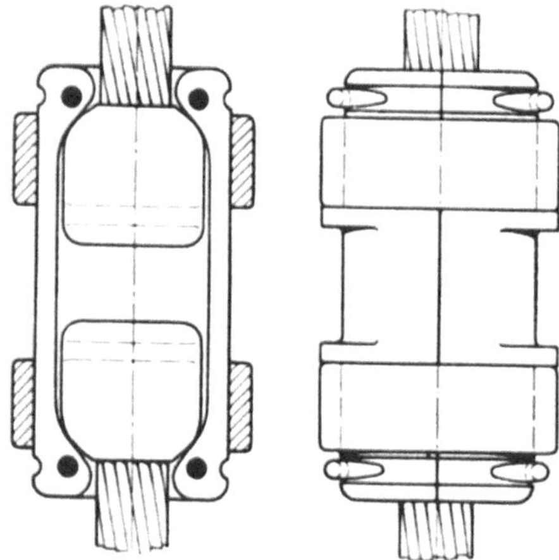

Abb. 136. Bay-Verbinder.

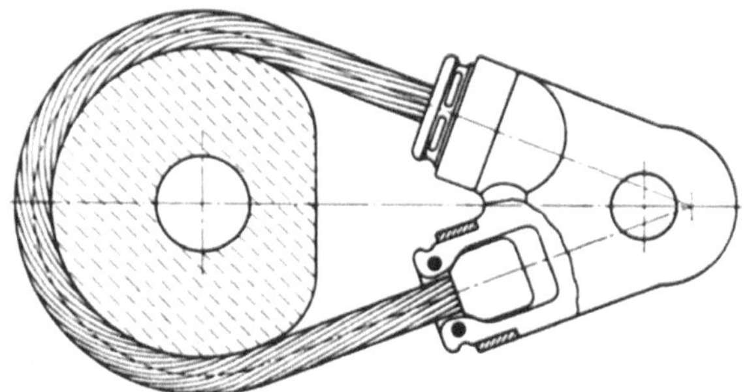

Abb. 137. Doppelseilschloß.

Luft bei 90 000 V überschlägt. Unter Regen wird der Isolator dann bei etwa 45 000 bis 50 000 V überschlagen. Die Rücksicht auf diese niedere Überschlagsspannung ist, wie vorerwähnt, bestimmend für die Anzahl der Glieder in einer Kette.

Sorgt man nun durch geeignete Vorrichtung dafür, daß der betreffende Isolator auch in trockenem Zustand bereits bei 50 000 V, also bei der gleichen Spannung wie unter Regen, überschlägt, so würde man sich mit gleichem Sicherheitsgrad von 1,6 mit 80 000 V Durchschlagsspannung begnügen können, oder man könnte den Isolator so bauen, daß die Überschlagsspannung unter Regen 90 000 V beträgt, und würde damit einen wirtschaftlichen Isolator erhalten. Der Durchmesser eines solchen Tellerisolators müßte natürlich größer sein als der bisher gebräuchliche (etwa 280 mm). Um die Überschlagsfestigkeit in trockenem Zustand und unter Regen gleich zu halten, ist es notwendig, die Flächen des Isolators, die unter Regen naß werden, von vornherein metallisch zu überbrücken. Dies kann durch einfache Schutzbügel (Abb. 138) oder durch Metallschirme erreicht werden, die außerdem die darunter befindliche Leitung vor Abbrennen und Herabfallen bei Lichtbogenüberschlägen schützen sollen.

Die Kapazität der Isolatoren wird offenbar durch die Anbringung von Schutzbügeln oder Schirmen verändert; die diesbezüglichen Versuche sind nicht abgeschlossen. Es ist aber anzunehmen, daß man für 150000 V auch mit 7 Hängeisolatoren großen Durchmessers und für 200000 V mit 8 bis 9 auskommen kann.

Abspannisolatoren verhalten sich unter Regen viel ungünstiger als Hängeisolatoren, weil ein größerer Teil der wirksamen Isolierfläche naß wird. Es ist deshalb für diese schwieriger, den verlangten Sicherheitsgrad unter allen Verhältnissen zu erzielen. Überschläge, die infolge völligen Verschneiens auftreten können, sind kaum ganz zu vermeiden.

Die Abnahme in den Porzellanfabriken erstreckte sich bisher auf Prüfung der Güte des Materials und auf mechanische und elektrische Festigkeit. Die Bruchflächen der Scherben müssen ein gleichmäßiges Gefüge zeigen; es dürfen keine Luftblasen zu sehen sein, das Material darf nicht porös sein, was durch Betupfung mit einer leichtfließenden farbigen Flüssigkeit festgestellt wird. Das Material darf nicht spröde sein, der Isolator muß Widerstandsfähigkeit gegen Schlag und Stoß besitzen; Normen hierfür sind jedoch bisher nicht festgelegt worden.

Es wird ferner gefordert, daß die Durchschlagsfestigkeit eines Isolators sich nicht ändern darf, wenn der zu prüfende Isolator 24 Stunden im Wasser gelegen hat.

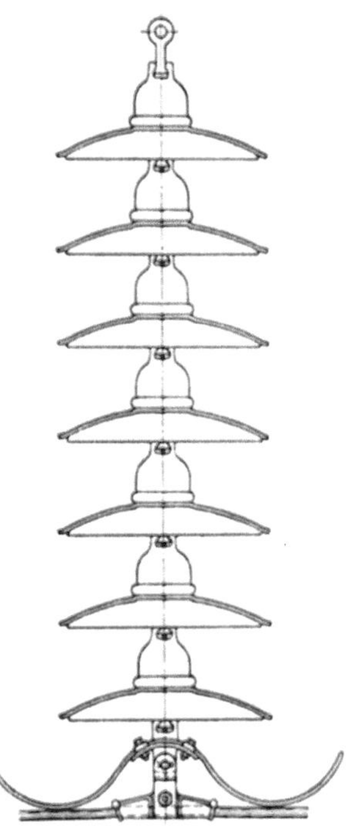

Abb. 138. Hängekette aus Kappenisolatoren mit Schutzbügeln.

Alle Gliederisolatoren der Kappentypen werden vor der elektrischen Prüfung mechanisch bis etwa 2000 kg geprüft. Mit einigen werden Zerreißversuche gemacht; in der Regel sind 2500 kg Festigkeit für Hängeisolatoren und 3500 bis 4000 kg für Abspannisolatoren vorgeschrieben. Hewlett-Isolatoren werden im allgemeinen nicht mechanisch geprüft, nur mit einzelnen Stücken werden Stichproben gemacht. Die elektrische Prüfung wird in der Weise ausgeführt, daß die Isolatoren in größerer Anzahl, 50 bis 80 Stück, gemeinsam einer 50periodischen Wechselspannung eine Viertelstunde lang ausgesetzt werden. Die Spannung wird so hoch gewählt, daß die Isolatoren vereinzelt überschlagen. Man braucht hierbei Rücksicht auf eine bestimmte Kurvenform der Prüfmaschine nicht zu nehmen, was erforderlich sein würde, wenn eine feste Prüfspannung unterhalb der Überschlagsfestigkeit der Isolatoren vorgeschrieben wäre.

Um die Durchschlagsfestigkeit der Isolatoren nachzuprüfen, werden etwa 0,5 vH der trocken geprüften Isolatoren durchgeschlagen, wobei die Spannung allmählich nach einer bestimmten Regel gesteigert wird, etwa alle 5 Sekunden um 10000 V.

Bei der Prüfung der Isolatoren auf vorgenannte Art zeigt sich nun, daß mit steigender Dauer der Prüfungen noch weitere Isolatoren durchschlagen werden, ohne daß Materialfehler festzustellen sind. Demnach kann nicht behauptet werden, daß diese Prüfungsart absolute Gewähr für das Ausmerzen von Materialfehlern bietet. Man hat deshalb verschiedene andere Prüfungsmethoden versucht, besonders in Amerika, wo Isolatorenfehler in noch weit höherem Maße als in Europa vorgekommen sind. Für die Prüfungen wurde z. B. hochfrequenter Wechselstrom verwendet, ferner sind Stoßprüfungen mit hochfrequentem Wechselstrom ausgeführt worden, um eine weit höhere Spannung als die normale kurzzeitig auf den Isolator zu werfen. Auch in Deutschland sind ähnliche Versuche im Gange. Besonders aussichtsvoll scheinen solche zu sein, bei denen eine hohe Gleichspannung schlagartig auf den Isolator wirkt. Hierbei werden die Isolatoren thermisch nicht beansprucht, im Gegensatz zu Prüfungen mit Hochfrequenz, bei der die Gefahr besteht, daß gesunde Isolatoren beschädigt werden, wenn die Zeitdauer der Prüfung nicht genau kontrolliert wird.

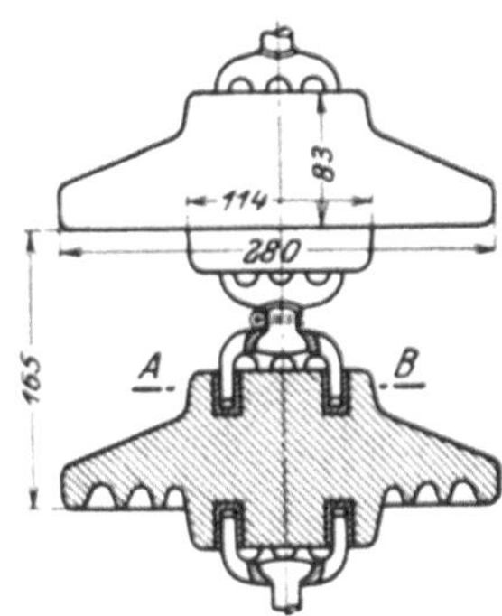

Abb. 139. Amerikanischer Isolator. Armaturen mit Blei befestigt.

An zusammengekitteten Stützisolatoren traten in den letzten 4 bis 6 Jahren umfangreiche Störungen auf, die auf die vorerwähnten Ursachen zurückzuführen sind. Neuerdings sind zur Abstellung dieser Mängel Konstruktionen entworfen, bei denen die Armaturteile ohne Kitt an den Isolatoren befestigt werden.

Eine Verbesserung der üblichen Kappenisolatoren stellt der Kugelkopfisolator der Porzellanfabrik Schomburg & Co. dar, bei dem der Klöppel im Innern des Isolators in einer Porzellankugel endigt, die lose auf dem Rande der kugelförmigen Erweiterung des Innenraumes aufliegt. Bisher liegen mit dieser allerdings noch nicht lange im Betrieb befindlichen Konstruktion günstige Erfahrungen vor.

In Amerika ist von einer Spezialfabrik ein neuer Isolator eingeführt worden, dessen Armatur mittels Blei im Isolator befestigt ist (Abbildung 139). Auch diese Isolatoren sind nicht lange genug im Betrieb, so daß ein Urteil über die Bewährung noch nicht vorliegt.

Bei den in Abb. 122, 123 und 126 bis 128 angeführten Konstruktionen wird das Porzellan auf Zug beansprucht. Der Isolator Type „Motor" mit Blechschirm (Abb. 140) hat eine Zugfestigkeit von 6000 bis 7000 kg und schlägt im nassen Zustand bei etwa 70 000 V über. Für eine Übertragungsspannung von 150 kV sind 4 Glieder erforderlich. Bisher hatte man sich immer gescheut, Porzellan anders als auf Druck zu beanspruchen. Vielleicht haben die Erfahrungen, die in der drahtlosen Telegraphie mit sogenannten Klöppelisolatoren gemacht worden sind, dazu beigetragen, daß man der Beanspruchung des Porzellans auf Zug nicht mehr so ablehnend wie früher gegenübersteht.

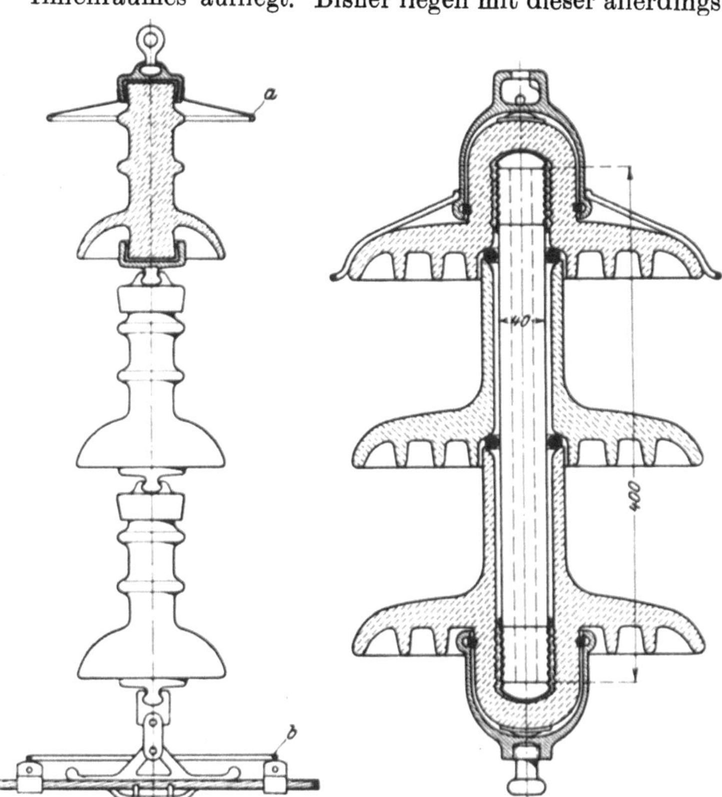

Abb. 140. Isolator Type „Motor" mit Blechschirm *a* und Schutzring *b*. BBC.

Abb. 141. Gliederisolator aus Hartpapier.

Eine Konstruktion, bei der die auf Zug beanspruchten Teile aus Hartpapier

Abb. 142.

Abb. 143.

Abb. 142. Telephon-Kreuzung. 2 Drehstromleitungen mit bruchsicherer Aufhängung nach Klingenberg und 4 Fernsprechleitungen, 30000 V. Anlage Lübeck. SSW.

Abb. 143. Elbtalzentrale. Postkreuzung, 3 Drehstromleitungen von 40000 bezw. 20000 V. Bruchsichere Aufhängung nach Klingenberg. 2 Fernsprechdrähte. AEG.

Abb. 144. Kraftwerk Laufenburg. Kreuzung von Bahn- und Fernsprechleitungen mit sechs 50 000 V Leitungen, 1 Erdseil. Bruchsichere Aufhängung nach Klingenberg. AEG.

Abb. 145. Straßenkreuzung mit bruchsicherer Aufhängung an Abspannisolatoren. Bergmann EW.

hergestellt sind, ist in Abb. 141 dargestellt. Isolatoren ähnlicher Konstruktion sind auch in Amerika verwendet worden. In Deutschland sind auf einer Strecke etwa 100 Versuchsisolatoren dieser Konstruktion aufgehängt, die seit Jahren ohne Störung in Betrieb sind.

Erwähnenswert sind schließlich noch Quarzisolatoren amerikanischen Ursprungs. Als Rohmaterial werden möglichst reine Silikate verwandt. Das geschmolzene Quarz ist ein ausgezeichneter Isolator, die Wärmeausdehnung ist sehr gering, so daß Metallteile mit eingegossen werden können. Eine Verwendung dieser Isolatoren in Amerika ist in größerem Umfange zu erwarten.

f) Spreizung der Maste.

Lassen die örtlichen Verhältnisse die Aufstellung weitgespreizter Maste zu, so sind diese enggespreizten vorzuziehen, weil sie billiger werden, infolgedessen darf auch die Spannweite (S. 174) bei ersteren etwas kleiner sein als bei letzteren. Handelt es sich um Leitungen mäßiger Spannung, die meistens an Straßenrändern errichtet werden, so steht ohnehin selten genügend freier Raum zur Aufstellung weitgespreizter Maste zur Verfügung. Aber auch bei Leitungen höherer Spannung, die unter Vermeidung der Landstraße quer durch die Felder verlegt werden, begegnet man großen Schwierigkeiten, weil die Bestellung der Felder zu sehr behindert wird; enggespreizte Maste lassen sich leicht an den Grenzen der Äcker so aufstellen, daß ein Hindernis nicht eintritt.

g) Befestigung im Erdboden.

Sobald einfaches Eingraben der Maste und Feststampfen im Erdboden nicht mehr ausreicht, um das durch den Spitzenzug ausgeübte Biegungsmoment aufzunehmen (Abb. 146), werden besondere Maßnahmen nötig, die früher fast ausschließ-

Abb. 146. Beispiel einer Wegekreuzung. Eingegrabene, gespreizte Holzmaste.

lich in der Herstellung eines betonierten Fundamentes bestanden (Abb. 87, 109, 110, 163). Neuerdings will man Betonfundamente möglichst vermeiden, weil ihre Herstellung teuer wird und die Fertigstellung der Anlage verzögert, man bildet demgemäß besondere Mastfüße aus. Tragmaste, die wesentlich nur in der Richtung senkrecht zur Leitung beansprucht werden, erhalten deshalb in der Breite größere Spreizung (Abb. 98 bis 101). Sind die Kräfte noch verhältnismäßig klein, so genügt bei diesen manchmal eine Vergrößerung des Kantenwiderstandes durch vorgelegte Holzschwellen, armierte Betonplatten oder ähnliches, die am Fuße des Mastes und dicht unter der Erdoberfläche angebracht werden (Abb. 86, 113, 114). Reicht dieses Mittel nicht aus, so führt die Vergrößerung der Spreizung unter der Erdoberfläche und Aufnahme der Kräfte durch angeschraubte plattenförmige Körper (U-Eisen, Zores-Eisen, armierte Betonplatten und ähnliches) zum Ziele (Abb. 116, 117, 162); manchmal wird auch eine Aufteilung des Fußes in Einzelfüße zur Erreichung desselben Zweckes angewandt. Für weitgespreizte Maste läßt sich die Fundierung entsprechend leichter ausführen, weil der Mast selbst Füße erhalten kann, die dann einzeln fundiert werden (Abb. 155, 156, 164, 166). Handelt es sich um Aufstellung besonders schwerer Maste, so wird der Mastfuß zunächst fertig fundiert, darauf wird der liegende Mast einseitig drehbar an dem Fuß befestigt und dann hoch gerichtet (Abb. 121, 157 u. 158). Leitungsanlagen, für die Überseetransport oder weite Landtransporte in Betracht kommen, werden erst an Ort und Stelle zusammengesetzt. Macht die Beschaffung geschulter Arbeitskräfte Schwierigkeiten, so empfiehlt es sich, von Vernietung abzusehen und alle Teile erst an Ort und Stelle zu verschrauben. Eckmaste und Abspannmaste verlangen entsprechend kräftigere Fundierung, die in der Regel in Beton ausgeführt wird; doch genügt auch bei diesen häufig die Ausbildung besonderer Mastfüße.

Abb. 147. Betonmast für eine Straßenkreuzung mit 60 000 V. Höhe 18,5 m, 1700 kg Zug. Leitung Gröba—Frankenberg.

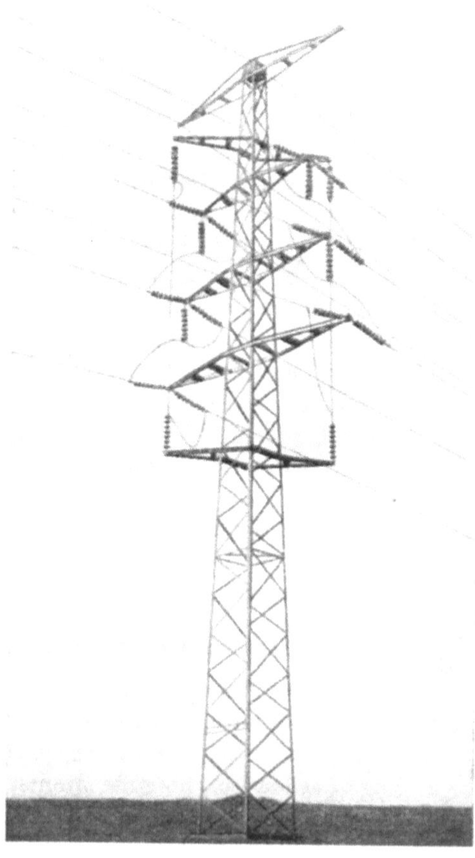

Abb. 148. Beispiel eines Abspannmastes mit Verdrillung. 3 Erdungsseile.

h) Erdseile.

Vielfach werden die mit dem Erdseil erzielten Vorteile als so gering angesehen, daß die hierfür aufzuwendenden Anlagekosten nicht gerechtfertigt erscheinen. Nachstehend sollen die dem Erdseil zugeschriebenen Funktionen der Reihe nach kritisch behandelt werden.

Schutz gegen atmosphärische Erscheinungen. Der erste Anstoß für die Einführung von Erdseilen (in Deutschland um 1893) ging aus von dem Bestreben, die Freileitung gegen die Gefahren atmosphärischer Erscheinungen zu schützen. Fraglos ist diese Schutzwirkung lange Zeit überschätzt worden, insbesondere verlor sie auch mit zunehmender Erhöhung der Betriebsspannung an Bedeutung.

Ist der geerdete Leiter in genügender Entfernung über den Leitungen verlegt, dann darf man wohl mit Recht annehmen, daß er die darunter befindlichen Konstruktionsteile in ähnlicher Weise wie der gewöhnliche Blitzableiter schützt. Es kann hiernach unter Befolgung der gleichen Grundsätze wie für diese nötig werden, mehrere geerdete Seile über den Leitungen zu spannen.

Der geerdete Leiter bewirkt ferner bei Höhenunterschieden im Gelände einen Ausgleich der elektrischen Spannungen in der Luft; er vergrößert außerdem die Kapazität der Leitungen gegen Erde und wirkt somit in ähnlicher Weise wie ein Kondensator.

Es ist zu beachten, daß die Erdungsseile alle 300 bis 400 m geerdet werden müssen.

Für den Blitzschutzwert des Erdseils lassen sich keine allgemein gültigen Angaben machen, da die Wirkung auf Freileitungen verschiedener Spannung, d. h. für verschiedene Abmessungen der Mastbilder und unter Verwendung eines oder mehrerer Erdseile verschieden ist. Aus den Kurven (Abb. 151) ist zu ersehen, in welchem

Abb. 149. C.V. Gröba. Straßenkreuzung mit Schutznetz. Bergmann E.W.

Abb. 150. C.V. Gröba. Flußkreuzung einer Drehstromleitung. Bergmann E.W.

Maße der prozentuale Schutzwert von dem Abstand der Leiter abhängt, so ändert sich z. B. der Schutzwert bei Verlegung von 2 Erdseilen zwischen 150000 und 35000 V um mehr als das Doppelte.

Die Rechnung für Doppelleitungen mit den Abmessungen des Mastbildes (Abb. 152) ergibt folgende Werte:

Senkrechter Abstand der Leiter mm		4000	3100	2400	1750
Schutzwert in vH	1 Erdseil	10,0	12,4	16,1	21,1
	2 Erdseile	15,4	18,3	23,8	33,6
	3 Erdseile	20,4	24,3	31,5	42,2

Für Einfachleitungen bleibt der Schutzwert bei gleichem Abstand der Leiter mit großer Annäherung unverändert, da er von der Anzahl der geschützten Leiter unabhängig ist. Wird der Querschnitt des Erdseiles gegenüber dem der Leitungen vergrößert, so steigt der Schutzwert um geringe Beträge, die aber für eine allgemeine Beurteilung vernachlässigbar klein sind.

Ob der Kostenaufwand für Erdseile allein wegen ihres Schutzes gegen atmosphärische Erscheinungen berechtigt ist, wird daher von der Bedeutung abhängen, welche die Betriebsleitung unter Berücksichtigung der örtlichen klimatischen Verhältnisse der relativen Erhöhung der Betriebssicherheit beimißt.

Abschwächung der Wirkung von Überspannungserscheinungen durch Erdseile. Nach den Untersuchungen von Petersen (ETZ 1913, S. 239) wird der Arbeitsinhalt von Wanderwellen durch die Verwendung von Schutzleitungen um etwa 50 vH verringert, ferner wird die Höhe der Überspannungen durchschnittlich um 40 vH vermindert. Die in der Praxis gemachten Erfahrungen bestätigen dieses Verhalten, da in Anlagen mit Blitzschutzseilen mit einer geringeren Anzahl von Isola-

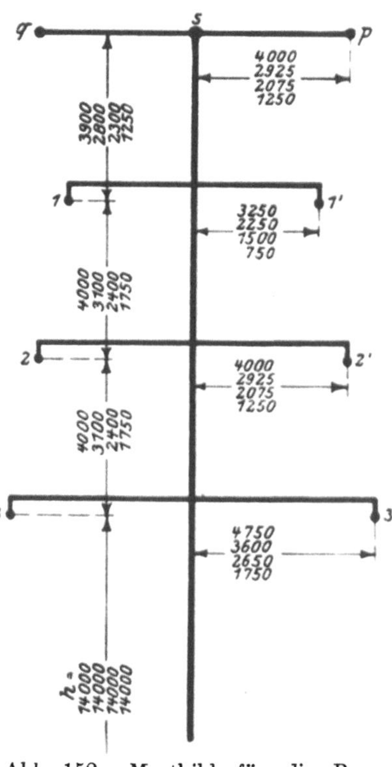

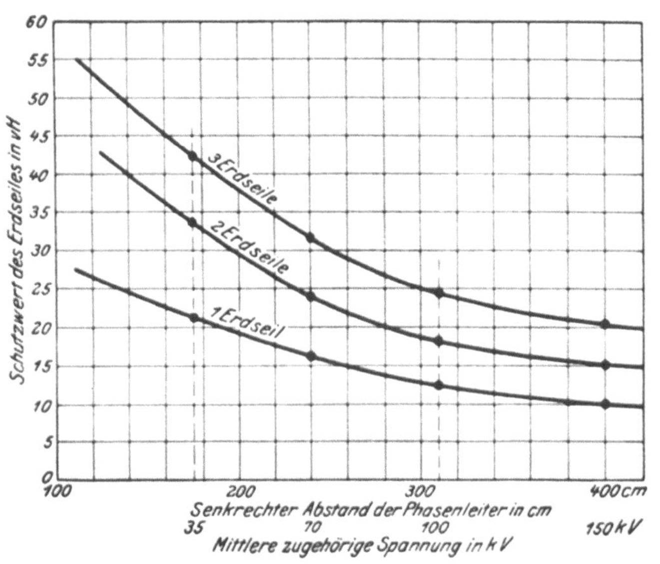

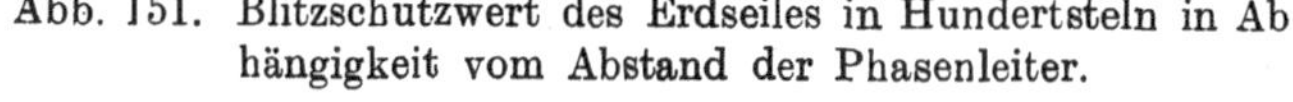

Abb. 151. Blitzschutzwert des Erdseiles in Hundertsteln in Abhängigkeit vom Abstand der Phasenleiter.

Abb. 152. Mastbild für die Berechnung des Blitzschutzwertes.

torendurchschlägen gerechnet werden darf, als selbst in solchen, die nicht geerdete Isolatorenstützen besitzen.

Erdseile zur Erdung von Masten und Anlagen. Im Falle des Auftretens von Isolatorenfehlern können die der Berührung zugänglichen Konstruktionsteile der elektrischen Apparate gefährliche Spannungen gegenüber der nächsten Umgebung annehmen. Man sucht diese Gefahr durch Erdung der Konstruktionsteile zu vermeiden und erreicht in der Tat auch genügenden Schutz, wenn die Erdung wirklich gut ausgeführt ist und dauernd in gutem Zustande erhalten wird. Da die Erdungen jedoch wegen der wechselnden Grundwasserverhältnisse und der Abnutzung der Erdungen selbst nicht konstant bleiben, müssen sie in bestimmten Zeiträumen nachgesehen werden. Können sie an ein gemeinsames Erdungsseil angeschlossen werden, so wird eine ungleich höhere Sicherheit gewährleistet. Eine einzelne, weniger gute Erdung wird nicht mehr gefährlich werden können. Die Untersuchung der Erdung von Masten durch Erdplatten hat die große Unzuverlässigkeit dieses Verfahrens er-

Abb. 153. Bahn- und Postkreuzung durch die 100000 V Leitung Golpa—Berlin. AEG.

Abb. 154. Elbe-Kreuzungsmast. Lauchhammer.

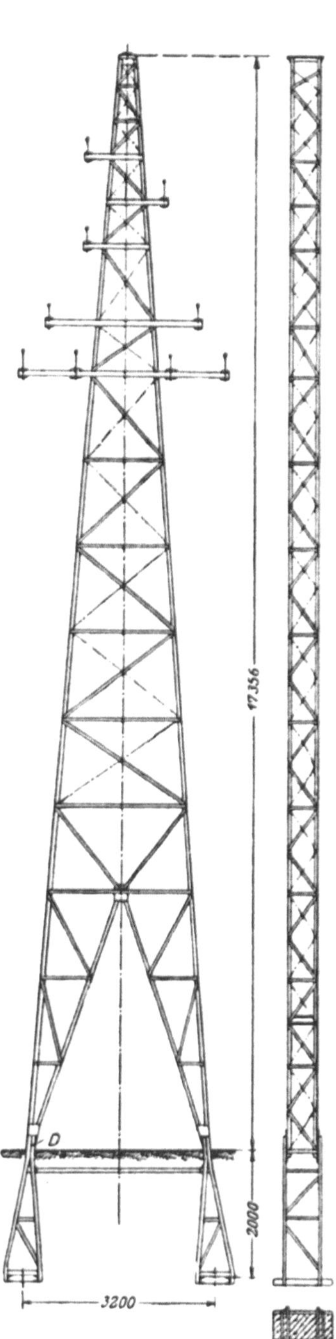

Abb. 155. E.W. Saarlouis—Wallerfangen.
Tragmast, Höhe 17,3 m, 1250 kg Zug, 9 Leitungen an Stützisolatoren, 1 Erdungsseil. Spreizung senkrecht zu den Leitungen. Fundierung
durch Eisenbetonplatten. Aufstellen durch
Hochkippen um den Drehpunkt am Fuß.
Jucho.

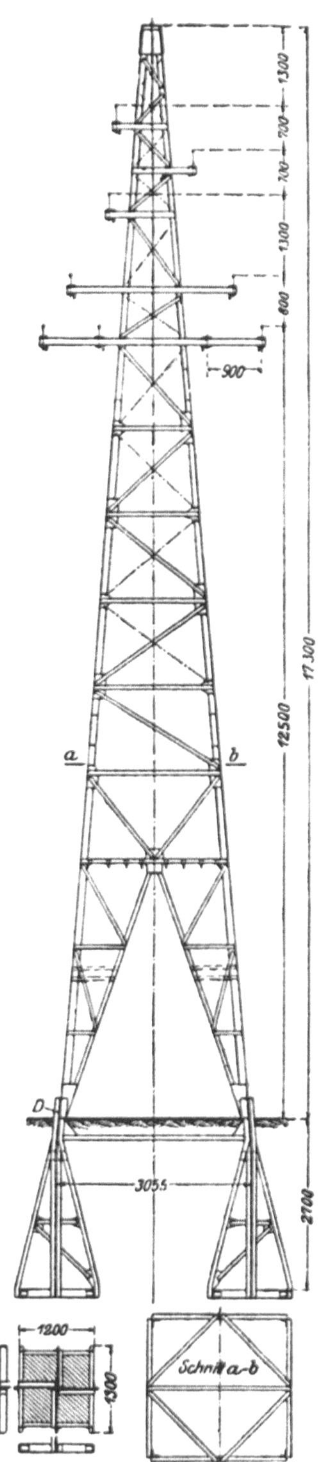

Abb. 156. E.W. Saarlouis—Wallerfangen.
Quadratischer Eckmast, beide Richtungen gespreizt. Höhe 17,3 m, 10000 kg Zug, 9 Leitungen. Abstand der Leitungen 1,900 bzw.
1,200 m. 1 Erdungsseil. Fundierung durch
Eisenbetonplatten. Aufstellen durch Hochkippen um den Drehpunkt am Fuß. Jucho.

wiesen. Selbst unmittelbar benachbarte Erdungen haben Unterschiede von 1 bis 100 Ohm aufgewiesen; durch ungünstige Wetter- und Bodenverhältnisse wurden diese Unterschiede noch beträchtlich vergrößert. Nach Auflegen eines Erdseiles zeigten dieselben Maste einen fast übereinstimmenden Erdwiderstand von weniger als 1 Ohm je Mast. Über den Wert des Erdseiles zur Erzielung einer gleichmäßig guten Erdung kann hiernach kein Zweifel bestehen. Die Verwendung eines gemeinsamen Erdungsseiles wird zur Notwendigkeit, wenn es sich darum handelt größere Stromstärken abzuleiten.

Es dürfte als allgemein bekannt gelten, daß man eine Drehstromhochspannungsanlage ohne Störung weiter betreiben kann, wenn eine Phase an Erde liegt, vorausgesetzt, daß die über den Erdschluß zur Erde fließende Stromstärke nicht so hoch wird, daß die Automaten auslösen. Dies trifft nur ein, wenn die Ausdehnung der

Abb. 157 u. 158. Aufstellen eines hohen Turmes nach beendeter Montage durch Hochkippen um einen festen Drehpunkt. Jucho.

elektrischen Anlage im Verhältnis zur Leistung der Zentrale groß ist, oder wenn gleichzeitig größere Kabelstrecken angeschlossen sind. Tritt Erdschluß ein, so fließt ein bestimmter nur von der Ausdehnung der Anlage (nicht von der Leistung des Kraftwerkes abhängiger Strom durch die Schutzerdung, der so lange andauert, bis die Störung gefunden und beseitigt worden ist. Die zur Ableitung des Erdschlußstromes in Anspruch genommene Erdung darf sich aber während dieser Zeit nur wenig ändern, wenn die zufällige Berührung von Eisenteilen nicht gefahrbringend werden soll. Dies ist eine der Hauptforderungen, die an eine zuverlässige Erdung gestellt werden muß; sie wird durch Anwendung eines Erdungsseiles am sichersten erreicht.

Es ist nun lediglich eine Kostenfrage, ob man jede einzelne Erdung für die volle Erdschlußstromstärke bemessen oder ob man die in der Nähe befindlichen Erdungen durch Anbringung eines Erdseiles mit heranziehen will. Um sie zu beurteilen, muß man sich naturgemäß Aufschluß über die für jede einzelne Erdung erforderlichen Maße verschaffen. Zunächst ist die Erdungsstromstärke festzulegen. Nach Messung in ausgeführten Anlagen kann man annähernd mit einer Stromstärke

Abb. 159. Märkisches Elektrizitätswerk. Havelkreuzung mit 2 Drehstromleitungen 40 000 V, Erdungsseil, bruchsichere Aufhängung nach Klingenberg. Abspannen der Leitungen nicht an den Türmen, sondern an den nächstfolgenden Masten. 200 m Spannweite.

Abb. 160. Leitungsanlage der Inawashiro Hydro Electric Co., Tokio. Verstärkter Kreuzungsmast für 2 Drehstromleitungen und 1 Erdseil. Aufhängung an 3 Isolatoren, weitgespreizte Maste, interessante Ausbildung der Querträger.

Abb. 161. Märkisches Elektrizitätswerk. Kreuzung des Trebuser Sees mit 2 Drehstromleitungen 40 000 V, 300 m Spannweite. Beiderseitige Abspannung an Abspannisolatoren.

von 2,2 bis 3,3 A je 100 km und je 10 000 V für Freileitungen rechnen. Die Größe der Stromstärke ändert sich etwas mit der Größe der Isolatoren und mit dem Vorhandensein von Erdungsseilen. Sind Kabelstrecken mit an die Freileitungsanlagen an-
geschlossen, so kann man mit einer Erdschlußstromstärke in den Grenzen 40 bis 150 A je 100 km Kabel und je 10 000 V entsprechend dem Leiterdurchmesser und der Spannung rechnen. Unter Annahme eines höchst zulässigen Spannungsabfalles von 250 V zwischen Erdleitung und Erde (Höchstspannung von Niederspannungsanlagen) ist hiernach der zuverlässige Gesamtwiderstand der Erdung rechnerisch leicht zu ermitteln und nach Herstellung der Erdung durch Messung kontrollierbar.

Handelt es sich um viele Erdungen, so wird man die einzelnen kaum unter 10 Ohm herstellen wollen, weil ihre Ausführung sonst zu teuer wird, bzw. es ist zweifellos vorteilhafter, den verlangten geringen Widerstand durch Anschluß an ein durchgehendes Erdungsseil zu erreichen, das den Widerstand wesentlich herabzuziehen erlaubt.

Eine gewisse Gefährdung besteht u. a. auch bei Ausführung von Ausbesserungsarbeiten an einem der beiden Stromkreise einer Mastreihe, während der andere in Betrieb ist. Abgesehen von der Erdung an den Enden muß der ausgeschaltete Stromkreis unmittelbar an der Arbeitsstelle

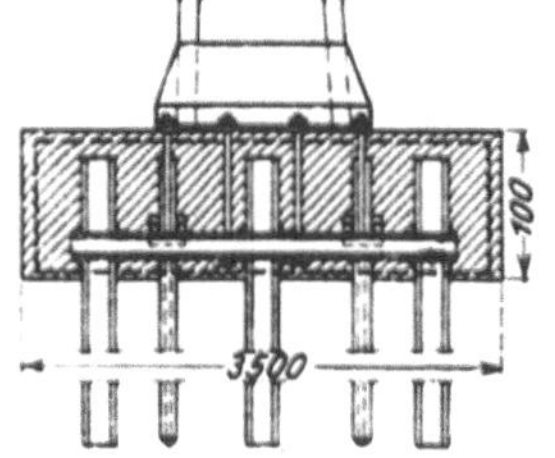

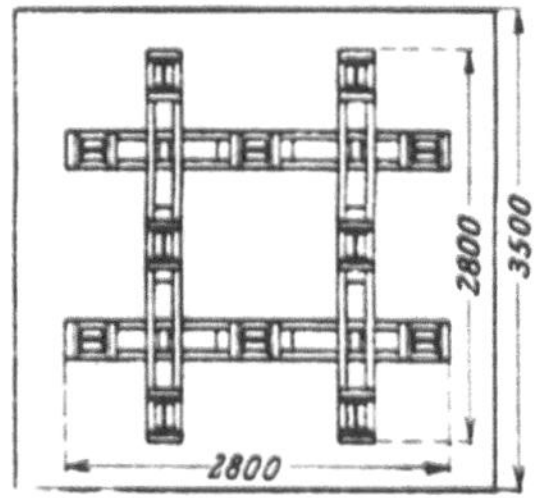

Abb. 162 u. 163. Fundierung eines 21 m hohen Kreuzungsmastes (Allerkreuzung für Allerzentrale), Betonplatte auf Doppel-I-Trägern.

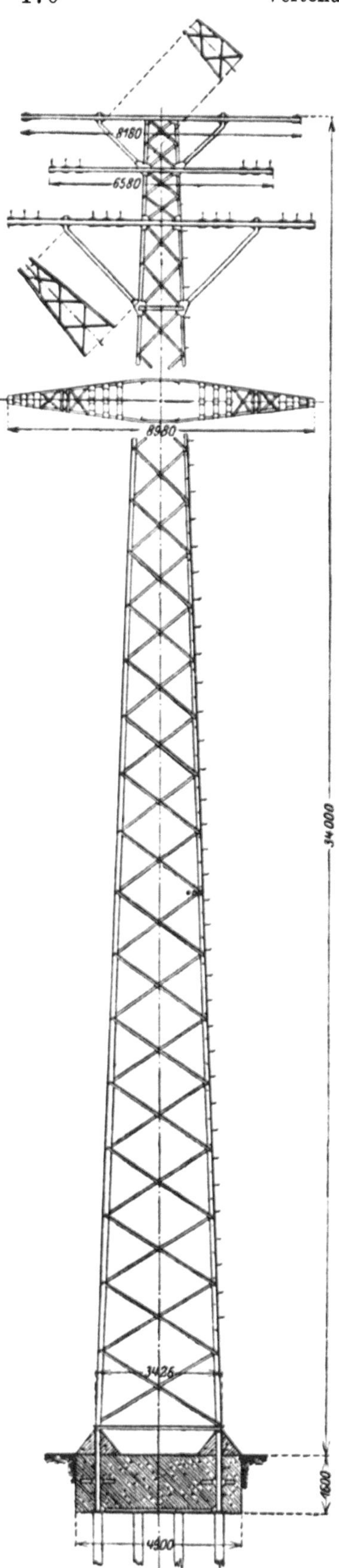

Abb. 164. Turm zum Abspannen
der Leitung an einer Oderkreu-
zung, Märkisch. Elektrizitätswerk.
Höhe 37 m, 2800 kg Zug, 6 Leitungen mit dreifacher Aufhängung
an Stützisolatoren. Abstand der
Leitungen 2,40 m. 2 Erdungsseile,
besonders starke Ausbildung der
Querträger. Montage durch Hochkippen. Weserhütte.

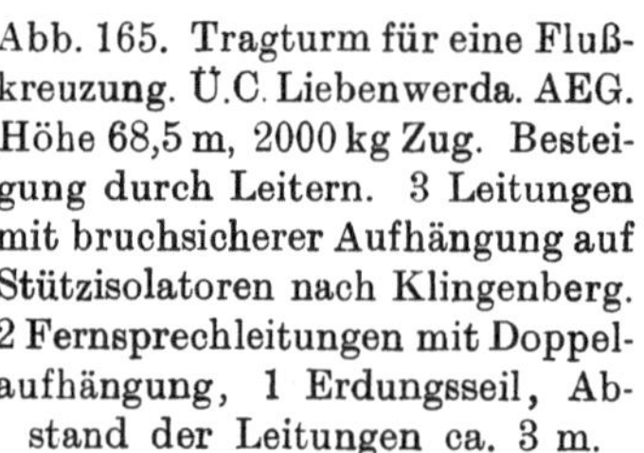

Abb. 164.

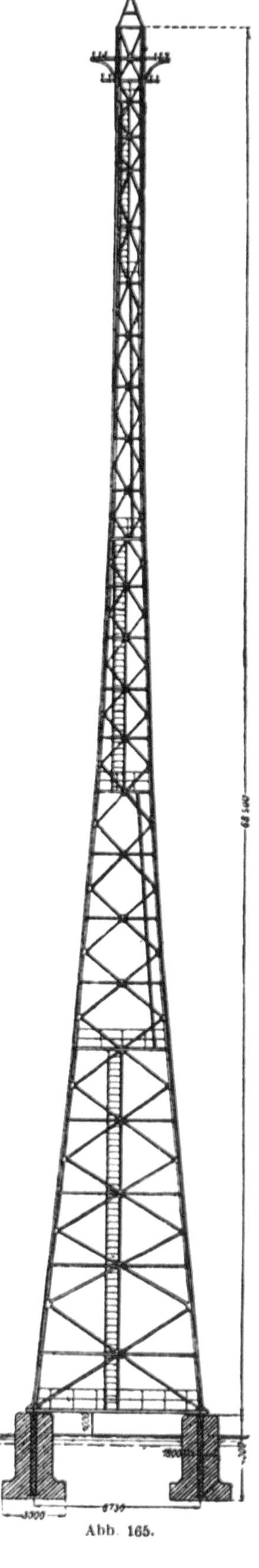

Abb. 165. Tragturm für eine Flußkreuzung. Ü.C. Liebenwerda. AEG.
Höhe 68,5 m, 2000 kg Zug. Bestei-
gung durch Leitern. 3 Leitungen
mit bruchsicherer Aufhängung auf
Stützisolatoren nach Klingenberg.
2 Fernsprechleitungen mit Doppel-
aufhängung, 1 Erdungsseil, Abstand der Leitungen ca. 3 m.

Abb. 165.

sorgfältig geerdet werden; dies geschieht in der Regel über den nächstgelegenen Mast. Sind hierbei die Leitungen an der Arbeitsstelle unterbrochen und der Erdwiderstand des zur Erdung verwandten Mastes von beträchtlicher Größe, so treten unter Umständen bei Kurzschluß auf dem in Betrieb befindlichen Stromkreis infolge magnetischer Induktion an der Arbeitsstelle hinreichende Spannungserhöhungen auf, um die Arbeiter ernstlich zu gefährden. Eine derartige Erdung an der Arbeitsstelle bietet nur dann einen sicheren Schutz, wenn die Leitung mit Erdseil ausgestattet ist.

Sollten die Erdungen in einer Anlage aus irgendeinem Grunde nicht mehr zuverlässig sein, so kann man die betreffende Phase durch Ölschalter an Erde legen, sobald in der Zentrale Erdschluß festgestellt wird. Hierdurch werden die Gefahren infolge Berührens der fehlerhaften Erdleitung ganz beseitigt. Die Vornahme einer solchen Schutzerdung kann auch automatisch erfolgen. Mittels eines elektromagnetischen oder elektrostatischen Relais werden einphasige Ölschalter so betätigt, daß die schadhafte Leitung in dem Bruchteil einer Sekunde geerdet und fast sofort wieder von Erde getrennt wird. War die Erdung durch einen Lichtbogen entstanden, so wird dieser durch die vorübergehende Erdung gelöscht. Besteht der Erdschluß nach Öffnung des Erdungsschalters weiter, so wird dieser sofort wieder betätigt und legt nunmehr die schadhafte Leitung dauernd an Erde. Nach einem vorliegenden Bericht sollen auf diese Weise in einer Anlage 65 vH aller Störungen ohne Betriebsunterbrechung beseitigt worden sein.

Die in vielen Elektrizitätswerken eingebaute Erdschlußspule nach Petersen (S. 196, 368) ist für die Ausbildung der Schutzerdung von größter Wichtigkeit. In Verbindung mit Erdschlußspulen brauchen die Erdungsseile nur für den von der Fehlerstelle fließenden Reststrom von etwa 10 vH des gesamten Erdschlußstromes bemessen zu werden.

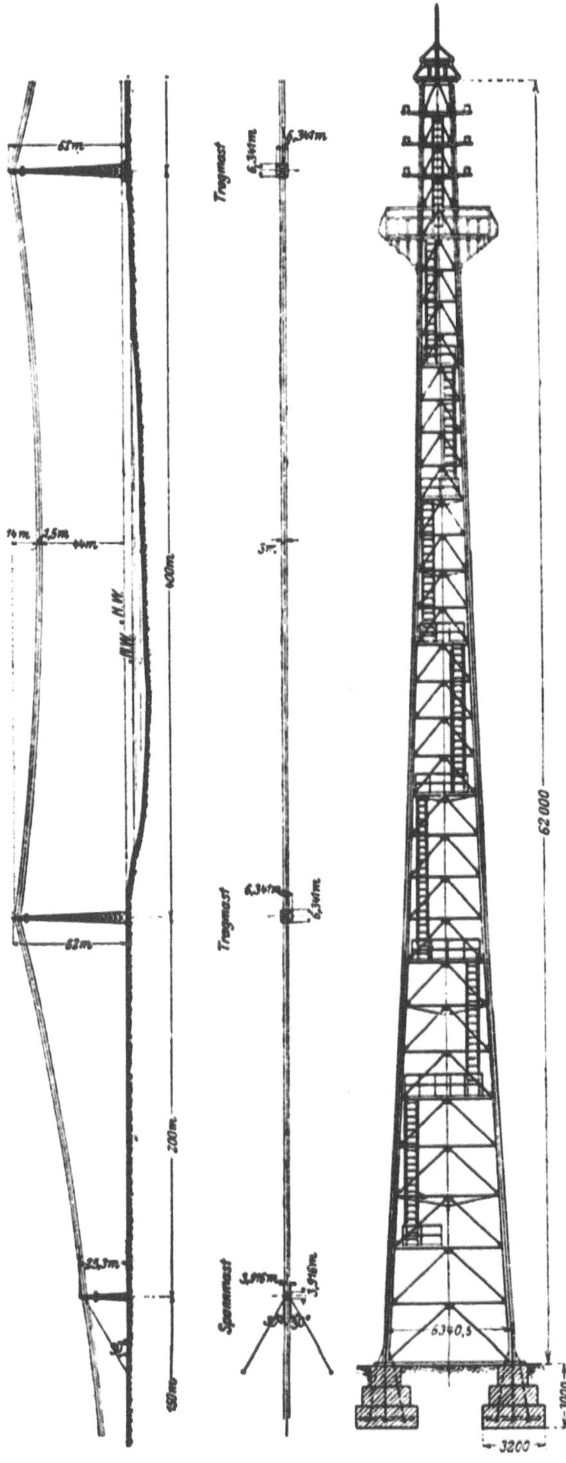

Abb. 166 u. 167. Tragturm für eine Rheinkreuzung (Projekt). Höhe 62 m, 3500 kg Zug senkrecht zu den Leitungen, 300 kg in Richtung derselben. Leitern und Podeste zum Besteigen des Turmes. 6 Leitungen auf Stützisolatoren, mehrfache Aufhängung zur Aufnahme des Zuges. Weserhütte.

Die besondere Erdung von Masten kann unter Umständen wegfallen, wenn die Leiter so angeordnet sind, daß sie selbst bei Bruch einer Kette nicht auf geerdete Traversen fallen können. Der Erdschluß dauert in einem solchen Fall nur den Bruchteil einer Sekunde. und es ist nicht wahrscheinlich, daß der Mast in diesem kurzen Augenblick berührt wird.

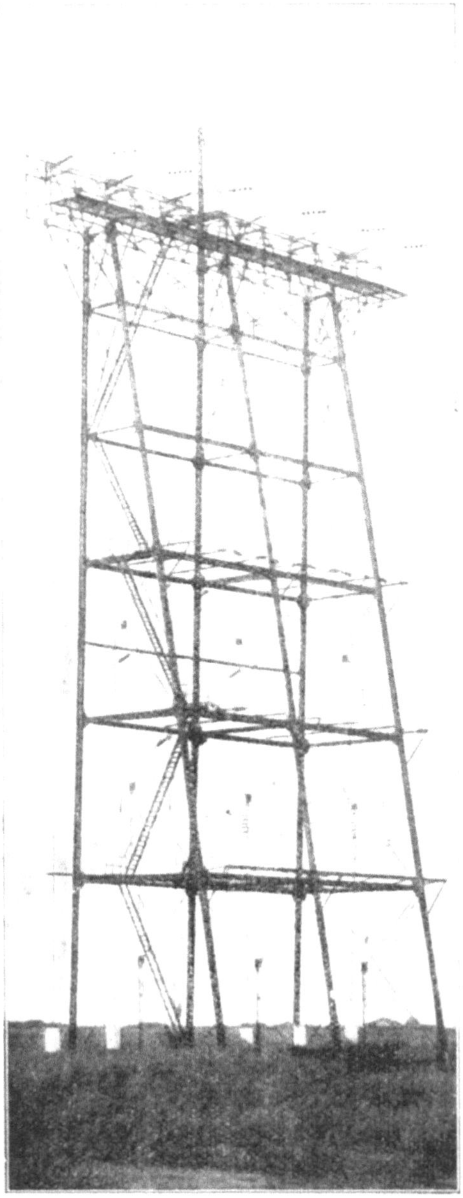

Für die Löschung des Erdschlußlichtbogens genügt auch die einfachste Verbindung des Eisenmastes mit dem Erdreich; für Betonfundamente beispielsweise, wenn der unterste Winkeleisenrahmen des eisernen Mastes unmittelbar auf den gewachsenen Boden gestellt wird, also nicht einbetoniert wird.

An Masten mit Stützisolatoren, wo Dauererdschlüsse vorkommen können, sind entsprechend bemessene Erdungen, gegebenenfalls unter Zuhilfenahme eines Erdseiles, zu empfehlen.

Schleichende Isolationsfehler werden durch Erdseile vermieden. Bezüglich der besten Methode zur Beseitigung von Fehlern findet man noch vielfach verschiedene Ansichten, doch ist man im allgemeinen darin einig, daß schleichende Isolationsfehler am bedenklichsten sind. Um die Fehler überhaupt zu finden, bleibt häufig nichts anderes übrig, als sie auszubrennen. Sind alle Konstruktionsteile geerdet, so machen sich auch kleine Fehler sofort bemerkbar; wendet man die vorerwähnte Methode an, so kann man verhüten, daß die Anlage außer Betrieb kommt und daß größerer Materialschaden entsteht. Es kommt beispielsweise häufig vor, daß Holzmaste mit eingeschraubten Isolatorenstützen in Brand geraten, wenn ein Isolator schadhaft wird. Die vielfach übliche Erdung des Nullpunktes bewirkt allerdings, daß jeder Erdschluß die betreffende Leitung außer Betrieb setzt, wenn gleichzeitig die Isolatorstützen geerdet sind. Die Zukunft muß entscheiden, ob dauernde Erdung des Nullpunktes oder automatische Erdung fehlerhafter Phasen vorzuziehen ist.

Schleichende Isolationsfehler an Isolatoren machen sich leichter durch Geräusche bemerkbar, wenn die Konstruktionsteile geerdet sind, so daß viele Elektrizitätswerke auch für Holzmasten eine Erdung der Konstruktionsteile

Abb. 168. Abspannmast für sehr große Spannweiten. Die Leitungen werden durch isoliert aufgehängte Gegengewichte unter gleichmäßigem Zug gehalten. Great Western Power Co.

vorschreiben. Hierdurch wird aber die Isolation stärker beansprucht, so daß größere Isolatortypen notwendig sind als unter Berücksichtigung der recht bedeutenden Isolationsfestigkeit der Holzmasten.

Aus Ersparnisgründen nimmt man deshalb die Gefahr des Abbrennens der Holzmaste im Falle eines Fehlers der Isolatoren oft mit in Kauf und verzichtet

Abb. 169. Anlage Wiesmoor. Emskreuzung. Türme: Höhe 73 m, 2160 kg Zug, 3 Leitungen von je 25 mm² mit Dreifachaufhängung an Stützisolatoren. 30 000 V, 2 Fernsprechleitungen von je 16 mm², ein Prelldraht 30 mm², Höchstdurchhang 17,4 m. SSW.

auf die Erdung der Konstruktionsteile. Die Verwendung bewährter Isolatortypen, wie einscherbige oder zusammenglasierte Stützisolatoren und Hängeisolatoren, vorausgesetzt, scheint auch durchaus nichts gegen eine solche Ausführung zu sprechen.

In Anlagen mit geerdetem Nullpunkt dürfte die Verwendung von Erdseilen nicht zu umgehen sein.

Ist in Niederspannungsnetzen ein geerdeter Nulleiter vorhanden, so empfiehlt es sich, diesen mit den zu schützenden Konstruktionsteilen zu verbinden, weil hierdurch die Abschaltung eines auftretenden Fehlers zuverlässig erreicht wird. Was in Hochspannungsnetzen somit oft nicht erwünscht erscheint, zeigt sich in Niederspannungsnetzen von großem Vorteil.

Erdseile zur Verankerung von Masten. Die gegenseitige Verankerung der Tragmaste untereinander und mit den Abspannmasten ist bei Pendelmasten notwendig. Die Erdseile werden mit einem geringeren Durchhang als die spannungführenden Leitungen gespannt, um auftretende Zugbeanspruchungen auf die Abspannmaste zu übertragen, ohne ein zu starkes Ausbiegen der Pendelmaste zu bewirken. Im übrigen sollte das Erdseil zur Erhöhung der Festigkeit der Leitung für die Projektierung rechnerisch keine Berücksichtigung finden. Es ist also nicht zulässig, Ersparnisse am Gewicht von Tragmasten infolge der Anwendung von Erdseilen machen zu wollen. Es muß vielmehr vom Tragmast verlangt werden, daß er in Richtung der Leitung $^1/_4$ derjenigen Zugkraft aufzunehmen vermag, für die er normal zur Leitungsrichtung berechnet ist. Wenn das Erdseil trotzdem im Notfall zur Unterstützung der Tragmaste beiträgt, so hat das für den Entwurf keine Bedeutung.

Abb. 170. Ü. C. Börde. Elbkreuzung bei Schönebeck. Turm: Höhe 51 m über Fundament, 2000 kg Zug, 365 m Spannweite. SSW. Jucho.

Erdseile schwächen die Wirkung von Hochspannungsleitungen auf Telephon- und Telegraphenleitungen ab. Nach Untersuchungen von Brauns (ETZ 1913, S. 114) wird die Influenzspannung und der Influenzstrom kleiner, wenn sich in der Nachbarschaft der störenden Drähte zur Erde ableitende Körper, wie Bäume, Häuser, Blitzschutzdrähte usw., befinden. Ein Blitzschutzdraht, der über den Drehstromleitern verläuft, kann eine Verminderung der Influenzspannung und des Influenzstromes in einer benachbarten Schwachstromleitung bis auf 25 vH herbeiführen. (ETZ 1908, S. 382; „Archiv für Post und Telegraphie" 1908, Nr. 22.)

7. Wirtschaftliche Spannweite.

Als die Übertragungsspannung infolge Anwachsens der Leistung und Länge elektrischer Transmissionen ständig gesteigert werden mußte, machte sich alsbald der Wunsch nach Verminderung der Stützpunkte geltend, um an Anlagekosten zu sparen und die Betriebssicherheit zu erhöhen. Wenn es nun auch technisch keine Schwierigkeiten macht, mit der Spannweite auf sehr hohe Werte (500 m und darüber) zu gehen, so kommt man doch auf eine wesentlich tiefer liegende praktische Grenze, da der Durchhang für gleiche Materialbeanspruchung mit dem Quadrate der Spannweite wächst und die von den Tragmasten aufzunehmenden Zugkräfte proportional dieser zunehmen. Andererseits führen zu kleine Spannweiten ebenfalls zu erheblichen Mehrkosten infolge Vergrößerung der Mastzahl. Es muß also für jede Anlage eine bestimmte Spannweite geben, für welche die Anlagekosten am niedrigsten werden; alle größeren und kleineren Spannweiten sind in bezug auf Anlagekapital ungünstiger.

Die bei richtiger Wahl der Spannweite mögliche Ersparnis läßt nun die Behandlung der Frage der günstigsten Spannweite wünschenswert erscheinen.

Die Untersuchung erstreckt sich nur auf Freileitungsanlagen mit eisernen Gittermasten; für Holzmasten ist die größte Spannweite durch die Zopfstärke des vorhandenen Materials nach den Normen für Starkstromfreileitungen begrenzt, deren Anwendung dann natürlich am wirtschaftlichsten ist.

Eine Lösung der Aufgabe ist schon von Scholes (Proc. of the Amer. Inst. of El. E., Juni 1907) versucht worden. Er führt in die Rechnung eine Formel für das Mastgewicht ein, mit der er die Änderung der Höhe und Beanspruchung der Maste für verschiedene Spannweiten zu berücksichtigen sucht. Mit Hilfe dieser Formel stellt er fest, wie hoch sich die Gesamtkosten für die Maste einer bestimmten Leitungsstrecke stellen, und erhält daraus die wirtschaftlichste Spannweite. Hierbei wird aber vorausgesetzt, daß mit der Höhe des Mastes im gleichen Maße auch die übrigen Dimensionen, somit auch die Basis, wachsen. Scholes wählt also für große Spannweiten erheblich breitere Maste als für kleine.

In Deutschland und in einigen anderen Ländern sind die Genehmigungen für die Aufstellung weit gespreizter Maste nur mit großen Opfern zu erlangen, es wird im Gegenteil verlangt, daß die Spreizung auf das Mindestmaß beschränkt werde.

Die von Scholes angegebene Formel setzt ferner voraus, daß die Einteilung des Mastes, d. h. die Anzahl und Neigung der Diagonalen bei jedem Maste gleich ist. Der Statiker sucht jedoch die Knicklänge der Druckstäbe so zu bemessen, daß die jeweils angewendeten Normalprofile möglichst ausgenutzt werden. Hierdurch ändert sich die Einteilung der Maste nach Höhe und Beanspruchung.

Bei den von Scholes betrachteten weitgespreizten Masten ist es möglich, die Fundamente in vier Teile zu zerlegen, deren Kosten mit zunehmender Beanspruchung in einem bestimmten Verhältnis wachsen. Die in Deutschland üblichen schmalen Maste erhalten jedoch in der Regel ein geschlossenes Fundament, für welches sich eine einfache Beziehung der Kosten zur Mastbeanspruchung und Masthöhe nicht angeben läßt.

Die Methode von Scholes ist zwar einfach, führt aber aus obigen Gründen nicht zum Ziele. Die wirtschaftliche Spannweite kann vielmehr nur dadurch festgestellt werden, daß man die Kosten für die einzelnen Fälle durch genaue Kostenanschläge ermittelt und die Ergebnisse in Kurven zusammenstellt, die dann die Lage des Optimums erkennen lassen. Die Lösung der Aufgabe wurde durch das in dem Projektierungsbüro der Allgemeinen Elektrizitäts-Gesellschaft vorhandene sehr umfangreiche Material wesentlich erleichtert[1].

Die Rechnung erstreckt sich auf Freileitungsanlagen mit drei und sechs Leitungen aus Kupfer- und Aluminiumseilen, und zwar mit und ohne Erdungsseil an der Spitze

---

[1] Zum Unterschied von der in der ersten Auflage enthaltenen Lösung sind in dieser Neubearbeitung andere und zwar die z. Zt. am häufigsten zur Verwendung kommenden Querschnitte mit den zulässigen Maximalbeanspruchungen berücksichtigt; außerdem ist die Untersuchung der wirtschaftlichen Spannweite einer 60 kV Leitung hinzugefügt worden.

der Maste; sie wurde ferner jedesmal für eine bestimmte Spannung und für Stütz-
und Hängeisolatoren durchgeführt. Außerdem sind verschiedene Leitungsquerschnitte
angewandt, um festzustellen, welchen Einfluß die nach den neuen Normen für Starkstromfreileitungen sich ergebenden geringeren Durchhänge der Leitungen bei größeren
Querschnitten auf die Kosten ausüben. Für die 35 000 und 60 000 V Kupferleitungen
wurden außerdem für eine Leitung zwei Höchstbeanspruchungen angenommen. Daraus
ergeben sich folgende Sonderfälle:

35 000 V, Kupfer mit Stützisolatoren.

1. Drei Leitungen ohne Erdungsseil. Höchstbeanspruchung der Hochspannungsleitung 16 kg/mm². Querschnitt . . . . 35 mm²
2. Drei Leitungen mit Erdungsseil von 35 mm². Höchstbeanspruchung
der Hochspannungsleitung 16 kg/mm². Querschnitt . . . . 35 mm²
3. Sechs Leitungen ohne Erdungsseil. Höchstbeanspruchung der Hochspannungsleitung 16 kg/mm². Querschnitt . . . . 35 mm²
4. Sechs Leitungen ohne Erdungsseil. Höchstbeanspruchung der Hochspannungsleitung 19 kg/mm². Querschnitt . . . . 35 mm²
5. Sechs Leitungen mit Erdungsseil von 35 mm². Höchstbeanspruchung
der Hochspannungsleitung 16 kg/mm². Querschnitt . . . . 35 mm²

35 000 V, Aluminium mit Stützisolatoren.

6. Drei Leitungen ohne Erdungsseil. Höchstbeanspruchung der Hochspannungsleitung 9 kg/mm². Querschnitt . . . . 50 mm²
7. Drei Leitungen mit Erdungsseil von 35 mm². Höchstbeanspruchung der
Hochspannungsleitung 9 kg/mm². Querschnitt . . . . 50 mm²
8. Sechs Leitungen ohne Erdungsseil. Höchstbeanspruchung der Hochspannungsleitung 9 kg/mm². Querschnitt . . . . 50 mm²
9. Sechs Leitungen mit Erdungsseil von 35 mm². Höchstbeanspruchung der
Hochspannungsleitung 9 kg/mm². Querschnitt . . . . 50 mm²

60 000 V, Kupfer mit Hängeisolatoren.

10. Drei Leitungen ohne Erdungsseil. Höchstbeanspruchung der Hochspannungsleitung 16 kg/mm². Querschnitt . . . . 50 mm²
11. Drei Leitungen ohne Erdungsseil. Höchstbeanspruchung der Hochspannungsleitung 16 kg/mm². Querschnitt . . . . 70 mm²
12. Drei Leitungen ohne Erdungsseil. Höchstbeanspruchung der Hochspannungsleitung 19 kg/mm². Querschnitt . . . . 50 mm²
13. Drei Leitungen mit Erdungsseil von 35 mm². Höchstbeanspruchung der
Hochspannungsleitung 16 kg/mm². Querschnitt . . . . 50 mm²
14. Drei Leitungen mit Erdungsseil von 50 mm². Höchstbeanspruchung der
Hochspannungsleitung 16 kg/mm². Querschnitt . . . . 70 mm²
15. Sechs Leitungen ohne Erdungsseil. Höchstbeanspruchung der Hochspannungsleitung 16 kg/mm². Querschnitt . . . . 50 mm²
16. Sechs Leitungen ohne Erdungsseil. Höchstbeanspruchung der Hochspannungsleitung 16 kg/mm². Querschnitt . . . . 70 mm²
17. Sechs Leitungen mit Erdungsseil von 35 mm². Höchstbeanspruchung der
Hochspannungsleitung 16 kg/mm². Querschnitt . . . . 50 mm²
18. Sechs Leitungen mit Erdungsseil von 50 mm² Höchstbeanspruchung der
Hochspannungsleitung 16 kg/mm². Querschnitt . . . . 70 mm²

60000 V, Aluminium mit Hängeisolatoren.

19. Drei Leitungen ohne Erdungsseil. Höchstbeanspruchung der Hochspannungsleitung 9 kg/mm². Querschnitt . . . . 70 mm²
20. Drei Leitungen ohne Erdungsseil. Höchstbeanspruchung der Hochspannungsleitung 9 kg/mm². Querschnitt . . . . 120 mm²
21. Drei Leitungen mit Erdungsseil von 35 mm². Höchstbeanspruchung der Hochspannungsleitung 9 kg/mm². Querschnitt . . . . 70 mm²
22. Drei Leitungen mit Erdungsseil von 50 mm². Höchstbeanspruchung der Hochspannungsleitung 9 kg/mm². Querschnitt . . . . 120 mm²
23. Sechs Leitungen ohne Erdungsseil. Höchstbeanspruchung der Hochspannungsleitung 9 kg/mm². Querschnitt . . . . 70 mm²
24. Sechs Leitungen ohne Erdungsseil. Höchstbeanspruchung der Hochspannungsleitung 9 kg/mm². Querschnitt . . . . 120 mm²
25. Sechs Leitungen mit Erdungsseil von 35 mm². Höchstbeanspruchung der Hochspannungsleitung 9 kg/mm². Querschnitt . . . . 70 mm²
26. Sechs Leitungen mit Erdungsseil von 50 mm². Höchstbeanspruchung der Hochspannungsleitung 9 kg/mm². Querschnitt . . . . 120 mm²

100000 V, Kupfer mit Hängeisolatoren.

27. Drei Leitungen ohne Erdungsseil. Höchstbeanspruchung der Hochspannungsleitung 16 kg/mm². Querschnitt . . . . 95 mm²
28. Drei Leitungen ohne Erdungsseil. Höchstbeanspruchung der Hochspannungsleitung 16 kg/mm². Querschnitt . . . . 120 mm²
29. Drei Leitungen mit Erdungsseil von 50 mm². Höchstbeanspruchung der Hochspannungsleitung 16 kg/mm². Querschnitt . . . . 95 mm²
30. Drei Leitungen mit Erdungsseil von 50 mm². Höchstbeanspruchung der Hochspannungsleitung 16 kg/mm². Querschnitt . . . . 120 mm²
31. Sechs Leitungen ohne Erdungsseil. Höchstbeanspruchung der Hochspannungsleitung 16 kg/mm². Querschnitt . . . . 95 mm²
32. Sechs Leitungen ohne Erdungsseil. Höchstbeanspruchung der Hochspannungsleitung 16 kg/mm². Querschnitt . . . . 120 mm²
33. Sechs Leitungen mit Erdungsseil von 50 mm². Höchstbeanspruchung der Hochspannungsleitung 16 kg/mm². Querschnitt . . . . 95 mm²
34. Sechs Leitungen mit Erdungsseil von 50 mm². Höchstbeanspruchung der Hochspannungsleitung 16 kg/mm². Querschnitt . . . . 120 mm²

100000 V, Aluminium mit Hängeisolatoren.

35. Drei Leitungen ohne Erdungsseil. Höchstbeanspruchung der Hochspannungsleitung 9 kg/mm². Querschnitt . . . . 95 mm²
36. Drei Leitungen ohne Erdungsseil. Höchstbeanspruchung der Hochspannungsleitung 9 kg/mm². Querschnitt . . . . 150 mm²
37. Drei Leitungen mit Erdungsseil von 50 mm². Höchstbeanspruchung der Hochspannungsleitung 9 kg/mm². Querschnitt . . . . 95 mm²
38. Drei Leitungen mit Erdungsseil von 50 mm². Höchstbeanspruchung der Hochspannungsleitung 9 kg/mm². Querschnitt . . . . 150 mm²
39. Sechs Leitungen ohne Erdungsseil. Höchstbeanspruchung der Hochspannungsleitung 9 kg/mm². Querschnitt . . . . 95 mm²
40. Sechs Leitungen ohne Erdungsseil. Höchstbeanspruchung der Hochspannungsleitung 9 kg/mm². Querschnitt . . . . 150 mm²
41. Sechs Leitungen mit Erdungsseil von 50 mm². Höchstbeanspruchung der Hochspannungsleitung 9 kg/mm². Querschnitt . . . . 95 mm²
42. Sechs Leitungen mit Erdungsseil von 50 mm². Höchstbeanspruchung der Hochspannungsleitung 9 kg/mm². Querschnitt . . . . 150 mm²

Die Durchrechnung dieser Fälle genügt, um Schlüsse auf andere Ausführungsformen ziehen zu können. Die Kosten des Leitungsmaterials und dessen Montage, ferner des Erdungsseiles und der Erdungen selbst wurden für verschiedene Spannweiten als konstant angenommen und sind daher in die Rechnung nicht eingeführt worden.

Die übrigen Kosten der Leitungsanlage setzen sich aus nachstehenden Positionen zusammen:

1. Maste einschl. Traversen und Erdungsseilträger wo erforderlich.
2. Anfuhr, Aufstellen und Anstrich der Maste, Ausführung der Fundamente.
3. Isolatoren, Stützen und Montage derselben.
4. Grunderwerb.

Von diesen vier Positionen ändert sich vornehmlich die erste, der Mastpreis, mit der Spannweite, weil die Maste (insbesondere die Tragmaste) mit wachsender Spannweite höher beansprucht werden. In gleichem Maße ist auch Position 2 veränderlich. Die Kosten unter 3 und 4 können bei sonst gleichen Verhältnissen als konstant angenommen werden; sie ändern sich lediglich mit der Mastzahl.

Die Kosten für Schutzvorkehrungen bei Kreuzung von Bahnen und Schwachstromleitungen erscheinen nicht in der Rechnung, da sie nur unwesentlich von der Spannweite abhängen und deshalb als konstant angenommen wurden; dasselbe gilt für die Bauleitungskosten.

In bezug auf die Dimensionen der Maste sei bemerkt, daß die Zusatzbelastungen für die Leitungen der neuen Fassung den Normen für Starkstromfreileitungen entsprechen. Die Mastpreise sind aus tabellarisch zusammengestellten Mastgewichten und den in den letzten Jahren gültigen Einheitspreisen in Goldmark ermittelt. Für Montage, Aufstellen und sonstige Arbeiten, ferner für Grunderwerb sind Durchschnittspreise in Goldmark, die sich für Ausführungen der letzten Jahre ergeben haben, eingesetzt[1]).

Angenommen wurden ferner die in Deutschland üblichen Leitungsanordnungen. Hiernach wurden die Masthöhen in der Weise bestimmt, daß ein Mindestabstand von rund 6 m von der Erde für 35 kV Leitungen und ein solcher von 6,5 m für 60 kV Leitungen und ein Abstand von 7 m für den 100 kV Leitungen innegehalten wird.

Unabhängig von der Spannweite wurden auf 10 km Länge je 10 Eck- oder Abspannmaste angenommen, und zwar je 5 Maste für Winkel zwischen 180 und 160⁰ (Type I) und 5 für Winkel zwischen 160 und 120⁰ oder als Abspannmaste (Type II).

Als Grundspannung für Leitungen mit Stützisolatoren wurden 35 kV und für solche mit Hängeisolatoren 60 kV und 100 kV festgelegt.

Bei der Durchführung der Rechnungen wurden die Teilkosten der Pos. 1, 2, 3 und 4 nach obiger Aufstellung für die angeführten Fälle und für verschiedene Spannweiten in Abständen von 20 m nach den Einheitspreisen bestimmt, die zwecks Interpolierens der Zwischenpunkte in graphischen Tafeln zusammengestellt sind. Die sich so für die einzelnen Maste ergebenden Kosten sind in den folgenden Abbildungen dargestellt. Abb. 171 zeigt z. B. die Kosten der Pos. 1 bis 4 für die Tragmaste einer 35 kV Übertragung mit drei Kupferleitungen von je 35 mm² ohne und mit Erdungsseil bei 16 mm² Höchstbeanspruchung; Abb. 172 und 173 die Kosten für einen Eckmast Type I bzw. Type II für dieselbe Ausführungsform.

---

[1]) Die wesentlichen Preise, die den Kosten der Pos. 1—4 zugrunde gelegt wurden, sind folgende: Eisen: 300.— ℳ/t; Beton: 22.50 ℳ/m³; Eisenbahnschwellen je 6.80 ℳ; Stützisolatoren für 35 kV je 4.80 ℳ; Hewletthängeketten für 60 kV je 32.— ℳ; Hewlettabspannketten je 44.— ℳ; Hewletthänge ketten für 100 kV je 53.— ℳ; Hewlettabspannketten je 66.— ℳ; eine Arbeitsstunde: 0.30 ℳ; eine Gespannstunde: 2.40 ℳ.

Abb. 171 bis 184. Kosten für Maste für 35000 V Kupferleitungen einschl. Aufstellung und Zubehör in Abhängigkeit der Spannweite.

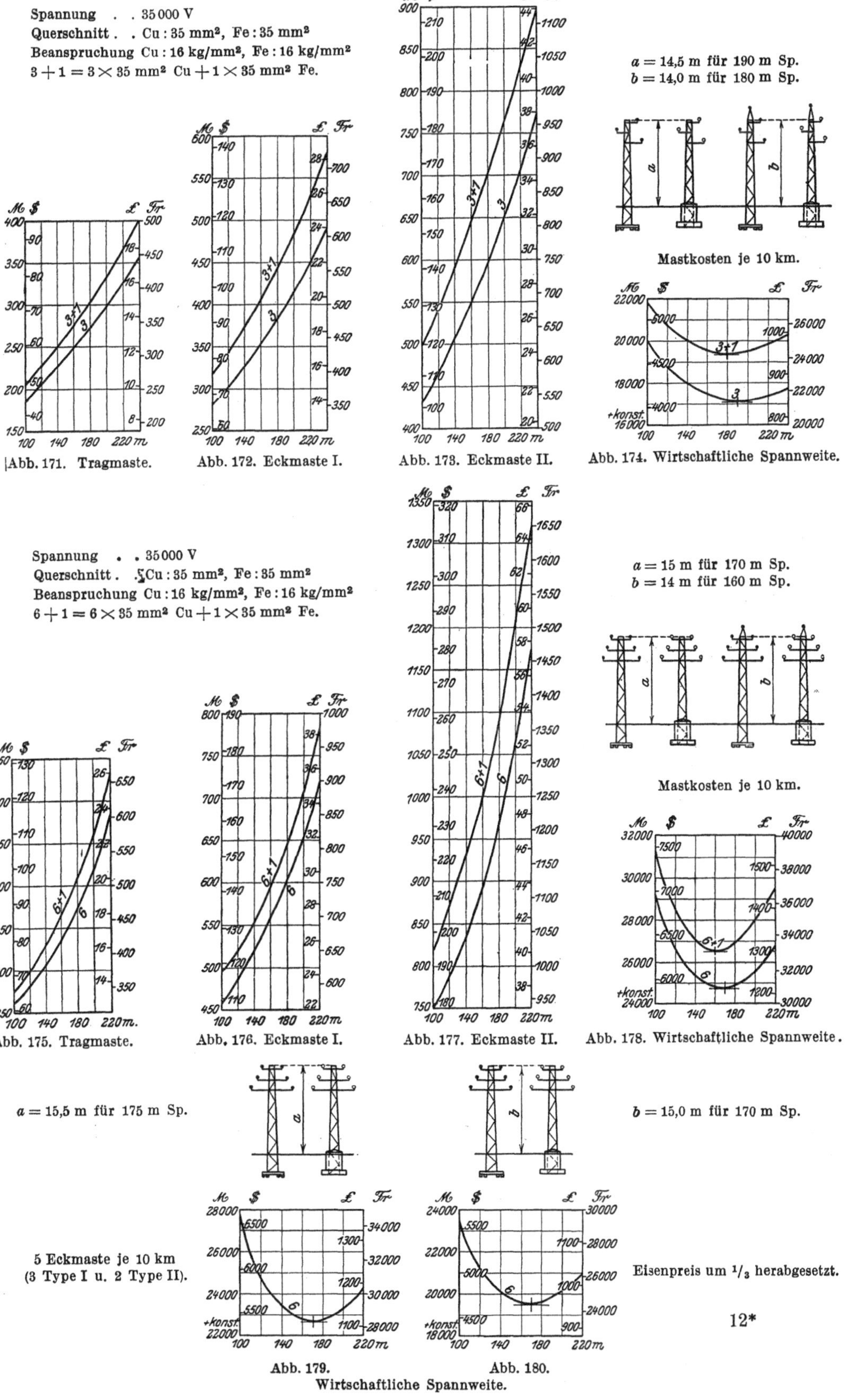

Abb. 171. Tragmaste.   Abb. 172. Eckmaste I.   Abb. 173. Eckmaste II.   Abb. 174. Wirtschaftliche Spannweite.

Abb. 175. Tragmaste.   Abb. 176. Eckmaste I.   Abb. 177. Eckmaste II.   Abb. 178. Wirtschaftliche Spannweite.

Abb. 179.   Abb. 180.
Wirtschaftliche Spannweite.

12*

Spannung . . . . 35 000 V
Querschnitt . . . Cu : 35 mm²
Beanspruchung . . Cu : 19 kg/mm²

$a = 14{,}5$ m für 175 m Sp.
Mastkosten je 10 km.

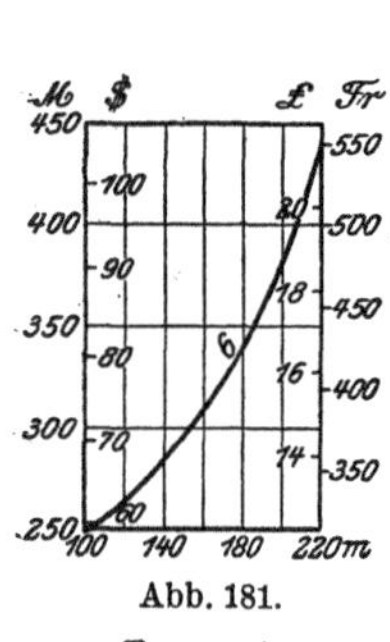

Abb. 181.

Tragmaste.

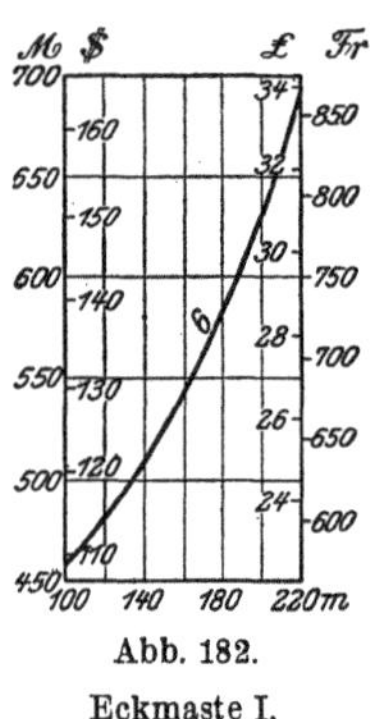

Abb. 182.

Eckmaste I.

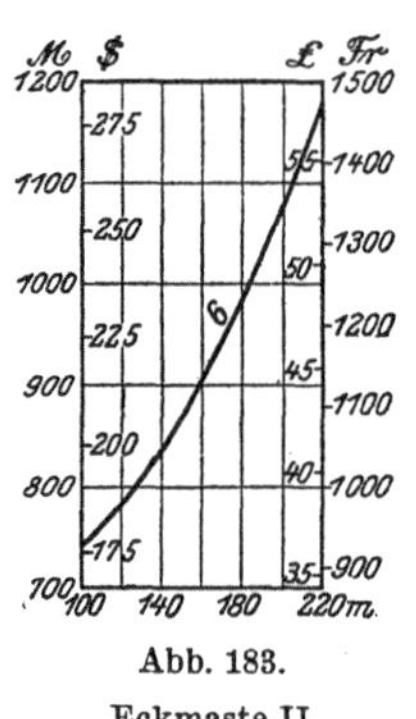

Abb. 183.

Eckmaste II.

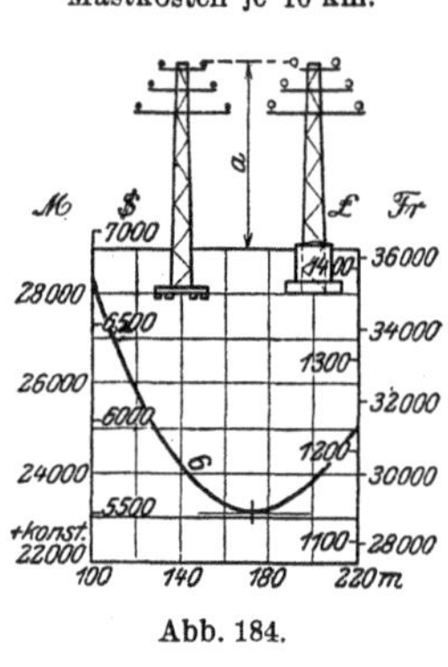

Abb. 184.

Wirtschaftliche Spannweite.

Abb. 185 bis 192. Kosten für Maste für 35 000 V Aluminiumleitungen einschließlich Aufstellung und Zubehör in Abhängigkeit der Spannweite.

Spannung . . . . 35 000 V

Querschnitt . . . Al : 50 mm², Fe : 35 mm²

Beanspruchung . . Al : 9 kg/mm², Fe : 16 kg/mm²

$3 + 1 = 3 \times 50$ mm² Al $+ 1 \times 35$ mm² Fe.

$a = 15$ m für 180 m Sp.

$b = 14$ m für 160 m Sp.

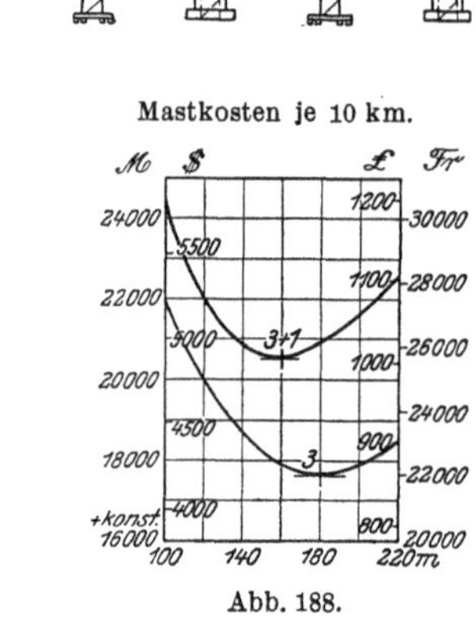

Mastkosten je 10 km.

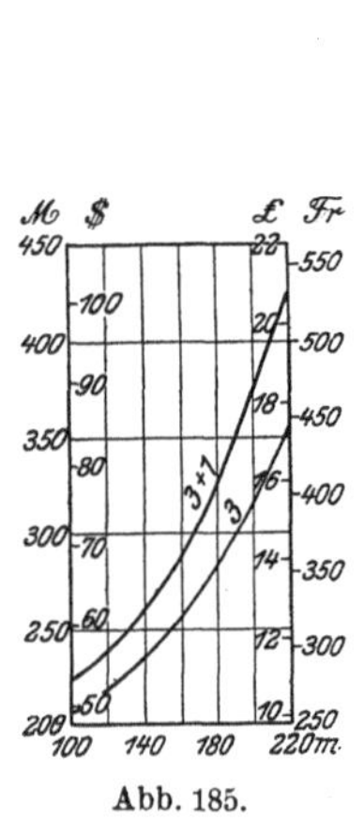

Abb. 185.

Tragmaste.

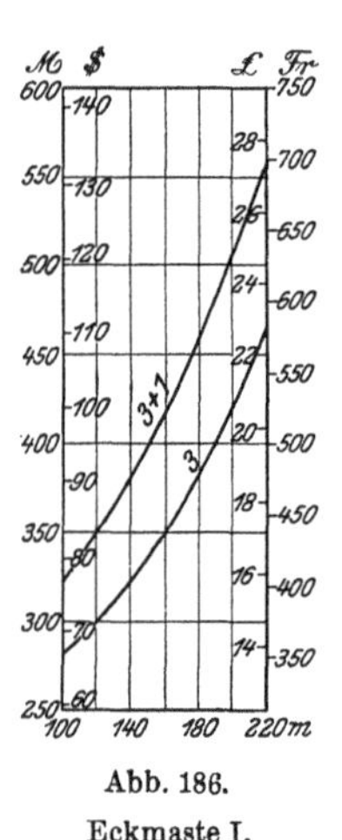

Abb. 186.

Eckmaste I.

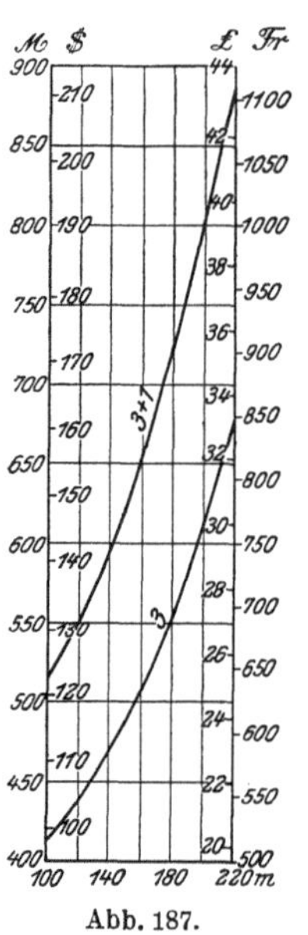

Abb. 187.

Eckmaste II.

Abb. 188.

Wirtschaftliche Spannweite.

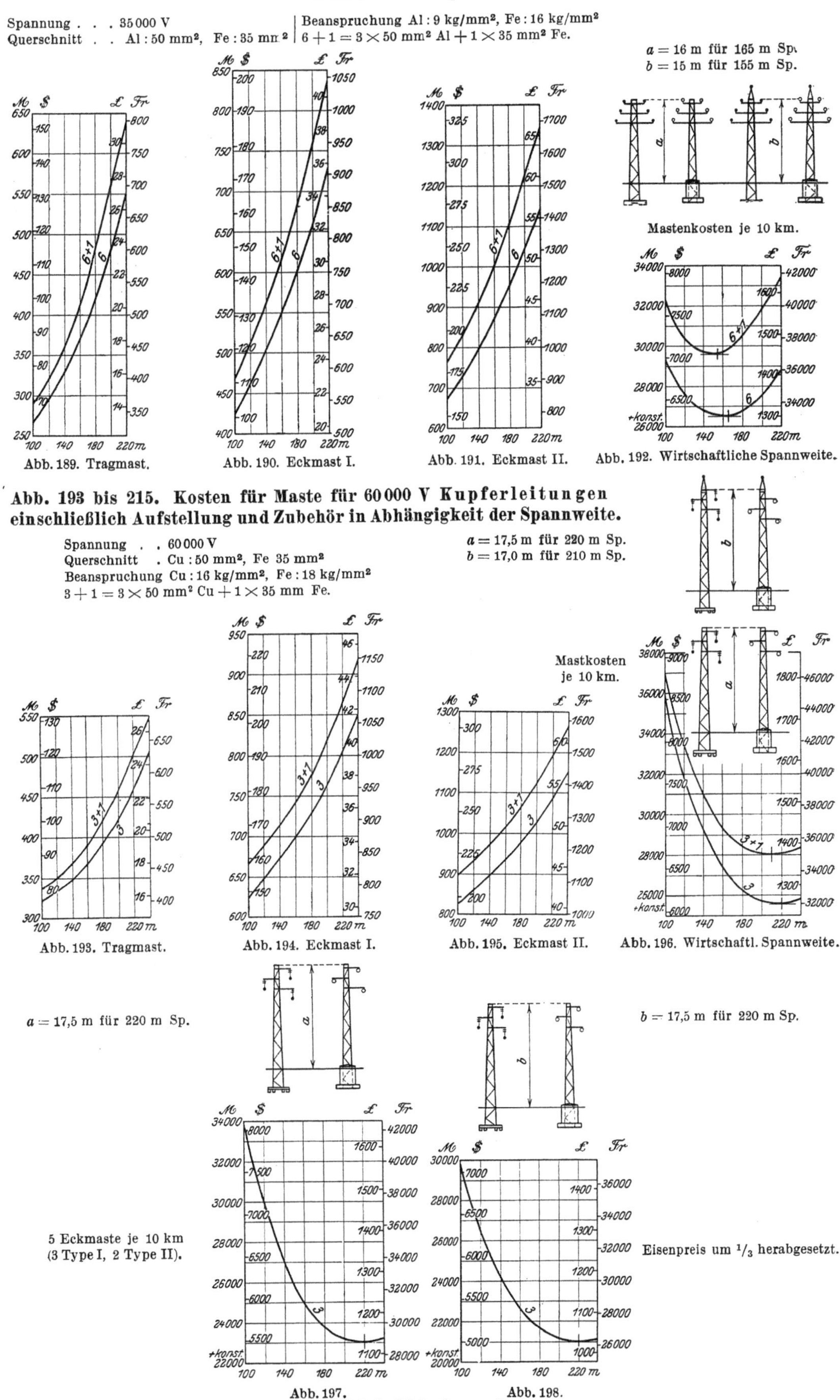

Abb. 189. Tragmast. Abb. 190. Eckmast I. Abb. 191. Eckmast II. Abb. 192. Wirtschaftliche Spannweite.

Abb. 193 bis 215. Kosten für Maste für 60000 V Kupferleitungen einschließlich Aufstellung und Zubehör in Abhängigkeit der Spannweite.

Abb. 193. Tragmast. Abb. 194. Eckmast I. Abb. 195. Eckmast II. Abb. 196. Wirtschaftl. Spannweite.

Abb. 197. Abb. 198.
Wirtschaftliche Spannweite.

Spannung   . . .   60 000 V
Querschnitt . . . .   Cu:70 mm², Fe:50 mm²
Beanspruchung . .   Cu:16 kg/mm², Fe:18 kg/mm²
3 + 1 = 3 × 70 mm² Cu + 1 × 50 mm² Fe.

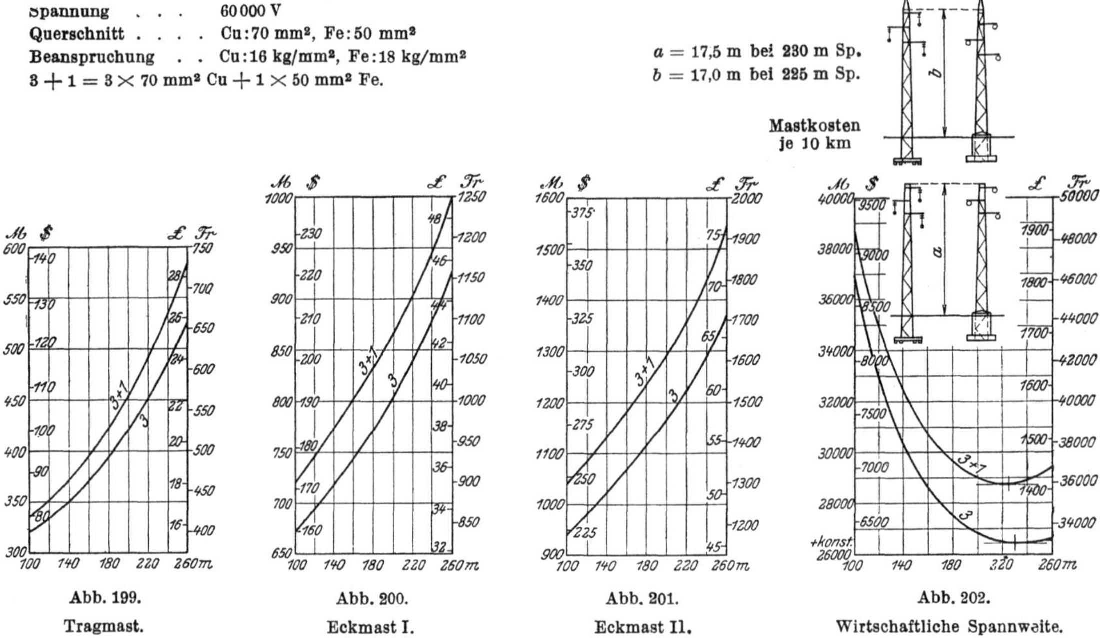

Abb. 199.   Abb. 200.   Abb. 201.   Abb. 202.

Tragmast.   Eckmast I.   Eckmast II.   Wirtschaftliche Spannweite.

Spannung   . .   .   60 000 V
Querschnitt . . . .   Cu:50 mm²
Beanspruchung . .   Cu:19 kg/mm².

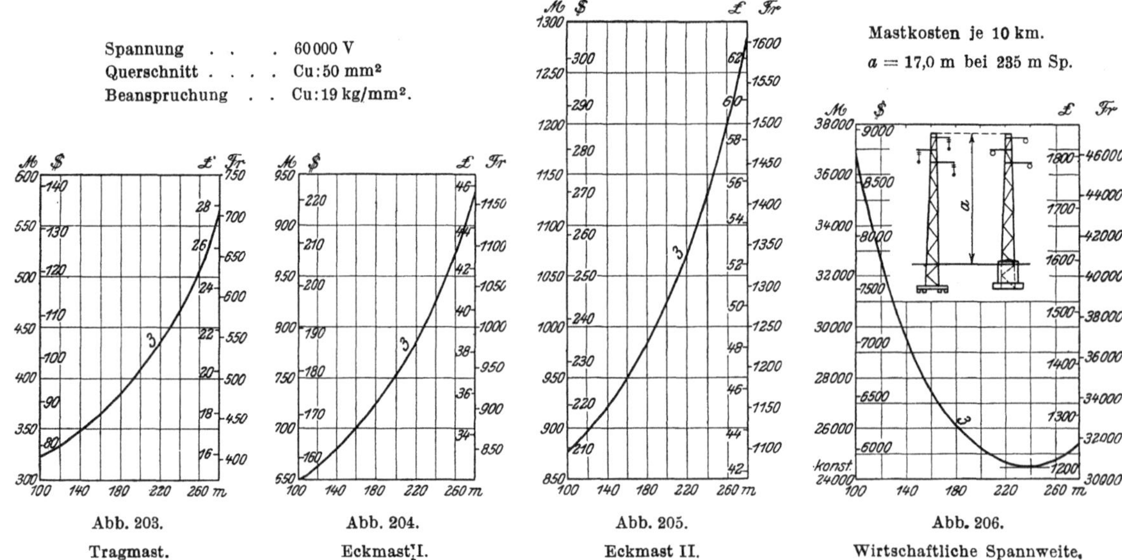

Abb. 203.   Abb. 204.   Abb. 205.   Abb. 206.

Tragmast.   Eckmast I.   Eckmast II.   Wirtschaftliche Spannweite.

Spannung . . . . 60000 V
Querschnitt . . . Cu:50 mm², Fe:35 mm²
Beanspruchung . . Cu:16 kg/mm², Fe:18 kg/mm²
6 + 1 = 6 × 50 mm² Cu + 1 × 35 mm² Fe.

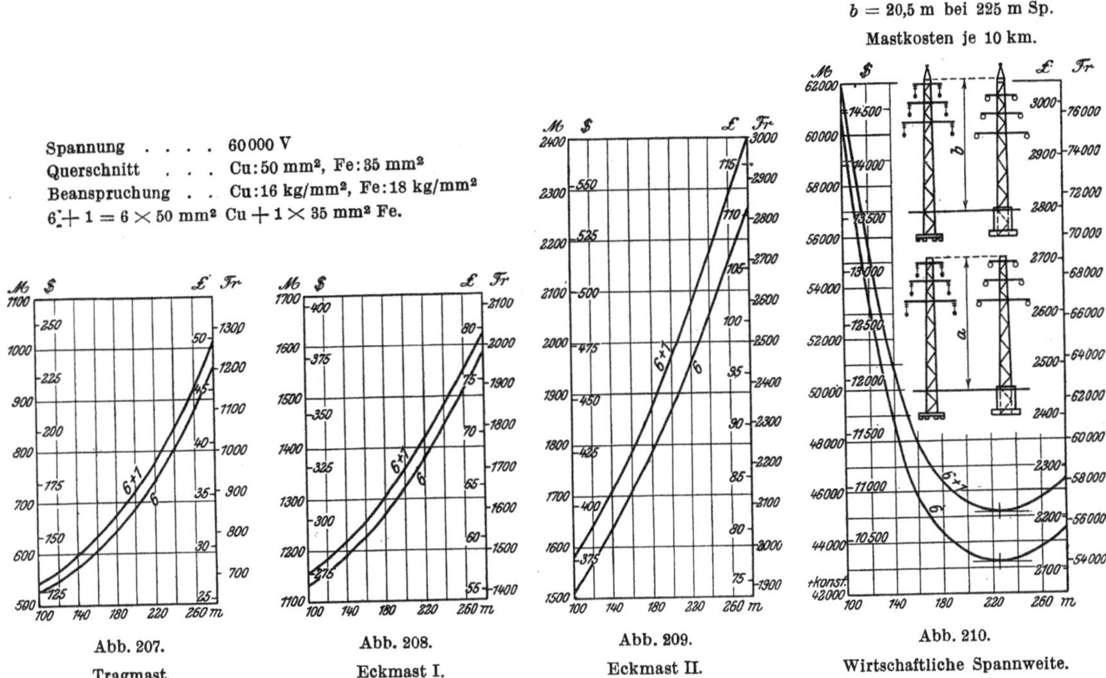

Abb. 207.   Abb. 208.   Abb. 209.   Abb. 210.

Tragmast.   Eckmast I.   Eckmast II.   Wirtschaftliche Spannweite.

Spannung . . . . 60000 V
Querschnitt . . . Cu:70 mm², Fe:50 mm²
Beanspruchung . . Cu:16 kg/mm², Fe:18 kg/mm²
6 + 1 = 6 × 70 mm² Cu + 1 × 50 mm² Fe.

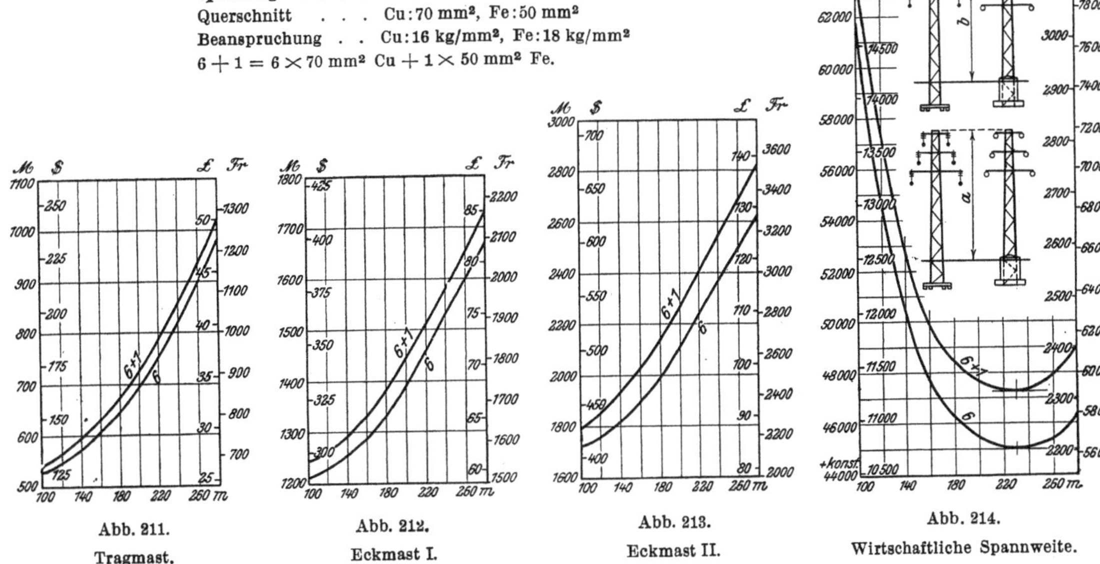

Abb. 211.   Abb. 212.   Abb. 213.   Abb. 214.

Tragmast.   Eckmast I.   Eckmast II.   Wirtschaftliche Spannweite.

Abb. 215 bis 230. Kosten für Maste für 60000 V Aluminiumleitungen einschließlich Aufstellu͟ und Zubehör in Abhängigkeit der Spannweite.

Spannung . . . . . 60 000 V
Querschnitt . . . . Al : 70 mm², Fe : 35 mm²
Beanspruchung . . . Al : 9 kg/mm², Fe : 20 kg/mm²
$3 \times 1 = 3 \times 70$ mm² Al $+ 1 \times 35$ mm² Fc.

$a = 18,5$ m bei 220 m Sp
$b = 18,5$ m bei 220 m Sp
Mastkosten je 10 km.

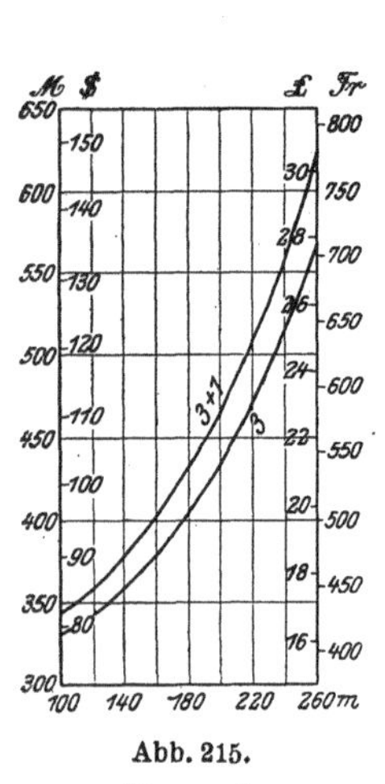

Abb. 215.
Tragmast.

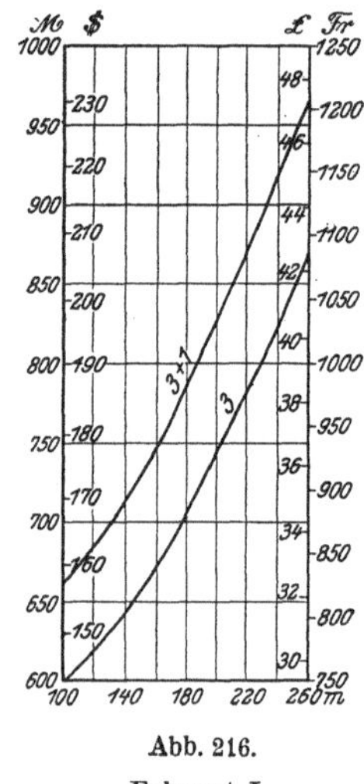

Abb. 216.
Eckmast I.

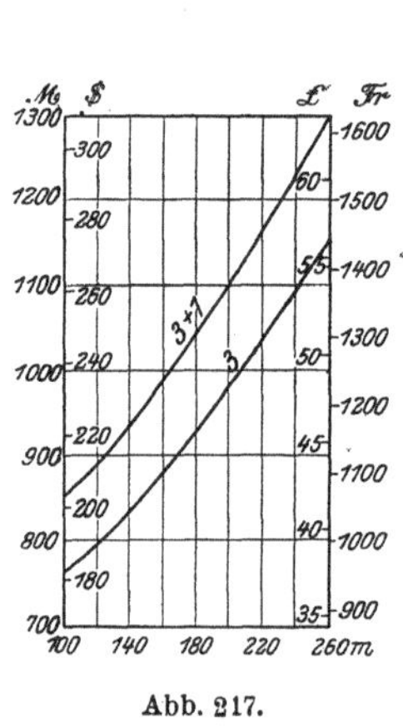

Abb. 217.
Eckmast II.

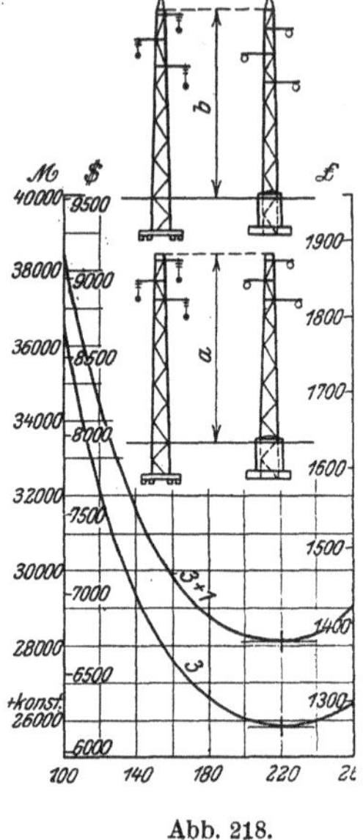

Abb. 218.
Wirtschaftliche Spannwei͟

Spannung . . . . . 60 000 V
Querschnitt . . . . Al : 120 mm², Fe : 50 mm²
Beanspruchung . . . Al : 9 kg/mm², Fe : 21 kg/mm²
$3 + 1 = 3 \times 120$ mm² Al $+ 1 \times 50$ mm² Fe.

$a = 17,5$ m bei 240 m Sp.
$b = 17,5$ m bei 235 m Sp.
Mastkosten je 10 km.

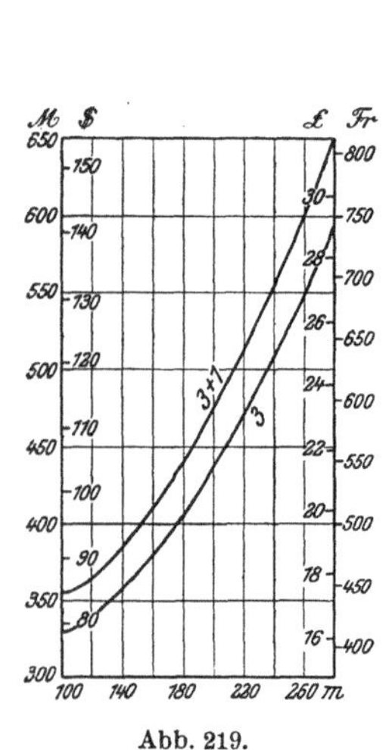
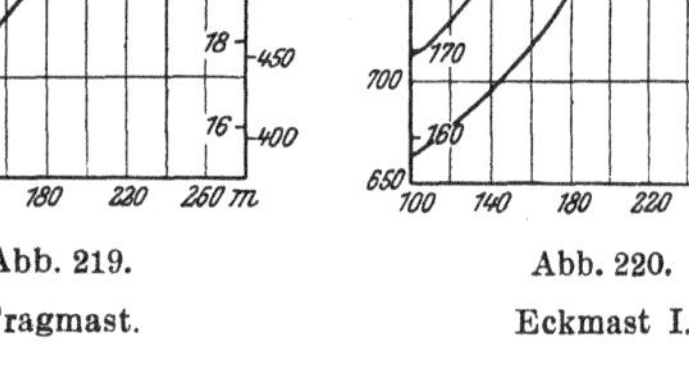

Abb. 219.
Tragmast.

Abb. 220.
Eckmast I.

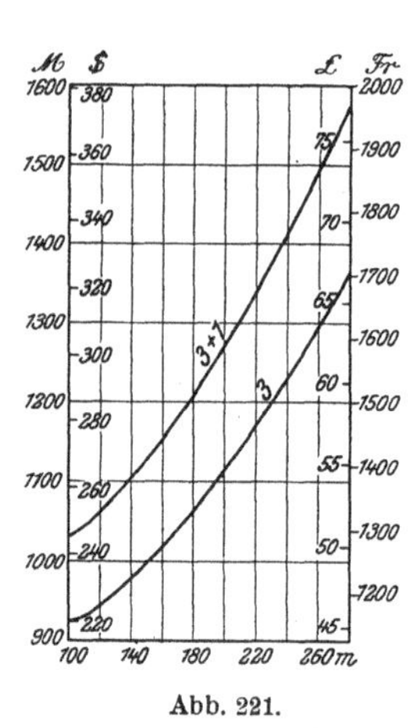

Abb. 221.
Eckmast II.

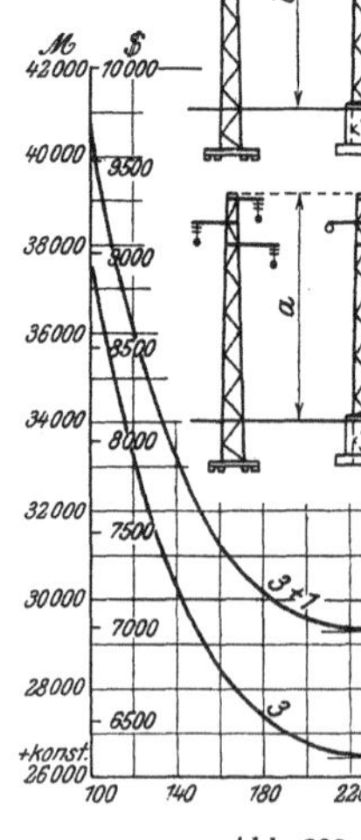

Abb. 222.
Wirtschaftliche Spannwei͟

Spannung . . . . 60000 V
Querschnitt . . . . Al : 70 mm², Fe : 35 mm²
Beanspruchung . . Al : 9 kg/mm², Fe : 20 mm²
6 + 1 = 6 × 70 mm² Al + 1 × 35 mm² Fe.

a = 22,5 m bei 230 m Sp.
b = 23,0 m bei 235 m Sp.
Mastkosten je 10 km.

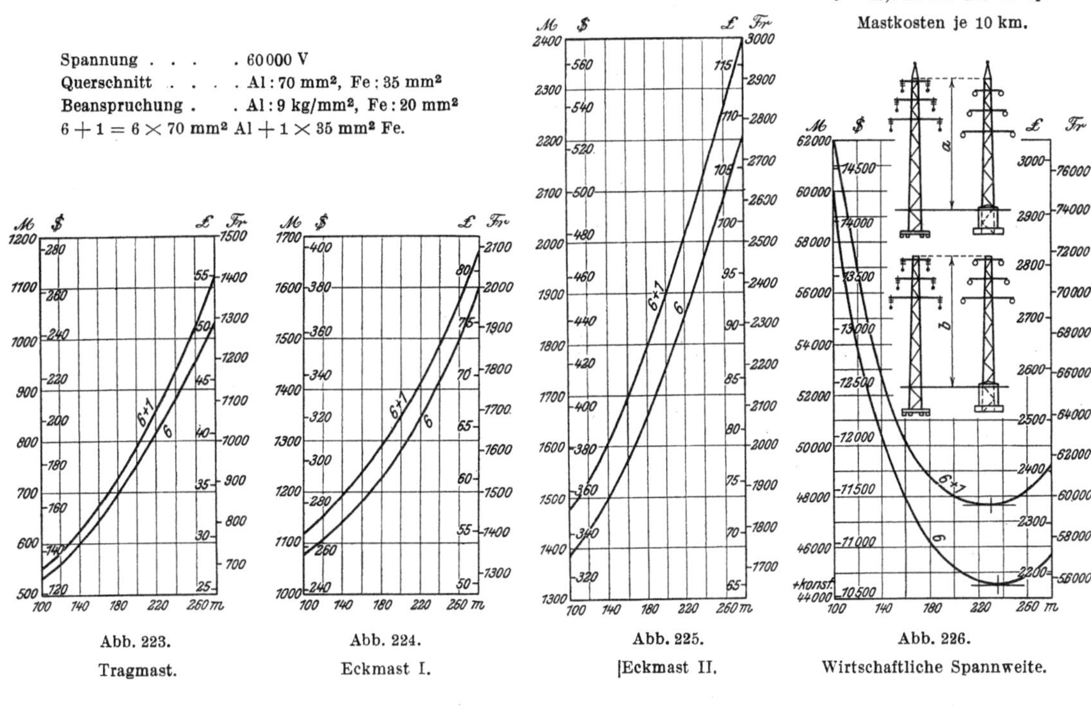

Abb. 223.
Tragmast.

Abb. 224.
Eckmast I.

Abb. 225.
[Eckmast II.

Abb. 226.
Wirtschaftliche Spannweite.

Spannung . . . . 60000 V
Querschnitt . . . Al : 120 mm², Fe : 50 mm².
6 + 1 = 6 × 120 mm² Al + 1 × 50 mm² Fe
Beanspruchung . . Al : 9 kg/mm², Fe : 21 kg/mm².

a = 21,5 m bei 250 m Sp.
b = 21,5 m bei 250 m Sp.
Mastkosten je 10 km.

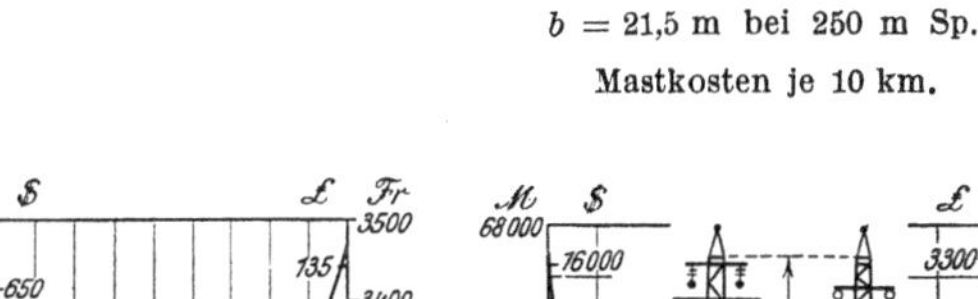

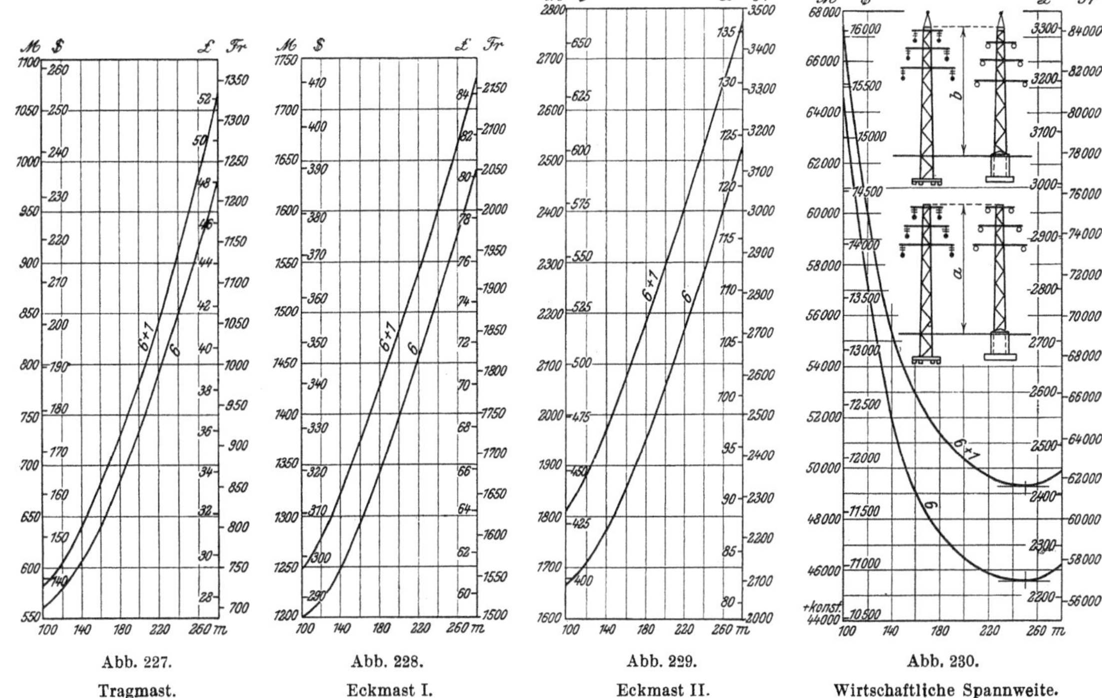

Abb. 227.
Tragmast.

Abb. 228.
Eckmast I.

Abb. 229.
Eckmast II.

Abb. 230.
Wirtschaftliche Spannweite.

Werden nun diese Kosten in der den einzelnen Spannweiten entsprechenden Zahl zusammengestellt, so ergeben sich die gesamten veränderlichen Kosten für 10 km Leitungsstrecke; letztere wurde wieder als Funktion der Spannweite aufgetragen (für obiges Beispiel Abb. 174). Diese so erhaltenen Kurven lassen dann das Minimum der Anlagekosten erkennen. Um die absoluten Kosten der verschiedenen Leitungsführungen zu erhalten, sind zu den Ordinaten die erwähnten konstanten Kosten zu addieren.

Die Leitungsanordnungen gehen aus den beigefügten Mastskizzen hervor (links Trag-, rechts Eckmast); in den Tabellen 14 bis 19 sind die als günstige Spannweite ermittelten Werte zusammengestellt.

Tabelle 14.

Wirtschaftliche Spannweiten für Kupferleitungen 35000 V.

Anzahl der Leitungen und Erdungsseile		3	3 + 1	6		6 + 1
Höchstbeanspruchung	kg/mm²	16	16	16	19	16
Querschnitt	mm²	35	35	35	35	35
Wirtschaftliche Spannweite	m	**190**	**180**	**170**	**175**	**160**

Tabelle 15.

Wirtschaftliche Spannweiten für Aluminiumleitungen 35000 V.

Anzahl der Leitungen und Erdungsseile		3	3 + 1	6	6 + 1
Höchstbeanspruchung	kg/mm²	9	9	9	9
Querschnitt	mm²	50	50	50	50
Wirtschaftliche Spannweite	m	**180**	**160**	**165**	**155**

Tabelle 16.

Wirtschaftliche Spannweiten für Kupferleitungen 60000 V.

Anzahl der Leitungen und Erdungsseile		3			3 + 1		6		6 + 1	
Höchstbeanspruchung	kg/mm²	16	19	16	16	16	16	16	16	16
Querschnitt	mm²	50	50	70	50	70	50	70	50	70
Wirtschaftliche Spannweite	m	**220**	**235**	**230**	**210**	**225**	**225**	**235**	**225**	**230**

Tabelle 17.

Wirtschaftliche Spannweiten für Aluminiumleitungen 60000 V.

Anzahl der Leitungen und Erdungsseile		3		3 + 1		6		6 + 1	
Höchstbeanspruchung	kg/mm²	9	9	9	9	9	9	9	9
Querschnitt	mm²	70	120	70	120	70	120	70	120
Wirtschaftliche Spannweite	m	**220**	**240**	**?20**	**235**	**235**	**250**	**230**	**250**

Tabelle 18.

Wirtschaftliche Spannweiten für Kupferleitungen 100000 V.

Anzahl der Leitungen und Erdungsseile		3		3 + 1		6		6 + 1	
Höchstbeanspruchung	kg/mm²	16	16	16	16	16	16	16	16
Querschnitt	mm²	95	120	95	120	95	120	95	120
Wirtschaftliche Spannweite	m	260	260	260	260	260	260	260	255

Tabelle 19.

Wirtschaftliche Spannweiten für Aluminiumleitungen 100000 V

Anzahl der Leitungen und Erdungsseile		3		3 + 1		6		6 + 1	
Höchstbeanspruchung	kg/mm²	9	9	9	9	9	9	9	9
Querschnitt	mm²	95	150	95	150	95	150	95	150
Wirtschaftliche Spannweite	m	245	270	245	270	255	260	250	255

Den vorliegenden Rechnungen ist ein Gelände ohne Hindernisse zugrunde gelegt. Um praktischer Trassierung Rechnung zu tragen, ist die Mastzahl, den Geländeverhältnissen entsprechend, um einen Prozentsatz höher anzunehmen, als sie sich für ein Gelände ohne Hindernisse ergibt. Die Maste sind jedoch für die jeweilige Höchstspannweite anzunehmen. Die sich so ergebende mittlere Spannweite erhält somit einen kleineren Wert, als die in der Rechnung erscheinende Höchstspannweite.

Auch diese Kurven zeigen das für wirtschaftliche Rechnungen charakteristische Merkmal, daß die Ordinaten in der Nähe des Optimums nur eine geringe Zunahme erfahren; ʻmäßige Abweichungen von diesem Werte sind deshalb für das wirtschaftliche Ergebnis bedeutungslos. Die Kenntnis der ungefähren Lage des Optimums genügt, um so mehr, als sich bei jeder praktischen Ausführung der Einfluß besonderer Verhältnisse geltend macht, die naturgemäß durch die Rechnung nicht gefaßt werden können.

Diese Tatsache erlaubt nun, die Ergebnisse der Rechnung ohne Fehler in vieler Beziehung zu erweitern und sie z. B. auf anderen Querschnitt, andere Betriebsspannungen, andere Materialpreise und andere Zahl von Eckmasten je Streckenkilometer auszudehnen. Nur bei grundsätzlich verschiedener Ausführung, z. B. für Anlagen in Gegenden mit anderen klimatischen Verhältnissen oder an solchen Orten, wo weitgespreizte Maste aufgestellt werden, dürften die berechneten Kurven nicht ohne weiteres angewandt werden.

Betrachtet man zunächst die Ergebnisse hinsichtlich der Querschnitte für verschiedene Betriebsspannungen, so ersieht man, daß die wirtschaftliche Spannweite für größere Querschnitte bei sonst gleicher Leitungsanordnung und Betriebsspannung höher liegt. Der Unterschied in der wirtschaftlichen Spannweite ist umso größer, je größer die Differenz in den Querschnitten ist. Die Vergrößerung der wirtschaftlichen Spannweite ist auf die geringere Zusatzbelastung für stärkere Leitungen zurückzuführen.

Die Erhöhung des Gesamtquerschnittes durch Vermehrung der Leitungen statt Vergrößerung der einzelnen Querschnitte (z. B. drei Leitungen von 35 mm² der Abb. 174 gegenüber sechs Leitungen von je 35 mm² der Abb. 178) bewirkt eine Verschiebung des Kostenminimums im entgegengesetzten Sinn für 35 kV Leitungen,

Abb. 231 bis 246. Kosten für Maste für 100000 V Kupferleitungen einschließlich Aufstellung und Zubehör in Abhängigkeit der Spannweite.

Spannung . . . 100000 V
Querschnitt . . . Cu : 95 mm², Fe : 50 mm²
Beanspruchung . Cu : 16 kg/mm², Fe : 19/kgmm²
$3 + 1 = 3 \times 95$ mm² Cu $+ 1 \times 50$ mm² Fe.

$a = 20,5$ m bei 260 m Sp.
$b = 20,5$ m bei 260 m Sp.
Mastkosten je 10 km.

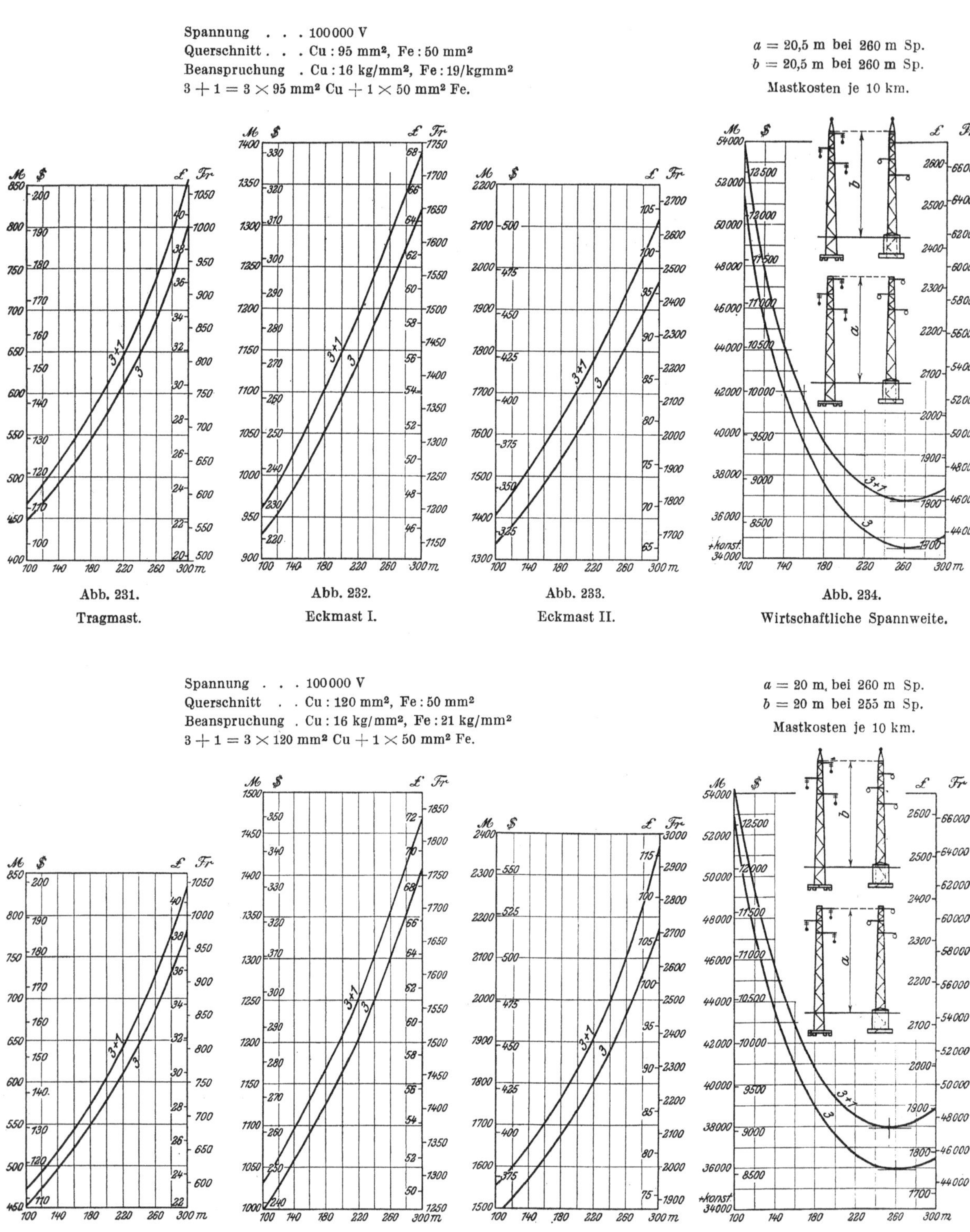

Abb. 231.
Tragmast.

Abb. 232.
Eckmast I.

Abb. 233.
Eckmast II.

Abb. 234.
Wirtschaftliche Spannweite.

Spannung . . . 100000 V
Querschnitt . . Cu : 120 mm², Fe : 50 mm²
Beanspruchung . Cu : 16 kg/mm², Fe : 21 kg/mm²
$3 + 1 = 3 \times 120$ mm² Cu $+ 1 \times 50$ mm² Fe.

$a = 20$ m, bei 260 m Sp.
$b = 20$ m bei 255 m Sp.
Mastkosten je 10 km.

Abb. 235.
Tragmast.

Abb. 236.
Eckmast I.

Abb. 237.
Eckmast II.

Abb. 238.
Wirtschaftliche Spannweite.

Spannung . . . 100 000 V
Querschnitt . . . Cu : 95 mm², Fe : 50 mm²
Beanspruchung . Cu : 16 kg/mm², Fe : 19 kg/mm²
$6 + 1 = 6 \times 95$ mm² $+ 1 \times 50$ mm² Fe.

$a = 23{,}5$ m bei 260 m Sp.
$b = 23{,}5$ m bei 260 m Sp.
Mastkosten je 10 km.

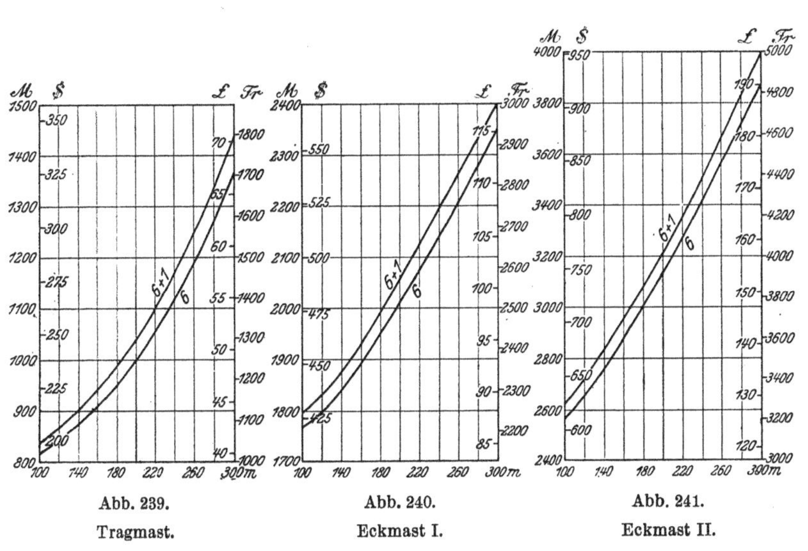

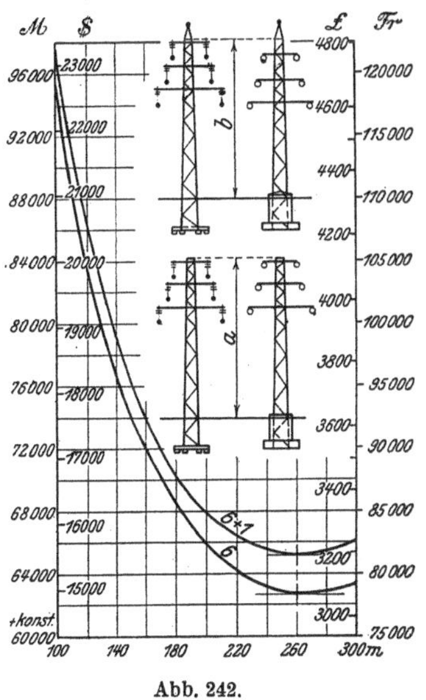

| Abb. 239. | Abb. 240. | Abb. 241. | Abb. 242. |
| Tragmast. | Eckmast I. | Eckmast II. | Wirtschaftliche Spannweite. |

Spannung . . . 100 000 V
Querschnitt . . . Cu : 120 mm², Fe : 50 mm²
Beanspruchung . Cu : 16 kg/mm², Fe : 21 kg/mm²
$6 + 1 = 6 \times 120$ mm² Cu $+ 1 \times 50$ mm² Fe.

$a = 23{,}0$ m bei 260 m Sp.
$b = 23{,}0$ m bei 255 m Sp.
Mastkosten je 10 km.

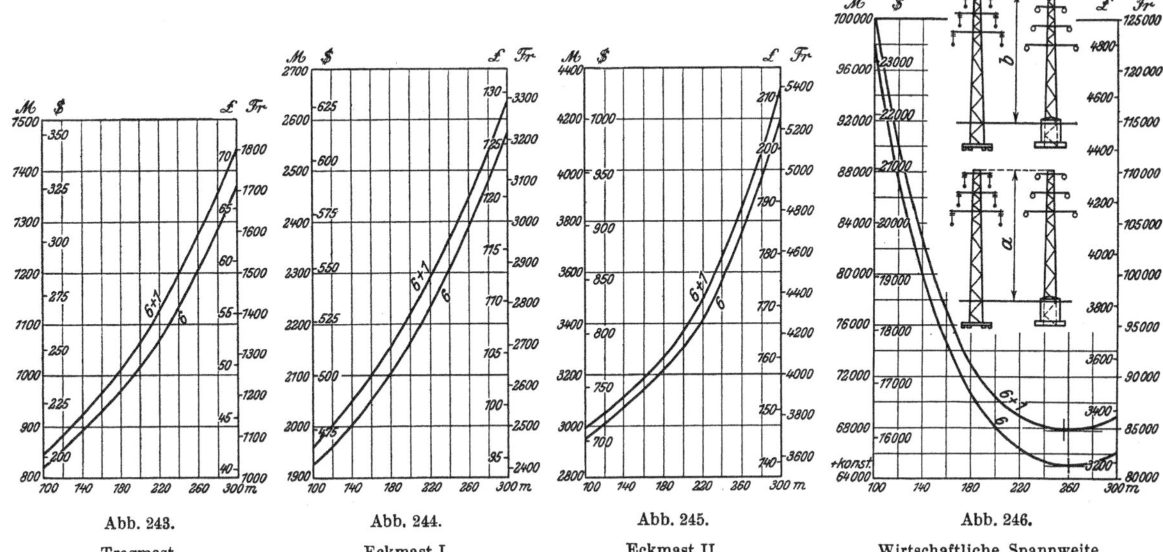

| Abb. 243. | Abb. 244. | Abb. 245. | Abb. 246. |
| Tragmast. | Eckmast I. | Eckmast II. | Wirtschaftliche Spannweite. |

Abb. 247 bis 265. Kosten für Maste für 100000 V Aluminiumleitungen einschließlich Aufstellung und Zubehör in Abhängigkeit der Spannweite.

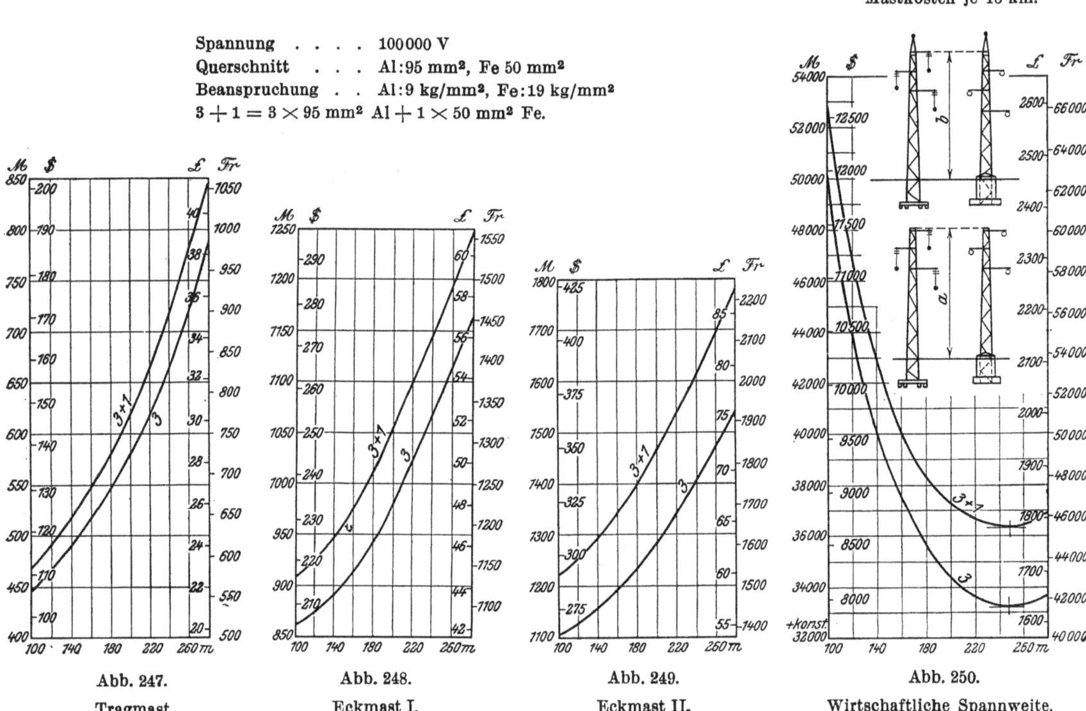

Abb. 247.   Abb. 248.   Abb. 249.   Abb. 250.

Tragmast.   Eckmast I.   Eckmast II.   Wirtschaftliche Spannweite.

Für Abb. 251 bis 253 gelten 6 Al-Leitungen für je 95 mm².

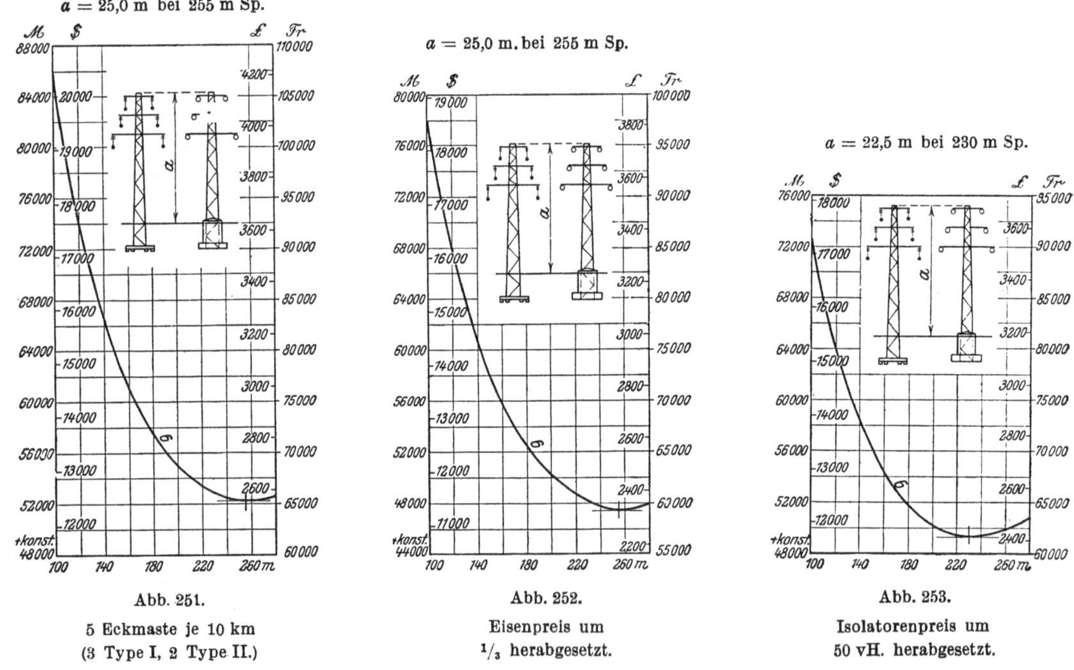

Abb. 251.   Abb. 252.   Abb. 253.

5 Eckmaste je 10 km   Eisenpreis um   Isolatorenpreis um

(3 Type I, 2 Type II.)   ⅓ herabgesetzt.   50 vH. herabgesetzt.

Spannung . . 100 000 V
Querschnitt . . . Al: 150 mm², Fe: 50 mm²
Beanspruchung . . Al: 9 kg/mm², Fe: 24 kg/mm²
$3 + 1 = 3 \times 150$ mm² Al $+ 1 \times 50$ mm² Fe.

$a = 20{,}5$ m bei 270 m Sp.
$b = 20{,}5$ m bei 270 m Sp.

Mastkosten je 10 km.

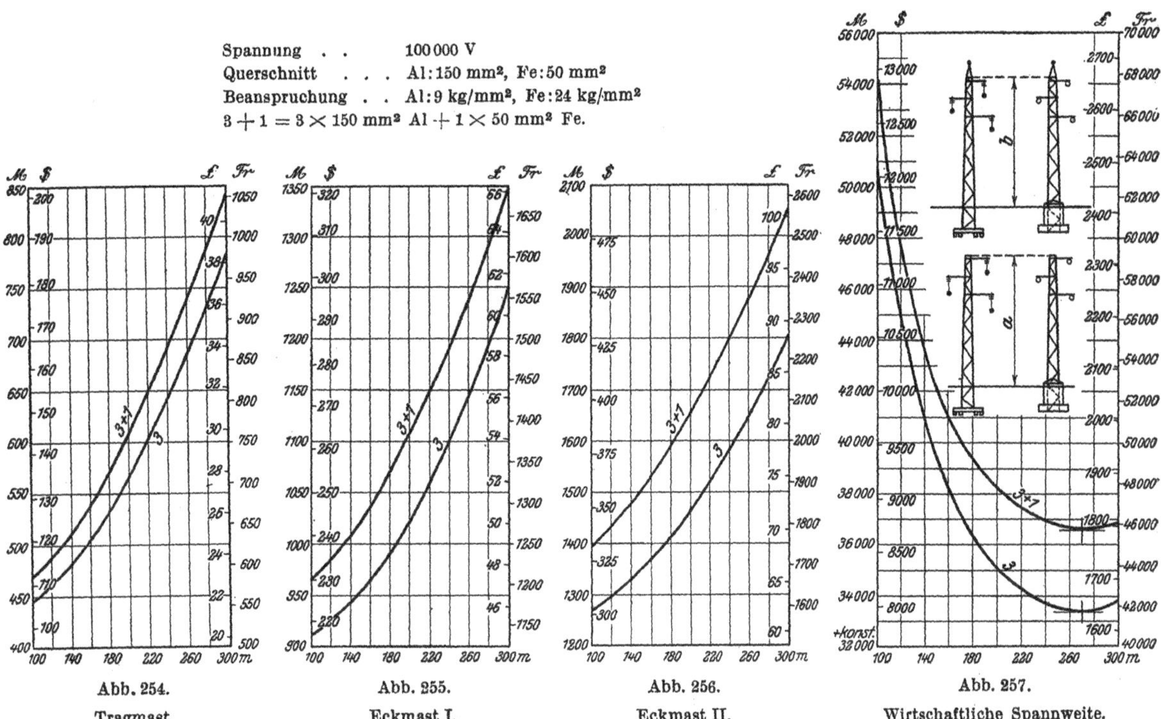

Abb. 254.
Tragmast.

Abb. 255.
Eckmast I.

Abb. 256.
Eckmast II.

Abb. 257.
Wirtschaftliche Spannweite.

Spannung . . . . 100 000 V
Querschnitt . . . . Al: 95 mm², Fe: 50 mm²
Beanspruchung . . Al: 9 kg/mm², Fe 19 kg/mm²
$6 + 1 = 6 \times 95$ mm² Al $+ 1 \times 50$ mm² Fe.

$a = 25{,}0$ m bei 255 m Sp.
$b = 24{,}5$ m bei 250 m Sp.

Mastkosten je 10 km.

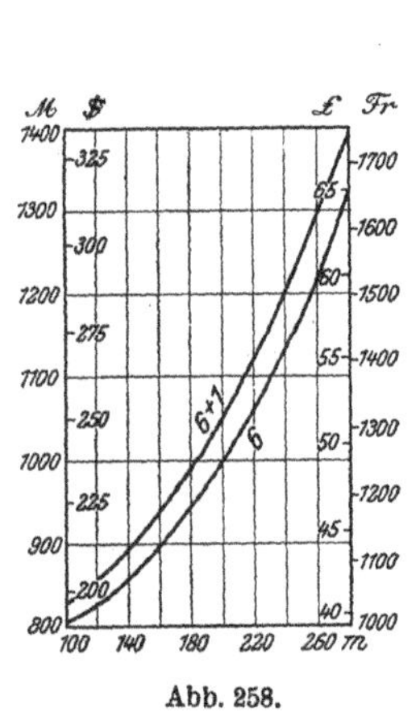

Abb. 258.
Tragmast.

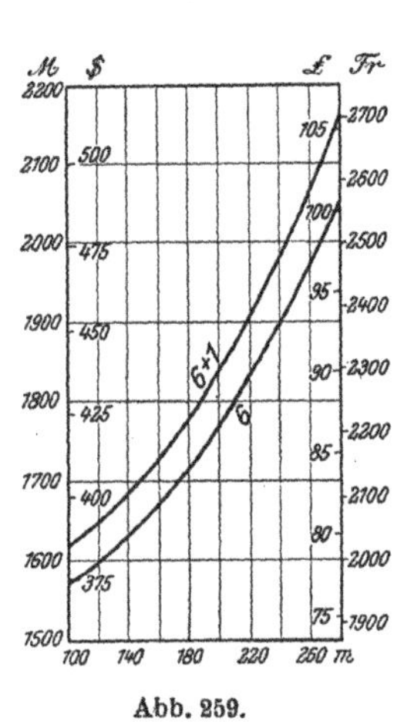

Abb. 259.
Eckmast I.

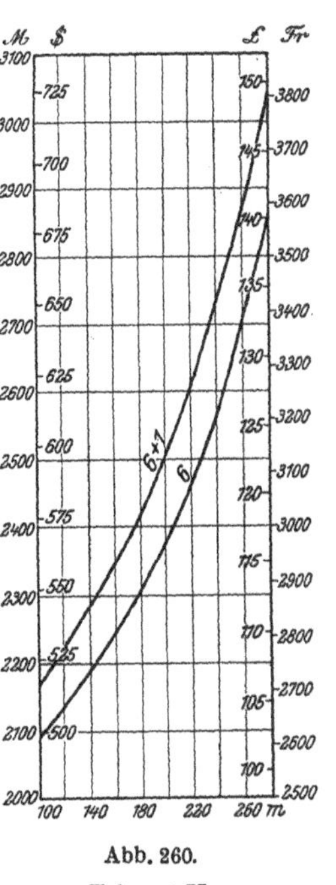

Abb. 260.
Eckmast II.

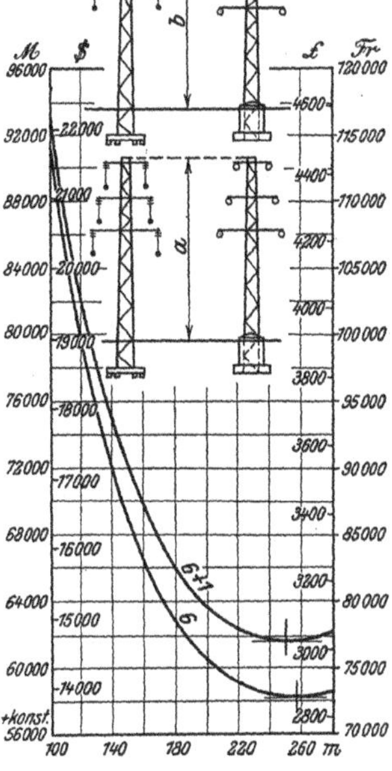

Abb. 261.
Wirtschaftliche Spannweite.

bei den 60 kV Leitungen eine Vergrößerung der wirtschaftlichen Spannweite und bei den 100 kV Leitungen teils eine Vergrößerung, teils eine Verminderung der wirtschaftlichen Spannweite; Abb. 242 und Abb. 246 zeigen keine Verschiebung. Die Erscheinungen erklären sich einerseits durch den jeweiligen Eisenverbrauch, andererseits durch die Kosten für die Isolatorenketten. Durch Hinzufügung eines Erdungsseiles ändert sich die wirtschaftliche Spannweite nur unwesentlich.

Wählt man als Höchstbeanspruchung für Kupferleitungen 19 kg/mm² anstatt 16 kg/mm², so zeigt der Vergleich von Abb. 178 mit Abb. 184 und Abb. 196 mit Abb. 206, daß die wirtschaftliche Spannweite eine Zunahme erfährt; dabei sind die Kosten der Anlage bei 19 kg/mm² geringer als bei 16 kg/mm² Höchstbeanspruchung.

Spannung . . . . .   100 000 V
Querschnitt . .   . . Al : 150 mm², Fe : 50 mm²
Beanspruchung . . . . Al : 9 kg/mm², Fe : 24 kg/mm²
6 + 1 = 6 × 150 mm² Al + 1 × 50 mm² Fe.

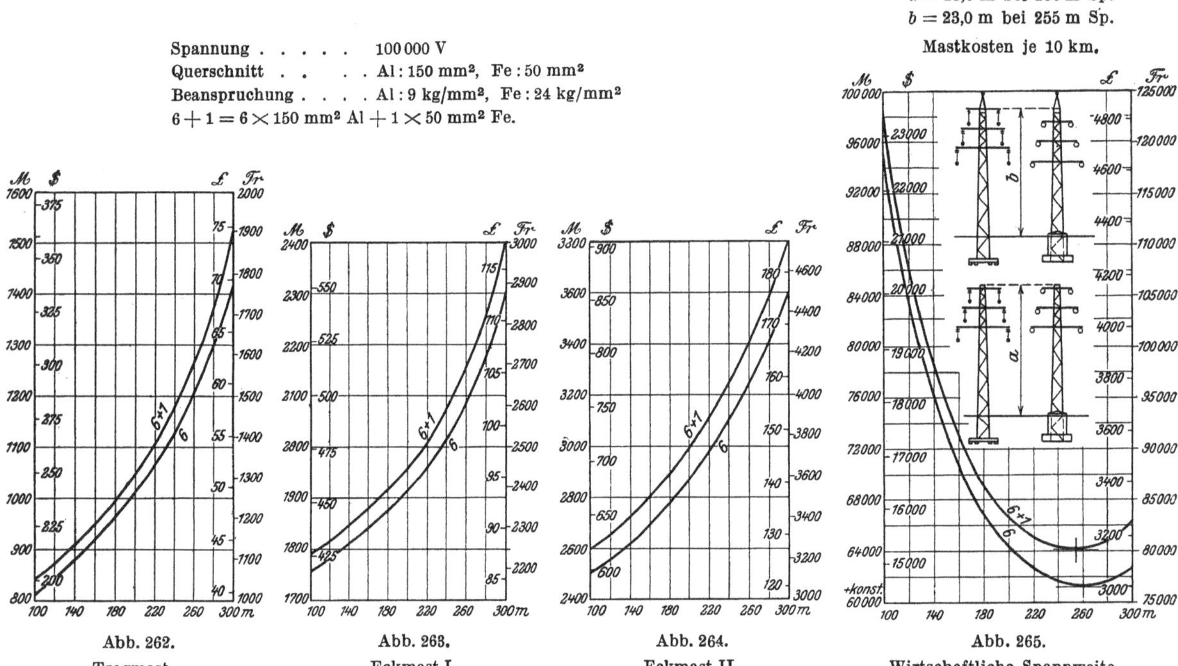

Abb. 262.   Abb. 263.   Abb. 264.   Abb. 265.
Tragmast.   Eckmast I.   Eckmast II.   Wirtschaftliche Spannweite.

Ein Vergleich der 60 kV Leitung mit der 100 kV Leitung mit Hängeisolatoren, also hinsichtlich der Betriebsspannung ergibt eine größere wirtschaftliche Spannweite für letztere. Die Maste unterscheiden sich durch die Ausbildung der Mastköpfe. Die Ausladung der Traversen und Abstände der Traversen unter sich werden größere gemäß den von den Normen für Starkstromfreileitungen geforderten Abständen und durch die Länge der Isolierkörper. Die Mehrkosten für letztere erhöhen die Gesamtkosten ebenfalls erheblich.

Es wurde ferner untersucht, welchen Einfluß der Eisenpreis auf das Ergebnis hat. Zu diesem Zwecke wurde der Eisenpreis für je eine Leitung um ein Drittel herabgesetzt; alle anderen Positionen der Kostenermittelung wurden unverändert gelassen. Es zeigt sich, daß der niedrigere Eisenpreis die wirtschaftliche Spannweite nicht verschiebt.

Abb. 179, 197 u. 251 zeigen, welchen Einfluß die Annahme einer kleineren Zahl von Eckmasten für Type I (3 statt 5) und für Type II (2 statt 5) haben. Wesentliche Verschiebungen des Kostenminimums ergeben sich auch hierbei nicht.

Schließlich wurden noch für eine 100 kV Leitung die Kosten der Isolierketten um die Hälfte herabgesetzt. Hierdurch wird die wirtschaftliche Spannweite wesentlich kleiner (230 statt 255 m) (Abb. 253).

Wie bereits erwähnt, sind die aufgestellten Berechnungen nicht mehr richtig, wenn klimatische Verhältnisse eine von der angenommenen verschiedene Zusatzbelastung verursachen, oder wenn weitgespreizte Maste zur Anwendung kommen. Aus diesem Grunde läßt sich das von Scholes durchgeführte Beispiel nicht zum Vergleich mit den Ergebnissen dieser Arbeit heranziehen.

8. Die Energieübertragung mit Kabeln.

Das Kabel hat sich als Übertragungselement für große Entfernungen bis heute nur wenig eingeführt, einmal weil die Grenze für betriebssichere Übertragungsspannung erheblich niedriger liegt, zweitens weil die Erstellungskosten beträchtlich höher sind als die der Freileitungen. So kommen in eigentlichen Fernleitungen Hochspannungskabel nur als Teilstrecken vor, wenn nämlich die Freileitung aus nicht auf wirtschaftlichem Gebiete liegenden Gründen vermieden werden muß (Kreuzungen von Wasserläufen und Meeresarmen, Einführungsenden in die Unterstationen an der Verbrauchsstelle, Verbindungsleitungen zwischen Schalt- und Transformatorenanlagen u. ä.). Man sucht in solchen Fällen die Zwischentransformation möglichst zu umgehen, ist dann aber oft auf die Verwendung von Einfachkabeln angewiesen, die sich heute für Betriebsspannungen bis 60 000 V leicht herstellen lassen, so daß solchen Anforderungen in Anlagen bis 100 000 V verketteter Spannung genügt werden kann. Es empfiehlt sich dabei, die Bleimäntel paralleler Einfachkabel in kurzen Abständen, etwa an jeder Muffe, gut leitend miteinander zu verbinden und die durch den Bleimantelstrom erzeugten Verluste, die wie eine Erhöhung der Kupferverluste wirken, in Kauf zu nehmen. Der andere Weg, der darin besteht, die Bleimäntel vollkommen zu isolieren, hat betriebstechnisch verschiedene Nachteile, er führt zu Störungen infolge Korrosion der Bleimäntel, weil der Isolationszustand gegen Erde nicht einwandfrei aufrecht erhalten werden kann und zu willkürlichem Ausgleich der induzierten Spannungen Gelegenheit bietet. Die durch Induktion in den Bleimänteln auftretenden Verluste spielen in der Wirtschaftlichkeit des Netzes keine Rolle, weil es sich meist nur um verhältnismäßig kurze Längen handelt.

Für längere Strecken ist aus vorstehenden Gründen die Verwendung von Drehstromkabeln geboten und man kann dann Umformung nicht vermeiden, wenn die Betriebsspannung höher ist als die durch die Konstruktion gegebene Spannungsgrenze. Diese liegt bei ausgeführten größeren Anlagen heute bei etwa 30 000 V; die Fortschritte der Kabeltechnik der letzten Jahre gestatten jedoch, sie heute schon auf etwa das Doppelte zu erhöhen. Einzelne kürzere Strecken sind mit 50 000 V schon erfolgreich in Betrieb genommen worden. Die Erfahrung mit ausgedehnten 30 000 V Netzen sind als recht zufriedenstellend zu bezeichnen. Sie sind dort zur Ausführung gelangt, wo die örtlichen Verhältnisse die Verwendung von Freileitungen nicht erlaubten, insbesondere also in Großstädten und in engbebauten Bergwerksbezirken mit einer bis jetzt zur Anwendung gelangten Höchstspannung von 35 000 V.

Die Konstruktion solcher Kabel stützt sich auf eine mehr als zehnjährige Erfahrung und ihre Betriebssicherheit hat durch eingehende Studien über die Verhältnisse im Dielektrikum erhebliche Förderung erfahren, die in Deutschland und in England, Holland und Amerika durchgeführt wurden; sie beschäftigen sich mit der Erforschung der dielektrischen Verluste und deren Ursachen. Während in Deutschland der Einfluß der Zusammensetzung und Reinheit der Imprägniermassen und ihre chemische Stabilität im Vordergrund des Interesses steht, wird im Ausland dem Einfluß der eingeschlossenen Luftteilchen besondere Beachtung geschenkt. Auf diese Untersuchungen stützt sich die Theorie der sogenannten Ionisationsspannung (das ist diejenige Spannungsgrenze, von welcher an die dielektrischen Verluste proportional einer höheren Potenz der Spannung als zwei ansteigen). Die Kennlinie für das Verhältnis des Verlustwinkels zur Prüfspannung zeigt einen Knick, dessen Lage als Kriterium für die Höhe der zulässigen Betriebsspannung benutzt wird. Obwohl verschiedene, namentlich deutsche Fabrikate diesen Knick in der Charakteristik nur verschwommen und bisweilen garnicht erkennen lassen und obwohl über die Richtigkeit und den Wert dieser Theorie noch kein abschließendes Urteil vorliegt, so verdienen diese Untersuchungen doch weitgehendste Förderung, weil sie die Erkenntnis des komplizierten Verhaltens des Dielektrikums erweitern.

Die Bemühungen, Kabel für noch höhere Betriebsspannungen herzustellen, haben, durch die erwähnten Forschungen angeregt, neuerdings zu Konstruktionen geführt, die ohne erhebliche Vergrößerung der Abmessungen eine Steigerung der Betriebsspannung auf 50 000 bis 60 000 V ermöglichen. Längere Betriebserfahrungen mit solchen Kabeln liegen zwar heute noch nicht vor, aber es kann wohl bei der Sorgfalt, mit der diese Konstruktionen entwickelt wurden und den befriedigenden Ergebnissen der bisherigen Hochspannungskabeltypen niederer Belastungsspannungen erwartet werden, daß die neuen Kabeltypen sich bewähren werden. Für die Entwicklung der Energieübertragung würde die Steigerung der Betriebsspannung auf die genannte Höhe von wesentlicher Bedeutung sein, weil mittlere Entfernungen mit diesen Spannungen voraussichtlich mit befriedigender Rentabilität überbrückt werden können.

Gleichzeitig mit der Entwicklung der Kabelkonstruktion sind erhebliche Fortschritte in dem Bau der Garnituren gemacht worden, deren Betriebssicherheit derart gesteigert worden ist, daß man sie nicht mehr als „schwache Punkte" der Kabelanlagen anzusehen braucht. Sie liegen in erster Linie auf dem Gebiete der Füllungstechnik, welche die bei der Herstellung der Kabel gewonnenen Erfahrungen in sinngemäßer Weise auf die Montage der Garnituren überträgt. Das jetzt übliche Vakuum-Füllverfahren, das nach Überwindung anfänglicher Schwierigkeiten heute als vollkommen bezeichnet werden darf, wird auch noch für höhere Spannungen von ausschlaggebender Bedeutung sein.

Die Verhältnisse beim Übergang von Kabeln zu Freileitungen und umgekehrt sind· inzwischen durch theoretische Untersuchungen und praktische Erfahrungen geklärt worden. Vielfache, früher geäußerte Bedenken können als beseitigt gelten. Da das Kabel infolge seiner niedrigen Wellencharakteristik der betriebsmäßigen Überspannungen, verursacht durch Schaltvorgänge u. ä., gegenüber der Freileitung im Vorteil ist, so brauchen Bedenken in dieser Hinsicht kaum gehegt zu werden. Auch übermäßigen Beanspruchungen des Kabels durch atmosphärische Entladungen scheint man in befriedigender Weise durch relativ einfache Maßnahmen begegnen zu können. Die letzte Strecke der Freileitung (vor dem Anschluß an das Kabel) ist hierzu mit Erdungsleitungen auszurüsten (Blitzschutzseile), außerdem muß die Anlage gegen das Auftreten von Erdschlußüberspannungen durch Erdschlußspulen (S. 368) geschützt werden.

Die Anwendung von Erdschlußspulen zur Kompensation des Erdschlußstromes ist auch in reinen Kabelanlagen von großer Bedeutung, weil die höhere Kapazität für die Überspannungsfrage eine besondere Rolle spielt und der Übergang von Erdschlüssen in die gefährlicheren Kurzschlüsse verhindert wird. Über die Entstehung von Kabelstörungen bestehen noch vielfach falsche Vorstellungen, die wohl dadurch veranlaßt worden sind, daß die durch die hohen Erdschlußstromstärken in Kabelnetzen verursachten örtlichen Zerstörungen zu Kurzschlüssen führen, die den Grund des Fehlers nicht mehr erkennen lassen. Auf Grund vieljähriger Erfahrungen kann aber gesagt werden, daß mindestens 90 vH aller Kabelstörungen sich von einem Erdschluß aus entwickeln. Der Wert der Erdschlußkompensation liegt aber nicht nur darin, daß die Erdschlußstromstärke bis zu geringen Werten vermindert wird, sie bietet vielmehr das Mittel, die beim Erdschluß auftretenden Überspannungen

sicher zu bekämpfen, die Voraussetzung für ihr Entstehen zu beseitigen und Rück-
zündungen vorzubeugen.

Das an anderer Stelle (Kap. VI. S. 368) erläuterte Prinzip der von Petersen
angegebenen Erdschlußkompensation ist das gleiche für Kabel wie für Freileitungen.
Eine Erdschlußdrosselspule wird zwischen Nullpunkt und Erde der Anlage eingeschaltet. Die Größe der Induktanz dieser Spule wird so bemessen, daß sie der Bedingung genügt $\sim^2 L \cdot 3\, C_0 = 1$, in welcher $\sim$ die Frequenz der Betriebswechsel-
spannung und C_0 die Kapazität einer Phase gegen Erde bedeutet, während L der
zu errechnende Koeffizient der Selbstinduktion der Spule ist; mit anderen Worten: die Erdschlußdrosselspule muß mit der Erdschlußkapazität bei der Frequenz
der Betriebsspannung in Resonanz sein, wobei die Verhältnisse noch genügend günstig
sind, wenn der Unterschied zwischen den kapazitiven und induktiven Impedanzen
bis zu 20 vH beträgt. In dem Moment, wo der Erdschluß beginnt und der Erd-
schlußladestrom der nicht betroffenen Phasen sich entwickelt, wird auch die Erdschlußspule unter Spannung gesetzt. Sie sendet hierdurch einen nacheilenden Strom
über die Erdschlußstellen, der annähernd die gleiche absolute Größe wie der Erd-
schlußladestrom besitzt und diesen infolgedessen kompensiert, da er um 180^0 gegen
ihn verschoben wird. Im Lichtbogen tritt lediglich ein Reststrom in die kranke
Phase über, der durch die Energieverluste in dem Kabeldielektrikum und der Drosselspule bedingt wird und so gering ist, daß er weder wesentliche Verbrennungen noch
einen Kurzschluß am Erdschlußpunkt herbeiführen kann.

Nach den in vielen Kabelanlagen gemachten Erfahrungen sind Erdschlüsse in
der Regel die Folge von Kabelfehlern. Andererseits veranlassen Kurzschlüsse oft
hohe thermische und mechanische Beanspruchungen, die das Kabel derartig schwächen,
daß Fehler in rascher Aufeinanderfolge entstehen und dann durch ihr epidemisches
Auftreten über den durch und durch krankhaften Zustand des Kabels keinen Zweifel
mehr lassen. In solchen Fällen wird häufig die Ursache der Erscheinung in der
Güte der Kabel gesucht, während unsachgemäße Projektierung und fehlerhafte Ausführung der Anlage dafür verantwortlich zu machen ist.

Die Kurzschlußgefahr bedarf auch insofern noch einer besonderen Berücksichtigung, als es nicht möglich ist, Kabel für beliebige Kurzschlußleistungen betriebssicher herzustellen. Es ist vorgekommen, daß Kabel schwachen Querschnittes, die
unmittelbar an große Kraftwerke angeschlossen waren, thermisch durch Kurzschlüsse
vollkommen vernichtet wurden. Es sind aber auch vielfach mechanische Zerstörungen
in Gestalt von Sprengungen der Isolationsschichten und Zerreißen der Muffenver-
bindungen festgestellt worden. Es ist deshalb in solchen Fällen empfehlenswert,
Reaktanzspulen einzuschalten, um zu verhindern, daß Kurzschlußströme Größen erreichen, denen die Kabelkonstruktion nicht gewachsen ist.

9. Schutzsysteme gegen Fehler in Kabeln und Freileitungen.

Die Bekämpfung der Folgen von Fehlern in Kabeln und Freileitungen ist ein
besonderer Zweig der Leitungstechnik geworden. Die Zahl der Vorschläge, Er-
findungen und Patente auf diesem Gebiete hat heute schon eine beträchtliche Größe
erreicht; sie bewegen sich in zwei Richtungen: Einmal sucht man die Betriebssicherheit
durch ständige Verbesserung der elektrischen und mechanischen Festigkeit zu erhöhen (Freileitungen: Verbesserung der Isolatoren, Übergang zu Hängeisolatoren,
auswechselbare Zangen, gute konstruktive Durchbildung der Stützpunkte, Leitungs-
verbinder, Isolatorenträger und Leitungsmaste, sorgfältige Auswahl und Herstellung
des Leitungsmaterials; Kabel: Verbesserung der Isolation, des Tränkungsverfahrens,
der Kabelmuffen, der Verlegungsart usw.), andererseits sind Schutzsysteme ausgebildet
worden, welche die enge örtliche Begrenzung und die Unschädlichmachung des Fehlers

bezwecken. Nachstehend sollen einige dieser Einrichtungen erläutert werden. Bezüglich der Schutzmaßnahme gegen Überspannungen und Überströme, die dem Schutze der ganzen Anlage dienen, sei auf Kapitel VI Seite 368 hingewiesen.

Erdung der Neutralen. Einige kurze Bemerkungen über der Erdung des neutralen Punktes seien vorangestellt. Während auch heute noch in vielen Ländern die verschiedensten Ansichten über die Schaltung des neutralen Punktes planlos nebeneinander hergehen, ist diese Frage in Deutschland, insbesondere durch die Arbeiten von Petersen in Darmstadt wissenschaftlich und praktisch geklärt·worden.

Die Störungen an Freileitungen sind zu etwa 90 vH auf Erdschlüsse zurückzuführen, hervorgerufen durch atmosphärische Entladungen, Isolatorenfehler, Berührung usw. Die Wirkung derartiger Erdschlüsse ist je nach Schaltungsart des neutralen Punktes eine vollkommen verschiedene.

Ist der neutrale Punkt nicht geerdet und handelt es sich um kleine Anlagen mit niedrigen Spannungen, so verläuft ein Erdschluß durchweg ohne jede Störung; er wird in vielen Fällen vom Betriebspersonal überhaupt nicht bemerkt werden. An der Erdschlußstelle entsteht ein unbedeutender Lichtbogen, der in kürzester Zeit erlischt. In derartigen Anlagen ist die Erdung der Neutralen ohne Zweifel ein Fehler, der die Folge haben würde, daß jeder Erdschluß in einen Kurzschluß mit all seinen Folgeerscheinungen ausartet.

Die größere Ausdehnung der Leitungsanlagen und die Erhöhung der Betriebsspannung haben den Erdschluß auch bei ungeerdetem Nullpunkte zu einem stets gefährlichen Betriebsereignis gemacht. Es mehrten sich die Fälle, in denen der Erdschluß des ungeerdeten Systems nicht nur die gleiche Störung bewirkte wie der des geerdeten, sondern diese noch übertraf.

Dieses Verhalten großer ungeerdeter Anlagen ist auf die Steigerung der Kapazitätsströme zurückzuführen; sie verursachen bei Erdschluß einen Lichtbogen zwischen Leitung und Isolatorfuß, der, sofern die Erdschlußstromstärke einen bestimmten Betrag überschreitet, nicht mehr selbsttätig abreißt, gefährliche Überspannungen hervorruft, oft auf die benachbarte Leitung überspringt und dann den vollkommenen Kurzschluß herbeiführt. Durch den Vorschlag von Petersen, zwischen Nullpunkt und Erde eine auf den Kapazitätsstrom abgestimmte Drosselspule zu schalten, wird der Erdschlußstrom auf einen so kleinen, beliebig einstellbaren Betrag herabgedrückt, daß sich der Erdschluß in derselben harmlosen Weise abspielt, wie in Anlagen niedriger Spannung. Die Wirkung der Petersen-Spulen ist seit ihrem Bekanntwerden (1917) in zahlreichen Anlagen erprobt. Ihre Anwendung auf dem europäischen Kontinent schreitet schnell voran, heute werden bereits über 100 Anlagen in dieser Weise betrieben.

Radialsysteme oder Ringnetze. Die Ausgestaltung der Leitungsnetze wird vornehmlich durch das Bestreben beherrscht, den Einfluß örtlicher Fehler zu verkleinern. Sie werden demnach in der Regel als Radialsysteme derart ausgelegt, daß ein Fehler in den Abzweigungen möglichst nur diese, ein Fehler in den Zuleitungen schlimmstenfalls den dahinterliegenden Teil abschaltet, so daß selbst ein in der Nähe des Kraftwerkes liegender Fehler nur den von der zugehörigen Speiseleitung versorgten Netzteil stromlos macht. Durch Doppel- oder Reserveleitungen sucht man obendrein die Wirkung eines derartigen Ereignisses zu mildern. Auch Ringnetze werden meist offen betrieben und nur im Fehlerfalle derart geschlossen, bzw. an anderen Stellen geöffnet, daß nur das fehlerhafte Leitungsstück unversorgt bleibt. Auf den großen Vorteil geschlossener Ringnetze, nämlich den des besseren Spannungsausgleiches und der wirtschaftlicheren Anlage wird im Interesse größerer Betriebssicherheit bewußterweise verzichtet, die Vermaschung der Netze vermieden, weil jeder Schluß zur Abschaltung solcher Leitungsstrecken Anlaß geben kann, die an sich gesund, aber durch den Verbrauch schon hochbelastet, jetzt durch die zur

Fehlerstelle fließenden Ausgleichströme eine Überlastung erfahren und demgemäß unter Umständen früher abschalten als die Fehlerstrecke.

Dieses nachteilige Verhalten der Ringnetze läßt sich teilweise beseitigen, wenn nach dem im Abschnitt 2, S. 106, gemachten Vorschlage die Speiseleitungen auf Querschnitt, die Abzweigleitungen auf Höchstströme und die Verbindungsleitungen mit anderen Netzteilen (Ausgleichsleitungen) im Schnittpunkt auf Ausgleichsstrom gesichert werden. Im Fehlerfalle werden sich dann zunächst die nur schwach gesicherten Ausgleichsleitungen auftrennen, wodurch der fehlerhafte Netzteil in ein Radialsystem verwandelt wird.

Gelingt es, Schutzeinrichtungen einzubauen, die derart wirken, daß der gesunde Netzteil in Betrieb bleibt und nur die fehlerhafte Teilstrecke abgeschaltet wird, so gelangen die Ringnetze zu erneuter Bedeutung und sind dann in vielen Fällen den Radialnetzen überlegen. Es tritt dann sogar die gegenteilige Wirkung ein: Der Betrieb wird um so sicherer, je weiter die Vermaschung getrieben wird, weil alle an Ringteile angeschlossenen Verbraucher durch örtliche Fehler überhaupt nicht gestört werden, sofern ihr Abzweig in das Schutzsystem mit einbezogen wird. Das dürfte aber bei allen wichtigeren und größeren Verbrauchern der Fall sein.

In Höchstspannungsnetzen (mehr als 60 000 V) hat man bisher aus vorstehenden Gründen jede Vermaschung ängstlich vermieden. Die Ausbildung einwandfreier Selektivschutzsysteme wird wohl schon in naher Zukunft diese Praxis gründlich ändern, und zur Erkenntnis führen, daß starke Vermaschung, außer dem Vorteil besserer Spannungsregulierung und der leistungsfähigeren Verkupplung benachbarter Kraftwerke, besonders den des selbsttätigen Abklingens von Überspannungswellen herbeiführen kann; ja es ist durchaus denkbar, daß durch reichliche und weitgehend durchgeführte Vermaschung der Höchstspannungsnetze das ganze Problem des Überspannungsschutzes bedeutungslos wird, das heute dem Betriebsleiter noch desto größere Sorge macht, als ein einwandfreier technischer Schutz gegen Überspannungsfolgen noch nicht besteht. Gelingt es obendrein sogenannte gewittersichere Hängeisolatoren herzustellen (einen aussichtsvollen Weg glaubt der Verfasser zusammen mit Herrn Bay durch Ausbildung der Verbundisolatoren beschritten zu haben), so werden Höchstspannungsnetze hinsichtlich der Betriebssicherheit diejenige der Mittelspannungs- und Niederspannungsnetze nicht nur erreichen, sondern weit übertreffen und der Betriebssicherheit von Kabelnetzen nur wenig nachgeben.

Selektivschutzsysteme für Kabelnetze. Das einzige System, welches bereits seit 1908 eine gewisse grundlegende Bedeutung erlangt hatte, ist das Differentialschutzsystem von Merz-Price, das, in Deutschland durch den Verfasser eingeführt in den mit ihm ausgestatteten Anlagen durchaus befriedigt hat. In dem größten mit diesem Systeme ausgestatteten Leitungsnetz, dem Kabelnetz des E.-W. Westfalen, ist das Schutzsystem noch mit der automatischen Fehlermeldung von Koch verbunden, die den Ort des Fehlers dem Kraftwerk selbständig meldet. Sein größter Nachteil sind hohe Anlagekosten, die durch Verwendung eines besonderen Hilfskabels entstehen, das die an den beiden Enden der Teilstrecke differential geschalteten Stromwandler miteinander verbindet. Schwer zu beseitigen ist der Einfluß des kapazitiven Ladestromes, der das Gleichgewicht desto mehr stört, je länger die Teilstrecken werden. Für Freileitungsstrecken ist, außer in den Anlagen der Victoria Falls & Transvaal Power Co. Ltd. in Südafrika, das Differentialschutzsystem meines Wissens bisher nicht verwandt worden.

Das Bestreben, alles in den Anlagen eingebaute Leitermaterial für die nutzbare Stromübertragung verwenden zu können, führte dazu, von besonderen Leitungen (Hilfskabel) abzusehen, die das Merz-Price System verlangt, und solche Schaltungen zu bevorzugen, durch welche der nutzbare Leiterquerschnitt in passender Weise unterteilt und so den Zwecken der Sicherheitsschaltung dienstbar gemacht wird.

Das Merz-Hunter (split conductor) System stellt die erste Abweichung dieser Art dar. Der wesentliche Unterschied gegen das Merz-Price System besteht darin, daß der Leiterquerschnitt durch eine schwach isolierende Trennschicht geteilt ist. Wegen Mängel der Empfindlichkeit und wegen der schwierigen und unwirtschaftlichen Konstruktionsform hat dieses System keine allgemeine Anwendung gefunden.

Von besonderem Interesse sind heute das Lypro-Schutzsystem und das Schutzsystem von Pfannkuch. In beiden Fällen erfordert zwar der zu schützende Leiter ebenfalls einen besonderen Aufbau, die konstruktiven Ansprüche beschränken sich jedoch darauf, daß ein oder mehrere Drähte des Leiterseils durch schwache Isolation von den anderen getrennt werden. Die so gebildeten Teilquerschnitte werden an den Enden der Leitung über Stromwandler miteinander verbunden und nehmen somit sämtlich an der nutzbaren Stromübertragung teil. Der äußerliche Unterschied im Aufbau der für beide Systeme verwendeten Kabel besteht lediglich darin, daß für den Lyproschutz nur ein zentral angeordneter Draht von dem übrigen Querschnitt durch Zwischenfügung von Isolation abgespalten wird, während Pfannkuch sämtliche an der Oberfläche jedes Leiters liegenden Drähte gegeneinander und gegen den Kern schwach isoliert. Die in beiden Fällen verursachten Mehrkosten bewegen sich zwischen 3 und 5 vH gegenüber den Herstellungskosten für das normale Kabel.

Beide Systeme bedienen sich eines vorher nicht bekannten Prinzips, indem sie eine Spannungsdifferenz zwischen den durch Isolierung voneinander getrennten Teilquerschnitten in der Art betriebsmäßig vorsehen, daß Stromwandler durch den Betriebsstrom erregt und, am Anfang und Ende der Leitung in Gegeneinanderschaltung angeordnet, die Übertragungsspannung in den Teilleitern gegeneinander in geringem Maße verändern. Es kommt dadurch eine über die ganze Leitungslänge konstante Spannungsdifferenz zustande.

Die Vorteile des Lyproschutzes gegenüber bisher bekannten Schaltungen sind im wesentlichen darin begründet, daß keine besondere Hilfsleitung erforderlich ist, daß der Aufbau des Leiters keine wesentliche Änderung gegenüber der normalen erfordert und daß die Schaltung für jede beliebige Lage des Fehlerorts annähernd gleich empfindlich ist. Die Tatsache aber, daß die aus dem zentral angeordneten Draht gebildete Leitung einen gegenüber der Hauptleitung verhältnismäßig hohen Widerstand besitzt, bringt es mit sich, daß die Größe des Fehlerstromes eine ziemlich bedeutende sein muß, um ausreichenden Einfluß auf das Stromstärkeverhältnis am Anfang und Ende der Leitung auszuüben. Die Empfindlichkeit dieser Schaltung kann deshalb nur so hoch gesteigert werden, daß ein Ansprechen der Relais bei einem Fehlerstrom von mindestens 30 vH des normalen Laststroms der Leitung erfolgt. Der Schutz wird ferner erst dann wirksam, wenn der Durchschlag eingetreten und ein Fehlerstrom von erheblicher Größe zustande gekommen ist.

Pfannkuch isoliert die in der äußersten Lage liegenden Drähte jedes Leiters durch Umspinnen mit Papier gegeneinander und gegen den Kern. Zwischen benachbarten Drähten der Decklage wird dann betriebsmäßig eine Spannungsdifferenz unterhalten, indem die Stromübertragung unter einer geringfügig veränderten Betriebsspannung erfolgt. Die geraden und ungeraden Drähte dieser Decklage werden am Anfang und Ende der Leitung zu Gruppen zusammengefaßt und an die Spannung erzeugenden Transformatoren angeschlossen. Die hierdurch hervorgerufene Spannungsdifferenz ist von der Größenordnung 50 bis 100 V. Durch sie bekommt das System eine prophylaktische Wirkung. Es wird hierbei selbsttätig eine ständige Überwachung des den Leiter umgebenden Dielektrikums ausgeübt, so daß bereits Fehler zuverlässig angezeigt werden, die sich noch in den ersten Stadien der Entwicklung befinden. Die Wirkung ist unabhängig von dem Auftreten eines eigentlichen Fehlerstromes nach Erde oder nach den Nachbarphasen und zeigt den Fehler an, ehe der eigentliche Durchbruch der Isolierschichten vollendet ist. Beim ersten Entstehen eines Fehlers spricht lediglich ein Warnungsrelais, das die Empfindlichkeit selbsttätig verändert. Das nunmehr in Wirksamkeit tretende Auslöserelais schaltet erst dann ab, wenn der Kabelfehler eine betriebsgefährliche Größe erreicht hat.

Die Anordnung der isolierten Drähte auf der Oberfläche des Leiters schafft den weiteren Vorteil einer außerordentlich leichten und genauen Bestimmung der Lage des Fehlerortes. Eine Gruppe wird mit dem Kernleiter zu einer Schleife verbunden und die Berührungsstelle mit der anderen Gruppe in der üblichen Weise örtlich nachgewiesen. Eine verfeinerte Messung kann dann nach demselben Prinzip mit den einzelnen Drähten von einer dem Fehler benachbarten Muffe aus vorgenommen werden.

Selektivschutzsysteme für Freileitungen. Im Gegensatz zu den bisher behandelten Systemen für Kabelschutz zeigen die Selektivschutzsysteme für Freileitungen eine Entwicklung in ganz anderer Richtung. Zunächst möge der grundsätzliche Gedankengang geschildert werden, der für diese Gruppe von Schutzvorrichtungen richtunggebend war.

Der durch einen Fehler gegebene Zustand des Netzes hat besondere charakteristische Merkmale, die mit Sicherheit nach der Fehlerstelle hinweisen und bei geschickter Benutzung die Ausscheidung des Fehlers bzw. das Abtrennen der kranken Leitungsstrecke ermöglichen. Treffen in einem Knotenpunkte mehrere, z. B. drei Leitungen zusammen und tritt auf einer derselben ein Fehler auf (Abb. 266), so fließt in der kranken Leitung ein stärkerer Strom als in den beiden gesunden Leitungen. Dasselbe gilt auch im Falle mehrerer parallel geschalteter Leitungen mit Stromerzeugern an einem oder beiden Enden (Abb. 267 und 268). Der an-

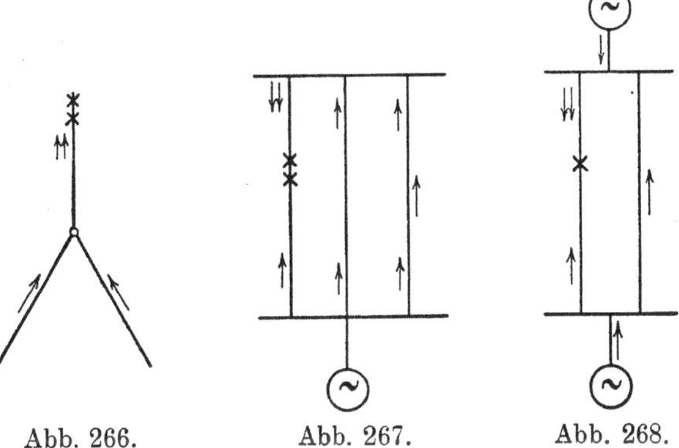

Abb. 266.   Abb. 267.   Abb. 268.

gedeuteten Fehlerstelle fließt der Strom nicht nur über die fehlerhafte Leitung selbst zu, auch die gesunden Leitungen beteiligen sich an der Stromlieferung nach der Fehlerstelle hin.

Um das erwähnte Gesetz der Stromverteilungen für die Auswahl der fehlerhaften Leitung ausnutzen zu können, hat man Auslöserelais konstruiert, deren Auslösezeit mit wachsender Stromstärke sinkt. Führt nun die fehlerhafte Leitung den größten Strom unter allen übrigen Leitungen des Netzes, so erhalten die in sie eingebauten Relais die kürzeste Auslösezeit. Sie sprechen also an, bevor irgendeine andere Leitung des Netzes abgeschaltet werden kann. In eng vermaschten Netzen sind mit derartigen stromabhängigen Überstromrelais gute Erfahrungen gesammelt worden. Die Form der Auslösecharakteristik des Relais ist für das einwandfreie Arbeiten von nicht zu unterschätzender Bedeutung. Eine in allen Fällen befriedigende Lösung des Selektivschutzes bilden diese stromabhängigen Überstrom-Zeitrelais naturgemäß nicht. Zur Vervollkommnung des Schutzes müssen noch andere Eigenschaften des fehlerhaften Netzes herangezogen werden.

Es ist ein allgemein gültiges Gesetz, daß die Netzspannung in der Nähe der Kurzschlußstelle am kleinsten ist und daß die Spannung zunimmt, je weiter man sich von der Kurzschlußstelle in Richtung der Stromerzeuger entfernt. Sind also die Schalter in einem Netz durch spannungsabhängige Relais beeinflußt, so werden stets die der Kurzschlußstelle benachbarten Schalter zuerst ausgelöst, vorausgesetzt, daß die Zeitcharakteristik eine zweckmäßige Form hat. Für die Schalter in ein und derselben Station ist jedoch der Spannungsunterschied zu gering, um eine genügende Differenzierung der Auslösezeit zu erlauben. Durch spannungsabhängige Relais würden also stets auch die der Fehlerstelle benachbarten Stationen mit abgeschaltet werden (Abb. 269).

Die günstigste Wirkung ergeben auch hier spannungsabhängige Überstrom-Zeitrelais, bei welchen die Auslösezeit mit der Spannung durch eine lineare Beziehung verknüpft ist, die also eine Auslösecharakteristik ähnlich der durch Abb. 270 gezeigten besitzen.

Ein drittes Gesetz lautet, daß der Fehlerstrom in eine kranke Leitung stets hineinfließt und niemals aus derselben herauskommt. Stromrichtungsrelais (Rückstromrelais) werden also in einem Knotenpunkt stets die fehlerhaften Leitungen von den den Kurzschlußstrom zuführenden gesunden Leitungen zu unterscheiden gestatten. Die Verbindung solcher Stromrichtungsrelais mit spannungsabhängigen Relais ermöglicht also auch unter den Schaltern ein und derselben Station die Auswahl des der fehlerhaften Leitung zugehörigen Schalters. Ebenso können Stromrichtungsrelais auch zum Schutz von Doppelleitungen Verwendung finden, da am

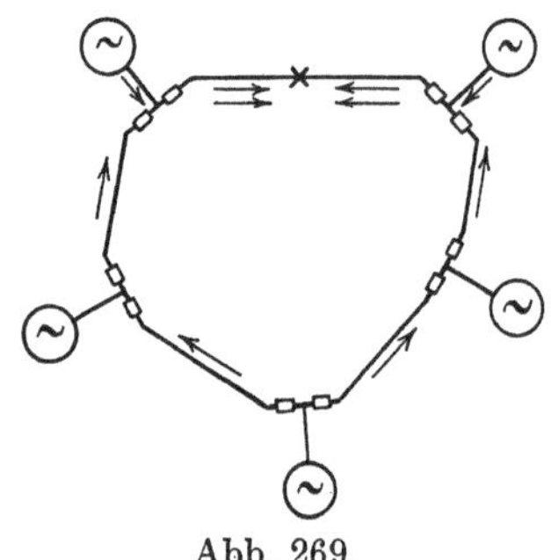

Abb. 269.

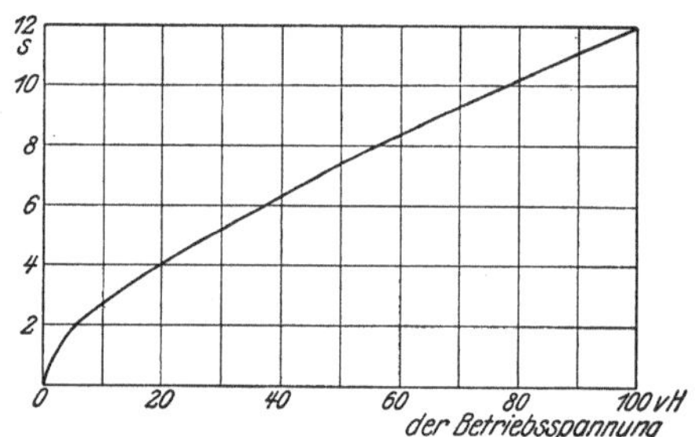

Abb. 270. Auslösecharakteristik eines spannungsabhängigen Überstrom-Zeitrelais.

Ende der Doppelleitung der Strom in der fehlerhaften Leitung von den Sammelschienen wegfließt, während er in der gesunden Leitung auf dieselben zukommt (Abb. 268). Führt man dem Stromrichtungsrelais die Differenz der Ströme beider Leitungsstränge zu, so kann auch am Anfang der Doppelleitungen der fehlerhafte Strang ausgewählt werden, denn er führt dort stets den größeren Strom und bestimmt somit die Ausschlagrichtung des Relais. Trifft man in allen Fällen die Anordnung so, daß das Stromrichtungsrelais den zugehörigen Schalter normalerweise freigibt und ihn nur sperrt, wenn die Stromrichtung derart ist, daß er für die Abschaltung nicht in Frage kommt, so kann bei einem Versagen des Stromrichtungsrelais infolge zu niedriger Spannung dann höchstens einmal ein Schalter zu viel herausfallen, es kann aber nicht vorkommen, daß ein Netzkurzschluß infolge Versagens des Stromrichtungsrelais überhaupt nicht abgeschaltet wird.

Es wurde bereits darauf hingewiesen, daß jedes der drei erwähnten Prinzipien für sich allein, nämlich die Stromabhängigkeit, die Spannungsabhängigkeit und die Stromrichtungsabhängigkeit (vom Spezialfall der Mehrfachleitungen abgesehen) keine sichere Auswahl der fehlerhaften Leitungsstrecke erlaubt. Es liegt nahe, eine Verbingung dieser Prinzipien miteinander zu versuchen und dadurch ein Selektivschutzsystem mit verhältnismäßig sicherer Wirkung zu gewinnen. Schwer zu finden ist jedoch eine genügend einfache Schaltung, die unerläßliche Voraussetzung für sicheres Arbeiten ist.

Das für das Bayernwerk vorgeschlagene Selektivsystem der AEG. und SSW. hat beispielsweise stromabhängige Relais in Verbindung mit Stromrichtungsrelais. Da die Vermaschung im ersten Ausbau des Netzes nicht zum sicheren Betrieb stromabhängiger Relais ausreicht, ist der Schutz durch Anwendung der von Bauch vorgeschlagenen gegenläufigen Staffelung verbessert worden. In jeder Station eines Ringes erhalten die ankommenden und abgehenden Leitungen stromabhängige auf verschiedene Auslösezeiten eingestellte Relais. Die Hauptspeisestation ist München und das zu schützende 100 000 V Netz besteht in der Hauptsache aus einem großen Ring mit drei Ausläufen. Von München aus sind nun die Auslösezeiten für die abgehenden Leitungen in den Unterstationen nach beiden Richtungen um den Ring in abnehmendem Sinne gestaffelt. Je größer also die Entfernung von der Hauptspeisestation wird, um so kürzer wird die Auslösezeit. Die abhängigen Überstromzeitrelais sind mit je einem Stromrichtungsrelais so zusammengeschaltet, daß immer das abhängige Relais jener Leitung gesperrt wird, in welcher der Fehlerstrom den Sammelschienen der betreffenden Station zufließt. Es sind also vom Hauptspeisepunkt beginnend bis zur Fehlerstelle in beiden Ringabschnitten Relais freigegeben, deren Auslösezeit nach der Fehlerstelle hin fallend gestaffelt ist.

Die Notwendigkeit der Annahme eines Hauptspeisepunktes beeinträchtigt die Anwendbarkeit der gegenläufigen Staffelung. Besitzt nämlich ein Ring mehrere Hauptspeisepunkte, so ist es fraglich, von welcher Stelle aus man fallend staffeln soll. Ferner kann der Fall eintreten, daß im Laufe der Entwicklung eines Netzes der Hauptspeisepunkt von einer Stelle zur anderen verschoben wird.

Die besten Aussichten bietet, wie erwähnt, ein Selektivschutzsystem, das alle drei Prinzipien, das der Stromabhängigkeit, der Spannungsabhängigkeit und der Stromrichtungsabhängigkeit, gleichzeitig verwendet. Dieses Ziel wird durch ein neues von Biermanns angegebenes Relais erreicht, das im wesentlichen aus zwei Teilen besteht, einem stromabhängigen Relais und einem Wattrelais. Beide sind als Ferraris-Relais ausgeführt, ihre Wirkungsweise ist folgende:

Im Falle eines Überstromes wird der Anker i (Abb. 271) des stromabhängigen Relais angezogen und die Spannungsspule dieses sowie des spannungsabhängigen Relais an Spannung angelegt. Letzteres Relais dreht sich schnell um einen

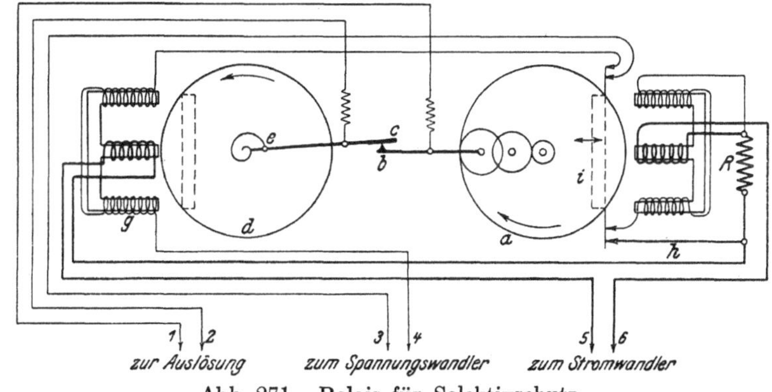

Abb. 271. Relais für Selektivschutz.

Winkel, der durch die Höhe der Spannung, die Stromstärke und durch die Phasenverschiebung zwischen beiden gegeben ist. Gleichzeitig setzt sich das stromabhängige Relais in Bewegung, und zwar mit einer Geschwindigkeit, die bei ungesättigtem Stromschenkel des Triebkernes h quadratisch mit dem Strom zunimmt, bei gesättigtem Stromschenkel jedoch in linearer Abhängigkeit von der Stromstärke steht. Nachdem der Kontakt b den vom Kontakt c zurückgelegten Weg eingeholt hat, erfolgt die Auslösung. Nun ist die Sättigung in den Stromschenkeln beider Triebkerne die gleiche. Der Einfluß einer Änderung des Kraftlinienflusses beider Schenkel auf die Auslösezeit des Relais hebt sich also auf, da beim spannungsabhängigen Relais eine Zunahme des Kraftflusses lediglich eine stärkere Verdrehung des Relais aus seiner Nullage um einen der Änderung proportionalen Betrag bewirkt, während sich die Ablaufgeschwindigkeit des stromabhängigen Relais um einen der Zunahme des Kraftlinienflusses ebenfalls proportionalen Betrag vergrößert. Es wird also erreicht, daß das Relais nunmehr abhängig ist vom Ohmschen oder induktiven Spannungsabfall der Leitung und von der in ihr fließenden Stromstärke, und zwar ist die Abhängigkeit in beiden Fällen eine rein lineare.

Wesentlich ist dabei die Tatsache, daß die Auslösezeit proportional mit der Leitungslänge zwischen Fehlerstelle und Relais wächst und völlig unabhängig von der aufs Netz arbeitenden Maschinenleistung ist. Die Entfernung zwischen den einzelnen Stationen ergibt an Hand der gezeigten Kurve (Abb. 272) unmittelbar die Staffelung der einzelnen Relais. Die für Ferraris-Relais eigentümliche Abhängigkeit der Auslösezeit von der Temperatur ist kompensiert, weil die durch die Temperaturveränderung bedingte Widerstandsänderung der Triebscheiben in den beiden Teilrelais in entgegengesetzter Weise zum Ausdruck kommt und sich somit aufhebt.

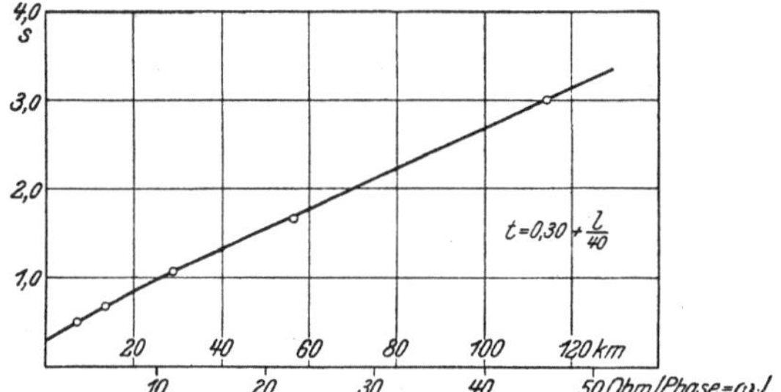

Abb. 272. Selektivschutz. Kurve für die Staffelung der Relais im Netz. Stromwandler 350/5 A. Spannungswandler 110 000/110 V.

Nach einem Vorschlag von Schrader wird die Wicklung des Spannungsrelais erst beim Auftreten eines Überstromes an Spannung gelegt. Sinkt die Netzspannung stark, so erfolgt die Einstellung in kürzester Zeit. Wird ein Kurzschluß abgeschaltet, so werden sämtliche anderen vom Kurzschluß durchflossenen Relais momentan verriegelt.

Die Bedingung der Stromrichtungsabhängigkeit wird dadurch erfüllt, daß dann, wenn der Strom den Sammelschienen zufließt, der spannungsabhängige Teil des Relais in verkehrter Richtung ausschlägt und eine Sperrung des stromabhängigen Teiles bewirkt, so daß es nicht zur Auslösung kommt. Das Stromrichtungsrelais arbeitet noch sicher, wenn die Spannung am Relais auf 1 bis 2 vH ihres normalen Wertes sinkt.

Erdschlußauslösung. Die im vorhergehenden beschriebenen Selektivschutzsysteme sollen bei Kurzschlüssen zwischen den Phasen einer Leitung bzw. bei Kurzschlüssen zwischen den Phasen verschiedener Leitungen (Doppelerdschlüsse) ansprechen und die fehlerhafte Leitung abschalten. Bei Erdschlüssen, d. h. Berührung nur einer Phase mit der Erde, werden diese Selektivschutzsysteme im allgemeinen nicht ansprechen, so daß besondere Auslösungen hierfür erforderlich sind. Die Erdschlußauslösung soll ebenfalls selektiv sein, sie soll ferner nur bei einem Dauererdschluß in Tätigkeit treten, also etwa bei Leitungsbruch oder dem Durchschlagen einer Isolierkette.

In einem durch Erdschlußspulen (S. 368) geschützten Netz wird bekanntlich der in der fehlerhaften Leitung zur Erde abfließende kapazitive Erdschlußstrom der gesamten Anlage durch den nacheilenden Strom der Erdschlußspulen kompensiert, während ein restlicher, durch die elektrischen und Stromwärmeverluste bedingter Wattstrom ver-

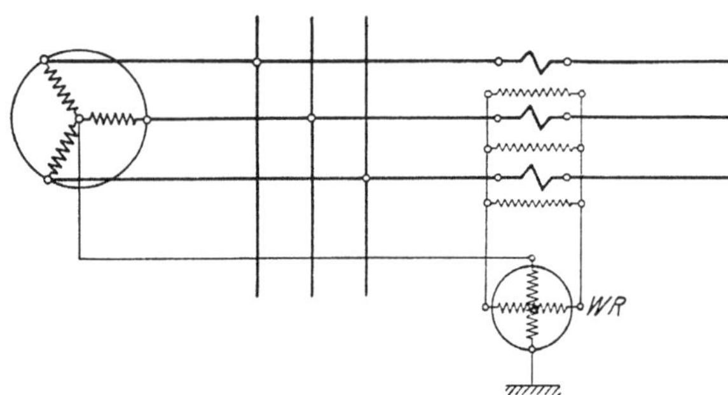

Abb. 273. Dissymmetrieschaltung für Erdschlußauslösung. WR = Wattrelais.

bleibt. Dieser Reststrom wird nun durch die in Abb. 273 dargestellte Dissymmetrieschaltung herausgeschält und mit Hilfe eines Wattrelais, WR, zur Abschaltung der erdgeschlossenen Strecke herangezogen. Die im normalen Betrieb fließenden Nutz- und Ladeströme heben sich in der angegebenen Stromwandlerschaltung auf und kommen somit nicht zur Einwirkung auf das Relais, dies um so mehr, als auch dessen Spannungswicklung im normalen Betriebe stromlos bleibt.

Im Falle eines Erdschlusses fließt in Leitung 1 (Abb. 274) der Ladestrom gegen Erde J_{0_1} der betreffenden Strecke, in Leitung 2 die Wattkomponente und die nicht ausgeglichene kapazitive Komponente des Erdschlußstromes des gesamten Netzes, das ist der Reststrom J_1. In Abb. 275 ist E_{p_2} die Spannung der erdgeschlossenen Phase, J_r der Reststrom, der bei vollkommener Abgleichung seiner Richtung nach mit E_{p_2} zusammenfällt, J_0 der Ladestrom der gesunden Phase, φ_0 der Winkel zwischen J_0 und E_{p_1}. Es fließt dann im Wattmeterrelais als Wattkomponente $J_1 - J_0 \cdot \cos \varphi_0$, als wattlose Komponente $J_0 \cdot \sin \varphi_0 = \sim J_0$. Wird nun das Watt-

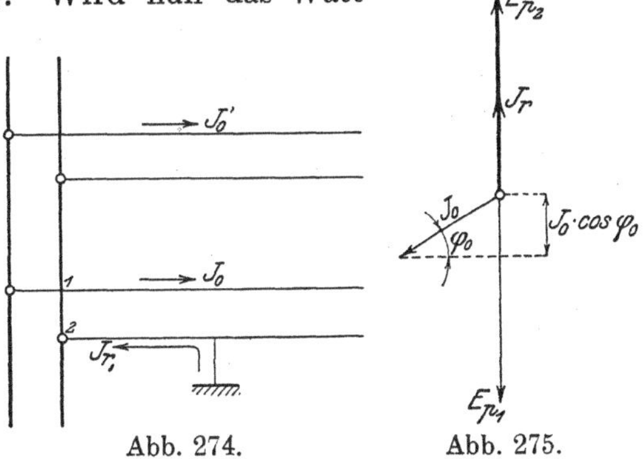

Abb. 274.   Abb. 275.

meterrelais so eingestellt, daß die watt-lose Komponente es nicht beeinflußt, da-gegen eine entgegen dem Betriebsstrom fließende Wattkomponente es zum An-sprechen bringt, so wird die erdgeschlossene Strecke bei genügender Stärke von J_1 ab-geschaltet.

Diese Erdschlußauslösung wirkt ohne weiteres selektiv in genügend vermaschten Netzen und im Zusammenhang mit Dop-pelleitungen, wenn man dem Relais nur die Differenz der Assymetrieströme bei-der Leitungen zuführt. Es beruht dies unter anderem auch darauf, daß das Erdschluß-relais als Wattrelais ein abhängiges Relais, und zwar ein Relais mit linearem Abhängig-keitscharakter ist. Die Wirkung ist hier ähnlich wie in stromabhängigen Überstromrelais.

10. Projekt einer Kraftübertragung von 50 000 kW auf 250 km.

Zur Erläuterung der vorstehenden Abschnitte wurde das Projekt einer Kraft-übertragung von 50 000 kW auf 250 km durchgerechnet. Dem Projekt ist ein prak-tischer Fall zugrunde gelegt.

Die Fernleitung wird von mehreren nahe beieinander liegenden Wasserkräften gespeist, die als ein geschlossenes Kraftzentrum betrachtet werden können; besondere Dampfreserven sind nicht vorhanden; infolgedessen ist die Betriebssicherheit bei allen Betrachtungen, ungeachtet der hierdurch bedingten Mehrkosten, in den Vorder-grund zu stellen. Während der Zeit zur Wiederherstellung eines gestörten Stromkreises soll ein Betrieb mit halber Spitze, 25 000 kW $\cos \varphi = 0,80$, aufrechterhalten werden.

Spannung. Die wirtschaftlichste Spannung ist nicht besonders ermittelt worden, weil der größere Wert auf Betriebssicherheit gelegt wird und sich überschlagen läßt, daß dieser Wert unter den angegebenen Verhältnissen zwischen 100 und 150 kV liegt.

Vom Gesichtspunkt der Betriebssicherheit aus ist die Tatsache von Bedeutung, daß die bei Fernübertragungen am meisten gefürchtete Erscheinung des Erdschlusses, auf die wohl 90 vH aller Störungen im Freileitungsbetrieb zurückzuführen sind, keine wesentlichen Schwierigkeiten mehr bieten, nachdem es gelungen ist, mit Hilfe der Erdschluß-spule Überschläge nach Erde unmittelbar zu löschen, oder wenigstens so weit unschäd-lich zu machen, daß etwa notwendige Umschaltungen vorgenommen werden können.

Bei dem heutigen Stand der Technik bestehen keine Bedenken, eine Spannung von 140 kV anzunehmen und damit die Möglichkeiten einfachster Spannungsregu-lierung über einen größeren Bereich auszunutzen, welche durch die Art der Über-tragung mit einer einzigen Abnahmestelle geboten sind. Wie die spätere Erörterung der Regulierverhältnisse zeigt, ist es unter diesen Umständen angängig, ohne be-sondere Kompensiermaßnahmen, wie Blindgeneratoren, die Leitungen mit etwa 30 kV höchstem Spannungsgefälle zwischen Anfang und Ende zu betreiben. Die Leitungen sind daher so bemessen und berechnet, daß ein einwandfreier Betrieb innerhalb der Spannungen von 100 und 140 kV durchführbar ist.

Abweichend von der üblichen Methode, die Berechnung auf die Leitung allein zu beschränken, sind die Transformatoren am Abnehmerende als zur Leitung gehörig betrachtet. Daher sind, außer dem Spannungsabfall in den Transformatoren, auch die durch ihre Verluste, insbesondere wattloser Art, bedingten zusätzlichen Spannungsverluste in den Leitungen selbst berücksichtigt worden. Fraglos sind eine Reihe von Mißerfolgen von Fernübertragungen auf die Vernachlässigung dieses Gesichtspunktes zurückzuführen. In solchen Fällen konnte die zu schwach geratene Regulierfähigkeit nur dadurch verbessert werden, daß Blindgeneratoren (Synchronmotoren) eingeschaltet wurden. Die Verluste der vollbelasteten Endtransformatoren bedingen eine zusätzliche Leitungsbelastung von etwa 18 vH der Scheinbelastung. Für die Spannungsberechnung ist diese zusätzliche Belastung wichtig, weil es sich hierbei fast ausschließlich um Blindverluste handelt.

Die erhöhte Regulierfähigkeit der Übertragung ist im wesentlichen durch eine Vergrößerung des Leiterabstandes um etwa 0,5 m zu erreichen. Dadurch werden die Gewichte der Maste um etwa 1 vH im Mittel erhöht und die Kosten der ganzen Leitung um etwa 1,3 bis 1,5 vH verteuert. Gegenüber der hierdurch herbeigeführten beträchtlichen Erhöhung der Leitungsreserve haben diese geringen Mehrkosten wenig Bedeutung.

Ausgangswerte für die Berechnung[1].

Spitzenbelastung am Ende der Leitung	50 000 kW
Mittlere Leistung am Ende der Leitung	33 000 kW
Leistungsfaktor am Ende der Leitung	0,80
Belastungsfaktor	0,66
Länge der Leitung	255 km
Anzahl der Drehstromkreise auf gemeinsamen Gittermasten	2
Frequenz	50 Per.
Gliederzahl der Hängeketten	8
Gliederzahl der Abspannketten	9
Gesamtzahl der Gittermaste	1431
Anzahl der Gittermaste für gerade Strecken	1184
Anzahl der Gittermaste für besondere Zwecke	250
Mittlere Spannweite in der Ebene	ca. 200 m
Mittlere Spannweite im Hochlande (große Schneeniederschläge)	100—150 m
Größte Höhe der Leitung über Meeresspiegel	2200 m
Blitzschutzseil, 7 Weichstahldrähte, Gesamtdurchmesser	35 mm²
Beanspruchung für Kupferseile	12 kg/mm²
bei Drähten bis 10 mm ϕ	14 kg/mm²
Zur Durchhangberechnung: Temperatur in der Ebene	$+5^0$ C
Temperatur im Hochland	-5^0 C
Zusatzlast durch Wind usw. in der Ebene	$180 \sqrt{d}$ g/m²
Mit d ist der Seildurchmesser bezeichnet.	
Zusatzlast durch Wind im Hochland: ein Schneezylinder von	8 cm ϕ
Höchstbeanspruchung für Gittermaste	15 kg/mm²

Querschnitt. In Drehstrom-Hochspannungsanlagen hat der Querschnitt der Leiter auf den Spannungsabfall nur geringen Einfluß, da der Hauptanteil des Widerstandes auf Induktivität entfällt. Für den Querschnitt sind in erster Linie die Übertragungsverluste entscheidend, die man aus wirtschaftlichen Gründen für zulässig erachtet. Die Grenze der mittleren Verluste ist mit 10 vH festgesetzt worden.

---

[1] Für dieses Projekt wurden besondere Verhältnisse angenommen, die nicht in allen Fällen ganz mit den in Deutschland üblichen Werten übereinstimmen.

Versteht man hierunter die jährlichen Arbeitsverluste, so ergibt sich ein Querschnitt von 120 mm² für Kupfer oder rund 200 mm² für Aluminium.

Die Berechnung der Glimmverluste zeigt, daß die Anfangsspannung für Glimmverluste für 120 mm² Cu in Höhen unter 500 m bei 140 kV liegt, und daß infolgedessen auf diesen Strecken praktisch keine Glimmverluste auftreten. In Höhen von 1000 m und 2000 m betragen die Glimmverluste bei 140 kV etwa 0,85 bzw. 4,61 kW/km für eine Leitung. Sie bewegen sich daher auch unter den ungünstigsten Annahmen noch in zulässigen Grenzen, zumal nur kurze Strecken in diesen Höhen verlaufen. Wegen der Glimmverluste dürften daher keine Bedenken gegen die Verwendung eines normalen Kupferseils von 120 mm² mit einem Außendurchmesser von etwa 14 mm bestehen. Die Glimmverlusttafel (S. 218) zeigt weiter, daß die Anfangsspannung des äquivalenten Stahlaluminiumseils, mit einem Durchmesser von etwa 20 mm, selbst bei 2000 m Höhe noch beträchtlich über 140 kV (nämlich bei 163,4 kV) liegt. In diesem Falle treten also überhaupt keine meßbaren Glimmverluste auf.

Mit Ausnahme der Leitungskonstanten sind die Berechnungen für das elektrische Verhalten der Leitungen nur für 120 mm² Kupfer durchgeführt worden. Für Aluminium ergeben sich etwas günstigere Betriebsverhältnisse, insbesondere in bezug auf den Spannungsverlauf. Da aber die Unterschiede nur gering sind und die aus den Berechnungsergebnissen für Kupfer gezogenen Folgerungen daher keine grundsätzliche Änderung erfahren, erschien es einfacher, die Berechnungen vorerst auf den ungünstigeren Fall (Kupfer) zu beschränken.

Material der Leitungen. Sachgemäße Auswahl des Materials und sachgemäße Konstruktion vorausgesetzt, sind vom technischen Standpunkt Kupfer und Aluminium gleichwertig. Soweit Unterschiede vorhanden sind, heben sich Vor- und Nachteile auf. Wirtschaftlich bietet Kupfer gegenüber Aluminium noch gewisse Vorteile, solange die bessere Verwertungsmöglichkeit von Altkupfer anhält, es sei denn, daß das übliche Preisverhältnis zwischen Aluminium und Kupfer von 1,3 zugunsten von Aluminium herabgesetzt wird.

Nachstehend sind die Lieferbedingungen und Konstruktionseinzelheiten von Kupfer- und Verbundseilen für die vorliegende Anlage zusammengestellt.

Lieferbedingungen für Leitungsseile aus Kupfer.

Abmessungen:

1. Seilquerschnitt nominell . . . . 120 mm²
2. „ tatsächlich . . . . „ 117 mm²
3. Mindestlänge eines Seilstückes . . . . 1000 m
4. Schlaglänge des Seils . . . . 155—200 mm
5. Durchmesser des Seils nominell . . . . 14,0 mm
6. Zahl der Einzeldrähte 19
7. Durchmesser der Einzeldrähte nominell . . . . 2,8 mm
8. Grenzwerte der Drahtdurchmesser . . . . 2,75—2,85 mm

Mechanische Festigkeit:

9. Der Einzeldraht soll nicht zu Bruch gehen bei einer mindestens 1 Minute lang wirkenden Zuglast von . . . . . . 250 kg

10. Die Drähte sollen beim Festigkeitsversuch in Form eines ausgeprägten Fließkegels zerreißen.

11. Lötstellen in den Drähten sind möglichst zu vermeiden und soweit notwendig zuverlässig auszuführen und gut zu glätten.

12. Auf einer Seillänge von 5 m darf höchstens ein Draht des Seils eine Lötstelle aufweisen.

Leitfähigkeit:

13. Höchster elektrischer Widerstand der Einzeldrähte bei 20° C: 3,0 Ohm/km.

Lieferbedingungen für Aluminium-Verbundseile.

Abmessungen:

			Aluminium	Stahlseele
1.	Seilquerschnitt	mm²	212	34,2
2.	Mindestlänge eines Seilstückes . .	m	1100	1100
3.	Schlaglänge des Seils	mm	225—285	85—115
4.	Durchmesser „ „ (angenähert) .	„	20,4	7,6
5.	Zahl der Einzeldrähte		26	7
6.	Zahl der Lagen		2	—
7.	Durchmesser der Einzeldrähte . .	mm	3,2	2,5

Mechanische Festigkeit:

8. Der Einzeldraht soll nicht zu Bruch gehen bei einer mindestens 1 Minute lang wirkenden Zuglast von . . . kg   150   580

Leitfähigkeit:

9. Höchster elektrischer Widerstand der Einzeldrähte bei 20° C . . . Ohm/km   4,0   —

Besondere Bedingungen für Aluminium:

10. Die Drähte sollen beim Festigkeitsversuch in Form eines ausgeprägten Fließkegels zerreißen.

11. Verbindungsstellen in den Einzeldrähten sind möglichst zu vermeiden und soweit notwendig durch Schweißen auszuführen und gut zu glätten.

12. Auf einer Seillänge von 5 m darf höchstens ein Draht des Seils eine Schweißstelle aufweisen.

13. Das zur Herstellung der Drähte verwandte Rohmaterial sowie die fertigen Drähte sollen eine Reinheit von mindestens 99 vH besitzen, was durch laufende Analysen nachzuweisen ist.

Besondere Bedingungen für Stahlseil:

14. Verbindungsstellen in den Einzeldrähten sind möglichst zu vermeiden und soweit notwendig durch Schweißen zuverlässig auszuführen und gut zu glätten.

15. Auf einer Seillänge von 15 m darf höchstens ein Draht des Seils eine Schweißstelle aufweisen.

Zinküberzug:

16. Der Zinküberzug ist durch Feuerverzinkung herzustellen.

17. Der Zinküberzug soll eine glatte Oberfläche haben, den Draht zusammenhängend bedecken und so fest daran haften, daß der Draht mit eng aneinanderliegenden Spiralwindungen um einen Zylinder von 10fachem Durchmesser des Drahtes fest umgewickelt werden kann, ohne daß der Zinküberzug Risse bekommt oder abblättert.

18. Der Zinküberzug muß eine solche Dicke haben, daß die Drähte sieben Eintauchungen von je einer Minute Dauer in eine Lösung von einem Gewichtsteil Kupfervitriol und fünf Gewichtsteilen Wasser vertragen, ohne sich mit einer zusammenhängenden Kupferhaut zu bedecken. Vor dem ersten sowie nach jedem weiteren Eintauchen muß der Draht mittels einer Bürste in klarem Wasser von anhaftendem Kupferschlamm befreit werden.

Erdseile. Sofern die von den Leitungen durchzogenen Gegenden nicht ungewöhnlich günstige Verhältnisse bezüglich der atmosphärischen Erscheinungen aufweisen, darf in Anbetracht der erhöhten Bedeutung, welche der Betriebssicherheit beigemessen wird, die verhältnismäßig geringe Schutzwirkung des Erdseils als ein ausreichender Vorteil angesehen werden, um die Mehrkosten zu rechtfertigen, die durch die Verwendung eines Erdseils veranlaßt werden. Die erheblichen Vorteile durch die bessere Erdung der Maste über das Erdseil andererseits, bieten insbesondere auch für die Anwohner und das Bedienungspersonal eine größere Sicherheit.

Hinsichtlich der Gefährdung durch Erdströme ist zu bemerken, daß im Falle eines einfachen Erdschlusses in dem ungeerdeten System ohne Kompensation und unter der Annahme, daß beide Stromkreise in Betrieb sind, mit Stromübergängen von etwa 140 A zu rechnen ist. Werden Petersen-Spulen angewandt, so wird der Erdstrom im ungünstigsten Fall etwa 14 A betragen. Ein in der Nähe des schadhaften Mastes ohne Erdseil befindliches Lebewesen würde unter diesen Umständen wahrscheinlich schon bei 14 A Erdstrom erschlagen werden. Ist ein Erdseil vorhanden, so erscheint in beiden Fällen eine Gefährdung ausgeschlossen, da das gesamte Spannungsgefälle im ungünstigsten Fall 140 V nicht übersteigen wird.

Ist die Neutrale des Systems unmittelbar (starr) geerdet, bzw. erfolgt bei ungeerdetem System ein Doppelerdschluß (dieser Fall gehört in Anlagen mit Petersen-Spulen zu den größten Seltenheiten), so können Erdströme von mehreren 1000 A auftreten, gegen die naturgemäß auch das Erdseil keinen nennenswerten Schutz bietet.

Die Berechnung für den vorliegenden Fall ergibt, daß ein Erdseil aus verzinkten Stahldrähten von 50 mm² Querschnitt etwa 20 vH, und daß 3 Erdseile der gleichen Art etwa 46 vH Schutzwirkung gegen atmosphärische Erscheinungen besitzen. Mit anderen Worten: würde die durch atmosphärische Entladungen induzierte Überspannung ohne Erdseil n Volt betragen, so erreichen die Leitungen unter sonst gleichen Voraussetzungen mit einem Erdseil eine Überspannung von $0{,}8 \cdot n$ V, und mit 3 Erdseilen $0{,}54 \cdot n$ V. Da je nach der Intensität, Richtung und Nähe der Entladung die induzierte Überspannung einen beliebigen Wert annehmen kann, so folgt daraus, daß die Erdseile wohl allgemein eine gewisse Senkung der Überspannung bewirken, daß jedoch die absolute Schutzwirkung gegen Überschlag an den Isolatoren in dem Augenblick aufhört, in dem der Betrag n die Überschlagsspannung um mehr als etwa 20 bzw. 46 vH übersteigt. Diese Überlegungen sind auch durch Beobachtungen an Mittelspannungsnetzen bestätigt worden, wo die prozentuale Schutzwirkung an sich eine größere ist, und daher die durch das nachträgliche Aufbringen von Erdseilen erzielten Ergebnisse leichter wahrgenommen werden können. Etwa 2 bis 4 km vor Einführung in die Endstation dürfte die Zahl der Erdseile auf 3 zu erhöhen sein, um diese Stellen besonders gegen Blitzschäden zu schützen.

Die Lieferungsbedingungen für ein derartiges Erdseil sind nachstehend zusammengestellt.

Lieferbedingungen für das Erdseil.

Material: Stahl verzinkt.

Abmessungen.

1. Seilquerschnitt nominell . . . . 50 mm²
2. Seilquerschnitt tatsächlich . . . . 49 mm²
3. Mindestlänge eines Seilstückes . . . . 2000 m
4. Schlaglänge des Seiles . . . . 100—130 mm
5. Durchmesser des Seiles nominell . . . . 9,0 mm
6. Zahl der einzelnen Drähte 7
7. Durchmesser der einzelnen Drähte nominell . . . . . . 3 mm
8. Grenzwerte . . . . 2,95—3,05 mm

Mechanische Festigkeit.

9. Bruchfestigkeit des Einzeldrahtes mindestens . . . . . 490 kg
10. Verbindungsstellen in den Einzeldrähten sind möglichst zu vermeiden und soweit notwendig durch Schweißen zuverlässig auszuführen und gut zu glätten.
11. Auf einer Seillänge von 10 m darf höchstens ein Draht des Seiles eine Schweißstelle aufweisen.
12. Gewicht des fertigen Seiles. Grenzwerte . . . . 39—42 kg/100 m

Zinküberzug.

Vgl. Lieferbedingungen für das Aluminium-Verbundseil S. 206.

Mastabstand. Unter den durch die deutschen Normen für Freileitungen gegebenen Voraussetzungen und unter normalen Bauverhältnissen beträgt der wirtschaftlich günstigste Abstand der Maste etwa 250 m (S. 187). Es ist daher zu empfehlen, die zugrunde gelegte mittlere Spannweite von 200 m zu erhöhen, zumal damit gleichzeitig die Betriebssicherheit gesteigert wird.

Ist außergewöhnliche Eisbelastung zu erwarten, so sind die Mastabstände zu verringern. Aus den Kurven (Abb. 276) ist die zulässige Eisbelastung und der zulässige Winddruck für Mastabstände zwischen 250 und 50 m zu entnehmen (S. 210 Abs. 6), wobei vorausgesetzt ist, daß die Beanspruchung der Maste und Leitungen unverändert beibehalten wird. Diese Annahme erschien notwendig, da auf dem Höhenrücken von 2200 m mit öfterem Vorkommen und längerem Anhalten ungewöhnlicher Eislast zu rechnen ist. Wegen der erschwerten Zugänglichkeit muß gerade für solche Verhältnisse unbedingte Sicherheit verlangt werden. In Gegenden, wo die Überlastung durch Eis zu den seltenen Ausnahmen gehört, die einmal kurzzeitig auftreten, erscheint es gerechtfertigt, mit der Sicherheit der Maste und Leitungen herunterzugehen.

Die Rechnungsergebnisse nach den Normen des Verbandes deutscher Elektrotechniker sind in nachstehender Tabelle (S. 210) zusammengestellt, und zwar getrennt für Tragmaste, Abspannmaste und Endmaste. Die Abspann- und Endmaste sind auch als Eckmaste zu verwenden; die letzteren bis zu einem Winkel von 120°. Die der Berechnung zugrunde gelegten Mastbilder zeigen Abb. 277 und 278.

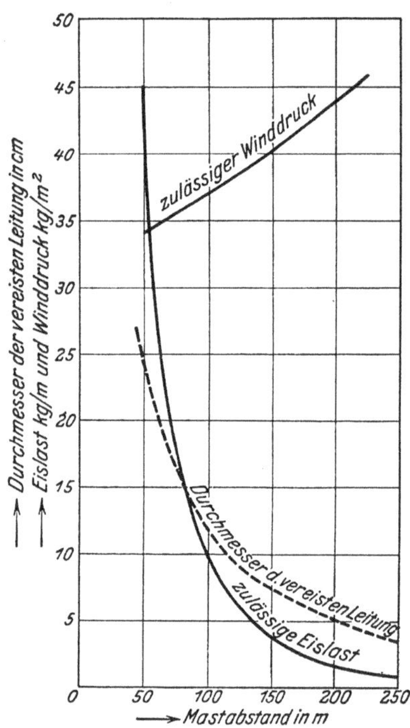

Abb. 276. Zulässige Eisbelastung und zulässiger Winddruck für Mastabstände bis 250 m.

Rechnungsergebnisse für die Bemessung der Maste.

Den Rechnungen sind soweit wie möglich die „Normen für Starkstrom-Freileitungen" des Verbandes Deutscher Elektrotechniker vom 1. VII. 1921 zugrunde gelegt worden.

1. **Mastarten:**

a) Tragmast, Abb. 277.
b) Abspannmast, Abb. 278, verwendbar als Eckmast bis zu einem Winkel von 140°.
c) Endmast, Abb. 278, verwendbar als Eckmast bis zum einem Winkel von 120°.

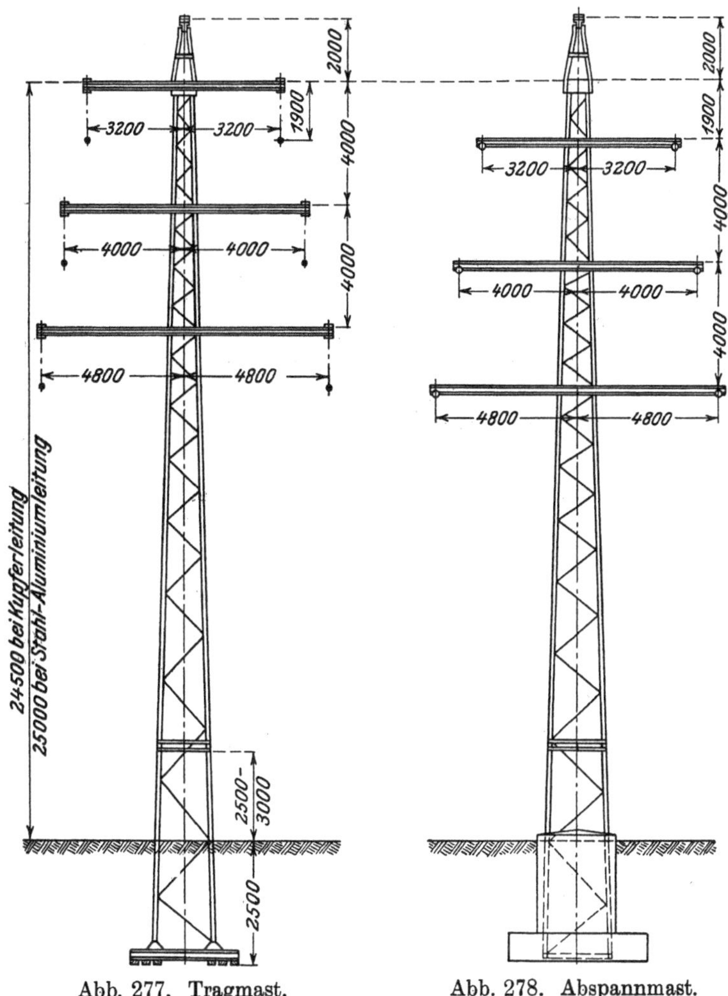

Abb. 277. Tragmast. Abb. 278. Abspannmast.

2. Höchstbeanspruchung der Leitungen (den Verbandsnormen entsprechend belastet).

Pos.	Art des Seils	Querschnitt mm²	Höchste Zugbeanspruchung kg/mm²	Bruchfestigkeit kg/mm²	Sicherheit gegen Bruch
a	Kupferseil	120	16	40	2,5
b	Verbundseil: Stahl	34	48	120	2,5
c	Aluminium	212	0	19	∞
d	Erdseil	50	21	70	3,3

3. Höchstbeanspruchung der Maste (siehe die Normen).

Material: Flußeisen mit einer Festigkeit von durchschnittlich 40 kg/mm².
Beanspruchung der Konstruktionselemente:

auf Zug und Druck 1500 kg/cm²   Sicherheit ca. 2,7.

Sicherheit auf Knickung:

nach Tetmayer 2 fach,
„ Euler . . 3 „

Beanspruchung der Nieten:

Scherbeanspruchung 1200 kg/cm²   Sicherheit 2,5,
Lochreibungsdruck   3000 kg/cm².

4. Verschiedene Werte.

Mindestabstand über Erdboden . . . . 7 m
Abstand der Traversen . . . . 4 „
Länge der Isolatorketten . . . . 1,9 „
Höchster Winddruck . . . . 125 kg/m².

5. Rechnungsergebnisse (für Belastungen, die den Verbandsnormen entsprechen).

Pos.	Bezeichnung	Bei Verwendung von	
		Kupferseil	Verbundseil
a	Wirtschaftlich günstigster Mastabstand: etwa .	250 m	250 m
b	Größter Durchhang bei 40° C . . .	7,4 „	7,9 „
c	Höhe der Maste ohne Erdseilhalter: über Erde	24,5 m	25,0 m
d	unter „	2,5 „	2,5 „
	Zusammen	27,0 m	27,5 m
	Zulässiger Zug reduziert auf die Mastspitze:		
f	Tragmast: in Richtung der Leitung .	325 kg	480 kg
g	normal zur Leitung . . .	1300 „	1910 „
h	Abspannmast: in Richtung der Leitung	7000 „	6000 „
i	Endmast: „ „ „ „	10350 „	9000 „
	Mastgewichte einschl. Traversen:		
k	Tragmast (Schwellenfundierung) . . .	2570 kg	3080 kg
l	Abspannmast	5940 „	5410 „
m	Endmast	8670 „	7414 „
	Fundierung:		
n	Tragmaste: Zahl der Schwellen . . .	6	6
o	Abmessungen „ „ . . .	16 × 26 × 270 cm	16 × 26 × 270 cm
p	Abspannmast: Beton	22,5 m²	20,8 m²
q	Endmast: „	29,1 „	27,8 „

6. Zulässige gleichzeitige Belastung durch Eis und Wind bei unveränderter Materialbeanspruchung und unverändertem Durchhang in Abhängigkeit von dem Mastabstand.

Nach den deutschen Verbandsnormen brauchen Wind- und Eisbelastung nicht additiv berücksichtigt zu werden. Unter Gebirgsverhältnissen, wie in dem vorliegenden Fall, ist mit dem gleichzeitigen Auftreten von Wind und erhöhter Eisbelastung zu rechnen. In der letzten Spalte der nachstehenden Tabelle 20 sind daher diejenigen höchsten Winddrücke eingetragen, welche für die anormal vereiste Leitung zulässig sind, ohne daß die normal zugelassenen Werte der Materialbeanspruchung überschritten werden.

Tabelle 20.

Mastabstand	Zulässige Eislast je m Länge	Gültig für Kupferseile von 120 mm²	
		Durchmesser der vereisten Leitung	Gleichzeitig zulässiger Höchstwinddruck
m	kg	cm	kg/m²
250	nach d. Normen 0,675	3,4	0
200	abnorm 1,65	5,0	44
150	3,77	7,4	40
100	9,85	11,9	37
50	42,00	24,4	34

Die Berechnung der letzten beiden Spalten beruht auf der nur näherungsweise zutreffenden Annahme, daß die Vereisung genau zylindrisch erfolgt und daß das spezifische Gewicht der Eismasse 0,9 beträgt. Der im äußersten Fall auftretende Winddruck (ohne Eislast) beträgt nach den deutschen Normen 125 kg/m².

Die vorstehenden Rechnungsergebnisse sind in Abb. 276 graphisch dargestellt.

Lieferbedingungen für die Maste.

1. Die liefernde Firma hat nachzuweisen und zu gewährleisten, daß die Maste, bei Zugrundelegung der auf den Abb. 277 und 278 gezeigten Leiteranordnung, und die Leiterquerschnitte den Normen des Verbandes Deutscher Elektrotechniker (oder einer anderen anerkannten Korporation) für Starkstromfreileitungen vom 1. Juli 21 entsprechen.

2. Als Material ist einwandfreies Flußeisen zu verwenden.

3. Die Eisenteile sind vor ihrer Zusammensetzung von anhaftendem Schmutz, Rost und Zunder sorgfältig zu reinigen.

4. Vor Vernietung der Konstruktionsteile sind Stanz- und Bohrgrate zu entfernen.

5. Die Nietung ist so auszuführen, daß die zu verbindenden Eisenteile mit der ganzen Berührungsfläche fest und dauernd aufeinander gepreßt werden.

6. Die einzelnen Teile der Maste müssen in der Werkstatt so verarbeitet sein, daß gegebenenfalls ein Vertauschen gleicher Teile, insbesondere der Traversen und ohne Nacharbeit zulässig ist.

7. Die bis zur Versandfertigkeit zusammengesetzten Mastteile sind unmittelbar nach ihrer Fertigstellung nochmals gründlich zu reinigen, gegebenenfalls mittels Drahtbürsten und mit einem gut deckenden bewährten Rostschutzanstrich zu versehen.

8. Bei Masten mit Schwellenfundierung sind die Mastfüße bis 50 cm über dem Erdboden heiß zu teeren.

9. Die handelsüblichen zulässigen Abweichungen in den Gewichten betragen ± 5 vH.

Abstand und Anordnung der Leitungen. Als Leitungsaufhängung wird die bewährte Tannenbaumanordnung empfohlen (Abb. 277 und 278). Sie ergibt verhältnismäßig leichte Maste und bietet die größte Sicherheit gegen das Zusammenschlagen von Leitungen ungleicher Spannung infolge vertikaler Schwingungen, wie sie durch plötzliche Entlastung beeister Leitungen auftreten können. Diese Anordnung bietet außerdem den Vorteil, daß mindestens die beiden oberen Leitungen von der nächsten Traverse aufgefangen werden, wenn eine Isolatorkette infolge eines unmittelbaren Blitzschlages zerspringen sollte. Es werden also dadurch in der Regel weitere Beschädigungen der Leitung vermieden.

Verdrillung. Die durch die Tannenbaumform bedingte unsymmetrische Anordnung der Leitungen verursacht Unsymmetrie von Strom und Spannung, die sich dadurch kompensieren läßt, daß jeder Stromkreis mehrmals verdrillt wird, und zwar mindestens um eine volle Drehung je 100 km Strecke. Für die ganze Strecke ergeben sich hiernach 3 vollkommene Drehungen oder 8 Verdrillungspunkte (Abb. 279). Die Verdrillung selbst

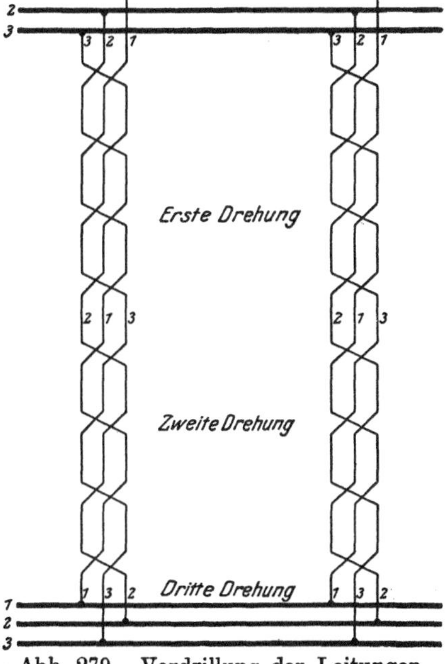

Abb. 279. Verdrillung der Leitungen.

läßt sich unter Verwendung von Hilfstraversen mit normalen Abspannmasten ausführen.

In Abb. 279 ist die Verdrillung so angeordnet, daß Drähte gleichen Potentials stets nebeneinander liegen; dadurch sollen Überschläge vermieden werden, wenn die beiden Leitungen sich infolge starker seitlicher Schwingungen berühren sollten. Dies ist praktisch die günstigste Anordnung. Theoretisch ist natürlich nur durch eine ungleichmäßige Verdrillung von zwei Leitungen auf einem Mast die größte Wirkung zu erzielen.

Stützpunkte der Leitungen. Im Mittel ist etwa alle 3 km ein Abspannmast zu setzen, an dem die Leitungen so zu befestigen sind, daß sie nicht durchrutschen können. In Gegenden, in denen außergewöhnlich große Zusatzlasten zu erwarten sind, ist etwa nach je 10 Masten ein Abspannmast zu setzen.

Isolatoren. Die Gliederisolatoren, die für Spannungen von 140 kV Verwendung finden, unterscheiden sich in zwei Gruppen: Kappentellerisolatoren und Hewlett-Isolatoren. Da nur unbedingt bewährte Typen in Frage kommen, so wird der Hewlettisolator gewählt (S. 152). Es wird empfohlen, die Hängeketten aus 8 und die Abspannketten aus 9 Gliedern zusammenzusetzen (nach Abb. 130 und 132).

Lieferbedingungen für Isolatoren.

(Type Hewlett.)

Form und Aussehen.

1. Die Isolatoren sollen nach Form und Größe unter Berücksichtigung der üblichen Toleranzen die auf den Abb. 124 und 125 gezeigten Abmessungen einhalten.

2. Die Kanäle sollen eine Mindestweite von 22 mm besitzen.

3. Die Isolatoren sind mit einer gleichmäßigen, glänzenden grünen Glasur zu versehen. Die beim Brennen benutzte unglasierte Fläche ist mit einem wetterbeständigen grünen Lack zu überstreichen.

Mechanische Festigkeit.

4. Der fertige Isolator soll einen dreimaligen Temperaturwechsel durch Eintauchen in Wasser von höchstens 15^0 C und von mindestens 75^0 C vertragen, ohne dadurch Veränderungen aufzuweisen; außerdem muß er hiernach alle weiteren vorgeschriebenen mechanischen und elektrischen Prüfungen aushalten. Die Eintauchdauer soll so lange währen, daß ein völliges Durchwärmen und Abkühlen des Isolators gewährleistet ist.

5. Die Bruchfestigkeit sowohl der Trag- wie Abspannisolatoren soll mindestens 2500 kg betragen.

6. Sämtliche Isolatoren sollen 15 Minuten lang eine Belastung von 1500 kg und hiernach die vorgeschriebenen elektrischen Prüfungen aushalten, ohne daß ihr Gebrauchswert herabgesetzt wird.

Elektrische Festigkeit.

7. Jeder Isolator ist vor Versand eine Viertelstunde lang mit 60 000 Volt effektiver Spannung zu prüfen.

8. Falls hinsichtlich der Meßgenauigkeit der Spannung Zweifel entstehen, ist dieselbe durch Kugelfunkenstrecke nachzuprüfen. Als effektive Spannung gilt hierbei der Quotient: durch Funkenstrecke bestimmter Scheitelwert dividiert durch $\sqrt{2}$.

9. Die unter Öl zu ermittelnde Durchschlagsfestigkeit der Isolatoren soll bei viertelstündiger Prüfdauer mindestens 85 000 Volt effektiv betragen. Hierbei ist in der Weise zu verfahren, daß die Prüfspannung von 50 000 Volt alle 5 Sekunden um etwa 5000 Volt bis zum Durchschlag gesteigert wird.

10. Die Überschlagsspannung soll bei viertelstündiger Prüfdauer mindestens betragen: 75000 Volt eff. in trockenem Zustand,
                30000   „   „ unter Regen.

11. Als Überschlagsspannung gilt die Spannung, bei der Überschläge in kurzer Folge, etwa alle 3 Sekunden, an der gleichen oder an verschiedenen Stellen des Isolators auftreten.

12. Die Überschlagsprobe unter Regen gemäß 10 soll sowohl bei senkrecht wie bei einem unter 45° einfallenden Regen von 3 mm Niederschlagshöhe in der Minute vorgenommen werden. Die Leitfähigkeit des zur Prüfung verwendeten Wassers soll nicht kleiner sein als die des natürlichen Regenwassers. (Spezifischer Widerstand des Regenwassers etwa 50000 Ω/cm.)

Saugfähigkeit.

13. Die Masse des fertigen Isolators muß vollkommen durchgebrannt sein und eine gleichmäßig homogene Beschaffenheit aufweisen. Der Bruch soll eine glasige Oberfläche besitzen und keine Spur von Saugfähigkeit erkennen lassen.

14. Zur Prüfung der Saugfähigkeit ist die frische Bruchfläche der Prüfstücke mit einer Lösung von 1 g Fuchsin in 100 g Methylalkohol zu bestreichen und darauf mit ungefärbtem Methylalkohol abzuspülen. Hierbei darf die Farblösung keine nennenswerten Spuren hinterlassen. Im Zweifelsfalle ist durch Zerschlagen der Prüfstücke festzustellen, ob das Farbmittel in die Porzellanmasse eingedrungen ist oder ob es nur durch Kapillarwirkung an der körnigen Oberfläche festgehalten wird.

Prüfordnung.

15. Unter Liefermenge im Sinne der Prüfung ist die zur Prüfung bereitgestellte Anzahl von Isolatoren zu verstehen, die vor Beginn der Prüfungen festzustellen ist.

16. Die Prüfung Absatz 7 erfolgt in Serien von mindestens 30 Stück. Treten hierbei einzelne Durchschläge auf, so sind die beschädigten Isolatoren durch neue zu ersetzen; die Prüfdauer zählt erst von dem letzten Durchschlag an. Tritt innerhalb der jeweils gültigen Prüfzeit erst nach 12 Minuten ein Durchschlag ein, so gilt die Prüfung als abgeschlossen, wenn in den nächsten 10 Minuten kein weiterer Durchschlag erfolgt. Sofern mehr als 15 vH der Serie durchschlagen werden, ist der Besteller berechtigt, die ganze Serie zurückzuweisen.

17. Bis zu $^1/_2$ vH der Liefermenge darf der Durchschlagsprüfung gemäß Absatz 9 unterworfen werden. Erfolgt der Durchschlag eines der ausgewählten Isolatoren unter der vertraglichen Grenze von 85000 Volt, so kann die Prüfung auf ein weiteres $^1/_2$ vH der Liefermenge ausgedehnt werden. Genügen auch diese Isolatoren nicht der Prüfbedingung, so wird ein weiteres Prozent der Lieferung geprüft. Falls bei dieser Prüfung Durchschläge innerhalb der vorgeschriebenen Spannungsgrenze erfolgen, ist der Besteller berechtigt, die ganze Liefermenge zurückzuweisen.

18. 2 vH der Liefermenge sind der Wärmeprüfung gemäß Absatz 4 zu unterwerfen. Falls hierbei Beschädigungen an einzelnen Isolatoren festgestellt werden, sind weitere 3 vH der Liefermenge zu prüfen. Erfüllen mehr als 5 vH der für die zweite Prüfung vorgesehenen Isolatoren nicht die vorgeschriebenen Prüfbedingungen, so ist der Besteller berechtigt, die gesamte Lieferung zurückzuweisen.

19. Nach Ausführung der elektrischen Prüfung gemäß Absatz 7 sind 2 vH gemäß Absatz 6 mechanisch zu prüfen. Das Ergebnis dieser Zugbeanspruchung ist durch eine nochmalige elektrische Prüfung nach Absatz 7 festzustellen.

20. Zum Nachweis der gemäß Absatz 5 vorgeschriebenen Bruchfestigkeit können nach Wahl des Bestellers bis zu $^1/_2$ vH der Liefermenge einer Zerreißprobe unterworfen werden. Erfolgt hierbei der Bruch eines Isolators unterhalb der vorgeschriebenen Grenze, so wird ein weiteres $^1/_2$ vH der Liefermenge geprüft. Sofern mehr als 10 vH der geprüften Isolatoren die Bedingung nicht erfüllen, ist der Besteller berechtigt, die ganze Liefermenge zurückzuweisen.

Lieferbedingungen für die Isolator-Armaturen.
(Type Hewlett.)

1. Allgemeines.

Die Armaturen müssen ein sauberes Aussehen besitzen; alle Kanten und Ecken sind zweckmäßig abzurunden, gegossene Teile müssen dicht und porenfrei hergestellt sein. Die aus Stahl, Schmiedeeisen und Temperguß hergestellten Teile sind mit einer dauerhaften Feuerverzinkung zu versehen, entsprechend den Vorschriften für das Stahlseil IV Absatz 15—17. Lediglich für die Schrauben ist eine galvanische Verzinkung zulässig, die ebenfalls dauerhaft ausgeführt sein muß.

2. Materialfestigkeit.

Kupfer für die Seilschlingen:	Zugfestigkeit mindestens	40	kg/mm²
Siliziumbronze	„ „	38	„
Stahl	„ „	60	„
Normale Bronze	„ höchstens	30	„
Preßmessing	„ mindestens	35	„
Schmiedeeisen	„ „	35	„

3. Seilschlingen (Abb. 135, 136, 137).

Seilquerschnitt . . . . mindestens 50 mm²
Anzahl der Einzeldrähte 7
Durchmesser des Einzeldrahtes . . . . 3 mm
Zugfestigkeit der Schlinge . . . . 3400 kg
Jede Schlinge ist in fertigem Zustand mit einer Belastung von 2200 kg zu prüfen.

4. Hängeklemme (Abb. 133, 137).

Die Hängeklemme ist so auszubilden, daß die Leitung beim Reißen in einem Nachbarfelde und bei dem dadurch hervorgerufenen Ausschwingen der Isolatorkette am Austritt der Klemme nicht scharf umgebogen wird.

Zugfestigkeit der Klemme in der beanspruchten Richtung mindestens 3400 kg.

5. Abspannklemme (Abb. 134).

Die Abspannklemme ist so auszubilden, daß durch das Klemmen keine Beschädigung des Seiles hervorgerufen wird und daß die Zerreißfestigkeit des Seiles mit der Abspannklemme mindestens 90 vH der ursprünglichen Seilfestigkeit beträgt.

Zugfestigkeit der Klemme in der beanspruchten Richtung mindestens 4500 kg.

Erdung des neutralen Punktes: Die Isolatorketten sind so bemessen, daß jeder Leiter der Fernübertragung gefahrlos die volle verkettete Spannung gegen Erde verträgt und demnach der neutrale Punkt nicht „starr" geerdet zu werden braucht.

Der Erdschlußstrom beider Stromkreise (S. 207) erreicht den hohen Wert von etwa 140 A entsprechend einer Erdstromenergie von etwa 20000 Blind-kW. Die mit der unmittelbaren Erdung des Nullpunktes verbundenen Nachteile (Kurzschluß und daher Möglichkeit jedesmaliger Unterbrechung) lassen sich daher nur dann vermeiden, wenn man die Neutrale über Petersen-Spulen (S. 202 und 368) erdet und damit den Erdstrom von 140 A auf einen Wert kompensiert, der eine selbsttätige Löschung des Lichtbogens gewährleistet.

Zweckmäßig wird die Spulenleistung, welche für beide Stromkreise etwa 10000 kVA beträgt, auf 3 entsprechend kleinere Spulen verteilt, so daß auch bei Abschaltung eines Stromkreises die Abstimmung aufrechterhalten bleibt.

Umschaltstationen und Trennstellen: Es ist schon einleitend darauf hingewiesen worden, daß bei einem Spitzenleistungsfaktor von $\cos \varphi = 0{,}8$ der einzelne Stromkreis nur die halbe Spitze (25000 kW) zu übertragen vermag, und daß daher

Störungen eines Stromkreises eine entsprechende Betriebseinschränkung zur Folge haben. Wenn auch infolge der großen Sicherheit, welche die Leitung bietet, derartige Störungen nur selten vorkommen werden, so darf man nicht übersehen, daß ihre Beseitigung in der Regel längere Zeit, unter Umständen Tage erfordert. Wird eine derartige Betriebseinschränkung selbst in Ausnahmefällen als unzulässig angesehen, so wird empfohlen, die Strecke durch Anlage von 2 Umschaltstationen in 3 Abschnitte zu zerlegen, so daß im Störungsfalle nur $^1/_3$ des schadhaften Stromkreises außer Betrieb gesetzt wird.

Jede Umschaltstation wäre mit 5 Ölschaltern und den zugehörigen Trennschaltern auszurüsten. Die Umschaltstationen bilden gleichzeitig die Stützpunkte für das Personal zur Überwachung der Leitungen und werden auch von diesen mit bedient, so daß die Betriebskosten nicht höher werden.

Wenn statt der Umschaltstationen einfachere Maßnahmen zum schnelleren Auffinden der Störungsstelle als ausreichend angesehen werden, so genügt der Einbau von Trennschaltern in die einzelnen Stromkreise. Hierfür sind Konstruktionen ausgebildet worden, die sich auf den normalen Abspannmasten anbringen lassen und vom Mastfuß aus betätigt werden können.

Rechnungsgang.

Die Rechnungsergebnisse sind in nachstehenden Tabellen zusammengestellt. Sie gelten für eine Leitung und demnach für die Hälfte der zu übertragenden Leistung. Zur Erhöhung der Genauigkeit ist die Strecke in 3 gleich lange Teile zerlegt gedacht, wobei die Kapazitäts- und Glimmverluste an den Enden dieser Teilstrecken konzentriert angenommen sind. Abb. 280 zeigt das Schema für die Berechnung. Die Endspannung

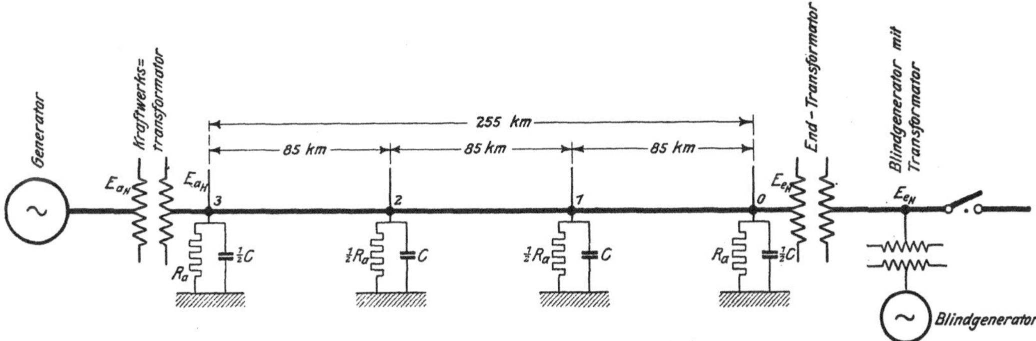

Abb. 280. Schema für die Leitungsberechnung.

von 100 kV bezieht sich auf die Niederspannungsseite des Endtransformators, dem zu diesem Zweck ein ideelles Wicklungsverhältnis 1:1 gegeben wird. Unter Anfangsspannung wird der Wert an den Hochvoltsammelschienen des Kraftwerks verstanden. Die durch die Anfangstransformatoren bedingten Änderungen der Spannung und Verluste sind daher bei Bestimmung der Lieferbedingungen für die Generatoren besonders zu berücksichtigen.

Die Rechnungen sind auf Grund neuerer Methoden so durchgeführt, daß entsprechend dem physikalischen Vorgang in jedem Leiter 2 unabhängige sich überlagernde Stromkreise angenommen werden, von denen der eine ein Wirk- und der andere die Blindströme führt. Diese Methode gestattet eine vollkommene Trennung der durch die beiden Stromarten hervorgerufenen Verluste und erleichtert damit die rechnerische Verfolgung des Einflusses des Leistungsfaktors bzw. der zu seiner Verbesserung angewandten Kompensiereinrichtungen. Insbesondere trifft dies auch zu hinsichtlich der Bestimmung der mittleren jährlichen Arbeitsverluste, für die in letzter Zeit exakte Rechnungsmethoden aufgestellt sind, während die bisher üblichen Rechnungen sich auf das Verhalten zur Zeit der Spitzenbelastung beschränkten und daher kein abschließendes Bild ergaben.

Um den Einfluß der Einrichtungen zur Verbesserung des Leistungsfaktors zu erkennen, sind sämtliche Rechnungen für die 3 Fälle durchgeführt worden:

$$\cos\varphi_h = 0{,}8 \text{ (unkompensiert)},$$
$$\cos\varphi_h = 0{,}9 \text{ (teilweise kompensiert)},$$
$$\cos\varphi_h = 1{,}0 \text{ (voll kompensiert)}.$$

Außerdem wurde das Spannungsbild der Übertragung für folgende Grenzfälle der Belastung ermittelt:

Spitze 25 000 kW (Tab. 23.)

Grundbelastung (Mindestbelastung): 10 000 kW (Tab. 24).

Leerlauf bei eingeschaltetem Endtransformator (Tab. 25).

Leerlauf bei abgeschaltetem Endtransformator (Tab. 25).

Zur Bestimmung der Glimmverluste (S. 217) ist angenommen worden, daß je ein Drittel der Gesamtstrecken in den Höhen 0, 1000 m und 2000 m verläuft.

Die für die Verluste der Transformatoren und Blindgeneratoren angenommenen Ausgangswerte (S. 221) sind nicht gleichbedeutend mit den von den Lieferfirmen zu garantierenden Werten, sondern haben als Näherungswerte zu gelten, wie sie im praktischen Dauerbetrieb erwartet werden können.

Rechnungsergebnisse für das elektrische Verhalten der Leitungen bei Verwendung von 3×120 mm² Kupfer.

Ausgangswerte:

1. Die Berechnungen gelten, sofern nichts anderes erwähnt ist, für einen Stromkreis, der die Hälfte der ganzen Energie zu übertragen hat.

2. Die Endspannung (E) ist bezogen auf die Niederspannungsseite des Transformators am Ende der 255 km langen Fernleitung und wird unveränderlich mit

$$E_e = 100 \text{ kV}$$

verkettet angenommen.

3. Die berechnete Anfangsspannung (E_a) gilt für die Hochspannungsseite des Transformators im Kraftwerk.

4. Belastungsverhältnisse:

Spitzenbelastung auf der Niederspannungsseite des Endtransformators . . . . $S = 25\,000$ kW

Mittlere Belastung auf der Niederspannungsseite des Endtransformators . . . . $L_m = 16\,500$ kW

Belastungsfaktor für Wirkstrom . . . . $m_w = 0{,}66$

„ „ Blindstrom . . . . $m_{bl} = 0{,}75$

Grundbelastung (Mindestbelastung, 40 vH) . . . . $L_{gr} = 10\,000$ kW

Spitzenleistungsfaktor . . . . $\cos\varphi_h = 0{,}80$

Periodenzahl . . . . $v = 50$

Arbeitsverlustfaktor (Tab. 1 S. 29) für konstanten Leistungsfaktor:

für Wirkstrom . . . . $\vartheta_w = 0{,}45$

„ Blindstrom . . . . $\vartheta_{bl} = 0{,}57$

5. Verlustkonstanten der Endtransformatoren, bezogen auf die Scheinbelastung der Transformatoren.

	Wirkverluste	Blindverluste
Leerverluste bei 100 kV	1 vH	8 vH
Stromquadratverluste bei Vollast . . .	1 vH	8 vH

Rechnungswerte:

Den Berechnungen der Leitungskonstanten ist das Mastbild (Abb. 277 und 278) zugrunde gelegt. Die allgemeinen Berechnungen sind nach dem Leitungsschema Abb. 280 durchgeführt worden.

1. Leitungskonstanten. Die Werte beziehen sich auf eine Doppelleitung und gelten für einen Leiter.

Abstand der Leiter . . . . $d = 400$ cm

Seilradius . . . . $r = 0,7$ cm

Höhe der Leiter über Erde am Aufhängepunkt . . . . $\left\{\begin{array}{l} h_1 = 2260 \text{ cm} \\ h_2 = 1860 \text{ cm} \\ h_3 = 1460 \text{ cm} \end{array}\right.$

Durchhang . . . . $f = 743$ cm

Spannweite . . . . 250 m

Tiefster Punkt über Erde . . . . 700 cm

Mittlere Höhe der Leiter über Erde $\left(h_m = H - 0{,}7 f; H = \dfrac{h_1 + h_2 + h_3}{3}\right)$ $h_m = 1340$ cm

Unregelmäßigkeitsfaktor für die Anfangsglimmspannung . . . . $m_0 = 0{,}83$

Überschlagsspannung für 1 cm in Luft . . . . $E_t = 21{,}4$ kV

Phasenspannung . . . . $E_p = \dfrac{E_{\text{verkettet}}}{\sqrt{3}}$

Induktivität: $L = \left[\left(\dfrac{4}{3} \cdot \ln\dfrac{d}{r} + \dfrac{2}{3} \cdot \ln\dfrac{2d}{r}\right) + 0{,}5\right] \cdot 10^{-4}\,\text{H/km und Leiter}$

Betriebskapazität: $C_b = \dfrac{1}{A_{11} - A_{12}} \cdot 10^5 = \dfrac{1}{(a_{11} + a_{11}^1) - (a_{12} + a_{12}^1)} \cdot 10^5\,\text{F/km},$

$$a_{11}' = \ln\left(\dfrac{4 h_m^2}{d_{nn}^2} + 1\right) \cdot 9 \cdot 10^{11}, \qquad a_{12}' = \ln\left(\dfrac{4 h_m^2}{d_m'^2} + 1\right) \cdot 9 \cdot 10^{11},$$

Mittlerer Abstand der Leiter: $d_m = \tfrac{1}{3}(d_{12} + d_{23} + d_{31}),$

Abstand zwischen den Leitern der einen Seite: $d_{nn} = \tfrac{1}{3}(d_{11}' + d_{22}' + d_{33}'),$

und denen der anderen Seite: $d_m' = \tfrac{1}{3}(d_{12}' + d_{23}' + d_{31}').$

Zur Berücksichtigung des Einflusses der Maste ist zu den Werten für Kapazität ein Zuschlag von ca. 3 vH gemacht worden.

Tabelle 21.

Bezeichnung	Resultate für			
	120 mm² Kupfer		Aluminium-Verbundseil mit 212 mm² Al und 34 mm² Stahl	
	je km	255 km	je km	255 km
Induktivität	1,37 mH	350 mH	1,3 mH	332 mH
Betriebskapazität	8,5·10⁻³ µF	2,17 µF	8,7·10⁻³ µF	2,21 µF
Ohmscher Widerstand . .	0,15 Ohm	38,4 Ohm	0,14 Ohm	36,5 Ohm
Induktiver Widerstand . .	0,43 „	110,0 „	0,41 „	104,2 „

2. Glimmverluste. Die Phasenspannung für den Beginn des Glimmens ist:

$$E_{p_k} = \dfrac{m_0 \cdot E_t \cdot r \cdot 10^{-6}}{18 \cdot C_b}\,\text{kV}.$$

Glimmverluste: $P = 3 \cdot \dfrac{339}{1} \cdot \nu \cdot \sqrt{\dfrac{r}{d}} \cdot (E_p - E_{p_k})^2 \cdot 10^{-5}\,\text{kW/km und Drehstromkreis.}$

Die Gleichung gilt für $t = 20^{\circ}$ C, $b = 760$ mm Quecksilbersäule, $\nu = 50$ Perioden und trockenes Wetter. Da die Anfangsspannung sich proportional mit dem Drucke und umgekehrt proportional mit der absoluten Temperatur ändert, so wurde sie für

$t = 10°\,\mathrm{C}$ und 1000 bzw. 2000 m mit einem Faktor $\delta = \dfrac{293 \cdot b}{760\,(273 + t)}$ multipliziert, worin b entsprechend 1000 bzw. 2000 m Höhe gleich 674 bzw. 598 mm ist.

Tabelle 22.

	0 m	1000 m	2000 m
Höhenlage der Leitung	0 m	1000 m	2000 m
Luftdruck	760 mm	674 mm	598 mm
Anfangsspannung (verkettet) der Glimmverluste, für Kupfer	141 kV	129 kV	114,5 kV
„ „ „ „ für Aluminium	200 „	183,3 „	163,4 „
Spannung	Verluste für Kupfer je km Stromkreis		
110 kV	0 kW	0 kW	0 kW
120 „	0 „	0 „	0,22 „
130 „	0 „	0,01 „	1,73 „
140 „	0 „	0,85 „	4,61 „
150 „	0,645 „	3,18 „	9,03 „

Die Leitungsberechnungen sind durchgeführt unter der Annahme, daß je ein Drittel der Gesamtlänge in einer mittleren Höhe von 0 m, 1000 m und 2000 m liegt.

Tabelle 23. Verhalten der Übertragung bei Spitzenbelastung.

Leistungsfaktor auf der Niederspannungsseite des Endtransformators	0,80		0,90		1,0	
Bezeichnung	Wirk- Belastung kW	Blind- Belastung BkW	Wirk- Belastung kW	Blind- Belastung BkW	Wirk- Belastung kW	Blind- Belastung BkW
Abnehmer	25 000	18 700	25 000	12 100	25 000	0
Transformator-Kupferverluste	313	2 500	278	2 220	250	2 000
Zustand am Ende der Leitung	25 313	21 200	25 278	14 320	25 250	2 000
Transformator-Leerverluste	313	2 500	278	2 220	250	2 000
Ladeleistung für die letzten 85/2 km				−1240		−1168
Stromquadratverluste:		−1268				
durch Wirkstrom $(J^2 W)_w$	754	2162	763	2190	810	2320
durch Blindstrom $(J^2 W)_{bl}$	576	1650	262	750	10	29
Zustand I	26 956	26 244	26 581	18 240	26 320	5181
Ladeleistung für 85 km		−3084		−2907		−2543
Stromquadratverluste:						
durch Wirkstrom $(J^2 W)_w$	687	1970	706	2025	791	2265
durch Blindstrom $(J^2 W)_{bl}$	507	1450	225	645	8	23
Zustand II	28 150	26 580	27 512	18 003	27 119	4926
Ladeleistung für 85 km		−3658		−3330		−2760
Stromquadratverluste:						
durch Wirkstrom $(J^2 W)_w$	630	1805	663	1900	777	2225
durch Blindstrom $(J^2 W)_{bl}$	418	1198	180	516	5	14
Zustand III	29 298	25 925	28 355	17 089	27 901	4405
Glimmverluste	37					
Ladeleistung für die ersten 85/2 km		−2100		−1868		−1475
Anfangszustand	29 335	23 825	28 355	15 221	27 901	2930
Leistungsfaktor am Anfang	0,77		0,89		0,99	
Scheinbelastung kVA	37 800		32 000		28 000	
Verluste (einschl. Endtransformator)						
Leerverluste	350		278		250	
Stromquadratverluste:						
durch Wirkstrom $(J^2 W)_w$	2384		2410		2628	
durch Blindstrom $(J^2 W)_{bl}$	1501		667		23	
Induktiv: im Transformator		5 000		4440		4000
in den Leitungen		10 235		8025		6876
Kapazitiv		−10 110		−9345		−7946
Zusammen	4235	5125	3355	3121	2901	2930
Wirkungsgrad vH	85,6		88,2		89,7	

Bezeichnung	Spannungsverlauf		
Endtransformator: Niederspannungsseite kV	100,0	100,0	100,0
Hochspannungsseite . „	105,6	104,5	101,3
Leitung: nach 170 km . . . . „	116,3	113,0	105,8
nach 85 „ . . . . „	126,7	121,0	110,1
am Anfang . . . . „	136,1	128,2	114,0
Gesamter Spannungsabfall absolut . . kV	36,1	28,2	14,0
in vH der Anfangsspannung	26,5	22,0	12,3

Tabelle 24. Verhalten der Übertragung bei Grundbelastung.

Spitzen-Leistungsfaktor	0,80		0,90		1,0	
Grund-Leistungsfaktor	0,70		0,80		1,0	

Bezeichnung	Wirk-	Blind-	Wirk-	Blind-	Wirk-	Blind-
	Belastung		Belastung		Belastung	
	kW	BkW	kW	BkW	kW	BkW
Abnehmer	10000	10000	10000	7300	10000	0
Transformator-Kupferverluste	66	523	56	451	40	320
Zustand am Ende der Leitung	10066	10523	10056	7751	10040	320
Transformator-Leerverluste	313	2500	278	2220	250	2000
Ladeleistung für die letzten 85 km		—1203		—1193		—1148
Stromquadratverluste:						
durch Wirkstrom $(J^2W)_w$	130	374	130	373	134	385
durch Blindstrom $(J^2W)_{bl}$	169	484	94	268	2	5
Zustand I	10678	12678	10558	9419	10426	1562
Ladeleistung für 85 km		—2670		—2590		—2370
Stromquadratverluste:						
durch Wirkstrom $(J^2W)_w$	124	356	126	360	133	383
durch Blindstrom $(J^2W)_{bl}$	108	312	52	150	1	2
Zustand II	10910	10676	10736	7339	10560	—423
Ladeleistung für 85 km		—2910		—2772		—2420
Stromquadratverluste:						
durch Wirkstrom $(J^2W)_w$	119	342	121	348	134	386
durch Blindstrom $(J^2W)_{bl}$	61	173	22	63	10	28
Zustand III	11090	8281	10879	4978	10704	—2429
Ladeleistung für 85 km		—1551		—1450		—1214
Anfangszustand	11090	6726	10879	3528	10704	—3643
Leistungsfaktor am Anfang	0,85		0,95		—0,95	
Scheinbelastung kVA	12910		11420		11350	

Bezeichnung	Spannungsverlauf		
Endtransformator: Niederspannungsseite kV	100,0	100,0	100,0
Hochspannungsseite . „	103,0	102,4	100,5
Leitung: nach 170 km . . . . „	108,3	106,7	102,1
nach 85 km . . . . „	113,1	110,2	103,2
am Anfang . . . . „	117,0	112,9	103,4
Gesamter Spannungsabfall absolut . . . kV	17,0	12,9	3,4
in Hundertsteln der Anfangsspannung . . .	14,5	11,4	3,3

Tabelle 25. Verhalten der Übertragung bei Leerlauf.

Transformator	eingeschaltet		ausgeschaltet	
Bezeichnung	Wirk-	Blind-	Wirk-	Blind-
	Belastung		Belastung	
Abnehmer	0	0	0	0
Transformator-Kupferverluste	0	0	0	0
Transformator-Leerverluste	2,78	2220	0	0
Ladeleistung für die letzten 85 km		—1133	—	—1133
Stromquadratverluste: durch Wirkstrom $(J^2W)_w$	0,5	0,4	2	5
durch Blindstrom $(J^2W)_{bl}$	1,5	4,6	—	—

Transformator	eingeschaltet		ausgeschaltet	
	Wirk-	Blind-	Wirk-	Blind-
Bezeichnung	Belastung		Belastung	
Zustand I	280	1092	2	−1128
Ladeleistung für 85 km		−2292		−2248
Stromquadratverluste: durch Wirkstrom $(J^2 W)_w$	0,1	0,4	15	42
durch Blindstrom $(J^2 W)_{bl}$	1,9	5,6		
Zustand II	282	−1194	17	−3334
Ladeleistung für 85 km		−2270		−2190
Stromquadratverluste: nach Wirkstrom $(J^2 W)_w$	0,3	0,4	40	116
nach Blindstrom $(J^2 W)_{bl}$	15,7	44,6	—	—
Zustand III	298	−3419	57	−5408
Ladeleistung für 85 km		1100		−1050
Anfangszustand	298	4519	57	−6458
Leistungsfaktor am Anfang	−0,07		0,0	
Scheinbelastung . . . . kVA	−4530		−6460	

Bezeichnung	Spannungsverlauf	
Endtransformator: Niederspannungsseite . . . . kV	100,0	—
Hochspannungsseite . . . . ”	100,0	100,0
Nach 170 km . . . . ”	100,4	99,4
Nach 85 km . . . . ”	100,0	98,2
Am Anfang	98,3	96,0
Gesamte Spannungszunahme absolut . . . . kV	1,7	4,0
In Prozent der Anfangsspannung . . . . ”	1,7	4,2

Vorstehende Ergebnisse des Spannungsverlaufs und der Reguliergrenzen bei verschiedenen Belastungen und Leistungsfaktoren sind auf Abb. 281 graphisch dargestellt.

Tabelle 26. Bilanz der jährlichen Arbeitsverluste (das Jahr zu 8760 h gerechnet).

Spitzenleistungsfaktor auf der Niederspannungsseite des Endtransformators	0,80	0,90	1,0
	kWh	kWh	kWh
Leerverluste im Transformator	2740000	2435000	2190000
Leerverluste durch Glimmen	342120	—	—
Zusammen	3064120	2435000	2190000
Stromquadratverluste:			
durch Wirkstrom $(J^2 W)_w \cdot \vartheta_w \cdot 8760$ . .	9410000	9500000	10360000
durch Blindstrom $(J^2 W)_{bl} \cdot \vartheta_{bl} \cdot 8760$ . .	7480000	3330000	115000
Zusammen	16890000	12830000	10475000
Leerverluste + Stromquadratverluste . . .	19954120	15265000	12665000
Nutzbare Arbeitsabgabe	144500000	144500000	144500000
Jahres-Wirkungsgrad	87,8 vH	90,4 vH	91,8 vH

Kompensation des Leistungsfaktors durch Blindgeneratoren.

Die Untersuchung über die Verbesserungsmöglichkeiten durch Blindgeneratoren umfaßt die beiden bereits betrachteten Fälle, nämlich:

a) Verbesserung des Spitzenleistungsfaktors $\cos \varphi_h = 0,8$ auf $\cos \varphi_h = 0,9$

b)   ”   ”   ” $\cos \varphi_h = 0,8$ ” $\cos \varphi_h = 1,0$.

Dabei wird angenommen, daß die Blindgeneratoren am Abnehmerende über besondere Transformatoren an die Niederspannungsseite der Endtransformatoren angeschlossen werden.

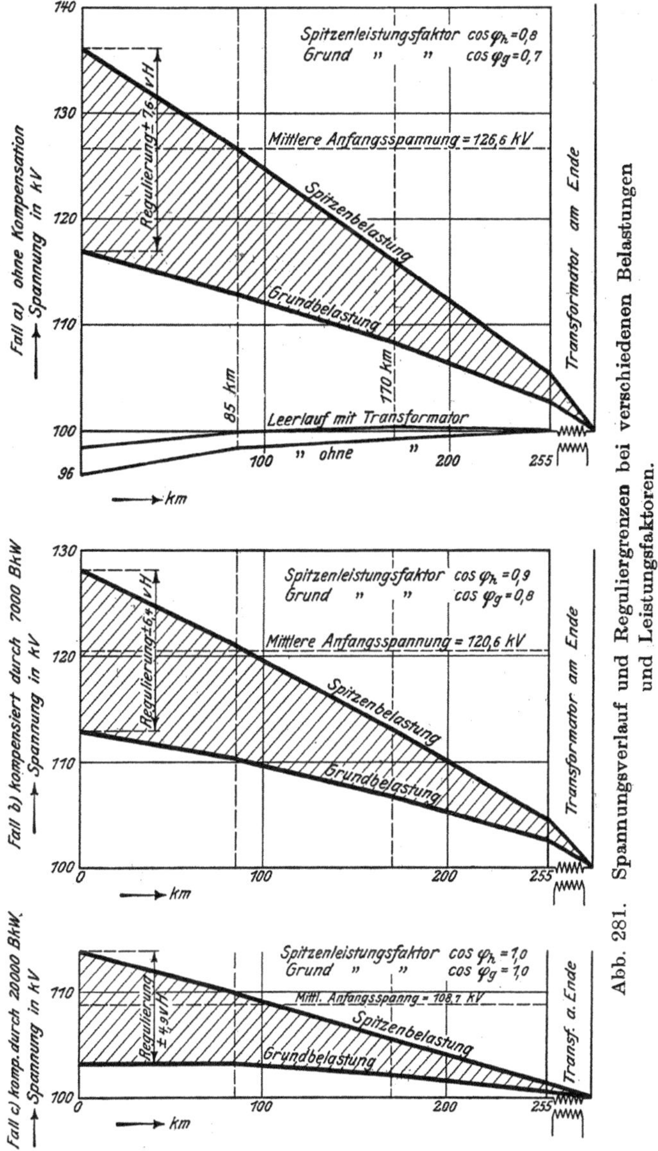

Ausgangswerte für die Verluste der Blindgeneratoren.

Größe der Blindgeneratoren je Stromkreis:

bei Kompensation auf $\cos \varphi_h = 0{,}90$: rd. 7000 BkW

„ „ „ $\cos \varphi_h = 1{.}0$: „ 20000 „

Wirkungsgrad bei Vollast einschl. Transformator 0,96.

Leerlaufverluste: 75 vH der Vollastverluste

Stromquadratverluste: 25 vH der Vollastverluste ($\vartheta_{bl} = 0{,}57$).

Tabelle 27. Jährliche Arbeitsverluste der Blindgeneratoren.

	7000 BkW	20000 BkW
Größe der Blindgeneratoren		
Kompensation von $\cos \varphi_h = 0{,}80$ auf .	0,90	1,0
Leerlaufverluste	1840000 kWh	5256000 kWh
Stromquadratverluste	350000 „	1000000 „
Gesamtverluste	2190000 kWh	6256000 kWh

Tabelle 28. Vergleich der jährlichen Arbeitsverluste mit und ohne Kompensation durch Blindgeneratoren.

Bezeichnung	Spitzenleistungsfaktor $\cos \varphi_h = 0{,}80$		
	un-kompensiert kWh	kompensiert auf	
		$\cos \varphi_h = 0{,}90$	$\cos \varphi_h = 1{,}0$
Leerverluste			
Leitung	3 064 120	2 435 000	2 190 000
Blindgenerator	—	1 840 000	5 256 000
Zusammen	3 064 120	4 275 000	7 446 000
Stromquadratverluste			
Leitung	16 890 000	12 830 000	10 475 000
Blindgenerator	—	350 000	1 000 000
Zusammen	16 890 000	13 180 000	11 475 000
Gesamtverluste	19 954 120	17 455 000	18 921 000
Nutzbare Arbeitsabgabe	144 500 000	144 500 000	144 500 000
Jahres-Wirkungsgrad	87,9 vH	89,3 vH	88,3 vH

Tabelle 29. Erdschlußströme je Stromkreis.

Bezeichnung	Zahl der im Betrieb befindlichen Stromkreise			
	zwei		ein	
	je km	255 km	je km	255 km
Erdkapazität in μ F . .	$13{,}3 \cdot 10^{-3}$	3,4	$16{,}7 \cdot 10^{-3}$	4,3
Erdschlußstrom bei				
$\cos \varphi = 0{,}8$ A . .	0,29	74,1	0,37	93,4
$\cos \varphi = 0{,}9$ A . .	0,28	71,6	0,35	90,0
$\cos \varphi = 1$ A . .	0,26	66,0	0,33	83,1

Tabelle 30. Abhängigkeit der Kapazität von der Zahl der Erdseile (Kapazitätszuschläge unberücksichtigt).

Zahl der Erdseile	Für eine Phase	
	Betriebskapazität	Teilkapazität gegen Erde
0	$8{,}2 \cdot 10^{-3}\ \mu$ F	$3{,}75 \cdot 10^{-3}\ \mu$ F
1	$8{,}2 \cdot 10^{-3}$ „	$4{,}11 \cdot 10^{-3}$ „
2	$8{,}2 \cdot 10^{-3}$ „	$4{,}35 \cdot 10^{-3}$ „
3	$8{,}2 \cdot 10^{-3}$ „	$4{,}50 \cdot 10^{-3}$ „

Erörterung der Rechnungsergebnisse.

Verhalten zur Zeit der Spitze (Tab. 23): Der Spannungsverlauf ist aus Abb. 281 ersichtlich. An Kompensierleistung (Synchronmotor) sind für jeden Stromkreis erforderlich:

bei teilweiser Kompensation von 0,8 auf 0,9: 7000 Blind-kW,
bei voller Kompensation von 0,8 auf 1,0: 20 000 Blind-kW.

Der Gesamtspannungsabfall, der unkompensiert 26,5 vH beträgt, verringert sich durch die Teilkompensation auf 22 vH und durch die Vollkompensation auf 12,3 vH.

Die in folgender Tabelle angeführten Leistungsfaktoren am Anfang und Ende der Leitung sind deshalb nur wenig voneinander verschieden, weil die induktiven Verluste durch die kapazitiven Leitungsverluste kompensiert werden (Tab. 23).

Tabelle 31.

Leistungsfaktoren der Leitung		Leitungsverluste einschließlich Transformatoren			Wirkungsgrad der Übertragung
am Anfang	am Ende	für	induktiv	kapazitiv	
$\cos \varphi$	$\cos \varphi$	$\cos \varphi$	Bl.-kW	Bl.-kW	vH
0,77	0,8	0,8	15000	10000	85,6
0,89	0,9	0,9	12500	9500	88,2
0,99	1,0	1,0	11000	8000	89,7

Verhalten zur Zeit der Grundbelastung (Tab. 24). Für den angegebenen Belastungsfaktor von 66 vH beträgt die Grundbelastung etwa 40 vH der Spitze. Der Spannungsverlauf ist wiederum aus Abb. 281 ersichtlich.

Den Werten der Spitzenleistungsfaktoren von:

$\cos \varphi_h = 0,8$ entsprechen Grundleistungsfaktoren von $\cos \varphi_g = 0,7$
$\cos \varphi_h = 0,9$ „   „   „ $\cos \varphi_g = 0,8$
$\cos \varphi_h = 1,0$ „   „   „ $\cos \varphi_g = 1,0$

Diese Werte sind demnach für die Berechnung des Verhaltens zur Zeit der Grundbelastung maßgebend. Da die kompensierende Wirkung der Ladestromverluste die induktiven Verluste von Leitung und Transformator übertrifft, ergeben sich zwischen Anfang und Ende merkliche Unterschiede der Leistungsfaktoren (Tab. 24). Wie aus folgender Tabelle ersichtlich, ergibt der letzte Fall bereits eine Überkompensation und daher eine Verschlechterung des Leistungsfaktors (voreilend) nach dem Anfang der Leitung zu.

Tabelle 32.

Leistungsfaktoren der Leitung		Spannungsabfall
am Anfang	am Ende	vH
$\cos \varphi = 0,85$	$\cos \varphi = 0,7$	14,5
$\cos \varphi = 0,95$	$\cos \varphi = 0,8$	11,4
$\cos \varphi = 0,95$	$\cos \varphi = 1,0$	3,3

Verhalten bei Leerlauf (Tab. 25). Bei Leerlauf sind die beiden Fälle: Endtransformator ein- oder abgeschaltet, zu unterscheiden, da dies für den Spannungsabfall von Einfluß ist. In beiden Fällen steigt die Spannung nach dem Ende zu an. Diese Zunahme beträgt bei eingeschaltetem Transformator 1,7 vH und bei abgeschaltetem Transformator 4,2 vH.

Die Scheinbelastung erreicht am Anfang einen Wert von 4530 kVA voreilend mit eingeschaltetem Endtransformator, wobei der Leistungsfaktor praktisch gleich 0 ist. Diese Belastungswerte gelten allerdings nur unter der Voraussetzung, daß die Spannung am Ende der Leitung 100 kV beträgt. Bei Bemessung der Generatoren ist zu berücksichtigen, daß diese Leerlaufbelastung angenähert quadratisch mit der Spannung zunimmt, demnach z. B. bei 120 kV am Ende auf etwa 6500 kVA bei eingeschaltetem und auf etwa 9300 kVA bei abgeschaltetem Endtransformator ansteigt.

Bilanz der jährlichen Arbeitsverluste. Maßgebend für die Wirtschaftlichkeit sind nun weder die Verluste zur Zeit der Spitze noch die zur Zeit der Grundbelastung, sondern die mittleren jährlichen Arbeitsverluste, die sich nach der Verlustgradmethode aus dem Belastungsfaktor und dem Spitzenleistungsfaktor ermitteln lassen. Die Ergebnisse dieser Rechnung sind in Tabelle 26 zusammengestellt.

Von besonderem Interesse sind hierbei diejenigen kWh-Verluste, welche lediglich durch die Blindbelastung am Ende während eines Jahres in den Leitungen hervorgerufen werden, also die Zusatzverluste zu den normalen, durch Wirkstrom bedingten Leitungsverlusten. Diese Werte bilden ein wichtiges Kriterium für die Festsetzung eines, den Leistungsfaktor berücksichtigenden Stromtarifs, der hier nicht näher erörtert werden soll. Sie betragen für jeden Stromkreis ohne Kompensation (cos $\varphi = 0{,}8$) 7,48 Millionen kWh, bei unvollkommener Kompensation (cos $\varphi = 0{,}9$) 3,33 Millionen kWh und bei Vollkompensation (cos $\varphi = 1{,}0$) 0,1 Millionen kWh, d. s. 5,2 vH, 2,3 vH und 0,08 vH der nutzbaren Arbeitsabgabe.

Aus den Gesamtverlusten berechnen sich die jährlichen Arbeitswirkungsgrade zu:

$$87{,}8 \text{ vH für } \cos\varphi_h = 0{,}8$$
$$90{,}4 \text{ vH } \quad \text{„} \quad \cos\varphi_h = 0{,}9$$
$$91{,}8 \text{ vH } \quad \text{„} \quad \cos\varphi_h = 1{,}0.$$

Das tatsächliche Bild der Arbeitswirkungsgrade ändert sich jedoch, sofern die Verbesserung des Leistungsfaktors durch Blindgeneratoren (Synchronmotoren) bewirkt wird, da diese wesentliche zusätzliche Verluste zur Folge haben. Letztere betragen nach Tabelle 27 für jeden Stromkreis:

2,2 Millionen kWh bei unvollkommener Kompensation (von 0,8 auf 0,9),
6,3 „ „ „ Vollkompensation (von 0,8 auf 1,0).

Wie aus Tabelle 28 ersichtlich, gelangt man durch diese Methode zur Verbesserung des Leistungsfaktors auf Gesamtarbeitswirkungsgrade von

87,9 vH ohne Kompensation . . . . cos $\varphi = 0{,}8$
89,3 vH bei Kompensation durch Blindgeneratoren auf cos $\varphi = 0{,}9$
88,3 vH „ „ „ „ „ cos $\varphi = 1{,}0$,

wobei die Leistungen der Blindgeneratoren beide Stromkreise umfassen.

Die Kompensation auf cos $\varphi = 0{,}90$ bewirkt somit eine Verbesserung des Wirkungsgrades von 1,4 vH, dagegen die Vollkompensation auf cos $\varphi = 1{,}0$ eine Verbesserung von nur 0,4 vH gegenüber dem Betrieb ohne Kompensation, ein bemerkenswertes Ergebnis, auf das später noch zurückzukommen sein wird.

Anwendung der Rechnungsergebnisse auf den Betrieb.

Einfluß des Leistungsfaktors. Nachdem im letzten Absatz gezeigt ist, daß die künstliche Erhöhung des Leistungsfaktors durch Aufstellen von Blindgeneratoren die Verlustverhältnisse nur unwesentlich verbessert, ja bei Überschreitung von cos $\varphi = 0{,}9$ sogar merklich verschlechtert, interessiert naturgemäß zunächst die Frage, ob Bedenken technischer Art vorliegen, den Betrieb ohne Anwendung irgendwelcher Kompensiereinrichtungen zu führen, also mit einem Spitzenleistungsfaktor von cos $\varphi = 0{,}8$. Abgesehen von den Verlusten beeinflußt der Leistungsfaktor nur noch den Spannungsabfall, so daß dieser für die Beantwortung unserer Frage ausschlaggebend ist.

Die Rechnung (Tab. 23) ergab für Spitzenbelastung bei cos $\varphi = 0{,}8$ einen Spannungsabfall von 26,5 vH. Der Spannungsabfall kann in zweifacher Hinsicht betriebserschwerend wirken, einmal in bezug auf das Einhalten einer mit den Abnehmern vereinbarten Spannung und das andere Mal in bezug auf das Parallelarbeiten mit anderen auf das Netz arbeitenden Kraftwerken.

In dem vorliegenden Fall wird die Spannungsregulierung der Fernübertragung trotz des Spannungsabfalles von rd. 27 vH deshalb keine Schwierigkeiten bieten, weil die Belastungsschwankungen bei einem Belastungsfaktor von 66 vH erfahrungsgemäß träge verlaufen und die Fernübertragung nur eine Abnahmestelle aufweist. Werden daher die Generatoren mit einem hinreichenden Regulierbereich ausgestattet, so kann man vom Kraftwerk aus unter allen Belastungsverhältnissen jede gewünschte Spannung an der Abnahmestelle einstellen. Dies geschieht am besten an Hand von einfachen Tabellen oder Kurventafeln für den Spannungsabfall in Abhängigkeit von den im Kraftwerk abgelesenen Belastungen. Die Tatsache, daß in Wirklichkeit mehrere benachbarte Kraftwerke auf die Leitung arbeiten, ändert hieran nichts, da zwischen diesen eine dauernde Verständigung und einheitliche Lastverteilung vorausgesetzt werden darf. An Stelle der empirischen Spannungsabfalltafeln kämen auch Fernanzeigevorrichtungen im Kraftwerk für die Spannung an der Abnahmestelle in Frage.

Wegen der Trägheit der Belastungsschwankungen würde voraussichtlich einfache Handregulierung ausreichen, zumal die Reguliergrenzen zwischen Spitze und Grundbelastung nur 15,2 vH betragen, also nur etwa ± 7,6 vH von der Mittelspannungslage abweichen.

Welchen Einfluß übt nun der Spannungsabfall der Fernübertragung auf das Parallelarbeiten mit solchen Kraftwerken aus, welche am Abnehmerende in das gemeinsame Netz speisen? Ohne hinreichende Unterlagen kann diese Frage nicht beantwortet werden. Die Nahkraftwerke werden jedenfalls bei prozentual gleichen Belastungsschwankungen mit wesentlich kleinerem Spannungsabfall bis zum Konsumschwerpunkt zu rechnen haben. Gleiche Generatorcharakteristik und ·Regulatoreinstellung vorausgesetzt, werden sie infolgedessen bei Belastungsschwankungen so lange den Hauptteil der Belastungsänderung (Scheinbelastung) aufnehmen, bis durch Nachregulieren im Fernkraftwerk oder in den Nahkraftwerken wieder die gewünschte Lastverteilung erzielt ist. Im allgemeinen werden diese Verhältnisse nur dann zu Schwierigkeiten führen, wenn die Leistung der Nahkraftwerke unverhältnismäßig klein ist gegenüber derjenigen des Fernkraftwerkes, so daß erstere unzulässige Überlastungen erfahren. Meist wird auch unter diesen Umständen durch Einbau von Reaktanzspulen und Änderung der Regulatoren ein leidlicher Betrieb zu erreichen sein.

Im vorliegenden Fall erscheinen die Verhältnisse selbst bei beträchtlichen Leistungsunterschieden der Kraftwerke schon aus dem Grunde weniger schwierig, weil mit träger Belastungsänderung gerechnet wird.

Auf Grund vorstehender Überlegungen darf daher angenommen werden, daß weder die Spannungsregulierung noch das Parallelarbeiten mit Nahkraftwerken zu wirklichen Betriebsschwierigkeiten führen wird, sofern man beim Entwurf der Maschinen hierauf Rücksicht nimmt, und daß daher weder wirtschaftlich noch technisch ein unmittelbarer Anlaß gegeben ist, den Leistungsfaktor durch besondere Kompensierungseinrichtungen künstlich zu verbessern.

Naturgemäße Verbesserung des Leistungsfaktors. Die Schlußfolgerung des vorhergehenden Abschnittes ist jedoch streng genommen nur dann richtig, wenn man zur Verbesserung des Leistungsfaktors von dem seit den Anfängen der Wechselstromtechnik bekannten Mittel, dem leerlaufenden Synchronmotor, ausgeht. Für den vorliegenden Fall wurde bereits nachgewiesen, daß die durch Verbesserung des Leistungsfaktors tatsächlich erzielbaren Ersparnisse von jährlich 7,3 Millionen kWh für jede Leitung (Tab. 26) von den durch dieses Mittel bedingten zusätzlichen Verlusten fast vollkommen aufgezehrt werden (Tab. 27). Außerdem verursachen die Blindgeneratoren (Synchronmotoren) derartig umfangreiche Zusatzeinrichtungen (etwa 40000 kW Maschinen mit Transformatoren und Schaltanlagen ohne Reserve), daß dadurch nicht nur die Anlagekosten, sondern auch die laufenden Betriebsausgaben merklich erhöht werden und die Einfachheit des Betriebes leidet. Blindgenerator-Stationen sind betriebstechnisch gewöhnlichen Generatorstationen gleichzuachten und erfordern das gleiche geschulte Personal zu ihrer Bedienung. Außerdem darf nicht übersehen werden, daß Blindgeneratoren lediglich die Spannungsverhältnisse der Fernübertragung beeinflussen, dagegen für das Sekundärnetz völlig bedeutungslos sind und somit nur einen Bruchteil derjenigen Gesamtwirkung ausnutzen, die durch eine naturgemäße Verbesserung des Leistungsfaktors erreichbar ist.

Hierunter sind solche Mittel zu verstehen, welche den Leistungsfaktor unmittelbar bei dem Abnehmer selbst verbessern, und zwar derart, daß dadurch praktisch keine zusätzlichen Verluste bedingt sind. Nicht nur die Regulierverhältnisse der Fernübertragung und des Sekundärnetzes sollen verbessert, auch die bisher durch die Blindbelastung verursachten beträchtlichen Leitungsverluste müssen erspart werden.

Diese Mittel sind in den letzten Jahren so fortentwickelt worden, daß es verhältnismäßig leicht ist, bei gemischter Belastung einen Spitzenleistungsfaktor von mindestens $\cos\varphi = 0{,}9$ zu erzielen, sofern die Abnehmer ihre Unterstützung nicht versagen und ihnen durch einen zweckmäßigen, die Blindbelastung berücksichtigenden Tarif ein wirtschaftlicher Anreiz geboten wird, die in den meisten Fällen unbedeutenden Mehrkosten für die zusätzlichen Einrichtungen aufzuwenden.

Für den Rahmen dieser Planung möge eine kurze Erwähnung der beiden hauptsächlichen Mittel genügen: Wechselstromerregermaschinen zum Anbau an größere Induktionsmotoren und Synchronmotoren an Stelle von Induktionsmotoren. Die Anlaßschwierigkeiten der Synchronmotoren dürfen als überwunden gelten, seitdem es gelungen ist, derartige Motoren mit normalem Anlaufmoment auszuführen, ohne größere Anlaufstromstärken, als für Induktionsmotoren. Die erwähnten beiden Mittel gestatten in vielen Fällen sogar eine erhebliche Überkompensation, so daß sie gleichzeitig zum Ausgleich der von den Kleinmotoren hervorgerufenen Blindströme mit verwandt werden können.

Reguliergrenzen der Generatoren und Transformatoren. Es ist bereits auf die Notwendigkeit hingewiesen worden, einen ausgiebigen Bereich für die Spannungsregulierung der Generatoren und Transformatoren vorzusehen, um nach Möglichkeit allen Betriebsverhältnissen der Fernleitung gewachsen zu sein. Abgesehen von dem auf Abb. 281 gezeigten Reguliergrenzen, welche lediglich die Fernleitung und den Endtransformator umfassen, ist die Spannungsänderung der Kraftwerkstransformatoren zu berücksichtigen und die Möglichkeit vorauszusehen, das gesamte Spannungsniveau der Fernübertragung zu heben bzw. zu senken, um gegebenenfalls dem Spannungsgefälle im Sekundärnetz Rechnung zu tragen. Außerdem erfordern die Leerlaufverhältnisse besondere Beachtung. Wird die Last plötzlich abgeschaltet und werden gleichzeitig auch die Transformatoren getrennt, so geht die Belastung der Generatoren von $22\,800$ kVA bei $\cos\varphi = 0{,}95$ nacheilend (Fall der teilweisen Kompensation, Tab. 24) auf rd. $13\,000$ kVA bei $\cos\varphi = 0$ voreilend (Tab. 25) zurück. Sofern die Generatoren nicht für eine derartige Laständerung ausgelegt sind, wird ihre Spannung ungewöhnlich ansteigen, zumal die voreilende Leerbelastung selbst stark zunimmt und Selbsterregung eintreten wird, so daß die normalen Mittel zum Herunterregulieren der Spannung versagen. Welche Forderungen in dieser Beziehung an die Generatoren zu stellen sind, wird sich erst auf Grund näherer Kenntnis der sonstigen Verhältnisse entscheiden lassen. Überspannt man die Forderung, so wird der Generator übermäßig verteuert und gleichzeitig der Wirkungsgrad herabgesetzt.

Die Transformatoren sowohl am Ende als auch im Kraftwerk sind ebenfalls für weite Spannungsgrenzen und reichlich im aktiven Eisen anzulegen. Die magnetische Liniendichte des Eisens soll bei der höchsten Spannung möglichst $14\,000/cm^2$ nicht überschreiten. Zur Unterdrückung der dreifachen Harmonischen wird die Verwendung der Stern-Dreieck-Schaltung bzw. einer dritten Wicklung empfohlen. Die Windungsisolation ist besonders stark auszuführen, um sie gegen hochfrequentige Beanspruchungen widerstandsfähig zu machen.

Vorstehende Ausführungen erschienen wichtig, um die Aufmerksamkeit auf die Sonderverhältnisse bei langen Hochspannungsfernübertragungen zu lenken und darauf hinzuweisen, daß für derartige Anlagen normale Lieferungsbedingungen nicht angewandt werden sollten.

11. Große Verteilungsstationen.

a) Transformatoren und Schaltstationen in geschlossenen Gebäuden.

Die großen Haupttransformatorenwerke, in welchen der von der Zentrale gelieferte Strom auf eine Mittelspannung hinauf- oder herabgesetzt wird, unterscheiden sich in ihrer Einrichtung nur wenig von den Schalt- und Transformatorenanlagen der Zentrale. Sie sind deshalb nach denselben Grundsätzen wie diese zu errichten, es kann auf das über Schaltanlagen in Kapitel VI, Richtlinien, Gesagte hingewiesen werden. Auf das Mittel der „Feldschwächung" zur Herabsetzung der Kurzschlußleistung der Schalter muß allerdings verzichtet werden. Hierfür kann nur der Einbau von Reaktanzspulen oder die vorübergehende Abschaltung parallellaufender Transformatoren als Ersatz dienen; letztere erfolgt entweder automatisch oder von Hand.

Tritt nur eine Freileitung in die Transformatorenstation ein und werden die Niederspannungskabel unmittelbar vom Transformator zu einer vorhandenen Anlage geführt, so ergibt sich der einfachste Fall. Eine solche Transformatorenstation zeigt Abb. 282, 283.

Wird dagegen der Strom mit verschiedenen Hochspannungen verteilt, so ist die in Abb. 284, 285 gezeigte Anordnung anzuwenden. Das eine Gebäude ist zur Aufnahme der 100 000 V Apparate mit den zugehörigen Transformatoren bestimmt, das andere Gebäude enthält die Apparate für die 60 000 V Schaltanlage. Für beide Spannungen sind Doppel-Sammelschienensysteme vorgesehen. Die Wahl des Sammelschienensystems (einfach oder doppelt) wird nach der Größe und Bedeutung des Unterwerkes, ferner nach der geforderten Reserve (wirtschaftliche Folgen von Unterbrechungen, Häufigkeit der Reinigung) entschieden.

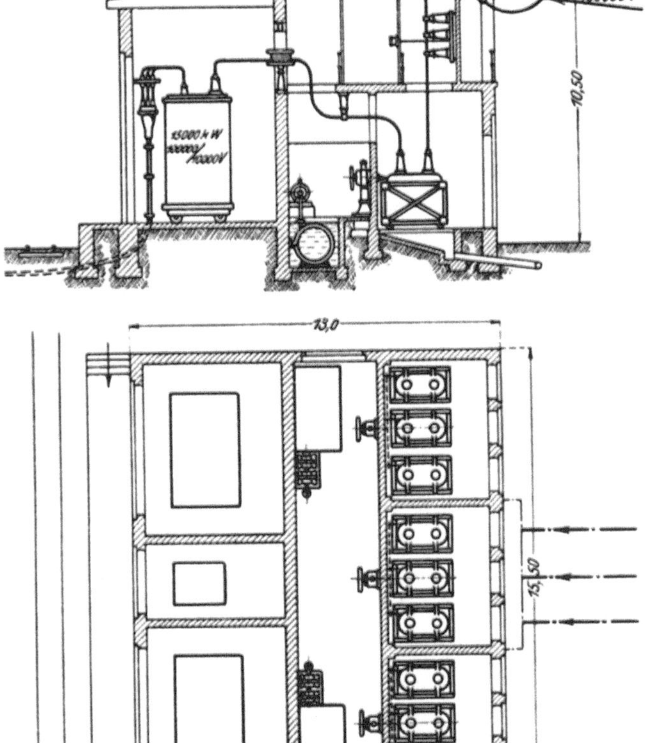

Abb. 282 u. 283. Einfachster Fall einer Transformatorenstation.

In größeren Schalt- und Zwischenstationen müssen die Leitungen oft aus örtlichen Gründen auf der einen Seite ein-, auf der anderen Seite wieder austreten. Aus der einreihigen Anordnung der Schalter folgt dann ein verhältnismäßig langes Gebäude. Die zweireihige Anordnung ist deshalb in der Regel vorzuziehen. Die Gebäudelänge verringert sich ferner auf etwa die Hälfte, wenn auf doppelte Sammelschienen verzichtet wird.

15*

Die Anwendung des Doppel-Sammelschienensystems nach Abb. 284, 285 erlaubt keine Verkürzung des Baues, weil im Falle von gegenüberliegenden Ölschaltern die Trennschalter der beiden Ölschalter nicht an das Doppel-Sammelschienensystem angeschlossen werden können. Wird Einführung der Freileitungen auf beiden Längsseiten und gleichzeitig kurze Baulänge verlangt, so muß die in Abb. 286 dargestellte Anordnung gewählt werden; hierbei liegt das eine Sammelschienensystem in der Mitte, das andere führt in Hufeisenform um ersteres herum. Die dreipoligen Trennschalter sind vom Ölschalterbedienungsgang aus sichtbar und können von dort oder im Sammelschienenraum geschaltet werden; trotzdem ist der Sammelschienenraum von den Ölschalterkammern feuersicher bzw. rauchsicher abgeschlossen.

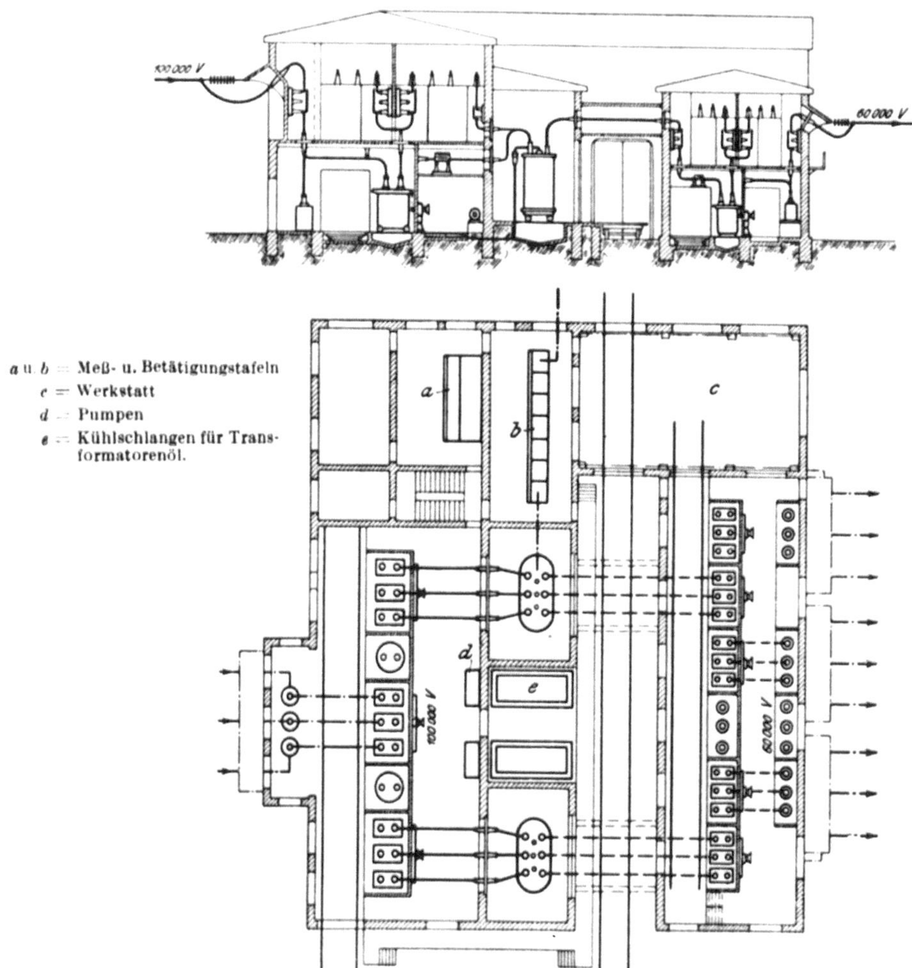

Abb. 284 u. 285. Transformatorenstation für Verteilung mit verschiedenen Hochspannungen. Doppel-Sammelschienen in einer Ebene.

Eine andere Lösung zeigt die in Abb. 288, 289 wiedergegebene Anordnung der Sammelschienen, die nicht neben-, sondern übereinander liegen. In der Regel wird allerdings erstere vorgezogen. In Abb. 287 sind Trennschalter verschiedener Spannung nebeneinander angeordnet.

Die Anordnung der Sammelschienen in Hufeisenform kann insofern irre führen, als leicht der Eindruck erweckt wird, als ob drei Sammelschienen vorhanden wären. Die Anordnung der Abb. 290, 291 vermeidet diesen Nachteil. Sie ist ein Mittelding

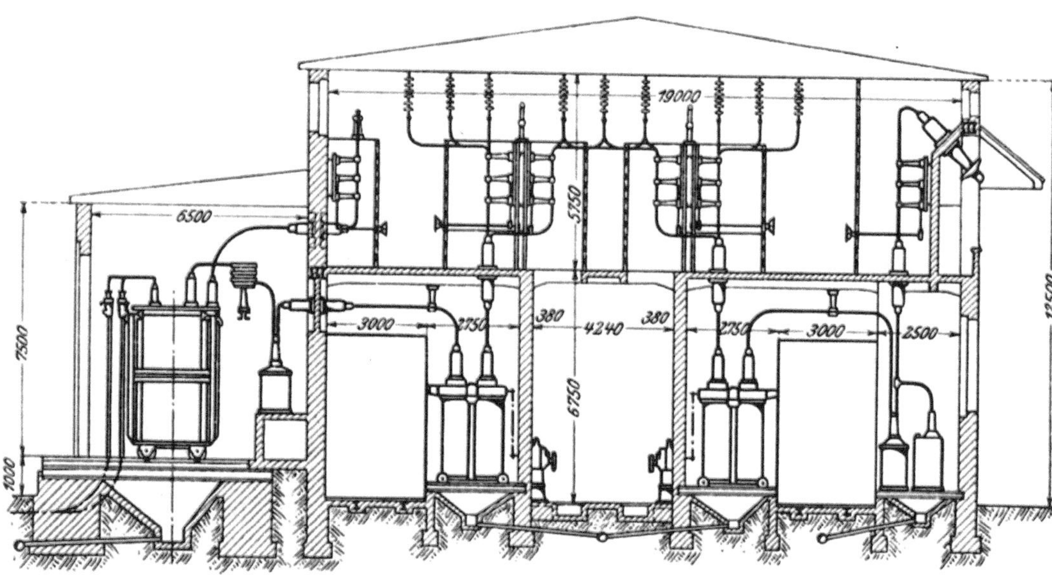

Abb. 286. Transformatorenstation mit Doppel-Sammelschienen (ein System in Hufeisenform) an Hängeisolatoren. Trennschalter sind vom Bedienungsgang für Ölschalter sichtbar. Kurze Baulänge.

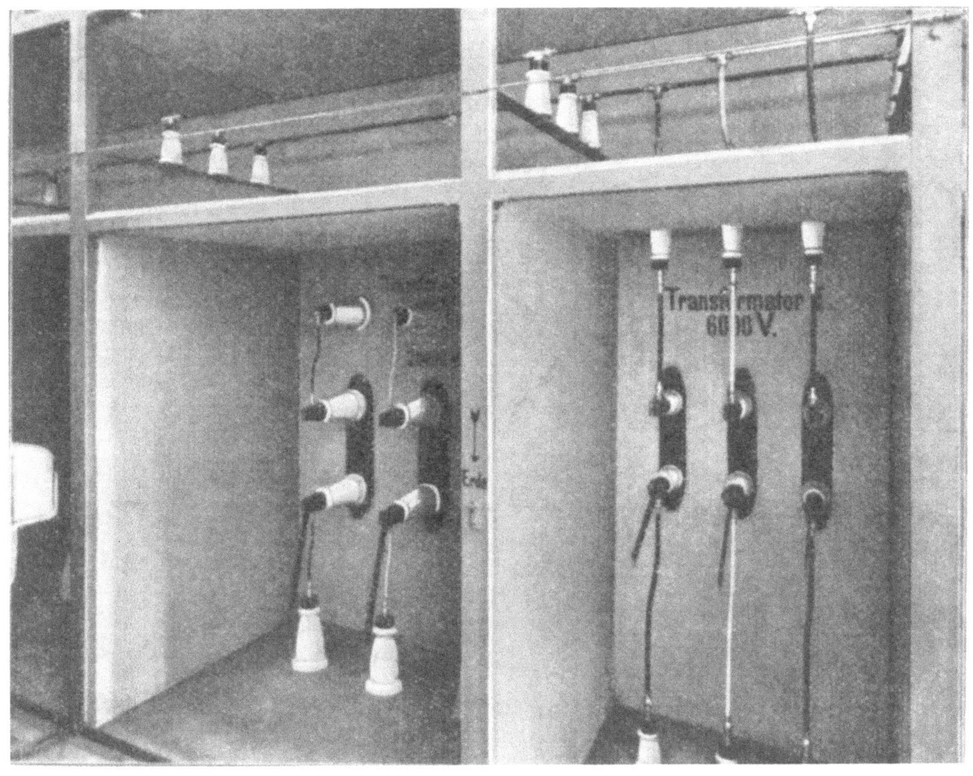

Abb. 287. Anordnung von Hochspannungs- und Mittelspannungstrennschalter nebeneinander; darüber Mittelspannungs-Sammelschienen.

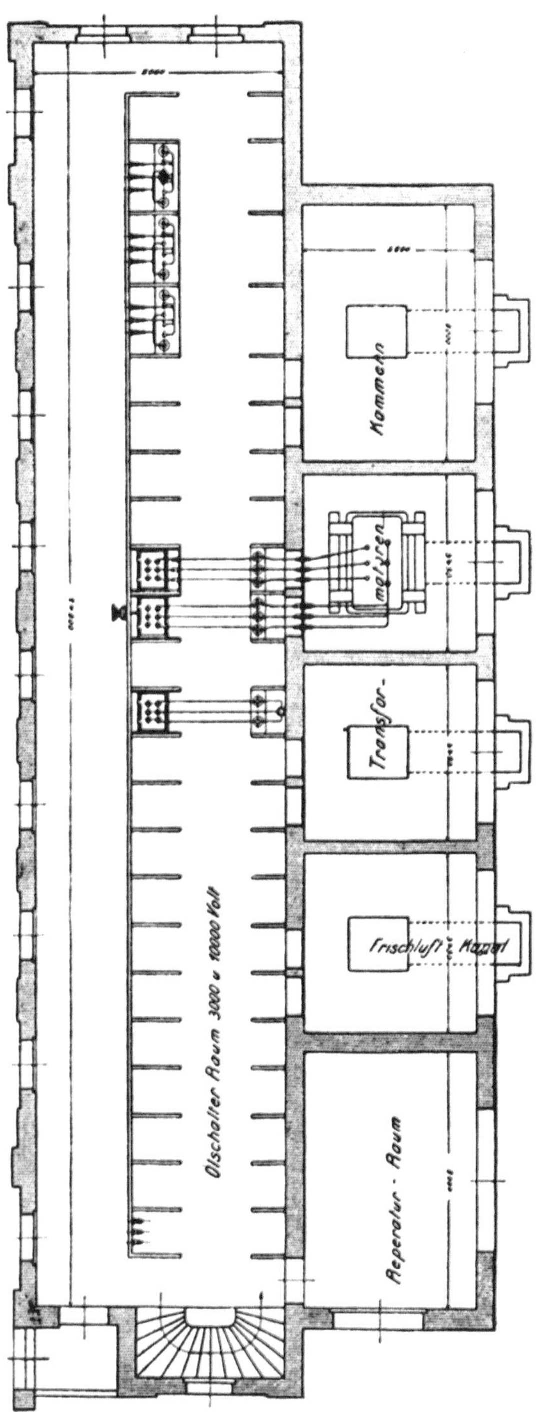

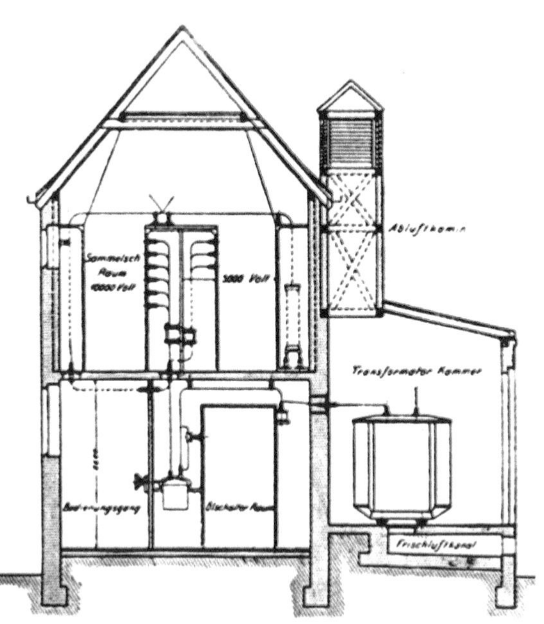

Abb. 288 und 289. E.W. Zwickau. Grundriß und Schnitt einer Transformatorenstation für 5000 kVA mit 4 ankommenden 3000 V und 3 abgehenden 10000 V Kabelleitungen. Angebaute Transformatorenkammern. Ventilation durch Frischluftkanäle und kaminartigen Dachaufsatz. Unteres Stockwerk: Ölschalter und Meßtransformatoren; oberes Stockwerk: Sammelschienen und Überspannungsschutz. Doppel-Sammelschienen übereinander statt nebeneinander.

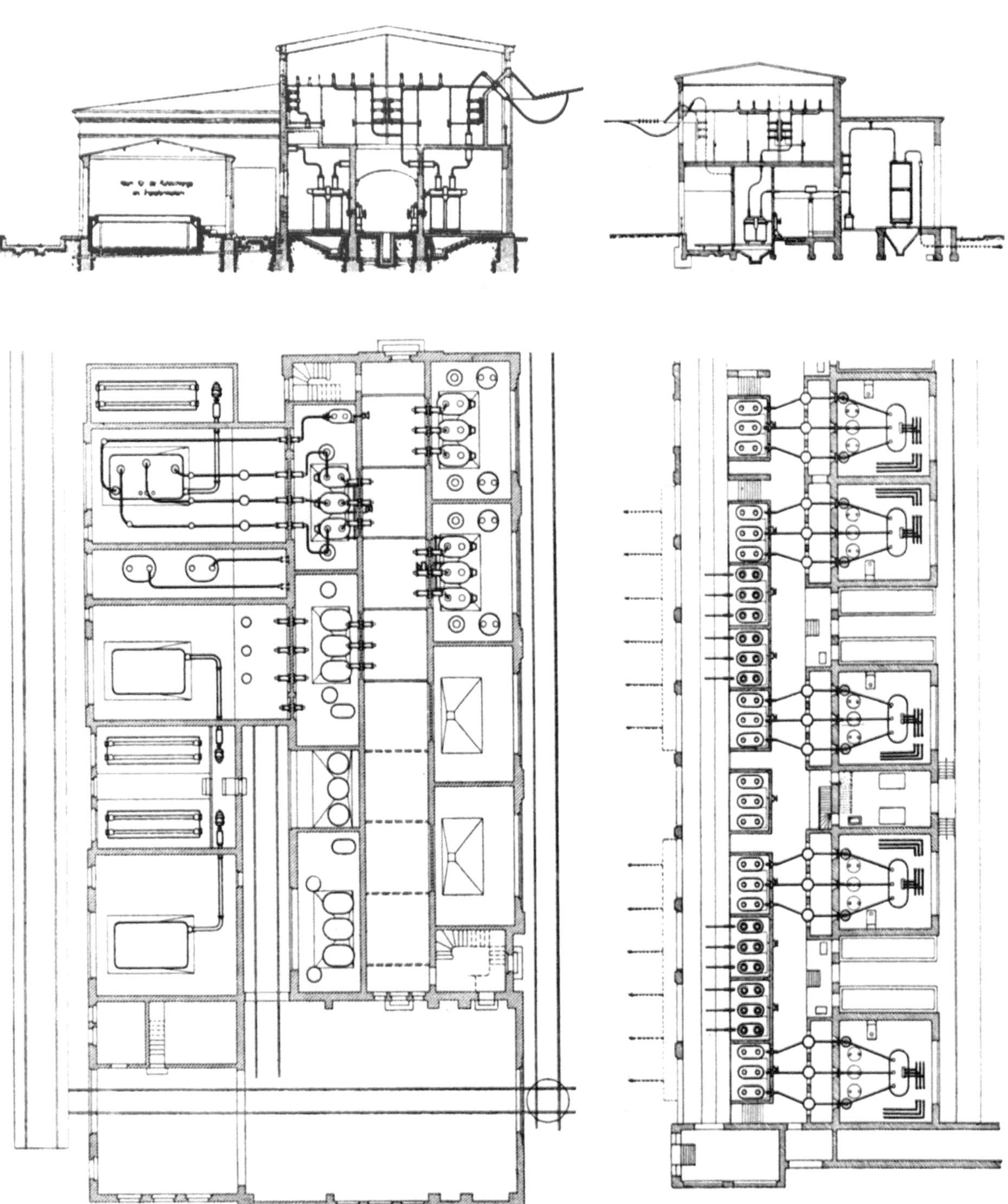

Abb. 290 u. 291. 100000 V Schalthaus Trattendorf.
Zweireihige Anordnung der Schaltapparate.
Doppel-Sammelschienen in einer Ebene.

Abb. 292 u. 293. Schalthaus Golpa.
Einreihige Anordnung der Ölschalter.

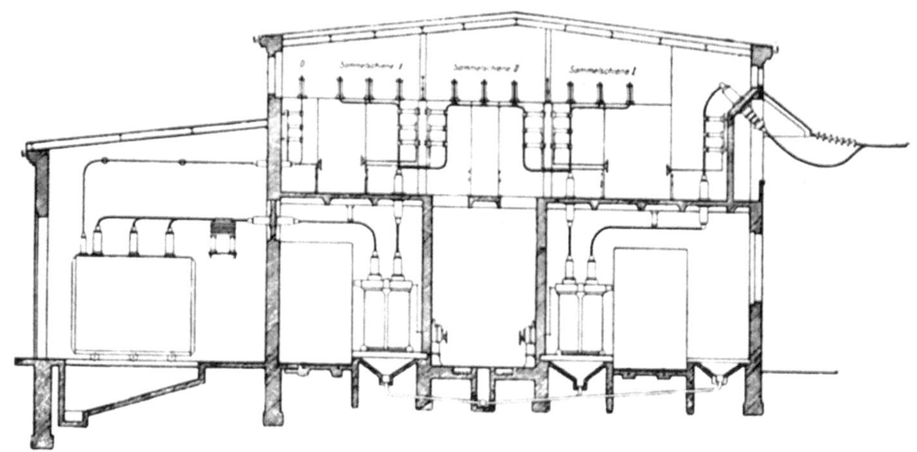

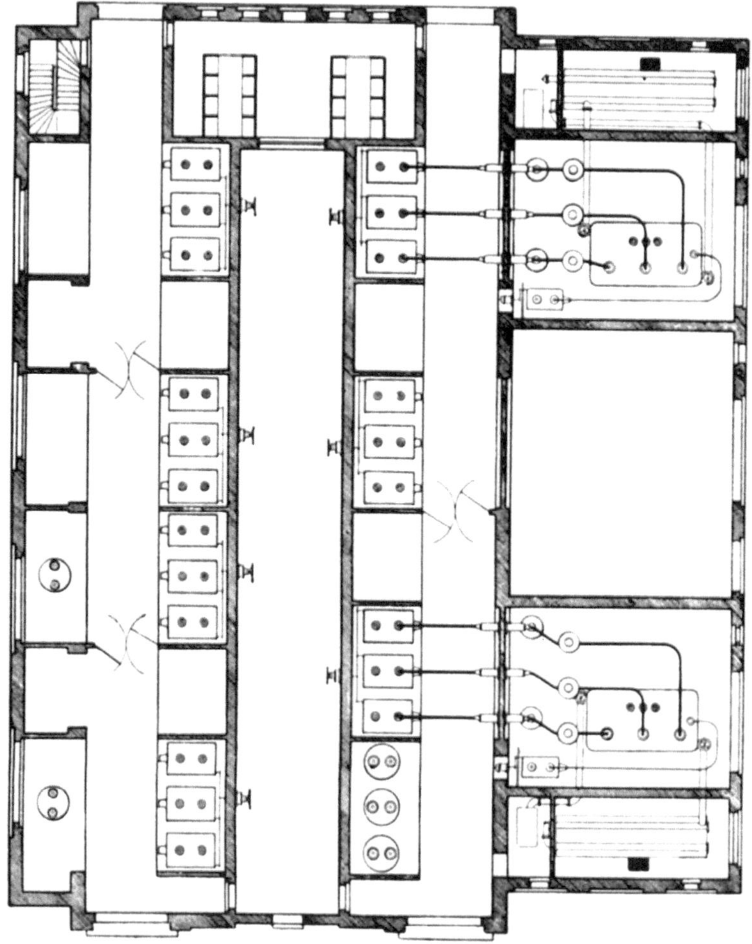

Abb. 294 u. 295. 100000 V Schalthaus Lauta.
Zweireihige Anordnung der Schaltapparate, Doppel-Sammelschienen in Hufeisenform.

Abb. 296. Freileitungsausführung in einer Transformatorenstation der U.C. Gotha.

Abb. 297. Feuersicherer Einbau der 100 000 V Ölschalter.

zwischen der einreihigen Anordnung in Golpa, Abb. 292, und der zweireihigen in Lauta, Abb. 294, 295. Trotz der zweireihigen Anordnung der Ölschalter ist im Sammelschienenraum das normale Doppelsammel-Schienensystem eingebaut. Die Hufeisenform ist vermieden.

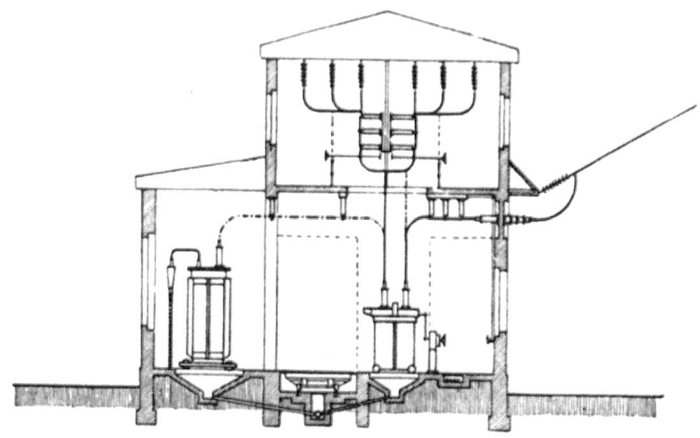

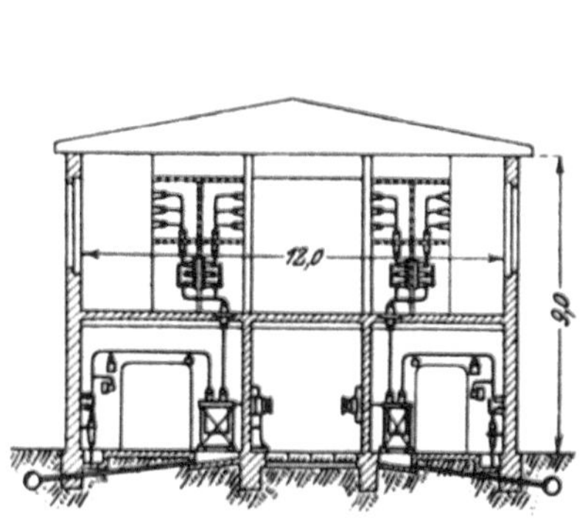

Abb. 299.   Schalthaus 9 m hoch.

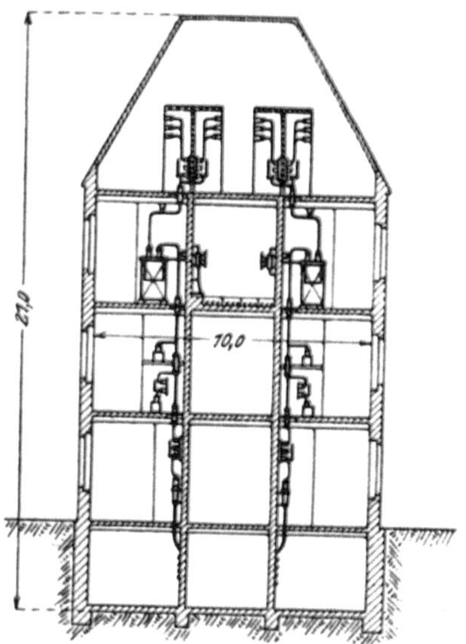

Abb. 300.   Schalthaus 21 m hoch.

Abb. 299 u. 300.   Vergleich zweistöckiger mit mehrstöckiger Ausführung.

Als Sammelschienenisolatoren sind in den Abb. 290 bis 294 vorwiegend Stützisolatoren gezeichnet. Der Aufbau der Schalteinrichtung würde sich aber auch durch die Verwendung von Hängeisolatoren nicht ändern, weil diese an den Dachbindern befestigt werden können (Abb. 286, 294). Der Sammelschienenraum muß allerdings etwas höher gehalten werden, weil die Kette der Hängeisolatoren länger ist als die Höhe eines Stützisolators. Dadurch steigen die Gebäudekosten und es ist deshalb von Fall zu Fall zu überlegen, ob sich diese Mehrausgaben durch den höheren Sicherheitsgrad der Kette rechtfertigen lassen.

Mit dem Sammelschienensystem unmittelbar verbunden sind die Stützisolatoren der Trennschalter und die Durchführungsisolatoren der Ölschalter. Die Trennschalter und Ölschalter sind mechanisch sogar noch stärkeren Beanspruchungen ausgesetzt als die Stützisolatoren der Sammelschienen, ein Überschlag an den Isolatoren ersterer hat die Wirkung eines Sammelschienenkurzschlusses. Es hat demnach keinen Zweck, für die Sammelschienen bessere Isolatoren zu verwenden als für die Trennschalter und Ölschalter, obgleich an sich nichts gegen die Verwendung von Hängeisolatoren spricht.

Mit einer gewissen Berechtigung wurden früher ernsthafte Bedenken gegen die großen Ölmengen der Transformatoren und Schalter erhoben. Tatsächlich stellen große Schaltanlagen und Unterwerke gewissermaßen ein Öllager dar, das auf absolute Feuersicherheit keinen Anspruch machen kann. Die Transformatoren werden deshalb in besonderen Kammern untergebracht, die möglichst nur von außen zugänglich sind.

Abb. 301. Anordnung von Hochspannungs-Sammelschienen.

Das gleiche gilt für die Ölschalter (Abb. 297). Der feuersichere Einbau der Öl enthaltenden Apparate ist jedoch wesentlich teuerer als die offene Aufstellung der Apparate im Gebäude, auch deshalb, weil noch für jeden Stromkreis sechs Durchführungsisolatoren hinzukommen. Wenn die günstigen Erfahrungen der letzten Jahre mit den Hochleistungsölschaltern weiter anhalten, wird man künftig in dem Einbau von Durchführungsisolatoren sparsamer sein dürfen. Der Gesamtplan würde sich dadurch nicht ändern, es würden nur die Zwischenwände fortfallen (Abb. 298). Zwischenwände zwischen den Stromkreisen sollten jedoch bleiben, um das Betriebspersonal bei der Kontrolle eines Stromkreises nicht zu gefährden, falls zufällig in benachbarten Stromkreisen ein Fehler an den Apparaten oder ein Überschlag an den Isolatoren auftreten sollte. Die Zwischenwände dienen dann nur zum Schutze des Personals. Aus elektrischen Gründen sind sie nicht notwendig.

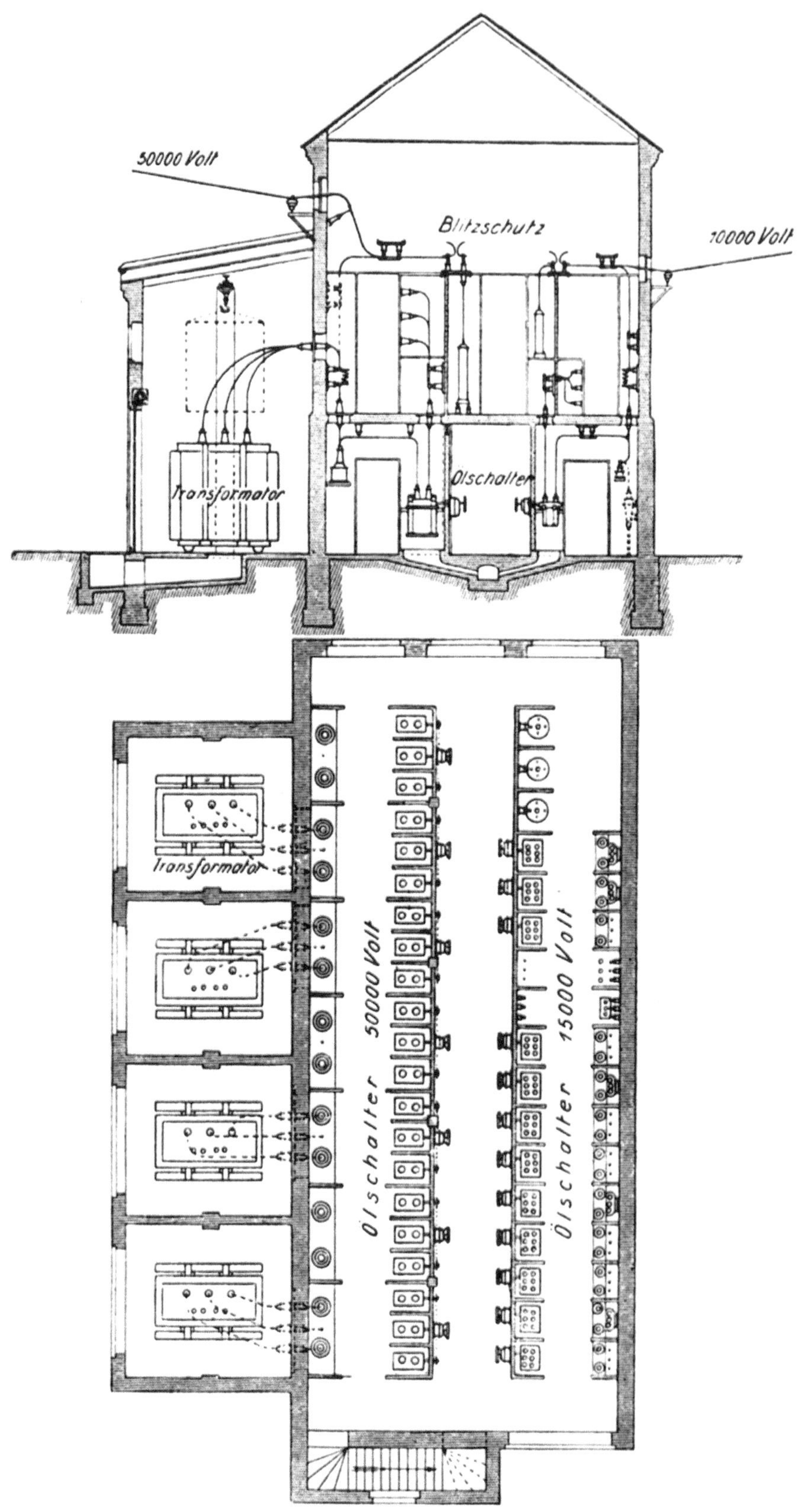

Abb. 302. U. C. Unterelbe. Grundriß und Schnitt der Transformatorenstation Elmshorn. 4 Transformatoren von je 500 kW, 50000/10000 V, 3 Leitungen 50000 V, 3 Leitungen 10000 V, 5 Kabel 10000 V. Angebaute Transformatorenkammern so hoch, daß der Kern in der Kammer aus dem Kasten gehoben werden kann. Sammelschienen übereinander; keine besondere Reparaturwerkstatt.

Die schwereren und häufiger zu bedienenden Apparate, wie Ölschalter, werden am besten im Erdgeschoß, die Drosselspulen in den Transformatorenkammern untergebracht. An Stelle einfacher Drahtspiralen werden heute oft Camposspulen vorgezogen. Die leichteren Einrichtungen, wie Sammelschienen und Blitzschutzvorrichtungen, werden zur Erzielung leichter Deckenkonstruktionen in darüberliegenden Räumen aufgestellt (Abb. 290 bis 294).

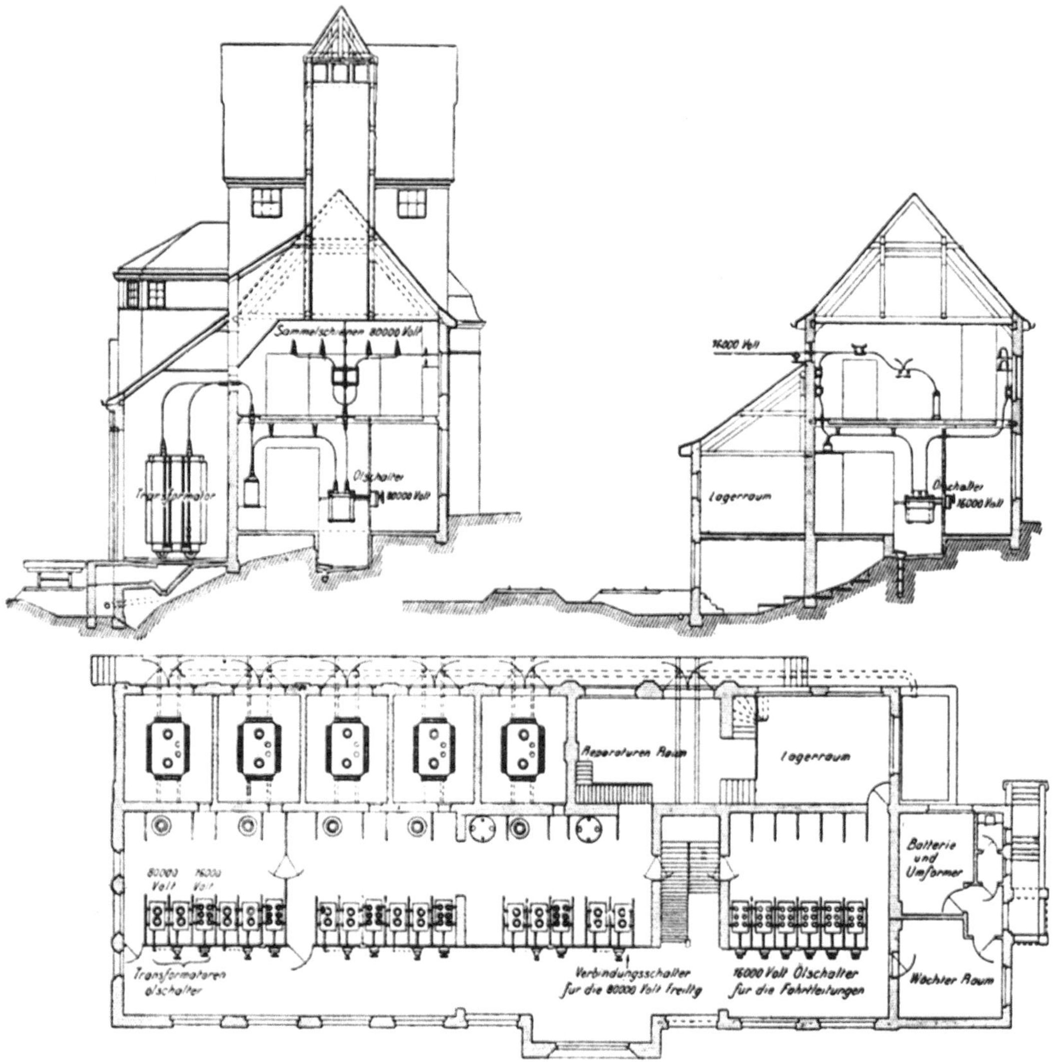

Abb. 303. Transformatorenstation Niedersalzbrunn für Bahnbetrieb. 5 Einphasentransformatoren von je 1600 kVA, 80000/16000 V, 2 Freileitungen 80000 V, 6 Fahrleitungen 16000 V. Besonderer Raum für Reparaturen. Ventilation durch kaminartigen Dachaufsatz. Doppel-Sammelschienen für Hoch- und Niederspannung.

Die einfache Ausbildung des Blitzschutzes der neueren Zeit erlaubt auch große Transformatorenstationen mit Doppelsammelschienen in der bereits dargestellten Weise in nur zwei Stockwerken unterzubringen (Abb. 299, 300).

Die oft angestrebte weitere Vereinfachung bis zum einstöckigen Aufbau wird in der Regel jedoch nicht billiger. Hochspannungsanlagen erfordern eine Gebäudehöhe von 7—10 m (Abb. 299). Aus Gründen der Zugänglichkeit, der Betriebssicherheit und der besseren Übersicht empfiehlt sich deshalb ohnehin das Einziehen einer Zwischendecke. Im Falle einreihiger Anordnung der Hochspannungszellen werden Trans-

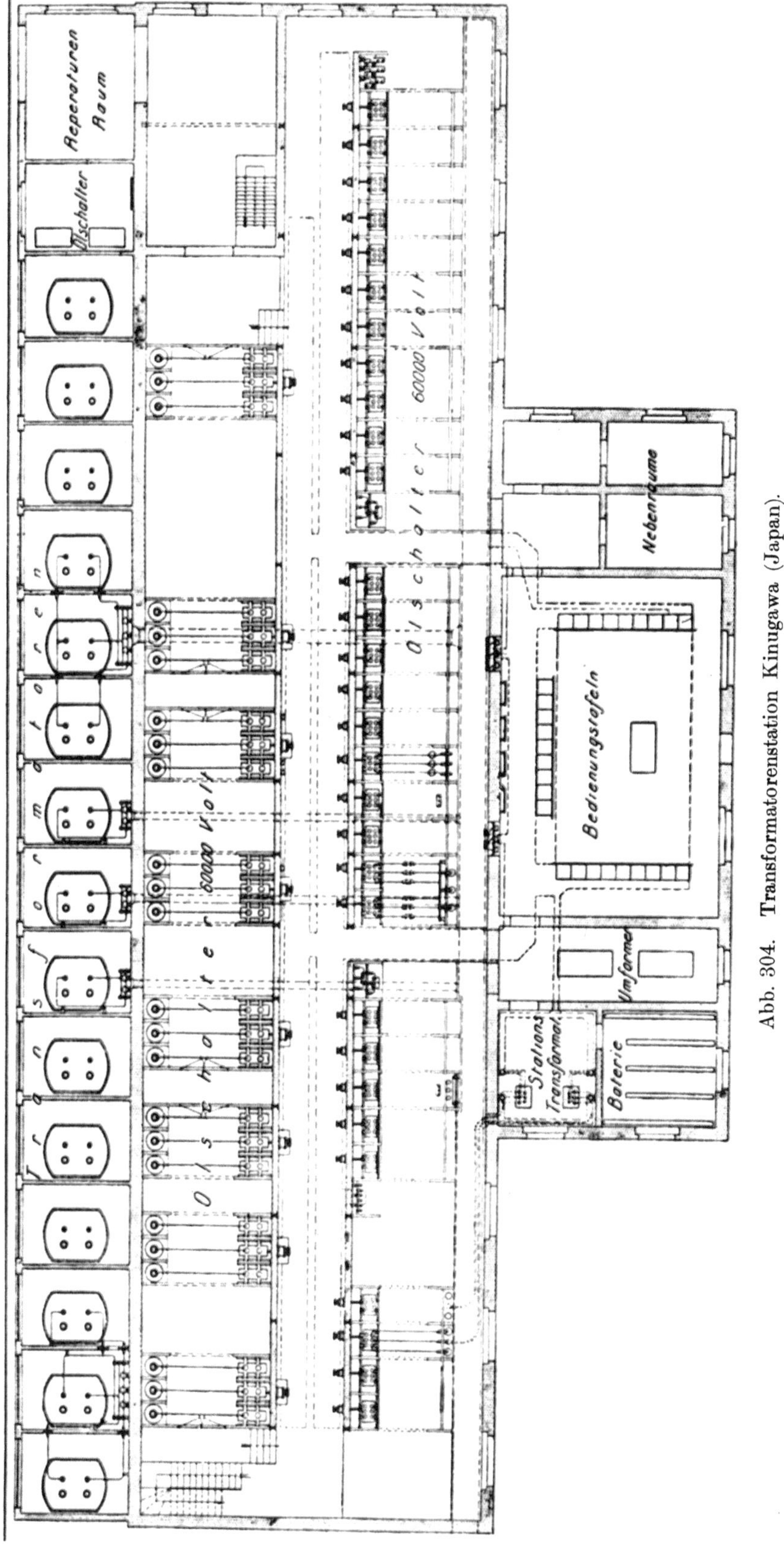

Abb. 304. Transformatorenstation Kinugawa (Japan).

formatoren-Ölschalter und Trennschalter der Primär- uud Sekundärseite zur leichteren Bedienung nebeneinander aufgestellt (Abb. 293). In der zweireihigen Anordnung sind sie einander gegenübergestellt (Abb. 291, 295).

In jeder Transformatorenstation ist für gute Ventilation zu sorgen; in kleineren
genügt es schon, im Sockel der Türen Öffnungen und im Dach Jalousieverschlüsse
vorzusehen. Transformatorenstationen größerer Leistung erfordern den Einbau besonderer Frischluftkanäle, die unter den Transformatoren münden. Kaminartige

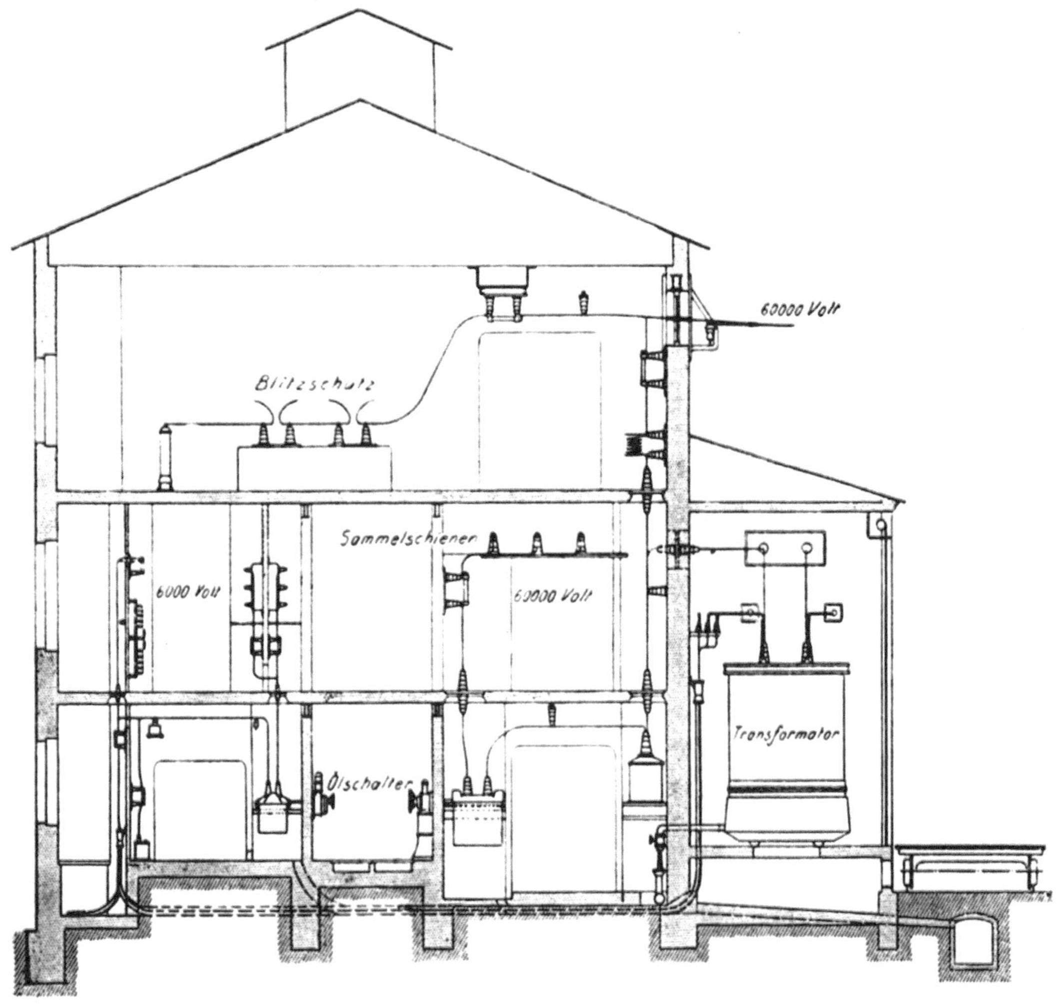

Abb. 305.

Abb. 304 u. 305. Grundriß und Schnitt der Transformatorenstation Kinugawa (Japan). Eingerichtet
für 15 Einphasen-Transformatoren von je 3500 kVA, 60000/6000 V. 2 ankommende Freileitungen
6000 V, 2 abgehende Kabel 6000 V. 3 Stockwerke: Unteres Stockwerk Ölschalter und Meßtransformatoren; oberes Stockwerk Doppel-Sammelschienen 6000 V, Einfach-Sammelschienen 60000 V, Überspannungsschutz für Kabel, Blitzschutz und Drosselspulen für 60000 V. Besonderer Reparaturraum
für die Transformatoren; feste Einrichtung für Ölreinigung. Stationstransformator für Beleuchtung
und Umformer. Batterie und Umformer für Notbeleuchtung und Betätigungsstromkreis. Besonderer
Raum für Bedienungsschalttafel.

Aufsätze auf dem Dach als Abzugskanäle erhalten große Querschnitte, weil die Luft-
geschwindigkeit verhältnismäßig klein ist. Die erwärmte Luft wird in größeren
Transformatorenstationen häufig zur Heizung in das Schalthaus geleitet; es sind dann
Klappen vorzusehen, die sich im Falle eines Brandes selbsttätig schließen.

Verteilung elektrischer Arbeit über große Gebiete.

b) Regulierstationen.

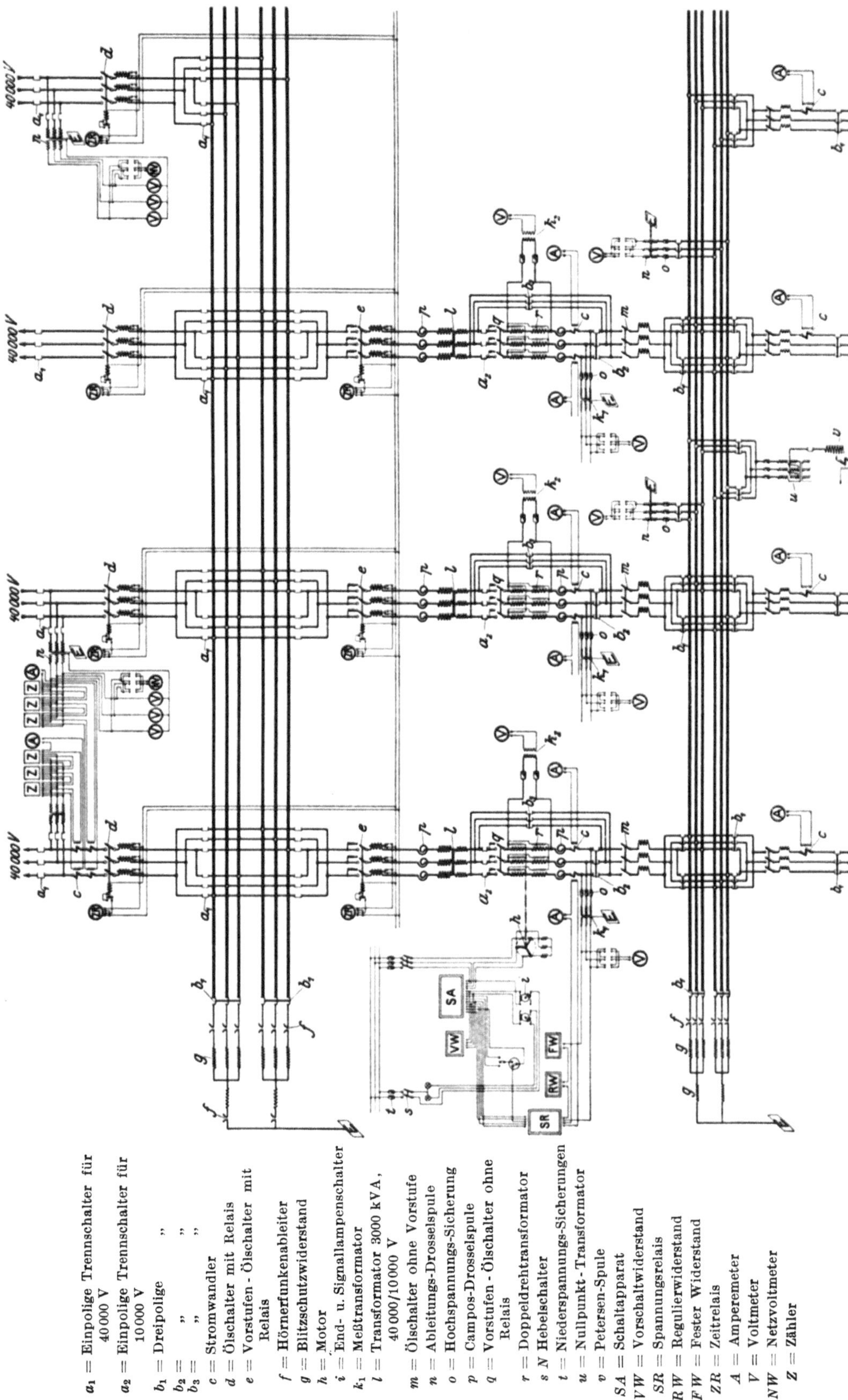

Abb. 306. Schalt- und Regulierstation Brieg des EW Schlesien. Schaltungsschema.

a_1 = Einpolige Trennschalter für 40000 V
a_2 = Einpolige Trennschalter für 10000 V
b_1 = Dreipolige „
b_2 = „ „ „
b_3 = „ „ „
c = Stromwandler
d = Ölschalter mit Relais
e = Vorstufen - Ölschalter mit Relais
f = Hörnerfunkenableiter
g = Blitzschutzwiderstand
h = Motor
i = End- u. Signallampenschalter
k_1 = Meßtransformator
l = Transformator 3000 kVA, 40000/10000 V
m = Ölschalter ohne Vorstufe
n = Ableitungs-Drosselspule
o = Hochspannungs-Sicherung
p = Campos-Drosselspule
q = Vorstufen - Ölschalter ohne Relais
r = Doppeldrehtransformator
s N Hebelschalter
t = Niederspannungs-Sicherungen
u = Nullpunkt - Transformator
v = Petersen-Spule
SA = Schaltapparat
VW = Vorschaltwiderstand
SR = Spannungsrelais
RW = Regulierwiderstand
FW = Fester Widerstand
ZR = Zeitrelais
A = Amperemeter
V = Voltmeter
NW = Netzvoltmeter
Z = Zähler

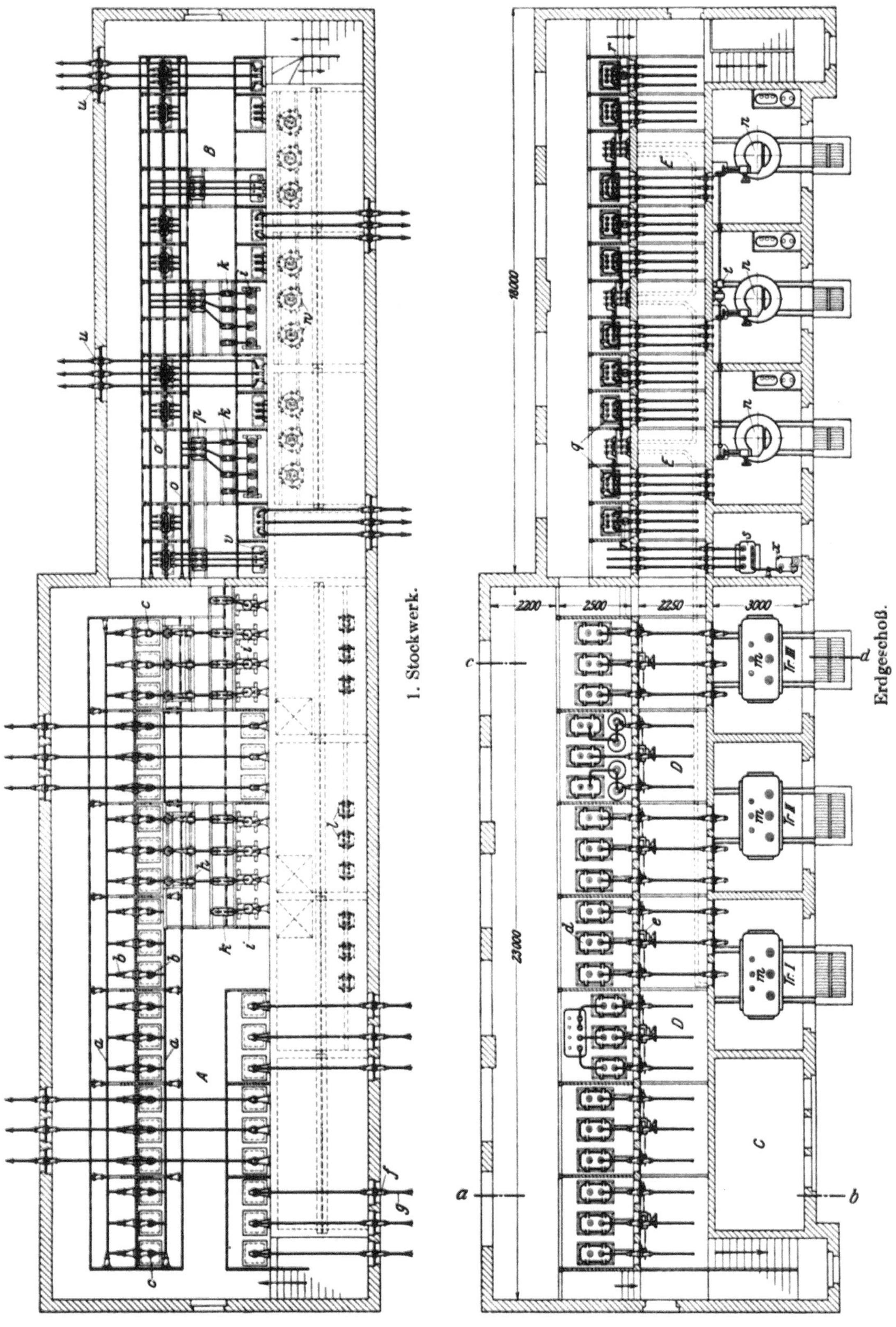

Abb. 307. Schalt- und Regulierstation Brieg des E. W. Schlesien. Grundrisse. (Legende s. Abb. 306.)

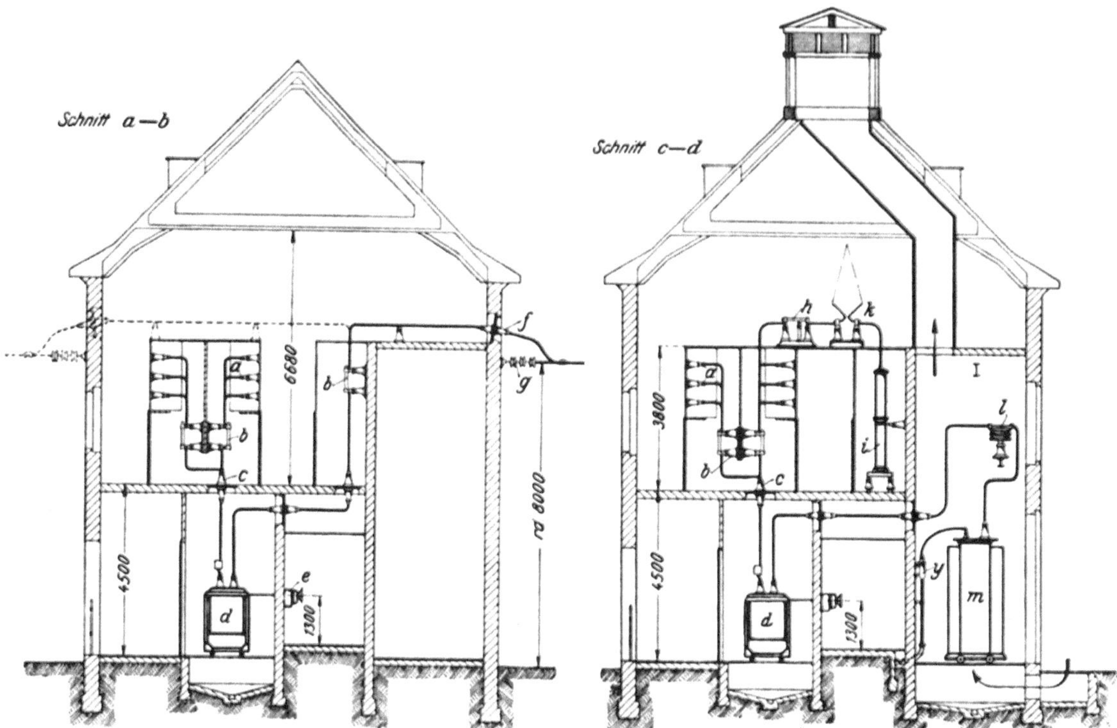

Abb. 308. Schalt- und Regulierstation Brieg des E. W. Schlesien. Querschnitte.

Legende für Abb. 308 u. 309.

a = Sammelschienen 40 kV	l = Campos-Drosselspule 40 kV	u = Freileitungsausführung 10 kV
b = Einpoliger Trennschalter 40 kV	m = Transformator 3000 kVA,	v = Ableitungs-Drosselspule 10 kV
c = Durchführung 40 kV	$\quad$ 40 000/10 000 Volt	w = Campos-Drosselspule 10 kV
d = Vorstufen-Ölschalter mit Relais 40 kV	n = Doppeldrehtransformator	x = Petersen-Spule
e = Magnetische Auslösung	o = Sammelschienen 10 kV	y = Kabelendverschluß
f = Freileitungseinführung	p = Dreipoliger Trennschalter 10 kV	A = Sammelschienenraum 40 000 Volt
g = Abspannvorrichtung 40 kV	q = Ölschalter mit Relais 10 kV	B = Sammelschienenraum 10 000 Volt
h = Dreipoliger Trennschalter 40 kV	r = Stromwandler 10 kV	C = Reparaturraum
i = Tonrohrtrockenwiderstand	s = Nullpunkt-Transformator	D = Bedienungsgang 40 000 Volt
k = Hörnerfunkenableiter	t = Mechanische Kupplung	E = Bedienungsgang 10 000 Volt

Überschreiten die Spannungsunterschiede infolge wechselnder Arbeitsentnahme die zulässigen Grenzen, so müssen an geeigneten Punkten des Netzes Regulierstationen errichtet werden. Sie erhalten Stufentransformatoren oder Drehregler, beide entweder von Hand oder selbsttätig regulierbar. Aus konstruktiven Gründen werden die Drehregler für Spannungen bis 12 000 V hergestellt, bei höheren Spannungen sind besondere Erregertransformatoren notwendig. Die Schaltung einer solchen Station (Abb. 307, 308) für 40 000/10 000 V mit eingebautem Doppeldrehregler für 10 000 V ist in Abb. 306 dargestellt. In diesem Falle soll der Spannungsunterschied zweier Werke mit Hilfe des Doppeldrehreglers und einer Verbindungsleitung ausgeglichen werden. Um die Werke vor Überströmen infolge von Kurzschlüssen im Transformator zu schützen, werden vor und hinter dem Doppeldrehregler Ölschalter angeordnet. Ein Umgehungsschalter ist vorgesehen, so daß Reparaturen am Doppeldrehregler während des Betriebes ausgeführt werden können. Hierfür genügt ein dreipoliger Trennschalter, wenn der Transformator während des Schaltens auf Null gestellt ist. Es ist deshalb ein Meßtransformator mit Voltmeter anzuordnen, welcher vor und hinter dem Doppeldrehregler angeschlossen wird zur Messung des Unterschiedes zwischen regulierter und unregulierter Spannung. Der Anschluß der Umgehungsleitung ist vor den Trennschaltern des Ölschalters der Hauptdurchgangsleitung zu legen.

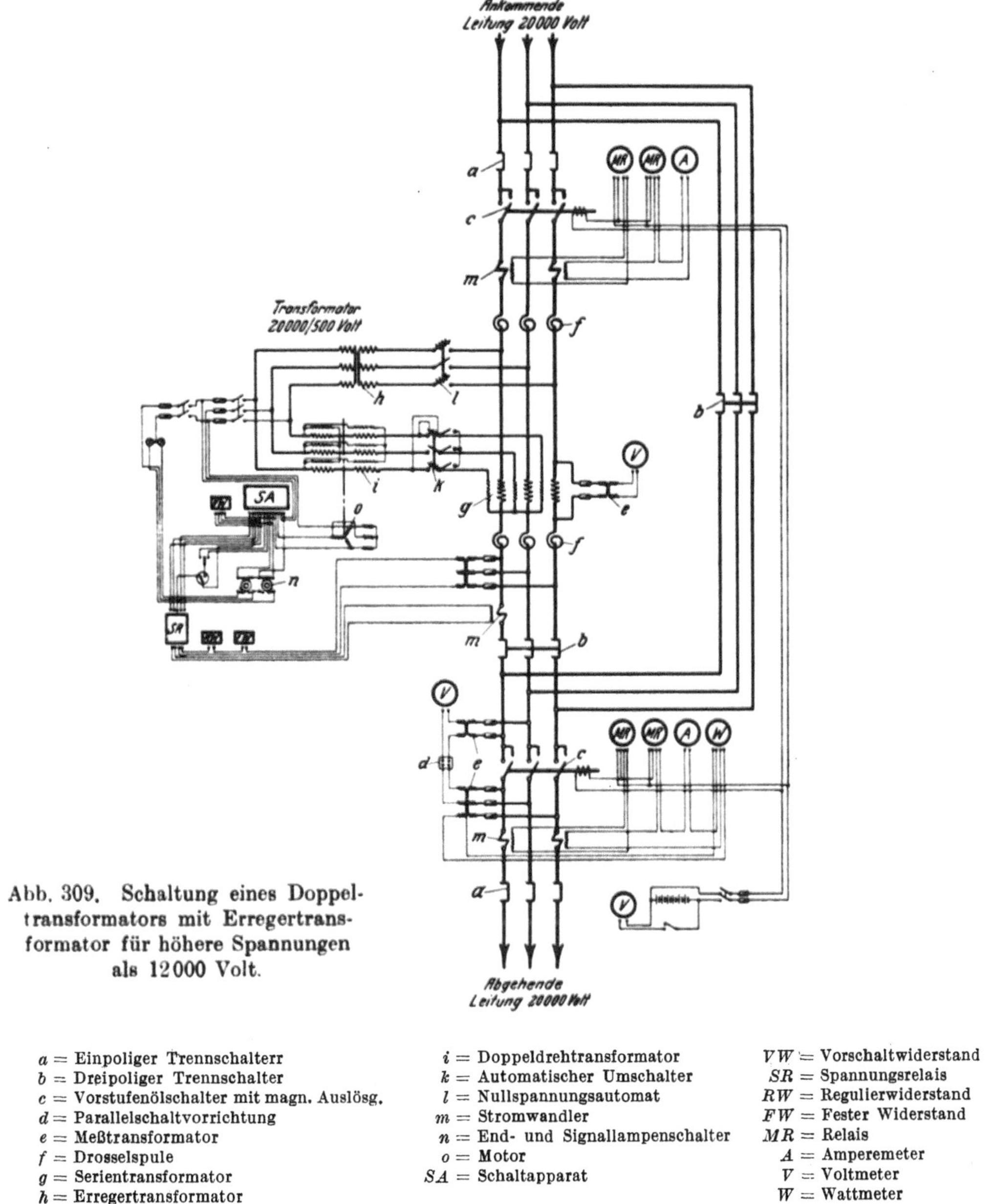

Abb. 309. Schaltung eines Doppeltransformators mit Erregertransformator für höhere Spannungen
als 12000 Volt.

a = Einpoliger Trennschalterr	i = Doppeldrehtransformator	VW = Vorschaltwiderstand
b = Dreipoliger Trennschalter	k = Automatischer Umschalter	SR = Spannungsrelais
c = Vorstufenölschalter mit magn. Auslösg.	l = Nullspannungsautomat	RW = Regulierwiderstand
d = Parallelschaltvorrichtung	m = Stromwandler	FW = Fester Widerstand
e = Meßtransformator	n = End- und Signallampenschalter	MR = Relais
f = Drosselspule	o = Motor	A = Amperemeter
g = Serientransformator	SA = Schaltapparat	V = Voltmeter
h = Erregertransformator		W = Wattmeter

Übersteigt die Spannung 12000 V, so wird außer dem Drehregler ein besonderer
Erregertransformator benötigt, der die Spannung für den Drehregler auf einen geeigneten Wert (etwa 500 V) herabsetzt; ferner einen Serientransformator in der Hauptleitung zum Anschluß an den Drehregler. Abb. 309 zeigt die zugehörige Schaltung.
Zum Schutze der Anlage vor Störungen durch Fehler im Drehregler oder im Erregertransformator sind automatische Schalter in den Abzweig zum Erregertransformator und zwischen Drehregler und Serientransformator zu legen. Beide sind miteinander elektrisch zu kuppeln. Der Schalter zwischen Drehregler und Serientransformator ist als Umschalter auszubilden, der in Ausschaltstellung die Erregerwicklung
des Serientransformators kurzschließt. Hierdurch sollen schädliche Erwärmungen des
Serientransformators vermieden werden.

16*

c) Architekturbeispiele für große Verteilungsstationen.　Abb. 310 bis 321.

Abb. 310. Größere Station für 3 Transformatoren und Hochspannungs-Zu- und -Abgang nach 2 Seiten. Ausführung für Süddeutschland in ortsüblicher Bauart. Architekt: W. Issel, A.E.G., Berlin.

Abb. 311. Große Station für 3 Transformatoren und beiderseitigen Hochspannungs-Zu- und -Abgang. Ausführung in Bruchstein und Putz für Schlesien. Architekt: W. Issel, A.E.G., Berlin.

Abb. 312. C. V. Gröba. Große Transformatorenstation für 60 000 V. Bergmann-Elektrizitäts-Werke.

Abb. 313. U. C. Gotha. Unterstation Eisenach für 2 Transformatoren. Station ist in einer Vorstadt errichtet und deren Villencharakter angepaßt. Architekt: W. Issel, A. E. G., Berlin.

Abb. 314. E.W. Zwickau. Große Transformatorenstation mit Hoch- und Niederspannungseinführungen durch Kabel. Pfeiler aus Bruchsteinen. Architekt: Dr. Walter Klingenberg, Berlin.

Abb. 316. U.C. Gotha. Unterstation Meiningen für 3 Transformatoren, Hochspannungseinführung auf einer Seite und Kabelabgang. Station ist außerhalb der Stadt an gebirgiger Landstraße errichtet. Architekt: W. Issel, Berlin.

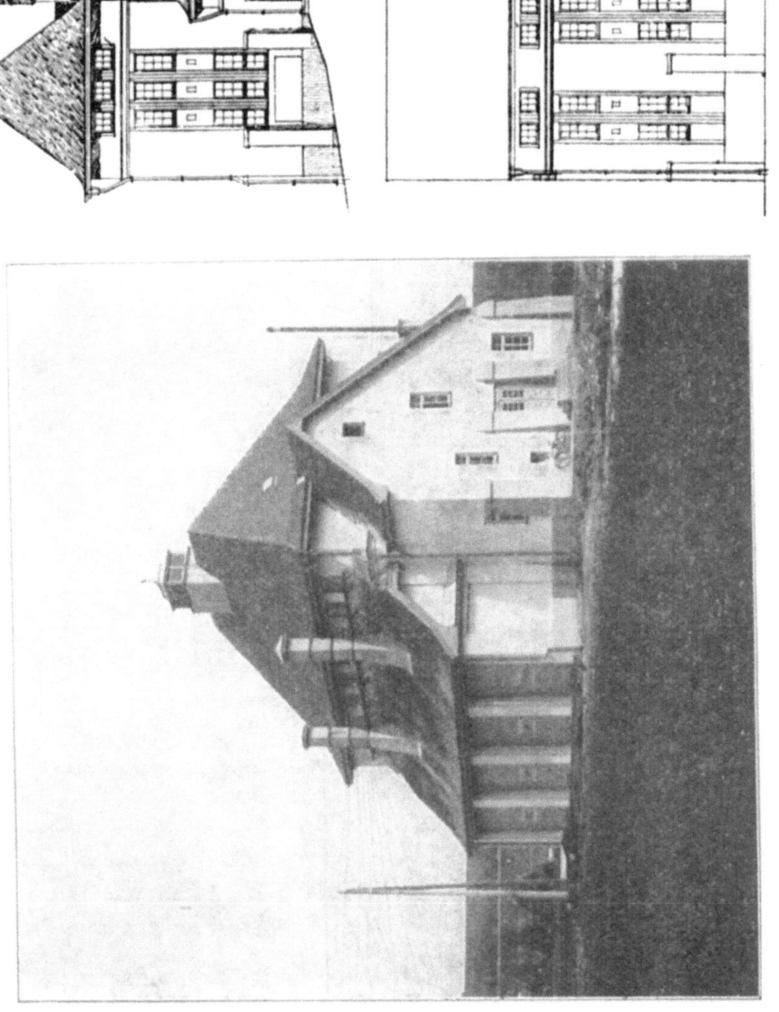

Abb. 315. Kraftwerk Laufenburg. Transformatorenstation Villingen für 4 Freileitungen von 50 000 V und 8 Freileitungen 15 000 V; 4 Transformatoren von je 2000 kVA.

Abb. 318. Märkisches Elektricitätswerk, Unterstation Fürstenwalde. Die Station hat eine außenliegende Treppe erhalten, die auf Verlangen der Baupolizei überdeckt werden mußte. Architekt: W. Issel, Berlin.

Abb. 317. E.W. Obererzgebirg. Station für 2 Transformatoren und Hochspannungsleitung nach 2 Seiten. Architekt: W. Issel, Berlin.

Abb. 320. Architekturentwurf für eine Transformatorenstation für 100000 V mit Vorbau für Leitungsausführungen.

Abb. 321. Außenansicht d. Schalth. Trattendorf, 100000 V (Abb. 290).

d) Freiluftstationen.

Freiluftstationen wurden zuerst in Amerika in größerem Umfange angewandt. Auf dem Kontinent und dementsprechend in Deutschland sind sie für Spannungen über 30000 V verhältnismäßig wenig zur Verwendung gekommen, weil die Kosten des baulichen Teiles — besonders in Deutschland — nicht die Höhe annahmen, wie in anderen Ländern. Bei den meisten größeren 110000 V Schaltanlagen, die in geschlossenen Gebäuden untergebracht wurden, betragen in Deutschland die Kosten des baulichen Teiles nicht mehr als 10 bis 20 vH vom Wert der elektrischen Einrichtung. In Ländern mit hohen Baustoffpreisen, wie z. B. in der Schweiz, ist

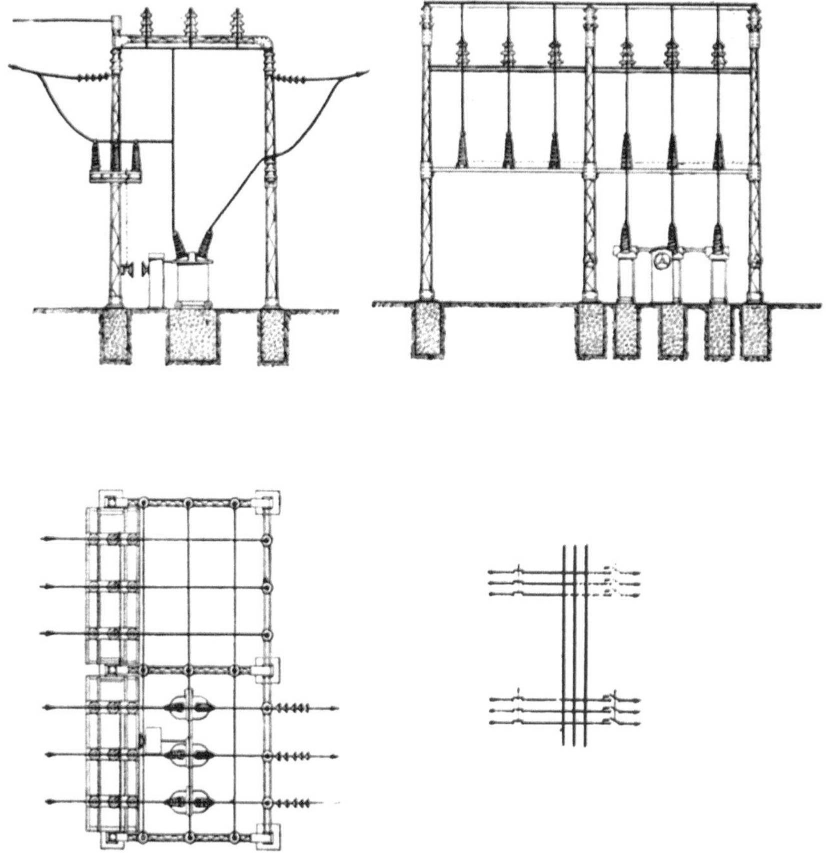

Abb. 322. 60000 V Freiluftstation für Buskerud Fylke, Norwegen. AEG.

jedoch das Verhältnis der Kosten des baulichen Teiles zu den Kosten der elektrischen Einrichtung wesentlich schlechter. So sollen z. B. in der Schweiz die Kosten des baulichen Teiles 50 bis 60 vH vom Wert des elektrischen Teiles erreichen. Das Bestreben, in solchen Gegenden die Kosten durch den Bau von Freiluftstationen zu verringern, ist daher verständlich. Die in Amerika erzielten baulichen Ersparnisse werden allerdings durch den Einbau von doppelt so vielen Öl- und Trennschaltern aufgewogen, als nach den bisherigen, selbst in den größten Anlagen gemachten Betriebserfahrungen in Deutschland als notwendig erachtet werden.

Freiluftstationen werden dann besonders vorteilhaft, wenn die Schaltvorgänge einfach sind und wenn die Aufstellung in entlegenen Gegenden erfolgen muß, wo Baumaterialien schwer zu beschaffen sind.

Abb. 323. Ansicht der 60000 V Freiluftstation des M.E.W. in Mariendorf. AEG.

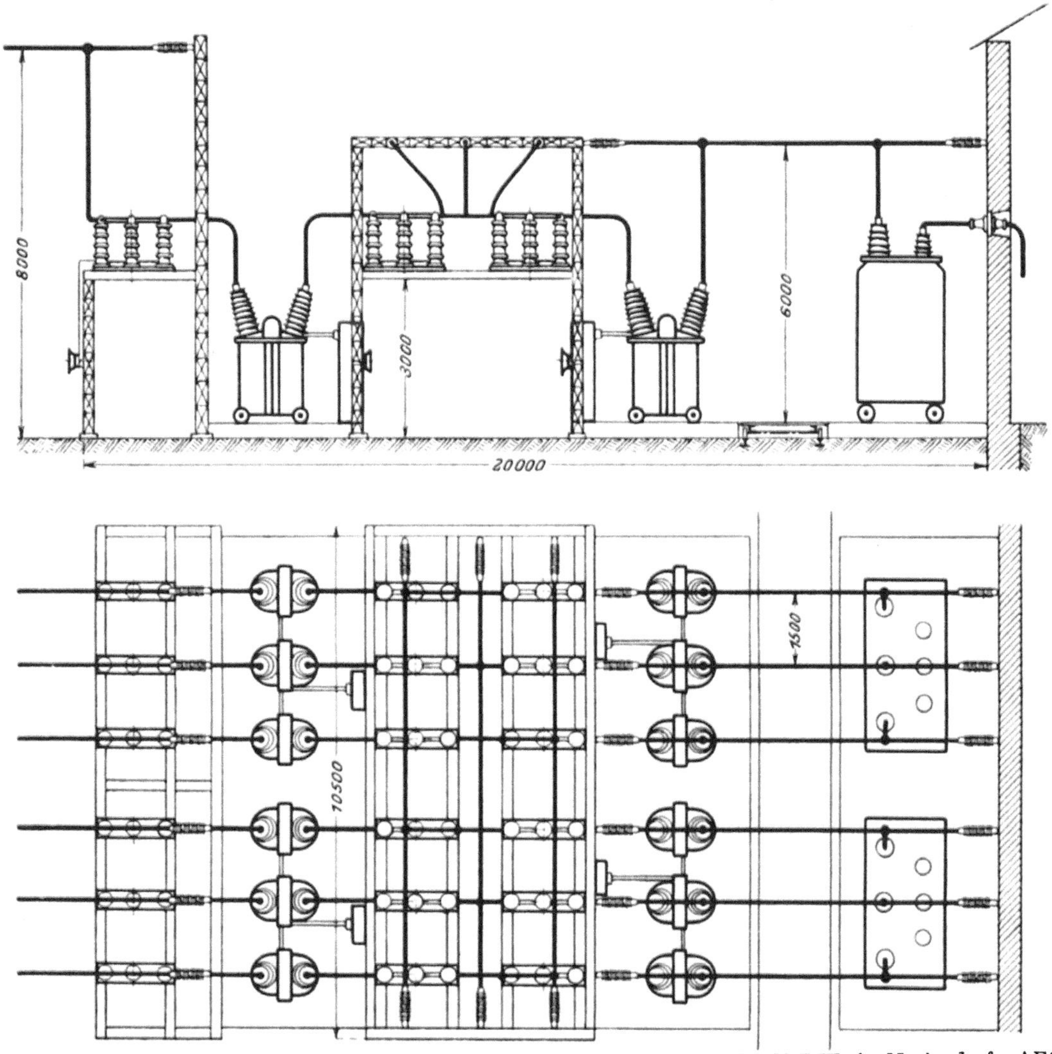

Abb. 324 u. 325. Grundriß und Aufriß der 60000 V Freiluftstation des M.E.W. in Mariendorf. AEG.

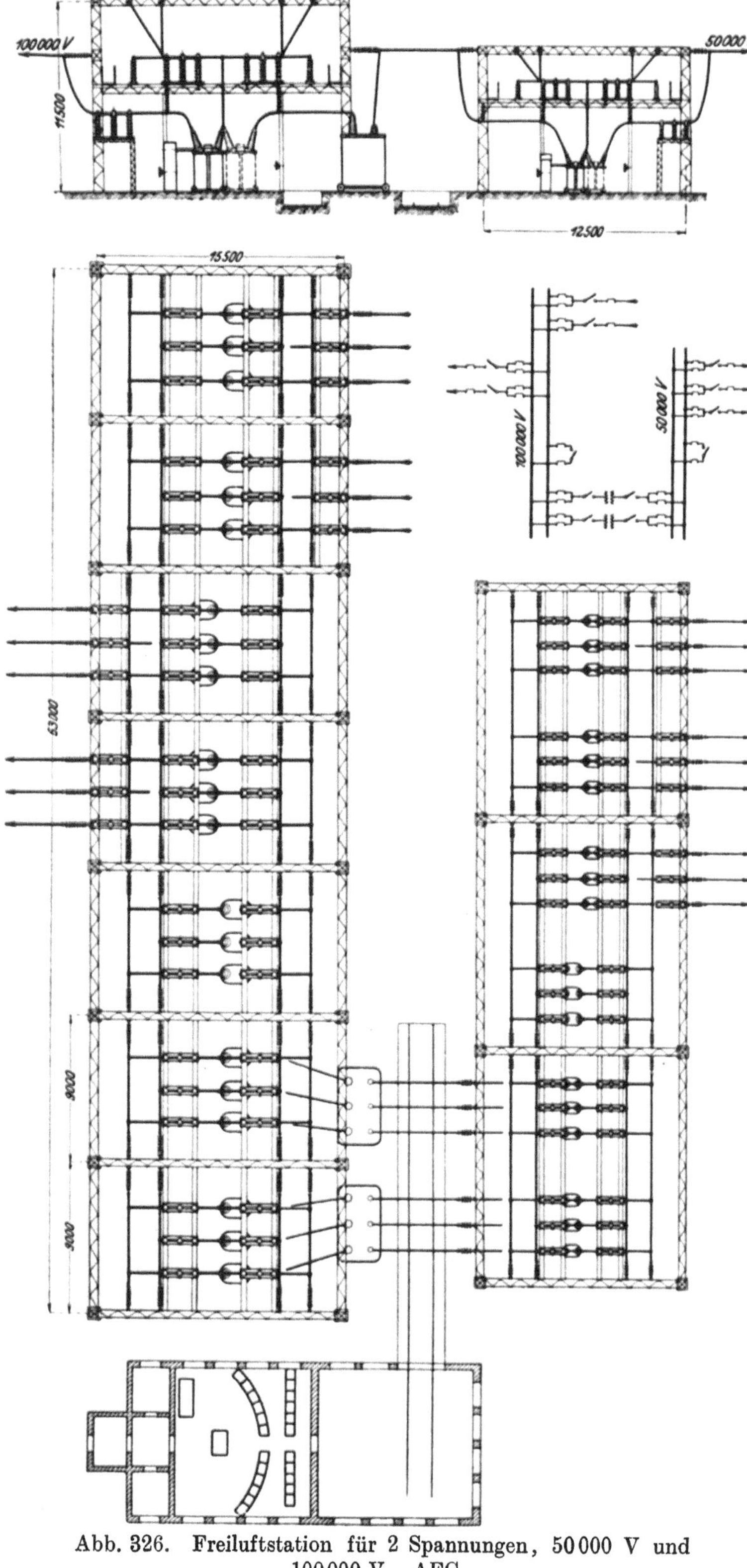

Abb. 326. Freiluftstation für 2 Spannungen, 50000 V und 100000 V. AEG.

Die Gefahr einer Verqualmung der ganzen elektrischen Einrichtung ist jedenfalls bei einer Freiluftstation sehr gering.

Im übrigen scheinen die Ansichten über die Vorteile der Freiluftstationen auch in Amerika noch nicht geklärt zu sein. Man sollte annehmen, daß z. B. die 220000 V Ölschalter mit ihren riesigen Ölmengen für die Aufstellung im Freien sich besonders eignen müßten, trotzdem sind in letzter Zeit in Amerika gerade diese Apparate wieder in geschlossenen Gebäuden und sogar in mehreren Stockwerken untergebracht. Auch sträuben sich noch viele Betriebsleiter gegen die Verwendung von Freiluftstationen, weil die meisten Betriebsstörungen erfahrungsgemäß bei schlechtem Wetter stattfinden und die Durchführung der nötigen Schaltmanöver dann als besonders lästig empfunden wird.

Nach dem bisher Gesagten ergeben sich in der Hauptsache drei Ausführungsarten, und zwar:

1. Schaltanlagen in geschlossenem Gebäude mit einem feuersicheren Einbau der Öl enthaltenden Apparate,

2. Schaltstationen in geschlossenen Gebäuden, in denen die Apparate frei zur Aufstellung gelangen,

3. Schaltanlagen im Freien, d. h. sogenannte Freiluftstationen (Abbildung 322 bis 327).

Diese drei Ausführungsarten unterscheiden sich in den Hauptpunkten wie folgt:

Die unter 1. erwähnten Anlagen bedingen die größten Herstellungskosten. Sie sind anzuwenden, wenn man die Verqualmung der Gesamträume im Fehlerfalle befürchtet. Sie werden vom Betriebspersonal häufig deshalb bevorzugt, weil es sich bei der Kontrolle der Apparate eines Stromkreises von dem benachbarten Stromkreis durch eine feuersichere Wand geschützt weiß.

Die unter 2. erwähnten Schaltanlagen sind billiger herzustellen als die unter 1. aufgeführten und man hat den Eindruck größerer Übersichtlichkeit. Tritt ein Fehler ein, so ist allerdings die Möglichkeit der Verqualmung des gesamten Hochspannungsraumes gegeben.

Nach den in Deutschland seit zehn Jahren gesammelten Betriebserfahrungen ist diese Gefahr für Spannungen von 60000 V und darüber als sehr gering anzu-

Abb. 327. Amerikanische Freiluftstation für 66000 V beim Kraftwerk Colfax der Duquesne Light Co. Dwight P. Robinson & Co. Inc., Engineers & Constructors, New York.

sehen. Die offene Aufstellung der Apparate hat bisher noch zu keinen Betriebsstörungen Veranlassung gegeben.

Für die unter 3. erwähnten Schaltanlagen darf man in der Regel die geringsten Herstellungskosten annehmen. Die im Freien errichteten Schaltanlagen brauchen allerdings gewöhnlich noch mehr Platz, als die in geschlossenen Räumen untergebrachten.

Die Gefahr der Verqualmung ist geringer als für 2, die Übersichtlichkeit ist schlechter, die Bedienung bei schlechtem Wetter ungünstiger.

Abb. 322, 323, zeigt zwei Freiluftstationen mit einfachem Schaltbild, Abb. 326 größere Freiluftstationen für Spannungen bis 110000 V, Abb. 327 eine Freiluftstation in Nord-Amerika.

12. Netzstationen mit Architekturbeispielen.

Besondere Sorgfalt ist der Ausbildung der sogenannten Netzstationen zu widmen, weil ihre große Anzahl einen ausschlaggebenden Einfluß auf die Anlagekosten des ganzen Leitungsnetzes hat. Unter Netzstationen sind dabei diejenigen Transformatorenstationen verstanden, die in Freileitungsnetzen die Mittelspannung (10 bis 15000 V, selten mehr als 30000 V) unmittelbar auf die Gebrauchsspannung herabsetzen. Ihre Leistung ist in der Regel mäßig, weil man es im Interesse der Verbilligung der Verteilungsnetze vorzieht, an Stelle einer großen mehrere kleinere zu errichten; sie erreicht nur dort höhere Werte, wo einzelne industrielle Verbraucher ohne besonderes Verteilungsnetz zu versorgen sind.

Die Ausstattung solcher Stationen richtet sich nach dem außer der Transformierung gewollten Nebenzweck. Mit Recht muß aber die auch vom Bunde

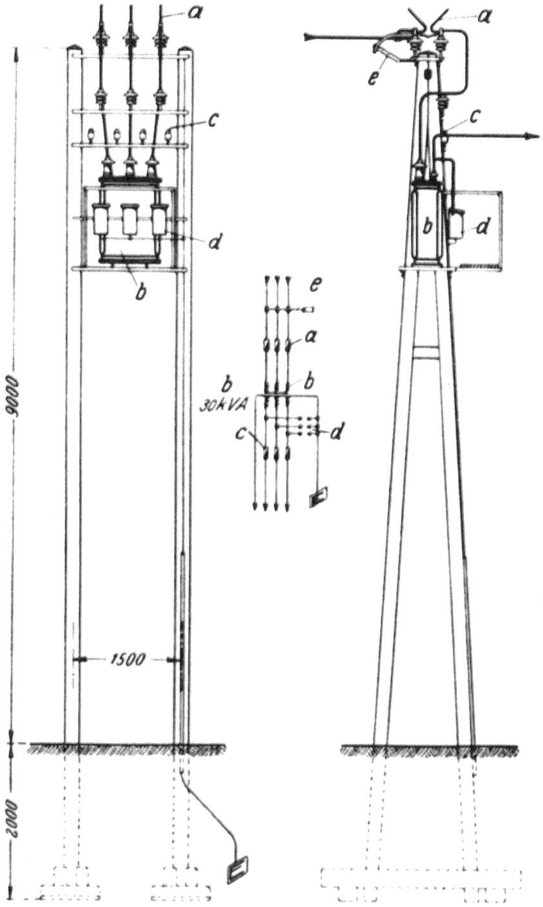

Abb. 328. Maststation auf Holzmasten für Spannungen bis 24000 V und Transformation bis 30 kVA.

a = Freileitungs-Hörnersicherungen
b = Transformator
c = Niederspannungs-Sicherungen
d = Funkenableiter
e = Leitungskurzschließer.

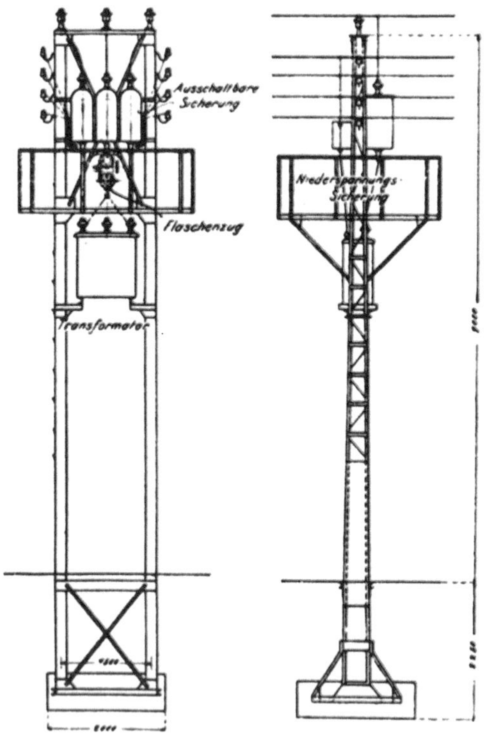

Abb. 329. Maststation auf eisernen Masten für Spannungen bis 24000 V und Transformatoren bis 30 kVA.

für Heimatschutz gestellte Forderung als begründet anerkannt werden, daß ihre architektonische Ausgestaltung ohne Übertreibung gefällig sein und sich der heimischen Bauweise anpassen soll. Architekturbeispiele: Abb. 345 bis 375.

Man unterscheidet danach Maststationen, einfache Transformatorenstationen in gemauerten Häusern, Durchgangsstationen mit einem Transformator oder mehreren und Abzweigstationen in gleicher Ausführung. Die in den Hauptpunkten des Netzes zu errichtenden Stationen sollen in der Regel auch gleichzeitig als Schaltstationen dienen.

Die Maststation ist in der Ausfüh·
rung die billigste, sie eignet sich jedoch
nur für einen Transformator kleiner
Leistung (selten mehr als 15 kVA, nie
mehr als 30 kVA). Abb. 328 bis 330
zeigen Maststationen auf hölzernen und
eisernen Masten; oben befinden sich die
Hörnersicherungen. Erst bei Leistungen
von 50 kVA kommen Drosselspulen zur
Anwendung. Der Transformator ist auf
Traversen gestellt, über ihm kann ein
Flaschenzug angebracht werden, so daß
er zur Ausbesserung nach Drehung um
90° zwischen den Traversen herabgelassen werden kann. Die Isolatoren der
oben angebrachten Hörnersicherungen
dienen gleichzeitig als Abspannisolatoren.

Die Einrichtung einer solchen Station verlangt einen Mastschalter an einem
der vorhergehenden Maste. Damit nun
der Ersatz von Hochspannungssicherungen gefahrlos erfolgen kann, empfiehlt
sich die Anbringung eines Erdungskurz-
schließers nach Abb. 331, der mittels
Bedienungsstange eingeschaltet wird. Die
häufig übliche Methode, zum Zwecke des
Kurzschlusses der Leitungen ein an
einem Gasrohr befestigtes Drahtseil über
die Leitungen zu werfen, kann als unsicher nicht genug verurteilt werden, weil durch

Abb. 330.   Maststation auf Holzmasten.

das Eintreiben des Gasrohres in
den Erdboden gute Erdung in der
Regel nicht erreicht wird.

Als Niederspannungssicherun-
gen werden meist Freileitungs-
Stöpselsicherungen verwandt, die
gleichzeitig zum Abspannen der
Niederspannungsleitungen benutzt
werden können. Besonderer Überspannungsschutz auf der Hochspannungsseite wird bei solchen
Stationen nicht angebracht, dafür
findet man auf der Niederspannungsseite häufig Scheibenblitz-
ableiter oder ähnliche Konstruktionen.

Die Anordnung einer Bedie-
nungsbühne, zu der der Wärter
mittels Leiter oder Steigbügeln
gelangt, empfiehlt sich im Interesse
leichterer Wartung der Apparate.

An Stelle der Hörnersicherungen werden auch Patronensiche-

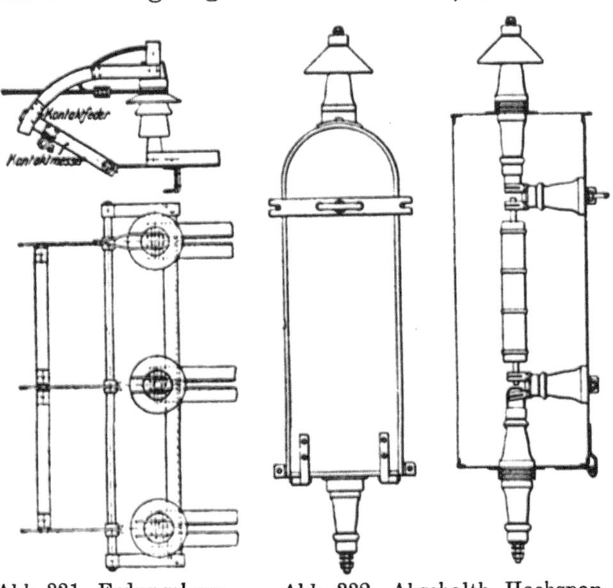

Abb. 331. Erdungskurz-
schließer.

Abb. 332. Abschaltb. Hochspan-
nungssicherung. Beim Öffnen des
Deckels wird die Hochspannungs-
sicherung ausgeschaltet, so daß ihr Ersatz gefahrlos erfolgen
kann. Die Einrichtung dient gleichzeitig als Trennschalter.

rungen gewählt, die in wasserdichten Gehäusen oder in dem Transformator selbst untergebracht werden.

Sollen Mastschalter vermieden werden, so muß man wasserdichte, abschaltbare Hochspannungssicherungen anordnen, die gleichzeitig als Trennschalter benutzt werden können (Abb. 332).

Die beschriebenen Maststationen mögen zwar nicht ganz so hohe Kapitalkosten erfordern als einfache gemauerte Stationen, ihre Lebensdauer ist aber recht gering

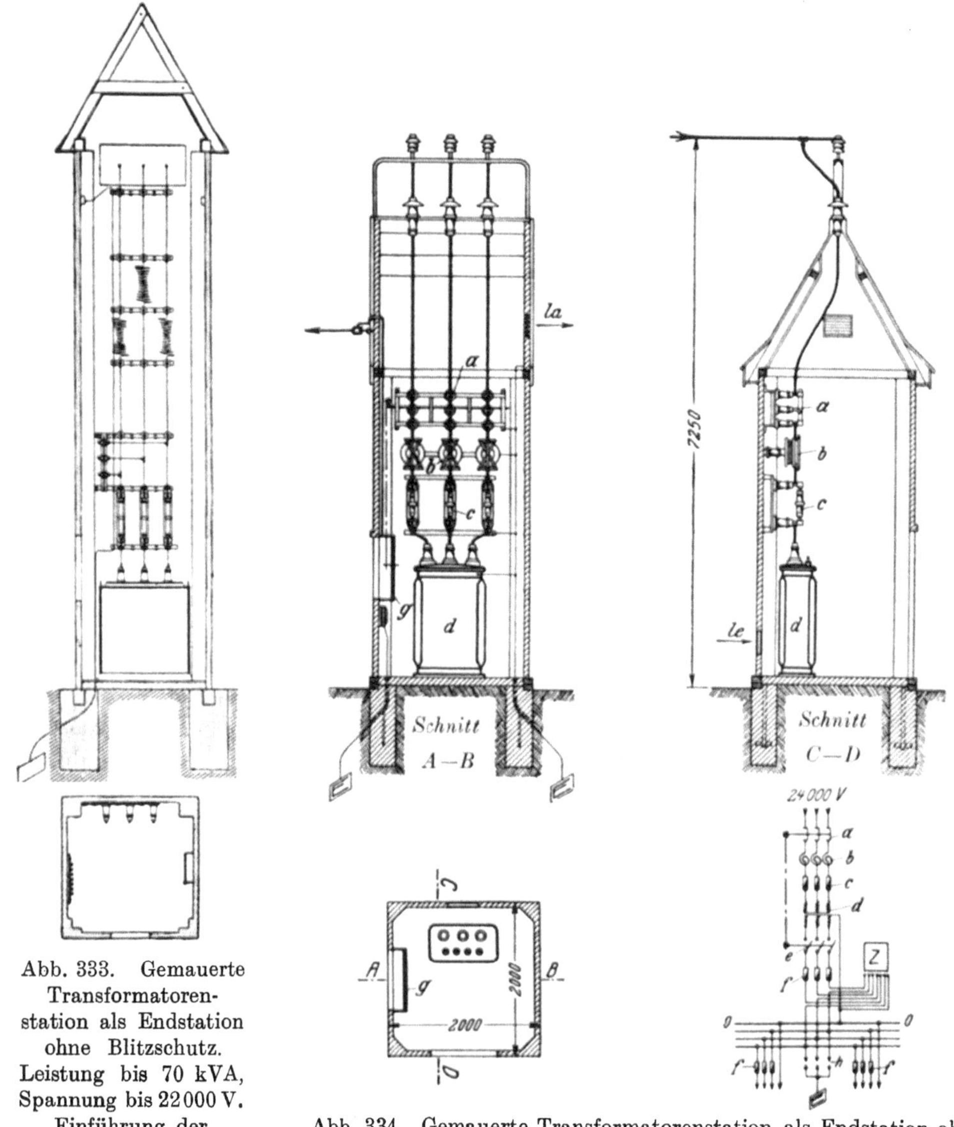

Abb. 333. Gemauerte Transformatorenstation als Endstation ohne Blitzschutz. Leistung bis 70 kVA, Spannung bis 22000 V. Einführung der Leitungen von der Seite.

Abb. 334. Gemauerte Transformatorenstation als Endstation ohne Blitzschutz. Leistung bis 75 kVA, Spannung bis 24000 V. Hochspannungseinführung am Dachfirst.

und die Aufwendungen für Instandhaltung sind erheblich. Geschlossene Stationen sind daher im allgemeinen vorzuziehen; sie lassen sich dem Landschaftsbild anpassen und erlauben die Verwendung normaler Konstruktionen statt wasserdichter Apparate (Abb. 333 bis 339).

In Zeiten großer Teuerung sind jedoch die Kosten massiv gebauter Stationen unverhältnismäßig hoch; man ist deshalb zu Leichtbausystemen übergegangen, die als vollwertiger Ersatz für Maststationen anzusehen sind.

Abb. 340 z. B. stellt eine billige, aus Kunststeinplatten hergestellte Station dar, deren Vorteile auch in elektrischer Hinsicht wichtig sind. Die Konstruktionsteile

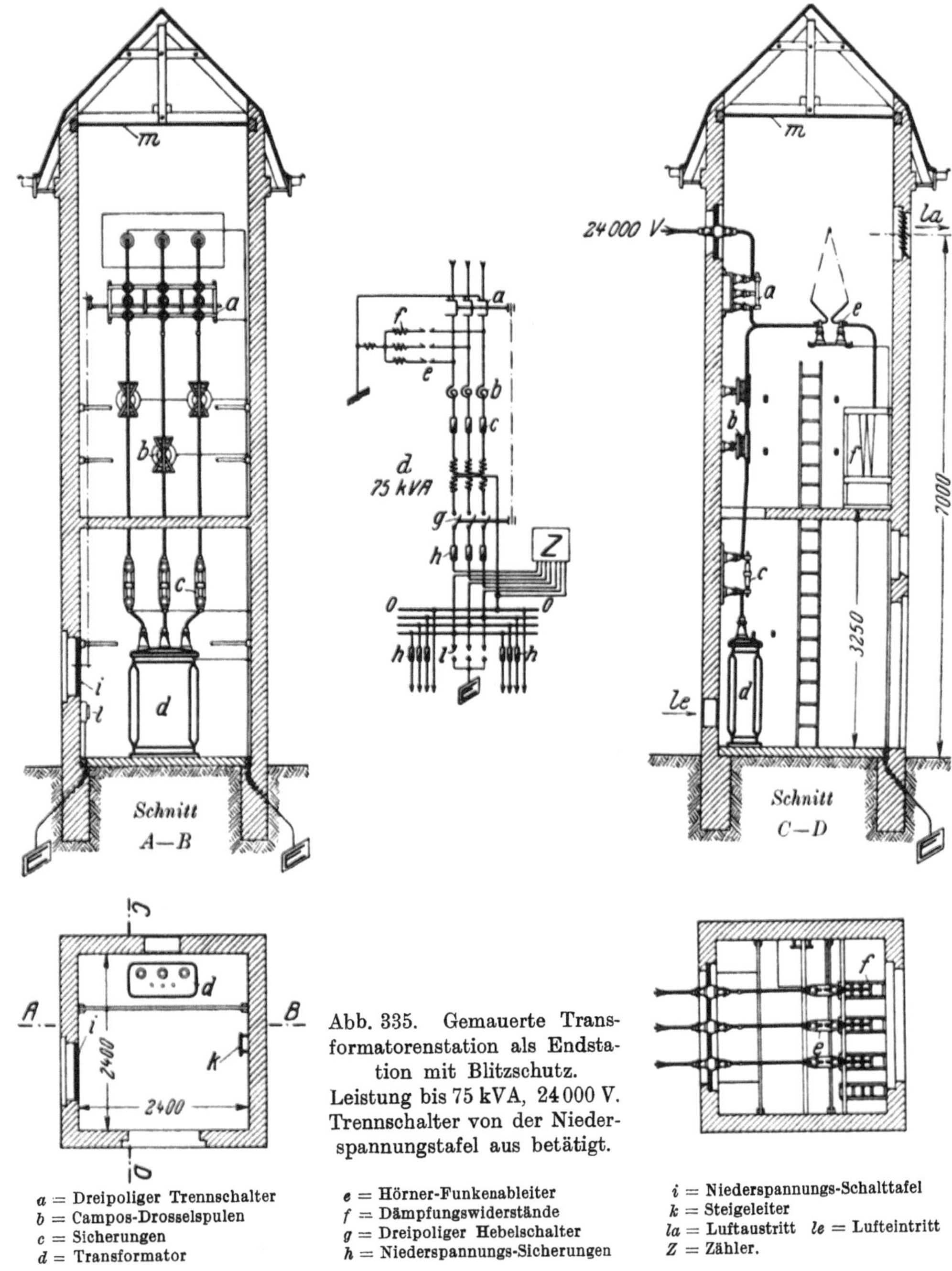

Abb. 335. Gemauerte Transformatorenstation als Endstation mit Blitzschutz.
Leistung bis 75 kVA, 24000 V. Trennschalter von der Niederspannungstafel aus betätigt.

a = Dreipoliger Trennschalter
b = Campos-Drosselspulen
c = Sicherungen
d = Transformator
e = Hörner-Funkenableiter
f = Dämpfungswiderstände
g = Dreipoliger Hebelschalter
h = Niederspannungs-Sicherungen
i = Niederspannungs-Schalttafel
k = Steigeleiter
la = Luftaustritt   le = Lufteintritt
Z = Zähler.

werden fabrikmäßig hergestellt und lassen sich leicht nach dem Bestimmungsort befördern. Die Platten selbst können in solchen Gegenden auch am Aufstellungsort hergestellt werden, wo Zement und Kies zur Verfügung stehen. Hierdurch wird an Frachtkosten gespart.

Die Errichtung einer solchen Station ist äußerst einfach und kann nach kurzer Anleitung durch jeden Elektromonteur ohne Hilfe von Bauhandwerkern vorgenommen werden. Der Zusammenbau erfolgt trocken ohne Bindematerial, indem die Platten durch Ankerschrauben mit den Eckpfosten zusammengespannt werden. Das Material für die Platten besteht aus kunststeinartigem Beton, die Farbe der Pfosten wie der Flächen kann nach Wunsch gewählt werden. Äußerer Putz oder Anstrich ist nicht erforderlich, die Unterhaltungskosten sind daher gering. Das Versetzen der Funda-

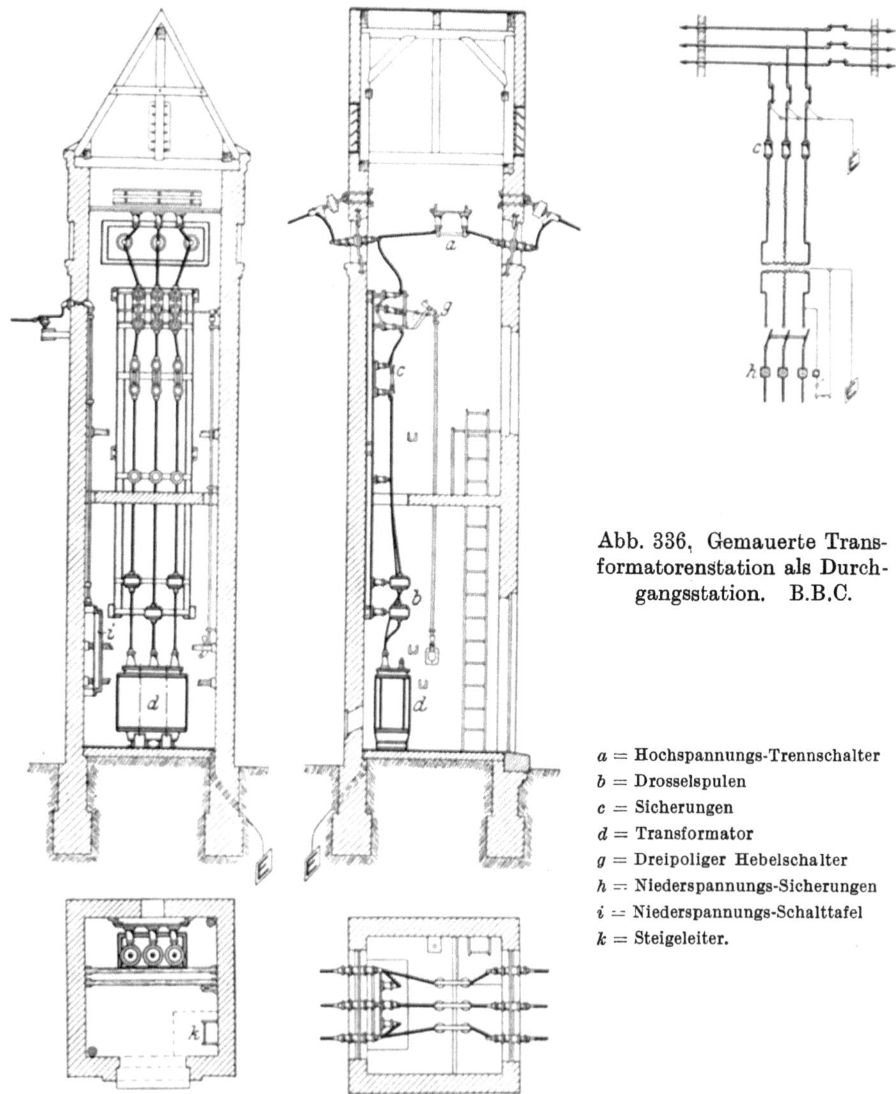

Abb. 336. Gemauerte Transformatorenstation als Durchgangsstation. B.B.C.

a = Hochspannungs-Trennschalter
b = Drosselspulen
c = Sicherungen
d = Transformator
g = Dreipoliger Hebelschalter
h = Niederspannungs-Sicherungen
i = Niederspannungs-Schalttafel
k = Steigeleiter.

mentklötze, Eckpfosten und Platten und das Anbringen der Dachkonstruktion erfolgt mit Hilfe eines drehbaren Aufzugmastes mit Winde (Abb. 341). Als Dachdeckung dienen ebenfalls Kunststeinplatten, die besonders wasserdicht hergestellt werden. Die abgehenden Freileitungen können unmittelbar an der Station abgespannt werden, die einseitigen Leitungszug von 1000 kg sicher aushält.

An Stelle von Abspannbügeln mit Abspannisolatoren und Einführungsfenster aus Glas werden in neuerer Zeit Durchführungsabspannisolatoren verwandt, die zur unmittelbaren Abspannung der Freileitungen dienen (Abb. 342, 343). Diese Isolatoren stellen sich entsprechend der Zugrichtung ein, so daß das Porzellan nur auf Druck beansprucht wird.

In der Station befindet sich ein dreipoliger Trennschalter, der zur Abschaltung der gesamten Station dient und mit dem auf der Niederspannungs-Verteilungstafel montierten Niederspannungsschalthebel derart gekuppelt wird, daß zuerst der Niederspannungsschalthebel und danach der Hochspannungstrennschalter auslöst. Die Einschaltung erfolgt in umgekehrter Reihenfolge.

Besonderer Blitzschutz wird in einfachen Stationen selten angewandt, weil sie in der Regel mit kurzen Stichleitungen an die durchgehende Hauptleitung ange-

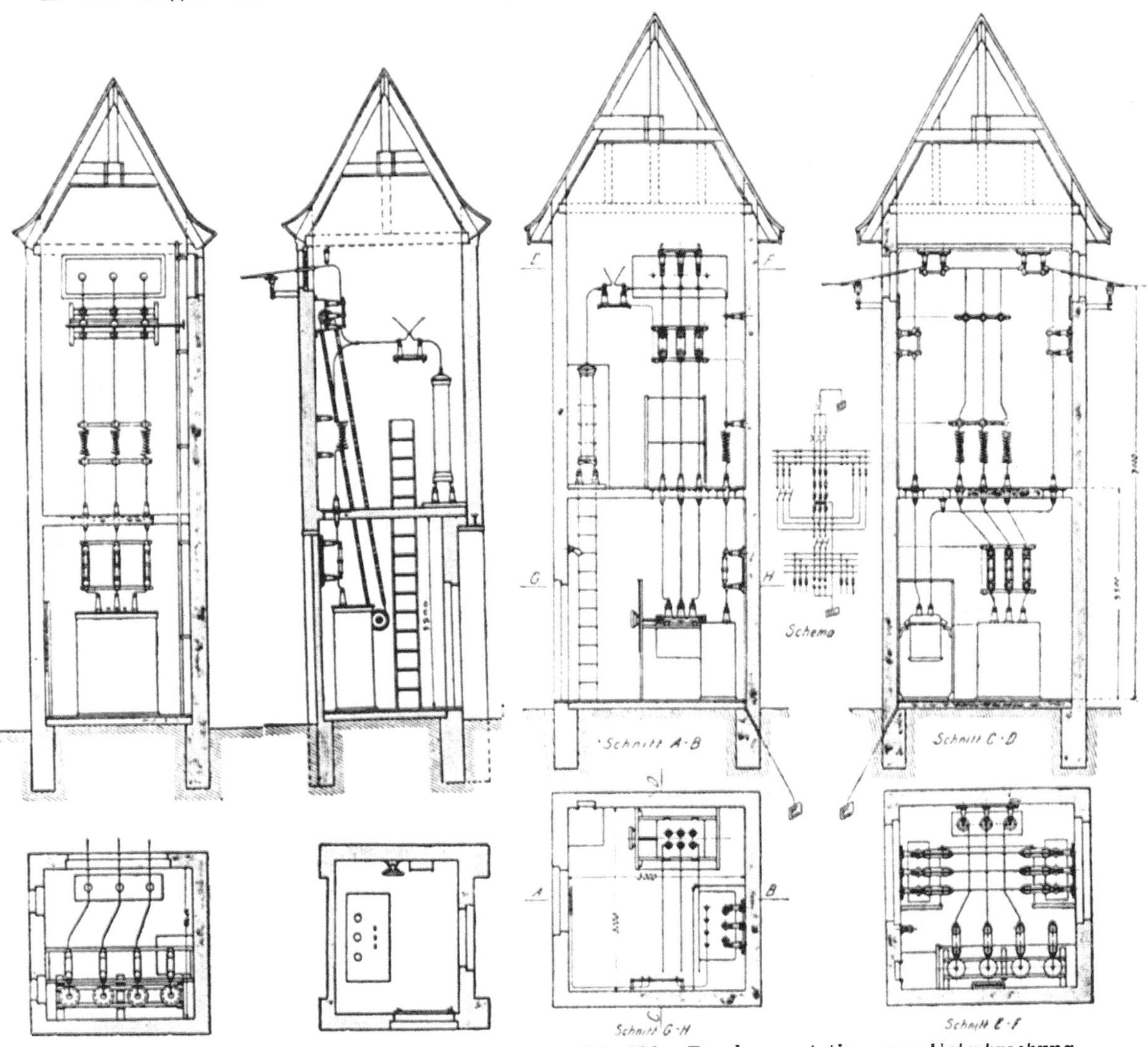

Abb. 337. Gemauerte Transformatorenstation als Endstation mit Blitzschutz. Leistung bis 70 kVA, Spannung bis 22 000 V. Drosselspule und von unten betätigter Trennschalter.

Abb. 338. Durchgangsstation zur Unterbrechung der Hauptleitung, mit ankommender und abgehender Leitung und einem Transformator, Leistung bis 70 kVA, Spannung bis 22 000 V.

schlossen sind; es werden dann nur Drosselspulen vor die Transformatoren geschaltet. Für Leistungen unter 50 kVA fallen auch diese fort. Sollen Stationen dennoch Blitzschutz erhalten, z. B. am Ende längerer Stichleitungen, so vergrößert sich die Grundfläche auf etwa $2,4 \times 2,4$ m i. L., die sich sonst bei mäßigen Spannungen (15 000 V) auf $1,6 \times 1,6$ m i. L. verringern läßt (Abb. 335). Die Einführung der Hochspannungsleitung erfolgt entweder durch Fensterscheiben im Holzrahmen (nötigenfalls durch ein übergeschobenes Porzellanrohr) oder neuerdings durch die bereits er-

17*

wähnten Durchführungsabspannisolatoren. Eiserne Fensterrahmen haben gelegentlich zu Störungen Veranlassung gegeben, wenn Rostwasser an den Scheiben herunterläuft.

Die Auswahl des Grundstückes sollte stets mit Rücksicht auf einfache Leitungsführung (möglichst ohne Aufstellung von Eckmasten) geschehen. Innerhalb der

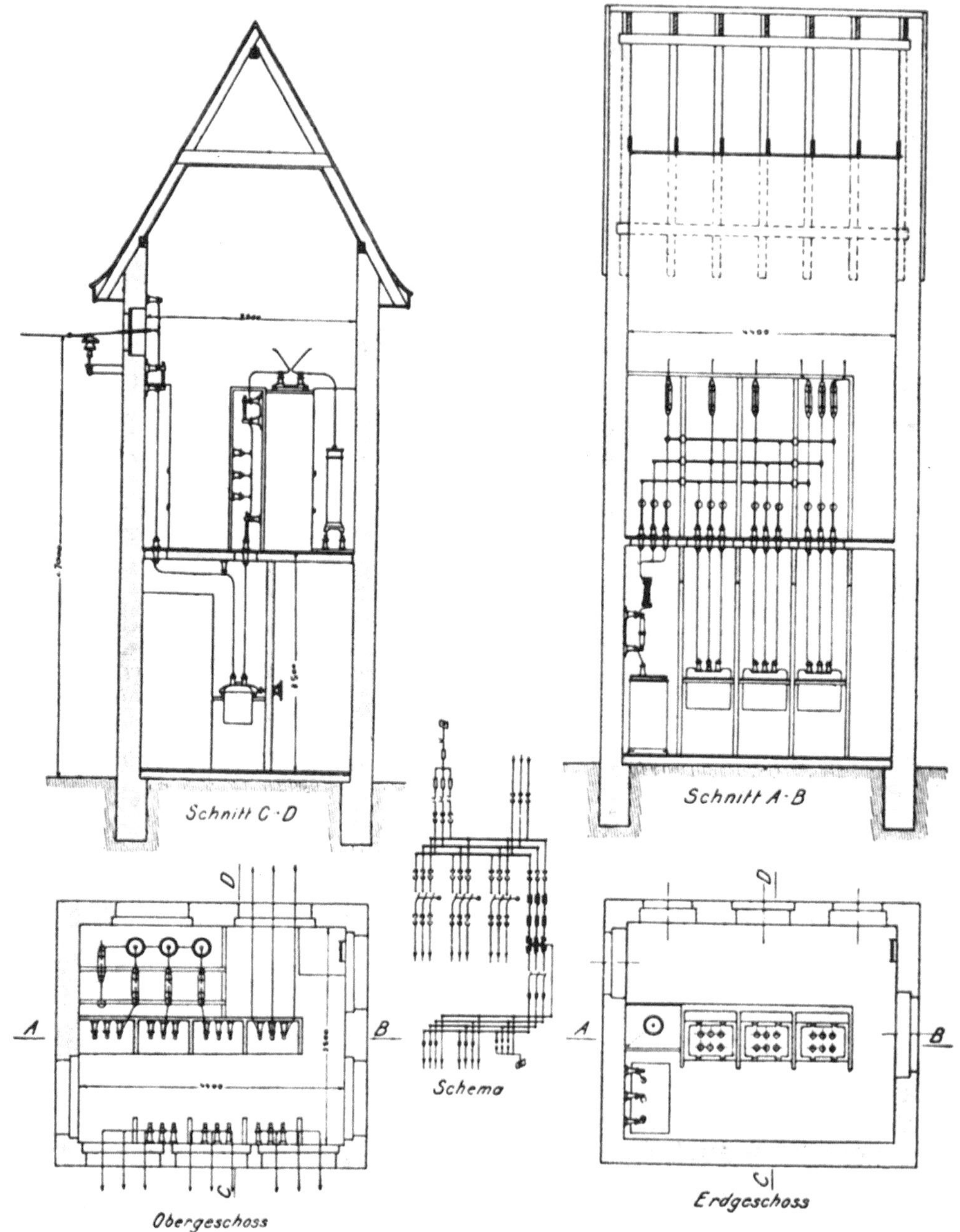

Abb. 339. Abzweigstation mit einer ankommenden und drei abgehenden Leitungen.
Leistung bis 70 kVA, Spannung bis 22000 V.

Station durchläuft die Leitung dann zunächst einen Trennschalter, darauf einen Ölschalter und schließlich wiederum einen Trennschalter. Die Anordnung eines Umgehungstrennschalters empfiehlt sich, damit der Ölschalter im Betriebe nachgesehen werden kann; er gestattet gleichzeitig, den Blitzschutz und den Transformatorenabzweig wechselseitig auf die eine oder andere Ausführung zu schalten und die Abschaltung der Station ohne Unterbrechung der Hauptleitung vorzunehmen. In solchen Stationen ist eine Zwischendecke nicht zu entbehren, weil die Bedienung der Trennschalter von unten zu umständlichen Einrichtungen führt.

Das obere Stockwerk wird mittels einer Steigleiter erreicht; die hochführenden Leitungen müssen aber in ihrer Nähe im Interesse gefahrloser Bedienung durch Wände abgetrennt werden.

Die Ausführung der Niederspannungsleitungen sollte stets so erfolgen, daß ein besonderer Abspannmast vor der Station entbehrlich wird. Für die Abspannung dienen Abspannhaken mit Abspannisolatoren, die wegen des besseren Aussehens vor Abspannrahmen den Vorzug verdienen.

Sind außer durchgehenden Leitungen noch · Abzweige vorhanden, so wählt man die in Abb. 339 dargestellte Anordnung. Die größere Zahl der Hochspannungsleitungen verlangt dann eine Trennung der einzelnen Felder durch feuersichere Wände. Im Erdgeschoß werden die Transformatoren und Ölschalter in Zellen so aufgestellt, daß die Handräder und die Meß- und Betätigungsapparate sich außerhalb der Schaltzellen befinden. Auf diese Weise wird ein Raum geschaffen, der nur Niederspannung führt und der somit gefahrlos betreten werden kann. In dem oberen Stockwerk werden dann die Sammelschienen, Trennschalter und Blitzschutzapparate untergebracht. Die

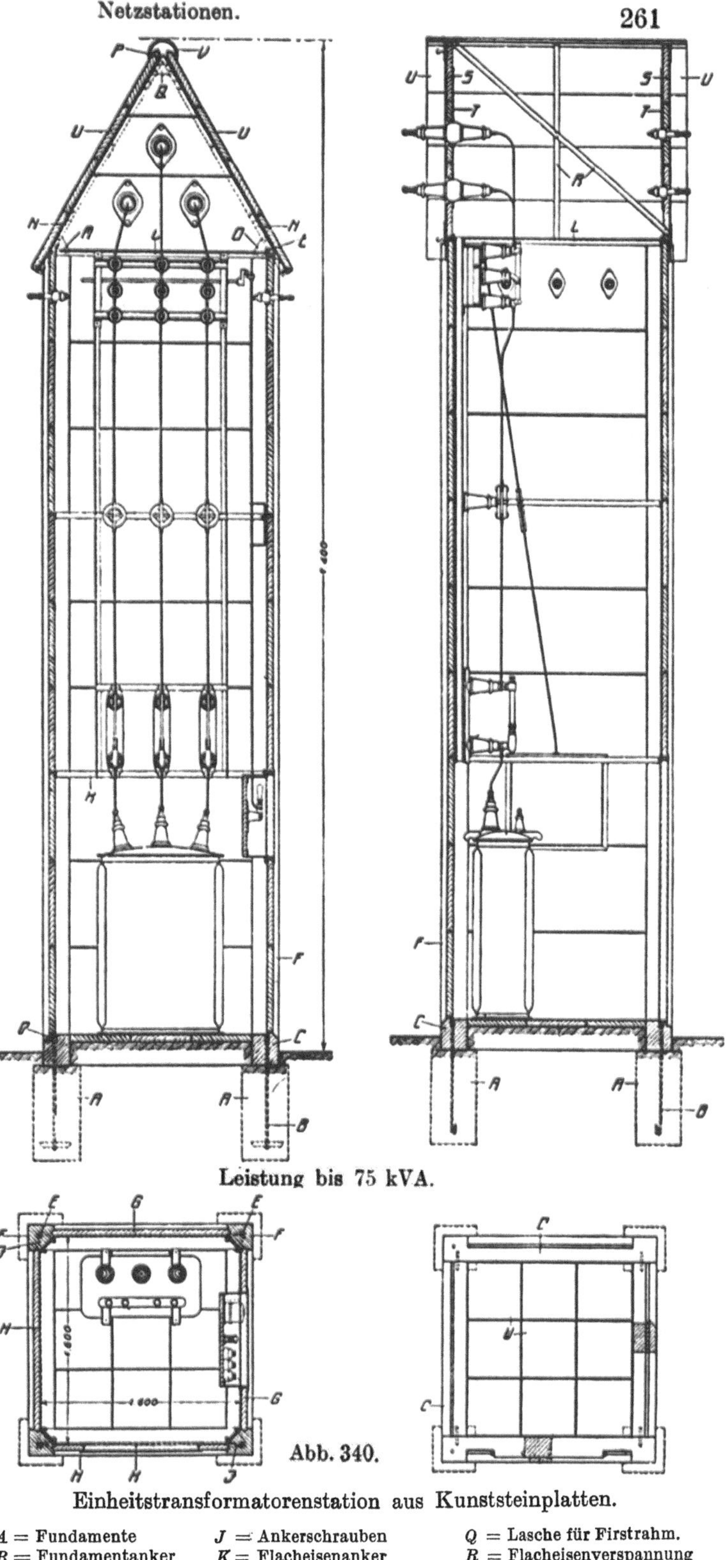

Leistung bis 75 kVA.

Abb. 340.

Einheitstransformatorenstation aus Kunststeinplatten.

A = Fundamente	J = Ankerschrauben	Q = Lasche für Firstrahm.
B = Fundamentanker	K = Flacheisenanker	R = Flacheisenverspannung
C = Schwellenkranz	L = Abschlußrahmen aus	S = Giebelplatten
D = Verlängerungs-	M = Ecklaschen [U-Eisen	T = Flacheisenanker für
E = Anker [muffen	N = Dachsparren a. Winkel-	Giebelplatten
F = Eckpfosten	eisen	U = Dachplatten
G = Kunststeinplatten	O = Laschen f. Dachsparren	V = Betonformst. als First
H = Türrahmen	P = Firstrahm. a. Winkeleis.	W = Fußboden-Betonplatten

Transformatorenabzweige werden in der Regel lediglich durch Sicherungen geschützt, doch ist es natürlich auch ohne weiteres möglich, hierfür Maximalautomaten vorzusehen.

Außer den normalen Netzstationen sind noch die Stationen für einzelne größere Verbraucher bemerkenswert. Die Großabnehmer, z. B. Gutsbesitzer und Fabrikanten, stellen meistens die hierzu erforderlichen Räume zur Verfügung. Es ist hierbei darauf zu achten, daß die Leitungen bequem und sicher eingeführt werden können und daß genügend Raum für die Apparate und deren Bedienung vorhanden ist. Von den Großkonsumenten wird gewöhnlich der hochgespannte Strom bezahlt, so daß in die ankommende Leitung ein Drehstrom-Hochspannungszähler eingebaut werden muß. Damit der Konsument die Kosten des Leerlaufstroms des Transformators sparen kann, wird ihm die Möglichkeit gegeben, den Transformator ohne Hilfe des Wärterpersonals des Elektrizitätswerks

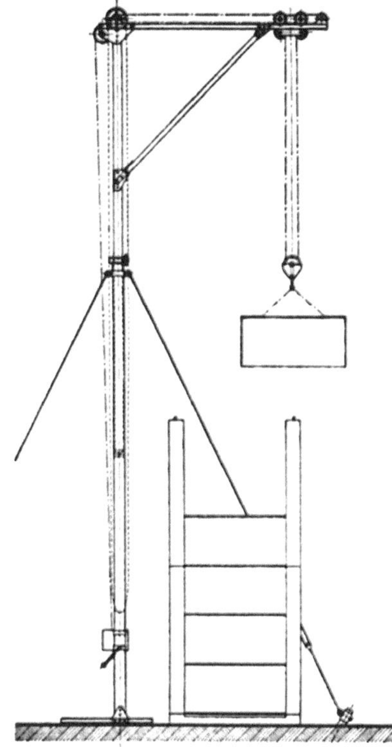

Abb. 341. Drehbarer Aufzugmast mit Winde zum Versetzen der Kunststeinplatten.

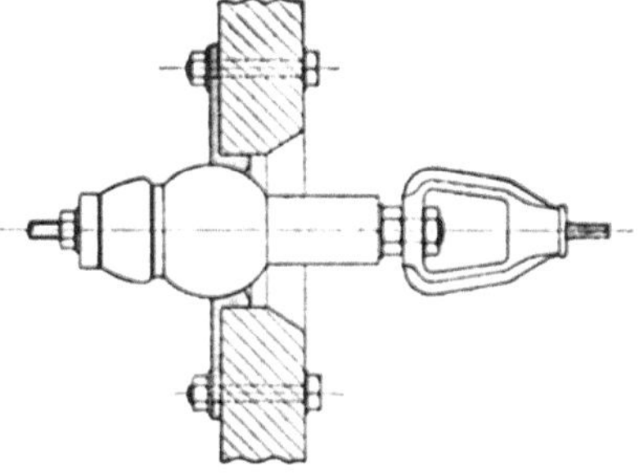

Abb. 342. Abspanndurchführungs-Isolator mit Kugelgelenk für Niederspannung.

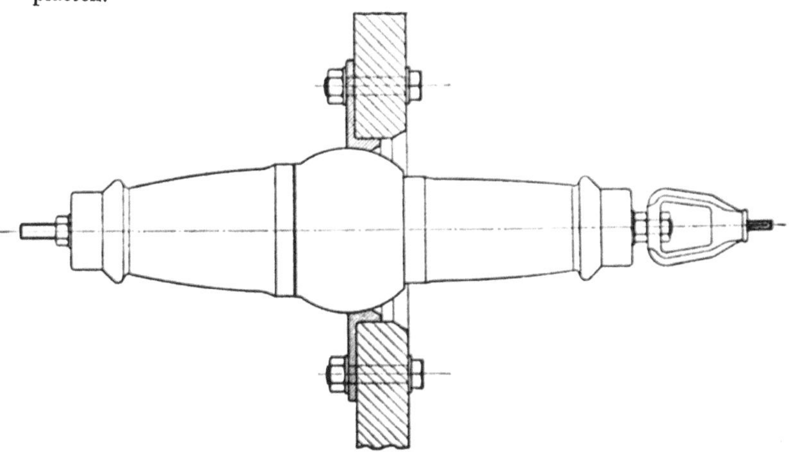

Abb. 343. Abspanndurchführungs-Isolator mit Kugelgelenk für Hochspannung.

selbst abzuschalten. Derartige Stationen werden oft mit zwei Transformatoren ausgerüstet, wovon einer für Kraft und einer für Licht benutzt wird (Abb. 344). Automatische Ölschalter werden in solchen Anlagen gern verwendet, weil das Einsetzen neuer Sicherungen unter Umständen sehr zeitraubend ist und nur durch das Personal des Elektrizitätswerks besorgt werden darf. In freistehenden Stationen werden besondere Schaltluken für die Antriebe der Ölschalter vorgesehen.

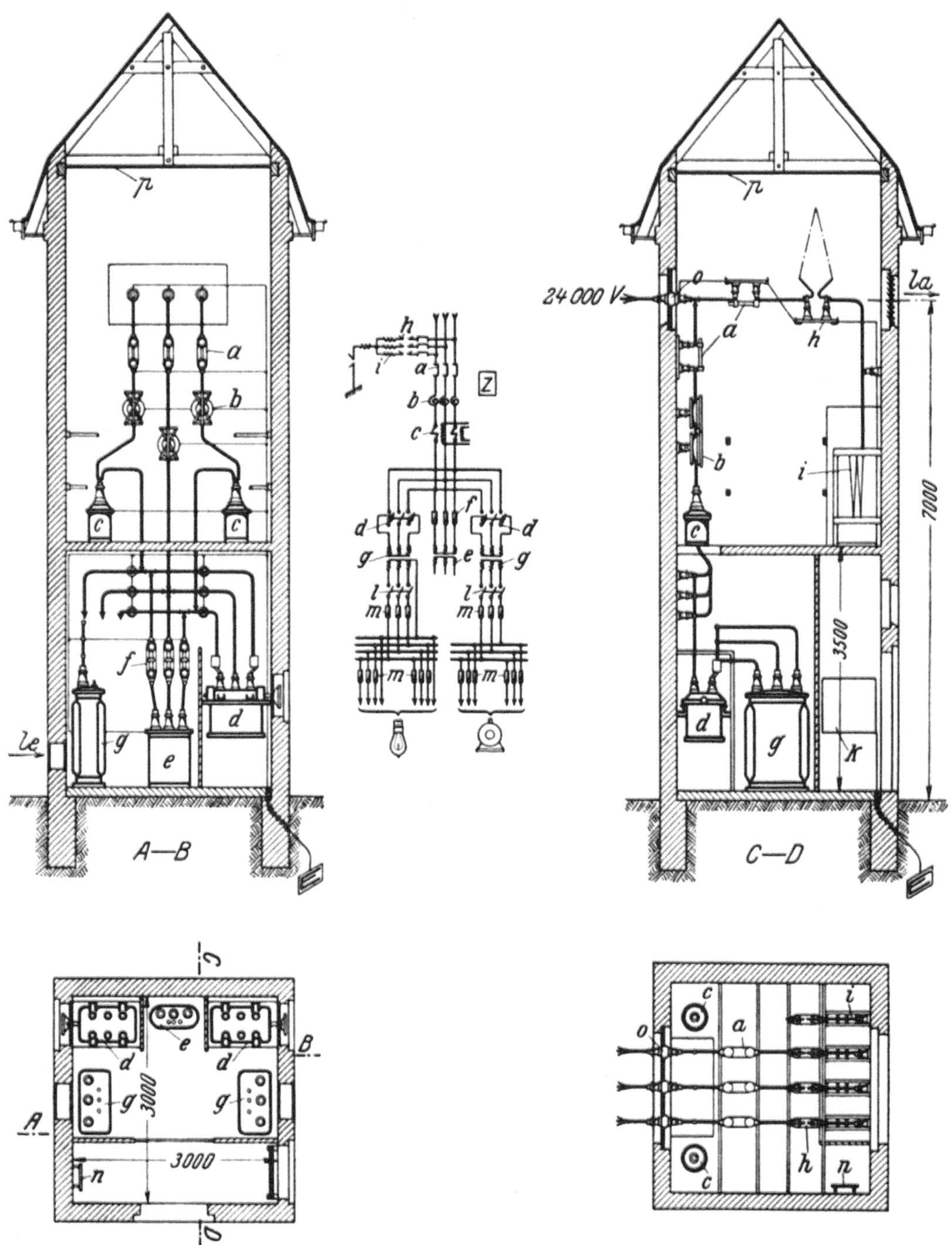

Abb. 344. Konsumentenstation mit Blitzschutz für 2 Transformatoren für Licht und Kraft
je bis 75 kVA, 24000 V.

a = Einpolige Trennschalter	f = Sicherungen für Meßtransformator	l = Niederspannungs-Schalthebel
b = Campos-Drosselspule	g = Leistungstransformator	m = Niederspannungs-Sicherungen
c = Stromwandler	h = Hörnerfunkenableiter	n = Steigeleiter
d = Ölschalter mit Relaisauslösung	i = Dampfungswiderstände	o = Durchführungs-Abspann-Isolatoren mit
e = Drehstrom Meßtransformator	k = Niederspannungs-Schalttafel	[Kugelgelenk
		Z = Zähler

Architekturbeispiele für Netzstationen.
Abb. 345—374.

Abb. 345. Elbtalzentrale. Normale Station für Hochspannungseinführung und Niederspannungsabgang; Einführungsöffnung im Giebel, daher Höhenersparnis. Architekt: W. Issel, Berlin.

Abb. 346. U.C. Gotha. Kabelstation für Zella-St. Blasii. Niederspannungsausführung nach allen Seiten. Architekt: W. Issel, Berlin.

Abb. 347. U.S. Neumark. Transformatoren-Endstation in einfachster Ausführung, System Werkenthin. Architekt: Dr. W. Klingenberg, Berlin.

Abb. 348. Elbtalzentrale. Hochspannungsturm für den Augustusberg Gottleuba. Aus dem Ort entnommener Sandstein, für hervorragenden Aussichtspunkt erbaut. Architekt: W. Issel, Berlin.

Abb. 349. Elbtalzentrale. Normale Kabelstation mit Niederspannungsausführung nach allen Seiten, errichtet für freie Plätze, daher Dach
nach allen Seiten abgewalmt. Architekt: W. Issel, Berlin.

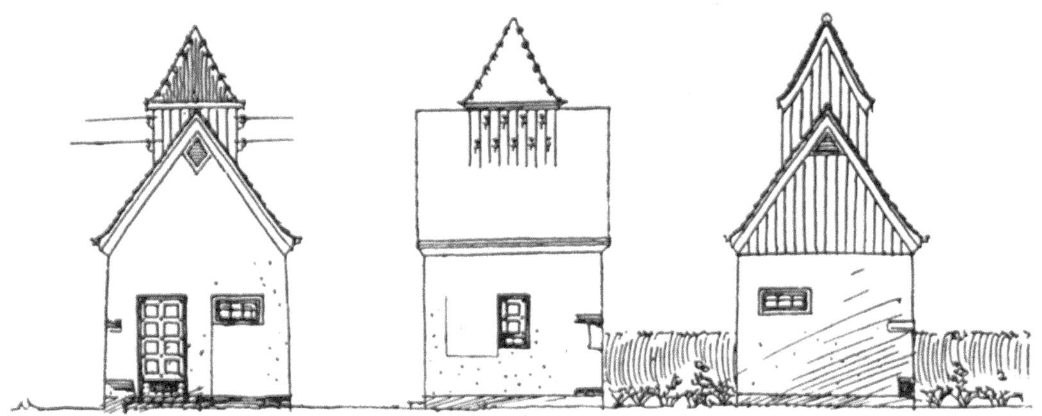

Abb. 350. Elbtalzentrale. Normale Station für Kabeleinführung und Niederspannungsausführung.
In der Nähe von Fachwerk- und geschalten Bauten ist die Station nach dem rechtsgezeichneten
Alternativ mit verschalten Giebeln ausgeführt. Architekt: W. Issel, Berlin.

Abb. 351. Projekt Güstrow. 2 Kabelstationen mit Niederspannungsausführung nach 2 Seiten. Der
Bauart kleiner Landstädte angepaßt durch Verwendung von Fachwerk und Schalung mit hellen
Putzflächen. Architekt: W. Issel, Berlin.

Abb. 352. E.W. Obererzgebirg. Normale Station mit einer Hochspannungseinführung, der Umgebung angepaßt. Architekt: W. Issel, Berlin.

Abb. 353. E.W. Obererzgebirg. Turm für Kabeleinführung und Niederspannungsausführung für den Schloßplatz zu Schwarzenberg. Dem Standpunkt und der Umgebung durch Wahl der Bauformen und Materialien angepaßt. Architekt: W. Issel, Berlin.

Abb. 354. Projekt für Mitteldeutschland. Station für Hochspannungsdurchführung und Niederspannungsabgang. Architekt: W. Issel, Berlin.

Abb. 355. E.W. Minden-Ravensberg. Station für Hochspannungs-Zu- und -Abgang mit oberer Schieferbekleidung und kleinem Schutzdach über der Eingangs- und Schalttür. Architekt: W. Issel, Berlin.

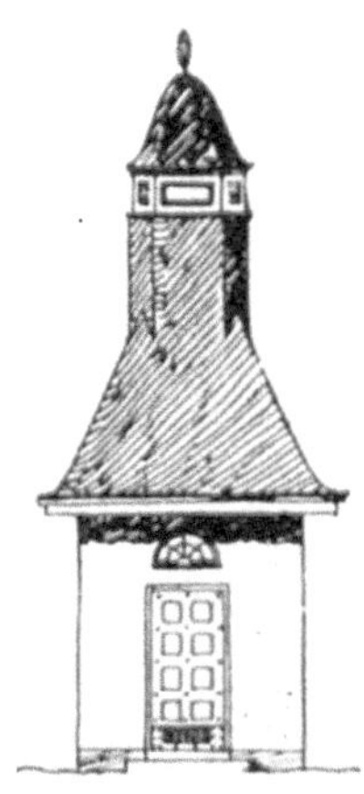

Abb. 356. U.C. Gotha. Station für Kabeleinführung und Niederspannungsausführung nach allen Seiten für Suhl, durch Wahl der Form und Beschieferung dem Stadtbilde angepaßt. Architekt: W.Issel, Berlin.

Abb. 357. U.C. Gotha. Kabeleinführung und Niederspannungsausführung nach vier Seiten. Station ist als Brückenkopf für Suhl ausgebildet. Architekt: W. Issel, Berlin.

Abb. 358. U.C. Gotha. Kabelstation mit Niederspannungsabgang für Suhl. Die Station liegt zwischen zwei steil ansteigenden Straßen u. ist geputzt u. geschiefert wie die Nachbarhäuser. Architekt: W. Issel, Berlin.

Abb. 359. Innenmaststation Klein Ellenberg
für 15000 V. Ü.W. Uelzen. SSW.

Abb. 360. Netzstation Niemdorf II. Ü.W. Uelzen
SSW.

Abb. 361. Gemauerte Transformatorenstation
für 220 V. Ortsnetz Bad Dürkheim. BBC.

Abb. 362. Transformatorensäule mit 50 kVA
Transformator 6500/200—115 V, 1 Ölschalter,
Trennschalter, je 2 ankommende und abgehende
Hochspannungskabel, eine Niederspannungs-
Schalttafel für 6 Verteilungskabel. Mortsell bei
Antwerpen. Soc. d'El. de l'Ercaut. SSW.

Abb. 363. E.W. Obererzgebirg. Station für den Schloßplatz zu Schwarzenberg. Architekt: W. Issel, Berlin.

Abb. 364. E.W. Obererzgebirg. Normale Station für
eine Hochspannungseinführung und 2 Niederspannungs-
ausführungen.

Abb. 365. E.W. Obererzgebirg. Normale Station für eine Hochspannungsausführung, durch
Schieferung und Schalung dem Ortsbilde angepaßt. Architekt: W. Issel, Berlin.

bb. 366. Umspannstation für 20 000 V in
Göllheim. SSW.

Abb. 367. Umspannstation für 20 000 V in
Ruppertsberg. Ü.Z. Rheinpfalz. SSW.

ob. 368. Umspannstation für 20 000 V in
Leimen. SSW.

Abb. 369. Gemauerte Transformatorenstation.
Ü.W. Uelzen. SSW.

Abb. 370 u. 371. U.S. Salzwedel. Normales Haus für eine Hochspannungsausführung. Fachwerk und Rohbau, wie die angrenzenden Dorfbauten. Architekt: W. Issel, Berlin.

Abb. 372. Märkisches Electricitätswerk. Kabelhochführungsstation Herzfelde. Rohbau mit ausgemauertem Fachwerk. Architekt: W. Issel, Berlin.

Abb. 373. Elbzentrale. Hochspannungsturm für den Augustusberg
Gottleuba. Aus dem Ort entnommener Sandstein, für hervorragenden Aussichtspunkt erbaut. Architekt: W. Issel, Berlin.

ob. 374. E.W. Bergheim. Turm für je 2 Hochspannungsleitungen. Architekt: W. Issel, Berlin.

VI. Richtlinien für den Bau großer Elektrizitätswerke.

1. Übersicht über das Arbeitsgebiet.

Die heutigen Verhältnisse zwingen mehr denn je zu wirtschaftlichster Stromerzeugung. Höhere Ausnutzung des Materials, Verminderung der Gewichte ohne Beeinträchtigung der Betriebssicherheit, Verkleinerung des umbauten Raumes und der bebauten Grundfläche sind die zur Herabsetzung des Anlagekapitals geeigneten Mittel. Die Einführung selbsttätig arbeitender Vorrichtungen für die Beförderung der Kohle und Asche, für die Kesselspeisung und für elektrische Schaltungen verringert die Personalkosten; Verluste an Wärme, Schmiermitteln und anderen Stoffen, kurz alle Betriebsverluste sind mit allen Mitteln zu bekämpfen.

Der Weg der Energie ist durch folgende Punkte gekennzeichnet: Kohlenstapelung außerhalb der Kesselhäuser — beschränkte Größe der Kesselhausbunker — Kohlenförderung durch einen ununterbrochenen Transportvorgang bis zur Feuerung — Automatische Feuerungen — organischer Zusammenbau von Kessel und Ekonomiser — Einzelekonomiser statt Gruppenekonomiser — Einzelkamine statt Gruppenkamine — Schmiedeeiserne Kamine statt gemauerter Kamine — Künstlicher Zug — Verminderung der Zugwiderstände im Kessel und Ekonomiser — Erhöhung der mittleren Kesselbelastung ohne Steigerung der maximalen Beanspruchung im ersten Zug — Hoher Dampfdruck und hohe Überhitzung mit selbsttätiger Temperaturregulierung — Automatische Speisung — Geringer Wasserinhalt im Kessel — Schmiegsame, überlastbare Feuerungen — Vorwärmung der Verbrennungsluft — Hohe Dampfgeschwindigkeit in den Rohrleitungen — Kurze Dampfwege zu den Maschinen — Hohe Umdrehungszahlen und Leistungen für Dampfturbinen und Generatoren — Kurzzeitige hohe Überlastbarkeit — Unbedingte Kurzschluß- und Durchschlagsfestigkeit — Kondensationsanlagen mit geringem Arbeitsaufwand — Entgasung des Speisewassers — Speisewasservorwärmung durch Auspuffdampf der Hilfsmaschinen, bzw. durch Anzapfdampf — Kraftschluß der Zirkulationspumpen — Kurze Wasserwege und große Wasserquerschnitte — Abwärmeausnutzung.

Diese Gesichtspunkte muß der Konstrukteur beachten, wenn er die Erhöhung der Betriebssicherheit und Wirtschaftlichkeit mit Aussicht auf Erfolg erreichen will. Sache der Werkverwaltung bleibt es, die gegebenen Möglichkeiten auszunutzen. Sowohl der projektierende wie der ausführende Ingenieur erhält durch eine Baustatistik ein einfaches und leicht anwendbares Hilfsmittel, das ihm über die wichtigsten Größen schnell und sicher Auskunft gibt. Als Beispiel für eine derartige Statistik sei auf die Zusammenstellung der Werte, die sich auf die Anlagen der Victoria Falls & Transvaal Power Co., Ltd. beziehen, hingewiesen (S. 488). Auch als Ergänzung der Beschreibungen ausgeführter Anlagen ist die Zusammenstellung der wesentlichsten Werte in einer Statistik ähnlicher Form wertvoll, weil der verbindende Text die rasche Übersicht erschwert. Der Fachmann kann das Charakteristische der Anlage viel leichter aus den absoluten bzw. spezifischen Zahlenwerten entnehmen, er ist danach insbesondere auch imstande, etwaige Fehler der Projekte festzustellen und Schlüsse für deren Beseitigung zu ziehen.

Der beträchtliche Anteil, den Gehälter und Löhne an den preisbildenden Werten erlangt haben, zwingt zur weiteren Mechanisierung bis zu der durch Rücksichten auf Betriebssicherheit und Übersichtlichkeit gezogenen Grenze. Wenngleich schwere körperliche Arbeit insbesondere bei der Brennstoffhandhabung in größeren Betrieben fast ganz verschwunden ist und nur noch bei Reparaturen geleistet werden muß, so läßt sich doch durch Verminderung der Handarbeit und der Zahl der für die Überwachung des Betriebes erforderlichen Personen noch vieles herausholen. Es ist m. E. wohl denkbar, daß die Betriebsführung der Kesselhäuser, wie z. B. die Regulierung der Brennstoffzufuhr und des Speisewassers, die Betätigung der Ventile und Schieber, die Zugregulierung und selbst die Aschenentfernung entweder automatisch oder von einer Zentralstelle aus durch Fernbetätigung erfolgt, ebenso wie beispielsweise schon heute die Belastungsverteilung, die Spannungsregulierung, ferner die Ein- und Ausschaltung von Generatoron usw. von der Schalttafel des Werkes aus vorgenommen wird. Die Handarbeiten würden sich dann im wesentlichen auf Reinigung und Reparaturen beschränken.

Die Ausgaben für Reparaturen nehmen in der Bilanz von Elektrizitätswerken häufig beträchtliche Werte an. M. E. sind sie zum Teil vermeidbar, weil das seitens der Besteller in der Regel zu stark betonte Streben nach höherem Wirkungsgrad den Hersteller zu gewagten Konstruktionen veranlaßt, die normalen Beanspruchungen zwar standhalten, bei außergewöhnlichen Vorkommnissen aber zusammenbrechen. Als Beispiel diene das übermäßige Hochtreiben des Wirkungsgrades der Generatoren, das den Hersteller zu einem gewagten Kompromiß zwischen Kupferstärke und Isolationsstärke bei der Ausfüllung der Nutenquerschnitte zwingt. Neuere, dem entgegenwirkende Bestrebungen, die beispielsweise für die Generatorwicklungen als Prüfspannung benachbarter Lagen die volle Betriebsspannung vorschreiben, sind deshalb als wirtschaftlichkeitsfördernd zu begrüßen, selbst wenn sie den Höchstwirkungsgrad und die aus dem Material herausholbare Leistung etwas herunterdrücken sollten.

Von größerem Einfluß auf den Heizstoffverbrauch eines Werkes als kleine Unterschiede im Wirkungsgrad seiner Teile ist die richtige Handhabung der Feuerung, die größere Ersparnisse an Brennmaterial bewirkt, als durch technische Verbesserungen erzielbar sind. Die Schwierigkeiten sind in den letzten Jahren beträchtlich gewachsen, weil wohl überall die Beschaffenheit der Brennstoffe zurückgegangen ist und Heizwert, Körnung und Aschengehalt nicht mehr so gleichmäßig und günstig sind wie früher. Man ist daher vielfach genötigt, gasreiche und gasarme Kohle, Stücke und Staub, reine und steinige Kohle hintereinander auf denselben Rosten zu verfeuern. Die Statistik zeigt demgemäß, daß der spezifische Kohlenverbrauch gegenüber den Verhältnissen vor dem Kriege fast überall beträchtlich gestiegen ist. Man hat sich deshalb in vielen Werken durch Einbau von Unterwindanlagen den wechselnden Brennstoffverhältnissen anzupassen versucht. Dadurch können auch verhältnismäßig gasarme, aschenreiche Kohlen, ja sogar Koks auf Wanderrosten, manchmal auch ohne Zusatz gasreicherer Brennstoffe, zu befriedigendem Brennen gebracht werden. In diesem Zusammenhang sei auf Kohlenstaubfeuerungen, die an anderer Stelle (S. 316) besprochen sind, hingewiesen.

2. Lage des Werkes.

Wegen der Kosten der Fernübertragung sollte das Werk möglichst im Schwerpunkt des Verbrauchs liegen. Wirtschaftliche Erwägungen anderer Art, die sich vor allem auf Grundstückspreis, Güte des Baugrundes, Wasserbeschaffung und Kohlenzufuhr erstrecken, werden jedoch häufig für eine andere Wahl des Bauplatzes ausschlaggebend sein und eine erhebliche Verschiebung bedingen. Wie an anderer Stelle gezeigt ist (S. 107), stellt sich elektrische Übertragung, guter Belastungsfaktor vorausgesetzt, innerhalb ziemlich großer Entfernungen billiger als der Eisenbahntransport der

Kohle. Ohne Schädigung der Gesamtwirtschaftlichkeit wird man daher ein Steinkohlenkraftwerk nur dann beträchtlich aus dem Konsumschwerpunkte verlegen dürfen, wenn es in unmittelbarer Nähe einer Kohlengrube oder an einem schiffbaren Wasserwege mit billiger Kohlenzufuhr errichtet werden kann. Auch der große Kühlwasserbedarf (ca. 0,3 bis 0,4 m^3/kWh) läßt die Lage des Werkes an einem größeren Wasserlaufe oder See wünschenswert erscheinen, weil dann Rückkühlanlagen wegfallen, die neben erheblichem Kostenaufwand öfter bis zu 18 vH größeren Kohlenverbrauch (hervorgerufen durch schlechteres Vakuum und größere Leistung der Luft- und Zirkulationswasserpumpen, demnach wesentliche Erhöhung der konstanten Verluste) bedingen.

Bei der engeren Auswahl des Bauplatzes sind vor allem Geländeverhältnisse, Beschaffenheit des Baugrundes, Grundwasserstand und etwaige Hochwassergefahr zu berücksichtigen; seine Größe richtet sich nach den in absehbarer Zeit zu erwartenden Erweiterungen, der ungünstigsten Falles zu stapelnden Kohlenmenge und dem Platzbedarf für Lagerung anderer Materialien.

Der zweckmäßigste Grundriß, d. h. die relative Lage von Kessel-, Maschinen- und Schalträumen und die Art der Kohlenstapelung ist nach den. vorstehend entwickelten Gesichtspunkten von Fall zu Fall zu bestimmen.

Die Höhenlagen sollten so gewählt werden, daß die Saughöhe der Kühlwasserpumpen klein und der Erdaushub tunlichst beschränkt wird; gleichzeitig muß bequeme Verbindung der einzelnen Betriebsräume unter möglichster Vermeidung von Treppen angestrebt werden. Eine gute Lösung ergibt sich, wenn der Fußboden des Kondensatorraumes mit dem der Kesselhäuser auf gleicher Höhe, und zwar auf Geländehöhe, liegt.

Man gelangt dann vom Mittelgang der Kesselhäuser unmittelbar in den Kondensatorraum und vom Maschinenhausflur ohne Stufen auf die Bedienungsgalerie der Kessel, von der bequeme Treppen nach dem Kesselhausflur führen sollten. Liegt letzterer auf Geländehöhe, so ergibt sich gleichzeitig eine unmittelbare Verbindung des Aschenkellers mit den Transportkanälen unterhalb des Kohlenlagerplatzes, falls dieser zu ebener Erde angeordnet wird.

Die Schalträume sollten, gleichgültig ob sie an das Maschinenhaus angebaut oder in einem eigenen Schalthause untergebracht werden, so angelegt sein, daß der Hauptbedienungsgang mit dem Maschinenhausflur auf ziemlich gleicher Höhe liegt.

3. Energieschema.

Der sachgemäße Entwurf von Großkraftwerken führt zu einer Anordnung, durch die der Transport der Energie und ihre Umformung nacheinander auf gradlinigem Wege erfolgt; die Nebenprozesse verlaufen senkrecht zu diesem Wege wiederum auf möglichst kurzer Strecke (Abb. 375).

Von verschiedenen Stellen des Lagerplatzes ausgehend, läuft die Energie als Kohle gradlinig in die Achse des Kesselhauses und verteilt sich auf die verschiedenen Kessel, in denen die erste Umwandlung, in Dampfenergie, stattfindet. Von den Kesseln geht sie in gleicher Richtung weiter zu den Turbinen, wo sie in mechanische Energie umgesetzt wird, dann in die Generatoren, wo Umformung in elektrische Energie erfolgt; in derselben Richtung weiter in die Maschinensammelschienen des Schalthauses, darauf in die Verteilungssammelschienen und schließlich in die Speiseleitungen.

Die Nebenprozesse sollen sich auf möglichst kurzem Wege senkrecht zu dieser Richtung abspielen. Zunächst Zuführung der Verbrennungsluft in die Kessel, die aus dem Kesselhause entnommen wird, und Ableitung der Abgase so rasch als tunlich durch Einzelkamine senkrecht nach oben. Bei der Dampfturbine Ableitung des Abdampfes durch die Kondensatoren nach unten senkrecht zur Hauptrichtung. Zu- und

Ableitung des Kühlwassers durch Kanäle senkrecht zur Hauptrichtung. Zu- und Ableitung der Kühlluft für die Generatoren senkrecht nach unten, möglichst kurze Verbindung mit der Außenwand des Maschinenhauses. Die einzige Ausnahme bildet der Weg des Speisewassers, das rückläufig fließen muß, weil man an die Verwendung des Kondensates gebunden ist.

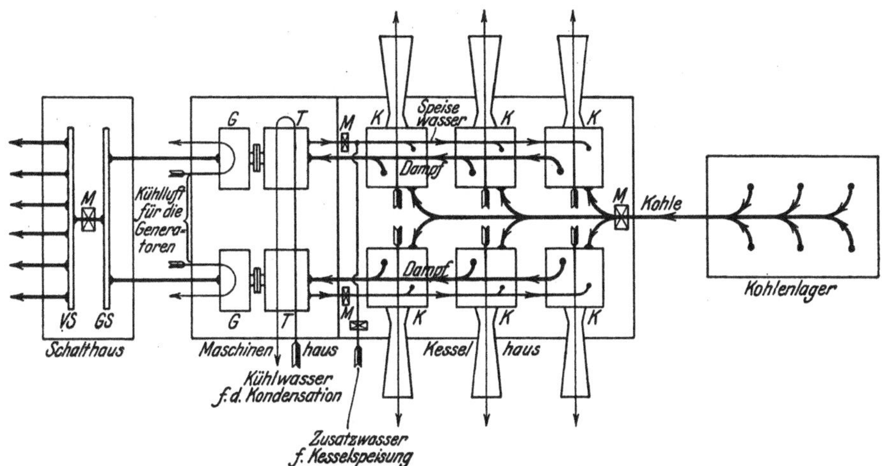

Abb. 375. Energieschema für ein Elektrizitätswerk.

K = Kessel. T = Turbine. G = Generator. GS = Generatoren-Sammelschiene. VS = Verteilungs-Sammelschiene. M = Verbrauchsmesser.

4. Wasserbeschaffung und Wasserreinigung.

a) Eigenschaften und Aufgaben des Wassers.

Wasser ist ein vorzügliches Lösungsmittel für viele gasförmige und feste Körper und hat bei seinem steten Kreislauf in der Natur hinreichend Gelegenheit, sich mit den Bestandteilen der Luft und den organischen und anorganischen wasserlöslichen Teilen des Erdbodens zu sättigen. Natürliche Wasser enthalten daher fremde Stoffe in erheblicher Menge in Lösung. Außer diesen gelösten Stoffen führen sie meistens noch Schwebestoffe mit sich. Dies ist in besonderem Maße der Fall, wenn Grundwasser, stehendes oder fließendes Wasser durch Abwässer aus Siedelungen oder Fabriken verunreinigt ist.

Alle gelösten Stoffe und Beimengungen scheiden sich unter gewissen Bedingungen wieder aus und verursachen teils durch ihre chemische Einwirkung, teils durch Ablagerungen auf die Gefäßwandungen gewisse Gefahren für den Betrieb. Geeignete Behandlung des Wassers vor seiner Verwendung ist daher von größter Bedeutung.

Die Aufgaben des Wassers sind zweifacher Art. Das im Kesselhaus in dampfförmigen Zustand übergeführte Wasser dient dazu, die latente Energie des Brennstoffes auf die Kraftmaschinen zu übertragen. Außerdem dient Wasser als Kühlmittel, um die Abwärme der Kraftmaschinen fortzuführen. Aus diesem Aufgabenkreis heraus stellt es daher in jedem Dampfkraftwerk neben der Kohle den wichtigsten Betriebsstoff dar.

Um seine Aufgabe voll erfüllen zu können, muß es in bezug auf Menge, Reinheit und Temperatur gewissen Bedingungen genügen. Es ist Aufgabe einer sachgemäßen Verwaltung, dafür zu sorgen, daß diese Betriebsbedingungen dauernd erfüllt werden. Dabei ist zu unterscheiden zwischen den hohen Anforderungen des Kesselbetriebes und den milderen der Kühlwasserversorgung.

b) Wasserbedarf.

Die sorgfältige Berechnung des Wasserbedarfs ist beim Entwurf eines Dampfkraftwerkes um so wichtiger, je schwieriger und teurer die Wasserbeschaffung ist. Für die Kesselspeisung wird das Kondensat der Dampfturbinen wieder verwendet. In diesem Kreislauf entsteht ein Verlust von etwa 3 bis 8 vH, welcher zu ergänzen ist.

Da das Vakuum im Kondensator und damit der Dampfverbrauch von der Kühlwirkung des Wassers stark abhängt, so sind reichliche Kühlwassermengen erforderlich. Man kann annehmen, daß im Bereich von 20 und 30^{0} C je 5^{0} Temperaturänderung des Kühlwassers etwa $1^{1}/_{2}$ vH Änderung des Vakuums zur Folge haben, und daß 1 vH Änderung des Vakuums den Dampfverbrauch um $1^{1}/_{2}$ vH verschiebt (Kap. VI, S. 354).

Wird das Kühlwasser einem Flußlauf entnommen, so rechnet man mit einer Menge entsprechend dem 50 bis 70-fachen Verbrauch der Turbinen an Dampf oder mit 0,25 m^{3} für jedes kW Turbinennennleistung.

Muß jedoch auch das Kühlwasser im Kreislauf nach erfolgter Rückkühlung wieder verwendet werden, so sind an Zusatzkühlwasser etwa 80 bis 100 vH des Dampfverbrauchs der Turbinen einzusetzen.

Für allgemeine Zwecke, wie Reinigungsarbeiten usw., ist ein Aufschlag von etwa 10 vH des Wasserverbrauchs zu machen.

Wasservorkommen und Kohlenvorkommen sind für die Bedürfnisse eines Werkes oft nicht günstig zueinander gelegen. Eingehende Untersuchungen sind anzustellen, ob es zweckmäßiger ist, ein Kraftwerk an einem Flußlauf oder auf einem Bergwerk zu errichten (Kraftwerk Golpa, Kap. IX, S. 512). Über die Verwendung von großen Teichen wurden bei der Projektierung des Kraftwerkes Rosherville (Kap. VIII, S. 443) ausführliche Untersuchungen angestellt.

Läßt sich eine Rückkühlanlage nicht vermeiden, so beschränkt sich die Untersuchung auf Menge und Qualität des Zusatzwassers, das durch Niederschläge, in Teichen, Quellen oder als Grundwasser zur Verfügung steht.

c) Reinigung des Wassers durch chemische Mittel.

Die Wärmeübertragung durch Gefäßwände ist um so vollkommener je reiner die Wände sind.

Der Kesselwirkungsgrad wird zwar durch einen Kesselsteinbelag von wenigen mm Stärke wesentlich weniger verringert, als vielfach angenommen wird. Infolge der hohen, heute üblichen Belastung der vordersten Heizfläche, an der sich in erster Linie Niederschläge bilden, steigt selbst bei dünnem Steinbelag die Wandungstemperatur der Wasserrohre so stark an, daß sie nach kurzer Zeit ausbeulen oder aufreißen. Sorgsame Wasseraufbereitung ist daher mit Rücksicht auf lange Lebensdauer der Kessel und die Betriebssicherheit eines Werkes mindestens ebenso wichtig, als mit Rücksicht auf gute Brennstoffausnutzung.

Die chemische Zusammensetzung der vom Wasser aufgenommenen Fremdstoffe ist abhängig von der geologischen Formation, mit welcher das Wasser beim Durchsickern durch das Erdreich auf seinem Wege bis zum Kraftwerk in Berührung gekommen ist, sowie von der Art der aufgenommenen Abwässer aus Fabriken und Wohnstätten.

In den verschiedenen Jahreszeiten, häufig auch schon nach heftigen Regengüssen ändern sich Menge und Zusammensetzung der Verunreinigungen. Da aber die chemischen Wasserreinigungsmittel mit den Fremdstoffen im Wasser, die sie fällen sollen, abgestimmt werden müssen, so bedarf es einer dauernden chemischen Untersuchung des Betriebswassers.

Es ist nicht angängig, sich von der wechselnden Beschaffenheit des Wassers dadurch unabhängig machen zu wollen, daß die chemischen Reaktionsmittel in nennenswertem Überschuß zugesetzt werden, weil dieser Überschuß Fremdstoffe darstellt und, abgesehen von seinen Kosten, nur neue Schwierigkeiten verursachen würde.

Im normalen Kesselbetrieb befindet sich das Wasser in ständigem Kreislauf vom Kessel durch Turbine und Kondensator zurück zum Kessel. Da aber die gelösten Stoffe nicht mit verdampfen, so reichern sich die im Zusatzwasser mitgeführten Verunreinigungen im Kessel an. Die chemische Untersuchung des Wassers muß sich daher auf den Kesselinhalt und auf das Zusatzwasser erstrecken.

Da es ferner kein Fällungsmittel gibt, das chemisch reines Wasser zu erzeugen gestattet, so ist auch die Zusammensetzung des gereinigten Speisewassers zu untersuchen. Selbst Turbinenkondensat kann infolge undichten Kondensators erhebliche Mengen Rohwasser enthalten, und sollte deshalb ebenfalls regelmäßigen chemischen Untersuchungen unterliegen.

In Rückkühlungsanlagen reichert sich auch das Kühlwasser mit Fremdstoffen an, die im Zusatzwasser enthalten sind. Um der Verschmutzung des Kondensators vorzubeugen, muß daher auch dieses Wasser dauernd untersucht werden. Es ist schon vorgekommen, daß Kühltürme der Last der Ablagerungen nicht mehr gewachsen waren und zusammenbrachen.

Zu den schädlichen Beimengungen des Wassers rechnet man:

1. Gase. Die schädlichsten Gase sind wegen ihres Sauerstoffgehaltes Luft und Kohlensäure. Sie verursachen rostartige Anfressungen des Kesselinnern und der Rohrleitungen. Teilweise Ausscheidung durch Erwärmen des Wassers auf etwa 80 bis 100° ist möglich. Wenn die Gase jedoch im Kreislauf des Turbinenkondensats aufgenommen wurden, so lassen sie sich nur dadurch unschädlich machen, daß das Wasser leicht oxydierbare Metallteile mit großer Oberfläche durchstreicht (z. B. Eisenspanfilter), die den verschluckten Sauerstoff aufnehmen, oder durch Auskochen bzw. Destillieren. Besser ist es jedoch, das Wasser auf seinem Kreislauf möglichst gut gegen Aufnahme von Luft zu schützen.

2. Freie Säuren. Freie Säuren greifen die Metallteile der Kessel und Rohrleitungen an und müssen daher neutralisiert werden. Dieses geschieht zweckmäßig durch Zusatz von Soda (Na_2CO_3). Auch durch häufiges Erneuern des Kesselinhalts läßt sich eine schädliche Anreicherung vermeiden.

3. Kesselsteinbildner. Hierzu gehören in erster Linie schwefelsaurer Kalk ($CaSO_4$), ferner kohlensaurer Kalk ($CaCO_3$) und kohlensaure Magnesia ($MgCO_3$). In vielen Fällen ist auch Chlor an Magnesia gebunden und in dieser Form sehr schädlich, weil es zu Korrosionen Anlaß gibt. Seltener sind schwefelsaure Magnesia und salpetersaure Salze. Chlornatrium ist an der Kesselsteinbildung nicht beteiligt. Dagegen scheidet sich Kaliumsulfat in kurzer Zeit selbst bei einem nicht zu hohen Gehalt ab. Im Gegensatz zu $CaCO_3$ und $MgCO_3$, welche als Schlamm ausfallen, bildet Gips ($CaSO_4$) eine feste, steinharte Masse, die auch den Schlamm von $CaCO_3$ und $MgCO_3$ in sich aufzunehmen bzw. zu verkitten vermag. Je größer der Anteil an $CaSO_4$ ist, um so härter wird der Kesselstein. Weiter findet sich im Kesselstein noch Kieselsäure (SiO_2), Eisenoxyd und Tonerde. Das im Wasser gelöste Eisenoxydul wird durch Oxydation in Eisenoxydhydrat übergeführt und dadurch ausgefällt.

4. Öl. Bei geringer Kesselbeanspruchung soll Öl in ganz kleinen Mengen unschädlich sein und sogar günstige Eigenschaften gezeigt haben, weil es das Ansetzen von Kesselstein erschwert und Korrosionen verhütet. In hochbeanspruchten Kesseln wirkt es jedoch nur schädlich; Beimengungen von mehr als 4 bis 5 Gramm/m³ Wasser sind zu vermeiden.

5. Alkalien. Durch hohen Überschuß an Fällungsmitteln schäumt der Kessel auf und Messingarmaturen werden angegriffen und undicht. Der Schaum wird vom

Dampf mitgerissen und verursacht an vorspringenden Ecken, in Krümmungen und an Turbinenschaufeln Salzausscheidungen. Zuweilen findet man faustgroße Nester von Sodaniederschlägen in Ventilen und an Turbinenschaufeln.

Durch die chemische Reinigung wird der im Betriebswasser gelöst enthaltene Gips ($CaSO_4$) in wasserunlösliches $CaCO_3$ übergeführt, und die noch in Lösung befindlichen Bikarbonate ($CaHCO_3)_2$ und $Mg(HCO_3)_2$ in die unlöslichen Monokarbonate $CaCO_3$ und $MgCO_3$ zerlegt und ausgefällt oder es wird das zweite Molekül CO_2 an Kalk gebunden und etwaiges Magnesiumchlorid in unlösliches Magnesiumkarbonat umgesetzt. Die gefällten, festen Körper können dann abgeschäumt werden.

Man unterscheidet Wasserreinigungsverfahren nach folgenden 7 verschiedenen Stoffen:

Ätzkalk (CaO)	Ätznatron (NaOH)	Bariumkarbonat
Soda (Na_2CO_3)	Bariumhydroxyd	Natrolith
Ätzkalk und Soda.		

Das Ätzkalk-Verfahren kommt allein selten zur Anwendung, zumal etwaiger Gips doch in Lösung verbleibt und zur Bildung von Kesselstein Anlaß gibt.

Das Soda-Verfahren bewirkt in erster Linie die Unschädlichmachung von $CaSO_4$. Es hat noch den Vorteil, daß etwa vorhandenes Chlormagnesium, Magnesiumnitrat oder Magnesiumsulfat ebenfalls in unschädliche Verbindungen umgesetzt wird.

Durch das Ätzkalk- und Soda-Verfahren wird das Speisewasser von $CaSO_4$, $CaCO_3$, $Ca(HCO_3)_2$, sowie von $MgCl_2$ befreit, während Na_2SO_4, $NaHCO_3$ und $NaCl$ in Lösung bleiben, jedoch unschädlich sind.

Das Ätznatron-Verfahren findet Anwendung zur Entfernung von $CaCO_3$ und $CaSO_4$.

Das Baryt-Verfahren bezweckt insbesondere die Entfernung von H_2SO_4, sowie der Salze $CaSO_4$ und $MgSO_4$ durch Barythydrat (BaH_2O_2) und kohlensauren Baryt ($BaCO_3$). Barythydrat kommt des hohen Preises wegen weniger in Frage. Nicht zersetzt werden $CaCl_2$ und $MgCl_2$. Das Verfahren verlangt eine lebhafte Umrührung während der Reaktion und den Zusatz eines beträchtlichen Überschusses an $BaCO_3$.

Das Permutit-Verfahren beruht auf der Verwendung von Natrolith, einem basischen Aluminatsilikat, das durch denaturiertes Kochsalz regeneriert werden kann und daher eine Wasserreinigung mit einfachen Mitteln gestattet.

Aus vorstehendem ergibt sich, daß das Sodaverfahren anwendbar ist, wenn schwefelsaurer Kalk vorherrscht. Für kohlensauren Kalk ist das beste Fällungsmittel Ätzkalk. Enthält das Wasser viel CO_2, aber wenig H_2SO_4, so wird Ätznatron und Soda zur Anwendung kommen. Ist dagegen viel H_2SO_4 im Wasser enthalten, so ist das Barytverfahren zu empfehlen.

Nur eine sorgfältig ausgeführte qualitative und quantitative chemische Wasseruntersuchung gibt einen einwandfreien Aufschluß über Art und Menge der zuzusetzenden Fällungsmittel. Die Analyse soll in erster Linie den Gehalt an CaO, MgO und SO_3 feststellen und daneben noch die Beimengungen von HCl, HNO_3 und Cl ermitteln.

Je höher die Wassertemperatur während der chemischen Einwirkung der Stoffe ist, um so schneller vollzieht sich die Fällung. Zum Ausgleich von Unregelmäßigkeiten empfiehlt es sich, einen Zuschlag von etwa 10 vH zu der theoretisch erforderlichen Menge an Fällungsmitteln zu machen. Auch auf den Gehalt an chemisch wirksamen Stoffen in angelieferten Chemikalien muß geachtet werden.

d) Reinigung durch Destillation.

Eine chemische Reinigung muß schon als gut bezeichnet werden, wenn es gelingt, die Härte auf 2 bis 3 Grad herabzudrücken (1^0 Härte $= 10$ mg CaO im Liter, 1 mg MgO äquivalent 1,4 mg CaO). Es liegt daher nahe, das Zusatzwasser zu destillieren. In Frage kommt hierfür natürlich nur das Zusatzwasser für die Kesselspeisung.

Die Aufbereitung des Zusatzwassers durch Destillation kann bei solchen Rohwässern zur Notwendigkeit werden, die Verunreinigungen enthalten, welche durch Chemikalien nicht gefällt oder in eine für den Kesselbetrieb unschädliche Form übergeführt werden können. Hierzu zählen vor allem Wasser mit stärkerem Gehalt an Kochsalz, also in erster Linie Meerwasser oder Brakwasser.

Man sollte auch bei Werken in Nähe des Meeres versuchen, Brunnenwasser oder Wasser aus ferner gelegenen Versorgungsgebieten als Zusatzwasser heranzuziehen, weil die Anlagekosten selbst einer langen Wasserleitung oder die Bezahlung beträchtlicher Wasserpreise bei Entnahme aus einer öffentlichen Wasserversorgung oft billiger sind als die Aufbereitung mittels Destillieranlagen. Immerhin aber gibt es Fälle, wo Destillieranlagen nicht vermieden werden können.

Destillieranlagen werden grundsätzlich als sogenannte Einfach- oder Mehrfach-Effektanlagen ausgeführt. Bei ersteren wird die Verdampfung des Rohwassers meist durch Frischdampf hoher Spannung und zwar derart bewirkt, daß die aus dem Rohwasser sich bildenden Brüden durch besonderes Kühlwasser oder durch Turbinenkondensat kondensiert werden. Einfach-Verdampfer erzeugen mit 1 kg Frischdampf nur rund 0,9 kg Kondensat, haben also sehr großen Wärmeverbrauch. Infolgedessen kommen sie trotz ihrer Einfachheit und verhältnismäßigen Billigkeit nur für kleinere Kraftwerke oder für gelegentliche Aushilfe in solchen Anlagen in Betracht, wo nur kurze Zeit im Jahr salzhaltiges Wasser zur Kesselspeisung herangezogen werden muß.

In allen anderen Fällen sind Mehrfach-Verdampfer vorteilhafter. Sie bestehen aus mehreren, (meist 3) hintereinander geschalteten Einzelverdampfern, von denen jeder folgende mit dem aus dem vorhergehenden kommenden Brüden beheizt wird. Der Brüden des mit niederstem Druck arbeitenden letzten Verdampfers wird meistens durch Turbinenkondensat niedergeschlagen. Bei einer neuartigen Form der Mehrfach-Verdampfer wird der Brüdendampf der Niederdruckstufe komprimiert und der Hochdruckstufe erneut zugeführt. Die Kompression kann entweder mechanisch oder durch Zusatz von Frischdampf in einem Strahlverdichter erfolgen. In Mehrfach-Verdampfern können etwa 3 bis 5 kg Destillat mit 1 kg Frischdampf gewonnen werden. Endlich gibt es seit einiger Zeit ein Verfahren, bei welchem die Verdampferanlage in inniger Verbindung mit dem Kondensator einer oder mehrerer Turbinen steht und bei welchem das etwa 10^0 C betragende Temperaturgefälle zwischen Eintritts- und Austrittstemperatur des Kondensatorkühlwassers zur Verdampfung eines Teiles des aus dem Kondensator abfließenden, also bereits erwärmten Kühlwassers benutzt wird.

Bei Mehrfach-Verdampfern ist das nutzbare Temperaturgefälle zwischen Heizdampf und Rohwasser nur klein. Ihre Leistung hängt deshalb sehr von der Reinheit ihrer Heizfläche ab. Zudem bereitet die Beseitigung von Kesselstein aus Destillierapparaten vielfach große Mühe. Es ist daher zu empfehlen, das Rohwasser durch Aufkochen oder durch chemische Mittel vor Eintritt in die Destillierapparate von unangenehmen Kesselsteinbildnern möglichst zu befreien. Ferner ist auf eine Bauart zu achten, bei welcher Kesselstein leicht und ohne Beschädigung des Apparates entfernt werden kann.

In den meisten Fällen ist es möglich, beim Destillieren im Rohwasser enthaltene Gase gleichzeitig auszuscheiden und ein praktisch gasfreies Destillat zu gewinnen. Diese Destillate nehmen ebenso wie Turbinenkondensat begierig Luftsauerstoff und Kohlensäure auf und müssen hiergegen sorgfältig geschützt werden.

Für die Destillierapparate wird man in erster Linie den Abdampf der Kesselspeisepumpen oder anderer Hilfsmaschinen heranziehen. In Nordamerika wurden in den letzten Jahren vielfach für die Erzeugung des Eigenstromverbrauches besondere Turbinen, sogenannte Hausturbinen, aufgestellt, die mit Auspuff oder einem in der Nähe des atmosphärischen Druckes liegenden Gegendruck arbeiten und deren Abdampf für Destillierzwecke verwendet wird. Außer dem Abdampf der Hausturbine und dem Abdampf der Speisepumpe benutzen sie vielfach noch Dampf, der aus einer oder mehreren Stufen der Hauptturbine abgezapft wird. Grundsätzlich liegt diesem Verfahren der Gedanke zugrunde, den Arbeitsprozeß der Hauptturbine zwecks Erhöhung des thermischen Wirkungsgrades in Abweichung vom üblichen Rankine-Prozeß so zu gestalten, daß die Expansion des Dampfes unter Wärmeentziehung stattfindet und daß die während der Expansion entzogene Wärmemenge dem als Speisewasser verwendeten Kondensat zugeführt wird. Abb. 376 u. 377

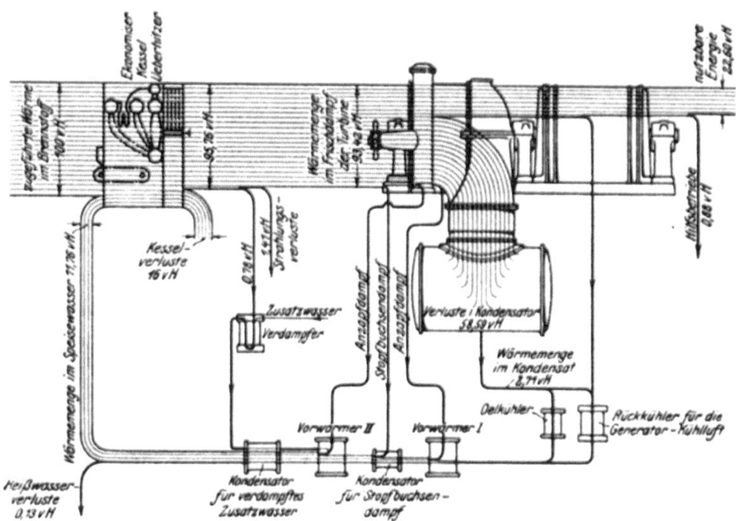

Abb. 376. Wärmebilanz für ein Kraftwerk für normalen Kesseldruck (rd. 24 at) mit zweifacher Dampfanzapfung zur Vorwärmung des Speisewassers (nach Power 1923, S. 45).

zeigen zwei Ausführungsbeispiele solcher Schaltungen mit weitgehender Ausnutzung aller Abwärme und ohne Benutzung einer „Hausturbine", für Dampf von 25 at und

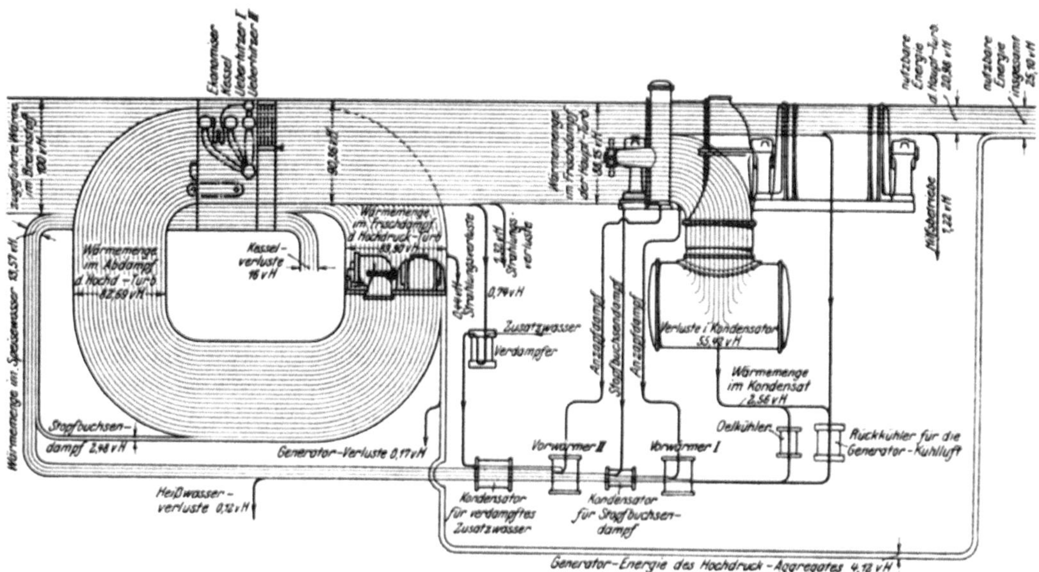

Abb. 377. Wärmebilanz für ein Kraftwerk für rd. 70 at Höchstdruckdampf mit zweifacher Anzapfung der Hauptturbine zur Vorwärmung des Speisewassers und Zwischenüberhitzung des Arbeitsdampfes nach Verlassen der Höchstdruckvorschaltturbine (nach Power 1823, S. 45).

von 70 at. Im letzteren Fall arbeitet die Anlage mit einer besonderen Höchstdruckturbine und mit Zwischenüberhitzung.

Da die Abdampfmenge der Hausturbine im Verhältnis zum Dampfverbrauch der Hauptturbinen in gewissen Grenzen mit der Belastung des Werkes wechselt, muß ein Ausgleich in der Zufuhr des Heizdampfes geschaffen werden, wenn das Speisewasser dauernd dieselbe Temperatur haben soll. Dies kann entweder dadurch geschehen, daß der Gegendruck der Hausturbine geändert oder aber ein wechselnder Teil der zum Eigenverbrauch benötigten elektrischen Energie den Hauptsammelschienen entnommen wird. Auch hier gibt es zahlreiche Schaltungen, die zwischen Einfachheit und Betriebssicherheit einerseits und möglichst vollkommener Wärmewirtschaft andererseits einen tunlichst günstigen Kompromiß anstreben. Die für den Betrieb solcher Anlagen erforderlichen Schaltungen und Maßnahmen werden im Ausland zuweilen unter dem Begriff „heat balance" zusammengefaßt. Auf ihre Durchbildung wurde sehr viel Mühe und Sorgfalt verwandt, doch gehen auch in Amerika die Ansichten über die Zweckmäßigkeit besonderer Hausturbinen noch auseinander.

Zur Zeit wird es, wenigstens für Deutschland, vielfach billiger und vorteilhafter sein, das Zusatzwasser auf chemischem Wege sorgfältig aufzubereiten, sofern dies nicht wie bei stark salzhaltigem Wasser, unmöglich ist. Bei der immer größer werdenden Leistung moderner Kraftwerke spielen aber wenige Prozente Kohlenersparnis unter Umständen eine sehr wichtige Rolle. Die hohe Heizflächenbelastung neuzeitlicher Dampfkessel und die Neigung, die Einzelheizfläche der Kessel zu erhöhen, stellen zudem an die Reinheit des Speisewassers immer größere Ansprüche. Die amerikanischen Bestrebungen, eine gute Lösung der „heat balance" zu finden, verdienen daher alle Beachtung und es könnte wohl sein, daß man aus den eben erwähnten Gesichtspunkten heraus sich im Laufe der Zeit auch bei uns mit solchen Anordnungen und Arbeitsweisen der Zusatzwasseraufbereitung wird befreunden müssen, die heute vielleicht für den täglichen Betrieb als noch zu verwickelt oder empfindlich erscheinen.

e) Mechanische Reinigung.

Während die chemische Wasserreinigung die Ausfällung der im Wasser gelösten Fremdstoffe bezweckt, ist die Aufgabe der mechanischen Wasserreinigung, für welche in der Hauptsache das Kühlwasser in Frage kommt, die im Wasser vorhandenen Schwebestoffe abzuscheiden. Mit der Feinheit des Korns dieser Fremdstoffe wachsen die Schwierigkeiten der Wasserklärung beträchtlich, weil die Poren der Siebe und Filter entsprechend eng werden müssen und sich daher leicht verstopfen. Die für eine gegebene Kühlwassermenge erforderliche Filteroberfläche wird daher um so größer, je enger das Filternetz sein muß.

Auch das spezifische Gewicht der Schwebestoffe ist für die aufzuwendende Klärarbeit von Bedeutung, weil nötigenfalls mit einer gewissen Ablagerung auf dem Wege zum Filter gerechnet werden kann.

Wo es irgend angängig ist, wird man mit der natürlichen Ablagerung der Fremdstoffe ohne besondere mechanische Verfahren lediglich durch Verlangsamung der Wassergeschwindigkeit auszukommen suchen, weil dadurch Anlage- und Betriebskosten nicht unwesentlich verringert werden können.

Es hat sich aber herausgestellt, daß Absatzbecken, Kläranlagen und dergleichen für größere Kühlwassermengen nicht ausreichen, selbst wenn das Wasser vorher Rechenanlagen durchströmt. Es haben sich daher mit der Zeit bewegliche Siebanlagen eingebürgert, welche den Bedürfnissen großer Werke genügen. Das Kühlwasser durchströmt in der Regel bei dem Einlauf zuerst eine breit angelegte Rechenanlage und gelangt dann in einzelne Kammern mit beweglichen Sieben. Eine Unterteilung ist wünschenswert um die Siebe bequem reinigen und mit geringer Reserve auskommen zu können. Die Maschenweite der beweglichen Siebe wird den jeweiligen Erfordernissen angepaßt. Die Siebe sind zusammenhängend oder besser aus einzelnen Siebplatten zu einer endlosen Kette zusammengesetzt. Als Material wird Spezialbronzegaze verwandt. Der Antrieb erfolgt elektrisch. Durch eine Abspritzvorrichtung, die außerhalb des zu reinigenden Wassers liegt, können die umlaufenden Siebe ohne Betriebsunterbrechung gründlich gereinigt werden. Für gute Abdichtung des umlaufenden Siebes an den Wänden jeder Kammer ist zu sorgen. Das Abspritzwasser muß in Schlammwassersammelbehältern aufgefangen und so abgeführt werden, daß es nicht wieder in den Einlaufkanal gelangen kann.

Die Schnelligkeit, mit welcher sich die Siebe in dem Wasser bewegen, hängt von dem Grade der Verschmutzung ab. Für mittlere Verschmutzung wird im allgemeinen ein Sieb mit 0,3 bis 0,5 mm Maschenweite bei 0,2 mm Drahtstärke gewählt. Die Breite der Siebbänder der in Abb. 378, 379 gezeigten Reinigungsanlage beträgt 2,5 m.

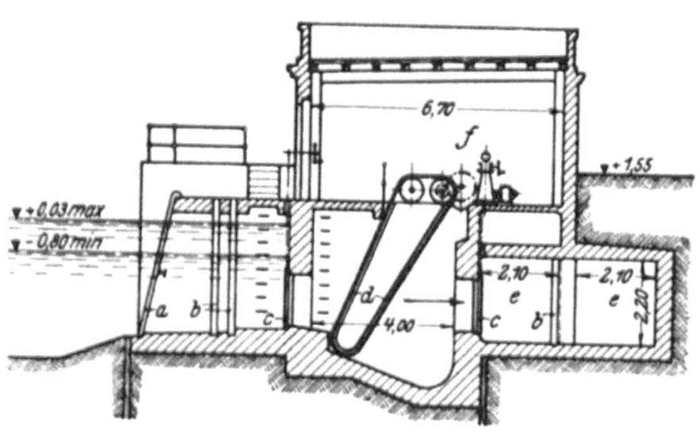

Für Wassermengen bis 6000 m³/h wird im allgemeinen nur ein Siebband verwandt. Größere Wassermengen werden durch Parallelschalten mehrerer Bänder gereinigt. Der Kraftbedarf eines derartigen Siebes normaler Größe beträgt je nach der durchströmenden Wassermenge 0,5 bis 5 PS. Der Kraftbedarf der Pumpe zur Erzeugung des Abspritzwassers unter einem Druck von 3 bis 4 at beträgt für

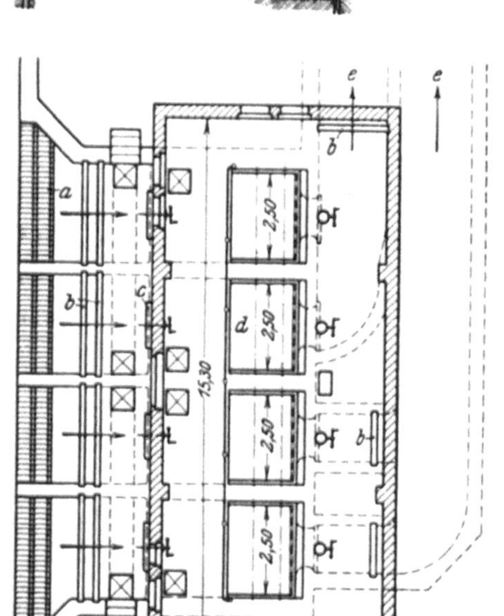

Abb. 378 u. 379. Wasserreinigungsanlage
für ein Großkraftwerk.

a = Rechen b = Dammbalken c = Schieber
d = Bewegliche Gelenkkette mit Siebplatten
e = Einlaufkanal f = Reinigerhaus

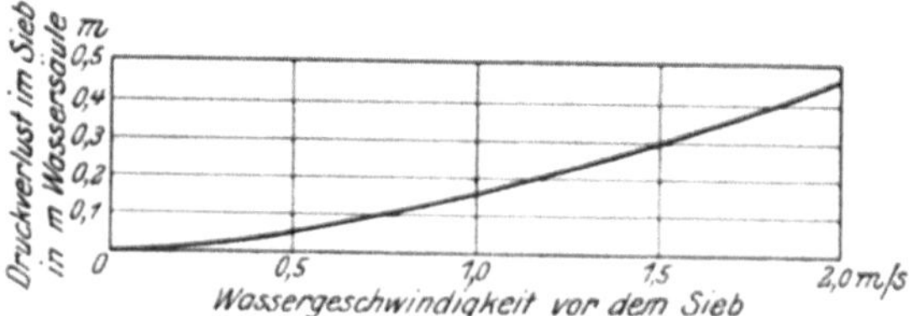

Abb. 380. Druckverlust im Sieb
„Kupfer einfach 35".

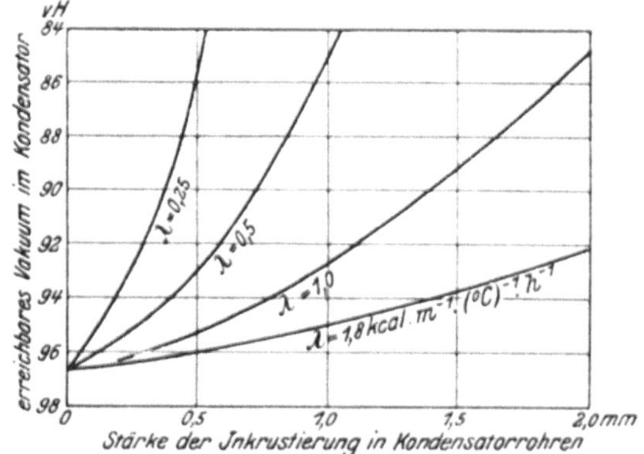

Abb. 381. Verschlechterung des Vakuums in
Turbinenkondensatoren durch Inkrustierung der
Rohre für verschiedene Leitfähigkeiten (λ) des
Ansatzes.

jedes Sieb 1,5 bis 3 PS. Abb. 380 zeigt den Druckverlust für ein Sieb bei verschiedenen Wassergeschwindigkeiten.

Über die Einwirkung von Verschmutzungen im Kondensator auf das Vakuum geben die Kurven in Abb. 381 Aufschluß. Die Bedeutung von mechanischen Wasserreinigungsanlagen für die Erhöhung der Wirtschaftlichkeit ist hieraus ohne weiteres erkenntlich.

5. Lagerung und Transport der Kohle.

Auch wenn in normalen Zeiten auf ununterbrochene Kohlenzufuhr gerechnet werden kann, zwingt Rücksicht auf Streikgefahr oft zur Lagerung des Kohlenbedarfes für mindestens zwei Monate. Besonders reichlich muß die Stapelmenge bemessen werden, wenn die Zufuhr auf dem Wasserwege erfolgt und Eisgang im Winter regelmäßige Anlieferung verhindert.

Ist genügend großer und billiger Platz vorhanden, so ist offene Lagerung vorzuziehen, da sie geringste Anlagekosten erfordert. Zu beachten ist allerdings, daß die Kohle an der freien Luft einem Verwitterungsprozeß unterworfen ist und unter dem Einfluß des Sauerstoffs mit der Zeit an Güte verliert. Dieser Zersetzung sind nur solche Kohlen unterworfen, die noch nicht ausgereift sind, z. B. Braun-

Abb. 382. Braunkohlenbunker und Fallrohre im Kraftwerk Fortuna.

kohlen und Steinkohlen jüngerer Formation, während Anthrazit chemischen Angriffen nicht mehr unterliegt. Der Verwitterungsprozeß erreicht sein Ende, sobald der Wasserstoff und einige leicht oxydierende Kohlenstoffe verschwunden sind. Erwärmt sich die Kohle während der Lagerung, so wird der Zerfall beschleunigt. Die chemischen Vorgänge führen zu einer Erwärmung der Kohle, die wiederum fördernd auf diese einwirkt, so daß schließlich Selbstentzündung der Kohle eintreten kann.

Kohlen, die dem Regen ausgesetzt sind, werden nachweislich nicht stärker zersetzt als lufttrocken aufbewahrte Kohlen; Feuchtigkeit übt also im allgemeinen keinen spürbaren Einfluß aus, es sei denn, daß die Kohlen reich an Schwefelkies sind, der die Verwitterung im Beisein von Feuchtigkeit begünstigt.

Früher war vielfach die Ansicht vertreten, eine reichliche Belüftung von Kohlenstapel in Silos sei notwendig, um die Entzündung zu verhindern. Nach neueren Erfahrungen bei Bunkerbränden in Gaswerken dürfte jedoch erwiesen sein, daß Luft-

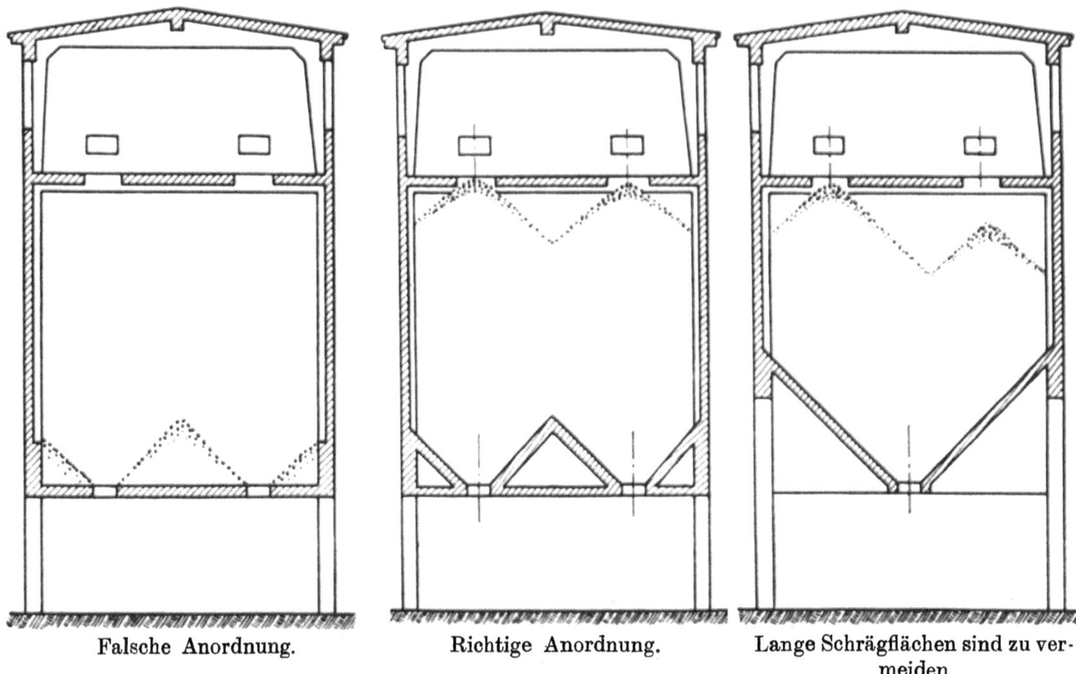

Falsche Anordnung.   Richtige Anordnung.   Lange Schrägflächen sind zu vermeiden.

Abb. 383, 384 u. 385. Anordnungen von Kohlen-Silos.

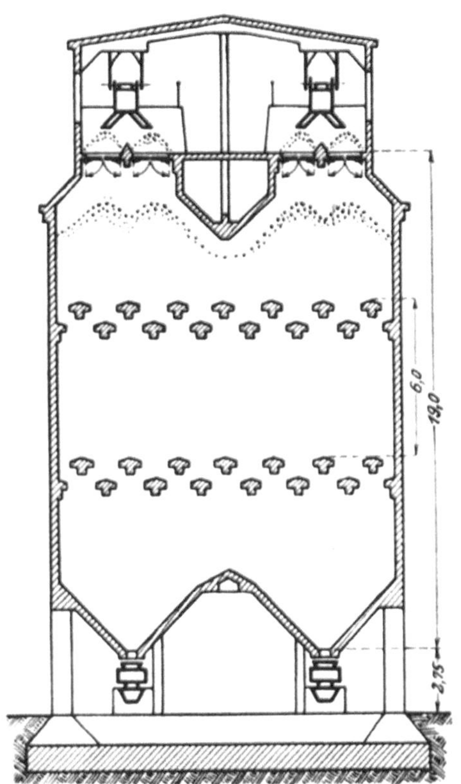

Abb. 386. Kohlen-Silo mit rostartig eingebauten
Querbalken.

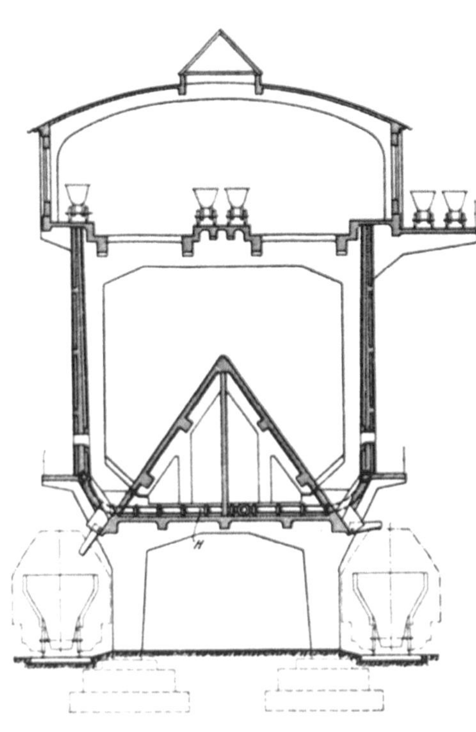

Abb. 387. Kohlen-Silo mit heizbaren Wänden,
8000 m³ Fassungsraum
(Dyckerhoff & Widmann A.-G.).

zuführung für Silos schädlich ist, diese sollten daher möglichst luftdicht abgeschlossen sein. Zu diesem Zwecke werden luftdichte Abschlußdecken vorgesehen und die Außenwände mit dichtem Zementmörtel verputzt.

Temperaturerhöhungen entstehen durch Entmischung im Bunker, und zwar an der Stelle des Überganges von der feinen Kohle zur groben Kohle. Die Bildung von Nestern und Kohlensäcken, insbesondere aus Kohlengrus, die bei der Entleerung zurückbleiben, muß daher durch die Bauanordnung von vornherein verhindert werden (Abb. 383, 384 u. 385). Ebensowenig dürfen lange Schrägflächen vorhanden sein, auf denen die Kohle unter großem Druck starker Reibung ausgesetzt ist. Bleibt alle Kohle ständig in Bewegung, so wird die Bildung von Brandherden unmöglich gemacht.

Abb. 388. Kohlenbunker im E.W. Hirschfelde. Seilbahn und Gurtförderer über dem Kohlenbunker.

Für Kohlensorten, die wenig zur Entzündung neigen, dürften Bedenken gegen Schütthöhen von 8 bis 12 m in Siloanlagen nicht bestehen. Bemerkenswert ist das Bestreben, die Druckhöhen durch rostartig eingebaute Querbalken zu vermindern (Abb. 386). Soll nasse Braunkohle gestapelt werden, so besteht die Gefahr des Einfrierens; die Seitenwände werden dann doppelwandig mit heizbaren Zwischenräumen ausgeführt (Abb. 387). Anordnungen ähnlicher Art gibt es zur Kühlung von Getreidesilos.

Ist aus irgendwelchen Gründen offene Stapelung nicht zulässig, so muß durch eine Kostenberechnung festgestellt werden, ob nicht die Lagerung einer größeren Kohlenmenge in den Kesselbunkern der Silospeicherung vorzuziehen ist (Abb. 382, 388, 389).

Hat man sich andererseits für kleine Kohlentaschen im Kesselhaus entschieden (M. E. W. S. 404), so muß im Interesse der Betriebssicherheit verlangt werden, daß die Kohle vom Stapelplatz bis in die Kohlentaschen durch ununterbrochene Förderung geschafft wird. Besondere Bedienung sollte möglichst vermieden werden. Sie wird entbehrlich, wenn die Kohlentaschen im Kesselhaus mit automatischen Einrichtungen ausgerüstet werden, die ein Überfüllen der Taschen verhindern, die Füllung automatisch auf die nächste Tasche überleiten, sobald die vorhergehende voll ist, und die Transporteinrichtung abstellen, wenn auch die letzte Tasche gefüllt ist (M.E.W. S. 405).

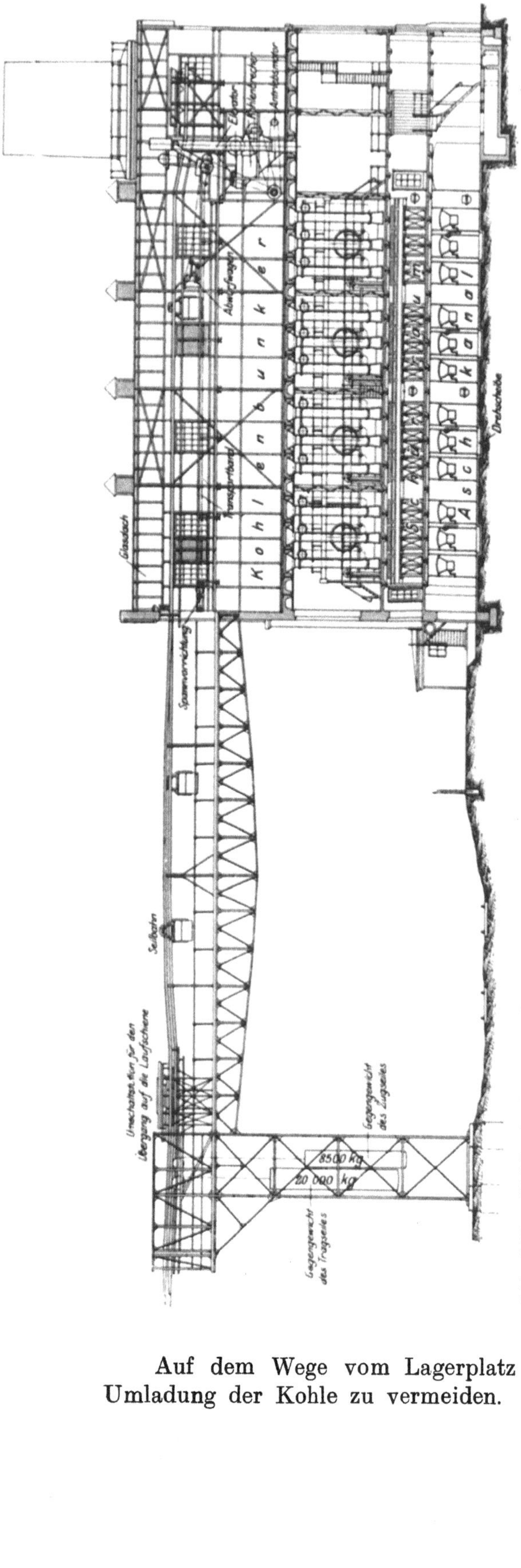

Die Kohlenförderanlage zwischen Lager und Kesselhaus sollte daher so eingerichtet werden, daß ihr die Kohlen vom Lager aus durch das eigene Gewicht zufallen. Bei offener Stapelung ergibt sich eine gute Lösung, wenn die Transportanlage in Kanälen unterhalb des Kohlenplatzes angeordnet und ihr die Kohle durch Auslaufstutzen in der Decke zugeführt wird (Abb. 390, Tafel III 391, 392).

Bestrebungen zur Vermeidung von Verstopfungen in den Aufgabevorrichtungen für Transportbänder oder Konveyor haben zu dem Bau von Schlitzbunkern geführt (Abb. 393—397). Die Auslauföffnung bildet einen langen Schlitz, der am vorderen Ende eine Erweiterung besitzt, damit das Material dort zuerst abfließt und erst allmählich nach der hinteren, schrägen Bunkerwand zu entleert wird. Ist der Schlitz gleichmäßig breit, so zeigt sich, daß das Fördergut, von hinten beginnend, aus dem Bunker ausfließt, unter der im Bunker ruhenden Materialsäule hindurchgezogen wird und durch Reibung einen erheblichen Widerstand am Abzugsband hervorruft. Es sind derartige Bunker in Betrieb mit einer Schlitzlänge von 10 m und mehr. Die Öffnung der in Abb. 393—397 (E.-W. Trattendorf) ersichtlichen Schlitzbunker ist durch quer zur Fahrtrichtung des Abzugsbandes liegende Flacheisen oder T-Träger in Abständen von ca. 200 mm unterteilt.

Abb. 389. Kohlenförderungsanlage für E.W. Hirschfelde (Braunkohlenkraftwerk). Seilbahn. Großer Kohlensilo über den Kesseln, Fassungsvermögen 550 cbm. Die Seilbahn läuft direkt in den Kohlensilo, die ankommenden Wagen werden automatisch an jeder gewünschten Stelle entleert. Länge der Seilbahn 1310 m. Kraftbedarf 11 bis 13 PS. Kesselhaus 12 Wasserrohrkessel der Firma Steinmüller mit angebautem Ekonomiser und natürlichem Zug. Maximale Dampfleistung 550 kg pro Kessel, wasserberührte Heizfläche 247,1 qm, Überhitzerheizfläche 71,2 qm, Ekonomiserheizfläche 250 qm pro zwei Kessel, Rostfläche 12,2 qm, Dampfdruck 14 at, Dampftemperatur 340°.

Auf dem Wege vom Lagerplatz zum Kesselhaus ist unnötige Hubarbeit und Umladung der Kohle zu vermeiden. Becherförderung verdient deshalb den Vorzug

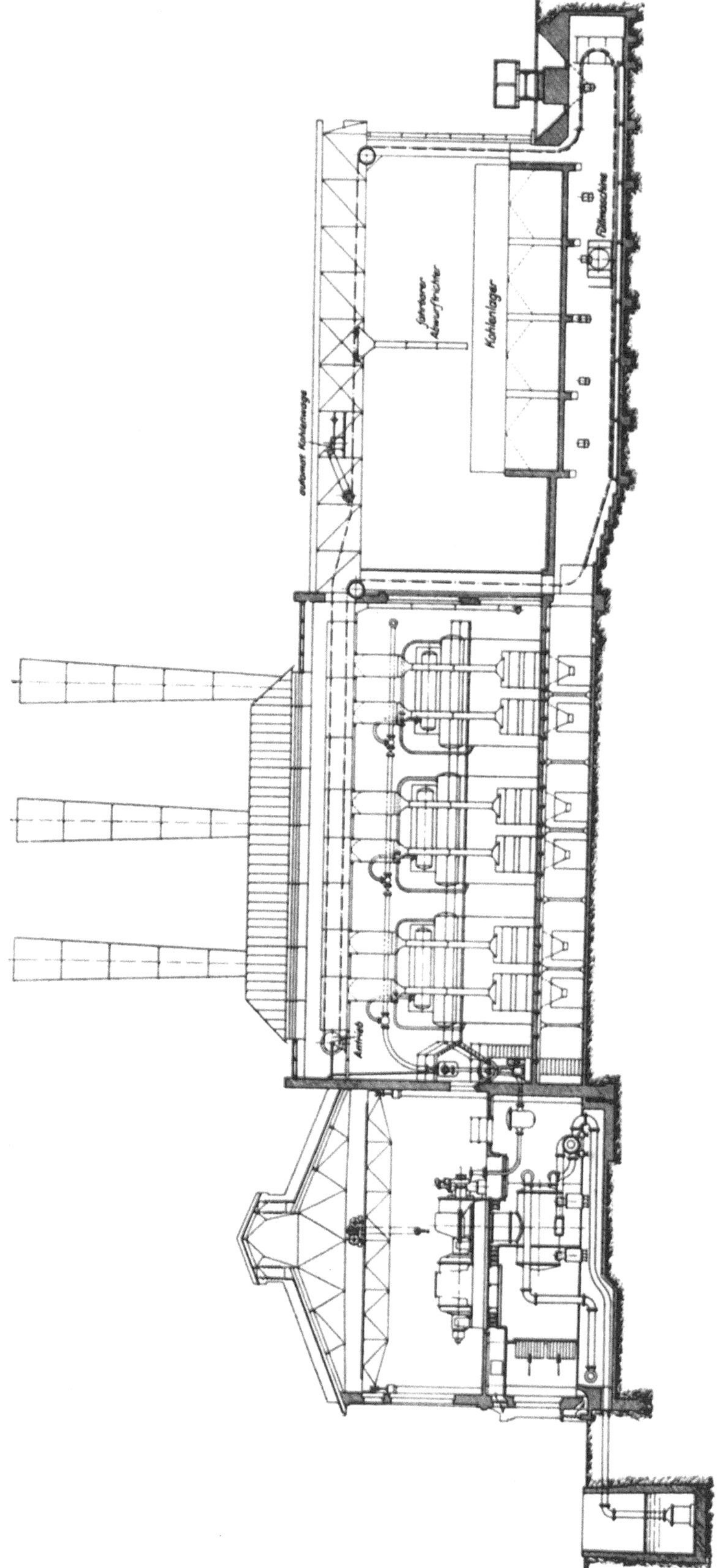

Abb. 390. Kohlenförderanlage im E.W. Obererzgebirge. Durchlaufendes Becherband, das gleichzeitig zum Ausladen der Eisenbahnwagen, zur Beschickung des Kohlenlagerplatzes, zur Förderung von den Eisenbahnwagen in die Kohlentaschen des Kesselhauses und zur Förderung vom Kohlenlagerplatz in das Kesselhaus benutzt wird. Fahrbarer Abwurftrichter. Antrieb des Becherbandes durch einen Elektromotor von 5 PS. Fassungsvermögen des Kohlenlagerplatzes 1000 m³.

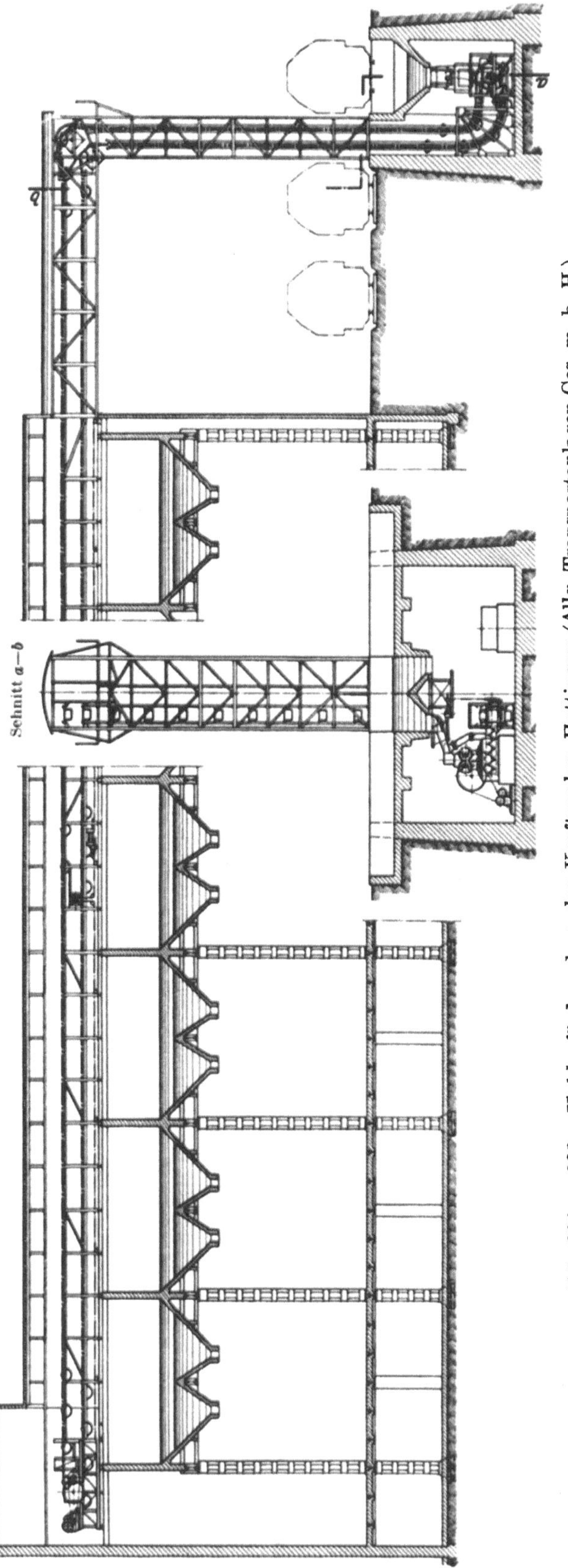

Abb. 391 u. 392. Kohlenförderanlage des Kraftwerkes Hattingen (Allg. Transportanlagen-Ges. m. b. H.)

vor Bandtransporten. Sie hat den weiteren Vorteil, daß sie für jedes Kesselhaus nur eine endlose Becherkette und einen Antriebsmotor benötigt und sich infolgedessen durch Billigkeit und geringen Platzbedarf auszeichnet (Abb. 390, Tafel III, 391, 392, 405, 406).

Für kleinere Werke wird die Beschickung der Aufgabebunker von Hand aus dem Wagen ausgeführt. Ist kein größeres Lager vorhanden, so leisten kleine, schwenkbare und meistens auch fahrbar angeordnete Becherwerke mit je einer Zuführungsschnecke, wie die der Firma Heinzelmann & Sparmberg, gute Dienste. Die Firma Stöhr baut ähnliche Entlader, die jedoch statt der Zubringerschnecken zwei seitliche scharrende Greiferarme besitzen, die das Material dem Becherwerk am Boden zukratzen. Die Anlagekosten derartiger Entlader sind gering, sie sind anwendbar für gleichartiges Material bis zu etwa Kopfgröße. Der Wirkungsgrad ist allerdings nicht hoch und zur vollkommenen Entleerung der Wagen müssen Arbeitskräfte eingesetzt werden. Für Leistungen über 50 t in der Stunde finden Wagenkipper Anwendung. Als neuere Ausführung dieser Art ist der Drehscheibenkipper zu erwähnen (Abb. 398—401). Jeder Wagen, der mit Stirnklappen versehen ist, kann durch den Drehscheibenkipper entleert werden, da die Drehscheibe des Kippers so gestellt werden kann, daß die Stirnklappen sich an der Seite der Kippachse der Plattform befinden. Müssen längere Aufgabebunker vorgesehen werden, so werden häufig fahr- und drehbare Wagenkipper angewandt, die für große Förderleistungen (von etwa 300 t/h) wirtschaftlich arbeiten.

Befindet sich das Werk in nicht allzu großer Entfernung von dem Bergwerk, so liegt es nahe, die Lagerbeschickung durch eine Seil- oder Kettenbahn zu bewirken. Der Groß-

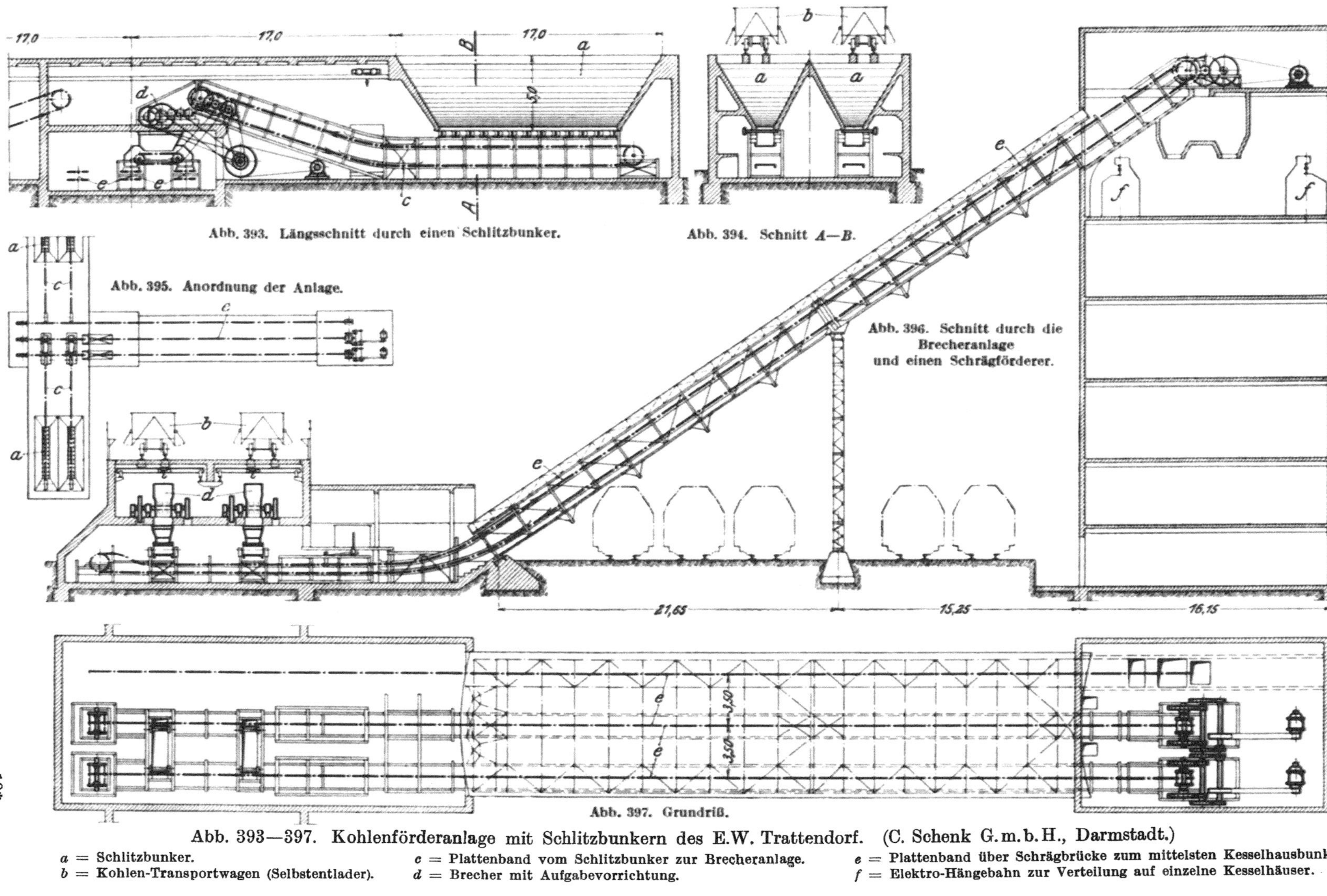

Abb. 393. Längsschnitt durch einen Schlitzbunker.

Abb. 394. Schnitt A—B.

Abb. 395. Anordnung der Anlage.

Abb. 396. Schnitt durch die Brecheranlage und einen Schrägförderer.

Abb. 397. Grundriß.

Abb. 393—397. Kohlenförderanlage mit Schlitzbunkern des E.W. Trattendorf. (C. Schenk G.m.b.H., Darmstadt.)

a = Schlitzbunker.
b = Kohlen-Transportwagen (Selbstentlader).
c = Plattenband vom Schlitzbunker zur Brecheranlage.
d = Brecher mit Aufgabevorrichtung.
e = Plattenband über Schrägbrücke zum mittelsten Kesselhausbunker.
f = Elektro-Hängebahn zur Verteilung auf einzelne Kesselhäuser.

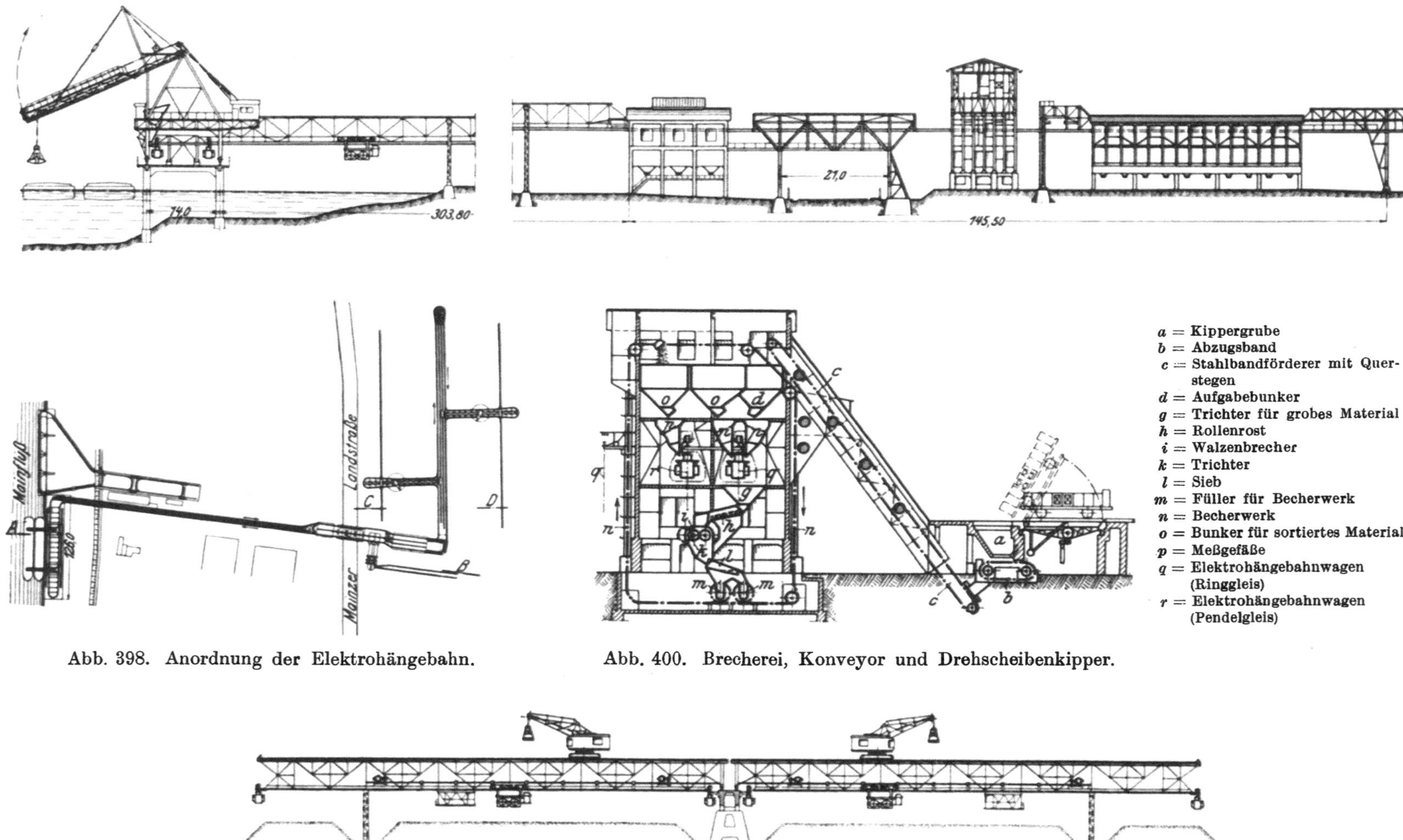

Abb. 398. Anordnung der Elektrohängebahn.

Abb. 400. Brecherei, Konveyor und Drehscheibenkipper.

Abb. 401. Verladebrücken über dem offenen Lagerplatz. Schnitt C—D.

Abb. 398—401. Kohlenförderanlage der Höchster Farbwerke (J. Pohlig A.-G., Köln). Höchstleistung 560 t/h.

betrieb führt jedoch zu einem starken Verschleiß der Fördermittel, der in Braunkohlenwerken noch dadurch erheblich gesteigert wird, daß scharfkantiger Aschenstaub sich auf die Organe der Transportanlagen absetzt. Im Kraftwerk Golpa wurde beispielsweise aus diesen und anderen Gründen der Kettenbahnbetrieb und die Seilbahn für die Lagerbeschickung später (S. 532) eingestellt. Die Braunkohle wird jetzt in Kohlenzügen in einen Hochbunker in Eisenbeton abgeworfen (Abb. 402—404). Unter dem Hochbunker laufen vier eiserne Plattenbänder, die paarweise das Material nach beiden Seiten abziehen. An den Enden des Bunkers wird die Kohle entweder in Brecher und von diesen an Schrägförderer abgegeben oder unmittelbar auf diese abgeworfen. Die Bunkerbänder fördern je 200 t/h, die Schrägförderer je 400 t/h. Letztere bringen die Kohle in die beiden Verteilungstürme, von welchen sie wie bisher nach den Kesselhausbunkern mittels Gurtförderer und automatisch fahrbaren Abwurfwagen verteilt wird (S. 539)[1].

Die Anlage in Golpa ähnelt der im E.-W. Trattendorf (Abbildungen 393—397). Hier fahren die Kohlenzüge mit Selbstentladern ebenfalls unmittelbar auf den in Eisenbeton ausgeführten Bunker. Durch Langschlitzöffnungen gelangt die Kohle aus dem Bunker auf einem Plattenbande zur Brecheranlage und von dort wiederum auf einem Plattenbande über die Schrägbrücke zum mittelsten Kesselhausbunker. Die Verteilung in den Kesselhäusern erfolgt durch eine Elektrohängebahn.

Befindet sich die Entladestelle (aus Eisenbahnwagen oder Schiffs-

---

[1] Die neuen Förderanlagen wurden von der Allgemeinen Transportanlagen-G. m. b. H. ausgeführt.

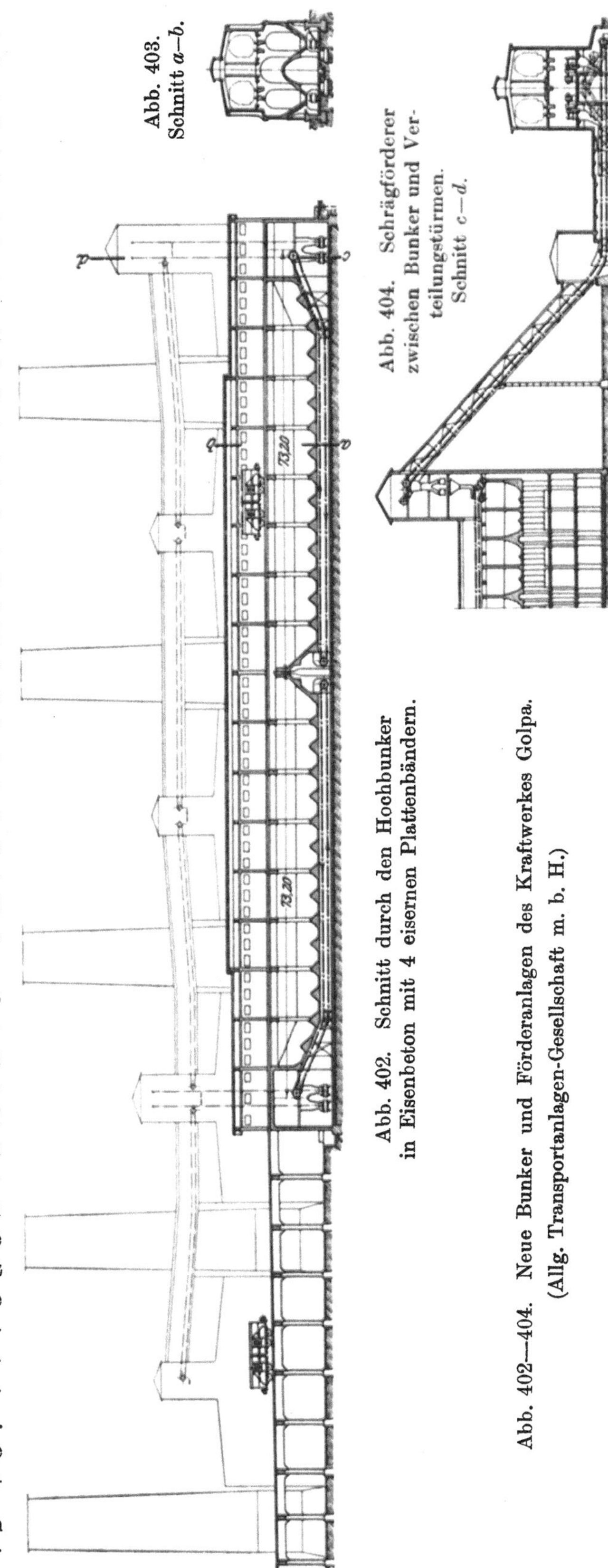

Abb. 403. Schnitt a—b.

Abb. 404. Schrägförderer zwischen Bunker und Verteilungstürmen. Schnitt c—d.

Abb. 402. Schnitt durch den Hochbunker in Eisenbeton mit 4 eisernen Plattenbändern.

Abb. 402—404. Neue Bunker und Förderanlagen des Kraftwerkes Golpa. (Allg. Transportanlagen-Gesellschaft m. b. H.)

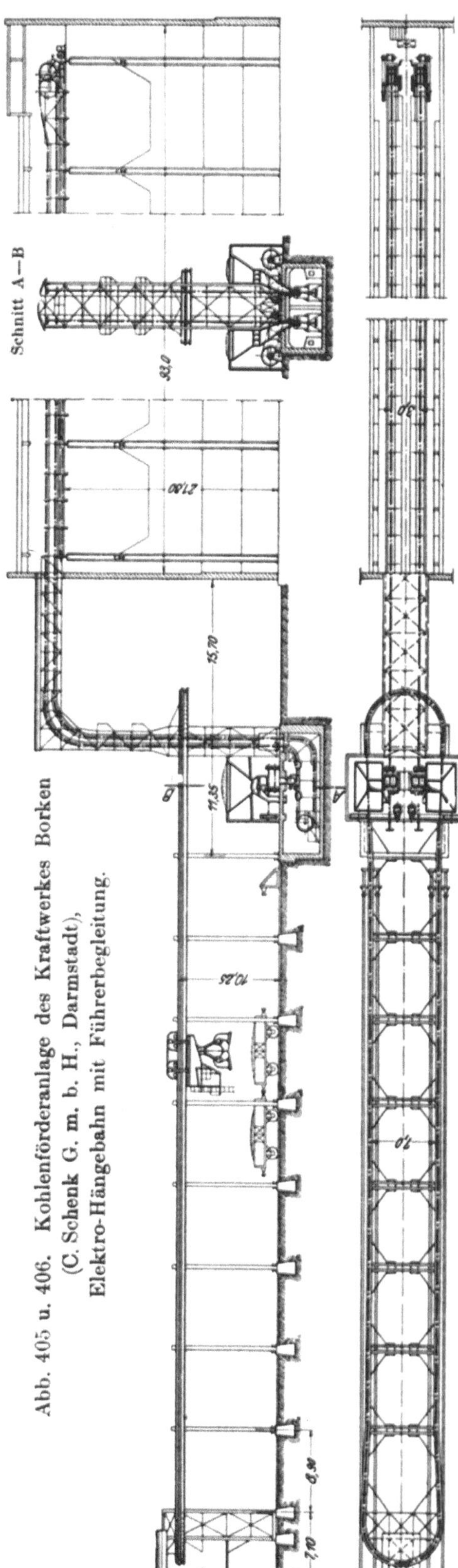

Abb. 405 u. 406. Kohlenförderanlage des Kraftwerkes Borken (C. Schenk G. m. b. H., Darmstadt), Elektro-Hängebahn mit Führerbegleitung.

kähnen) nicht unmittelbar am Lagerplatz, so wird ein Zwischentransportmittel erforderlich. Außer Geländebahn oder Seilhängebahn werden hierzu (zumal für große Leistungen, 200 t/h und mehr) häufig Elektrohängebahnen verwendet. Die Höchstmaße für die normale Ausführung mit automatischem Betrieb auf horizontaler Strecke sind ca. 3 m³ für die Transportgefäße und ca. 1 m/s Höchstgeschwindigkeit. Das Fassungsvermögen der Kübel ist durch die Größe des Antriebsmotors beschränkt, eine Steigerung der Fahrgeschwindigkeit verbietet sich wegen des Auspendelns der Wagen in den Kurven. Man ist dazu übergegangen, Elektrohängebahnen mit Führerbegleitung (Abb. 398—401, 405, 406) auszuführen, weil der Führer vor den Weichen und Kurven verlangsamen kann. Der Fahrweg für die Anlage in Höchst (Abb. 398—401) beträgt ca. 2100 m und die vorläufige Leistung 200 t/h, welche durch 5 Führerstandshängebahnwagen bewältigt wird. Die Kübel fassen je 10 t Kohle und hängen in zwei zweiräderigen Wagengestellen. Jedes Wagengestell wird durch einen 12 PS Motor angetrieben. Die Fahrgeschwindigkeit beträgt 3 m/s in Steigungen von 3 vH. Die Füllmaschinen für die großen Kübel sind mit zwei zwangläufiggesteuerten Ein- und Auslaufschiebern versehen; das Füllen eines Kübels dauert etwa 50 Sekunden. Im vollen Ausbau wird die Höchstleistung dieser Anlage 560 t/h betragen, die durch Vermehrung der Wagenzahl und Erhöhung der Fahrgeschwindigkeit erzielt werden soll.

Die große Anpassungsfähigkeit der selbsttätigen Elektrohängebahnen ist bekannt. Ihre selbsttätige Arbeitsweise gestattet den Betrieb mit wenigen Hilfskräften auszuführen. Im Laufe der Jahre haben sich jedoch Mängel gezeigt, die in erster Linie in den Blockschaltungssystemen liegen, die für jede Streckenunterteilung einen von dem vorbeifahrenden Wagen betätigten Blockschalter verlangen. Es fehlt ferner die den Horizontaltransport ergänzende Vertikalförderung. Für kleinere Leistungen können in dieser Richtung ergänzende Konstruktionen gute Dienste leisten; z. B. selbsttätige Aufzüge (Pohlig, Fa. Unruh & Liebig), Spiralen- oder Schrägstrecke (Bleichert), oder die Hängebahnwagen werden mit einem Hubwerk ausgerüstet, das sogar noch einen Selbstgreifer erhalten kann. In der Regel werden Hubwerk und Fahrwerk in mechanische und elektrische Abhängigkeit gebracht, so daß nach Beendigung des Hubweges der Hubmotor selbsttätig ausgeschaltet und der Fahrmotor eingeschaltet wird. Für größere Geschwindigkeiten und Lasten werden jedoch Windwerk und Motor zu schwer und die selbsttätige Bedienung der Greifer zu umständlich. Man ist deshalb dazu übergegangen, die Hängebahnkatzen mit Führerkorb auszurüsten. Es wird hierdurch möglich, größere Greifer (Zweiseilgreifer) und größere Hub- und Fahrgeschwindigkeiten anzuwenden.

Die Verwendung der Einschienenkatzen mit angebautem Führerkorb zur gleichzeitigen Beschickung eines Lagerplatzes und eines Kesselhauses ist in den meisten Fällen möglich, wenn Lagerplatz und Kesselhaus zusammen liegen. Wegen der

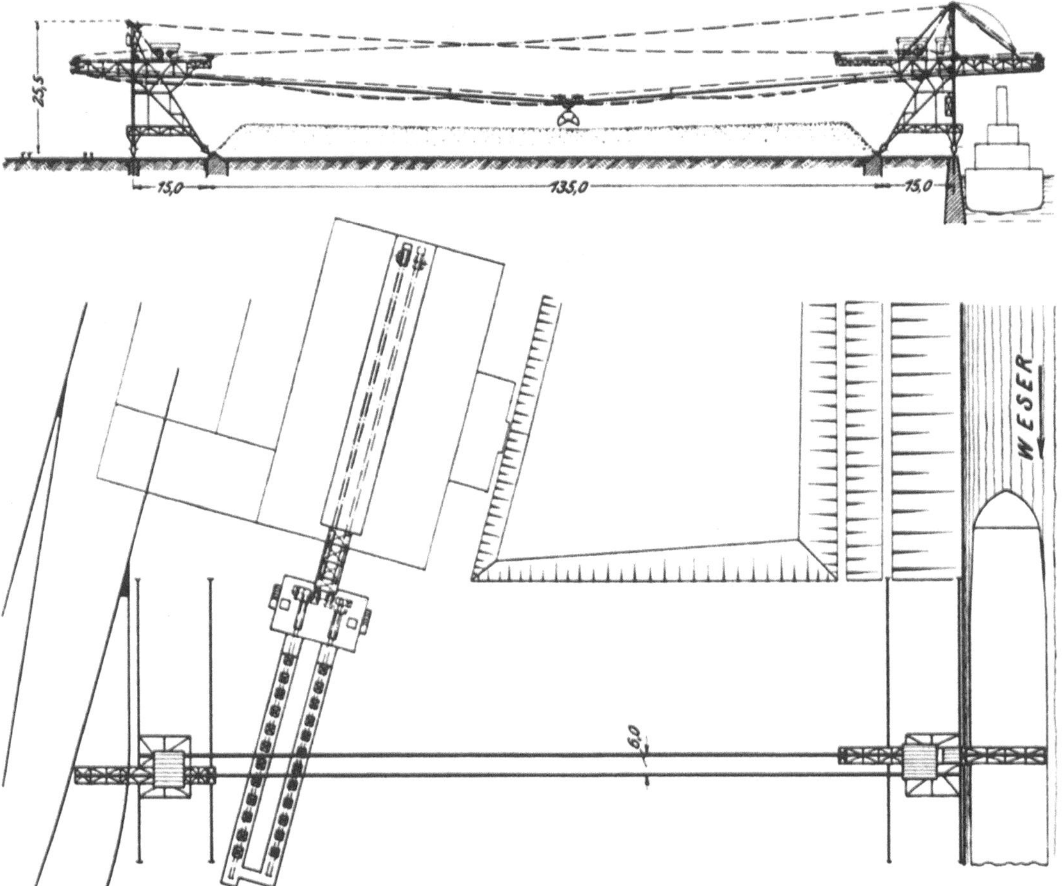

Abb. 407 u. 408. Lageplan und Schnitt für den Kabelkran des Kraftwerkes Unterweser.
(Allg. Transportanlagen-Ges. m. b. H.)

Höhe der Kesselhäuser in großen Werken ist die unmittelbare Beschickung der Kesselhausbunker durch die Hängebahn jedoch schwer durchführbar. Hinzu kommt oft die Notwendigkeit der Zwischenschaltung eines Brechers, so daß es sich empfiehlt, die Einschienenkatze nur bis zu einem Einschütttrichter vor dem Kesselhaus zu fahren und den Weitertransport der Kohle nach dem Durchgang durch den Brecher oder nach Umgehung desselben durch ein Becherwerk zu bewirken. Die Fahrhöhe der Hängebahn richtet sich dann nicht nach der Höhe des Kesselhauses, sondern nach der Schütthöhe auf dem Lagerplatz (Abb. 405, 406).

Im Gegensatz zu der geschilderten Hängebahn auf Schienen zeigt Abb. 407, 408 einen Kabelkran mit zwei Fahrbahnen und zwei Winden; von denen eine der Entladung aus den Kähnen, die andere der Entladung der Bahnwagen dient. Die Entladeleistung aus dem Schiff beträgt 60 t/h mit einem Greifer für $2^1/_2$ m³, die aus dem Wagen 35 t/h mit einem Greifer für 1,75 m³. Um den ganzen Platz bestreichen zu

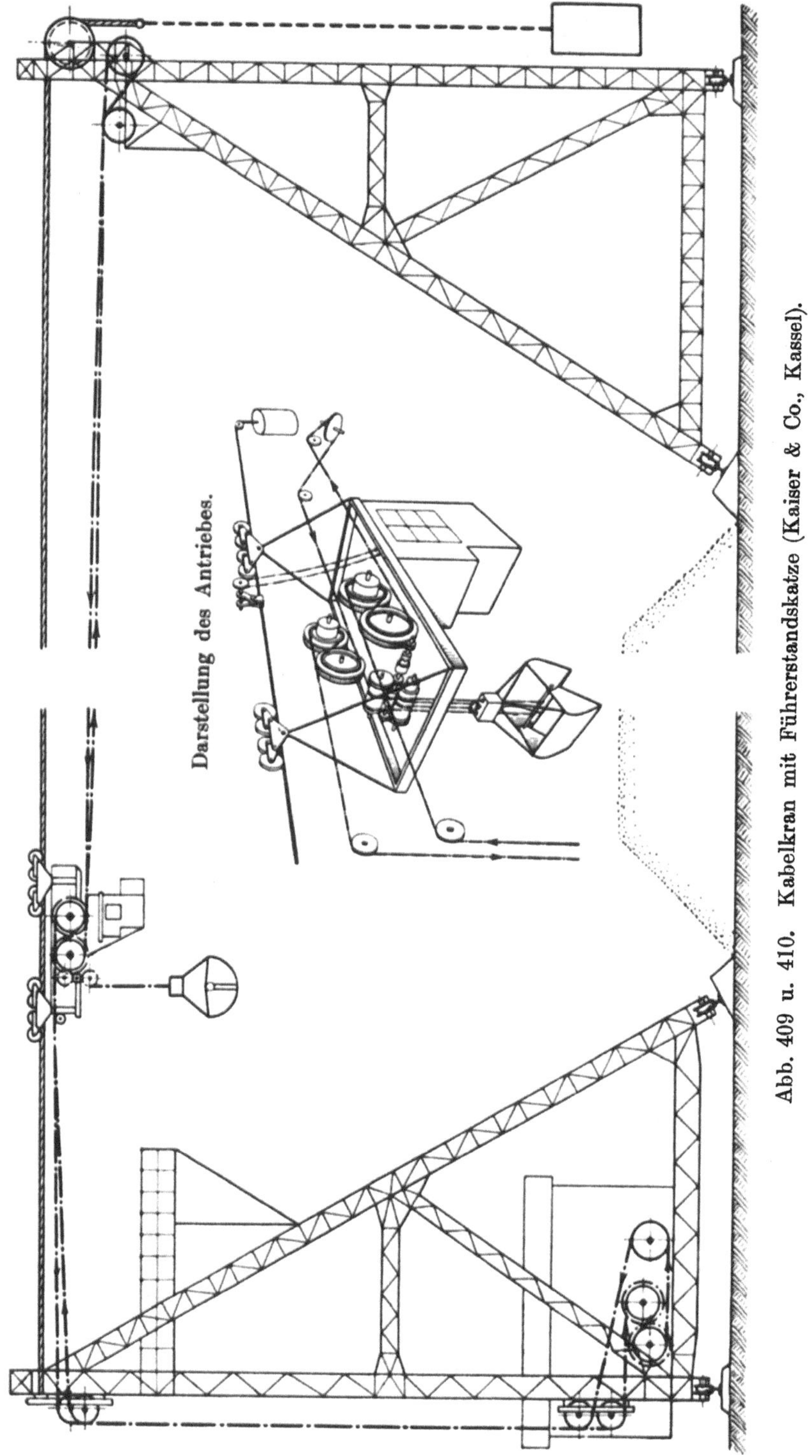

Abb. 409 u. 410. Kabelkran mit Führerstandskatze (Kaiser & Co., Kassel).

können, sind die portalartigen Stützen parallel verschiebbar. In der verlängerten Kesselhausachse sind auf dem Lagerplatz Abzugsöffnungen angebracht, von denen aus die Kohle durch Plattenbänder unmittelbar dem Brecher zugeführt wird. Die

gebrochene Kohle fällt in eine kurze Schnecke, die die Fülltrommel der Becherkette beschickt. Bemerkenswert ist der Geschwindigkeitsausgleich, mit dem die Antriebe der Becherketten ausgerüstet sind, so daß Stoßwirkungen durch Beschleunigungen
und Verzögerungen vermieden sind.

Gegenüber den bewährten, zahlreich ausgeführten Konstruktionen von Bleichert
und Pohlig zeigt Abb. 409, 410 einen Kabelkran mit Führerstandskatze und mechanischer Seilsteuerung für Fahren und Heben. In diesem Falle ist nur ein Antriebsmotor
für Fahren und Heben erforderlich, der in der Stütze untergebracht ist; Schleifleitungen

Abb. 411. Hängebahn zur Beschickung von Bunkern unmittelbar durch Grubenhunde.
(Kaiser & Co., Kassel.)

und Stromabnehmer sind vermieden. Der Führer befindet sich stets über der Last,
deren Bewegung er somit besser in der Hand hat, als wenn das Führerhäuschen in
der Stütze liegt.

Die Verwendung von Drahtseilbahnen für unmittelbare Kesselhausbunkerbeschickung ist ebenfalls weit verbreitet. Neuerdings ist es mit einer der Firma
Kaiser & Co., Cassel, patentierten Gehängebauart möglich, die Grubenhunde unmittelbar, ohne die bisher notwendige Zwischenschaltung von Wippern, in die Bunker zu
entladen (Abb. 411).

6. Aschentransport.

Die Beseitigung der Asche und Schlacke aus den Kellern des Kesselhauses und
ihr Weitertransport bis zur Ablagerungsstätte erfordert um so mehr Arbeit, je größer
der Gehalt des Brennstoffes an Unverbrennlichem und je niedriger der Heizwert ist.
In Großkraftwerken (insbesondere in Braunkohlenanlagen) sind die Anfälle so beträchtlich, daß besondere mechanische Einrichtungen nicht umgangen werden können.
So beträgt beispielsweise im Großkraftwerk Golpa der tägliche Anfall zwischen 30

und 50 Waggons, Mengen, die in unmittelbarer Nähe des Kraftwerkes nicht mehr abgelagert werden können. Wird Steinkohle verfeuert, so ist die Beseitigung der Rückstände einfacher, weil sich für die den größten Teil der Rückstände bildende Schlacke in der Regel Abnehmer finden, die sie zur Herstellung von Schlackenwänden, Schlackensteinen und Deckenauffüllung in Neubauten, Wegebefestigung usw. verwenden.

Man hat vielfach versucht, automatisch arbeitende Einrichtungen zu schaffen, die sich jedoch nicht bewährt haben, wenn die Asche in offenen Gefäßen transportiert wurde. Werden die Transporteinrichtungen der Kohle zum Aschentransport mitbenutzt (ein früher häufig gemachter Vorschlag), so scheitert der Betrieb bald an dem außergewöhnlich großen Verschleiß. Auch die vielfach erhoffte und versuchte Lösung mittels pneumatischer Absaugung in geschlossenen Rohrleitungen hat sich nicht bewährt. Trotz wesentlicher Verbesserungen (z. B. im Kraftwerk Fortuna) konnten die Schwierigkeiten nicht beseitigt werden. Starker Verschleiß und hoher Kraftverbrauch sind kennzeichnende Merkmale dieser Anlagen. Die Leitungen werden durch größere Schlackenstücke leicht verstopft, das lästige Stauben beim Umladen aus dem Sammelbehälter kann trotz Anwendung geschlossener Mischschnecken, in denen Wasser zugesetzt wird, nicht verhindert werden.

Die ungünstigen Erfahrungen mit den bis zur Erbauung des Werkes bekannten mechanischen Förderungen waren die Veranlassung, daß im Kraftwerk Golpa zunächst Handentaschung vorgesehen wurde (S. 544). Die auch hier durchgeführten Versuche mit pneumatischer Entaschung sind später wieder aufgegeben worden. Im allgemeinen haben sich bisher nur solche Systeme bewährt, bei denen unter den Kesseln auf Schienen laufende Loren benutzt werden. Für kleinere Anlagen ist eine Zweischienenhängebahn (Abb. 412) gut anwendbar.

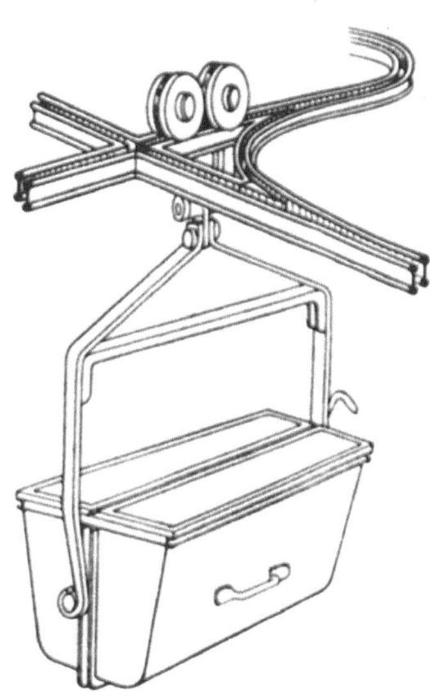

Abb. 412. Kipp-Aschwagen für eine Zwei-Schienenbahn.

Liegt der Kellerfußboden unter Erdhöhe, so werden die Loren mit einem Aufzug oder durch eine schiefe Ebene ohne Umladung aus dem Keller gehoben. Ausreichende Beleuchtung und gute Ventilation des Aschenkellers sind wesentlich, doch ist es nicht ratsam, den Aschenkeller mit dem Kesselhaus durch Öffnungen im Fußboden unmittelbar zu verbinden, weil dadurch das Kesselhaus verunreinigt wird.

Als zufriedenstellende Lösung ist die Entaschung mittels Wagen (Abb. 413) jedenfalls nicht anzusehen, insbesondere nicht für große Werke, und wenn Brennmaterial von hohem Aschengehalt benutzt wird. Aus der großen Zahl der bisher gemachten Vorschläge seien einige bemerkenswerte hier angeführt: In einer Kesselreihe im Kraftwerk Golpa fällt die Asche durch schräge Abfallrohre nach dem Durchgang durch einen kleinen Zerkleinerungsrost in eine Druckwasserdüse. Der Spülwasserdruck beträgt 18 at. Es wird beabsichtigt, die Leitung von der Düse unmittelbar bis zur Halde zu führen. Vorteilhaft erscheint die vollkommene Ablöschung und die staubfreie Entfernung der Asche mit einem einzigen Fördermittel bis zur Ablagerungsstelle. Die Anlagekosten, insbesondere für die langen Leitungen, dürften hoch sein. Über Verschleiß und Wasserverbrauch kann erst nach längerem Betrieb ein Urteil gefällt werden.

Die Anregung zur Druckwasserentaschung war durch die bei Schiffen übliche Aschenspülung und die Spülbaggerungen mit Zentrifugalpumpen für die Ausschachtung größerer Sandmassen gegeben. Auch im Leunawerk werden vorhandene pneumatische Anlagen allmählich durch Anlagen mit Druckwasserspülung ersetzt.

Abb. 413. Einrichtung für den Aschentransport im Keller des E.W. Hirschfelde.

Abb. 414. Aschentunnel unter den Kesseln im E.W. Hirschfelde.

Die in Abb. 415 gezeigten Pläne einer Druckwasserspülung für das Goldenbergwerk sind das Ergebnis der im Leunawerk gemachten Erfahrungen. Bemerkenswert ist, daß das Nachspülen hier nicht mit reinem Wasser, sondern mit Druckluft erfolgt, wodurch der Wasserverbrauch vermindert wird. Gewisse Bedenken könnte man sowohl in bezug auf Kosten als auch auf Zuverlässigkeit im Betriebe gegen die große Zahl von Absperrorganen und die viel Platz beanspruchende Führung der Rohrleitungen haben.

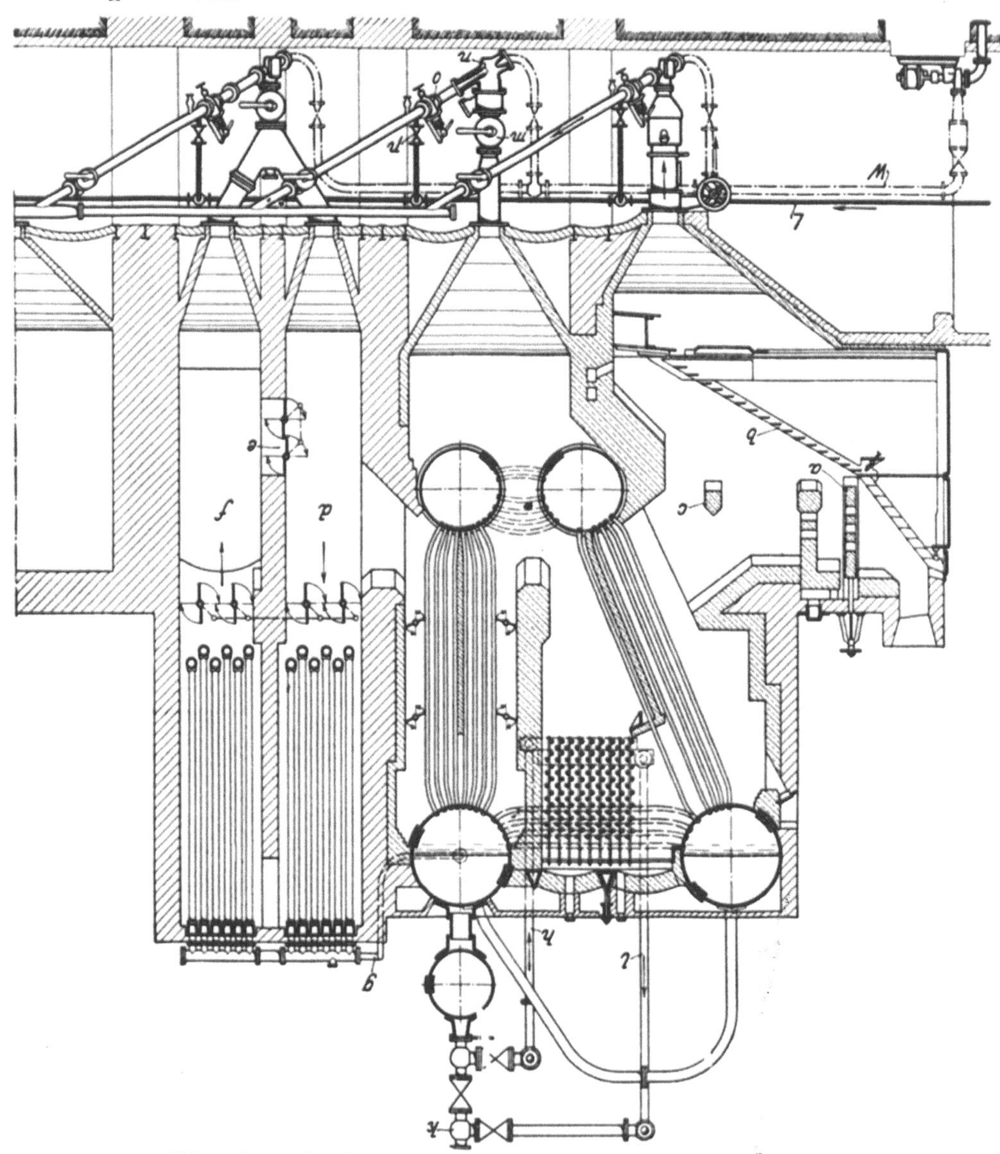

Abb. 415. Beispiel einer Spülentaschung (Franz Seiffert & Co.).

L = Druckluftleitung	m = Trommelventil	o = Rüttelventil
W = Spülwasserleitung	n = Einströmdüse für Aschenbrei	p = Druckluftventil

In einigen neuerdings in Deutschland, Amerika und England ausgeführten Anlagen fällt die Asche aus den Klappen unmittelbar in einen Wasserstrom, der in einer Rinne im Kellerfußboden fließt. Zur Vermeidung der Staubentwicklung beim Einfallen der glühenden Asche in das Wasser wird die Rinne abgedeckt. Kann diese dauernd wirksam geschlossen bleiben, so wird der Keller frei von Staub, Schmutz und übelriechenden Dämpfen. Soll die Asche rasch fortgeführt und

Stauungen vermieden werden, so müssen die Rinnen erhebliches Gefälle erhalten. Hierdurch entsteht der Nachteil, daß der Auslauf der Rinne in langen Kesselhäusern sehr tief unter dem Fußboden liegt.

Der Aschen-Wasserstrom wird am Ausfluß der Rinnen in einen Ablagerungsbehälter geführt, aus dem die Asche in der Regel mit Greifern, häufig auch durch Kratzer entfernt wird. Der Wasserverbrauch wird groß, er läßt sich nur durch Abscheidebehälter und Siebe vermindern, welche die teilweise Wiedergewinnung des Wassers erlauben. Alle diese Vorrichtungen verlangen erhebliche Bauarbeiten tief unter der Erde, ihre Wirtschaftlichkeit wird somit durch die örtlichen Baubedingungen wesentlich beeinflußt.

Ein System für die Entaschung mittels Wasserspülung in geschlossenen Rohrleitungen ist auch von der Mariko G. m. b. H. ausgebildet und im Märkischen Elektrizitätswerk angewandt worden. Nach Öffnung der automatischen oder von Hand zu betätigenden Verschlüsse unterhalb der Aschentrichter fällt die Asche durch Fallrohr in die unter dem Kellerfußboden liegende Hauptrohrleitung. Das Spülwasser wird dieser Leitung periodisch zugeführt und schwemmt die Asche in ein Wasserbecken, wo sie vollkommen gelöscht wird. Der Aschenschlamm wird durch eine Schlammpumpe automatisch auf die Halde gefördert, das Spülwasser wird wieder zurückgewonnen und verwendet. Schlammpumpe, Ventile und ein Entwässerungsrad für den Aschenschlamm sind Sonderkonstruktionen der Marikogesellschaft.

Im Anschluß an obige Ausführungen seien nachstehend noch die Ergebnisse einer vergleichenden Kostenberechnung für die Entaschung eines neuen Kraftwerkes angeführt. Das Kraftwerk hat im ersten Ausbau eine Leistung von 20 000 kW und liegt rund 2 km von der Braunkohlengrube entfernt. Die Asche soll der Grube zugeführt werden. Folgende Möglichkeiten der Entaschung wurden durchgerechnet:

A. Entaschung von Hand in Wagen auf Gleisen und Ablöschen im Kesselhause.

B. Entaschung wie unter A, jedoch mit Ablöschen auf der Grube mit Druckwasser.

C. Spülentaschung mit Druckrohrleitung und Sammelbecken, Trocknung der Asche durch Entziehung eines Teiles des Wassers mit Saugpumpe und Abfuhr auf Transportwagen.

D. Entaschung mit Schüttelrinne, Ablöschung in einer Drehwalze und Abfuhr mit Transportwagen.

Die Ergebnisse des Kostenvergleiches in Goldmark sind in der umstehenden Tabelle 33 zusammengestellt. Die Betriebskosten der Spülentaschung und der Schüttelrinnen sind niedriger, das Anlagekapital und die Aufwendungen für Abnutzung und Verzinsung sind jedoch erheblich höher als für Handentaschung. Aus wirtschaftlichen Gründen wurde daher letzteres Verfahren zunächst vorgezogen.

Für die Ermittlung der Betriebskosten wurde angenommen, daß die Aschenförderung in einer Schicht von täglich 8 Stunden erledigt werden soll und daß für A und B 14 Mann und für C und D 6 Mann erforderlich sind. Der Entschluß, vorläufig Handentaschung auszuführen, wurde dadurch bestärkt, daß für Spülentaschung und andere mechanische Systeme noch keine Erfahrungen auf Grund eines längeren Betriebes unter ähnlichen Verhältnissen vorliegen. Der spätere Anschluß von Rohrleitungen ist vorgesehen, die Aschenklappen und ihre Rahmen sind dementsprechend ausgebildet. Die Asche wird also in einen halb mit Wasser gefüllten Wagen abgezogen, durch einen Plattformaufzug ohne Führerbegleitung gehoben und selbsttätig über eine Schurre in einen bereitstehenden Eisenbahnwagen entleert. Die gefüllten Aschenwagen werden nach Bedarf den leer zur Grube zurückkehrenden Kohlenzügen angehängt.

Tabelle 33. Kostenvergleich zwischen verschiedenen Möglichkeiten der Entaschung.

A. Handentaschung, Ablöschung im Kesselhaus		B. Handentaschung, Ablöschung auf der Halde		C. Spülentaschung		D. Schüttelrinne	
	ℳ		ℳ		ℳ		ℳ
Gleise und Wagen . .	5 120.—	Gleise und Wagen . .	5 120.—	Druck- und Spülrohre, Ejektoren .	62 000.—	Schüttelrinne mit Löschwalze . . .	26 667.—
Rutschen . .	4 480.—	Rutschen . .	4 480.—	Spülrinne, Brecher . .	6 000.—	Motoren . .	10 333.—
Aufzug . . .	4 263.—	Aufzug . . .	4 263.—	Transportwagen . . .	5 000.—	Transportwagen . . .	2 894.—
Transportwagen . . .	4 340.—	Transportwagen . . .	8 020.—	Motoren . .	3 333.—	Abdampfschornstein, Handwagen für Flugasche	3 106.—
		Kreiselpumpe mit Motor .	1 134.—	Pumpenhaus	2 666.—		
				Druckwasserbehälter . .	3 333.—		
Anlagekosten	18 203.—		23 017.—		82 332.—		43 000.—
Abnutzung und Verzinsung .	5 223.—		6 960.—		19 338.—		11 500.—
Betriebskosten, jährlich . .	5 451.—		5 451.—		2 236.—		2 336.—

7. Kesselhaus.

a) Kessel und Ekonomiser.

Der Entwurf der Kesselanlage stellt gewöhnlich den schwierigsten Teil des Gesamtentwurfes dar und verlangt sorgfältige Auswahl der Betriebsmittel nach den in der Einleitung genannten Grundsätzen. Erleichtert wird die Entscheidung dadurch, daß die beiden Forderungen: Verminderung des Anlagekapitals und der Verluste zu den gleichen Konstruktionen führen.

Von wesentlichem Einfluß auf die Anlagekosten eines Werkes sind die Kosten der Kesselhäuser, bei denen in erster Linie auf Ersparnis gerichtete Bestrebungen einzusetzen haben. Da die Baukosten der Kesselhäuser im wesentlichen von der Größe der bebauten Grundfläche abhängen, so können die hier möglichen Ersparnisse etwa proportional der Steigerung der spezifischen durchschnittlichen Beanspruchung der Kessel gesetzt werden.

Während auf möglichst hohen Wirkungsgrad der Turbogeneratoren und der Hilfsbetriebe größtes Gewicht gelegt wird, werden in den Kesselhäusern vielfach Energiemengen verschwendet, über deren Größe durchaus falsche Vorstellungen herrschen; insbesondere sind es wiederum die konstanten Verluste, die nicht genügend beachtet werden. Denn auch für die Kesselanlagen können die Verluste in einen konstanten, von der Belastung unabhängigen und in einen veränderlichen, der Belastung ungefähr proportionalen Teil getrennt werden.

Die konstanten Verluste entstehen durch Wärmeleitung und Strahlung an der äußeren Oberfläche des Kesselblockes und der Rauchgaskanäle usw., ein kleiner Teil der mit den Rauchgasen fortgeführten Wärme ist ebenfalls hinzuzurechnen. Der weitaus größere Teil der Verluste durch fühlbare Wärme in den Abgasen ist von der Belastung abhängig und zählt daher zu den variablen Verlusten, zu denen außerdem noch die durch Druckverluste, sowie die durch unvollkommene Verbrennung entstehenden Verluste zu rechnen sind.

Hinzu kommen noch die Anheizverluste, die von der mit der Tages- und Jahreszeit schwankenden Belastung abhängen. Sie werden um so größer, je ausgeprägter die täglichen Spitzen sind, d. h. je kleiner der Belastungsfaktor ist. Wird dagegen der Belastungsfaktor annähernd 1, so beschränkt sich das Anheizen auf die zur Revision stillgelegten Kessel. Der jährliche Kohlenverbrauch für Verluste und Anheizen hängt somit wesentlich vom Belastungsfaktor und der Größe der Kesselsätze ab; er kann unter Berücksichtigung des Betriebszeitfaktors rechnerisch ermittelt werden.

Der Betriebszeitfaktor hat auf die Wirtschaftlichkeitsberechnung der Kesselanlage nicht so wesentlichen Einfluß wie auf die Maschinenanlage, weil die Zahl der Kessel in großen Anlagen stets erheblich höher ist als die Zahl der Maschinensätze. Je mehr Kessel aber vorhanden sind, desto mehr nähert man sich dem idealen Zustande, daß nur gut belastete Kessel im Betriebe sind. Man begeht deshalb keinen großen Fehler, wenn man den Betriebszeitfaktor in der Berechnung solcher Kesselanlagen nicht berücksichtigt und die Anheizverluste in den Wirkungsgrad einbezieht. Das ist auch in nachstehend durchgeführter Rechnung geschehen.

Da die Anheizverluste vom Gesamtgewichte, die konstanten Betriebsverluste hauptsächlich von der Gesamtoberfläche der Kessel abhängen, muß demnach das Bestreben dahin gehen, Kessel und Ekonomiser nebst ihren Rauchkanälen usw. bei geringstem Gewichtsaufwand auf kleinstem Raum unterzubringen, womit gleichzeitig der Forderung geringsten Anlagekapitals Genüge geleistet wird.

Größere Ausnutzung der der Hitze oder sonstiger starker Beanspruchung ausgesetzten Baustoffe darf selbstverständlich nicht durch übertriebene Steigerung der maximalen Beanspruchung der Heizfläche erstrebt werden; man sollte vielmehr Dimension und Konstruktion so wählen, daß ohne Steigerung der Maximalbeanspruchung höhere spezifische Dampfleistung erzielt wird.

Um hierfür Anhaltspunkte zu gewinnen, empfiehlt es sich, die Verhältnisse beim Wärmeübergang in einem Dampfkessel durch ein Diagramm darzustellen, in das die Temperatur der Heizgase als Funktion ihres Weges und ferner die Temperatur der von den Heizgasen berührten Wandungen eingetragen sind (Abb. 416).

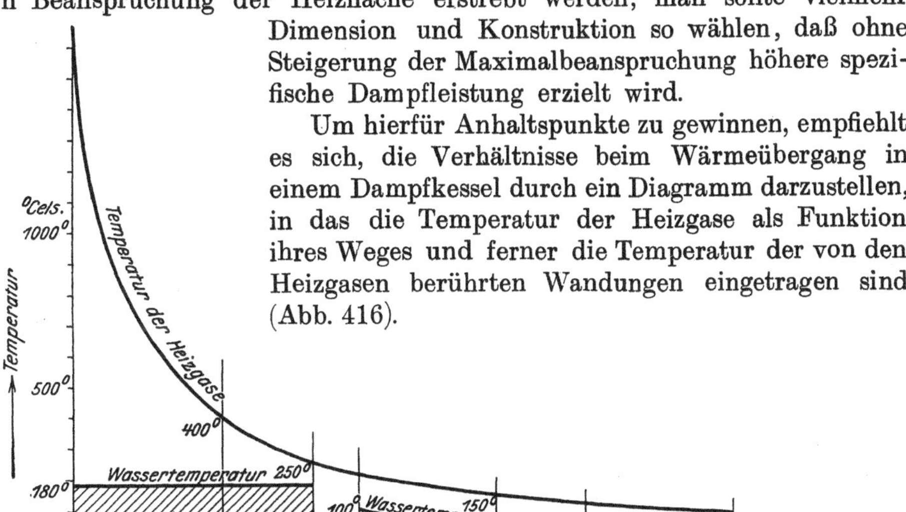

Abb. 416. Temperaturdiagramm einer normalen Kesselanlage.

Da die auf die Flächeneinheit erzeugte Dampfmenge von der Temperaturdifferenz der Heizgase und der Wandungen abhängt, ergibt sich, daß der überwiegende Teil des Dampfes im ersten Teil der Kesselzüge erzeugt wird, während die Dampferzeugung im letzten Teil der Züge auf sehr niedrige Werte sinkt.

Der Anteil der ersten Heizfläche an der Dampferzeugung eines Kessels ist noch erheblich größer als es in Abb. 416 zum Ausdruck kommt, weil dort die Wärme überwiegend durch Strahlung, d. h. etwa prozentual dem Unterschied der vierten Potenz der Feuerraumtemperatur und der Temperatur des Kesselwassers übertragen wird.

Denkt man sich nun den letzten Teil der Züge bei a abgeschnitten oder fortgelassen, so würde sich an dem Betrieb des übrigbleibenden Kessels nichts ändern, die höchste Beanspruchung wäre dieselbe geblieben. Die durchschnittliche Belastung ist dann aber wesentlich größer, der Wirkungsgrad schlechter, da die Abgase jetzt mit 350 bis 400° (statt 250°) austreten würden. Infolge dieser Verkleinerung verringert sich aber der Preis des Kessels. Da aber die Temperaturdifferenzen zwischen Heizgas und Wasserinhalt im Ekonomiser größer werden, kann die Verschlechterung des Wirkungsgrades durch eine verhältnismäßig kleine Vergrößerung des Ekonomisers ausgeglichen werden, in den die Heizgase dann mit höherer Temperatur eintreten und eine höhere Vorwärmung des Speisewassers bewirken. Man ersetzt durch dieses Verfahren somit ein verhältnismäßig großes und wenig wirksames Stück des Kessels durch ein kleines aber wirksames Stück des Ekonomisers.

Der Ersatz von Kesselheizfläche durch Ekonomiserheizfläche wird noch dadurch vorteilhaft, daß der mittlere Temperaturunterschied zwischen Wärmeträger (Rauchgase) und Wärmeaufnehmer (Wasser) im Ekonomiser ohnehin größer als im letzten Teil des Kessels ist und weil 1 m² Ekonomiserheizfläche erheblich weniger kostet als 1 m² Kesselheizfläche. Auch rein betriebstechnisch ist die Vorschaltung reichlich bemessener Ekonomiser wertvoll, weil sie größeren Temperaturunterschieden innerhalb des Wasserinhaltes eines Kessels wirksam vorbeugt. Die Erfahrungen der letzten Jahre haben nämlich übereinstimmend gezeigt, daß es mit Rücksicht auf die Vermeidungen gefährlicher Spannungen in den Kesselblechen von größter Bedeutung ist, daß innerhalb des Wasserinhaltes eines Kessels möglichst kleine Temperaturunterschiede auftreten und daß womöglich schon während des Anheizens und der Zuschaltung eines Kessels auf die Sammelleitung schnell ein weitgehender Temperaturausgleich innerhalb seines Wasserinhaltes erfolgt.

Bei Verfeuerung guter Steinkohle erhält man im allgemeinen die wirtschaftlichsten Dimensionen von Kessel und Ekonomiser, wenn die Heizgase den Kessel mit einer Temperatur von 350 bis 420° verlassen. Bei richtig bemessenem Ekonomiser tritt dann das Speisewasser für Kesseldrücke von 15 bis 25 at mit einer Temperatur bis zu 140° in den Kessel ein.

Eine Verkürzung des Kessels im erwähnten Sinne läßt sich auch dadurch erreichen, daß man einen normalen Kessel mit einer geringeren Anzahl von Zügen ausführt (z. B. 3 statt 4) und gleichzeitig Rostfläche und Rauchgasquerschnitte ver größert. Man erzielt dann ebenfalls eine größere mittlere Beanspruchung des Kessels.

Damit aber hierbei die für die Belastung der am höchsten beanspruchten Heizfläche maßgebende Feuerraumtemperatur nicht auf einen für die Wasserrohre und die feuerfeste Einmauerung gefährlichen Betrag steigen kann, muß über den Rost eine entsprechend große unmittelbar bestrahlte Heizfläche gelegt werden, die auf Rost- und Feuerraumtemperatur gewissermaßen „kühlend" wirkt. Ein guter Kessel soll nämlich so gebaut sein, daß bei hochwertiger Kohle und hohem CO_2-Gehalt der Rauchgase eine Höchsttemperatur von 1450 bis 1520° C auch bei hoher Kesselbelastung tunlichst nicht überschritten wird. Endlich darf die Länge der der größten Hitze ausgesetzten Wasserrohre einen bestimmten Betrag nicht überschreiten. Die Lebensdauer der Wasserrohre hängt außerordentlich stark von guter Kühlung durch das umlaufende Dampf-Wassergemisch ab. Die Kühlung ist unter sonst gleichen Verhältnissen um so besser, je geringer der mittlere und der höchste Dampfgehalt des Gemisches innerhalb der Rohre ist. Für eine bestimmte Eintrittsgeschwindigkeit des umlaufenden Wassers in das Wasserrohr wird bei gleicher Feuerraumtemperatur der Dampfgehalt um so größer je länger das Rohr ist, bzw. auf einer je größeren Länge es den heißesten Gasen ausgesetzt ist. Für die Lebensdauer der Rohre entscheidet also nicht allein die höchste spezifische Heizflächenbelastung, sondern auch die Gesamtwärmeaufnahme des ganzen Rohres. Aus diesem Grunde ist es im allgemeinen nicht gut, in hoch belasteten Schrägrohrkesseln über 4800 bis 5500 mm Rohrlänge zu gehen. Da der Dampfgehalt mit zunehmender Eintrittsgeschwindigkeit des Wassers in das Rohr abnimmt, ist bei Hochleistungskesseln sorgfältig darauf zu achten, daß das umlaufende Wasser bzw. das umlaufende Dampfwassergemisch einen möglichst kleinen Widerstand vorfindet. Ferner müssen die Wasserrohre so angeordnet sein, daß die Dampfblasen bequem abfließen können und daß auch während des Anheizens eines Kessels das Ansammeln und Stehenbleiben großer Dampfblasen vermieden wird.

Der von mir eingeschlagene Weg, die durchschnittliche Beanspruchung der Heizfläche zu steigern, ohne die Anfangsbeanspruchung zu erhöhen, der sich rein äußerlich hauptsächlich darin zeigte, daß das hintere Stück der Kessel abgeschnitten und durch ein kleineres, aber wirksameres Stück an Vorwärmerfläche ersetzt wurde, hat sich bestens bewährt (Abb. 417). Für die Höchstbelastung der Kessel sind wir bereits bei Beanspruchungen von 30 bis 45 kg in Steinkohlenkraftwerken und von 25 bis 35 kg in Braunkohlenkraftwerken angelangt.

Die Verminderung der konstanten Verluste führt nach vorstehendem zur Verkleinerung derjenigen Oberflächen, die einer ständigen Abkühlung ausgesetzt sind. Da die Erzielung genügenden Zuges (bei natürlichem Zug) eine gewisse Mindesttemperatur der Heizgase beim Eintritt in den Kamin verlangt, gehören zu diesen Verlusten auch die Oberflächenverluste der Füchse.

Wesentliche Kohlenverluste entstehen ferner noch beim Anheizen und infolge der Eingriffe in die Feuerführung bei schnellen Belastungswechseln. Diese Verluste sind im allgemeinen um so höher je größer die brennende Kohlenmenge, bzw. die Rostfläche ist. Dies ist einer der Hauptgründe für die große Bedeutung verhältnismäßig kleiner, sehr überlastungsfähiger Roste. Da die Dampfleistung eines Kessels zudem in erster Linie von der Kohlenmenge abhängt, die unter ihm verfeuert werden kann, bei den heute üblichen spezifischen Rostbelastungen aber auf einer bestimmten Kesselstirnbreite nur eine beschränkte Dampfmenge herausgeholt werden kann, läßt sich mit den Kesseln nicht soviel Dampf erzeugen, wie die Heizfläche an sich hergeben könnte. Infolgedessen müssen während der Spitzen besondere Kessel angeheizt oder hochgeheizt werden und das Anlagekapital für die Kessel wird für Werke mit sehr heftigen Spitzen unverhältnismäßig hoch. Gelänge es daher, die spezifische Rostbelastung erheblich über die heutigen Werte hinaus zu steigern, so würde dies für viele Werke große Ersparnisse bringen können, selbst wenn der Wirkungsgrad der Kessel während der kurzzeitigen Forcierungsperiode nennenswert zurückgehen und selbst wenn er auch bei mittlerer Belastung nicht ganz so hoch sein sollte, wie derjenige von Kesseln mit verhältnismäßig schwach belasteten Rosten.

Die Grundsätze für den Entwurf wirtschaftlicher Kesselanlagen lassen sich hiernach wie folgt zusammenfassen:

1. Verringerung der spezifischen Manteloberfläche des einzelnen Kessels durch Steigerung der mittleren Beanspruchung ohne Erhöhung der maximalen im ersten Teil der Heizfläche.
2. Erhöhung der Dampfleistung eines Kessels durch Einbau großer, womöglich stark überlastungsfähiger Roste und durch Anordnung einer tunlichst großen, der unmittelbaren Bestrahlung durch den Rost und das Feuer ausgesetzten Heizfläche.
3. Bau des Kesselkörpers derart, daß das umlaufende Wasser möglichst wenig Widerstände findet und Dampfblasen schnell und ungehindert von der stark belasteten Heizfläche nach den Oberkesseln abströmen können.
4. Vermeidung zunehmenden Luftüberschusses bei schwacher Belastung durch Verringerung der wirksamen Rostoberfläche (teilweise abdeckbarer Rost) bzw. durch den Bau stark überlastbarer Roste (unter zeitweiser Benutzung von Unterwind).
5. Vermeidung von Undichtigkeiten am Kessel, durch die kalte Luft (besonders schädlich bei Stillstand) eintreten kann (eiserne Ummantelung, Vermeidung von Rauchschieberschlitzen).
6. Gute Isolation der Oberfläche.

7. Möglichste Herabsetzung der Widerstände innerhalb des Kessels, damit der erforderliche Zug (auch bei natürlichem Zuge) noch mit möglichst niedern Abgastemperaturen am Eintritt in den Kamin erzielt werden kann.

8. Möglichste Verkürzung des Fuchses zwischen Kessel und Ekonomiser.

9. Für den Ekonomiser gelten wiederum die Grundsätze 1 bis 5.

10. Möglichste Verkürzung des Fuchses zwischen Ekonomiser und Kamin.

Die Herabsetzung der Widerstände wird am besten erreicht, wenn der Weg der Rauchgase vom Rost bis zum Eintritt in den Kamin mit einer recht geringen Anzahl von Krümmungen zurückgelegt wird, da der Widerstand der Krümmungen infolge von Wirbelbildung ein Vielfaches desjenigen gerader Strecken ist.

Vorstehenden Grundsätzen entsprechen Kessel der sogenannten Hochleistungstype am besten, wenn der Ekonomiser unmittelbar mit dem Kessel zusammengebaut und jeder Kessel mit einem besonderen wieder unmittelbar am Ekonomiser anschließenden Kamin ausgestattet wird, so daß Kessel, Ekonomiser und Kamin ein einheitliches Ganzes bilden und auch als Lieferungsobjekt gegebenenfalls zusammengefaßt werden können. Diese Anordnung erlaubt, die kühlende Oberfläche und gleichzeitig die Widerstände auf das Mindestmaß zu verringern. Es ergibt sich dann etwa das in Abb. 417 dargestellte Temperaturdiagramm.

Beispiele für diese Bestrebungen zeigen die Abb. 418 bis 432 und zwar für schmiedeeiserne und für gußeiserne Ekonomiser, sowie für Steilrohr- und Schrägrohrkessel. Bei Abbildungen für Kraftwerke (Abb. 425 bis 432) kommt die Einwirkung behördlicher Vorschriften zum Ausdruck oder der Wunsch, schwere Eisenkonstruktionen zu vermeiden, indem der Ekonomiser hinter und nicht über den Kessel gelegt wurde. Auch dann ist es möglich, sehr kleine Mantelflächen und einen gedrängten Zusammenbau zu erzielen.

Als Nachteil ist die große Anzahl eiserner Kamine anzusehen, deren Reparaturkosten höher werden als die gemauerter Schornsteine; als weiteren Nachteil muß man teurere Kesselgerüste und zuweilen schmiedeeiserne Ekonomiser in Kauf nehmen, die außer größeren Reparaturkosten Mehraufwand an Bedienung für Reinigung verlangen.

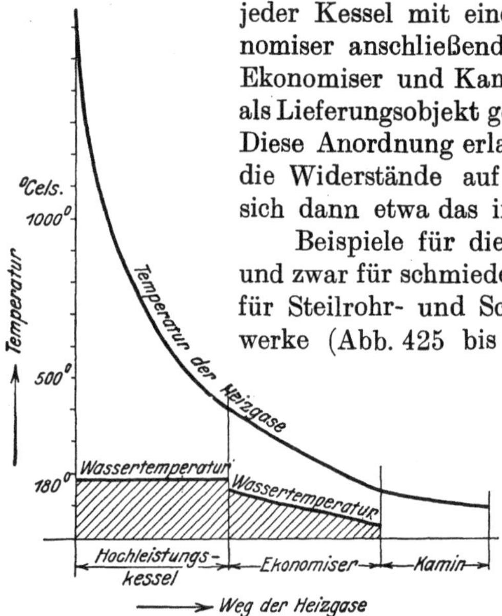

Abb. 417. Temperaturdiagramm der Kesselanlage des Verfassers.
(Victoria Falls & Transvaal Power Co. Ld., Märkisches Elektrizitätswerk usw.).

Diesen Schwächen stehen aber weitere wesentliche Vorteile gegenüber, die darin bestehen, daß die Grundfläche des Kesselhauses auf beinahe die Hälfte normaler Kesselhäuser herabgezogen werden kann, daß somit auch die Länge der Rohrleitungen zwischen Kessel- und Maschinenhaus wesentlich vermindert wird, wodurch sich weitere Ersparnisse an konstanten Verlusten ergeben. Die Nachteile gemauerter Kamine und Füchse, die von vornherein für eine spätere Vergrößerung vorgesehen werden müssen und trotzdem bei der weiteren Entwicklung hindernd im Wege stehen, werden gleichfalls vermieden; man behält nach jeder Richtung freie Verfügung über den unbebauten Raum.

Eine gute Vorstellung von den durch vorstehend gekennzeichnete Bauweise erzielbaren Ersparnissen bekommt man durch einen Vergleich der Hauptwerte der unter meiner Leitung in den Jahren 1908 bis 1912 erbauten Kraftwerke in Südafrika, die sämtlich mit Dampfkesseln derselben Bauart und mit Kettenrosten ausgerüstet wurden. Sie sind in Kapitel VIII, S. 422 näher beschrieben, es soll daher hier zum besseren Verständnis von Tabelle 34 nur gesagt werden, daß in Brakpan und in Simmerpan die gußeisernen Ekonomiser in einem besonderen Stockwerk über den Kesseln untergebracht sind. Aber auch diese Anordnung hatte noch den Nachteil großer Mantelflächen und hoher, kostspieliger Gebäude. In Rosherville und und Vereeniging wurden daher schmiedeiserne Ekonomiser mit den Kesseln organisch zusammengebaut. Tabelle 34 gibt folgendes Bild: Bezogen auf 1 m² Kesselheizfläche fiel das Gewicht von Kessel, Vorwärmer und Saugzuganlage von 405 kg in Brakpan (Baujahr 1908) auf 306 kg in Rosherville (Baujahr 1911); die Grundfläche des Kesselhauses betrug in Brakpan 0,292 m², in Rosherville nur noch 0,204 m²; das Gesamtgewicht von Kesselanlage und Eisenkonstruktion für die Kesselhäuser war in Brakpan 576 kg, der Rauminhalt des Kesselhauses einschließlich Bunker 5,70 m³, in Vereeniging, das ebenfalls größere Kohlenbunker hat, sind die entsprechenden Werte 400 kg und 2,24 m³.

An den günstigeren Werten der jüngeren Werke ist zwar auch ihre größere Leistung schuld, die erheblichen Verbesserungen sind aber doch in erster Linie den oben genannten Ursachen zuzuschreiben.

Tabelle 34. Zusammenstellung der hauptsächlichsten Werte verschiedener Dampfkesselanlagen.

			Brakpan	Simmerpan	Rosherville	Vereeniging
1	Name des Kraftwerkes		Brakpan	Simmerpan	Rosherville	Vereeniging
2	Baujahr		**1908**	**1909/10**	**1911**	**1912**
3	Leistung des Kraftwerkes	kW	6000	18000	68000	44000
4	Heizfläche eines Kessels	m²	358	358	513	550
5	Überhitzerheizfläche in vH der Kesselheizfläche	vH	35	35	31	37
6	Vorwärmerheizfläche in vH der Kesselfleizfläche	„	52	52	40	39
7	Baustoff des Rauchgasvorwärmers .		**Gußeisen**		**Schmiedeeisen**	
8	Art der Vorwärmeranordnung		vom Kessel getrennt		mit dem Kessel zusammengebaut	
9	Einmauerung von Kessel und Vorwärmer				eisenummantelt	
10	Kesselzahl auf eine Saugzuganlage		2	2	{ 4 für je 1 Kessel 16 für je 2 Kessel	2 für je 1 Kessel 9 für je 2 Kessel
11	Größere Bunker im Kesselhaus . .		ja	ja	nein	ja
12	Bunkerinhalt auf 1 m² Kesselheizfläche	m³	0,128	0,162	0,010	0,073
13	Breite des Kesselhauses	m	24,6	24,5	22	23,2
	Gewicht von Kessel, Vorwärmer und Saugzuganlage, bezogen auf:					
14	1 m² Kesselheizfläche . . .	kg	**405**	**405**	**306**	**323**
15	1 kW Leistung des Kraftwerkes	„	194	129	74	81
	Gesamtgewicht von Kesselanlage und Eisenkonstruktionen des Kesselhauses, bezogen auf:					
16	1 m² Kesselheizfläche . . .	„	**576**	**546**	**344**	**400**
17	1 kW Leistung des Kraftwerkes	„	276	175	83	100
	Grundfläche des Kesselhauses, bezogen auf:					
18	1 m² Kesselheizfläche . . .	m²	**0,292**	**0,287**	**0,204**	**0,204**
19	1 kW Leistung des Kraftwerkes	„	0,14	0,092	0,049	0,051
	Rauminhalt des Kesselhauses einschl. Bunker, bezogen auf:					
20	1 m² Kesselheizfläche . . .	„	**5,70**	**5,24**	**3,05**	**2,24**
21	1 kW Leistung des Kraftwerkes	„	2,72	1,67	0,74	0,56

Der Zusammenbau von Kessel und schmiedeisernem Ekonomiser als Einheitsaggregat hat sich dort bewährt, wo gutartiges Speisewasser zur Verfügung stand. In einzelnen Fällen haben sich dagegen Anfressungen in den Ekonomiserrohren gezeigt. Handelt es sich gleichzeitig um ein Brennmaterial mit großem Flugaschengehalt, so werden die für hochliegende schmiedeiserne Ekonomiser möglichen Aschenvorratsräume des Aggregates etwas klein. Mit aus diesen Gründen ist man bestrebt gewesen, auch für gußeiserne Ekonomiser die vorgenannten Vorteile möglichst wahrzunehmen und auch für sie durch unmittelbaren Zusammenbau und zweckmäßige Rauchgasführung eine möglichst kleine Grundfläche zu erzielen.

In diesem Zusammenhange ist eine Anordnung hervorzuheben (Abb. 418), die gegenüber gußeiserner Ekonomiser üblicher Bauart wesentliche Vorteile bietet. Die neuartigen Ekonomiser bestehen aus Teilen völlig normaler gußeiserner Ekonomiser mit dem einzigen Unterschied, daß je zwei nebeneinander liegende Rohrreihen verschiedene Länge haben. Dadurch wird ein reichlicher Rauchgasquerschnitt zwischen

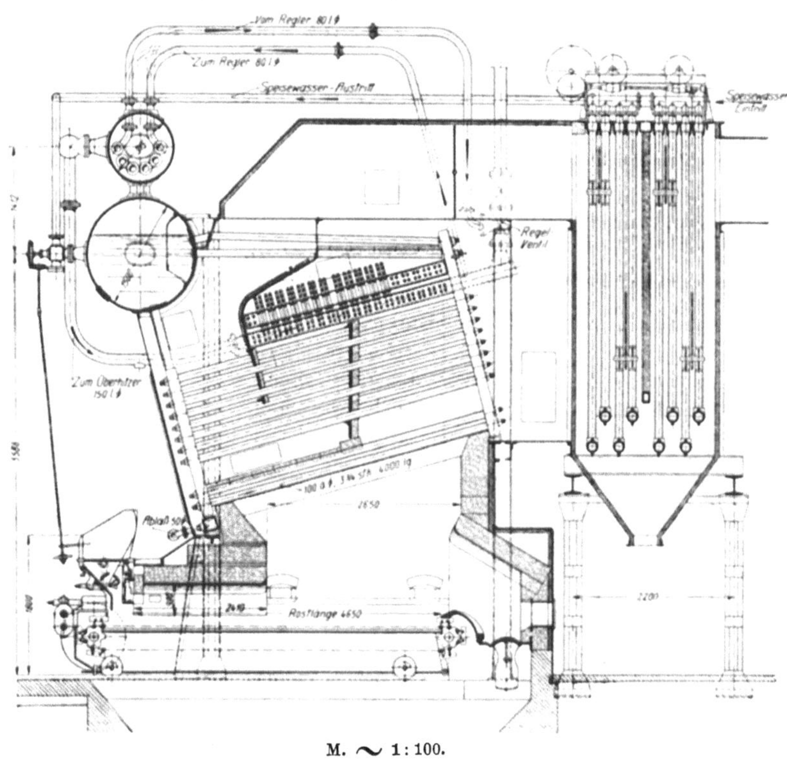

Abb. 418. 400 m² Hochleistungskessel der deutschen Babcockwerke
mit organisch angebautem gußeisernen Ekonomiser von 232 m² Heizfläche im EW.
Brandenburg. Blechummantelung statt Einmauerung, sehr kleine Mauerwerksmassen.
Kessel hat nur 3 Züge. Große bestrahlte Heizfläche. Ganzes Aggregat sehr dicht
zusammengebaut, daher kleine Manteloberfläche und geringe Ausstrahlungsverluste.

den unteren Sammelkästen erzielt. Es ergeben sich zahlreiche Kombinationsmöglichkeiten mit Kesseln der verschiedensten Größe und unter den verschiedensten Bedingungen, von denen Abb. 419—422, 428 mehrere Ausführungsbeispiele zeigen.

In den ausgedehnten Speiseleitungen größerer Werke können heftige Stöße entstehen, die die Leitungen und insbesondere die gußeisernen Ekonomiser ernstlich gefährden. Sie erzeugen Überdrücke in der Größenordnung von 10 bis 20 at über den normalen Druck der Speisepumpen hinaus und sind hauptsächlich auf die großen Massendrücke des in den Leitungen strömenden Wassers bei raschem Abschluß der Absperrventile selbsttätiger Speisewasserregler zurückzuführen. Unzweckmäßige Anordnung der Speiseleitungen kann diesen Übelstand noch verstärken. Dem Schutz der Speiseleitungen gegen gefährliche Überdrücke ist daher besondere Aufmerksamkeit zu widmen, besonders auch mit Rücksicht auf die Möglichkeit verheerender Explosionen,

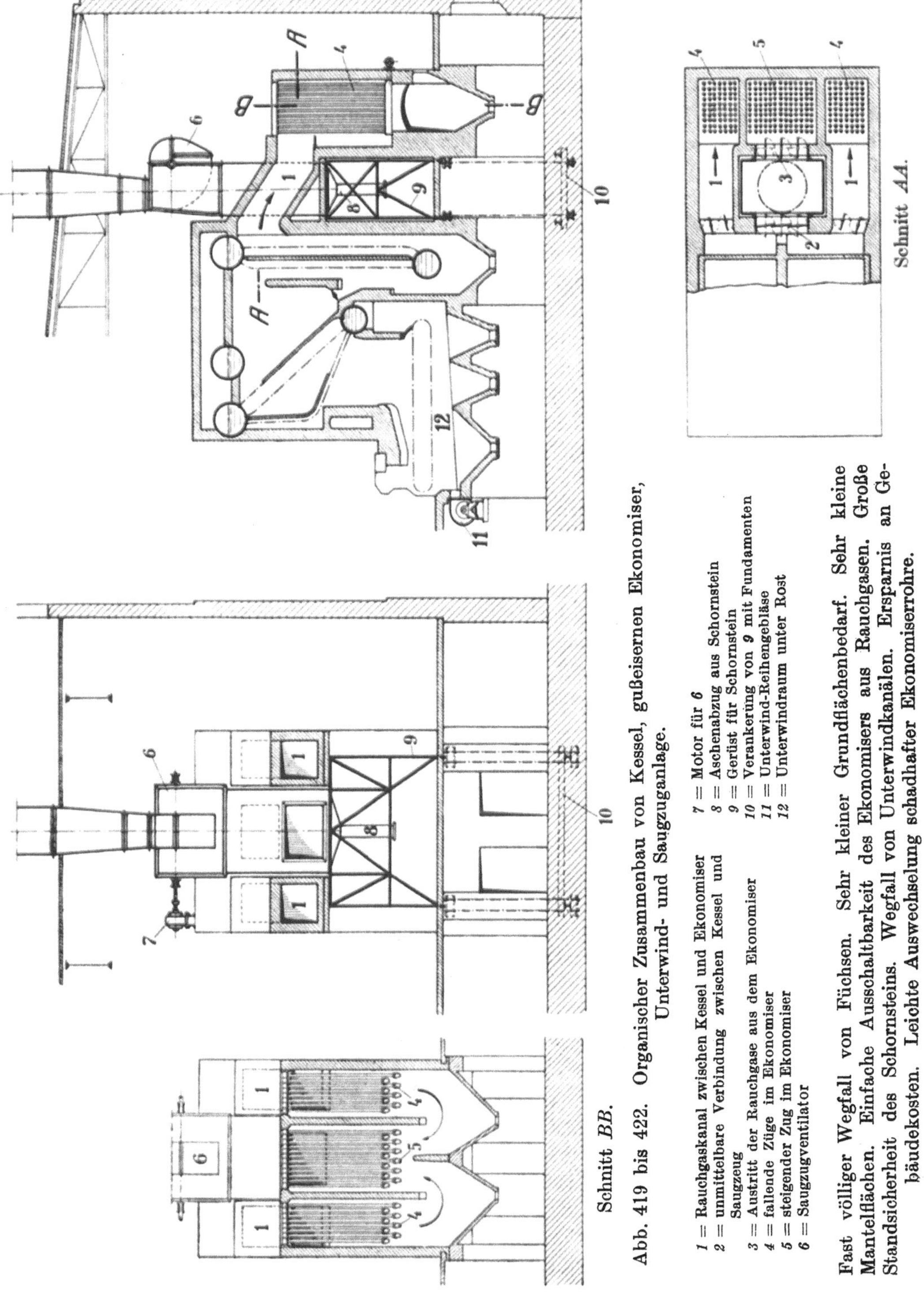

Abb. 419 bis 422. Organischer Zusammenbau von Kessel, gußeisernen Ekonomiser, Unterwind- und Saugzuganlage.

1 = Rauchgaskanal zwischen Kessel und Ekonomiser
2 = unmittelbare Verbindung zwischen Kessel und Saugzeug
3 = Austritt der Rauchgase aus dem Ekonomiser
4 = fallende Züge im Ekonomiser
5 = steigender Zug im Ekonomiser
6 = Saugzugventilator
7 = Motor für 6
8 = Aschenabzug aus Schornstein
9 = Gerüst für Schornstein
10 = Verankerung von 9 mit Fundamenten
11 = Unterwind-Reihengebläse
12 = Unterwindraum unter Rost

Fast völliger Wegfall von Füchsen. Sehr kleiner Grundflächenbedarf. Sehr kleine Mantelflächen. Einfache Ausschaltbarkeit des Ekonomisers aus Rauchgasen. Große Standsicherheit des Schornsteins. Wegfall von Unterwindkanälen. Ersparnis an Gebäudekosten. Leichte Auswechselung schadhafter Ekonomiserrohre.

die bei gleichzeitiger Zerstörung mehrerer Sammelkästen großer gußeiserner Ekonomiser infolge ihres großen Inhaltes an heißem Wasser von mehr als 100° C entstehen können.

Sollten die Bestrebungen, durch geeignete Behandlung des Speisewassers innere Korrosionen zu vermeiden, Erfolg haben, so würde die ausnahmslose Rückkehr zu schmiedeisernen Ekonomisern wohl vorteilhaft sein, die zur Zeit nur unter bestimmten Voraussetzungen günstiger als Gußeisenekonomiser arbeiten.

Zur Zeit sind allerdings noch keine Vorrichtungen bekannt geworden, welche die aggressiven Eigenschaften des Speisewassers völlig sicher und mit erträglichen Kosten beseitigen. Die Angaben zahlreicher Veröffentlichungen stimmen mit der Wirklichkeit leider meist nicht überein, und die Betriebsleiter merken oft erst nach Monaten, daß die mit viel Kosten beschafften Aufbereitungsanlagen nicht viel nützen.

Die Frage, ob Steilrohrkessel oder Zweikammerwasserrohrkessel für Elektrizitätswerke überlegen sind, kann heute dahin beantwortet werden, daß eine unbedingte und grundsätzliche Überlegenheit einer Bauart nicht besteht, daß aber Steilrohrkessel dauernd zunehmende Verbreitung finden. Es rührt dies weniger davon her, daß ihr Wirkungsgrad besser ist, als von ihrem, im allgemeinen bequemeren Zusammenbau mit Ekonomiser und Saugzuganlage zu einem organischen Ganzen; von den einfacheren und billigeren Fundamenten und der Möglichkeit einer besseren Verankerung, von ihrem einfacheren Aufbau und der wesentlich einfacheren Reinigungsmöglichkeit ihrer äußeren Heizfläche. Der Wegfall der bei Zweikammerkesseln erforderlichen Rohrverschlüsse wird gleichfalls häufig als großer Vorteil empfunden mit Ausnahme von solchen Fällen, wo die Kesselreserve klein ist und ein schadhaftes Wasserrohr in kürzester Frist ausgewechselt werden muß. In dieser Hinsicht ist der Zweikammerkessel dem Steilrohrkessel zweifellos überlegen, doch wird dieser Vorsprung meist nur in kleinen Werken eine nennenswerte Rolle spielen. Da die Flugasche von Steilrohrkesseln weniger Gelegenheit zum Absetzen innerhalb der Kesselzüge findet, wird man ihnen in Braunkohlenkraftwerken oft den Vorzug geben. Das Großkraftwerk Golpa (Kap. IX) ist ausschließlich mit Steilrohrkesseln ausgerüstet worden, die sich bestens bewährt haben, weil die in einigen älteren Anlagen mit dem System gemachten schlechten Erfahrungen bei dem Entwurf der Kessel sorgsam berücksichtigt worden sind (S. 547).

Von merkbarem Einfluß auf Anlage- und Betriebskosten eines Kraftwerkes ist die Größe der Kesselreserve. Sie hängt vom Rostsystem, dem Heizwert und der chemischen Beschaffenheit der Kohle, der Menge und dem Verhalten ihrer Asche, der Kesselgröße, der Tüchtigkeit des Betriebsleiters und der Mannschaften, der Heizflächenbelastung und ferner in hohem Maße davon ab, ob die Höchstlast nur während weniger Stunden oder während des größeren Teiles eines Tages vorhanden ist.

Alles in allem muß vor zu knapp bemessenen Kesselreserven gewarnt werden, weil sie oft zu einem schnellen Herunterwirtschaften der ganzen Kesselanlage und zu erheblicher Verschlechterung des Kohlenverbrauches führen.

Wanderroste und andere, aus zahlreichen beweglichen Teilen bestehende Roste sind mehr Störungen ausgesetzt als feststehende Treppen- oder Muldenroste. Hochwertige Steinkohle greift die Roststäbe stärker an als Brennstoffe mit niederem Heizwert, wie etwa mitteldeutsche Rohbraunkohle, und kann ernste Störungen besonders dann verursachen, wenn sie leichtfließende Schlacke bildet oder Sand enthält. Dadurch wird örtliches Heißwerden des Rostes begünstigt, so daß der Rost durch Klemmen verbogener Teile ernstlich beschädigt werden kann. Übrigens greifen auch gewisse Braunkohlenbriketts mit hohem Gehalt an Schwefelkies die Roststäbe chemisch stark an. Dies macht sich aber mehr durch vorzeitige Abnutzung der Roststäbe als durch häufige Reparaturen infolge Schadhaftwerden von für das Laufen des Rostes lebenswichtigen Teilen geltend.

Scholtes gibt für Kessel von 400 bis 500 m² Heizfläche mit Wanderrosten und gußeisernen Ekonomisern und für Steinkohle folgende für die Durchführung der erforderlichen Reparaturen und Instandsetzungsarbeiten erforderliche Betriebspausen im Jahr an[1]):

---
[1]) Mitteilungen der Vereinigg. der E.W.

Wanderroste . . . . 4 Wochen/Jahr.
Ausmauerung . . . . 8 „
Kesselreinigung . . . . 3 „
Gußeiserne Ekonomiser bis zu . . . . 6 „
Somit insgesamt im ungünstigsten Falle bis zu 21 Wochen/Jahr.

In Wirklichkeit wird man aber einen erheblichen Teil dieser Reparaturarbeiten gleichzeitig ausführen können und dadurch an Überholungszeit sparen.

Für gußeiserne Ekonomiser liegen endlich die Verhältnisse meist so, daß nur während des ersten halben oder ganzen Jahres größere Reparaturarbeiten auftreten, die im großen und ganzen aufhören, wenn die schwachen Rohre des Ekonomisers einmal ausgewechselt sind.

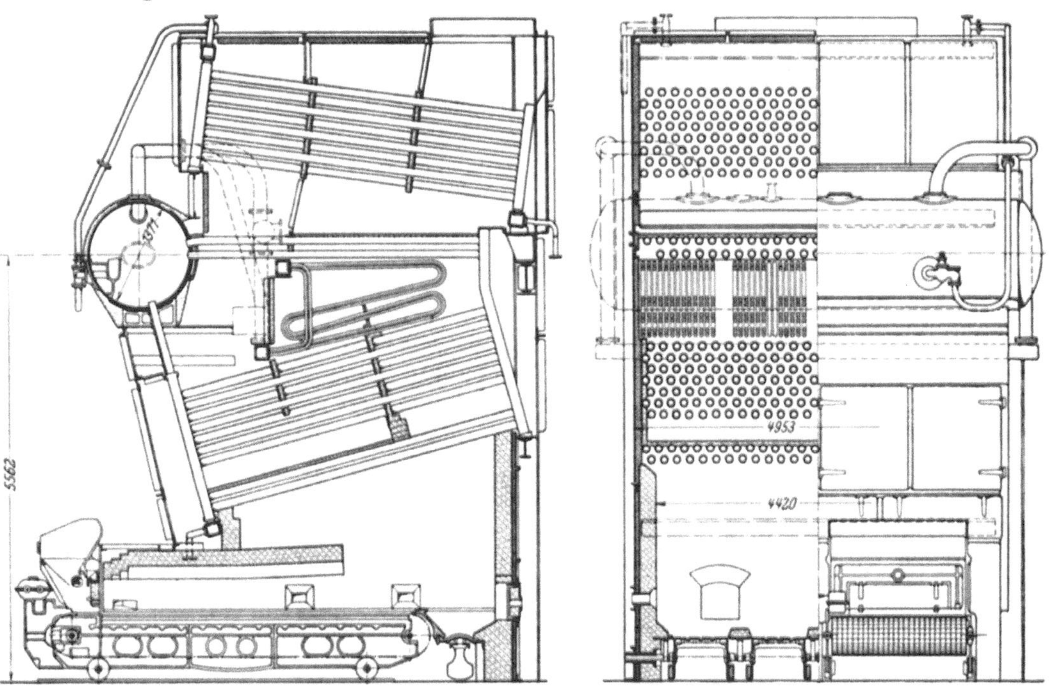

Abb. 423 u. 424. Hochleistungskessel der Babcock & Wilcox Co., Ltd., London, mit hochgebautem schmiedeisernen Ekonomiser.
Siehe Fußnote zu Abb. 418. Grundflächenbedarf noch geringer als in Abb. 410. Entaschung des Ekonomisers ist dagegen in Abb. 418 bequemer.

Eine Umfrage unter einer größeren Zahl bedeutender deutscher Elektrizitätswerke hat denn auch ergeben, daß die Kesselreserve für Steinkohlenwerke mit Wanderrosten 25 vH, für Braunkohlenwerke mit feststehenden Rosten 15 bis 20 vH betragen soll. Liegen besondere Umstände vor, wie alte Kessel, unangenehme Kohlen usw., so tut man gut, zu den vorstehenden Werten einen Zuschlag zu machen.

b) Künstlicher Zug.

Mit der Vergrößerung der Werke sind die baulichen Schwierigkeiten für gemauerte Füchse und Kamine ständig gewachsen; hinzu kommt die beschränkte Regulierfähigkeit und die Abhängigkeit der Zugstärke von der Belastung.

Die Vorteile der vorstehend gekennzeichneten Hochleistungskessel kommen daher im allgemeinen nur dann voll zur Geltung, wenn sie mit künstlichen Saugzuganlagen ausgerüstet sind, die eine weitere Erhöhung der Heizflächenbelastung und eine schnelle Anpassung der Dampferzeugung an den Dampfbedarf ermöglichen. Saugzuganlagen haben daher eine immer steigende Verbreitung gefunden. Wollte man indes mit dem Unterdruck im Feuerraum zur Erzielung einer recht hohen spezifischen Rostleistung über ein bestimmtes Maß hinausgehen, so würden die Verluste durch „falsche Luft" zu groß und zwar besonders bei Kohlen, die viel Schürarbeit und daher häufiges Öffnen der Feuertüren erfordern. Es ist daher m. E. mit ziemlicher Sicherheit anzunehmen, daß in absehbarer Zeit auch in reinen Steinkohlenkraftwerken Unterwind neben Saugzug angewandt werden wird, da dann mit nahezu ausgeglichenem Zug gearbeitet werden kann.

Die Verschlechterung des Wirkungsgrades durch Überlastung der Kessel bzw. der Roste und der Kraftbedarf für die Saugzug- und Unterwindmotoren spielen keine große Rolle, da sie ja nur während der Spitzenbelastung und zum Wiederanfachen der Feuer nach vorangegangener schwacher Belastung auftreten. Ihre Wirkung tritt daher meistens gegenüber den erhöhten Anlagekosten und einer entsprechend größeren Kesselanlage mit nur schwach beanspruchten, bzw. nur wenig überlastbaren Kesseln zurück. Für den Antrieb der häufig an- und abzustellenden Ventilatoren sind Elektromotoren mit automatischen Anlaßvorrichtungen vorzusehen.

Im Gegensatz zu der auf Schiffen üblichen Einrichtung wird für ortsfeste Anlagen wohl ausschließlich Saugzug angewandt, der die gebräuchlichen Einrichtungen für mechanische Feuerungen, für Kontrolle und Beobachtung des Feuers sowie für Abschlacken beizubehalten gestattet.

Man unterscheidet drei Systeme der künstlichen Saugzugerzeugung: mittelbar arbeitende, unmittelbar arbeitende und sogenannte kombinierte Sauganlagen. Bei ersteren saugt der Ventilator kalte Luft an, die mittels eines, in den Schornstein eingebauten Strahlapparates die Rauchgase austreibt. Die heißen Gase kommen also mit dem Ventilator nicht in Berührung. Nach dem zweiten System werden die Rauchgase unmittelbar durch den Ventilator abgesaugt, das dritte verwendet für die Betätigung des Strahlapparates statt Luft einen Teil der abzusaugenden Rauchgase. Ursprünglich wurde dem Umstand, daß der Ventilator nur mit kalter Luft in Berührung kommt, große Bedeutung beigemessen. Es hat sich aber gezeigt, daß auch zweckmäßig gebaute unmittelbar arbeitende Saugzuganlagen eine vorzügliche Lebensdauer haben. Da nun der Kraftbedarf unmittelbarer Saugzuganlagen um rd. 30 vH niedriger ist, hat die Vorliebe für mittelbare Anlagen stark abgenommen, zur Zeit werden in deutschen Elektrizitätswerken vorwiegend erstere verwendet. Für diese veränderte Stellungnahme sind noch zwei weitere Ursachen maßgebend:

a) die Widerstände des Schornsteines unmittelbarer Saugzuganlagen sind wesentlich kleiner, weil Einbauten, wie z. B. Düsen und Diffusoren fehlen. Dadurch ist die Zugstärke bei ruhendem Ventilator größer und man kommt länger mit dem natürlichen Auftrieb des Schornsteines aus, erspart also Kraft;

b) die Gesamtanordnung der Saugzuganlage ist bei einigen neueren, unmittelbar arbeitenden Systemen außerordentlich einfach und elegant. Widerstände durch scharfe Richtungs- und Geschwindigkeitswechsel sind fast völlig verschwunden, das Gehäuse des Ventilators ist als integrierender Bestandteil des Schornsteines ausgebildet.

Über das kombinierte System sind ausgedehntere Betriebserfahrungen bisher nicht bekannt geworden. Es ist aber nicht ausgeschlossen, daß es für Kessel sehr großer Leistung wieder günstigere Aussichten erhält, da unmittelbar wirkende Ventilatoren sehr große Abmessungen erhalten, ihre Unterbringung zuweilen auf Schwierigkeiten stoßen dürfte.

Die Regulierung der Zugstärke kann entweder durch Klappen oder durch Verändern der Drehzahl der Antriebsmotoren erfolgen.

c) Überhitzer.

Mit dem jetzt üblichen Einbau der Überhitzer hinter dem ersten Zuge lassen sich die erforderlichen Dampftemperaturen für Vollbelastung leicht erreichen; schwieriger ist es schon, auch bei schwachen Belastungen genügende Überhitzung zu erzielen, die Abkühlung der Rauchgase im ersten Zuge wird bereits zu groß. Gerade für schwache Belastung ist aber gute Überhitzung besonders erwünscht, weil der Temperaturverlust in der Rohrleitung wegen zu geringer Dampfgeschwindigkeit ohnehin zunimmt und der Dampfverbrauch der Turbinen somit steigt.

Durch zweckmäßige Anordnung der Überhitzer gelingt es aber besonders in Steilrohrkesseln, eine innerhalb weiter Belastungsgrenzen nur um etwa 10 bis 15° C schwankende Dampftemperatur zu erzielen. Der Übergang zu anderen Kohlensorten läßt dagegen auch bei solchen Überhitzern die Dampftemperatur nennenswert von der gewünschten abweichen. Die gleiche Erscheinung tritt zuweilen bei Rohbraunkohle auf, wenn ein neues Flöz angeschnitten wird oder wenn die Kohle nach längerem Regenfall kräftig durchnäßt ist. Man tut daher gut, den Überhitzer reichlich zu bemessen und die Überhitzung durch sogenannte Temperaturregler auf die gewünschte Höhe einzustellen. Es sind dies von Wasser umspülte Oberflächenapparate, durch die ein passender Teil des Dampfes geleitet wird, um später wieder mit dem Rest vermischt zu werden. Die dem überhitzten Dampf entzogene Wärme verdampft eine entsprechende Wassermenge, die dem Kesseldampf zugesetzt wird. Temperaturregler können entweder in die Obertrommeln der Kessel oder aber in die Hauptdampfstränge des Werkes eingebaut werden. In letzterem Falle regelt ein Apparat den Dampf der ganzen Kesselbatterie, im ersteren nur die Dampfmenge des zugehörigen Kessels. Zentrale Regelung dürfte zur Zeit die größeren Aussichten haben, da nur wenige Ventile verstellt werden müssen, was unter Umständen von der Schalttafel aus oder durch den Turbinenwärter erfolgen kann. Temperaturregelung des überhitzten Dampfes durch Mischen mit gesättigtem, dem Kessel unmittelbar entnommenen Dampf kommt für den Dauerbetrieb größerer Werke nicht in Betracht; Regulierklappen im Rauchgasstrom haben sich nicht bewährt.

Dagegen ist es vorteilhaft, den Überhitzer in den Kessel so einzubauen, daß durch Entfernen oder Einsetzen einiger Chamotteplatten ein Teil der Rauchgase an dem Überhitzer vorbeigeleitet werden kann. Man kann sich dann bei Übergang auf eine andere Kohle die passende Dampftemperatur bequem einstellen, ohne am Überhitzer selbst Änderungen vornehmen zu müssen.

In das Mauerwerk eingebaute Überhitzer oder unmittelbar befeuerte Überhitzer sind für Elektrizitätswerke mit stark schwankender Belastung nicht brauchbar. Wird die Dampfentnahme nach vorangegangener starker Belastung plötzlich vermindert, so steigt die Dampftemperatur wegen der Wärmekapazität des Mauerwerks und der kleinen Dampfgeschwindigkeit auf Werte, die den Betrieb der Turbinen gefährden; der Überhitzer sollte daher unbedingt innerhalb der wasserumgebenen Zone des Kessels liegen.

d) Feuerungen.

Über Feuerungen wurden bereits in den vorhergehenden Abschnitten einige Angaben gemacht.

Für größere Werke kommen nur noch selbsttätige oder nahezu selbsttätige Roste in Betracht. Bei hochwertiger Steinkohle wird in deutschen Elektrizitätswerken der Wanderrost bevorzugt, minderwertige Steinkohlen, wie z. B. Staubkohlen, Schlammkohlen, Berge, stark aschenhaltige Steinkohlen usw. werden auf Unterwindwanderrosten oder auf Schrägrosten mit Unterwind verbrannt. Unter letzteren ist besonders der Plutorost bekannt geworden, eine Feuerung mit beweglichen, hohlen Roststäben, durch die der Unterwind zugeführt wird.   In neuerer Zeit finden auch treppenrostartige Feuerungen Eingang.

Die Breite der Wanderroste übersteigt in Deutschland selten 2500 mm, Rostbreiten von 3000 mm gehören schon zu den Ausnahmen. Infolgedessen beträgt die in einer Bahn unterbringbare Rostfläche bei einer nutzbaren Rostlänge von 4500 bis 5500 mm rd. 11 bis 12 m². Unter einem Kessel ordnet man nicht gern mehr als zwei Bahnen an, damit sie auch von der Seite mit dem Schüreisen leicht erreichbar sind. Die Rostfläche eines Kessels mit zwei Bahnen beträgt somit selten mehr als 20 bis 30 m² entsprechend einer stündlichen Kohlenmenge von 2400 kg bis 3600 kg. Bei 7,5- bis 8,5facher Verdampfung kann dann der mit reichlich bemessenem Ekonomiser ausgestattete Kessel stündlich 18 000 bis 30 000 kg Dampf erzeugen und erhält somit für eine Belastung von 35 bis 40 kg/m² eine Heizfläche von 500 bis 750 m². In der Tat sind denn auch Kessel von mehr als 700 bis 800 m² in deutschen Kraftwerken äußerst selten. Soll ein Kessel mehr als 20 bis 30 t/h Dampf liefern, so müssen mindestens drei Rostbahnen eingebaut werden, was nur dann anzuraten ist, wenn ihr hinteres Ende leicht zugänglich und die Kohle gutartig ist. Auf Zugänglichkeit des hinteren Rostendes wird neuerdings immer größerer Wert gelegt, man baut die Kessel deshalb so hoch, daß der Rost unter den Untertrommeln hindurch erreichbar ist. Bei Schrägrohrkesseln ist dies nur zum Teil möglich.

Auch Braunkohlenbriketts und einige böhmische Braunkohlen werden auf Wanderrosten verfeuert, sie sind meist ein hierfür vorzüglich geeigneter Brennstoff. Es muß nur darauf geachtet werden, daß die Schütthöhe auf 300 bis 400 mm gesteigert werden kann und daß die Vorschubgeschwindigkeit in weiten Grenzen regelbar ist. Ferner müssen die für Wanderroste geeigneten Braunkohlen, deren Heizwert im allgemeinen über 3000 kcal/kg liegt, auf passende Größe vorgebrochen werden. Die meisten deutschen Braunkohlenbriketts verlangen schonenden Transport vom Schiff bzw. Eisenbahnwagen bis zum Kohlentrichter. Das Zerquetschen der Briketts durch Greifer, vor allem aber das Abstürzen aus größeren Höhen ist zu vermeiden, weil sie hierdurch zum Teil zerbröckeln und weil der entstehende, feine Staub gutes Brennen beeinträchtigt. Die Fallrohre (Lutten) zwischen Bunker und Kohlentrichter sind staubdicht auszuführen und staubdicht an letztere anzuschließen, andernfalls tritt im Kesselhaus starke Staubbelästigung auf, die auch insofern nicht unbedenklich ist, als sich der Staub an nackten Stellen der Leitungen für hochüberhitzten Dampf oder an anderen heißen Stellen entzünden und gefährliche Brände verursachen kann. Sind daher die Transportvorrichtungen nicht den besonderen Anforderungen angepaßt, so sollten Brausen zum schnellen Löschen von Bränden angeordnet werden.

Minderwertige mitteldeutsche und rheinische Rohbraunkohlen werden entweder auf Treppenrosten oder auf Muldenrosten verfeuert. Beide Rostarten sind nicht völlig selbsttätig, sie verlangen vielmehr je nach der Kohlensorte ein mehr oder weniger beträchtliches Maß von Aufmerksamkeit und von Nachhilfe. Der Versuch, den Vorschub der Kohle vom Böschungswinkel der Treppenroste unabhängiger zu machen, hat zu verschiedenen Konstruktionen mit beweglichen Rostplatten geführt, zur Zeit sind aber bei uns nicht bewegliche, sogenannte Halbgasfeuerungen noch die verbreitetsten Roste in größeren Werken. Muldenroste scheinen für gasarme Braunkohlen nicht so brauchbar zu sein, wie Treppenroste und sich mehr für kleinere und mittlere Kessel zu eignen.

Da die Belastung der Treppenroste etwa 160 bis 240 kg/m² h beträgt, kommt man infolge des niederen Heizwertes von Rohbraunkohle schon bei stündlichen Dampfmengen von 20 000 kg/h zu sehr großen Rostflächen. Die Rostlänge

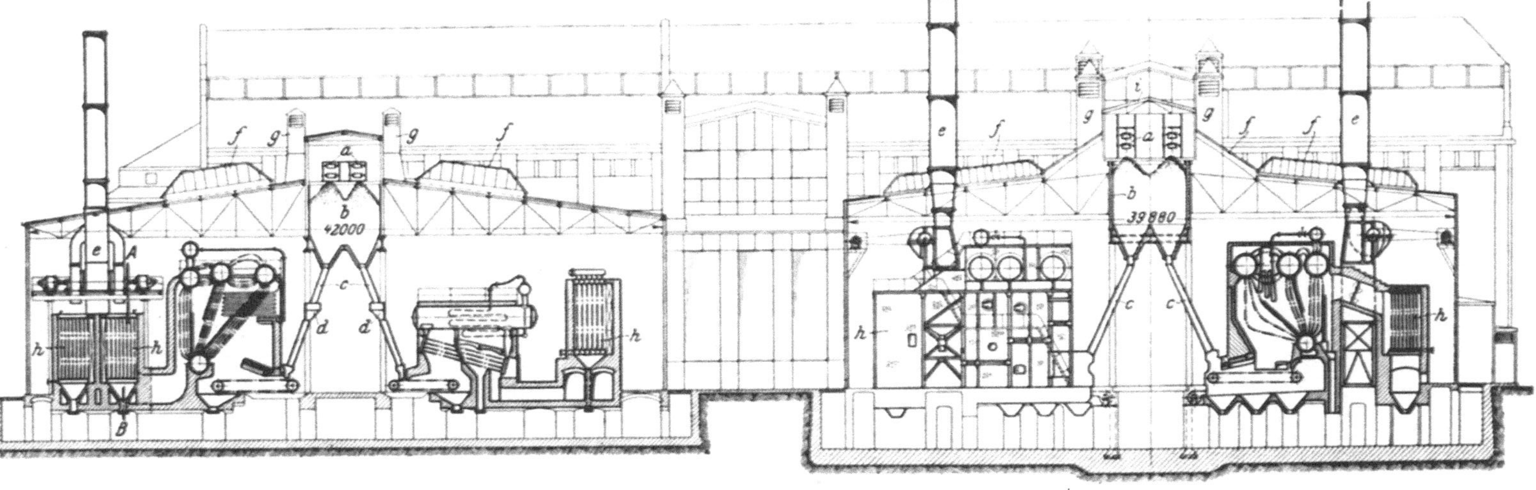

Abb. 425. Schnitt durch altes und neues Kesselhaus.

Legende zu Abb. 425.

a = Kohlenkonveyor
b = Kohlenbunker
c = Fallrohre
d = Automatische Kohlenwage
e = Schornstein
f = Oberlicht-Fenster
g = Lüftungskamine
h = Ekonomiser
i = Glasabdeckung für Konveyorkanal

Abb. 425 u. 426. Altes und neues Kesselhaus im Gemeinschaftswerk Hattingen. Linkes Kesselhaus Baujahr 1912, rechtes Kesselhaus Baujahr 1923.

Zusammenbau zwischen Kessel, Ekonomiser und Saugzuganlage ist im neuen Kessselhaus organischer als im alten. Daher kleinerer Platzbedarf und kleinere Mauerwerksoberflächen, geringere Zug- und Temperaturverluste zwischen Kessel und Schornstein. Die Anordnung der Kessel im rechten Kesselhaus entspricht Abb. 419—422.

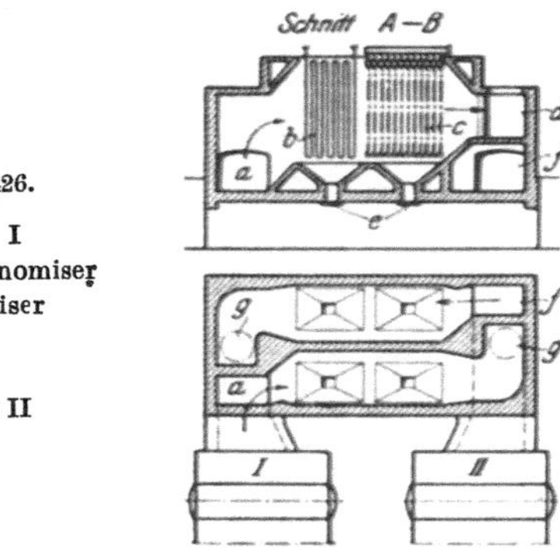

Legende zu Abb. 426.

a = Fuchs von Kessel I
b = Schmiedeisen-Ekonomiser
c = Gußeisen-Ekonomiser
d = Zum Saugzug
e = Aschenabzug
f = Fuchs von Kessel II

Abb. 426. Rauchzüge. Schnitt und Grundriß.

darf mit Rücksicht auf die Bedienung einen bestimmten Betrag nicht überschreiten, schon bei Kesseln von 500 m² Heizfläche erhalten deshalb die Roste, deren Einzelbreite im allgemeinen zweckmäßigerweise nicht größer als 1400 bis 1600 mm gewählt werden sollte, eine außerordentlich große Gesamtbreite. Eine Kesselheizfläche von etwa 750 m² wird daher nicht gern überschritten.

In den letzten Jahren haben, von Amerika ausgehend, Kohlenstaubfeuerungen wieder große Beachtung gefunden, die in Deutschland bereits in den neunziger Jahren an verschiedenen Stellen im Betriebe waren. Ihnen liegt der Gedanke zugrunde, sich von Zufälligkeiten der Kohlenbeschaffenheit, wie verschiedener Korngröße, wechselndem Aschengehalt usw. frei zu machen und ähnliche Verhältnisse zu schaffen wie bei Gas- oder Ölfeuerungen. Der Einführung in größerem Maßstabe stellten sich bisher die hohen Anlagekosten und die Befürchtung entgegen, daß die erzielten Vorteile den aufgewendeten Mitteln nicht entsprechen möchten.

Diese Befürchtungen wurden noch verstärkt durch Mißerfolge an Anlagen, deren Bau nicht mit der erforderlichen Sachkenntnis ausgeführt wurde.

Die technischen Schwierigkeiten können aber heute als überwunden angesehen werden und es ist anzunehmen, daß Staubfeuerungen auch bei uns schnell zunehmende Verbreitung finden werden.

Man unterscheidet im wesentlichen zwei Systeme:

a) Staubfeuerungen, bei denen Mühle, Ventilator und Aufgabevorrichtung in einem Apparat zusammengebaut sind (Einzelmühlen).

b) Staubfeuerungen, bei denen die Aufbereitungsanlage völlig von den Organen für das Einblasen und für die Brennstoffzumessung getrennt ist (Zentralmühlen).

System a) ist im allgemeinen billiger und einfacher, es erscheint aber zur Zeit noch fraglich, ob eine genügend wirtschaftliche Verbrennung, insbesondere bei stark wechselnder Belastung, damit überhaupt möglich ist.

System b) verlangt recht hohe Anlagekosten, hat aber seine praktische Betriebsbrauchbarkeit in großen amerikanischen Elektrizitätswerken bereits bewiesen, arbeitet bei den verschiedenartigsten Belastungen gleich gut, macht von der Beschaffenheit der Kohle fast ganz unabhängig und gestattet eine überaus einfache und bequeme Regelung und Anpassung an stark schwankenden Dampfbedarf. Um die Kosten für die Aufbereitungsanlage tunlichst zu verringern, wird sie so bemessen, daß sie in 16—20stündigem Betrieb den Tagesbedarf deckt; der Ausgleich wird durch Stapelung bewirkt. Dadurch wird ein Teil der Mehrkosten gegenüber Einzelmühlen wieder ausgeglichen, weil bei diesen die Mühlen für die gleichzeitige volle Leistung sämtlicher Kessel bemessen werden müssen. Auch der Aufwand an Bedienungspersonal und Reparaturen dürfte in größeren Werken für Einzelmühlen ungünstiger sein. Dagegen würden sich mit den Einblaseund Zuteilvorrichtungen organisch zusammengebaute Mühlen (Einzelmühlen) — ihr an sich befriedigendes Arbeiten vorausgesetzt — für kleine Werke besser eignen, weil zentrale Kohlenstaubaufbereitungsanlagen von geringer Leistung recht teuer werden.

Die Frage, ob mechanische Roste oder Staubfeuerungen vorteilhafter sind, ist nur zum Teil eine betriebstechnische, vorwiegend aber eine wirtschaftliche. Sie wird entscheidend beeinflußt vom Charakter des Belastungsdiagrammes, vom Kohlenpreis und von der Kohlenbeschaffenheit. Oft hat man die Wahl zwischen mindestens zwei Brennstoffen, von denen der eine sich für mechanische Roste besser eignet als der andere. Letzterer gilt daher vielfach als minderwertig, obgleich er auf Grund seiner chemischen Beschaffenheit und seines Heizwertes ein durchaus hochwertiger

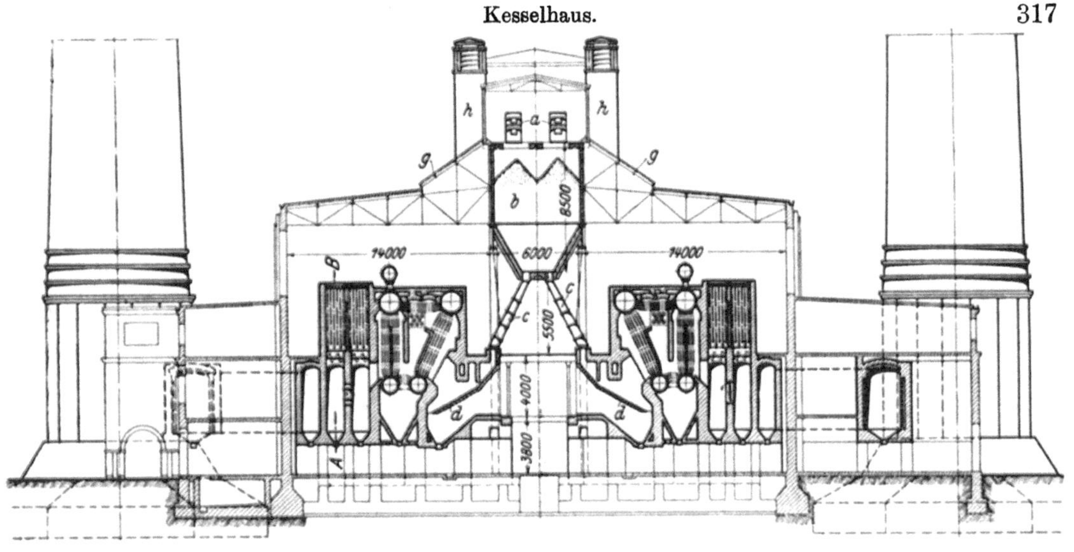

Abb. 427. Schnitt durch das Kesselhaus.

a = Kohlenkonveyor	c = Fallrohre	g = Oberlicht
b = Kohlenbunker	d = Treppenroste	h = Lüftungshauben

Abb. 427 bis 429. Kesselanlage des E.-W. Borken bei Cassel für Beheizung mit
Rohbraunkohle von 2300 bis 2800 kcal Heizwert. Baujahr 1922. Sehr enger Zusammenbau zwischen Kessel und Ekonomiser, ohne Verbindungskanäle. Einfache
Entaschung im Ekonomiser, keine Einbauten zwischen Ekonomiser und darunter-
liegendem Rauchgasfuchs nötig wie in Abb. 425. Sehr kleine Ausstrahlungsflächen
des Mauerwerkes der Kessel.

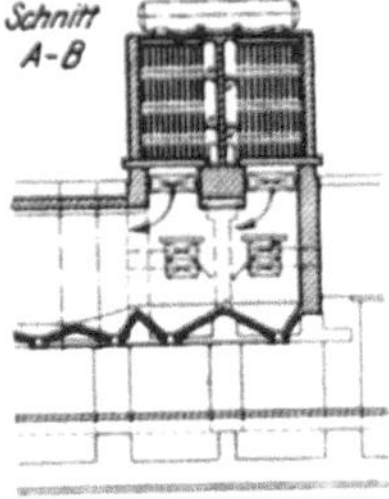

Abb. 428.

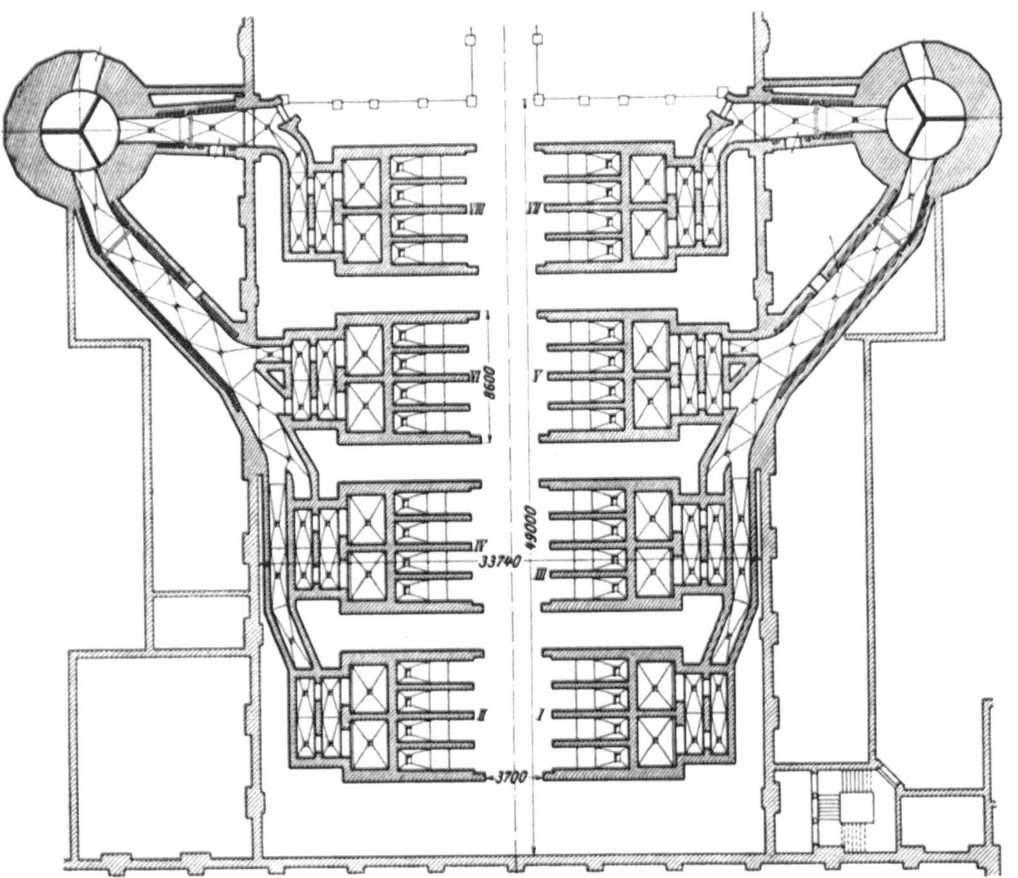

Abb. 429. Grundriß zur Darstellung der Rauchgasfüchse.

Brennstoff sein kann. Dies trifft z. B. für viele Kohlen zu, die entweder schon im Bergwerk sehr grusförmig vorkommen oder die bei der Aufbereitung als grusförmige Bestandteile ausfallen.

In diesem Fall muß bei der Vergleichsberechnung natürlich einmal der verschiedene Preis bezogen auf 1 kcal der Rohkohle, dann auch der Unterschied im Wirkungsgrad berücksichtigt werden, der bei Verfeuern dieser Kohle einerseits auf dem Rost, andererseits in Kohlenstaubfeuerungen erzielt wird. Dieser Unterschied wird häufig ein so beträchtlicher sein, daß er allein schon die Überlegenheit der Staubfeuerung entscheidet. Ganz ähnliche Verhältnisse bestehen vielfach da, wo eine Kohle besonders ungünstige Schlacken bildet oder backt und daher für mechanische Roste nicht brauchbar ist.

Zu diesen Punkten ist, veranlaßt durch die Entwicklung der letzten Jahre, ein weiterer, sehr wichtiger gekommen, der in früheren Jahren nur eine untergeordnete oder gar keine Rolle gespielt hat, nämlich die Schwierigkeit oder in vielen Fällen die Unmöglichkeit, die Wahl der Kohle frei zu entscheiden. Dadurch müssen manche Werke nicht selten Kohlen verbrennen, für die ihre Roste nicht geeignet sind. Erhebliche Brennstoffverluste, manchmal auch Schwierigkeiten in der Erzeugung der benötigten Dampfmenge sind dann die Folge.

Sollen sortierte, für Wanderroste gut geeignete Kohlen auf mechanischen Rosten oder in Staubfeuerungen verfeuert werden, so kann man annehmen, daß ein Werk mit zentraler Kohlenstaubaufbereitungsanlage täglich mindestens 100 bis 120 t Kohle verfeuern muß, wenn Staubfeuerungen Rosten überlegen sein sollen. Dieser Fall wird aber als Ausnahme gelten dürfen, weil man bestrebt sein muß, in Staubfeuerungen nicht sortierte, minderwertige und daher billige Kohlen zu verfeuern, die auf Rosten gar nicht oder nur schlecht brennen.

Im allgemeinen haben Staubfeuerungen gegenüber mechanischen Rosten besonders in folgenden Fällen gute Aussichten:

1. bei Kohlen mit vieler und unangenehmer Asche oder bei backenden Kohlen.

2. bei Kohlen mit wenig flüchtigen Bestandteilen und bei Kohlen, die zwar guten Heizwert und günstige Zusammensetzung haben, aber sehr feinkörnig sind,

3. bei Werken mit häufigem Wechsel der Kohlensorte.

4. bei Werken mit sehr hoher Benutzungsdauer und hohen Kohlenpreisen,

5. bei Spitzenkraftwerken.

Die Aufbereitungsanlage wird am besten vom Kessel getrennt und in einem Raum untergebracht, der zwischen Kesselhaus und Hauptanfuhrstelle für die Rohkohle liegt. Die Zufuhr der Kohle in die Aufbereitungsanlage und ihr Transport innerhalb derselben erfolgt mit den bekannten Transportmitteln (Konveyor oder Gurtförderer). Die Beförderung des fertigen Kohlenstaubes kann gleichfalls mit diesen Vorrichtungen geschehen, die aber staubdicht gekapselt sein müssen. In manchen Fällen wird für den Kohlenstaub der pneumatische Transport mittels Preßluft von 1 bis 5 at vorzuziehen sein, und zwar besonders dann, wenn die Transportwege lang oder kurvenreich sind oder wenn der Staub von einer Aufbereitungsanlage aus auf mehrere Kesselhäuser verteilt werden soll.

Die neueste Entwicklung in Deutschland geht dahin, den Staub bereits auf den Gruben fertig zu mahlen und in Tankwagen zu versenden. Dieses Verfahren kommt besonders für Braunkohlengruben an Stelle der Brikettherstellung in Betracht, da große Trockenanlagen bereits vorhanden sind und nur eben soweit vorgetrocknet zu werden braucht wie für die Brikettierung. Dadurch eröffnen sich der Braunkohle als solcher und der Einführung von Staubfeuerungen ganz neue Aussichten, deren Bedeutung sich heute noch nicht übersehen läßt.

e) Aufstellung der Kessel.

Baukostenersparnis und Rohrleitungsverluste bedingen den allgemein üblichen Anbau des Kesselhauses an die Maschinenhauslängswand; in älteren Dampfzentralen wurden die Kessel deshalb in einer Reihe an der Maschinenhauswand aufgestellt.

Diese Bauweise war in bezug auf Billigkeit, Übersichtlichkeit, Einfachheit der Rohrleitungen und der Kohlentransportanlage die beste, sie paßte sich dem großen Platzbedarf der Dampfmaschinen an, der nur verhältnismäßig kleine Leistungen je lfd. m Maschinenhauslänge unterzubringen erlaubte.

Schon kleine Dampfturbinen ergaben so viel bessere Raumausnutzung, daß die entsprechende Kesselleistung auf gleicher Länge nur bei zweireihiger Anordnung untergebracht werden konnte.

In großen Werken ist auch die Parallelanordnung zweireihiger Kesselhäuser nicht mehr durchführbar. Mit Turbineneinheiten von 4000 bis 15000 kW wird bei guter Ausnutzung des Maschinenhauses (in Parallelanordnung) eine Leistung von 700 bis 1400 kW je lfd. m Maschinenhauslänge erreicht, während mit Hochleistungskesseln von 300 bis 500 m² Heizfläche höchstens 200 bis 400 kW je lfd. m einfacher Kesselfront erzielt werden können. Es folgt daraus die Notwendigkeit, eine größere Anzahl von Kesseln in einer Reihe senkrecht zur Maschinenhausachse aufzustellen, falls polizeiliche Vorschriften nicht die im Ausland gelegentlich benutzte Bauweise in mehreren Stockwerken übereinander gestatten.

Da die Bedienungsgänge vor den Kesseln bei Verwendung mechanischer Feuerungen mit Vorliebe so breit gemacht werden, daß die Roste ganz ausgefahren werden können, führt Rücksicht auf gute Ausnutzung des umbauten Raumes dazu, je zwei Kesselreihen mit ihren Stirnseiten gegeneinander zu stellen und sie in einem Kesselhause zusammenzufassen (Abb. 425, 432).

Für große Turbozentralen wird man somit eine Anzahl zweireihiger Kesselhäuser nebeneinander errichten, die senkrecht zum Meschinenhause stehen. Man erhält gleichzeitig bequeme Verbindung mit dem Maschinenhause und Kondensatorraum sowie kurze, übersichtliche Rohrleitungen. Die Verteilung der gesamten Dampfleistung auf mehrere voneinander unabhängige Kesselhäuser gibt außerdem größere Betriebssicherheit.

Für Maschineneinheiten bis zu ca. 6000 kW erhält man bei paralleler Aufstellung im Maschinenhause nun im allgemeinen je zwei Kesselreihen für drei Aggregate. Bei größeren Leistungen bis etwa 12000 kW ist je eine Kesselreihe für je eine Maschineneinheit vorzusehen. Für Einheiten noch größerer Leistung ergibt sich eine gute Anordnung, wenn man die Maschinensätze in der Maschinhausachse hintereinander aufstellt und für jedes Aggregat ein zweireihiges Kesselhaus vorsieht.

f) Kohlenbunker.

Lage und Größe der Kohlenbunker haben auf die Gestaltung der Kesselhäuser maßgeblichen Einfluß. Die jetzt beliebte Praxis der Einrichtung großer Bunker im Kesselhause hat dann keine Berechtigung, wenn genügender und billiger Platz zur Lagerung der Kohle außerhalb des Kesselhauses vorhanden ist. Sie verteuern die Anlage unnötig, weil sie eine schwere und kostspielige Tragkonstruktion mit entsprechender Fundierung bedingen; außerdem schmälern sie den Zutritt von Licht und Luft.

Ungleichmäßige Kohlenzufuhr, Streikgefahr und örtliche Verhältnisse zwingen außerdem in der Regel zur Lagerung einer so großen Kohlenmenge, daß sie in Kesselhausbunkern allein doch nicht untergebracht werden kann. Die Kohle muß daher ohnehin im Freien gestapelt und mittels mechanischer Transportvorrichtungen dem Kesselhaus zugeführt werden. Gut durchgebildete mechanische Kohlenförderanlagen arbeiten aber heute so betriebssicher, daß auf ununterbrochene Zufuhr der Kohle

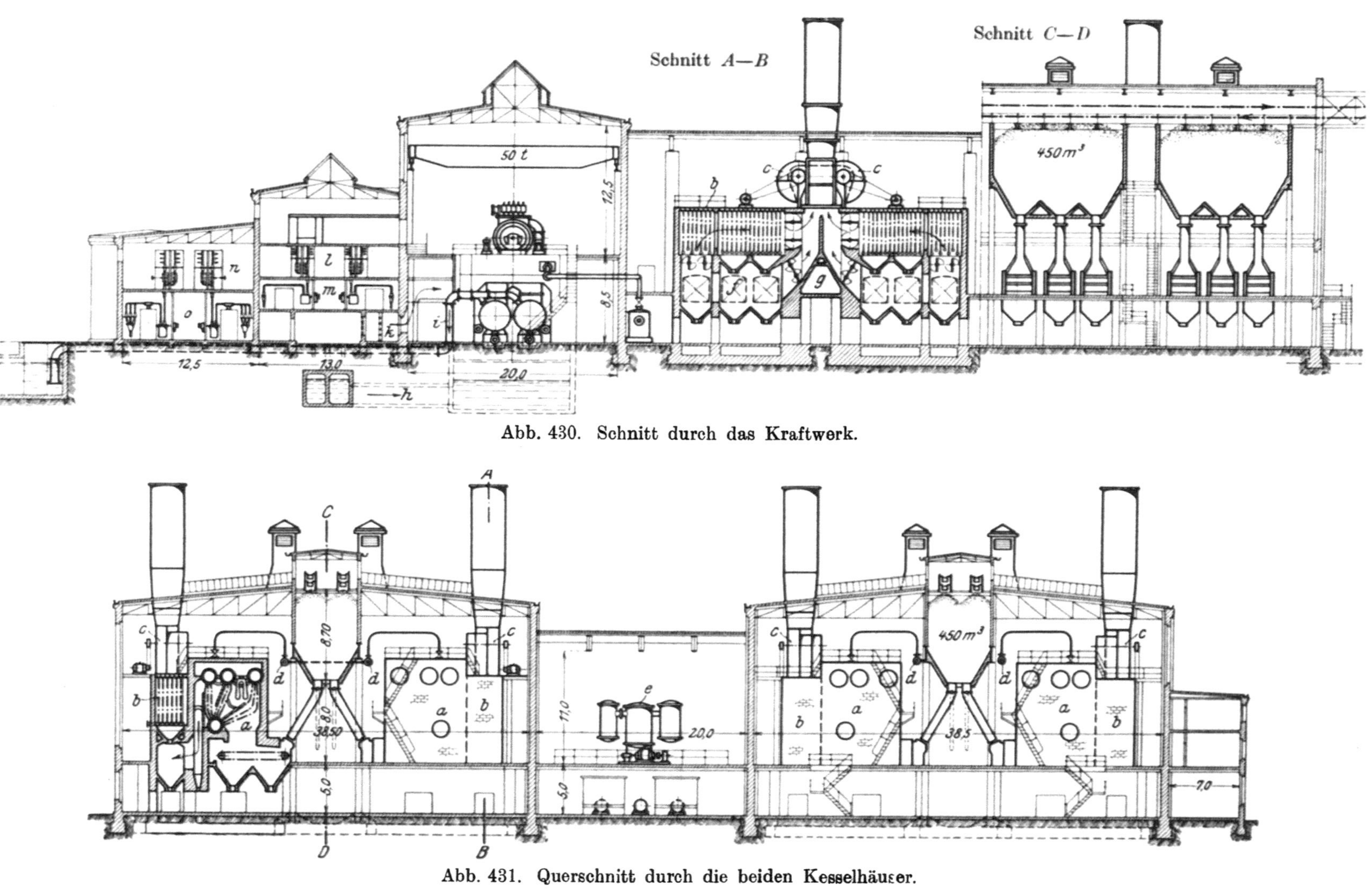

Abb. 430. Schnitt durch das Kraftwerk.

Abb. 431. Querschnitt durch die beiden Kesselhäuser.

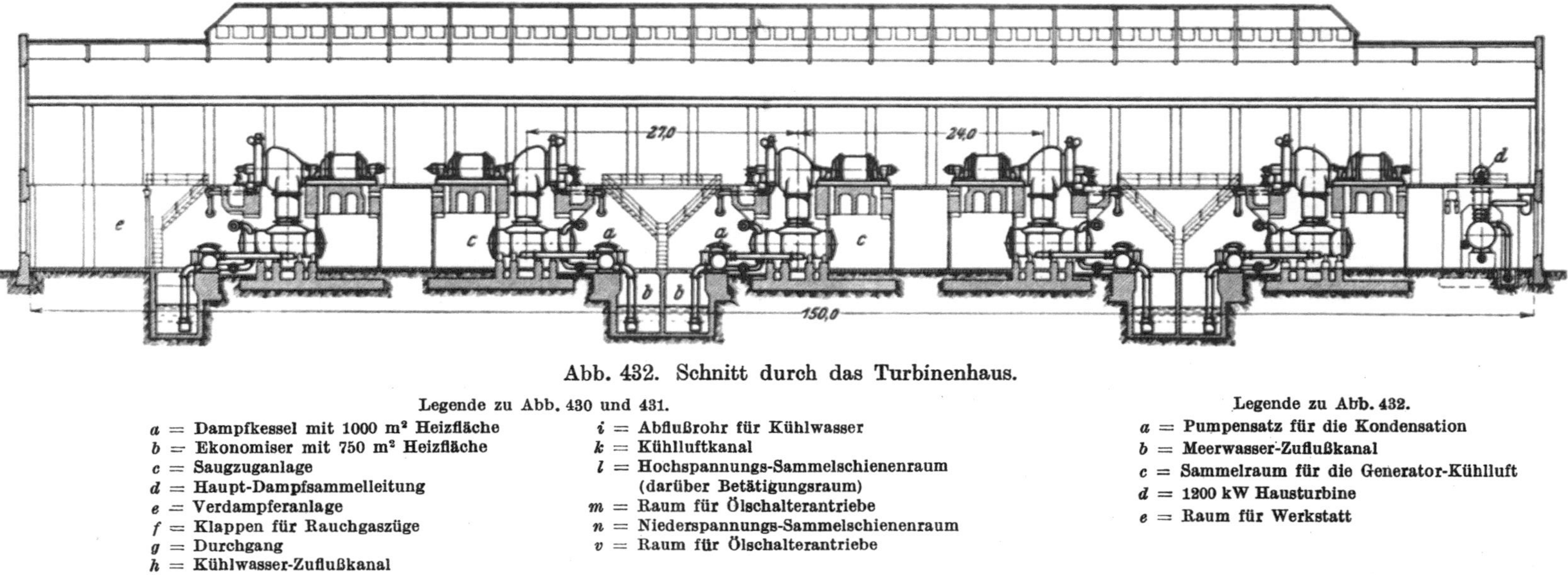

Abb. 432. Schnitt durch das Turbinenhaus.

Legende zu Abb. 430 und 431.

a = Dampfkessel mit 1000 m² Heizfläche
b = Ekonomiser mit 750 m² Heizfläche
c = Saugzuganlage
d = Haupt-Dampfsammelleitung
e = Verdampferanlage
f = Klappen für Rauchgaszüge
g = Durchgang
h = Kühlwasser-Zuflußkanal
i = Abflußrohr für Kühlwasser
k = Kühlluftkanal
l = Hochspannungs-Sammelschienenraum
  (darüber Betätigungsraum)
m = Raum für Ölschalterantriebe
n = Niederspannungs-Sammelschienenraum
v = Raum für Ölschalterantriebe

Legende zu Abb. 432.

a = Pumpensatz für die Kondensation
b = Meerwasser-Zuflußkanal
c = Sammelraum für die Generator-Kühlluft
d = 1200 kW Hausturbine
e = Raum für Werkstatt

Abb. 430—432. Entwurf eines Kraftwerkes für 100000 kW ausgebauter Leistung mit Kesseln von 1000 m² Heizfläche, gußeisernen Ekonomisern, einer Saugzuganlage für je 2 Kessel und Meerwasserkühlung für die Kondensatoren. Gedrängter Zusammenbau von Kesseln, Saugzuganlagen und Ekonomisern. 2 Kessel erhalten eine gemeinsame Saugzuganlage. Bequeme Ausschaltung der Ekonomiser aus dem Rauchgasstrom. Reichlich bemessene Kohlenbunker im Kesselhaus. Aufstellung einer 1200 kW Hausturbine für die Erzeugung des Eigenverbrauches des Werkes.

in das Kesselhaus gerechnet werden kann. Es genügt daher für einen geregelten Betrieb, wenn man nur den etwa zweistündigen Kohlenbedarf im Kesselhaus selbst unterbringt.

Die Bunker werden dann so klein und leicht, daß sie ohne wesentliche Verstärkung der Dachkonstruktion an diese angehängt werden können und keiner Unterstützung durch Pfeilerkonstruktionen bedürfen (Abb. 433).

Bis zu welchem Betrage das Gewicht der Eisenkonstruktion der Kesselhäuser durch Verringerung der Grundfläche der Kesseleinheiten und durch kleine Bunker vermindert werden kann, zeigt das Beispiel des Märkischen Elektrizitätswerkes (S. 405). Bei einer Leistungsfähigkeit des Kesselhauses von maximal 95 t Dampf je Stunde wiegt die Eisenkonstruktion desselben nur 97 t, d. i. etwa ein Fünftel des Eisengewichtes, das bei Anordnung großer Bunker und normaler Kessel erforderlich gewesen wäre. Man erkennt, daß außerordentliche Ersparnisse ohne Nachteil für die Betriebssicherheit erzielt werden können.

g) Rohrleitungen.

Wegen der pulsierenden Dampfentnahme von Kolbenmaschinen war man früher gezwungen, geringe Geschwindigkeiten (etwa 25 m/sek) und reichliche Querschnitte zu wählen, wenn man nicht große Dampfsammler vor den Maschinen einschalten wollte.

Diese Beschränkung entfällt bei der gleichmäßigen Dampfentnahme des Turbinenbetriebes; wären wirtschaftliche Rücksichten allein maßgebend, so müßten die Dampfleitungen derart bemessen werden, daß die jährlichen Ausgaben für Verzinsung und Amortisation zuzüglich der Kosten der Verluste (Druckverluste und Wärmeverluste) möglichst klein werden. Diese Rechnung führt jedoch zu Dampfgeschwindigkeiten,

Abb. 433. Anordnung der Kohlentaschen und Fallrohre im E.-W. Obererzgebirg.

die schon mit Rücksicht auf Erschütterung der Rohrleitung bei Belastungsschwankungen nicht zulässig sind und so große Druckunterschiede zwischen Kesseln und Maschinen ergeben, daß man aus betriebstechnischen Gründen hiervon absehen muß; es empfiehlt sich, bei Drücken von 15 bis 25 at mit der maximalen Dampfgeschwindigkeit nicht über rd. 80 m/sek hinauszugehen.

Als ich im Jahre 1910 im Märkischen E.-W. die Höchstgeschwindigkeit des Dampfes (die eintritt, sobald sämtliche Kessel einer Reihe vollbelastet auf die zugehörigen Dampfleitungen arbeiten) auf 80 m/sek steigerte, hat man vielfach die Anwendung so großer Geschwindigkeiten für unmöglich oder verlustbringend erklärt. Der Sprung von den damals vielfach üblichen 25 m auf 80 m war allerdings ein sehr großer, man übersah aber, daß die Anwendung so hoher Dampfgeschwindigkeiten den Einbau von Schiebern mit glattem Durchgang (statt Ventilen) zur selbstverständlichen Voraussetzung hatte. Derartige Schieber sind in größerem Ausmaße zum erstenmal im Märkischen E.-W. in Deutschland zur Anwendung gekommen, und die mir entgegengehaltenen Messungen über Druckverluste bzw. über unzulässige Druckdifferenzen sind dann auch lediglich auf Leitungen mit Ventilen und höchst unzweckmäßiger Anordnung zurückzuführen.

Inzwischen konnte in jahrelangem Betriebe festgestellt werden, daß die großen Dampfgeschwindigkeiten nur Vorteile, aber keine Nachteile gebracht haben. Die zulässige Höchstgeschwindigkeit hängt lediglich von der Länge des Kesselhauses ab. So beträgt beispielsweise die Höchstgeschwindigkeit in den sehr langen Kesselhäusern (80 m) des Großkraftwerkes Golpa immer noch 55 m. Anstände sind auch hier nicht aufgetreten.

Bis zu 22 at können normale Rohrleitungen verwandt werden. Für höhere Drucke werden Modelländerungen, insbesondere für Flanschen, Ventile und Armaturen, erforderlich. Für Drucke über 25 at steigt die Wandstärke gegenüber den handelsüblichen Abmessungen. Für die Flanschen sind teilweise neue Normalien zu entwerfen. Gewalzte Flanschen werden wohl vermieden werden müssen, weil das dicke Rohr der Rohrwalze nicht mehr nachgibt; gegen das Abziehen der Flanschen müssen besondere Maßnahmen getroffen werden. Die Flanschen müssen Nut und Falz erhalten zur Verhütung des Ausblasens der Dichtungen. Dadurch wird das Auswechseln der Dichtungen erschwert, weil die sehr starren Leitungen sich nur schlecht auseinanderzwängen lassen. Der Wert glatter Flanschen ist jedenfalls in diesem Zusammenhange beachtenswert.

Den Wärmeverlusten der Rohrleitungen hat man früher nur geringe Bedeutung beigelegt, obwohl sie, als zu den konstanten Verlusten gehörig, besondere Beachtung verdienen.

Betragen sie z. B. (was bei schlecht isolierten Leitungen leicht möglich ist) auch nur 2 vH des Wärmeverbrauches der vollbelasteten Anlage, so sind bei einem Belastungsfaktor von 0,2 schon 10 vH des gesamten Kohlenverbrauches für diesen Teil der Verluste aufzuwenden. Man sieht daher in neuerer Zeit mit Recht auf vorzügliche Wärmeisolation der Rohrleitungen und wendet sie auch für Flansche, Wasserabscheider, Schieber usw. an. Es gelingt durch diese Maßnahme, die Ausstrahlungsverluste auf ca. 600 bis 900 kcal/m² Oberfläche und Stunde zu verkleinern[1]), so daß sie auf das wirtschaftliche Ergebnis fast ohne Einfluß werden.

Die Druckverluste der Rohrleitung sind, als Energieverluste betrachtet, bedeutungslos; sie bestimmen aber den Druckunterschied zwischen den einzelnen Kesseln und den Maschinen und müssen daher im Interesse guten Parallelbetriebes verschieden entfernter Kessel bei plötzlichen Belastungsschwankungen niedrig gehalten werden. Da die Druckverluste mit der Länge der Leitungen wachsen, anderseits aber große Dampfgeschwindigkeit sehr vorteilhaft ist, so sollte auf möglichst kurze Rohrleitungen besonderer Wert gelegt werden. Auch aus diesem Grunde ist also unmittelbarer Anbau des Kesselhauses an das Maschinenhaus wünschenswert. Für gutes Parallelarbeiten der Kessel ist ferner darauf zu achten, daß die Dampfgeschwindigkeit in den Leitungssträngen, an welchen die Abzweige nach den Kesseln angeschlossen sind, kleiner sind als in den Strängen, durch die bereits die gesamte Dampfmenge fließt. Großen Druckverlust verursachen Ventile, deren Widerstand ungefähr demjenigen einer Leitung von 17 m Länge von gleichem Durchgangs-

---

[1]) Siehe Eberle, Z. V. D. I. 1908, S. 481.

querschnitt entspricht; als Absperrorgane für Frischdampfleitungen sollten daher ausschließlich Schieber verwandt werden, deren Widerstand vernachlässigt werden darf.

Im Rohrleitungsnetz sollte man Komplikationen möglichst vermeiden und davon ausgehen, daß die einfachste und kürzeste Rohrleitung die billigste und betriebssicherste ist. Wesentlich für den guten Betrieb der Dampfleitungen ist neben richtiger Bemessung richtige Führung. Besonders zu überlegen ist in jedem Einzelfalle die Lage der Fixpunkte. Sorgt man dafür, daß die Zuleitung zu den Dampfturbinen durch Abzweigung von den Hauptsammelsträngen erfolgt, so läßt sich ein vorzüglicher Selbstschutz gegen Wasserschläge leicht erzielen (S. 570.). Im Kraftwerk Golpa sind denn auch Wasserschläge an den Turbinen völlig unschädlich verlaufen, trotzdem während der Anlaufzeit infolge mangelnder Schulung des Personals die Kessel mehrmals bis zu den Sicherheitsventilen überspeist und große Wassermengen in die Dampfleitungen geworfen wurden. Die vielfach beliebte Anordnung, die Dampfturbine mit der zugehörigen Kesselreihe durch einen Strang unmittelbar zu verbinden und lediglich für Reservezwecke Brücken zwischen den einzelnen Dampfsträngen einzubauen, ist deshalb in der Regel als fehlerhaft zu verwerfen und nur dann zulässig, wenn gegen den Übertritt von Wasser in die Dampfleitungen andere zuverlässige Schutzeinrichtungen gefunden werden. Selbsttätige bei Wasserschlägen eingreifende Abschlußorgane sind hierunter jedoch nicht zu verstehen, weil auf ihre sichere Wirkung nicht gerechnet werden kann, da sie manchmal monate- oder jahrelang überhaupt nicht in Tätigkeit zu treten brauchen. Automaten mit beweglichen Teilen sind dann stets bedenklich, wenn sie nur im selten auftretenden Fehlerfalle in Betrieb genommen werden. Störungen an Absperrorganen und Flanschen treten sehr selten auf, Materialdefekte an den Rohren gehören zu den allergrößten Ausnahmen. Je weniger Schieber oder Ventile also eine Rohrleitung benötigt, desto größer ist ihre Betriebssicherheit; das gleiche gilt für Kompensatoren, deren Einbau häufig durch geschickte Rohrleitungsführung vermieden werden kann.

Ringleitungen, die nach alter Regel an jeder Stelle für den Transport des ganzen Dampfquantums bemessen werden, erhalten große Querschnitte und viele Absperrorgane und sind daher meist nicht empfehlenswert.

Doppelleitungen kommen für größere Dampfmengen in Betracht, wenn es aus Gründen der Betriebssicherheit nicht wünschenswert ist, das gesamte Dampfquantum in einer Leitung zu führen. Läßt man im Falle des Schadhaftwerdens eines Rohrstranges größeren Druckverlust zu, so ergeben sich Abmessungen, die auch wirtschaftlich nicht ungünstig sind.

In zweireihigen, senkrecht zum Maschinenhaus liegenden Kesselhäusern wird man Doppelleitungen nicht benötigen, sondern je einen Rohrstrang (eventuell mit abgestuften Querschnitten) längs jeder Kesselreihe anordnen. Ohne nennenswerte Mehrkosten ist dann eine beschränkte Reserve dadurch zu schaffen, daß beide Rohrstränge in der Nähe ihrer freien Enden durch eine für den Dampf von zwei oder drei Kesseln ausreichende Hilfsleitung verbunden werden.

Entspricht in großen Kraftwerken jeder Kesselreihe ein Turbinensatz, so werden die Rohrleitungen oft unmittelbar zu den Turbinen geführt. Es ist aber auch in diesem Falle notwendig, eine gemeinschaftliche durch Schieber absperrbare Verbindungsleitung zwischen den einzelnen Rohrsträngen anzuordnen, die, für den Dampf einer Turbine bemessen, wiederum verhältnismäßig kleinen Querschnitt erhalten kann. Geht die Zahl der Turbinen mit der Zahl der Kesselreihen nicht auf, so müssen die einzelnen Turbinen an eine Sammelleitung angeschlossen werden.

Gut bewährt hat sich die Aufstellung verhältnismäßig großer Wasserabscheider im Keller des Kesselhauses vor der Wand des Maschinenhauses, wenn sie gleichzeitig als Fixpunkte ausgebildet und wenn die Dampfleitungen von oben eingeführt werden (S. 570). Werden diese untereinander durch eine Sammelleitung verbunden, die sich sektionsweise durch vom Maschinen- oder Kesselhausflur betätigte Schieber absperren läßt, und werden die zu den Turbinen führenden, verhältnismäßig kurzen Dampfleitungen von dieser Sammelleitung abgezweigt, so sind die geschilderten Vorbedingungen für guten Betrieb und geringe Verluste erfüllt. Die für hohe Dampfgeschwindigkeiten an sich geringen konstanten Verluste lassen sich leicht auf weniger als 1 vH der durchfließenden Wärmemenge verkleinern, wenn für beste Isolation, insbesondere der Flanschen und Schieber, gesorgt wird.

h) Meßeinrichtungen.

Will man im Kesselhaus die verfeuerten Kohlen und das verdampfte Wasser täglich kontrollieren, so ist der Einbau von Kohlen- und Wassermessern erforderlich. Für letztere ergibt sich die einfachste und zweckmäßigste Anordnung, wenn sie zwischen jeden Kondensator und den Speisewasserbehälter eingeschaltet werden; ein besonderer Wassermesser dient zur Messung des Zusatzwassers. Außer dem Gesamtdampfverbrauch wird dann gleichzeitig der jedes Maschinensatzes festgestellt (Abb. 434, 435).

Diese Anordnung hat gegenüber dem Einbau der Wassermesser vor den Kesseln den großen Vorteil, daß die empfindlichen Messer nur völlig reines Wasser von mäßiger Temperatur verarbeiten müssen und nicht den Stößen ausgesetzt sind, die bei größeren Rohrleitungssystemen fast unvermeidlich sind. Ferner werden sie auch aus dem Grunde nicht so leicht überanstrengt, weil die häufigen Speiseunterbrechungen wegfallen, wie sie bei manchen automatischen Speisewasserreglern auftreten. Da zudem der Überdruck der Kondensatpumpen klein ist, können endlich die Messergehäuse aus Gußeisen ausgeführt werden, wodurch die Anlagekosten erheblich herabgesetzt werden.

Die Ansichten über die Zweckmäßigkeit von Wassermessern, die vor Ekonomiser oder vor Kessel in die Speiseleitung eingebaut sind, sind sehr geteilt. Viele Werke berichten, daß die Messer nur dann auf die Dauer gut arbeiten, wenn das Speisewasser sehr sorgfältig gereinigt und auf die Wartung und Instandhaltung der Messer große Sorgfalt verwendet werde. Trotzdem sollte bei größeren Werken die Möglichkeit vorgesehen werden, jederzeit ohne umständliche Vorbereitungen das Verhalten eines Kessels untersuchen zu können. Soweit es die finanziellen Mittel erlauben, ist die zuverlässigste Wassermeßvorrichtung für diesen Zweck eine Messung mit zwei großen, genau geeichten Behältern, von denen jeder etwas mehr als den stündlichen Speisewasserverbrauch eines Kessels faßt und die durch eine besondere Pumpe und ein besonderes Leitungssystem auf jeden Kessel geschaltet werden können. Einfacher und billiger, aber für viele Fälle ausreichend, ist eine Anordnung, bei welcher die Speiseleitung vor dem Ekonomiser einen parallelen, beiderseitig durch Ventile abschaltbaren Abzweig erhält, in welchen ein automatischer, geeichter Wassermesser schnell eingesetzt werden kann.

Dampfmesser sind für größere Werke sehr zu empfehlen. Sie dienen aber weniger zur genauen Bestimmung der erzeugten Dampfmenge als vielmehr zur Anzeige der ungefähren jeweiligen Kesselbelastung. Manche Betriebsleiter bauen hinter jedem Kessel eine besondere Dampfuhr ein, andere meinen, es sei besser die gesamte Dampfmenge einer ganzen Kesselbatterie durch einen Dampfmesser in der Hauptdampfleitung zu bestimmen. Letztere Anordnung ist offenbar in solchen Fällen vorzuziehen, wo sämtliche Kessel nach einem einheitlichen Kommando gefeuert werden, also vorzugsweise in großen Kraftwerken.

Tägliche Kohlenkontrolle verlangt den Einbau automatischer Wagen in das Fallrohr jedes Kessels, wenn große Bunker vorhanden sind. Diese Einrichtung ist teuer und ziemlich kompliziert und vermindert den schon durch die Bunker sehr beengten Raum oberhalb der Kessel in unschöner Weise weiter. Sind dagegen lediglich Kohlen-

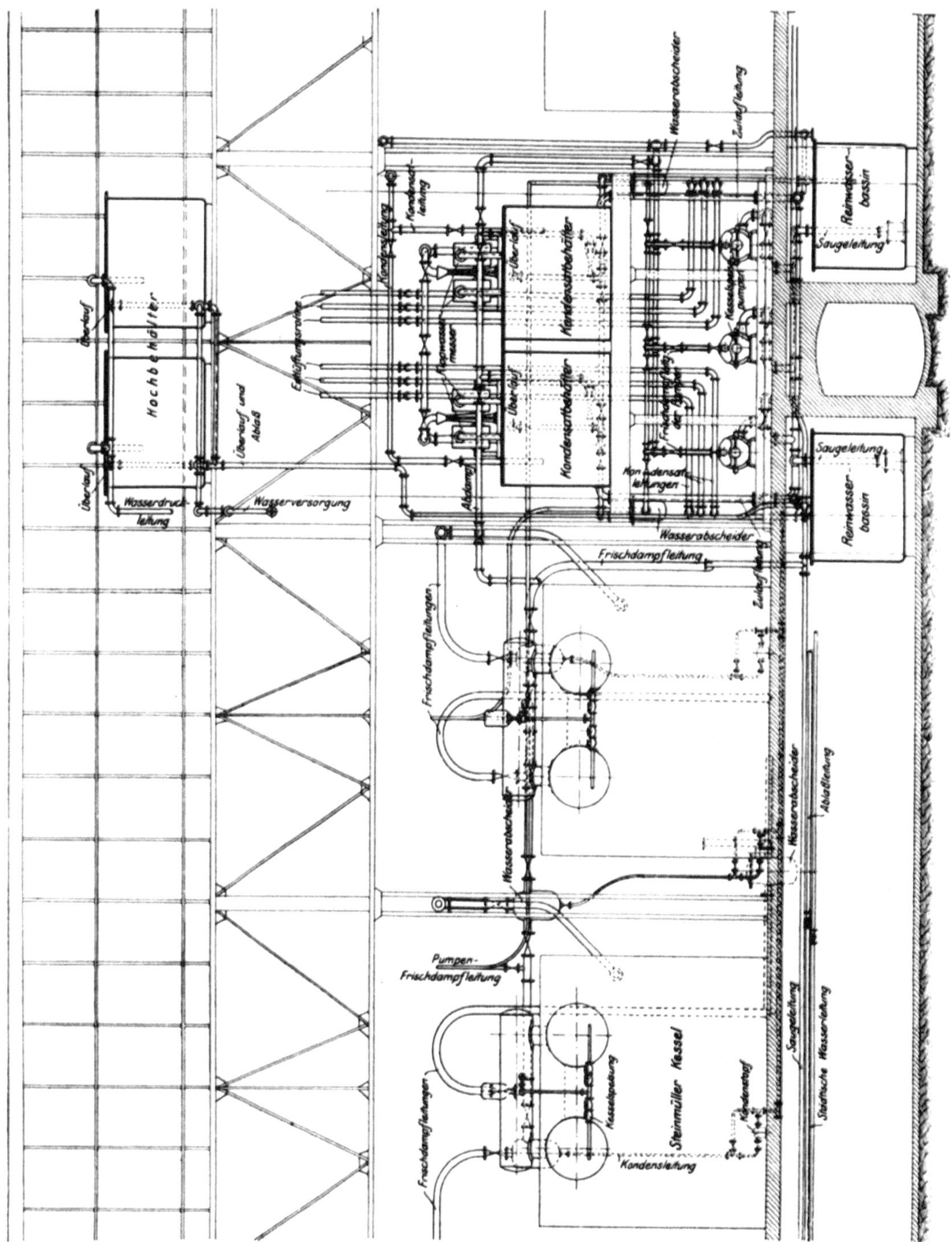

Abb. 434 u. 435. Speisewasserversorgung im Kraftwerk der Hamburger Hochbahn. Das Rohwasser fließt aus 2 Hochbehältern zum Wasserreiniger. Das gereinigte Wasser wird in Reinwasserbehältern im Kellergeschoß gesammelt und nach Bedarf in die über den Kesselspeisepumpen angeordneten Kondensatbehälter gepumpt. Von jeder Turbodynamo führt eine besondere Kondensatdruckleitung nach den Kondensatbehältern bzw. zu den auf diesen angeordneten Kippwassermessern. Jeder Kessel ist außerdem mit einem Scheibenwassermesser ausgerüstet, so daß Kondensat und Speisewasser dauernd kontrolliert werden. Die Kondensatdruckleitungen sind vor den Kippwassermessern derart angeordnet, daß der Dampfverbrauch einer beliebigen Turbodynamo während des Betriebes ermittelt werden kann.

Hochbehälter
Überlauf-leitung
Ablaßleitung
Wasserversorgung
Kondensleitung
Dreiweghahn
Kippwasser-messer
Standrohr
Pumpen-Frischdampfleitung
Pumpen-Abdampfleitung
Rohwasserdruckleitung
Frischdampfleitung
Wasserabscheider
Abdampfleitung
Abdampfleitung
Wasserreiniger
Turbo-Speisepumpe
Abdampfleitung
Auspuffleitung
Turbo-Speisepumpe
Kondensatdruckleitgn.
Kondensatleitungen
Kondenstopf
Kondensleitung
Kondensleitung
Kesselspeiseleitungen
Reinwasser-behälter
Überlauf
Überlauf
Reinwasser-behälter
Ablaßleitung
Ablaßleitung
Kondensatdruckleitung
Abdampfleitung
Kondenspumpe

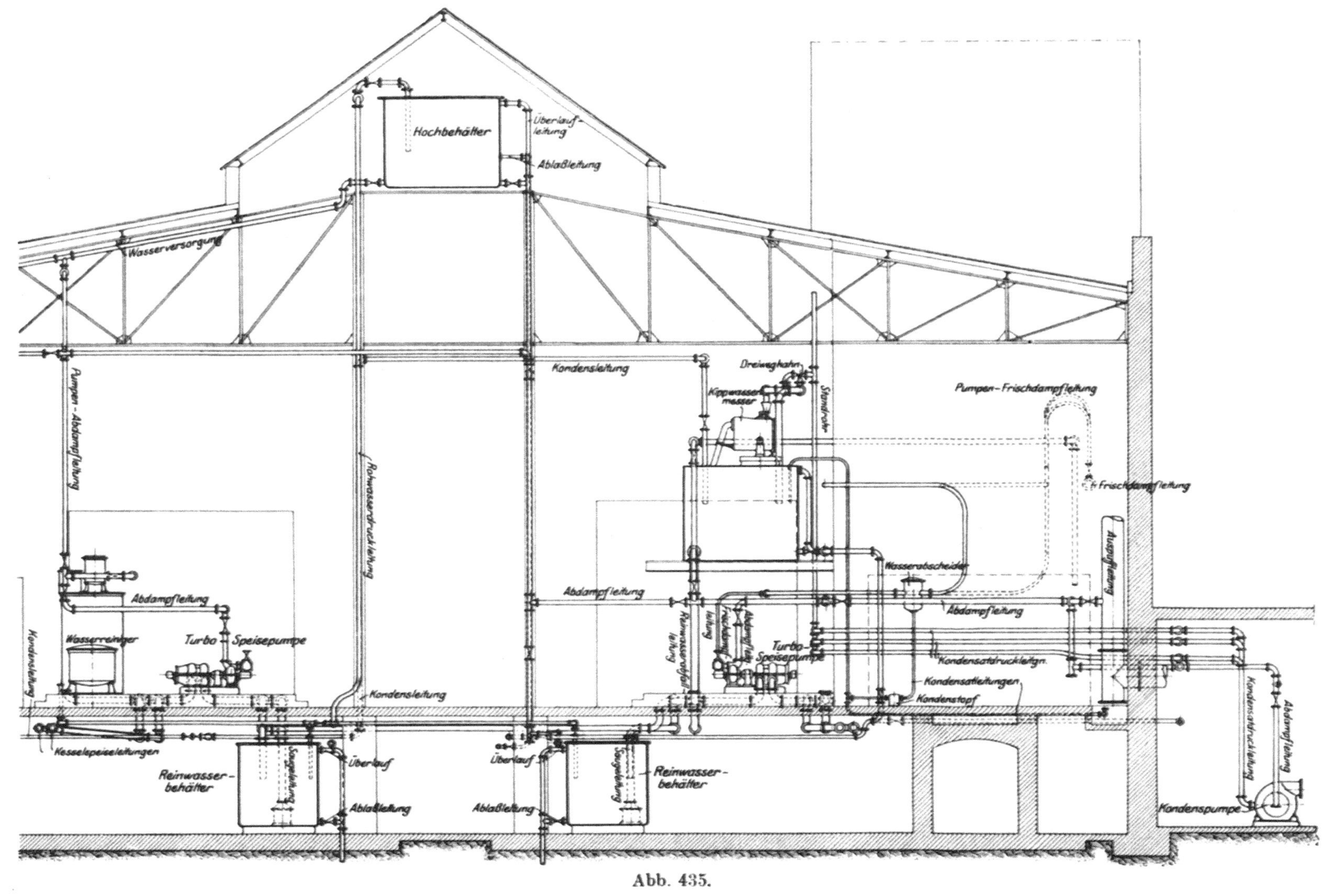

Abb. 435.

taschen ausgeführt, so genügt eine einzige in den Konveyorstrang eingebaute automatische Wage, um den täglichen Kohlenverbrauch zu ermitteln, wenn sie täglich zu derselben Zeit (während schwacher Belastung der Anlage) vollständig gefüllt werden. Diese billige Einrichtung hat sich zur Kontrolle des Kohlenverbrauches und des Heizerpersonals für viele Fälle als ausreichend genau herausgestellt und gut bewährt.

Da besondere Wagen in den Fallrohren der Bunker nicht nur schlecht zugänglich sind, werden sie oft ungenügend gewartet und versagen daher häufig ihren Dienst. Für die bequeme Kohlenwägung bei Kesseluntersuchungen ist es deshalb vielfach einfacher, billiger und genauer, wenn eine zentrale Kohlenwägung geschaffen wird, von welcher aus die bereits abgewogene Kohle bequem dem gerade in der Untersuchung befindlichen Kessel zugeführt werden kann. In manchen Fällen wird hierfür eine kleine Gleishängebahn vorteilhaft sein, bei der die Wage in die Gleisstrecke eingebaut ist. Außer diesen Vorrichtungen sollten selbstverständlich Kessel und Dampfturbinen mit genügend Apparaten zur Bestimmung der wichtigsten Temperaturen und Drücke ausgestattet werden, wie denn überhaupt eine reichliche apparative Ausstattung von Kessel- und Maschinenhaus für eine gute Wärmewirtschaft unerläßlich ist.

i) Vorwärmung des Speisewassers und der Verbrennungsluft.

Kohlenmangel und Kohlenpreise zwingen zur Überlegung, ob und wo Ersparnisse auf dem Wege von der Kohle bis zur Elektrizität gemacht werden können. Als in gut geleiteten Betrieben praktisch erreichbarer spezifischer Wärmeverbrauch wurden bis heute bei besten Dampfturbinen, Kesseln und Feuerungen, gute Belastungsverhältnisse vorausgesetzt, etwa 5000 bis 5500 kcal/kWh angesehen, je nach den Kühlwasserverhältnissen.

Dieser Wert wird aber in sehr vielen Betrieben überschritten. Angesichts der außerordentlichen Werte, die auf solche Weise verloren gehen, ist es deshalb eine lohnende Aufgabe, zu untersuchen, inwieweit sich Verbesserungen erzielen lassen, denn auch nur wenige Prozent Ersparnis machen bei den in Frage kommenden Leistungen außerordentlich große Summen aus.

Auffallend gute Ergebnisse, die hin und wieder namentlich in ausländischen Zeitschriften veröffentlicht werden, rühren meist von besonders günstigen Bedingungen her und sind auch zum Vergleich oft ungeeignet, weil Betriebsbedingungen, Meßmethoden und andere wesentliche Angaben fehlen. Es ist daher nicht unberechtigt, derartige Rekordzahlen anzuzweifeln, wenn nicht gleichzeitig alle maßgebenden Faktoren, die zu ihrer Ermittlung führten, mit angegeben werden.

Sieht man von offensichtlichen Betriebsfehlern ab, die jeder erfahrene Ingenieur aus eigener Kenntnis beseitigen kann, so läuft das Problem größtenteils auf die Aufgabe hinaus, die in allen Werken reichlich vorhandenen Abwärmemengen einer Verwertung zuzuführen, bzw. sie teilweise wiederzugewinnen. Sie stehen zur Verfügung:

1. in den Abgasen der Kessel (bei guten Kesselanlagen mit Ekonomisern 10 bis 15 vH, bei Kesselanlagen ohne Ekonomiser 20 bis 30 vH der zugeführten Wärmemenge),

2. im Abdampf dampfangetriebener Hilfsmaschinen,

3. im Kondensat von Dampfwasserabscheidern und im Ablaßwasser der Kessel,

4. in der Abwärme der Generatoren,

5. in dem Kondensat der Dampfturbinen,

6. in dem Kühlwasser der Kondensatoren.

Alle Abwärmemengen sind nur insoweit wiedergewinnbar, als es möglich ist, sie an irgendeiner Stelle in den Erzeugungsprozeß auf dem Wege von der Kohle, dem Speisewasser und der Verbrennungsluft bis zur erzeugten Elektrizität wieder einzuleiten. Die Zuführung ist aber nur möglich, wenn die Temperaturen der jeweiligen Energieträger niedriger sind als diejenigen der Abwärmemengen. Große Wärmemengen scheiden damit von vornherein für die Wiederverwertung aus. Denn wenn es auch theoretisch denkbar wäre, beispielsweise mit dem Kühlwasser der Kondensatoren die Verbrennungsluft anzuwärmen, so ist doch der mögliche Gewinn von vornherein so klein, daß ein arges Mißverhältnis zu dem erforderlichen Anlagekapital entstehen und irgendwelcher Vorteil nicht erreicht werden würde.

Es muß überhaupt betont werden, daß es im Interesse der Betriebseinfachheit häufig ratsam ist, selbst bei positiver Bilanz auf die Wiedergewinnung von Wärme für den eigenen Betrieb zu verzichten. Die in dem Kühlwasser der Kondensatoren abfließende Wärme ist deshalb im wesentlichen als verloren zu betrachten. Da das zur Speisung wiederverwendete Kondensat von vornherein eine höhere Temperatur besitzt, käme lediglich eine mäßige Erwärmung des zusätzlichen Speisewassers in Betracht. Der mögliche Gewinn ist jedoch ein außerordentlich kleiner, und lohnt die aufzuwendenden Mittel nicht.

Die im Kondensat enthaltene Abwärme bleibt dem Speisewasser von selbst erhalten, und es gehen nur die Abkühlungsverluste in Rohrleitungen und Vorratsbehältern verloren.

Gut ausnutzbar ist dagegen die im Abdampf der Dampfspeisepumpen enthaltene Abwärme. Sie dient fast überall zur Vorwärmung des Speisewassers und kann besonders in großen Werken, wo zuweilen ein Mangel an Anwärmedampf besteht, oft mit Vorteil hierfür verwendet werden. In kleinen und mittleren Anlagen aber ist im allgemeinen ein Überschuß an Abwärme vorhanden. Hier kann es daher, rein thermisch betrachtet, wirtschaftlicher sein, die Speisepumpen elektrisch anzutreiben. Da aber auf der andern Seite die Notwendigkeit besteht, den Antrieb der Speisepumpen von den Zufälligkeiten des Betriebes unabhängig zu machen, kann man auf unmittelbaren Dampfantrieb der Speisepumpen nicht ganz verzichten. Man erhält dann eine kombinierte Anlage mit so viel elektrisch angetriebenen Pumpen, als für den durchschnittlichen Betrieb erforderlich sind, nebst einer vollen dampfangetriebenen Reserve.

Immerhin liegen auch hier die Verhältnisse viefach so, daß man dem einheitlichen und sichereren Betrieb lieber ein Opfer bringen und daher auf elektrischen Teilantrieb verzichten wird.

In diesem Zusammenhang sei bemerkt, daß nach den derzeitigen deutschen Sicherheitsvorschriften für Dampfkesselbetriebe jede Kesselanlage mit mindestens 2 zuverlässigen Speisevorrichtungen versehen sein muß, von denen jede imstande ist, der Kesselanlage doppelt so viel Wasser zuzuführen als ihrer normalen Verdampfungsfähigkeit entspricht. Hierbei sind 2 oder mehrere Speisevorrichtungen, die zusammen die geforderte Leistung hergeben, nur als eine Speisevorrichtung anzusehen.

Es müssen also für eine Anlage von 100000 kg stündlicher Dampferzeugung entweder 2 Pumpen von je 200 m³ oder 4 Pumpen von je 100 m³ aufgestellt werden.

Wie überlebt und ungerechtfertigt diese Vorschrift ist, geht deutlich daraus hervor, daß bei Aufstellung von 2 Pumpen von je 200 m³ der Betrieb unwirtschaftlich ist, weil die Leistung jeder Pumpe erheblich größer ist als die durchschnittliche Dampferzeugung. Würde man aber 4 Pumpen von je 100 m³ aufstellen, so sind die Reserven überreichlich und die Anlagekosten werden ganz unnütz erhöht. Zweifellos bietet auch schon eine Anlage mit 3 Pumpen von je 100 m³ mindestens dieselbe Sicherheit wie 2 Pumpen von je 200 m³.

In Werken von der Größe des Kraftwerkes Golpa (100 bis 200000 kW) ergeben sich noch viel ungünstigere Verhältnisse. Es ist daher dringend zu wünschen, daß obige Vorschrift möglichst schnell neuzeitlichen Verhältnissen angepaßt wird.

Beachtet man endlich noch, daß wirkliche Reserve nur besteht, wenn die dampfangetriebenen Pumpen auch von Zeit zu Zeit in Betrieb gesetzt werden, so tritt eine weitere Schmälerung des thermischen Vorteils ein. Immerhin bleibt der gemischte Antrieb in manchen Fällen ein brauchbares Mittel zur Verbesserung der Wirtschaftlichkeit.

Die Verwertung des Abdampfes der Speisepumpen wird übrigens zweckmäßigerweise zusammen mit der Verwertung des Abdampfes der Hilfsturbinen für den Antrieb der Kondensationsmaschinen betrachtet. Bei größeren Turbinen wurde bisher im allgemeinen so vorgegangen, daß die Hilfsturbinen Frischdampf erhielten, der nach seiner Arbeitsverrichtung einer Niederdruckstufe der Hauptturbine zur weiteren Expansion zugeführt wurde. Die Hilfsturbinen haben aber allmählich mit der zunehmenden Größe der Hauptturbinen derartige Leistungen erreicht, daß ihr Dampfverbrauch sehr ins Gewicht fällt und seine Zurückführung auf ein möglichst kleines Maß mit allen Kräften angestrebt werden muß. Hierzu bietet ihre Einschaltung in den Hauptkreislauf der Turbine ein vorzügliches Mittel.

Es läßt sich zeigen, daß eine als Kondensationsturbine ausgeführte Hilfsturbine nicht so wenig Wärme verbraucht wie die bereits erwähnte Schaltung, bei der der Abdampf noch in der Hauptturbine Arbeit leistet.

Die Anordnung kann aber auch so getroffen werden, daß die Hilfsturbine bei kleiner Belastung der Hauptturbine mit Frischdampf, bei größerer Belastung aber, wo der Druck in einer Zwischenstufe der Hauptturbine genügend hoch ist, mit Anzapfdampf aus der Hauptturbine betrieben wird. Der Abdampf der Hilfsturbine wird hierbei einem besonderen Kondensator zugeführt und dort unter einem Druck niedergeschlagen, der höher ist als der Druck im Hauptkondensator. Als Kühlwasser für diesen Hilfskondensator dient das Kondensat der Hauptturbine, das somit auf höhere Temperatur angewärmt werden kann als bisher. Diese Schaltung gibt den kleinsten überhaupt möglichen Wärmeverbrauch des gesamten Turbinenaggregates und ist dem elektrischen Antrieb auch noch dadurch überlegen, daß die Betriebssicherheit zweifellos eine größere ist. Die Wärmewirtschaft kann schließlich noch dadurch verbessert werden, daß auch die Lagerwärme, die Wärme des Schmieröles und endlich die Wärme der Kühlluft für den Generator für die Speisewassererwärmung herangezogen wird, unter gleichzeitigem Ersatz der Tuch- oder Ölfilter für die Kühlluft durch Rückkühler, die den dauernd kreisenden Kühlluftstrom vor seinem Wiedereintritt in den Generator auf eine zweckmäßige Anfangstemperatur herunterkühlen (Kap. VI, S. 355).

Wie später in Abschnitt 8, S. 347, ausgeführt wird, kann es ferner noch wirtschaftlich sein, aus der Hauptturbine abgezapften Dampf für die Speisewasservorwärmung zu verwenden.

Grundsätzlich ist zu diesen Arten weitgehender Wasservorwärmung zu bemerken, daß letztere insofern eine praktische obere Grenze findet, als mit zunehmender Endtemperatur des Speisewassers das Temperaturgefälle im Ekonomiser zu klein, bzw. die Ekonomiserheizfläche ungünstig ausgenutzt wird.

Sollte sich daher zeigen, daß durch eine Annäherung der Arbeitsweise der Dampfturbine an das auf Seite 353 beschriebene Verfahren eine wesentliche Dampfersparnis erzielt werden kann, so wäre zu überlegen, ob die Ekonomiser nicht ganz oder teilweise durch Lufterhitzer ersetzt werden könnten. Ein mittelbarer Vorteil von Lufterhitzern würde u. a. darin bestehen, daß Schwierigkeiten mit Dampfbildung in den Ekonomisern bei längeren Speisepausen nicht mehr auftreten.

Für Kohlenstaubfeuerungen würde eine Vorwärmung der Luft um 100 bis 150⁰ C sich voraussichtlich ohne Schwierigkeiten praktisch durchführen lassen, für mechanische Roste müßten wohl einige Einzelheiten etwas anders ausgebildet werden, um unzulässiges Erwärmen und Klemmen des Rostes zu vermeiden. Berechnungen haben gezeigt, daß die Erhöhung der Feuerraumtemperatur nur einen Bruchteil der Luftvorwärmung ausmacht. Durch geeignete Bemessung und Anordnung des Feuerraumes dürfte es in den meisten Fällen überdies gelingen, diese Temperaturerhöhung wieder auszugleichen oder doch auf einen unschädlichen Betrag zurückzuführen, so daß die feuerfeste Einmauerung nicht stärker leidet als bei mechanischen Rosten mit nicht vorgewärmter Luft. Die Speisewasservorwärmung hat aber längst nicht mehr nur rein thermische Bedeutung. Sie erfolgt vielmehr auch aus dem Grunde, um größere Temperaturschwankungen des Kesselinhaltes und die dadurch verursachten gefährlichen Materialspannungen in den Kesseltrommeln zu vermeiden. Es ist daher anzunehmen, daß man mit zunehmendem Kesseldruck besonderen Wert auf reichliche Wasservorwärmung legen und voraussichtlich neben Luftvorwärmern auch noch Ekonomiser verwenden wird.

Die Verwendung der warmen Kühlluft der Generatoren als vorgewärmte Verbrennungsluft für die Feuerungen wurde vereinzelt versucht, hat aber nirgends Fuß fassen können, weil der Transport der sehr großen Luftmengen und ihre Verteilung auf die einzelnen Kessel große Schwierigkeiten verursacht. Außerdem ist zu befürchten, daß die Generatoren durch Zufälligkeiten oder durch Bedienungsfehler vorübergehend ohne genügende Kühlluftzufuhr bleiben und Schaden leiden könnten. Aus einigen Werken wurden bereits solche Schäden gemeldet, die die vorher erzielten Wärmeersparnisse um ganz außerordentliche Beträge überschritten haben. Die Nutzbarmachung der Kühlluftwärme im Speisewasser ist viel einfacher, so daß kaum anzunehmen ist, daß die Kühlluft der Generatoren in größerem Ausmaße als vorgewärmte Verbrennungsluft Verwendung finden wird.

Beim Vergleich von Ekonomisern mit Luftvorwärmern ist noch zu bedenken, daß letztere keinen inneren Überdruck auszuhalten haben, ja nicht einmal besonders dicht zu sein brauchen. Ihre Baukosten werden daher besonders bei hohem Kesseldruck, selbst wenn ihre Wärmeübertragung wesentlich schlechter sein sollte, geringer ausfallen als die entsprechender Ekonomiser, so daß sich auch das Ergebnis wenig ändern würde, wenn Luftvorwärmer kürzere Lebensdauer haben sollten als Ekonomiser.

k) Amerikanische Kesselanlagen.

Schon das Äußere amerikanischer Kesselhäuser (Abb. 436 bis 449) weicht von dem europäischer beträchtlich ab: in Amerika das Bestreben, möglichst viel Leistung auf gegebener Grundfläche unterzubringen und hoch zu bauen, offenbar häufig gefördert durch Platzmangel und hohe Grundstückskosten; in Europa der Wunsch, die Gebäudekosten klein zu erhalten, demgemäß niedrig zu bauen, beides obendrein sichtlich beeinflußt durch die Wahl wesentlich kleinerer Kesseleinheiten.

Erst in neuerer Zeit geht man auch in Europa, wenigstens für Steinkohlenfeuerung, auf größere Kesseleinheiten über. In Braunkohlen-Kraftwerken sind die Vorteile der Leistungssteigerung nicht so groß, weil man wegen der begrenzten spezifischen Rostleistung, der Begrenzung der Stapelhöhe und der Notwendigkeit, große Kohlenmengen in Bunkern unterzubringen, ohnehin ziemlich lange Kesselhäuser braucht.

Die Höhe amerikanischer Kesselhäuser steigert sich noch durch den Wunsch, hohe Aschenkeller und größere Verbrennungsräume unterzubringen, ferner durch die Gepflogenheit, Füchse und Saugzuganlagen über die Kessel zu legen, eine Bauart, die in Deutschland und anderen europäischen Ländern infolge polizeilicher Vorschriften bisher unmöglich war. Auch die Anordnung von Kesseln in zwei Stockwerken, die sich zuweilen in ausländischen Anlagen findet, ist in Deutschland aus dem gleichen Grunde undurchführbar gewesen, sie ist allerdings auch nicht sehr empfehlenswert.

Selbst die vom Verfasser zuerst in Deutschland, dann in südafrikanischen Anlagen der Victoria Falls & Transvaal Power Co. mit bestem Erfolge durchgeführte Anordnung der Ekonomiser über den Kesseln, die in England inzwischen weitgehende Verbreitung gefunden hat, ist in Deutschland unverständigerweise lange Zeit verboten gewesen.

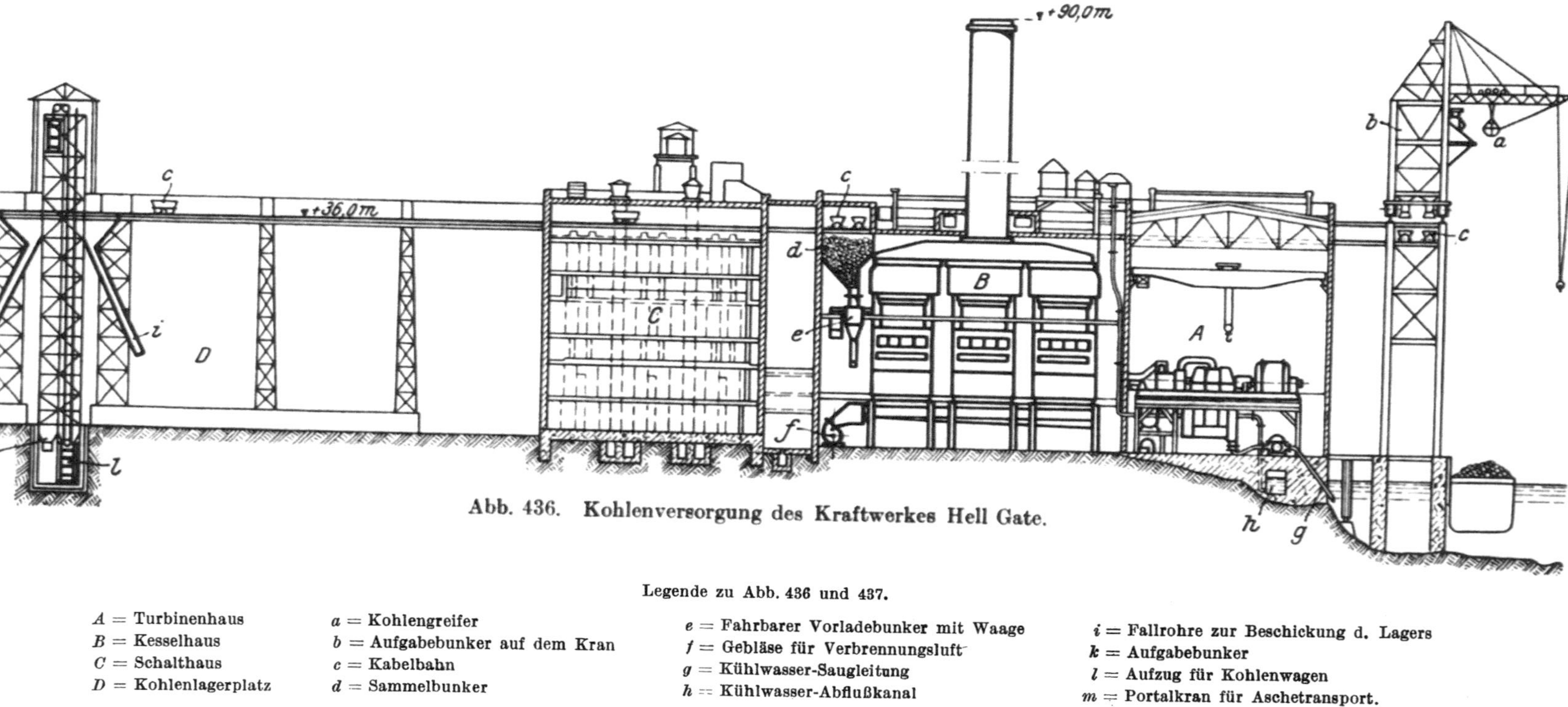

Abb. 436. Kohlenversorgung des Kraftwerkes Hell Gate.

Legende zu Abb. 436 und 437.

A = Turbinenhaus	a = Kohlengreifer	e = Fahrbarer Vorladebunker mit Waage	i = Fallrohre zur Beschickung d. Lagers
B = Kesselhaus	b = Aufgabebunker auf dem Kran	f = Gebläse für Verbrennungsluft	k = Aufgabebunker
C = Schalthaus	c = Kabelbahn	g = Kühlwasser-Saugleitung	l = Aufzug für Kohlenwagen
D = Kohlenlagerplatz	d = Sammelbunker	h = Kühlwasser-Abflußkanal	m = Portalkran für Aschetransport.

Abb. 436—438. Kraftwerk Hell Gate der United Electric Light & Power Co., New York. Baujahr 1921. Ausgebaute Leistung vorläufig 150000 kW, endgültig 300000 kW. Interessante Bekohlung. Leistung 250 t/h. Verteilung und Wiederaufnahme der Kohle auf dem Lagerplatz (100000 t) durch Zugkratzer. Zufuhr der Kohle zum Kesselhaus mit Kippwagen auf Kabelbahn. Zubringen der Kohle von den Sammelbunkern an den Stirnenden der Kesselhäuser zu den Kesseln mittels fahrbarer Verladebunker, die mit Waagen ausgerüstet sind. Kesselheizfläche je 1760 m². Aschenbeseitigung durch Wasserspülung. Turbineneinheiten von 35000 kW. Zwei Hausturbinen je 2000 kW. Hilfsbetriebe mit elektrischem Antrieb.

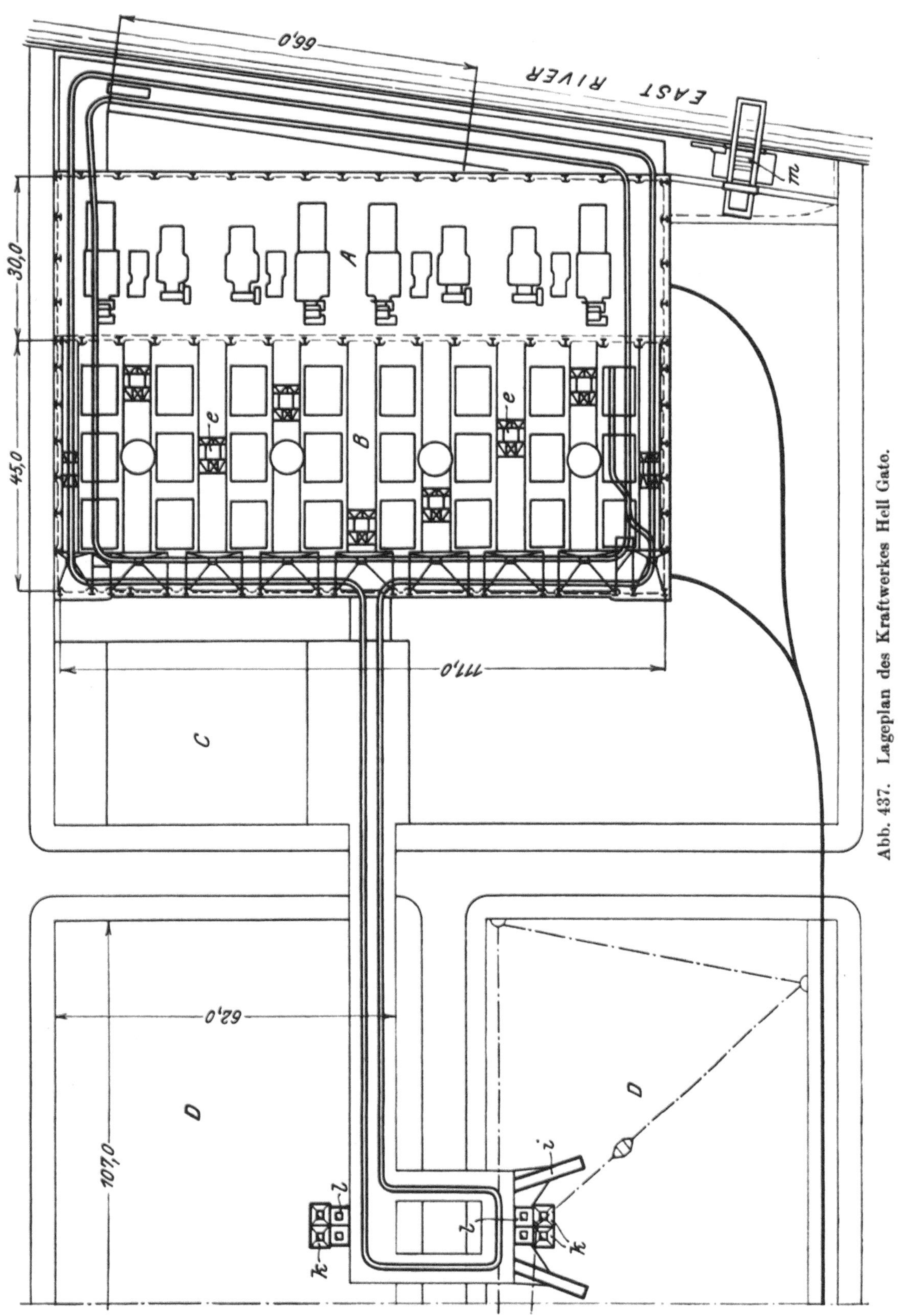

Abb. 437. Lageplan des Kraftwerkes Hell Gate.

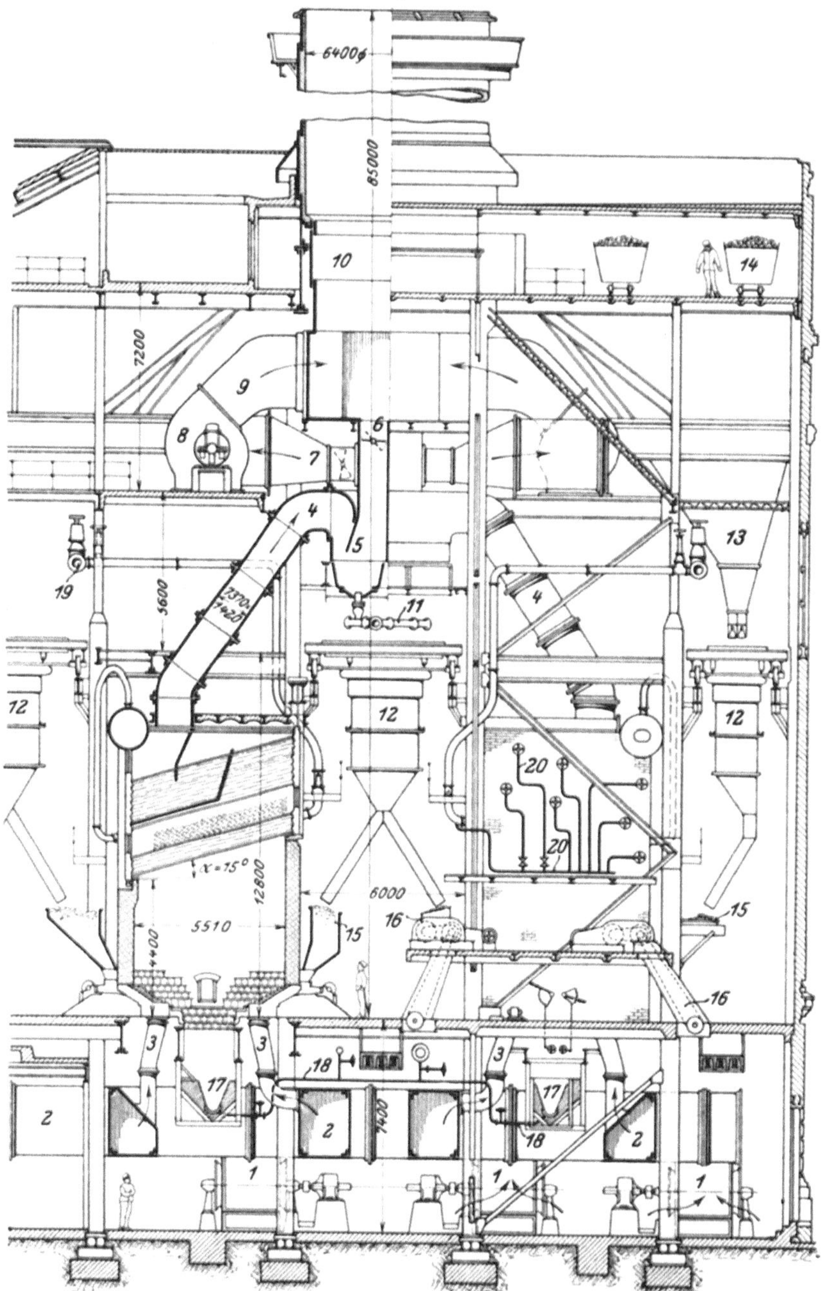

Abb. 438. Schnitt durch das Kesselhaus des Kraftwerkes Hell Gate.

Keine Ekonomiser. Sehr hohe Aschenkeller infolge der großen Unterwindkanäle. Große Bauhöhe zum Unterbringen der Sammelfüchse erforderlich. Ausschaltbare Saugzugventilatoren. Kessel und Schornstein werden von Eisenkonstruktion des Gebäudes getragen. Eisenkonstruktion des Gebäudes im Dreieckverband ausgebildet zwecks Aufnahme der großen Windkräfte auf Schornstein und Gebäude. Füchse, Saugzuggebläse und Schornstein über den Kesseln angeordnet. Unterwind und Saugzug. Kleiner Grundflächenbedarf.

1 = Unterwindventilatoren	*8* = Saugzugventilator	*14* = Kohlenkarre
2 = Unterwindleitungen	*9* = Druckstutzen von *8*	*15* = Kohlentrichter vor den Rosten
3 = Anschlüsse der Roste an *2,4*	*10* = Schornstein	*16* = Rostantrieb
4 = Fuchs	*11* = pneumatische Absaugung der Flug-	*17* = Rinne zum Wegspülen der Schlacke
5 = Flugaschenfänger	asche	*18* = Leitungen für Spülwasser
6 = Umführungsklappe	*12* = fahrbare Kohlenladebunker	*19* = Dampfsammelleitung
7 = Saugstutzen von *8*	*13* = feste Kohlenvorratsbunker	*20* = Rohrleitungen für Rußbläser

Als maßgeblich für die Bauart der Kesselhäuser ist vor allem wohl das überall in Amerika befolgte Prinzip der Vereinfachung des Betriebes anzusehen und es ist anzuerkennen, daß dieses Bestreben durch die befolgten Richtlinien gefördert worden ist.

Abb. 439. Blick auf den Heizerstand einer außenliegenden Kesselreihe und Ansicht des fahrbaren Fülltrichters mit Waage im Kraftwerk Hell Gate.

In dem äußerlichen Bilde fällt zuerst die zentrale Lage des Schornsteins auf. Häufig ist jeder Kessel mit einem besonderen Schornstein ausgerüstet, trotzdem ihre Höhe bis zu 80 m über dem Kesselhausfußboden reicht.

In Deutschland werden die Kessel nach dem Vorbild des Märkischen Elektrizitätswerkes (S. 405) für Steinkohlenkraftwerke zwar neuerdings in der Regel auch mit

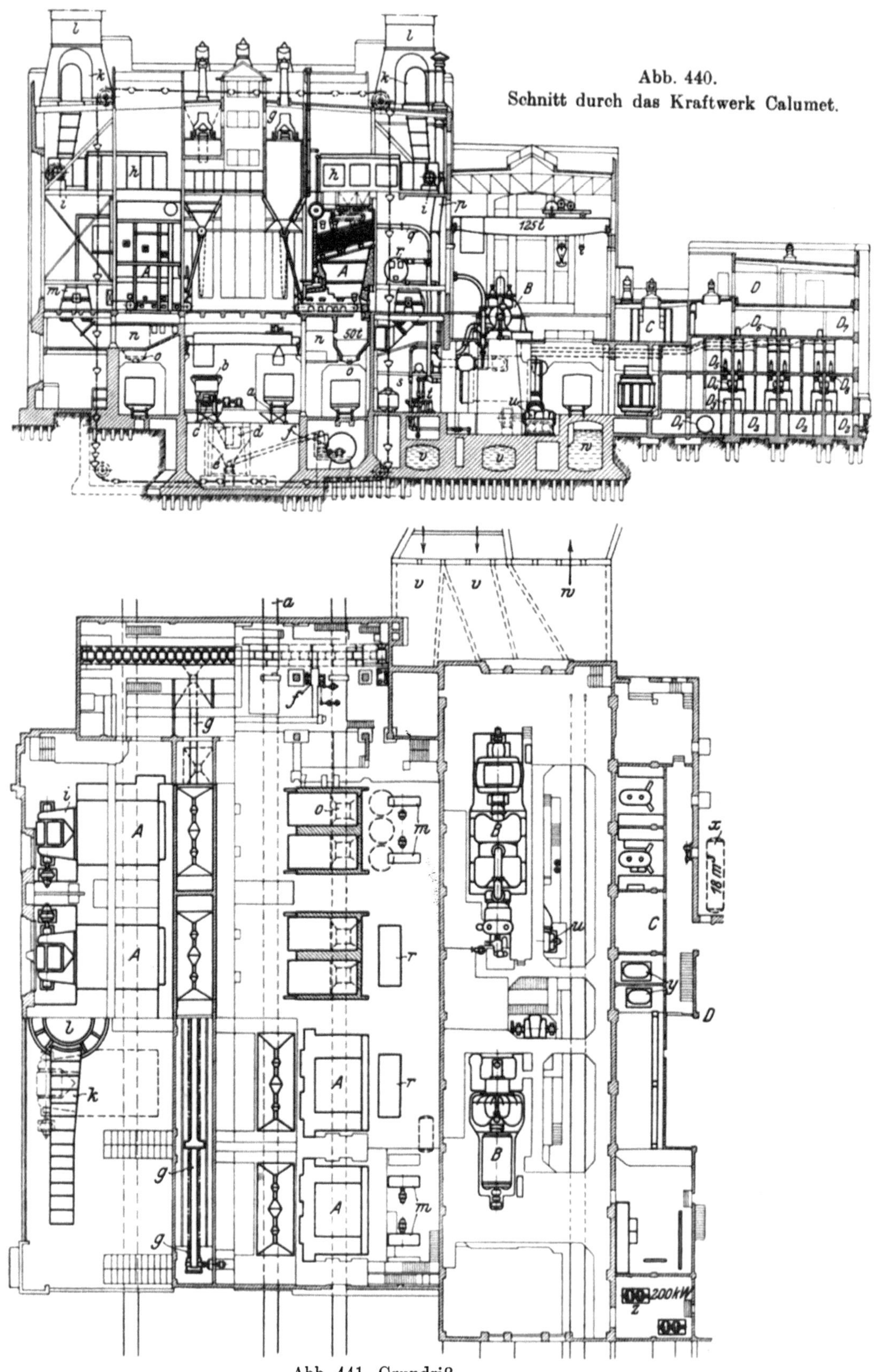

Abb. 440. Schnitt durch das Kraftwerk Calumet.

Abb. 441. Grundriß. (Legende hierzu nebenstehend.)

Abb. 440—443. Kraftwerk Calumet der Commonwealth Edison Co., Chicago. Baujahr 1921. Ausgebaute Leistung vorläufig 120 000 kW, später 240 000 kW. Sehr hohe Aschenkeller, Verladen der Asche unmittelbar in Eisenbahnwagen. Jede Kesselreihe hat besondere Bunker, dazwischen Oberlicht. Hilfsbetriebe für Dampf- und elektrischen Antrieb. Hauptturbinen mit Anzapfung.

Legende zu Abb. 440 und 441.

A = Wasserrohrkessel, 1400 m² Heizfläche	i = Saugzuganlage	w = Abflußkanal
B = Turbogeneratoren, 30 000 kW	k = Fuchsverbindung zum Schornstein	x = Behälter für Transformatoröl
C = Transformatorenhaus	l = Schornstein, 61 m über Rost	y = Hilfs-Transformatoren
D = Schalthaus	m = Gebläse	z = Motor-Generatoren
a = durchgehendes Anschlußgleis	n = Verbrennungsluftkanal	D_1 = Ölbehälter
b = fahrbarer Aufgabetrichter	o = Ascheklappen, darunter Aschewagen	D_2 = Räume für Trennschalter und Kabel-Endverschlüsse
c = Gurtförderer	p = Notauspuff	D_3 = Reaktanzspulen
d = Kohlenbrecher Nr. 1	q = Dampfleitung	D_4 = Stromwandler
e = Aufgabetrichter	r = offener Vorwärmer	D_5 = Ölschalterkästen
f = Kohlenbrecher Nr. 2	s = Wasserreiniger	D_6 = Ölschalterantriebe
g = Gurtförderer zur Verteilung	t = Kesselspeisepumpen	D_7 = Raum für Verteilungsschienen
h = Ekonomiser, 900 m²	u = Kühlwasserpumpen	D_8 = Hauptsammelschienen
	v = Zuflußkanal	

Abb. 442. Blick in das Kesselhaus des Kraftwerkes Calumet.

Einzelkaminen ausgerüstet, ihre Höhe darf aber wesentlich kleiner sein, wenn die Kraftwerke außerhalb der Städte liegen, wie denn auch in Amerika die große Höhe der Kamine durch die Furcht vor Aschenbelästigung der Umgebung infolge der hohen Rostbelastung vermutlich bedingt ist. Ausnahmen sind in Deutschland nur die Braunkohlenkraftwerke, die wegen des großen Aschengehaltes der Kohle ebenfalls hohe Kamine erhalten müssen, die gewöhnlich als gemauerte oder Beton-Kamine ausgeführt werden. Die große Heizfläche läßt jedenfalls die Ausführung von Einzelkaminen auch für beträchtliche Höhen als wirtschaftlich richtige Maßnahme erscheinen.

Die Unterbringung großer Massen in beträchtlicher Höhe über dem Kesselhausfußboden verlangt eine sehr sorgfältige Durchbildung der Eisenkonstruktion, die dann auch in der Regel in mustergültiger Weise durchgeführt ist.

Neben Einzelkaminen findet sich die gruppenweise Zusammenfassung von Kesseln auf einen gemeinsamen Schornstein, z. B. im Kraftwerk Hell Gate (Abb. 436 bis 439), wo etwa 12000 m² Kesselheizfläche in einem über Dach aufgestellten Kamin vereinigt sind. Sie sind fast stets aus Eisen hergestellt und bis zu ihrem oberen Ende ausgemauert. Diese Konstruktion wird bis zu Schornsteinabmessungen von 100 m Höhe und oberer lichter Weite bis zu 5 m durchgeführt. Große Kessel erhalten vielfach kein besonderes Gerüst, dieses ist vielmehr mit der Stützkonstruktion des Kesselhauses vereinigt, an ihr sind zugleich die Kessel in geeigneter Weise aufgehängt.

Maßgebend für amerikanische Bauweise ist zweifellos die Größe der Einzelheizfläche der Kessel. Während in Deutschland Kessel von mehr als 700 m² Heizfläche sehr selten sind und 1000 m² wohl die größte, in mehreren Ausführungen im Betriebe befindliche Einzelheizfläche ist, sind in Amerika Kesselheizflächen von 1000

Abb. 443. Blick in den Turbinenraum des Kraftwerkes Calumet. Öffnungen für Kondensationskeller liegen parallel zu den Turbinenachsen. Frischdampfleitungen kommen von oben her in die Turbine. Schutzdach über Erregermaschinen.

bis 2000 m² etwas Alltägliches und Heizflächen von 2000 bis 3000 m² in größerer Zahl im Betriebe oder in Ausführung.

Die in Deutschland noch vorherrschende Einzelheizfläche von 500 m² ist für Kraftwerke von mehr als 20000 bis 30000 kW Leistung zweifellos zu klein. Die Betriebsführung und Überwachung der Kesselanlage wird besser und übersichtlicher, wenn bei gleicher Gesamtdampferzeugung die Zahl der Kessel auf den dritten oder vierten Teil vermindert wird. Es ist dann möglich, jeden Kessel mit einem vollständigen Satz bester Kontrollapparate auszustatten, weil die Kosten dieser Apparate von der Größe der Kesselheizfläche nicht mehr abhängen, daher um so weniger durchschlagen, je weniger Kessel ausgerüstet werden müssen. Aber auch wenn man von den Kosten für die apparative Ausrüstung absieht, so wird die Auswertung der Diagramme der verschiedenen Anzeigeinstrumente um so einfacher, je kleiner ihre Zahl ist. In der Tat scheint denn auch die Ausstattung der Kessel mit Überwachungsapparaten in Amerika eine ganz vorzügliche zu sein und nicht unerheblich über das bei uns übliche hinauszugehen.

Abgesehen von den regelmäßigen Überholungsarbeiten, die eine freiwillige Unterbrechung der Betriebszeit nötig machen, wird eine unfreiwillige Störung des Betriebes im wesentlichen durch gelegentliches Durchbrennen der Rohre und durch Rostfehler veranlaßt. Letztere lassen sich durch sorgfältige Ausführung und einfache Bauart einschränken. Rohrdurchbrenner dagegen treten um so häufiger und unerwarteter auf, je mangelhafter die Beschaffenheit des Speisewassers und je unvollkommener seine Reinigung ist. Da nun der unerwartete Ausfall eines Kessels von 2000 bis 3000 m² Heizfläche folgenschwerer ist als der eines kleinen, so hängt die Betriebssicherheit letzten Endes wesentlich von der Sorgfalt ab, mit der das Kesselspeise-

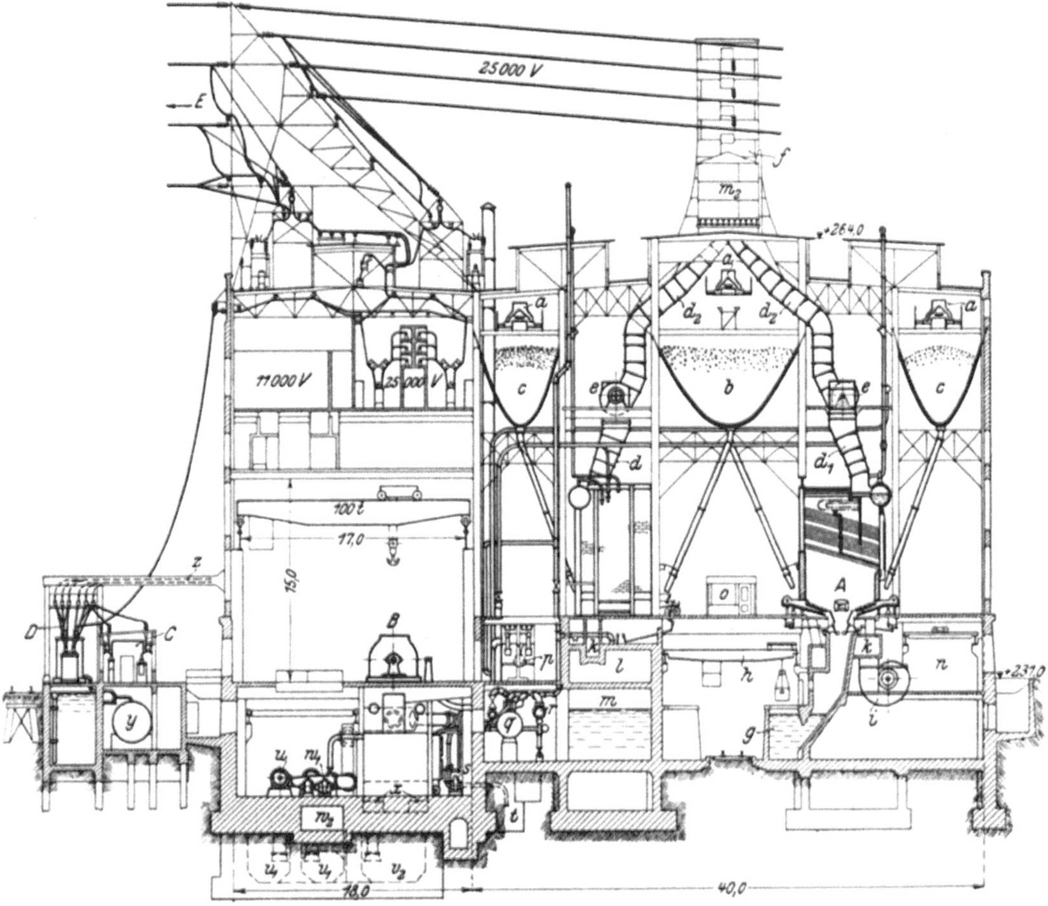

Abb. 444. Schnitt durch das Kraftwerk Springdale der West Penn Power Co., Pennsylvania. Baujahr 1919. Ausgebaute Leistung 50 000 kW. Lage an Fluß und Bergwerk.

Kessel haben keine Ekonomiser. Schornsteine stehen mitten auf dem Dach. Sehr hoher Aschenkeller und sehr hoher Raum über den Kesseln. Abzug der Schlacke unter Wasser. Kessel haben Doppelender-Feuerungen. Alle Hilfsbetriebe elektrisch angetrieben. Wegen Gefahr der Vereisung Kreislauf des Kühlwassers für die Kondensation in den Wintermonaten. Eine 2500 kW Hausturbine liefert Abdampf zur Vorwärmung des Kondensats. Interessante Ausführung der Freileitungen aus dem Schalthaus.

A = Dampfkessel, 1420 m² Heizfläche	f = Schornstein	r = Kondensator
B = 25 000 kW Turbo-Generatoren	g = Aschebehälter	s = Kesselspeisepumpen
C = Anbau für Erdung der Neutralen	h = Aschekran	t = Speisewasser-Behälter
D = Transformatoren	i = Gebläse	u = Kühlwasserpumpe
E = Überspannung des Allegheny-Flusses, Spannweite 440 m	k = Kanal für Verbrennungsluft	v_1 = Zuflußkanal
a = Gurtförderer	l = Abblase-Behälter	v_2 = Abflußkanal
b = Bunker für 62 t/lf. m	m = Warmwasser-Behälter	w_1 = Luftpumpe
c = Bunker für 27 t/lf. m	n = Werkstatt	w_2 = Wasserbehälter für Luftpumpe
d = Füchse	o = Raum für Kesselüberwachung	x = Kondensatpumpe
e = Saugzuganlage	p = Misch-Kondensatbehälter	y = Ölbehälter
	q = Verdampfer	z = Generator-Kabel

wasser aufbereitet wird. Heizflächen von mehr als 700 bis 800 m² verlangen deshalb besonders sorgfältige Aufbereitung des Wassers und gute Pflege der Kessel. Diese Ansicht findet ihre Bestätigung darin, daß in Amerika auf die Wasserreinigung sehr viel Aufmerksamkeit verwendet wird, überhaupt scheint die Betriebsführung großer Kraftwerke in Amerika ausgezeichnet zu sein.

Die Vergrößerung der Einzelheizfläche mindert die Anlagekosten der Kessel, des Kesselhauses, der Rohrleitungen, der Bekohlungsvorrichtungen und der Dampfleitungen, sie verkleinert ferner die konstanten Verluste, weil sie die Größe der kühlenden Oberflächen verringert.

In Schrägrohrkesseln werden Rohrlängen bis zu 6 m auch bei großen Rosten und hoher Rostbelastung verwendet. Häufig sind 20 und mehr Rohrreihen übereinander angeordnet. Bis zu 4 Rohren erhalten einen gemeinsamen Verschlußdeckel.

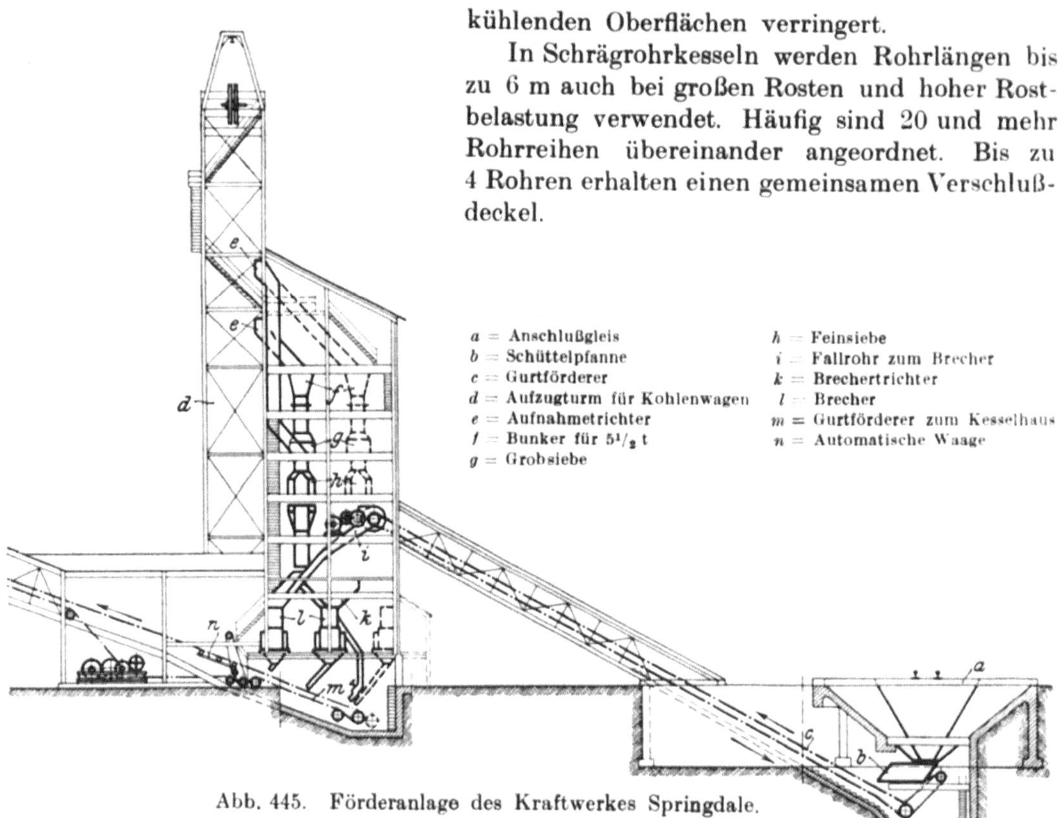

Abb. 445. Förderanlage des Kraftwerkes Springdale.

Wird nun in Deutschland mit Unterwind gefahren, so gibt man im allgemeinen jedem Kessel einen besonderen Ventilator, in Amerika wird dagegen vielfach noch zentralisiert, meines Erachtens mit Unrecht, weil die sehr großen und teuren Windleitungen einmal schwer unterzubringen sind, und weil zweitens die durch Aufstellung zentraler Gebläse erzielbare Arbeitsersparnis wahrscheinlich durch die Verluste in den Windleitungen überzogen wird. Die Verwendung von Unterwind auch bei hochwertiger Kohle ist in Amerika sehr verbreitet, man will damit die hohen Belastungsspitzen möglichst abdecken. In Deutschland wird vielfach die Ansicht vertreten, daß Unterwind für hochwertige Steinkohle schädlich oder zum mindesten überflüssig sei. Dies trifft wohl für Anlagen mit annähernd konstanter Belastung zu. In den meisten öffentlichen Elektrizitätswerken hat aber Unterwind für Spitzenbelastung auch betriebstechnisch große Vorteile: die Kessel werden mit ausgeglichenem Zug im Feuerraum betrieben, das Eindringen falscher Luft wird verhütet; verlangt die Kohle viel Schürarbeit und häufiges Öffnen der Feuertüren, so wächst der Vorteil.

Die Amerikaner sind bei neuen mechanischen Rosten auf 300 kgm⁻² h⁻¹ Rostbelastung angelangt, ein Wert, der viel höher ist als der in Deutschland übliche. Die Erhöhung der Rostbelastung und die Vergrößerung der Einzelrostfläche war durch die Vergrößerung der Einzelheizfläche bedingt. Die Steigerung der Rostbelastung ist aber für die Verringerung der konstanten Verluste und der Anlagekosten wertvoll, selbst wenn sie auf Kosten des Wirkungsgrades erfolgt. Da die Spitze in der Regel nur wenige Stunden anhält, tritt die Wirkungsgradeinbuße zurück gegenüber dem höheren Kapitaldienst, der entsteht, wenn eine größere Anzahl von Kesseln mit schwachbelasteten Rosten aufgestellt und in Betrieb gehalten werden muß; die Einbuße an Wirkungsgrad wird obendrein dadurch größtenteils wieder ausgeglichen, daß die Roste zu Zeiten schwacher Belastung noch gut bedeckt und somit frei von falscher Luft sind.

Bei Erwägungen dieser Art muß festgestellt werden, ob der Brennstoff sich auch für sehr breite Roste eignet und ob alle Stellen dem Schüreisen erreichbar sind. Für backende oder stark schlackende Kohle ist es unter Umständen vorteil-

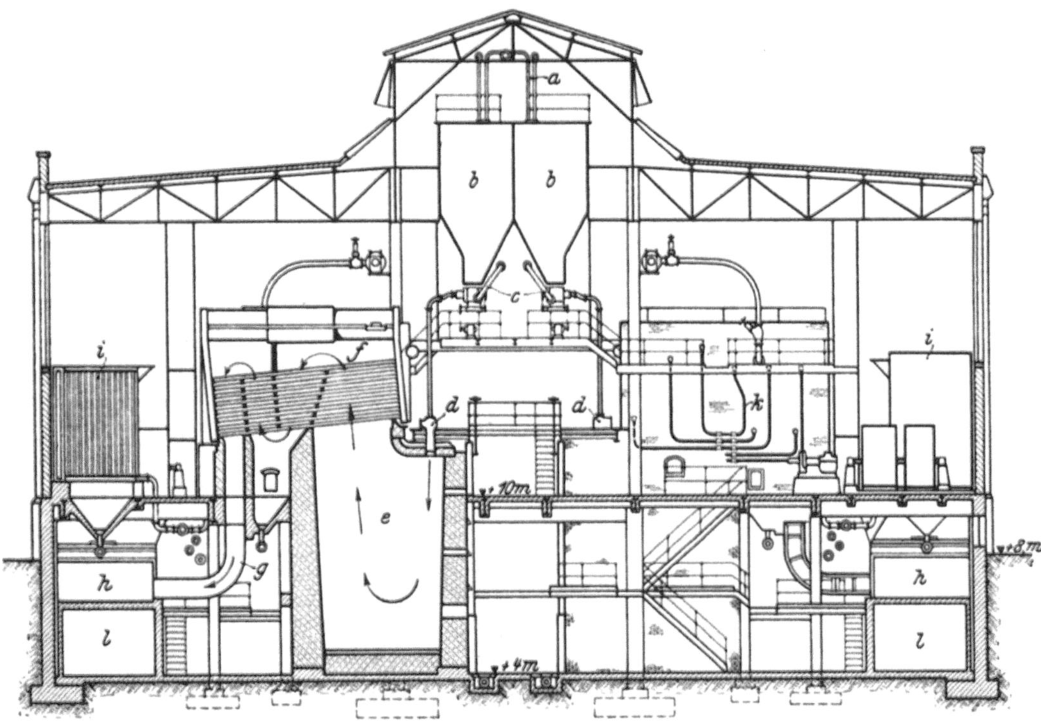

Abb. 446. Schnitt durch das Kesselhaus des Kraftwerkes Lakeside der Milwaukee Electric Railway & Light Co. Vorläufiger Ausbau 40 000 kW, voller Ausbau 200 000 kW. Baujahr 1920. Kohlenstaubfeuerung, Verbrennungsraum 200 m³, getrennt stehende Ekonomiser mit eigener Saugzuganlage, getrennt stehende gemauerte Schornsteine.

a = Rohrleitungen für Kohlenstaub	e = Verbrennungsraum	i = Ekonomiser
b = Kohlenstaub-Bunker	f = Kessel, Heizfläche 1200 m²	k = Verbindungsrohre am Kessel
c = Zuführungsschnecken	g = Fuchs	l = Fuchs zwischen Kessel und Schornstein
d = Kohlenstaub-Brenner	h = Rauchgaskanal zum Ekonomiser	

hafter, die höheren Anlagekosten kleinerer Kessel in Kauf zu nehmen im Interesse einer ausreichenden und guten Feuerbedienung. Kohlenstaubfeuerungen verlangen diese Rücksicht nicht; sie erlauben daher die Heizfläche soweit zu steigern, als es die Konstruktion irgend zuläßt. Die obere Grenze ist zur Zeit hauptsächlich durch die Länge der Kesseltrommeln gegeben, die ohne Rundnaht zur Zeit nicht länger als etwa 12 m hergestellt werden können. Einzelflächen von 2500 bis 3500 m² sind in Verbindung mit Kohlenstaubfeuerungen auch für deutsche Kohlen heute schon als sicher ausführbar anzusehen.

Wanderroste haben im Gegensatz zu Deutschland ausschlaggebende Verwendung nicht gefunden; die verbreitetste Feuerung sind heute noch Unterwindschrägroste (Unterschubroste), denen große Unempfindlichkeit und gute Lebensdauer nachgerühmt wird. Sie sollen ferner stundenlang ohne Schaden mit gedämpftem Feuer betrieben und in wenigen Minuten auf volle Leistung gesteigert werden können. In Deutschland haben sie sich bislang nicht einführen können. Wieviel hieran die Eigenart unserer Kohle oder andere Einflüsse schuld sind, die sich zahlenmäßig nicht erfassen lassen, möge dahingestellt bleiben.

Ekonomiser werden nicht in gleichem Umfang wie in Deutschland angewendet; die spätere Einbaumöglichkeit wird jedoch in der Regel beim Entwurf vorgesehen.

Abb. 447. Drei-geteiltes Aggregat für zus. 60 000 kW im Kraftwerk Colfax (voller Ausbau 300 000 kW) der Duquesne Light Co., Pittsburgh. Ein Hochdruckzylinder (Reaktionsturbine, 20 000 kW 18 000 Uml./min) für das halbe Temperaturgefälle und Auspuff mit ca 3,9 at in zwei Niederdruckzylinder gleicher Größe für 1200 Uml./min und Kondensationsbetrieb. Westinghouse Electric & Manufacturing Co. Dwight P. Robinson & Co., Inc., Engineers & Constructors, New York.

Schmiedeiserne Ekonomiser sollen jetzt in neueren größeren Werken aufgestellt werden. Der Verzicht auf Ekonomiser dürfte aus der weitgehenden Vorwärmung des Speisewassers durch Zwischendampfentnahme folgen, auch der häufige niedrige Kohlenpreis spielt hierbei wohl eine Rolle.

Großer Wert wird auf möglichst staub- und geruchfreie Abführung der Rückstände gelegt; Unterschubfeuerungen sind deshalb am unteren Ende mit besonderen Schlackenbrechern ausgerüstet. Die zerkleinerte Schlacke fällt in sehr reichliche, etwa für den Anfall eines Tages bemessene Schlackentrichter, in denen sie in der Regel unmittelbar mit Wasser abgelöscht wird. In Anlagen mit Kettenrosten fällt

A = Turbo-Generatur
B = Hausturbine
C = Erreger-Aggregat
D = Transformator
E = Hilfstransformator
F = Betätigungsraum
G = Niederspannungs - Sammelschienen
H = Schutzapparate
I = Relaistafeln
K = Batterieraum
a = Hängebahn
b = Schrägförderer

c = Aufgabetrichter für Konveyor
d = Gurtförderer für Längsverteilung
e = Dampfkessel mit Doppelenderfeuerung
f = Schornstein
g = Gebläse
h = Kanal für Verbrennungsluft
i = Aschenabfall
k = Aschenwagen
l = Haupt-Dampfleitungen
m = Auspuffleitungen

n = Speisewasser-Behälter
o = Vorwärmer
p = Entgaser
q = Wasserreiniger
r = Hilfspumpen
s = Vorwärmer
t = Speisepumpe
u = Luftpumpe
v = Druckluftkessel
w = Sammelbehälter
x = Kühlwasserpumpe
y = Kondensatpumpe
z_1 = Zuflußkanal
z_2 = Abflußkanal

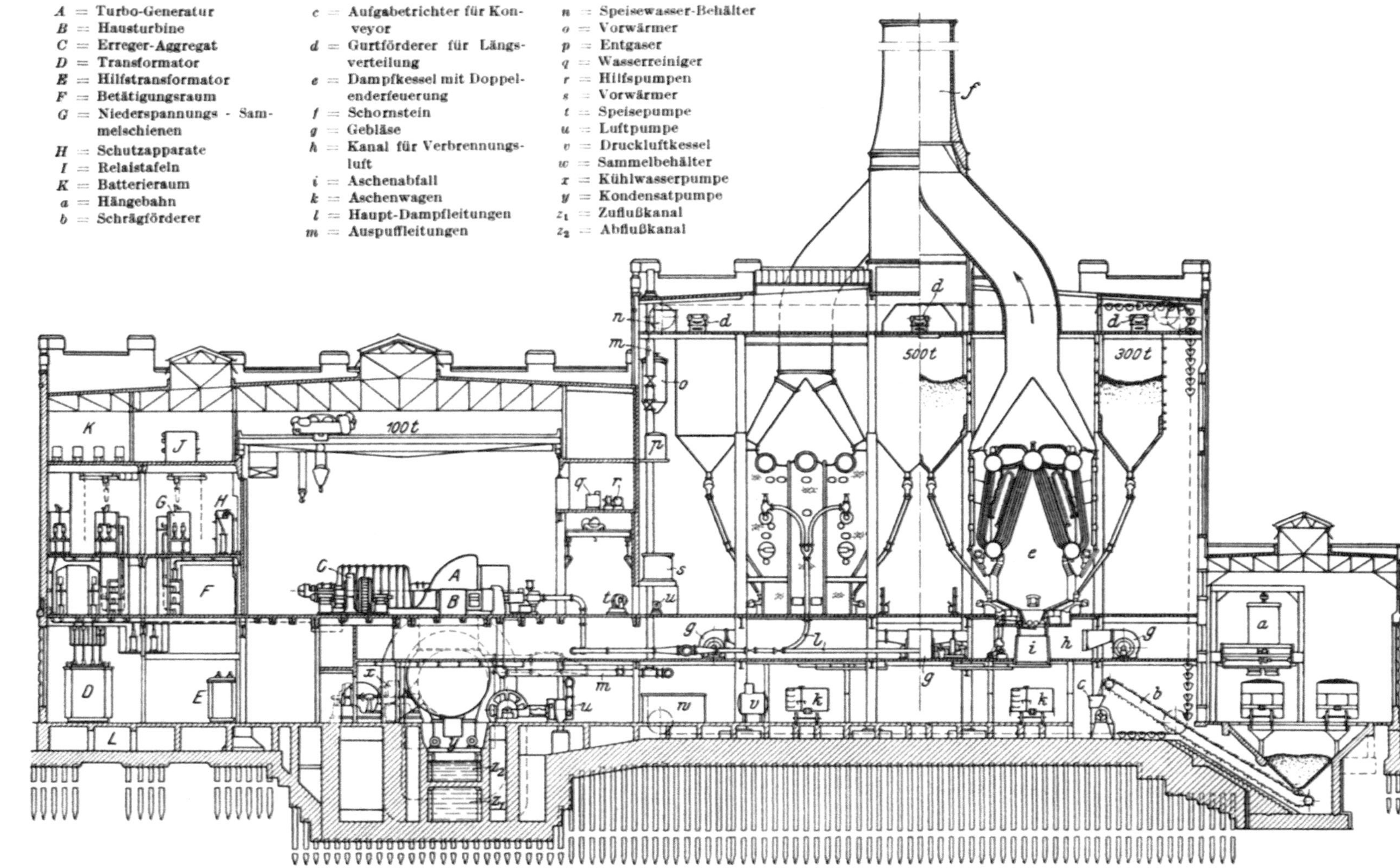

Abb. 448. Schnitt durch das Kraftwerk Connors Creek der Detroit Edison Co. Keine Ekonomiser. Schornsteine stehen frei über Dach, je einer für 2 Kessel. Doppelender-Feuerungen, deshalb für 2 Kesselreihen 3 Bunker nötig.

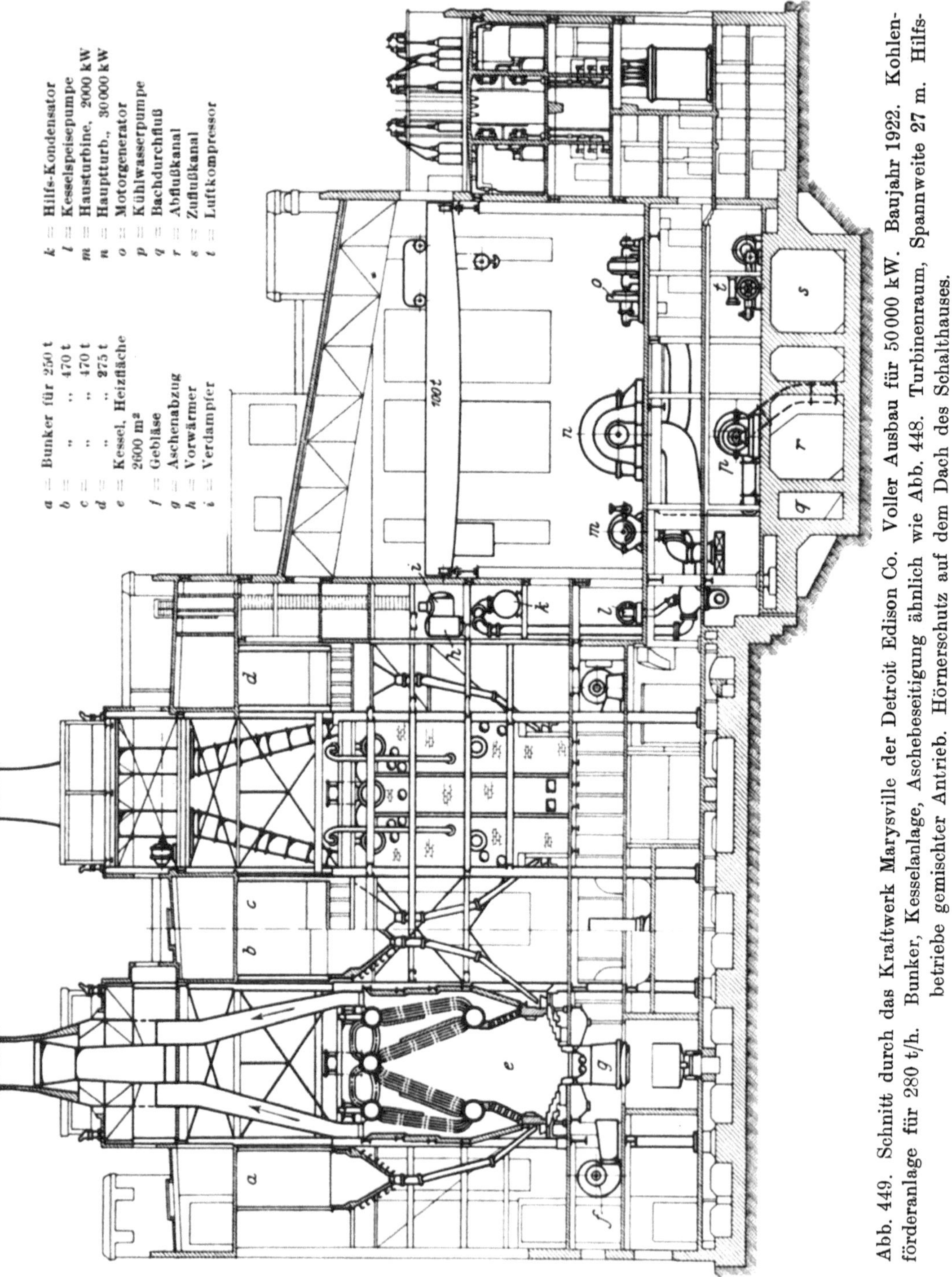

Abb. 449. Schnitt durch das Kraftwerk Marysville der Detroit Edison Co. Voller Ausbau für 50000 kW. Baujahr 1922. Kohlenförderanlage für 280 t/h. Bunker, Kesselanlage, Aschebeseitigung ähnlich wie Abb. 448. Turbinenraum, Spannweite 27 m. Hilfsbetriebe gemischter Antrieb. Hörnerschutz auf dem Dach des Schalthauses.

die Schlacke vielfach in einen tief angeordneten Wassersumpf, aus dem sie durch Greifer unmittelbar in den Eisenbahnwagen gefördert wird.

Die Aschenkeller amerikanischer Werke sind für unsere Begriffe sehr hoch. Entscheidender Wert wird darauf gelegt, daß die Aschentrichter unmittelbar in die Eisenbahnwagen entleert werden können. Häufig verlangen auch die Luftleitungen für zentrale Unterwindversorgung beträchtliche Bauhöhe.

Zwecks rascher und genauer Messung des Kohlenverbrauchs wird vielfach ein unter dem Hauptbunker verfahrbarer Hilfsbunker verwendet, mit dem eine Kohlenwage in geeigneter Weise zusammengebaut ist, so daß (Abb. 439) die jedem Kessel zugeführte Kohlenmenge laufend in einfacher Weise und mit der gewünschten Genauigkeit bestimmt werden kann.

8. Maschinenhaus.

a) Art und Größe der Maschinensätze.

Die Einführung der Dampfturbine hat den Bau der Kraftwerke in neue Bahnen gelenkt und die Erzeugungskosten des Stromes auf Werte herabgedrückt, an die man früher nicht zu denken wagte. Dieses Ergebnis ist nicht etwa durch bessere Wirtschaftlichkeit der Dampfturbine hervorgerufen worden (gute Dampfmaschinen hatten bisher, wenigstens bei Vollast, keinen schlechteren Dampfverbrauch als Dampfturbinen), sondern lediglich durch die außerordentliche Herabsetzung des konstanten Teiles der Unkosten. Die Dampfturbine ist nicht nur an sich wesentlich billiger als die Dampfmaschine gleicher Leistung, große Einheiten lassen sich auch leichter und einfacher ausführen. Während man früher 5000- bis 6000 pferdige Landdampfmaschinen (z. B. in den Berliner Elektrizitätswerken) als die größten ihrer Art mit Erstaunen betrachtete, sind heute 20 000 pferdige Dampfturbinen schon Normalfabrikat geworden und Leistungen bis 70 000 Pferdekräften keine Seltenheit; die Herstellungskosten der Maschinen mit den dazu gehörigen Generatoren sind gleichzeitig auf weniger als die Hälfte gesunken. Eine weitere wesentliche Verringerung der Anlagekosten wird aber durch den geringen spezifischen Platzbedarf und eben durch die Möglichkeit, sehr große Aggregate aufzustellen, erzielt.

Von Wert ist ferner die Tatsache, daß der konstante Verlust von Turbogeneratoren geringer als der von Dampfmaschinen und deren Generatoren ist, gleichfalls ein Umstand, der den Übergang zu größeren Einheiten erleichtert, weil die Unterschiede in der durchschnittlichen Wirtschaftlichkeit größerer und kleinerer Einheiten geringer sind als bei Dampfmaschinen. Schließlich sind noch die größere Betriebssicherheit und die geringeren Kosten für Wartung und für Schmier- und Putzmaterialien hervorzuheben. Ein ziffernmäßiger Vergleich erübrigt sich an dieser Stelle, da er schon wiederholt angestellt wurde (Kap. II, S. 19), es bleiben vielmehr nur diejenigen Verbesserungen zu erörtern, die in neu zu errichtenden Turbinenanlagen noch erzielt werden können.

Aussichtsvoll erscheint es, den konstanten Teil der Jahresbelastung mit möglichst wirtschaftlich arbeitenden Betriebsmitteln zu erzeugen, für den variablen Teil hingegen vorzugsweise auf geringes Anlagekapital zu sehen (Spitzenwerke). Eine Kombination von Gasmotoren bzw. Dieselmotoren mit Dampfturbinen oder von Wasserkraftanlagen mit Dampfzentralen wird sich aus diesem Grunde in manchen Fällen empfehlen.

Die Größe der einzelnen Maschinensätze richtet sich natürlich in erster Linie nach den Konsumschätzungen; doch sei ausdrücklich bemerkt, daß infolge übergroßer Vorsicht oft Fehler mit der Aufstellung zu kleiner Einheiten gemacht werden.

Vor allem ist auf die künftige Entwicklung Rücksicht zu nehmen, die schon beim ersten Ausbau eingehend erwogen werden muß; es empfiehlt sich daher die Aufstellung einer Rentabilitätsrechnung für verschiedene Ausbaustufen.

Man wird dann erkennen, bis zu welchem Maße eine Herabsetzung des Ausnutzungsfaktors für den ersten Ausbau gerechtfertigt ist, insbesondere bei solchen Anlagen, die eine baldige Steigerung des Anschlusses erwarten lassen. Wird mäßige Verringerung der anfänglichen Wirtschaftlichkeit in Kauf genommen, so kann häufig ein desto besseres Ergebnis nach kurzer Zeit erzielt werden.

Eine eingehende Rechnung ist ferner nötig, um festzustellen, ob es mit Rücksicht auf Ersparnis an Betriebsmitteln ratsam ist, für die Zeiten schwacher Belastung einen besonderen kleineren Maschinensatz aufzustellen. Eine richtig durchgeführte Vergleichsrechnung wird in den meisten Fällen zeigen, daß die Mehrkosten für Verzinsung und Abschreibungen die Ersparnisse an Betriebsmitteln übertreffen.

Der Wunsch, die Anlagekosten herabzusetzen, führt zur Aufstellung möglichst großer Maschinensätze. Der Einheitspreis je kW nimmt allerdings bei Aggregaten von mehr als 5000 kW nicht mehr erheblich ab, wohl dagegen der Platzbedarf und damit die Kosten des Maschinenhauses und der Hilfseinrichtungen.

Große Einheiten haben zwar außerdem kleineren Dampfverbrauch bei hohen Belastungen und erfordern geringere Bedienungskosten, eine größere Zahl kleinerer Einheiten läßt sich dagegen den Belastungsschwankungen besser anpassen. Die endgültige Entscheidung hängt deshalb auch hier vom Belastungsfaktor und von der Form der Belastungskurve ab und kann meist nur auf Grund einer Rechnung getroffen werden, für die sich die Benutzung der Dampfverbrauchs-Charakteristik empfiehlt (Kap. I S. 17).

Anlagen, die gleichzeitig zwei Stromarten, z. B. Drehstrom und Gleichstrom, liefern müssen, werden heute vielfach so eingerichtet, daß einzelne Maschinensätze nur die eine, andere nur die andere Stromart erzeugen; außerdem wird mindestens ein Maschinensatz als Doppelaggregat ausgebildet, so daß von diesem gleichzeitig beide Stromarten entnommen werden können. Dieser dient dann als gemeinschaftliche Reserve und wird außerdem zur Stromerzeugung in Zeiten schwacher Belastung herangezogen. In den meisten Fällen ist dieses leider übliche Vorgehen zu verwerfen, es ist richtiger, nur eine Stromart unmittelbar zu erzeugen, und die andere durch Umformung aus ersterer zu gewinnen. Zwar müssen für einen wesentlichen Teil der Stromlieferung die nicht unerheblichen Umformerverluste gedeckt werden, diese werden aber in der Regel mehr als ausgeglichen durch die Tatsache, daß für die einheitliche Erzeugung des gesamten Stromquantums besser und wirtschaftlicher arbeitende Anlagen geschaffen werden können. Zunächst erhält man eine geringere Anzahl größerer Maschinensätze, dann aber brauchen von diesen nur so viele zu laufen, als zur Deckung des Gesamtverbrauches erforderlich sind, und es können hierfür die jeweils zweckmäßigsten Sätze herangezogen werden, während bei der üblichen Einrichtung soviel Maschinen jeder Kategorie laufen müssen, als für das Maximum jeder Stromart erforderlich sind. Die Umformerverluste werden somit durch die Dampfersparnis infolge besserer Belastung größerer Maschinensätze in der Regel aufgewogen. Führt man für bestimmte Fälle Vergleichsrechnungen unter Berücksichtigung des Betriebszeitfaktors durch, so läßt sich der wirtschaftliche Vorteil letzterer Anordnung auch rechnerisch nachweisen.

b) Aufstellung der Maschinensätze im Maschinenraum.

Für die Aufstellung der Maschinensätze im Maschinenraum ist in erster Linie die Verminderung der Gebäudekosten maßgebend, die wesentlich von der Größe der bebauten Grundfläche und von der Spannweite der Eisenkonstruktionen (Dach und Laufkran) abhängen.

Es kommen drei Aufstellungsarten in Betracht:

1. Aufstellung parallel nebeneinander und senkrecht zur Maschinenhausachse.
2. Aufstellung hintereinander in der Machinenhausachse.
3. Aufstellung in zwei zur Maschinenhausachse parallelen Reihen hintereinander.

Anordnung 1, bei der die Pumpen vor den Kondensatoren stehen, ist in den meisten Fällen für kleine und mittlere Werke geeignet, weil sie außer kleinsten Gebäudekosten folgende Vorteile ergibt:

Die Bedienung der Dampfturbinen und Kondensatpumpen wird einfach, da sie auf der gleichen Seite des Maschinenhauses liegen. Durch Einziehen einer Zwischenwand im Keller können Dampfteil und elektrischer Teil voneinander getrennt werden. Die Dampfleitungen lassen sich im Maschinenkeller einfach und übersichtlich anordnen und erhalten für alle Einheiten nahezu die gleiche Länge. Zu- und Abwässerkanäle verlaufen in geradem Strange unterhalb des Kellerfußbodens in unmittelbarer Nachbarschaft der Pumpen (die Länge dieser Kanäle wird allerdings unter Umständen größer als bei Anordnung 3). Die Luftfilter und Luftkanäle für die Generatoren sind bequem unterzubringen.

Handelt es sich um große Leistungen, so empfiehlt es sich meistens, von der sonst üblichen Parallelaufstellung der Turbinensätze senkrecht zur Achse des Maschinenhauses abzugehen und statt dessen die Turbinen in der Maschinenachse nach Anordnung 2 so aufzustellen, daß die Kopfseiten (Dampfseite) einander zugekehrt sind. Im Keller des Maschinenhauses entstehen dann große luftige, mit dem Kran leicht bedienbare Räume. Die Kondensationspumpen, deren Wartung, Belichtung und Belüftung sehr einfach wird, können entweder vor den Kondensatoren oder seitlich neben den Fundamentklötzen der Turbinen aufgestellt werden. Das Maschinenhaus wird entsprechend schmäler, die Kräne leichter und kürzer. Stehen die Kesselhäuser senkrecht zum Maschinenhaus, eine Anordnung, die sich bei großen Leistungen immer zwangsläufig ergibt, so ist es gleichzeitig fast immer möglich, die Länge des Maschinenhauses in annähernde Übereinstimmung mit der Summenbreite der Kesselhäuser zu bringen, woraus die einfachste Führung der Rohrleitungen und der Kondensationskanäle folgt.

Anordnung 3, bei der man je vier Einheiten mit den Dampfseiten gegeneinander richtet und die Pumpen vor den Kondensatoren aufstellt, kann nur selten empfohlen werden, weil die Raumausnutzung nicht besser als bei Anordnung 1 wird, und weil sie außerdem bezüglich der Führung der Rohrleitungen und Kanäle erhebliche Nachteile aufweist.

c) Dampfdruck, Temperatur, Umlaufzahl.

Während man noch vor wenigen Jahren allgemein mit Dampfdrucken von 12 bis 14 at und Temperaturen von 300 bis 325° C arbeitete und nur ungern über diese Werte hinausging, ist man neuerdings aus wirtschaftlichen Gründen bereit, nach beiden Richtungen hin eine Steigerung eintreten zu lassen. Rein wärmetechnische Gründe rechtfertigen daher eine wesentliche Steigerung des bisher üblichen Druckes, betriebstechnische Gründe, insbesondere Betriebssicherheit und Einfachheit mahnen jedoch zur Vorsicht.

Immerhin ist in den letzten Jahren an der Weiterentwicklung von Dampferzeugern für sehr hohe Drucke so intensiv gearbeitet worden, daß an einem, wenn auch vielleicht allmählichen, Übergang zu weit höheren Spannungen als 15 bis 25 at kaum mehr zu zweifeln ist.

Da aber Turbinen und Kessel für sehr hohe Drucke noch im Entwicklungsstadium stecken und weder Betriebsergebnisse von Höchstdruckanlagen vorliegen, noch eine gewisse einheitliche Bauweise für sie besteht, ist es schwierig, eindeutige, zuverlässige Angaben über die Mehrkosten von Dampf sehr hoher Spannung, infolge der höheren Anlagekosten der Kessel, Turbinen usw. zu machen. Nachstehend wird daher in ähnlicher Weise vorgegangen, wie dies G. O. Orrok in einer diesen Gegenstand betreffenden Untersuchung getan hat.

Was die Konstruktion von Höchstdruckkesseln betrifft, sei erwähnt, daß die Wasserräume, schon aus geldlichen Gründen, erheblich kleiner als bei Kesseln für normale Drucke, gemacht werden müssen. Selbst dann noch erreicht die Wandstärke der Kesseltrommeln 50—80 mm. Auf genietete Trommeln wird von etwa

35 at an verzichtet werden müssen und man wird entweder auf geschmiedete oder nahtlos gezogene Trommeln angewiesen sein. Letztere sind vorläufig nur bis zu etwa 800 mm Durchmesser herstellbar und müssen nach dem Ziehen innen ausgedreht werden, um die durch die starke Abkühlung beim Ziehen über dem Dorn erheblich veränderte Oberfläche der Wandung zu entfernen. Geschmiedete Trommeln müssen innen und außen abgedreht werden, da das Herstellungsverfahren keine genaue Einhaltung der gewünschten Wandstärke gestattet.

Um auf erträgliche Blechstärken zu kommen und mit Rücksicht auf andere Schwierigkeiten, deren Erörterung hier zu weit führen würde, haben einige deutsche Walzwerke Spezialstähle entwickelt von einer bisher nicht bekannten Güte, die den besonderen Verhältnissen von Höchstdruckkesseln weitgehend Rechnung trägt. Insbesondere ist der starke Rückgang der Streckgrenze der üblichen Kesselbleche bei höheren Temperaturen nahezu vermieden, der ihre Verwendung bei Drucken über 50 at sehr erschwert. Es ist ferner gelungen, die Trommel zusammen mit den beiden Trommelböden aus einem einzigen Stücke zu schmieden und dadurch Nietungen völlig zu vermeiden. Derartige Trommeln werden aber weit teuerer als durch Nietung hergestellte entsprechender Wandstärke.

Höchstdruckkessel von kleinem Wasserinhalt werden für Werke mit schnellen und starken Belastungsschwankungen nicht genügend anpassungsfähig sein. Ihr Wasserinhalt muß aber der Baukosten wegen möglichst verringert werden und läßt daher bei plötzlichen Spitzen nur eine mäßige Drucksenkung zu, und zwar z. T. aus dem Grunde, weil sonst der Wasserumlauf durch die heftige, aus dem kleinen Wasserinhalt folgende Verdampfung ernstlich gestört und starkes Überkochen und Spucken hervorgerufen werden könnte.

Man wird daher in das „Niederdruckgebiet", d. h. in den Bereich von 12 bis 15 at, Ruths-Speicher (S. 50) legen und sie zur Deckung der kurzzeitigen Spitzen von weniger Minuten Dauer heranziehen (Abb. 27). Von den Feuerungen der Höchstdruckkessel ist zu verlangen, daß sie sich in dieser Zeit sicher und ohne nennenswerte Einbuße an Wirkungsgrad der neuen Belastung anzupassen vermögen und es ist wohl möglich, daß in diesem Zusammenhang den Kohlenstaubfeuerungen eine besondere Aufgabe erwachsen wird.

Wie später noch gezeigt werden wird, sind, unter Beibehaltung des üblichen Arbeitsprozesses der Dampfturbine, erhebliche thermische Verbesserungen durch die Erhöhung der Dampftemperatur zu erwarten. Da aber der Unterschied zwischen höchster Dampftemperatur und der Temperatur der Außenwand der Überhitzerrohre bedeutend größer ist als bei den wassergekühlten Heizflächen, bestehen noch Bedenken, die Dampftemperatur wesentlich über 400^0 C zu steigern. 400 bis 425^0 C Dampftemperatur am Überhitzeraustritt können aber als Werte angesehen werden, die für zweckmäßig gebaute und angeordnete Überhitzer noch zulässig sind.

Für die Dampfleitungen liegen die Verhältnisse wesentlich günstiger, weil die Temperatur der Rohre tiefer als die Dampftemperatur ist. Schwierigkeiten könnten hier wohl nur an den Verbindungsstellen auftreten, auf deren gute Durchbildung daher besonders zu achten sein wird.

Der Bau von Turbinen für sehr hohe Drucke bereitet keine grundsätzlichen Schwierigkeiten. Die sehr hohen Drucke gelangen nicht in das Gehäuse hinein, da schon in den Einströmdüsen ein erheblicher Druckabfall stattfindet. Stopfbüchsen, die gegen den vollen Druck zu dichten haben, lassen sich vermeiden.

Nach vorstehendem ergibt sich, daß die Entwicklung in erster Linie durch die Überhitzer und Ventile begrenzt wird, und zwar weniger diejenige der Steigerung des Druckes als die der Temperaturerhöhung.

Der Übergang zu sehr hohen Drucken beeinflußt nur einen Teil der Anlagekosten für das ganze Kraftwerk. Orrok nimmt für seine Berechnungen an, daß für

Turbinen, Kessel, Überhitzer und Rohrleitungen 30 vH der gesamten Kosten eines modernen Kraftwerkes anzusetzen sind, und erwähnt, daß dieser Anteil in den neueren amerikanischen Werken, z. B. Calumet und Hell Gate, sogar nur 25 vH ausmacht. Für die Anlagekosten je ausgebautes Kilowatt gibt er 100 $ an, demnach für Kessel und Turbinen 25 $ oder rund 105 Goldmark. Rechnet man 15 vH für Verzinsung, Abschreibung und Reparaturen, so erfordert der Kapitaldienst 3,75 $ im Jahr für jedes kW Zentralleistung oder bei einer Benutzungsdauer von 5000 h rund 0,07 cts/kWh.

Orrok rechnet weiter damit, daß Kessel für 50 bis 80 at um etwa 100 vH teuerer werden als solche für normale Drucke und bringt auch für die Turbine etwa denselben Betrag in Ansatz. Für die Dampfleitungen werden voraussichtlich Mehrkosten nicht entstehen, da ja die Leitungsdurchmesser sehr viel kleiner werden.

In Abb. 450 sind für amerikanische Verhältnisse über A die Anlagekosten für Turbinen, Kessel und Überhitzer bei 15 at graphisch dargestellt. B bezeichnet die Mehrkosten infolge Übergang zu 80 at Dampfdruck, C den Kohlenpreis von 1 t (von Orrok zu 6 $ angenommen), D den prozentualen Anteil des Preises von 1 t Kohle an dem Mehraufwand für die Anlagekosten für 1 kW ausgebaute Leistung.

In Abb. 451 und 452 sind dieselben Verhältnisse für Kraftwerke in Deutschland dargestellt. Aus einer größeren Anzahl neuerer Werke wurden die Anlagekosten für Turbinen, Kessel und Überhitzer zu rd. 72,8 $\mathcal{M}$/kW ermittelt. Die prozentualen Mehrkosten bei 80 at von Kessel, Überhitzer und Ekonomiser wurden in sehr guter Übereinstimmung mit Orrok zu 100 vH ermittelt, dagegen machen die Mehrkosten der Turbine nach meinen Rechnungen höchstens 30 vH aus (oberste Reihe Abb. 451 u. 452.) Mit diesen Werten beträgt in deutschen Anlagen der Mehraufwand an Anlagekosten für Kessel, Überhitzer, Ekonomiser und Turbine bei 80 at rd. 53,6 $\mathcal{M}$/kW. Auf Grund dieser Unterlagen sind nun in Abb. 451 die Verhältnisse für einen Kohlenpreis von 20 $\mathcal{M}$/t, in Abb. 452 für einen solchen von 12 $\mathcal{M}$/t durchgerechnet. Abb. 452 würde also etwa einem Werk auf oder in unmittelbarer Nähe der Grube, Abb. 451 einem Werk in rd. 200 bis 300 km Entfernung von der Grube entsprechen.

Den weiteren Rechnungen sind, wie bei Orrok, 2 verschiedene Arbeitsprozesse der Turbine zugrunde gelegt und zwar der bekannte Rankine-Prozeß, der der Arbeitsweise unserer jetzigen Dampfturbinen entspricht und der sogenannte Regenerativprozeß, bei welchem die Expansion nicht adiabatisch verläuft, sondern bei dem während der Expansion durch Abzapfen von Turbinendampf für die Anwärmung des Kondensates (Speisewassers) in vielen kleinen Stufen soviel Wärme entzogen wird, daß es bis auf Sättigungstemperatur erwärmt wird.

Beide Arbeitsverfahren sind in Abb. 453 schematisch im Entropie-Temperaturdiagramm dargestellt.

Praktisch würde der Regenerativprozeß etwa in der Weise durchgeführt werden, daß an 3 bis 5 Stufen der Turbine Dampf abgezapft und in einzelnen hintereinander geschalteten Röhrenapparaten zum stufenweisen Anwärmen des Kondensates benutzt wird. Während also bei einer, Abb. 453 genau entsprechenden Arbeitsweise der gesamten, in der Turbine arbeitenden Dampfmenge Wärme entzogen werden würde, ist bei dem praktisch durchgeführten Regenerativprozeß der Drucktemperaturverlauf in der Turbine etwa ebenso wie für eine Turbine ohne Anzapfung mit dem Unterschied, daß das arbeitende Dampfgewicht um so kleiner wird, je mehr es sich dem Kondensator nähert. Der ideale Regenerativprozeß wird also nur angenähert eingehalten. Der Grund hierfür ist hauptsächlich der, daß es konstruktiv und betriebstechnisch erheblich einfacher ist, die verhältnismäßig kleinen Anzapfdampfmengen durch Oberflächenapparate zu schicken als die gesamte arbeitende Dampfmenge wiederholt in solche Apparate zu leiten und dann der Turbine wieder zuzuführen.

Das Anzapfen ist auch deshalb überlegen, weil der Wassergehalt beim reinen Regenerativprozeß unzulässig hohe Werte erreichen würde und weil bei mehrfacher Anzapfung das Dampfvolumen in den tiefsten Stufen der Turbine, wo seine Beherrschung infolge der erforderlichen großen Querschnitte ohnehin Schwierigkeiten macht, in erwünschter Weise verkleinert wird.

Wenngleich also in praxi der Regenerativprozeß nur angenähert eingehalten wird, so ist es für die Zwecke vorliegender Berechnung doch durchaus ausreichend, den reinen Rankine- und den reinen Regenerativprozeß miteinander zu vergleichen.

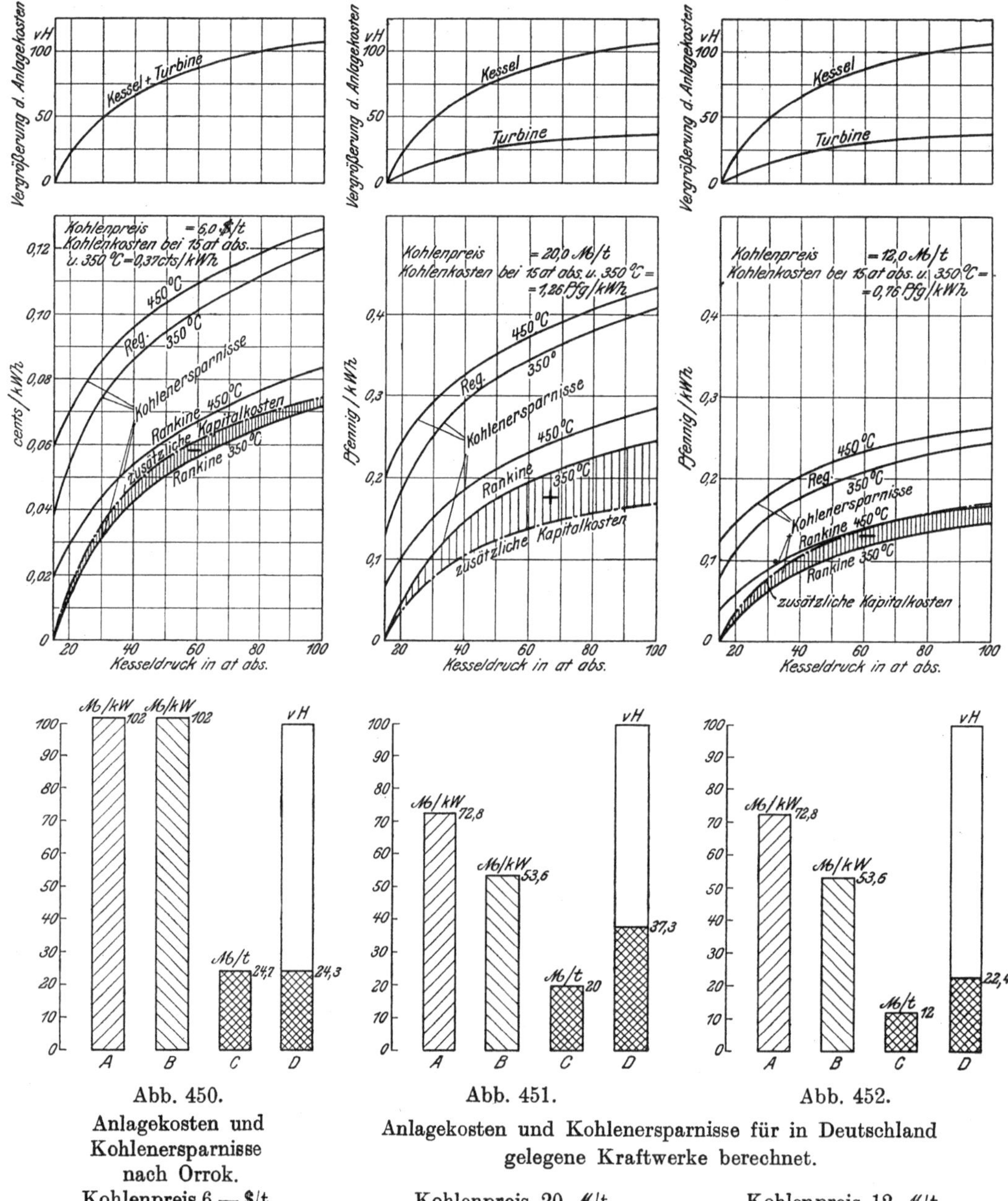

Abb. 450.
Anlagekosten und
Kohlenersparnisse
nach Orrok.
Kohlenpreis 6.— $/t.

Abb. 451.

Abb. 452.

Anlagekosten und Kohlenersparnisse für in Deutschland
gelegene Kraftwerke berechnet.

Kohlenpreis 20 ℳ/t.   Kohlenpreis 12 ℳ/t.

Abb. 450—452. Anlagekosten für Kessel, Überhitzer und Turbinen und Kohlenersparnisse in Abhängigkeit vom Kesseldruck von 15 bis 100 at abs für amerikanische Verhältnisse (nach Orrok) und deutsche Verhältnisse bei Anwendung des Rankine-Prozesses und des Regenerativprozesses.

Für die Berechnung wurde die Entropietafel von Schüle verwendet. Die gewonnenen Werte weichen daher etwas von denen Orroks ab. In Abb. 453 sind die Verhältnisse in Abhängigkeit von der Dampftemperatur für beide Prozesse dargestellt.

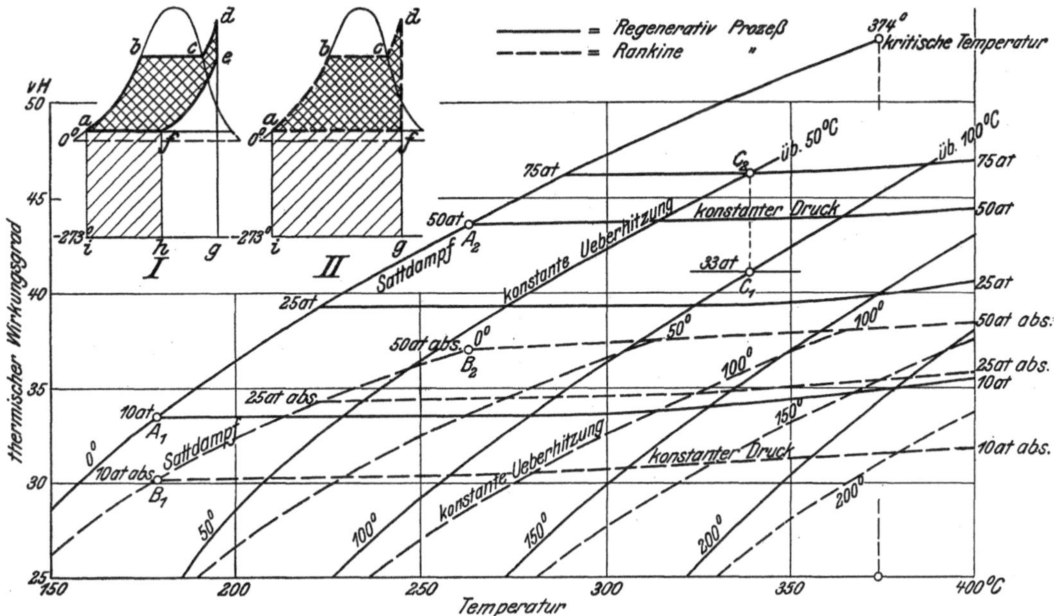

Abb. 453. Entropie-Temperaturdiagramme und thermische Wirkungsgrade für den Rankine-Prozeß und den Regenerativprozeß.

Erheblich klarer als diese Abbildung ist aber die aus ihr abgeleitete Abb. 454, welche den theoretischen thermischen Wirkungsgrad in Abhängigkeit vom Dampfdruck des Frischdampfes für 350° und 450°C Dampftemperatur zeigt. Man sieht, daß die Vorteile des Regenerativprozesses um so größer werden, je höher der Frischdampfdruck ist. Sie erreichen bei Drucken von 80 bis 100 at sehr große Beträge.

Unter Berücksichtigung der Verluste in den Kesseln, Rohrleitungen, der Turbine und dem Generator sind nun in Abb. 450 bis 452 (mittlere Reihe) die Kohlenersparnisse in Pfg (cts.)/kWh eingetragen, die bei verschiedenen Frischdampfdrucken bei beiden Prozessen und bei 450°C und 350°C Dampftemperatur gegenüber 15 at Frischdampfdruck entstehen. In dasselbe Schaubild ist der Mehraufwand für die laufenden Kapitalkosten gegenüber denen für Werke von 15 at eingetragen. Die Differenz zwischen dieser strichpunktierten Kurve und der übrigen Kurven ergibt die Ersparnisse oder die Mehrausgaben je kWh durch den Übergang zu höheren Drucken.

Abb. 450 bis 452 zeigen nun das interessante Ergebnis, daß unter Beibehaltung des Rankine-

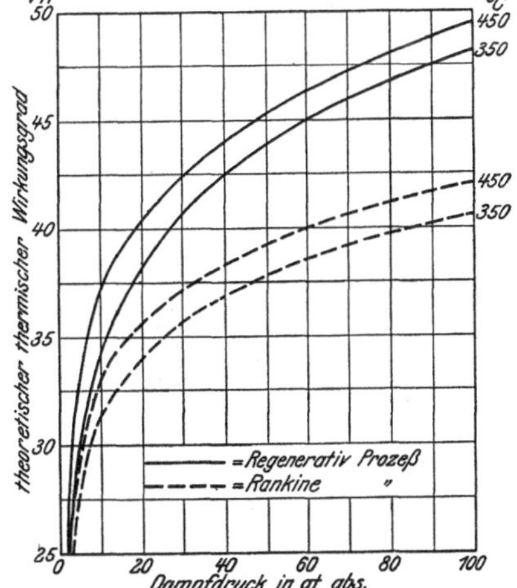

Abb. 454. Theoretischer thermischer Wirkungsgrad in Abhängigkeit von Dampfdruck und Überhitzung beim Regenerativprozeß und beim Rankine-Prozeß.

Prozesses in Amerika bei 350°C Frischdampftemperatur gar keine, bei 450°C nur ganz unbeträchtliche Ersparnisse entstehen würden, wenn man auf hohe Drucke (bis 100 at) überginge. Ähnlich liegen die Verhältnisse in Deutschland für Kraftwerke mit billiger Kohle (auf der Grube). Dagegen zeigt sich in allen Fällen, daß der Regenerativprozeß in Verbindung mit hohen Drucken große Gewinne verspricht. Sie würden unter den von Orrok gewählten Voraussetzungen, d. h. in Amerika, etwa 13 vH, in deutschen Werken etwa 10 bis 18 vH. der jetzigen Kohlenkosten für 1 kWh ausmachen.

Münzinger kommt auf anderem Wege zu ganz ähnlichen Ergebnissen wie Orrok und hat vor allem den starken Einfluß des Kesselpreises auf das wirtschaftliche Gesamtergebnis bei hohen Drücken festgestellt. Abb. 455 zeigt für eine Betriebszeit von 5000 Stunden und für Kohlenpreise von 12 und 24 ℳ/t die von ihm errechneten Ersparnisse bzw. die Mehrkosten in Pfg/kWh, je nachdem ob Steilrohrkessel mit großem oder Sektionalkessel mit kleinem Wasserinhalt gewählt werden, bei welchen die aus teueren Baustoffen und mit teuerem Schmiedeverfahren her-

Fall A: Kohlenpreis 12 ℳ/t.   Fall B: Kohlenpreis 24 ℳ/t.

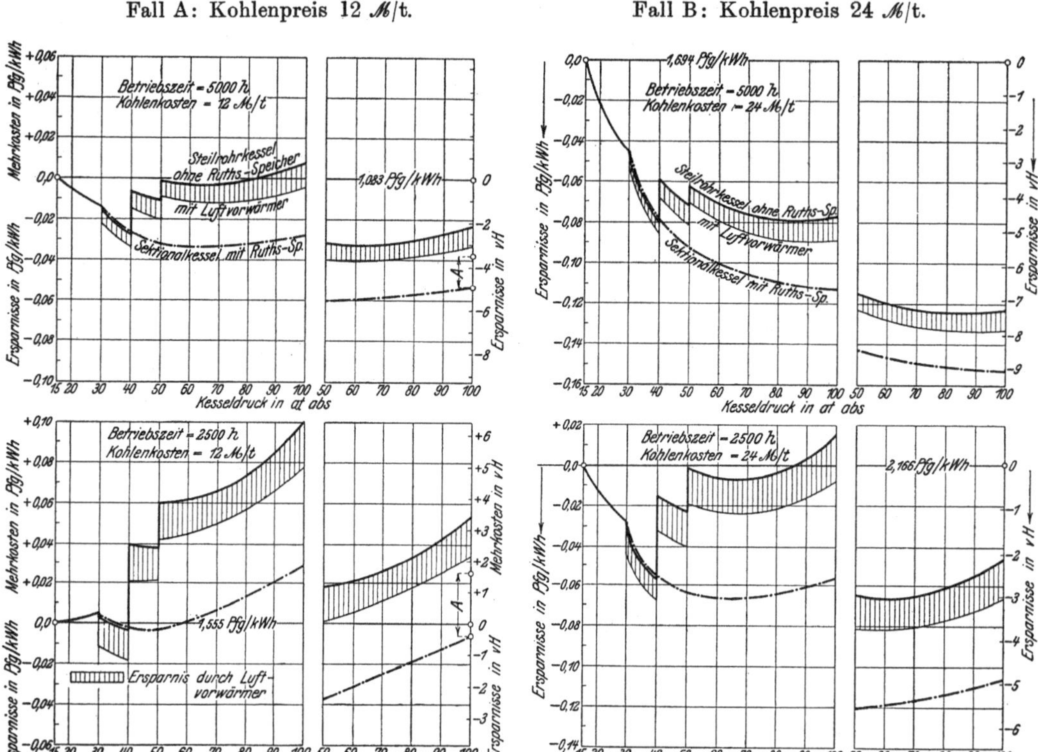

Abb. 455. Ersparnis bzw. Mehrkosten durch Anwendung von Steilrohrkesseln oder Sektionalkesseln für verschiedene Betriebszeiten und verschiedene Kohlenpreise.

gestellten Wasserräume der Kessel durch entsprechend bemessene zwischen die Mitteldruck- und Niederdruckstufe der Turbine geschaltete Ruths-Speicher ersetzt werden. Ruths-Speicher sind in diesem Falle den Wasserräumen der Kessel deshalb so sehr überlegen, weil sie aus billigen Werkstoffen mit billigen Verfahren gebaut werden können und weil 1 m³ auf Sättigungstemperatur erhitztes Wasser bei 100 at nur etwa $^1/_6$ der Speicherfähigkeit hat wie bei 15 at. Aus Abb. 455 ergibt sich, daß Sektionalkessel für hohe Drücke vom rein finanziellen Standpunkt aus Steilrohrkesseln mit hohem Wasserinhalt überlegen sind. Die senkrecht schraffierte Fläche gibt an, wieviel Ersparnisse je kWh erzielt werden können, wenn statt der Ekonomiser Vorwärmer für die Verbrennungsluft verwendet werden.

Die rechten Kolonnen (Abb. 455) von Fall A (Kohlenpreis 12 ℳ/t) und von Fall B (Kohlenpreis 24 ℳ/t) geben die Verhältnisse wieder, wenn der Dampf nach

Durchströmen der Höchstdruckstufe der Turbine von neuem überhitzt wird und zeigen, wie groß der finanzielle Nutzen der Zwischenüberhitzung ist.

Folgende Schlußfolgerungen interessieren in diesem Zusammenhang besonders:

1. Bauart und Kosten der verwendeten Kessel haben auf das wirtschaftliche Ergebnis in allen praktisch vorkommenden Fällen großen Einfluß.

2. Eine Erhöhung des Frischdampfdruckes auf 25 bis 35 at empfiehlt sich fast immer, selbst bei ungewöhnlich niedrigen Kohlekosten und kleiner Benutzungsdauer.

3. Höchstdruckkessel mit kleinen Wasserräumen in Verbindung mit Ruths-Speichern, die ins Niederdruckgebiet verlegt sind, sind Kesseln mit entsprechend größerem Wasserraum aber ohne Ruths-Speicher finanziell erheblich überlegen.

4. Die Betriebskosten lassen sich durch Zwischenüberhitzung um mindestens 1 bis 3 vH ermäßigen.

5. Dampf von mehr als 30 at Spannung verspricht in reinen Kraftwerken nach dem heutigen Stande der Technik nur dann einen wirtschaftlichen Erfolg, wenn es gelingt, Kessel mit kleinem Wasserraum genügend betriebssicher zu bauen und die wärmetheoretischen Vorteile des Regenerativprozesses weitgehend zu verwirklichen.

Wenngleich nun der konstruktiven Lösung der Vorwärmung des Kondensates durch angezapften Dampf noch erhebliche Schwierigkeiten im Wege stehen und zwar besonders mit Rücksicht auf ihr Arbeiten bei wechselnder Belastung, so beweisen doch die Untersuchungen ihre große Bedeutung und zeigen, daß es sich um weit mehr als ein Problem reiner Speisewasservorwärmung handelt. Selbst wenn es nur gelänge, das Verfahren für annähernd konstant arbeitende Turbinen befriedigend durchzuführen, so wären in zahlreichen Fällen sehr große Ersparnisse gewährleistet. Der wegfallende Ekonomiser ließe sich, besonders in Verbindung mit Kohlenstaubfeuerungen, unschwer durch einen Luftvorwärmer ersetzen, so daß der Wirkungsgrad der Kesselanlage durch die weit getriebene Speisewasservorwärmung mittels Dampfes nicht beeinträchtigt werden würde.

Die in England und Nordamerika ausgeführten und in der Ausführung begriffenen Versuchsanlagen für die Verwendung von sehr hohen Dampfdrucken sind bemerkenswert für die Richtung, welche dort die Entwicklung nimmt. Betriebsresultate sind noch nicht bekannt geworden. Im Kraftwerk Weymouth in Boston wird Dampf aus einem 1840 m² Kessel unter einem Druck von 84 at drei Vorschaltturbinen von je 2500 kW zugeführt, in denen er auf 26 at expandiert. Dann wird er in einem Zwischenüberhitzer, der mit dem Hochdrucküberhitzer des 1840 m² Kessels rauchgasseitig parallel geschaltet ist, nochmals auf 370° C überhitzt und in das vorhandene Leitungsnetz geschickt, welches von „Niederdruckkesseln" für 26 at und 370° C gespeist wird und 30000 kW Turbinen mit Dampf versorgt. Diese Schaltung soll einen Wärmeverbrauch von 3800 kcal/kWh ermöglichen.

Zwischenüberhitzung ist bei sehr hohen Frischdampfdrucken sicher vorteilhaft. Die Zurückführung des in einer Hochdruckturbine auf Drucke von 15 bis 12 at entspannten Dampfes in Zwischenüberhitzer, die mit den Hochdrucküberhitzern und den Hochdruckkesseln in einem Block zusammengebaut sind, kann aber schwerlich als endgültige, betriebsbrauchbare Lösung angesprochen werden, weil

a) erhebliche Druck- und Temperaturverluste in den langen Hin- und Rückleitungen des Dampfes erfolgen würden,

b) die große Dampfmenge in diesen Leitungen der Einwirkung des Turbinenregulators entzogen wäre,

c) es bei größeren Werken wahrscheinlich nicht möglich wäre, eine einigermaßen gleichmäßige Verteilung des zur Zwischenüberhitzung nach den Kesseln zurückgeleiteten Dampfes auf die einzelnen Zwischenüberhitzer zu erreichen.

Auch von besonderen, in der Nähe der Turbinen aufgestellten Zwischenüberhitzern mit unmittelbarer Beheizung ist wenig zu erwarten, weil sie den Betrieb erschweren und unübersichtlich machen, sie haben schlechten Wirkungsgrad und nur eine recht beschränkte Lebensdauer.

Es ist aber zu hoffen, daß über kurz oder lang auch hier eine befriedigende Lösung gefunden werden wird.

In wirtschaftlicher Hinsicht ist es wertvoll, die Leistungsgrenze, die für jede der normalen Umlaufzahlen (3000, 1500, 1000 ...) noch anwendbar ist, möglichst zu steigern. Konstruktive Hindernisse liegen weniger in der Turbine als im Generator, in dem die Wärmeabfuhr durch die verhältnismäßig kleine kühlende Oberfläche begrenzt ist. Die Verbesserung der Ventilationseinrichtungen bedarf somit besonderer Beachtung und läßt eine weitere Steigerung der Leistung erwarten.

Die äußerste Herabziehung der Endspannung des Dampfes ist für geringen Dampfverbrauch von größter Bedeutung. Eine Grenze wird durch Temperatur und Menge des zur Verfügung stehenden Kühlwassers gezogen; die Frage der Mindestgröße des Kondensators muß deshalb insbesondere bei verhälnismäßig hoher Wassertemperatur geprüft werden, wegen des für die Förderung des Kühlwassers erforderlichen Arbeitsaufwandes. Vergleichsrechnungen werden häufig ergeben, daß die Anwendung größerer Wassermengen wirtschaftlicher ist als der Einbau größerer Kondensatoren.

Welches Turbinensystem den Vorzug verdient, möge hier unerörtert bleiben. Setzt man für jedes gleiche Betriebssicherheit, gleiche Lebensdauer und gleichen Platzbedarf voraus, so wird die Entscheidung vom Preis und vom Dampfverbrauch abhängen. Preis und Dampfverbrauch stehen aber in einem gewissen umgekehrten Verhältnis zueinander: Je größer bis zu einer bestimmten Grenze die Zahl der Schaufelkränze und je reichlicher bemessen der Kondensator ist, desto geringer wird der Dampfverbrauch, um so höher aber der Preis der Maschine. Die geeignetste Type ist daher nach der mittleren Jahresbelastung und dem Brenntoffspreis zu bestimmen. Bei billigem Brennstoff (z. B. in Braunkohlenkraftwerken) und kleinem Belastungsfaktor wird eine billige Type den Vorzug verdienen, während teure Kohle und hoher Belastungsfaktor niedrigen Dampfverbrauch verlangen.

d) Generatoren.

Die Höhe der Generatorspannung sollte nach oben stets durch die Anwendungsmöglichkeit von Stabwicklung begrenzt sein, weil die Generatoren mit Rücksicht auf Betriebssicherheit so einfach als möglich auszuführen sind; der am stärksten gefährdete Teil, d. h. die Hochspannungswicklung, wird besser in besonderen Apparaten untergebracht. Drahtwicklungen für 10000 und 15000 V sind wohl mehrfach ausgeführt, sollten aber insbesondere in Verbindung mit Freileitungen nicht angewandt werden.

Häufig findet sich zwar das Bestreben, Generatoren unmittelbar für Netzspannungen von 10000 und 15000 V zu wickeln, doch haben derartige Hochspannungsgeneratoren einen prinzipiellen Nachteil: Bei freien Schwingungen und Überspannungen treten zwischen benachbarten Wicklungsdrähten Beanspruchungen auf, die die normalen Werte um ein Vielfaches überschreiten und zu Durchschlägen Anlaß geben, da ihre gegenseitige Isolationsfestigkeit viel geringer ist als die gegen Erde. Diese Gefahr ist bei Stabwicklung nicht vorhanden, weil die gegenseitige Isolation der Stäbe mindestens der gegen den Körper entspricht. Die zugehörigen Transformatoren können aber leichter überspannungssicher gebaut werden als die Hochspannungswicklung der Generatoren; der eventuelle Ersatz von Wicklungen kann gleichfalls schneller und billiger erfolgen.

Ob die Transformatoren dabei besser vor die Generatoren oder in die Speiseleitungen einzuschalten sind, hängt von den Konsumverhältnissen ab. Zu beachten ist aber, daß das in besonderen Transformatoren angelegte Kapital zum Teil zurückgewonnen wird, weil die Leistung der Stabwicklung nicht unbeträchtlich höher ist als die der Drahtwicklung; eine Steigerung der konstanten Verluste infolge Vermehrung der Magnetisierungsarbeit muß allerdings in Kauf genommen werden. Werden die Transformatoren jedoch gewissermaßen als Teile der Generatoren angesehen und mit diesen ab- und zugeschaltet, so wird durch die geringeren Kupferverluste im Generator auch hiervon ein Teil wieder ausgeglichen.

Das Bestreben, aus den aufgewendeten Baustoffen die größtmögliche Leistung herauszuziehen, wird schon durch Konkurrenz der Fabriken ausreichend gefördert; es ist so lange zu begrüßen, als sich daraus nicht Nachteile für die Betriebssicherheit ergeben. Der häufig gemachte Einwand, daß die Charakteristik der Generatoren durch zu hohe Beanspruchung des Eisens und Kupfers verdorben würde, ist nicht stichhaltig, da man heute ohnehin ihre Reaktanz künstlich erhöht, um die Kurzschlußgefahr in den Anlagen zu verringern. Gute Regulierung wird auch bei stark abfallender Charakteristik durch Schnellregler erreicht, die eingebaut werden müssen, wenn starke und plötzliche Belastungsschwankungen häufig auftreten.

Die Verwendung von Stoffiltern zur Entstaubung der für die Kühlung der Generatoren erforderlichen Luftmenge ist wegen der umständlichen Reinigung der Filtertaschen und wegen der Brandgefahr zurückgegangen. Bevorzugt werden jetzt Systeme, in welchen Wasser oder Öl zur Reinigung und Kühlung verwendet werden. Das Hindurchziehen der Kühlluft durch einen Wasserschleier hat in Deutschland weniger als in England und anderen Ländern Anwendung gefunden. Bedenklich erscheint die Gefahr, daß Feuchtigkeit durch die Luft in das Innere des Generators gelangt, zumal wenn seine Temperatur niedriger ist als diejenige der Kühlluft. Gute Ergebnisse sind mit Ölfiltern erzielt worden. Die Entstaubung wird dadurch herbeigeführt, daß die Luft an Flächen vorbeistreift, auf denen sich eine geringe Ölschicht befindet. Besonders aussichtsreich erscheinen Systeme, bei denen die Luft rückgekühlt wird, so daß eine Reinigung nicht erforderlich ist. Als Kühlmittel wird in diesem Fall ebenfalls Wasser verwendet, das jedoch nicht in unmittelbare Berührung mit der Luft gebracht wird. Für den Fall, daß das Kühlmittel ausbleiben sollte, müssen selbsttätig Klappen für den Eintritt von Außenluft geöffnet werden.

Gegen Brandgefahr sind besondere Vorkehrungen erforderlich. Brände in der Wicklung haben oft zu völliger Zerstörung der Maschine geführt. Abschlußklappen für die Zuführung der Kühlluft allein genügen nicht, zumal diese Klappen sich gewöhnlich infolge der durch den Brand entwickelten Wärme verziehen und dann nur schlecht, oft gar nicht, schließen. Chemische Löschmittel haben nicht befriedigt. Auch Kohlensäure-Löscheinrichtungen sind nicht zuverlässig wegen der unvermeidlichen Undichtheiten der Klappen und der begrenzten Menge der zur Verfügung stehenden Kohlensäure. Zudem ist das Betriebspersonal gewissen Gefahren während und nach der Anwendung von Kohlensäure ausgesetzt. Ein rasch wirkendes Löschmittel steht im Frischdampf zur Verfügung. Versuche haben ergeben, daß er einen in Brand gesetzten Generator innerhalb 15 Sekunden löschte. Besondere Nachteile für die Wicklung sind mit der Anwendung von Frischdampf nicht verbunden. Die Trocknung des Generators ist leicht herbeizuführen und dürfte sowieso nach Ausbesserung der beschädigten Wicklung erforderlich sein. Der Anschluß der Lufteintrittstellen der Generatoren an die Dampfleitung bereitet keine nennenswerten Kosten. Die Löschwirkung macht sich unmittelbar nach Öffnung des Ventils der Anschlußleitung bemerkbar.

e) Überlastbarkeit.

Bei dieser Gelegenheit sei auf den Begriff der „Überlastbarkeit" hingewiesen, der von der englischen und deutschen Praxis verschieden aufgefaßt wird.

In englischen Ausschreibungen wird häufig verlangt, daß das Aggregat um einen gewissen Prozentsatz dauernd überlastbar sein soll, während nach deutschem Gebrauch die sich dann ergebende dauernde Maximalleistung in der Regel als Normalleistung angesehen wird. Über die Normalleistung hinaus wurde dann für zwei Stunden eine 25 %ige Überlastbarkeit (Normen des Verbandes Deutscher Elektrotechniker) verlangt. Es hat sich in Deutschland jetzt die Praxis herausgebildet, daß die Überlastbarkeit für die Maschine in kaltem Zustande gewährleistet wird; dies bringt natürlich in betriebstechnischer Hinsicht keine Vorteile, da die Erwärmung bei dauernder Normallast größer ist, und führt zu einem Mißverhältnis zwischen Leistung des Dampfteiles und der des Generators. Von Interesse für den Betrieb der Kraftwerke ist lediglich diejenige Spitzenleistung, die das Aggregat nach vorangegangener Normalbelastung für eine bestimmte kurze Zeit hergibt. Der Dampfteil muß natürlich imstande sein, diese Überlastung dauernd auszuhalten, so daß man es in Wirklichkeit mit einer größeren Dauerleistung des Dampfteiles und einer vorübergehenden Maximalleistung des Generators zu tun hat.

Der Forderung der Überlastbarkeit wird dampftechnisch häufig dadurch entsprochen, daß man Frischdampf in den Niederdruckteil eintreten läßt. Diese Maßnahme ermöglicht die Wahl einer verhältnismäßig kleinen Turbine auf Kosten des Dampfverbrauchs, sie empfiehlt sich daher besonders bei Anlagen mit geringem Belastungsfaktor oder billigem Brennstoff; von der Überlastbarkeit der Aggregate wird in vielen Betrieben allerdings falscherweise kein Gebrauch gemacht.

f) Erzeugung des Erregerstromes.

Nach den eingangs erwähnten Grundsätzen sollte der Wirkungsgrad der Generatoren nicht bei der höchsten, sondern bei der tatsächlichen mittleren Belastung am besten sein[1]); der Energieaufwand für Erregung und die Größe der Eisenverluste sind als konstante Verluste hierfür ausschlaggebend.

Von wesentlichem Einfluß sind somit auch die Einrichtungen zur Erzeugung des Erregerstromes. Nach der rasch wechselnden amerikanischen Praxis wurden früher hierfür in großen Anlagen besondere Dampfaggregate aufgestellt, die dann gleichzeitig den Strom für die übrigen Hilfsbetriebe lieferten, um eine möglichst große Betriebssicherheit zu gewährleisten. Zweifellos ist es im Interesse der Betriebssicherheit jedoch richtiger, die Erregermaschinen mit den Hauptmaschinen unmittelbar zu kuppeln. Wird anderseits die Wirtschaftlichkeit als ausschlaggebend betrachtet, so muß gleichzeitig die Höhe des Anlagekapitals geprüft werden. Es ergibt sich dann, daß dieses von der Umlaufzahl der Hauptmaschinen abhängt, und daß für schnellaufende Aggregate (Dampfturbinen) unmittelbare Kupplung vorzuziehen ist. In Anlagen mit langsam laufenden Aggregaten, insbesondere also bei Wasserkraftanlagen, wird der Erregerstrom nach europäischer Praxis meistens durch Umformung gewonnen, wobei eine Batterie als Reserve dient.

Durch reichliche Ersatzteile für die Erregermaschinen und durch einen kleinen Motorgenerator kann man sich vor Betriebsunterbrechungen infolge des Versagens einer Erregermaschine, einem an sich seltenen Ereignis, hinreichend schützen.

g) Hilfsbetriebe.

Die Anlage der sogenannten Hilfsantriebe, von denen Kondensations-, Kühlwasser- und Speisepumpen die wichtigsten sind, verlangt sorgfältige Überlegung. Der Energieverbrauch ersterer ist zum großen Teil unabhängig von der Belastung, er gehört deshalb zu den konstanten Verlusten, deren Kosten soweit wie möglich herabgezogen werden müssen. Die Hilfsmaschinen könnten nun zweifellos am billigsten betrieben werden, wenn ihr Energiebedarf von den Hauptmaschinen ge-

---

[1]) Die einzige Ausnahme bilden Niederdruck-Wasserkräfte ohne Akkumulierung, da das Wasser bei schwacher Belastung ohnehin unbenutzt abfließt. Dagegen sind für Wasserkraftanlagen mit Hochdruckakkumulierung die gleichen Gesichtspunkte wie für Dampfanlagen maßgebend.

deckt würde, da er für diese eine zusätzliche Belastung darstellt, für die Dampf- bzw. Kohlenverbrauch außergewöhnlich niedrig ausfallen.

Elektrischer Antrieb. Diese Forderung führt in Turbinenkraftwerken naturgemäß zum elektrischen Antrieb der Hilfseinrichtungen; der Strom wird dann aus den Sammelschienen des Werkes entnommen, eine Anordnung, der solange keine Bedenken entgegenstehen, als man sicher sein kann, daß stets Strom zur Verfügung steht. Werden verschiedene Stromarten gleichzeitig erzeugt (kombiniertes Gleichstrom und Drehstromwerk oder besondere Batterie), so lassen sich keine Einwände erheben.

Steht aber nur eine Stromart zur Verfügung, so ist zu befürchten, daß die Hilfsbetriebe schon bei starken Spannungsschwankungen stillgesetzt werden; es vergeht dann lange Zeit, bis das Werk wieder anlaufen kann. In einzelnen englischen Anlagen sucht man diesen Nachteil dadurch zu vermeiden, daß man den Strom für die Hilfsmaschine unmittelbar von den Klemmen der Generatoren mittels eines besonderen Transformators abzweigt (Abb. 456), und erzielt auch tatsächlich den Vorteil, daß die Hilfsbetriebe zusammen mit dem betreffenden Maschinensatz wieder anlaufen, wenn der Generator vorher erregt wird. Die elektrische Kupplung tritt also gewissermaßen an Stelle der mechanischen, die Abhängigkeit von Fehlern oder von Spannungsschwankungen an den Sammelschienen bleibt jedoch bestehen, so daß lediglich der Vorteil schnelleren Wiederanfahrens und Unabhängigkeit der einzelnen Hilfsbetriebe voneinander erzielt wird.

In kleineren Werken kann der Nachteil elektrischen Antriebes der Hilfsbetriebe durch Anordnung von Wechselventilen und Auspuffleitungen an den Hauptmaschinen gemildert werden. Dieses Hilfsmittel verliert jedoch schon für Anlagen mittlerer Größe jede Bedeutung, weil die Kesselanlage die bei Auspuffbetrieb um 100 bis 120 vH gesteigerte Dampfmenge auch vorübergehend nicht zu liefern vermag; bei großen Anlagen versagt es vollkommen.

Von den meisten Betriebsleitern wird mit Recht größere Betriebssicherheit besserer Wirtschaftlichkeit vorgezogen; man verlangt deshalb, daß die Hilfseinrichtungen von unabhängigen Energiequellen betrieben werden. In Amerika hat man sogar verhältnismäßig un-

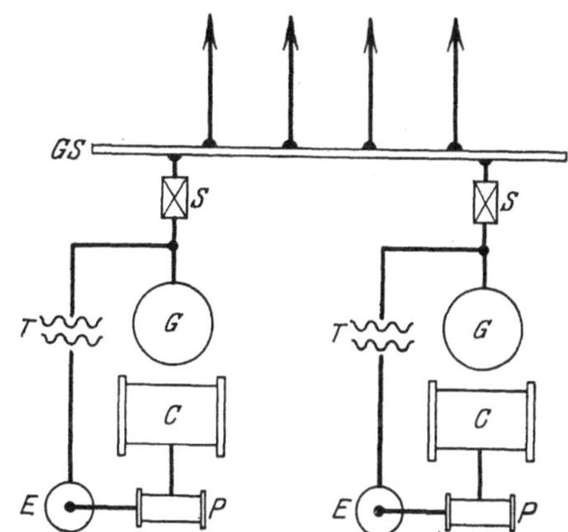

Abb. 456. Schaltschema für elektrischen Antrieb der Kondensationspumpen. GS = Generator-Sammelschiene, S = Schalter, G = Generator, T = Transformator, C = Kondensator, E = Elektromotor, P = Pumpe für die Kondensation.

bedeutende Antriebe, z. B. den Rostvorschub, häufig durch besondere kleine Dampfmaschinen bewirkt. Die anderen Hilfsmaschinen werden zwar elektrisch angetrieben, der Strom wird jedoch von einem Maschinensatz geliefert, der mit dem übrigen Betrieb keinen Zusammenhang hat. Zum Antrieb eines Reserve-Generators für die Hilfsbetriebe wird neuerdings für große Werke der beachtenswerte Vorschlag gemacht, einen Dieselmotor zu verwenden. Nach unserer Anschauung sind solche Einrichtungen nur in sehr großen Werken berechtigt, wo der Kraftbedarf der Hilfsantriebe so beträchtlich ist, daß seine Wirtschaftlichkeit fast ebenso gut ist, wie die der Hauptmaschinen.

Dampfantrieb und gemischter Antrieb. Aus vorerwähnten Gründen (Betriebssicherheit, Vereinfachung, schnelles Wiederanfahren) zieht man im allgemeinn den Antrieb der Hilfsbetriebe durch Dampfmaschinen vor. Die Bedeutung des Dampfantriebes hat in den letzten Jahren durch die vermehrte Verwendung von Niederdruckdampf zur Verdampfung des Zusatzwassers und Vorwärmung des Kondensats zugenommen.

Der Abdampf der Hilfsbetriebe wird in neueren Werken, insbesondere im Ausland, ausschließlich zu diesem Zwecke verwandt. Erforderlichen Falles wird die Dampfmenge noch ergänzt durch Anzapfdampf mit entsprechendem Druck von der Hauptturbine.

Handelt es sich jedoch um sehr große Aggregate, für welche oft die Pumpenleistungen unterteilt werden müssen (doppelte Kondensatoren), so erreicht man größere Betriebssicherheit und Wirtschaftlichkeit durch gemischten Antrieb. In diesem Fall erhalten die wichtigsten Hilfsbetriebe, d. h. solche, deren selbst wenige Minuten dauerndes Aussetzen den Betrieb eines Aggregates gefährden, elektrischen Antrieb und Dampfantrieb in je zwei Pumpensätzen.

Es taucht nun die Frage auf, ob es zweckmäßig ist, die Hilfsbetriebe vollständig oder teilweise zu zentralisieren. Ein solches Projekt würde beispielsweise darauf hinauslaufen, daß Luft-, Kondensat- und Kühlwasserpumpen und auch die Speisepumpen an einer Stelle vereinigt werden, und daß die Größe der Aggregate sich nur nach dem Gesamtbedarf des Werkes (natürlich unter Berücksichtigung der erforderlichen Reserve), nicht aber nach der Größe der Einzelaggregate zu richten hat; man würde mit einer geringeren Anzahl Hilfsmaschinen auskommen und wirtschaftlichen Betrieb erreichen. Die Tatsache aber, daß Zentralisierung wesentlich ausgedehntere und verwickeltere Rohrleitungen bedingt und daß dadurch die Übersicht über den Betrieb erschwert und die Betriebssicherheit verkleinert wird, läßt dieses Projekt nur dann gerechtfertigt erscheinen, wenn besondere Verhältnisse (z. B. schwierige Beschaffung des Kühlwassers) vorliegen. Man wird die Hilfsbetriebe deshalb richtiger für jedes Maschinenaggregat gesondert und in seiner unmittelbaren Nähe aufstellen.

Da Dampfturbinen ohnehin Einzelkondensation verlangen, weil Zentralkondensation zu große Druckverluste bringt, ergibt diese Anordnung auch die natürliche Lösung; man wird lediglich zu überlegen haben, welche der Hilfsbetriebe nunmehr durch gemeinschaftlichen Kraftantrieb zusammenzufassen sind. Auch hier muß der Herabziehung konstanter Verluste besondere Beachtung geschenkt werden.

Es ist nun ohne weiteres ein Zusammenfassen derjenigen Hilfsmaschinen möglich, die stets gleichzeitig betrieben werden: Luftpumpe, Kondensatpumpe und Umlaufwasserpumpe. Da die Menge des geförderten Kondensats (abgesehen von unvermeidlichen Verlusten) der Menge des jeweils erforderlichen Kesselspeisewassers entspricht, läßt sich je eine Kesselspeisepumpe in eine solche Kombination ebenfalls einbeziehen, so daß dann für jede Hauptmaschine nur ein Hilfsaggregat, bestehend aus Luft- und Kondensatpumpe, Speisepumpe, Umlaufwasserpumpe und der dazu gehörigen Antriebsmaschine, erforderlich wird. In Deutschland sind derartige Einrichtungen nicht angewandt geworden; über eine in England nach diesem System ausgeführte Anlage liegen günstige Betriebsberichte vor.

Der naheliegende Wunsch, hin- und hergehende Massen und Steuerorgane zu beseitigen, hat zur Ausbildung hochtouriger rotierender Hilfsmaschinen geführt, die dann ebenfalls von einer Turbine angetrieben werden können. Dies geschieht im allgemeinen unmittelbar, neuerdings aber auch durch Zahnradvorgelege, um die wirtschaftlichen Vorteile der Hilfsturbinen für sehr hohe Umlaufzahlen ausnutzen zu können. Der Nachteil hohen Dampfverbrauches wird größtenteils dadurch ausgeglichen, daß man den Abdampf in eine Zwischenstufe der Hauptturbine eintreten läßt und ihn dort bis zur Kondensatorspannung ausnutzt. Dies ist ein älteres Verfahren. Neuerdings zieht man wieder in vermehrter Weise vor, den Abdampf, wie oben angedeutet, für die Behandlung des Speisewassers zu verwenden. Auch die Anwendung von Niederdruck-Turbinen für die Kondensationsanlage, die Abzapfdampf von der Hauptturbine erhalten und ihren Abdampf zur Speisewasserbereitung abgeben, erscheint zur Hebung der Wirtschaftlichkeit aussichtsvoll.

Diese hochtourigen Pumpensätze werden so klein, daß sie ohne Vergrößerung des Maschinenhauses unmittelbar vor dem Kondensator aufgestellt werden können, was die kürzesten Rohrleitungen gibt. Weitere Vorteile sind: Die Möglichkeit, den Kondensator nach beiden Seiten ausziehen zu können, weil die niedrigen Aggregate nicht im Wege stehen, Beaufsichtigung vom Maschinenraum aus und Greifbarkeit durch den Hauptkran, wenn Öffnungen im Maschinenfußboden vorgesehen werden (Abb. 457 und 458).

Überlegt man sich nun bei den einzelnen Teilen einer solchen Einrichtung, wie die konstanten Verluste weiter herabgesetzt werden können, so kommt man zu folgenden Ergebnissen.

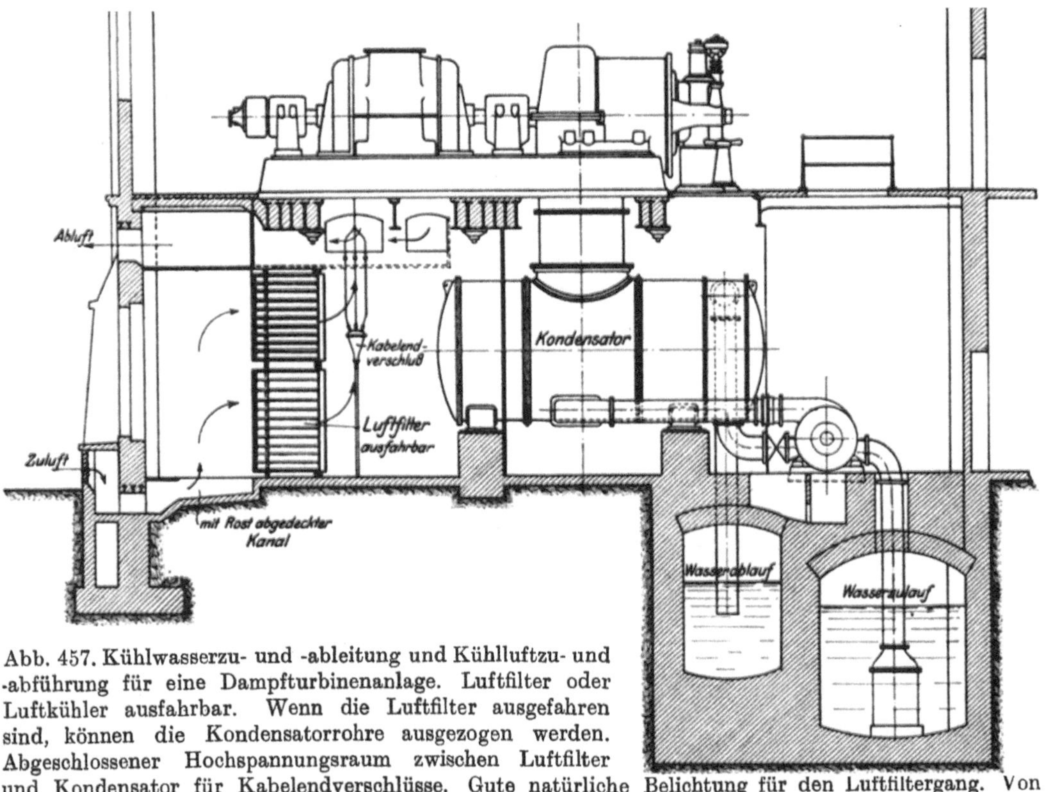

Abb. 457. Kühlwasserzu- und -ableitung und Kühlluftzu- und -abführung für eine Dampfturbinenanlage. Luftfilter oder Luftkühler ausfahrbar. Wenn die Luftfilter ausgefahren sind, können die Kondensatorrohre ausgezogen werden. Abgeschlossener Hochspannungsraum zwischen Luftfilter und Kondensator für Kabelendverschlüsse. Gute natürliche Belichtung für den Luftfiltergang. Von oben einfallendes Licht für die Hilfsbetriebe.

Die Kühlwasserpumpe nimmt die geringste Arbeit auf, wenn Wasserschluß streng durchgeführt und die Reibungsverluste auf das Mindestmaß herabgezogen werden; daraus ergibt sich die Forderung: möglichst kurze und weite Rohrleitungen, Zulauf- und Abflußkanäle von großem Querschnitt, so daß hier keine wesentlichen Höhenverluste auftreten (Abb. 457).

Die Kühlwasserpumpe hat dann nur die geringen Reibungsverluste innerhalb des Kondensators zu überwinden; ihr Kraftbedarf sinkt auf den erreichbaren Mindestwert.

Luft- und Kondensatpumpe. Die Luftpumpenarbeit hängt wesentlich von der im Abdampf der Turbine enthaltenen Luftmenge ab, die zum Teil durch Undichtigkeiten der Turbine und des Kondensators, sowie der Verbindungsleitung zwischen beiden eindringt.

Ein besonders schwacher Punkt ist in dieser Hinsicht die Stopfbuchse der Rohrverbindung zwischen Dampfturbine und Kondensator. Man erzielt hier völligen Luftabschluß, wenn sie mit einem Wassermantel umgeben wird, ein Hilfsmittel, von dem heute schon vielfach Gebrauch gemacht wird.

Größere Luftmengen können ferner durch das Speisewasser in die Kessel eintreten, sie sind nicht nur aus dem vorerwähnten Grunde schädlich, sondern veranlassen außerdem Korrosionen der Kessel und Ekonomiser; auf ihre Beseitigung ist deswegen besonders Gewicht zu legen (S. 277).

Abb. 458. Kondensationsanlage.

Da das Kondensat die Kondensatpumpen ziemlich luftfrei verläßt, kann Luft in das Speisewasser nur auf dem Wege zwischen Kondensatpumpe und Speisepumpe eintreten; Kolbenspeisepumpen bedürfen bezüglich der Wasserführung besonderer Vorsicht, weil die stoßweise wirkende Ansaugung zeitweise Unterdruck hervorruft, der das Eindringen von Luft durch Undichtigkeiten in der Saugleitung und an der

Pumpe begünstigt. Kann die Kondensatpumpe mäßige Förderhöhen überwinden, so sollte das Kondensat zunächst in ein Hochreservoir mit möglichst kleiner Oberfläche gedrückt werden, damit die Luftaufnahme beschränkt wird. Von hier aus fließt es unter Druck den Speisewasserpumpen zu, so daß auf diesem Wege Luft nicht eindringen kann. Die Anwendung von Hochdruckzentrifugalpumpen als Kesselspeisepumpen erlaubt gegebenen Falles Hochbehälter fortzulassen. Werden sie durch besondere Dampfturbinen angetrieben, so ist allerdings mit größerem Dampfverbrauch zu rechnen, ein Nachteil, der aber von geringer Bedeutung ist, weil sich die im Abdampf enthaltene Wärme zum Teil zurückgewinnen läßt; wird die Speisepumpe mit der Kondensatorturbine gekuppelt, so entfällt er vollständig. Auch Luftpumpe und Hilfsturbine verlangen möglichst kurze Rohrleitungen, um Druck- und Wärmeverluste herabzusetzen, eine Forderung, die durch vorerwähnte Aufstellungsart erfüllt wird.

9. Schaltanlagen.

Die an Schaltanlagen zu stellenden Anforderungen sind mit Erhöhung der Leistung und Spannung ständig gestiegen, und das früher beliebte Bestreben, gerade hier Platz- und Kapitalersparnisse erzielen zu wollen, mußte daher im Interesse der Betriebssicherheit verlassen werden. Übersichtlichkeit und Betriebssicherheit sind aber gebunden an die gewählte Schaltung; sie ist bestimmend für Projektierung und Betrieb.

a) Das Schaltbild des Kraftwerkes.

Liegt das Werk in der Nähe des Verbrauches (Industriewerke, städtische Versorgung), so wird in der Regel unmittelbar mit der Maschinenspannung verteilt, die nach Größe und Umfang des Absatzgebietes zwischen 3000 bis 12000 V schwankt. Die Maschinen arbeiten über einen Ölschalter und Trennschalter auf eine gemeinsame Schiene, an welche die für die Verteilung erforderlichen Abzweige ebenfalls über Ölschalter und Trennschalter angeschlossen werden (Abb. 459).

Wird das Verteilungsnetz in verschiedene Bezirke eingeteilt, so ist es oft notwendig, die zu diesen führenden Speisekabel gleichzeitig einzuschalten. Sie werden dann an eine Hilfsschiene angeschlossen, die durch einen Hauptschalter mit den Sammelschienen verbunden wird (Abb. 460).

Sollen gleichzeitig entferntere Gebiete versorgt werden, so wird eine teilweise Herauftransformierung des Stromes erforderlich (Abb. 461).

Steigen Leistung und Entfernung des Werkes über die durch die Maschinenspannung gegebene wirtschaftliche Grenze, so werden Transformation und höhere Leitungsspannung unvermeidlich.

Für Kabelnetze wird die wirtschaftliche Grenze der Spannung in der Regel zwischen 20000 und 35000 V liegen. Die Herstellung von Kabeln wesentlich höherer Spannung (50000 bis 60000 V) bietet zwar technisch heute keine Schwierigkeiten mehr, ihr Anwendungsgebiet ist aber aus wirtschaftlichen Gründen auf solche Anlagen beschränkt geblieben, in denen die Durchführung einer Hochspannungsfreileitung wegen zu starker Bebauung nicht möglich war, beispielsweise wenn es sich darum handelte, eine von außen kommende Hochspannungsfreileitung bis zu einem im Innern der Stadt liegenden Unterwerke durchzuführen.

Aus dem Schaltbild der Abb. 461 entwickelt sich dann das der Abb. 462, wobei die erforderlichen Transformatoren zwischen die Generatorensammelschiene und die Hochspannungssammelschiene gelegt werden. Man erhält also 2 Sammelschienensysteme (Mittelspannung und Hochspannung), ferner 1 Mittelspannungsölschalter für je einen Generator, Transformator und Mittelspannungsabzweig und 1 Hochspannungsölschalter für je einen Transformator und je einen Abzweig. Wenngleich dieses Schaltbild alle Möglichkeiten des gegenseitigen Austausches von Generatoren und Transformatoren untereinander bietet, im Falle der Anwendung von Doppelschienen auf beiden Seiten auch jede Kombination von Transformatoren und Generatoren ermöglicht und wegen dieser Vorteile häufig angewandt wird, so ist es doch teuer und kompliziert.

Wesentlich einfachere Schaltbilder erhält man, wenn ohnehin die ganze Leistung des Werkes oder wenigstens der überwiegende Teil transformiert wird. Man kann dann die Transformatoren entweder als zu den Maschinen oder als zu den Leitungen gehörig ansehen und nach Abb. 463 oder 464 entweder die Generatorensammelschiene oder die Hochspannungssammelschiene fortlassen. Nach Abb. 463 bildet jeder Generator mit

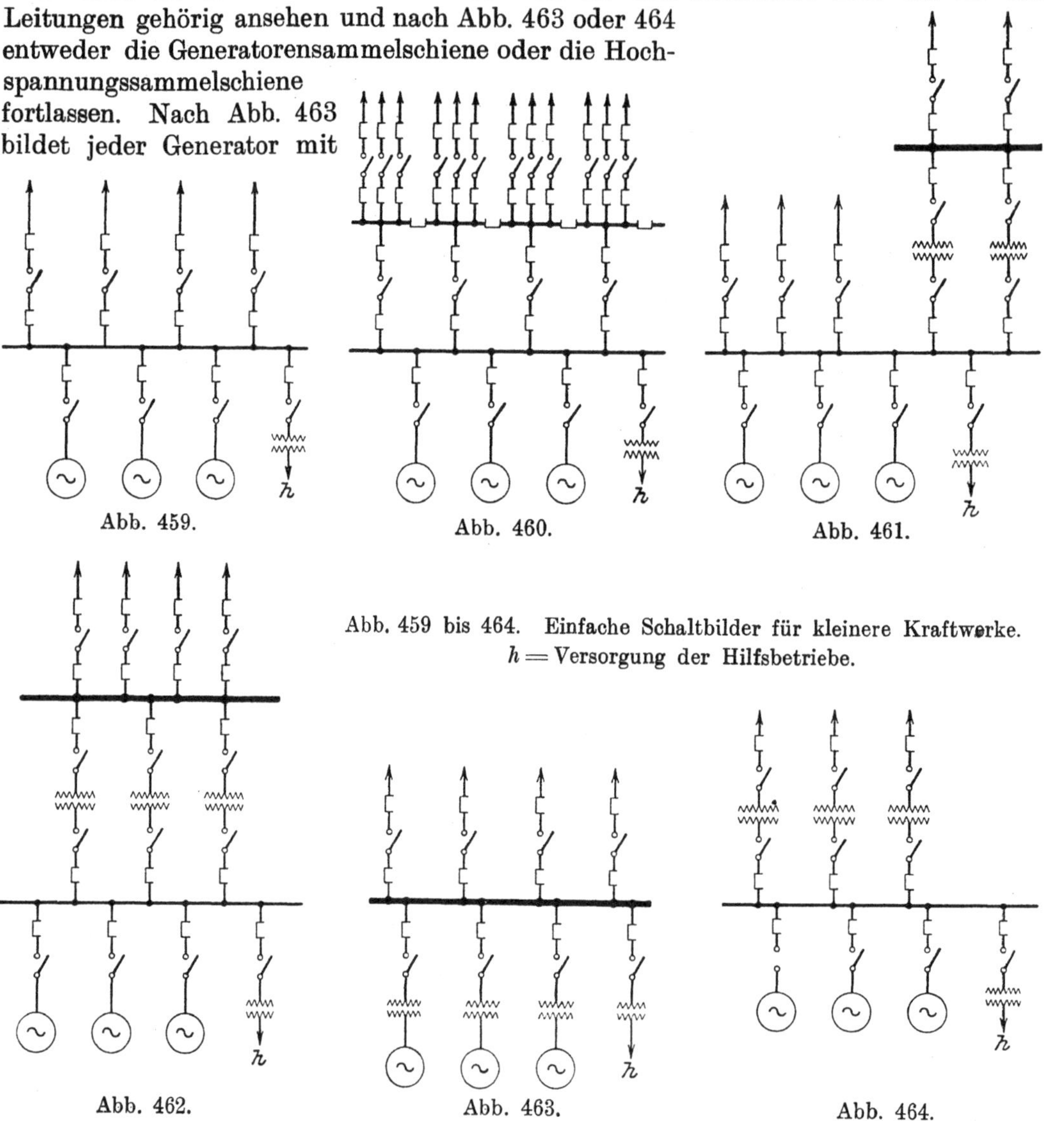

Abb. 459.   Abb. 460.   Abb. 461.

Abb. 459 bis 464.   Einfache Schaltbilder für kleinere Kraftwerke.
h = Versorgung der Hilfsbetriebe.

Abb. 462.   Abb. 463.   Abb. 464.

dem ihm zugehörigen Transformator gleicher Leistung eine in sich geschlossene Einheit, die im ganzen geschaltet wird. Die einzelnen Einheiten werden also an der Hochspannungssammelschiene parallel geschaltet und die Summenleistung der Transformatoren stimmt mit der Summenleistung der Generatoren überein. Ein etwa vorhandener mäßiger örtlicher Bedarf, wie der Eigenverbrauch des Kraftwerkes, wird durch Rücktransformation von der Hochspannungssammelschine gedeckt, was trotz der doppelten Transformation wirtschaftlich unbedenklich ist, wenn es sich eben nur um einen verhältnismäßig kleinen Teil der Gesamtleistung handelt.

Das Schaltbild der Abb. 464 ist ebenso einfach; es hat den Vorteil, daß auch ein größerer örtlicher Bedarf und der Eigenverbrauch des Kraftwerkes durch unmittelbare Entnahme von den Mittelspannungssammelschienen gedeckt werden kann, es hat den Nachteil, daß jeder Transformator für die in jedem Abzweig auftretende Spitze bemessen sein muß, daß also die Summenleistung der Transformatoren unter Umständen wesentlich größer wird als die dazugehörige Summenleistung der Generatoren. Mit anderen Worten: der technische und wirtschaftliche Wirkungsgrad wird um so schlechter, je schlechter der Belastungsfaktor der einzelnen Hochspannungsabzweige ist.

Nötigt die Entfernung zur Wahl noch höherer Übertragungsspannungen (60 000 V und mehr), so kommen — abgesehen von Sonderfällen — nur noch Freileitungen in Betracht. Will man auch dann im Interesse eines einfachen Schaltbildes Maschinensammelschienen anwenden, so empfiehlt es sich, den für die Nebenbetriebe des Werkes erforderlichen Strom nicht den Sammelschienen der Oberspannungsseite zu entnehmen, sondern die Maschinenspannung zu verwenden.

Das Schaltbild des Kraftwerkes Golpa (Abb. 465) — 110 000 V — zeigt, in welcher Weise der für die Nebenbetriebe erforderliche Strom den Maschinen entnommen wurde. Auf der Maschinenseite der Transformatoren ist noch eine Hilfssammelschiene vorgesehen, die es erlaubt, im Falle von Störungen Transformatoren und Maschinen miteinander zu vertauschen.

Ist ein großer Teil der Leistung in der Nähe des Werkes unmittelbar mit der Generatorenspannung absetzbar, so werden Schaltungen wie die für das Staatliche Großkraftwerk Hannover-Linden (Abb. 466) und für das Staatliche Kraftwerk Hirschfelde (Abb. 467) empfohlen.

Es kommen auch Fälle vor, in denen die Verteilung des elektrischen Stromes je zur Hälfte auf der Unterspannung und Oberspannung erfolgt. In diesem Falle (Abb. 466, 467) können Maschinen und Transformatoren unabhängig voneinander auf die Unterspannungssammelschienen geschaltet werden. Außerdem kann eine unmittelbare Verbindung des Generators mit dem Transformator erfolgen.

Lassen sich die verschiedenen Absatzgebiete mit der Leistung einer Maschine oder eines Transformators in Einklang bringen, so wird eine Schaltung nach Abb. 468 benutzt. Die Abzweige, Transformatoren und Generatoren können auf die verschiedenen Sammelschienen geschaltet werden. Außerdem ist es möglich, einen Generator mit einem zugehörigen Transformator unmittelbar auf eine Freileitung zu schalten und die Verbindung mit den beiden Sammelschienensystemen aufzuheben (Schaltung Tröger S. 384).

In amerikanischen Kraftwerken werden oft für jede Maschine bzw. jeden Abzweig 2 Ölschalter verwendet, Abb. 469. Man will zur Reparatur und Kontrolle der Apparate vollständige Reserve haben. Außerdem findet man dort in der Regel für jede Maschine einen Hauptölschalter, ferner 2 Ölschalter, durch welche die Maschinen auf 2 Sammelschienen geschaltet werden können. Es mag Sonderfälle geben, wo eine derartige Schaltmethode notwendig ist. Im allgemeinen muß jedoch gesagt werden, daß die Sicherheit der Anlage nicht mit der Anzahl der eingebauten Apparate zunimmt. Die Gefahr, Fehler im Betriebe zu machen, wächst sogar mit einer komplizierten Schaltungsart.

Die Sammelschienen mit den unmittelbar daran hängenden Trennschaltern und Ölschaltern bilden den wichtigsten Teil der Schalteinrichtung. Eine Störung an diesen Gliedern ist gleichbedeutend mit einer Betriebsunterbrechung. Nebenapparate sollen ohne sicheren Schutz nicht an die Sammelschienen angeschlossen werden. Die zu einem Stromkreis gehörenden Strom- und Spannungstransformatoren lege man deshalb auch nicht zwischen Ölschalter und Sammelschienen, sondern zwischen den Ölschalter und den zugehörigen Generator oder Abzweig; sie werden dann beim Aus-

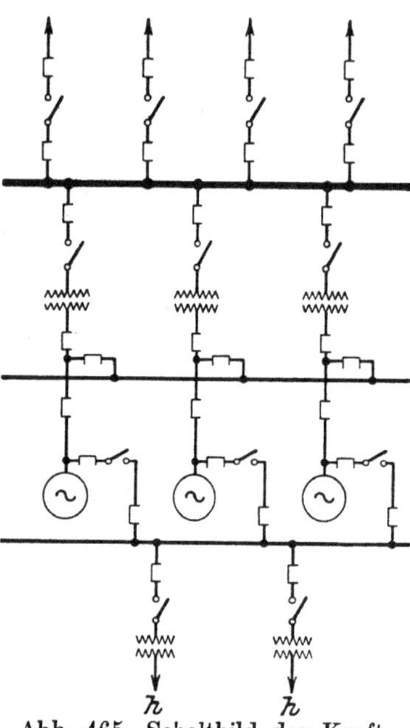

Abb. 465. Schaltbild des Kraftwerkes Golpa.

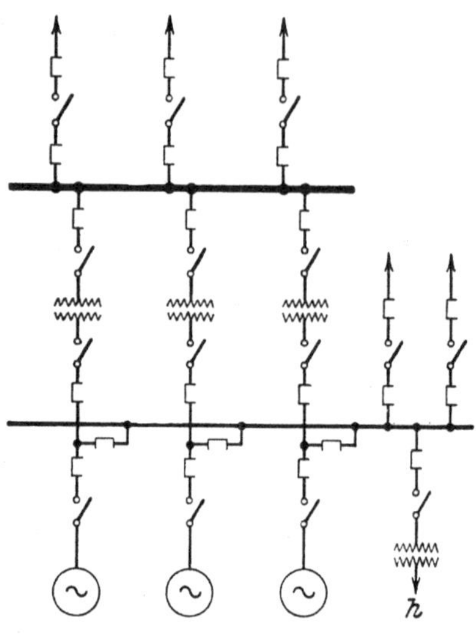

Abb. 466. Schaltbild des Kraftwerkes
Hannover-Linden.

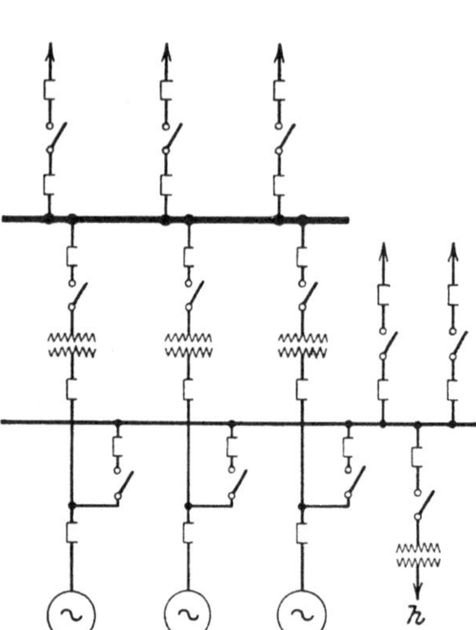

Abb. 467. Schaltbild des Kraftwerkes
Hirschfelde.

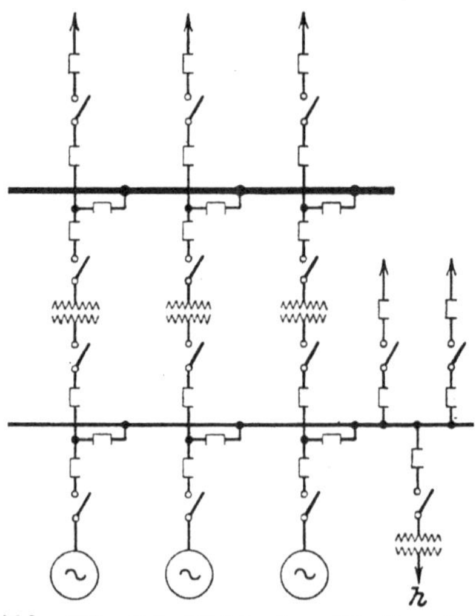

Abb. 468. Schaltbild eines Kraftwerkes
für Verbrauchergruppen, die der Leistung
einer Maschine mit Transformator entsprechen.

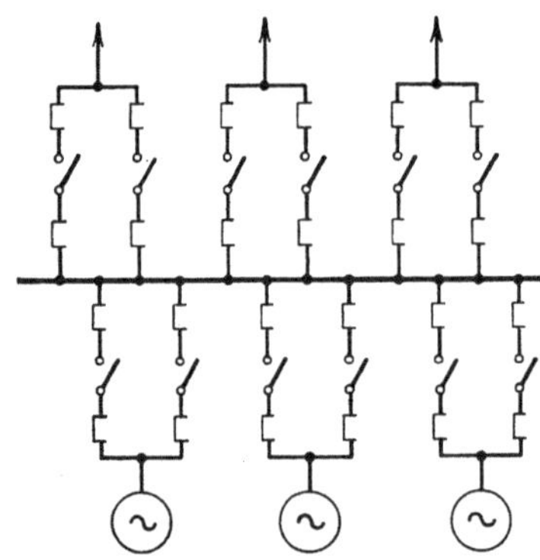

Abb. 469. Schaltbild für 2 Ölschalter und
2 Trennschalter für jede Maschine und jeden
Abzweig (amerikanische Kraftwerke).

schalten des Ölschalters stets spannungslos, die an ihnen auftretenden Fehler werden örtlich begrenzt.

Will man zur Messung des Gesamtstromes Zähler oder registrierende Instrumente verwenden, so dürfen hierfür Stromwandler in die Sammelschienen nicht eingebaut werden (Abb. 470). Man schaltet vielmehr die Sekundärstromkreise der in die Generatorleitungen eingeschalteten Stromwandler parallel oder auf einen Zwischenstromwandler, der die gewünschten Instrumente speist (Abb. 471). Um die Ölschalter bzw. die Schaltapparate spannungslos machen zu können, werden vor und hinter den Apparaten Trennschalter eingebaut. Zur Reinigung und Besichtigung der einzelnen Teile der Sammelschienen werden die Einfachsammelschienen durch Trennschalter in Gruppen eingeteilt (Abb. 472), oder man verwendet ein Ringsammel-

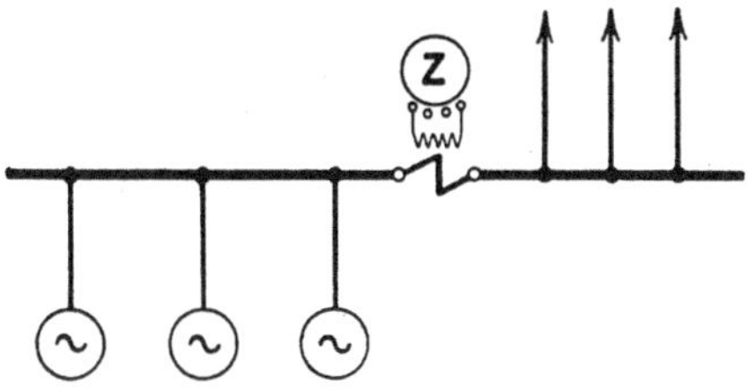

Abb. 470. Falsche Lage des Zähler-Stromwandlers.

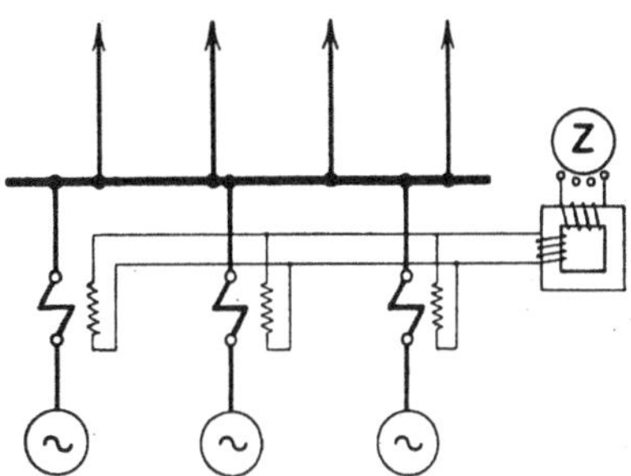

Abb. 471. Richtige Lage des Zähler-Stromwandlers.

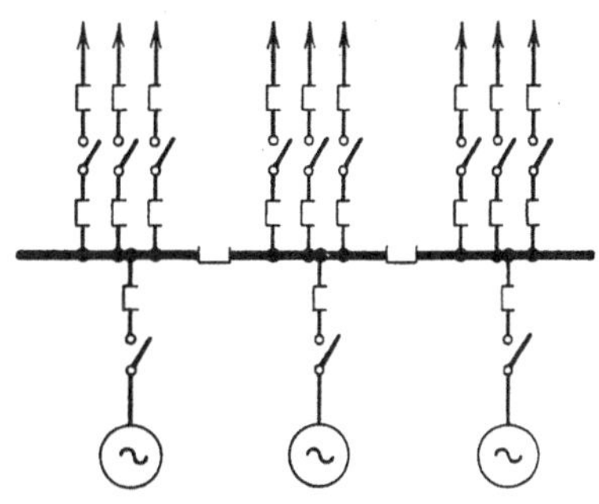

Abb. 472. Gruppeneinteilung durch Trennschalter in Einfachsammelschienen.

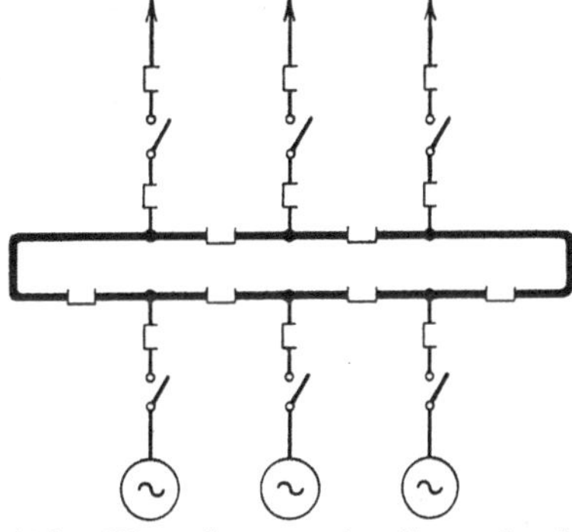

Abb. 473. Gruppeneinteilung durch ein Ringsystem mit Trennschaltern.

schienensystem (Abb. 473). Noch bessere Dienste leistet das Doppelschienensystem (Abb. 474). Doppelschienensysteme sind Ringsystemen fast stets wesentlich überlegen und haben letztere deshalb neuerdings verdrängt.

Die Gesamtzahl der Trennschalter in Ringsystemen ist zwar dieselbe wie im Doppelschienensystem, jedoch liegen die Trennschalter im letzteren Falle in den einzelnen Abzweigen und nicht in den Sammelschienen selbst. Es ist also nicht möglich, durch einen Trennschalter die gesamte Leistung der Zentrale abzuschalten. Die Zuverlässigkeit in der Stromversorgung ist gleichfalls größer, weil jeder Abzweig mittels der vorgesehenen Trennschalter auf das eine oder auf das andere Sammelschienensystem geschaltet werden kann. Sonderschaltungen sind durchführbar: z. B. Trennung der Betriebe, zeitweise Versorgung entfernter Gebiete mit höherer Spannung, zeitweise Trennung von Licht und Kraft, Schaltung eines beliebigen Generators auf ein bestimmtes Kabel für Prüfzwecke usf.

Das zweite Schienensystem wird unvermeidbar in größeren Kraftwerken, die für ununterbrochenen Betrieb gebaut sind. Zwischen beide Schienensysteme wird oft ein Kupplungsschalter eingefügt, durch den sie jederzeit parallel geschaltet und ohne Gefahr getrennt werden können. In großen Werken ist es manchmal üblich, beide Sammelschienensysteme zu Zeiten schwacher Belastung zu kuppeln, sie hingegen bei starker Belastung zu trennen. Der Kupplungsschalter wird dann automatisch geöffnet, wenn an irgendeiner Stelle ein größerer Kurzschluß auftritt. Der auf den Kurzschluß ansprechende Ölschalter braucht in diesem Falle nur für die halbe Zentralenleistung bemessen zu sein, die Relais des Kupplungsschalters werden dabei auf kürzere Ausschaltzeiten eingestellt als die Relais der Abzweige.

Muß das Umschalten der Stromkreise von der einen auf die andere Schiene häufig vorgenommen werden, so ersetzt man die Trennschalter durch zwei Ölschalter. Hin und wieder findet man Schaltanlagen, in denen für jeden Generator oder für jeden Abzweig zwei vollständige Apparatesätze vorgesehen sind (Abb. 475), eine kostspielige Anordnung, die sich auch in den größten Kraftwerken als überflüssig erwiesen hat. Der heutige Stand der Hochspannungstechnik berechtigt nicht, die Schaltapparate als einen weniger sicheren Teil anzusehen als die Generatoren und Transformatoren selbst.

Große Querschnitte der Sammelschienen lassen sich vermeiden, wenn Generatorstromkreise mit Abzweigstromkreisen wechseln; man soll deshalb nicht etwa alle Generatoren auf die eine Seite der Sammelschienen legen und alle Abzweige auf die andere. Die an die Sammelschienen anzuschließenden Ölschalter müssen der Ausschaltleistung des Kraftwerkes entsprechen. Sind sehr viel Abzweige vorhanden, so kann man die Kosten der Schalteinrichtung durch Gruppierung der Kabel herabsetzen (Abb. 476). Jede Gruppe wird mit einem Hochleistungsschalter an die Sammelschienen angeschlossen, für jeden Abzweig genügt dann ein kleinerer Ölschalter. Tritt ein Kurzschluß ein, so schaltet nicht der Kabelschalter aus, sondern der Gruppenschalter, weil dieser als Hochleistungsschalter für die ganze Zentralenleistung bemessen ist. Die Abzweigschalter werden dann durch Maximalrelais so gesteuert, daß sie nur bei Überlastung und nicht bei Kurzschluß ausschalten.

Eine bessere Lösung ergibt sich jedoch durch den Einbau von Reaktanzen in die Abzweige, so daß auch der Abzweigschalter den auftretenden Kurzschlüssen gewachsen ist. In großen Kraftwerken ist die Leistung des Abzweiges im Vergleich zu der Gesamtleistung des Werkes so klein, daß wenige Prozent Reaktanzspannung genügen, um den Kurzschlußstrom auf eine für den Schalter zulässige Größe herabzudrücken. Zur Schonung des Kraftwerkes und der Abnehmer sind deshalb Reaktanzspulen in den Abzweigen von besonderer Bedeutung. Auf die Anwendung von Reaktanzspulen an dieser Stelle wie auch in den Sammelschienen und Generatorleitungen gehe ich in dem folgenden Abschnitt näher ein.

Wie schon erwähnt, ist die Unterteilung des Betriebes zur Herabsetzung des Kurzschlußstromes leicht durchführbar, wenn man Doppelsammelschienen mit einem Kupplungsschalter versieht (Abb. 477). Der Kupplungsschalter erhält ein Maximalrelais, das auf eine kürzere Zeit eingestellt wird als die Relais in den Abzweigen. Die Maschinen- und Abzweigstromkreise werden zur Hälfte auf das eine und zur Hälfte auf das andere System geschaltet. Tritt jetzt ein Kurzschluß im Kabel auf, so schaltet zuerst der Kupplungsschalter aus und teilt den Betrieb in zwei Teile, so daß der Abzweigölschalter, in dem der Kurzschluß stattfindet, nur die halbe Zentralenleistung abzuschalten hat. Ordnet man zwei Trennschalter in den Sammelschienen an und schaltet den Kupplungsschalter nach Abb. 478, so bleibt je eine Hälfte der Sammelschienen für Prüf- und Reinigungszwecke spannungslos. Die Sammelschienenhälften a und b bzw. c und d sowie a und d bzw. c und b bilden dann mit dem benachbarten Kupplungsschalter je ein Sammelschienensystem.

Der Kupplungsschalter kann durch entsprechende Anordnung der Schaltanlage auch als Ersatz für einen Generator- oder Abzweigschalter Verwendung finden. Aller-

dings muß man dann das zweite Sammelschienensystem zu Hilfe nehmen (Abb. 479).
Dauert die Besichtigung eines Generator- oder Abzweigschalters längere Zeit, so
schaltet man den betreffenden Stromkreis zunächst aus, löst die Verbindungen am
Schalter und verbindet die an der Decke liegenden zu dem betreffenden Ölschalter
führenden Leitungen mit einer Kupferschiene. Der Kupplungsschalter kann dann
unter Verwendung des zweiten Sammelschienensystems den Generator- oder Abzweigschalter ersetzen.

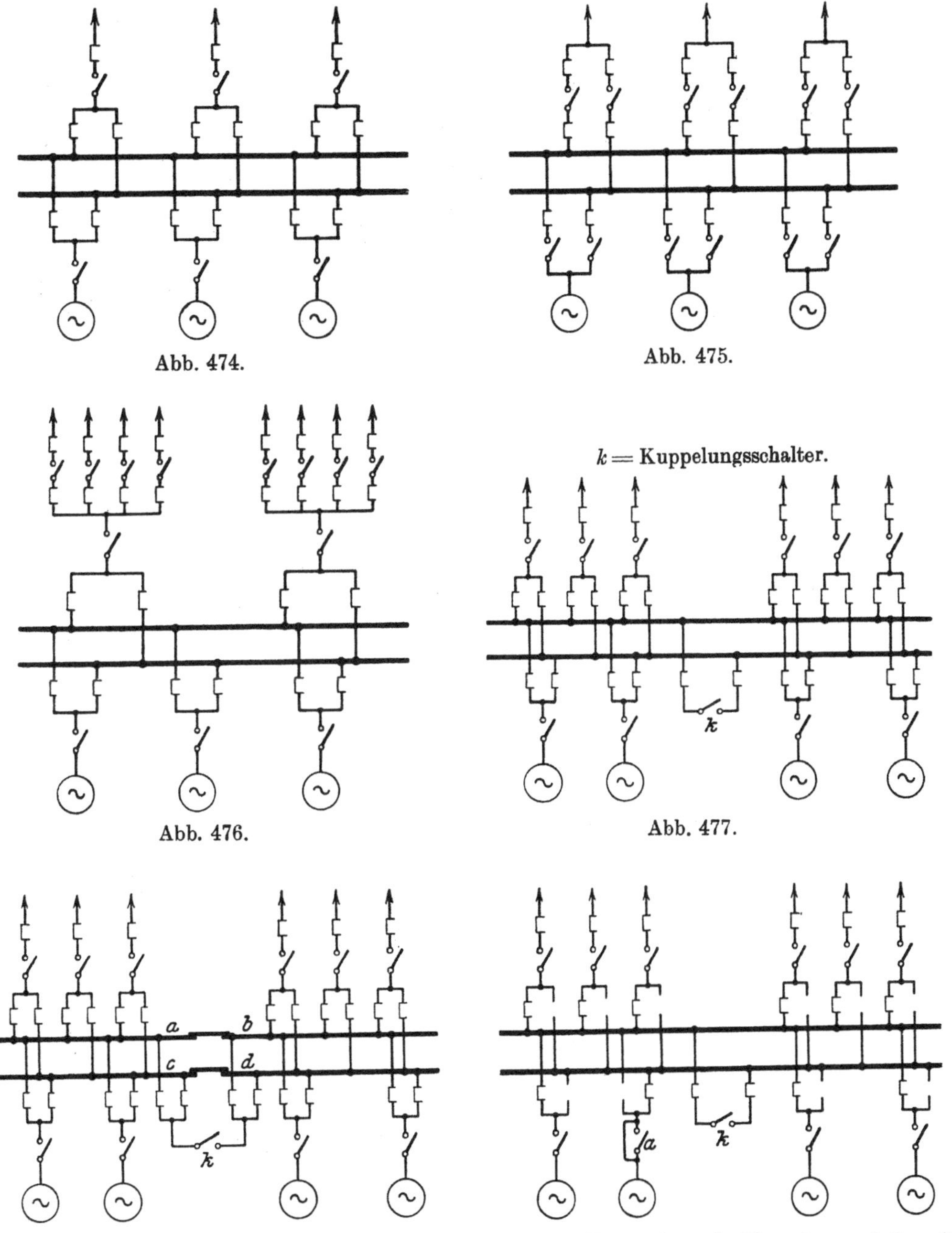

Abb. 474.   Abb. 475.

Abb. 476.   Abb. 477.

Abb. 478. Abtrennung einer Hälfte der Sammelschienen für Prüf- und Reinigungszwecke.

Abb. 479. Verwendung des Kuppelungsschalters (k)
als Ersatz für einen Generator- (a)
oder Abzweigschalter.

Abb. 474 bis 479. Schaltbilder von Doppelschienensystemen für größere Kraftwerke.

Brennt ein Generator- oder Abzweigschalter an den Kontakten fest, so muß das ganze Werk vorübergehend abgeschaltet werden. Mit Hilfe eines Kupplungsschalters läßt sich dieser Nachteil umgehen, indem man ihn zur Unterbrechung des betreffenden Stromkreises durch Reihenschaltung mit dem defekten Schalter unter Benutzung des zweiten Sammelschienensystems verwendet.

Die für die Ausarbeitung des Schaltbildes gegebenen Richtlinien enthalten bereits Andeutungen über Schutzmaßnahmen allgemeiner Art. Als wesentlich für die Betriebssicherheit der Anlage ist die richtige Wahl des Schutzes gegen Überlastung und Überspannung anzusehen.

b) Schutzeinrichtungen gegen Überströme und Überspannungen.

So wenig die positiven Fortschritte wissenschaftlicher Art unterschätzt werden dürfen, die auf diesem Gebiete gemacht worden sind, so sehe ich doch als das Hauptergebnis dieser Forschungsarbeiten die Erkenntnis an, daß die Mannigfaltigkeit der bei der elektrischen Kraftübertragung auftretenden Erscheinungen eine viel größere ist, als vorausgesehen wurde. Sie ist nicht nur bedingt durch die Verschiedenheit der Anlagen, durch Leistung, Ausdehnung, Spannung, Art der Maschinen und der Übertragung, ein und dieselbe Anlage ist noch außerdem einem steten Wechsel der Erscheinungen unterworfen, je nach der Zu- und Abschaltung von Anlageteilen und der Art und den Schwankungen der Belastung während des Betriebes. So erklären sich auch die vielfach widerspruchsvollen Angaben über die Bewährung gewisser Schutzeinrichtungen. Beispielsweise kann eine vorgeschaltete Drosselspule, wenn die Betriebsverhältnisse dafür günstiger liegen, einen Schutz gegen Überspannungen darstellen, während die nach gleichen Gesichtspunkten bemessene Drosselspule in einer anderen Anlage Überspannungen hervorruft, also geradezu schädlich wirkt. Nicht selten findet man auch, daß an einer Stelle besondere Schutzvorrichtungen eingebaut werden müssen, die den Zweck haben, die durch andere Schutzvorrichtungen an dieser Stelle hervorgerufenen Überspannungen unschädlich zu machen.

Die Schutzeinrichtungen kann man unterscheiden in solche, welche vorbeugend wirken, und solche, welche Überspannungserscheinungen unschädlich machen sollen. Bedauerlicherweise ist der Prophylaxis auf diesem Gebiet weit weniger Beachtung geschenkt worden als dem eigentlichen Heilprozeß: darauf ist es zurückzuführen, daß Einrichtungen vorbeugenden Charakters nur in spärlicher Zahl bekannt sind.

Ein schwacher Anfang ist in dieser Richtung gemacht worden durch Schalter, die jetzt fast durchweg mit einer Widerstandsstufe versehen werden. Mag sie gleichzeitig zur Erleichterung des Schaltvorganges selbst dienen, so darf doch hierin ein wirksames Mittel erblickt werden, um die durch das Schalten im Netz hervorgerufenen Erschütterungen zu mildern.

Ein bedeutender Erfolg in vorbeugender Hinsicht ist in den letzten Jahren durch den Einbau der Erdschlußspule erzielt worden, die nach den Angaben von Petersen hergestellt wird. Sie beruht auf der Erkenntnis, daß besonders in ausgedehnten Anlagen mit hoher Spannung in dem häufig auftretenden Fall des Überschlages zur Erde die kapazitive Leistung der Leitungen sich über den Isolator mit starker Feuererscheinung entlädt, die den Isolator zerstört und außerdem starke oszillatorische Spannungsbewegungen im Netz hervorruft. Die Erdschlußspule, welche aus einer im Sternpunkt des Netzes eingebauten Drosselspule besteht, ist so bemessen, daß sie im Falle des Fehlers in einer Leitung den Kapazitätsstrom der anderen beiden Leitungen kompensiert, so daß der Überschlag nach Erde lediglich die Verlegung des Leitungspotentials bedeutet, die ebensowenig Folgen hervorruft, als wenn beispielsweise der eine Pol eines isolierten Gleichstromnetzes an Erde gelegt würde. Während der nachfolgende Ladestrom ohne Erdschlußspule den Schluß längere Zeit aufrecht erhält, erlischt derselbe bei geschützten Netzen in allerkürzester Zeit und ohne Nachwirkung auf das übrige. Hiermit ist in einfacher Weise eine der Hauptquellen von Störungen im Leitungsbetriebe endgültig beseitigt worden.

In den Kraftwerken sind für die Errichtung der Abwehrmittel gegen Überspannungen vier Fälle der Schaltung zu unterscheiden:

1. Generator und Transformator bilden eine Einheit „Sammelschienen und Ölschalter nur auf der Hochspannungsseite".

2. Die Generatoren sind niederspannungsseitig an eine Sammelschiene geschaltet, von der die Anschlüsse zu den Transformatoren abgehen; die Fernleitungen zweigen nur von der Hochvoltsammelschiene ab.

3. Schaltung wie unter 2, jedoch mit dem Unterschied, daß gleichzeitig von der Niedervoltsammelschiene Fernleitungen abgehen.

4. Die Generatoren arbeiten über eine Niedervoltsammelschiene und ohne Umformung auf die abgehenden Leitungen.

Bei Spannungsumformung, also in den ersten drei Fällen, besteht die Gefahr, daß ein Durchschlag innerhalb des Transformators Hochspannung in der Niedervoltwicklung und damit in den Generator übertreten läßt und letzteren beschädigt. Um dieses zu verhüten, ist der Generator im Nullpunkt entweder unmittelbar oder über einen Widerstand zu erden, der so zu bemessen ist, daß die Spannung am Nullpunkt des Generators bei der größtmöglichen von der Hochspannungsseite übertretenden Stromstärke die betriebsmäßige Phasenspannung nicht übersteigt. Sind die Generatoren niederspannungsseitig parallel geschaltet, so genügt ein einziger Widerstand, der mit Hilfe einer neutralen Schiene nach Bedarf auf die verschiedenen Generatoren geschaltet werden kann. Sind die Generatoren mit Rücksicht auf abgehende Niederspannungsleitungen durch Erdschlußspule gesichert, so wird der Widerstand parallel zur Erdschlußspule angeschlossen und mittels einer Durchschlagssicherung im Widerstandskreis verhindert, daß der Widerstand normalerweise die Wirkung der Erdschlußspule beeinträchtigt. Man kann den Nullpunkt des Generators auch über einen hohen Widerstand an Erde legen, wenn man parallel zu dem Widerstand eine Funkenstrecke oder Durchschlagsicherung legt.

Die Gefährdung der Generatoren durch Sprungwellen sucht man durch unmittelbar vorgeschaltete Kapazität zu verhindern. In manchen Fällen reicht die Kapazität der Zwischenkabel hierfür bereits aus. Sie sollen etwa den zehnfachen Betrag derjenigen Kapazität besitzen, welche der vorgeschaltete Transformator hat, von der Erwägung ausgehend, daß in diesem Fall die auf den Transformator stoßende Sprungwelle auf $^1/_{10}$ ihrer Höhe abgeflacht wird. Es ergeben sich dabei Beträge von etwa 0,07 bis 0,1 μF. in mittleren Anlagen. Sind einzelne Fernleitungen unmittelbar an die Niederspannung angeschlossen, so ist dieser Teil der Sammelschiene möglichst von derjenigen Hälfte, welche die Stromüberführung zu den Transformatoren vermittelt, durch Schutzdrosselspulen mit Überbrückungswiderständen zu trennen und dafür zu sorgen, daß die Generatoren nur an die geschützte Hälfte angeschlossen werden. Wo dies nicht möglich ist, schützt man jede abgehende Leitung, und zwar sowohl Kabel wie Freileitung, durch Drosselspule und Überbrückungswiderstand. Das gleiche Schutzmittel kommt auch für die Hochvoltseite der Transformatoren zur Anwendung. Den wirksamsten Schutz erreicht man jedoch durch einen Transformator mit dem Übersetzungsverhältnis 1:1.

Die Sekundäranlagen sind in gleicher Weise zu schützen wie die Primäranlagen. Auch hier ist die Niedervoltwicklung zweckmäßig über einen Widerstand zu erden, wenn wertvolle Anschlußteile durch Übertritt von der Hochvoltseite aus gefährdet sind.

Der mechanische Schutz der Generatorenwicklungen, insbesondere der Köpfe, gegen Überströme, hat dem Konstrukteur große Sorge bereitet, da es schwer war, die Wicklung gegen die bei Kurzschlüssen auftretenden sehr großen Kräfte hinreichend zu versteifen. Diese Gefahr darf heute als überwunden gelten. Besondere Schutzmaßnahmen werden in dieser Beziehung nicht mehr verlangt. Den gefährlichsten Feind des Generators bildet das Feuer. Der geringste, durch Spannungsübertritt hervorgerufene Schluß verursacht bei erregter Maschine einen Flammenbogen, der durch die starke Ventilatorwirkung bis in die kleinsten Teile des Generators fortgetragen wird und die Wicklung in kürzester Zeit zerstört. Die Reparaturkosten für derartige Schäden sind erheblich. Kein Betriebsleiter sollte die Ausgaben für die geringen Mittel scheuen, mit denen man der Ausbreitung des Feuers entgegentreten kann. Die Beseitigung der Ursache ist jedoch nicht ausreichend, es muß außerdem für schnellen Abschluß des Luftzutritts gesorgt werden. Zu diesem Zwecke empfiehlt sich das Anbringen von selbsttätigen Abschlußklappen, sofern sie schnell geschlossen werden können und sich an solchen Stellen befinden, an denen sie sich nicht durch die vom Brand herrührende Wärme verziehen können. Wird noch eine Kohlensäurelöschung, oder besser Löschung durch Frischdampf eingebaut, so dürfte sich der Schaden auf das Mindestmaß verringern lassen (S. 355).

Die Beherrschung der Überströme in den Transformatoren darf für die bisher geplanten Anlagen als gelöst gelten. Ähnlich steht es zur Zeit mit den Ölschaltern. Damit aber die auftretenden Kurzschlußströme der Anlage keinen Schaden zufügen können, sollte man anstreben, den effektiven Wert des Anfangskurzschlußstromes ohne Gleichstromglied in der Größenordnung von nicht mehr als 50000 A zu halten. Treten wesentlich größere Ströme auf, so wird die elektro-dynamische Wirkung so hoch, daß die Kontakte verbrennen würden, bevor der Stromkreis vollständig geschlossen werden kann.

In größeren Kraftwerken läßt sich dieser Anfangskurzschlußstrom durch folgende Hilfsmittel herabsetzen (Abb. 480—487):

1. Durch Unterteilung des Betriebes,

2. durch Einbau von Reaktanzspulen in den Generatorstromkreis (Abb. 480),

3. durch Einbau von Reaktanzspulen in die Sammelschienen (Abb. 481),

4. durch Einbau von Reaktanzspulen in die Abzweige oder in eine Gruppe von Abzweigen (Abb. 482, 483).

Wenn der Generator unmittelbar mit einem Transformator gleicher Größe verbunden ist und nur auf der Oberspannungsseite parallel geschaltet wird, so genügt in der Regel die Reaktanzspannung des Transformators, eine besondere Reaktanzspule für den Generator ist nicht mehr erforderlich. Es ist dann nur notwendig, dem Nebenbetrieb besondere Reaktanzen zu geben, weil für deren wesentlich schwächere Leistung die oben angegebene Grenze noch zu hoch ist (Abb. 484, 487).

Rechnet man mit einer Eigenreaktanz des Generators von etwa 5 vH, so empfiehlt es sich, eine Zusatzreaktanz von ungefähr 5—7 vH einzubauen, wenn der Generator unmittelbar ohne Zwischenschaltung eines Transformators auf die Sammelschienen arbeitet. Ist die Eigenreaktanz des Generators groß genug, d. h. hat sie den Wert von etwa 15 vH, so kann von dem Einbau besonderer Reaktanzspulen Abstand genommen werden.

Die Einschaltung von Reaktanzen in die Sammelschienen hat den Vorteil, daß man eine größere Reaktanzspannung zulassen kann, weil sie im normalen Betriebe nur von einem kleinen Strom durchflossen werden. Ohne Kenntnis der Netz- und Betriebsverhältnisse läßt sich nicht entscheiden, ob der Einbau einer Sammelschienenreaktanz den gewünschten Vorteil bietet, denn durch das Zusammenschalten von Kabeln im Netz kann die Sammelschienenreaktanzspule wirkungslos werden. Vielfach werden die durch den Einbau von Reaktanzspulen auftretenden Energieverluste überschätzt. Es sei deshalb hier erwähnt, daß die den Stromerzeugern im Kraftwerk Golpa (Kap. IX, S. 579) vorgeschalteten $7^1/_2$ vH Reaktanzspulen etwa 0,08 vH der Generatorenleistung absorbieren. Die durch den Einbau von Reaktanzspulen bedingte Erhöhung der Generatorspannung hängt wesentlich von der Phasenverschiebung der Anlage ab. Bei 5 vH Reaktanzspulen und $\cos \varphi = 1$ ist eine Erhöhung von etwa $^1/_2$ vH, bei einem $\cos \varphi$ von 0,9 eine solche von 2 vH, und bei einem $\cos \varphi$ von 0,75 eine solche von 3 vH notwendig.

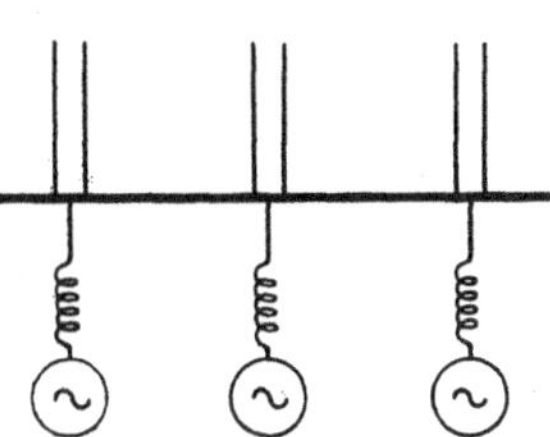

Abb. 480. Reaktanzen in den Generatorleitungen.

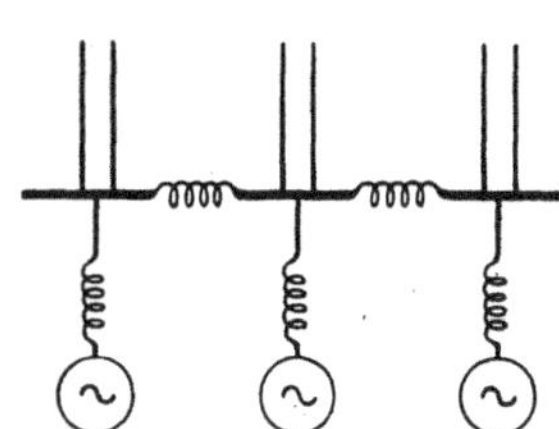

Abb. 481. Reaktanzen in den Sammelschienen.

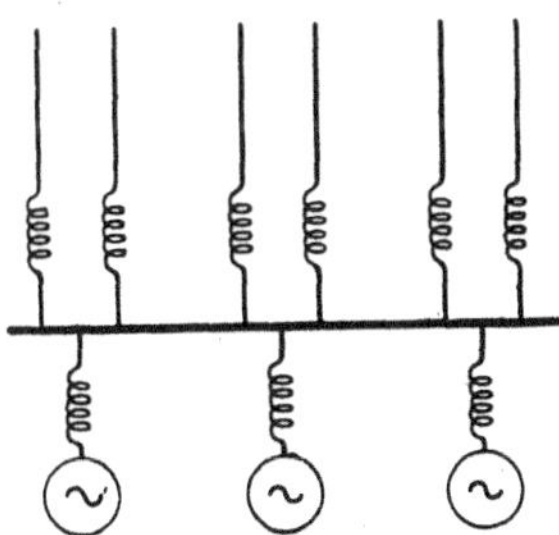

Abb. 482. Reaktanzen in einzelnen Abzweigen.

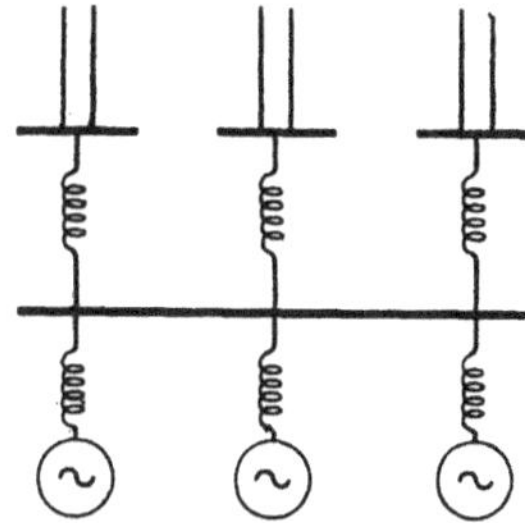

Abb. 483. Reaktanzen in Gruppen-Abzweigen.

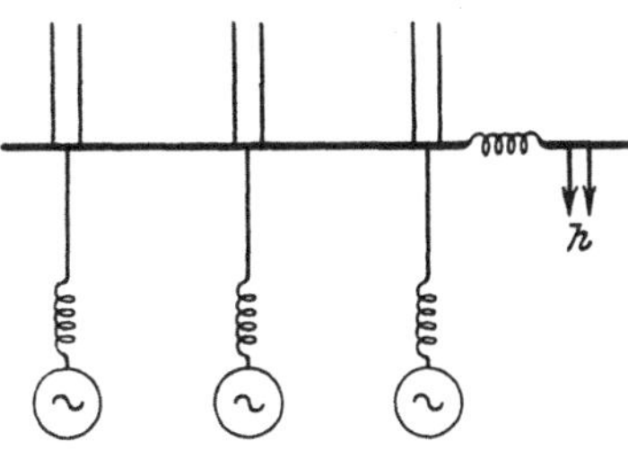

Abb. 484. Reaktanzen in Abzweigen für Hilfsbetriebe (h).

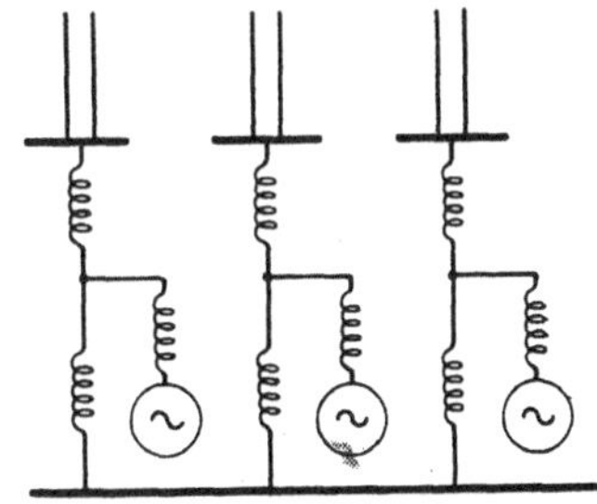

Abb. 485. Reaktanzen in Gruppen-Abzweigen und in Generatorleitungen zu Hilfsschienen.

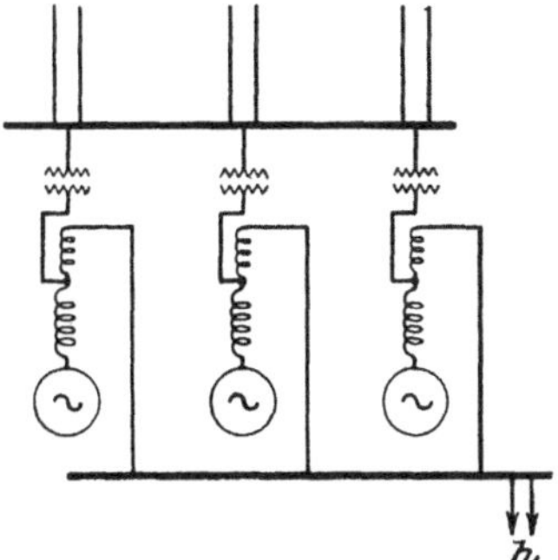

Abb. 486. Hauptreaktanzen in Leitungen zwischen Generatoren und Transformatoren, kleinere Reaktanzen in Leitungen zu Hilfsschienen für Nebenbetriebe.

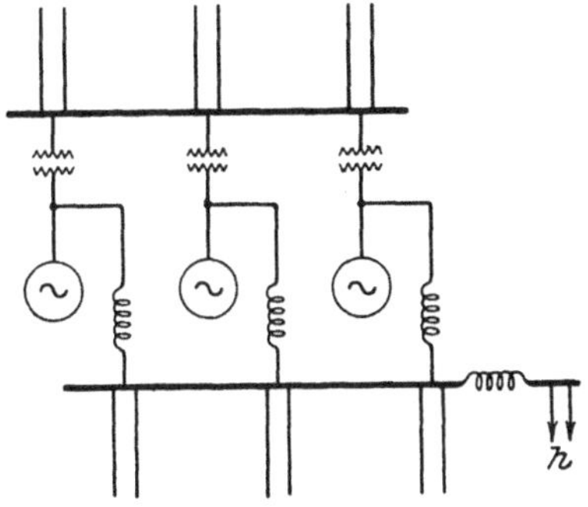

Abb. 487. Reaktanzen in Leitungen zu Niederspannungsschienen und in Abzweigen für Hilfsbetriebe.

Abb. 480 bis 487. Lage von Reaktanzspulen in den Verbindungsleitungen von größeren Kraftwerken.

Sollen·ältere Anlagen an Großkraftwerke angeschlossen und gegen Überströme gesichert werden, und reicht hierzu die Streureaktanz der Anschlußtransformatoren nicht aus, so sind besondere Reaktanzen in die Schaltanlage einzubauen, deren Größe jeweils nach den ungünstigsten Kurzschlußmöglichkeiten und der Kurzschlußleistung der vorhandenen Anlagen zu berechnen sind. Um Spannungserhöhungen durch diese Reaktanzen zu vermeiden, werden sie zweckmäßigerweise in jeder Phase durch einen Widerstand überbrückt.

Während bisher stets der mit der Vergrößerung der Anlagen wachsenden Wirkung der Überströme entgegengetreten werden konnte und gleiches auch für die Zukunft erwartet werden darf, sind die Aussichten hinsichtlich der Beherrschung der Überspannungserscheinungen weniger befriedigend. Abgesehen von Erdschlußspulen und dem Erdungswiderstand besitzen wir keine völlig zuverlässig wirkenden Mittel. Die verschiedenen Einrichtungen tragen wohl dazu bei, die Überspannungswirkung zu vermindern, sie bedeuten aber kaum mehr als der Versuch, die Gefahren für ein Schiff dadurch unwirksam zu machen, daß man Öl auf die Meereswogen gießt. Es hat sich daher immer mehr die Überzeugung gefestigt, daß man, anstatt unzulängliche Mittel auf die Beruhigung der Wellen zu verwenden, nach den Grundsätzen des Schiffbaues derartige Verstärkungen der Anlagen vornehmen sollte, daß sie allen Beanspruchungen gewachsen sind.

Hiergegen mag eingewendet werden: die Beanspruchungen der Maschinen, Apparate usw. durch Überspannungen sind so groß, daß die Befolgung des Satzes an wirtschaftlichen Gründen scheitern muß. Dieser wohl mehr dem Gefühl entsprechende Einwand erweist sich jedoch bei genauer Nachprüfung als nicht stichhaltig, wenn die wirtschaftlichen Folgen von Betriebsstörungen voll in Ansatz gebracht werden. Zunächst darf festgestellt werden, daß die Fälle, in denen die ausreichende Sicherheit mit einem ungewöhnlichen Aufwand an Baumaterial und Kosten — ich denke hierbei in erster Linie an unmittelbare Blitzschläge — erkauft werden muß, nur außerordentlich selten vorkommen.

Sieht man hiervon ab, so scheint es wohl möglich, die Hauptteile der Anlagen, nämlich Isolatoren, Schalter, Transformatoren und Generatoren, so spannungssicher zu bauen, daß sie ohne besondere Schutzeinrichtungen den Überspannungserscheinungen standhalten. In den Transformatoren und Generatoren muß allerdings die Isolation der Wicklung gegen Eisen verstärkt werden, ebenso die der Windungen gegeneinander. Die theoretischen Überlegungen zeigen, daß unter gewissen Umständen die Spannungsdifferenz von Windung zu Windung auf die volle Betriebsspannung ansteigen kann, ein Ergebnis, das durch die Erfahrung bestätigt wird. Untersuchungen über die Grenzen, bis zu welchen man in der Fabrikation gehen kann, haben gezeigt, daß man z. B. in einem 10000 V Transformator imstande ist, die Isolation zwischen den Windungen für die volle Phasenspannung — Prüfzeit 5 Sekunden — und die Isolation der Anfangs- und Endwindungen sogar für die verkettete Spannung zu steigern. Die Kosten eines derartigen Transformators stellen sich etwa um 15 vH höher. Für Generatoren von etwa 10000 kW und 5000 V bedingt die Erhöhung der Isolationsprüfung auf 20000 V gegen Eisen und von Windung zu Windung eine Preiserhöhung von 40 bis 50 vH des Generatorenpreises, was etwa 15 vH des Preises eines vollständigen Turbogeneratorsatzes entspricht. Die Verteuerung mag an sich beträchtlich sein, immerhin bewegt sie sich in Grenzen, die zu dem Vorgehen in der angedeuteten Richtung ermutigen. Wird durch die verbesserte Konstruktion auch nur ein Durchschlag verhindert, so dürften die Mehrkosten in den meisten Fällen schon gedeckt sein.

Die Zukunft muß zeigen, ob die zunächst grob gegriffene Verstärkung der Isolation den praktischen Ansprüchen genügt. Immerhin vermag ich so viel zu sagen, daß in solchen Fällen, in denen der Besteller die Mehrkosten für eine verstärkte Isolation übernimmt, die Bedingungen für den Einbau von Überspannungschutzeinrichtungen wesentlich gemildert werden dürfen. Ich bin ferner der Ansicht, daß der neubeschrittene Weg in Zukunft zu einem Verzicht der bisher bekannten Schutzeinrichtungen führen wird mit Ausnahme der wenigen bewährten Mittel, deren vorbeugenden Charakter ich am Eingang dieses Abschnittes hervorgehoben habe. Diese Überzeugung habe ich bei der Errichtung des Großkraftwerkes Golpa vertreten können. Die Anlage ist in vollem Bewußtsein der angesichts des Umfanges des

Werkes besonders großen Tragweite dieses Entschlusses ohne Überspannungsschutz errichtet worden. Nach der jetzt vorliegenden Betriebserfahrung kann festgestellt werden, daß Überspannungsfehler nicht häufiger und ihre Folgen nicht schwerer gewesen sind als in anderen stark geschützten Anlagen.

Will man Funkenstrecken als Überspannungsableiter verwenden, so muß der durch einen Widerstand beschränkte Strom der Ableiter ungefähr dem Erdstrom des Netzes entsprechen. Da die Kugelfunkenstrecken den Hörnerableitern gegenüber eine geringere Zeitverzögerung haben, so verdienen diese den Vorzug. Am besten sind Kugelfunkenableiter, deren Strom automatisch unter Öl unterbrochen wird.

Man hatte eine Zeitlang auf den Einbau von Maximalrelais für die Generatoren verzichtet und sich auf Rückstromrelais beschränkt, die nur den fehlerhaften Generator abschalten sollen, von der Erwägung ausgehend, daß die abzweigenden Leitungen durch deren Schalter rechtzeitig unterbrochen werden und daß Sammelschienenkurzschlüsse zu den größten Seltenheiten gehören. In neuerer Zeit wird dieser Standpunkt wieder verlassen, weil Sammelschienenkurzschlüsse besonders infolge falschen Ziehens der Trennschalter doch häufiger aufgetreten sind, als vermutet wurde.

Zum Schutze der Generatoren vor Überlastung oder Kurzschlüssen im Netz pflegte man bisher Maximal-Zeitrelais mit unabhängiger Zeiteinstellung zu verwenden, deren Stromwandler in der Schaltanlage selbst, d. h. in der Nähe des zugehörigen Ölschalters montiert wurden. Tritt bei dieser Anordnung der Stromwandler in den Verbindungskabeln zwischen Generator und Schaltanlage ein Kurzschluß auf, so ist der Generator nicht geschützt, weil die Stromwandler unbeeinflußt vom Kurzschluß bleiben. Infolgedessen ist man, besonders für große Maschineneinheiten, dazu übergegangen, die Stromwandler direkt an die Generatorklemmen zu legen. Aber auch dieser Schutz ist nicht vollkommen, im Falle eines Schlusses im Generator selbst kann das Maximal-Zeitrelais nicht ansprechen, weil der zugehörige Stromwandler wiederum unbeeinflußt bleibt. Richtiger ist daher, die Stromwandler der Maximalrelais in den 3 Leitungen anzuordnen, die vom Generator zum Nullpunkt führen. Diese Schaltung bedingt, daß sämtliche 6 Klemmen außerhalb des Generators zugänglich sind, sie ist anzuwenden, wenn ein Generator allein auf das Netz arbeitet. Die Maximal-Zeitrelais arbeiten dann in der üblichen Weise auf den Ölschalter und die Feldschwächung, d. h. die Schaltung ist so getroffen, daß beim Ansprechen der Maximal-Zeitrelais der Ölschalter und die Feldschwächung gleichzeitig betätigt werden. Um zu vermeiden, daß die Generatorenschalter im Falle eines Kurzschlusses im Netz früher abschalten, als die Schalter der Abzweige, ist es erforderlich, die Maximal-Zeitrelais auf eine Zeit von ungefähr 8—12 Sekunden einzustellen. Ein im Generator auftretender Kurzschluß kann bei solcher Einstellung also frühestens in 8 Sekunden die eingebauten Maximal-Zeitrelais bzw. den Ölschalter und die Feldschwächung in Tätigkeit setzen. Diese Zeit genügt aber schon, um die Wicklungen und das Eisen des Generators beträchtlich zu zerstören. Sind mehrere Generatoren gleichzeitig an den Sammelschienen parallel geschaltet, so müßte, theoretisch betrachtet, das Rückstromrelais den fehlerhaften Generator sofort abschalten. Dieses Relais ist aber nicht immer zuverlässig, weil es von der Spannung abhängig ist und außerdem bei unruhigem Parallelbetrieb häufig auf eine Zeitdauer von mehreren Sekunden eingestellt ist. Ist jedoch nur ein Generator im Betrieb, so ist das Rückstromrelais wirkungslos und das Feld des Generators würde erst durch das Maximal-Zeitrelais nach 8 bis 12 Sekunden geschwächt. Aus diesem Grunde empfiehlt es sich ein Differentialrelais anzuwenden, welches imstande ist, den Ölschalter und die Feldschwächung schon im Laufe einer halben bis einer Sekunde zu betätigen. Außerdem spricht das Differentialrelais schon bei einer wesentlich geringeren Stromstärke an, als das Maximal-Zeitrelais (Abb. 492).

Sollen die Transformatoren allein geschützt werden (z. B. in Unterwerken), so geschieht dies am besten durch die Verbindung eines Maximal- und Differentialschutzes. Wird letzterer nach dem Wattmeterprinzip ausgeführt, so erreicht man besondere Empfindlichkeit, so daß die Abschaltung auch dann erfolgt, wenn beispielsweise durch Fehler im Eisen des Transformators sich der Beginn einer größeren Arbeitsaufnahme entwickelt.

Für Transformatoren mit Ausdehnungsgefäß findet auch ein Schutzsystem Anwendung, das auf Drucksteigerungen in Öl beruht. An einer schadhaften Stelle der Isolation im Transformator treten Zersetzungsgase auf, welche einen Druck auf das Öl

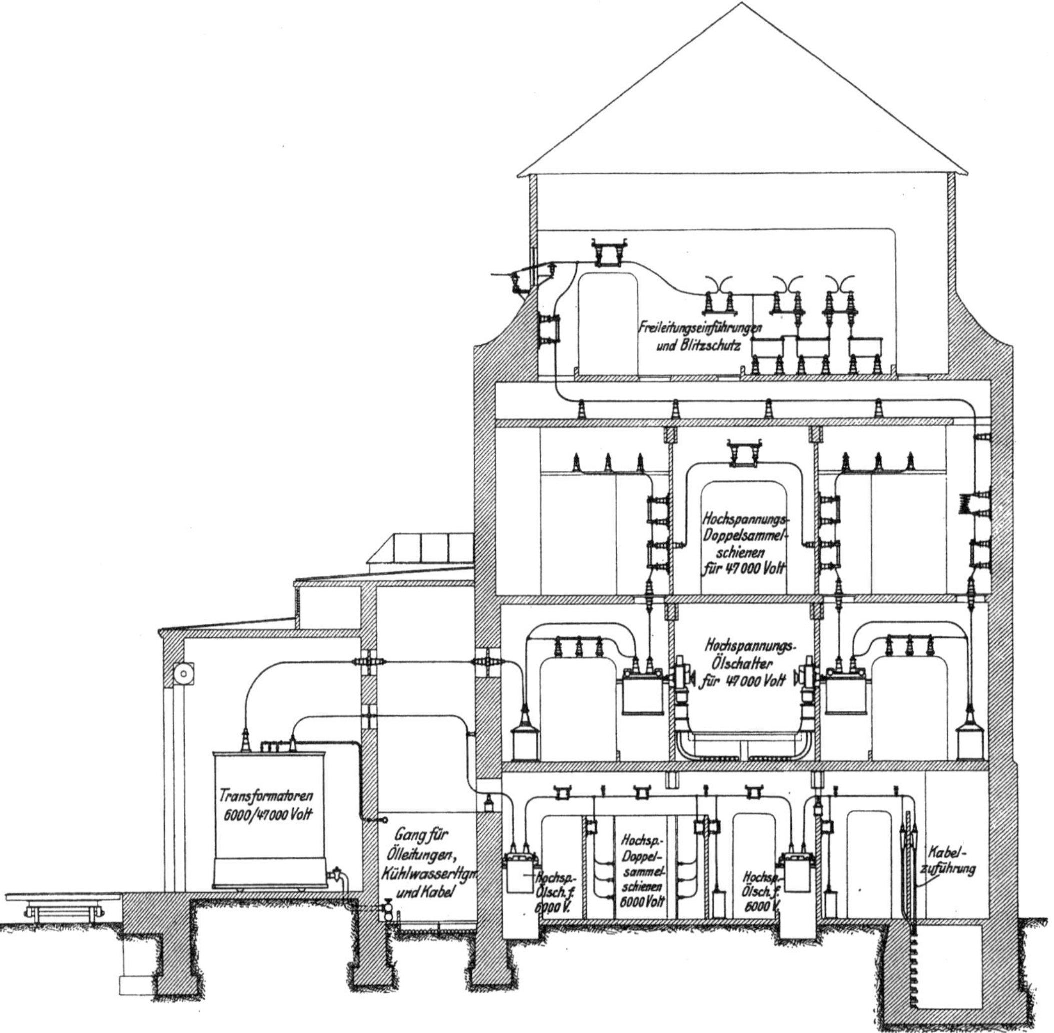

Abb. 488. Schnitt durch das Schalthaus des E.-W. Laufenburg. Eingerichtet für 10 Generatoren für je 5000 kW und 10 Transformatoren, außerdem je 2 Reservefelder. Umformung der Generatorenspannung von 6000 auf 47000 V, 4 abgehende Kabelleitungen für 6000 V, 6 abgehende Freileitungen für 47000 V. Am Ende des Schalthauses befindet sich der Betätigungsraum. Die Kabel zwischen Maschinen- und Schalthaus sind in einem unterirdischen Kanal verlegt. Die Transformatoren befinden sich in angebauten Kammern und können unmittelbar vom Eisenbahnwagen abgerollt werden. Zwischen Transformatorenkammern und Schalthaus ist ein Gang zur Aufnahme der Öl- und Kühlleitungen und für die Verbindungskabel mit dem Maschinenhaus. Die Einrichtung für die Behandlung des Öles ist ähnlich wie in Abb. 509 bis 514 ausgeführt.

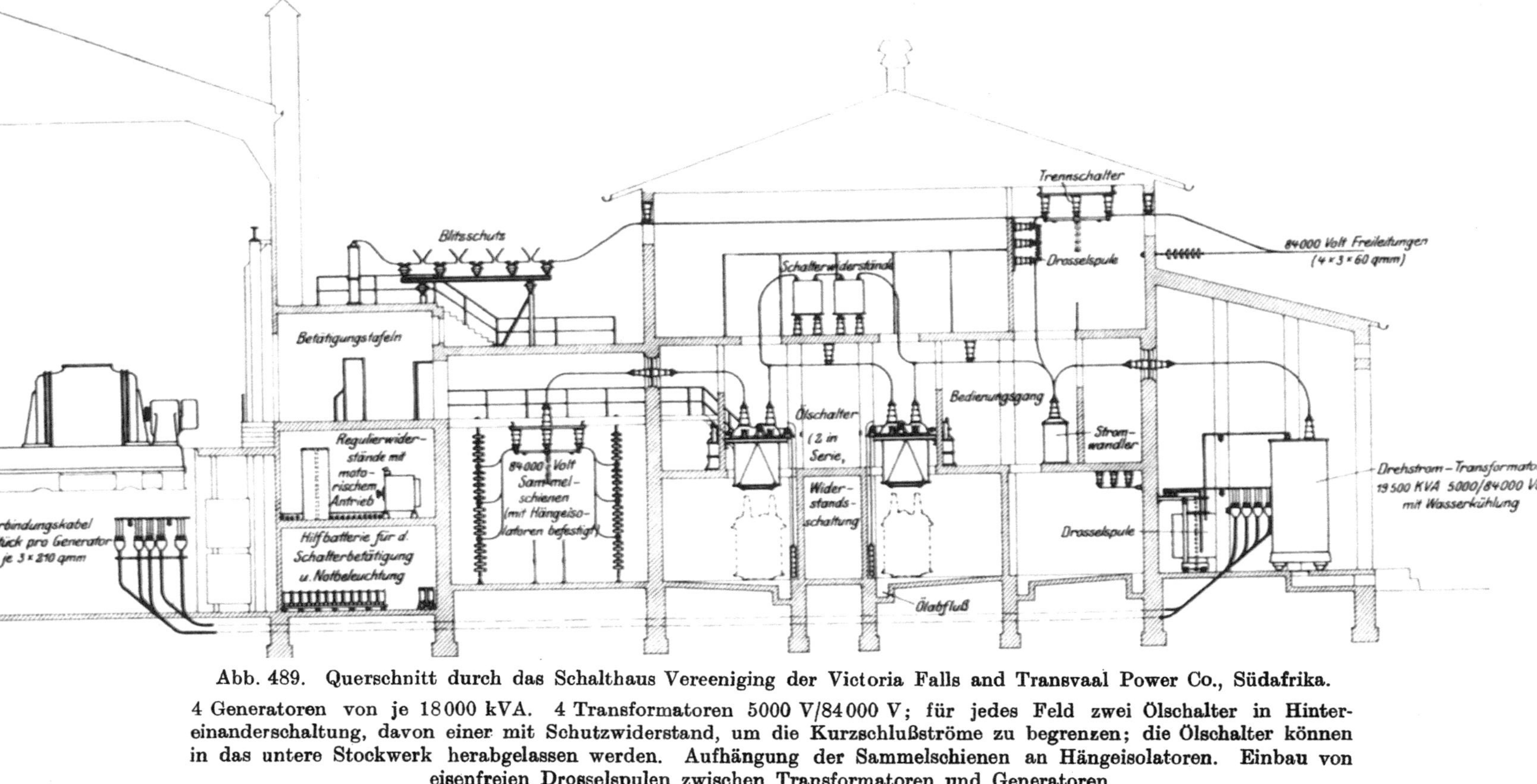

Abb. 489. Querschnitt durch das Schalthaus Vereeniging der Victoria Falls and Transvaal Power Co., Südafrika.

4 Generatoren von je 18000 kVA. 4 Transformatoren 5000 V/84000 V; für jedes Feld zwei Ölschalter in Hintereinanderschaltung, davon einer mit Schutzwiderstand, um die Kurzschlußströme zu begrenzen; die Ölschalter können in das untere Stockwerk herabgelassen werden. Aufhängung der Sammelschienen an Hängeisolatoren. Einbau von eisenfreien Drosselspulen zwischen Transformatoren und Generatoren.

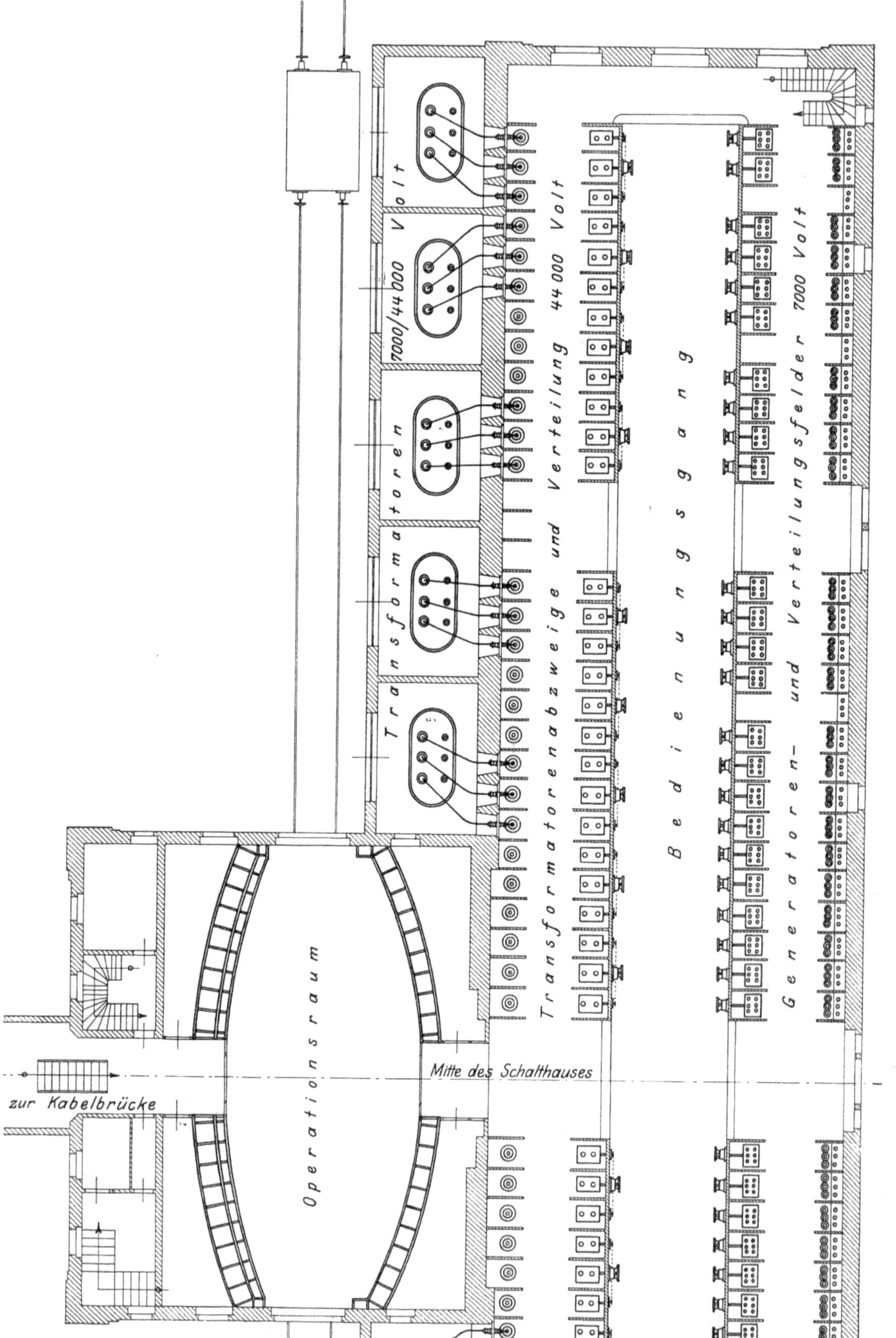

Abb. 490. Grundriß des Schalthauses des E.W. Wyhlen (Tafel IV).

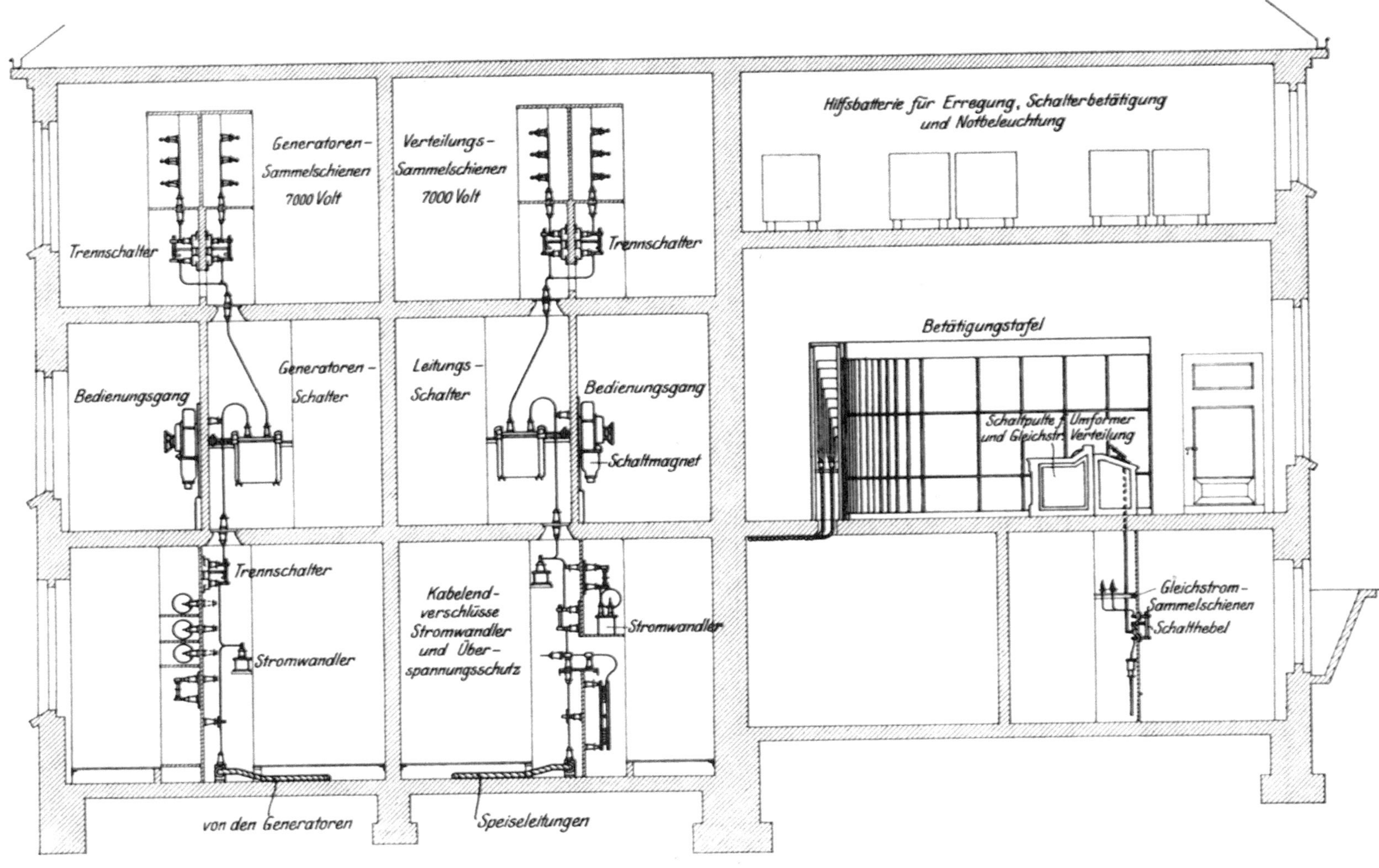

Abb. 491. Schalthaus für E.W. Bremen 7000 V; vollkommen durchgeführte Phasentrennung von den Kabelschienen bis zu den Sammelschienen.

ausüben. In dem Buchholzschutz wird dieser Druck durch einen kleinen Kolben und Schwimmer dazu verwandt, ein kleines Relais zum Ansprechen und Abschalten des fehlerhaften Transformators zu bringen. Der kleine Apparat mit Relais wird oben auf den Transformatordeckel aufgeschraubt. Ein Ansprechen des Relais infolge der Ausdehnung des Öls durch Erwärmung oder infolge von Erschütterungen findet nicht statt.

Die einfachste Verbindung des Generators und der Schaltanlage ist die blanke Kupferleitung, die gut auf Isolatoren verlegt und durch Abkleidung vor zufälliger Berührung geschützt wird. Solche Verbindung ist aber nur in den seltensten Fällen ausführbar, sie wird manchmal zur unmittelbaren Verbindung des Generators mit dem zugehörigen Transformator angewendet. Im Goldenbergwerk ist diese Verbindung für die 16 000 kW und für die 50 000 kW Turbinen durchgeführt. Sie ist ferner im Kraftwerk Hirschfelde vorgesehen. Am häufigsten erfolgt die Verbindung der Generatoren mit der Schaltanlage oder mit den Transformatoren (wenn diese im Schalthause stehen) durch Kabel, die, wie erwähnt, für Freileitungsnetze gleichzeitig einen guten Überspannungsschutz der Generatoren darstellen. Die Verlegung geschieht auf drei verschiedene Arten. Die einfachste ist die Verlegung in der Erde, wo sie in der üblichen Weise durch Ziegelsteine vor mechanischen Beschädigungen geschützt werden. Will man die Kabel unter ständiger Überwachung halten, so werden sie je nach der örtlichen Lage des Kraftwerkes und der Schaltanlage in unterirdischen Kanälen oder im Innern einer Kabelbrücke verlegt. In diesem Falle wird die Juteumspinnung wegen der Feuersgefahr fortgelassen. Kabelmuffen sollten jedenfalls vermieden werden, weil sie immer den wundesten Punkt der Kabelstrecke darstellen. Auch die Endverschlüsse müssen mit besonderer Sorgfalt angebracht und überwacht werden. Wo Aluminiumkabel zur Verlegung gelangen, ist besonders auf die Verbindungsstellen außerhalb der Endverschlüsse zu achten.

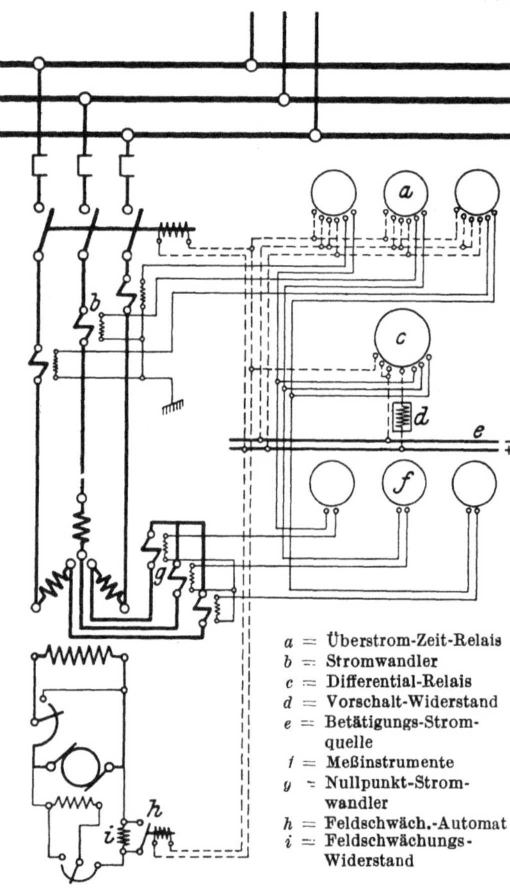

Abb. 492. Generatorschutz durch Überstrom-Zeit-Relais, Differential-Relais und Feldschwächung.

Wenn für größere Entfernungen blanke Leitungen verwendet werden, so sind Ausdehnungsstücke einzubauen. Bei den Leitungen innerhalb der Schaltanlage muß darauf Rücksicht genommen werden, daß die Abstände nicht nur von der Spannung, sondern auch von der Größe des auftretenden Kurzschlußstromes abhängig sind. In älteren Anlagen ist es oft vorgekommen, daß die Leitungen durch einen Kurzschluß auseinandergerissen wurden, bevor der Ölschalter Zeit fand auszulösen. Auch die Erd- und Meßleitungen sowie die Schrauben und Klemmen müssen nach der Größe des auftretenden Kurzschlußstromes bemessen werden; geschieht das nicht, dann schmilzt die Meßleitung, und das Überstromrelais hat keine Gelegenheit mehr anzusprechen. Die Verbindung der Niederspannungsklemmen der Stromwandler mit den Klemmen der Meßinstrumente geschieht am besten durch eisenbandarmierte

Mehrleiterkabel, deren Adern verschiedenfarbig ausgeführt werden. Um die Haupt-
erregerkabel so kurz wie möglich zu halten, ist der Magnetregler in der Nähe des
Generators aufzustellen und von der Schalttafel aus elektrisch zu betätigen.

c) Aufbau der Schaltanlagen.

In früheren Veröffentlichungen habe
ich bereits darauf aufmerksam gemacht,
daß das Schalthaus zum Zwecke übersichtlicher Leitungsverlegung an der
Längsseite des Kraftwerkes in einem Ab-
stande von etwa 10 m errichtet werden
sollte. Diese Anordnung ist aus örtlichen
Gründen nicht immer ausführbar, so
muß beispielsweise der Aufbau der Schaltanlage von Wasserkraftwerken, die sehr
häufig im Gebirge liegen, in der Regel
dem Gelände angepaßt werden.

Für den unmittelbaren Zusammenbau
von Schalthaus und Turbinenhaus spricht
nur eine überdies noch ziemlich fragliche
Ersparnis an Anlagekosten; für die Errichtung besonderer Schaltgebäude sind
aber ausschlaggebende Gründe anzuführ-
ren. Höhere Anlagekosten entstehen
lediglich durch den Bau einer besonderen Frontwand und einer Verbindungs-
brücke, sie sind also unerheblich und
können durch Ersparnisse an anderer
Stelle teilweise ausgeglichen werden.

Man gewinnt vor allem zwei neue
Lichtfronten, die für den Maschinenkeller und für die Schaltanlagen selbst
bedeutsam sind; gerade die Rückseite
der Schaltanlagen und der Maschinenkeller pflegen in dieser Hinsicht besonders vernachlässigt zu sein.

Man erreicht ferner Unabhängigkeit
der inneren Ausgestaltung des Schalthauses vom Maschinenhause bezüglich Höheneinteilung, Pfeileranordnung,
Deckenkonstruktion usw. Bei späteren
Erweiterungsbauten sind diese Vorteile
wertvoll, sie ergeben Ausdehnungsmög-
lichkeiten nach allen Richtungen.

Der häufig gemachte Einwand, die
Schaltanlage müsse mit dem Maschinen-

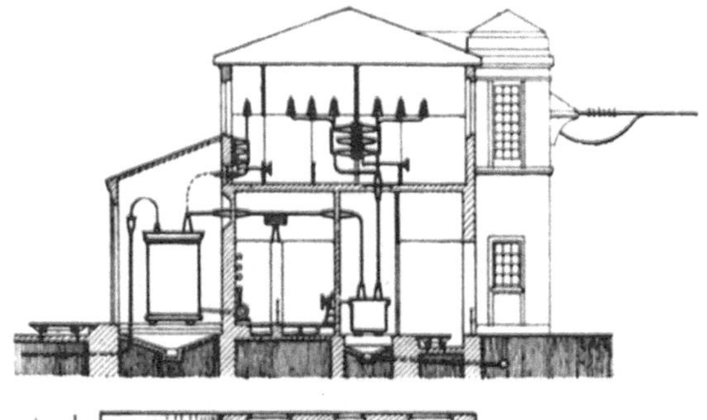

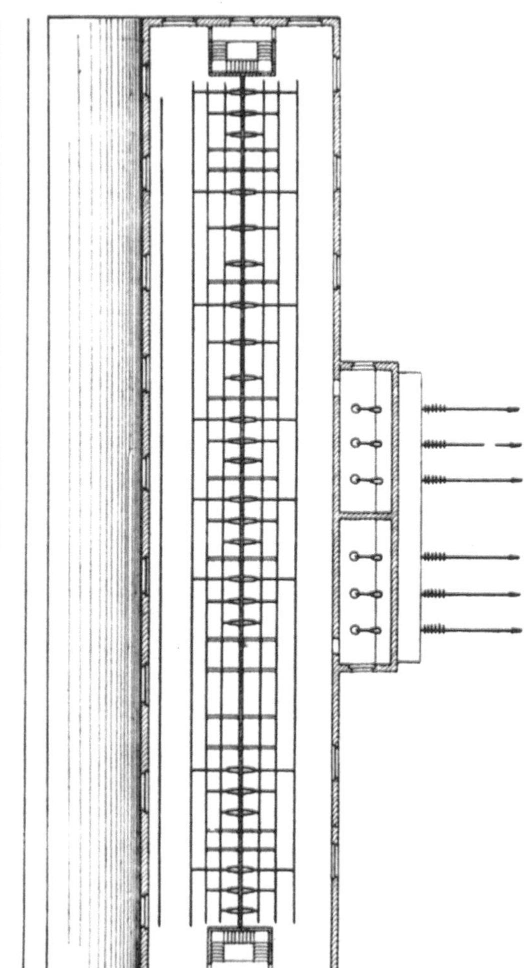

Abb. 493. 100 000 V Schalthaus Hirschfelde.

haus in möglichst enger Verbindung stehen, ist nicht stichhaltig; die Schaltanlage gehört vielmehr, bis auf die Einrichtungen für die Spannungsregulierung und Bedienung
der Maschinen, eher zum Leitungsnetze als zu den Generatoren.

Die Ansicht, der Schalttafelwärter müsse die Maschinen sehen können, entbehrt
gleichfalls der Begründung; es ist im Gegenteile richtiger, den Wärter von aller
Beeinflussung durch Geräusche und von der im Maschinenraum oft herrschenden

Hitze fernzuhalten und ihn zu veranlassen, seine Maßnahmen lediglich nach den Angaben der Instrumente zu treffen. Es sind Fälle bekannt geworden, in denen plötzlich auftretende Fehler an den Maschinen zu falschen Schaltungen führten, weil der Schalttafelwärter in das Maschinenhaus und nicht auf seine Instrumente blickte.

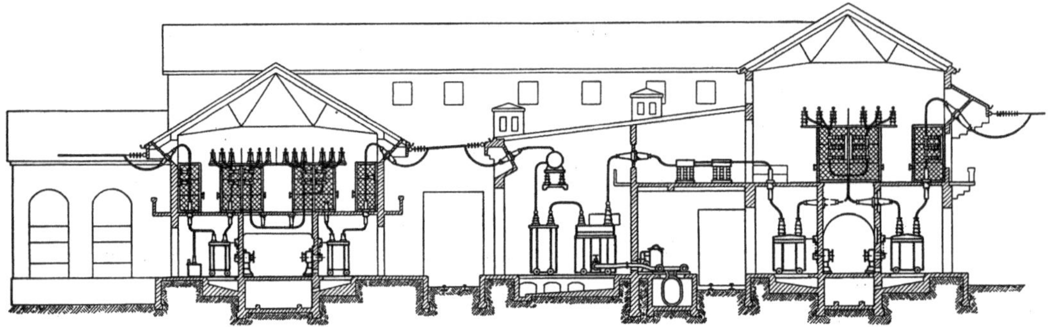

Abb. 494. Querschnitt durch Schalter- und Transformatorenkammern.

Die zwischen Maschinen- und Schalthaus erforderliche Verständigung betrifft nur das An- und Abstellen der Maschinen und, heute nur noch in seltenen Fällen, deren Belastung; diese einfache Nachrichtenübertragung erfolgt jedoch am besten und sichersten durch Kommandoapparate.

Es ist nicht immer möglich, die Schalthäuser an der Längsseite des Maschinenhauses anzuordnen (Abb. 502 u. 503). In Golpa (Kap. IX S. 520) z. B. wurde das Schalthaus mit Rücksicht auf die Lage der abgehenden 100 000 V Leitungen und auf die zahlreichen Kühltürme senkrecht zum Kraftwerk errichtet. Die Durchrechnung ergab, daß die langen Kabelverbindungen sich immer noch billiger stellten als die Rohrleitungen und Kanäle zwischen Maschinenhaus und Kühltürmen.

Der Aufbau der Schaltanlagen hat in den letzten Jahren durch den Fortfall der kostspieligen und viel Platz erfordernden Überspannungsvorrichtungen eine bedeutende Vereinfachung erfahren. Der Unterschied wird besonders deutlich durch Abb. 501 gezeigt, welche die äußeren Dimensionen eines Schalthauses mit und ohne Blitzschutz wiedergibt.

Das Schalthaus Golpa bildet gewissermaßen ein Mittelding zwischen den üblichen Schalthäusern und den im Freien aufgestellten Schaltanlagen, denn die Ölschalter können hier als fast im Freien stehend angesehen werden (Abb. 292, 293). Die in Golpa gewählte Freileitungsausführung stellt eine gute architektonische Lösung dar (Abb. 740 und 742). Sie wurde übrigens im Goldenbergwerk bereits im Jahre 1913 angewendet.

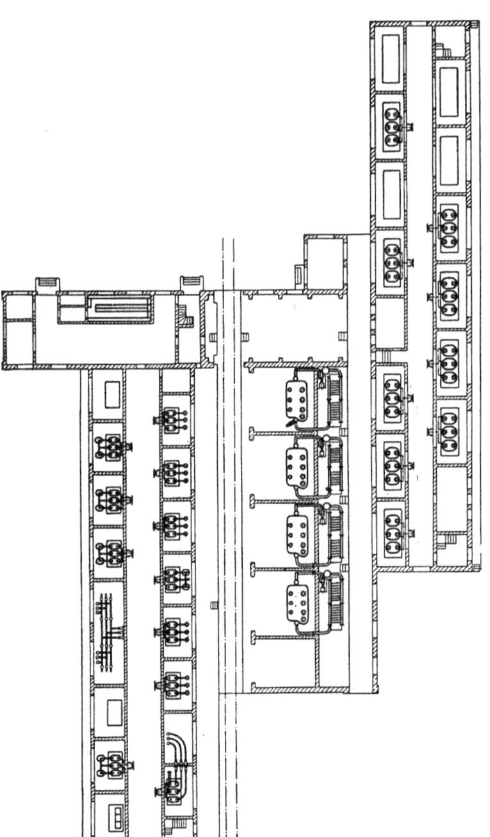

Abb. 495. Grundriß des Erdgeschosses (verkleinerter Maßstab).

Abb. 494 u. 495. Querschnitt und Grundriß der 100 000 V Schaltstation München (Bayernwerk). Bergmann E. W.

Der zweistöckige Aufbau des Schalthauses Golpa ist auch der Schaltanlage des Stickstoffwerkes Chorzow (Abb. 299) und des Aluminiumwerkes Lauta (Abb. 294) zugrunde gelegt, allerdings arbeiten diese Anlagen nur mit einer Spannung von 5000 bis 6000 V. Auch die Schaltanlagen der Kraftwerke Trattendorf (Abb. 290), Hirschfelde (Abb. 493) und die Schaltanlagen des Bayernwerkes (Abb. 494 bis 498) sind zweistöckig ausgeführt. Abb. 299 und 300 zeigen einen Schnitt durch das zweistöckige Schalthaus Chorzow und das fünfstöckige Schalthaus eines Elektrizitätswerkes mit der gleichen Einrichtung.

Man sieht ohne weiteres, wie überlegen der zweistöckige Aufbau dem mehrstöckigen hinsichtlich Bedienung und Übersichtlichkeit ist. Immerhin gibt es noch Fälle genug, in welchen der mehrstöckige Aufbau gewählt werden muß (Abb. 488, 499).

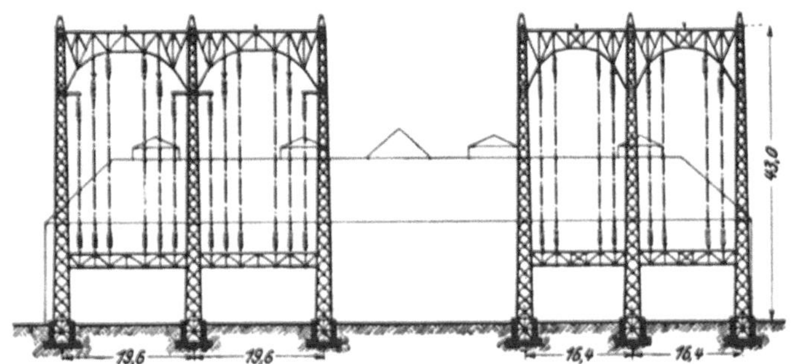

Gerüst für die Drehstrom-   Gerüst für die Einphasen-
leitungen.   Wechselstromleitungen.

Abb. 496a. Abspanngerüste vor dem Schalthaus Kochel.

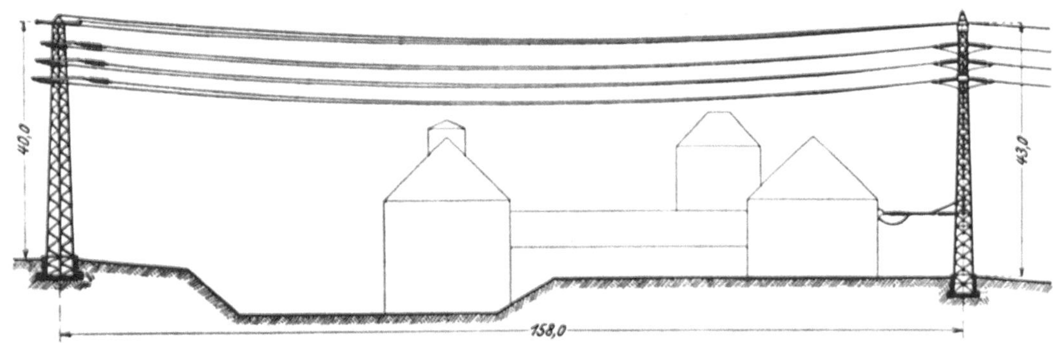

Abb. 496b. Seitenansicht.
Abb. 496a u. 496b. 100 000 V Leitungsausführung und Abspannung am Schalthaus des Kraftwerkes Kochel. Bergmann E.W.

Abb. 502 u. 503 stellt ein Kraftwerk dar, bei dem — im Gegensatz zu Golpa — die erforderlichen Schalteinrichtungen auf der einen Längsseite des Maschinenhauses angeordnet sind. Hierbei ist angenommen, daß der erzeugte Strom mit einer Spannung von 6000 und 100 000 V verteilt wird, daß somit zwei zweistöckige Schalthäuser erforderlich werden. Der Aufbau der elektrischen Apparate ist in der gleichen Weise wie in Golpa erfolgt. Das 100 000 V Schalthaus ist jedoch schmäler gehalten, weil die 100 000 V Freileitungen durch einen Vorbau ins Freie geführt werden. Außerdem befindet sich in dem 100 000 V Schalthaus auf der einen Längsseite noch eine Sammelschiene, durch welche die Nullpunkte der Transformatoren über Trennschalter mit einer Petersen-Erdschlußspule verbunden werden können.

Die Betätigungstafel (Abb. 504, 505) soll von einer Stelle aus bequem übersehen werden können und mit dem Bedienungsgang der Hochspannungsanlage und des

Maschinenhauses in guter· Verbindung stehen. Wird ein freistehendes Schalthaus errichtet, so lege man sie in den Verbindungsgang zwischen Maschinen- und Schalthaus. Für die Anordnung der Instrumente auf den einzelnen Tafeln ist hauptsächlich zu beachten, daß die organische Zusammengehörigkeit bestimmter Apparate auch auf der Schalttafel sichtbar zum Ausdruck gebracht wird.

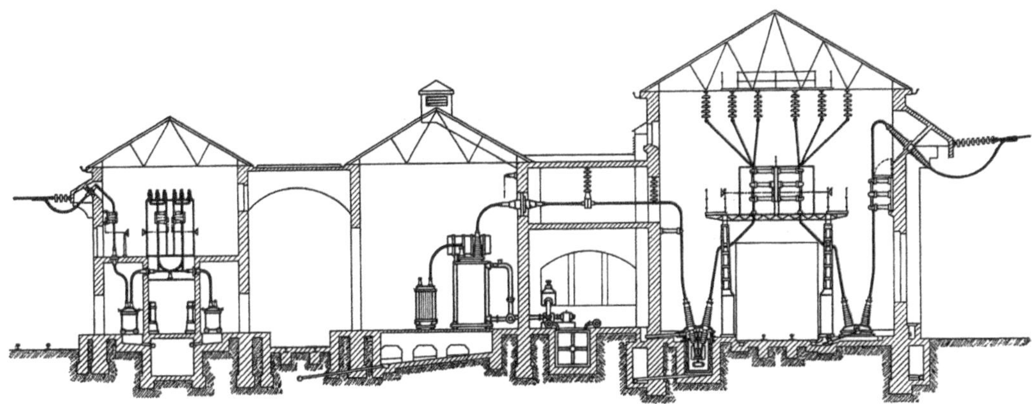

Abb. 497.   Querschnitt.

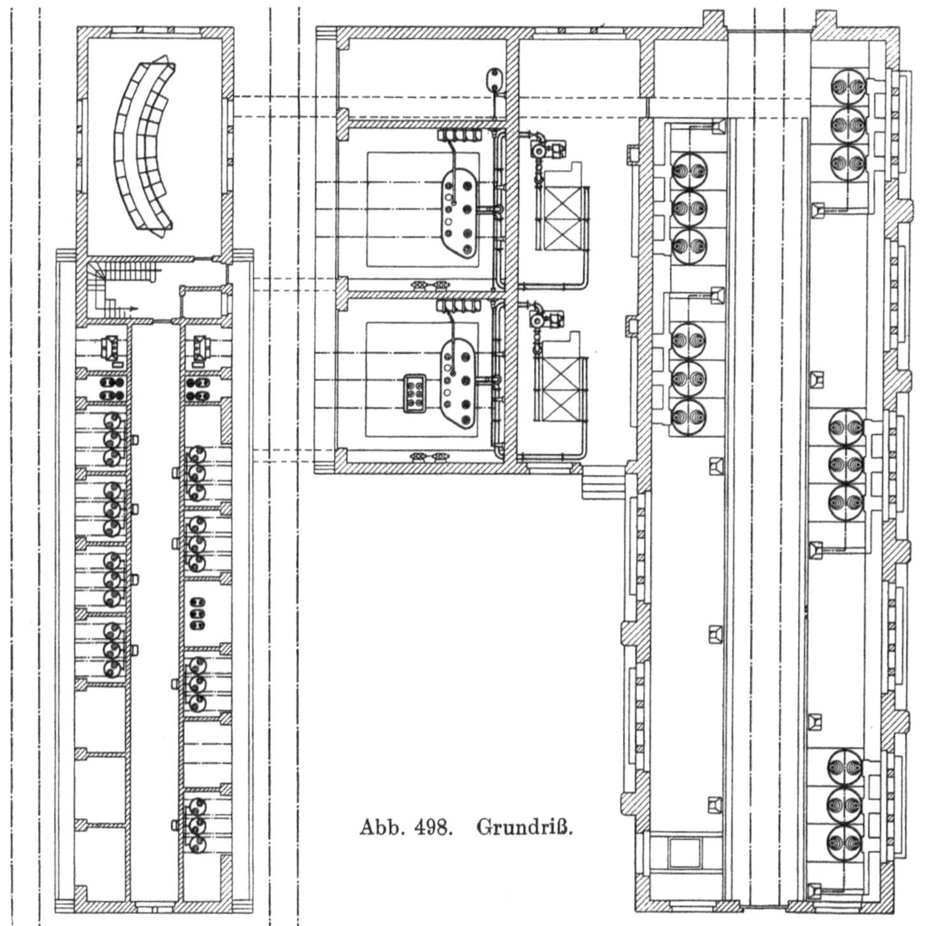

Abb. 498.   Grundriß.

Abb. 497 u. 498.   Querschnitt und Grundriß des Umspannwerkes Würzburg (Bayernwerk).
Versenkte Ölschalter. Weitgehende Anwendung von Hänge-Isolatoren auf der 100 000 V Seite. BBC.

Meß- und Betätigungsleitungen werden am besten in aufdeckbaren oder begehbaren Kanälen verlegt, die der Kontrolle bequem zugänglich sind.

Der Aufbau der Apparate erfolgt am besten in der Weise, daß vom Ölschalter-Bedienungsgang aus sämtliche Trennschalter sichtbar sind und nötigenfalls auch bedient werden können. Die Ölschalter, Strom- und Spannungstransformatoren, also

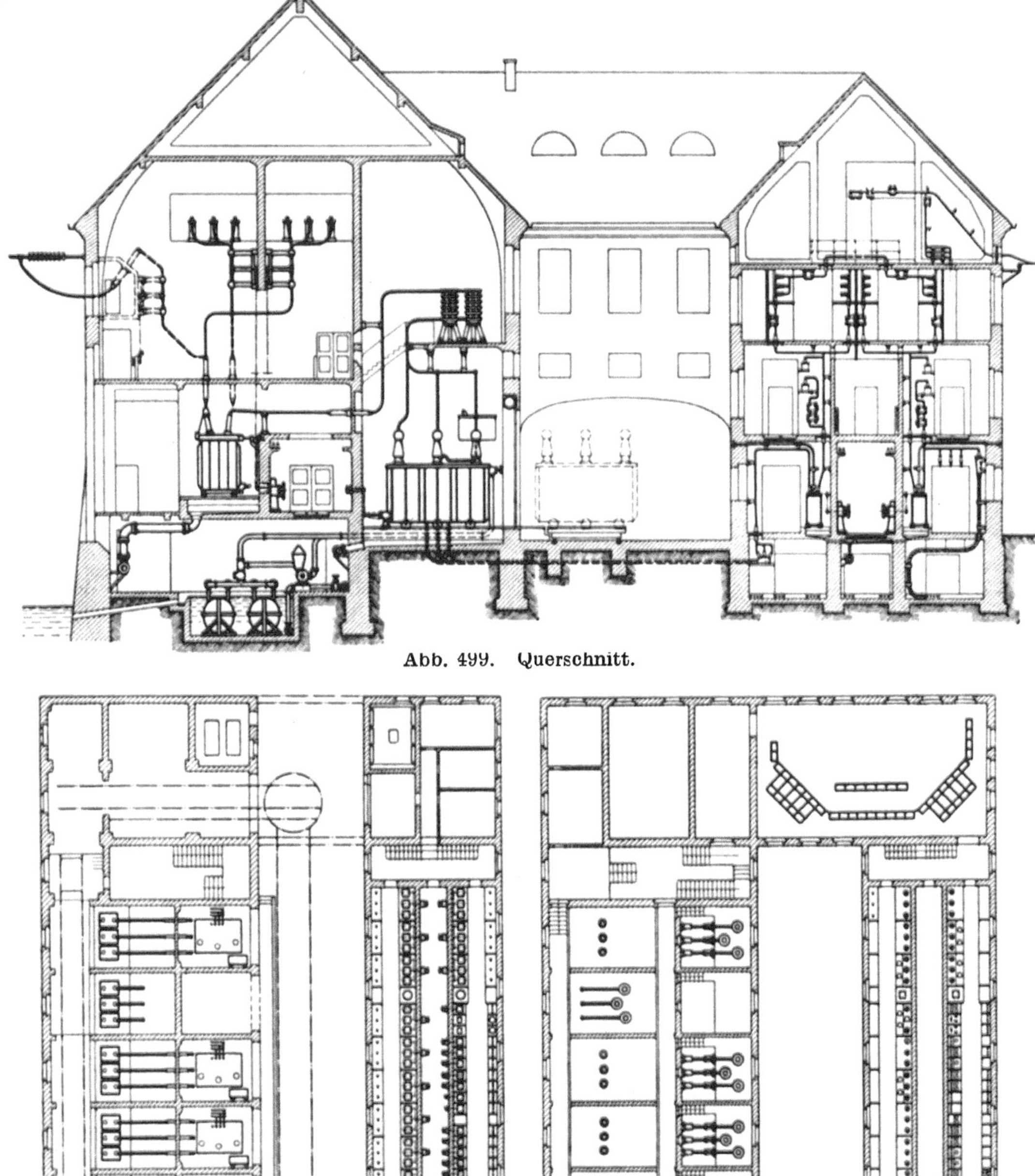

Abb. 499. Querschnitt.

Erdgeschoß. Abb. 500. Grundrisse. I. Stock.

Abb. 499 u. 500. Querschnitt und Grundrisse der Schaltstation für das Murg Kraftwerk in Vorbach. SSW.

die schwersten und Öl enthaltenden Apparate, stehen im Erdgeschoß, während die Trennschalter und Sammelschienen im ersten Stock Platz finden.

Der Ölschalterraum ist so einzurichten, daß die Schalterantriebe in einem von der eigentlichen Hochspannung durch massive Wände abgeschlossenen Bedienungsgange liegen.

Besondere Rücksichtnahme erfordert die Feuersicherheit der Anlage. Lichtbogenbildung muß durch genügend große Abstände der Leitungen gegeneinander und gegen Erde verhindert werden. Die Trennung der einzelnen Phasen durch Zwischenwände hat dagegen (auch für Sammelschienen) nicht den großen Wert, der ihr früher beigelegt wurde. In den übrigen Teilen der Anlage genügt es, die ganzen Felder der einzelnen Generatoren und Abzweige durch massive Wände voneinander zu trennen, so daß Reparaturen gefahrlos und ohne Störung des übrigen Betriebes ausgeführt werden können. Die einzelnen Stockwerke müssen unter Verwendung von Durchführungsisolatoren feuersicher gegeneinander abgeschlossen werden (keine offenen Leitungsdurchführungen), um das Übergreifen eines Brandes von dem einen auf das andere Stockwerk zu verhüten. Auch die Treppenhäuser müssen entsprechend ausgeführt werden.

Auf die Bedeutung von Bestrebungen, die Zahl der Ölschalter herabzusetzen, ist in vorhergehenden Abschnitten hingewiesen worden (S. 361). Hierunter fällt ein von Troeger gemachter Vorschlag, die Zu- und Abschaltung der Leitungen und Maschinen unter Einschaltung einer Hilfssammelschiene durch automatisch betätigte Luftschalter zu bewirken, den eigentlichen Schaltvorgang, d. h. die Auftrennung und das Schließen des Stromkreises unter Last, jedoch durch einen Hauptölschalter ausführen zu lassen. Dieser kann dann in einer besonderen Kammer untergebracht werden und, da er nur einmal vorhanden ist, vollständige Reserve erhalten. Die einzelnen Schaltvorgänge müssen durch Hilfskontakte an den Schaltern in richtige zeitliche Abhängigkeit voneinander gebracht werden. Man erhält somit ein Schalthaus, in dem alle Schalter mit magnetischer Einschaltung und Auslösung versehen sind, in ähnlicher Konstruktion wie die jetzigen Ölschalter, doch ohne Öl, während für den nur einmal vorhandenen Hauptschalter ohne wesentliche Steigerung der Anlagekosten besonders große Schalter mit Widerstandsstufen in Hintereinanderschaltung verwandt werden können.

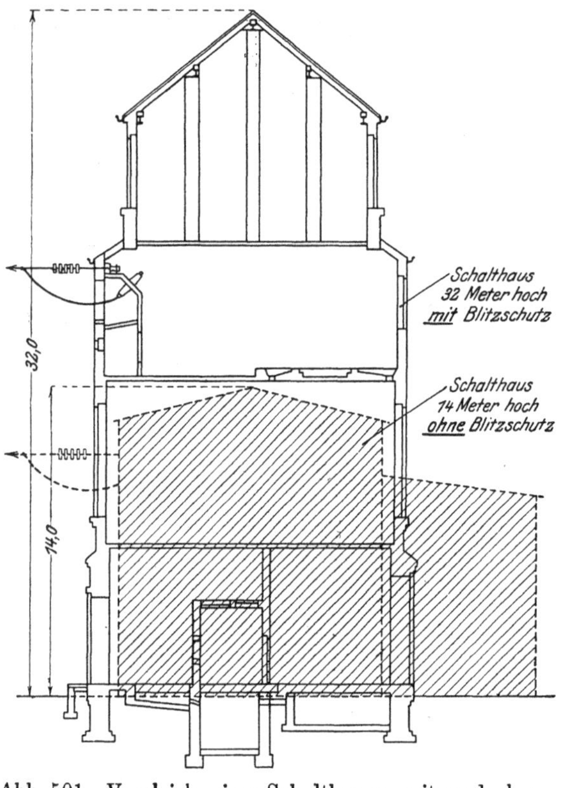

Abb. 501. Vergleich eines Schalthauses mit und ohne Blitzschutz.

Die Durcharbeitung eines Projektes zeigt aber, daß an Anlagekosten wenig gespart wurde. Es fallen zwar die Trennwände fort, auch können für die Hilfsschalter unbedenklich kleinere und leichtere Typen genommen werden, durch die für alle Schalter erforderlichen magnetischen Betätigungen wurden aber die Anlagekosten nicht unbeträchtlich wieder erhöht. Die gleichzeitige Erlangung wirtschaftlicher Vorteile hängt also von der Konstruktion einer einfachen automatischen Betätigung der Hilfsschalter ab. Diese ist dem Verfasser, unter Anlehnung an die übliche Konstruktion der Trennschalter, gelungen, und Abb. 506 zeigt das Projekt einer solchen Schaltanlage. Zum Vergleich ist der Schnitt eines Schalthauses der üblichen Ausführung danebengestellt; man erkennt, daß sich auch in den Kosten der Gebäude wesentliche Ersparnisse erzielen lassen.

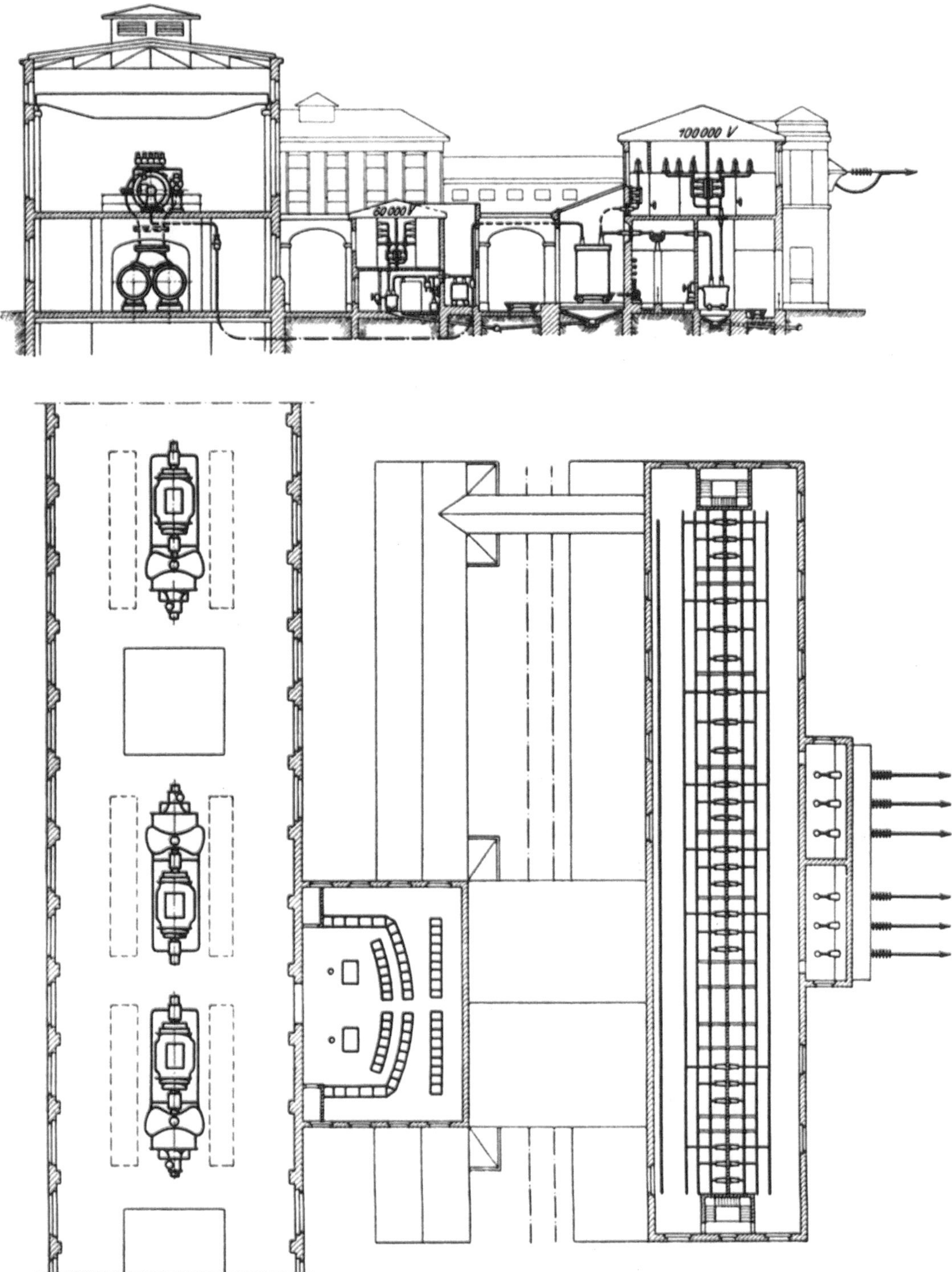

Abb. 502 u. 503. Querschnitt und Grundriß eines Schalthauses auf der Längsseite des Maschinenhauses. Verteilung mit 6000 V und 100 000 V.

d) Wahl der Apparate.

In Schaltanlagen liegen Betriebsbedingungen vor, die viel ungünstiger sind als die der übrigen Teile des Werkes. Einerseits werden Energiemengen der ganzen Zentrale in der Schaltanlage zusammengefaßt, und Versagen dieser bedeutet Stillsetzung des Werkes. Andrerseits gehören Netzkurzschlüsse und Überspannungen, die das Material elektrisch und mechanisch mit dem Vielfachen des Normalen beanspruchen, zu den unvermeidlichen, fast betriebsmäßigen Erscheinungen.

Die in der Schaltanlage verwendeten Apparate und Konstruktionsteile sollten daher nach den im allgemeinen Maschinenbau längst üblichen Grundsätzen bemessen werden und folgenden Hauptbedingungen genügen:

Abb. 504. Betätigungstafel in E. W. der Hamburger Hochbahn.

1. Sie müssen einheitlich einen so großen elektrischen Sicherheitsgrad aufweisen, daß sie auftretende Überspannungen ohne Schaden vertragen, wobei der Sicherheitsgrad in den unzugänglichen Teilen höher sein soll als in den zugänglichen.

2. In bezug auf mechanische Festigkeit müssen sie der Beanspruchung durch die Kurzschlußleistung der Zentrale mit Sicherheit und ohne Beeinträchtigung der Betriebsbereitschaft gewachsen sein.

Die Innehaltung ersterer Bedingung wird wesentlich erleichtert, wenn die Schaltanlage nebst Schaltern, Trennschaltern, Stromwandlern usw. mit nur einem einheitlichen Stütz- und Durchführungsisolator ausgerüstet wird (Abb. 507 und 508). Mit der richtigen Isolatorgröße ist dann der elektrische Sicherheitsgrad im voraus einheitlich festgelegt, wenn gleichzeitig der gegenseitige Abstand der Leitungen voneinander und von Erde normalisiert ist.

Der Sicherheitsgrad ist nach den für Schaltvorgänge und Kurzschlüsse usw. zu erwartenden Beanspruchungen zu bemessen. Je höher die Spannung ist, um so kleiner werden verhältnismäßig die auftretenden Überspannungen, desto niedriger darf also der Sicherheitsgrad sein.

Für mittlere Betriebsspannungen (10000 bis 20000 V) und mittlere Zentralenleistungen ist der Sicherheitsgrad 5 als ausreichend anzusehen, während z. B. bei 100000 V Anlagen der Sicherheitsgrad 2 bis 3 sein sollte.

Im Interesse leichter Reinigung sollten die Isolatoren möglichst glatte Form erhalten, die gleichzeitig die Ablagerung von Staub vermindert (Abb. 507 und 508); ihre Überschlagsspannung muß beträchtlich kleiner als die Durchschlagsspannung sein. Auch die Durchschlagsspannung eingebauter Apparateteile, z. B. der Wicklung von Stromwandlern gegen das Gestell, sollte höher als die Überschlagsspannung der Isolatoren sein. Bei dieser Bemessung bilden dann die Isolatoren gewissermaßen

Abb. 505. Betätigungstafel im Schalthaus des E. W. Wyhlen, rechts Generatorenfelder, links Verteilungsfelder; Ausführung der Tafeln in poliertem blauen Marmor; Schaltschema in blanken Messingleisten auf den Tafeln verzeichnet.

eine Sicherheitsfunkenstrecke, an der schlimmstenfalls eine Entladung ohne Zerstörungen wesentlicher Teile der Apparate erfolgen kann.

Da der hochspannungführende Teil der Schaltanlage um so betriebssicherer ist, je weniger Apparate er enthält, muß deren Zahl tunlichst vermindert werden. Stromwandler und Meßtransformatoren sollten deshalb so reichlich bemessen sein, daß an jeden vier oder fünf Instrumente niederspannungsseitig angeschlossen werden können.

In der Zahl der Instrumente ist man dann nicht beschränkt. Besonderer Wert ist auf zuverlässige Messung der erzeugten und abgegebenen Leistung zu legen. Außerdem sollte die Betriebskontrolle durch den Einbau von registrierenden Instrumenten erleichtert werden.

Die am höchsten beanspruchten Teile der Schaltanlage sind diejenigen Ölschalter, die unmittelbar an den Hauptsammelschienen liegen; sie haben im Notfalle die Kurzschlußleistung des ganzen Werkes zu unterbrechen; sie sollten daher diese Leistung wiederholt ohne Beeinträchtigung der Betriebsbereitschaft abschalten können.

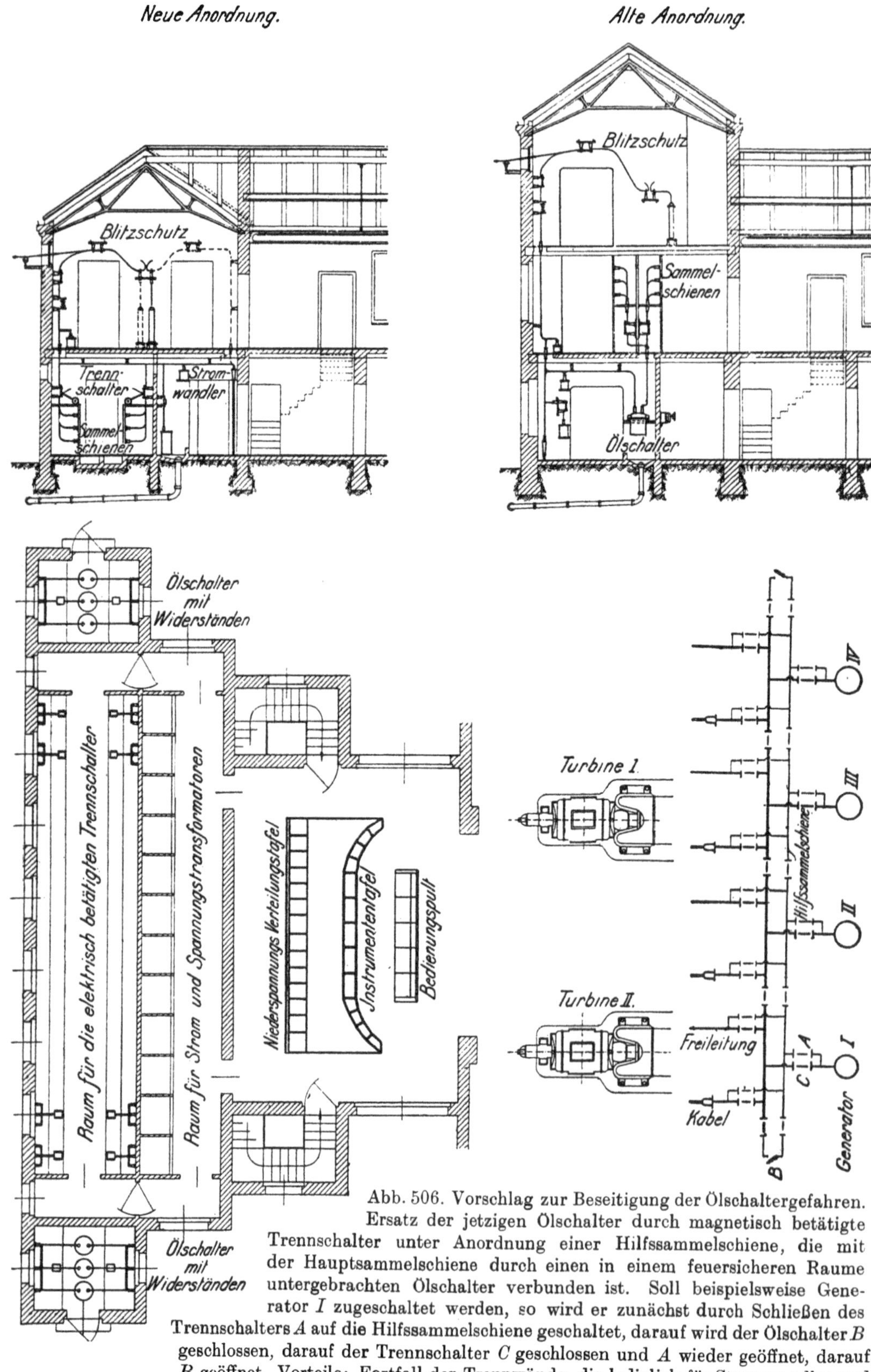

Abb. 506. Vorschlag zur Beseitigung der Ölschaltergefahren.
Ersatz der jetzigen Ölschalter durch magnetisch betätigte Trennschalter unter Anordnung einer Hilfssammelschiene, die mit der Hauptsammelschiene durch einen in einem feuersicheren Raume untergebrachten Ölschalter verbunden ist. Soll beispielsweise Generator *I* zugeschaltet werden, so wird er zunächst durch Schließen des Trennschalters *A* auf die Hilfssammelschiene geschaltet, darauf wird der Ölschalter *B* geschlossen, darauf der Trennschalter *C* geschlossen und *A* wieder geöffnet, darauf *B* geöffnet. Vorteile: Fortfall der Trennwände, die lediglich für Stromwandler und Spannungstransformatoren verbleiben. Bei diesen handelt es sich jedoch um wesentlich kleinere Ölmengen; außerdem sind sie der Gefahr eines Ölbrandes weniger ausgesetzt. Erheblich kleinerer Raumbedarf, wie aus dem Vergleich der Schnitte hervorgeht. Auch die Gebäudelänge wird bei der neuen Anordnung kleiner.

Für den unmittelbaren Anschluß an das Sammelschienensystem kommt, was die Ausschaltleistung anbetrifft, nur eine einzige Schaltertype in Betracht, die von der Leistung der einzelnen Abzweige unabhängig ist, und daher von vornherein für den vollen Ausbau bemessen werden sollte. Die Stromstärke, für welche der Schalter zu bemessen ist, richtet sich nach der Dauerbelastung des Stromkreises. Ölschalter unter 350 A sollte man allerdings auch bei kleineren Abzweigen nicht verwenden.

Große Leistungen verlangen häufig einpolige Schalterelemente mit automatischem Antrieb und .Fernbetätigung. Aber auch in Anlagen mittlerer Größe empfiehlt es sich, im Interesse sicherer Parallelschaltung wenigstens die Generatorschalter elek-

Abb. 507. Stütz- und Durchführungsisolatoren für Trennschalter und Sammelschienen
im E. W. Hirschfelde. 40 000 V.

trisch zu steuern. Die seltener zu bedienenden Schalter der Abzweige sollten ebenfalls möglichst elektrischen Antrieb erhalten.

Die kleinen Ölschalter sind häufig so ausgeführt, daß der Ölbehälter in der Hochspannungskammer herabgelassen werden kann. Die größeren Ölschalter werden auf Fahrgestellen montiert oder der Ölbehälter ist mit Rollen versehen, die einen leichten Transport ermöglichen. Im letztgenannten Falle werden die Ölschalter, falls sie nachgesehen werden sollen, in den Reparaturraum gebracht, in dem sich ein Flaschenzug zum Hochziehen des Oberteiles befindet.

Die einzubauenden Trennschalter sollten möglichst dreipolig sein, um die Benutzung von Schaltstangen zu vermeiden. Werden einpolige Trennschalter verwendet, so müssen sie für größere Stromstärken verriegelt werden, damit sich die Trennschalter im Falle eines Kurzschlusses nicht früher öffnen lassen als der Ölschalter, der den Stromkreis unterbrechen soll. Ist der Strom groß genug, dann öffnet sich, wie Versuche gezeigt haben, der Trennschalter schon in 1 bis 2 Perioden, also in einer Zeit, in der der Ölschalter nicht abschalten kann. Als Stromwandler sind kurzschlußsichere Konstruktionen zu verwenden.

Abb. 508. Sammelschienen im E. W. Hirschfelde 40000 V. Trennwände in Duroplatten; zwischen den Sammelschienen keine Trennwände.

e) Reinigung und Trocknung des Öles.

Die in Transformatoren, Ölschaltern, Meßtransformatoren usw. zu Isolations und Kühlzwecken verwandten Ölmengen stellen in großen Anlagen so beträchtliche Werte dar, daß es sich lohnt, besondere Einrichtungen zu treffen, durch die der Ersatz verbrauchten Öles und dessen Reinigung und Trocknung von einer Zentralstelle aus in einfacher Weise erfolgen kann. Für Transformatoren und Apparate wird in der Regel säure- und wasserfreies Mineralöl verwandt, dessen Gefrierpunkt unter 20 und dessen Flammpunkt über 150^0 liegt. Die Zeitdauer, während der ein Transformator mit einer Ölfüllung betrieben werden kann, hängt wesentlich von der durchschnittlichen und der maximalen Temperatur des Öles ab, diese wiederum richtet sich nach den Belastungsverhältnissen und nach den für die Kühlung der Transformatoren getroffenen Einrichtungen; normalerweise wird etwa alle 1 bis 2 Jahre eine Untersuchung des Transformatorenöles vorgenommen werden müssen. Sind Einrichtungen vorhanden, die einen Wechsel des Öles in einfacher Weise ermöglichen, so wird man im Interesse der Betriebssicherheit häufigere Reinigung der Ölfüllung durchführen.

Die Lebensdauer des Öles in Schaltern hängt von der Abschaltleistung ab, der die Schalter bei der Unterbrechung ausgesetzt sind. Hat eine Abschaltung bei Überlastung oder Kurzschluß stattgefunden, so verkohlt ein Teil des Öles, und es empfiehlt sich, hin und wieder eine Kontrolle des Öles eintreten zu lassen. Die verbrannten Schichten befinden sich oben, sie müssen entfernt werden, weil Isolierung und Schaltleistung durch verkohltes Öl beeinträchtigt werden. Im Falle von Bränden muß das Öl in kurzer Zeit abgelassen werden können, damit weiterer Ausdehnung des Brandes vorgebeugt wird.

Zu der für die Ölbehandlung dienenden Anlage (Abb. 509 bis 514) gehört deshalb ein außerhalb des Gebäudes anzuordnender, vertieft liegender, eingemauerter eiserner Sammelbehälter, dessen Inhalt größer sein muß als der des größten Transformators; er ist durch weite Leitungen mit den einzelnen Ölkästen zu verbinden. Die vollständige Entleerung des größten Ölkastens sollte in etwa 10 Minuten durchgeführt werden können. Ein zweiter Behälter gleicher Größe dient für das reine Öl. Der Fußboden der Transformatorenkammern wird als Ölfang ausgebildet, damit aus undichten Flanschen usw. abfließendes Öl abgeleitet wird; jeder Ölfang erhält eine besondere Abflußleitung nach dem Sammelbehälter.

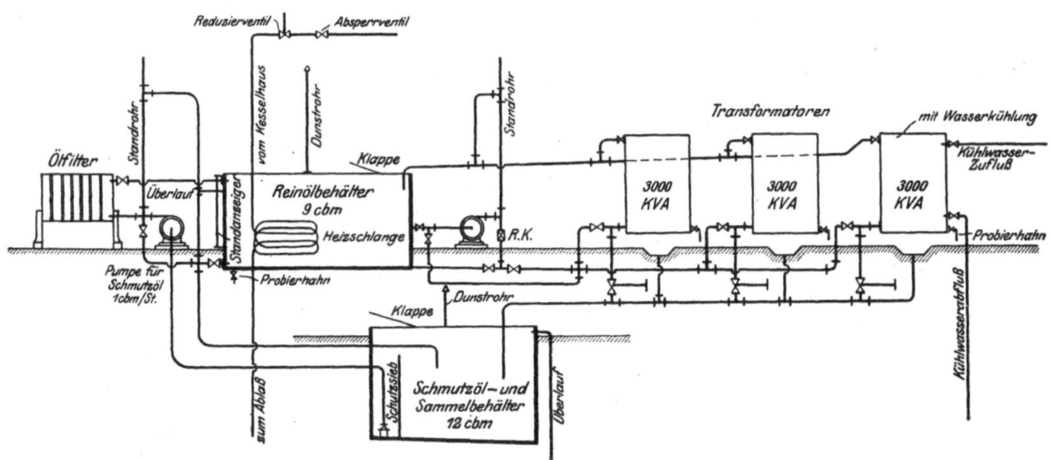

Abb. 509. Rohrleitungsschema für die Ölreinigungsanlage im Schalthause
des E. W. Breitungen.

Um das abgelassene oder verunreinigte Öl wieder zu verwenden, wird es zunächst filtriert und dann gekocht. Das aus dem Sammelbehälter entnommene Öl setzt in diesem bereits Schlamm ab; es wird zunächst durch ein Sieb geführt, das sich in einem vom Sammelbehälter abgeteilten Raum befindet und größere Verunreinigungen zurückhält (3 mm Maschenweite); von hier wird es durch eine Rohölpumpe nach einem Nebenraume des Transformatorengebäudes geschafft und durch eine Filterpresse gedrückt, von dieser gelangt es dann in einen Rein-Ölbehälter. Mit einer Filterleistung von 1000 Litern je Stunde wird man in der Regel auskommen, und da der Druckverlust nur etwa 0,3 bis bis 0,4 at beträgt, so genügt eine Pumpenleistung von 0,5 PS für diesen Zweck. Um ungewollte Drucksteigerungen zu verhüten, empfiehlt sich die Anordnung eines Standrohres von etwa 4 m Höhe, das gleichzeitig für die Entlüftung des Öles dient. Das Reinölbassin wird mit einer Heizschlange ausgerüstet, deren Heizfläche in Quadratmeter ungefähr dem Inhalt des Behälters in Kubikmeter entsprechen sollte. Sie wird durch Dampf aus der Kesselanlage beheizt und muß das Öl auf eine Temperatur von etwa 120° C bringen. Zur Bewegung des Öles während des Trockenprozesses empfiehlt sich die Aufstellung einer besonderen kleinen Pumpe, die in der Abbildung als Reinölpumpe bezeichnet ist. Die Ölgeschwindigkeit in der Druckleitung sollte 0,5 bis 0,8 m/s nicht übersteigen, weil verhindert werden muß, daß das Öl dem Transformatorkasten

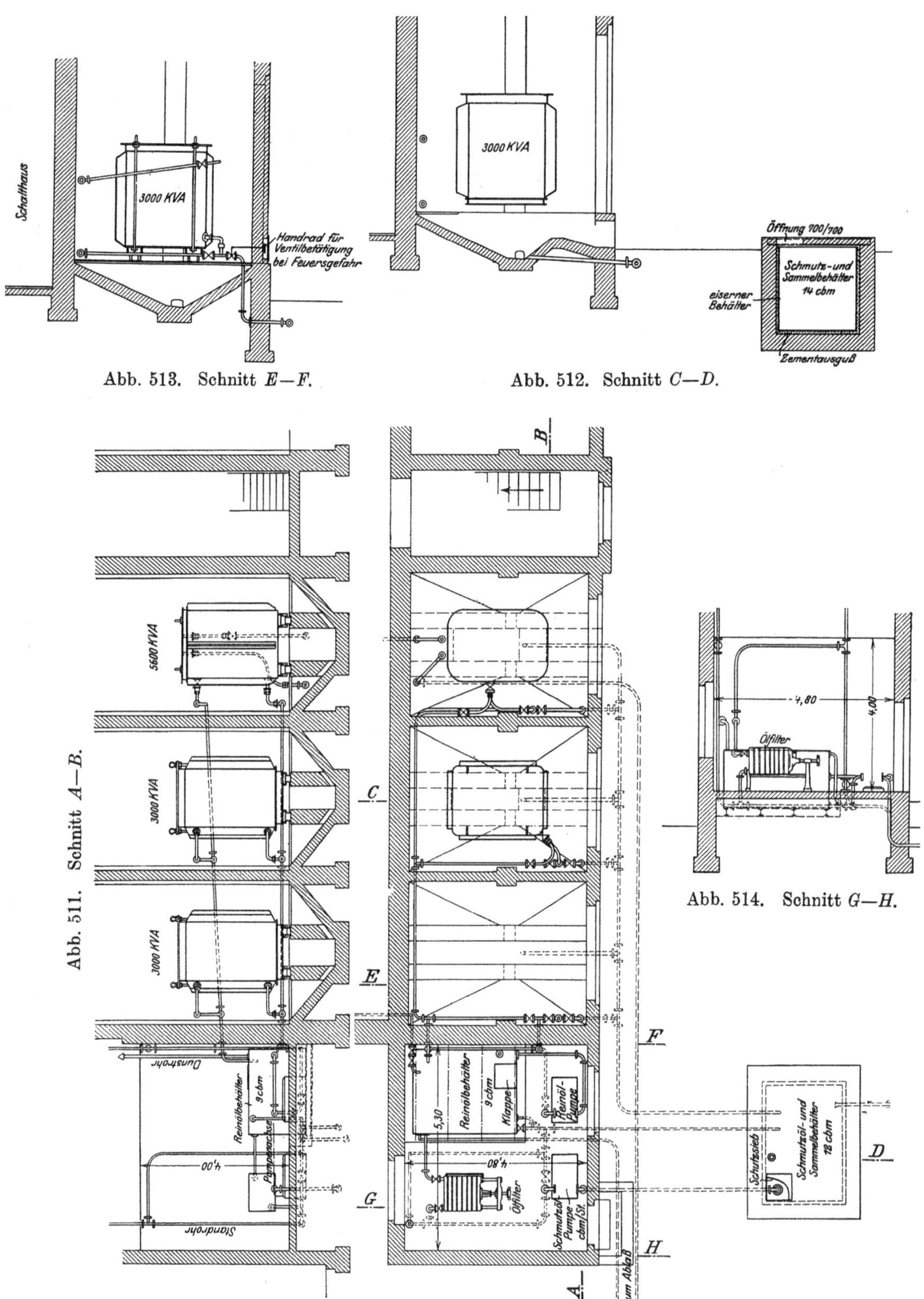

Abb. 513. Schnitt E—F.

Abb. 512. Schnitt C—D.

Abb. 514. Schnitt G—H.

Abb. 510. Grundriß.

Abb. 510 bis 514. Ölreinigungsanlage im Schalthause des E. W. Breitungen.

schneller zugepumpt wird, als es durch die Überlaufleitung wieder zurückfließt. Das reine Öl wird von unten in die Transformatorenkästen gedrückt, in diesen steigt es langsam auf und fließt dann durch die Überlaufleitung nach dem Trockenbehälter zurück. Diese Einrichtung ermöglicht gleichzeitig die Trocknung der Transformatorenkerne in dem fertig aufgestellten Behälter. Der Trocknungsprozeß des Kernes läßt sich natürlich noch beschleunigen, wenn die Primär- und Sekundärwicklungen durch Strombelastung elektrisch geheizt werden.

10. Architektur.

Die architektonische Ausgestaltung der Bauten hat sich vielfach in falschen Bahnen bewegt und die selbstverständliche Forderung, daß die Formengebung dem Zwecke des Gebäudes Rechnung tragen muß, ist bisher oft übersehen worden. Man sollte nie vergessen, daß ein Kraftwerk nichts anderes ist als eine Elektrizitätsfabrik und daß ihr Fabrikcharakter ebenso wie bei anderen Fabrikbauten nicht verdeckt werden darf. Tatsächlich werden aber häufig theaterähnliche Bauten errichtet, vor allem, wenn städtische Bauämter sich die architektonische Ausgestaltung selbst vorbehalten haben. Ebenso wie bei der Formgebung von Maschinen liegt die Schönheit von Industriebauten in guten Proportionen und im einfachsten Ausdruck für den gegebenen Zweck. Werden besondere konstruktive Hilfsmittel, wie z. B. Eisenkonstruktionen im Kesselhaus, eiserne Dachbinder in der Maschinenhalle usw., verwandt, so soll man sie, unter Berücksichtigung einfacher Linienführung, auch äußerlich in die Erscheinung treten lassen und sie nicht durch Hilfskonstruktionen verkleiden. Das Einziehen einer besonderen Kunstdecke in das Maschinenhaus, die lediglich den Zweck hat, die Dachkonstruktion zu verdecken, ist durchaus zu verwerfen. Man vergißt dabei, daß der unbefangene Beschauer in einer Elektrizitätsfabrik den Anblick eines Fabrikraumes erwartet und nicht einen Vortragssaal vorfinden will, in den zufällig Maschinen geraten sind. Wohl aber lassen sich, unter Berücksichtigung dieses Gesichtspunktes, auch für die Eisenkonstruktionen Formen finden, die den Räumen, bei aller Wahrung technischen Ausdruckes, ein gefälliges, unter Umständen ein elegantes Aussehen geben.

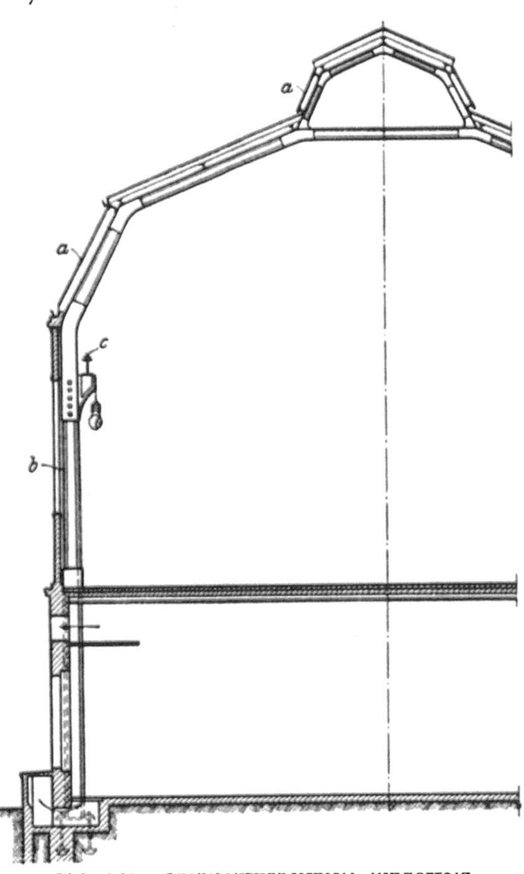

Abb. 515. Architekturbeispiel: Binderfeld (Steifrahmen-Konstruktion) für das Maschinenhaus.

a = Oberlicht, b = Seitenlicht, c = Laufkranschiene.

Werden flache Dächer gewählt, so können ohne Mehrkosten Doppel-I- oder Blechträger angewandt werden, wodurch das Aussehen der Dachkonstruktion wesentlich gewinnt.

Man ist oft geneigt, die Dächer, besonders dort, wo mit starker Verunreinigung der Luft durch Flugasche zu rechnen ist (Braunkohlenkraftwerke), mit steiler Neigung auszubauen, von der Erwägung ausgehend, daß ihre Selbstreinigung, und die der eingebauten Glasflächen, durch den Regen sich leichter vollzieht als bei flachen Dächern.

Aus folgenden Gründen sind jedoch begehbare Dächer mit steil eingebauten Oberlichtern (Abb. 516) bei weitem vorzuziehen. Die Spülung hängt nicht von der Neigung, sondern lediglich von der Regenmenge ab. Reicht die Neigung zum Abfluß des Wassers überhaupt aus, so genügt auch die Spülung. Das flache Dach ist der Untersuchung leichter zugänglich und die Reinigung der Glasflächen von außen bietet dann keine Schwierigkeiten. Ferner ist die Ablöschung im Falle eines Dachbrandes in viel sicherer Weise möglich als bei steilen Dächern.

Dieser Vorteil hat sich im Kraftwerk Golpa als sehr wesentlich herausgestellt. Als etwa ein Jahr nach der Betriebseröffnung der Dachstuhl des zweiten Kesselhauses in Brand geraten war, konnte der Brandherd über die flachen Dächer von verschiedenen Seiten angegriffen und ein beträchtlicher Schaden vermieden werden.

Abb. 516. Blick auf die Kesselhausdächer des Kraftwerkes Golpa.
(Lichtzufuhr durch schräge Glaswände längs der Kohlenbunker und durch Dachreiter. Belüftung durch Lufthauben und Aufbauten über Kohlenbunkern. Intzebehälter an Schornsteinen, im Hintergrund Kühltürme.)

Größtes Gewicht sollte auf reichliche natürliche Beleuchtung aller Räume gelegt werden. In dieser Hinsicht kann des Guten nicht zuviel geschehen, da die Erfahrung lehrt, daß die Anlage desto sauberer gehalten und um so sorgfältiger bedient wird, je leichter Mängel erkennbar sind. Die beste Beleuchtung für Kessel- und Maschinenhäuser ist ausgiebige Oberlichtbeleuchtung, weil sie die Schlagschatten zum Verschwinden bringt. Im Kesselhaus kann sie vollkommen durchgeführt werden, wenn Kohlenbunker fehlen; im Maschinenhaus geben die auch architektonisch sehr wirksamen Streifrahmen-Konstruktionen eine natürliche Lösung für reichliche Bemessung des Oberlichtes (Abb. 516).

Für die Lichtverhältnisse und die architektonische Ausgestaltung des Ganzen ist auch die Unterbringung der Schaltanlage in einem besonderen Gebäude, wie schon erwähnt, von großem Wert.

Bei der Ausbildung der Fassaden sollte auf überflüssige Gesimse, horizontale Bänder usw. verzichtet werden, um so mehr, als diese durch Ablagerung von Ruß

und Asche noch besonders unschön wirken. Einfache vertikale Gliederungen und
Strebepfeiler, die durch konstruktive Rücksichten bedingt sind, weisen mit Nachdruck auf den Zweck des Gebäudes hin
und lassen schon äußerlich vermuten, daß
im Innern schwere, kräftig zu fundierende Massen untergebracht sind. (Architekurbeispiele Abb. 517 bis 524.)

Die innere Ausstattung der Räume
sollte sich nach gleichen Grundsätzen
richten. Einfacher, möglichst heller Anstrich der Wände ist schon aus dem Grunde
wünschenswert, weil dadurch die Lichtreflexion erhöht wird; Wandmalereien,
Absatzstriche und derartiges sind zu verwerfen und gehören nicht in eine Fabrik.
Unterschiedliche Farbe des Anstrichs sollte
nur dort angewandt werden, wo verschiedene Baumaterialien hervorzuheben sind;
so empfiehlt es sich natürlich, Eisenkonstruktionen und Holzverschalungen anders
zu streichen als Wände.

Die Wände des Maschinenhauses, die
Bedienungsräume des Schalthauses, der
Kondensatorräume sollten bis in die
Reichhöhe mit einfarbigen glasierten Steinen oder Kacheln ohne Muster verkleidet sein. Der Kondensatorraum und
ähnliche Räume, die an natürlichem
Licht Mangel leiden, sollten glatte weiße
Wandbekleidung und weißen Anstrich erhalten.

Als Fußbodenbelag für die Maschinenräume bewährt sich Fliesenbelag, der
jedoch (im Gegensatz zu den Wänden)
eine Musterung durch Anwendung verschiedenfarbiger Platten erhalten muß,
weil auf einfarbigem Fliesenbelag Ölflecke
zu sehr hervortreten. Es sollten aber
auch hierfür ziemlich helle Farben gewählt werden, z. B. hellgraue Platten, die
sich in der Tönung etwas unterscheiden,
vor allen Dingen müßten aber grobe Unterschiede vermieden werden.

Die häufig beliebte Einfassung der
Maschinen durch besondere Friese ist zu
verwerfen, weil sie nur einen unschönen
Fleck im Maschinenhaus ergibt und sich
der Form der Maschinen nicht anpassen
läßt.

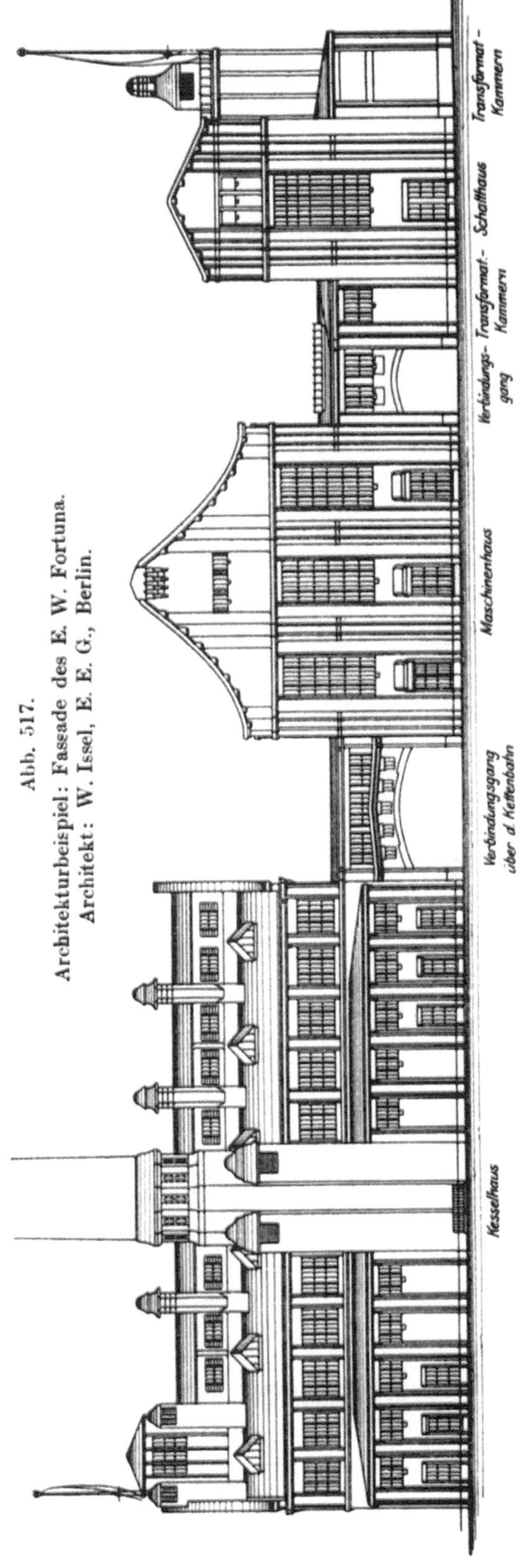

Abb. 517.
Architekturbeispiel: Fassade des E. W. Fortuna.
Architekt: W. Issel, E. E. G., Berlin.

Abb. 518. Architekturbeispiel: E. W. Fortuna Erweiterung.

Abb. 519. Architekturbeispiel eines Kraftwerkes (Projekt).

Abb. 520. Architekturbeispiel: Kraftwerk Avellis.

Abb. 521. Architekturbeispiel: Kraftwerk Waterside, The New York Edison Co.

Abb. 522. Architekturbeispiel: Gersteinwerk.

Abb. 523. Architekturbeispiel: Kraftwerk Borken.

Abb. 524. Architekturbeispiel: Kraftwerk der Mannesmannwerke.

VII. Erstes grundlegendes Ausführungsbeispiel: Das Märkische Elektrizitätswerk.

1. Allgemeines.

Bei der Projektierung des Märkischen Elektrizitätswerkes im Jahre 1909 hatte ich mir die Aufgabe gestellt, den Nachweis zu erbringen, daß gegenüber der bis dahin üblichen Bauweise eine beträchtliche Herabsetzung der spezifischen Anlagekosten von Elektrizitätswerken möglich sei, und daß ferner die Wirtschaftlichkeit des Betriebes dadurch in starkem Maße gehoben werden könne. Diesen Nachweis glaubte ich deshalb schuldig zu sein, weil selbst ernst zu nehmende Fachleute die von mir seinerzeit aufgestellte Behauptung bestritten, daß es möglich sei, mittlere und große Kraftwerke unter normalen Bauverhältnissen mit einem Anlagekapital von 200 Goldmark für das ausgebaute kW und darunter zu errichten, während man vorher mit 350 bis 500 $\mathcal{M}/\mathrm{kW}$ rechnete.

Höhere Ausnutzung des Materials, Herabziehung der Gewichte, ohne Beeinträchtigung der Betriebssicherheit, Verkleinerung des umbauten Raumes und der bebauten Grundfläche, waren die zur Herabsetzung des Anlagekapitals angewandten Mittel. Die Einführung selbsttätigen Betriebes (Kohle- und Aschebewegung, selbsttätige Feuerung, selbsttätige Aschen- und Schlackenbeseitigung, Speisewasserregelung, Reinigungseinrichtungen und selbsttätige Schaltungen) sollten für die Verringerung der Personalkosten, Verminderung der kühlenden Oberflächen, des Kraftverbrauches der Hilfsbetriebe (Kondensation), der Eisenverluste usw. für die Verkleinerung der konstanten Verluste sorgen. Daß dieser Nachweis

Abb. 525. Gesamtansicht des Werkes.

im vollen Umfange gelungen ist, hat die glänzende wirtschaftliche Entwicklung des Märkischen Elektrizitätswerkes in den langen Betriebsjahren dargetan.

Durch die märkische Stadt Eberswalde fließt der Finowkanal, der Elbe und Oder verbindet und in seinem Bett die Finow beherbergt, ein Flüßchen, dessen Kraft noch heute in mehreren Gefällstufen ausgenutzt wird. An ihren Ufern hat sich, begünstigt durch die Nähe von Berlin, eine lebhafte Industrie entwickelt, deren Anfänge bis auf die Zeit des Großen Kurfürsten zurückreichen. Die wenigen Pferdekräfte der Finow genügen längst nicht mehr den gewachsenen Bedürfnissen, Dampfkraft ist im Laufe der Zeit zur Unterstützung herangezogen worden, und heute ist die Finow der Industrie weit nützlicher als Trägerin der Kohlenschiffe und andrer Güter, denn als Kraftquelle.

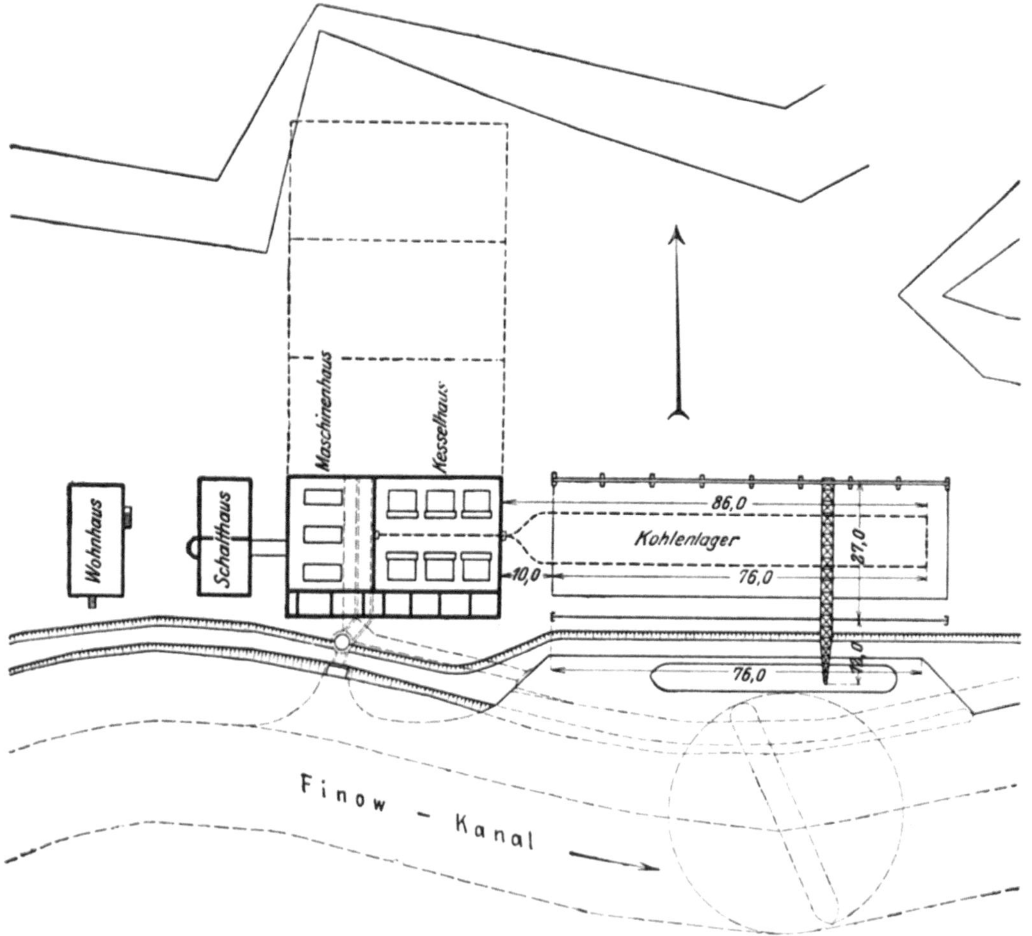

Abb. 526. Lageplan. Maßstab 1 : 1500.
Symmetrische Anordnung, Erweiterungsmöglichkeit, Privathafen für 2 Elbkähne von je 200 t Laderaum, Kohlenlager unmittelbar am Hafen, Verladebrücke ohne Schwenkkräne, Kesselhaus- und Maschinenhausachsen senkrecht zueinander, Schalthaus getrennt mit Verbindungsgang zum Maschinenraum, kurze Zulauf- und Ablaufkanäle.

Dieser zu bemerkenswerter Entwicklung gelangte Industriebezirk wird durch die A.-G. Märkisches Elektrizitätswerk mit elektrischer Kraft versorgt, die zu diesem Zweck im Laufe des Jahres 1909 am Finowkanal ein Elektrizitätswerk errichtet hat. Die Ideen, welche in dem Entwurf dieses Werkes zur Anwendung kamen, waren damals noch nirgends im Bau von Elektrizitätswerken verwirklicht worden. Ihre Berechtigung war bald in der Praxis erwiesen und sie haben seitdem die weiteste Verbreitung gefunden. Die grundlegende Natur dieses Werkes rechtfertigt daher die Wiedergabe der Beschreibung desselben.

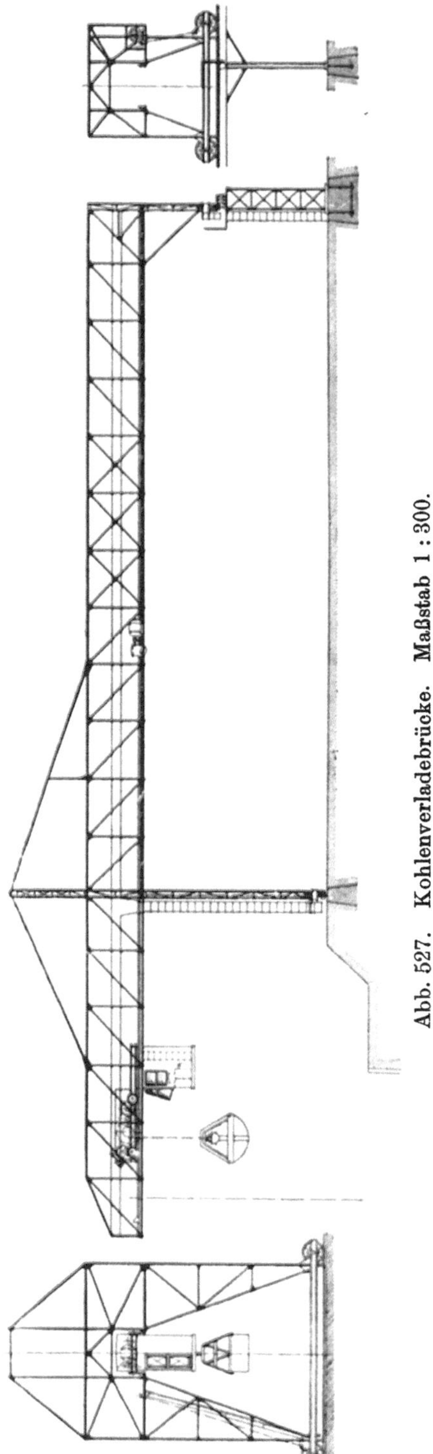

Abb. 527. Kohlenverladebrücke. Maßstab 1 : 300.

Abb. 528. Kohlenverladebrücke.

Die gelegentlich der Aufstellung des Vorprojektes eingeleiteten Erhebungen hatten ergeben, daß als Verbraucher hauptsächlich in Betracht kamen: Ziegeleien mit etwa 2000 Betriebsstunden im Jahr und einem Gleichzeitigkeitsfaktor von etwa 100 vH, Fabriken mit 3000 bis 7000 Betriebsstunden und einem Gleichgewichtsfaktor von 40 bis 70 vH, Gemeinden und Güter mit etwa 150 bis 1000 Betriebsstunden im Jahr und einem Gleichzeitigkeitsfaktor von etwa 35 vH. Für den ersten Ausbau wurde mit einer Spitze von etwa 3200 kW, für den zweiten Ausbau mit etwa 5500, für den dritten Ausbau mit etwa 8800 kW gerechnet; der Belastungsfaktor des Werkes wurde wegen der beträchtlichen Kraftanschlüsse auf 0,35 bis 0,4 geschätzt. Als zweckmäßige Maschinengrößen ergaben sich hiernach Einheiten von je 3600 kW (für $\cos \varphi = 0{,}8$). Das Maschinenhaus wurde dementsprechend zur Aufnahme von 3 Dampfturbinen, das Kesselhaus zur Aufnahme von 6 Kesseln für 12000 bis 15000 kg Dampf für 1 h eingerichtet; hiervon wurden zunächst 2 Dampfturbinen und 3 Kessel aufgestellt; das Werk ist dann 1912 durch einen Turbogenerator von 8000 kW und 3 Kessel vergrößert worden.

Als Baugelände (Lageplan Abb. 526) wurde bei Heegermühle (etwa 3 km von Eberswalde) ein Grundstück unmittelbar am Finowkanal erworben, der die Kohlenzufuhr auf dem Wasserwege ermöglicht und das zur Speisung und Kühlung nötige Wasser liefert.

Maßgebend für die Wahl gerade dieses Platzes war u. a. auch der Umstand, daß an dieser Stelle der Finowkanal sich dem Großschiffahrtswege am meisten nähert. Die spätere Verbindung mit dem 800 Meter entfernten Großschiffahrtswege wurde durch Ankauf eines Geländestreifens gesichert. Das Gelände ist auch für kommende Erweiterung reichlich groß, ziemlich eben und besitzt gewachsenen Sandboden als Untergrund.

2. Kohlenlager und Kohlentransport.

Der Kohlenlagerplatz ist für Stapelung des viermonatigen Bedarfes bemessen, weil in kalten Wintern auf regelmäßige Zufuhr nicht gerechnet werden kann. Da die Kohle mit der für Kettenroste passenden Korngröße geliefert wird, waren Brechwerke entbehrlich. Die Kohle wird mittels einer Verladebrücke[1]) (Abb. 527 und 528) aus den Kähnen entnommen und auf dem Lagerplatz gestapelt. Die landseitige Laufbahn der Brücke wurde so ausgebildet, daß eine zweite Brücke angesetzt werden kann, die den Platz vor dem zweiten Kesselhause

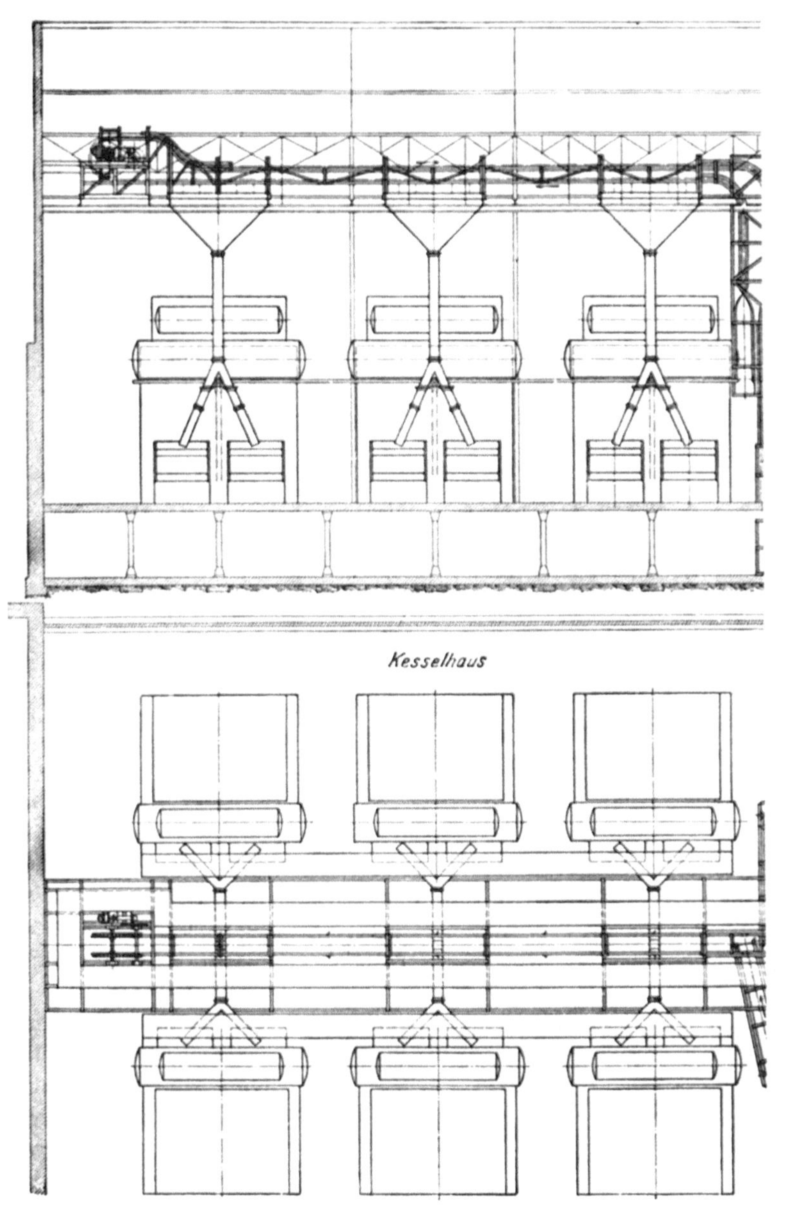

bestreichen soll; sie wird während des Betriebes mit der ersten Brücke fest verbunden. Die Steuerung der Hub- und Fahrbewegung erfolgt von einem Führerhäuschen aus, das an die Laufkatze angebaut ist.

---

[1]) Kohlenverladebrücke: Lieferant M. A. N. Leistungsfähigkeit 40 t/h, Spannweite zwischen den Stützen 27 m, vorragender Arm 13 m, Tragkraft der Laufkatze 3 t, Inhalt des Doppelselbstgreifers 2 m³, Zeitdauer eines Greiferspieles 110 s, Hubhöhe 10 m, Fahrweg 40 m, Senktiefe 5 m. Antrieb: Drehstrommotoren, Hubmotor 30 PS, Katzenfahrmotor 15 PS, Brückenfahrmotor 9,5 PS.

Unter dem Kohlenlagerplatz befinden sich zwei begehbare Kanäle aus Eisenbeton (Abb. 529), in denen die Laufbahnen für die endlose Becherkette der Kohlentransportanlage[1]) untergebracht sind; Querschnitt: $2,0 \times 1,8$ m. Beide Kanäle haben an der Decke eine Reihe von Auslaufstutzen, durch deren Öffnung die aufgestapelte Kohle der Becherkette zufällt. Die Überführung der Ketten aus dem einen in den anderen Kanal erfolgt am freien Ende des Kohlenplatzes mittels einer über Erde liegenden

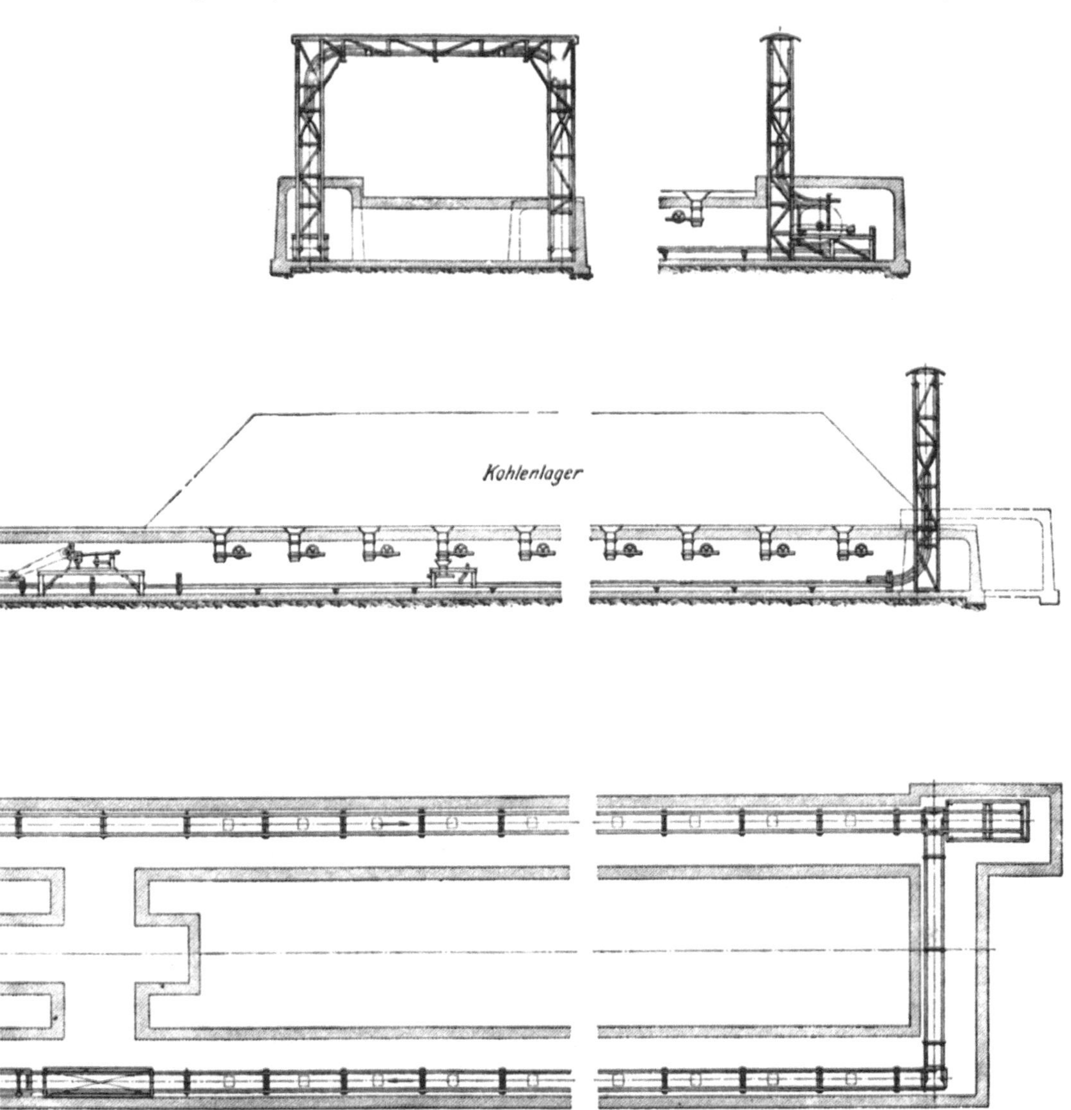

Abb. 529. Kohlentransportanlage. Maßstab rd. 1 : 260.

doppelten Spirale. Vor Eintritt in das Kesselhaus läuft die Becherkette über eine selbsttätige Kohlenwage, die in dem vorderen Kanal aufgestellt ist (Abb. 529 und 530). Sie ermöglicht tägliche Kohlenkontrolle, wenn die Kohlentaschen immer zu derselben Zeit ganz aufgefüllt werden.

---

[1]) Kohlenförderung: Lieferant C. Schenk G. m. b. H., Darmstadt, Leistungsfähigkeit 14 t/h, Länge der Becherkette etwa 300 m, Zahl der Auslaufstutzen 42, Zahl der Füllmaschinen 2, Zahl der Wagen 1, Antrieb: Drehstrommotor von 8 PS.

Abb. 530. Selbsttätige Kohlenwage im Transportkanal.

3. Kesselhaus.

a) Gebäude.

Der im Kesselhaus liegende Teil der Transportanlage konnte so klein und leicht ausgebildet werden, daß er zwischen den Dachbindern Platz fand. Da die verwendete Kohle ziemlich staubfrei ist, brauchte die Transportanlage im Kessel-

Abb. 531. Ansicht der Kohlenförderung im Dachstuhl des Kesselhauses.

haus nicht verschalt zu werden; sie ist offen durchgeführt und durch Laufstege von beiden Seiten zugänglich (Abb. 531).

Die Entladung der Becher erfolgt durch automatische Ablader, die paarweise in jedem Bunker eingebaut sind und vom Heizerstande aus durch einen Griff betätigt werden. Die Bunker wurden nur für zweistündigen Kohlenbedarf der Kessel bemessen, da mit Rücksicht auf die große Betriebssicherheit der Kohlentransportanlage Stapelung der Kohle im Kesselhause selbst unnötig erschien. Der Hauptvorteil dieser Anordnung liegt in dem außergewöhnlich geringen Gewicht der Eisenkonstruktionen und in dem Fortfall besonderer Stützpfeiler. Ist ein Bunker voll, so wird er automatisch abgestellt, sind alle Bunker voll, so laufen die Becher gefüllt zurück und werden über einer Kohlentasche an der Stirnseite des Kesselhauses (Abb. 532) durch einen fest eingebauten Ablader, der alle Becher nochmals kippt, zum Entladen gebracht. Durch die herabfallende Kohle wird eine Klappe herabgedrückt, die den Anlasser des Fördermotors ausschaltet.

Eine Mischung verschiedener Kohlensorten kann durch wechselweises Füllen der Becher an beliebigen Stellen des Lagerplatzes bewirkt werden.

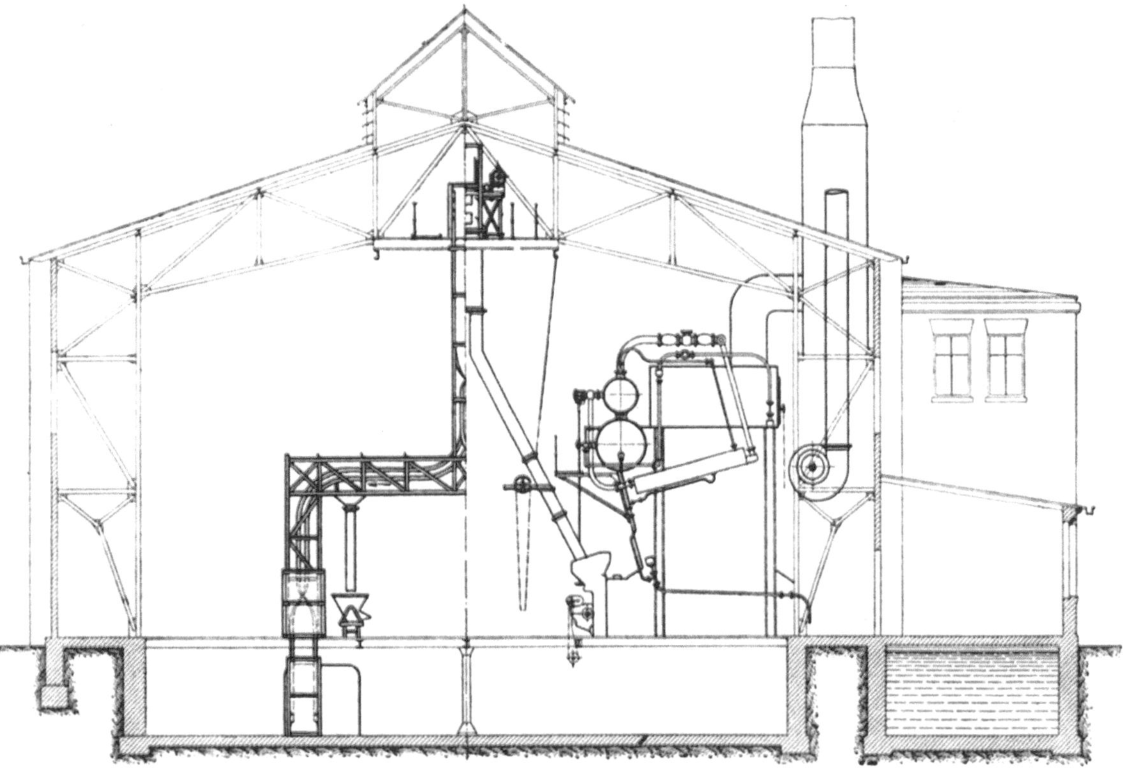

Abb. 532. Kesselhausquerschnitt, nach dem Kohlenplatz zu gesehen. Maßstab 1 : 200. Geringer Bunkerraum, leichte Eisenkonstruktionen, Zusammenbau von Kessel, Ekonomiser und Schornstein.

b) Kessel und Ekonomiser.

Das Kesselhaus (Abb. 532 und 533) ist zur Aufnahme von sechs Einheiten, je bestehend aus Kessel, Ekonomiser, Zuganlage und Blechschornstein, bestimmt und besitzt eine bebaute Grundfläche von $26,5 \times 22 \text{ m} = 583 \text{ m}^2$ bei einer maximalen Leistungsfähigkeit von rund 95000 kg Dampf für 1 h. Für den ersten Ausbau gelangten zunächst 3 solcher Einheiten zur Aufstellung.

Für 10000 kg Dampf werden somit rund 60 m² Grundfläche benötigt.

Das Eisengewicht der gesamten Kesselhauskonstruktion (Eisenfachwerk) beträgt 97000 kg oder für 1 kg maximaler Dampfleistung rund 1 kg.

Diese außergewöhnlich niedrigen Ziffern wurden einesteils durch die beschriebene Bekohlungsanlage, andernteils durch Verwendung einer vom Verfasser vorgeschlagenen und von Babcock & Wilcox durchgebildeten Kesselkonstruktion erzielt, die sich auch in wärmetechnischer Hinsicht bestens bewährte. Die für damalige Verhältnisse sehr günstigen Ziffern der Wärmecharakteristik (S. 16) sind größtenteils hierauf zurückzuführen.

Abgesehen von guter Ausnützung der Grundfläche, ergeben sich als weitere Vorteile dieser Konstruktion geringe Wärmeverluste durch Strahlung und Leitung, da die Gesamtoberfläche von Kessel und Ekonomiser natürlich wesentlich kleiner wird als bei der üblichen getrennten Anordnung. Gute Wärmeisolation ließ sich ebenfalls leicht durchführen (selbst im Dauerbetriebe werden die Außenseiten der Kessel nicht wärmer als etwa 60° C); vor allen Dingen konnten die Widerstände des Gesamtaggregates außerordentlich herabgezogen werden. Aus diesem Grunde

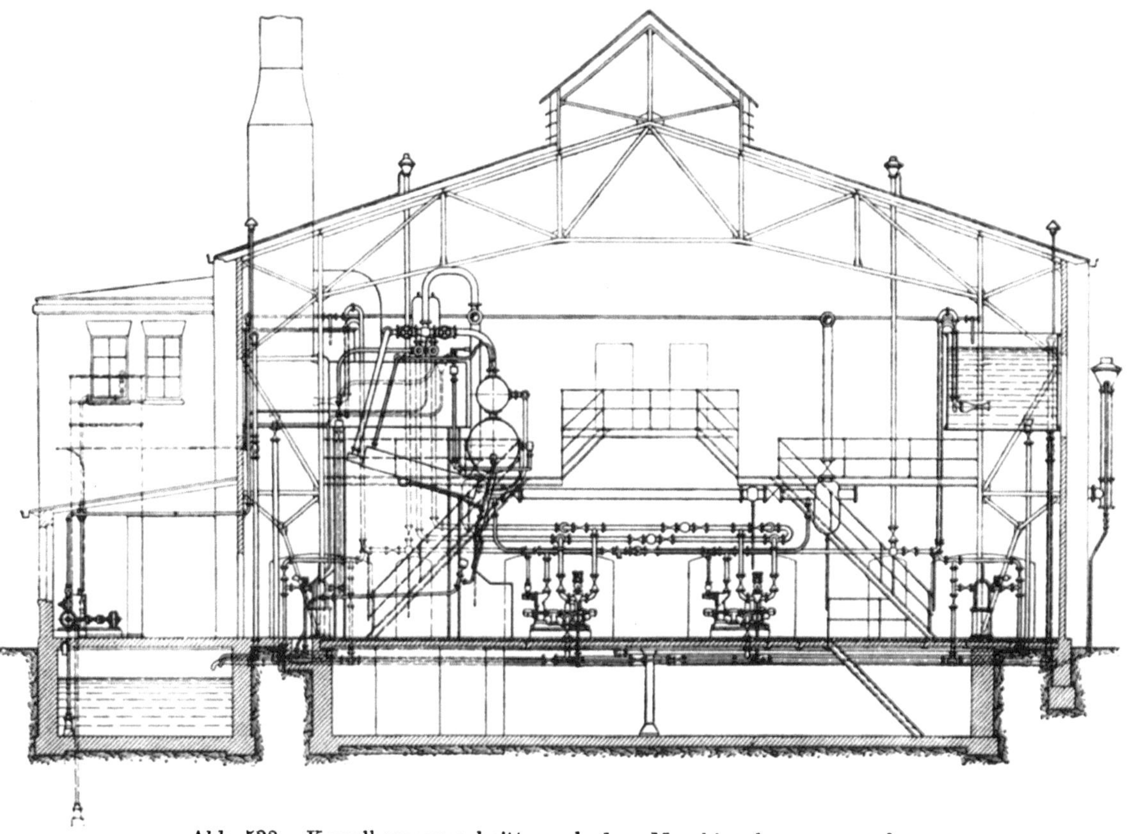

Abb. 533. Kesselhausquerschnitt, nach dem Maschinenhaus zu gesehen.
Dampfstrang mit großem Wasserabscheider (Fixpunkt), Hochbehälter (rechts oben) mit Vorwärmung, Speisepumpen mit Turbinenantrieb doppelt, Entlüftungsrohre senkrecht über Dach geführt.

gelingt es dann, trotz verhältnismäßig niedriger Schornsteine, auch mit natürlichem Zug noch bis zu etwa $^2/_3$ der Höchstleistung der Kessel zu erzielen, so daß der Ventilator nur zu Zeiten der Spitze eingeschaltet zu werden braucht; etwas größerer Kraftbedarf gegenüber direktem Saugzug[1] spielt dann keine wirtschaftliche Rolle. Einfachheit der Bedienung, der Fortfall von Umschaltklappen, der Umstand, daß der Ventilator nur kalte Luft zu fördern hat und bequem zugänglich aufgestellt

---

[1] Saugzuganlage: Lieferant Gesellschaft für künstlichen Zug, ausreichend für 1,5 fachen Luftüberschuß, Zug hinter dem Ekonomiser: normal 25 mm, maximal 38 mm. Höhe der Blechschornsteine über Kesselhausfußboden 30 m, oberer lichter Durchmesser der Schornsteine 2,0 m, Ventilatorentype: Sirocco, angetrieben durch Drehstrommotoren, Lieferant der Ventilatoren: White, Child & Beney, Kraftbedarf: normal 20 PS, maximal 30 PS.

werden kann, waren Vorteile, die damals die Überlegenheit des indirekten Saugzuges zur Geltung kommen ließen.

Das ganze Kesselaggregat (Abb. 536) ist in sich standfest und besitzt eisernen Einbau, wodurch das Eindringen falscher Luft verhindert wird[1]). Um das Eintreten von mitgerissenem Spritzwasser in den Überhitzer zu vermeiden, wurde über dem Oberkessel noch ein Dampfsammler angeordnet.

Abb. 534. Seitenansicht einer Kesseleinheit.

Die Asche fällt durch Fallrohre in den sehr geräumigen Keller und wird von dort mit Wagen abgefahren.

Kessel und Ekonomiser sind in ihren Dimensionen so abgestimmt, daß die Heizgase mit etwa 400° in den Ekonomiser eintreten; das Speisewasser wird auf etwa 120 bis 140° vorgewärmt.

Besonderes Gewicht wurde auf Verhütung des Eintrittes von Luft in das Speisewasser gelegt, weil hierdurch die Luftpumpenarbeit der Kondensationsanlage wesent-

---

[1]) Kessel: Lieferant Deutsche Babcock & Wilcox Dampfkesselwerke, Kesselleistung: normal 12 600 kg Dampf/h, maximal 15 750 kg Dampf/h, Dampfspannung 15 at, Dampftemperatur 350°, Heizfläche des Kessels 410 m², Heizfläche des Überhitzers 135 m², Heizfläche des Ekonomisers 210 m², Rostfläche der mech. Kettenrostfeuerung 14,8 m², Kettenrostantrieb durch Drehstrommotor von 1,5 PS, Heizwert der Kohle etwa 7000 kal, Kohlenbedarf für 1 h normal 1950 kg, maximal 2450 kg.

lich verringert wird. und weil Beimengungen von Luft auf Kessel- und Ekonomiserrohre zerstörend einwirken. Wird, wie hier, zur Speisung Kondensat benutzt, das
an sich ziemlich frei von Luft ist, so kann der Wiedereintritt von Luft dadurch
verhütet werden, daß das Speisewasser auf seinem Wege bis zu den Kesseln nie
einem Unterdruck ausgesetzt und in Vorratsbehältern gespeichert wird, die geringe
Oberfläche besitzen; die Anbringung besonderer Entlüftungsapparate ist dann nicht
erforderlich.

Die Speisung der Kessel erfolgt automatisch durch Hannemannsche Wasser-
standsregler.

c) Speisepumpen.

Die Kesselspeisepumpen haben Turbinenantrieb mit Tourenregulierung durch
einen Druckregler, der den Dampfzutritt zur Turbine so beeinflußt, daß der Wasser-
druck nahezu konstant bleibt; Schwankungen der Wasserentnahme werden automatisch ausgeglichen.

Abb. 535. Ansicht der Speisepumpen und Rohrleitungen auf der Maschinenhauswand des Kesselhauses.
Übersichtliche Anordnung der Rohrleitungen; Nachgiebigkeit im Hauptdampfstrang, erzielt durch
Krümmer in horizontaler Ebene; in größeren neuen Anlagen stehen Speisepumpen nicht im Kessel-
haus, sondern mit Hilfspumpen in besonderem Raum.

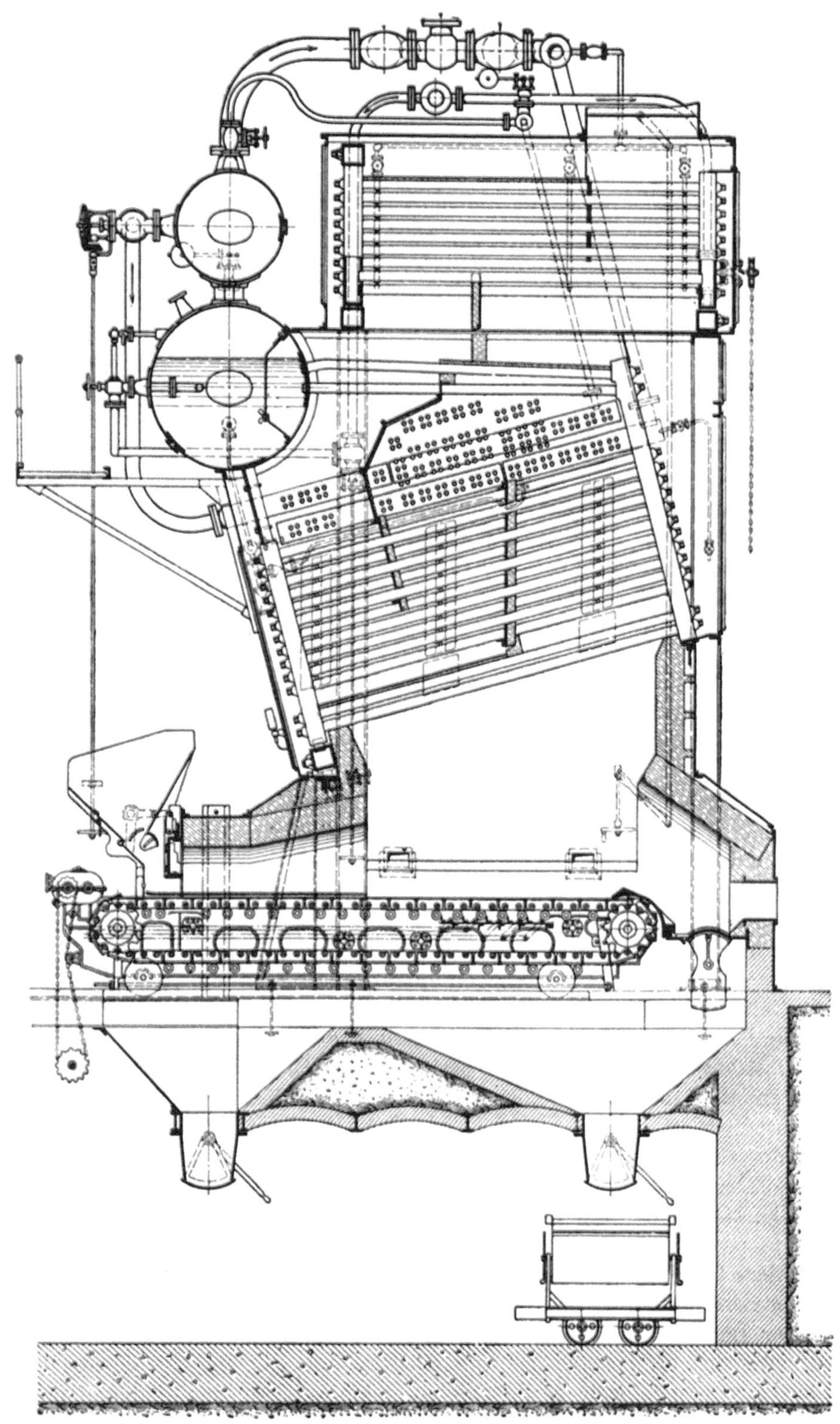

Abb. 536. Schnitt durch einen Kessel mit darüberliegendem Ekonomiser. Baujahr 1909. Maßstab 1 : 60. In neuester Ausführung von Hochleistungskessel nach Schiffskesselbauart Verwendung längerer Rohre (4500 mm statt 3600 mm), andrer Einbau des Überhitzers, schräge oder senkrechte Lage des Ekonomisers mit Gegenstromwirkung und Verringerung des Durchrostens (Abb. 418 B. & W. Hochleistungskessel mit gußeisernem Ekonomiser).

Beide Pumpen sind mehrstufige, in einem Gehäuse zusammengebaute Zentrifugalpumpen, jede für den vollen Bedarf des Kesselhauses ausreichend. Ihr geringer Platzbedarf und ihre Unempfindlichkeit gegen Staub erlaubt, sie an der gemeinschaftlichen Wand des Kesselhauses und des Maschinenhauses aufzustellen; Kolbenpumpen hätten für Anlagen dieser Größe einen besonderen Raum erfordert (Abb. 535).

d) Dampfleitungen und Rohrleitungssystem, Wasserversorgung.

Der Dampfanschluß der Antriebturbinen ist unmittelbar von den beiden Hauptdampfleitungen bei den Hauptwasserabscheidern in schlankem Bogen abgezweigt. Der Abdampf wird nach den Hochbehältern (Abb. 533) geleitet, wo er in Rohrschlangen zum Vorwärmen des Speisewassers ausgenutzt wird. Von hier aus fließt das Speisewasser unter Druck den Pumpen zu, die es in 2 Speiseleitungen von je 125 mm lichtem Durchmesser wiederum den Kesseln zuführen. Scharfe Krümmungen sind möglichst vermieden, durch Rollenlager ist für freie Ausdehnung gesorgt.

Die Hauptleitungen sind in Tafel I schematisch dargestellt. Die Frischdampfleitungen bestehen aus je einem Hauptstrang längs der beiden Kesselreihen, sie sind auf der Maschinenhausseite des Kesselhauses (Abb. 533) an die dort untergebrachten Hauptwasserabscheider angeschlossen. Diese sind wiederum durch einen Rohrstrang verbunden, von dem dann die Leitungen zu den einzelnen Turbinen abzweigen. Auch vor jeder Turbine ist ein Wasserabscheider eingebaut, um den Eintritt von Wasser in die Turbine zu verhüten.

Zwischen Kessel 3 und 4 sind beide Rohrleitungsstränge nochmals geschlossen. Eine eigentliche Ringleitung ist durch diese Verbindung jedoch nicht geschaffen, weil ihr Querschnitt nicht für den Transport der ganzen Dampfmenge ausreicht; sie dient nur zur Erhöhung der Sicherheit und konnte ohne wesentliche Mehrkosten ausgeführt werden.

Als Fixpunkte wurden einerseits die Dampfsammler oberhalb der Kessel und anderseits die Wasserabscheider im Kesselhaus gewählt, die mittels Konsolen und Seitenstreben besonders fest verankert sind. Der hochliegende Teil der Dampfleitung ist mit beweglichen Aufhängungen an der Dachkonstruktion befestigt. Die Verbindungsleitung zwischen den beiden Hauptwasserabscheidern wird durch Konsolen mit Rollenlagerung für zwangläufige Längsdehnung unterstützt; in diese Leitung ist ein Kompensator eingebaut. Die beiden Hauptdampfleitungen im Kesselhaus sind ebenfalls mit Gelenkkompensatoren ausgerüstet[1]).

Für die Leitungen wurden nahtlose Stahlrohre mit Stahlgußwalzflanschen[2]) sowie Kugelfassonstücke und Schieber aus Stahlguß mit Dichtungsringen aus Nickellegierung verwendet. Alle Schieber können vom Kesselhausfußboden aus bedient werden, die Hauptschieber besitzen ein Zeigerwerk, das erkennen läßt, ob der Schieber offen oder geschlossen ist.

Die Isolierung der Dampfleitungen besteht aus Kieselgurmasse von 60 mm Stärke, die Flansche sind außerdem mit gußeisernen Isolierkappen und Tropfröhrchen ausgestattet.

Besondere Überlegung erfordert bei allen mit schlechtem Belastungsfaktor arbeitenden Zentralen die Wahl der zweckmäßigsten Dampfgeschwindigkeit. Trennt man die in einer Dampfleitung auftretenden Verluste in Wärme- und Druckverluste. so erkennt man, daß erstere für die Wirtschaftlichkeit der Anlage als konstante Verluste eine ausschlaggebende Rolle spielen, während die maximalen Druckverluste nur vorübergehend zur Zeit der höchsten Belastung auftreten. Die Herabziehung der Wärmeverluste, selbst zuungunsten der Druckverluste, ist demnach von erheb-

---

[1]) Rohrleitungsanlage: Lieferant F. Seiffert & Co., Eberswalde.
[2]) Später hat sich die Vernietung der Flansche als zweckmäßiger erwiesen.

licher Bedeutung. Erstere lassen sich aber, unter sonst gleichen Verhältnissen, lediglich durch Verkleinerung der Oberfläche vermindern, und diese wiederum hängt von der Entfernung zwischen Kesseln und Maschinen und von der Dampfgeschwindigkeit ab.

Die Anordnung des Kesselhauses vertikal zum Maschinenhause, die unmittelbare Nachbarschaft beider (ohne Zwischenbauten) und die gewählte Kesselkonstruktion bringen die Rohrlänge auf das erreichbare Mindestmaß. Der spezifische Druckverlust darf deshalb hoch sein, er kann noch gesteigert werden, wenn von der Anordnung von Ventilen in der Hauptdampfleitung abgesehen wird. Als Absperrorgane wurden damals zum ersten Mal in Deutschland Schieber eingebaut, die nur unmerkliche Druckverluste herbeiführen.

Sind diese Veraussetzungen erfüllbar, so hindert nichts, mit der maximalen Dampfgeschwindigkeit bis auf Werte zu gehen, die das bis dahin übliche Maß um ein Vielfaches übersteigen. Im vorliegenden Falle beträgt die maximale Dampfgeschwindigkeit etwa 80 m/s (bis dahin ging man mit der Dampfgeschwindigkeit nicht über rd. 25 m/s).

Auf sorgfältigste Isolation, insbesondere auch der Flanschen und der Schieber, ist dabei desto mehr Rücksicht zu nehmen, je niedriger der Belastungsfaktor der Zentrale ist.

Die Wasserzufuhr für Kondensationszwecke erfolgt durch einen mit Sieb und Rechen versehenen Zulaufkanal parallel zur Maschinenhausachse, aus dem die Kühlwasserpumpen mittels gußeiserner Rohrleitungen von 450 mm lichtem Durchmesser direkt saugen. Nachdem es den Kondensator durchflossen hat, gelangt das Kühlwasser in den ebenso angeordneten Ablaufkanal, der stromabwärts beim Kohlenhafen wieder in den Finowkanal mündet. Der Wasserkreislauf für die Lagerkühlung der Turboaggregate wird durch kleine, mit Drehstrommotor angetriebene Zentrifugalpumpen betätigt, die im Kondensatorkeller untergebracht sind und gleichfalls mit den beiden Hauptkanälen in Verbindung stehen. (Rohrleitungsplan Tafel I.)

Für die Kesselspeisung werden nur kleine Mengen Zusatzwasser benötigt; die Wasserverluste sind gering, da das Kondensat der Speisepumpen ölfrei ist und vollständig zurückgewonnen wird. Das dem Finowkanal entnommene Zusatzwasser besitzt 5 bis 6 deutsche Härtegrade und muß enthärtet werden. Hierzu dient ein Wasserreiniger, dem eine im Pumpenraum aufgestellte Zentrifugalpumpe das aus dem Einlaufkanal entnommene Wasser zuführt.

Der Wasserreiniger ist (Abb. 538) in einem besonderen Raum neben dem Pumpenraum untergebracht, seine obere Bedienungsgalerie liegt auf Maschinenflurhöhe und ist vom Maschinenhaus durch eine Tür zugänglich.

Das gereinigte Zusatzwasser fließt, nachdem es einen Wassermesser durchlaufen hat, in einen unter dem Pumpenraum und den Nebenräumen angeordneten Reinwasserbehälter, in den auch die von den verschiedenen Wasserabscheidern abgegebenen Kondenswässer geleitet werden. Eine im Pumpenraum aufgestellte Zentrifugalpumpe fördert das gereinigte Wasser in die beiden schon erwähnten Hochbehälter.

Alle vorgenannten Zentrifugalpumpen für die Wasserbeschaffung sind mit Dampfejektoren ausgerüstet, die mittels einer unmittelbar an den Kesseln abzweigenden Sattdampfleitung von 24 mm Durchmesser betrieben werden; an diese Leitung ist auch der Wasserreiniger angeschlossen.

4. Maschinenhaus.

Die Hauptabmessungen des Maschinenhauses (Tafel IX) sind:

    Länge . . . . 22,5 m
    Breite . . . . 16,5 m
    Kellerhöhe . . . . 5,5 m
Höhe des Maschinenhauses bis zum First 14,5 m.

a) Dampfturbinen.

Die aufgestellten Dampfturbinen sind für Dampf von 13 bis 15 at mit einer Temperatur von 300 bis 350⁰ C am Eintrittsventil bemessen und mit Düsenregulierung ausgestattet, die den Dampfverbrauch bei geringen Belastungen wesentlich einzuschränken erlaubt. Ihre Bauart (AEG) darf als bekannt vorausgesetzt werden.

b) Kondensatoren.

Die Kondensatoren befinden sich unterhalb der Dampfturbinen zwischen den Fundamentklötzen, vor diesen die Kondensationshilfsmaschinen mit geringem Platz-

Abb. 537. Maschinenhaus.

bedarf und kurzer und einfacher Führung der Rohrleitungen. Durch Öffnungen im Fußboden des Maschinensaales, die gleichzeitig als Montageöffnungen dienen, sind sie der Beobachtung von oben zugänglich.

Die Kondensatoren (normale Gegenstrom-Oberflächen-Kondensatoren) sind mit einer rotierenden Kondensat- und Kühlwasserpumpe ausgestattet, die von einer kleinen Dampfturbine angetrieben wird. Der Abdampf wird einer Zwischenstufe der Hauptturbine zugeführt und in dieser bis zur Expansionsgrenze ausgenutzt.

Das Kondensat wird durch den für jede Turbine vorgesehenen Wassermesser
ıdurch nach den Hochbehältern gedrückt (Rohrleitungsplan Tafel I), so daß es
lerzeit möglich ist, den Dampfverbrauch der Turbinen festzustellen.

Haupt- und Hilfsturbinen sind mit Schnellschlußventilen ausgerüstet.

c) Generatoren.

Die Generatoren arbeiten mit einer Spannung von 10000 V, die mittels Tir-
lregulatoren konstant gehalten wird. Besonderer Wert wurde auf gute Isolation

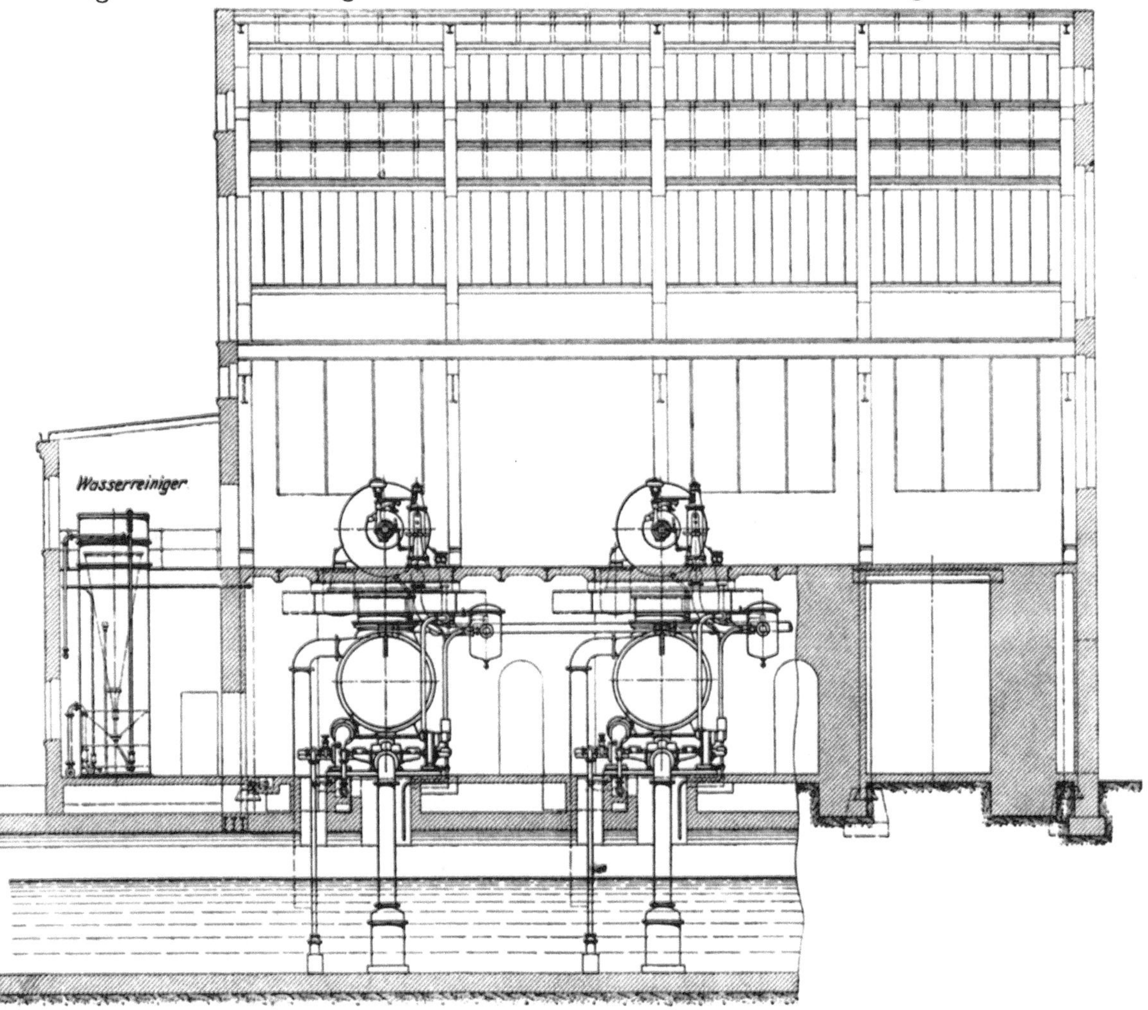

Abb. 538. Maschinenhauslängsschnitt. Maßstab 1 : 200.
Geringer Platzbedarf der Kondensationspumpen, kurze Kühlwasserrohre, Kraftschluß.

ıd auf Kurzschlußfestigkeit gelegt. Die Maschinen wurden im warmen Zustande
ıt 25000 V geprüft, ihre Kurzschlußfestigkeit wurde durch mehrere Proben bei
ıller Erregung sichergestellt.

Auf der vorderen Seite des Kellers sind die Kabelendverschlüsse und die Luft-
ter untergebracht, für die zwischen den beiden Fundamentklötzen ausreichender
atz war; sie können zur Reinigung auf Rollen herausgefahren werden.

Die zur Kühlung der Generatoren nötige Luft tritt von außen durch mit Rosten
ıgedeckte Kanäle in den Keller ein, sie wird dann durch die Luftfilter hindurch
ın den Generatoren angesaugt und gelangt, nachdem sie die Generatoren durch-

strömt hat, in einen Kanal, der durch Einziehen eines Zwischenbodens auf der Generatorseite des Kellers gebildet wurde; Öffnungen in der Maschinenhauswand verbinden den Kanal mit der Außenluft.

Jeder Turbogenerator hat eine Schaltsäule mit Amperemeter, Wattmeter und Voltmeter, ferner einen Kommandoapparat zur Verständigung mit dem Wärter im Schalthause.

d) Architektur.

Die Gebäude sind in einfachen Formen gehalten und mit roten Ziegeln verblendet, die Dächer sind mit einer doppelten Lage Dachpappe auf Holzverschalung

Abb. 539. Kondensationshilfsmaschinen.

gedeckt (Abb. 525). Säulen und Dachbinder des Maschinenhauses sind als Steifrahmenkonstruktion ausgebildet (Abb. 537), die Wände des Maschinenhauses sind massiv, die des Kesselhauses in Eisenfachwerk ausgeführt. Reichliche natürliche Beleuchtung wurde überall angestrebt, Kessel- und Maschinenhaus haben deshalb außer großen Seitenfenstern ausgiebige Oberlichtbeleuchtung erhalten (Abb. 534 und 537), die vor allem im Kesselhaus wegen des Fortfalls großer Kohlenbunker sehr wirksam ist und insbesondere den Raum vor den Kesseln und an der Maschinenhauswand gut belichtet (Abb. 535). Die Wände der Bedienungsräume sind bis zu Reichhöhe mit hellen Fliesen belegt und mit hellem Wandanstrich versehen. Der Kondensatorenraum, dem natürliches Licht nur durch Öffnungen in der Decke zugeführt werden kann, ist auf diese Weise ebenfalls noch ausreichend hell geworden (Abb. 539).

Das Schalthaus wurde als besonderes Gebäude errichtet, infolgedessen konnte der Maschinenraum und der Maschinenkeller noch direktes Licht erhalten.

Großes Gewicht wurde auf bequeme Verbindung zwischen Maschinenraum, Kondensationskeller und Kesselhaus gelegt. Man gelangt vom Maschinenraum unmittelbar auf die Bedienungsgalerien der Kessel, von denen zwei bequeme Treppen zum Kesselhausflur herabführen; Kesselhausflur und Kondensationsraum liegen auf gleicher Höhe und sind durch Türen verbunden. Die obere Bedienungsgalerie des Wasserreinigers liegt, wie erwähnt, wieder auf gleicher Höhe mit dem Maschinenraum.

5. Schaltanlage.

a) Schaltschema.

Die Schaltanlage unterscheidet sich in mancher Hinsicht von früheren Ausführungen. Zunächst weicht das Schaltschema (Tafel II) insofern von üblichen Einrichtungen ab, als die beiden Enden der als Ringleitung verlegten Verteilungsleitungen an verschiedene Sammelschienen angeschlossen sind, und zwar gehören Kabel 1 und Kabel 4, Kabel 2 und Kabel 5, Kabel 3 und Kabel 6 je zu einem Ringe; jeder Strang ist durch Differentialschutzsystem gesichert; an jede der Verteilungsschienen ist noch einer der beiden Stationstransformatoren angeschlossen. Die Verteilungssammelschienen sind durch Gruppen-Ölschalter mit dem Doppelsammelschienensystem der Generatoren verbunden. Der Vorteil der Anordnung liegt darin,

Abb. 540. Luftfiltergang im Maschinenhauskeller, gleichzeitig Ansaugeraum für die Kühlluft, im Fußboden abgedeckter Kabelkanal.

daß für die Verteilungsleitungen kleinere Ölschalter als die Maschinen- und Gruppenschalter genommen werden können, weil diese Ölschalter nur bei Überlastungen der Kabel ausschalten sollen. Bei einem Kurzschluß im Kabel dagegen tritt der Gruppenschalter in Tätigkeit, der für die volle Kurzschlußleistung des Kraftwerks bemessen ist.

Die Schaltanlage des Märkischen Elektrizitätswerkes ist ferner die erste, bei der einheitlicher Sicherheitsgrad und einheitliche Isolatorenform für alle Apparate, Endverschlüsse, Durchführungen, Trennschalter usw. streng durchgeführt wurde (Abb. 541 und 542). Auch die Ausführung der Trennwände in Duroplatten und das konzentrische Installationssystem des Verfassers wurden bei dieser Anlage zum erstenmal angewandt.

Maschinen- und Sektionsölschalter sind für die größte Kurzschlußleistung bemessen und bestehen je aus 3 einpoligen Schaltern, die abzweigenden Netzleitungen sind dagegen mit dreipoligen Schaltern für geringere Kurzschlußleistung versehen.

Je zwei nebeneinander liegende Gruppensammelschienen können durch Trennschalter verbunden werden; man ist also imstande, die Gruppenschalter nachzusehen, selbst wenn die zugehörige Gruppensammelschiene noch unter Spannung steht.

Abb. 541. Sammelschienenraum.

Abb. 542. Ölschalter für die abgehenden Kabel.

Maschinen- und Gruppenschalter werden elektrisch (Abb. 543), Verteilungsschalter dagegen von Hand betätigt (Abb. 544); die Auslösung der Schalter geschieht elektrisch.

Jedes Schaltfeld kann durch Trennschalter stromlos gemacht werden. Der Strom für die Betätigung der Schalter und für die Notbeleuchtung der ganzen Anlage wird aus einer im dritten Stockwerk des Schalthauses befindlichen Hilfsbatterie entnommen, die mittels eines Umformers aufgeladen werden kann.

Die Generatoren sind durch Rückstrom- und Maximalzeitrelais, die Gruppen durch Maximalzeitrelais, die Kabel durch das Differentialschutzsystem und Maximalrelais gesichert.

Die Neutrale jedes Generators kann über einen Widerstand geerdet werden, der bei Erdschluß einer Phase das rund 2,5fache des normalen Stromes durchläßt, so daß der betreffende Kabelschalter bei Erdschluß einer Phase des Netzes durch das Differentialrelais zur Abschaltung gebracht wird. Im Betriebe soll die Erdung jeweils nur an einem laufenden Generator vorgenommen werden.

Besonderer Wert wurde auf die Messung der abgegebenen Leistung gelegt; jeder Generator sowie jedes abgehende Kabel ist mit einem Zähler für unsymmetrische Belastung ausgerüstet, so daß eine doppelte Kontrolle vorhanden ist.

b) Einrichtung des Schalthauses.

Die Hochspannungsanlage wurde, wie schon erwähnt, im rechten Teile des Schalthauses untergebracht. Das Erdgeschoß dient zur Aufnahme der Endverschlüsse und Trennschalter, der Maschinen- und Fernleitungskabel, sowie des Überspannungsschutzes. Auch Stromwandler und Meßtransformatoren sind zum Teil in diesem Stockwerk enthalten.

Im ersten Stockwerk sind die Ölschalter in 2 Reihen so angeordnet, daß ihre Antriebe in einem hochspannungsfreien Mittelgange liegen, der gegen die eigentlichen Hochspannungsräume durch massive Wände abgetrennt ist (Abb. 543, 544 und 545).

Das zweite Stockwerk dient zur Aufnahme der Sammelschienensysteme mit den zugehörigen Trennschaltern.

Wie ersichtlich, wurde auf die Trennung der einzelnen Phasen nur dort Wert gelegt, wo große Energiemengen

Abb. 543. Antrieb der Maschinen- und Gruppen-Ölschalter.

unterbrochen werden; bei den abzweigenden Leitungen wurden nur die einzelnen Felder gegeneinander durch Zwischenwände geschützt. Die gleiche Breite der Maschinen- und Gruppenfelder mit den Kabelfeldern ermöglicht die in Abb. 545 bis 548 dargestellte übersichtliche Anordnung.

Trenn- und Sicherheitswände sind aus feuersicheren Duroplatten aufgebaut, die mit Holzsäge und Holzbohrer bearbeitet werden können, wodurch die Montage sehr erleichtert wird.

Die Gleichartigkeit der Isolatoren und das gewählte Installationssystem tragen sehr zum guten Aussehen der Anlage bei und erlauben neben leichter Auswechselbarkeit gute Übersicht über die Apparate.

Abb. 544. Antrieb der Kabel-Ölschalter.

Die Betätigungsschalttafel befindet sich im Mittelgange des ersten Stockwerkes, rechts davon die Antriebe für die Ölschalter, die somit von dem Schalttafelwärter direkt beobachtet werden können (Abb. 549).

Die Betätigungstafel ist in 2 Reihen angeordnet: die eine enthält die Tirrill-

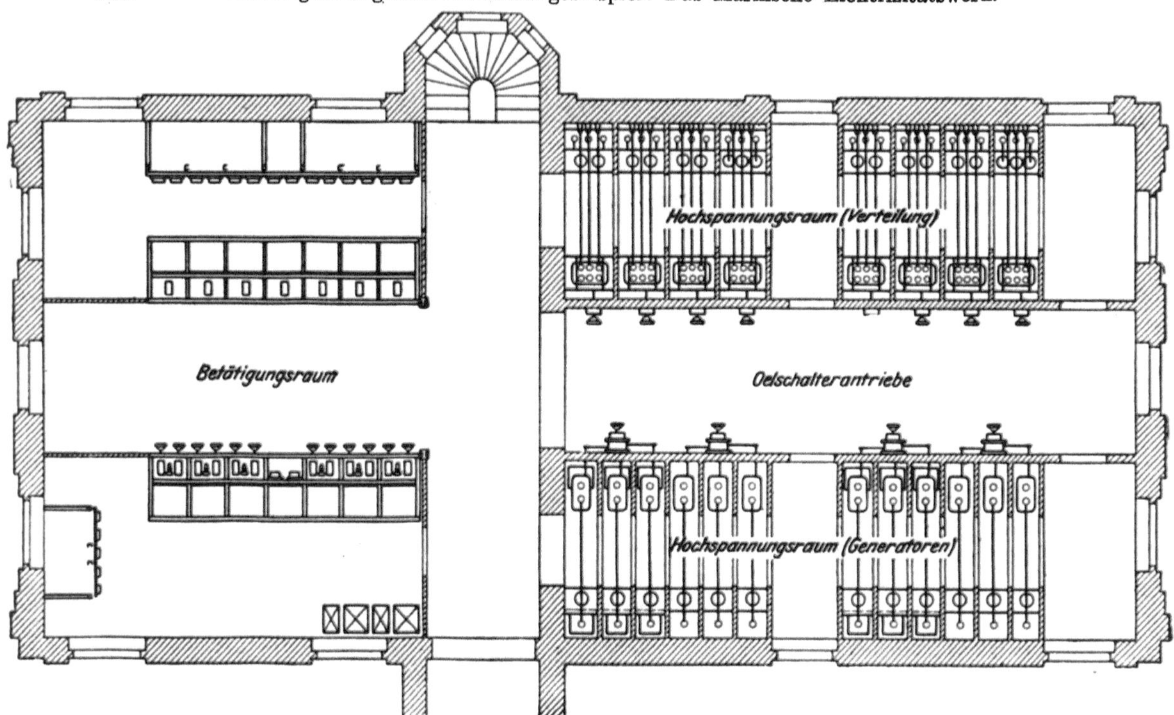

Abb. 545. Grundriß des Schalthauses.

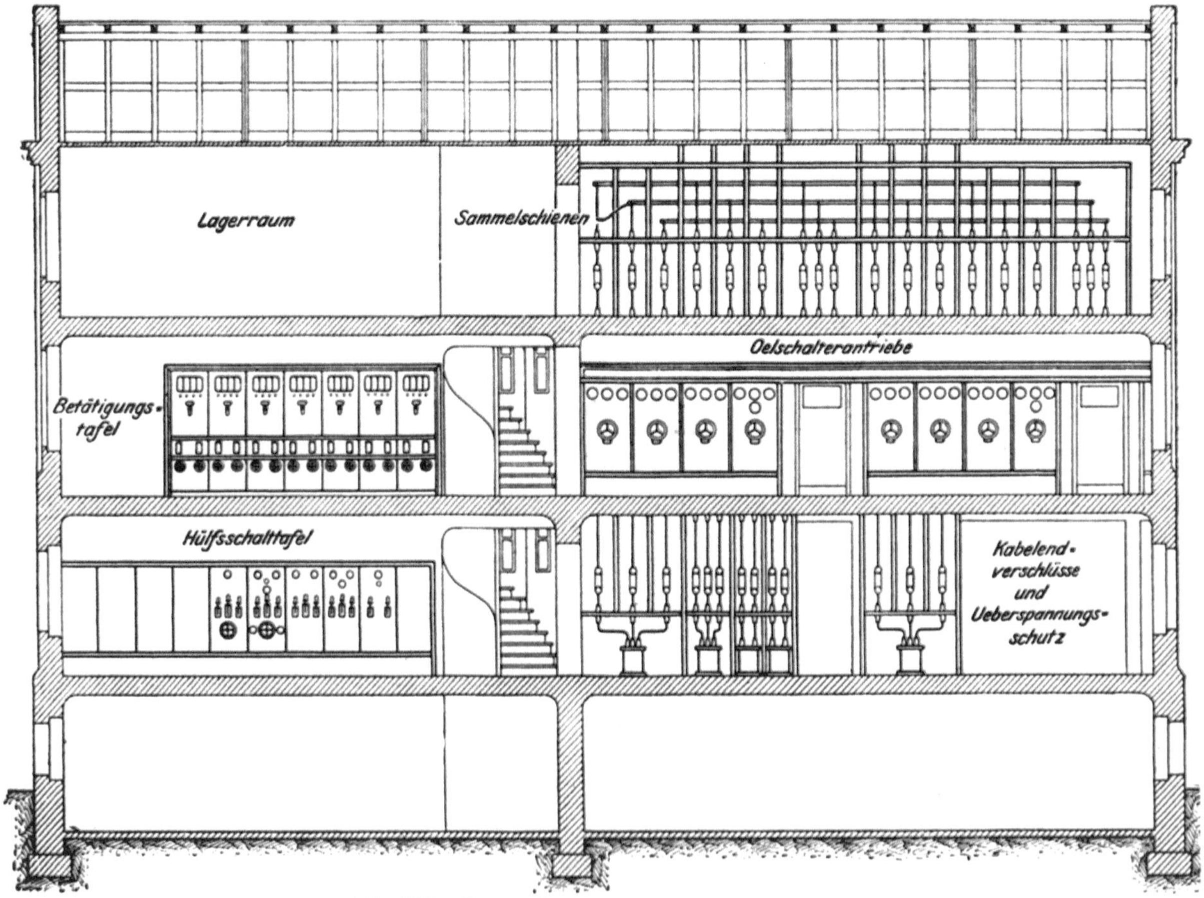

Abb. 546. Längsschnitt durch das Schalthaus.

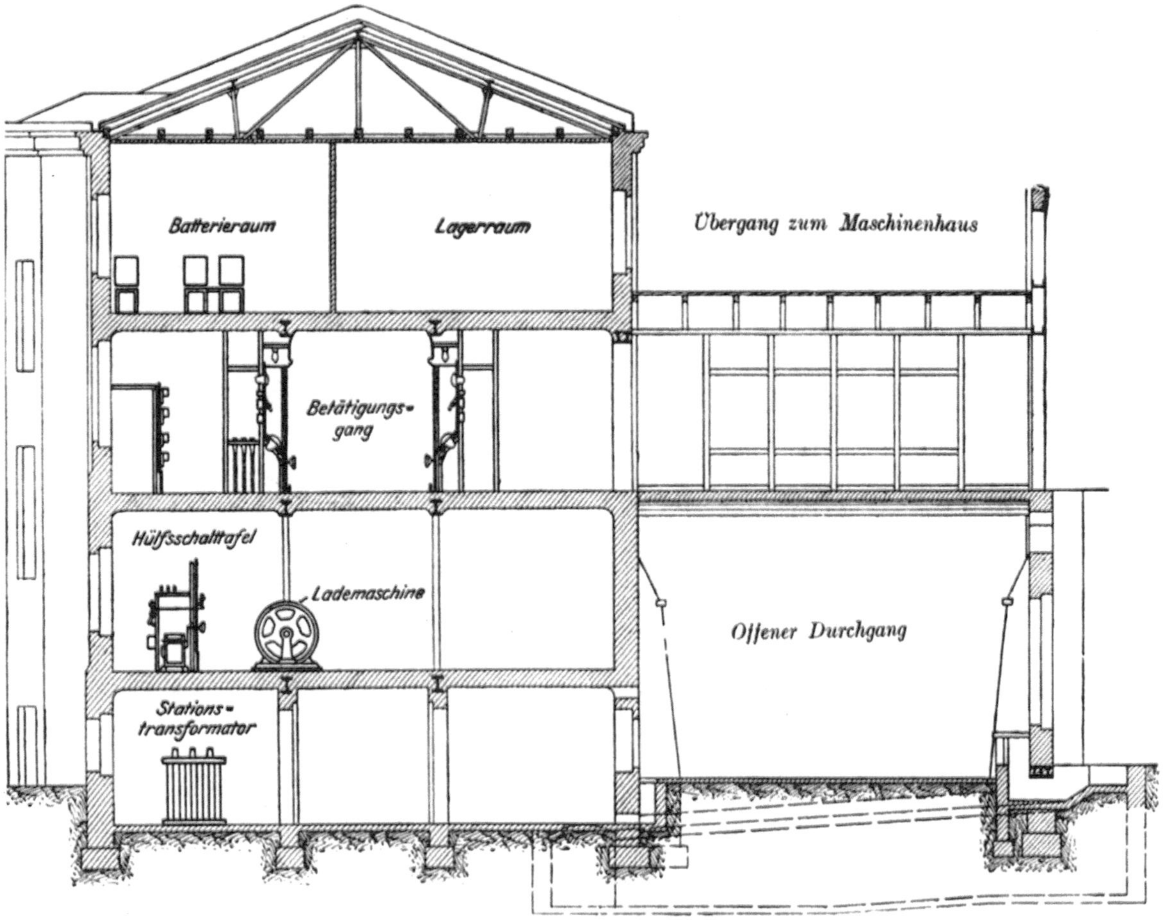

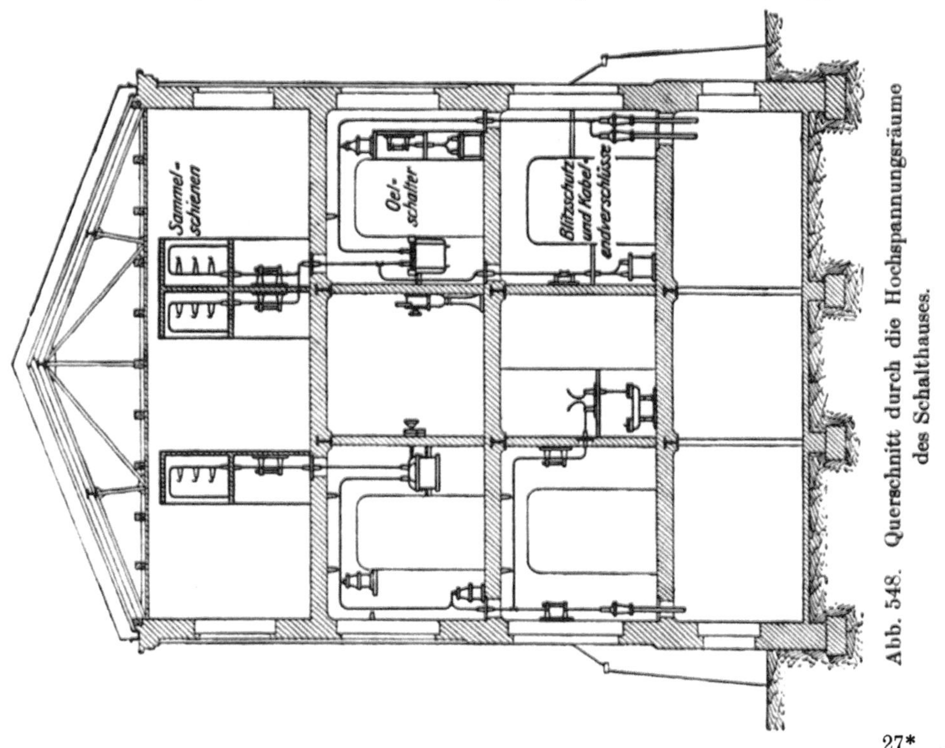

Abb. 547. Querschnitt durch die Niederspannungsräume des Schalthauses.

Abb. 548. Querschnitt durch die Hochspannungsräume des Schalthauses.

Abb. 549. Betätigungsgang im Schalthause.

Abb. 550. Maschinenschalttafel.

regulatoren und die Instrumente für die Maschinen, die andere diejenigen für die Verteilung; in dem dazwischen befindlichen Gange stehen die Kommandoapparate für das Maschinenhaus.

Über jedem Kabelschaltantrieb sind (unmittelbar auf die Wand gesetzt) die 3 einpoligen Relais sowie das Amperemeter (Abb. 544), über den Maschinenschalterantrieben die zugehörigen 3 Maximal- und 3 Rückstromrelais und das Gruppenamperemeter angebracht (Abb. 550).

Unterhalb der Antriebe sind (versenkt unter einer abnehmbaren Platte) sämtliche Meß- und Betätigungsleitungen an einem Klemmbrett zusammengeführt, so daß eine leichte Kontrolle dieser für den Betrieb wichtigen Leitungen möglich ist.

Den Kraftbedarf der Hilfsbetriebe liefern 2 Drehstromtransformatoren von je 150 kW Leistung mit einer sekundären Spannung von 250 V, die im Kellergeschoß des Schalthauses stehen.

Die dazu gehörige Verteilungstafel befindet sich im Erdgeschoß im linken Flügel des Schalthauses.

Jeder einzelne Hilfsbetrieb ist durch Maximal- und Nullspannungsrelais gesichert, sein Energieverbrauch wird zur Kontrolle des Eigenverbrauches der Zentrale durch Zähler festgestellt.

VIII. Zweites Ausführungsbeispiel:

Die Anlagen der Victoria Falls and Transvaal Power Co. Ltd. in Südafrika.

1. Vorgeschichte.

Wer einmal die Entwicklungsgeschichte der großen Elektrizitätswerke schreibt, wird denjenigen eine besondere Stellung einräumen, deren Aufgabe auf die Versorgung großer Gebiete und den Anschluß industrieller Betriebe gerichtet ist, weil bei ihnen die schwierigsten wirtschaftlichen und technischen Verhältnisse vorliegen und ihrer Entwicklung öffentlich- und privatrechtliche Hindernisse entgegenstehen, unter denen städtische Werke nicht zu leiden haben.

Daß Elektrizitätswerke in großen Städten raschen Aufschwung zeigen mußten, ist nach heutiger Kenntnis elektrisch-wirtschaftlicher Fragen gewissermaßen selbstverständlich; sie sind durch ihre Monopolstellung und durch die große Dichte des Stromverbrauches bevorzugt. Die Bekämpfung ihres einzigen Wettbewerbers, des Gaswerkes, ist ihnen insbesondere in der Speisung kleiner Kraftbetriebe leicht geworden. Die Werke jedoch, die in erster Linie Industrie zu versorgen haben, sind insofern schlechter gestellt, als der für den Anschluß zu gewinnende Verbraucher selbst als Wettbewerber auftritt, weil er bereits gewohnt war, sich seine Kraft selbst zu erzeugen und deshalb ihre Erzeugungskosten genau kennt. Das Werk ist ihm gegenüber anderseits in günstigerer Lage, als es in der Regel mit größeren Maschinensätzen arbeitet, es wird dafür aber mit den Fortleitungskosten des Stromes belastet, die diesen Vorteil wieder ausgleichen. Lediglich der durch den Gleichzeitigkeitsfaktor ausgedrückte Umstand, daß die Spitzenleistung im Kraftwerke beträchtlich kleiner ist als die Summe der Spitzenleistungen der anzuschließenden industriellen Anlagen, gibt ersteren ihre wirtschaftliche Berechtigung. Die Anschlußschwierigkeiten steigen natürlich mit der Größe der industriellen Verbraucher, und es ist mit einer einzigen Ausnahme heute noch so, daß sich bis jetzt gerade die größte Industrie der Versorgung durch Überlandkraftwerke entzogen hat und bei eigener Stromerzeugung geblieben ist. Wieweit dabei im Einzelfalle der Wunsch nach wirtschaftlicher Unabhängigkeit maßgebend gewesen ist, braucht hier nicht erörtert zu werden; es ist aber einleuchtend, daß der Anschluß jedenfalls in vielen Fällen hätte erreicht werden können, wenn genügende wirtschaftliche Vorteile geboten worden wären. Die Richtigkeit dieser Behauptung wird durch die großen Wasserkraftanlagen bewiesen, bei denen es keine Schwierigkeiten gemacht hat, auch die größten industriellen Werke als Stromverbraucher zu gewinnen.

Unsere großen deutschen industriellen Überlandkraftwerke, die Oberschlesischen Elektrizitätswerke, das Rheinisch-Westfälische Elektrizitätswerk, ebenso die unter der technischen Leitung von Merz entstandenen großen Werke im Norden Englands u. a., haben sich deshalb, von kleinen Anfängen ausgehend, verhältnismäßig langsam entwickelt.

Eine Sonderstellung nehmen in dieser Hinsicht die Anlagen der Victoria Falls and Transvaal Power Co. Ltd. in Südafrika ein, die nach nur vierjährigem Bestehen bei einer Arbeitslieferung von einer halben Milliarde kW jährlich angelangt waren und heute (1924) die volle Milliarde erreicht haben. Sie stehen an Leistungsfähigkeit damit nicht nur an der Spitze der öffentlichen Kraftwerke für Industrieversorgung, sondern gehören überhaupt zu den größten Kraftanlagen der Welt und haben noch insofern außergewöhnliche Bedeutung, als sie die einzigen sind, bei denen ein beträchtlicher Teil der Kraft auf große Entfernungen als Druckluft übertragen wird; die Leistung der hierfür aufgestellten Maschinen beträgt allein rd. 80 000 PS. Es lohnt sich deshalb, auf die Entwicklungsgeschichte dieses Riesenunternehmens näher einzugehen, weil die eigenartige Ausbildung der Anlagen nur nach den Verhältnissen des Kraftverbrauches beurteilt werden kann, die bei seiner Entstehung vorlagen.

Im Jahre 1905 bestanden drei elektrische Kraftwerke; das größte davon, die Rand Central Electric Works, diente zur Versorgung der Stadt Johannesburg und lieferte nebenher in mäßigem Umfange Strom an benachbarte Bergwerke. Ein zweites kleineres Werk stützte sich gleichfalls in der Hauptsache auf städtische Stromlieferung. Es war dies das in der Nähe von Germiston errichtete Kraftwerk der General Electric Power Co., das außer dieser Stadt noch die Bergbaubetriebe der Consolidated Goldfields, Simmer, Jack und Knights-Deep versorgte. Die dritte war die Farrar-Anlage mit einer Leistung von rd. 3000 kW, die von der Farrar-Gruppe für den Betrieb ihrer Bergwerke errichtet wurde.

Um die Aussichten für eine Stromlieferung an die von diesen Werken nicht versorgten Gebiete zu studieren, hatte die Allgemeine Elektrizitäts-Gesellschaft in Verbindung mit der Dresdner Bank im Jahre 1905 eine eingehende Untersuchung über den Kraftbedarf und die sonstigen für Beurteilung einer Zentralisierung der Kraftlieferung maßgebenden Verhältnisse durch die Ingenieure Loebinger und Dr. Apt veranstaltet. Es ist nun wichtig, einen Rückblick auf den Stand des Goldbergbaues zu werfen, wie er bei Gründung der Victoria Falls Power Co. vorlag. Nachstehende Mitteilungen entstammen dem Berichte dieser beiden Herren.

„Die Goldfelder des Witwatersrandes, die sich östlich und westlich von Johannesburg in einer Gesamtlänge von rd. 80 km und einer mittleren Breite von 10 km ausdehnen, gehörten zweifellos zu den bedeutendsten Industrie-Bezirken der Erde. Am 30. Juni 1905 betrug die Zahl der fördernden Goldbergwerke 66, die in der Zeit vom 1. Juli 1904 bis 30. Juni 1905 9 723 265 t[1]) Erz verarbeiteten. Die Goldausbeute hatte einen Wert von 358 620 600 ℳ. Die Leistung der Betriebsmaschinen erreichte die stattliche Zahl von mehr als 200 000 PS.

In finanzieller Beziehung waren immer mehrere Goldbergwerke zu einer Gruppe zusammengeschlossen. Von derartigen Gruppen kamen damals in Betracht:

1. die Eckstein-Gruppe,
2. Consolidated Goldfields,
3. J. B. Robinson,
4. die Barnato-Gruppe,
5. die Albu-Gruppe (General Mining and Finance Corporation),
6. die Farrar-Gruppe,
7. die Goerz-Gruppe und
8. die Neumann-Gruppe.

Die Bergwerke im Randgebiete sind je nach der Lagerung der goldhaltigen Gänge Auslaufbaue[2]) oder Tiefbaue. In der Regel ist einer Auslaufgrube ein Tiefbau benachbart. Im Jahre 1905 waren die meisten Bergwerke Auslaufbaue, ihre

---

[1]) In metrischem Maß.
[2]) outcrop mines.

Zahl betrug 46, die der Tiefbaue 20. Dieses Ziffernverhältnis hat sich indessen immer weiter nach der Seite der Tiefbaue verschoben, da die neu aufgeschlossenen Gruben überwiegend zu dieser Gruppe gehören.

Der goldhaltige, sehr harte Quarz wird durch Sprengarbeit abgebaut; die Bohrlöcher werden großenteils mit Druckluftbohrern, zum kleinen Teil von Hand hergestellt. Als Sprengmittel wird Dynamit verwendet. Das geförderte Erz wird nach oberflächlicher Aussonderung des wertlosen Gesteins auf den Sortiertisch einer Vorzerkleinerung in Brechern unterworfen und kommt sodann in die Stampfe, wo es zu einem feinen Sande zermahlen wird.

Die Stampfen sind überall zu Batterien bis zu 200 Stück mit gemeinsamem Antriebe vereinigt. Jede Stampfe verarbeitet an einem Tage im Mittel 5 t Erz. Der mit Wasser aufgeschlämmte Sand läuft über amalgamierte Kupferplatten, von denen der größte Teil des Goldes gebunden wird. Der Rest, je nach der Feinheit des Kornes Sand oder Schlamm genannt, wird in großen Behältern der Cyanidbehandlung unterworfen; aus der goldhaltigen Cyanidlösung wird das Metall schließlich nach besonderem chemischen Verfahren auf Zinkspänen niedergeschlagen.

Die erforderlichen Hilfsmaschinen sind hauptsächlich: Kompressoren, Fördermaschinen für senkrechte und geneigte Schächte, Brecher, Stampfen, Mühlen und verschiedene Arten von Pumpen für das Cyanidverfahren. Von mehr als 200 000 PS Leistung der aufgestellten Maschinen entfielen nur 25 310 PS auf elektrischen Antrieb und nahezu der ganze Rest auf Dampfanlagen.

Berechnungen der tatsächlichen Selbstkosten für die PSh unter den damals bestehenden Betriebsverhältnissen hatten nur wenige Bergwerke angestellt. Als Mittelwert für 24 Bergwerke ergaben sich 6,8 $\text{\textdelta}/\text{PS}_i\text{h}$. In elektrische Arbeit umgerechnet, erhält man daraus, den Wirkungsgrad der Dampfmaschine mit 85 vH angenommen, einen Preis von 10,6 $\text{\textdelta}/\text{kWh}$.

Der Unterschied in den Kraftkosten der einzelnen Bergwerke lag nicht so sehr an der verschiedenen Güte der Maschineneinrichtungen als an den Schwankungen des Kohlenpreises, der durch die örtliche Lage der Gruben in hohem Maße beeinflußt wird. Aus den leicht erhältlichen und guten statistischen Unterlagen läßt sich ferner nachweisen, daß die Betriebskosten der Dampfanlagen im Mittel 3,05 $\mathscr{M}/\text{t}$ verarbeitetes Erz betrugen. Für 9 723 265 t beliefen sich also die Gesamtkosten der Krafterzeugung unter den Verhältnissen von 1905 auf rd. 29,6 Mill. $\mathscr{M}$. Legt man eine jährliche Benutzungsdauer von 5000 h zugrunde, so würden nach den für die PS$_i$h ermittelten Einheitskosten die Jahreskosten 544 $\mathscr{M}/\text{PS}_i$ oder rd. 850 $\mathscr{M}/\text{kW}$ betragen.

Wesentlich unwirtschaftlicher als bei den fördernden Bergwerken mit hohem jährlichen Belastungsfaktor ist die Krafterzeugung in den aufschließenden Gruben, die die Kraft vorwiegend zum Abteufen brauchen. Hier stellten sich die Kosten auf etwa 49,5 $\text{\textdelta}/\text{PS}_i\text{h}$, also mehr als siebenmal so teuer wie bei den in regelmäßigem Betriebe befindlichen Gruben."

Diese Zahlen lassen erkennen, daß die eigenartigen Betriebsverhältnisse des Witwatersrandes mehr als anderswo zu einer Zusammenfassung der Krafterzeugung drängten. Die große Dichtigkeit des Verbrauches, der sonst kaum zu erreichende hohe Belastungsfaktor hatten hier für die Verteilung von einer mächtigen Kraftzentrale aus einen überaus günstigen Boden geschaffen.

Es ist deshalb erklärlich, daß der Plan einer gemeinsamen Kraftversorgung des Randes von verschiedenen Stellen fast gleichzeitig aufgenommen wurde. Zunächst wurde von Robeson, dem damaligen Chefingenieur der Eckstein-Gruppe, ein Entwurf ausgearbeitet, der eine Übertragung von Druckluft und Elektrizität vorsah. Das Hauptwerk wurde für eine Leistung von 70 000 PS bemessen und sollte außer den Gruben der Eckstein-Gruppe die der Consolidated Goldfields mit Kraft versorgen. Dabei war der Strompreis zu 3,8 ₰/kWh veranschlagt, so daß es sich gelohnt hätte, auch die bereits vorhandenen Dampfanlagen durch elektrische Antriebe zu ersetzen. Die Druckluft sollte in einer großen gemeinsamen Kompressoranlage erzeugt und den Minen durch ein Rohrnetz mit einem Überdruck von 8 bis 10 at zugeführt und für den Betrieb der Gesteinbohrer und anderer Maschinen, insbesondere kleiner Haspel unter Tage dienen. Als Vorzüge dieses Entwurfes wurde von Robeson angeführt, daß die unmittelbare Übertragung der Druckluft sich mit besserem Wirkungsgrad ausführen ließe, als elektrische Kraftübertragung und Antrieb einzelner kleinerer Kompressoren auf jeder Grube durch Elektromotoren.

Nach dem Annual Report of the Government Mining Engineer entfielen von den im Bergbaugebiete aufgestellten Maschinen von 200 000 PS im ganzen 60 537 PS auf Betriebe mit Druckluft. Hiervon wurden ungefähr die Hälfte für Gesteinbohrer und die andere Hälfte für Pumpen, Ventilatoren, Fördermaschinen und andere Hebezeuge verbraucht.

Der Grubenbewetterung ist bisher nur geringe Aufmerksamkeit gewidmet worden, in den meisten Fällen muß die Abluft der Bohrmaschinen für das Arbeiten vor Ort ausreichen. Je tiefer aber die Schächte abgeteuft werden, desto schwieriger gestalten sich die Wetterverhältnisse; die Minen waren deshalb genötigt, zu künstlicher Bewetterung überzugehen, um den hohen Temperaturen in größerer Teufe wirksam zu begegnen.

An Pumpmaschinen waren im Jahre 1905 in den Goldminen rd. 32 000 PS, davon 6100 PS bereits mit elektrischem Antrieb aufgestellt. Der Hauptanteil, rd. 16 000 PS, entfiel auf Wasserhaltungen, ungefähr 6000 PS auf Pumpen für die Reduzieranlagen, der Rest diente der allgemeinen Wasserversorgung, für Druckwasserbetriebe und Entwässerungen.

Es war vorauszusehen, daß sich mit der weiteren Entwicklung der Tiefbaugruben die Zahl der unterirdischen Wasserhaltungen vergrößern würde. Schon damals hatten einzelne Schächte mit großem Wasserandrang zu kämpfen; je tiefer die neuen Schächte abgeteuft werden, desto schwieriger gestalten sich die Wasserverhältnisse. Die beträchtlichen Förderhöhen (1300 bis 1600 m) verlangten von vornherein elektrischen Antrieb.

Wetteranlagen und Wasserhaltungen sind Betriebe, die das ganze Jahr fast ohne Unterbrechung arbeiten, und da sie eine immer gleiche Menge Luft oder Wasser fördern, geben sie eine vorzügliche Dauerbelastung für die Kraftwerke.

Von noch größerem Werte war in dieser Hinsicht der Anschluß der Brechwerke. Nach der amtlichen Statistik waren im Jahre 1905 rd. 5500 PS für den Antrieb von Brechwerken und rd. 28 000 PS für Stampfmühlen im Betriebe. Die Stampfmühlen werden im allgemeinen mit Batterien von 200, bei sehr großen Anlagen auch mit 400 Stampfen ausgerüstet. Der Kraftbedarf einer Anlage mit 200 Stampfen beträgt 600 bis 800 PS. Da die Stampfen bisher fast ausschließlich durch lange Vorgelegewellen angetrieben wurden, so war der Nutzeffekt der Übertragung gering und in jedem Fall eine Aushilfsmaschine erforderlich, um bei Fehlern an der Hauptmaschine Stillstand der gesamten Batterie zu verhüten. Sieht man von wenigen Bergwerken ab, deren Batterien Sonntags ausgeschaltet wurden, so war mit 8000 stündigem Jahresbetrieb der Mühlen zu rechnen. Da das Erz so gleichmäßig wie möglich verteilt wird, waren keine Belastungsschwankungen zu befürchten. Diese Anlagen stellten daher, was Höhe und Dauer der Belastung anbetrifft, einen idealen Verbraucher für ein Elektrizitätswerk dar.

Einen weniger günstigen Einfluß auf die Gleichmäßigkeit der Belastung üben die Fördermaschinen aus. Es war indessen zu erwarten, daß sich die hierdurch verursachten Spitzen im Verbrauchsdiagramm infolge der hohen Grundbelastung des Elektrizitätswerkes weniger fühlbar machen und sich desto besser ausgleichen würden, je mehr Förderanlagen angeschlossen wurden.

Die Bergbauingenieure kommen vielfach der Einführung der Elektrizität für Förderanlagen nicht entgegen; außer bei der Eckstein-Gruppe ist deshalb auf große Anschlüsse von Auslaufgruben, deren Fördermaschinen über Tage stehen, vorerst nicht zu rechnen. Anders liegen die Verhältnisse bei den Tiefbauen. Da die Fördermaschinen in diesen zum großen Teil unter Tage aufgestellt werden müssen, Dampf oder Druckluft aber als Antriebskraft in großer Teufe schlecht anwendbar sind, so bleibt nur der Übergang zur Elektrizität übrig, und es konnte keinem Zweifel unterliegen, daß sich der elektrische Betrieb insbesondere für Schrägförderungen rasch einbürgern werde.

Daß bei dieser Sachlage der Gedanke großzügiger Zusammenfassung der Stromlieferung trotz des Mißerfolges der bestehenden kleinen Elektrizitätswerke immer wieder auftauchte, war um so näher liegend, als zu gleicher Zeit in Europa und Amerika bereits mehrere Überlandkraftwerke auch in finanzieller Hinsicht erfolgreich im Betriebe waren, deren Anschlüsse gleichfalls im wesentlichen aus industriellen Werken bestanden.

Der nach den Vorarbeiten der AEG ausgearbeitete Entwurf sah ein Kraftwerk von 30000 kW vor, das sofort mit 15000 kW ausgebaut und an einem der großen Staudämme am Rand errichtet werden sollte. Vergleichsrechnungen, die zwischen dieser Lage und der in Vereinigung am Vaalfluß, 55 km nördlich, angestellt wurden, ergaben bei den damaligen Kohlenpreisen die Überlegenheit der Lage am Rand, um so mehr als sie auch aus technischen Gründen bevorzugt werden mußte.

Gleichzeitig mit der AEG, aber unabhängig von dieser, studierte die Chartered Co. unter Leitung ihres rührigen Direktors Wilson Fox ebenfalls die Frage der Kraftversorgung des Randes, und zwar in der Absicht, die der Chartered Co. gehörigen mächtigen Wasserkräfte der Victoria-Fälle des Zambesi für die Kraftlieferung auszunutzen. Wilson Fox hatte zu diesem Zwecke das African Concession Syndicate gegründet, das von der Chartered Co. das Recht zur Errichtung eines Kraftwerkes bis zu 250000 PS an den Victoria-Fällen erwarb. Die Notwendigkeit einer eingehenden Untersuchung, auf welche Weise es wirtschaftlich und technisch möglich sei, diese Leistung auf die Entfernung von 1100 km zu übertragen, führte zur Bildung eines Sachverständigen-Kollegiums, dem Blondel-Paris, Gisbert Kapp-Birmingham, Lord Kelvin-London und Tissaut-Basel angehörten.

Wenngleich dieses Projekt aus politischen Gründen nicht zur Ausführung gebracht werden konnte, so ist es doch interessant, aus dem erstatteten Gutachten festzustellen, daß von den genannten Fachleuten in erster Linie eine Übertragung von hochgespanntem Gleichstrom empfohlen wurde.

Später wurden Ralph Mershon-Amerika und der Verfasser in der gleichen Angelegenheit befragt, beide schlugen unabhängig voneinander Übertragung mit hochgespanntem Drehstrom vor und zwar sollte die Frequenz nach Mershons Vorschlag $12^1/_2$, nach dem des Verfassers 10 Per./s betragen. Rechnungen, die unter Annahme höherer Periodenzahl durchgeführt wurden, ergaben bei Belastungsschwankungen eine so merkwürdige Verteilung der Spannung, daß man von höheren Periodenzahlen absehen mußte; bei der vorgeschlagenen ergaben sich jedoch brauchbare Werte. Den Vorteil gegenüber einer Gleichstromübertragung erblickten beide Gutachter darin, daß die Erzeugung der hohen Spannung in technisch besserer Weise mit schon bekannten Einrichtungen möglich sei.

In Verhandlungen, die darauf zwischen Wilson Fox und dem Verfasser geführt wurden, kam dann eine Verständigung über gemeinschaftliches Vorgehen zustande. Es wurde die Victoria Falls Power Co. mit einem Kapital von 32,8 Mill. ℳ gegründet, wovon rd. 16,3 Mill. ℳ in Obligationen begeben und unter Führung der Dresdner Bank in Deutschland gezeichnet wurden.

Die AEG übernahm die Aufstellung der Entwürfe und die Fertigstellung der gesamten Bauten. Die Grundlagen hierfür wurden von Ralph Mershon und Arthur Wright-London festgestellt und der Bau zweier Kraftwerke mit einer ausgebauten Leistung von 18000 kW beschlossen. Das kleinere Werk sollte mit 2×3000 kW bei Brakpan[1]) in Anlehnung an die Rand Central Electric Works, das größere bei Simmerpan[1]) mit 4×3000 kW errichtet werden.

Bei der Gründung der Victoria Falls Power Co. waren nämlich gleichzeitig die beiden Elektrizitätswerke Rand Central Works und das Elektrizitätswerk Driehoek der General Electric Power Co. erworben worden. Es war ferner gelungen, mit den Consolidated Gold Fields einen Stromlieferungsvertrag für 3 Mill. kWh abzuschließen. Die Gesellschaft hatte damit vorübergehend eine Monopolstellung erlangt, da das Kraftwerk der Farrar-Gruppe nur dieser diente.

2. Erster Bauabschnitt: Die Kraftwerke Brakpan und Simmerpan, das Nebenwerk Herkules.

A. Das Kraftwerk Brakpan.

a) Lage des Werkes.

Das Werk Brakpan (Lageplan Abb. 551) liegt im äußersten Osten des Randes, seine Größe war von vornherein durch die Wasserverhältnisse beschränkt, weil die

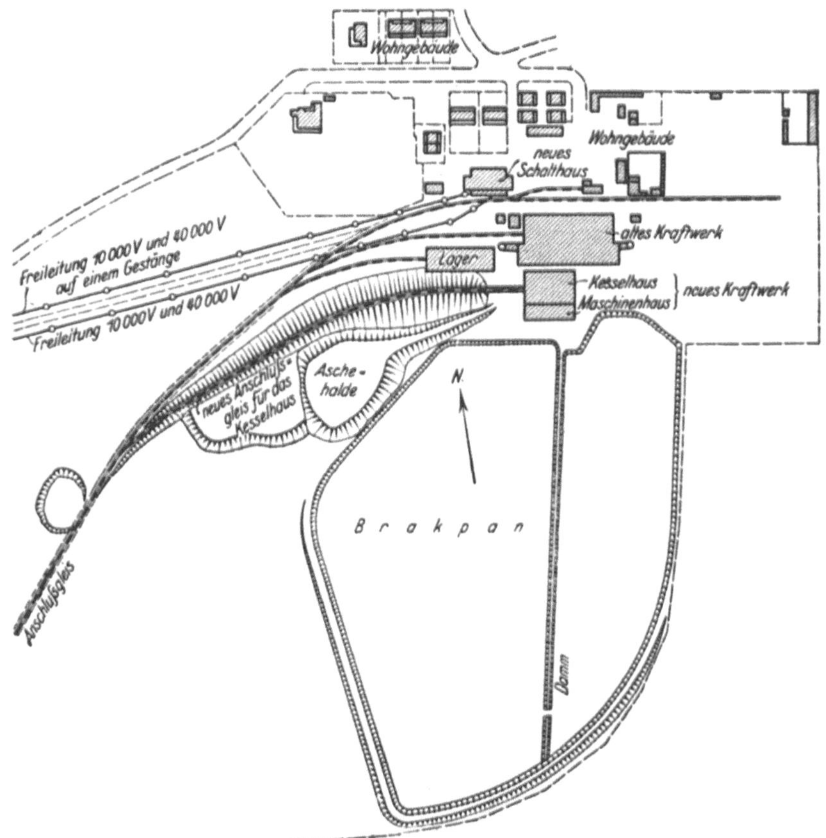

Abb. 551. Kraftwerk Brakpan. Lageplan. Maßstab 1 : 5000.

Oberfläche des nur mäßig tiefen Brakpan im Sommer auf 60000 m² zurückgeht und keine Aussichten auf größere Wassermengen bestehen.

---

[1]) pan = Pfanne, Pfuhl, Teich.

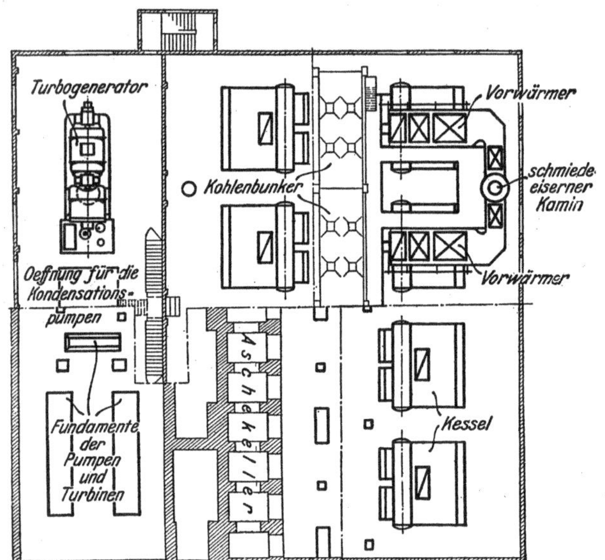

Abb. 552. Kraftwerk Brakpan. Grundriß des Maschinen-
und Kesselhauses. Maßstab 1 : 500.

b) Maschinenhaus.

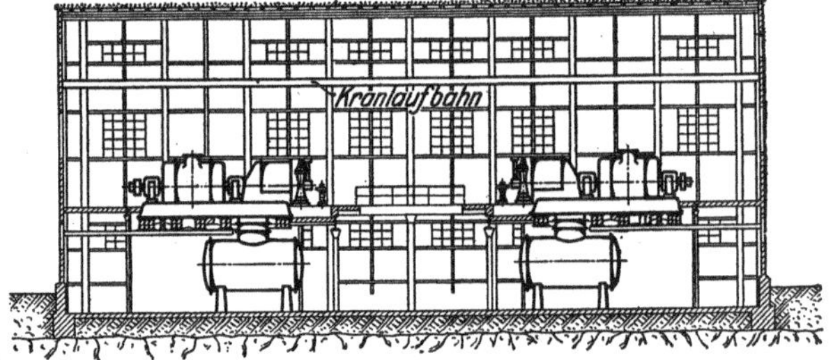

Abb. 553. Kraftwerk Brakpan.
Längsschnitt des Maschinenhauses.
Maßstab 1 : 500.

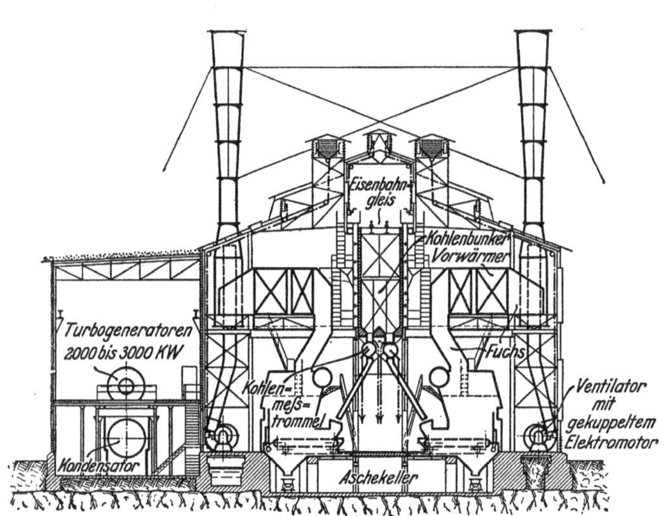

Abb. 554. Kraftwerk Brakpan.
Querschnitt des Maschinen- und Kesselhauses.
Maßstab 1 : 500.

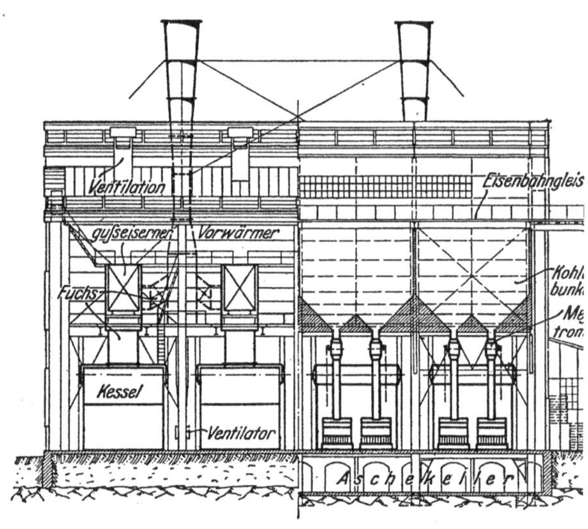

Abb. 555. Kraftwerk Brakpan.
Längsschnitt des Kesselhauses.
Maßstab 1 : 500.

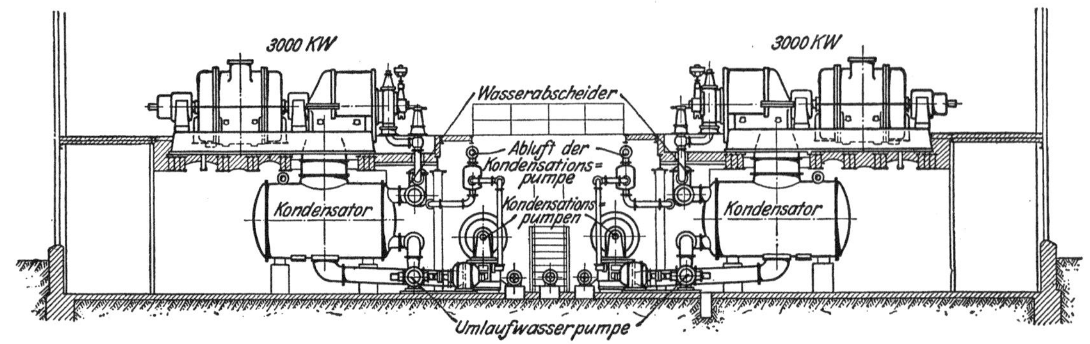

Abb. 556. Kraftwerk Brakpan. Kondensationsanlage. Längsschnitt. Maßstab 1 : 250.

Die Anlage enthält zwei Turbodynamos von je 3000 kW bei 1500 Uml./min, die in der Längsachse des Maschinenhauses angeordnet sind (Abb. 552—555). Die Generatoren, ursprünglich für 10000 V gewickelt, sind später auf Niederspannung mit Stabwicklung unter Zwischenschaltung von Transformatoren umgebaut worden, weil die Hochspannungswicklung durch die heftigen atmosphärischen Entladungen zu sehr gefährdet wurde und weil sich Hochspannungswicklungen in Transformatoren betriebssicherer ausführen lassen. Durch den Einbau der Stabwicklung konnte die Leistung der Stromerzeuger um 10 vH erhöht werden, so daß die Mehrkosten größtenteils ausgeglichen wurden. Kesselhaus und Maschinenhaus liegen parallel zueinander und sind gleich lang; diese Anordnung ergibt eine verhältnismäßig kleine Grundfläche. Kondensationspumpen und Umlaufwasserpumpen werden durch je einen unmittelbar gekuppelten Elektromotor angetrieben (Abb. 556, 560, 561). Damit die Kühlwirkung des Teiches erhöht werde, wurde ein besonderer Damm angelegt (Abb. 551); die Höchsttemperatur des Teiches im Sommer konnte dadurch auf 30° C herabgesetzt werden. Ansichten der Bauten: Abb. 557-559.

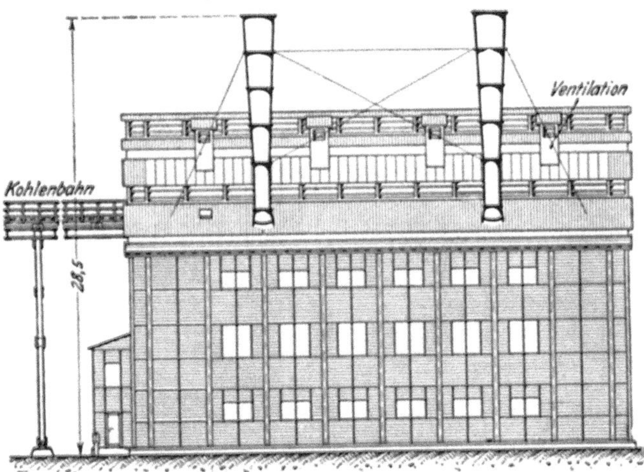

Abb. 557. Kraftwerk Brakpan. Ansicht der Längsseite des Maschinenhauses. Maßstab 1 : 500.

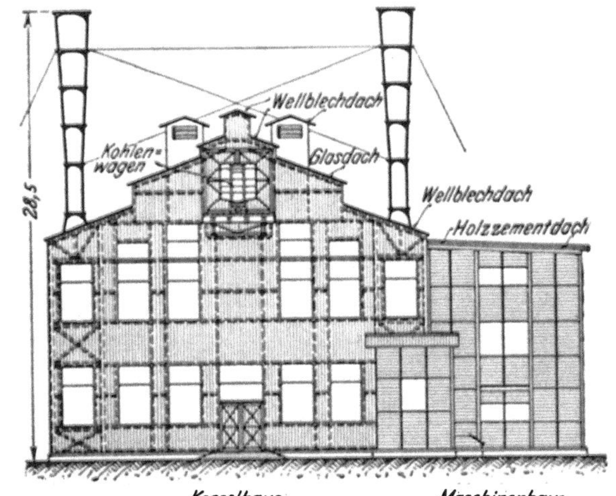

Abb. 558. Kraftwerk Brakpan. Ansicht der Kopfseite von Kessel- und Maschinenhaus. Maßstab 1 : 500.

Abb. 559. Kraftwerk Brakpan.

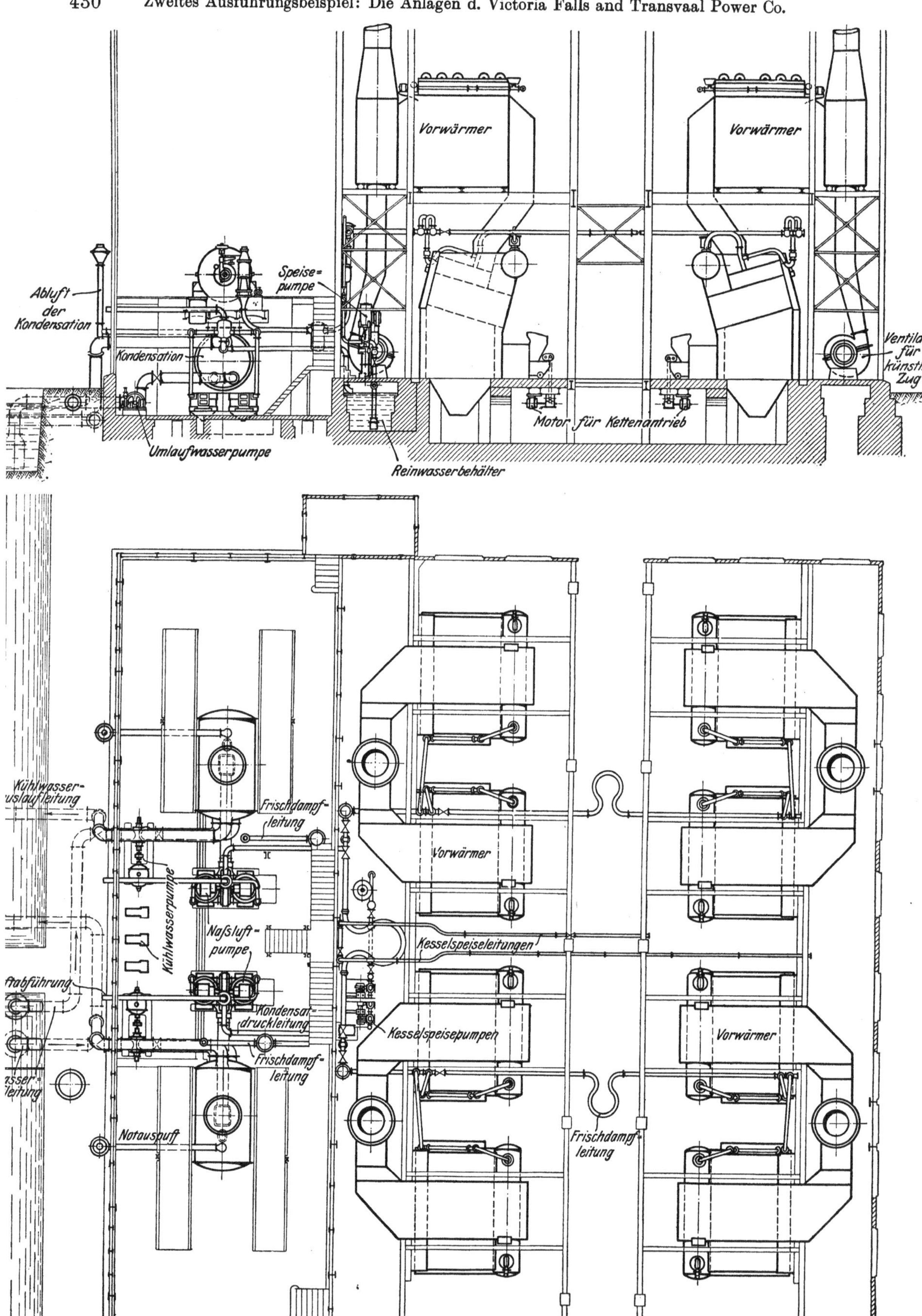

ob. 560 u. 561. Kraftwerk Brakpan. Kondensationsanlage u. Rohrleitungen. Grundriß u. Querschnitt. Maßstab 1 : 250.

c) Kohlenförderung und Kesselhaus.

Wegen der hohen Lage der Anschlußgleise konnte die Kohlenbahn unmittelbar in das Kesselhaus über die hochliegenden Bunker geführt werden (Abb. 554, 555, 557, 558, 559). Dadurch wird zwar die Förderung der Kohle sehr einfach, das Anlagekapital jedoch ziemlich hoch, weil außer hohen Aufschüttungen für die Anschlußgleise schwere

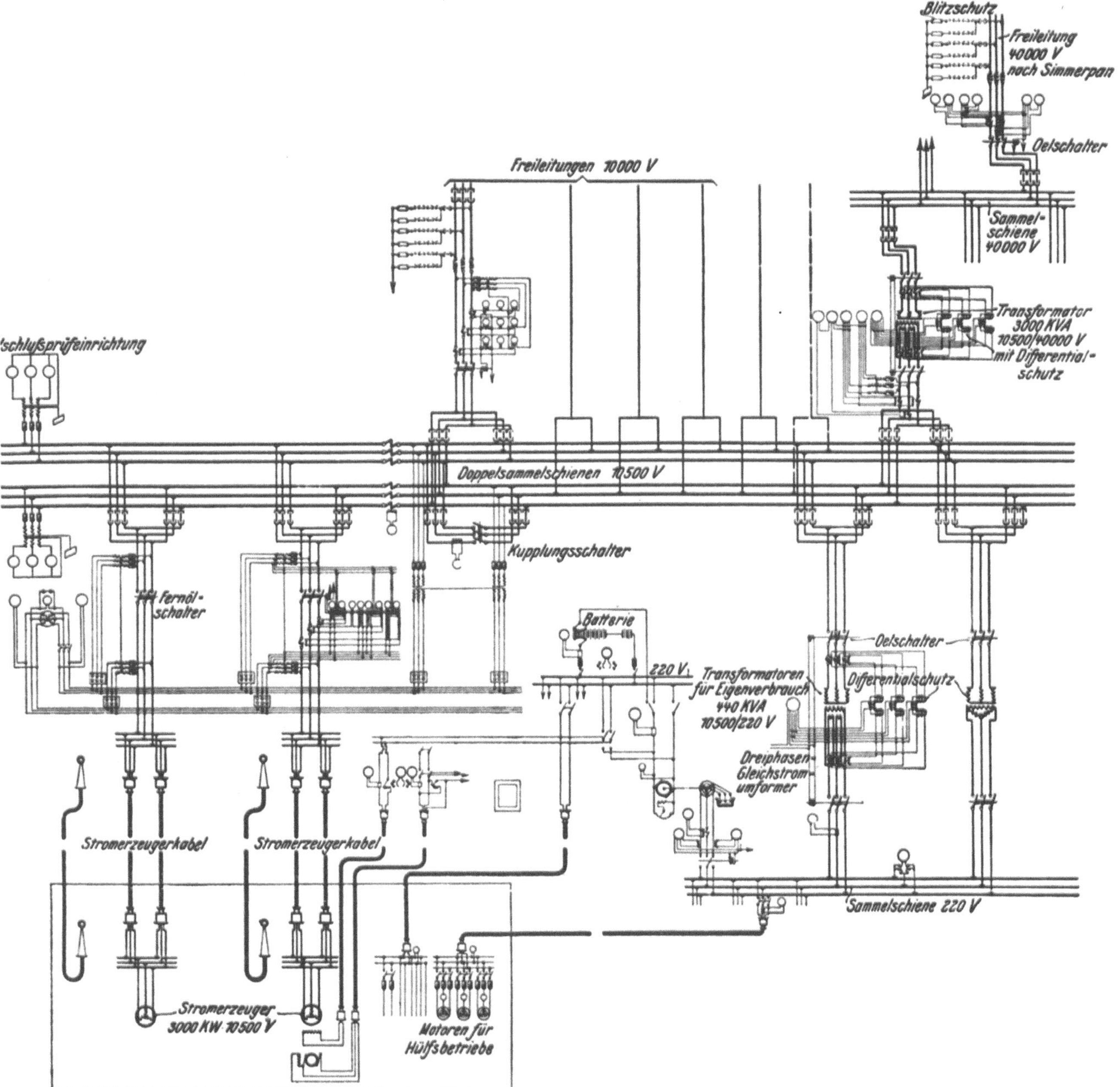

Abb. 562. Kraftwerk Brakpan.

Schaltschema. 2 Stromerzeuger, 3000 kW, 10500 V, mit eigener Erregung, umschaltbar auf Doppelsammelschienen von 10000 V.; Verbindung der Doppelsammelschienen durch Kupplungsschalter. 4 Freileitungen, 10500 V, nach Simmerpan. 1 Freileitung, 10500 V, nach der alten Kraftanlage. 2 Transformatorenabzweige für den Eigenverbrauch der Anlage, je 440 kVA, 10500/220 V. 4 Abzweige für Hilfsmotoren. 1 Abzweig für Erregerumformer, 50 kW. Batterie: 200 Ah, 220 V. 3 Transformatorenabzweige, 10500/40000 V. 2 Freileitungen 40000 V.

Eisenkonstruktionen zum Abstützen der Bunker erforderlich sind, die infolge großer Ansprüche der Bahn an Sicherheit und Aufnahme des Bremsschubes weiter verteuert wurden.

Die Kesselanlage umfaßt 8 Marinekessel von Babcock & Wilcox von je 355 m² wasserberührter Heizfläche, 14,5 m² Rostfläche und 127 m² Überhitzerfläche, die normal 8 bis 10000 und höchstens 13 bis 14000 kg/h Dampf von 350° C liefern. Die gußeisernen Vorwärmer von Green (Einzelvorwärmer) (Abb. 554, 555) liegen in einem besonderen Stockwerk über den Kesseln: je zwei Kessel haben einen schmiedeeisernen Kamin mit künstlichem Zuge durch Ejektoren. Der in der Praxis erzielte Wirkungsgrad liegt zwischen 77 und 80 vH. Bei einer in Glasgow vor dem Ausbau des Werkes errichteten Versuchsanlage wurde ein Wirkungsgrad von 83 vH. für Normalbelastung erreicht. Die Ventilatoren werden durch gekuppelte Elektromotoren angetrieben, sie sind, hinter den Kesseln zugänglich, auf dem Kesselhausfußboden aufgestellt (Abbildung 554). Der künstliche Zug wird durch Drosselklappen geregelt; der natürliche Zug ist für rd. 40 vH.[1] der Kesselleistung ausreichend. Verfeuert wird Staubkohle mit geringem Zusatz von Kleinkohle; der Heizwert dieses Brennstoffes beträgt 5000 bis 6000 kcal. Die Asche wird auf mechanischem Wege durch Seilförderer und einzelne Wagen beseitigt (Abb. 559), die bis zum Ausgang der Anlage von Hand gehoben werden; sie wird in einem Tale abgelagert (Abb. 551), so daß Förderhöhen nicht zu überwinden sind.

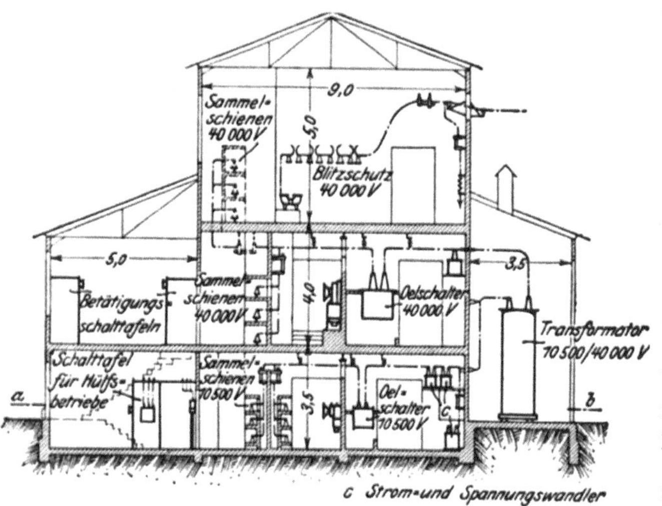

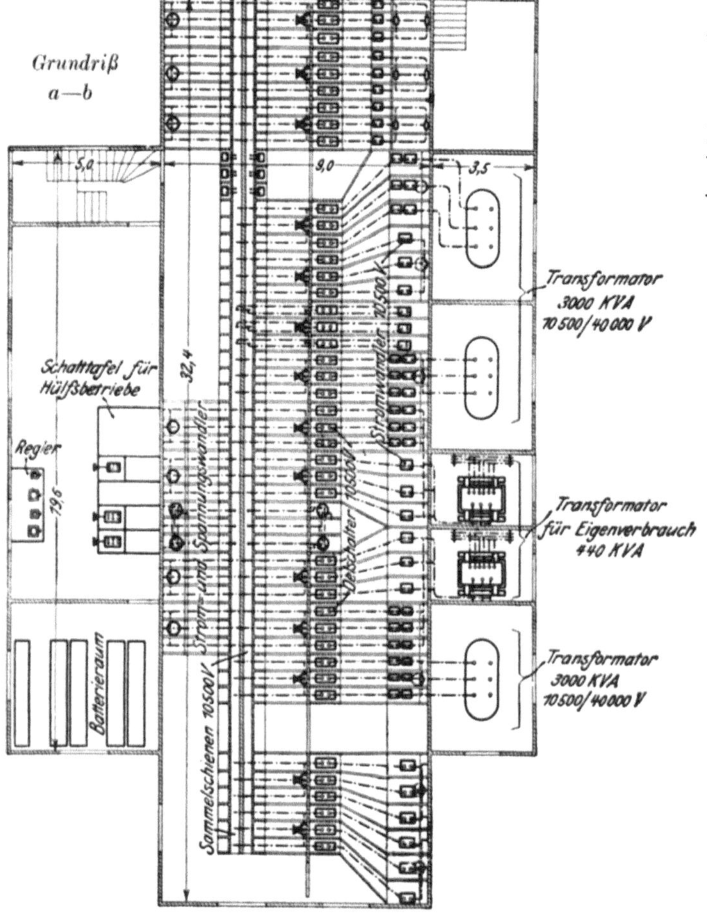

Abb. 563. Kraftwerk Brakpan.
Grundriß und Querschnitt des Schalthauses. Maßstab 1 : 250.

---

[1] Durch weitere Herabziehung der Widerstände von Kessel, Ekonomiser und Fuchs (S. 305) läßt sich diese Ziffer wesentlich verbessern.

d) Schalthaus.

In rd. 50 m Entfernung vom Maschinenhaus ist ein besonderes Schalthaus errichtet, das auch die Betätigungstafel enthält; alle Schaltungen werden durch Fernsteuerung ausgelöst (Schaltschema Abb. 562). Die Schaltwärter verständigen sich mit dem Maschinenhause durch lauttönende Fernsprecher. Die Transformatorenräume bestehen aus einzelnen feuerfesten Kammern und sind an der Längsseite des Schalthauses (Abb. 563) angebaut. Die Spannung wird von 10000 auf 40000 V heraufgesetzt, der Strom ausschließlich durch Freileitungsnetze fortgeleitet, und zwar in der Umgebung von Brakpan mit 10000 V, in der Richtung nach Simmerpan durch je 2 Doppelleitungen auf 2 besonderen Gestängen mit je 10000 und 40000 V. Im Schalthause befindet sich noch eine Batterie für die magnetische Schalterbetätigung, die gleichzeitig zur Notbeleuchtung dient; sie wird durch einen kleinen Drehstrom-Gleichstromumformer aufgeladen, der ebenfalls im Schalthause steht.

B. Das Kraftwerk Simmerpan.

(Lageplan Abb. 564 u. Ansicht Abb. 565.)

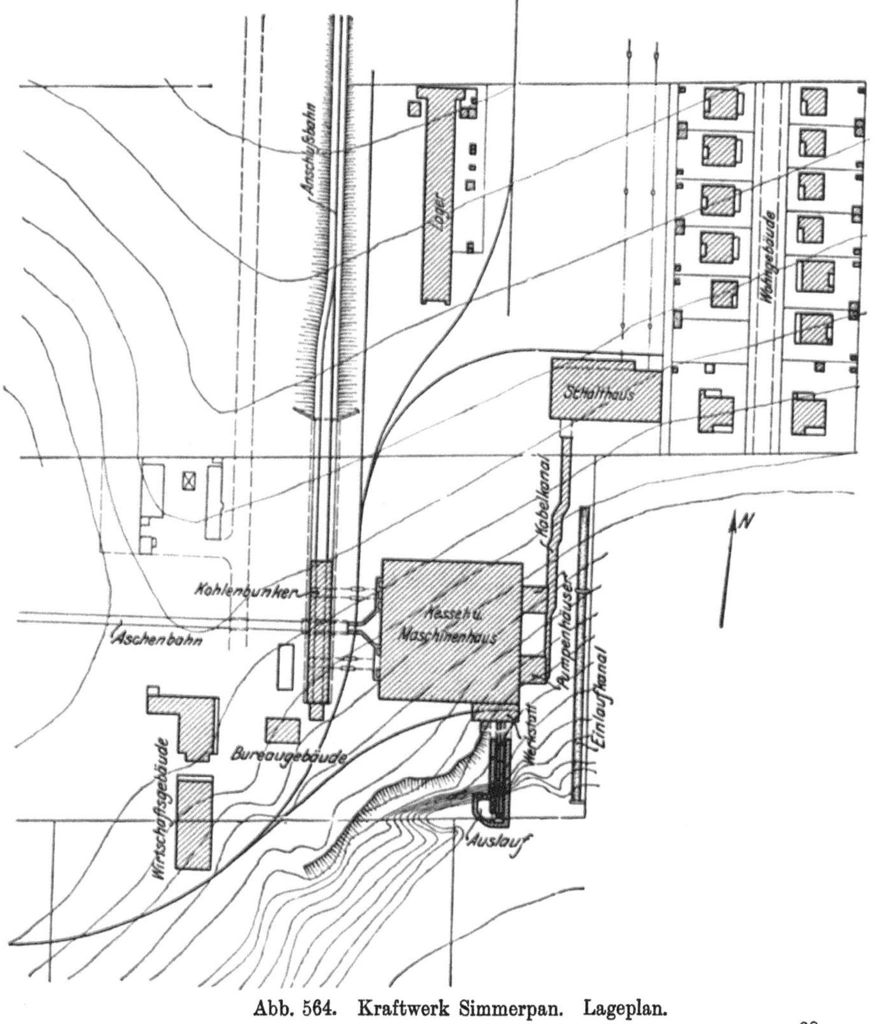

Abb. 564. Kraftwerk Simmerpan. Lageplan.

a) Kohlenförderung.

Die Kohlen werden in einen unmittelbar über der Erdoberfläche angeordneten Schachtspeicher entladen, der von den Kohlenzügen befahren werden kann. Die Bunker liegen quer vor den einzelnen Kesselhäusern und sind mit diesen durch Becherketten verbunden, die ihrerseits in einen kleinen über den Kesseln liegenden Kohlenbunker ausschütten (Abb. 566 bis 568). Die einzelnen Förderstränge werden wiederum durch ein Längsband beschickt, das sich unter dem Kohlenspeicher hinzieht, so daß die Kohlen beliebig aus jedem Bunker in jedes Kesselhaus gefördert werden können. Diese Anordnung ist nötig, weil mit dem Bezuge verschiedener Kohlensorten zu rechnen ist, die zum Zwecke guter Verfeuerung auf Kettenrosten miteinander vermischt werden müssen. Der Kohlenspeicher hat ein Fassungsvermögen von 1600 t, während die Bunker in jedem Kesselhaus für 650 t eingerichtet sind.

b) Kesselhäuser.

Die Kesselanlage (Abb. 566—568) besteht aus 2 Kesselhäusern mit je 8 Kesseln von je 9000 kg/h Dampfleistung bei je 358 m² wasserberührter Heizfläche und 14,5 m² Rostfläche. Die Achse der Kesselhäuser steht im Gegensatz zu Brakpan senkrecht zur Achse des Maschinenhauses. Die Dampfleistung jedes Kesselhauses reicht für zwei Turbodynamos gleicher Größe wie in Brakpan aus, einschließlich

Abb. 565. Kraftwerk Simmerpan. Ansicht. Im Vordergrund Wirtschaftsgebäude; vor den Kesselhäusern der Kohlenbunker.

einer Dampfreserve von rd. 20 vH. Kessel und Vorwärmer sind von gleicher Bauart wie in Brakpan. Die Hauptdampfleitung in jedem Kesselhaus ist als offener Ring verlegt; die Enden des Ringes sind an eine Sammelleitung angeschlossen, die im Aschkeller längs der Außenseite des Maschinenhauses verläuft; von ihr zweigen die einzelnen Verbindungen zu den Turbogeneratoren ab (Rohrleitungsschema Abb. 569), ferner Abb. 570—572). Erwähnenswert ist, daß sich die in den einzelnen Abzweigern eingebauten normalen Wasserabscheider nicht als ausreichend erwiesen haben, weil infolge anfangs sehr häufig auftretender Kurzschlüsse und starker Belastungsstöße Wasser aus den Kesseln mitgerissen wurde und die Turbinen gefährdete. Sie wurden deshalb später durch Töpfe ersetzt, die mit ziemlich schweren gußeisernen muldenförmigen Stücken ausgestattet sind; sie halten nicht nur das mitgerissene Wasser zurück, sondern dienen gleichzeitig als Wärmespeicher und verdampfen das mitgerissene Wasser nachträglich.

c) Maschinenhaus.

Das Maschinenhaus enthält nebeneinander in paralleler Aufstellung sechs Turbodynamos von je 3000 kW. (Abb. 566, 573. Erster Ausbau: 4 Maschinensätze.) Die Anordnung der Kondensatoren ist normal, die Hilfspumpen werden ebenso wie in Brakpan elektrisch angetrieben. Für die Kühlwasserzuführung dient ein Stichkanal, der an der Außenwand des Maschinenhauses entlang unmittelbar in den Simmerpan läuft. Die Umlaufpumpen stehen in Schächten, die mit dem Kanal durch absperrbare Rohrleitungen verbunden sind (Abb. 564, 566, 570, 571). Das Kühlwasser fließt durch zwei Rohrstränge längs des Maschinenhauses ab, die unter der Wasserober-

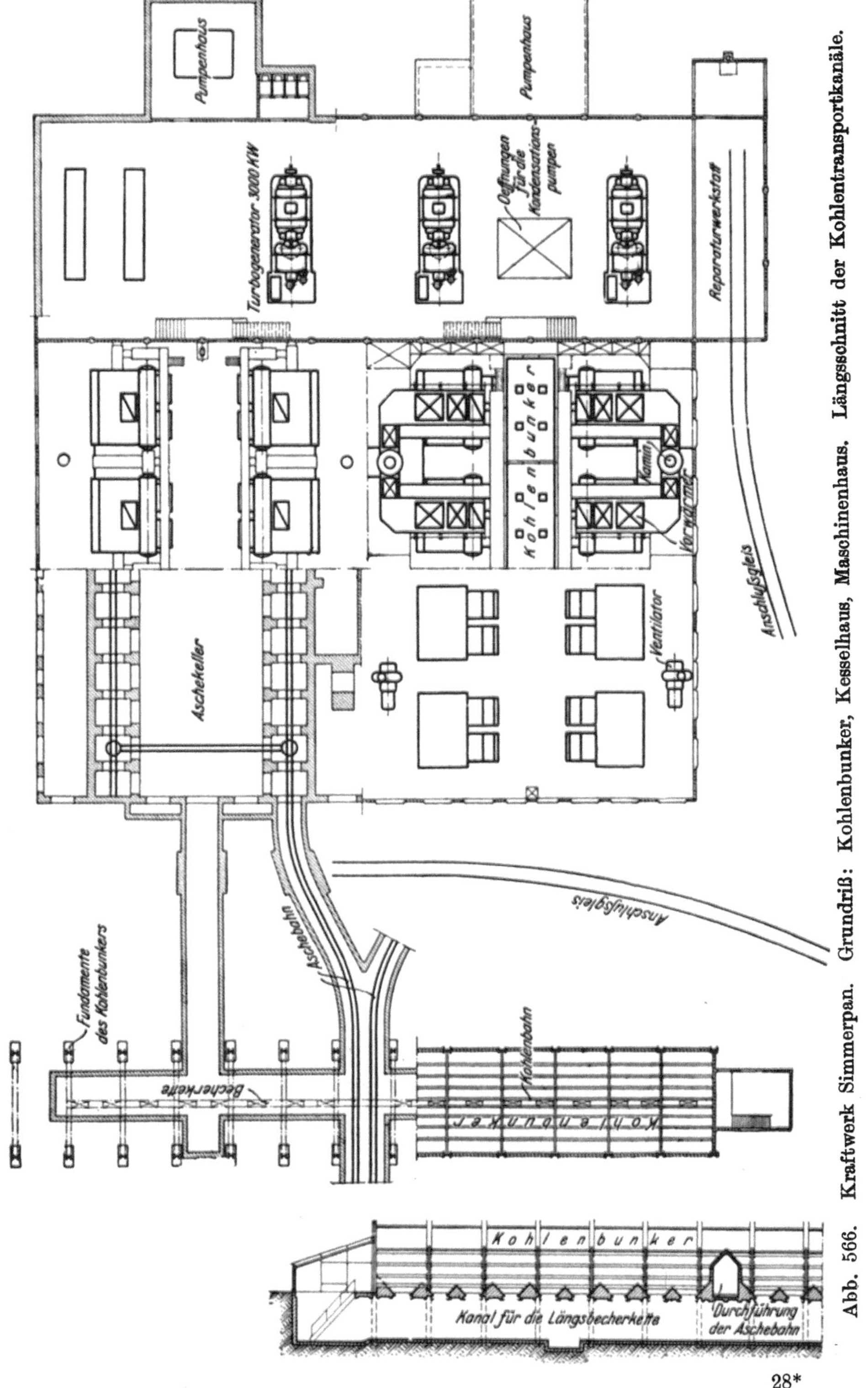

Abb. 566. Kraftwerk Simmerpan. Grundriß: Kohlenbunker, Kesselhaus, Maschinenhaus. Längsschnitt der Kohlentransportkanäle.

fläche in den Teich münden, so daß stets guter Wasserschluß gewährleistet ist, wodurch sich die Arbeit der Umlaufpumpen auf die Überwindung der Reibungsverluste beschränkt.

d) Schalthaus.

Das Schalthaus (Abb. 574 u. 575) ist ebenso wie in Brakpan von der Maschinenanlage getrennt und mit dieser durch einen begehbaren Kabelkanal (Abb. 564) verbunden; hinsichtlich der inneren

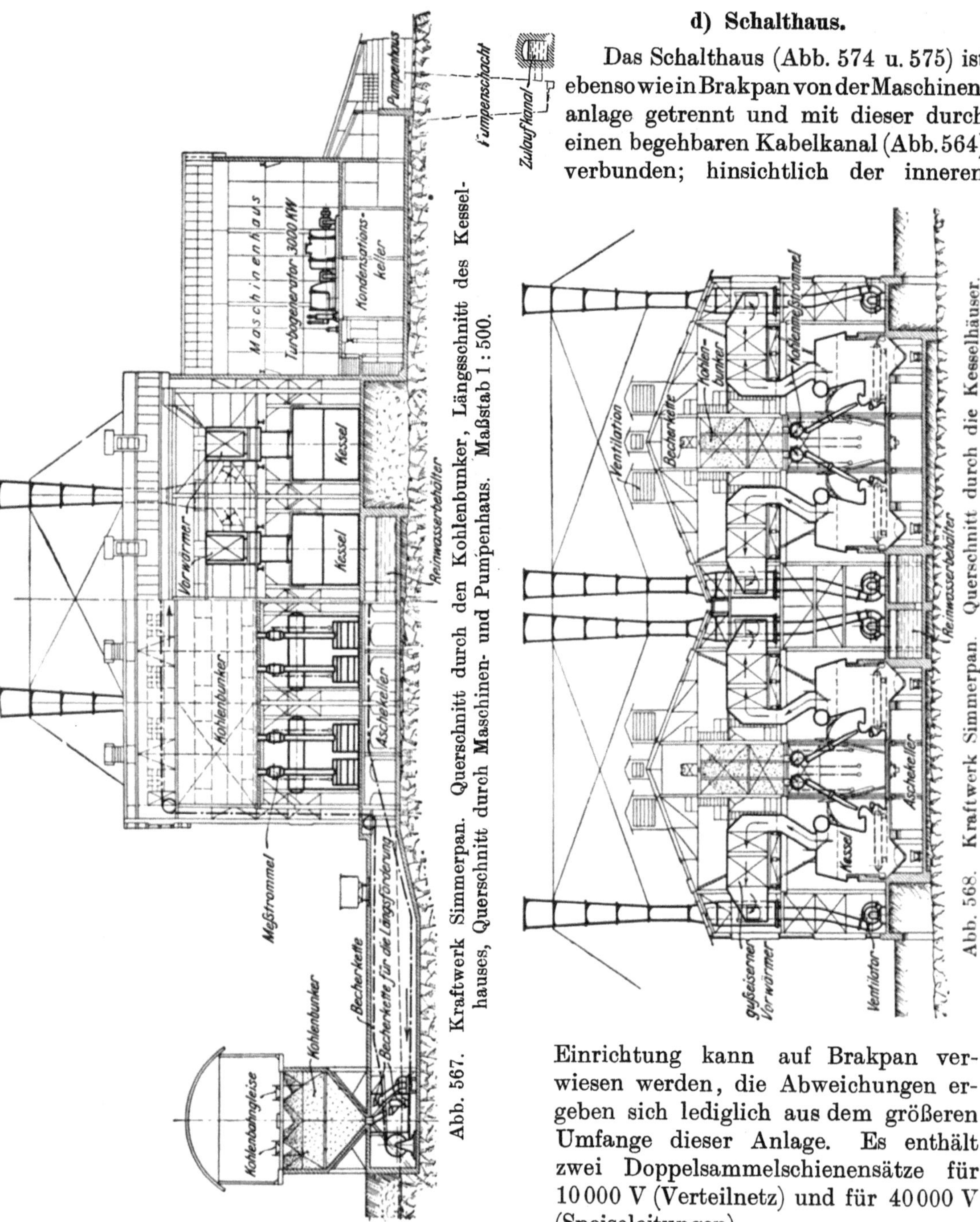

Abb. 567. Kraftwerk Simmerpan. Querschnitt durch den Kohlenbunker, Längsschnitt des Kesselhauses, Querschnitt durch Maschinen- und Pumpenhaus. Maßstab 1 : 500.

Abb. 568. Kraftwerk Simmerpan. Querschnitt durch die Kesselhäuser.

Einrichtung kann auf Brakpan verwiesen werden, die Abweichungen ergeben sich lediglich aus dem größeren Umfange dieser Anlage. Es enthält zwei Doppelsammelschienensätze für 10 000 V (Verteilnetz) und für 40 000 V (Speiseleitungen).

Hervorzuheben ist, daß der zum Aufladen der Batterie dienende Zweimaschinen-Umformer durch einen Synchronmotor angetrieben wird, der im Falle des Versagens der Kraftanlage von der Batterie gespeist und als Stromerzeuger für die Stromlieferung an die Hilfsmotoren benutzt wird. Die Batterie ist zu diesem Zwecke für kurzzeitig große Leistung bemessen. Diese Einrichtung hat sich gut bewährt, sie empfiehlt sich bei elektrischem Antrieb der Hilfsmaschinen, wenn andere unabhängige Stromquellen nicht zur Verfügung stehen.

Brakpan und Simmerpan sind wie schon erwähnt durch zwei 40 000 V Leitungen

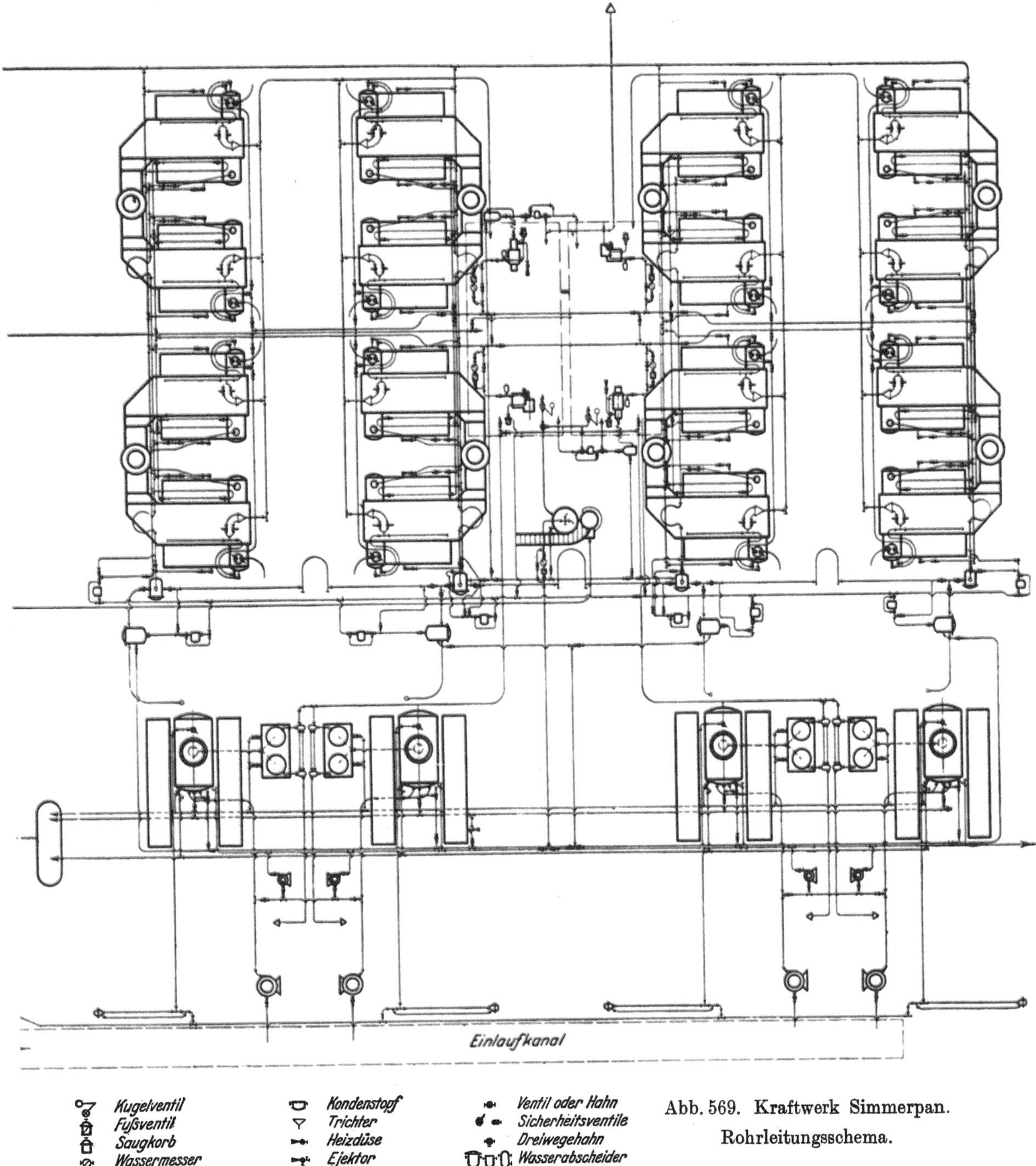

Abb. 569. Kraftwerk Simmerpan.
Rohrleitungsschema.

miteinander verbunden, die je auf einer besonderen Mastreihe verlegt wurden. Auf dem größten Teile der Strecke werden beide Mastreihen gleichzeitig dazu benutzt, um einen oder zwei Stromkreise der Verteilungsleitungen für 10 000 V aufzunehmen, da ein großer Teil des Stromes in unmittelbarer Nähe der Leitung verbraucht wird.

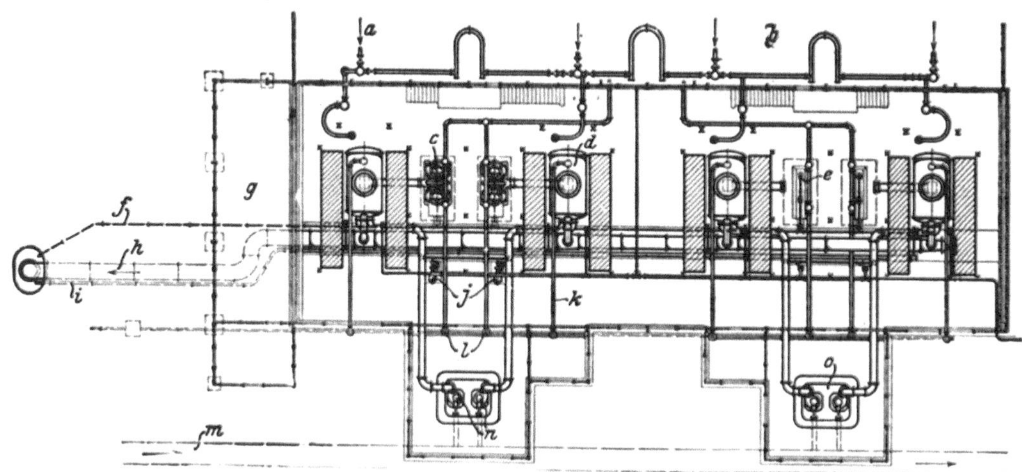

Abb. 570. Kraftwerk Simmerpan. Grundriß der Rohrleitungs- u. Kondensationsanlagen. Maßstab 1 : 500.
a = Frischdampfleitung. b = Kesselhaus. c = Naßluftpumpe mit elektrischem Antrieb. d = Oberflächenkondensator. e = Naßluftpumpe. f = Abwässer der Luftpumpe. g = Werkstatt. h = Auslaufleitung. i = Abfluß der Ölkühler und der Lagerkühlung. j = Pumpen für Lagerkühlung. k = Abdampfleitung für Sicherheitsventil des Kondensators. l = Abluft der Naßluftpumpe. m = Einlaufkanal. n = Kreiselpumpe mit elektrischem Antrieb für das Kühlwasser der Kondensatoren. o = Pumpenschacht.

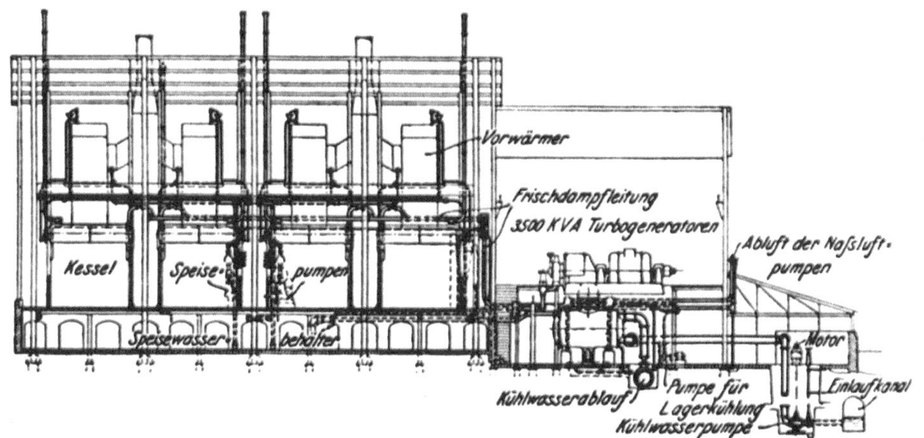

Abb. 571. Kraftwerk Simmerpan. Längsschnitt d. Rohrleitungs- u. Kondensationsanlage. Maßstab 1 : 500.

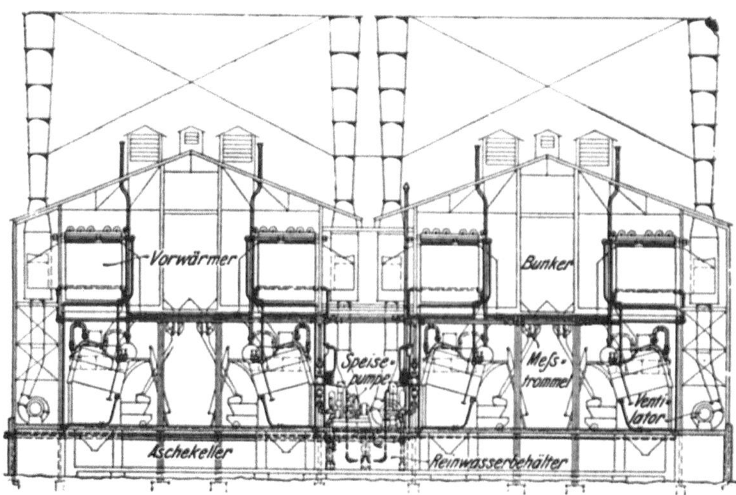

Abb. 572. Kraftwerk Simmerpan. Rohrleitungsanlage im Kesselhaus. Maßstab 1 : 500.

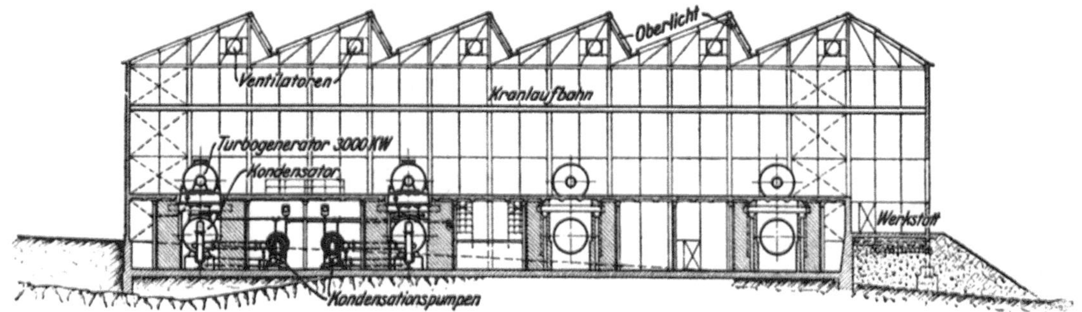

Abb. 573. Kraftwerk Simmerpan. Längsschnitt des Maschinenhauses.

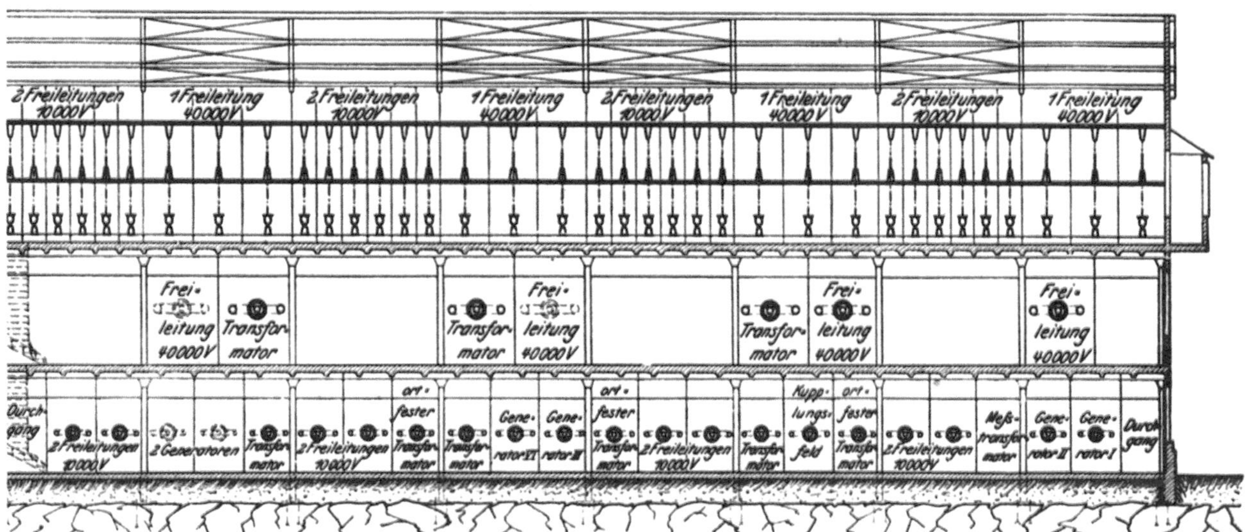

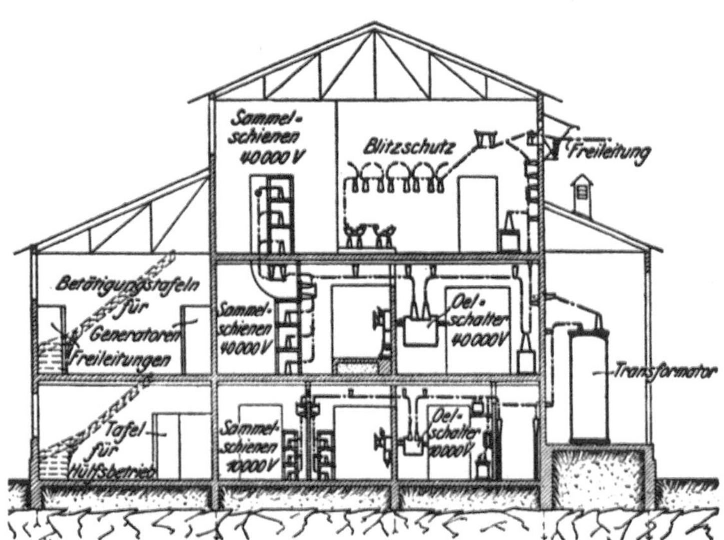

Abb. 574 u. 575. Kraftwerk Simmerpan. Längsschnitt und Querschnitt des Schalthauses.

C. Das Nebenwerk Herkules.

In der Mitte der Leitung liegt das Hauptschalt- und Transformatorenwerk Herkules (Abb. 576, 577), durch das die beiden 40 000 V Leitungen hindurchführen. Die Spannung wird wiederum auf 10 000 V herabgesetzt. Ebenso wie in Brakpan und Simmerpan sind auch hier örtliche Verteilnetze angeschlossen, die sich zum Teil in Simmerpan, zum Teil in Brakpan zu einem Ringe schließen, so daß der Strom stets von zwei

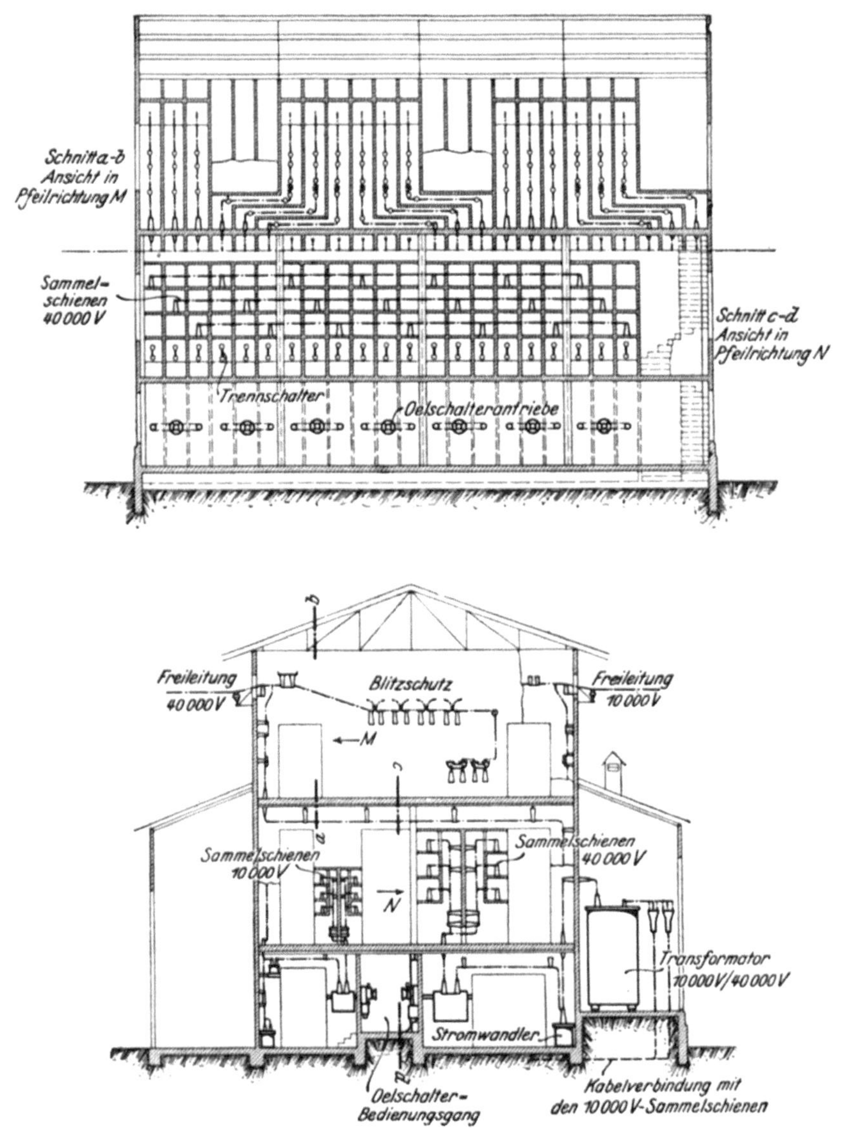

Abb. 576 u. 577. Unterwerk Herkules. Querschnitt und Längsschnitt. Maßstab 1 : 250.

Seiten in die Verteilleitungen geliefert werden kann. Durch die Leitungsnetze für 10 000 V werden die umliegenden Bergwerke unmittelbar mit Strom versorgt; ihr Bedarf ist allerdings so rasch gestiegen, daß diese beiden Kraftwerke auch zur Versorgung des östlichen Gebietes allein nicht mehr ausreichen und deshalb auf die Unterstützung des neuen Werkes in Rosherville angewiesen sind.

3. Vorarbeiten für die weitere Entwickelung.

a) Allgemeines.

Inzwischen hatte die Stadt Johannesburg, um sich von der Stromlieferung der Rand Central Electric Works unabhängig zu machen, ein eigenes großes Elektrizitätswerk mit Gaskraftmaschinen errichtet, das jedoch nie betriebsfähig war, so daß die Stadt sich genötigt sah, die bestehenden Stromlieferungsverträge mit den Rand Central Electric Works und neuerdings mit der Victoria Falls Power Co. zu verlängern. Zur Schlichtung der mit der Stadt entstandenen Streitigkeiten entsandte die Erbauerin der Gasanlage im Frühjahr 1908 den durch Gründungen elektrischer Unternehmungen in England bekannten beratenden Ingenieur W. A. Harper nach Johannesburg, der die entstandenen Schwierigkeiten durch ein neues Projekt zu beseitigen suchte.

Harper schlug vor, ein Kraftwerk mit Dampfbetrieb zu errichten, das außer der gesamten Stromlieferung für die Stadt Johannesburg gleichzeitig die anliegenden Bezirke mit Elektrizität versorgen sollte. Er leitete demgemäß Verhandlungen mit verschiedenen Bergbau-Gesellschaften ein. Während nun die Victoria Falls Power Co. das Zustandekommen des Vertrages mit der Stadt Johannesburg verhinderte, war Harper bei den Verhandlungen mit den Bergwerken erfolgreich; es gelang ihm, mit der Eckstein-Gruppe, der größten des Bergbaubezirkes, einen Stromlieferungsvertrag abzuschließen.

Harpers Vertrag mit der Eckstein-Gruppe ist wohl der bedeutendste, der bis dahin mit einem einzelnen Verbraucher für Stromlieferung vereinbart wurde. Außer der Gewährleistung eines Mindestverbrauches von jährlirh 80 Mill. kWh verpflichtete sich die Eckstein-Gruppe für ihren gesamten Kraftbedarf, sie sollte ferner bis zur Inbetriebsetzung des neuen Werkes alle Arbeitsmaschinen für elektrischen Antrieb umbauen. Nach den damals vorhandenen Einrichtungen konnte ziemlich sicher mit dem doppelten Betrage des gewährleisteten Verbrauches gerechnet werden.

Von weiteren wesentlichen Bestimmungen des Vertrages seien hier folgende erwähnt: Die Dauer des Vertrages war auf 10 Jahre, beginnend mit dem 1. Januar 1910, festgesetzt. An diesem Tage hatte die Stromlieferung zu erfolgen; anderseits verpflichtete sich die Eckstein-Gruppe, bis dahin alle Dampfantriebe in elektrische Antriebe umzuwandeln. Etwa 40 vH der Leistung sollten als Druckluft geliefert werden. Für die Bestimmung der Druckluftleistung waren eingehende Feststellungen gemacht, insbesondere war der Umrechnungsfaktor für 1 kW Luftleistung nach der

Formel $1\,\mathrm{kW} = \dfrac{1}{\eta}\,\dfrac{g}{1000}\,p_0\,v_0\,\ln\dfrac{p}{p_0}$ als Funktion von Volumen, Druck und Temperatur

festgelegt. Die in dieser Formel enthaltene Konstante $\dfrac{1}{\eta}$ sollte nach Wirkungsgrad-Versuchen an vorhandenen Kompressoranlagen bestimmt werden. Für die kWh Elektrizität war ein Preis von 3,723 Pfg, für eine kWh Druckluft 5,584 Pfg vereinbart. Ermäßigung des Preises sollte eintreten, wenn die Eisenbahnfrachten für Kohle verringert würden; außerdem wurde der Eckstein-Gruppe eine Gewinnbeteiligung eingeräumt.

Harper unterbreitete der AEG seinen Plan zur Finanzierung des Unternehmens und der Stromlieferungs-Verträge. Die daraufhin von dem Verfasser mit dem Stammhause der Eckstein-Gruppe in London geführten Verhandlungen wegen Abänderung des Vertrages waren insofern erfolgreich, als wesentliche Schärfen beseitigt wurden. Gleichzeitig konnte die Dauer des Vertrages auf 20 Jahre verlängert und die gewährleistete geringste Stromabnahme von 80 auf 130 Mill. kWh jährlich heraufgesetzt werden.

Der Vertrag wurde sodann im Herbste 1908 durch den Präsidenten der Victoria Falls Power Co., Lord Winchester, zum Abschluß gebracht. Das neue Kapital war eingeteilt in 18,4 Mill. ℳ Obligationen und 18,4 Mill. ℳ Aktien[1]). Die Obligationen wurden wiederum in Deutschland gezeichnet, diesmal unter Mitwirkung der Deutschen Bank, woraus sich für die Siemens-Schuckert-Werke eine Beteiligung an den Lieferungen ergab. Die Neubauten umfaßten die Errichtung von neuen Kraftwerken für eine Leistungsfähigkeit von 7×12000 kVA in Dampfturbinen und 10×4000 PS in Luftkompressoren, ferner eines Freileitungsnetzes für 40000 und 10000 V und eines Kabelnetzes für 20000 V, sowie ein ausgedehntes Druckrohrnetz für 9 at.

Neben Arthur Wright und W. A. Harper wurde der Verfasser beratender Ingenieur der Gesellschaft und insbesondere mit der technischen Ausarbeitung der Entwürfe betraut. Er ging deshalb im Frühjahr 1909 zusammen mit Lord Winchester nach Südafrika, nachdem sein Assistent, Oberingenieur Tröger, zur Vorbereitung der Arbeit bereits vorausgereist war.

Durch die Übernahme von zwei neuen Bergbaugesellschaften, der New Modderfontein Gold Mining Co. und Bantjes Consol. Mines war inzwischen der Kraftbedarf der Eckstein-Gruppe beträchtlich gestiegen, er wurde nach besonderen Erhebungen auf 320 Mill. kWh geschätzt; hinzu kam noch der sehr beträchtliche Verbrauch der Goldfields- und der Albu-Gruppe, die sich inzwischen gleichfalls zum Anschluß bereit erklärt hatten, so daß mit einem Anfangsverbrauch von etwa 500 Mill. kWh gerechnet werden mußte.

Bei so großen Arbeitslieferungen erforderten natürlich die Kohlen- und Wasserbeschaffung, die Feststellung des zu erwartenden Belastungsfaktors und schließlich die rechtlichen Verhältnisse für den Bau der Leitungen (Wegerechte) besonders sorgfältige Untersuchungen.

b) Kohlenvorkommen am Rand.

Kohle wird zum Teil im Randgebiete selbst und zwar bei Brakpan und Springs gefunden; sie liegt hier in geringer Tiefe und ist minderwertig; mit besseren Kohlensorten vermischt, kann sie jedoch erfolgreich für Kettenrostfeuerung verwendet werden. Bemerkenswert ist, daß die Kohlenflöze stellenweise die Golderzgänge überlagern; Kohle und Golderze werden dann aus einem Schacht gefördert.

Das bedeutendste Kohlenbecken Transvaals liegt im Witbank-Middelburg-Bezirk, rd. 130 km östlich von Johannisburg. Die Kohle streicht in mehreren Flözen bis 100 m Tiefe, die Mächtigkeit der einzelnen Flöze erreicht stellenweise 7 m. Die Kohle ist durchweg gut, ihr Heizwert beträgt 6400 bis 7000 kcal. Für die Kohlenversorgung des Randes kommt ferner der Heidelberger Bezirk und die bedeutenden Kohlenfelder nahe Vereeniging am Vaal-Fluß in Beracht.

Die einzelnen Kohlenbecken sind meist flach gelagert in geringer Tiefe und tellerartig ausgebreitet. Die zerstreut liegenden Gruben haben keinen Zusammenhang und zeigen auch hinsichtlich der Güte sehr verschiedene Werte. Man kann deshalb aus den Aufschlüssen eines Kohlenfeldes nicht auf die Nachbarschaft schließen.

Die Güte der Kohle hängt wesentlich von der mehrfachen sorgfältigen Nacharbeit ab; das Gestein muß auf Sortierbändern über Tag von Hand ausgelesen werden, ein Verfahren, das natürlich erheblich zur Verteuerung des Kohlenpreises beiträgt, da selbst die besten Gruben noch bis zu 10 vH Steine unter den Kohlen fördern.

Die Kohle ist in der Regel gasarm; Erfahrungen über ihre Verwendbarkeit in selbsttätigen Feuerungen lagen nicht vor, da die Kessel von Hand durch Schwarze oder Chinesen beschickt wurden. Es mußten deshalb zunächst umfangreiche Ver-

---

[1]) Das Kapital ist dann 1910 um 2 652 000 ℳ Vorzugsaktien, 1911 um 3 304 800 ℳ Vorzugsaktien und 26 520 000 ℳ Obligationen und Anfang 1912 um 10 200 000 ℳ Obligationen vermehrt worden.

suche mit den einzelnen Kohlensorten ausgeführt werden, bevor Aufschluß über Art und Größe der Roste zu erlangen war. Bei den gemeinsam mit der Firma Babcock & Wilcox in Glasgow ausgeführten Versuchen stellte sich dann heraus, daß sich die besseren Kohlen auf Kettenrosten bei richtiger Spaltbreite gut verfeuern lassen, besonders gasarme Kohlen verlangten eine Vermischung mit gasreicheren Kohlen; für die Vereeniging-Kohle ist außerdem noch eine nicht unbeträchtliche Vergrößerung der Roste erforderlich, wenn die gleiche Dampfleistung des Kessels erreicht werden soll.

Trotz der vielen Verunreinigungen sind die Kosten für die Gewinnung der Kohle sehr niedrig; die geringe Tiefe des Vorkommens, die billige Arbeitskraft der Eingeborenen, hauptsächlich aber die große Mächtigkeit der Flöze, die durchweg den Abbau ohne Kunstbauten gestattet, tragen wesentlich zur Herabsetzung der Gewinnungskosten bei. Die Förderkosten stellen sich einschließlich Verzinsung des Kapitals auf 2 bis 4 $\mathcal{M}/t$.

Schrämmaschinen, deren Konstruktion sich nach der Eigenart des einzelnen Vorkommens richtet, in der Regel mit Druckluft betrieben, sind vielfach in Gebrauch. Künstliche Wetterführung wird nicht als erforderlich angesehen. Die Verbrennungsgase werden nach dem Schießen ebenso wie in den Goldminen am Rand dadurch beseitigt, daß die Druckluftleitung eine Zeitlang geöffnet wird. Schlagende Wetter und Kohlenstaubexplosionen sind nicht zu befürchten, es wird durchweg mit offenen Lampen (Stearinkerzen) gearbeitet.

Als Handelsmarken unterscheidet man Stückkohle, Nußkohle, Grießkohle und Staubkohle. In früheren Jahren wurde die ausgesiebte Staubkohle, zum Teil auch die Grießkohle, mit den übrigen Verunreinigungen als Abfall auf die Halde geworfen.

Das Verdienst, den Wert dieser früher vergeudeten Kohle für die Kesselfeuerung erkannt zu haben, gebührt dem früheren Betriebsleiter der Victoria Falls and Transvaal Power Co., H. Spengel. Er konnte mit einer größeren Reihe von Gruben langfristige Verträge schließen, nach denen die letzterwähnte Kohlensorte zu Preisen von 0,5 bis 1 $\mathcal{M}/t$ frei Grube geliefert wurde. Stückkohle und Nußkohle haben einen Preis von 4 bis 7 $\mathcal{M}/t$. Die außerordentlich hohen Kosten der Bahnbeförderung verteuern den Kesselhauspreis allerdings beträchtlich, sie betragen von Vereeniging bis Johannesburg rd. 6, von Witbank rd. 7,50 $\mathcal{M}/t$, so daß der Preis am Rand hauptsächlich durch die Fracht bedingt ist.

Eine gewisse Sicherung gegen das Schwanken der Kohlenpreise ergab sich aus der Lage der Kraftwerke. Das Hauptwerk Rosherville wird von zwei voneinander ganz unabhängigen, ziemlich gleich entfernten Kohlenbezirken versorgt, so daß Schwankungen im Frachttarif für die Preisstellung nicht ausgenutzt werden können; einer Störung des Betriebes durch teilweise Streiks oder Verkehrshindernisse wird hierdurch gleichzeitig nach Möglichkeit vorgebeugt.

c) Wasservorkommen am Rand.

Obwohl die jährliche Niederschlagmenge in Transvaal normal ist (sie beträgt im Jahresmittel nahezu 70 cm), so war doch von jeher die Wasserbeschaffung eine der wichtigsten wirtschaftlichen Aufgaben, deren Bedeutung mit dem Anwachsen der Industrie am Rand wesentlich zunahm. Die Höhenlage (der Rand liegt nahezu 2000 m ü. M.), der Umstand, daß Niederschläge auf die Sommermonate, Oktober bis März, beschränkt sind, und die örtlichen Verhältnisse (felsiger oder harter Boden ohne jeden Waldbestand) verhindern die natürliche Bewässerung des Landes. Außer in den wenigen großen Flüssen gibt es natürliches Wasser nur in den wasserführenden Schichten der zwischen Johannesburg und Vereeniging belegenen Dolomitformation.

Schon frühzeitig haben daher die Buren die Notwendigkeit erkannt, das ablaufende Regenwasser durch Herstellung künstlicher Dämme in den Hauptabflußtälern zu stauen; diese Anlagen, für die Bedürfnisse des einzelnen zugeschnitten, haben jedoch nur kleines Fassungsvermögen. Natürliche Falten der Oberfläche, kleinere Täler werden durch Erddämme abgesperrt, in deren Herstellung die Buren bemerkenswerte Erfahrung erlangt haben.

Von den von der Industrie angelegten Dämmen sind besonders zu erwähnen der Simmerpan mit einem Einzugsgebiet von 18 km², einer mittleren Oberfläche von rd. 52 ha und einem mittleren Inhalt von 2 Mill. m³, und das Rosherville-Becken mit ungefähr dem gleichen mittleren Inhalt und 45 ha Oberfläche. Unter Berücksichtigung des dortigen Erfahrungswertes für den mittleren Abfluß, der rd. 16 vH beträgt, sowie für Verdunstung (rd. 1,5 m im Jahr), ergibt sich eine jährliche Nutzwassermenge von 1,3 Mill. m³ für Simmerpan und von 3 Mill. m³ für Roshervilledam, mittleren Regenfall von 70 cm vorausgesetzt.

Es leuchtet somit ein, daß bei der Wahl eines Platzes für das Kraftwerk auf die Wasserverhältnisse in besonderem Maße Rücksicht zu nehmen war; anderseits mußte mit erheblichem Widerstande der einzelnen Gesellschaften gerechnet werden, wenn man die vorhandenen Staudämme, die ausschließlich für Bergbauzwecke angelegt waren, auch noch für ein großes Kraftwerk benutzen wollte. Durch eine sorgfältige Nachprüfung der Wasserverhältnisse gelang es schließlich festzustellen, daß der Roshervilledam auch bei stark zunehmender Goldgewinnung ausreichen würde, außer dem Bergbaubedarf auch den Wasserbedarf eines großen Elektrizitätswerkes zu decken.

Verhandlungen des Verfassers mit dem Direktor der Eckstein-Gruppe, Reyersbach, führten schließlich zu einem Abkommen, daß die kostenfreie Benutzung des Roshervillebeckens für ein größeres Elektrizitätswerk zugestand, allerdings mit der Bedingung, daß den Eckstein-Gruben, die bisher bis zu 2 Mill. m³ Wasser im Jahr aus dem Becken gepumpt hatten, in Zukunft die Entnahme von 2,7 Mill. m³ im Jahr gewährleistet wurde. Außerdem war die Bedingung gestellt, daß die Temperatur des Wassers an der Entnahmestelle der Gruben 25° C nicht übersteigen dürfe. Trotz dieser Verpflichtung stellte sich der Plan eines Kraftwerkes am Rosherville-Becken gegenüber andern Entwürfen als wesentlich vorteilhafter heraus.

Die Lage von Rosherville im Mittelpunkte des Versorgungsgebietes, die für eine gesicherte Kohlenzufuhr günstigen Verhältnisse und der für Anlagen im Auslande bedeutungsvolle Umstand, daß sich die Baukosten wegen der Nähe einer größeren Stadt (Johannesburg) niedrig stellen würden, erhöhten den Wert des abgeschlossenen Vertrages.

d) Belastungsfaktor und Leistung der einzelnen Teile der Anlagen.

Nachdem die Lage des Kraftwerkes festgestellt war, mußten zunächst die Leistung der einzelnen Teile der Anlage und der Belastungsfaktor ermittelt werden. Als Grundlage konnte lediglich die Erzförderung benutzt werden, doch waren statistische Unterlagen über den Kraftbedarf der einzelnen Teile eines Grubenbetriebes und der zugehörigen Aufbereitungsanlagen an einzelnen Stellen erhältlich. Zur Zeit der Anwesenheit des Verfassers hatte ein Gesetz, das die Einfuhr chinesischer Kulis verbot und deren allmählichen Ersatz durch einheimische Arbeitskräfte anordnete, bereits Geltung erlangt, und es wurden weitere Maßnahmen geplant, die mehrfache Arbeitsschichten für die Arbeiten unter Tage beseitigen sollten. Auf den Einfluß, den ein derartiger Wechsel des Arbeitsverfahrens auf Leistung und Belastungsfaktor haben würde, mußte Bedacht genommen werden.

In nachstehenden Tabellen sind die ermittelten Werte zusammengestellt, wobei in Tabelle 35 und 36 die Ausgangswerte in Hundertteilen des Verbrauches der einzelnen Gruben festgestellt worden sind, während die Ziffern der Tabelle 37 und 38 sich auf eine mittlere stündliche Belastung von 100 kW am Ausgange des Unterwerkes beziehen; es ist dabei angenommen, daß jede Grube nur ein Unterwerk (Transformatorenanlage) erhält.

Tabelle 35 bis 38.

Leistung der Haupt- und Unterwerke, ermittelt aus dem Arbeitsbedarf der Gruben in kWh bei einfacher und doppelter Arbeitsschicht.

Zahl der Gruben auf ein Unterwerk: 1. Zahl der Gruben auf ein Hauptwerk: $n = $ rd. 20.

lfd. Nr.		Elektrischer Antrieb				Druckluft	Insgesamt
		A	B	C	D	E	F
		Pochwerke, Kugelmühlen, Ventilatoren, Wasserhaltungen	Förderung, Lokomotiven	Licht, Hilfsbetriebe	gesamter elektrischer Antrieb A, B, C	Gesteinbohrer, Hilfsmaschinen unter Tage, Ventilation	D und E
	Tabelle 35. Ausgangswerte bei einfacher Arbeitsschicht.						
1	Anteil d. einzelnen Betriebe an d. gesamt. Arbeitsverbrauch der einzelnen Grube vH	47	10	3	60	40	100
2	Belastungsfaktor der einzelnen Grube „	96	30	35	66,1	40	52,3
3	Verluste im Unterwerk b. Höchstbelastg. „	3	3	3	3	—	1,5
4	„ im Leitungsnetz b. Höchstbelastg. „	10	10	10	10	5	7,5
5	Gleichzeitigkeitsfakt. f. rd. 20 Unterwerke „	100	70	80	87	80	83,5
	Tabelle 36. Ausgangswerte bei doppelter Arbeitsschicht.						
6	Anteil d. einzelnen Betriebe an d. gesamt. Arbeitsverbrauch der einzelnen Grube vH	46	11	4	61	39	100
7	Belastungsfaktor der einzelnen Grube „	96	36	40	69	60	65,1
8	Verluste im Unterwerk b. Höchstbelastg. „	3	3	3	3	—	1,7
9	„ im Leitungsnetz b. Höchstbelastg. „	10	10	10	10	5	7,9
10	Gleichzeitigkeitsfakt. f. rd. 20 Unterwerke „	100	65	80	85	85	85

Tabelle 37. Rechnungswerte für einfache Arbeitsschicht, bezogen auf einen mittleren Stundenverbrauch am Ausgang des Unterwerkes von 100 kWh.

		A	B	C	D	E	F
	Unterwerk.						
11	Mittlerer Stundenverbrauch am Ausgang (lfd. Nr. 1) . . . . kWh	47	10	3	60	40	100
12	Höchstbelastung a. Ausgang (lfd. Nr. 2) kW	49	33,5	8,6	90,9	100	190,9
13	„ „ Eingang (lfd. Nr. 3) „	50,50	34,3	8,9	93,7	100	193,7
	Leitungsnetz.						
14	Verluste bei Höchstbelastung . . . . kW	5,1	3,4	0,9	9,4	5	14,4
	Hauptwerk.						
15	Höchstbelastung ohne Berücksichtigung des Gleichzeitigkeitsfaktors ($n = 1$, lfd. Nr. 13 u. 14) . . . . kW	55,6	37,7	9,8	103,1	105	208,1
16	Höchstbelastung mit Berücksichtigung des Gleichzeitigkeitsfaktors ($n = 20$, lfd. Nr. 14 u. 5) . . . . „	55,6	26,5	7,8	89,9	84	173,9
17	Belastungsfaktor, bezogen auf mittleren Stundenverbrauch (lfd. Nr. 11 u. 16) vH	84,5	37,8	38,5	67	47,6	57,5

Tabelle 38. Rechnungswerte für doppelte Arbeitsschicht, bezogen auf einen mittleren Stundenverbrauch am Ausgang des Unterwerkes von 100 kWh.

		A	B	C	D	E	F
	Unterwerk.						
18	Mittlerer Stundenverbrauch am Ausgang (lfd. Nr. 6) . . . . kWh	46	11	4	61	39	100
19	Höchstbelastung a. Ausgang (lfd. Nr. 7) kW	48	30,6	10	88,6	65	153,6
20	„ „ Eingang (lfd. Nr. 8) „	49,4	31,5	10,3	91,2	65	156,2
	Leitungsnetz.						
21	Verlust bei Höchstbelastung (lfd. Nr. 9) kW	4,9	3,2	1,0	9,1	3,3	12,4
	Hauptwerk.						
22	Höchstbelastung ohne Berücksichtigung des Gleichzeitigkeitsfaktors ($n = 1$, lfd. Nr. 20 u. 21) . . . . . kW	54,3	34,7	11,3	100,3	68,3	168,6
23	Höchstbelastung mit Berücksichtigung des Gleichzeitigkeitsfaktors ($n = 20$, lfd. Nr. 22 u. 10) . . . . „	54,3	22,5	9,1	85,9	58,1	144
24	Belastungsfaktor, bezogen auf mittleren Stundenverbrauch (lfd. Nr. 18 u. 23) vH	85	49	44	71	67	69,5

Tabelle 39. Zusammenstellung der Ergebnisse.

Lfd. Nr.		Erster Ausbau $5{,}5 \cdot 10^6$ t im Jahre		Zweiter Ausbau $7{,}5 \cdot 10^6$ t im Jahre	
		Arbeitschichten		Arbeitschichten	
		einfach	doppelt	einfach	doppelt
	Transformatoren in den Unterwerken.				
1	Höchstbelastung . . . . kW	22 000	22 500	30 000	30 600
2	„ . . . . kVA	30 000	30 900	40 900	42 000
3	einschließlich 50 vH Aushilfe . . . . „	45 000	46 300	61 200	63 000
	Hauptwerk.				
4	Elektrische Antriebe, Höchstleistung . . . . . kW	21 000	21 000	28 600	28 600
5	„ „ . . . . . . kVA	29 000	29 000	39 500	39 500
6	einschließlich 40 vH Aushilfe „ . . . . kW	29 500	29 500	40 000	40 000
7	„ 40 „ „ . . . . kVA	40 500	40 500	55 000	55 000
8	Druckluftantriebe, Höchstleistung . . . . kW	19 600	14 400	26 700	19 600
9	einschließlich 25 vH Aushilfe . . . . „	24 500	18 000	33 400	24 500
10	gesamte Höchstleistung . . . . „	40 600	35 400	55 300	48 200
11	einschließlich Aushilfe . . . . „	54 000	47 500	73 400	64 500

Der Arbeitsbedarf der Gruben ist unter normalen Betriebsverhältnissen praktisch proportional der verarbeiteten Erzmenge oder, auf die gewonnene Goldmenge bezogen, umgekehrt proportional dem Goldgehalt der Erze. Nach zuverlässigen Angaben mehrerer großer Grubengesellschaften beträgt der gesamte Arbeitsbedarf unter normalen Betriebsverhältnissen, bezogen auf verarbeitetes Erz, 35 bis 42 kWh/t.

Da die anzuschließenden Eckstein-Gruben durchweg mit reichhaltigen Erzen arbeiten, wurde für diese bei einfacher Arbeitschicht mit einem mittleren Wert von 37 kWh/t gerechnet. Bei doppelter Schicht arbeiten die Betriebe unter B und C weniger wirtschaftlich, der Mehrverbrauch wird jedoch kaum 5 vH des Gesamtbedarfes überschreiten. Für doppelte Arbeitschicht wurde deshalb mit einem Arbeitsbedarf von 39 kWh/t gerechnet.

Über die verarbeitete Erzmenge wird bei den einzelnen Gruben eine sehr sorgfältige Statistik geführt, die im Zusammenhang mit den aus umfangreichen Bohrungen gewonnenen Kenntnissen über die Ausdehnung der Erzlager eine zuverlässige Vorausberechnung für die nächsten Jahre gestattet.

Im Jahre 1910 betrug die jährliche Verarbeitung der anzuschließenden Gruben rd. 5,5 Mill. t; 3 Gruben waren noch mit Abteufarbeiten beschäftigt. Es war beabsichtigt, die jährliche Leistungsfähigkeit der gleichen Gruben auf 7,5 Mill. t zu steigern.

Aus diesen Angaben läßt sich nunmehr die Größe der Unter- und Hauptwerke berechnen. Der Einfachheit halber ist zunächst angenommen, daß der Druckluftbetrieb von dem elektrischen Betriebe vollkommen getrennt ist. Hinsichtlich der Arbeitschichten ist zu erwähnen, daß bis zum Jahre 1910 durchweg mit Doppelschichten gearbeitet worden ist; seit dieser Zeit ist man zum Teil auf einfache Arbeitschicht übergegangen. Um ein Bild über die Entwicklung der Stromversorgung zu bekommen, muß man daher außer auf Vergrößerung der Erzförderung auch auf Änderung des Arbeitsverfahrens Rücksicht nehmen. Dies geschieht am besten in der Weise, daß die Grenzfälle, nämlich: der ganze Betrieb je in Doppelschicht und einfacher Schicht, getrennt betrachtet werden.

I. Erster Ausbau für 5,5 Mill. t jährliche Erzverarbeitung.

a) Einfache Arbeitsschicht.

$$5{,}5 \cdot 10^6 \text{ t jährliche Verarbeitung} = \frac{5{,}5 \cdot 10^6}{8760} = 630 \text{ t stündliche Verarbeitung, mit-}$$

hin Stundenverbrauch $= 630 \cdot 37 = 23\,300$ kWh.

1. Transformatorenleistung in den Unterwerken (L_{Tr}) nach Tabelle 37, lfd. Nr. 13, D:

$$L_{Tr} = \frac{23\,300}{100} \cdot 93{,}7 \ldots\ldots\ldots\ldots\ldots = 22\,000 \text{ kW}$$

bei cos $\varphi = 0{,}73 \ldots\ldots\ldots\ldots\ldots = \text{rd. } 30\,000 \text{ kVA}$

einschl. 50 vH Aushilfe $\ldots\ldots\ldots\ldots = 45\,000$　„

2. Hauptwerk, elektrischer Antrieb (L_{el}) nach Tabelle 37 . . . lfd. Nr. 16, D:

$$L_{el} = \frac{23\,300}{100} \cdot 89{,}9 \ldots\ldots\ldots\ldots = 21\,000 \text{ kW}$$

bei cos $\varphi = 0{,}73 \ldots\ldots\ldots\ldots\ldots = 29\,000 \text{ kVA}$

bei einschl. 40 vH Aushilfe $\ldots\ldots\ldots\ldots = 29\,500 \text{ kW}$

oder $\ldots\ldots\ldots\ldots\ldots\ldots\ldots = 40\,500 \text{ kVA}$

3. Hauptwerk, Druckluftantrieb (L_{Dr}) nach Tabelle 37 . . . . lfd. Nr. 16, E:

$$L_{Dr} = \frac{23\,300}{100} \cdot 84 \ldots\ldots\ldots\ldots\ldots = 19\,600 \text{ kW}$$

einschl. 25 vH Aushilfe $\ldots\ldots\ldots\ldots\ldots = 24\,500$　„

4. Gesamte Leistung des Hauptwerkes ($L = L_{el} + L_{Dr}$):

ohne Aushilfe $\ldots\ldots\ldots\ldots\ldots\ldots L = 40\,600 \text{ kW}$

einschl. Aushilfe $\ldots\ldots\ldots\ldots\ldots L = 54\,000$　„

b) Bei doppelter Arbeitsschicht.

Für 630 t stündlicher Verarbeitung ergibt sich ein Stundenverbrauch von

$$630 \cdot 39 = 24\,600 \text{ kWh}$$

1. Transformatorenleistung in den Unterwerken (L_{Tr}) nach Tabelle 38, lfd. Nr. 20 D:

$$L_{Tr} = \frac{24\,600}{100} \cdot 91{,}2 \ldots\ldots\ldots\ldots = 22\,500 \text{ kW}$$

bei cos $\varphi = 0{,}73 \ldots\ldots\ldots\ldots\ldots = 30\,900 \text{ kVA}$

einschl. 50 vH Aushilfe $\ldots\ldots\ldots\ldots = 46\,300$　„

2. Hauptwerk, elektrischer Antrieb (L_{el}) nach Tabelle 38 . . . . lfd. Nr. 23, D:

$$L_{el} = \frac{24\,600}{100} \cdot 85{,}9 \ldots\ldots\ldots\ldots = 21\,000 \text{ kW}$$

bei cos $\varphi = 0{,}73 \ldots\ldots\ldots\ldots\ldots = 29\,000 \text{ kVA}$

einschl. 40 vH Aushilfe $\ldots\ldots\ldots\ldots = 29\,500 \text{ kW}$

oder $\ldots\ldots\ldots\ldots\ldots\ldots\ldots = 40\,500 \text{ kVA}$

3. Hauptwerk, Druckluftantrieb (L_{Dr}) nach Tabelle 38 . . . . . lfd. Nr. 23, E:

$$L_{Dr} = \frac{24\,600}{100} \cdot 58{,}1 \ldots\ldots\ldots\ldots = 14\,400 \text{ kW}$$

einschl. 25 vH Aushilfe $\ldots\ldots\ldots\ldots\ldots = 18\,000$　„

4. Gesamte Leistung des Hauptwerkes ($L = L_{el} + L_{Dr}$):

ohne Aushilfe $\ldots\ldots\ldots\ldots\ldots\ldots L = 35\,400 \text{ kW}$

einschl. Aushilfe $\ldots\ldots\ldots\ldots\ldots L = 47\,500$　„

II. Zweiter Ausbau für 7,5 Mill. t jährliche Erzverarbeitung.

Sämtliche Werte unter I erhöhen sich im Verhältnis von $\dfrac{7,5}{5,5} = 1,36$,

stündliche Verarbeitung . . . .   860 t
Stundenverbrauch bei einfacher Schicht . . . . $= 31\,700$ kWh
Stundenverbrauch bei Doppelschicht . . . . $= 33\,500$ „
Die Hauptwerte wurden dementsprechend für eine Gesamtleistung von

7 Turbodynamos	von je 10 000 kW	$= 70\,000$ kW
und 4 Dampfkompressoren	„ „ 3000 „	$= 12\,000$ „
	insgesamt	82 000 kW

entworfen.

Schon oben ist angedeutet, daß ein Teil der Kompressoren elektrisch angetrieben wird, und zwar 6 Kompressoren von je 3000 kW $= 18\,000$ kW.

Diese Leistung ist von den obigen 7 Turbodynamos abzugeben; es sind somit noch die Verluste des elektrischen Antriebes zu berücksichtigen, die etwa 10 vH betragen.

Die gesamte Kompressorenleistung beträgt daher 30 000 kW; sie wäre also für den zweiten Ausbau bei doppelter Arbeitsschicht ausreichend. Der Übergang zu einfacher Arbeitsschicht hat die Spitzenbelastung durch Druckluft schnell anwachsen lassen; außerdem erfreut sich dieser Betrieb besonderer Beliebtheit. Die Anmeldungen auf weitere Druckluftanschlüsse machte die Erweiterung um 28 000 kW in Kompressoren erforderlich.

4. Zweiter Bauabschnitt: Das Kraftwerk Rosherville und das Nebenwerk Robinson Central.

D. Das Kraftwerk Rosherville.

a) Lage des Werkes.

Das Werk (Lageplan Abb. 578, 579) ist an der Ostseite des Roshervilledam in unmittelbarer Nähe der Industriebahn errichtet, die sich südlich von der Hauptverkehrsbahn über den ganzen Rand erstreckt und lediglich dem Güterverkehr der Goldbergwerke dient.

b) Kesselanlage und Kohlenförderung.

Auch in diesem Werk ist die Kesselanlage (Abb. 580, 581, 582) in mehreren Kesselhäusern untergebracht, die je 2×4 Kessel von je 15 000 kg/h Dampfleistung haben und für zwei Turbodynamos von je 12 000 kW ausreichen. Der erste Ausbau umfaßt drei, der spätere vier Kesselhäuser.

Zu jedem Kesselhause gehört ein Kohlenlager, das im Gegensatz zu Simmerpan in der Längsachse des Kesselhauses liegt; es faßt 6000 m³, ist 50 m lang, unbedeckt und wird von der Bahn auf Eisengerüsten befahren (Abb. 583, 584, 585). Die Förderketten laufen wie beim Märkischen Elektrizitätswerk (S. 402) durch Kanäle unterhalb des Kohlenlagers in gerader Richtung in das Kesselhaus und entladen die Kohle in Kohlentaschen, die in einer Reihe oberhalb der Kessel liegen. Es ist auch hier wegen des geringen Kohleninhaltes der Taschen möglich gewesen, diese und die Förderbahn an der Dachkonstruktion aufzuhängen (Abb. 581, 582), ohne daß eine Unterstützung des Daches durch Säulen erforderlich gewesen wäre. Die Kessel sind von gleicher Konstruktion wie die des Märkischen Elektrizitätswerkes (S. 405), es fehlt nur der zweite Oberkessel, der durch große Wassersammler in den Hauptdampfleitungen ersetzt wird (Rohrleitungen Abb. 587).

c) Wasserbeschaffung.

Die Wasserbeschaffung war mit besonderen Schwierigkeiten verknüpft, weil mit Spiegelschwankungen des Rosherville-Beckens bis zu 7 m zu rechnen ist. Man wollte ebenso wie in Simmerpan vorgehen und einen Stichkanal herstellen, dessen Einlauf mit fallendem Wasserspiegel weiter ausgesprengt werden sollte. Dieser Weg erwies sich jedoch als ungangbar, weil die sehr bedeutenden Wassermengen von rd. $20\,000\ \mathrm{m^3/h}$ die Ausführung der Verbindung zwischen Stichkanal und Teich während des Betriebes

Abb. 578. Kraftwerk Rosherville. Aufnahme aus dem Freiballon.

unmöglich machten. Die Böschung des Teiches verläuft zudem an dieser Seite sehr flach, so daß sich die Nacharbeiten auf eine Strecke von 300 m in den Teich hinein erstreckt hätten. Die dann versuchte Lösung, das Wasser durch Röhren anzusaugen, die in das Becken versenkt werden sollten, wurde als nicht genügend betriebssicher abgelehnt, sie hätte sich außerdem sehr teuer gestellt, weil man umfangreiche und tiefe Gruben für die Pumpenanlage ausheben mußte, um die zulässige Saughöhe bei tiefster Absenkung des Wasserspiegels nicht zu überschreiten. Es muß hierbei beachtet werden, daß die theoretische Saughöhe wegen der Höhenlage des Kraftwerkes nur rd. 8 m beträgt, so daß unter Berücksichtigung des Druckverlustes in der etwa

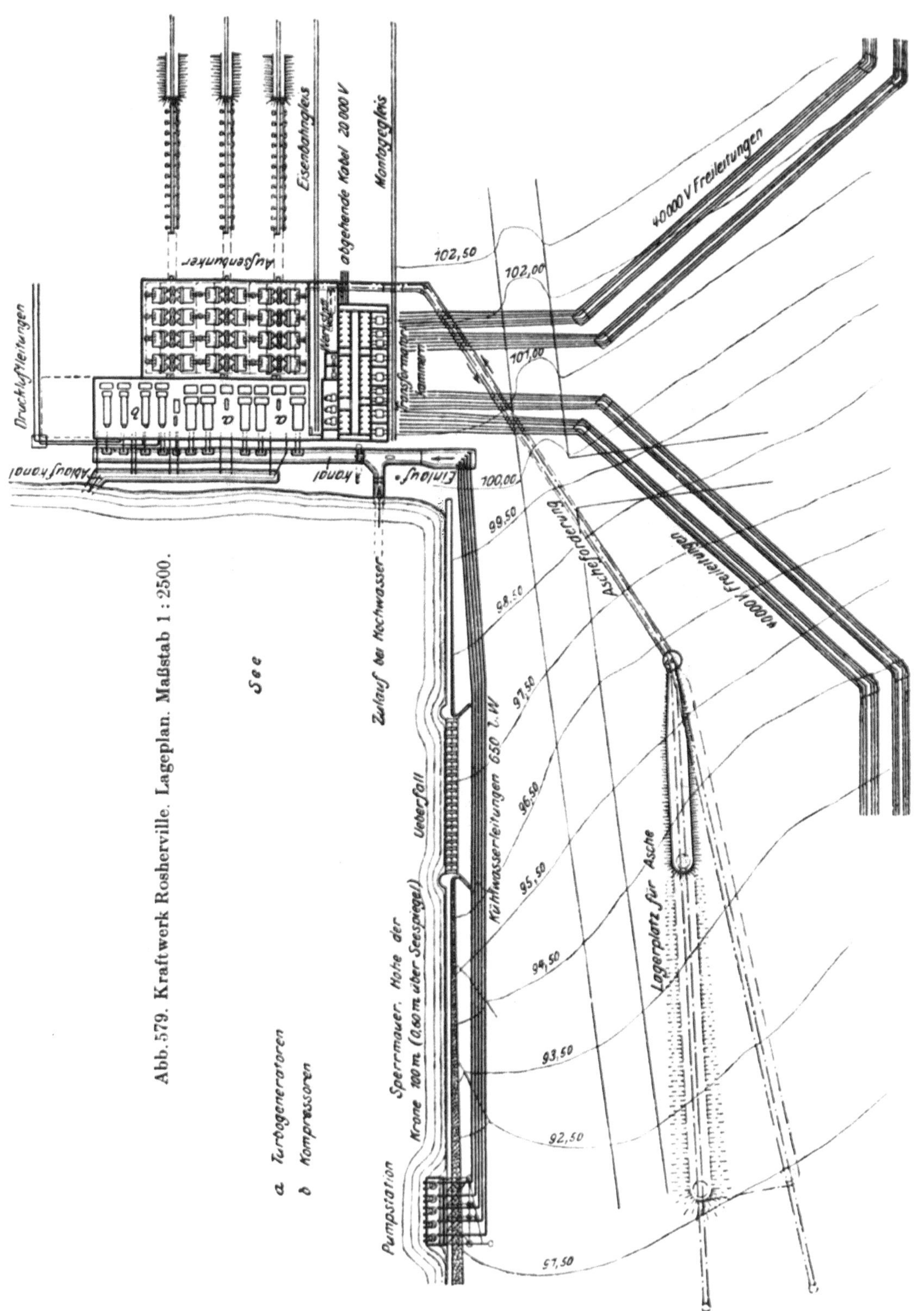

Abb. 579. Kraftwerk Rosherville. Lageplan. Maßstab 1 : 2500.

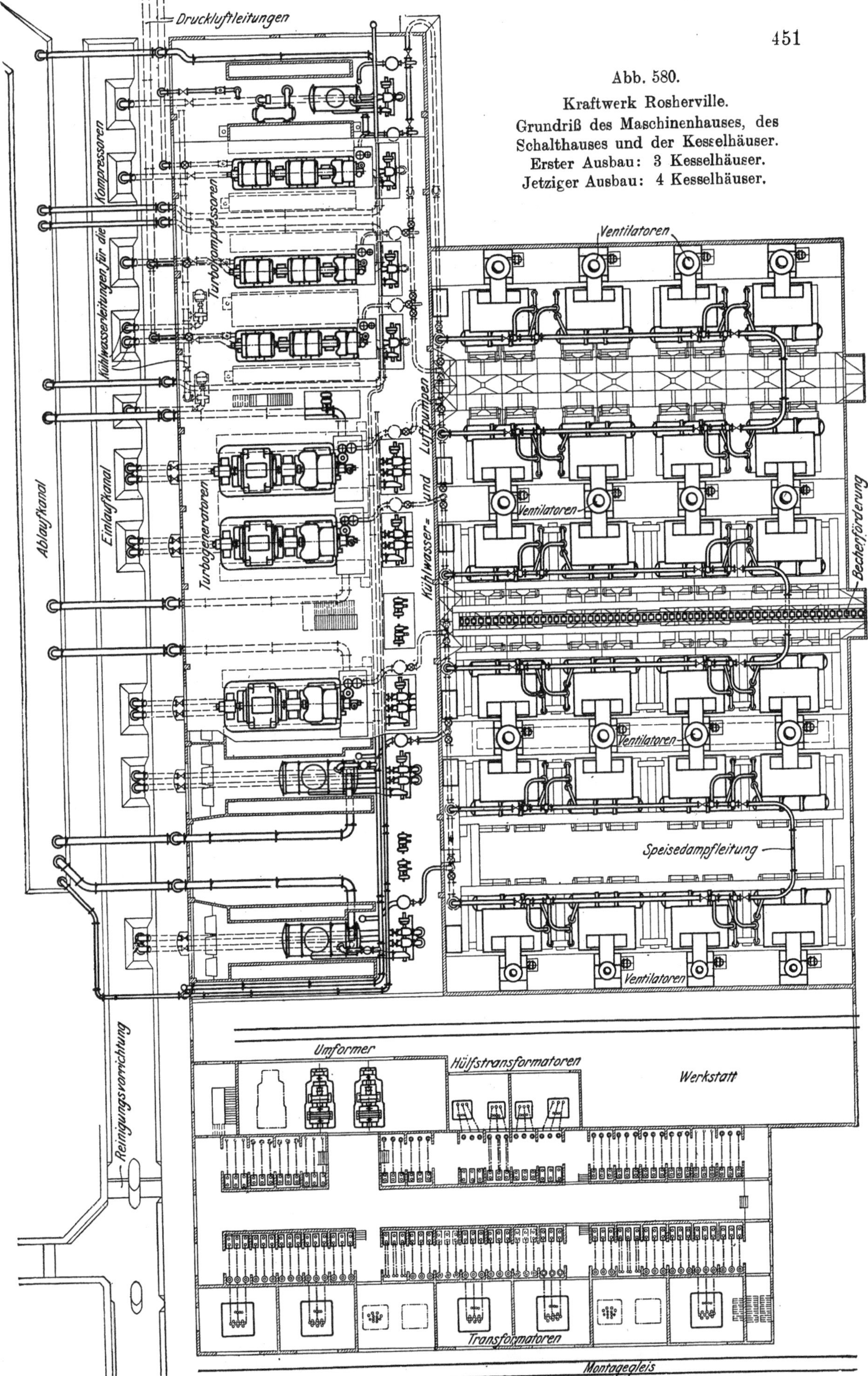

Abb. 580.

Kraftwerk Rosherville.

Grundriß des Maschinenhauses, des Schalthauses und der Kesselhäuser.

Erster Ausbau: 3 Kesselhäuser.
Jetziger Ausbau: 4 Kesselhäuser.

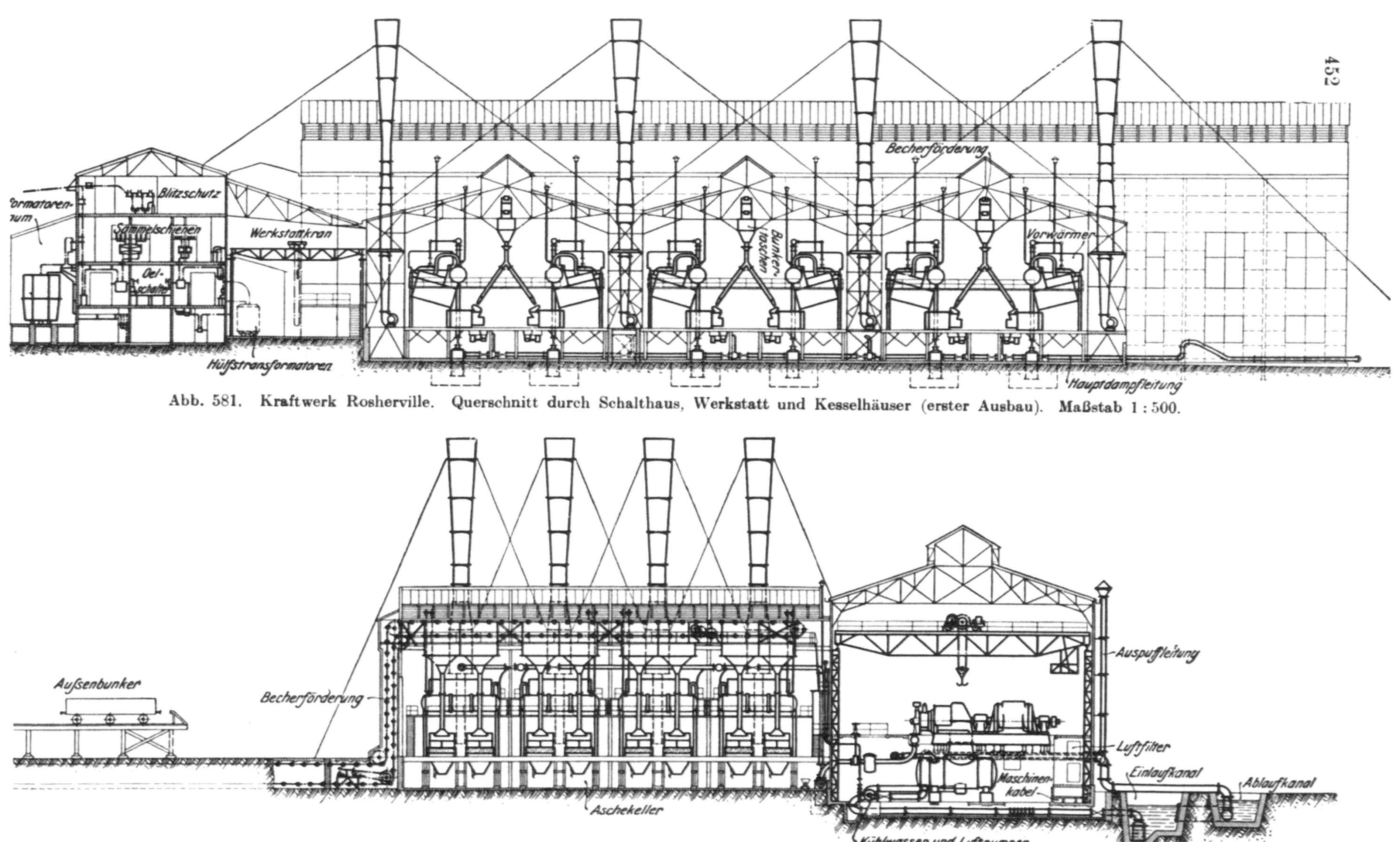

Abb. 581. Kraftwerk Rosherville. Querschnitt durch Schalthaus, Werkstatt und Kesselhäuser (erster Ausbau). Maßstab 1 : 500.

Abb. 581. Kraftwerk Rosherville. Querschnitt durch Schalthaus, Werkstatt und Kesselhäuser Maßstab 1 : 500.

300 m langen Saugleitung nur mit einer Saughöhe von 5 m gerechnet werden durfte. Schließlich wurde auch dieser Plan endgültig fallen gelassen, weil keine Sicherheit für die Fertigstellung in bestimmter Frist erlangt werden konnte, was in Anbetracht der schweren Verzugsstrafen für den Beginn der Stromlieferung von besonderer Bedeutung war.

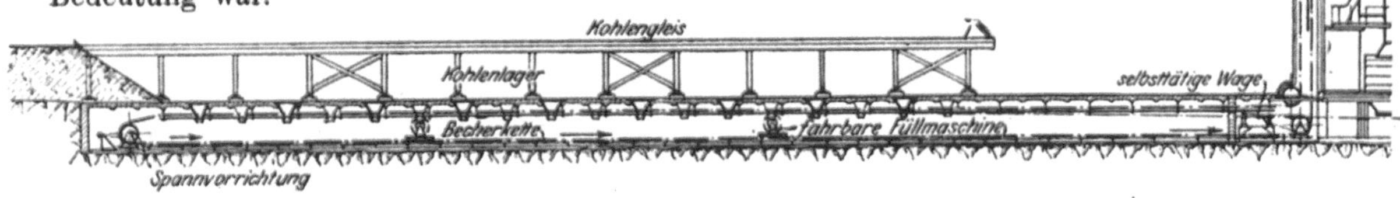

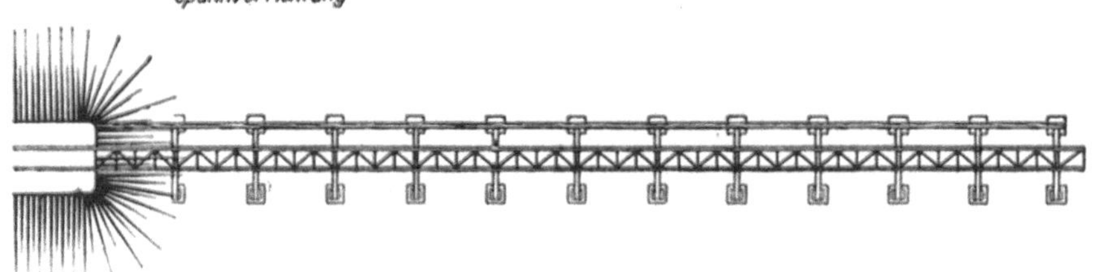

Nach einem dritten Plane sollten in unmittelbarer Nähe des Werkes senkrechte Schächte angelegt, vom Boden der Schächte aus Stollen bis an die tiefste Stelle des Teiches vorgetrieben und dann nach oben durchstochen werden. Zweifellos wäre dieser Plan billig ausführbar gewesen, weil für solche Arbeiten geschultes Personal leicht zu beschaffen war. Leider erwies sich das Gestein an der Baustelle als sehr verworfen und mit wasserführenden Schichten durchsetzt. Wegen der Gefahr eines Wassereinbruches konnte rechtzeitige Fertigstellung daher gleichfalls nicht zugesichert werden. Man war somit schließlich auf eine Bauart angewiesen, die sich im wesentlichen über Tage ausführen ließ.

Der Teich ist durch einen rd. 540 m langen Damm abgesperrt, der bis an die tiefste Stelle reicht. Es lag somit nahe, das Wasser an diesem Punkte zu entnehmen

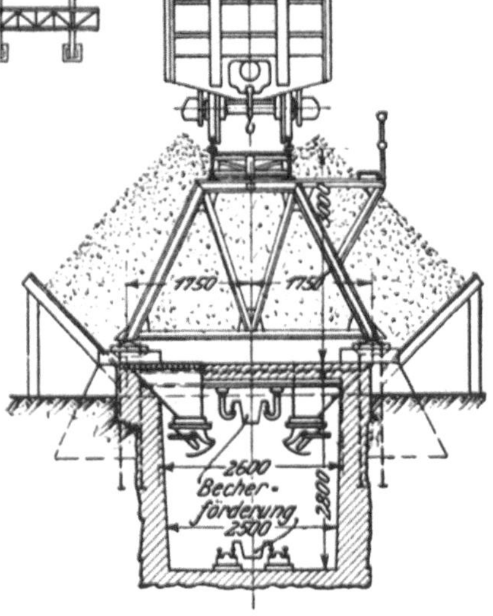

Abb. 583 u. 584. Kraftwerk Rosherville. Grundriß u. Schnitte durch Kohlenlager und Kohlenförderung. Maßstab 1 : 500.

Abb. 585. Kraftwerk Rosherville. Blick auf die erste Kohlenbahn, Kesselhäuser und Schalthaus, letztere teilweise mit Wellblech eingedeckt; im Hintergrund Beginn der Kesselaufstellung.

und durch Rohrleitungen nach dem Kraftwerk zu drücken oder von dort aus anzusaugen. Da aber der Damm ohne Gefährdung an der tiefsten Stelle nicht durch-
bohrt werden durfte, entschied man sich schließlich für eine Durchbrechung in
solcher Höhe, daß nur verhältnismäßig wenig Wasser abzulassen war, um alle Arbeiten
oberhalb des Wasserspiegels ausführen zu können. Es sollten dann Heberrohre in
den Damm gelegt werden; die Pumpenanlage konnte in normaler Weise unterhalb

Abb. 586. Kraftwerk Rosherville. Kohlenbahn und 2 Eisenbahnwagen für selbsttätige Entleerung;
darunter Kohlenlager und Einfalltrichter in die Becherkette.

der Sperrmauer aufgestellt werden, weil die zulässige Saughöhe nicht überschritten
wurde. Leider wurde auch dieser Plan, nachdem er bereits vollkommen ausgearbeitet
war, von der Eckstein-Gesellschaft nicht genehmigt, die unter allen Umständen die
Verletzung des Dammes vermeiden wollte, weil sie seine Konstruktion nicht für
genügend sicher hielt; sie bestand darauf, daß eine Anlage geschaffen würde, durch
die der Damm selbst nicht beansprucht werde.

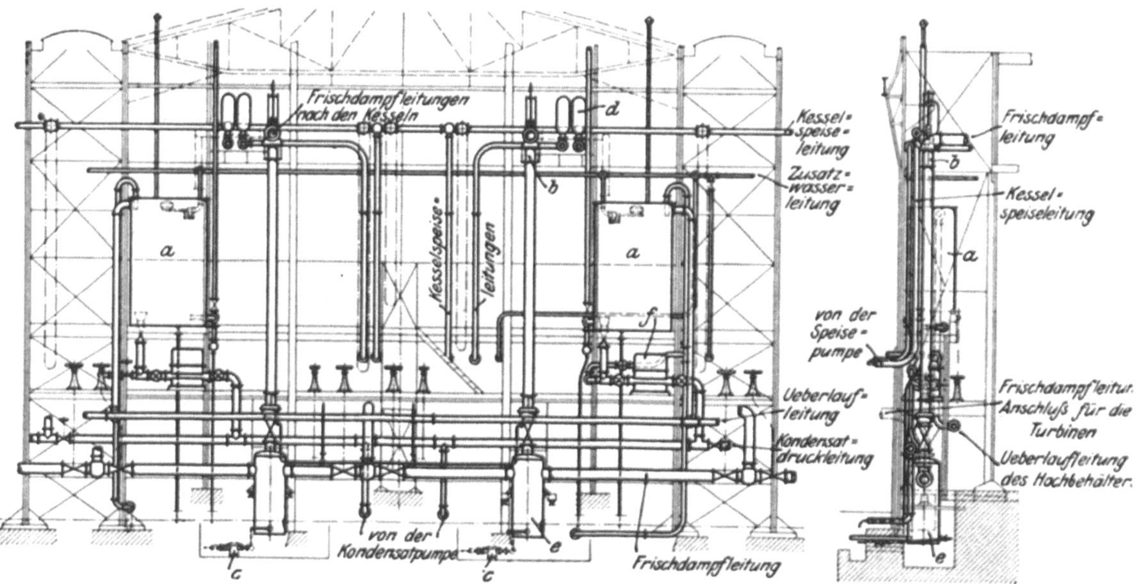

Abb. 587. Kraftwerk Rosherville. Rohrleitungen, die in jedem der 4 Kesselhäuser an der Wand
des Maschinenhauses verlegt sind. Die Anordnung der Leitungen ist in den 3 anderen Kesselhäusern
annähernd die gleiche. Maßstab 1 : 500.
a Hochbehälter für das Kondensat, *b* Ausgleicher, *c* Kondensationstopf, *d* Windkessel, *e* Wasserabscheider, *f* Wassermesser.

Diese Forderung zwang zur Errichtung eines Pumpwerkes in dem Teiche selbst und zwar in unmittelbarer Nähe der tiefsten Stelle der Sperrmauer (Abb. 578, 579). Um für die Maschineneinrichtungen eine feste Gründung zu schaffen, wurden fünf Senkkasten in das Wasser gesetzt, die je eine mittels Drehstrommotors angetriebene stehende Kreiselpumpe enthalten (Abb. 588). Sie sind aus Kesselblech hergestellt, oberhalb des Wassers durch eine Kopfkonstruktion verbunden und mit einem Umbau versehen. Zum genauen Ausrichten haben sie je drei Füße mit Schraubenspindeln, die von oben angezogen werden. Nachdem die Senkkasten richtig aufgestellt waren (Abb. 590, 591, 592), wurden sie soweit mit unter Wasser bindendem Beton angefüllt, bis die Höhenlage der Pumpenfundamente erreicht war, worauf das über dem Betonboden befindliche Wasser ausgepumpt werden konnte. Die Ausführung ging ohne Schwierigkeiten vonstatten und hat sich gut bewährt. Die fünf Druckrohre (Abb. 593) führen von den Kasten frei über die Mauerkrone hinweg; sie sind zum Teil auf Eisenkonstruktionen, zum Teil auf Betonkörpern befestigt und bis zum Kraftwerk außerhalb des Dammes verlegt.

Unmittelbare Speisung der Kondensatoren durch die Pumpen wurde nicht als zweckmäßig angesehen, weil viele Abzweigungen und Schieber erforderlich gewesen wären, um das Wasser auf die einzelnen Kondensatoren richtig zu verteilen und genügende Betriebssicherheit zu erreichen. Man zog es deshalb vor, auf der Längsseite des Maschinenhauses einen Kanal von mäßiger Tiefe anzulegen, von dem aus das Umlaufwasser von Kreiselpumpen mit Dampfantrieb durch die Kondensatoren gedrückt wird. Diese Ausführung bot den weiteren Vorteil, daß der Kanal bei hohem Wasserstande durch einen Stichkanal unmittelbare Wasserverbindung mit dem Teich erhalten konnte, so daß das Pumpwerk in diesen Zeiten nicht be-

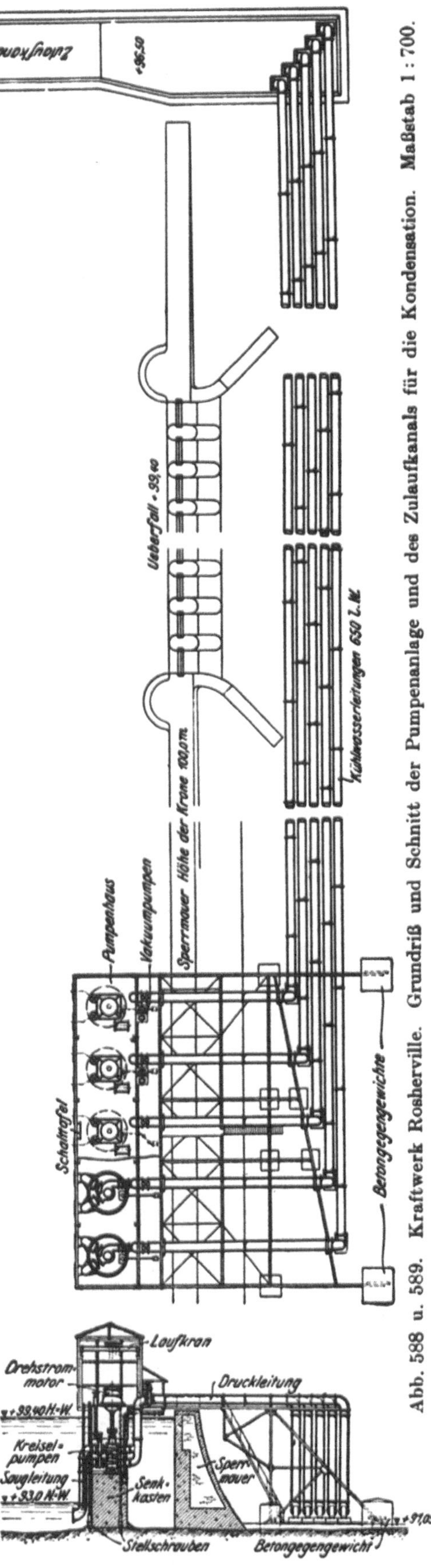

Abb. 588 u. 589. Kraftwerk Rosherville. Grundriß und Schnitt der Pumpenanlage und des Zulaufkanals für die Kondensation. Maßstab 1 : 700.

Abb. 591. Kraftwerk Rosherville. Pumpenanlage. Pumpenhaus teilweise fertig, ein Teil der Druckrohrleitung verlegt. Anlage ohne Berührung der Sperrmauer ausgeführt, was seitens der Grubengesellschaften zur Bedingung gemacht war.

Abb. 593. Kraftwerk Rosherville. Pumpenanlage. Verlegung der 5 Druckrohrleitungen von 650 mm Durchmesser von der Pumpenanlage nach dem Einlaufkanal.

Abb. 590. Kraftwerk Rosherville. Pumpenanlage. Rechts von der Sperrmauer: Herablassen eines Senkkasten vom Floß aus; links von der Sperrmauer: Eisenkonstruktionen zum Abstützen der Senkkasten und zum Tragen der Druckrohrleitungen.

Abb. 592. Kraftwerk Rosherville. Pumpenanlage. Senkkasten fertig aufgestellt, Beginn der Aufstellung des Oberbaues; vorn Öffnung zur Aufnahme des vertikalen Antriebmotors für eine Pumpe.

trieben zu werden braucht (Abb. 594, 595). Parallel mit dem Einlaßkanal läuft der Abflußkanal, in den die Abflußleitungen der einzelnen Kondensatoren münden (Abb. 579).

Das Fassungsvermögen beider Kanäle ist verhältnismäßig groß gewählt, damit der Kondensationsbetrieb im Falle des Versagens der elektrischen Anlage eine Zeitlang allein mit den Dampfpumpen aufrechterhalten werden kann; zu diesem Zweck

Abb. 594. Kraftwerk Rosherville. Ausschachtung des Einlaufkanals, obere Schicht Sand, unten Fels.

ist eine Verbindung zwischen Einlauf- und Ablaufkanal hergestellt, die sich selbsttätig öffnet, wenn sich infolge verminderten Wasserzuflusses ein bestimmter Höhenunterschied zwischen den Wasserspiegeln des Einlauf- und Ablaufkanals einstellt.

Abb. 595. Kraftwerk Rosherville. Einlaufkanal ausgemauert, links Öffnungen für die Ansaugrohre; rechts: durch Gegengewicht ausbalancierte Klappen, welche bei niedrigem Wasserstand Rückfluß des Wassers aus dem Auslaßkanal selbsttätig bewirken; darüber Eisenkonstruktion des Maschinenhauses ohne Wellblecheindeckung.

Versagt das Pumpwerk, so kann die Kondensationsanlage trotzdem noch (mit verminderter Luftleere) einige Zeit lang betrieben werden.

Besonderes Gewicht wurde auf übersichtliche Anordnung der Hilfspumpen gelegt, die zusammen mit den Speisepumpen im Maschinenhauskeller untergebracht sind. Die zu einem Maschinensatz gehörigen Pumpen stehen in dem Raume zwischen den Kondensatoren und der Kesselhauswand und können durch eine Öffnung im Maschinenhausfußboden beobachtet werden.

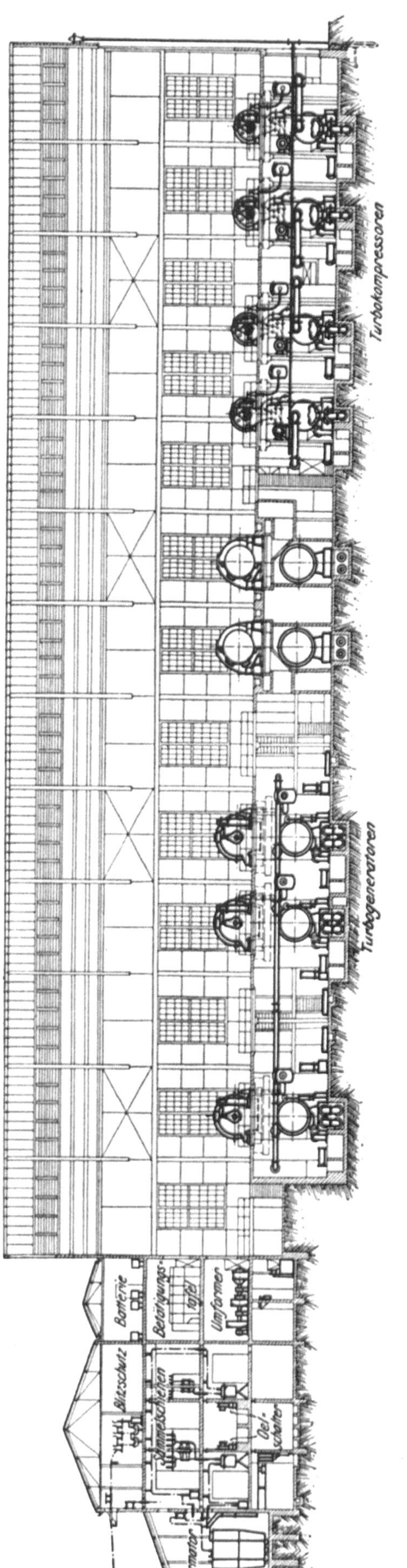

Abb. 596. Kraftwerk Rosherville. Querschnitt durch das Schalthaus, Längsschnitt durch das Maschinenhaus. (Erster Ausbau.) Maßstab 1 : 500.

d) Maschinenhaus.

Das Maschinenhaus (Abb. 580, 582, 596) enthält fünf Turbodynamos von je 12000 kVA und sechs Turbokompressoren von je 4000 PS (Abb. 597, 598). Die Spannung der Generatoren ist 5000 V; sie sind mit Stabwicklung versehen und laufen mit 1000 Uml./min. Der Abdampf der Hilfsturbinen wird in die zweite Stufe der Hauptturbine geführt, damit auch die Hilfsbetriebe mit gutem Dampfverbrauch arbeiten. Der Abdampf der durch Turbinen angetriebenen Speisepumpen wird zum Erwärmen des Speisewassers auf eine Temperatur von 40 bis 50° C benutzt. (Abbildung 587.)

Die Kühlluft für die Stromerzeuger wird vor dem Eintritt in die Maschine gefiltert. Die Abluft wird auf kürzestem Wege durch Kanäle aus dem Maschinenhaus entfernt, überflüssige Erwärmung des Maschinenhauses wird dadurch vermieden. (Ansicht des Maschinen- und Schalthauses, Abb. 599.)

Erwähnenswert ist, daß hier zum erstenmal an Stelle normaler Kolbenwassermesser, die sorgfältiger Behandlung bedürfen, aufzeichnende Wassermesser in die Speiseleitungen eingebaut wurden, die nach dem Venturi-Prinzip arbeiten. Sie zeichnen sich durch Zuverlässigkeit und besonders einfachen Einbau in die Rohrleitungen aus. Von der Anordnung eines Umlaufes kann abgesehen werden, da die Düse keine verwickelten Konstruktionsteile enthält; sie kann in einfachster Weise nachgesehen werden. Die zugehörige Registriervorrichtung ist durch dünne Rohrleitungen mit der Düse verbunden und wird zur besseren Überwachung im Maschinenraum aufgestellt. Die Zähler sind noch mit einer Anzeigevorrichtung versehen, die dem Wärter auch den augenblicklichen Wert des Wasserverbrauches abzulesen gestattet.

e) Schalthaus.

Das Schalthaus ist rechtwinklig zum Maschinenhaus an seine südliche Stirnseite angebaut (Abb. 579, 580); die Betätigungstafel liegt im Verbindungsbau, so daß der Schaltwärter noch eine gewisse Übersicht über die Maschinenanlage hat; im übrigen ist auch hier wieder völlige Trennung der Schaltanlage vom Maschinenhause durchgeführt.

Im Schalthause sind, wie in Simmerpan, außer der Betätigungstafel, Batterie, Umformer und in besonderen Anbauten Transformatoren untergebracht (Abb. 600). Für jeden Stromerzeuger ist ein Drehstromtransformator von 12500 kVA aufgestellt, der die Maschinenspannung von 5000 auf 20000 oder 40000 V heraufsetzt; die Sekundärwicklungen sind für beide Spannungen umschaltbar.

Abb. 597. Kraftwerk Rosherville.
Ansicht des fertigen ersten Ausbaues: 5 Generatoren, 4 Kompressoren.

Abweichend von den Werken Brakpan und Simmerpan wird der Strom von Rosherville durch ein 20000 V Kabelnetz verteilt, während die Spannung der Speiseleitungen mit 40000 V wiederum dieselbe ist wie in den älteren Werken. Es ergaben sich danach zwei doppelte Sammelschienensätze für 20000 und 40000 V (Schalt-

Abb. 598. Kraftwerk Rosherville. Kompressor Nr. 5.

schema, Abb. 602). Beide Sammelschienensätze können durch zwei 4000 kVA Transformatoren für 40000/20000 V gekuppelt werden. Die Transformatoren werden von 20000 auf 40000 V oder umgekehrt in einfacher Weise durch Trennschalter umgeschaltet, so daß im Notfall rasch Ersatz geschaffen werden kann.

Das Schalthaus mußte eine Länge von 60 m erhalten, weil eine große Anzahl abgehender Leitungen von 20 000 und 40 000 V für die Stromverteilung vorzusehen war; zurzeit sind fünf 20 000 V Kabel und acht 40 000 V Freileitungen vorhanden. Außerdem mußten noch zwei 500 V Abzweige für Hilfsbetriebe und Lichtanlagen und zwei 2000 V Abzweige für das Pumpwerk angeordnet werden, weil die Pumpenmotoren nicht mehr für 5000 V gewickelt werden konnten; die Motoren für mehrere große Kühlwasserpumpen der nachstehend beschriebenen Kompressorenanlage wurden ebenfalls an diese Abzweige angeschlossen.

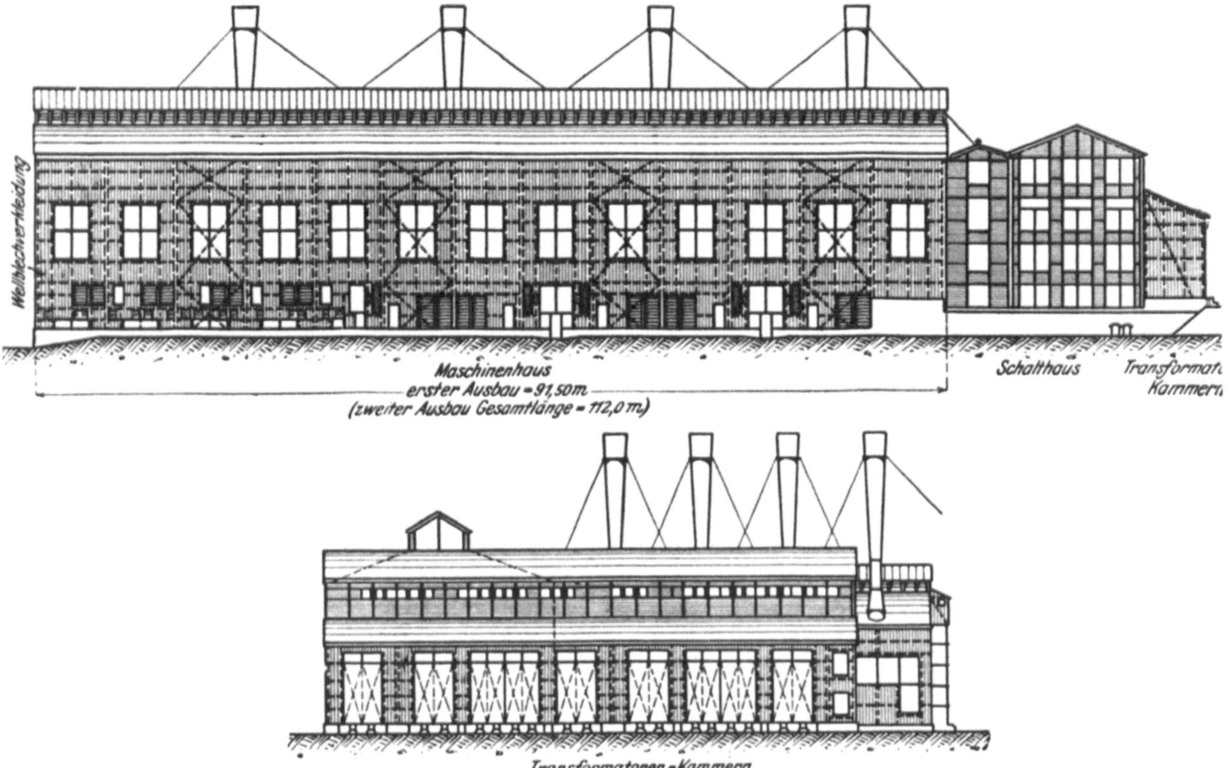

Abb. 599. Kraftwerk Rosherville. Ansicht des Maschinen- und Schalthauses. Maßstab 1 : 750.

Auch in diesem Werk ist zur Sicherung der Stromlieferung an die Hilfsbetriebe eine ähnliche Einrichtung wie in Simmerpan vorgesehen. Im Falle des Versagens der Drehstromerzeugung wird die zum Aufladen der Batterie benutzte Gleichstromdynamo als Motor geschaltet und der mit ihr gekuppelte Synchronmotor liefert als Stromerzeuger den Strom für die Hifsbetriebe so lange bis der Drehstrombetrieb wieder aufgenommen ist; hierbei schalten sich die Hilfstransformatoren selbsttätig von den Sammelschienen ab.

f) Kompressoranlage.

Außer den Drehstromerzeugern sind im Rosherville-Werke sechs durch Dampf betriebene Turbokompressoren von je 3000 kW untergebracht, die mit 3000 Uml./min laufen. (Abb. 579, 580.) Jeder Kompressor besteht aus zwei Zylindern, die mit der Antriebturbine auf gemeinsamer Welle sitzen; ihre Kondensatoren sind ebenso wie die der Turbodynamos eingerichtet. Die Kompressoren drücken die Luft mit 9 at zunächst in eine Sammelleitung, die in eine Hauptschieberkammer am nordwestlichen Ende des Maschinenhauses mündet, von wo die Hauptverteilungsleitungen abgehen.

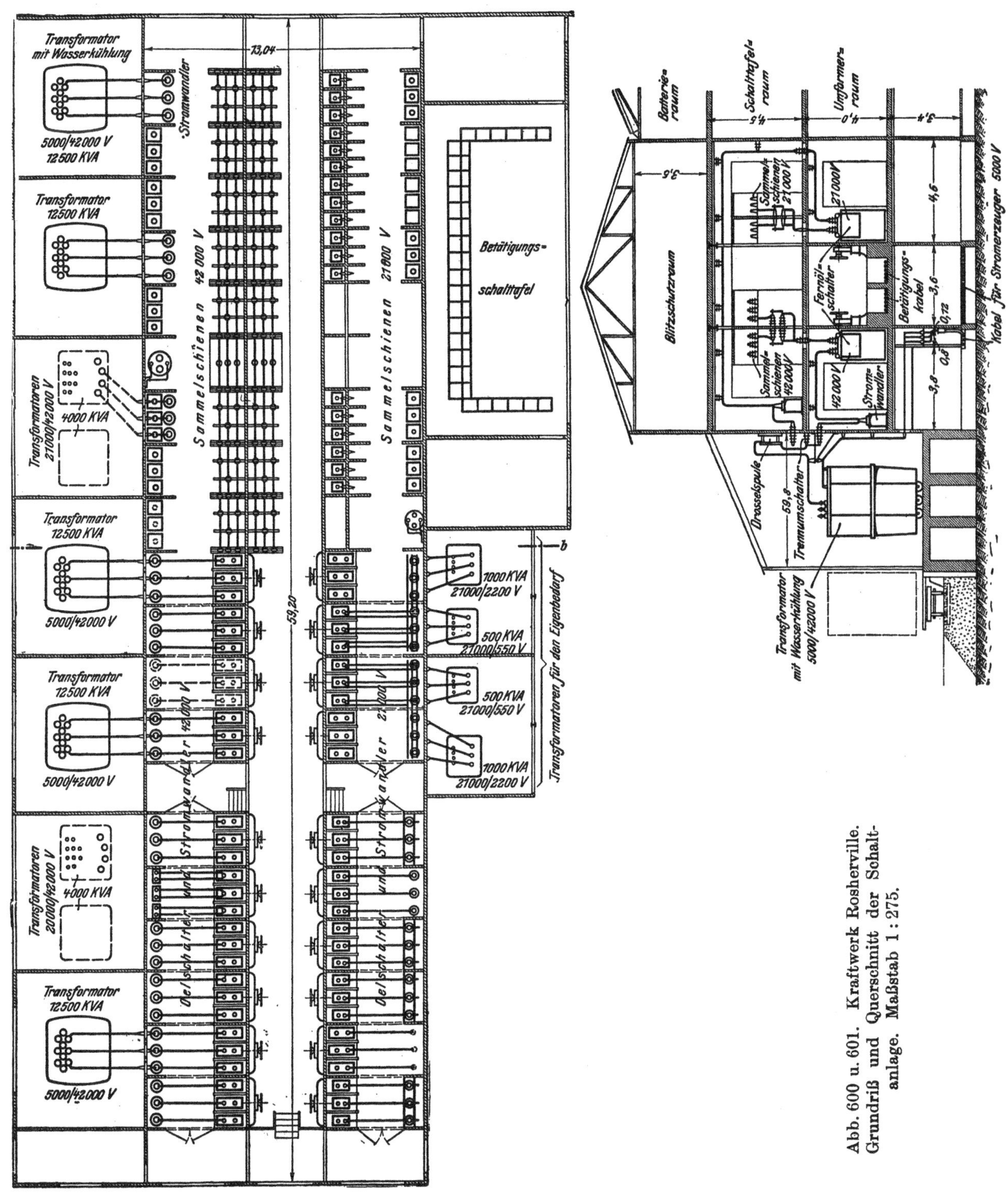

Abb. 600 u. 601. Kraftwerk Rosherville.
Grundriß und Querschnitt der Schaltanlage. Maßstab 1 : 275.

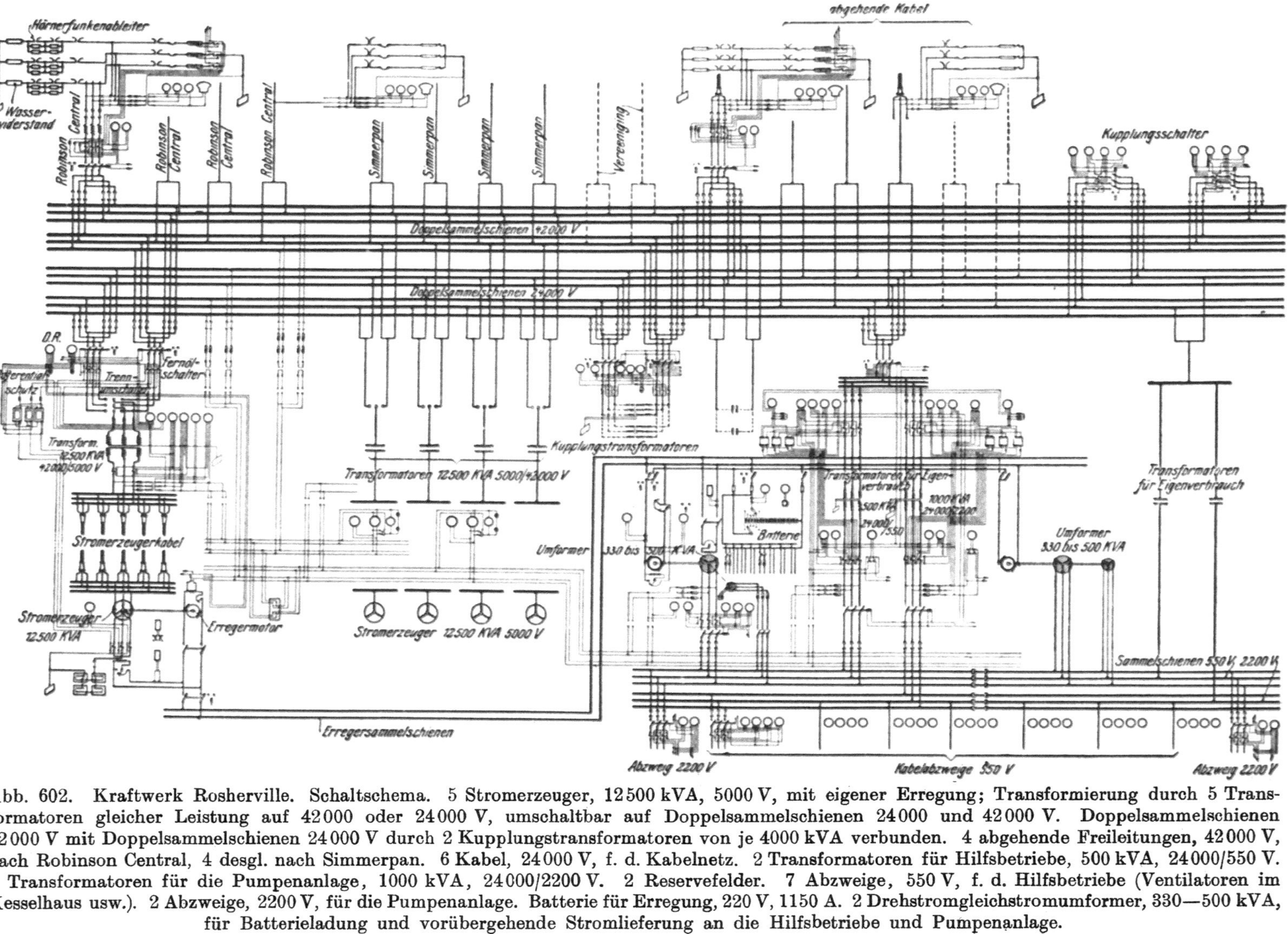

Abb. 602. Kraftwerk Rosherville. Schaltschema. 5 Stromerzeuger, 12500 kVA, 5000 V, mit eigener Erregung; Transformierung durch 5 Transformatoren gleicher Leistung auf 42000 oder 24000 V, umschaltbar auf Doppelsammelschienen 24000 und 42000 V. Doppelsammelschienen 42000 V mit Doppelsammelschienen 24000 V durch 2 Kupplungstransformatoren von je 4000 kVA verbunden. 4 abgehende Freileitungen, 42000 V, nach Robinson Central, 4 desgl. nach Simmerpan. 6 Kabel, 24000 V, f. d. Kabelnetz. 2 Transformatoren für Hilfsbetriebe, 500 kVA, 24000/550 V. 2 Transformatoren für die Pumpenanlage, 1000 kVA, 24000/2200 V. 2 Reservefelder. 7 Abzweige, 550 V, f. d. Hilfsbetriebe (Ventilatoren im Kesselhaus usw.). 2 Abzweige, 2200 V, für die Pumpenanlage. Batterie für Erregung, 220 V, 1150 A. 2 Drehstromgleichstromumformer, 330—500 kVA, für Batterieladung und vorübergehende Stromlieferung an die Hilfsbetriebe und Pumpenanlage.

E. Das Nebenwerk Robinson Central.

a) Allgemeines.

Das Werk (Lageplan, Abb. 603) liegt nur etwa 8 km westlich von Rosherville, es ist als Nebenwerk ohne eigene Energiequelle im ersten Ausbau für eine Leistung von 50 000 kW eingerichtet und dient gleichzeitig zum Speisen des 20 000 V Kabelnetzes, zur Stromlieferung für den örtlichen Verbrauch und zum Speisen des Druck-

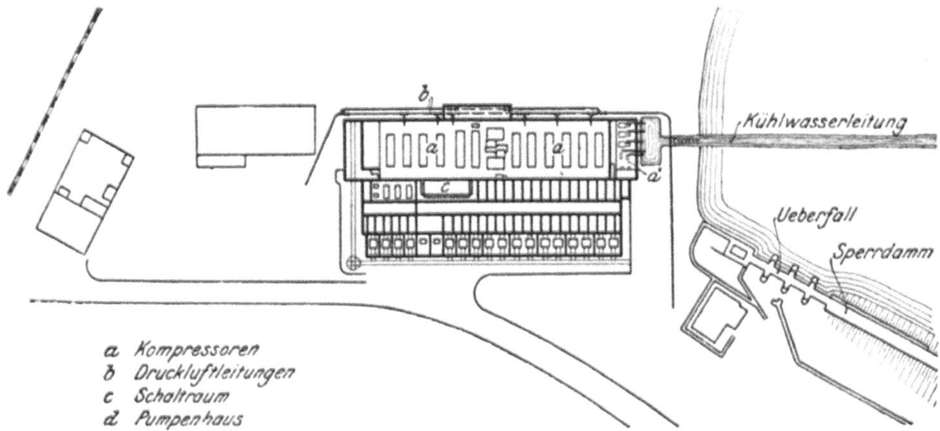

Abb. 603. Nebenwerk Robinson Central. Lageplan.

luftnetzes; die umzuformende Leistung wird teils von Rosherville, teils von Vereeniging bezogen. Der Strom wird von Rosherville durch vier 40 000 V Freileitungen, von Vereeniging durch drei 80 000 V Freileitungen geliefert. Soweit die zugeführte Energie als Elektrizität abzugeben ist, wird sie für das Kabelnetz und die Umgebung auf 20 000 V transformiert, für die Antriebsmotoren der Kompressoren wird die Spannung auf 5000 V herabgesetzt. (Abb. 605 bis 611.)

Abb. 604. Nebenwerk Robinson Central. Maschinenhans. Eisenkonstruktion
bis zur Eindeckung fertig ausgemauert; links Transformatorenkammern halb fertig.

Wegen der geringen Entfernung von Rosherville überrascht zunächst die außerordentlich große Leistung dieses Nebenwerkes. Seine Lage war jedoch einesteils durch den Druckluftverbrauch, andernteils durch den Umstand bedingt, daß das 20 000 V Kabelnetz nur verhältnismäßig kleine Leistungen zu übertragen erlaubt; auch das Druckluftnetz hätte bei größerer Entfernung der Werke unvorteilhafte Abmessungen erhalten müssen. Sorgfältige Vergleichsrechnungen, die für verschiedene Lagen des Nebenwerkes angestellt wurden, ergaben eine um so größere Überlegenheit des ge-

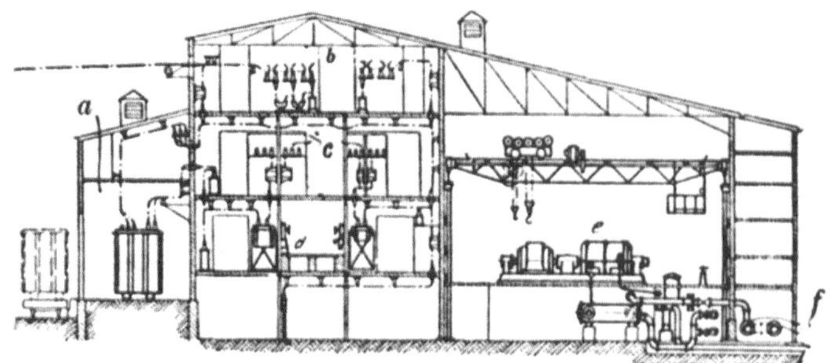

Abb. 605. Querschnitt durch Schalt- und Maschinenhaus.

Abb. 605—607.
Nebenwerk Robinson Central.

a = Transformatorenraum.
b = Blitzschutz.
c = Sammelschienen.
d = Ölschalter.
e = Kompressoren.
f = Druckluftsammelleitung.
g = Umformer.
h = Hülfstransformatoren.
i = Betätigungstafel.
k = Luftfilteranlage.
l = Anlaßmaschine.
m = Pumpenhaus.

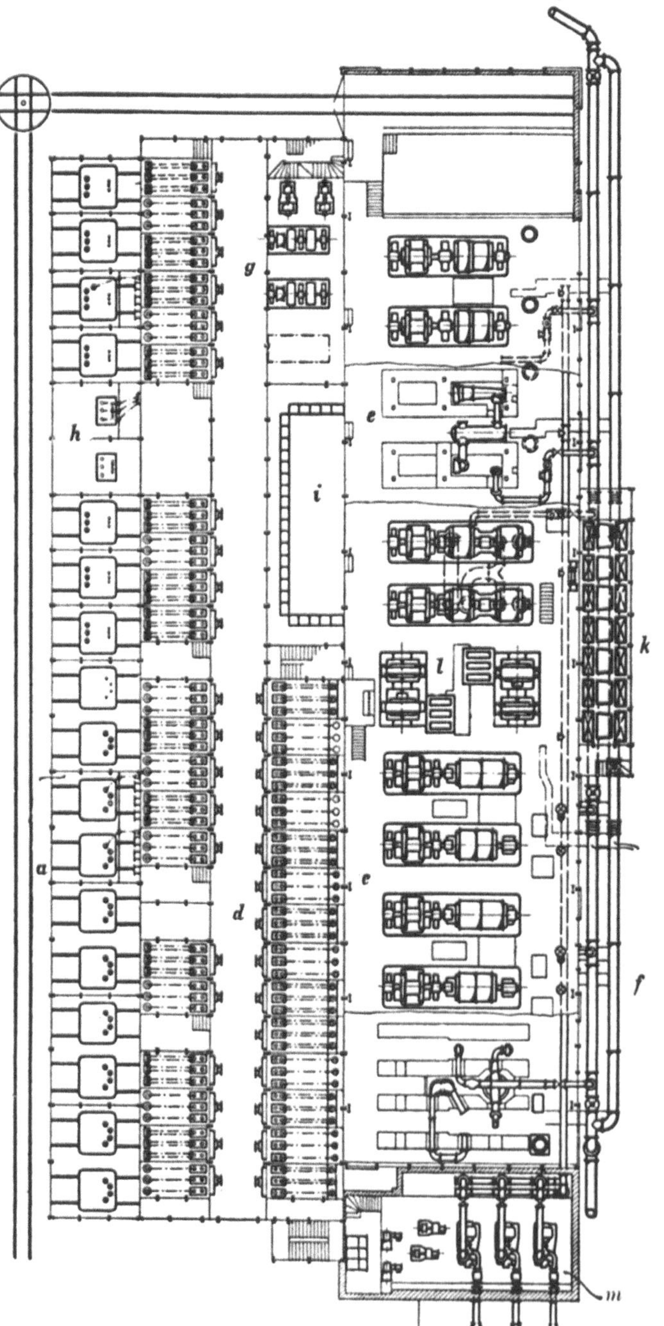

Abb. 607.   Grundriß des Schalt- und Maschinenhauses.

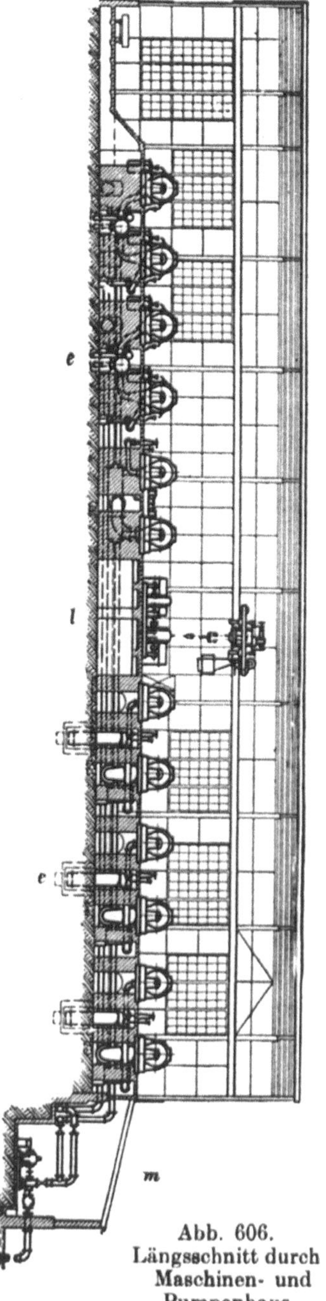

Abb. 606.
Längsschnitt durch
Maschinen- und
Pumpenhaus.

wählten Platzes, als für den ziemlich erheblichen Kühlwasserbedarf der im ersten Ausbau vorgesehenen sechs 4000pferdigen Kompressoren ein vorhandenes Staubecken, der Robinson Pan, benutzt werden konnte.

Das umfangreiche Schalthaus ist ähnlich wie das in Rosherville eingerichtet. (Abb. 608—610).

b) Kompressoranlage.

Die Druckluft wird ebenfalls in Turbokompressoren erzeugt; jeder Satz besteht aus zwei Teilen mit je 2 Zylindern. Jeder Teil wird durch einen unmittelbar gekuppelten 2000pferdigen Synchronmotor angetrieben. Der Antrieb durch Asynchronmotoren wäre wesentlich einfacher gewesen; Synchronmotoren wurden jedoch vorgezogen, um den Leistungsfaktor des ganzen Netzes verbessern zu können. Die Motoren können voll belastet mit einem um 15^0 voreilenden Stromvektor betrieben werden. Sie werden bei Leerlauf der Kompressoren und abgesperrten Saugleitung durch besondere Anlaßmaschinen in Betrieb gesetzt, die je aus einem Asynchronmotor und Stromerzeuger bestehen (Schaltschema Abb. 610). Die Polzahlen sind so gewählt, daß bei voller Umlaufzahl der Asynchronmotoren etwas mehr als 50 Per./s erreicht werden. Zum Anlaufen werden der Anlaß-Stromerzeuger und der eine

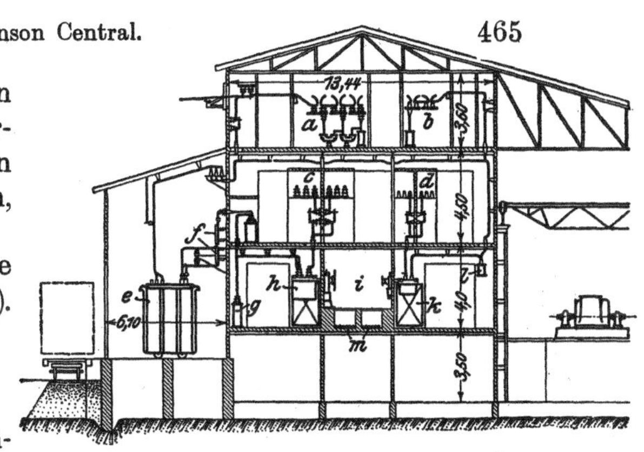

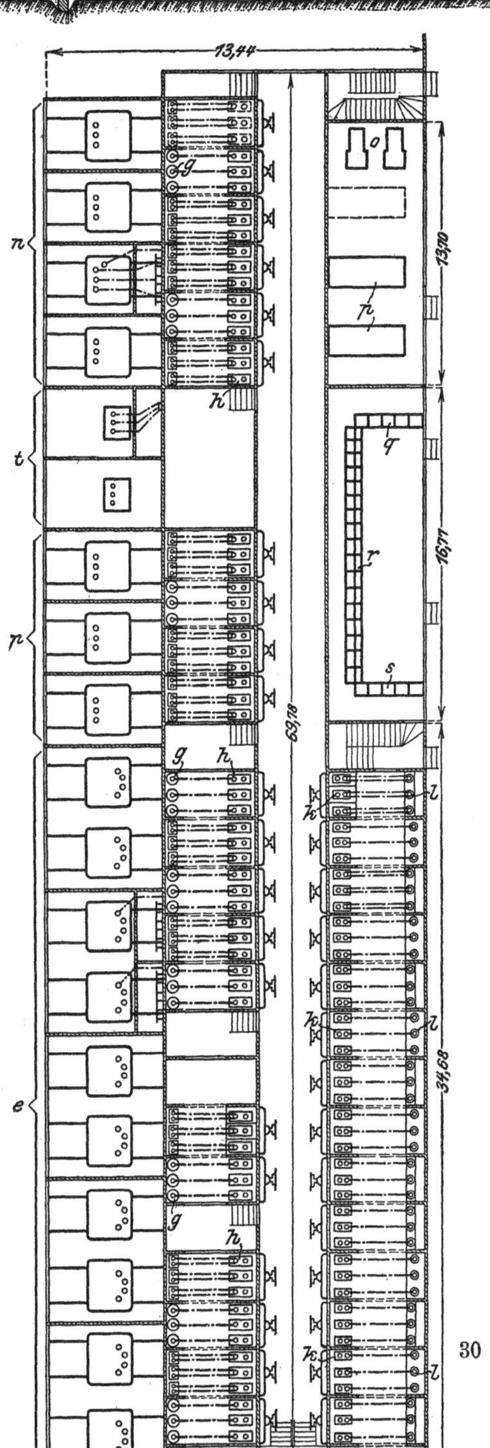

Abb. 608 u. 609. Nebenwerk Robinson Central. Grundriß und Querschnitt des Schalthauses.

a Blitzschutz, 40000 V
b Blitzschutz, 21000 V
c Sammelschienen, 40000 V
d Sammelschienen, 21000 V
e Transformatoren, 4000 kVA, 40000/21000 V
f Drosselspulen
g Stromwandler, 40000 V
h Ölschalter, 40000 V
i Bedienungsgang
k Ölschalter 21000 V
l Stromwandler 21000 V
m Betätigungskabel
n Transformatoren, 4000 kVA, 40000/1700 V
o Zusatzmaschinen
p Umformer
q Schalttafel für 20000 Kabel
r Hauptbetätigungsschalttafel
s Schalttafel für 40000 V Freileitungen
t Transformatoren, 500 kVA, 21000/550 V

a Widerstände, b Hörnerfunkenableiter, c Ölschalter, d Trennschalter, e Stromwandler, f Meßtransformator.

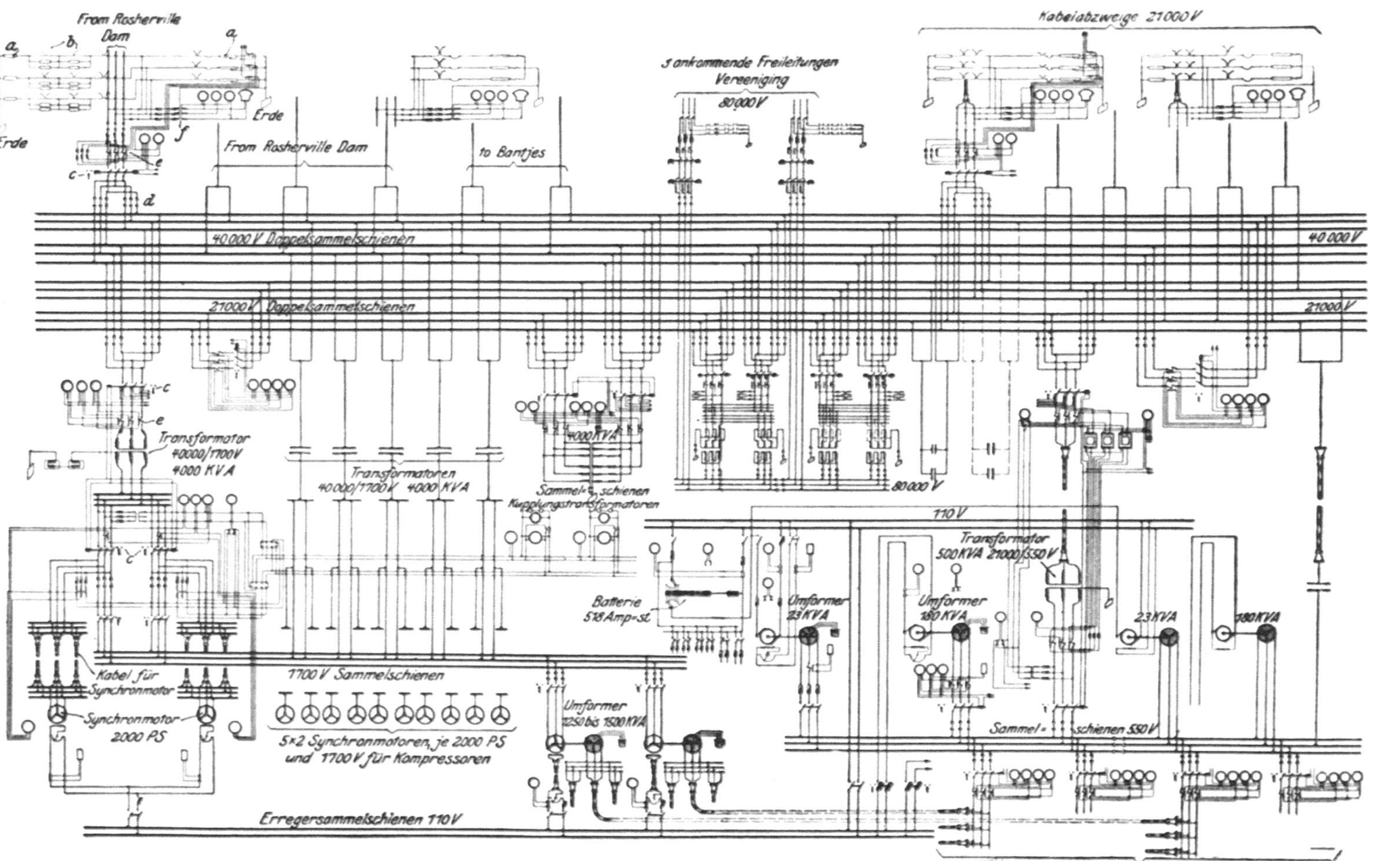

Abb. 610. Nebenwerk Robinson Central. Schaltschema. 4 Freileitungen (40000 V) von Rosherville, 2 Freileitungen (40000 V) von Bantjes, 3 Freileitungen (80000 V) von Vereeniging. Transformierung durch 6 Transformatoren, 4000 kVA, 40000/17000 V. Speisung der 6×2 Synchronmotoren für Turbo-kompressoren von je 2000 PS mit 1700 V; je ein Transformator dient zur Speisung zweier Synchronmotoren. Transformierung von 80000 V durch 3×2 Transformatoren von je 9000 bzw. 6000 kVA auf 42000 oder 21000 V. Versorgung des Kabelnetzes durch 6 Kabelabzweige 20000 V. Je 1 Kupplungsfeld für 20000 und 40000 V. Doppelsammelschienen 40000 V durch 2 Kupplungstransformatoren von je 4000 kVA mit den Doppelsammelschienen 20000 V verbunden. 2 Transformatoren für die Anlasser je 500 kVA, 21000/550 V. 4 Abzweige für Hilfsbetriebe. 4 Drehstromgleichstromumformer für Erregung und Batterie 23 bzw. 180 kVA. Batterie für Erregung 110 V, 518 Ah, 2 Umformer, je bestehend aus 1 Asynchronmotor mit direkt gekuppeltem Drehstromerzeuger 1700 V als Anlaßmaschine für die Synchronmotoren der Kompressoren.

Kompressormotor zunächst bei Stillstand elektrisch gekuppelt und beide voll erregt; dann wird die Anlaßmaschine langsam in Betrieb gesetzt. Der Synchronmotor wird dabei mitgenommen und, nachdem 3000 Uml./min erreicht sind, in üblicher Weise bei Phasengleichheit auf das Netz geschaltet, worauf der Stromerzeuger der Anlaßmaschine abgeschaltet wird. Derselbe Vorgang wird bei dem zweiten Motor des Kompressors wiederholt; Schwierigkeiten haben sich bei dieser Betriebsweise nicht ergeben. Die für das Anlaufen der einzelnen Kompressorhälften erforderliche Leistung liegt zwischen 400 und 600 kW.

Es ist nun wesentlich, daß das Rohrleitungsnetz mit möglichst reiner Luft gespeist wird, und gut durchgebildete Filteranlagen sind deshalb unumgängliches Erfordernis. Während in Rosherville die Kompressoren mit je einem besonderen Filter ausgerüstet sind, ist im Robinsonwerk eine gemeinsame Filteranlage im mittleren Teile der Maschinenhaus-Längsseite untergebracht. (Abb. 607.) Die Luft wird hoch über dem Erdboden entnommen, um von vornherein möglichst staubfreie Luft anzusaugen. Der Maschinenhauskeller ist durch Längswände in zwei Räume geteilt, von denen der eine als Ansaugeraum für alle Kompressoren dient; der andere führt die Kühlluft der Kompressormotoren ab, die gleichfalls aus dem ersten Raum entnommen wird; der Vorteil dieser Anordnung liegt in dem Wegfall aller Kanäle. Um die Luftreinigung bei Bauarbeiten im Keller nicht zu stören, ist eine Unterteilung der Kellerräume durch Türen vorgesehen.

Abb. 611. Nebenwerk Robinson Central. Doppelsammelleitung für die Kompressoren außerhalb des Gebäudes. In der Mitte vorspringend zentralisierte Filteranlage für sämtliche Kompressoren.

Die Druckluft wird in eine außerhalb des Gebäudes längs der Maschinenhauswand verlegte Doppelleitung befördert, die als Sammelleitung dient und durch Schieber geteilt werden kann; eine Umführung wird benutzt, wenn die Luft nur von Rosherville aus geliefert wird (Abb. 607, 611). Das für die Kühlung der Kompressoren erforderliche Kühlwasser wird durch eine besondere Pumpenanlage, die am Ende des Maschinenhauses steht, aus dem Robinsen-Teich entnommen (Abb. 606, 607). Das Wasser muß durch Koksfilter gereinigt werden, die als Doppelfilter ausgebildet sind, so daß der eine Filter ohne Betriebsstörung des andern nachgesehen werden kann.

F. Leitungsnetze.

Die Ausgestaltung des Leitungsnetzes mußte sich der geographischen Lage des Randes anpassen, der sich in ziemlich gerader Linie von Osten nach Westen erstreckt; die Querausdehnung des Netzes ist infolgedessen überall beschränkt, die Hauptleitungen verlaufen gleichfalls in der Richtung des Minengebietes (Abb. 612). Da auf gegenseitige Unterstützung der einzelnen Kraftwerke und auf die Möglichkeit des Strombezuges von Vereeniging von vornherein Rücksicht zu nehmen war, und somit auf erhebliche Energieübertragungen zwischen den einzelnen Werken gerechnet werden mußte, wurden die 40000 V Leitungen gewissermaßen als Doppelsammelschienen ausgebildet, die sich über den ganzen Rand erstrecken. Die einzelnen Kraftwerke geben die nicht örtlich unmittelbar verbrauchte Leistung an dieses Netz ab, das sie an die Nebenwerke liefert, die deshalb als besondere Kraftwerke für die zugehörigen Ver-

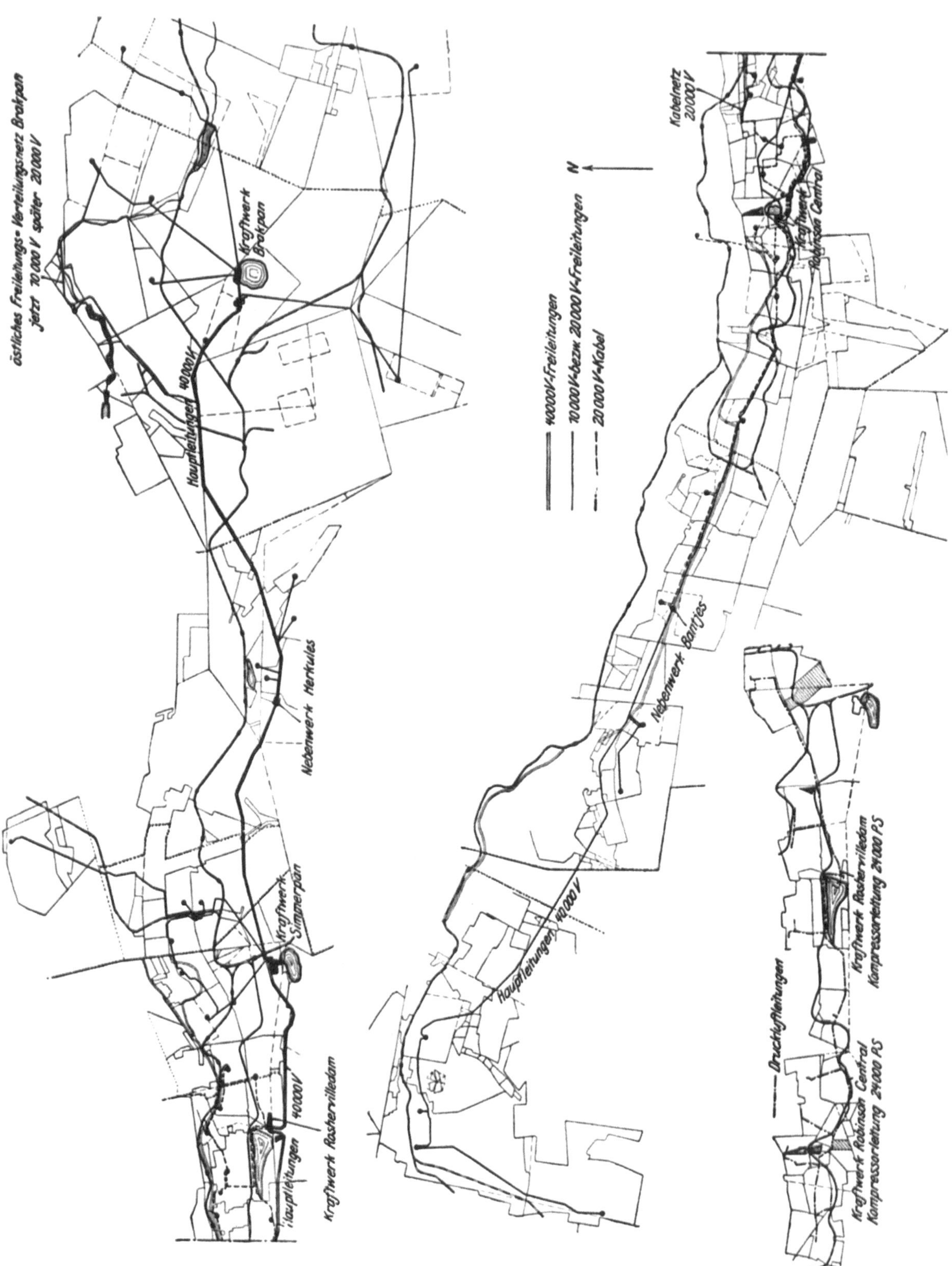

Abb. 612. Plan des Leitungsnetzes und der Druckluftleitungen. Maßstab 1 : 188000.

teilungsnetze anzusehen sind. Zwischen Brakpan, Herkules, Simmerpan, Rosherville, Robinson, Bantjes (Abb. 613) und Vereeniging kann die Energieübertragung deshalb innerhalb der durch den Verbrauch gegebenen Grenzen fast beliebig verschoben werden. Ein einzelner Abzweig ist bis zum äußersten Westen des Randes nach Luipaardsvlei geführt; er wird zurzeit noch als Verteilungsleitung benutzt. Der Querschnitt der Leitungen ist in der Mitte des Gebietes entsprechend der größten Verbrauchsdichte am größten; er beträgt hier 1440 mm² in vier Einzelleitungen von je 3×120 mm² auf zwei Mastreihen; für die nach Osten und Westen führenden Leitungen sind zwei Stromkreise von je 3×70 mm² vorläufig ausreichend.

An die genannten Kraftwerke und Nebenwerke sind die Verteilungsleitungen angeschlossen, die westlich von Simmerpan mit 20 000 V, östlich von Simmerpan mit 10 000 V betrieben werden. Sie sind in der Mitte des Anschlußgebietes als Kabelleitungen ausgeführt, weil hier wegen großer Bebauungsdichte mit Freileitungen nicht durchzukommen war; alles übrige sind Freileitungen. Während nun die Speiseleitungen als Doppelleitungen ausgebildet sind, wurden die Verteilungsleitungen überall in Ringen verlegt; beide Leitungsarten sind durch Differentialschutz[1]) gesichert, was

Abb. 613. Nebenwerk Bantjes (ähnlich wie Nebenwerk Herkules). Hauptschaltstation für 40 000 und 20 000 V mit angebauten Transformatorenkammern; im Hintergrund Maste für zwei 40 000 V Drehstromkreise mit Traverse zur Aufnahme von drei Blitzschutzdrähten.

sich bei den Verteilungsleitungen als besonders vorteilhaft erwiesen hat, weil diese vielfach verkettet werden mußten, um hohe Betriebssicherheit und günstige Ausnutzung des Leitungsquerschnittes zu erreichen. Der Kabelquerschnitt beträgt überall 100 mm², die Kabel gestatten die Übertragung einer Leitung von je 8000 kVA.

Der stark steigende Verbrauch im Ostgebiet läßt auch hier einen allmählichen Übergang der Verteilungsspannung von 10 000 auf 20 000 V zweckmäßig erscheinen; alle neu angelegten Unterwerke sind deshalb bereits mit Einrichtungen für diese Spannung ausgerüstet, ebenso sind die hinzukommenden Leitungen für diese Spannung isoliert, so daß nur noch zwei Spannungen, 40 000 und 20 000 V, vorhanden sein werden, abgesehen von der Übertragung von Vereeniging, die mit 80 000 V arbeitet.

G. Unterwerke.

Die große Zahl der Verteilstellen — im Anfang bereits über 60 —, die Notwendigkeit, in allen gleiche Einrichtungen zugunsten der Bereitschaft und raschen Aushilfe zu verwenden, und die Rücksicht auf leichte Bedienung und Überwachung ließen eine Normalisierung als wünschenswert erscheinen. Die Unterwerke mußten

---

[1]) Vgl. ETZ 1908, S. 316, 329, 361.

folgenden Bedingungen genügen: Die Primärspannung ist entweder 20000 V oder 10000 V; ihre Leistung beträgt je 1000 bis 8000 kVA, die Sekundärspannung zum Teil 500 V, jedoch müssen beide Spannungen von einer und derselben Stelle geliefert werden können, da sie auf fast allen Gruben gleichzeitig vorkommen (für Anschlüsse größerer Leistungen 2000, für Kleinmotoren über Tage 500 V). Da sich die Betriebsverhältnisse auf den einzelnen Gruben ständig ändern, müssen alle Verteilstellen so eingerichtet sein, daß sie sowohl auf der 500 V als auch auf der 2000 V Seite beliebig erweitert werden können; sie müssen ferner so angelegt sein, daß der Strom sowohl

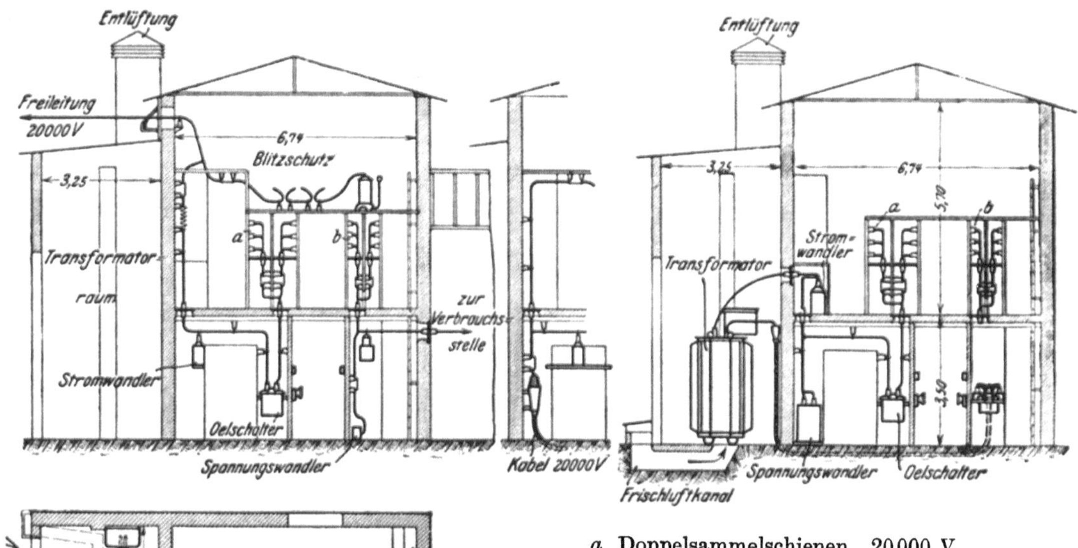

a Doppelsammelschienen, 20000 V,
b Doppelsammelschienen, 2000 und 500 V,
c Transformator,   *d* Freileitung,   *e* Kabel

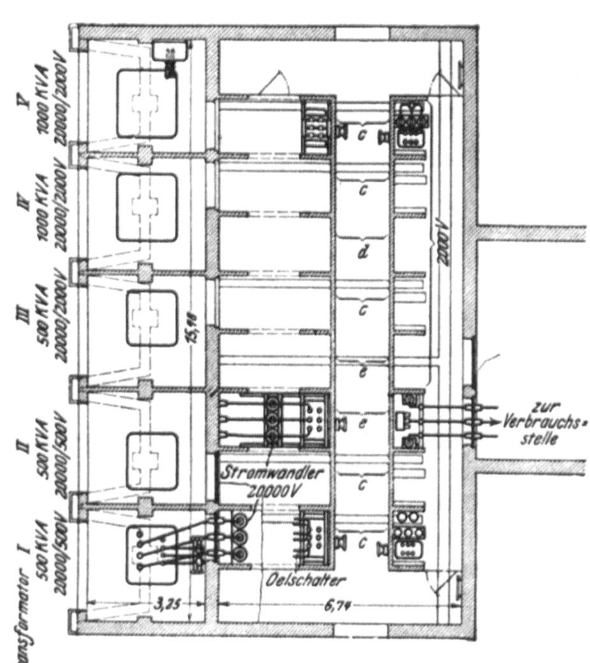

Abb. 614 bis 616. Normales Unterwerk für die Versorgung der Gruben. Schnitt links: Einrichtung für den Anschluß an das 20000 V Freileitungsnetz. Mittlerer Schnitt: Einrichtung für den Anschluß an das 20000 V Kabelnetz. Grundriß Mitte: Anbau des Schalthauses der Grube, der die Einrichtung hierfür überlassen bleibt.

mit Kabeln als mit Freileitungen zu- und abgeleitet werden kann.

Um diesen Bedingungen zu genügen, wurden die Gebäude der Unterwerke in T-Form angelegt (Abb. 614); die Primärleitungen werden in das Kopfende eingeführt. Die Transformatorenkammern sind entsprechend der zu liefernden Spannung in zwei Gruppen in demselben Gebäudeteil angeordnet; parallel zu ihnen liegen die Sammelschienen für 500 und 2000 V. In der Mitte sind die Zähler für die Stromverbraucher angebracht, von diesen aus werden die Sammelschienen aus dem Gebäude heraus in das sich im Grundriß senkrecht anschließende Schalthaus des Stromverbrauchers geführt, das somit vom Verteilwerk der Gesellschaft ganz abgeschlossen ist. Diese Anordnung erlaubt, die 500 V Seite, die 2000 V Seite und den Anbau des Stromverbrauchers beliebig zu erweitern, und hat sich gut bewährt.

H. Druckluftanlage.

Von den 320 Mill. kWh der Eckstein-Gruppe sollten etwa 40 vH als Druckluft von 9 at geliefert werden. Nach dem festgestellten Belastungsfaktor ergab diese Luftmenge zuzüglich der vertragsmäßigen Bereitschaft von 25 vH eine Maschinenleistung von rd. 50 000 PS. Die Drucklüftübertragung hat dabei etwas mehr als 30 km größte Länge. Wenn man bedenkt, daß nirgends eine Druckluftübertragung auch nur annähernd so großer Leistung bestanden hat — die größte in Betrieb befindliche Pariser Anlage hatte damals nur eine Maschinenleistung von rd. 8000 PS, und der größte bis dahin für diesen Druck gebaute Kolbenkompressor hatte nur 1500 PS Leistung —, so mag man daraus erkennen, daß großer Wagmut dazu gehörte, die Ausführung des Planes unter Gewährleistung zu übernehmen. Alles mußte von Grund auf neu entworfen und ausgebildet werden; dazu war die Bauzeit mit $1^1/_2$ Jahren außerordentlich beschränkt. Der Bau von Kreiselkompressoren befand sich noch im Anfang der Entwicklung, befriedigende Ergebnisse lagen nur für kleine Leistungen vor; Luftleitungen für solche Überdrücke auch nur annähernd gleicher Abmessungen waren bisher nicht ausgeführt.

Allein die Entwicklung der Muffenkonstruktion (Abb. 617) hat mehr als drei Monate in Anspruch genommen, da die Pariser Vorbilder sich für die vorliegenden Verhältnisse als ungeeignet erwiesen. Die Muffe hatte nämlich nachstehenden schwer erfüllbaren Bedingungen zu genügen:

1) Sie muß als Stopfbüchse arbeiten, weil die Rohrleitungen starken Temperaturschwankungen ausgesetzt sind.

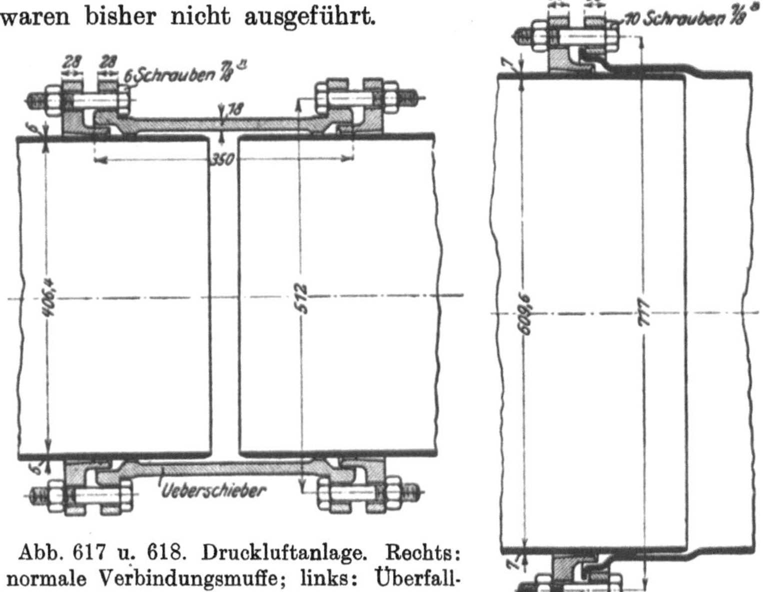

Abb. 617 u. 618. Druckluftanlage. Rechts: normale Verbindungsmuffe; links: Überfallmuffe zur Verbindung glatter Rohrenden (diese wird gebraucht, wenn Rohre ausgewechselt werden müssen).

2) Sie muß leicht ersetzbar und auseinandernehmbar sein für den Fall der Auswechslung des Rohres.

3) Sie muß eine Abweichung von 5 bis 10° von der Geraden gestatten, damit die Leitung den Bodenverhältnissen angepaßt werden kann.

4) Sie muß unter diesen Verhältnissen (610 mm größter Rohrdurchmesser, 9 at Überdruck) ständig dicht bleiben.

5) Der Herstellungspreis muß mäßig sein, saubere Bearbeitung der Rohrenden durch Werkzeugmaschinen war deshalb unausführbar.

Beachtet man ferner den Umstand, daß kein Meßgerät vorhanden war, das die Integration der verwickelten Funktion aus Volumen, Temperatur, Überdruck und Zeit, in kWh ablesbar, selbsttätig vornahm, daß die bekannten Luftvolumenmesser bis dahin nur für mäßigen Überdruck gebaut waren und daß diese sehr verwickelten Geräte von Grund aus neu ausgebildet werden mußten, so wird man die Schwierigkeit der Aufgabe ermessen. Durch die Meßgeräte sollte eine Leistung von mehr als 100 Mill. kWh jährlich in zuverlässiger Weise ermittelt werden, deren Geldwert jährlich mehr als 5 Mill. $\mathcal{M}$ beträgt; ein Fehler von 1 vH macht somit bereits 50 000 $\mathcal{M}$ aus, ein Betrag, der die Wichtigkeit genauer Luftmessung am besten erläutert.

Die für die Anlage des Druckluftnetzes anzuwendenden Grundsätze stimmten mit denen für das elektrische Kabelnetz in mancher Hinsicht überein, da alle Ecksteingruben außer der Lieferung elektrischer Energie gleichzeitig Druckluft gebrauchten; Druckluftleitungen und elektrische Kabel konnten deshalb vielfach in demselben Graben verlegt werden (Abb. 619 bis 623). Die Leitung ist so eingerichtet, daß sie die Kompressorenanlagen in Rosherville und im Robinsonwerk ständig verbindet (Abb. 612); falls eine Anlage aus dem Betrieb kommt, kann die Luftlieferung mit der andern aufrechterhalten werden. In der Leitung befinden sich Schieberkammern (Abb. 624), die im Falle eines Fehlers ermöglichen, einen Teil der Leitung abzutrennen. Die Leitung ist größtenteils unterirdisch verlegt, oberirdische Verlegung auf Betonpfeilern wurde lediglich beim Überschreiten von Tälern und Sümpfen angewandt; an solchen Stellen ist sie mit Wellblech abgedeckt und gegen übermäßige Erwärmung durch Sonnenbestrahlung geschützt (Abb. 625). Die Länge der einzelnen Rohre beträgt 8 m bei 229 bis 610 mm Dmr. Als Dichtung für die Stopfbüchsen wurden Profilringe aus besonders gutem Gummi verwandt. Für

Abb. 619. Druckluftanlage. Verlegung eines 24 zölligen Rohres oberhalb des Erdbodens auf gemauerten Pfeilern (sumpfiger Untergrund).

Abb. 620. Druckluftanlage. 24 zölliges Rohr; Rohrbefestigung über Erdboden auf gerader Strecke.

die Verluste infolge von Undichtigkeit mußte ein Höchstbetrag von 2 vH gewährleistet werden; die tatsächlich vorkommenden Verluste betragen weniger als 0,5 vH.

Die Berechnung der Rohrleitungsquerschnitte wird in herkömmlicher Weise nach der als zulässig erachteten Höchstgeschwindigkeit der strömenden Luft vorgenommen.

Abb. 621. Druckluftanlage.
Rohrbefestigung über Erde, gleichzeitig Fixpunkt.

Abb. 622.   Druckluftanlage.   Verankerung eines 30 zölligen Krümmers über Erde, zeigt Entweichen des Druckpfeilers wegen ungenügender Fundierung.

Geht man von der Voraussetzung aus, daß der Druckabfall zwischen Erzeugungs-
und Abnahmestelle bei Luftlieferung einen bestimmten ein für allemal festzulegenden
Wert nicht übersteigen, dieser Wert aber bis zu allen Abnahmestellen der gleiche sein darf, und stellt man gleichzeitig die Forderung geringsten Anlagekapitals, so kommt man zu neuen Grundsätzen für die Bemessung verzweigter Leitungen, die eine ganz bestimmte Verteilung des Druckabfalles auf die einzelnen Knotenpunkte des Netzes ergeben, aus der sodann die einzelnen Rohrquerschnitte ermittelt werden können. Bei elektrischen Leitungsnetzen ist man derartige Rechnungen gewohnt, bei Druckluftleitungen sind sie nach Angabe

Abb. 623. Druckluftanlage. 22 zöll. Rohrleitg., die infolge starken Regens unterwaschen und aus dem Graben gehoben wurde.

des Verfassers von R. Tröger hier zum ersten Male ausgeführt worden.

Die Luftleistung wird bei den einzelnen Verbrauchern in kWh gemessen, die

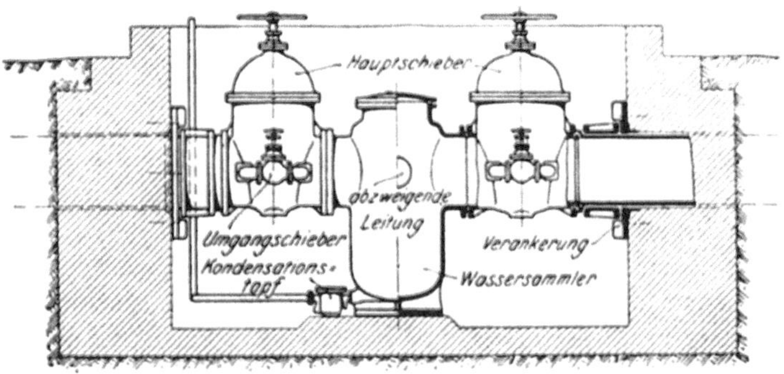

Abb. 624. Druckluftanlage.
Schieberkammer mit abzweigender Leitung und Entwässerungseinrichtung.

auf isothermischer Grundlage bewertet werden. Auf jeder Grube ist deshalb ein besonderer Druckluftzähler angeordnet (Abb. 626), der die gelieferte Arbeit selbsttätig aufzeichnet, eine Einrichtung, deren Ausführung sich in Anbetracht der erheblichen Druck- und Temperaturschwankungen zunächst sehr schwierig gestaltete. Da Luftvolumenmesser nach dem Gasuhrenprinzip, bei denen das Zählwerk durch Druck und Temperatur beeinflußt wird, außergewöhnliche Abmessungen erhalten hätten und zudem sehr verwickelt geworden wären, entschied man sich schließlich für die Messung mittels Düse nach dem Venturi - Prinzip unter Hinzufügung einer Registriervorrichtung, die die Schwankungen

Abb. 625. Druckluftanlage.
Druckluftleitung über Erde verlegt, zum Schutze gegen
Sonne mit geweißtem Wellblech abgedeckt.

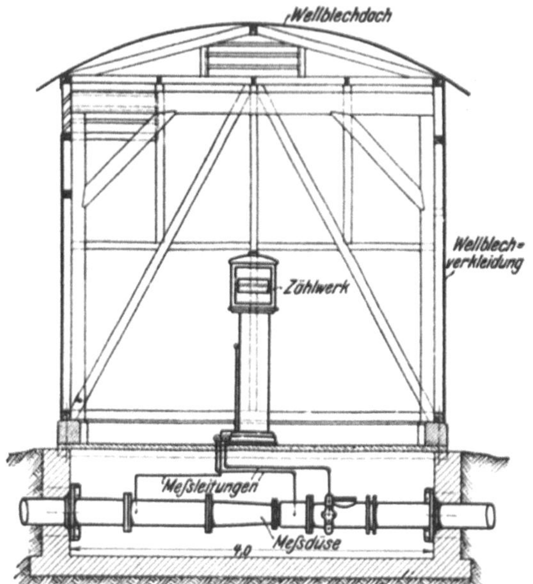

Abb. 626.   Druckluftanlage.   Schnitt durch ein Druckluftzählerhaus.

des Überdruckes und der Temperatur (letztere allerdings nur annähernd) berücksichtigt. Die dem Druckunterschiede folgende Manometerfeder und die von der Temperatur beeinflußte Thermometerfeder bewegen je einen logarithmischen Kamm; beide Bewegungen werden durch Zahnräder zusammengezählt, die Summe wird auf einen gegenlogarithmischen Kamm übertragen, so daß das Zählwerk das Produkt beider Bewegungen angibt. Die Zähler sind nach manchen Vorversuchen von J. Kent in London ausgebildet und haben sich gut bewährt.

5. Vorarbeiten für die weitere Entwicklung.

a) Allgemeines.

Die beschränkte Kühlfähigkeit des Rosherville-Sees und die hohen Frachtkosten für die Kohle veranlaßten die Victoria Falls and Transvaal Power Co., sich durch Verträge mit den Vereeniging Estates die Möglichkeit zu sichern, in der Mitte dieses ausgedehnten Kohlengebietes am Vaalflusse ein Kraftwerk zu errichten.

Die Vorarbeiten: Geländeaufnahmen, Bohrungen und genaue Bestimmung der Lage und der Wasserverhältnisse, wurden bereits während der Anwesenheit des Verfassers im Jahre 1909 vorgenommen, der Beginn der Bauarbeiten verzögerte sich jedoch durch die Verhandlungen mit den Behörden über die erforderlichen Wegerechte.

b) Wegerechte.

Für die Fortleitung des Stromes innerhalb des Randgebietes durch Freileitungen und Kabel waren die rechtlichen Verhältnisse sehr einfach. Da es sich in diesem Gebiet fast ausschließlich um gemutetes Land handelt, ist das Besitzrecht der Bergwerke nach den gesetzlichen Bestimmungen auf die Mineralien unter Tage beschränkt, während ihnen das Gelände über Tage lediglich zur Benutzung und nur so weit zur Verfügung gestellt wird, wie es für die Aufbereitung der Erze erforderlich ist. Es steht der Behörde daher frei, Dritten das Mitbenutzungsrecht des Geländes für die Anlage von Fernleitungen zu gewähren.

Wesentlich anders lagen die Verhältnisse für die Fernübertragung von Vereeniging; die Leitungen mußten fast ausschließlich über privates Eigentum geführt werden, und es stellten sich ähnliche Schwierigkeiten heraus, wie man sie hier zulande gewöhnt ist.

Die Frage, ob außer der privaten Erlaubnis noch eine behördliche Genehmigung für den Bau der Fernleitung erforderlich sei, war strittig, weil sich die Transvaal-Gesetzgebung mit diesem Gegenstande bis dahin nicht befaßt hatte. Die Regierung sah sich schließlich veranlaßt, zur Vorbereitung der gesetzlichen Regelung einen besonderen Parlamentsausschuß (Power Commission) einzusetzen, der unter dem Vorsitz des Eisenbahnpräsidenten, Sir Thomas Price, die Vernehmung beider Parteien in öffentlicher Verhandlung anordnete; sie erstreckte sich über mehrere Monate, auch Lord Winchester und der Verfasser wurden wiederholt über die europäischen Verhältnisse befragt und zur vertraulichen Äußerung über vorhandene oder vorgeschlagene gesetzliche Maßnahmen aufgefordert. Der dann an die Regierung erstattete, sehr eingehend bearbeitete Bericht erforderte natürlich ebenfalls ziemlich viel Zeit, so daß $1^1/_2$ Jahre vergingen, ehe der Gesellschaft die Bauerlaubnis für die Fernleitungen erteilt werden konnte. Als Hauptbedingung wurde der Gesellschaft auferlegt, allen Beteiligten, insbesondere auch den Gemeinden, Strom zu den gleichen Bedingungen zu liefern, und zwar nach einem von dem Verfasser aufgestellten Tarife mit Benutzungsstaffel. Der Bau des Vereeniging-Kraftwerkes wurde dann sofort in Angriff genommen.

6. Dritter Bauabschnitt: Das Kraftwerk Vereeniging.

a) Maschinenhaus, Kesselhäuser, Kohlenförderanlage.

Das Kraftwerk (Lageplan Abb. 627) enthält zurzeit vier Turbodynamos, und zwar zwei von je 12000 kVA und zwei von je 18000 kVA; zwei weitere von je 16000 kVA wurden nicht in Vereeniging, sondern im Kraftwerke Simmerpan aufgestellt.

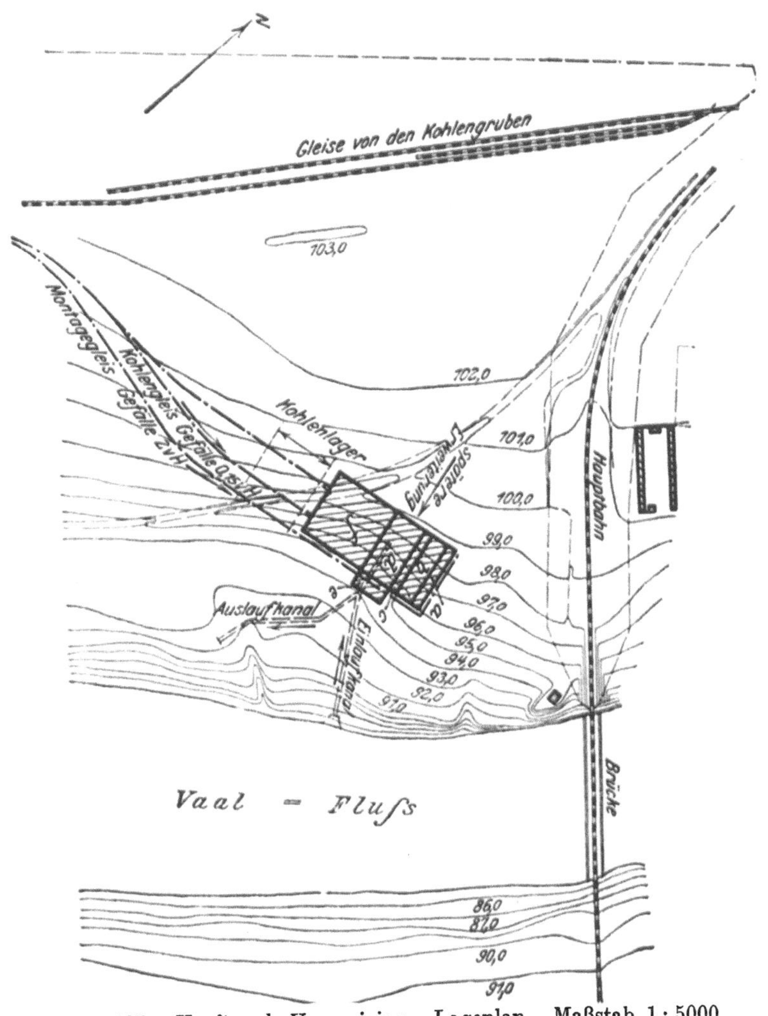

Abb. 627. Kraftwerk Vereeniging. Lageplan. Maßstab 1 : 5000.
a Transformatorenräume, *b* Schalthaus, *c* Betätigungsschalttafel, *d* Maschinenraum, *e* Werkstatt, *f* Kesselhaus.

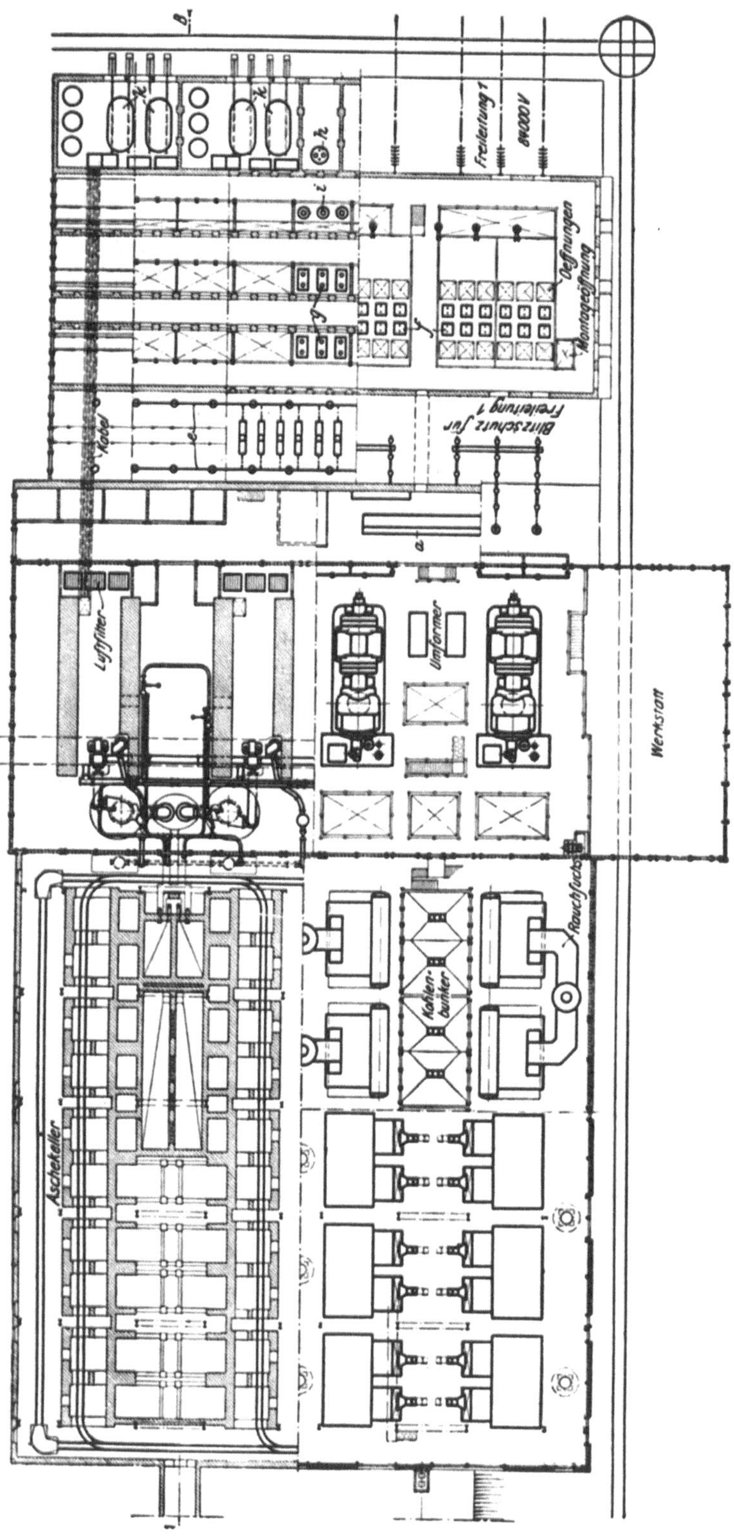

Abb. 628. Kraftwerk Vereeniging. Grundriß der Kesselhäuser, des
Maschinenhauses und des Schalthauses.
a Betätigungstafel, *b* Raum für Automaten und Regler, *c* Raum für
Batterie, *d* Durchgang, *e* Sammelschienen f. 84000 V, *f* Widerstände,
g Ölschalter, *h* Drosselspule, *i* Stromwandler, *k* Transformator.

Der Dampf wird in zwei Kesselhäusern (Abb. 628, 629, 631) erzeugt, die je 10 Kessel von 550 m² wasserberührter Heizfläche enthalten; die Kesselanlage ist in ähnlicher Weise ausgebildet wie in Rosherville.

Auch die Kohlenförderanlage ist nach gleichen Grundsätzen gebaut. Die besonderen Verhältnisse dieses Werkes bedingten jedoch insofern einen Unterschied, als für größere Vorräte gesorgt werden mußte, weil die Kohlen nur auf einem Schienenstrange zugeführt werden können. Die außerhalb des Kesselhauses unterzubringende Kohlenmenge wurde durch Vergrößerung der Schütthöhe (Höherlegung der Gleise) vermehrt (Abbildungen 629, 632); außerdem wurden, abweichend von den wiederholt dargelegten Grundsätzen, Kohlenbunker im Kesselhause selbst eingerichtet, weil die Kohlen von den nahegelegenen Gruben später durch eine Seilbahn angefahren werden sollen. Bei der Anlage des Kesselhauses war hierauf Rücksicht zu nehmen, neben dem Becherband ist deshalb Platz für die später einzubauende Seilbahn frei gelassen worden. Der Kohlenvorrat der Kesselhausbunker reicht während der regelmäßigen Betriebseinstellung von Sonnabend mittag bis Montag früh aus (Abb. 629, 631).

Auch die Einrichtung des Maschinenhauses (Abbildungen 628, 629, 630) ähnelt der in Rosherville, wesentliche Unterschiede weist nur die Anlage für Kühlwasserbeschaffung auf, deren Ausbau sich auch hier besonders schwierig gestaltete. Die Höhenunterschiede des Wasserspiegels im Vaalfluß schwanken nämlich zeitweise um 9 m; Änderungen treten außerordentlich rasch ein, weil die Niederschläge infolge Mangels von Wäldern den Flüssen viel schneller zugeführt werden, als es z. B. bei den meisten europäischen Flüssen der Fall ist. Die Anlage mußte deshalb den rasch auftretenden Schwankungen der Förderhöhe folgen können.

Man entschied sich trotz höherer Anlagekosten, den Einlaufkanal als Tunnel von der tiefsten Stelle des Flusses bis unter das Maschinenhaus zu führen und die Pumpen in Schächten aufzustellen, die durch absperrbare Leitungen mit dem Tunnel verbunden sind (Abb. 629, 630). Für je zwei Pumpenschächte ist ein gemeinsamer Saugschacht angelegt, in dem das Wasser nochmals gereinigt wird, nachdem es schon durch einen im Einlauf des Tunnels am Fluß eingebauten Grobrechen vorgereinigt ist (Abbildungen 633, 634). Die Pumpenschächte sind so tief geführt, daß auch bei niedrigstem Wasserstande noch genügende Saughöhe verbleibt; sie liegen unmittelbar vor dem Fundament der Turbinen, so daß die Rohr-

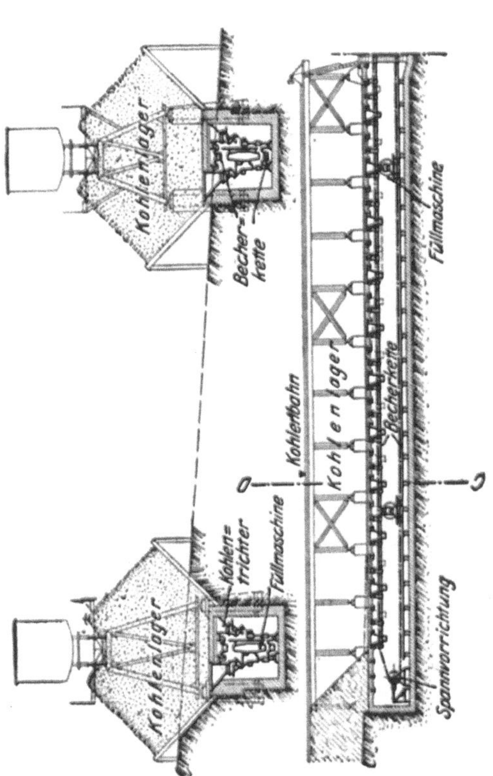

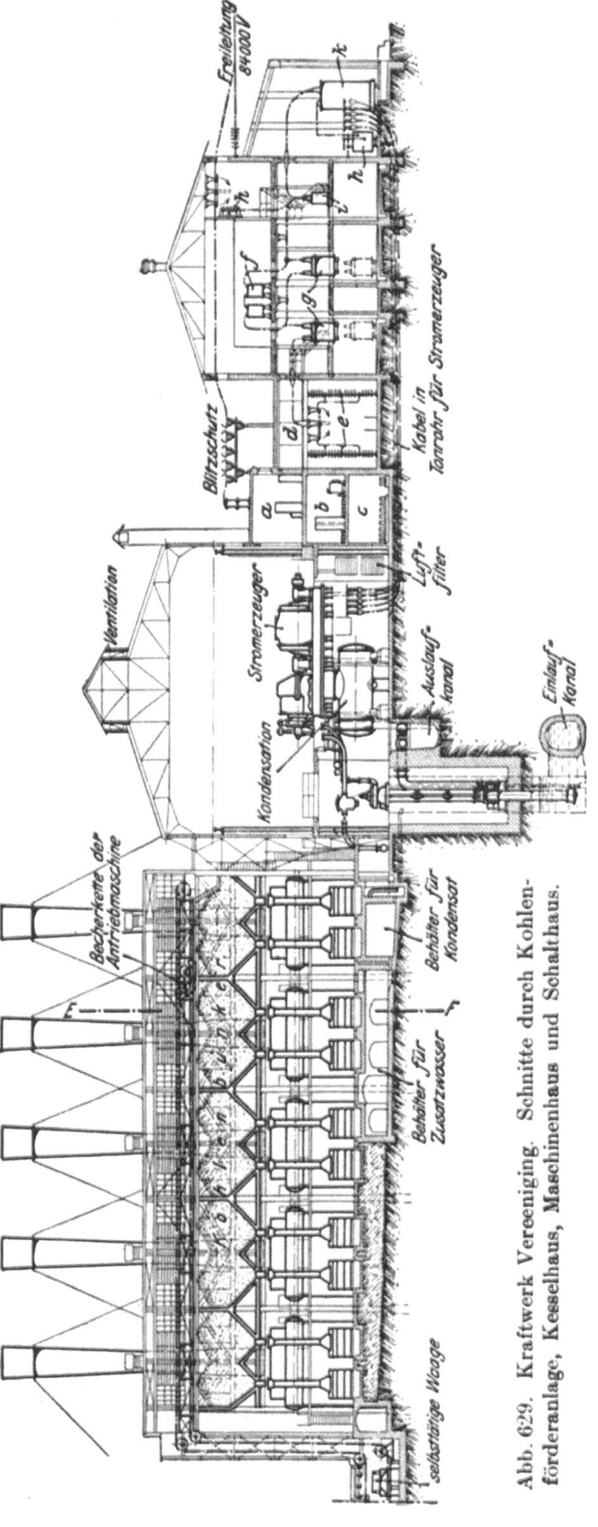

Abb. 629. Kraftwerk Vereeniging. Schnitte durch Kohlenförderanlage, Kesselhaus, Maschinenhaus und Schalthaus.

führung sehr einfach ausfällt. Die Kreiselpumpen sind mit sekrechter Welle ausgeführt; sie werden durch eine stehende Turbine angetrieben, die im Maschinenhauskeller untergebracht ist (Abb. 635). Das Wasser läuft zuerst durch Rohrleitungen und sodann durch einen offenen Kanal ab, der unterhalb der Einlaufstelle mündet. (Ansicht der Gebäude Abb. 638, Aufnahme vom Vaalfluß aus Abb. 639.)

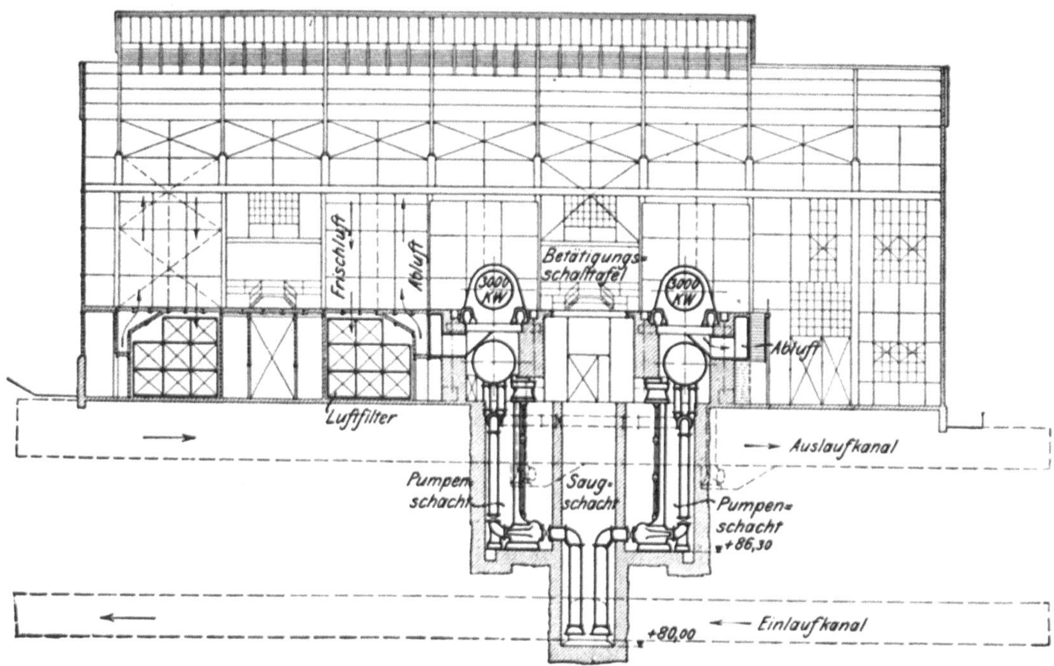

Abb. 630. Kraftwerk Vereeniging. Längsschnitt durch das Maschinenhaus. Maßstab 1 : 500.

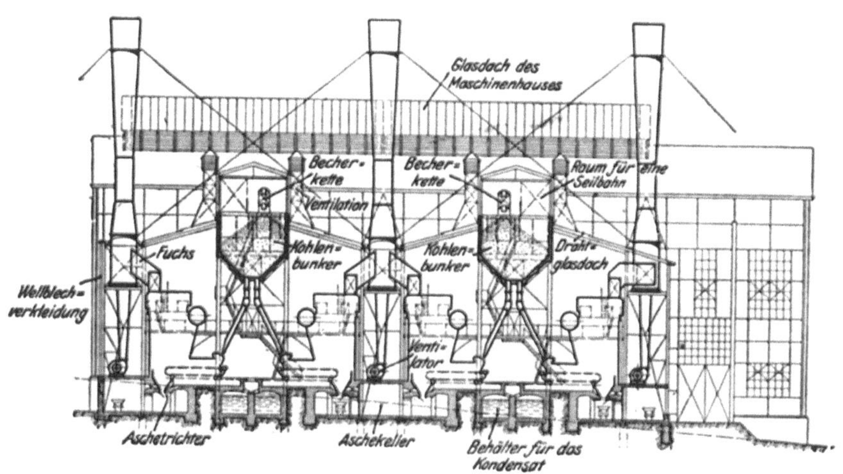

Abb. 631. Kraftwerk Vereeniging. Querschnitt durch die Kesselhäuser. Maßstab 1 : 600.

<h3 style="text-align:center">b) Schalthaus.</h3>

Das Schalthaus (Abb. 636, 637) liegt im Gegensatz zu Rosherville parallel zum Maschinenhaus, eine Anordnung, die in diesem Falle wegen der Kabelführung zwischen Stromerzeugern und Schalthaus besonders vorteilhaft ist, weil die Stromerzeuger durch je fünf bzw. acht Einzelkabel von je $3 \times 210\,\text{mm}^2$ Querschnitt mit dem

Schalthause verbunden werden mußten. Das Schalthaus selbst ist wiederum getrennt vom Maschinenhaus angelegt; der zwischen Schalthaus und Maschinenhaus verbleibende Raum wurde zum Unterbringen der Betätigungstafel, der Hilfsbatterie, der Regler und anderer Hilfsvorrichtungen ausgenutzt.

Zur Übertragung nach dem Rand wird die Spannung auf 84 000 V erhöht. Die Transformatoren sind auch hier in besondern Kammern an der Längswand des Schalthauses untergebracht; es sind 6 Transformatoren aufgestellt und zwar: 2 von je 12 500 kVA und 4 von je 9000 kVA.

Abweichend von üblichen Einrichtungen sind die Sammelschienen ausgeführt; sie sind in einer besondern Halle untergebracht und durch Ketten von Hängeisolatoren zwischen Decke und Fußboden verspannt, eine Konstruktion, die nicht nur hohen elektrischen Sicherheitsgrad, sondern gleichzeitig gute mechanische Festigkeit im Falle von Kurzschlüssen ergibt, weil Kräfte zwischen den Sammelschienen nur in Richtung der Isolatorenkette auftreten. Trennschalter an der Decke ermöglichen die Umschaltung der Transformatoren und der Freileitungen von dem einen auf den andern Sammelschienensatz.

Die außergewöhnlich großen Energiemengen, die durch die Schalter im Falle von Kurzschlüssen in den Freileitungen unterbrochen werden müssen, ließen ein stufenweises Abschalten ratsam erscheinen. Es sind deshalb zwei Ölschalter hintereinander angeordnet, von denen der eine durch einen induktionsfreien Widerstand überbrückt ist. Beim Ein- und Ausschalten wird zunächst der Vorschaltwiderstand geschlossen oder geöffnet und danach der andere Schalter betätigt; die Widerstände sind dabei so bemessen, daß auf jeden Schalter ungefähr die gleiche Schaltleistung entfällt. Die Schalter sind so eingerichtet, daß sie mit einer Winde in das untere Stockwerk herabgelassen werden können. Zum Vereinfachen der

Abb. 632. Kraftwerk Vereeniging. Kohlenlager unterhalb der Kohlenbahn, auf dem Boden Einfalltrichter für die Becherkette.

Bedienung sind ihre Ölkästen an festverlegte Rohrleitungen angeschlossen, die zu einer am Ende der Schaltanlage aufgestellten Pumpenanlage führen; an dieser Stelle befindet sich außerdem ein Sammelbehälter und eine Öltrockeneinrichtung. Ebenso wie die Ölschalter sind auch die einzelnen Transformatorenkammern und Transformatorenbehälter durch festverlegte Rohrleitungen mit dieser Einrichtung verbunden, so daß alle Ölbehälter rasch entleert und gefüllt werden können.

c) Verbindungsleitungen mit dem Rand.

Der Strom wird von Vereeniging nach dem Rand durch vier Freileitungen von je $3 \times 60 \text{ mm}^2$ übertragen, die an zwei Mastreihen mit je zwei Stromkreisen verlegt sind (Abb. 640—644); sämtliche Leitungen münden in das Robinson-Werk. Die Leitungen sind an Hewlet-Hängeisolatoren befestigt und alle 1 bis 2 km durch Abspannmaste, an denen die drei Leiter gleichzeitig verdrillt werden, gesichert. Die Spannung wird am Rand durch Drehstromtransformatoren (mit je drei Wicklungen) herabgesetzt, die sekundär mit getrennter 40 000 V und 20 000 V Wicklung ausgeführt sind, so daß sie außer der Arbeitsübertragung gleichzeitig zum Ausgleich zwischen dem 40000 V und dem 20000 V Netz am Rande dienen. Diese Einrichtung ermöglicht, die Leistung auf beide Netze beliebig zu verteilen, was man sonst nur durch den Einbau besonderer Spannungsregler hätte erreichen können. Der Vorteil ist um

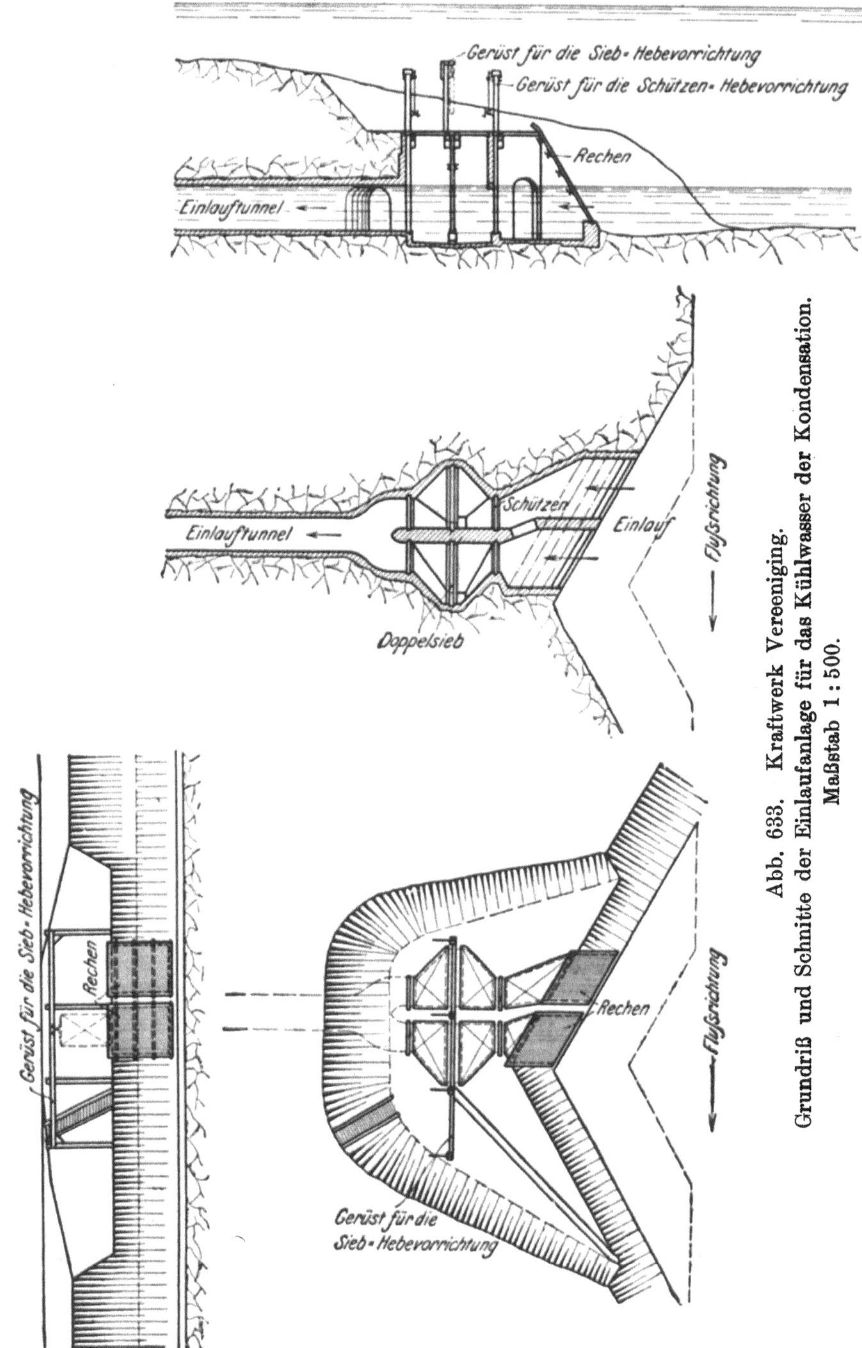

Abb. 633.   Kraftwerk Vereeniging.
Grundriß und Schnitte der Einlaufanlage für das Kühlwasser der Kondensation. Maßstab 1 : 500.

so größer, als auch der Betrieb des Rosherville-Werkes sich dadurch wesentlich einfacher gestaltet. Während vorher die Leistung derjenigen Stromerzeuger, die nur auf das 40000 V Netz oder nur auf das 20000 V Netz arbeiteten, dem Verbrauch angepaßt werden mußte, und die Belastung der einzelnen Netze nur mit Hilfe besonderer Transformatoren ausgeglichen werden konnten, ergibt die jetzt getroffene

Abb. 634. Kraftwerk Vereeniging. Einlauftunnel im Bau.

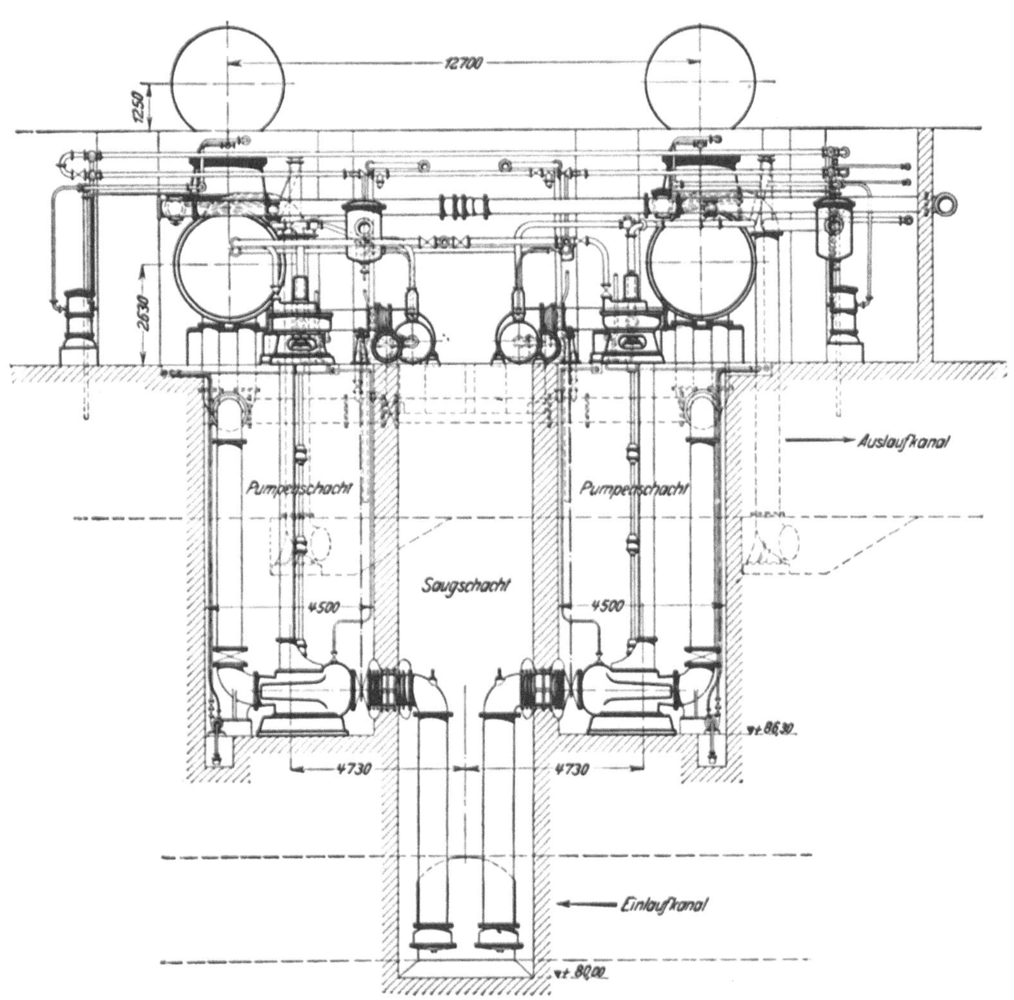

Abb. 635. Kraftwerk Vereeniging. Schnitt durch Pumpenschächte und Saugschacht.
Maßstab 1:200.

Einrichtung insofern große Bewegungsfreiheit, als die etwa von Rosherville für eines der beiden Netze zu wenig gelieferte Arbeit selbsttätig von Vereeniging übernommen wird.

7. Zusammenfassung.

Der Vorentwurf von 1905 enthält die Anordnung der Kesselhäuser senkrecht zum Maschinenhaus, die Anwendung künstlichen Zuges und schmiedeiserner Kamine. Die Vorwärmer sind noch als gemeinschaftliche Vorwärmer für mehrere Kessel aus-

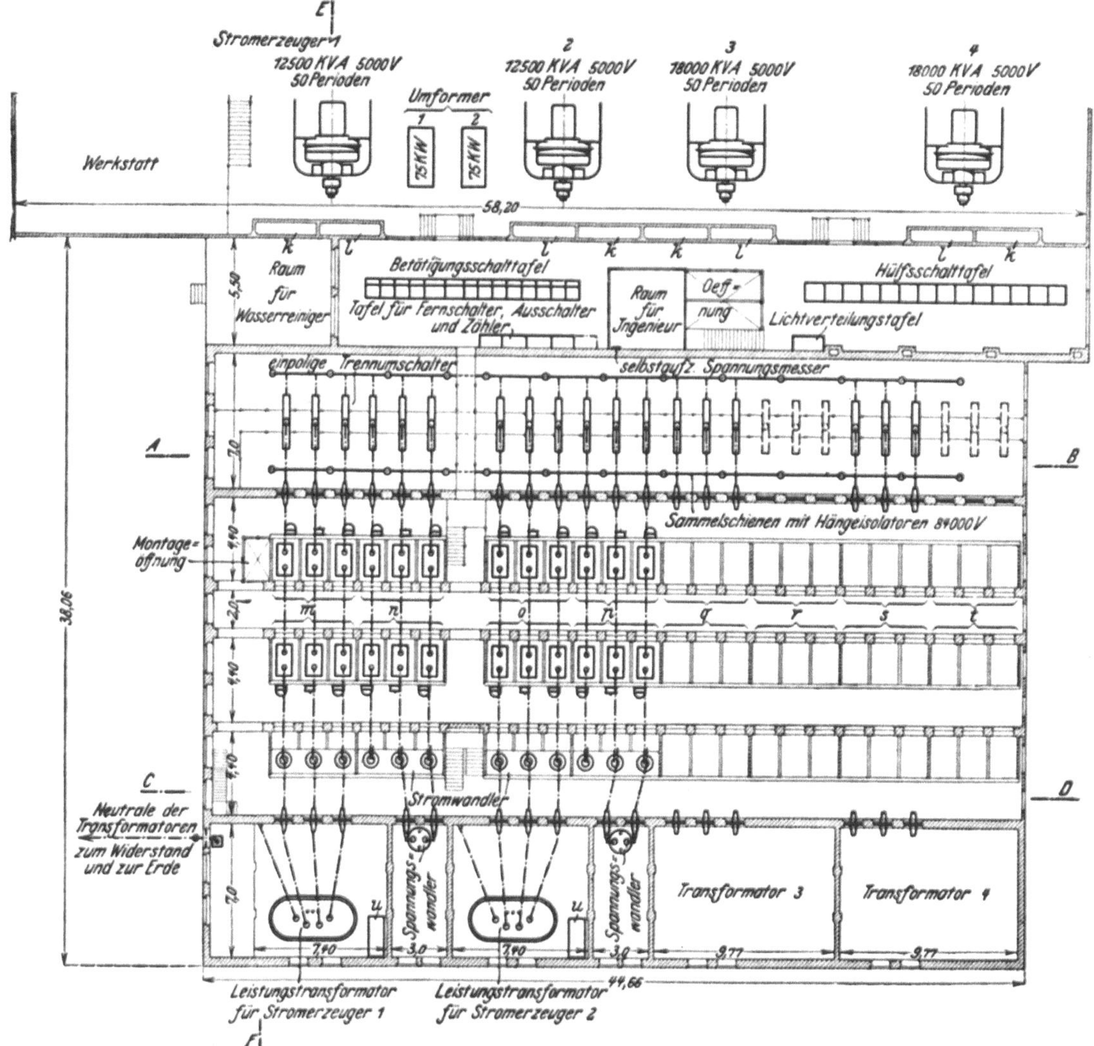

Abb. 636 u. 637.   Kraftwerk Vereeniging. Grundriß und Schnitte des Schalthauses. Maßstab 1:400.

gebildet, demgemäß ergeben sich lange schmiedeiserne Füchse und die Notwendigkeit des Einbaues eines Umganges um die Vorwärmer. Für den Saugzug sind noch unmittelbare in den Fuchs eingebaute Ventilatoren vorgesehen. Die Kohlenförderung besteht aus einem senkrechten Aufzug und einem Kohlenförderband, sie erfolgt noch in mehreren Abschnitten. Die Kohlenbunker sind über den Kesseln angeordnet und so groß bemessen, daß der gesamte erforderliche Kohlenvorrat allein in ihnen gestapelt werden kann (außerdem unvorteilhafte, hängende Bauart). Schaltanlage und Transformatoren sind zusammen mit den Transformatorenkammern un-

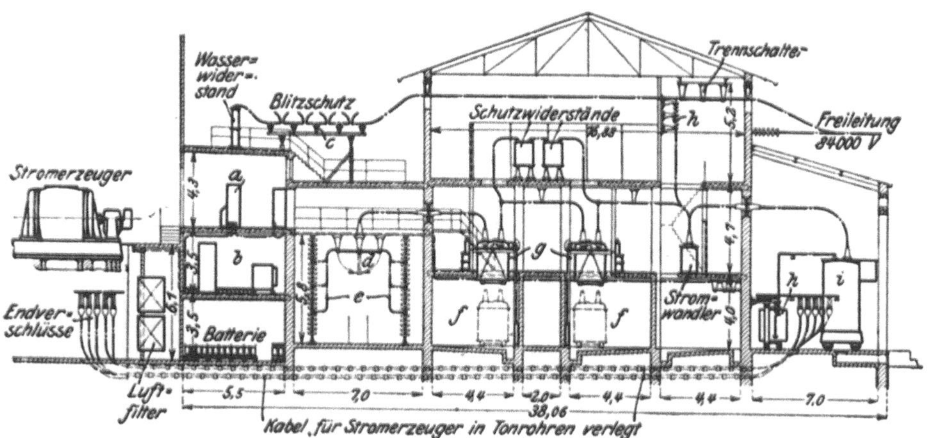

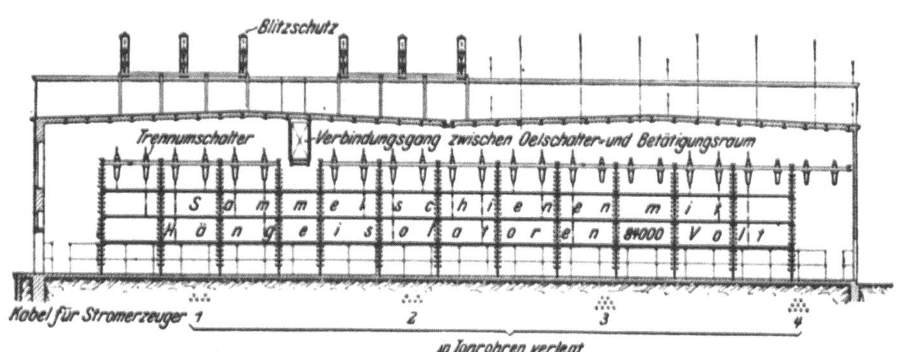

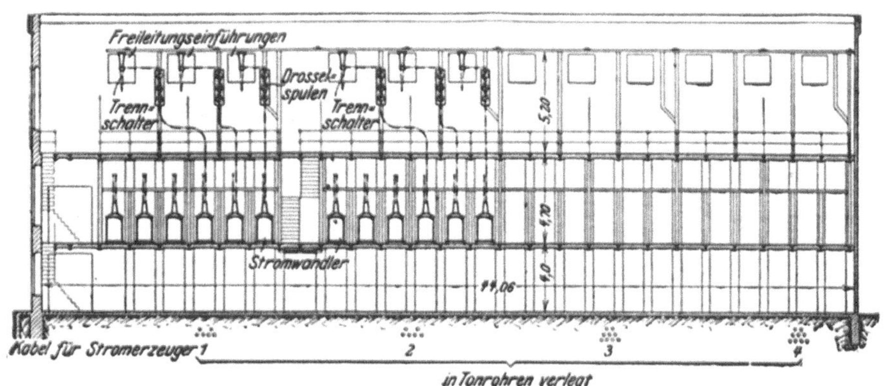

Abb. 637.

a Betätigungstafel	*k* Abluft
b Raum für Gleichstrommaschinen, Automaten und Regler	*l* Frischluft
c Hörnerfunkenableiter	*m* Stromerzeuger 1
d Trennumschalter	*n* Freileitung 1
e Doppelsammelschienen mit Hänge-isolatoren 84 000 V	*o* Stromerzeuger 2
f Raum für herabgelassene Ölkästen	*p* Freileitung 2
g Fernölschalter	*q* Stromerzeuger 3
h Drosselspulen	*r* Freileitung 3
i Transformator mit Wasserkühlung	*s* Stromerzeuger 4
	t Freileitung 4
	u Ölbehälter

je 2 Fernölschalter (für m n o p q r s t)

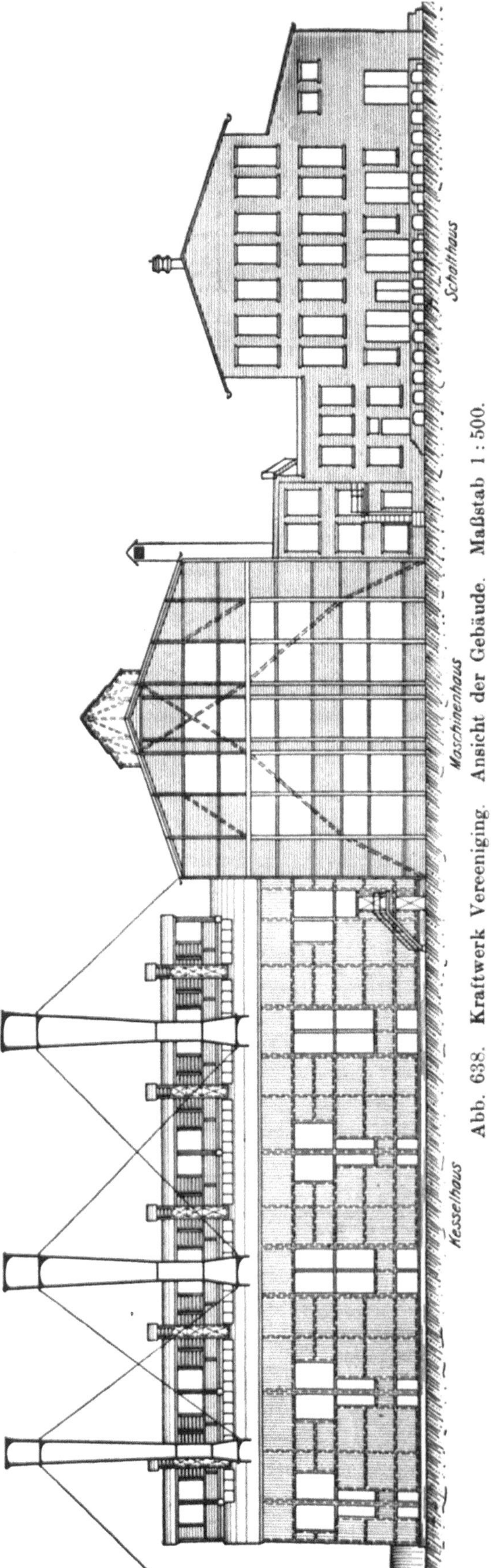

Abb. 638. Kraftwerk Vereeniging. Ansicht der Gebäude. Maßstab 1 : 500.

Abb. 639. Kraftwerk Vereeniging. Ansicht vom Vaalfluß aus; in der Mitte Ablauf des Kühlwassers.

mittelbar an das Maschinenhaus angebaut; die Transformatoren befinden sich innerhalb des Schalthauses.

In Brakpan werden bereits Einzelvorwärmer angewandt, die über den Kesseln liegen; lange Füchse sind vermieden, statt des unmittelbaren ist mittelbarer Saugzug mit Einzelkaminen eingerichtet. Der ganze Kohlenvorrat ist in hochliegenden Bunkern innerhalb des Kesselhauses enthalten. Die Kohlenförderung fehlt, weil der Kohlenbunker unmittelbar von der Bahn aus gefüllt wird. Die Kohlen werden hier durch Trommeln gemessen, die in die einzelnen Fallrohre eingebaut sind. Die Kessel werden noch durch Dampf-Kolbenpumpen gespeist. Das Schalthaus ist von dem

Abb. 640. Kraftwerk Vereeniging. Abspannmast.

Abb. 641. Kraftwerk Vereeniging. Versuch an 80000 V Zwischenmast, um das Verhalten des Mastes bei Bruch eines Drahtes in der Nähe der Abspannmaste festzustellen. (Das Kreuz $\times$ zeigt die Länge, mit der die Leitung durch die Aufhängung geschlüpft ist.)

Maschinenhaus und die Ölschalterräume von den Sammelschienenräumen bereits vollständig getrennt. Die Transformatoren sind nicht mehr im Schalthause, sondern in besonderen Kammern untergebracht.

Simmerpan. Das Kesselhaus ist ähnlich wie in Brakpan ausgeführt, da es fast gleichzeitig erbaut wurde. Das Werk stellt nur insofern einen Fortschritt dar, als der größte Teil der zu stapelnden Kohlenmenge nicht mehr in hochliegenden Bunkern im Kesselhaus, sondern außerhalb in besondern Bunkern gelagert wird. Die Kohlen werden durch Becherketten ununterbrochen gefördert. Messung der Kohle, Kesselspeisung und Kondensationspumpenantrieb, wie in Brakpan. Die Kondensationspumpen werden in beiden Anlagen noch elektrisch angetrieben.

Rosherville. Die großen Kohlenbunker im Kesselhaus sind durch kleine Kohlentaschen ersetzt, welche an die Dachkonstruktion angehängt werden und nur für wenige Stunden ausreichen. Lagerung der Kohle außerhalb des Kesselhauses; Kohlenbunker in der Längsachse der Kesselhäuser; ununterbrochene und sehr einfache Kohlenförderung in die Kesselhäuser. Statt gußeiserner Vorwärmer werden zum ersten Male schmiedeiserne mit den Kesseln unmittelbar zusammengebaute Einzelvorwärmer angewandt. Vollständiger Fortfall der Rauchfüchse; Einzelkamine.

Abb. 642. Kraftwerk Vereeniging. Abspannmaste für die 80 000 V Leitungen vor Eintritt in das Schalthaus.

Schalthaus in einem besonderen Gebäude, jedoch so nahe an dem Maschinenhaus, daß die Betätigungstafeln usw. in dem Verbindungsbau untergebracht werden können. In dem Schalthaus sind Ölschalter, Sammelschienen und Blitzschutz je in einem

Abb. 643. Kraftwerk Vereeniging. Aufrichten eines Zwischenmastes.

Stockwerk vollkommen getrennt voneinander aufgestellt. Transformatoren wiederum in besonders angebauten Kammern. Messung der Kohlen durch selbsttätige Kohlenwaagen (für jedes Kesselhaus nur eine). Kesselspeisung durch Kreiselpumpen mit Turbinenantrieb. Antrieb der Kondensationspumpen durch Dampfturbinen.

Vereeniging. Das Werk zeigt außer den wie für Rosherville ausgeführten Kohlenlagern wiederum kleine für einen Tag ausreichende Kohlenbunker im Kesselhaus, die jedoch lediglich wegen der einzubauenden Seilbahn vorgesehen werden mußten. Abgesehen von der für wesentlich höhere Spannung gebauten Schaltanlage und der Anordnung des Schalthauses parallel zum Maschinenhaus (Vorteil kleinerer

Abb. 644. Kraftwerk Vereeniging. Zwischenmast aufgerichtet. Unten Traverse zur Aufnahme von zwei Telephonstromkreisen.

Länge der Verbindungskabel) und der Einrichtung von Speisewassermessern nach dem Venturi-Prinzip, weist das Werk keine erheblichen Änderungen gegenüber Rosherville auf.

Die gesamte Leistung der umlaufenden Maschinen beträgt 288 000 PS, die der Druckluftanlage allein 78 000 PS, die der Transformatoren 473 000 kVA.

Dank der tatkräftigen Leitung durch Lord Winchester und Mr. Hadley in London und durch Major Bagot und Mr. Price in Südafrika erzielt das Unternehmen auch gute wirtschaftliche Ergebnisse und zeigt eine befriedigende Entwicklung. Die als Folgeerscheinung eines vielleicht allzu stürmischen Anstieges zuerst eingetretenen Schwierigkeiten sind beseitigt, so daß man der Zukunft ohne Besorgnisse entgegensehen darf.

8. Statistische Baubeschreibung.

Nachstehende Tabellen enthalten die wesentlichsten statistischen Grundlagen, die für den Entwurf der Krafterzeugungs- und Verteilungsanlagen der Victoria Falls and Transvaal Power Co. Ltd. in Südafrika gebraucht wurden. Sie geben ferner Aufschluß über spezifische Raumgröße, Beanspruchung, Gewichte u. ä., die aus den fertiggestellten Anlagen ermittelt wurden. Wenn sich auch manche der Unterlagen und Einheitswerte nicht ohne weiteres auf andere Verhältnisse übertragen lassen und deshalb für den unmittelbaren Vergleich mit anderen nicht benutzt werden können, so lassen sich doch aus den Tabellen diejenigen maßgeblichen Größen und Werte entnehmen, die für die Projektierung großer elektrischer Anlagen in Betracht kommen.

a) Klimatische Verhältnisse.

Nr.	Position	Brakpan 6000 kW 1908	Simmerpan 18000 kW 1909/10	Rosherville 68000 kW 1911	Vereeniging 44000 kW 1912
1	**Lage:** Breitengrad	26° 10′ südl.	26° 14′ südl.	26° 13′ südl.	26° 40′ südl.
2	Höhe über N. N.	ca. 1580 m	ca. 1680 m	1687 m	1437 m
3	**Barometer:** Mittel	ca. 634 mm/Q.-S.	ca. 624 mm/Q.-S.	ca. 624 mm/Q.-S.	ca. 650 mm/Q.-S.
4	**Temperatur:** Max.	34° C	34° C	34° C	38° C
5	Minim.	— 10° C	— 10° C	— 10° C	— 10° C
6	Mittel	15,6° C	15,6° C	15,6° C	16° C
7	Min. Tagesmittel	ca. — 1° C	ca. — 1° C	ca. — 1° C	ca. — 5° C
8	Max. „	ca. 28° C	ca. 28° C	ca. 28° C	ca. 30° C
	Rel. Feuchtigkeit:				
9	Maxim.	100 vH	100 vH	100 vH	100 vH
10	Minim.	ca. 20 vH	ca. 20 vH	ca. 20 vH	ca. 30 vH
11	Mittel	ca. 58 vH	ca. 60 vH	ca. 60 vH	ca. 70 vH
	Niederschläge p. a.				
12	Maxim.	105 cm	115 cm	120 cm	100 cm
13	Minim.	50 cm	50 cm	52 cm	50 cm
14	Mittel	67 cm	68 cm	72 cm	67 cm
15	davon im Sommer	80—90 vH	80—90 vH	80—90 vH	80—90 vH
16	davon im Winter	10—20 vH	10—20 vH	10—20 vH	10—20 vH
	Verdunstung der Wasseroberfläche (Teiche mittl. Größe)				
17	im Monat	10—18 cm	10—18 cm	10—18 cm	—
18	Mittel im Jahr	166 cm	166 cm	166 cm	—
19	Natürliche Wärmeabgabe je m²/h	80—150 kcal	80—150 kcal	80—150 kcal	80—150 kcal
20	**Reinheit der Luft:**	Im Winter durch Sandstürme verunreinigt	Im Winter durch Sandstürme verunreinigt	Im Winter durch Sandstürme verunreinigt	ziemlich gut
21	**Gewitter:** Tage p. a.	ca. 120	ca. 125	ca. 120	ca. 120
22	Mittl. Dauer Stdn.	ca. 5	ca. 5	ca. 5	ca. 5
23	Heftigkeit	ca $^1/_3$ sehr heftig, mehr als 30 Blitze je Stunde	ca. $^1/_3$ sehr heftig	ca. $^1/_3$ sehr heftig	ca. $^1/_3$ sehr heftig

b) Wasserverhältnisse.

Nr.	Position	Brakpan 6000 kW 1908	Simmerpan 18000 kW 1909/10	Rosherville 68000 kW 1911	Vereeniging 44000 kW 1922
24	**Wasseranschluß**	Vom anliegenden Pan (Teich), der durch Grubenwasser der umliegenden Bergwerke nachgefüllt wird.	Von anliegender Talsperre (Simmerpan), die durch Ablaufwasser der Niederschläge gefüllt wird.	Von anliegender Talsperre (Roshervilledam),die durch Ablaufwasser der Niederschläge gefüllt wird.	Vom Vaalfluß, der in ca. 60 m Entfernung vorbeifließt, eine Breite von 100 bis 200 m besitzt und während der regenarmen Periode durch ein 2 m hohes Wehr, das ca. 750 m unterhalb des Wassereinlaufs liegt, ca. 8000 m zurückgestaut wird.
25	**Kühlung des Wassers**	Durch natürliche Oberflächenkühlung des Beckens.	Durch natürliche Oberflächenkühlung des Beckens.	Durch natürliche Oberflächenkühlung des Beckens.	Durch fließendes Wasser des Vaals u. natürliche Oberflächenkühlung des rückgestauten Wassers.
	Brauchbarkeit:				
26	für Kühlzwecke	Zeitweilig durch organische Substanzen verunreinigt, im übrigen frei von Bestandteilen, die Metalle angreifen. Reinigung durch Koksfilter.	Rein und frei von Metalle angreifenden Bestandteilen. Ohne besond. Filterung verwendbar.	Frei von Metalle angreifenden Bestandteilen, zeitweise leicht durch organische Substanzen verunreinigt. Reinigung durch Siebe ausreichend.	Frei von Metalle angreifenden Bestandteilen. Bei Niederwasser ziemlich rein, bei Hochwasser durch mitgerissene Substanzen verunreinigt. Reinigung durch Doppelsiebe, von denen eins als Reserve dient.
27	für Kesselspeisung	Nach Behandlung mit Ätzkalk einwandfrei.	Nach Behandlung mit Ätzkalk einwandfrei.	Totalhärte ca. 15 deutsche Grade, nach Behandlung mit Ätzkalk einwandfrei.	Totalhärte ca. 6 deutsche Grade, nach Behandlung mit Ätzkalk einwandfrei.
	Kühloberfläche des Wassers:				
28	im Mittel	$60\,000$ m^2	$515\,000$ m^2	$452\,000$ m^2	—
	Wasserinhalt des Kühlbeckens:				
29	im Mittel	ca. $90\,000$ m^2	$1{,}92 \cdot 10^6$ m^2	$2{,}03 \cdot 10^6$ m^3	Strömung im Mittel ca. $2 \cdot 10^6$ je Tag
	Erforderliche Wassermenge:				
30	Mittlerer Wärmeverbrauch der Masch. je kWh	6000 kcal	6000 kcal	5500 kcal	5500 kcal
31	Wasserkühlung je kWh (ca. 80 vH von Nr. 30)	4800 kcal	4800 kcal	4400 kcal	4400 kcal
32	Durch Verdunstung bewirkte Kühlung je kWh (ca. 80 vH von Nr. 31 cf. Nr. 39)	ca. 3840 kcal	ca. 3840 kcal	ca. 3520 kcal	ca. 3520 kcal
33	Verdunstungswärme Wasserverbrauch je kWh:	584 kcal/kg	584 kcal/kg	584 kcal	584 kcal
34	Zur Kühlung	6,6 kg	6,6 kg	6,0 kg	6,0 kg

Nr.	Position	Brakpan 6000 kW 1908	Simmerpan 18000 kW 1909/10	Rosherville 68000 kW 1911	Vereeniging 44000 1912
35	Zusatzwasser	0,3 kg	0,3 kg	0,3 kg	0,3 kg
36	Total je kWh	6,9 kg	6,9 kg	6,8 kg	6,3 kg
37	Jährliche Erzeugung kWh ($n = 0{,}60$)	$33 \cdot 10^6$	$95 \cdot 10^6$	$358 \cdot 10^6$	$231 \cdot 10^6$
38	Wasserverbrauch p. a.	$0{,}22 \cdot 10^6$ m³	$0{,}22 \cdot 10^6$ m³	$0{,}66 \cdot 10^6$ m³	$1{,}46 \cdot 10^6$ m³
	Temperaturzunahme d. Kühlwassers:				
	Spez. Kühlwirkung d. Wasseroberfläche je m² u. 1° C Temp.-Erhöhung				
39	Durch Verdunstung	ca. 18 kcal/h	ca. 18 kcal/h	ca. 18 kcal/h	ca. 18 kcal/h
40	Durch Berührung	ca. 4,5 „	ca. 4,5 „	ca. 4,5 „	ca. 4,5 „
41	Total	ca. 22,5 „	ca. 22,5 „	ca. 22,5 „	ca. 22,5 „
	Spez. Kühlwirkung der Kühlanlage je 1° C				Durch Strömung ca. $2 \cdot 10^6$ kcal/h
42	Bei Mittelwasser	$1{,}35 \cdot 10^6$ kcal/h	$11{,}6 \cdot 10^6$ kcal/h	$12{,}2 \cdot 10^6$ kcal/h	26400 kWh
43	Stündl. Erzeugung	3600 kWh	10800 kWh	40800 kWh	
44	Stündl. Wasserverbrauch	24,9 m³	74,7 m³	257,0 m³	166,0 m³
45	Stündl. erf. Kühlwirkung durch Verdunstung (Nr. 32)	$13{,}8 \cdot 10^6$ kcal/h	$41{,}5 \cdot 10^6$ kcal/h	$144 \cdot 10^6$ kcal/h	$93 \cdot 10^6$ kcal/h
	Temperaturzunahme d. Kühlwassers:				
46	Bei Mittelwasser	10,2° C	3,6° C	11,8° C	keine
47	**Ergebnis:**	Qualität des Wassers und verfügbar. Wassermeng. bei mäßiger Leistung der Zentrale genügend, desgl. Kühlung.	Qualität des Wassers gut. Verfügbar. Wassermeng. und Kühlanlage reichlich, Erweiterung d. Zentral. auf die doppelte Leistung unbedenklich.	Qualität des Wassers gut. Verfügbar. Wassermeng. i. Mittel nicht ausreichend. Kühlanlage im Mittel ausreichend.	Qualität des Wassers gut. Verfügbare Wassermenge reichlich. Kühlanlage durchweg reichlich.

c) Brennmaterial.

48	**Kohlequalitäten:**		Vom Hundert der Förderkohle
a)	Staubkohle: gesiebt durch 10 mm Masche	ca. 10 vH
b)	Grießkohle: „ „ 10—20 mm Masche	ca. 5 „
c)	Nußkohle: „ „ 20—30 mm „	ca. 15 „
d)	Stückkohle: „ „ > 30 mm „	ca. 60 „
e)	Als unbrauchbar ausgelesen:	ca. 10 „
f)	Unsortierte Kohle: lediglich Sorte „e" ausgelesen	ca. 90 „

Die nachfolgenden Angaben beziehen sich auf Sorte „f". Da z. T. Sorte „a" und „b" in größeren Mengen verfeuert werden, die zum Preise von 0,60—1,60 ℳ/t an der Grube erhältlich sind, stellen sich die wirklichen Kosten etwas niedriger als unten angegeben, jedoch ist mit der Zunahme des Kohlenverbrauches ein Ausgleich zu erwarten, so daß Sorte „f" für den Markt maßgebend wird. Sorte „d" und „f" sind vor Benutzung auf Kettenrosten zu zerkleinern. Kosten ca. 0,10—0,15 ℳ/t.

Herkunft der Kohle:

49	Tweefontein	Heizwert: ca. 6000—6500 kcal. Asche: ca. 15—25 vH.

Nr.	Position	Brakpan 6000 kW 1908	Simmerpan 18 000 kW 1909/10	Rosherville 68 000 kW 1911	Vereeniging 44 000 kW 1912
	Herkunft der Kohle:	Preis ab Grube, Qualität „f": ca. 5,00 $\mathscr{M}$/t. Feuer: langflammig, gut für Kettenrost geeignet.			
50	Witbank	Heizwert: ca. 6500—7000 kcal. Asche: ca. 20—25 vH.			
		Preis ab Grube, Qualität „f": ca. 4,75 $\mathscr{M}$/t. Feuer: langflammig, vorzüglich für Kettenrost geeignet.			
51	Vereeniging	Heizwert: ca. 5500 kcal. Asche: ca. 20—25 vH.			
		Preis ab Grube, Qualität „f": ca. 5,00 $\mathscr{M}$/t. Feuer: mittellange Flamme, gut für Kettenrost geeignet.			
	Kohlenfracht frei Bunker (Eisenbahn)				
52	von Tweefontein	ca. 6,50 $\mathscr{M}$/t	ca. 6,70 $\mathscr{M}$/t	ca. 6,80 $\mathscr{M}$/t	
53	von Witbank	ca. 7,00 „	ca. 7,70 „	ca. 7,80 „	
54	von Vereeniging	ca. 6,20 „	ca. 5,30 „	ca. 5,50 „	ca. $\mathscr{M}$. 1,— p. 1000 kg
55	**Mittl. Heizwert**	6200 kcal	6000 kcal	6000 kcal	5500 kcal
	Mittl. Kohlepreis frei Bunker				
56	$\mathscr{M}$/t	10,—	10,70	10,80	6,—
57	$\mathscr{M}$/1000 kcal	$1,62 \cdot 10^{-3}$	$1,78 \cdot 10^{-3}$	$1,80 \cdot 10^{-3}$	$1,09 \cdot 10^{-3}$

d) Gebäude.

Nr.	Position	Brakpan 6000 kW 1908	Simmerpan 18 000 kW 1909/10	Rosherville 68 000 kW 1911	Vereeniging 44 000 kW 1912
58	**Baugrund**	1—2 m harter mit viel Steinen durchsetzter lehmiger Grund; darunter Fels, letzterer verwittert sehr schnell unter dem Einfluß der Luft, ist stark wasserdurchlässig; Schächte, Tunnel, Kanäle, Einschnitte usw. sind daher auszumauern.	Wie in Brakpan, Fels steht zum Teil erst in 3—4 m Tiefe an.	$^1/_2$—$1^1/_2$ m sandiger Boden, darunter Fels von ähnlicher Beschaffenheit wie in Brakpan.	1—2 m Überlagerung von lehmigem Boden, darunter Fels in unregelmäßiger Lagerung, im übrigen von ähnlicher Beschaffenheit wie in Brakpan.
	Bebaute Fläche. Maschinenhaus:			60 m Generator. 53 m Kompress.	
59	Länge	34,07 m	66,00 m	113 m insgesamt	51,80 m
60	Breite	10,47 m	16,12 m	23,24 m	23 m
61	Fläche abs.	358 m²	1060 m²	1395 m² Generator. 1235 m² Kompress. 2630 m² insges.	1180 m²
62	„ je kW	0,06 m²	0,059 m²	0,0387 m²	0,0268 m²
	Kesselhaus einschl. Innenbunker				
63	Dampfleistung:	$54 \cdot 10^6$ kcal/h $(8 \cdot 9000 \cdot 740)$	$108 \cdot 10^6$ kcal/h $(16 \cdot 9000 \cdot 740)$	$347 \cdot 10^6$ kcal/h $(32 \cdot 14400 \cdot 753)$	$227 \cdot 10^6$ kcal/h $(20 \cdot 15000 \cdot 757)$
64	Fassung d. Bunkers: $\gamma = 0,8$	**368** t	$2 \cdot 464 = $ **928** t	$4 \cdot 41,5 = $ **166** t	$2 \cdot 400 = $ **800** t
65	Länge	34,07 m	35,57 m	38 m	48,26 m
66	Breite	24,61 m	$2 \cdot 24,5 = 49,00$ m	$4 \cdot 22 = 88$ m	$2 \cdot 23,24 = 46,48$ m
67	Fläche abs.	840 m²	1650 m²	3350 m²	2240 m²

Nr.	Position	Brakpan 6000 kW 1908	Simmerpan 18000 kW 1909/10	Rosherville 68000 kW 1911	Vereeniging 44000 kW 1912
	Kesselhaus				
68	Fläche je kW	0,14 m²/kW	0,092 m²/kW	0,0493 m²/kW	0,051 m²/kW
69	Fläche je 10⁶ kcal/h	15,5 m²	15,3 m²	9,65 m²	9,87 m²
	Pumpenhaus				
70	Fläche abs.	—	3·91 = 273 m²	ca. 201 m²	—
71	**Außenbunker**	Nicht vorgesehen	Überdacht	Nicht überdacht	Nicht überdacht
72	Fassung	—	1960 t	4·800 = 3200 t	2·1100 = 2200 t
73	Länge	—	73,26 m	4·50 = 200 m	2·50 = 100 m
74	Breite	—	9,50 m	3,50 m	3,32 m
75	Fläche abs.	—	700 m²	700 m²	332 m²
76	Fläche je 1000 t	—	357 m²	218 m²	150 m²
77	**Schalthaus** einschl. Transformatorenkammern	Separat	Separat	Quer zum Maschinenhaus angebaut.	Parallel zum Maschinenhaus angebaut
78	Mittl. Länge	26 m	44 m	53 m	44,66 m
79	Mittl. Breite	18 m	26 m	23,5 m	38,06 m
80	Fläche abs.	467 m²	930 m²	1245 m²	1700 m²
81	Fläche je kW	0,078 m²	0,0516 m²	0,025 m²	0,0387 m²
	Bebaute Fläche				
82	Werkstatt	—	Ausbau am Schalthaus	Zwischen - Schalt - und Kesselhaus.	Verlängerung des Maschinenhauses
83	Länge	—	7,4 m	26,24 m	6,46 m
84	Breite	—	3,6 m	12,2 m	23,24 m
85	Fläche abs.	—	27 m²	320 m²	150 m²
	Totale Bebauung				
86	abs.	1665 m²	4640 m²	8446 m²	5602 m²
87	je kW	0,278 m²	0,258 m²	0,125 m²	0,127 m²
	Umbauter Raum			Genera- Kom- toren: pressor.: 28750 m³ 25500 m³	
	Maschinenhaus:				
88	abs.	5100 m³	16050 m³	54250 m³	23300 m³
89	je kW	0,85 m³	0,893 m³	0,574 m³/elekt.	0,53 m³
90	Mittl. Höhe	14,25 m	15,1 m	20,6 m	19,8 m
	Kesselhaus einschl. Innenbunker				
91	abs.	16350 m³	30135 m³	50000 m³	24700 m³
92	je kW	2,72 m³/kW	1,67 m³/kW	0,74 m³/kW	0,56 m³/kW
93	je 10⁶ kcal/h	304 m³	279 m³	145 m³	109 m³
94	Mittl. Höhe	19,4 m	18,2	14,7 m	11 m
	Pumpenhaus ausschl. Pumpenschacht				
95	abs.	—	1200 m³	ca. 1480 m³	—
96	Mittl. Höhe	—	4,4 m	7,3 m	—
	Außenbunker				
97	abs.	—	9800 m³	4000 m³	2400 m³
98	je t	—	5 m³	1,25 m³	1,1 m³
99	Mittl. Höhe	—	14 m	5,35 m	7,25 m

Nr.	Position	Brakpan 6000 kW 1908	Simmerpan 18000 kW 1909/10	Rosherville 68000 kW 1911	Vereeniging 44000 kW 1912
	Schalthaus einschl. Transformatoren-kammern				
100	abs.	5354 m^3	10410 m^3	18120 m^3	21600 m^3
101	je kW	0,9 m^3	0,58 m^3	0,362 m^3	0,49 m^3
102	Mittl. Höhe	11,5 m	11,22 m	14,5 m	12,7 m
	Werkstatt				
103	abs.	—	190 m^3	3850 m^3	8300 m^3
104	Mittl. Höhe	—	7,0 m	12,0 m	19,80 m
	Umbauter Raum ausschl. Außenbunker				
105	Total abs.	ca. 26800 m^3	ca. 58000 m^3	ca. 128000 m^3	ca. 78000 m^3
106	je kW	4,47 m^3	3,22 m^3	1,88 m^3	1,77 m^3
107	Mittl. Höhe abs.	16 m	12,5 m	15 m	14 m
	Ausführung Maschinenhaus				
108	Gebäudefundamente	gemauert	gemauert	gemauert	gemauert
109	Maschinenfundamente	gemauert	gemauert	gemauert	gemauert
110	Umfassungswände	Eisenfachwerk mit $^1/_2$-Steinausmauerung und Verputz	Eisenfachwerk mit $^1/_2$-Steinausmauerung u. Verputz	Eisenfachwerk mit Wellblechverkleidung	Eisenfachwerk mit $^1/_2$-Steinausmauerung u. Verputz
111	Kellerfußboden	Beton	Beton	Beton	Beton
112	Maschinenhausfußboden	Preuß-Kappengewölbe m. Fliesenbelag	Preuß-Kappengewölbe m. Fliesenbelag	Preuß-Kappengewölbe m. Beton	Preuß-Kappengewölbe mit Beton
113	Unterstützung der Kranlaufschienen	Besondere Säulen mit Konsolen	Besondere Säulen mit Konsolen	Besondere Säulen m. Binderstützen verbunden	Besondere Säulen mit Binderstützen verbunden
	Maschinenhaus				
114	Dach: Form	Pultdach, einfache Träger	Shed-Dach	Satteldach mit Laterne, Binder aus Gitterkonstruktion	Satteldach mit Laterne, Binder aus Gitterkonstruktion
115	Material	Holzzement	Wellblech u. Glas	Wellblech	Wellblech
116	**Massen:** Maschinenfundamente	266 m^2	750 m^3	2587 m^3	1140 m^3
117	je 1000 kW	44,5 m^3	41,6 m^2	38,2 m^3	26 m^3
118	Maschinenträger	15 t	45 t	170 t	80 t
119	je kW	2,5 kg	2,5 kg	2,5 kg	1,82 kg
	Massen: Eisenkonstruktion				
120	Hauptkonstruktion einschl. Deckenträger	125 t	375 t	519 t	383 t
121	je m^3 umbauter Raum	24,5 kg	23,3 kg	9,6 kg	17,6 kg
	Belichtung				
122	**Fenster:** abs.	74 m^2	360 m^2	394 m^2	690 m^2
123	je 1000 m^3 umbauter Raum	14,5 m^2	22,3 m^2	25,7 m^2	32 m^2
	Kesselhaus				
124	Gebäudefundamente	gemauert	gemauert	gemauert	gemauert
125	Kesselfundamente	gemauert	gemauert	Eisenkonstruktion	gemauert
126	Kesselverkleidung	Eisen	Eisen	Eisen	Eisen

Nr.	Position	Brakpan 6000 kW 1908	Simmerpan 18 000 kW 1909/10	Rosherville 68 000 kW 1911	Vereeniging 44 000 kW 1912
127	Umfassungswände	Eisenfachwerk m. Wellblech verkleidet	Eisenfachwerk m. Wellblech verkleidet	Eisenfachwerk m. Wellblech verkleidet	Eisenfachwerk mit Wellblech verkleidet
128	Aschenkellerfußboden	Beton	Beton	Beton	Beton
129	Kesselhausfußboden	Beton	Beton	Riffelblechbelag	Beton
130	Dach: Form	Zweifach abgesetztes Satteldach m. Ventilat. Schlot. Fachwerk-Bind.	Satteldach mit Ventilat. Schlot. Fachwerk-Bind.	Satteldach mit Laterne u. Fachwerk-Binder	Satteldach mit Laterne und Fachwerk-Binder
131	Material	Wellblech u. Glas	Wellblech u. Glas	Wellblech	Wellblech
	Massen: Kesselfundamente				
132	Eisen	—	—	440 t	—
133	Mauerung	384 m³	768 m³	—	1070 m³
134	je 10^6 kcal	7,1 m³	7,1 m³	1,27 t	4,7 m³
	Massen: Eisenkonstruktion				
135	Hauptkonstr. einschließlich Deckenträger und Belag	495 t	820 t	624,5 t	838 t
136	je m³ Ummrg.	97 kg	51 kg	11,5 kg	39 kg
137	je kW	82,5 kg	45,5 kg	9,2 kg	19 kg
138	je kcal/h	9,2 kg	7,6 kg	1,8 kg	3,7 kg
	Belichtung				
139	Fenster: abs.	611 m²	616 m²	1370 m²	740 m²
140	je 1000 m³ umbauter Raum	120 m²	38 m²	25 m²	34,5 m²
141	**Pumpenhaus** (ausschließl. Pumpschächte u. Caissons)	Kein besonderes Gebäude. Pumpen sind im Maschinenhauskell. untergebracht	Angebaut an Maschinenhaus je ein Raum für 2 Pumpen	Pumpenhaus errichtet auf 5 Caissons, im Staubeck., z. T. durch eine Gitterkonstruktion außerhalb abgestützt	Kein besonderes Gebäude. Pumpen sind im Maschinenhauskeller in besonderen Schächten untergebracht
142	Umfassungswände	—	Eisenfachwerk mit ¹/₂ Stein ausgemauert u. verputzt	Eisenfachwerk m. Wellblech verkleidet	—
143	Dach: Form	—	Pultdach	Satteldach	—
144	Material	—	Wellblech	Wellblech	—
145	Massen: Mauer und Betonarbeiten	—	—	—	1386 m³
146	**Außenbunker**	Kein Außenbunker	Eisenfachwerk ausgemauert, darüber Geleis für Eisenbahnwagen, das Ganze mit Wellblech überdacht. Unter dem Bunker gemauerter Kanal für 2 Konveyor	Fahrbahn aus eisern. Fachwerk für Eisenbahnwagen, getragen von Betonpfeilern, darunter gemauerter Kanal für Konveyor. Keine Überdachung	Wie bei Rosherville
147	Massen: Eisenkonstruktion einschl. Fülltrichter	(Kohlenbahn) 90 t	350 t	185 t	122 t
148	je t Fassung	—	190 kg	58 kg	55 kg
	Schalthaus (einschl. Betätigungsraum u. Transformatorräume)				

Nr.	Position	Brakpan 6000 kW 1908	Simmerpan 18000 kW 1909/10	Rosherville 68000 kW 1911	Vereeniging 44000 kW 1912
149	Gebäudefundamente	gemauert	gemauert	gemauert	gemauert
150	Umfassungsmauern	Eisenfachwerk m. $^1/_2$ Stein ausgemauert und verputzt	Eisenfachwerk m. $^1/_2$ Stein ausgemauert und verputzt	Eisenfachwerk m. $^1/_2$ Stein ausgemauert und verputzt	Eisenfachwerk mit $^1/_2$ Stein ausgemauert und verputzt
151	Innenmauern	Mauerwerk	Mauerwerk	—	—
152	Anzahl Geschosse	3	3	4	4
153	Kellerfußboden	Beton	Beton	Teils Beton, teils gestampfte Ameisenerde	Beton
154	Geschoßfußboden	Beton	Beton	Beton	Beton
155	**Zwischenwände** für Paneele und Sammelschienen	$^1/_4$ Stein stark u. $2''$ Betonplatten f. Sammelschienen	$^1/_4$ Stein stark, $2''$ Betonplatten für Sammelschienen	$^1/_2$ Stein stark, Sammelschienen ohne Zwischenwände	keine
156	**Dach:** Form	Hauptgeb.: Satteldach mit Fachwerksbindern Anbauten: Pultdach mit einf. Trägern	Hauptgeb.: Satteldach mit Fachwerksbindern Anbauten: Pultdach mit einf. Trägern	Hauptgeb.: Satteldach mit Fachwerksbindern Trans. Kammer: Pultdach m. einf. Trägern	—
157	Material	Wellblech	Wellblech	Wellblech	Wellblech
158	**Massen:** Mauer und Betonarbeit einschließl. Zwischenwände	—	—	—	2770 m³
159	je m³ umbauter Raum	—	—	—	0,128 m³
	Massen: Eisenkonstruktion	—	—	—	—
160	**Hauptkonstr.:** einschließl. Dach und Deckenträger	120 t	180 t	415 t	252 t
161	je m³ Raum	23,5 kg	11,2 kg	7,65 kg	11,7 kg
	Belichtung				
162	Nat. Fenster abs.	82 m²	114 m²	281 m²	276 m²
163	je 1000 m³ umbauter Raum	16 m²	11 m²	1,5 m²	12,8 m²
	Werkstatt				
164	Umfassungswände	—	—	Eisenfachwerk m. Wellblechbekleidung	ein Giebelfeld des Maschinenhauses
165	Laufkran. Stützen	—	—	15 t Handlaufkran	
166	Fußboden	—	—	Holzbohlenbelag	Holzbohlenbelag
167	Dach	—	—	Satteldach	—
168	Massen: Mauer und Betonarbeit	—	—	—	108 m³
	Belastungsannahmen				
169	Wind	150 kg/m²	150 kg/m²	100 kg/m²	100 kg/m²
	Maschinenhaus:				
170	Dach	275 kg/m²	50 kg/m²	Glasdach: 70 kg/m² Wellblechdach: 55 kg/m²	Glasdach: 70 kg/m² Wellblechdach: 55 kg/m²
171	Fußboden	1000 kg/m²	1000 kg/m²	1250 kg/m²	1250 kg/m²
172	Zwischendecke	—	—	750 kg/m²	—

Nr.	Position	Brakpan 6000 kW 1908	Simmerpan 18 000 kW 1909/10	Rosherville 68 000 kW 1911	Vereeniging 44 000 kW 1912
173	Raddruck Kranlauf-bahn	18,5 t	—	18 t	45 t
174	**Kesselhaus:** Dach	Glasdach: 55 kg/m² Wellblechdach: 50 kg/m²	60 kg/m²	55 kg/m²	55 kg/m²
175	Fußboden	1000 kg/m²	1000 kg/m²	1000 kg/m²	1000 kg/m²
176	**Schalthaus:** Dach	50 kg/m²	60 kg/m²	60 kg/m²	—
177	Erdgeschoß	1000 kg/m²	1000 kg/m²	1100 kg/m²	1250 + Öl-schaltergewicht
178	1. Stock	1000 kg/m²	1000 kg/m²	1000 kg/m²	2100 kg/m²
179	2. Stock	1000 kg/m²	1000 kg/m²	750 kg/m²	—
180	3. Stock	1000 kg/m²	1000 kg/m²	750 kg/m²	—

e) Einrichtung der Maschinenhäuser.

Nr.	Position	Brakpan 6000 kW 1908	Simmerpan 18 000 kW 1909/10	Rosherville 68 000 kW 1911	Vereeniging 44 000 kW 1912
	Maschinenhaus (einschl. Pumpen-haus für Konden-sation)				
181	**Hauptmaschinen**	2 Drehstrom-Tur-bogeneratoren	6 Drehstrom-Tur-bogeneratoren	5 Drehstrom-Tur-bogeneratoren 6 Turbokompres-soren	4 Drehstrom-Turbo-Generatoren
	Turbogeneratoren				
182	Fabrikat	A. E. G.	A. E. G.	A. E. G.	A. E. G.
183	Leistung normal	3000 kW	3000 kW	10 000 kW	2 Stück 10 000 kW / 2 Stück 12 000 kW
184	Leistungsfaktor	0,85	0,85	0,85	0,85 / 0,67
185	Spannung normal	2000 V	4 à 2000 V u. 2 à 10 000 V	5000 V	5000 V / 5000 V
186	Periodenzahl/s	50	50 / 50	50	50 / 50
187	Wicklung d. Gen.	Stab	Stab / Lokal an-gefertigte Spezial-wicklung	Stab	Stab / Stab
188	Speisung d. Netzes	Über Hochspan-nungstranforma-toren 10 000 und 40 000 V	Über Hoch-spannungs-transfor-matoren 10 000 und 40 000 V / Über Trans-formatoren 2000	10 000 V	Über Hochspan-nungstransfor-matoron 20 000 und 40 000 V	Über Hochspan-nungstransforma-toren 80 000 V Hilfstransformato-ren direkt
189	Art des Netzes	Freileitung	Freileitung	Freileitung 40 000 V, Kabel 20 000 V	Freileitung 80 000 V
	Turbogeneratoren	—	—	—	10 000 kW / 12 000 kW
190	**Erregung** normal	Durch angebaute Erregermaschine	Durch angebaute Erregermaschine	Durch angebaute Erregermaschine	Durch angebaute Er-regermaschine
191	Reserve	Batterie bzw. Um-former	Batterie bzw. Um-former	Batterie bzw. Um-former	Batterie bzw. Um-former
	Erregermaschine				
192	Spannung	220 V	220 V	220 V	220 V / 220 V
193	Leistung	16,5 kW	16,5 kW	75 kW	75 kW / 75 kW
	Kurzschlußstrom des Generators bei voller Spannung				
194	Momentan	20—30 fach	20—30 fach	20—30 fach	20—30 fach
195	Stationär	2,5 fach	2,5 fach	2,5 fach	2,5 fach
196	**Kühlung des Gene-rators**	Durch Wasser von bes. Pumpe und Luft vom einge-baut. Ventilator	Durch Wasser von bes. Pumpe und Luft vom einge-baut. Ventilator	Durch Luft vom eingebauten Ven-tilator	Durch Luft vom ein-gebauten Ventilator

Nr.	Position	Brakpan 6000 kW 1908	Simmerpan 18000 kW 1909/10	Rosherville 68000 kW 1911	Vereeniging 44000 kW 1912
197	Luftmenge	—	—	1200 m³/min	1200 m³/min 1600/1800 m³/min
198	Wassermenge	300—350 l/min einschl. Öl- und Lagerkühlung	300—350 l/min einschl. Öl- und Lagerkühlung	—	—
199	Druckhöhe	ca. 30 m ü. M.H.F.	ca. 30 m ü. M.H.F.	—	—
200	**Kühlung der Lager**	Wasser	Wasser	Öl durch Wasser rückgekühlt	Öl durch Wasser rückgekühlt
	Turbine Dampfverbrauch (einschl. Erregung)				
201	Dampf-Spannung	12 at abs.	12 at abs.	14 at abs.	14 at abs.
202	„ -Temperatur	300° C	300° C	330° C	330° C
203	Wärmeinhalt	730 kcal	730 kcal	745 kcal	745 kcal
	Verbrauch normal:				
204	je kW bei ¹/₁ (Garantiewerte)	6,8 kg bei 90,5 vH Vakuum	6,8 kg bei 90,5 vH Vakuum	bei 15° Kühlwasser 5,8 kg bei 25° Kühlwasser 6,2 kg	bei 15° C Kühlwasser 5,8 kg 6,1 kg bei 25° C Kühlwasser 6,2 kg 6,5 kg
205	Regulierung d. Düsen	Drosselregulierung u. Düsenregulierung von Hand	Drosselregulierung u. Düsenregulierung von Hand	Drosselregulierung u. Düsenregulierung von Hand	Drosselregulierung und Düsenregulierung von Hand
206	Tourenzahl, Uml./min	1500	1500	1000	1000
	Kondensation				
207	Type Kondensator	Oberflächen	Oberflächen	Oberflächen	Oberflächen
208	Anzahl Kond. je Maschine	1	1	1	1
209	Kühloberfläche je Maschine	750 m²	750 m²	1650 m²	1650 m² 1950 m²
210	Norm. Kühlwassermenge bei 25° C	1020 m³/h	1020 m³/h	3000 m³/h	3000 m³/h 3600 m³/h
211	Totale Förderhöhe	8 m	14,75 m	6—8 m	12—13 m 13—14 m
212	Nutzbar durch Rückschluß	4,6 m (statisch)	7 m	—	—
	Kühlwasserpumpen				
213	Type	Horizontale Zentrifugalpumpe	Horizontale Zentrifugalpumpe	Horizontale Zwillings-Zentrifugalpumpen mit Luftpumpen auf gemeinsamer Welle	Vertikale Zwillings-Zentrifugalpumpe
214	Anzahl je Maschine	1	1	1	1
215	Reserve	—	—	keine	Durch Verbindung und Umschaltung auf benachbarte Pumpe
216	Tourenzahl, Uml./min	485	720	1440	900 1050
217	Antrieb	Durch direkt gekuppelten Drehstrommotor	Durch direkt gekuppelten Drehstrommotor	Durch unmittelbar gekuppelte Frischdampfturbine, Auspuff in die zweite Stufe d. Hauptturbine	Durch unmittelbar gekuppelte Frischdampfturbine, Auspuff in die zweite Stufe der Hauptturbine
	Energieaufnahme				
218	Antriebsmotor	50 PS	50 PS	—	—

Nr.	Position	Brakpan 6000 kW 1908	Simmerpan 18000 kW 1909/10	Rosherville 68000 kW 1911	Vereeniging 44000 kW 1912
219	Turbine	—	—	4500 kg/h bei ca. 1,5 at abs. Gegendruck	4500 kg/h bei ca. 4,8 at abs. Gegendruck
	Luft- und Kondensationspumpe				
220	Type	Stehende Zwillings-Naßluftpumpe	Stehende Zwillings-Naßluftpumpe	Schleuderwasserpumpe m. Kühlwasserpumpen auf gemeinsamer Welle	Schleuderwasserpumpe
221	Anzahl p. Maschine	1	1	1	1
222	Reserve	keine	keine	keine	keine
223	Tourenzahl, Uml./min	200	200	1440	1440
224	Antrieb	Durch direkt gekuppelten Drehstrommotor	Durch direkt gekuppelten Drehstrommotor	Vgl. Kühlwasserpumpe Nr. 217	Durch unmittelbar gekuppelte Frischdampfturbine, Auspuff in die zweite Stufe der Hauptturbine
225	Kondensatmenge	20,4 m³/h	20,4 m³/h	58 m³/h	58 m³/h 73 m³/h
226	Förderhöhe	3—4 m	3—4 m	12 m	7 m 7 m
227	Leistung total	25—30 PS	25—30 PS	73 PS	75 PS 110 PS
	Energieaufnahme				
228	Antriebsmotor	40 PS	40 PS	—	—
229	Antriebsturbine	—	—	2300 kg/h bei 1,5 at abs. Gegendruck	2300 kg/h bei 4,8 at abs. Gegendruck 3400 kg/h bei 4,8 at abs. Gegendruck
230	Wirkungsgrad	80—85 vH	80—85 vH	ca. 45 vH	ca. 40 vH
	Kühlluft für Generator				
231	Führung	Ansaugen aus d. Keller u. Ausblasen in den Maschinenraum	Ansaugen aus d. Keller u. Ausblasen in den Maschinenraum	Für Ansaugen und Ausblasen besondere Kanäle, die außerhalb des Maschinenhauses münden	Für Ansaugen und Ausblasen besondere Kanäle, die außerhalb des Maschinenhaus. münd.
232	Reinigung	keine	keine	Stoff-Luftfilter v. 750 m² Oberfläch.	Stoff-Luftfilter von 752 m² Oberfläche
	Gewichte				
233	Turbine	ca. 39,7 t	ca. 39,7 t	ca. 97 t	ca. 97 t
234	Generator	„ 60,7 t	„ 60,7 t	„ 106 t	„ 106 t
235	Grundplatte	„ 15,4 t	„ 15,4 t	„ 52 t	„ 52 t
236	Kondensator	„ 19,7 t	„ 19,7 t	„ 43 t	„ 43 t
237	Pumpen	„ 15,2 t	„ 15,2 t	„ 22 t	„ 22 t
238	Filter	—	—	„ 1,5 t	„ 1,75 t
239	Total abs.	ca. 150,7 t	ca. 150,7 t	ca. 321,5 t	ca. 321,75 t
240	Schwerster Teil netto	Rotor ca. 25 t	Rotor ca. 25 t	Rotor ca. 45 t	Rotor ca. 45 t
	Raumbedarf Hauptmaschine einschl. Kondensator				
241	Grundfläche abs. einschließl. Fundamente	8,0 × 6,0 m = 48 m²	8,0 × 6,0 m = 48 m²	13,70 × 6,70 m = 92 m²	13,70 × 6,70 m = 92 m²

Nr.	Position	Brakpan 6000 kW 1908	Simmerpan 18 000 kW 1909/10	Rosherville 68 000 kW 1911	Vereeniging 44 000 kW 1912
242	je 1000 kW	16 m²	16 m²	9,2 m²	9,2 bzw. 7,7 m²
243	Kellerhöhe	5,14 m	5,20 m	6,10 m	6,10 m
244	Erf. Kranhakenhöhe	10,10 m	10,11 m	13 m	13 m
245	Erf. Gesamtraum abs.	490 m³	490 m³	1200 m³	1200 m³
246	je 1000 kW	163 m³	163 m³	120 m³	120 m³ 100 m³
	Kühlwasserpumpe				
.247	Erf. Grundfläche	1,55 × 2,90 m = 4,5 m²	Aufstellung im Schacht. Durchmesser 2,2 m	1,5 × 4,0 m = 6 m²	Aufstellung im Schacht. Durchmesser 4 m
248	Freie Höhe	1 m	1 m	1,8 m	—
	Luftpumpe				
249	Erf. Grundfläche	2,4 × 4,0 m = 9,6 m²	2,4 × 4,0 m = 9,6 m²	—	3 × 2 m = 6 m²
250	Freie Höhe	2,8 m	2,8 m	—	1,5 m
	Luftfilter				
251	Erf. Grundfläche	—	—	3,30 × 6,70 m = 22,3 m²	2,80 × 6,0 m = 16,8 m²
252	Freie Höhe	—	—	4,50 m	5,5 m
	Raumbedarf				
	Tot. erf. Raum je Aggregat und Zubehör				
253	Grundfläche	62,1 m²	61,4 m²	120,3 m²	127,3 m²
254	Inhalt	685 m³	675 m³	1600 m³	1660 m³
255	Grundfläche je 1000 kW	20,6 m²	20,4 m²	12 m²	11,5 m²
256	Inhalt je 1000 kW	228 m³	225 m³	160 m³	150 m³
	Aufgewandter Raum				
	je elektr. Aggregat				
257	Grundfläche	179 m²	177 m²	280 m²	295 m²
258	Inhalt	2550 m³	2680 m³	5740 m³	5850 m³
259	Grundfläche je 1000 kW	60 m²	59 m²	28 m²	26,8 m²
260	Inhalt je 1000 kW	850 m³	900 m³	574 m³	530 m³
	Ausnutzung				
261	der Grundfläche	ca. 35 vH	ca. 35 vH	ca. 43 vH	ca. 43 vH
262	des Rauminhalts	27 vH	25,5 vH	28 vH	28,3 vH

f) Einrichtung der Kesselhäuser.

Nr.	Position	Brakpan 6000 kW 1908	Simmerpan 18 000 kW 1909/10	Rosherville 68 000 kW 1911	Vereeniging 44 000 kW 1912
	Kessel				
263	Fabrikat	Babcock & Wilcox	Babcock & Wilcox	Babcock & Wilcox	Babcock & Wilcox
264	Type	Schiffskessel	Schiffskessel	Schiffskessel	Schiffskessel
265	Anzahl insgesamt	⎫ 8	16	32	20
266	Anzahl je Kesselhaus	⎭	8	8	10
267	Leistung: a) normal	9000 kg/h	9000 kg/h	14 400 kg/h	15 000 kg/h
	b) maximal	11 000 kg/f. 2-3 h	11 000 kg/f. 2-3 h	10 vH mehr	16 000 kg/h f. 4 h
268	Dampfspannung	14 at Überdruck	14 at Überdruck	14 at Überdruck	15 at Überdruck
269	Temperatur d. überhitzten Dampfes	325° C	325° C	350° C	360° C
270	Leistung in kcal/h	6,6·10⁶	6,6·10⁶	10,8·10⁶	11,3·10⁶
271	Wasserberührte Heizfläche	358,3 m²	358,3 m²	513 m²	550 m²

Nr.	Position	Brakpan 6000 kW 1908	Simmerpan 18000 kW 1909/10	Rosherville 68000 kW 1911	Vereeniging 44000 kW 1912
272	Spez. Leistung	25 kg/m²	25 kg/m²	28 kg/m²	27,3 kg/m²
273	Wasserinhalt	—	—	13,9 m³	14,5 m³
274	Anzahl d. Sektionen	—	—	41	43
275	Außendurchmeser d. Rohre	81 mm	81 mm	81 mm	81 mm
276	Anzahl der Oberkessel	1	1	1	1
277	Anordnung d. Oberkessel	Parallel z. Kesselhausachse	Parallel z. Kesselhausachse	Parallel z. Kesselhausachse	Parallel zur Kesselhausachse
278	Durchmesser d.Oberkessel	1219 mm	1219 mm	1370 mm	1370 mm
279	Dampfsammler	nicht vorhanden	nicht vorhanden	nicht vorhanden	nicht vorhanden
	Überhitzer				
280	Heizfläche	127 m²	127 m²	160 m²	206 m²
281	Rohrdurchmesser	38 mm	38 mm	38 mm	38 mm
282	Überhitzerheizfläche in vH der wasserberührten Heizfläche	35 vH	35 vH.	31 vH	37 vH
283	Vorrichtung zur Regulierung der Überhitzung.	Mischventil	Mischventil	nicht vorhanden	nicht vorhanden
	Ekonomiser				
284	Heizfläche	185,8 m²	185,8 m²	204 m²	212 m²
285	Fabrikat	Green	Green	Babcock & Wilcox	Babcock & Wilcox
286	Anordnung d. Rohre	vertikal	vertikal	horizontal	horizontal
287	Material der Rohre	Gußeisen	Gußeisen	verzinktes Schmiedeeisen	verzinktes Schmiedeeisen
288	Sektionen	20	20	35	39
289	Anzahl der Rohre je Sektion	10	10	7	6
290	Äuß. Durchmesser d. Rohre	115 mm	115 mm	81 mm	81 mm
291	Rohrlänge	2750 mm	2750 mm	3250 mm	3580 mm
292	Reinigung der Rohre	durch Kratzer	durch Kratzer	seitl. Rußabblasetüren	seitl. Rußabblasetüren
293	Verkleidung d. Ekonomiser	Eisenblech	Eisenblech	Eisenblech	Eisenblech
294	Ekonomiserheizfläche in vH der Gesamtheizfläche	52 vH	52 vH	40 vH	38,5 vH
	Rost				
295	Fabrikat	Babcock & Wilcox	Babcock & Wilcox	Babcock & Wilcox	Babcock & Wilcox
296	Bauart	2fach. Kettenrost	2fach. Kettenrost	2fach. Kettenrost	2 facher Kettenrost
297	Rostfläche	14,49 m²	14,49 m²	17,8 m²	23,4 m²
298	Antrieb	Kettenübertragung von Transmissionswelle im Aschenkeller aus	Kettenübertragung von Transmissionswelle im Aschenkeller aus	Kettenübertragung von Transmissionswelle im Aschenkeller aus	Schneckenradübertragung von der Transmissionswelle aus
299	Antriebsmotor	1 Drehstrommotor für je 2 Kessel	1 Drehstrommotor für je 2 Kessel	2 Drehstrommotoren für 4 Kessel	2 Drehstrommotoren für je 5 Kessel
300	Leistung	—	—	15 PS f. je 4 Kessel	20 PS für je 5 Kessel
301	Rostgeschwindigkeit	2,4—9,3 m/h	2,4—9,3 m/h	1,83—7,6 m/h	1,9—7,6 m/h
302	Verbrennung pro m² Rostfläche normal	ca. 140 kg	ca 140 kg	—	—
303	Verkleidung des Kessels	Eisenblech	Eisenblech	Eisenblech	Eisenblech

Nr.	Position	Brakpan 6000 kW 1908	Simmerpan 18000 kW 1909/10	Rosherville 68000 kW 1911	Vereeniging 44000 kW 1912
	Saugzuganlage				
304	Sytem	indirekt	indirekt	indirekt	indirekt
305	Höhe des Schornsteins über K. H. F.	18,8 m	18,8 m	28 m	28,5 m
306	Oberer Durchmesser	2,16 m	2,16 m	2,50 m	—
307	Unterstützung	Eisenkonstruktion des Gebäudes	Eisenkonstruktion des Gebäudes	Eisenkonstruktion des Gebäudes	Eisenkonstruktion des Gebäudes
308	Aufstellung des Ventilators	auf Kesselhausflur	auf Kesselhausflur	auf Kesselhausflur	auf Kesselhausflur
309	Für welche Kesselzahl	2	2	4 für je 1 Kessel 16 für je 2 Kessel	2 für je 1 Kessel 9 für je 2 Kessel
310	Antrieb	Drehstrommotor	Drehstrommotor	Drehstrommotor	Drehstrommotor
311	Motorleistung	30 PS	30 PS	20 PS für 1 Kessel 40 PS für 2 Kessel	75 PS für 1 Kessel 110 PS für 2 Kessel
312	Tourenzahl	580	580	720 resp. 960	—
313	Wirkungsgrad der Kesselanlage einschließlich Ekonomiser	82 vH (Garantiewert)	82 vH (Garantiewert)	—	78 vH (Garantiewert)
314	Gewicht je Kessel einschl. Ekonomiser und Saugzuganlage	145 t	145 t	157 t	178 t
315	je kW	194 kg	129 kg	74 kg	81 kg
316	je 10^6 kcal/h	21,4 t	21,4 t	14,5 t	15,7 t
317	Gesamtgewicht Kesselanlage u. Gebäudekonstruktion	1655 t	3140 t	5645 t	4400 t
318	je kW	276 kg	175 kg	83 kg	100 kg
319	je 10^6 kcal/h	30,7 t	29 t	16,3 t	19,4 t
	Raumbedarf **Erforderl. Grundfläche**				
320	je Kessel ohne Bedienungsraum	31,3 m²	31,3 m²	43,6 m²	46 m²
321	je 10^6 kcal/h	4,75 m²	4,75 m²	4,05 m²	4,07 m³
	Aufgewandte Grundfläche				
322	je Kessel	105 m⁶	103 m²	105 m²	112 m²
323	je kcal/h	15,5 m²	15,3 m²	9,65 m²	9,87 m²
	Ausnutzung der Grundfläche				
324	je Kessel	30 vH	30 vH	41,5 vH	41 vH
325	je 10^6 kcal/h	30 vH	30 vH	41,5 vH	41 vH
	Speisepumpen				
326	Anzahl	1 dampf-, 2 elektr. angetrieb. Pumpen	2 dampf-, 2 elektr. angetrieb. Pumpen	8	4
327	Fabrikat	Clarke Chapman & Co.	Clarke Chapman & Co.	A. E. G.	A. E. G.
328	Aufstellungsort	Kesselhaus	Kesselhaus	Maschinenhauskeller	Maschinenhauskeller
329	Antrieb	1 Dampf- 1 Drehstrom- maschine motor	2 Dampf- 2 Drehstrom- maschinen motoren	Dampfturbine	Dampfturbine
330	Leistung	48/57,6 48/57,6 m/³h m³/h	48/57,6 48/5,6 m³/h m³/h	100 m³/h	1000 m³/h

Nr.	Position	Brakpan 6000 kW 1908	Simmerpan 18000 kW 1909/10	Rosherville 68000 kW 1911	Vereeniging 44000 kW 1912
331	Dampfverbrauch bei Auspuff	ca. 800 kg/h	ca. 800 kg/h	ca. 1150 kg/h *)	1420 kg/h b. 1,03 at Gegendruck *)
332	Regulierung	von Hand	von Hand	automatisch	automatisch
333	Verwendung des Abdampfes	zur Vorwärmung des Speisewassers	zur Vorwärmung des Speisewassers	zur Vorwärmung des Speisewassers	zur Vorwärmung des Speisewassers
	Wasserreiniger				
334	Fabrikat	Reisert	Reisert	Reisert	Haris
335	Leistung	6 m³/h	6 m³/h	25 m³/h	25 m³/h
336	System	Kalk-Soda	Kalk-Soda	Kalk-Soda	Kalk-Soda
337	Aufstellungsort	im Kesselhaus	im Kesselhaus	außerhalb d. Kesselhauses	außerhalb d. Kesselhauses
338	Mechan. Reinigung	Kiesfilter	Kiesfilter	Kiesfilter	Kiesfilter
	Wassermesser				
339	Anzahl	—	—	6 2	4
340	Type	—	—	Kolbentyp. Venturityp.	Venturitype
341	Leistung	—	—	100 m³/h 100 m³/h	100 m³/h
	Hilfspumpen				
	Hilfspumpen für Zusatzwasser				
342	Anzahl	2	—	3	3
343	Antrieb	Drehstrommotor	—	Drehstrommotor	—
344	Leistung	15 m³/h	—	25 m³/h	—
345	Type	Turbinenpumpen	—	Zentrifugalpump.	—
346	Tot. Förderhöhe	15 m	—	15 m	—
	Hilfspumpen f. Generator- u. Transformatorkühlung				
347	Anzahl	2	4	2	3 (gleichzeitig für Zusatzwasser)
348	Antrieb	Drehstrommotor 1430 Uml./min. 5 PS	Drehstrommotor 1430 Uml./min. 10 PS	Drehstrommotor	12 PS Drehstrommotor
349	Leistung	21 m³/h	60 m³/h	100 m³/h	100 m³/h
350	Type	Zentrifugalpumpe	Zentrifugalpumpe	Zentrifugalpumpe	Zentrifugalpumpe
351	Tot. Förderhöhe	20 m	20 m	25 m	20 m
	Rohrleitung				
352	Durchm. d. Haupt-Frischdampfleitung	225 mm	225 mm	300 mm	300 mm
353	Gesamtlänge	ca. 100 m	ca. 320 m	ca. 450 m	ca. 290 m
354	Dampfgeschwindigkeit: a) normal b) maximal	— —	— —	ca. 35 m ca. 70 m	ca. 40 m ca. 80 m
355	Absperrorgan	Ventile	Ventile	Schieber zum Teil elektr. betätigt	Schieber zum Teil elektr. betätigt
356	Flanschen	Aufgenietet	Aufgenietet	Aufgewalzte Stahlgußflanschen	Aufgewalzte Stahlgußflanschen
357	Wandstärke	—	—	8 mm	8 mm
358	Kompensation	Durch Doppel-S-Bögen	Durch Doppel-S-Bögen	Kugelgelenk-Kompensatoren	Wellrohr-Kompensatoren
359	Isolierung	Magnesia-Asbest	Magnesia-Asbest	40—60 mm Kieselgur	40—60 mm Kieselgur

*) Bei moderner Bauart wesentlich günstiger.

Nr.	Position	Brakpan 6000 kW 1908	Simmerpan 18000 kW 1909/10	Rosherville 68000 kW 1911	Vereeniging 44000 kW 1912
360	Niederdruckleitung Material	—	—	Autogengeschweißte Blechrohre	Autogengeschweißte Blechrohre
	Kohlenförderung				
361	System	Eisenbahnwagen entladen direkt in Kesselhausbunker	Endlose Becherkette	Endlose Becherkette	Endlose Becherkette
362	Stündl. Leistung jeder Anlage	—	20 t/h	20 t/h	30 t/h
363	Anzahl der Anlagen	—	1 äußere Anlage 2 innere Anlagen	4	2
364	Geschw. d. Kette	—	—	13,5 m/min	—
365	Wiegevorrichtung	—	Meßtrommel vor jedem Abfallrohr	Automat-Wage in horizontal. Konveyorschacht	Automat-Wage in horizontalem Konveyorschacht
366	Art der Füllung	—	2 fahrbare selbsttätige Füller	2 fahrbare selbsttätige Füller	2 fahrbare selbsttätige Füller
367	Antrieb	—	—	Drehstrommotor	Drehstrommotor
368	Energiebedarf	—	Außenanlage 8 PS Innenanlage je 3,5 PS	8 PS	10 PS
369	Kraftübertragung	—	Zahnradvorgelege	Zahradvorgelege	Zahnradvorgelege
	Aschenförderung				
370	Art der Förderung	—	Seilförderung	Seilförderung	Seilförderung
371	Förderung i. Keller	—	—	Entleerung in Seitenkipper, Handförderung	—
372	Leistung pro Std.	—	—	10 t/h	—
373	Antrieb	—	Drehstrommotor	Drehstrommotor 7,5 PS	Drehstrommotor

g) Einrichtung der Schalthäuser.

Nr.	Position	Brakpan 6000 kW 1908		Simmerpan 18000 kW 1909/10		Rosherville 68000 kW 1911		Vereeniging 44000 kW 1912	
	Transformatoren								
374	Anzahl	3	2	3	4	5	2	2	4
375	Leistung, kVA	3750	4500	3750	4500	12 500	4000	12 500	9000
376	Übersetzungsverhältnis	40 000/10 000 2000/10 000		40 000/10 000 2000/10 500		5000/42 000 20 000/42 000		5000/2 x 42 000 V	
377	Bauart	Kerntype	Manteltype	Kerntype	Manteltype	Manteltype		Kerntype	Manteltype
378	Kühlung	Wasser		Wasser		Wasser		Wasser	
379	Kühlwasser	—		—		7,2 m³/h		15 m³/h	
380	Ölmenge	—		—		17,7 t		24 t	
381	Schaltung	Stern/Dreieck		Stern/Dreieck		Stern/Dreieck		Dreieck/Stern	
382	Gewicht inkl. Öl	—		—		ca. 63 t		ca. 79 t	
383	Transformatorenschutz	Differentialschutz		Differentialschutz		Differentialschutz		Differentialschutz	
	Stations-Transformatoren								
384	Anzahl	2		3		4		2	2 Beleuchtg. 2
385	Leistung, kVA	450		500		1000		1000	500 Einphasen 50
386	Übersetzungsverhältnis	10 000/220 V		10 000/440 V		2 zu 20 000/2100 V 2 zu 20 000/525 V		5000/525	525/110
387	Wirkungsgrad	—		—		98 vH		97,5 vH	97 vH
388	Bauart	Kerntype		Kerntype		Manteltype		Manteltype	

Nr.	Position	Brakpan 6000 kW 1908	Simmerpan 18000 kW 1909/10	Rosherville 68000 kW 1911	Vereeniging 44000 kW 1912
389	Ölmenge	—	—	4100 kg	2200 kg 350 kg
390	Schaltung	—	Stern/Stern	Stern/Stern	Stern/Stern
391	Transformatoren-schutz	Differentialschutz	Differentialschutz	Differentialschutz für je 2 Transf.	Differentialschutz
	Batterie				
392	Kapazität	1000 Amp.-h bei 3 stdg. Entladung	1188 Amp.-h	1184 Amp.-h bei 1 stdg. Entladung	443 Amp.-h bei 2 stünd. Entladung
393	Anzahl d. Elemente	120	120	124	120
394	Spannung	220 V	220 V	220 V	220 V
	Umformer				
395	Anzahl	1	1	2	2
396	Type	Drehstrom/Gleich-strom Motorgenrt.	Drehstrom/Gleich-strom Motorgenrt.	Drehstrom/Gleich-strom Motorgenrt.	Drehstrom/Gleich-strom Motorgenert.
397	Leistung	50 kW	325 kVA (1370 A)	1360 A	75 kW 114 PS
398	Tourenzahl	1000	750	750	980
399	Drehstromspannung	200/325 V	440 V	525 V	525 V
400	Gleichstromspan-nung	220 V	200/320 V	220/335 V	220/230 V
	Schalthaus Schaltanlage				
401	Anzahl der Sammel-schinensysteme	2—10000 V 2—40000 V	2—10000 V 2—40000 V	2—20000 V 2—40000 V	2—80000 V
402	Maschinenpaneele	2	6	5	4
403	Transformatoren-paneele	—	—	2	4
404	Freileitungspaneele	2 (40000 V) 4 (10000 V)	6 (40000 V) 4 (10000 V)	8 (40000 V)	4 (80000 V)
405	Kabelpaneele	—	—	4 (20000 V)	—
406	Schalteranordnung	Für 10000 V und 40000 V separate Phasenschalter, f. 500 V dreipo-lige Schalter	Für 1000 V und 40000 V separate Phasenschalter, f. 500 V dreipo-lige Schalter	Für 20000 V und 40000 V separate Phasenschalter, f. 500 V und 2000 V dreipol. Schalter	Für 80000 V sepa-rate Phasenschalter. 2 Schalter in Serie, davon einer mit pa-rallel geschalteten Widerständen
407	Schalterbetätigung	Hubmagnet	Hubmagnet	Hubmagnet	Hubmagnet
408	Schalterauslösung	Relais	Relais	Relais	Relais
409	Blitzableiter	Hörnerschutz mit Wasserwiderstän-den in Serie mit Aluminiumzellen	Hörnerschutz mit Wasserwiderstän-den in Serie mit Aluminiumzellen	Hörnerschutz mit Wasserwiderstän-den in Serie mit Aluminiumzellen	Hörnerschutz mit Wasserwiderstän-den in Serie mit Aluminiumzellen

Die spezifischen Werte vorstehender Statistik zeigen deutlich die Fortschritte, die bei der zeitlich aufeinander folgenden Ausarbeitung der einzelnen Kraftwerke gemacht wurden. Im einzelnen ergibt sich:

Maschinenhaus. Für 1 kW ist in den älteren Anlagen Brakpan und Sim-merpan noch eine Grundfläche von 0,06 m² erforderlich. Infolge Verwendung größerer Aggregate und besserer Ausnutzung der Grundfläche verringert sich dieser Wert in Rosherville und Vereeniging auf 0,039 bzw. 0,027 m². Auf die Maschinen-aggregate selbst entfallen dabei (bezogen auf eine Leistung von 1000 kW) in

Brakpan	Simmerpan	Rosherville	Vereeniging
20,6 m²	20,4 m²	12 m²	11,5 m²,

während die gesamte Grundfläche (je 1000 kW) beträgt:

Brakpan   Simmerpan   Rosherville   Vereeniging

$60\ \text{m}^2$ $59\ \text{m}^2$ $28\ \text{m}^2$ $26{,}8\ \text{m}^2$,

d. h. die gesamte Grundfläche ist prozentual ausgenutzt mit:

35 vH   35 vH   43 vH   43 vH.

Kesselhaus. Die je kW benötigte Grundfläche beträgt:

Brakpan   Simmerpan   Rosherville   Vereeniging

$0{,}14\ \text{m}^2$ $0{,}092\ \text{m}^2$ $0{,}0493\ \text{m}^2$ $0{,}051\ \text{m}^2$.

Infolge besserer Durchbildung der Kesseleinheiten für Rosherville und Vereeniging ist die Flächenbeanspruchung je 10^6 kcal/h nur $4{,}05\ \text{m}^2$ gegenüber $4{,}75\ \text{m}^2$ in Brakpan und Simmerpan. Die Ausnutzung der Grundfläche (ebenso wie für das Maschinenhaus gerechnet) ist 30 vH in den älteren, 41 vH in den neueren Anlagen.

Interessant ist auch der Vergleich der Gewichte, der erkennen läßt (Pos. 316), daß für 10^6 kcal/h in den älteren Anlagen 21,4 t, in den neueren rund 15 t an Kesselgewicht erforderlich waren.

Einen besseren Vergleich für die Kunst des Projektierens erhält man, wenn die Gewichte der Kesselhäuser selbst (die in allen Fällen ganz aus Eisen ausgeführt wurden) mit einbezogen werden. Bei diesen sinkt das Gewicht von 30,7 t je 10^6 kcal/h auf 16,3 t je 10^6 kcal/h, also fast auf die Hälfte. Der höhere Wert für Vereeniging ist auf den Ausbau eines Kohlenbunkers über den Kesseln zurückzuführen, der infolge der örtlichen Verhältnisse erforderlich wurde; immerhin liegt der Wert mit 19,4 t je 10^6 kcal/h noch wesentlich niedriger als in den älteren Anlagen.

Schalthäuser. Bei diesen ist ein Vergleich auf ähnlicher Grundlage nicht durchführbar, weil für den Raumbedarf in erster Linie die Höhe der Spannung und die Zahl der Speiseleitungen maßgeblich sind; immerhin ist auch hier aus nachstehenden Zahlen das Bestreben nach besserer Raumausnutzung erkennbar:

Brakpan   Simmerpan   Rosherville   Vereeniging

$0{,}078\ \text{m}^2/\text{kW}$ $0{,}0516\ \text{m}^2/\text{kW}$ $0{,}02\ \text{m}^2/\text{kW}$ $0{,}0387\ \text{m}^2/\text{kW}$.

Dabei ist zu beachten, daß die Generatorenspannung in Vereeniging auf 80 000 V, in den übrigen Werken auf 40 000 V herauftransformiert wird.

Totale Bebauung. Der Vergleich der Anlagekosten für die gesamten Bauten läßt sich am besten nach der je kW bebauten Fläche, resp. nach dem je kW umbauten Raum anstellen:

Brakpan   Simmerpan   Rosherville   Vereeniging

$0{,}278\ \text{m}^2/\text{kW}$ $0{,}258\ \text{m}^2/\text{kW}$ $0{,}125\ \text{m}^2/\text{kW}$ $0{,}127\ \text{m}^2/\text{kW}$

$4{,}47\ \text{m}^3/\text{kW}$ $3{,}22\ \text{m}^3/\text{kW}$ $1{,}88\ \text{m}^3/\text{kW}$ $1{,}77\ \text{m}^3/\text{kW}$.

Auch hier ergibt sich eine bessere Ausnutzung in den neueren Werken. Gerade diese Zahlen dürften für den projektierenden Ingenieur bei Entwurfsarbeiten von Wert sein.

IX. Drittes Ausführungsbeispiel:
Das Kraftwerk Golpa.

1. Einleitung.

Die Absperrung des Überseeverkehrs und die Behinderung der Einfuhr wichtiger Rohstoffe veranlaßten das Kriegsministerium schon bei Kriegsbeginn im Jahre 1914 die Beschlagnahme eines der unentbehrlichsten Rohstoffe, des Salpeters, durchzuführen. Sie erstreckte sich auf alle Vorräte an Natron-, Kali-, Kalk-, Ammonsalpeter und Salpetersäure, die für die Munitionserzeugung sichergestellt werden mußten. Gleichzeitig wurde durch Steigerung der Ammoniakerzeugung und durch Errichtung neuer großer Fabriken für die Herstellung von Salpetersäure und salpetersauren Salzen vorgesorgt. Betroffen wurde durch diese Maßnahme und durch die mangelnde Einfuhr vor allen Dingen die deutsche Landwirtschaft, der plötzlich das wichtigste künstliche Düngemittel fehlte. Die geringe deutsche Erzeugung von Ammoniumsulfat und Kalkstickstoff konnte den Ausfall auch nicht annähernd decken, und wenngleich durch nachträgliche Freigabe und Heranziehung anderer Düngstoffe für das Jahr 1915 soweit Ersatz geschaffen worden war, daß wir uns einer leidlichen Durchschnittsernte erfreuen durften, so lagen doch für das Jahr 1916 die Verhältnisse außerordentlich ungünstig. Das Landwirtschaftsministerium berechnete das Minderertägnis bei vollständigem Ausfall künstlicher Düngung auf 40 vH der Ernte, und es ist deshalb erklärlich, daß diese Behörde schon seit Beginn des Krieges unablässig bemüht war, die mit seiner Dauer für die Ernährung des Volkes steigende Gefahr möglichst zu beseitigen. Man pflegt den Wert künstlicher Düngemittel nach ihrem Stickstoffgehalt zu bemessen; da Deutschland im Jahre 1913 rd. 775 000 t Chile-Salpeter und rd. 35 000 t schwefelsaures Ammoniak eingeführt hatte, denen eine Ausfuhr von nur 27 000 t Salpeter und 75 000 t schwefelsaurem Ammoniak gegenüberstand, mußte mit einem Ausfall von mehr als 100 000 t Stickstoff gerechnet werden, für den wenigstens zu einem Teile Ersatz zu schaffen war. Hierin trafen sich die Interessen der Landwirtschaft und der Heeresverwaltung insofern, als eine Reserve von Stickstoffsalzen wegen ihrer einfachen Überführung in Salpeter und Salpetersäure gleichzeitig eine Stärkung der Munitionsreserve bedeutete. Die auf Herstellung künstlicher Düngemittel zielenden Verhandlungen sind deshalb durch das Landwirtschaftsministerium geführt worden. Es war ferner von vornherein klar, daß die beträchtlichen Geldmittel für die Errichtung neuer Fabriken nicht ausschließlich auf privatem Wege beschafft werden konnten. Die finanzielle Mitwirkung des Reiches war unentbehrlich, und es darf gesagt werden, daß die neuen großen Aufgaben durch den damaligen Reichsschatzsekretär Dr. Helfferich weitgehendste Unterstützung gefunden haben.

Für die inländische Erzeugung von Stickstoffverbindungen boten sich folgende Wege:

1. Steigerung der Ammoniakausbeute der Kokswerke und Gasanstalten.
2. Erzeugung aus der atmosphärischen Luft im elektrischen Lichtbogen.
3. Künstliche Ammoniakerzeugung nach dem Haberschen Verfahren.
4. Erzeugung von Kalkstickstoff auf dem Wege über Karbid nach dem Verfahren von Caro-Frank.

Es sei hier nur kurz bemerkt, daß sämtliche 4 Verfahren zur Durchführung gekommen sind. Für die Zwecke dieses Abschnittes kommen jedoch nur das zweite und vierte Verfahren in Betracht, weil nur bei ihnen Elektrizität, gewissermaßen als

Abb. 645. Ansicht des Kraftwerkes Golpa, von der Kesselhausseite aus gesehen, im Hintergrund die Kühltürme, links die 100000 V Fernleitung nach Berlin.

Vorprodukt, erzeugt wird und weil hier lediglich die Schilderung der hierfür errichteten Anlagen bezweckt ist.

Im Zusammenhang mit dem unter 2. genannten Verfahren sei noch eine Anlage erwähnt, die durch das Eisenbahnministerium für die Herstellung von Luftstickstoff nach dem Paulingschen Verfahren gebaut wurde und bei der die im Muldensteiner Kraftwerk nach Beendigung der Schnellbahnversuche Bitterfeld-Dessau brachliegende Leistung von etwa 15000 kW Verwendung fand.

Hinsichtlich des Kraftverbrauches stellt sich der Vergleich zwischen dem zweiten und vierten Verfahren, auf das erzeugte Kilogramm Stickstoff bezogen, etwa folgendermaßen:

1. Unmittelbare Bindung von Luftstickstoff im Lichtbogen:

1 kW-Jahr erzeugt etwa 500 kg HNO_3, entsprechend einem Gewicht von 111 kg Stickstoff, d. h. es werden 77 kWh für 1 kg gebundenen Stickstoff verbraucht. Da 15 kg Stickstoff 100 kg Salpeter entsprechen, so lassen sich mit 1 kW-Jahr rd. 740 kg Salpeter erzeugen.

2. Herstellung von Kalkstickstoff:

1 kW-Jahr erzeugt 2,2 t Karbid. Aus 1 kg Karbid entstehen 1,25 kg Kalkstickstoff mit 20 vH Stickstoff, so daß 1 kW-Jahr 550 kg Stickstoff bindet.

Danach ist die Stickstoffausbeute bei letzterem Verfahren etwa 4—5 mal so groß.

Wenngleich aus diesen Zahlen entnommen werden darf, daß die Stromkosten von wesentlichem Einfluß auf die Herstellungskosten des Enderzeugnisses sind, so darf aus dem Verhältnis des Stromverbrauches doch nicht die Überlegenheit des einen über das andere Verfahren ohne weiteres gefolgert werden. Für den endgültigen Vergleich ist, außer den übrigen Herstellungskosten, der Marktpreis entscheidend, und falls dieser wie beim Nitrumverfahren hoch ist (es wird hochprozentige Salpetersäure erzeugt), so zeigt die Rechnung, daß bei niedrigen Strompreisen auch das Luftstickstoffverfahren in Deutschland sehr wohl durchführbar ist.

Kalkstickstoff wurde in Deutschland schon vor Kriegsbeginn an zwei Stellen nach dem gleichen Verfahren hergestellt: einmal durch die Bayerischen Stickstoffwerke A. G. in Trostberg (Oberbayern), unter Ausnutzung einer Alzwasserkraft von rd. 15000 PS, mit einer Jahreserzeugung von etwa 25000 t; zweitens etwa ebensoviel in Knapsack durch die A. G. für Stickstoffdünger im Anschluß an ein Braunkohlenkraftwerk.

Da der weitere Ausbau der Alzwasserkraft wegen der langen Bauzeit zunächst nicht in Betracht kam, wurde im November 1914 mit der Aktien-Gesellschaft für Stickstoffdünger in Knapsack ein Vertrag auf eine Erhöhung ihrer Erzeugung um 75000 t abgeschlossen, wozu die Anlagen um rd. 30000 kW erweitert werden mußten.

Eine Umfrage, die das Landwirtschaftsministerium bei den größeren Elektrizitätswerken Deutschlands in der Erwartung veranstaltete, daß durch den Krieg frei gewordene Kraft zu niedrigen Sätzen vielerorts zur Verfügung gestellt werden könne, führte zu keinem befriedigenden Ergebnis.

Dagegen konnten die inzwischen mit den Bayerischen Stickstoffwerken A. G. geführten Verhandlungen über eine Jahreserzeugung von 225000 t Kalkstickstoff Anfang Februar 1915 zum Abschluß gebracht werden, nachdem sich das Reich bereit erklärt hatte, die sehr beträchtlichen Mittel für den Bau sicherzustellen. Der Vertrag der Bayerischen Stickstoffwerke stützte sich auf ein Stromangebot der Braunkohlenwerke Golpa-Jeßnitz A. G., Halle a. S. (später in Elektro-Werke umgetauft) und der Schlesischen Elektrizitäts- und Gas-Aktien-Gesellschaft, Gleiwitz, von zusammen 750 Millionen kWh jährlich, wovon 500 Millionen kWh mit 60000 kW Spitzenleistung in einer bei Zschornewitz (Golpa) neu zu errichtenden Anlage erzeugt werden sollten, während 250 Millionen kWh mit 30000 kW Spitzenleistung aus dem Kraftwerk in Chorzow (Oberschlesien) zu liefern waren.

In den mit diesen beiden Gesellschaften abgeschlossenen Stromlieferungsverträgen, die im wesentlichen gleichen Wortlaut haben, sind einige Bestimmungen besonders interessant: Vor allen Dingen sind es die ungeheure Elektrizitätsmenge und der hohe

Belastungsfaktor (m = 0,95, Benutzungsdauer der Spitze 8350 h/Jahr), die die Verträge zu außergewöhnlichen machen. Der für Hochspannungslieferung ab Werk (82 000 V) zunächst festgesetzte, sehr niedrige Strompreis mußte später infolge der außerordentlichen Steigerung aller preisbildenden Werte beträchtlich erhöht werden. Für den Fall der Minderlieferung oder Minderabnahme sind Vertragsstrafen festgesetzt, jedoch sollten sowohl Lieferer wie Abnehmer berechtigt sein, vorübergehend eine Steigerung um 8 vH bis zum Ausgleich der Minderleistung zu fordern bzw. zuzulassen. Diese Mehrleistung darf gewissermaßen auch auf Vorrat zum Ausgleich etwaiger späterer Ausfälle geliefert werden, eine Vertragsform, die wegen der Milderung der Vertragsstrafen zweifellos sehr zweckmäßig ist. Die Betriebseinrichtungen der Reichsstickstoffwerke sind dieser Forderung angepaßt worden.

Die Bauten und Einrichtungen waren so zu fördern, daß mit der Stromlieferung spätestens neun Monate nach Vertragsabschluß begonnen werden konnte. Da der Vertrag am 9. Februar 1915 unterzeichnet wurde, mußte die Stromlieferung am 9. November 1915 aufgenommen werden. Voraussetzung hierfür war jedoch die Befreiung der für den Bau unentbehrlichen Personen vom Militärdienst, die leider später nicht durchgeführt werden konnte.

Abb. 646. Ansicht des Kraftwerkes Golpa von Süden, links die Kettenbahn, rechts die Kühltürme, im Hintergrund das Schalthaus.

Wenngleich für Hunderte von während der Bauzeit ausscheidenden Arbeitern mit aller Energie stets wieder und wieder Ersatz gesucht wurde, so konnte doch eine Verzögerung der Intriebsetzung um mehr als einen Monat leider nicht verhindert werden.

Bemerkenswert ist die für ein Elektrizitätswerk solcher Größe außerordentlich kurze Bauzeit. Da bereits in den letzten Tagen des Januar die Annahme der eingereichten Vertragsentwürfe sehr wahrscheinlich war, so konnte, einschließlich der Sonn- und Feiertage, mit einer Gesamtzeit von 284 Tagen für Entwürfe und Bauten gerechnet werden. Die auf die zweckmäßigste Lage des Werkes sich erstreckenden Vorarbeiten waren schon vorher erledigt worden. Wesentlich beschränkt wurde allerdings die eigentliche Bauzeit durch die isolierte Lage des Werkes, fern von jedem Eisenbahnanschluß und fern von Ortschaften, die die große Zahl der Arbeiter unterzubringen und zu verpflegen erlaubten. Eisenbahnanschlüsse, Wohnbaracken, Lagerschuppen, Speiseküchen, Ausziehgleise mußten zum Teil vor dem eigentlichen Baubeginn errichtet werden. Vor allen Dingen mußte aber die $2^1/_2$ km lange Anschlußbahn fertig sein, ehe überhaupt mit dem Materialtransport nach der Baustelle angefangen werden konnte. Auf der Baustelle selbst waren etwa 5 km Anschlußgleise zu verlegen. Diese Arbeiten wurden so rasch gefördert, daß am 24. März 1915 der erste Spatenstich erfolgen konnte. Gleichzeitig wurde ein Hilfskraftwerk bestehend aus einer 500 pferdigen Wolffschen Lokomobile und 2 riemenangetriebenen Drehstromgeneratoren für 6000 V für die Versorgung des Bauplatzes mit Licht und Kraft errichtet, das Ende März den Betrieb aufnahm. Es standen somit für die eigentliche Bauzeit noch 213 Tage, d. h. rd. 7 Monate zur Verfügung. In dieser äußerst kurz bemessenen Zeit waren

    4 Turbinen von je 23000 kVA mit Doppel-Kondensatoren und Doppel-Pumpensätzen,

    42 Kessel von je 500 bis 550 m² Heizfläche,

    7 Kamine je 100 m hoch mit einer oberen lichten Weite von 5 m,

    8 Kühltürme 35 m hoch,

    2 Klärteiche von 2250 m² Grundfläche und 3 m Tiefe,

    1 Hochvolt-Station für 4 Transformatoren von je 23000 kVA mit den Schalteinrichtungen, ferner die Gebäude, bestehend aus:

    1 Maschinenhaus von 120 m Länge, 30 m Höhe und 16 m Breite,

    3 Kesselhäuser von je 84 m Länge, 36 m Breite und 30 m Höhe,

    1 Kohlentransportanlage,

ferner sämtliche Hilfseinrichtungen und schließlich

    1 Kraftübertragung von 60000 kW für 82000 V auf 25 km Entfernung

zu entwerfen, zu errichten und zu erproben, eine Aufgabe, die zwar in Friedenszeiten und in der Nähe großer Städte leicht erfüllbar gewesen wäre, deren Lösung aber zur Kriegszeit und unter den vorliegenden Verhältnissen sich ungemein schwierig gestaltet hat. Es genügte daher die Aufstellung des auch sonst üblichen graphischen Bauprogramms (Abb. 647) nicht, die beschränkten Raumverhältnisse bedingten vielmehr die sorgfältige Ausarbeitung vollständiger Pläne für die Zufuhr, Lagerung und Bewegung der Materialien auf der Baustelle, für die Errichtung der Hilfsmaschinen, der einzelnen Baracken, der Leitungsanlagen für Kraftzufuhr und die Beleuchtung für die Wasserversorgung auf der Baustelle u. a.

Das Bauprogramm erlitt eine empfindliche Störung, als Ende August 1914 die Erweiterung um 4 gleich große Maschinensätze und um 22 Kessel beschlossen wurde, womit die ausgebaute Gesamtleistung des Werkes auf 180000 kVA anwuchs. Alle in der Erweiterungsrichtung des ersten Ausbaues gelegenen Baracken, Hilfsmaschinen, Gleise, Leitungen usf. mußten somit noch während der ersten Bauperiode umgelegt werden. Die Länge des Maschinenhauses wuchs auf 205 m. Es wurde ferner die Errichtung eines neuen Kesselhauses (Nr. IV), 2 neuer Kamine (insgesamt 9) und 3 weiterer Kühltürme erforderlich.

In technischer Hinsicht bietet im übrigen diese Erweiterung gegenüber dem ersten Ausbau wenig Neues, da es sich im wesentlichen um eine Wiederholung von

Einzelheiten des ersten Ausbaues handelt. Interessant ist die Gesamtleistung, die das Werk zu dem s. Zt. weitaus größten Dampfkraftwerk der Welt machte. Der durch die Erweiterung gewonnene Strom sollte zur Versorgung der Elektro-Nitrum-A. G. dienen, die in unmittelbarem Anschluß und in unmittelbarer Nachbarschaft des Kraftwerkes eine Fabrik zur Erzeugung von Salpetrigsäure-Anhydrid (NO_2) errichtete und deren Strombedarf 240 Millionen kWh jährlich betrug. Der Strom wurde mit der Maschinenspannung von 6000 V geliefert und in der Fabrik auf 20 000 V heraufgesetzt. Die Lieferungsbedingungen waren annähernd die gleichen wie für den ersten Teil. In technischer Hinsicht unterschied sich diese Stromlieferung von der an die Reichs-Stickstoffwerke jedoch durch den viel schlechteren Leistungsfaktor (etwa 0,55 gegenüber etwa 0,85). Der schlechte Leistungsfaktor erforderte die Auf-

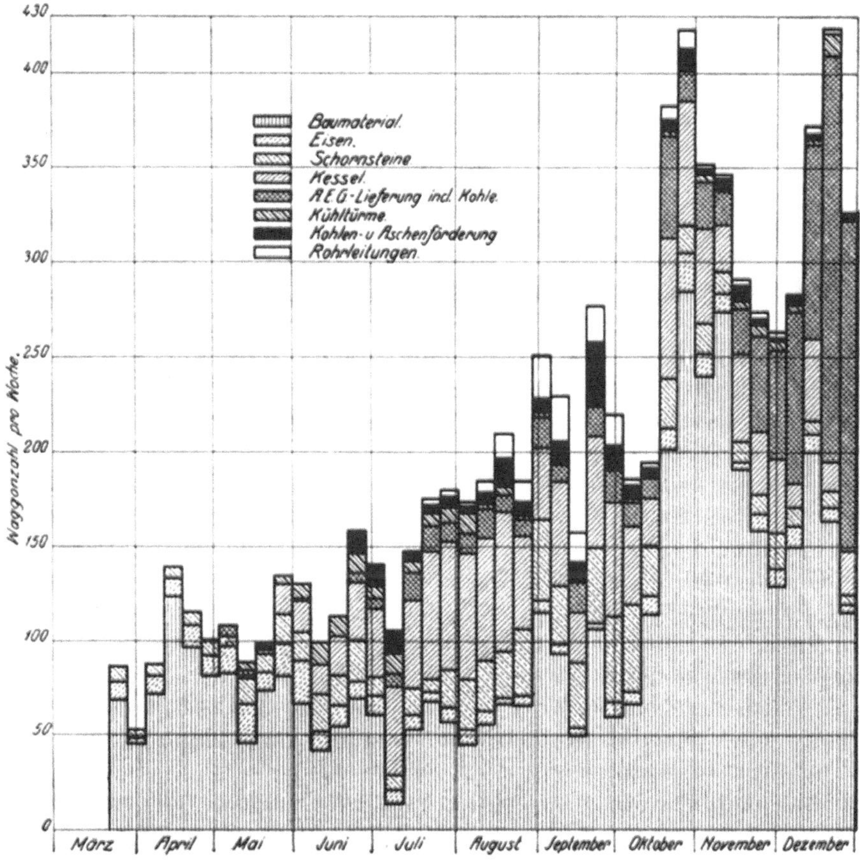

Abb. 647. Programm für die Zufuhr der Baustoffe.

stellung verhältnismäßig großer Stromerzeuger. Da aber die Maschinensätze gegeneinander austauschbar sein sollten, stimmt auch der Dampfteil der 4 hinzukommenden Maschinensätze mit denen des ersten Ausbaues überein, so daß unter Einbeziehung einer Reservemaschine 4 neue Maschinensätze aufgestellt werden mußten. Einschließlich des Eigenverbrauches von Kraftwerk und Kohlengruben stieg durch die Erweiterung die Gesamtmenge des zu erzeugenden Stromes auf rd. 830 Millionen kWh und die zu verfeuernde Kohlenmenge auf rd. 30 Millionen hl jährlich oder rd. 7000 t täglich.

Die Gründung der Elektro-Nitrum A. G. war eine der letzten Schöpfungen des verstorbenen Generaldirektors Emil Rathenau, der damit die Verwertung des gleichfalls durch ihn bewirkten Erwerbes der großen Kohlenfelder Golpa-Zschornewitz vollendete, nachdem die wegen einer Einverleibung dieser Kohlenfelder in die Berliner Elektrizitätswerke mit der Stadt Berlin geführten Verhandlungen gescheitert waren. Im Jahre 1921 erfolgte dann die Übernahme des Werkes durch das Reich und die Errichtung von 8 neuen Kesseln und eines weiteren Turbinen-Aggregats wurde in Angriff genommen.

Mit der Stromlieferung wurde am 15. Dezember 1915 begonnen. Auch der Bau der Reichsstickstoffwerke bei Piesteritz, deren Entwurf und Bauausführungen in den Händen der Bayerischen Stickstoffwerke lag, war in der gleichen kurzen Bauzeit soweit vollendet, daß sie die zunächst gelieferte Strommenge zur Erzeugung von Karbid abnehmen konnten.

Die Vorgeschichte des Baues steht mit der ursprünglichen Absicht, die Kohlenfelder ausschließlich für die Versorgung Berlins zu verwerten, in ursächlichem Zusammenhang. Wenn auch dieser Plan infolge des Widerstandes der Stadt Berlin zunächst fallen gelassen werden mußte, so ist es doch bemerkenswert, daß er schließlich trotzdem zur Durchführung gekommen ist und daß die Tatsachen auch die wirtschaftliche Überlegenheit des ursprünglichen Projektes später bestätigt haben.

2. Vorgeschichte des Baues.

Für die Fernversorgung Berlins bestanden besonders günstige Verhältnisse, als sich die Berliner Elektrizitätswerke im Jahre 1912 mit dem Gedanken trugen, einen Teil des Berliner Strombedarfes durch ein bei Bitterfeld zu errichtendes Kraftwerk zu decken.

Zwischen Bitterfeld und Wittenberg liegen, in der Luftlinie rd. 120 km von Berlin entfernt, ausgedehnte, aus einzelnen Gruben von teilweise erheblichem Flächeninhalt bestehende Kohlenfelder, in denen minderwertige Braunkohle von 2100 bis 2400 kcal/kg Heizwert und rd. 53 vH Wassergehalt im Tagebau gewonnen wird. Diese Kohle wurde bisher entweder zu Briketts verarbeitet oder als Rohkohle für industrielle Zwecke bis zu etwa 80 km Entfernung mit der Bahn versandt. Der Berlin am nächsten liegende Ort, in dem die Bitterfelder Rohbraunkohle noch in größerem Umfange für Kraft- und Heizzwecke verfeuert wird, ist die rührige Industriestadt Luckenwalde, wo ihr aber Briketts schon erfolgreichen Wettbewerb machen. Der Wärmepreis von 10 000 kcal betrug auf der Grube zur Zeit ihres Erwerbes durch die Berliner Elektrizitätswerke etwa 0,6 bis 0,7 Pfg.

Ein Vergleich mit London, wo gleichfalls Bestrebungen bestanden, die im Gegensatz zu Berlin stark zersplitterte Elektrizitätserzeugung zusammenzufassen und durch ein Fernkraftwerk zu bewirken, ist recht lehrreich.

Setzt man nämlich unter Berücksichtigung der höheren Transportkosten innerhalb des Kraftwerkes und des ungünstigeren Kesselwirkungsgrades den Wärmewert von 3,5 kg Braunkohle gleich dem von 1 kg Steinkohle, so kostet die 1 kg Steinkohle gleichwertige Braunkohlenmenge rd. 5,30 $\mathcal{M}$/t[1]). Der Preis von 1 t Steinkohle frei Kesselhaus Berlin betrug vor dem Kriege rd. 18 $\mathcal{M}$. Auf 1 kg Steinkohle bezogen steht unter sonst gleichen Verhältnissen für die Kraftübertragung Bitterfeld-Berlin ein Betrag von 18 $\mathcal{M}$ — 5,3 $\mathcal{M}$ = 12,70 $\mathcal{M}$ einem Betrage von nur 3,50 $\mathcal{M}$ in London gegenüber, d. h. rd. 3,50 mal mehr. Rechnet man mit einem Steinkohlenverbrauch von 0,9 kg/kWh, so beträgt die durch Fernübertragung erzielbare Ersparnis an Brennstoffkosten für 1 kWh rd. 1,1 Pfg zugunsten Berlins.

Das bei Zschornewitz in den Jahren 1915—1916 erbaute Großkraftwerk geht in seinen Anfängen auf die Fernversorgungsbestrebungen der Berliner Elektrizitätswerke zurück. Zur Verbilligung der Erzeugung wurde nämlich schon damals die Errichtung eines Fernkraftwerkes geplant, in dem zunächst 6 Dampfturbinen von

---

[1]) Alle Geldziffern beziehen sich auf Goldmark.

je 16000 kW Leistung und 60 Kessel von je 450 m² Heizfläche aufgestellt werden sollten. Der erzeugte Drehstrom sollte auf 3 getrennten Gestängen mit je 2 Stromkreisen bei einer Spannung von 110000 Volt nach Berlin geführt werden. Bei 70 mm² Kupferquerschnitt hätten dann mit einem Gestänge 35000 kW übertragen werden können. Die Leitungen sollten durch die Kreise Schweinitz, Wittenberg, Luckenwalde-Jüterbog, Teltow bis zu einem möglichst nahe am Weichbild Berlins gelegenen Transformatorenhaus geführt werden. Auf halber Strecke eingebaute Schaltstationen sollten im Falle von Reparaturen die Abschaltung einzelner Leitungen ermöglichen.

Die alten Kraftwerke hätten als Reserve sowie zur Deckung der Spitzen und des wattlosen Stromes gedient.

Gleichzeitig mit dem Beginn des Strombezuges aus dem Fernkraftwerk war eine wesentliche Herabsetzung der Strompreise beabsichtigt. Die erforderlichen

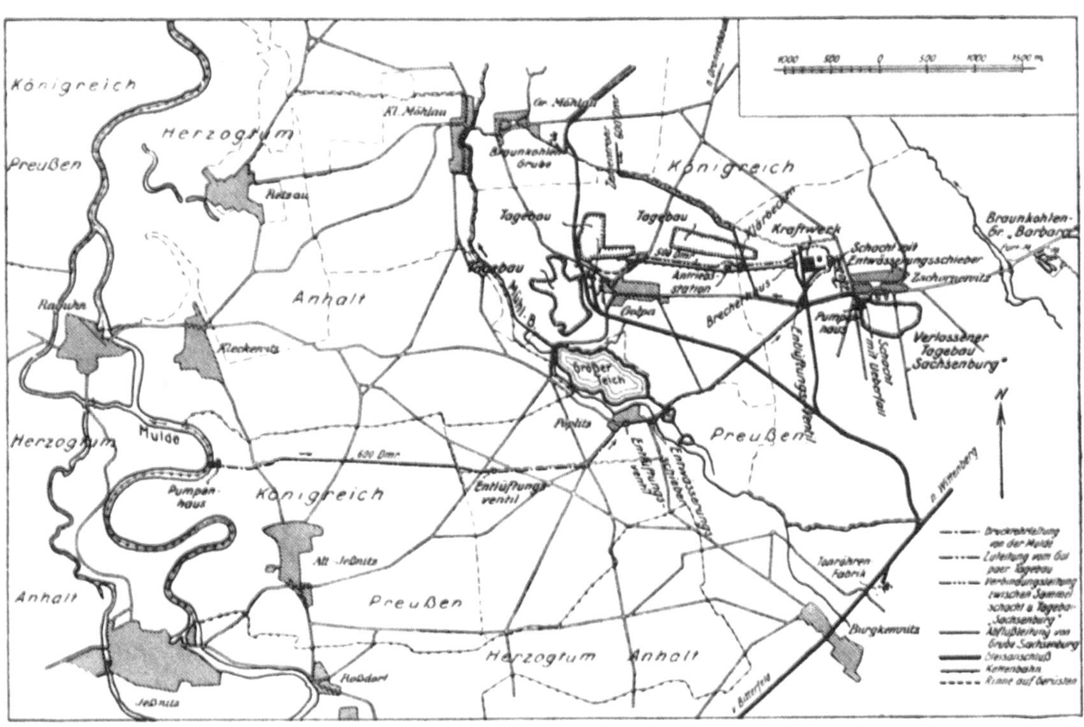

Abb. 648. Lageplan.

Kohlenfelder hatte die Allgemeine Elektrizitäts-Gesellschaft fast wider Erwarten zusammenhängend mit einer Gesamtfläche von 900 bis 1000 ha teils als Eigenbesitz, teils in Pacht, teils mit Vorkaufsrecht etwa halbwegs Bitterfeld—Wittenberg in den Gemarkungen Golpa und Zschornewitz erwerben können. Weitere Felder mit günstigen Kohlenvorkommen ließen sich bei Bedarf dem schon gesicherten Besitz unschwer angliedern.

Die Mächtigkeit der Flöze schwankt zwischen 2,75 m und 21,50 m und beträgt im Mittel rd. 11,9 m; die des Deckengebirges ist 1,80 m bis 33,85 m, im Mittel 12,60 m. Der Kohlenvorrat reicht bei einer jährlichen Stromerzeugung von 500 Millionen kWh für etwa 60 Jahre aus.

Als Bauplatz für das Kraftwerk kamen 3 Stellen in Betracht, die sich durch ihre Lage zur Grube und durch die Art der Kühlwasserbeschaffung grundsätzlich voneinander unterschieden. Es wurden daher zunächst folgende Entwürfe in großen Zügen durchgearbeitet:

Entwurf A: Werk bei Wörlitz an der Elbe mit Flußwasserkühlung.

Entwurf B: Werk am „Großen Teich" mit Oberflächenkühlung in Verbindung mit wenigen Kühltürmen, Abb. 648.

Entwurf C: Werk unmittelbar auf der Grube mit reiner Kühlturmkühlung.

Die Vor- und Nachteile dieser drei Entwürfe sind nachstehend kurz geschildert.

Entwurf A. Werk bei Wörlitz an der Elbe.

Nachteile: 1. Ein geeigneter hochwasserfrei gelegener Bauplatz war von der Mitte der Kohlenfelder etwa 15 km entfernt. Die Kohle hätte daher entweder mit zwei 17 km langen Seilbahnen oder mit einer vorhandenen, eingleisigen, in Privatbesitz befindlichen Flachbahn von rund 21 km Länge herangeschafft werden müssen. Untersuchungen hatten ergeben, daß der Kohlen- und Personenverkehr durch Verstärkung des Unterbaues, durch Ausgestaltung der Signalanlagen, durch Errichtung mehrerer Ausweichstellen und Rangiergleise und durch Einstellung der erforderlichen Fahrdienstmannschaften ohne Umwandlung der Straßenkreuzungen in Unterführungen, die beträchtliche Kosten verursacht hätte, bewältigt werden konnte.

Die auf elektrischen Betrieb ausgebaute Flachbahn sollte durch ein Umformerwerk mit Gleichstrom von 1200 V versorgt werden. Für die Beförderung der Kohle waren Talbot-Selbstentlader von je 20 t vorgesehen, die in Umladestationen für gleichzeitige Bedienung von 6 Wagen beladen und entleert werden sollten.

Für den Kohlentransport mittelst Seilbahn hätten 2 Seilbahnen neu angelegt werden müssen. Ließ man zunächst die größere Einfachheit und Betriebssicherheit der Flachbahn außer Betracht, so mußte eine Wirtschaftlichkeitsrechnung über die vorteilhaftere Betriebsart entscheiden. Hierbei waren außer dem Anlagekapital, bzw. seiner Abschreibung und Verzinsung, die Kosten für die Energieversorgung, für Bedienung und Reparaturen der Bahn und der Betrag für die zur Deckung des Strombedarfes der Bahn erforderliche Kraftwerksvergrößerung zu berücksichtigen. Für die Seilbahn schien zwar zunächst ihre wesentlich kürzere Länge zu sprechen, doch sind für die Wirtschaftlichkeit der Transportkosten von 1 t Kohle über die ganze Bahnstrecke maßgebend.

Anlagekosten und andere Umstände zwangen für Seilbahnbetrieb ohne weiteres zu durchgehendem Tag- und Nachtbetrieb. Bei Flachbahnbetrieb mußte erst an Hand einer vergleichenden Kostenberechnung entschieden werden, ob durchgehender oder einschichtiger Betrieb vorzuziehen sei.

Kostenvergleich.

Betriebsart		Seilbahn	Flachbahn	
Betriebsdauer . . . . h		24	12	24
Anlagekosten . . . . ℳ		2 600 000	2 387 000	1 872 600
Gesamte Betriebskosten für 1 t Kohle über die ganze Strecke . . . . Pfg		31,7	24,9	22,7

Die Flachbahn mit 24 stündigem Betriebe war also, abgesehen von anderen Vorteilen (größere Betriebssicherheit und Einfachheit, bessere Übersichtlichkeit, einfachere Wartung, leichtere Abhilfe bei Störungen), auch vom rein wirtschaftlichen Gesichtspunkte aus der Seilbahn überlegen.

2. Die Gefahr von „Kompetenzschwierigkeiten", weil die Bahn durch preußisches und durch anhaltisches Gebiet geführt hätte.

3. Größere Vielgliedrigkeit und größere Empfindlichkeit gegen Störungen als bei einem auf der Grube errichteten Werke.

4. Da die Zu- und Abflußkanäle für das Kondensatorkühlwasser größtenteils außerhalb der Deiche im Überschwemmungsgebiet lagen, mußten sie mit einer

Decke versehen werden und wären infolge ihrer großen Länge (1880 m) sehr teuer geworden.

5. Die Bauarbeiten wären in hohem Maße von der Jahreszeit und von atmosphärischen Einflüssen (längere Regenperioden, Eisgang, Überschwemmungen) abhängig gewesen und hätten erheblich länger gedauert als bei einem Werke mit Rückkühlung.

Diesen Nachteilen standen folgende Vorteile gegenüber:

1. Hohe Luftleere und günstiger Dampfverbrauch infolge der unbeschränkten Kühlwassermengen.

2. Geringe, leicht zu beseitigende Inkrustationen und daher mäßige Reinigungskosten der Kondensatoren. Infolge schwacher Verschmutzung guter Wärmedurchgang (günstiger Dampfverbrauch).

Entwurf B. Werk am Großen Teich.

Dicht beim Tagebau I der Kohlenfelder liegt der Große Teich, ein trockengelegter See von rd. 375000 m² Fläche, der durch Andämmung der flachen Ufer ohne Schwierigkeit beträchtlich vergrößert werden konnte, Abb. 648. Es war beabsichtigt, ihn zur Rückkühlung heranzuziehen, indem man das Wasser durch eingesetzte Spundwände mit sehr kleiner Geschwindigkeit auf langem Wege durch ihn hindurchleitete. Nach den Erfahrungen in den von der AEG für die Victoria Falls and Transvaal Power Co. erbauten südafrikanischen Werken, die zum Teil große Kühlteiche haben, hätte der Große Teich für eine Belastung von rd. 65000 kW bei einer Kühlwassererwärmung von 15° C auf etwa 700000 m² Oberfläche vergrößert werden müssen, was voraussichtlich durchführbar gewesen wäre. Zur Erhöhung der Luftleere in den heißesten Monaten und zur Rückkühlung des für die restlichen 35000 kW erforderlichen Kühlwassers hätte man noch einige Kühltürme gebraucht.

Dieser Entwurf wurde wegen folgender Nachteile fallen gelassen:

1. Mäßige Luftleere.

2. Außer dem Nachteil dauernden größeren Wasserverlustes durch undichte Stellen in der Teichsohle bestand die Gefahr eines Wasserdurchbruches nach dem naheliegenden Tagebau I. Diese Gefahr wurde für so ernst angesehen, daß allein ihretwegen Entwurf B nicht weiter verfolgt wurde.

3. Unter dem Großen Teich steht Kohle an. Er hätte daher mit fortschreitendem Abbau teilweise verlegt werden müssen.

4. Im Falle der Errichtung am Großen Teich war man im Abbau der verschiedenen Kohlenfelder gebunden, die Kohlenförderstrecke wäre infolge des am Rande der Kohlenfelder gelegenen Bauplatzes beim Abbau der entlegensten Felder sehr lang geworden.

5. Rund 12 km längere Fernleitungen nach Berlin als bei Entwurf A.

Entwurf C. Werk auf der Grube.

Nachteile: 1. Große Anlagekosten für die Kühltürme.

2. Schwierige und teure Beschaffung des Zusatzwassers, das mit einer 7,3 km langen Leitung vom Mulde-Fluß hochgepumpt werden muß.

3. Wegen der voraussichtlich starken Inkrustation der Kondensatorrohre teure und umständliche Reinigungsarbeiten, bzw. die Notwendigkeit, auch das Zusatzwasser für Kühlzwecke chemisch zu reinigen.

4. Schlechte Luftleere (schätzungsweise nur 90 vH).

5. Größere Pumpenarbeit für Zusatzwasser- und Kühlwasserpumpen.

6. Rund 12 km längere Fernleitungen als bei Entwurf A.

Vorteile: 1. Infolge der Lage des Werkes inmitten der Kohlenfelder einfachste und sicherste Kohlenzufuhr.

2. Werk und Kohlenzufuhr befinden sich ausschließlich auf eigenem Grund und Boden.

3. Möglichkeit, das Werk an einer Stelle zu errichten, unter der keine Kohle ansteht.

4. Sehr guter Baugrund. Da in verschiedenen Tiefen Lehm vorkommt, konnte der Bauplatz so gewählt werden, daß die beim Ausschachten gewonnenen, über dem Lehm lagernden Schichten von Sand und feinem Kies für den Bau verwertbar wurden.

5. Kürzeste Bauzeit.

6. Kleinste Anlagekosten.

Eine vergleichende Wirtschaftlichkeitsrechnung zwischen Entwurf A und Entwurf C wurde derart durchgeführt, daß man die jeweiligen Anlage- und Betriebskosten den entsprechenden Kosten eines idealen, auf der Grube gelegenen Werkes gegenüberstellte, unter der Annahme, daß diesem Werke Flußwasser in beliebigen Mengen ohne besondere Kunstbauten zur Verfügung stehe.

Kostenvergleich.

	A	C
Entwurf	A	C
Lage des Werkes	an der Elbe bei Wörlitz	auf der Grube
Kohlenzufuhr erfolgt durch	Flachbahn	
Tägl. Betriebszeit der Flachbahn . . . h	12 24	—

Anlagekosten:

	A	C	
Baukosten für die Kühlwasserkanäle und die zur Deckung des Strombedarfes der Flachbahn erforderliche Kraftwerksvergrößerung, Kosten für den Grunderwerb des Kanalstreifens und des Werkgeländes. ℳ	4 567 000	4 052 000	
Kosten für Kühltürme, Zusatzwasserversorgung, für die zur Deckung der höheren Fernleitungsverluste erforderliche Vergrößerung des Kraftwerkes und für 12 km Fernleitung . . . . ℳ	—	—	1 615 000
Summe . . . . ℳ	4 567 000	4 052 000	1 615 000

Betriebskosten:

	A	C	
Kohlentransportkosten, Verzinsung, Abschreibung und Instandhalten der Kühlwasserversorgung, Betriebskosten der Flachbahn . . . . ℳ	599 995	560 625	—
Verzinsung, Abschreibung, Reparatur der Rückkühlung; desgl. für Fernleitung und Werkvergrößerung, Reinigungskosten für Kondensatoren; Kohlenmehrkosten infolge geringerer Luftleere und größerer Fernleitungsverluste . . . . ℳ	—	—	469 600
Summe . . . . ℳ	599 995	560 625	469 000

Für Entwurf A sind somit die Anlagekosten um 2,4 bis 3 Millionen, die gesamten jährlichen Betriebskosten um 90 000 bis 130 000 ℳ höher als für Entwurf C. Mit Rücksicht auf Wirtschaftlichkeit sind die beiden Entwürfe etwa gleichwertig; die größeren baulichen Schwierigkeiten, die längere Bauzeit und die größere Vielgliedrigkeit der ganzen Anlage sprachen aber entschieden gegen Entwurf A und gewannen ausschlaggebende Bedeutung, als die Rücksichten auf Kriegsbedürfnisse dazu zwangen, das Werk schnell und mit wenig Mannschaften auszubauen.

Nachdem die Baustelle für das Werk festgelegt war, handelte es sich zunächst darum, einen möglichst vorteilhaften Grundriß zu finden. Dieser hängt in hohem Maße von der Aufstellungsart der Turbinen ab. Die Prüfung führt zur Anordnung der Turbinen in einer Reihe in der Längsachse des Maschinenhauses, und zwar aus folgenden Gründen:

1. Das Maschinenhaus wird nur 16 m breit gegen 25 m bei Queraufstellung und trotz größerer Länge nicht teurer, zumal die Krane wesentlich leichter ausfallen.

2. Die Wasserleitungen zwischen Kondensatorkeller und Rückkühlwerken werden am einfachsten und billigsten.

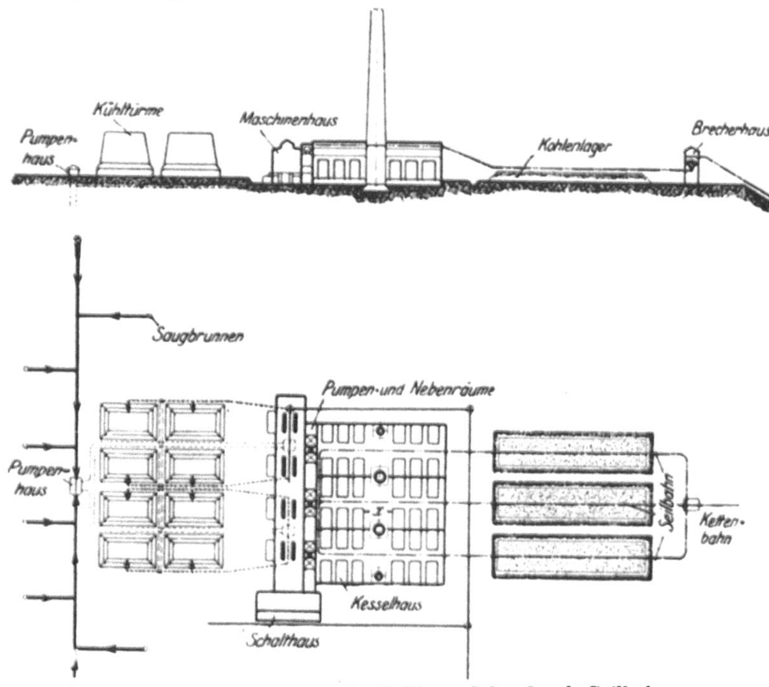

Abb. 649. Kraftwerk mit Kohlenzufuhr durch Seilbahn.

3. Bessere Lichtzufuhr zum Kondensatorkeller, Entbehrlichkeit von Oberlichtern im Maschinenhausdach.

4. Einfache und übersichtliche Anordnung der Luftfilter und der Luftzu- und -abfuhr der Stromerzeuger.

Günstigste gegenseitige Lage des Maschinenhauses und der Kesselhäuser.

Die parallele Anordnung von Kessel- und Maschinenhäusern kam von vornherein nicht in Betracht. Fraglich war nur, ob in einem Block zusammengebaute (Abb. 649—651 u. 654) oder von einander getrennte Kesselhäuser vorzuziehen waren. Die erste Anordnung schied wegen der bei einem größeren Betriebsschaden, z. B. einem Rohrbruch, unzureichenden Notausgänge und wegen der mangelhaften Belüftung aus; die Pumpen- und sonstigen Nebenräumlichkeiten hätten nicht befriedigend untergebracht werden können.

An den freien Wänden der Kesselhäuser vorgesehene Nebenräume (Abb. 650) hätten zahlreiche naheliegende Nachteile gehabt, wollte man sie aber zwischen den Kesselhäusern und einer Maschinenhauslängswand unterbringen (Abb. 649, 651, 654), so

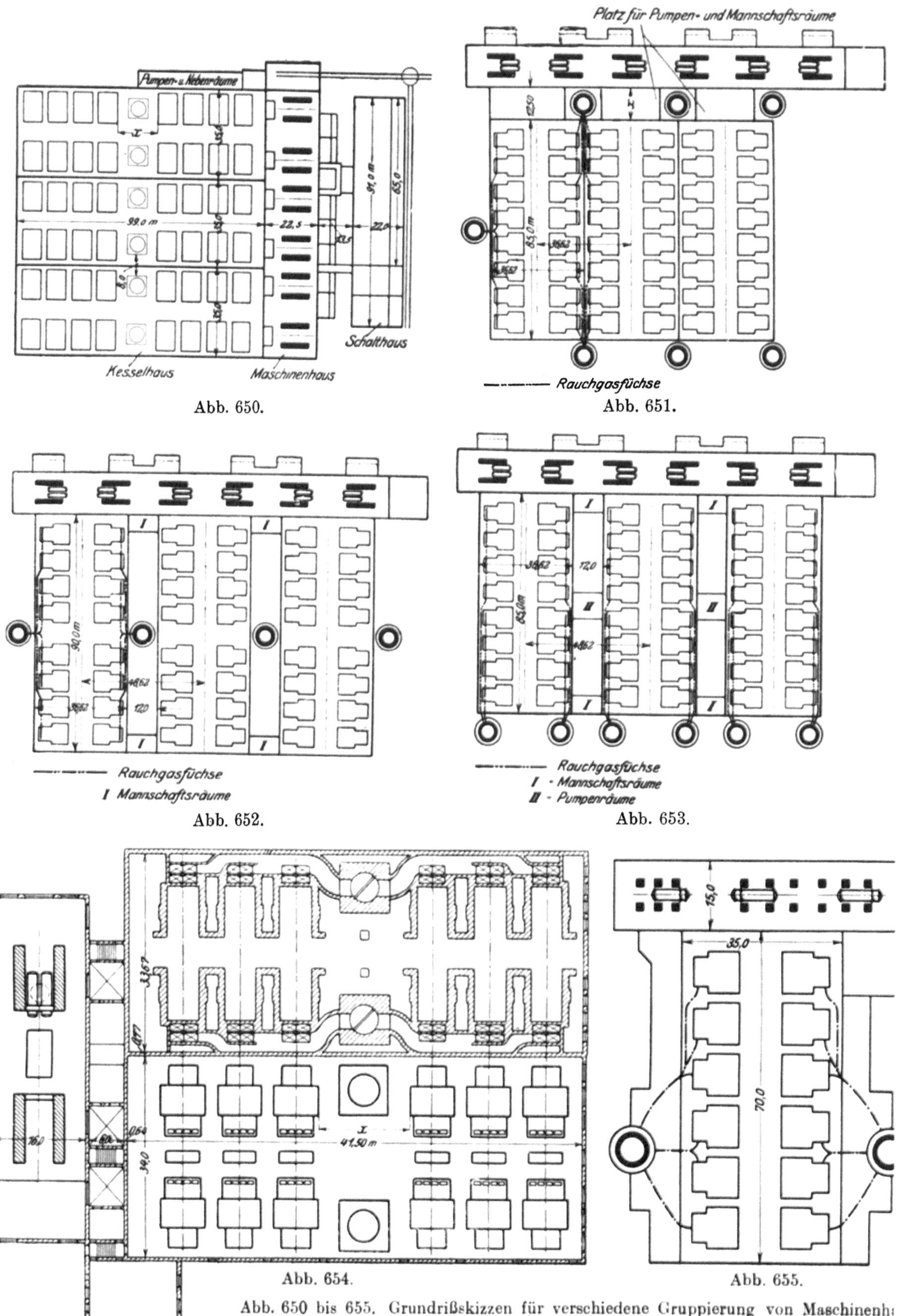

Abb. 650 bis 655. Grundrißskizzen für verschiedene Gruppierung von Maschinenhäusern und Kesselhäusern.

wäre ihre Belichtung auf natürlichem Wege nicht möglich gewesen; die Pumpen oder die Wasserbehälter hätten später nur mit erheblichen Schwierigkeiten ausgewechselt werden können.

Dagegen lassen sich die Höfe zwischen getrennt gebauten Kesselhäusern in vorzüglicher Weise für eine ausgiebige Belichtung und Belüftung, zum Unterbringen der Schornsteine, der Pumpen- und Wasserreinigerhäuser, der Notausgänge und der Mannschaftsräume heranziehen. Werden letztere an die beiden Stirnseiten der rd. 90 m langen Kesselhäuser verlegt, so ergeben sich kurze Wege zu den Arbeitsplätzen.

Auch die Wahl des Aufstellungsortes der Schornsteine war auf die Anordnung der Kesselhäuser von Einfluß.

Eine stündliche Dampferzeugung eines Kessels von 12 000 bis 15 000 kg sollte aus Gründen, auf die ich noch zurückkomme, nicht überschritten werden. Einschließlich Reserven kamen dann auf eine Turbine 8 Kessel, die man am zweckmäßigsten in einer Reihe aufstellte. Nach einer überschlägigen Rechnung entstanden die geringsten Baukosten durch Anschluß von 8 Kesseln an einen Schornstein. Noch größere Schornsteine hätten, auch abgesehen davon, daß sie eine günstige Gruppierung der Kessel unmöglich gemacht hätten, schon durch die sehr großen Abmessungen der Sammelfüchse außerordentliche bauliche Schwierigkeiten bereitet.

Ordnet man die Schornsteine zwischen dem vierten und fünften Kessel an (Abbildung 650), so werden die Füchse schon recht lang. Schaltet man bei dieser Anordnung vier Kessel auf einen Fuchs, so entstehen infolge der großen Bauhöhe der Füchse und der über ihnen liegenden Rauchgasvorwärmer sehr hohe und teuere Kesselhäuser. Da die Trennung der Schornstein- und Kesselfundamente wegen etwaiger ungleicher Senkung erwünscht ist,

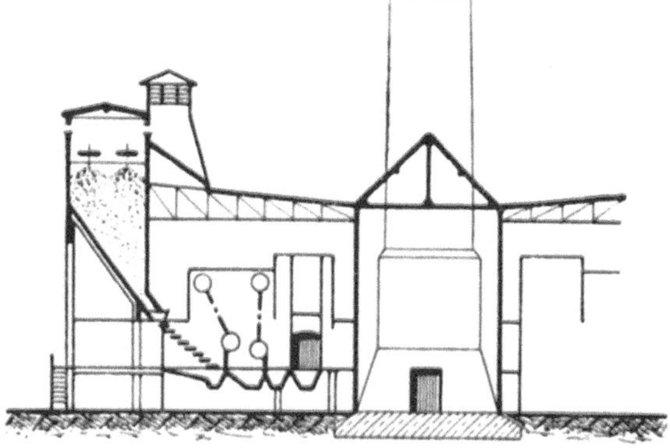

Abb. 656. Kesselhaus mit freiliegendem Heizerstand.

bedingen derartig angeordnete Schornsteine eine entsprechende Verlängerung der Rohrleitungen und der Kohlenförderanlage (Maß x in Abb. 649, 650, 652 und 654), ferner werden infolge der getrennten Kohlenbunker zwei weitere Bunkerstirnwände nötig. Endlich kann der Raum zwischen dem vierten und fünften Kessel nur mangelhaft ausgenutzt werden. Schaltet man nach Abb. 654 zwölf oder gar sechzehn Kessel auf einen Schornstein, so werden die Verhältnisse noch ungünstiger.

Am freien Kesselhausende nach Abb. 653 aufgestellte Schornsteine ergeben ungemein große Endquerschnitte der Füchse und sehr teure Einmauerungen der hochgelegenen Rauchgasvorwärmer. Diese Anordnung ist auch hinsichtlich der infolge hoher Temperaturen zu befürchtenden Neigung der großen Mauerwerkskörper zur Rißbildung nicht unbedenklich und hat den weiteren Nachteil, daß bei der Reparatur der Fuchseinmündung in den Schornstein eine ganze Kesselreihe ausfällt.

Die Ausführung nach Abb. 651 verlängert die Rohrleitungen zwischen Kesseln und Turbinen um das Maß x; die Schornsteine und Schornsteinfundamente verhindern eine vorteilhafte Führung der Dampfleitungen.

Zum Zwecke guter Belichtung und Belüftung der Heizer- und Schürerstände und des Schutzes der Mannschaften vor den aus den Feuerungen gelegentlich zurückschlagenden Flammen ist es bei größeren Braunkohlenkraftwerken üblich, die Feuerungsseite der Kessel nach der freien Kesselhausstirnwand zu legen. Mit den Feuerungen nach einem gemeinsamen Schürerstand hin angeordnete Kessel kennt man in Braunkohlenwerken im allgemeinen nicht. Es ist zuzugeben, daß die Anordnung nach Abb. 656 die hellsten und luftigsten Kesselhäuser gibt. Sie erfordert aber die doppelte Anzahl von Bunkern und Kohlenförderanlagen und wird dadurch wesentlich teurer als zweireihige Kesselhäuser mit gemeinsamem Heizerstand. Endlich wird (wegen der erheblich größeren Breite eines Kesselhauses) das Verhältnis zwischen der Länge des Maschinenhauses und der gesamten Frontbreite der vier Kesselhäuser ungünstiger als für zweireihige Kesselhäuser.

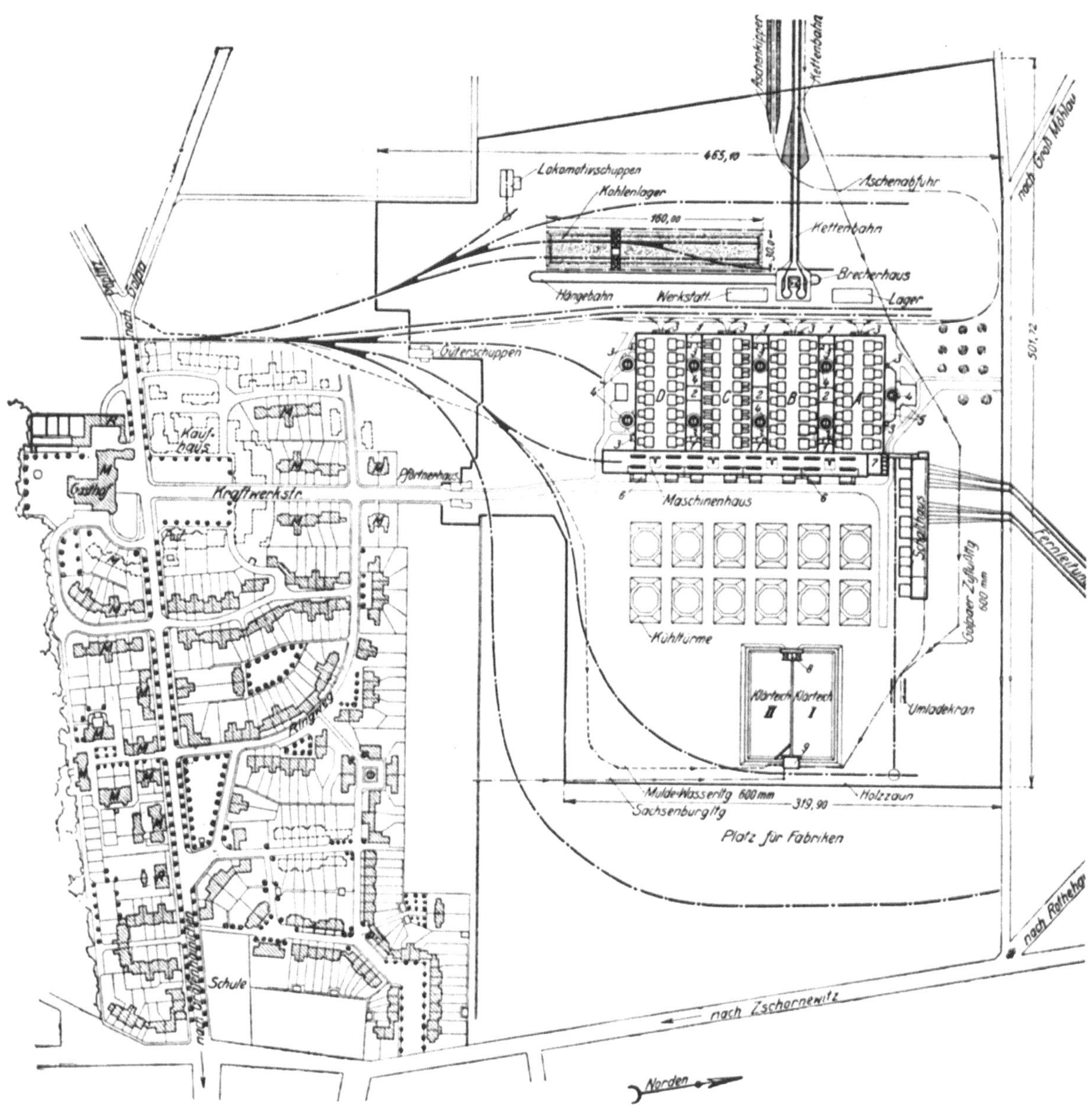

Abb. 657. Lageplan des Großkraftwerkes Golpa mit Kolonie.

———·———·——— Normalspurgleis. —·—·—·—·— Gleis für Aschenwagen.

1 Nebenräume für Mannschaften, Meister usw. 6 Luftfilter.
2 Pumpen und Wasserreinigerhäuser. 7 6000-V-Schaltanlage.
3 Treppen. 8 Auslauf und Siebe der Klärteiche.
4 Schornsteine. 9 Pumpenhaus für Klärteiche.
5 Laboratorium und Büroräume.

Ich entschied mich daher für zweireihige Kesselhäuser mit Mittelgang, mit Anordnung der Schornsteine nach Abb. 657. Je 2 Kessel werden auf einen Fuchs geschaltet. Mit Ausnahme des Schornsteines an der freien Längswand von Kesselhaus *A* liegen alle Kamine in der Mitte der 8 an sie angeschlossenen Kessel (s. auch Tafel X).

Die gewählte Anordnung hat folgende Vorteile:

1. Günstige Lage der Schornsteine, mäßige Abmessungen und weitgehende Unterteilung (gute Reinigungsmöglichkeit) der Füchse.

2. Günstiges Verhältnis zwischen Maschinenhauslänge und Gesamtbreite der Kesselhäuser.

3. Gute Belichtung und Belüftung der Kesselhäuser und der Aschenkeller.

4. Günstig gelegene Pumpen- und Nebenräume.

Endlich war zu prüfen, ob das Schalthaus parallel oder senkrecht zum Maschinenhaus aufgestellt werden sollte (Abb. 650 oder 649, 657). Die Lage des Schalthauses bestimmt gleichzeitig die Lage der Kühlwerke. Die Anordnung nach Abb. 650 verlängert die Leitungen zwischen Kondensatorkeller und Kühlwerken, die Kühlwasserdruck- und Rückleitungen hätten sich gegenseitig gestört. Nachdem eine Rechnung gezeigt hatte, daß es billiger ist, längere Kabel und kürzere Kühlwasserleitungen zu wählen, ergab sich die in Abb. 657 dargestellte Lage des Schalthauses und der Rückkühlwerke als die vorteilhafteste. Längere Kabelverbindungen waren übrigens, wie noch gezeigt werden wird, auch aus elektrischen Gründen sehr erwünscht.

3. Wasserversorgung des Werkes.

Der nächste Flußlauf, aus dem die in den Kühltürmen verdunstete Wassermenge und das für andere Zwecke erforderliche Zusatzwasser gedeckt werden kann, ist der 7,3 km entfernte Mulde-Fluß, Abb. 648. Es wäre daher sehr erwünscht gewesen, wenn das benötigte Wasser auf dem Werkgrundstück selbst oder in seiner unmittelbaren Nähe zu beschaffen gewesen wäre. Geologische Untersuchungen hatten gezeigt, daß das Einzugsgebiet des Grundwasserstromes für den Wasserbedarf des Werkes nicht ausreicht; dadurch wurde die Wasserbeschaffung aus Tiefbrunnen unmöglich. Es mußte deshalb sorgfältig geprüft werden, auf welche Weise der Wasserbedarf sicherzustellen war.

Die Verwendung rückgekühlten Wassers vermindert die Luftleere im Kondensator, die mit stärkerer Kesselsteinbildung in den Kondensatorrohren noch weiter zurückgeht. Für die Ermittlung der benötigten Zusatzwassermenge war daher eine vorsichtige Berechnung geboten.

Der Zusatzwasserbedarf von Rückkühlanlagen beträgt erfahrungsgemäß 80 bis 100 vH der niedergeschlagenen Dampfmenge. Hinzu kommen noch die Wasser- und Dampfverluste der Dampfanlage selbst (Kessel, Turbinen, Hilfsmaschinen), der Wasserverbrauch für Reinigungszwecke und ein Reservebetrag für eine etwaige spätere Vergrößerung des Werkes und für die Belieferung von Industrie, die sich in der Nähe ansiedeln sollte. Der gesamte Wasserverbrauch wurde hiernach zu rd. 1000 m³/h ermittelt.

a) Deckung des Wasserbedarfes.

Zunächst standen aus dem Tagebau Golpa 6 bis 8 m³/min Wasser (Grundwasser) zur Verfügung, die jedoch nur als Notbehelf ausreichen. Daneben konnte zeitweise Wasser dem unmittelbar hinter dem Dorfe Zschornewitz gelegenen, ziemlich großen, verlassenen Tagebau der Grube Sachsenburg entnommen werden, dessen Inhalt aus zugelaufenem Grund- und Regenwasser und aus anderwärts gewonnenem Wasser besteht. Dieser Wasservorrat solle vor allem dann herangezogen werden, wenn die übrigen Wasserzuleitungen vorübergehend still liegen.

Endlich war beabsichtigt, das auf 2 m³/min geschätzte Tagebauwasser der in 2,5 km Entfernung westlich vom Kraftwerk gelegenen Grube Barbara nach dem Tagebau der Grube Sachsenburg zu leiten, dort zu klären und dann nach dem Kraftwerk hochzupumpen; die dieserhalb geführten Verhandlungen konnten jedoch nicht abgeschlossen werden.

Um die Ergiebigkeit und Stetigkeit der aus den verschiedenen Tagebauen stammenden Wassermengen möglichst zuverlässig beurteilen zu können, wurde ein eingehendes geologisches Gutachten erstattet, das etwa folgendes Ergebnis hatte:

„Die dem Golpaer Tagebau zufließenden Wassermengen stammen teils aus dem Hangenden, teils aus dem Liegenden der Braunkohle. Die Hangendschichten bestehen zu unterst aus Bildungen der Braunkohlenformation, die vielfach fehlen. (In diesem Falle lagern Diluvialbildungen unmittelbar auf der Kohle.) Auf die untersten Schichten des Hangenden folgen Diluvialbildungen, die stets vorhanden sind. In bezug auf Wasserführung verhalten sich beide Schichten sehr verschieden. Zur Braunkohlenformation gehört eine in größerer Fläche unmittelbar über dem Braunkohlenflöz lagernde, 2 m bis stellenweise 8 m starke Schicht von Flachton und dunklen Kohlenletten, die beide wasserundurchlässig sind, ferner feinkörnige Sandschichten, die aufgenommenes Wasser infolge ihrer kleinen Körnung nur sehr langsam wieder abgeben. Reichliche Wassermengen führende und leicht abgebende Schichten hat also die Braunkohlenformation nicht.

Der diluviale Anteil des Deckengebirges besteht aus völlig undurchlässigem, bis 10 m starkem Geschiebemergel und aus Sand- und Tonschichten, die sehr wasserreich sind, das Wasser leicht weiterleiten und, falls sie in einer zusammenhängenden, über weite Flächen ausgedehnten Decke auftreten, ein hervorragender Wasserspender sind. In Golpa bilden sie aber leider zahlreiche Mulden und damit Ansammlungen stehenden Grundwassers, über die der eigentliche Grundwasserstrom wegfließt. Der Grundwasserstrom könnte allein einen dauernden Wasserzufluß im Hangenden der Braunkohle liefern, doch fehlt ihm ein ausreichendes Nährgebiet. Wenn daher der Tagebau in Gegenden kommt, wo die Kohle nahe der Erdoberfläche ansteht, so lassen die Zuflüsse aus dem Hangenden sehr rasch nach oder hören ganz auf, man muß deshalb sehr wahrscheinlich mit ihrer Abnahme rechnen.

Die meisten Zuflüsse in Golpa kommen zwar aus dem Liegenden der Kohle. Sie werden jedoch nur so lange anhalten, bis der Abbau des Flözes in Gegenden kommt, wo das Liegende nicht mehr von Sanden, sondern von Tonen gebildet wird, was bei allen Zschornewitzer Feldern der Fall ist.“

Auch Probebohrungen und die Torpedierung eines Bohrloches, das bis auf 200 m niedergebracht wurde, hatten nicht das gewünschte Ergebnis. Um das benötigte Zusatzwasser unter allen Umständen zu sichern, mußte man sich daher entschließen, die Hauptwassermenge von etwa 20 m³/min dem Werke durch eine Druckleitung aus der Mulde zuzuführen. Da nach dem Wassergesetz vom 7. April 1913 die Verleihung des Entnahmerechtes nachgesucht werden mußte und ferner die hydrologischen Verhältnisse der Mulde nicht genügend zuverlässig bekannt waren, gingen langwierige Verhandlungen mit den zuständigen Behörden und eingehende Erhebungen über die Wasserführung des Flusses voraus, ehe die Entnahme von höchstens 20 m³/min durch Verfügung des Bezirksausschusses vom 11. Juni 1915 bewilligt wurde.

Nachstehend sind die hauptsächlichsten Angaben über die verschiedenen Zusatzwasserleitungen kurz zusammengestellt:

1. Leitung von der Mulde.

Die Entnahmestelle liegt außerhalb des Hochwassergebietes 9 m vor dem Pumpenhaus und enthält 3 Abteilungen für je ein Saugrohr. Sie ist aus Beton zwischen Spundwänden hergestellt, die anschließenden Flußböschungen sind durch Steinpackungen gesichert. Das Wasser strömt durch Rechen zu.

Das Pumpenhaus von 8×10 m Grundfläche enthält einen Pumpenraum, einen Transformatorenraum, ein Büro und eine Vorratskammer. Eine Pumpe von 20 m³/min und 2 Reservepumpen von je 7,5 m³/min sind mit Motoren für 150 kW bzw. 75 kW und 500 V gekuppelt, denen Drehstrom mit 6000 V Spannung durch im Rohrgraben der Zusatzwasserleitung verlegte Kabel zugeführt wird. Die Verständigung mit dem Kraftwerk geschieht durch Fernsprechkabel. Die größte Saughöhe beträgt 4350 mm, der dynamische Widerstand der Druckleitung ist bei voller Belastung rd. 2,5 at, die größte, von der Pumpe zu überwindende statistische Druckhöhe 2,07 at.

Die Rohrleitung aus gußeisernen Muffenrohren ist 7300 m lang, hat 600 mm l. W. und liegt teils in Forsten in Gestellwegen, teils in öffentlichen Wegen. An ihren höchsten Punkten sitzen selbsttätige Entlüftungsventile, an ihren tiefsten Entwässerungsschieber.

<h3 style="text-align:center">2. Leitung von Grube Golpa.</h3>

Das Wasser fließt zunächst in einer offenen, auf Gerüsten verlegten Rinne bis zur Landstraße Golpa—Oranienbaum, von hier aus in einer unterirdischen Betonleitung von 500 mm l. W. und 1:800 Gefälle an der Nordseite der Kettenbahn und um die Nordseite des Kraftwerkes herum zu den Klärteichen. Ihre gesamte Länge beträgt 2600 m. An der Kreuzung der Golpaleitung mit der vorhandenen Abflußleitung von Grube Sachsenburg liegt ein kleines Absatzbecken, um das durch Kohle und Lehm manchmal stark verschmutzte Wasser vor seinem Eintritt in die großen Klärteiche des Kraftwerkes vorzureinigen. Es hat $12,5\times35,7$ m Grundfläche und ist durch eine Längswand in zwei Hälften geteilt, damit es ohne Betriebsunterbrechung gereinigt werden kann. Ein Überfall hält den Wasserstand auf $+$ 87,10 m und führt das überschüssige Wasser durch eine vorhandene Leitung zum Tagebau Sachsenburg. Die Wassertiefe am Einlauf ist 2,5 m, am Auslauf 2,0 m; die theoretische Aufenthaltszeit des Wassers im Becken ist bei Vollbelastung 1 Stunde. Da an die Ablaufleitung des kleinen Absatzbeckens auch die Regenentwässerung des Kraftwerkes angeschlossen ist, wurde ihr Querschnitt um rd. 50 vH größer gemacht als der der Zulaufleitung.

<h3 style="text-align:center">3. Leitung von Grube Sachsenburg.</h3>

Eine 7,5 m³/min leistende Pumpe saugt das Wasser des Tagebaues hoch und gießt es in einen Schacht neben dem Pumpenhaus aus, von wo es mit 1:1600 Gefälle durch eine Betonleitung von 600 mm l. W. zum Sammelschacht vor den großen Klärteichen fließt. Im Schacht neben dem Pumpenhaus sitzt ein Überlauf zur Grube Sachsenburg, der überschüssiges Wasser aus dem Kraftwerk durch die Sachsenburgleitung unter kleinem Überdruck nach dem Tagebau abführt, wenn der Wasserstand im Sammelschacht am Kraftwerk höher als Oberkante Überlauf ist. Bei Reparaturen an der Muldewasserleitung kann das Pumpwerk Sachsenburg den vollen Bedarf des Kraftwerkes decken, solange der Wasservorrat des Tagebaues ausreicht.

<h3 style="text-align:center">b) Wassersammel- und Entnahmestelle.</h3>

Die Wasserzuflüsse aus Golpa, Sachsenburg (und Barbara) strömen durch Kammer A des am freien Kopfende der großen Klärteiche gelegenen Pumpenhauses in die für Reinigungszwecke absperrbaren Kammern B_1 oder B_2 (Abb. 658 bis 660). Von hier fördern zwei Pumpen von je 10 m³/min Leistung das Wasser nach C. Je nach Bedarf werden dem Wasser in den Pumpen geeignete Enthärtungs- bzw. Reinigungsmittel zugesetzt. Das Muldewasser ist weich und braucht deshalb nicht chemisch gereinigt zu werden. Es fließt daher unter Umgehung der Kammer A und B unmittelbar nach C bzw. nach D_1 oder D_2 und weiter durch die Abteilungen E_1 bzw. E_2 in die Klärteiche, an deren entgegengesetztem Ende die Zulaufkanäle der Kühltürme einmünden. Bei zu starkem Wasserzufluß strömt der Überschuß über Überläufe von

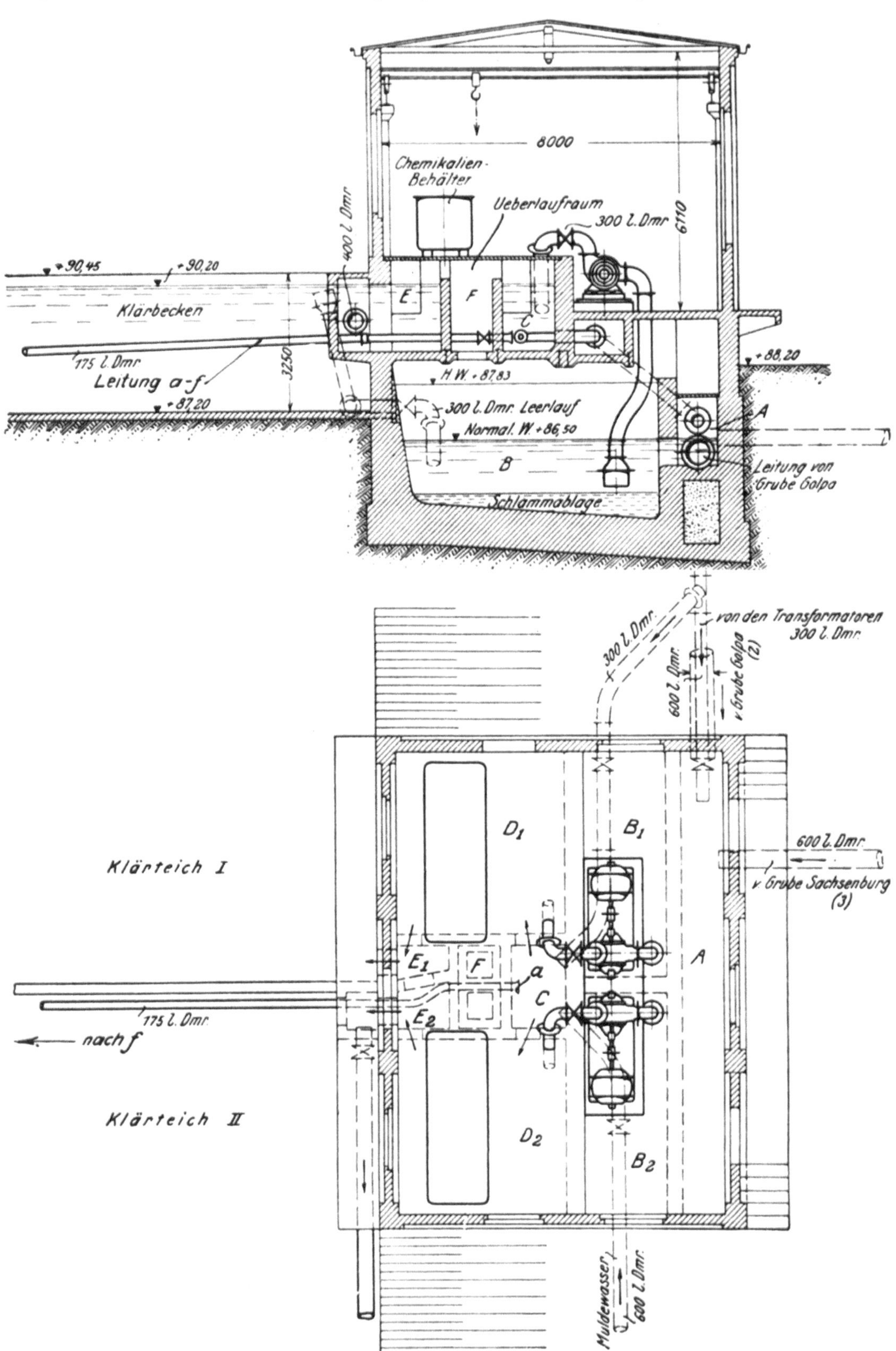

Abb. 658 u. 659. Pumpenhaus an den Klärteichen.

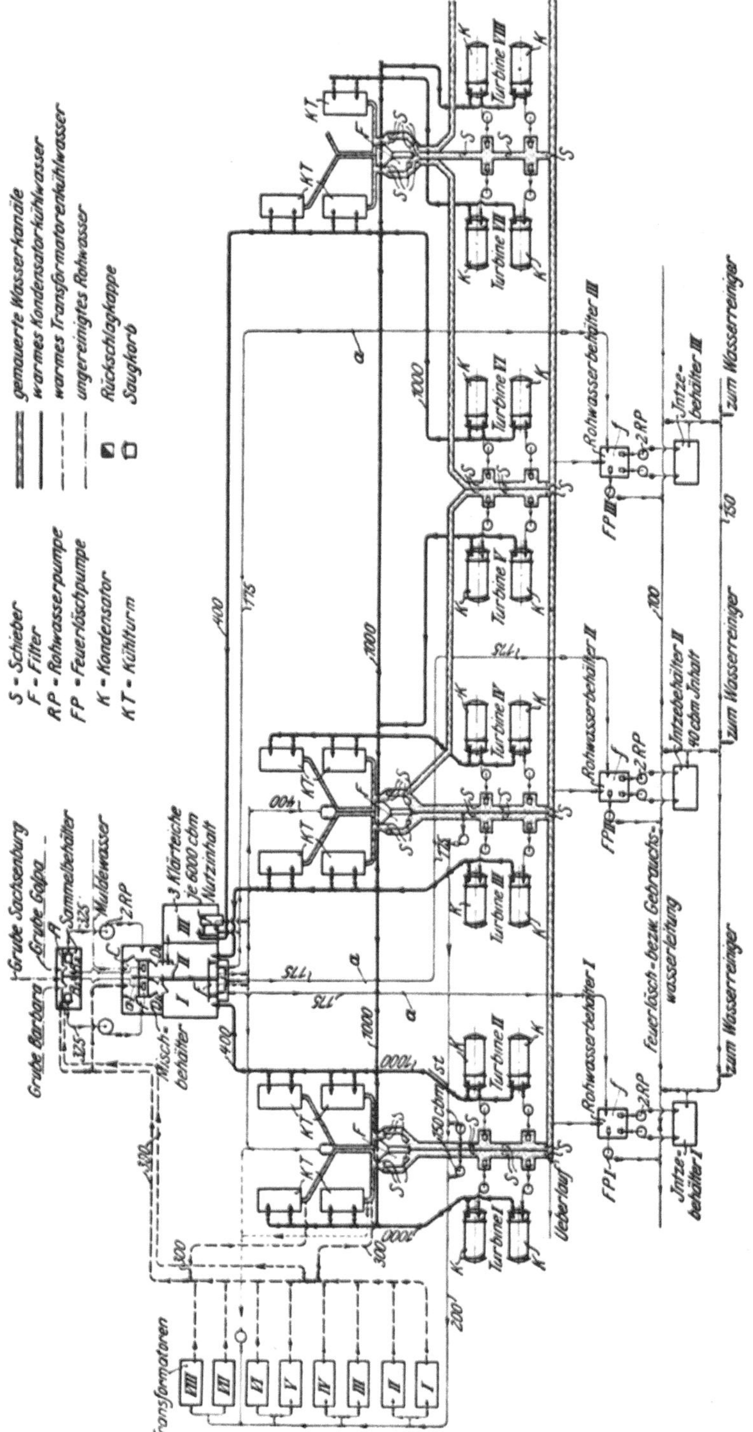

Die Lage der einzelnen Teile und ihre verhältnismäßige Größe zueinander stimmt mit der Wirklichkeit nicht überein. Die Kühltürme sind tatsächlich anders verteilt.

Abb. 660. Leitungsschema für die Wasserversorgung.

den Kammern E_1, E_2 nach F, durch Bodenöffnungen nach B_1, B_2 und durch die 600 mm l. W. Leitung nach der Grube Sachsenburg, die somit zur Wasserentnahme und als Speicher für überschüssig gefördertes Gruben- oder Muldewasser dient.

c) Klärbehälter.

Ursprünglich sollten die Klärteiche für den Wasserbedarf eines ganzen Tages bemessen werden, man hätte dann beim ersten Ausbau (64000 kW) zwei Teiche von je rd. 6000 m³ Inhalt gebraucht. Für den zweiten Ausbau (rd. 120000 kW) und eine weitere etwaige Werksvergrößerung sollten noch zwei ebenso große Teiche hinzukommen. Wegen der sehr beträchtlichen Baukosten und ferner weil erst nach einiger Betriebszeit zuverlässig beurteilt werden konnte, ob ein so großer Wasservorrat überhaupt erforderlich war, wurden zunächst nur zwei Teiche von je 30×75 m Grundfläche ausgeführt, die bei einer mittleren Wassertiefe von 2,85 m rd. 12800 m³ Wasser fassen. Der Fassungsraum der Teiche wurde hauptsächlich durch Anböschung gewonnen. Gegen die Böschungen legen sich eisenarmierte Betonwände, die in Abständen von 3,8 m durch Eisenbetonpfeiler gestützt sind. Die Wärmedehnungen der sehr langen Betonflächen werden durch einige Trennfugen aufgenommen (Abb. 661 bis 663), die mit wellenförmig gebogenen, eingemauerten Zinkstreifen gedichtet sind. Unter der Voraussetzung einer über den ganzen Querschnitt gleichmäßig verteilten Geschwindigkeit braucht das Zusatzwasser bei vollbelastetem Werk rd. 12 Stunden zum Durchfließen der Teiche, seine Geschwindigkeit beträgt hierbei rd. 1,6 mm/s. Da selbst bei dieser kleinen Geschwindigkeit die Abscheidung fein verteilten Kohlenstaubes erfahrungsgemäß zuweilen nicht befriedigend gelingt, wurden Maßnahmen vorgesehen, um sie gegebenenfalls durch Zusatz von Chemikalien (schwefelsaure Tonerde) zu unterstützen. Infolge der eigenartigen Temperaturverteilung durchströmt das Wasser derartige Teiche manchmal in schmalen Streifen mit erhöhter Geschwindigkeit, ein Übelstand, dem man durch Einbau verstellbarer, senkrechter Leitwände zu begegnen sucht. In Zschornewitz hat sich die Notwendigkeit hierzu bisher jedoch nicht herausgestellt.

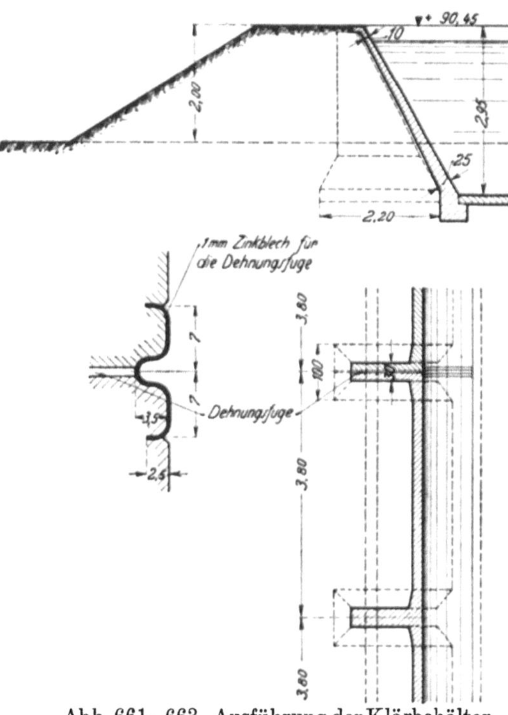

Abb. 661—663. Ausführung der Klärbehälter.

Nach dem Verlassen der Kühlteiche und beim Rücklauf von den Kühltürmen zu den Kondensatoren wird das Wasser durch besondere mechanische Reinigungsvorrichtungen in Gestalt großer, rotierender Walzensiebe aus gelochtem, mit feinmaschigem Bronzedrahtgewebe überzogenem Blech geleitet, deren Oberfläche zwei Bürsten fortlaufend säubern. Die Walzensiebe haben folgende Hauptabmessungen:

Trommeldurchmesser . . . . 1600 mm
Trommellänge . . . . 5000 mm
Minutliche Umlaufzahl 1
Kraftbedarf einer Trommel . . . . 2,3 PS
Wassergeschwindigkeit im
    Sieb hinter den Klärteichen . . . . 17,5 mm/s
    Sieb hinter den Kühltürmen . . . . . . 250 mm/s

Hinter den Walzensieben sitzen herausnehmbare Feinfilter aus Eisenkörben mit Holzwollefüllung. Gröbere Verunreinigungen werden durch Feinrechen zurückgehalten, an die im Winter warmes Wasser aus der Kühlwasserdruckleitung geleitet werden kann, um Eisbildung zu verhindern.

Da das mechanisch ziemlich stark verunreinigte Grubenwasser sehr hart ist, mußte neben der Klärung noch für seine Enthärtung gesorgt werden. Dasselbe gilt für das Kühlwasser der Kondensatoren, das aus der Atmosphäre Flugasche und Staub aufnimmt und infolge der teilweisen Verdunstung sich allmählich mit Härtebildnern anreichert, falls der kreisende Wasservorrat nicht von Zeit zu Zeit abgelassen wird. Die Grubenwässer werden, wie oben eingehender beschrieben wurde, teils in der Sachsenburg, teils in den verschiedenen Klärbehältern mechanisch gereinigt. Zur Beseitigung der Härtebildner bis auf einen angemessenen Härtegrad werden geeignete Chemikalien den Rohrwasserpumpen zwischen den Kammern B und D des Klärteichpumpenhauses (Abb. 658 und 659) zugeführt. Dadurch werden Wasser und Reinigungsmittel sehr innig und gleichmäßig durchmischt. Durch Heranziehen des gesamten Inhalts der großen Klärbecken wird eine lange Kontaktzeit erreicht.

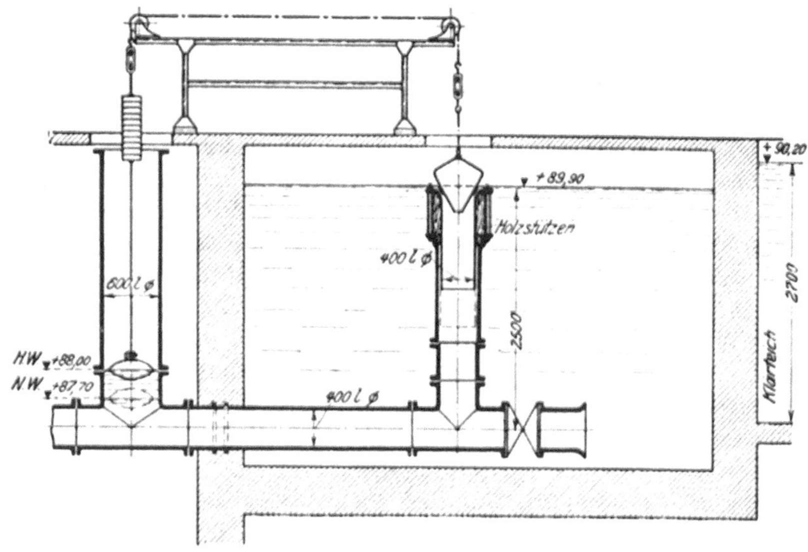

Maßstab 1 : 80.

Abb. 664. Regelung des Wasserstandes in den Kühlwasserkanälen.

Die stetige Reinigung des Wassers aus den Kühltürmen geschieht dadurch, daß das Kühlwasser der Transformatoren durch Pumpen von 150 m³/h Leistung aus den Kühlwasserkanälen im Maschinenkeller entnommen (Abb. 660) und nach Durchlaufen der Ölkühlanlage in die Pumpenhauskammer D (Abb. 658 bis 660) ausgegossen wird, wo es sich mit dem Zusatzwasser vermengt und mit Chemikalien durchsetzt wird. Die Kühlturmbecken einschließlich der Kanäle und der Kondensatoren fassen rd. 3500 m³, ihr gesamter Kühlwasserinhalt durchläuft also täglich einmal die Enthärtungsanlage. Verunreinigungen durch Kohlenstaub, Flugasche usw. und Niederschläge aus der chemischen Reinigung werden beim Verlassen der Klärbecken und vor Eintritt der Kühlwasserkanäle in den Maschinenhauskeller durch die bereits beschriebenen Siebtrommeln und Feinfilter ausgeschieden. Umleitungen ermöglichen eine Besichtigung und Reparatur der Filter ohne Betriebsstörung. Durch diese Maßnahmen wird der Verschmutzung der Kondensatoren und der Rückkühlwerke in weitgehendem Maße vorgebeugt.

Das Muldenwasser ist im Gegensatz zum Grubenwasser sehr weich, auch mechanisch meistens kaum verunreinigt, verursacht aber ziemlich hohe Förderkosten. Der Betrieb muß daher ausprobieren, wann es zweckmäßiger ist, vorwiegend mit Fluß- oder mit Grubenwasser zu arbeiten.

Der Wasserstand in den Klärteichen wird durch selbsttätiges Anspringen der Grubenwasserzubringepumpen mittels Schwimmers und Motoranlassers dauernd auf $+87,7$ gehalten. Zur Betätigung des Flußwasserbetriebes dient eine Fernsprechverständigung mit dem Schöpfwerk an der Mulde. Eine doppelte Schwimmeranlage an der Entnahmestelle aus den Kühlteichen stellt den Wasserspiegel in den Kanälen stelbsttätig ein (Abb. 664). Überschüssiges Wasser wird aus den Kühlteichen über den bereits beschriebenen Überfall im Kühlteichpumpenhaus, aus den Kühlwasserkanälen über Überläufe im Kondensatorenkeller abgeleitet (Abb. 660).

d) Speisewasserversorgung.

Die Kessel werden gespeist entweder mit ungereinigtem Muldewasser oder mit vorgereinigtem Rohwasser aus den Kühlteichen, das in besonderen, in den Kesselpumpenhäusern untergebrachten Wasserreinigern weiter enthärtet wird. Um im ersten Fall zu verhüten, daß das zur Speisung benutzte Flußwasser sich mit den zu den Klärteichen zurückströmenden, harten Transformatorkühlwasser vermischt, wird letzteres statt in Kammer C in Kammer A geleitet (Abb. 658 bis 660), indem man das Muldewasser unter Umgehung der Klärteiche durch eine besondere Leitung unmittelbar den zur Versorgung der Kesselpumpen dienenden Rohwasserbehältern zuführt (Abb. 660). Drei derartige Behälter von je 27 m³ Inhalt liegen in den Höfen zwischen den Kesselhäusern. Von hier aus drücken Rohwasserpumpen in die in 25 m Höhe an den Schornsteinen angebrachten Intzebehälter von je 40 m³ Inhalt, an die die Leitungen zu den Wasserreinigern angeschlossen sind. Nach Verlassen der Reiniger durchströmt das Wasser Kiesfilter von 2100 mm Durchmesser mit Rührwerk und Wasserdurchspülung und gelangt dann in ebenerdig aufgestellte Reinwasserbehälter. Aus diesen Behältern wird es nach Bedarf in die über den Kesselpumpen aufgestellten Kondensatbehälter gefördert. Den Speisepumpen fließt das Wasser für gewöhnlich unter Druck aus den Kondensatbehältern zu, sie können aber auch aus den Reinwasserbehältern saugen.

Im Falle eines Brandes drücken drei Feuerlöschpumpen von je 60 m³/h Fördermenge und 60 m Druckhöhe aus den Rohwasserbehältern der Kesselhaushöfe in die Löschleitungen, die für gewöhnlich als Gebrauchswasserleitung dienen und dann von den Intzebehältern gespeist werden (Abb. 660).

4. Kohlenversorgung des Werkes.

a) Kohlenbedarf.

Die Golpa-Kohle enthält 53 bis 55 vH Wasser und rd. 5 vH Unverbrennliches, in der Körnung entspricht sie etwa ungesiebter Gartenerde, nur 20 bis 30 vH der gesamten Kohlenmenge bestehen aus zuweilen weit über kopfgroßen Stücken, deren Holzstruktur häufig noch gut erkennbar ist. Um unbedingt sicher zu gehen, wurde bei der Bemessung der Kohlenförderanlagen mit dem verhältnismäßig hohen Kohlenverbrauch von 3 kg/kWh gerechnet. Der stündliche Bedarf eines Kesselhauses beträgt dann 75 t und der tägliche Bedarf des ganzen Werkes 7200 t oder rd. 96 000 hl.

b) Kohlenabbau.

Die Braunkohle wird in Golpa im Tagebau, d. h. in offener Grube gewonnen. Der eigentlichen Kohlenförderung gehen umfangreiche Vorarbeiten durch die Abräumung der über dem Kohlenflöz lagernden, bis 20 m starken Erddecke voraus.

Da der Abraumbetrieb infolge Störungen durch Frost nur während 200 bis 250 Tagen
möglich ist, muß stets eine größere Kohlenfläche freigelegt sein. Abb. 665 gibt eine
Übersicht über die Golpaer Kohlengruben. Tagebau I bestand schon vor Errichtung
des Kraftwerkes und liefert nur für die unmittelbar benachbarte Brikettfabrik. Tagebau II kam aus örtlichen Gründen überhaupt nicht zur Entwicklung. Tagebau III
und IV versorgen nur das Kraftwerk mit Kohle. Bei dem in Abb. 665 dargestellten
Stande des Abbaues räumen 2 Eimerkettenbagger das Deckengebirge weg, durch
2 ganz ähnlich gebaute Bagger wird auf zwei nebeneinander liegenden Schienen-
straßen die Kohle gefördert. Die Kohlenbaggerstraßen liegen etwa auf halber Höhe
des Kohlenflözes, derart, daß ein Bagger als Tiefbagger, der andere als Hochbagger
arbeitet (Abb. 666). Beim Abbau des Kohlenflözes entstehen Inseln, die die Eimer-

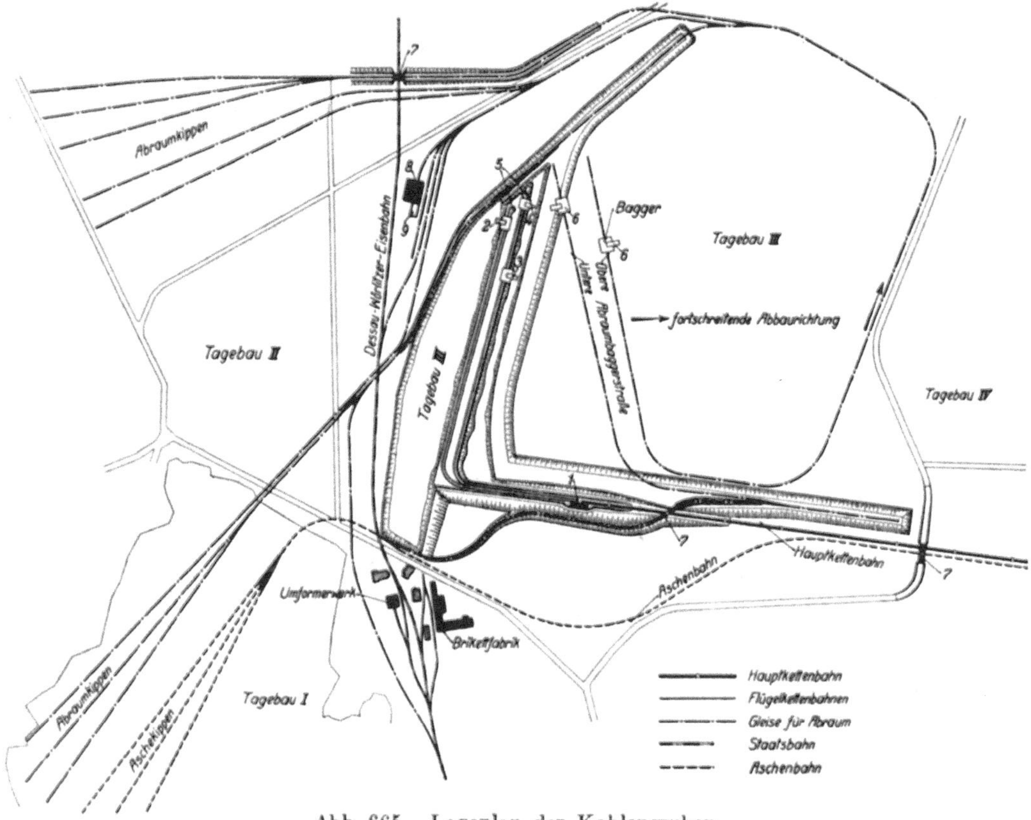

Abb. 665. Lageplan der Kohlengruben.

1 Antriebswerk für die Flügelkettenbahnen.
2 Tiefbagger zur Kohlengewinnung.
3 Hochbagger zur Kohlengewinnung.
4 Löffelbagger.
5 Umlenkscheiben der Flügelkettenbahnen.
6 Abraumbagger.
7 Brücke.
8 Werkstätte.
9 Magazin.

bagger nicht erfassen können und die durch besondere Löffelbagger (Abb. 667) entfernt
werden. Der Abraum wird in zwei Stufen gewonnen. Beide Abraumbagger arbeiten
als Tiefbagger, der obere auf gewachsenem Boden, der untere auf halber Höhe der
Decke (Abb. 666). Am Ende der Eimerleiter sitzt ein Planierstück, das durch 2 Motoren
verstellt werden kann und ein gutes Planum für den unteren Abraumbagger vor-
bereitet. Die Abraumbagger, sogenannte Doppelschütter, werfen das Erdreich in
zweiachsige, 5 m³ fassende Selbstentlader, sie sind für wechselseitigen Betrieb mit
2 Zügen gebaut. Auch die Kohlenbagger können nach geringfügigen Abänderungen
für den Abraum verwendet werden, sie benutzen bei Kohlenförderung nur eine

Schüttklappe. Jeder Eimerbagger hat einen 270 PS Motor zum Antrieb der Eimerleiter (Turas-Antrieb), einen 30 PS Fahrmotor, 2 Motorkompressoren von je 10 PS zur Erzeugung der Druckluft für die Bedienung der Schüttklappen und zum Abstoßen der Kettenbahnwagen, ferner einen kleinen Umformer zur Erzeugung von 110 V Gleichstrom für die Innen- und Außenbeleuchtung des Baggers und für die Verstellmotoren des Planierstückes. Der Löffelbagger besitzt zwei 1000 V Hauptstrommotoren von je 100 PS zum Antrieb des Hubwerkes und des Vorschubes.

Anfangs wird der Abraum in Zügen von 22 Wagen, die einschließlich der elektrischen Lokomotive beladen 240 t wiegen, auf Halden, den sogenannten Kippen, bis zu einer oft beträchtlichen Höhe aufgeschüttet, später in die bereits von der Kohle geräumten Teile des Tagebaues gekippt. Dorthin wird auch mit einer besonderen Bahn die Asche aus dem Kraftwerk geschafft. Lokomotiven und Bagger mit Dampfantrieb werden immer mehr durch elektrisch angetriebene ersetzt, die erheblich wirtschaftlicher sind. Eine elektrische Abraumlokomotive von 44 t Gewicht und rd. 400 PS leistet z. B. ebensoviel wie 2 Dampflokomotiven und braucht bei dreischichtigem Betrieb nur 3 Lokomotivführer gegenüber 6 Lokomotivführern und 6 Heizern der Dampflokomotiven. Diese müssen noch besonders ausgebildet werden, während ein anstelliger Arbeiter in kürzester Frist die Führung einer elektrischen Lokomotive übernehmen kann. Weitere Vorteile des elektrischen Betriebes sind der Wegfall des zuweilen sehr schwer zu beschaffenden Kesselwassers und die geringen Stromkosten. (Kohlenersparnis etwa 60—70 vH.)

Der langgestreckte Oberrahmen der Lokomotiven besteht aus starken Flußstahlblechen und aus Walzeisen, die langen Seitenbleche sind aus einem Stück geschnitten. Die Anordnung des Führerstandes gewährt nach jeder Richtung freien Überblick (Abb. 668). Der Oberrahmen ruht auf Stahlgußkugelzapfen in den Pfannen der Drehgestelle. Die Kugellagerung sichert auch bei ungünstigen Gleisverhältnissen das gleichmäßige Aufliegen aller Räder. Die Zug- und Stoßvorrichtungen sitzen zur Erzielung geringster Auslenkung in den Gleiskrümmungen an den Drehgestellen. Zur Verhütung von Beschädigungen durch Pufferstöße wurde die Lagerung des Rahmens besonders kräftig durchgebildet. Der unter dem Pufferkasten sitzende Bahnräumer schützt bei Entgleisungen die Triebwerksteile in wirkungsvoller Weise. Der Achsabstand beträgt 1600 mm. Zwei Bremsvorrichtungen für Druckluft- und Handbetätigung wirken auf alle Räder. Die Druckluft dient gleichzeitig zum Betrieb der Sandstreuer und zur Signalgebung mittels Pfeife oder Glocke.

Die Lokomotive wird durch 4 auf den Achsen gelagerten und am Rahmen der Drehgestelle federnd aufgehängten 1000-V-Hauptstrommotoren angetrieben, die am Umfang der Laufräder gemessen 400 PS Normalleistung haben. Die Umlaufzahl der Motoren beträgt 520, die normale Geschwindigkeit der Lokomotive 14 km/h. Der Strom wird von der Fahrleitung durch Walzenabnehmer entnommen, die sich der Höhe des Fahrdrahtes selbsttätig anpassen und auch bei wechselnder Fahrtrichtung nicht verstellt zu werden brauchen. Auf jeder Seite der Lokomotive sitzen entsprechend der Lage des Fahrdrahtes 2 Stromabnehmer, von denen je einer als Reserve dient. Gleichstrom von 1100 V wird vom Umformerwerk durch 2 positive Erdkabel bis zu einem 100 m entfernten Verteilungsmast geleitet, von dem 5 abschaltbare Freileitungen in die verschiedenen Verwendungsgebiete abzweigen. Die Rückleitung geschieht in üblicher Weise durch die Gleisschienen. Den Baggern und Lokomotiven wird der Strom durch einen Profildraht aus hartgezogenem Kupfer von 80 mm² Querschnitt zugeführt, der auf den fest verlegten Gleisstrecken seitlich von der Gleismitte zwischen je zwei einander gegenüberstehenden Holzmasten aufgehängt ist. Auf den beweglichen Bagger- und Kippgleisen ist er an eisernen Auslegermasten angebracht, die an den Gleisen befestigt sind und mit ihnen gemeinsam verschoben werden. Da die Maste auf den Kippen an der der Kipprichtung entgegengesetzten

Abb. 666. Ansicht der Kohlen- und Abraumbagger.
(Im Hintergrund in der Mitte arbeitet ein Löffelbagger.)

Abb. 666. Löffelbagger.
(Im Hintergrund Umlenkscheibe für Flügelkettenbahn.)

Seite stehen und da die Kipprichtung wechselt, mußten auch die Stromabnehmer der Lokomotiven seitlich angeordnet werden. Infolge der dauernden Verschiebungen der Gleise treten auf den Lokomotiv- und Baggerstrecken häufig Kurzschlüsse auf. Um die hierdurch verursachten Störungen möglichst zu beschränken, sind in besonders gefährdete Strecken mehrere selbsttätige Ausschalter eingebaut und andere geeignete Vorsichtsmaßregeln getroffen worden.

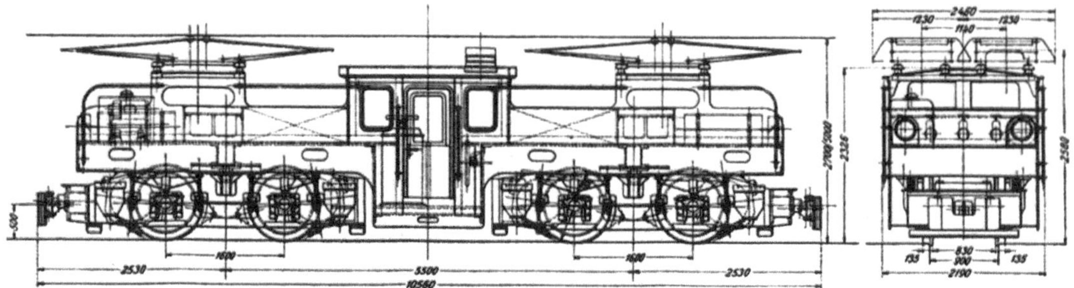

Abb. 668. Elektrische Abraumlokomotive.

Im Jahre 1920 war Tagebau IV soweit aufgeschlossen, daß elektrischer Betrieb eingeführt werden konnte. Hierzu wurden zur Verfügung gestellt 9 elektrische Lokomotiven, ein großer Abraumbagger und 2 Kohlenbagger. Aus diesem Tagebau wird die Kohle nicht durch Kettenbahnen, sondern in Selbstentladern mittels Lokomotiven in das Kraftwerk geschafft.

c) Kohlentransportmittel.

Obwohl zur Zeit der Bearbeitung der Neuauflage dieses Werkes der Kettenbahnbetrieb und die Seilbahn für die Lagerbeschickung eingestellt worden sind, bleibt das Interesse an diesen Transportmitteln an sich bestehen, woraus sich die folgende eingehende Beschreibung der ursprünglichen Anlagen rechtfertigt. Für die neueren Transportanlagen sei auf Abb. 402—404 verwiesen.

Die Veranlassung zum Übergang vom Kettenbahnbetrieb zum jetzigen Betrieb mit Kohlenzügen und Lokomotiven war hauptsächlich die häufige Betriebsstörung durch das Versagen der Ketten. Infolge der Ablagerungen von scharfkantigem Aschenstaub auf den Transportmitteln war die Abnutzung, insbesondere der Kettenglieder, sehr groß und eine Umstellung des Betriebes daher erforderlich.

1. Kettenbahn.

Für die Wahl und Durchbildung des Transportmittels von der Grube zum Kraftwerk sind die Wirtschaftlichkeit und die rauhe Natur des Bergwerksbetriebes maßgebend. Da der Ort des Abbaues dauernd wechselt und die Baggermaschinen mit ihrem Gleisunterbau ständig verschoben werden müssen, war innerhalb des Tagebaues die Anwendung eines bodenständigen Fördermittels geboten. Aber auch zwischen Grube und Kraftwerk blieb man vorteilhaft bei demselben System, um mit möglichst wenig Fördereinheiten auszukommen.

Die Luftseilbahn schied von vornherein aus, weil ihr Betrieb wegen der sehr großen Leistung nicht wirtschaftlich gewesen wäre und weil ihre Umlegung bei fortschreitendem Abbau außerordentliche Schwierigkeiten verursacht hätte.

Als Zugmittel für die bodenständige Förderung kam deshalb nur Seil oder Kette in Betracht. Seile sind in der Anschaffung und infolge geringerer Leerlaufsarbeit auch im Betriebe billiger als Ketten. Trotzdem wurden Ketten vorgezogen, weil sie eine wesentlich größere Lebensdauer haben, als Oberkette die Wagen selbsttätig an- und abzuschlagen erlauben und dadurch Bedienungsmannschaften ersparen. Die

Kohlenzubringung nach dem Kraftwerk wurde zur Hebung der Betriebssicherheit in zwei nebeneinander liegende Kettenbahnen unterteilt (Abb. 669 und 670). Die Grube sollte nur in Tagesschicht arbeiten, jede der beiden Kettenbahnen mußte daher in 8 Stunden rd. 48000 hl fördern können. Fällt eine Kette aus, so vermag die andere in 2 Arbeitsschichten noch den vollen Tagesbedarf zu decken.

Abb. 669. Kettenbahnstrecke.
(Im Hintergrund Dampfbagger und Dampflokomotiven bei Erschließung von Tagebau IV.)

Der Baggerbetrieb erfordert einen bestimmten zeitlichen Wagenabstand, der erfahrungsgemäß 14 bis 15 Sekunden nicht unterschreiten darf; wegen der hohen Fördermenge mußte daher der in Braunkohlengruben übliche Wageninhalt ganz erheblich überstiegen und auf 20 hl festgesetzt werden. Das große Wagengewicht

Abb. 670. Hauptkettenbahn (vom Wipperboden aus gesehen).

konnte infolge des fast gänzlichen Wegfallens von Handtransporten unbedenklich in Kauf genommen werden. Der große Wageninhalt war auch deshalb erwünscht, weil er in der Zerkleinerungsanlage am Ende der Kettenbahn die Zahl der erforderlichen Wipper verringerte. Abb. 671.

Wären die Ketten der Hauptkettenbahn in einem Zuge über die 1900 m lange Strecke vom Tagebau bis zur Brecheranlage durchgeführt, so hätte die Gliederstärke 34 mm betragen müssen, während der Bergmann nicht gern über 28 mm hinausgeht. Sie werden deshalb durch das Antriebswerk so unterteilt, daß beide Stränge etwa gleich hoch beansprucht sind (Abb. 669). Der völlige Belastungsausgleich konnte allerdings wegen der Lage der Felder und der aus dem fortschreitenden Abbau sich ergebenden Verhältnisse nicht erreicht werden, immerhin wurden durch die Unterteilung rd. 50 000 kg Kettengewicht und die entsprechende Betriebsarbeit erspart. Trotzdem blieben die technischen Anforderungen noch so groß, daß Neukonstruktionen mit in solchen Betrieben bisher unbekannten Abmessungen geschaffen werden mußten. Die vier 28 mm starken, elektrisch geschweißten Ketten der Hauptkettenbahn werden durch Scheiben mit einfach verstellbaren Greifern angetrieben, die eine genaue Anpassung der Greiferteilung an die durch Verschleiß und Dehnung allmählich zunehmende Kettenteilung ermöglichen, und mit höchstens 9000 kg belastet. Die Kettenbahnen haben je einen besonderen 275-PS-Motor, der mittels Riemen und zweier Stahlgußräderpaare auf die zwei zu einem System gehörenden und auf einer gemeinsamen Antriebswelle sitzenden Greiferscheiben ar-

Abb. 671. Wipperboden.
(In der Mitte 4 Doppelwipper, rechts und links etwas tiefer die beiden Schmierwipper.)

beitet. Ein dritter Motor, der wahlweise auf jeden Antrieb geschaltet werden kann, dient als Aushilfe. Hinter dem Antriebsmechanismus sitzen die selbsttätigen Spannvorrichtungen, in denen die Kettenglieder beim Durchgang gleichzeitig abgespült und von anhaftendem Schmutz gereinigt werden (Tafel X). Um Biegungsbeanspruchungen von den Ketten möglichst fern zu halten, wurden die Ablenkscheiben der Antriebsstation, deren Einzelteile auf geschlossenen Fundamentrahmen zusammengebaut sind, ungewöhnlich groß gemacht.

Die sehr kräftigen Gleise sind auf Holzschwellen verlegt, die für Voll- und Leergleise durchgehen. Rund 8 m voneinander entfernte Tragrollen verhindern bei zu großem Wagenabstand das Schleifen der Kette auf der Streckensohle (Abb. 669). Im ansteigenden Streckenteil sitzen Fangvorrichtungen, die bei Kettenbruch beladene Wagen auffangen und Beschädigungen durch steuerlos rückwärtsrollende Wagen verhindern.

Die Hubhöhe der Bahn beträgt bei einer Maximalsteigung von 1:6 40 m. Die größte Kettengeschwindigkeit ist 1,3 m/s und der kürzeste Wagenabstand 18,7 m.

Es kommt also bei vollem Betrieb alle 14,4 s ein Wagen auf dem Wipperboden an, beide Strecken sind mit 200 vollen und ebensoviel leeren Wagen besetzt.

Die Verhältnisse der Flügelkettenbahnen liegen insofern etwas anders, als die Kettenlänge wegen der mit dem fortschreitenden Abbau veränderlichen Baggerwege von Zeit zu Zeit verlängert werden muß. Infolgedessen erfolgte der Antrieb statt durch Greiferscheiben durch 2 Reibungsscheiben, welche die Ketten S-förmig umschlingen, so daß unkalibrierte Ketten verwendet werden konnten. Im übrigen sind die Antriebs- und Spannvorrichtungen ebenso angeordnet wie bei der Hauptkettenbahn. Um aber die beim Abbau öfters erforderliche Versetzung zu erleichtern, bilden die Eisenkonstruktionsgerüste der Stationen ein geschlossenes Ganzes und sind auch in der Ebene der Stützenfüße gut versteift; ferner können die Leit- und Ablenkvorrichtungen leicht nach dem Winkel zwischen Haupt- und Baggerbahn eingestellt werden.

Die Flügelkettenbahnen mit 22 mm starken Ketten sind für eine größte Streckenlänge von rd. 1000 m bei horizontalem Verlaufe vorgesehen. Für den Fall, daß die Bagger am Ende der Flügelbahnen arbeiten, gelten folgende Werte:

Unter einer Kette stehen beladene Wagen 105
Unter einer Kette stehen leere Wagen 105
Kraftbedarf der Bahn . . . . rd. 150 PS
Größte Kettenbelastung . . . . rd. 4500 kg
Gewicht der auf Haupt- und Flügelbahnen dauernd bewegten Totlasten (Wagen und Ketten) . . . . . rd. 770 t
Gewicht der bewegten Kohle . . . . rd. 460 t
Gesamtes dauernd bewegtes Gewicht . . . . rd. 1230 t

2. Brecherhaus.

Die im Brecherhaus untergebrachten Vorrichtungen dienen zum Brechen der von der Hauptkettenbahn herangeschafften Kohle, ihrer Weiterbeförderung nach den Kesselhäusern oder der vorübergehenden Aufstapelung auf dem unmittelbar vor den Kesselhäusern befindlichen Kohlenlager. Dieses Lager war nötig, um bei einer bis zu etwa 3 Tage dauernden Unterbrechung der Kohlenzufuhr genügend Brennstoff zur Verfügung zu haben. Die Ursachen solcher Unterbrechungen können in unvorhergesehenen Störungen des Grubenbetriebes, der Kettenbahn, der an Sonn- und Festtagen regelmäßig wiederkehrenden Arbeitsruhe oder darin bestehen, daß beim Wechsel des Abbauortes eine Flügelbahn verlegt und der Kohlentransport zeitweise eingestellt werden muß.

Die beste Lage des Brecherhauses ergab sich aus seiner Anordnung in der Achse des mittleren Kesselhauses (erster Ausbau) und vor diesem in solcher Entfernung, daß der zwischen Kesselhaus und Brechergebäude durchgehende Verkehr und der architektonische Eindruck des Werkes nicht gestört wurden. Um im Interesse der schnellen Montage der Kessel eine ausreichende Gleisanlage unterbringen zu können und um für die Aschenabfuhrgleise genügend Platz zu haben, mußte das Brecherhaus einen Abstand von etwa 40 m erhalten.

Im obersten Stockwerk des Brecherhauses, wo die ankommenden Wagen entladen und die leeren Wagen der rücklaufenden Kette wieder zugeführt werden, liegt der Wipperboden mit 4 Doppelwippern und 2 Schmierwippern (Abb. 671 bis 674). Im mittleren Stockwerk ist der Antrieb der Doppelwipper, die Brecheranlage und die Füll- und Entladestation für die der Beschickung des Kohlenlagers dienende Seilbahn untergebracht; das Erdgeschoß endlich birgt die Füllvorrichtung und die selbsttätigen Waagen der Stahlbandförderer, die die Kohle vom Brecherhaus nach den Kesselhäusern weiterschaffen.

Ankommende beladene Wagen lösen sich auf dem Wipperboden selbsttätig von den Ketten los, laufen mit kleinem Gefälle über die Doppelwipper, wo sie entleert werden, dann durch Schleifen nach den zur Grube rückkehrenden Ketten, in die sie sich gleichfalls selbsttätig wieder einschalten. Die zulaufenden vollen Wagen schieben die entleerten aus den Wippern, die darauf von Hand eingerückt werden

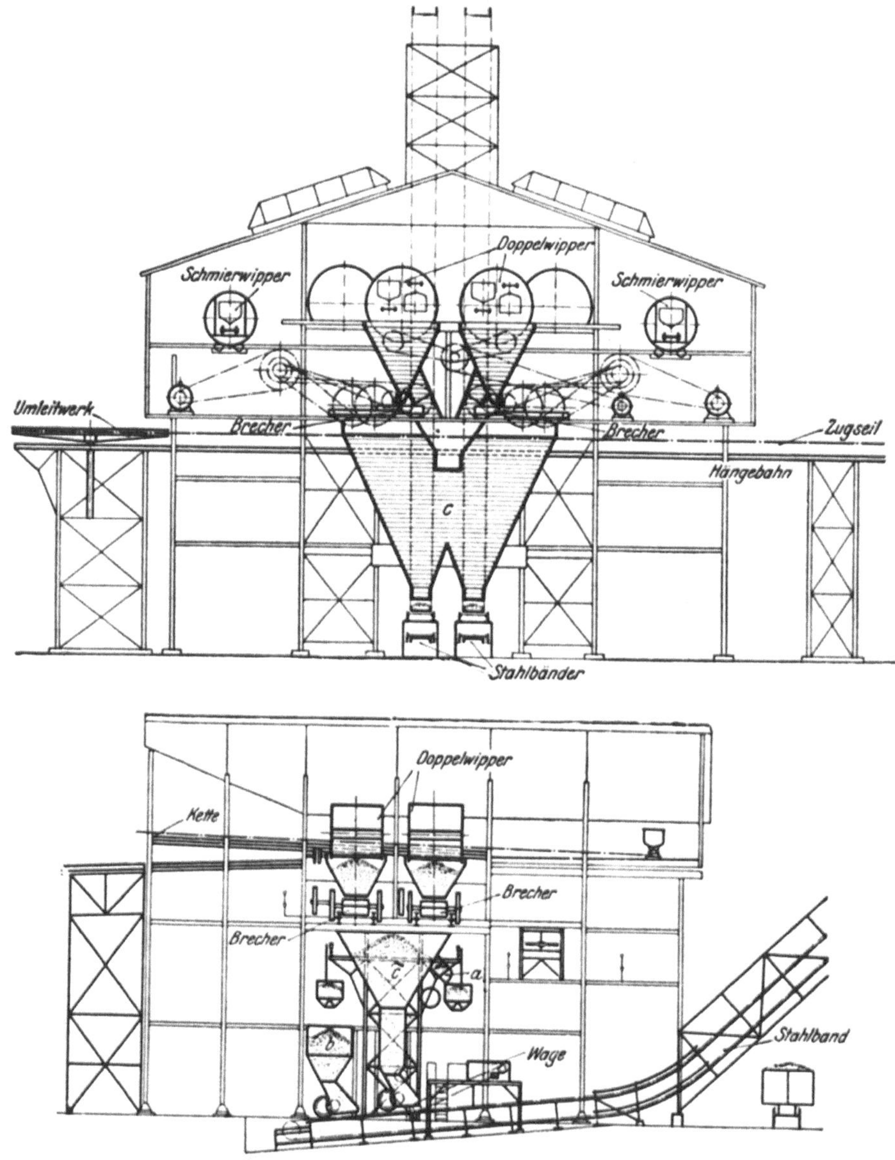

Abb. 672 u. 673.　Brechergebäude.

und sich nach erfolgter halber Drehung wieder automatisch ausrücken. Die Rückkehrschleifen sind auf einem Holzunterbau verlegt und mit Zwangsschienen versehen, die den Wagen eine gute und sichere Führung geben. In Abzweigungen der Rücklaufschleifen sind von Hand zu bedienende Schmierwipper eingebaut, in denen auch Wagen, die nicht in Ordnung sind, schnell nachgesehen werden können. Die Doppelwipper gießen in Taschen aus, die die Kohle unmittelbar oder mittelbar durch vier mit Stachelwalzen von 1000 mm Durchmesser ausgerüstete Kohlenbrecher hindurch nach Tasche C abführen (Abb. 672 und 673). Jedes Wipper- und Brechersystem kann in 8 Stunden 1500 t verarbeiten; wird ein Wipper schadhaft, so reichen aber auch drei Systeme für den vollen Betrieb aus. Der Kraftbedarf der Brecheranlage beträgt 330 PS. Tasche C füllt entweder die Stahlbandförderer oder durch

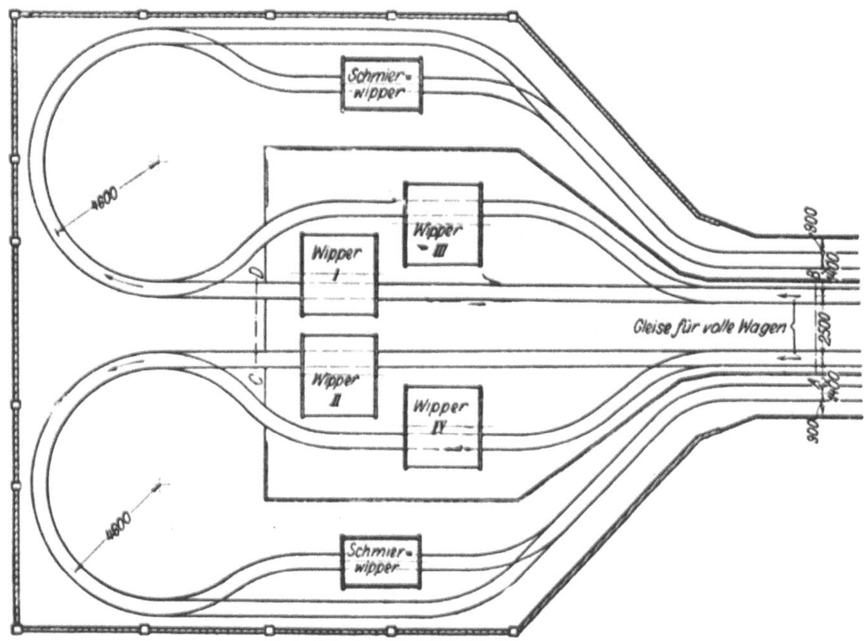

Abb. 674. Gleisführung auf dem Wipperboden.

Schnauze A die Kübel der Hängebahn, die von I-Trägern mit aufgenieteten Kleinbahnschienen getragen und durch Zugseil angetrieben werden. Antrieb und Spann-

vorrichtung der Hängebahn sitzen gleichfalls auf dem Brecherboden. Die Kübel werden entleert: entweder von Hand mittels Handrades und Kettenübersetzung, die den Hebelverschluß der Bodentüren öffnet, oder automatisch durch Knaggen, die an geeigneten Stellen angebracht sind und den an der anderen Stirnfläche der Kübel sitzenden Auslöser betätigen (Abb. 675).

Mit Hilfe der Hängebahn und einer fahrbaren Verladebrücke kann die Kohle auf dem 170 m langen und 30 m breiten Lagerplatz 5 m hoch gestapelt werden. Es lagern dann rd. 23000 m³, die für $2^1/_2$ Tage und zusammen mit dem Inhalt der Bunker der Kesselhäuser für drei Tage ausreichen. Dieser Kohlenvorrat mag, besonders auch mit Rücksicht auf Streiks, als ziemlich knapp erscheinen. Die Stapelung wesentlich größerer Mengen wird aber fast unmöglich, weil die frei lagernde Kohle zu rasch verdirbt. Die Verladebrücke ist als

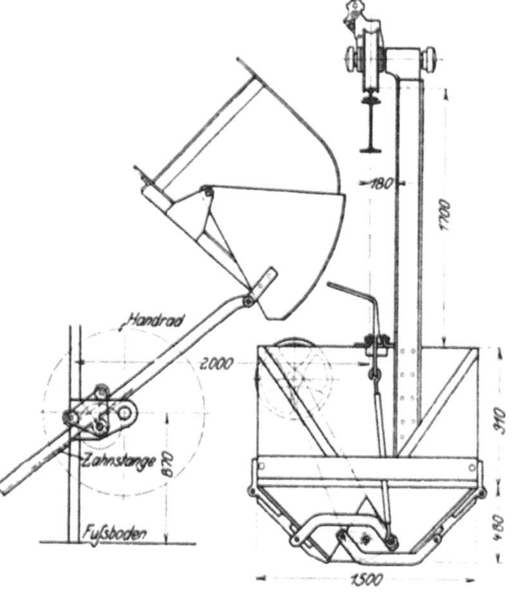

Abb. 675. Kübel der Hängebahn.
Vor der Füllschnauze im Brechergebäude.

fahrbare Schleife ausgebildet, das Zugseil wird durch Scheiben von 5 m Durchmesser abgelenkt, Schleppweichen leiten die Kübel auf die Schienen der Brücke über. Auf der anderen Seite der Brücke wird das Zugseil mittels eines Rollenkranzes umgekehrt (Abb. 676 und 677). Vom Lager ins Brecherhaus leer zurückkehrende Kübel werden selbsttätig vom Zugseil abgekuppelt und laufen mit kleinem Gefälle der Beladeschurre

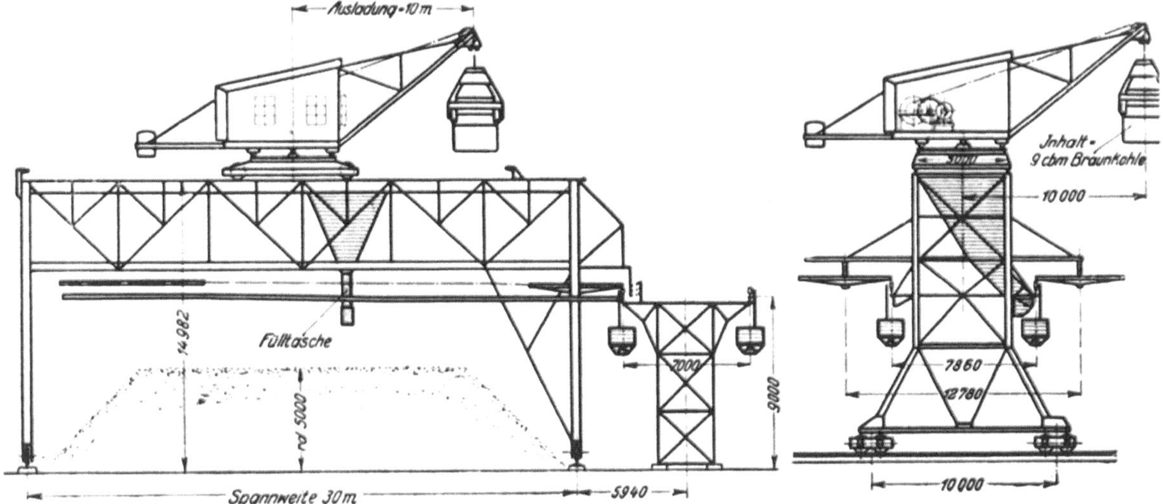

Abb. 676 u. 677. Verladebrücke mit Drehkran.

zu, wo sie durch eine Bremse angehalten werden. Nach dem Beladen werden sie zur Ankuppelstelle geschoben, wo sie sich selbsttätig mit dem Zugseil verbinden. Ein Kübel faßt 3 m³ und hat 1 m/s Geschwindigkeit. Auf dem Lagerplatz werden die Kübel auf dieselbe Weise wie im Brecherhaus ein- und ausgekuppelt, die Beladung geschieht durch Drehschieber, die durch Gegengewichte ausbalanciert sind und mittels Handrad und Vorgelege bestätigt werden (Abb. 675). Ein Drehkran auf der Verladebrücke nimmt die Kohle vom Lagerplatz mit einem Zweiseilgreifer wieder auf, der mit 9 m³ Inhalt wohl zu den größten Greifern überhaupt gehört (Abb. 678). Der Greifer wirft die Kohle in eine feststehende, an der Verladebrücke hängende Tasche von 50 m³ Inhalt, unter ihr laufen die Kübel, die die Kohle zum Brecherhaus zurückbringen, wo sie mittels der Tasche C die Stahlbandförderer beschicken (Abb. 672 und 673).

Der Drehkran hat eine Tragfähigkeit von 13 t und ein für Zweiseilgreifer ausgebildetes Windwerk mit Doppeltrommeln. Die Hubtrommel bleibt dauernd mit dem Antriebsmotor gekuppelt, die Entleerungstrommel läßt sich derart kraftschlüssig mit einer Vorgelegewelle verbinden, daß der Greifer in geöffnetem Zustande gesenkt

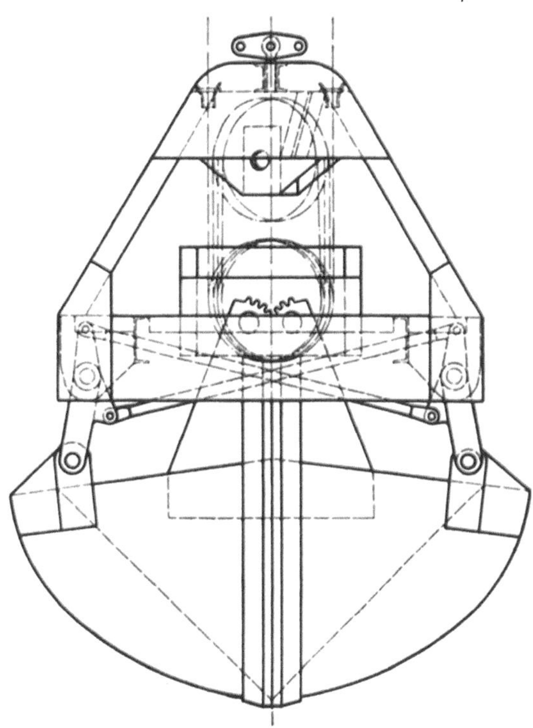

Abb. 678. Kohlengreifer.

werden kann. Das Drehwerk wird in der üblichen Weise durch ein horizontales Schneckengetriebe mit Stirnradvorgelege angetrieben, dessen Ritzel in einen fest-

stehenden Zahnkranz eingreift. Der Antrieb des Fahrwerkes geschieht durch Stirn-
räder auf zwei Laufräder des Kranes mittels eines auf dem Kranunterwagen gelagerten Antriebsmotors. Die Brückenfahrorgane sitzen auf der Brückenmitte, sie
arbeiten auf zwei von den vier am Brückengerüst gelenkig befestigten Unterwagen.
Sämtliche Motoren werden von dem im Drehkran untergebrachten Führerstand aus
gesteuert. Der Hubmechanismus hat Drehstrom-Schützensteuerung mit Gegenstrom-
Senkbremsschaltung und Höchststromauslösung, alle übrigen Bewegungen werden
durch die normale Fahrschaltung betätigt. Hub- und Senkkontroller sind durch eine
Universalsteuerung miteinander verbunden. Durch die Schützensteuerung wird der
Hubkontroller klein und handlich; die Senkbremsschaltung mit untersynchroner
Senkgeschwindigkeit schont Bremsband, Triebwerk und die Böden der Eisenbahnwagen. Da man mit der Universalsteuerung gleichzeitig heben bzw. senken und
drehen kann, wird die Leistung des Kranes erheblich gesteigert.

Der Strom wird von den Drähten auf der fahrbaren Kranbrücke durch Kon-
taktwalzen mit Evansgelenken abgenommen.

3. Stahlband- und Gurtförderer.

Die beiden, voneinander völlig unabhängigen Stahlbandförderer sind als trog-
artige, mit Querwänden versehene Laschenkettenbecherwerke von 1200 mm Breite
und 300 mm Tiefe durchgebildet. Die Glieder dieser Becherwerke bilden einen fort-
laufenden, gelenkigen Trog, der
sich durch Führungen und Umlenkrollen den örtlichen Verhältnissen anpassen läßt. Die
Stahlbandförderer bringen die
Kohle auf einer unter 45° gegen
die Horizontale geneigten Ebene
vom Erdgeschoß des Brecher-
gebäudes in eine Höhe von
26 m über Gelände auf den
Verteilungsturm am Kopfende
des Kesselhauses B und fahren
kurz hinter den Aufgabetrich-
tern über selbsttätige Wagen,
die in den schrägen Teil des
Stahlbandes eingebaut, aber so
durchgebildet sind, daß sie das
beförderte Kohlengewicht ohne
weiteres und ohne Verlangsamung des Ganges der Becherkette richtig angeben. Die
Genauigkeit der selbsttätigen
Waagen wird durch wechselnde
Reibungswiderstände, durch Abnutzung, Temperaturschwankungen und im vorliegenden
Fall hauptsächlich dadurch beeinträchtigt, daß die rück-
laufende Trogkette in wechselndem Maße durch anhaftende
Braunkohle beschwert ist. Dieser Nachteil zeigt sich besonders

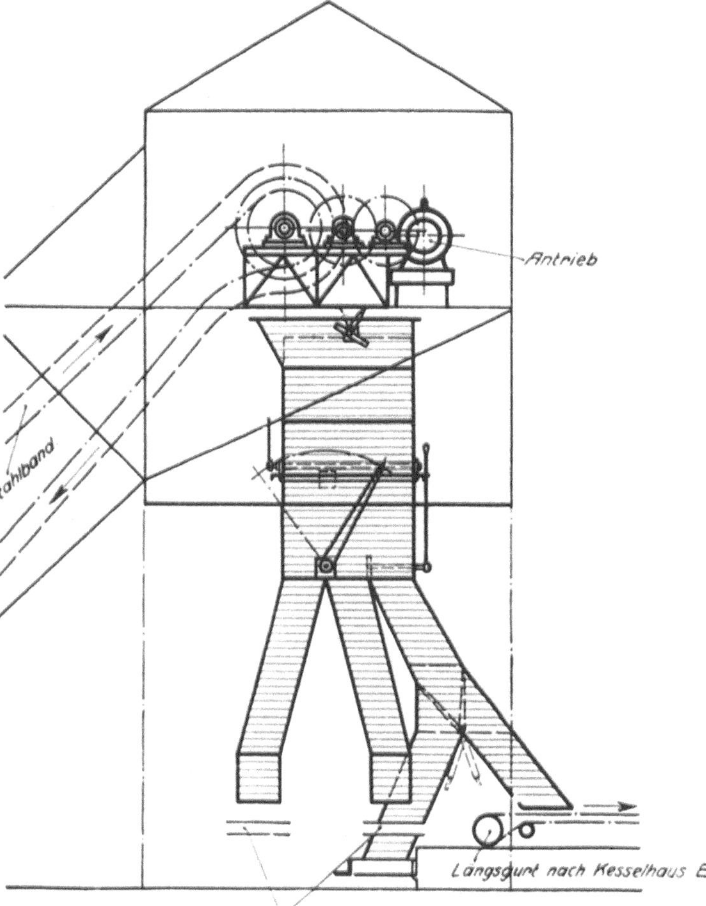

Abb. 679. Stahlbandantrieb und Kohlenverteilung
im Verteilungsturm.

bei Frostwetter und nach längerem Regen. Um Fehler der Wägung infolge Verschmutzung der Becher auszuschalten, hätten auch die rücklaufenden Stränge Waagen erhalten müssen. Dadurch wären aber neue Kosten entstanden, die sich um so eher

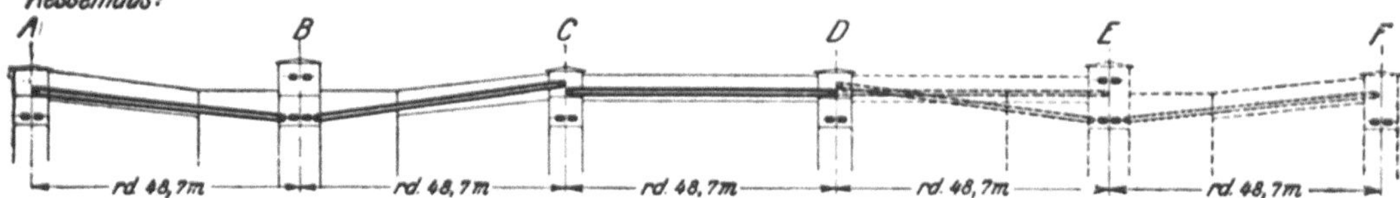

Abb. 680. Schema für die Kohlenverteilung auf die verschiedenen Kesselhäuser.

vermeiden ließen, als die Ungenauigkeit der Wägung durch zweimaliges tägliches Nachtarieren auf weniger als 2 vH begrenzt werden kann, ein Betrag, der für den praktischen Betrieb durchaus genügt. Das Tarieren erfolgt schnell und sehr einfach

Abb. 681. Quergurte zwischen Turm *A* und Turm *B*.

durch Zulegen oder Wegnehmen von kleinen Schrotkugeln. Jedes Band hat zwei Aufgabevorrichtungen, die die Kohle durch Speisewalzen zumessen. Die Regelung der zugeführten Kohlenmenge geschieht grob durch Abschlußschieber und feiner durch Verändern der Umlaufzahl der Speisewalzen. Fangklauen verhindern den Absturz der Stahlbandförderer bei Laschenbruch. Der Antrieb der Stahlbänder erfolgt im Verteilungsturm. (Abb. 679.) Die Kohle wird ohne besondere Vorrichtungen am oberen Ende der Bänder in einen größeren Verteilungstrichter abgeworfen, dann unter Zwischenschaltung von Quergurten (Abb. 680 und 681), die an der Stirnseite der Kesselhäuser liegen, nach Umladestationen geleitet, die sich vor den anderen Kesselhäusern befinden und diesen die Kohle zuführen. Nach Vollendung des im zweiten Ausbau errichteten Kesselhauses D ist eine weitere Umladung auf einen dritten Quergutförderer nötig geworden (Abb. 682). Kommt ein fünftes Kesselhaus zur Aufstellung, so soll vor Kesselhaus D eine zweite besondere Kohlenzuführung durch Stahlbandförderer errichtet werden. Auch sämtliche Gurtförderer wurden doppelt ausgeführt (Abb. 681).

Mit Hilfe eines am Verteilungstrichter auf Turm B angebrachten Klappensystems wird die Kohle im gewünschten Verhältnisse den verschiedenen Kesselhäusern zugeführt. Jeder Gurtförderer kann ganz ausgeschaltet, die Kohle kann willkürlich jedem der beiden Stahlbandförderer entnommen werden. Die leicht ansteigend verlegten Quergurtförderer bestehen aus Baumwollgurten, die von zahlreichen zylindrischen Tragrollen gestützt werden und über große Umlenkrollen laufen. An ihrem oberen Ende sitzen die Antriebsrollen, über die die Kohle mittels einer Überlaufrutsche auf die senkrecht dazu oberhalb der Kesselbunker verlegten Bänder fällt. Die Kohle wird über den Bunkern durch Abstreiferwagen, die das Fördergut in verschiedener Höhenlage seitlich von den Bändern herunterschieben, gleichmäßig und ohne einseitigen seitlichen Druck auf das Band abgestreift (Abb. 683 bis 685). Reinigungsbürsten entfernen an den hinteren Umlenkrollen etwa noch am Gurte anhaftende Kohlenteilchen. Abwurfwagen wurden zunächst nicht eingebaut, weil man befürch-

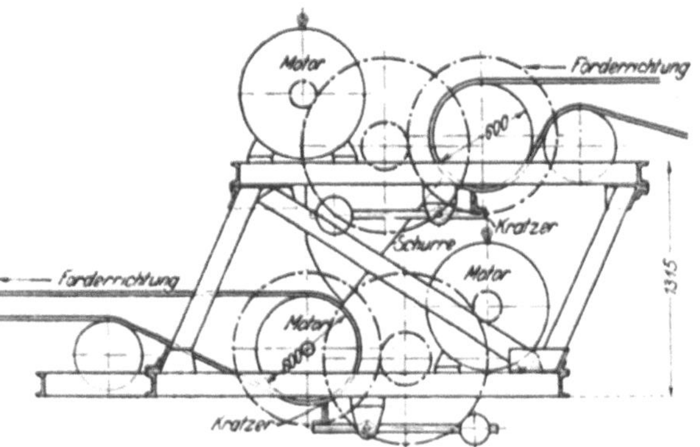

Abb. 682. Umladevorrichtung in Turm C.

tete, daß die feuchte Braunkohle nach der Ablenkung von der unteren Ablenkrolle auf den Gurt gedrückt und ihn schnell verschmieren würde (Abb. 686). Nachdem aber die Bedienung der großen Abstreiferwagen sich als recht schwierig herausgestellt hatte, weil die Abstreifer die sehr feinen Teile der Kohle vorzugsweise zu den letzten Kesseln durchließen, deren Feuer infolgedessen schlecht brannten, wurden zwei Kesselhäuser nachträglich mit gutem Erfolge mit Abwurfwagen ausgerüstet. Mit Rücksicht auf die räumlichen Verhältnisse und auf die sehr großen Fördermengen konnten die Verteilungsrutschen lediglich als Überleitrohre und nicht als Sammelbehälter ausgebildet werden. Um das Überlaufen des Fördergutes und die daraus folgernde schwere Betriebsstockung zu verhüten, müssen daher die hintereinander geschalteten Förderer in der Reihenfolge: Längsbänder über Bunkern, Querbänder, Stahlförderer, Kettenbahn angelassen und in umgekehrter Ordnung abgestellt werden.

Ist ein Förderer gestört, so wird die ganze Anlage sofort ausgeschaltet. Nach entsprechender Umstellung der Verteilungsklappen wird der betriebsfähige Teil wieder angelassen. Dazu muß willkürlich jede Hälfte des Stahlbandförderers und der Quer- und Längsbänder zusammenarbeiten können. Dies wird durch einfache Steckkontrakte erreicht, die auf einer Schalttafel übersichtlich angeordnet sind und ein schnelles und wahlweises Zusammenkuppeln ermöglichen. Die Motoren sämtlicher Bänder haben Zentrifugalauslöser, die mit den Motoren der übrigen Bänder elektrisch so gekuppelt sind, daß im Falle des Versagens eines Bandes alle rückwärts geschalteten selbsttätig stillgesetzt werden. An jedem der Längsbänder sind ferner über den Bunkern je vier Druckknöpfe angebracht, mit denen man im Bedarfsfalle gleichfalls ein bestimmtes Band samt den vor ihm liegenden Fördervorrichtungen ausschalten kann.

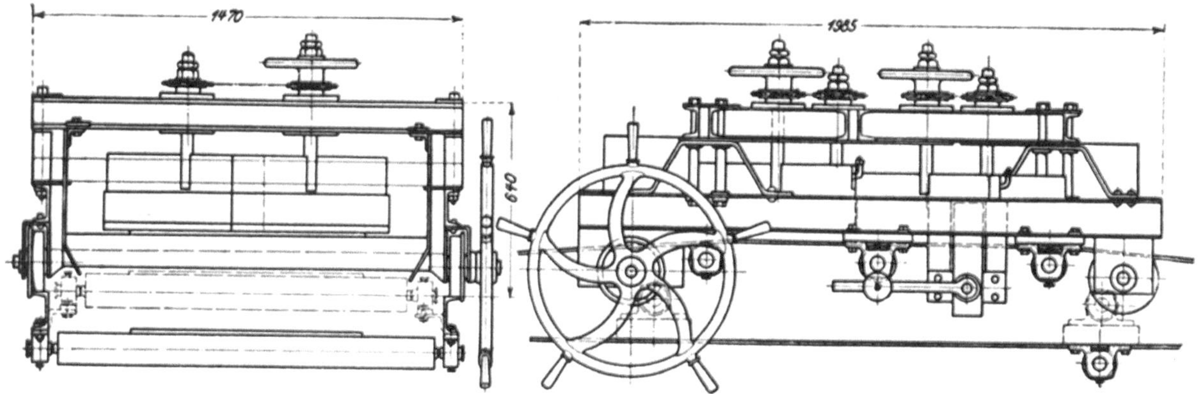

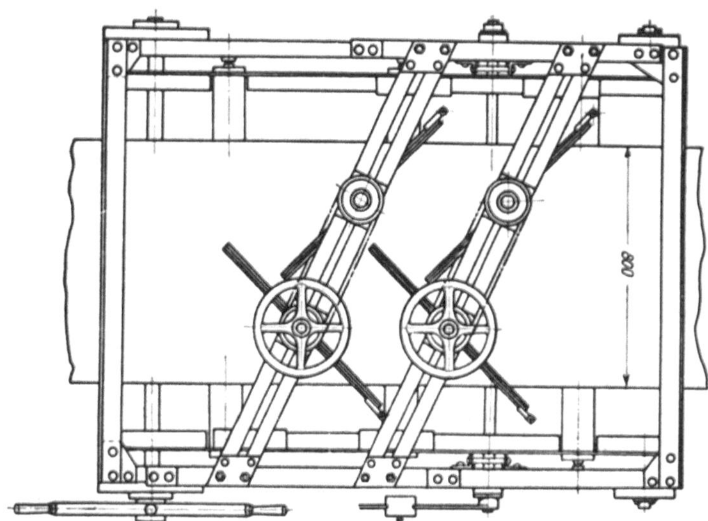

Abb. 683 bis 685. Abstreiferwagen.

Beim Anlassen eines Förderers bleibt der Stromkreis durch Zentrifugalauslöser so lange offen, bis die mit diesem Band zusammenarbeitenden, nach den Kesselbunkern zu gelegenen Förderer laufen. Mit Hilfe der bereits erwähnten Steckkontakte wird gleichzeitig jeder Förderer zur Vornahme von Reparaturen oder anderen Arbeiten abgeschaltet.

Die hauptsächlichsten Festwerte der Förderer sind nachstehend zusammengestellt:

Seilbahn:

Streckenlänge . . . . 205 m
Inhalt eines Kübels . . . . 2250 kg
Fahrgeschwindigkeit . . . . 1 m/s
Förderleistung . . . . 225 t/h
Leistung des Antriebmotors . . . . 10 kW

Verladebrücke:

Förderleistung . . . . 225 t/h

Motorenleistung: Geschwindigkeit

Heben . . . . 145 kW   0,85 m/s
Drehen . . . . 17 „   2,0 „
Kranfahren . . . . 14 „   0,63 „
Brückenfahren . . . . 13 „   0,2 „

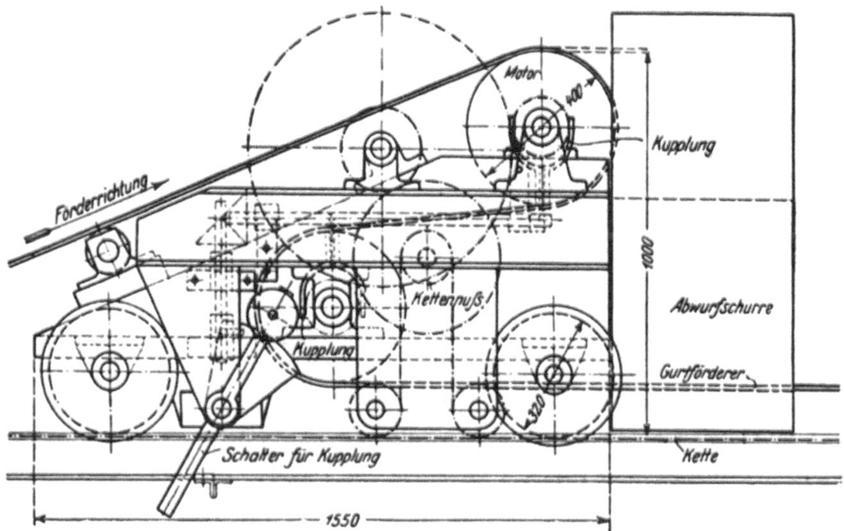

Abb. 686. Abwurfwagen.

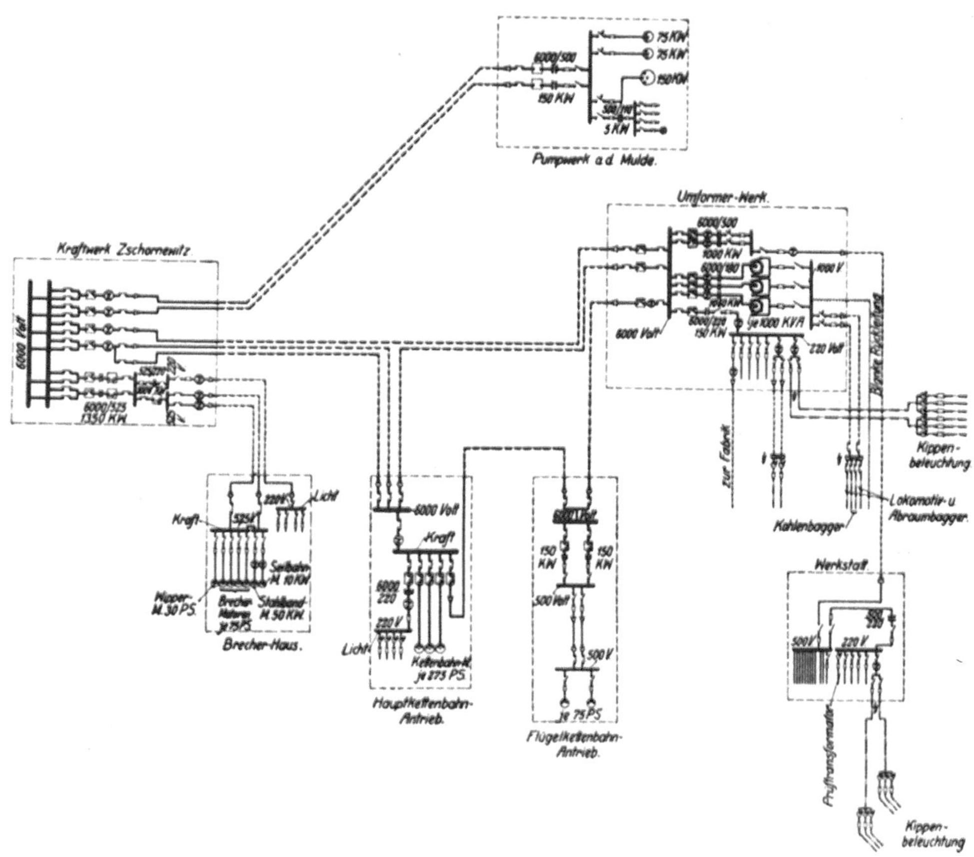

Abb. 687. Stromversorgung der Grubenbetriebe.

Sammelschiene	Drehstrommotor
Trennschalter	Einankerumformer
Zähler	Ölschalter
Transformator	Kabel: Innen
Sicherung	„ Außen
Hebelschalter	Freileitung
Dosenschalter	

Stahlbänder- und Gurtförderer:

	Stahlband-förderer	4 Gurtförderer vor den Kesselhäusern	8 Gurtförderer in den Kesselhäusern
Länge jedes Stranges . . . . . m	72	46	80
Breite jedes Stranges . . . . . m	1,1	0,9	0,8
Geschwindigkeit jedes Stranges m/s	0,5	1,5	1,5
Hubhöhe . . . . m	26	3,5	0
Förderleistung . . . . t/h	375	125	125
Motorenleistung . . . . . . kW	50	10,3	10,3

d) Stromversorgung der Grube und der Kettenbahnen.

Die Grubenbetriebe, die Kettenbahnen, das Brecherhaus und das Pumpwerk an der Mulde sind an eine besondere 6000-V-Schaltanlage des Kraftwerkes ange-schlossen (Abb. 687). Nur die großen Motoren des Antriebswerkes der Hauptkettenbahnen arbeiten mit 6000 V, die im übrigen mit 500 V, die Beleuchtung mit 220 V. Ein zweigeschössiges Umformerwerk auf der Grube erzeugt mit 3 Umformern von je 1000 kW Gleichstrom von 1100 V für die Bagger und die Lokomotiven. An die Hauptsammelschienen des Werkes sind drei Transformatoren angeschlossen, die die Spannung auf 780 V herabsetzen. 2 weitere Transformatoren von je 1000 kVA liefern 500 V Drehstrom für die Brikettfabrik, die Hauptwerkstätte und die Wasserhaltung der Grube und für die Wasserversorgung des Dorfes Golpa. 2 Transformatoren von je 150 kVA speisen die Beleuchtung der Grube und des Dorfes mit Drehstrom von 230 V. Ein in der Hauptwerkstätte aufgestellter Transformator dient zur Beleuchtung der Werkstatt und der Kippen mit 230 V Drehstrom. Im Interesse möglichst gesicherter Stromversorgung der Grubenbetriebe und der Kettenbahnen sind, wie Abb. 687 zeigt, zwischen der 6000-V-Schaltanlage im Kraftwerk, den Antriebsstationen der Kettenbahnen und dem Umformer verschiedene Ringleitungen angeordnet worden.

5. Aschenabfuhr.

Der Gehalt der Golpaer Kohle an Unverbrennlichem beträgt nach zahlreichen Analysen 5 bis 6 vH. Aus Sicherheitsgründen wurde jedoch mit dem doppelten Anfall gerechnet, um etwaigen Schwankungen in der Kohlenzusammensetzung und den unvermeidlichen, in ihrer Größe zunächst unbekannten Verlusten durch unverbrannte Kohle Rechnung zu tragen. Die Aschenabfuhr mußte daher für eine Leistung von etwa 40 t/h oder unter Zugrundelegen des spezifischen Gewichtes 1 t/m³ für rd. 40 m³/h bemessen werden. Die Abfuhr so großer Aschenmengen, die schon an sich keine leichte Aufgabe ist, wurde in diesem Falle besonders schwierig, weil ein erheblicher Teil als pulverförmige glühende Masse gewonnen wird, die vor Abfuhr wegen der Staubentwicklung und Brandgefahr für die den Gleisen benachbarten, ausgedehnten Kiefernwaldungen abgelöscht werden muß. Die Ablöschung im Aschenkeller unmittelbar nach dem Abziehen verbietet sich wegen der schlechten Wasseraufnahme und der starken Entwicklung übelriechender Dämpfe. Die Bedienung ist schon ohnedies wegen der Hitze und Staubbelästigung besonders im Sommer keine leichte. Die Asche nimmt Wasser zwar nur schlecht an, ist sie aber einmal vom Wasser durchsetzt, so backt sie in den Transportwagen fest ähnlich wie Beton und bleibt sogar in Bodenselbstentladern ohne energische Nachhilfe zum Teil an den senkrechten Wänden hängen. Unter ähnlichen Schwierigkeiten der Aschenabfuhr haben übrigens auch zahlreiche andere Braunkohlenkraftwerke zu leiden.

Getrennt zu behandeln sind:

die Förderung innerhalb des Kesselhauses,

die Förderung vom Kesselhaus nach einem geeigneten Stapelplatz.

Als Stapelplatz kamen der großen Mengen wegen nur die Abraumhalden oder abgebaute Grubenteile in Frage, was den Transport über eine etwa 2 km lange, teilweise durch Wald führende Strecke voraussetzte.

Für den Transport von den Aschentrichtern bis vor das Kesselhaus war zunächst eine pneumatische Aschenabsaugung geplant. Eigene Erfahrungen mit solchen Anlagen und Auskünfte, die in einigen fremden, mit Luftförderung ausgerüsteten Werken eingeholt wurden, zeigten aber übereinstimmend, daß derartige Vorrichtungen zur Zeit der Bauausführung des Werkes noch so wenig ausprobiert und durchgebildet waren, wie es erforderlich gewesen wäre, um das Wagnis ihres Einbaues zu rechfertigen.

Der hohe Verschleiß einzelner Teile, die zahlreichen zur Beseitigung von Betriebsstörungen (z. B. Verstopfungen der Rohrleitungen, der Aschenverschlüsse usw.) erforderlichen Hilfsmannschaften und der hohe Kraftbedarf waren Mängel der pneumatischen Förderung, die auch die weit größere Reinlichkeit der Luftabsaugung nicht wettmachen konnte. Die hohen Betriebskosten der pneumatischen Absaugung gehen z. B. deutlich daraus hervor, daß im Jahre 1915 die Aschenabfuhr von den Kesseln bis zu den etwa 30 m von der Kesselhauslängswand entfernten Eisenbahnwagen in einem großen Braunkohlenwerke über 5 vH des dem ursprünglichen Stromlieferungsvertrage zugrunde liegenden Strompreises kostete. Abgesehen hiervon entschied eine rein praktische Erwägung gegen den Einbau der pneumatischen Förderung. Die Reichsbehörden legten den größten Wert auf die möglichst schnelle und störungsfreie Aufnahme der Stromlieferung. Wäre nun in der Aschenabsaugung eine größere Störung aufgetreten oder hätte sich die Notwendigkeit wesentlicher Abänderungen herausgestellt, so wäre unter Umständen die Stromlieferung des ganzen Werkes infolge der Unmöglichkeit des Aufstapelns größerer Aschenmengen in Frage gestellt worden, da die räumlichen Verhältnisse die Unterbringung der Kippwagengleise neben der pneumatischen Anlage nicht gestatten. Die unmittelbare Förderung vom Aschenkeller bis zur Grube verlangt mit Rücksicht auf die zulässige Höchstlänge der Saugleitung die Zwischenschaltung größerer Behälter derart, daß die folgende Strecke jeweils aus dem Ablagerungsbehälter der vorangehenden saugt. Abgesehen von den Anlagekosten und dem außerordentlich hohen Kraftbedarf wäre diese Förderungsart zu verwickelt und zu betriebsunsicher geworden, weil das Versagen eines Teiles das ganze System stillegt. Wollte man aber die Asche nur von den Kesseln bis vor das Kesselhaus absaugen, so mußte sie für den Weitertransport zur Grube in Wagen umgeladen werden.

Jede Umladung verursacht aber neue Kosten und verlangt wegen der außerordentlich starken Staubbelästigung besondere geschlossene Räume und andere ähnliche Vorkehrungen. Auf alle Fälle hätte die gründliche Durcharbeitung des Projektes viel Zeit gebraucht, die nicht zur Verfügung stand.

Es wurde schließlich noch festgestellt, daß die Bedienung der zahlreichen Aschenverschlüsse, die Ausführung der Reparaturen und die Instandhaltnng der Anlage fast ebensoviel Leute wie die unmittelbare Abfuhr in Aschenwagen erforderten. Endlich wußte man nicht, ob größere Schlacken anfallen würden, deren Zerkleinerung neue Verwicklungen verursacht hätte.

Aus allen diesen Gründen wurde vom Einbau einer Luftförderanlage zunächst ganz abgesehen, die Verschlüsse der Aschentrichter wurden jedoch so ausgebildet, daß später die pneumatische Absaugung ohne weiteres angeschlossen werden kann. Alle Aschenabzugsstellen wurden auf gleicher Höhe — 1800 mm über Aschenkellerfußboden — verlegt; eine größere Höhe hätte höhere Aschenkeller und damit größere Anlagekosten bedingt.

Endlich wurde noch geprüft, ob es möglich sei, die Asche mit Wasser wegzuspülen, das Projekt wurde aber nicht weiter verfolgt, weil angesichts des Wasser-

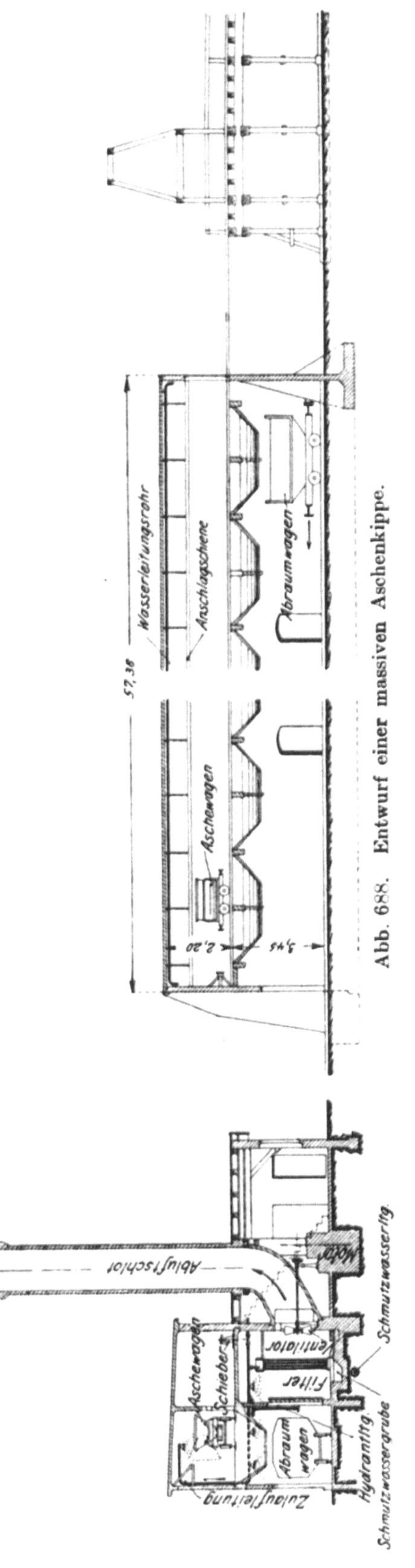

Abb. 688. Entwurf einer massiven Aschenkippe.

mangels in Zschornewitz umfangreiche und teure Kläranlagen hätten erbaut werden müssen. Die Asche hätte nur bis zu einer in unmittelbarer Nähe der Kesselhäuser gelegenen Stelle gespült werden können; die Spülung bis zur Grube schied wegen zu geringen Gefälles von vornherein aus. Die Asche mußte dann gebaggert und in Wagen nach der Grube gefahren werden. Abgesehen von unerprobten und in ihrer Wirkung unsicheren Neukonstruktionen der Aufgabe- und Spülstellen hätte auch diese Arbeitsstelle die Nachteile einer doppelten Umladung gehabt; zudem fehlte die Zeit für die Durcharbeitung der Entwürfe. Gegen die Wasserspülung sprach endlich noch der schon erwähnte Umstand, daß manche Braunkohlenaschen bei Wasserzusatz wie Beton erstarren, wenn sie nicht dauernd in Bewegung gehalten werden. Bleibt die Asche aus irgendeinem Grunde im Abzugsrohr der Aschentrichter stecken, so ergeben sich durch Hochsaugen von Wasser schwer zu beseitigende Störungen.

Es blieb daher nichts übrig, als die Rückstände von Hand abzuziehen, und es war nur noch zu entscheiden, ob die Asche mit Wagen oder mit selbsttätigem mechanischen Fördermitteln, wie Kratzern oder Bändern, weggeschafft werden sollte. Gegen Bänder oder Kratzer sprachen der große Platzbedarf, die zahlreichen Reparaturen, die Staubentwicklung beim Umladen und der Umstand, daß für das Bedienen der Schieber fast ebensoviel Leute wie für das Verladen in Kippwagen gebraucht werden.

Man entschied sich daher für das Abziehen in Kippwagen von $^3/_4$ m³ Inhalt, die über Gleise und Drehscheiben von Hand vor das Kesselhaus gefahren, dort zu Zügen von 15 bis 20 Wagen zusammengestellt und mit Lokomotiven auf die 300 m entfernte Aschenkippe geschafft werden. Die unmittelbare Abfuhr der Aschenwagen nach der Grube stellte sich nämlich bald als unmöglich heraus, weil trotz der geschlossenen Wagen unterwegs durch Wind zuviel glühende Asche abgetrieben wurde. Auch waren trotz wiederholter Umkonstruktion die Deckel der Aschenwagen beim Füllen und Entleeren sehr hinderlich und wurden in kürzester Frist schadhaft. Man war daher gezwungen, die Asche vor dem Weitertransport zur Grube umzuladen und während der Umladung gut zu befeuchten.

Da keinerlei Erfahrungen vorlagen und mit der Möglichkeit von Abänderungen gerechnet werden mußte, wurde die Aschenkippe zunächst aus Holz erbaut. Sie bestand aus einer angeschütteten Rampe, an die sich ein längeres, brückenähnliches Gerüst anschließt; die Wagen werden oben gekippt und stürzen ihren Inhalt in Grubenabraumwagen von rd. 3 m³ Inhalt mit Bodenentleerung aus. Zunächst wurde versucht, die Asche in

den Wagen durch Berieselung von oben zu löschen. Hierbei trat lebhafte Dampfbildung und sehr lästige Staubentwicklung auf, ohne daß trotz reichlicher Wasserzufuhr die Ablöschung des unteren Teils des Wageninhaltes geglückt wäre.

Nachdem auf verschiedene Weise vergeblich versucht worden war, eine bessere
Durchfeuchtung der Asche zu erzielen, wurden die Aschenwagen auf einer schiefen
Ebene entleert und während des Abrutschens, bei dem die Asche in einem verhältnis-
mäßig breiten und flachen Strom niederrieselt, wurde in geeigneter Weise Wasser
zugeführt. Dieses Verfahren bewährte sich und führte zum Entwurf einer massiven
Kippe, die aus zwei geschlossenen, übereinander liegenden Räumen bestehen sollte
(Abb. 688). In den oberen Raum werden die Aschenwagen, in den unteren die
Abraumwagen eingefahren. Während des Abstürzens wird Wasser zugesetzt, der
entstehende Dampf und Staub werden mittels eines kräftigen Ventilators abgesaugt und nach Durchströmen eines Berieselungsfilters in einem kleinen Schornstein
über Dach geführt. Dieser Entwurf kam nicht mehr zur Ausführung, weil das
Werk inzwischen in den Besitz des Reiches übergegangen war.

Die Aschenwagen hatten zuerst Schmierlager, die durch den feinen Aschenstaub
schnell unbrauchbar wurden. Man wechselte sie daher gegen Fetthülsenlager aus,
die sich bewährten.

Als die ersten Versuche mit der vorläufigen Aschenkippe keine brauchbaren
Ergebnisse zu zeitigen schienen, wurde eine pneumatische Umladung der Asche aus
den Aschenwagen in den Abraumwagen erwogen. Sie war derart geplant, daß der
Inhalt der Aschenwagen unmittelbar vor dem Kesselhaus mittels senkrecht verschieb-
barer Rüssel abgesaugt und nach etwa 100 m vom Kesselhaus entfernten Hoch-
bunkern gedrückt wurde. Nach Durchlaufen der Bunker sollte sie dann durch
Schnecken unter gleichzeitiger inniger Durchmischung mit Wasser in die Abraumwagen gefüllt werden. Man hoffte dadurch die Staubentwicklung beim Umladen
ganz vermeiden zu können. Die Durcharbeitung des Planes ergab aber neben
hohem Kraftbedarf sehr große Anlagekosten, auch erschien es recht unsicher, ob eine
einigermaßen befriedigende Umladung und Ablöschung ohne erhebliche Betriebsschwierigkeiten überhaupt erzielbar sein würde.

6. Kesselhäuser.

Die Lage der Kesselhäuser zum Maschinenhaus wurde durch die im 2. Abschnitt
entwickelten Gesichtspunkte, ihr innerer Aufbau in erster Linie durch Größe und
Bauart der Kessel und durch die Art der Zugerzeugung beeinflußt.

Die günstigen Erfahrungen aus zahlreichen, mit Saugzug arbeitenden Werken
und die kurze Bauzeit schienen zunächst für die Wahl künstlicher Zuganlagen zu
sprechen. Ich hatte schon früher Untersuchungen anstellen lassen, bei welcher Anordnung in Braunkohlenwerken sehr großer Leistung die größte Dampfleistung auf
kleinstem Raum untergebracht werden kann. Hierbei hatte es sich als notwendig
herausgestellt, in den Aufbau des Kessels selber einzugreifen, wenn man die Vorteile
des künstlichen Zuges — kleiner Platzbedarf, niedrige Anlagekosten, geringe konstante Verluste — voll ausnutzen wollte. Hielt man sich nämlich an die markt-
gängigen Kesselbauarten, so war, wenigstens bei der von mir ursprünglich geplanten,
sehr großen Heizfläche eines Kessels, ein befriedigender organischer Gesamtaufbau
des ganzen Kesselaggregates nicht zu erreichen.

Der in Abb. 688 dargestellte Kessel mit doppelseitigen Feuerungen und schmiedeeisernen Rauchgasvorwärmern ist ein Ergebnis dieser Studien. Jeder Kessel sollte
vier durch zwei Rohrbündel miteinander verbundene Trommeln erhalten. Zwei
derartige Doppelkessel waren an eine gemeinsame Saugzuganlage mit zwei auf
einen Schornstein arbeitenden, aber sonst voneinander unabhängigen Ventilatoren

35*

angeschlossen, wodurch eine weitgehende Anpassungsfähigkeit an die Belastung der Dampferzeuger erreicht worden wäre. Diese Anordnung hätte wenig Grundfläche beansprucht und wäre billig geworden. Der Blechschornstein ließ sich dabei ohne wesentliche Mehrkosten höher bauen, als es sonst bei solchen Kaminen im allgemeinen üblich und zweckmäßig ist, man ist dann imstande, wie die Untersuchungen gezeigt haben, bei richtiger Anordnung der Kessel- und Saugzuganlage mit verhältnismäßig niedrigen Schornsteinen auch für feinkörnige Braunkohle Heizflächenbelastungen bis zu etwa 15 kg/m² noch mit natürlichem Zug zu erreichen. Dadurch wird der Nachteil künstlicher Saugzuganlagen gegenüber gemauerten Schonsteinen, nämlich der Kraftbedarf der Ventilatoren, sehr gemildert. Wie Abb. 690 zeigt, konnten bei sehr reichlich bemessenen Gängen auf 1 m² Kesselhausgrundfläche 3,5 m² Kesselheizfläche untergebracht werden, während bei der später zur Ausführung gelangten Anordnung die gegenüber ähnlichen Kraftwerken noch immer sehr gedrängt ist, auf 1 m² Grundfläche nur 2,47 m² Heizfläche kommen.

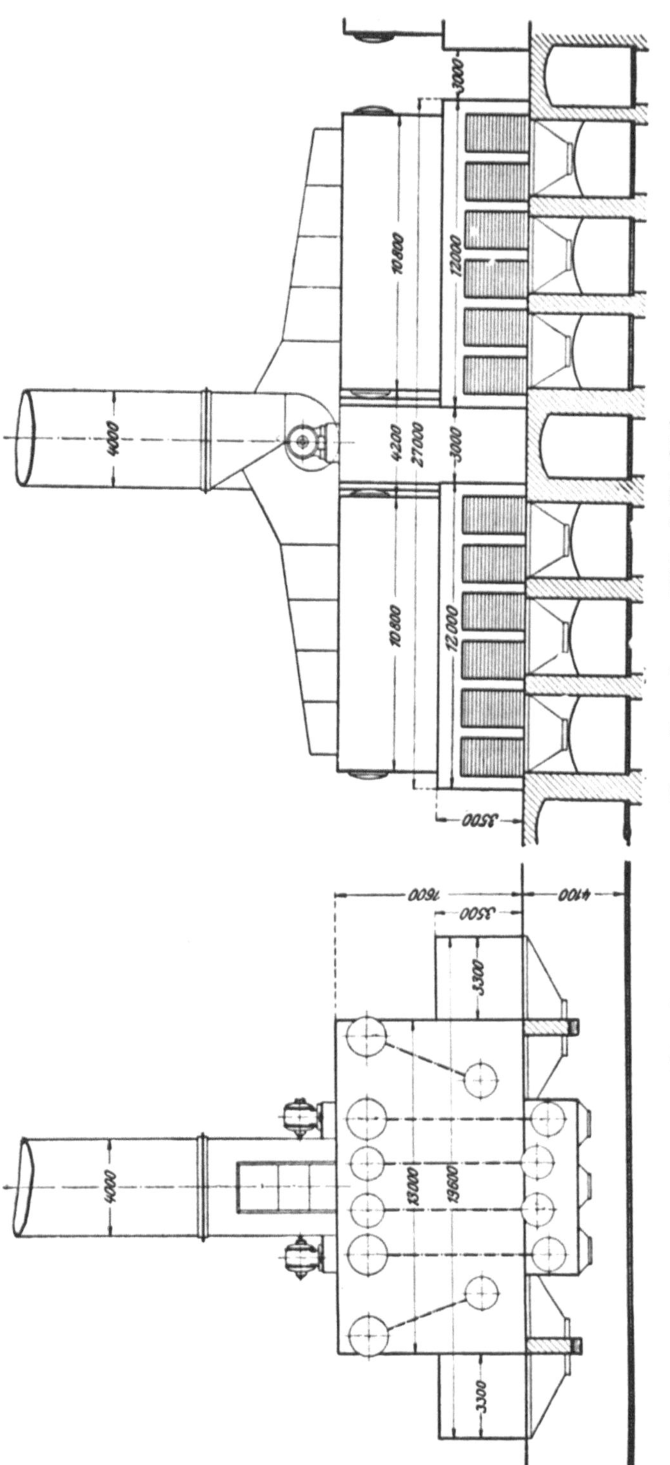

Abb. 689. Entwurf eines Doppelkessels von 1600 m² Heizfläche.

Aber abgesehen von Bedenken gewerbepolizeilicher Art betreffend Aufstellung der Saugzuganlage, sprechen gegen den Entwurf noch verschiedene andere Umstände. Einmal war man nicht sicher, ob sich Schmiedeeisen in Braunkohlenkraftwerken als Baustoff für Rauchgasvorwärmer bewähren würde, und es erschien mit Rücksicht auf die Wichtigkeit und Größe des Werkes

gewagt, eine Konstruktion zu wählen, die nicht als durchaus erprobt und sicher bezeichnet werden konnte. Ferner war von Schornsteinen unter 60 bis 70 m Höhe die Belästigung der Umgebung durch Flugasche und übelriechende Gase zu befürchten.

In Verbindung mit so hohen Kaminen wären aber künstliche Zuganlagen nicht mehr so wirtschaftlich wie gemauerte Schornsteine geworden.

Endlich war man, wie schon im 2. Abschnitt auseinandergesetzt wurde, aus verschiedenen Gründen gezwungen, die einzelnen Kesselhäuser mit Zwischenräumen zu bauen. Die Höfe konnten aber ohne Mehraufwand an bebauter Grundfläche sehr gut für die Aufstellung gemauerter Schornsteine mitbenutzt werden. Ferner hatte die Kesselgröße von 1600 m² Heizfläche den Nachteil, daß bei einem, u. U. recht geringfügigen Kesselschaden eine sehr beträchtliche Dampfleistung ausfiel. Auch gewisse Einzelheiten, wie z. B. der Überhitzer, die Kesselverankerung u. a. m., konnten nicht so gut durchgebildet werden wie bei kleineren Kesseln.

Aus diesen Gründen sind dann endgültig Kessel von 500 m² mit vier Rosten von je 1400 mm Breite und 4500 mm Länge gewählt worden. Bei noch breiteren Rosten hätte die Kohle unter Umständen weniger gut und gleichmäßig über die ganze Rostbreite gezündet; mit längeren Rosten

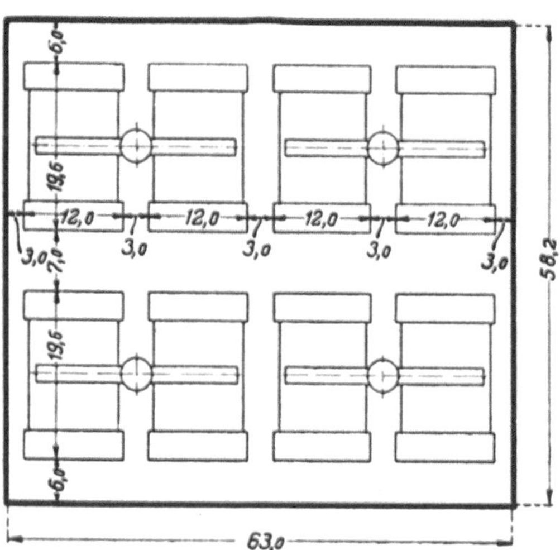

Abb. 690. Platzbedarf einer Kesselanlage mit Kesseln nach Abb. 689.

lagen nicht genügend Erfahrungen vor; außerdem ergab sich mit den gewählten Rostabmessungen eine passende Kesselzahl (Abb. 691 und 692).

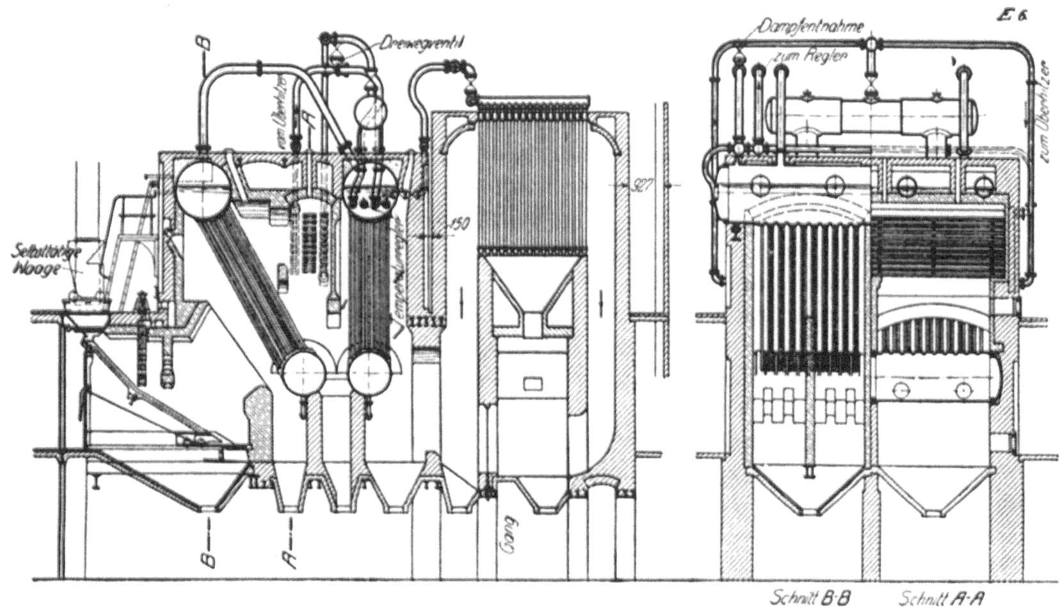

Abb. 691 u. 692. Garbekessel von 550 m² Heizfläche.
(Unter die Kohlenlutte ist eine selbsttätige Wage geschoben.)

Mit Rücksicht auf die Druckverluste in den Rohrleitungen, auf die Länge der Füchse und die Übersichtlichkeit der Anlage sollte die Länge des Kesselhauses 80 bis 90 m nicht überschreiten. Es sind deshalb in jedem Kesselhaus zwei Reihen von je acht Kesseln aufgestellt; jeder Kessel ist unmittelbar mit einem gußeisernen Rauchgasvorwärmer von 320 m² Heizfläche zusammengebaut.

Die Braunkohlenvorfeuerungen größerer Kessel werden fast stets etwas breiter als die Kessel ausgeführt. Es hat dies zum Teil darin seine Ursache, daß man unter eine bestimmte Rostbreite oft nicht heruntergehen kann und daher im Interesse kleinerer Anlagekosten den Kessel etwas schmäler (meist etwa ebenso breit wie bei Steinkohlenfeuerungen) ausführt; z. T. spielen zweifellos manchmal auch das Herkommen und ein Mangel an Überlegung mit. Aber auch der zuerst erwähnte Grund ist m. E. oft nicht stichhaltig. Es wurde daher den an der Kessellieferung beteiligten Firmen vorgeschrieben, daß Rostvorbau und Kessel gleich breit sein müssen. Durch die hierdurch erzielte größere unmittelbar bestrahlte Heizfläche wird die Kesselheizfläche besser ausgenutzt, die in einer Ebene durchgehenden Seitenwände von Kessel und Feuerungsvorbau ermöglichen den Einbau eines organischen, allseitig kräftig verankerten Gerüstes.

Ein Vorsprung der Vorfeuerung über die Kesselbreite hinaus führt nicht selten zu Rißbildung im Kesselmauerwerk und im Fundament, die sehr teuere und in ihrer Wirkung oft unsichere Reparaturen verursachen können. Die Kesselfundamente wurden deshalb in einzelne schmale Streifen aus nichtarmiertem Beton aufgelöst.

Im Interesse der Einheitlichkeit der Anlage wurde auf möglichst weitgehende Übereinstimmung der Abmessungen der verschiedenen Kessel hingearbeitet. Dies galt nicht nur für die Feuerungen und die Rauchgasvorwärmer, die bei sechs Kesseltypen in völlig gleichen Abmessungen ausgeführt sind, sondern auch für die Kesselfundamente, die gleichfalls fast bei sämtlichen Kesseln miteinander übereinstimmen. Hierauf wurde besonderer Wert gelegt, weil gleichmäßig ausgebaute Aschenkeller aus naheliegenden Gründen sehr erwünscht sind; auch der Mangel an tüchtigen Zeichnern zwang zu größter Einheitlichkeit. Endlich sollte wegen der Schnelligkeit, mit welcher die Bauarbeiten begonnen werden mußten, alles vermieden werden, was Irrtümer und Verwechselungen herbeiführen konnte, die besonders bei der Auslegung der ersten Pläne weniger zu befürchten waren, wenn die Zahl der Zeichnungen vermindert wurde (Tafel XI).

Die Entscheidung darüber, ob Zweikammerwasserrohr- oder Steilrohrkessel aufgestellt werden sollten, war von größter Bedeutung. Es muß berücksichtigt werden, daß bei Baubeginn (Frühjahr 1915) die Frage des Kesselsystems noch sehr umstritten war und daß über Steilrohrkessel in größeren Werken nur wenig Erfahrungen vorlagen, während Zweikammerwasserrohrkessel an zahlreichen Stellen wohl ausprobiert waren. Wenngleich die A. E. G., die bei der Einführung von Steilrohrkesseln in größeren Elektrizitätswerken mit an erster Stelle stand, mit solchen Kesseln zum Teil wenig ermutigende Erfahrungen gemacht hatte, so war sie doch schon damals weit davon entfernt, in ihnen nur „eine vorübergehende Modesache" zu erblicken, ein Urteil, das in jener Zeit auch von angesehenen Fachleuten nicht selten zu hören war. Eingehende Untersuchungen hatten gezeigt, daß die gerügten Mängel weniger im Wesen des Systems als in mangelhafter konstruktiver Durchbildung lagen und daß es unter Berücksichtigung gewisser Erfahrungen wohl möglich sein müsse, den Steilrohrkessel zu einem sehr brauchbaren, in gewissen Fällen dem bewährten Zweikammerwasserrohrkessel überlegenen Dampferzeuger durchzubilden.

Insbesondere schienen im vorliegenden Falle folgende Vorzüge für den Steilrohrkessel zu sprechen:

Günstige Gestaltung des Feuerraumes und vorteilhafter Einbau des Rostes,

Möglichkeit einer sehr guten Verankerung und eines guten Zusammenbaues mit dem Rauchgasvorwärmer.

Angebote waren für Kammer- und Steilrohrkessel auf derselben Grundlage eingeholt worden. Hierbei zeigte sich, daß die Kosten für Kessel, Rauchgasvorwärmer und Einmauerung für beide Kesselsysteme nahezu miteinander übereinstimmten, die Kosten für Fundamente, Rauchgaskanäle und Gebäude wurden jedoch für Steilrohrkessel nicht unwesentlich niedriger. Die größere Höhe der Steilrohrkessel fällt bei den Gebäudekosten deshalb wenig ins Gewicht, weil wegen der Eigenart der Braunkohle ein hohes Kesselhaus schon an sich erwünscht ist. Übrigens werden die Kesselhäuser wegen der Kohlenbunker und der über den Füchsen liegenden Rauchgasvorwärmer ohnehin für die Unterbringung von Steilrohrkesseln genügend hoch. Die Durcharbeitung von Vergleichsentwürfen ergab dann die wesentliche Überlegenheit der Steilrohrkessel. Nicht ohne Einfluß auf die Entscheidung war außerdem die Befürchtung, daß die Schweißung der Wasserkammern aus Mangel an geeignetem Personal zu wünschen lassen könnte, eine Befürchtung, deren Berechtigung die im Jahre 1917 und 1918 erfolgten Kammerexplosionen später erwiesen haben.

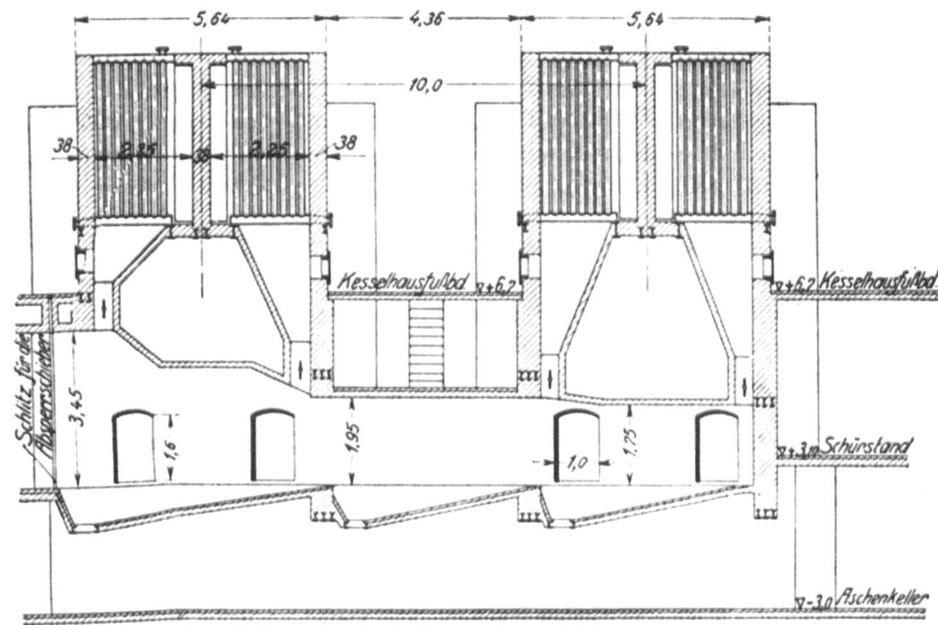

Abb. 693. Längsschnitt durch Rauchgasvorwärmer und Fuchs.

Im allgemeinen wurden Mehrbündelkessel bevorzugt, weil bei ihnen der Überhitzer etwas vorteilhafter eingebaut werden kann und sie einen geregelteren Wasserumlauf und damit die Erzeugung trockeneren Dampfes zu gewährleisten schienen. Die Abnahmeversuche und der mehrjährige Betrieb haben jedoch gezeigt, daß richtig durchgebildete Einbündelkessel ebenso befriedigen, insbesondere ließ nichts darauf schließen, daß sie feuchteren Dampf liefern. Bei sämtlichen Kesseln wurde allerdings sehr auf ausreichende Bemessung und zweckmäßige Anordnung der Dampf- und Wasserquerschnitte geachtet. Trotz der reichlich bemessenen Dampfräume der Obertrommeln wurden noch besondere Dampfsammler von großem Inhalt angeordnet, um recht trockenen und staubfreien Dampf zu erzeugen. Es konnte denn auch selbst bei hoher Kesselbelastung und stark schwankender Dampfentnahme nie das Mitreißen von Wasser in die Leitungen beobachtet werden, abgesehen von einigen Vorfällen, die auf schwere Bedienungsfehler ungeschulter Mannschaften zurückzuführen sind, Fehler, die bei Aufnahme eines so großen Betriebes und unter so schwierigen Verhältnissen anfangs wohl kaum ganz zu vermeiden sind.

Auch die einheitlichen und strengen Vorschriften über Anordnung und Ausführung von Einmauerung und Verankerung der Kessel haben sich aufs beste bewährt.

Infolge der sehr ausgedehnten Grubenfelder mußte mit merklichen Unterschieden im Verhalten der gewonnenen Kohle gerechnet werden, die auch die Überhitzung beeinflussen konnten. Da die Überhitzer jedoch mit Rücksicht auf die unmittelbar nach längeren, starken Regenfällen sehr feuchte und schlecht brennende Kohle verhältnismäßig reichlich bemessen werden mußten, bestand die Gefahr, daß die Dampftemperatur bei trockener, langflammiger Kohle unter Umständen auf eine den Dampfturbinen gefährliche Höhe stieg. Es wurden daher Temperaturregler eingebaut, weil nach früheren Erfahrungen Rauchgasklappen nur unter bestimmten Voraussetzungen befriedigen. Sie regulieren die Dampftemperatur teils durch Wärmeabgabe des überhitzten Dampfes an das Kesselwasser (Bauart Deutsche Babcockwerke), teils durch künstliche Befeuchtung des Kesseldampfes vor seinem Eintritt in den Überhitzer (Bauart Steinmüller). Lediglich bei den von der Firma Petry Dereux gelieferten Burkhardtkesseln und den Siller-Christianskesseln sind Temperaturregler fortgelassen, weil bei ihnen die Rauchgasklappen im Bereiche tieferer Temperaturen liegen und sich an anderer Stelle bereits gut bewährt hatten.

Wie schon erwähnt, haben sämtliche Kessel dieselbe Rostfläche, Kesselheizfläche und Vorwärmerheizfläche. Nur der Garbekessel hat eine um $50\,\mathrm{m}^2$ größere Kesselheizfläche, weil bei ihm ohne merkliche Mehrkosten eine weitere Rohrreihe eingezogen werden konnte; der Siller-Christianskessel hat grundsätzlich andere Abmessungen, was mit seinem ganzen Aufbau zusammenhängt.

Als Roste wurden Halbgasfeuerungen von Keilmann & Völcker mit verstellbarem Brennstoffwehr und ausfahrbarem Schürwagen eingebaut. Lediglich die Deutschen Babcockwerke haben ihre Kessel mit eigenen Feuerungen ausgerüstet, die sich von den ersteren hauptsächlich durch die Abschließvorrichtung der Kohlentrichter, die Schürvorrichtung und den Schlackenrost unterscheiden, der als Kipprost im Gegensatz zum Ausziehdoppelrost von Keilmann & Völcker ausgebildet ist.

Sämtliche Kessel haben im Interesse einer guten Entwässerung liegende Überhitzer, die bei den meisten Kesseln ohne Mauerwerksbeschädigung ausgewechselt werden. können.

Die Rauchgasvorwärmer liegen über den Füchsen, in die sie entascht werden (Abb. 691 und 693). Da nur 2 Kessel auf einen Fuchs geschaltet sind, war die Bauhöhe verhältnismäßig gering. Man kann die Füchse befahren und reinigen, ohne dazu zahlreiche Kessel stillegen zu müssen. Hierbei werden sie gegen die Schornsteine durch Klappen abgesperrt, die teils in Form von Jalousieklappen fest eingebaut sind, teils als schmale Einzelschieber durch einen Schlitz in der Fuchsdecke eingebracht werden (Abb. 693). Sämtliche Schornsteine mit Ausnahme des Schornsteins der ersten Kesselreihe im Kesselhaus haben gleiche Fuchseinmündungen (Abb. 694 und 695). Der Boden der Füchse ist zum Zwecke guter Ablagerung der Asche sägezahnartig ausgebildet; auf ihrer den Kesseln zugekehrten Seite befindet sich ein durchgehender Gang, damit man sie befahren und an die Umführungsklappen besser herankommen kann.

Die Füchse sind zum Zwecke einfacheren Aschenziehens hochgelegt (Abb. 691 und 696); ihre Decke, sowie die Aschentrichter unter den Rauchgasvorwärmern wurden aus Ziegelhohlsteinen mit zwischenliegenden Flacheisen (Bauart Prüß) ausgeführt, da diese Bauweise weitgehendste Anpassung der Fuchsquerschnitte an die Rauchgasmenge zuließ. Die Aschentrichter der Füchse bestehen aus Eisenbeton, der zum besseren Wärmeschutz mit Klinkern abgedeckt ist.

Die Ausmündung der Kessel in die Ekonomiser ist durchweg so ausgebildet, daß im Bedarfsfalle nachträglich noch Flugaschenfänger untergebracht werden können, die zunächst der hohen Kosten wegen nicht eingebaut wurden. Zwischen der Rückseite des Kesselblockes und den angrenzenden Rauchgasvorwärmern wurde ein Schlitz von rd. 150 mm Breite belassen, damit Kessel und Vorwärmer sich freier ausdehnen können und damit die Anker in der Kesselrückwand kalt liegen (Abb. 691). Die Kessel sind zwecks guter Unterstützung der Überhitzer und zum Schutze der mittleren Rundnaht der Kesseltrommeln durch eine Zwischenwand in zwei Hälften geteilt. Der besseren Rauchgasführung wegen wurde auch durch die Rauchgasvorwärmer eine Mittelwand gezogen.

Um bei einem Schaden oder einer inneren Reinigung der Vorwärmer nicht den zugehörigen Kessel stillegen zu müssen, wurden Rauchgasumführungsklappen vorgesehen, deren Querschnitt jedoch verhältnismäßig knapp bemessen ist, damit durch die unvermeidlichen Undichtheiten der geschlossenen Klappen möglichst wenig Wärme verloren geht. Auf eine sanfte Einführung der Rauchgase in den Fuchs bei ausgeschaltetem Rauchgasvorwärmer und eine mäßige Gasgeschwindigkeit brauchte keine große Rücksicht genommen zu werden, da die Klappen nur in Ausnahmefällen geöffnet werden sollen. Aus demselben Grunde konnten auch ihre Betätigungshebel unbedenklich in den Aschenkeller gelegt werden.

Die Zugstärke wird aus bekannten Gründen mit den an der Ausmündung der beiden Hälften der Rauchgasvorwärmer befindlichen Klappen geregelt, die daher miteinander gekuppelt sind. Die Klappen zwischen Kessel und Vorwärmer wurden nicht gekuppelt, um eine etwaige Verschiedenheit des Zugverlustes in den beiden Kesselhälften durch eine entsprechende Einstellung ein für allemal ausgleichen zu können.

Besonderer Wert wurde auf dicht schließende Schieber für die Aschentrichter gelegt, weil es sonst leicht vorkommt, daß die abgeschiedene glühende Flugachse, die zuweilen noch viel

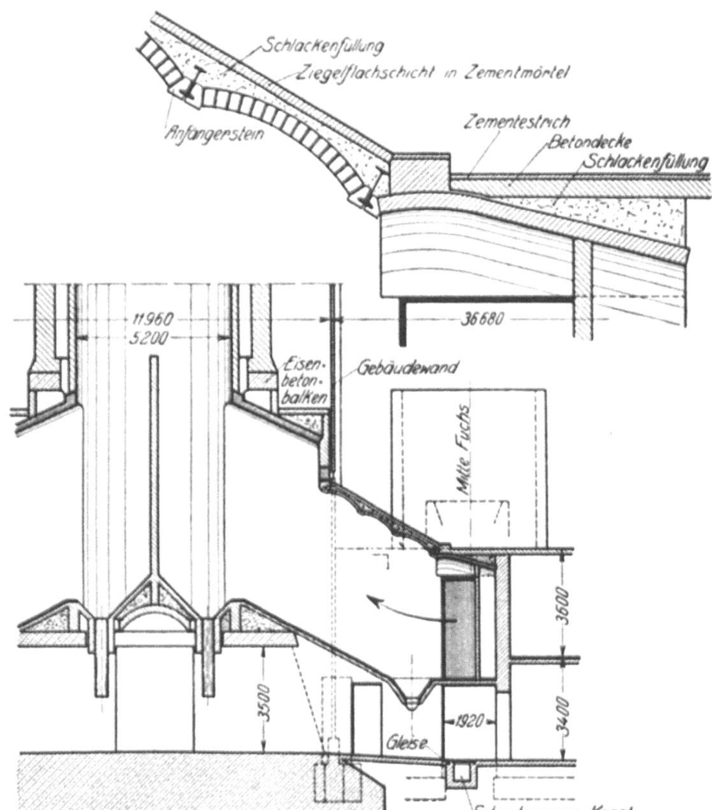

Abb. 694 u. 695. Durchbildung der Fuchseinmündung in die Schornsteine.
(Schräge Fuchsdecke ist im größeren Maße gezeichnet.)

brennbare Bestandteile enthält, weiterbrennt, zusammensintert und die Auskleidung der Aschentrichter angreift. Bei unsachgemäßer Feuerführung und schlechter Kesselbedienung treten nämlich in Braunkohlenkraftwerken infolge undichter Aschenschieber zuweilen derartige Versetzungen der Aschentrichter mit zementharten Aschenklumpen auf, daß zu ihrer Beseitigung langwierige und sehr unangenehme Nachhilfe mit Meißel und Brechstange nötig wird. Es wurden daher Verschlüsse mit eingeschliffenen Gußeisenschiebern verwendet, die durch Federdruck gegen ihre schmalen Dichtungsflächen gepreßt werden. Diese Schieber sitzen in einem allseitig geschlossenen Gußeisengehäuse und sind durch kleine Klappdeckel leicht herausnehmbar (Abb. 696 und 697). Schamotteplatten schützen Schieber und Fassung gegen die Hitze der darüber lagernden glühenden Asche. Die freie Ausmündung der Schieber ist so ausgebildet, daß später eine pneumatische Aschenförderung ohne Schwierigkeit

angeschlossen werden kann. Wegen der lästigen Eigenschaften der Flugasche haben
die Aschenschieber Fernbetätigung erhalten, trotzdem bleibt das Aschenziehen noch
immer eine unangenehme Arbeit. Die Asche wird in kleine Wagen abgezogen, die
über Drehscheiben nach dem Mittelgang zwischen den beiden Kesselreihen und von
da vor die Kesselhäuser geschoben werden (Tafel XI). Die Aschenkeller werden
durch Glühlampen erleuchtet, die unter luft- und wasserdicht schließenden, oval
geformten, aufklappbaren Deckeln aus starkem Glase sitzen. Die Schutzdeckel können
infolge ihrer flachen zweckmäßigen Form leicht und schnell von Staub und Schmutz
gereinigt werden und sind so niedrig, daß Beschädigungen nur selten vorkommen.

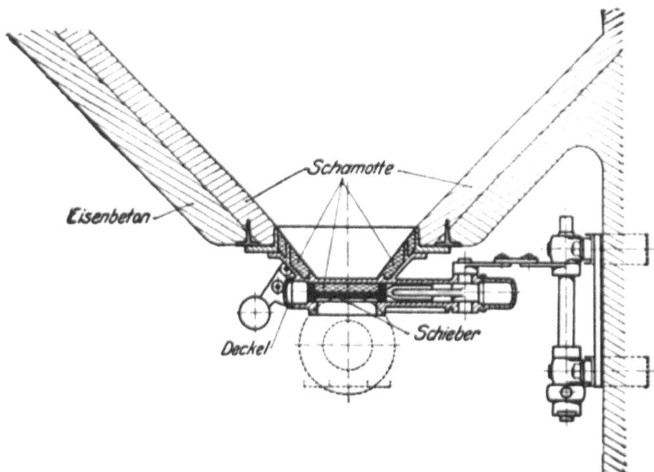

Proben der Steine und des
Mörtels für die feuerfeste Ausmauerung der Kessel wurden
vor Beginn und während der
Maurerarbeiten durch ein keramisches Laboratorium fortlaufend geprüft, ein Verfahren,
das sich im Verein mit der
scharfen Überwachung der
Maurerarbeiten bestens bewährt hat.

Die Speiseventile und die
Ventile vor und hinter dem
Überhitzer werden vom Heizerstand aus mittels Zahnradgetriebe, die nebensächlichen

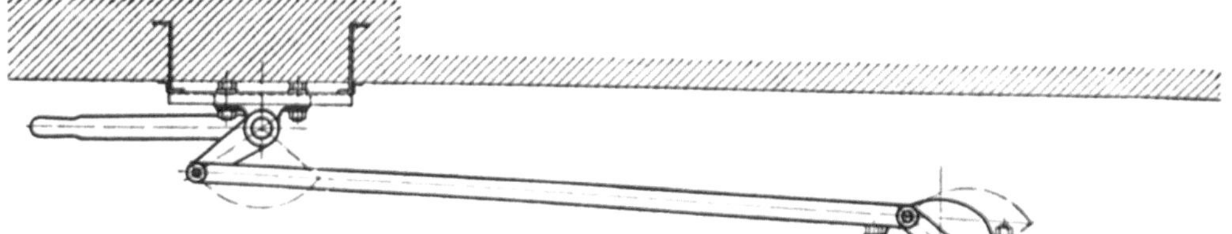

Abb. 696 u. 697. Aschenschieber Bauart Pawlikowski mit
Fernbetätigung.

Ventile, wie z. B. die Entwässerung des Überhitzers,
durch Kettenantrieb betätigt. An sämtlichen Ventilen geben Emailleschilder Zweck und Öffnungssinn an.

In Braunkohlenwerken findet man noch vielerorts die Auffassung, daß eine
höhere Heizflächenbelastung als etwa 20 kg/m² sich nicht empfehle. Es erschien
daher etwas gewagt, die normale Beanspruchung auf 25 kg/m² und die dauernde
Höchstbeanspruchung auf 30 kg/m² zu steigern. Die Abnahmeversuche und der
Betrieb zeigten aber, daß bei richtiger Bemessung der Roste und der Kessel so
hohe Belastungen auch bei mulmiger Braunkohle wohl möglich und vorteilhaft sind.

So ergaben die äußerst sorgfältig durchgeführten Abnahmeversuche bei 25 kg/m²
Heizflächenbelastung Wirkungsgrade bis zu 83 vH und bei 30 kg/m² bis zu 81 vH.

Abnahmeversuche und Betrieb haben übereinstimmend gezeigt, daß die verschiedenen Kesselsysteme hinsichtlich des Wirkungsgrades etwa gleichwertig sind,
daß die gewählten Heizflächenbelastungen sich als nicht zu hoch erwiesen und daß
das wirtschaftliche Arbeiten von Kesselanlagen mit Braunkohlenfeuerungen haupt

sächlich von der richtigen
Abstimmung von Rostfläche,
Kessel- und Vorwärmerheiz-
fläche abhängt.

Obgleich sämtliche Trans-
portvorrichtungen doppelt ausgeführt sind, mußten trotzdem
reichlich bemessene Kohlenbunker vorgesehen werden, weil
sonst die Kohlenzufuhr zu den
einzelnen Kesseln nicht genügend gleichmäßig erfolgt. Für
die Verfeuerung von Steinkohlen, die in demselben Volumen ein Vielfaches an Wärme
enthalten, genügen in der Regel
Kohlentaschen, die im allgemeinen noch an der Dachkonstruktion aufgehängt werden
können. Außerdem dienen im
Kraftwerk Golpa die Bunker
mit als Kohlenreserve. Der
Bunkerinhalt hängt hauptsächlich von der Schütthöhe ab, die
wegen der Gefahr der Selbstentzündung nicht zu groß gewählt werden darf. Da bei der
Golpaer Braunkohle der Böschungswinkel fast 60° beträgt,
haben die Bunker selbst bei beträchtlicher Höhe nur einen
mäßigen Fassungsraum. Auch
durch Verbreiterung der Bunker, die zudem recht teuer
würde, wird nicht viel gewonnen, da dann infolge des großen
Böschungswinkels wieder viel
Schutthöhe verloren geht oder
große Ecken entstehen. Um eine
Entzündung der Kohle lokali-
sieren zu können, wur-
den die Bunker durch
eine Längswand in zwei
Hälften geteilt. Die
Gurtförderer wurden in
der Mitte der Bunker
nebeneinander gelegt,
so daß jedes Band in
jede Bunkerhälfte ab-
werfen kann. Unter Be-
rücksichtigung dieser
Gesichtspunkte ent-

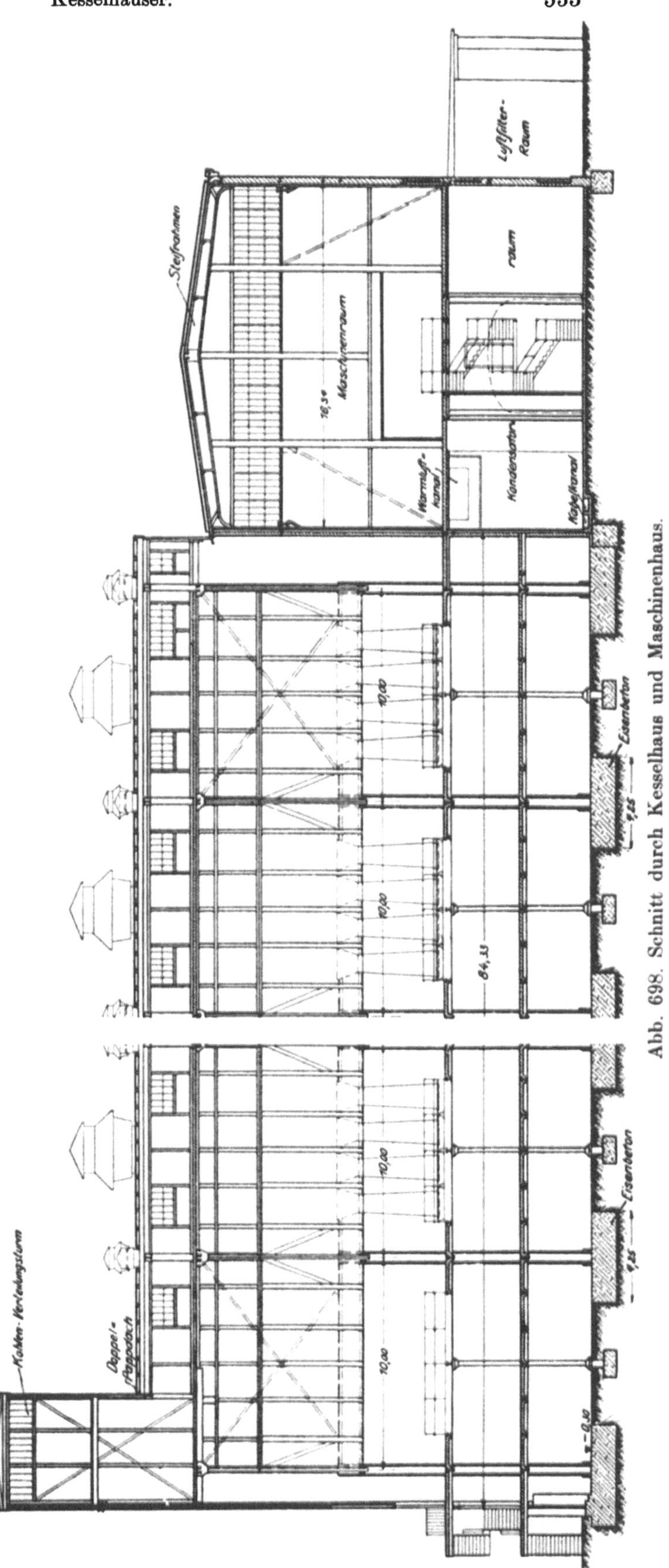
Abb. 698. Schnitt durch Kesselhaus und Maschinenhaus.

stand die in Tafel Xl dargestellte Bunkerform, die auf einen Kessel rd. 130 m³ Kohle faßt. Diese Brennstoffmenge reicht bei 12 000 kg/h Dampferzeugung für etwa 18 Stunden aus.

Die Bunker stehen auf eisernen Säulen, sie wurden in Eisenkonstruktion ausgeführt, weil diese Bauart am wenigsten Platz braucht und die schnellste Montage erlaubt. Da je zwei einander gegenüberstehende Bunkersäulen auf einer gemeinsamen, eisenarmierten Betonplatte stehen, wird die Bautiefe klein, weil die Stärke der Platten verhältnismäßig gering ist (Abb. 698). Es wurde überhaupt bei sämtlichen bautechnischen Arbeiten größter Wert auf recht flache, sparsame Bauweise gelegt (geringe Ausschachtungsarbeiten, flache Fundamente, dünne und trotzdem wärmedichte Wände usw.). Nach Fertigstellung der Fundamente konnte sofort ohne Behinderung durch andere Bauarbeiten mit der Montage der Bunker begonnen werden, die im Kesselhaus D z. B. nur vier Wochen dauerte. Die Wände zwischen der Eisenkonstruktion wurden teils in Eisenbeton, teils in Bauart Prüß ausgeführt und während der Kesselmontage eingezogen.

Von den Bunkern fällt die Kohle durch rechteckige Lutten aus Eisenblech, die nach unten konisch erweitert sind, auf die Roste. Da auf jeden Rost eine Lutte kommt, hat jeder Kessel vier Lutten. Auf den Kohlentrichtern sitzen etwa 500 mm hohe Aufsätze, in die die Lutten derart ausgießen, daß Luftansaugung durch die Kohlentrichter hindurch vermieden wird (Abb. 691 und 699). An den Einmündungen der Lutten in die Kohlenbunker sind verschließbare Öffnungen angebracht, um etwaige Verstopfungen beseitigen zu können. Galerien an den Längsseiten der Bunker führen an diesen Öffnungen vorbei (Tafel XI u. Abb. 730). Die Lutten werden durch wagerechte, auf Rollen laufende Flachschieber, die kurz hinter dem Bunkermaul sitzen, mittels Zahnradantrieb und Kettenzug abgesperrt (Abb. 699). Um die Kohle bei Versuchen bequem und ohne größere Vorbereitungen wiegen zu können, ist der unterste Teil der Lutten aufklappbar, so daß selbsttätige Waagen untergeschoben werden können (Abb. 691). Dieser Teil läßt sich aber auch ohne Mühe ganz entfernen, wenn die Kohle bei genauen Versuchen mittels gewöhnlicher Waagen zugemessen werden soll.

Auch das Dach und die Wände der Kesselhäuser wurden im Interesse einer schnellen Montage in Eisenkonstruktion gebaut. Die Wände sind nur $^1/_2$ Stein stark (130 mm) ausgemauert und haben Flacheiseneinlagen. Das Dach besteht aus eisernen I-Pfetten mit Holzsparren und Holzschalung. Diese Bauweise hat den Vorzug schneller und billiger Herstellung, sie ermöglicht die rasche Anbringung von Öffnungen für Rohrleitungen usw. und die einfache Befestigung von Licht- und anderen kleineren Leitungen. Die Querwindkräfte werden im Bunker, die Längskräfte im letzten Bunkerfeld aufgenommen.

Besonderer Wert wurde auf gute Beleuchtung und Belüftung gelegt. Da die Bunker die Licht- und Luftzufuhr stark beeinträchtigen, wurden längs der Bunker Lichthauben und in den Längswänden reichlich bemessene Fenster angebracht (Tafel XI u. Abb. 698, 516 u. 730). Auch die freien Stirnwände der Kesselhäuser sind mit großen Glasflächen ausgestattet.

Der über das Dach hochragende Bunkeraufbau konnte zur Belüftung nicht herangezogen werden, weil die Beeinträchtigung des Kesselhausbetriebes durch Staubentwicklung beim Abwerfen trockener Kohle in die Bunker befürchtet wurde. Die Lufthauben sind deshalb neben die Bunker gelegt worden (Abb. 698, 516 u. 718). Für den Luftwechsel im Aschenkeller waren ursprünglich in der Decke zwischen Aschenkeller und Schürerstand und zwar unterhalb der Bunker ebensolche Öffnungen wie zwischen Schürerstand und Heizerstand vorgesehen. Die nach oben entweichenden, beim Entaschen entstehenden starken Gas- und Staubschwaden belästigten jedoch die Schürer, ohne daß die Luftzufuhr zum Aschenkeller verbessert worden wäre. Man beseitigte daher die Öffnungen wieder und brachte sie in den später errichteten Kesselhäusern nicht an. Es gelang aber nach längeren Versuchen auf einfache Weise, dem Schürerstand ausreichend Frischluft zuzuführen, und es kann heute gesagt werden, daß seine Belüftung allen Ansprüchen genügt. Dieser Umstand verdient deshalb besondere Erwähnung, weil von verschiedenen Seiten bezweifelt worden war, daß bei so großen Kesselhäusern eine Gegenüberstellung der Kessel zulässig sei. Selbstverständlich sind die Belüftungs- und Lichtverhältnisse in zweireihigen

Abb. 699. Blick in den Bedienungsgang zwischen zwei Kesselreihen unterhalb der Kohlenbunker.
(Kohlenlutten und Aufsätze auf Feuerungstrichter.)

Kesselhäusern schwieriger zu lösen als für einreihige. Nachdem aber die Mannschaften einmal eingearbeitet waren und die schweren Fehler in der Bedienung der Roste wegfielen, hat sich die Unhaltbarkeit der Befürchtungen zweifelsfrei herausgestellt. Auch das Rückschlagen der Flammen aus den Feuerungen, das anfangs recht unangenehm war, kommt nicht mehr vor.

Das Werk hat insgesamt 9 Schornsteine (ein 10. ist im Bau) von 5 m oberem lichten Durchmesser und 100 m Höhe. Die Möglichkeit, die Schornsteine um weitere

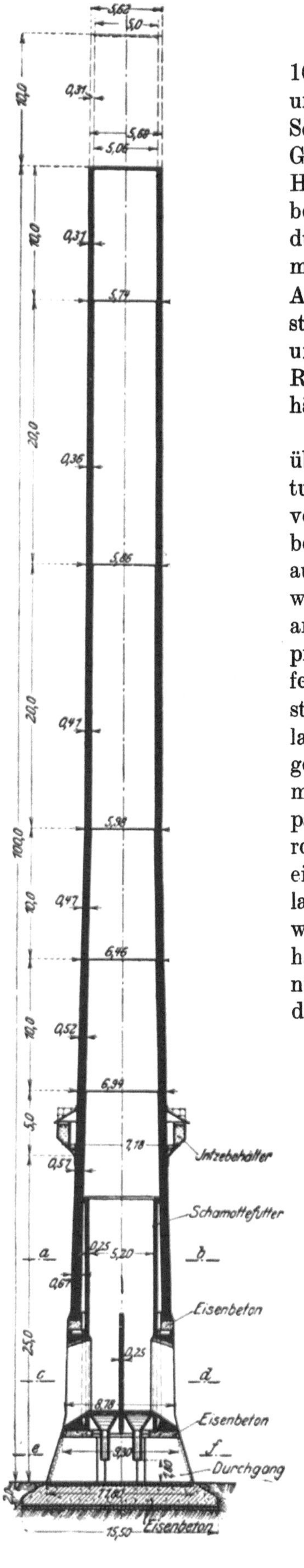

10 m erhöhen zu können, brauchte nicht ausgenutzt zu werden. Der untere Teil der Schornsteinsäule ist durch ein 250 mm starkes Schamottefutter vor der unmittelbaren Berührung durch die heißen Gase geschützt. (Abb. 700 bis 704.) Vier Schornsteine tragen auf 25 m Höhe Intzebehälter aus Eisenblech von je 40 m³ Inhalt, die als Hochbehälter für Rohwasser dienen. Zur Verhinderung von Wirbelbildungen durch aufeinander prallende Gasströme sind an der Einmündung der Füchse Trennwände eingebaut. Reichlich bemessene Aschentrichter sorgen für eine bequeme Entaschung. Der Schornsteinfuß hat zwei zueinander senkrechte 2600 mm breite Durchgänge, um das Unterschieben von Aschenwagen, die Durchführung von Rohrleitungen und eine bequeme Verbindung zwischen den Kesselhäusern zu ermöglichen.

Beim Entwurf der Schornsteine wurden die neuesten Erfahrungen über das Anbringen von inneren und äußeren Besteigungsvorrichtungen, über die Bewehrung mit Eisenringen, die Entaschung, die vorteilhafteste Arbeitsausführung und die Verwendung der Baustoffe berücksichtigt. Auf tunlichste Ersparnis an Baustoffen mußte schon aus dem Grunde besonderer Wert gelegt werden, weil die zu bewegenden Massen infolge der großen Zahl von Schornsteinen schon an sich sehr groß wurden und das ohnehin schwierige Beförderungsproblem noch weiter erschwerten. Man verwendete daher besonders feste Ziegel und zementreichen Mörtel und führte entsprechend der statischen Beanspruchung den Schornsteinfuß mit vergrößertem Anlauf aus. Die äußere Mantellinie des Schornsteines ist nach innen geknickt, um die Beanspruchung in der ganzen Schornsteinsäule möglichst gleichmäßig zu gestalten. Durch diese weitgehende Anpassung an die rechnungsmäßig erforderlichen Querschnitte wurden rd. 5 vH Baukosten erspart. Infolge der über Tag gelegenen Fuchseinmündung wurde das Fundament ziemlich flach. Der kräftige Anlauf des Sockels und die zweckmäßig verteilte Eisenbewehrung bewirken, daß die Höchstspannungen im Fundament wesentlich unterhalb der zulässigen Beanspruchung bleiben, ein Umstand, dem oft nicht genügend Rechnung getragen wird. Die eisenarmierten Fundamentplatten sind 2 m stark und haben 15,5 m Durchmesser. Auch

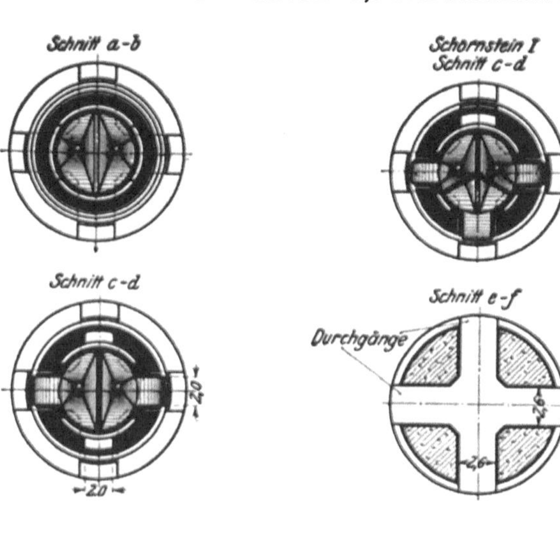

sonst wurde Eisenbeton an mehreren Stellen verwendet, z. B. zur Aufnahme des Gewichtes des Schornsteinbodens, für die Aschentrichter und Abzüge und zur Unterstützung des Mauerwerks oberhalb der Fuchseinmündungen. Besondere Schornsteinköpfe wurden nicht ausgebildet, da sie durch die im Laufe der Zeit entstehenden Rauchhauben völlig ersetzt werden.

Durch den Bau der Schornsteine durften andere Arbeiten nicht gestört, gefährdet oder verzögert werden. Man mußte deshalb besonders mit Rücksicht auf die stark zusammengedrängte Anlage besondere Vorkehrungen treffen. Zum Schutz der Arbeiter vor herabfallenden Steinen wurden in die Ringbewehrung der Schornsteine Rahmen mit Drahtnetzen eingehängt, die entsprechend der wachsenden Schornsteinhöhe von Zeit zu Zeit weiter nach oben verlegt wurden. Da gleichzeitig mit den Schornsteinen auch die Kesselhäuser- und Fundamente gebaut werden mußten, gestaltete sich die Zufuhr der Baustoffe recht schwierig. Ein reibungsloses Nebeneinanderarbeiten wurde schließlich dadurch ermöglicht, daß man die Baustoffe für die Schornsteine durch die Aschentunnels heranschaffte und deren Decken für die Anfuhr der übrigen Baumaterialien freihielt.

Da bei der Fertigstellung der ersten Kessel noch kein Schornstein betriebsfähig war, wurden zwei Steinmüllerkessel, die die erste Dampflieferung aufnahmen, zunächst an eine provisorisch aufgestellte Saugzuganlage angeschlossen, die später wieder entfernt wurde.

7. Maschinenhaus.

Die Kesselhäuser stehen senkrecht zum Maschinenhaus, an das sie mit ihren Stirnenden unmittelbar anstoßen. Es ist 205 m lang und hat 16 m Spannweite. Maschinenhausfußboden und Heizerstand liegen auf gleicher Höhe und sind mit einander durch zahlreiche Türen verbunden.

Im ersten Ausbau wurden insgesamt 8 Turbinen der bekannten A. E. G.-Bauart mit 3 Lagern und selbsttätiger Düsenregulierung aufgestellt, die folgende Hauptabmessungen haben:

Leistung eines Generators	kVA	22000
Leistung eines Generators bei $\cos \varphi - 0{,}75$ . .	kW	16000
Periodenzahl		50
Minutliche Umlaufzahl		1500
Generatorspannung	Volt	6600
Dampfdruck vor Absperrventil	at	13,5
Dampftemperatur	^{0} C	340

Die 1921 beschlossene Erweiterung umfaßt die Aufstellung eines weiteren Aggregates derselben Leistung.

Gegen Lager- und Wellenanfressungen durch elektrische Irrströme und gegen das Verrosten des Turbineninnern infolge von Sickerdampf wurden besondere Vorkehrungen getroffen.

Das durch die Trennfuge des geteilten Drehstrom-Generatorgehäuses hervorgerufene magnetische Streufeld induziert in der Rotorwelle einen Wechselstrom, der sich durch die Lagerböcke und die Grundplatte hindurch zu einem Stromkreis schließt und bei seinem Übertritt von der Welle zu den Lagern Anfressungen verursacht. Um das Entstehen dieses Stromes zu verhindern, wurde der am freien Ende des Generators (Erregerlager) sitzende Lagerbock gegen die Grundplatte isoliert. Die regelmäßige Nachprüfung dieser Isolation wird durch die Betriebsanweisung vorgeschrieben.

Die Absperrorgane in Hochdruckdampfleitungen halten selbst bei bester Ausführung auf die Dauer nicht dicht. Treten Dampfschwaden in die ruhende Turbine ein, so können sie zusammen mit der durch die Stopfbüchsen einströmenden Luft Verrostungen bewirken, die besonders den Körpern mit verhältnismäßig großer,

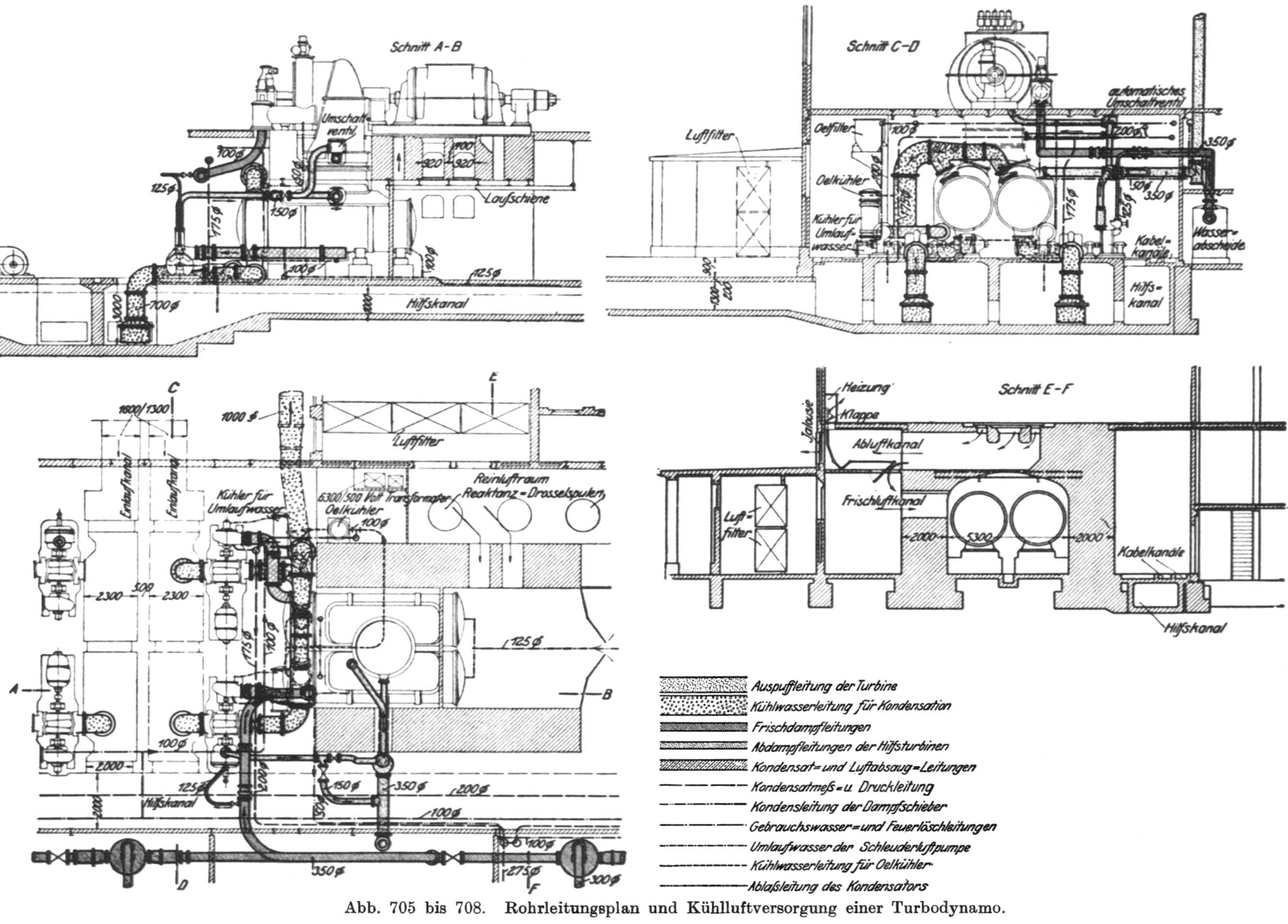

Abb. 705 bis 708.   Rohrleitungsplan und Kühlluftversorgung einer Turbodynamo.

fein zergliederter Oberfläche, also den Schaufeln, verhängnisvoll werden. Um die schädlichen Wirkungen von Sickerdampf zu verhindern, sind vor jeder Turbine zwei Absperrventile eingebaut, zwischen denen ein in die Atmosphäre führendes Belüftungsventil angeordnet ist, das sofort nach dem Stillsetzen der Turbine geöffnet wird. Gleichzeitig wird das Belüftungsventil auf dem Turbinengehäuse eine Zeitlang geöffnet, damit das noch heiße Tubineninnere möglichst rasch austrocknen kann.

Jede Turbine hat zwei Kondensatoren von je 1500 m² Kühlfläche mit verzinkten, schmiedeeisernen Rohren, die sich bisher gut bewährten. Die vier Maschinen des

Abb. 709.   Ansicht des Maschinenhauses und des Kesselhauses D.

ersten Ausbaues haben ferner je einen turbo- und einen elektrisch angetriebenen Pumpensatz, bestehend aus je einer Kühlwasser-, Luft- und Kondensatpumpe.

Die Pumpen der übrigen Maschinen erhielten reinen Dampfturbinenantrieb, da gemischter Antrieb selbst bei einem recht unregelmäßigen Belastungsdiagramm keine Vorteile geboten hätte und zwar um so weniger, als der Antrieb durch Turbinen einfacher und weniger empfindlich als elektrischer Antrieb ist. Der Abdampf der Hilfsturbinen wird in eine Niederdruckstufe der Hauptturbine und bei schwachbelasteter Maschine durch ein selbsttätiges Ventil ins Freie oder in den Kondensator geleitet. Die Pumpenmotoren sind durch besondere Kabel über 500/6300 V Transformatoren,

die in einem kleinen, im Maschinenkeller neben den Kondensatoren liegenden Raum
stehen, unmittelbar hinter den Reaktanzspulen an die Generatoren angeschlossen und
daher völlig unabhängig von den Sammelschienen (Abb. 705 bis 708). Die Luftfilter
für je 2200 m³/min der Möllerschen Bauart sind für jeden Generator gesondert in
kleinen Anbauten an der Maschinenhauslängswand untergebracht. Jedes Filter enthält 6 Rahmen mit je 48 Taschen; da jede Tasche 5 m² Filterfläche hat, beträgt die
Gesamtfilterfläche für einen Generator 1440 m². Für das ganze Werk wurden 48 Reserve-
taschen mitgeliefert. Die Filter werden mit Staubsaugern in der Weise gesäubert, daß
nach Beseitigung eines Filterrahmens der darauf folgende abgesaugt wird, so daß die
ganze Filteranlage stets in gutem Zustande bleibt. Rah-
men, Taschen und Tücher der Filter sind feuersicher ge-
tränkt. Um Eindringen von Regen und Schnee zu verhindern, sind vor die Luftöffnungen der Filterhäuschen
kleine Lauben vorgebaut, die gleichzeitig die architektonische Wirkung der sonst etwas einförmigen Maschinenhauswand wesentlich heben. (Abb. 709.) Von den Filtern
gelangt die gereinigte Luft nach Umspülen der Reaktanzspulen aus der Rückseite der Kondensatoren in einen luftdicht abgeschlossenen, von einer Seite durch große Türen
zugänglichen Frischluftraum. Von hier aus können auch
die Kondensatorrohre gereinigt und ausgewechselt werden,
wenn der Kondensatordeckel mit einer an einer Lauf-
schiene verschiebbaren Katze abgenommen und beseitigt
ist. Die Luft strömt den Generatoren von unten an beiden
Lagerenden zu und in ihrer Mitte nach unten wieder ab.
Die Warmluft kann entweder durch eine Jalousieklappe ins
Freie oder zur Heizung in den Maschinenraum geleitet
werden. (Abb. 710.) Um bei sehr kaltem oder sehr feuchtem Wetter Schwitzwasserbildung im Generator zu verhüten, sitzt zwischen Warm- und Kaltluftkanal eine Ver-
bindungsklappe, mit der gegebenenfalls der Frischluft vor
ihrem Eintritt in die Generatoren dauernd etwas Warmluft zugesetzt werden kann.

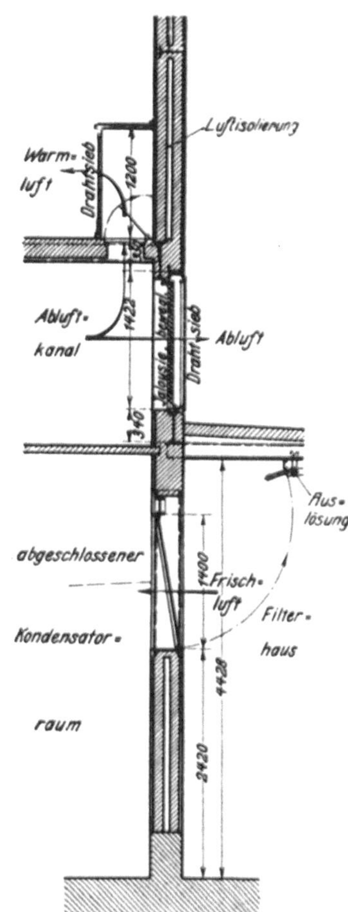

Abb. 710. Generatorkühlluft-
zu- und -ableitung.

Die Abluft der ersten Turbine wird im Winter durch
besondere Kanäle zur Heizung ins Schalthaus geleitet.
Sicherheitsklappen verhindern das Übergreifen eines Filter-
brandes auf die Generatorentwicklung. (Abb. 710.) Sie werden von dicht hinter den Filtern liegenden Drahtzügen,
in die leicht schmelzbare Verbindungsstücke eingebaut
sind, in geöffnetem Zustande gehalten und nach dem
Fall selbsttätig verriegelt. Einen weiteren Schutz gegen
Brandgefahr bietet ein in den Frischluftkanal eingebautes feinmaschiges Bronze-
drahtnetz. Soll der Generator bei geschlossener Sicherheitsklappe noch kurze Zeit
weiterlaufen, so werden Türen im Reinluftraum zwischen Filter und Generator geöffnet, hinter denen hölzerne Schutzleisten sitzen, um das unbefugte Betreten dieses
Raumes zu verhindern, in dem Hochspannungsapparate untergebracht sind. Die
Luftgeschwindigkeit in den Öffnungen und Kanälen liegt zwischen 10 und 18 m/s.
Die leichten Decken der Luftkanäle wurden so stark ausgeführt, daß sie für Revisionen
und andere Zwecke gerade begehbar sind.

Neben jeder Turbine steht ein Kommandoapparat mit Klingel und Rückmeldung,
durch den dem Turbinenwärter vom Schaltbrett aus die erforderlichen Anweisungen
erteilt werden.

Die Laufschienen der Kranbahn befinden sich rd. 8 m über Maschinenhausfußboden und rd. 15 m über dem Flur des Kondensatorkellers, der wiederum auf Terrain-
höhe liegt. Mit Rücksicht auf die großen Gewichtsunterschiede der zu hebenden
Teile und im Interesse eines schnellen Arbeitens wurden zwei Krane mit folgenden
Abmessungen eingebaut:

Tragfähigkeit . . . . t 40		12,5
Hubmotor: Leistung . . . . PS 70		45
Größte Hubgeschwindigkeit . . . . m/min 5,6		11,0
Katzenfahrmotor: Leistung . . . . . . PS 13,6		3,8
Größte Fahrgeschwindigkeit . . . . m/min 30		22
Kranfahrmotor: Leistung . . . . PS 30		16
Größte Fahrgeschwindigkeit . . . . m/min 60		100

Abb. 711. Blick ins Maschinenhaus.

Die Spannweite der Krane beträgt 15,5 m, ihre Hubhöhe 15 m. Die Maschinenteile
können an der freien Stirnwand der Halle ins Maschinenhaus eingefahren und unmittelbar vom Eisenbahnwagen abgehoben werden. Daneben ist genügend Raum, um
selbst an den größten Transformatoren des Werkes Reparaturen vornehmen zu können.
Zwischen Maschinenraum und Maschinenkeller sorgen reichlich bemessene Treppen und Lichtschächte für gute Verbindung und für ausreichende natürliche Belichtung des Kondensatorenraumes. Die Schächte sind so bemessen, daß der Kran die
Teile der Hilfsmaschinen noch unmittelbar greifen kann.
Die Turbinenfundamente sind aus Beton hergestellt. Die Maschinenhausbinder
sind als Steifrahmenblechträger ausgebildet. Die Aussteifung liegt in Höhe der
Maschinenhausdecke, die gleichzeitig als Horizontalverband zur Aufnahme der Windkräfte auf die Längsaußenwand das Maschinenhauses dient. Die Wände wurden aus
denselben Gründen wie bei den Kesselhäusern in Eisenkonstruktion ausgeführt und
mit Hohlziegeln und Eiseneinlagen ausgemauert. Sie sind 25 cm stark und haben
zum besseren Wärmeschutz eine Luftzwischenschicht. (Abb. 710.) Sehr ausgiebige
Fensterflächen in den Längswänden des Maschinenhauses machen Oberlicht überflüssig. (Abb. 711).

Pumpenhäuser.

In den Höfen zwischen den Kesselhäusern wurden drei Pumpenhäuser eingebaut, die gleichzeitig als Verbindung zwischen den Kesselhäusern dienen (Tafel XI). Die Kessel werden also von drei voneinander unabhängigen Stellen aus gespeist, die durch Leitungen so miteinander verbunden sind, daß jedes Pumpenhaus das ganze Werk mit Wasser versorgen kann.

Jedes Pumpenhaus enthält:

4 turboangetriebene Kesselspeisepumpen:

    normale Leistung . . . . 127 m^3/h

    Höchstleistung . . . . 250 m^3/h

    normale Förderhöhe . . . . 165 m

2 elektrisch angetriebene Reinwasserpumpen:

    Leistung . . . . 30 m^3/h

    Förderhöhe . . . . 15 m

    2 Kondensatbehälter von je 20 m^3 Nutzinhalt

    2 Reinwasserbehälter von je 22 m^3 Nutzinhalt

    1 Wasserreiniger von 25 m^3/h Leistung.

Die Reinwasserbehälter und Reinwasserpumpen (Zusatzwasserpumpen) stehen zu ebener Erde (Tafel XII), darüber sind auf Höhe Schürerstand die Kesselspeisepumpen und der nach dem Kalk-Soda-Verfahren arbeitende Wasserreiniger und ferner in zwei Pumpenhäusern je ein Kompressor zum Erzeugen der im Betriebe erforderlichen Preßluft untergebracht. Oberhalb der Kesselspeisepumpen stehen die Kondensatbehälter. Jeder Kompressor liefert 300 m^3/h Druckluft von 10 at Spannung, macht 290 minutliche Umdrehungen, er ist unmittelbar mit einem 42 PS-Drehstrommotor von 500 V gekuppelt und arbeitet auf einen Windkessel von 28 m^3 Inhalt. An die Windkessel ist ein ausgedehntes Leitungsnetz angeschlossen, das die Apparate zum Abblasen der Kessel und Vorwärmer, zum Reinigen der Schaltanlage, der Generatoren, Motoren und Luftfilter und die Evakuierungsanlage der Transformatoren mit Preßluft versorgt.

Hinter den Wasserreinigern sitzen reichlich bemessene Kiesfilter mit mechanischer, von einem 3-kW-Drehstrommotor angetriebener Rührvorrichtung.

Die außerhalb der Pumpenhäuser im Hofe untergebrachten Behälter sollten ursprünglich als Kesselablaßbehälter dienen, weil das Kesselablaßwasser, nachdem es seinen Schlamm abgesetzt hatte, zur Speisung wieder benutzt werden sollte. Hierauf wurde aber später verzichtet, weil häufige Irrtümer in der Bedienung vorkamen. Die Ablaßleitungen wurden dann an der freien Kesselhausstirnwand zusammengeführt und das Ablaßwasser nach Durchströmen eines gemauerten Kanales zum Vorfluter geleitet. Die Behälter im Hof wurden zur Vergrößerung der Reinwasserbehälter des Pumpenhauses benutzt und mit diesem durch Ausgleichsleitungen verbunden.

Die Pumpenhäuser sind im übrigen ebenso wie die Kesselhäuser ausgeführt unter besonderer Berücksichtigung reichlicher Belichtung und Belüftung.

8. Rohrleitungen.

a) Speisewasserleitungen.

Der Weg des Rohwassers bis zum Wasserreiniger wurde schon im 3. Abschnitt beschrieben. Aus dem Reiniger fließt das Rohwasser in die Reinwasserbehälter (Tafel XII) und wird von hier durch die Zusatzwasserpumpen nach Bedarf in die Kondensatbehälter gefördert, in die gleichzeitig die Kondensatpumpen das Turbinenkondensat drücken. Um den Dampfverbrauch der Turbinen ohne Betriebsstörung jederzeit auf einfache Weise genau messen zu können, werden die Kondensatdruckleitungen so umgeschaltet, daß jede Turbine über eine Wippschurre in 2 sehr sorgfältig geeichte, im zweiten Hof aufgestellte Meßbehälter von je rd. 18 m³ Inhalt ausgießt, die für Kesselversuche gleichfalls verwendbar sind. Das in ihnen abgemessene Wasser fließt in einen der Reinwasserbehälter, aus dem die Versuchspumpe saugt und durch eine besondere Meßleitung in den zu untersuchenden Kessel drückt. Auf diese Weise können Wassermengen bis zu 150 m³/h ohne Schwierigkeit gemessen werden. Zur laufenden Kontrolle sind Woltmannmesser in die Kondensatdruckleitungen der Turbinen und in die Hauptstränge der Speiseleitungen hinter den Kesselpumpen eingebaut (Abb. 712).

Von den Kondensatbehältern strömt das Wasser unter Druck zu den Kesselspeisepumpen, die auch aus den Reinwasserbehältern saugen können. Die Pumpenhäuser sind durch Leitungen so miteinander verbunden, daß jedes Pumpenhaus in jedes beliebige Kesselhaus speisen kann. Zur Erzielung großer Betriebssicherheit sind überall Doppelleitungen verlegt und Pumpen und Kessel so geschaltet, daß jedes

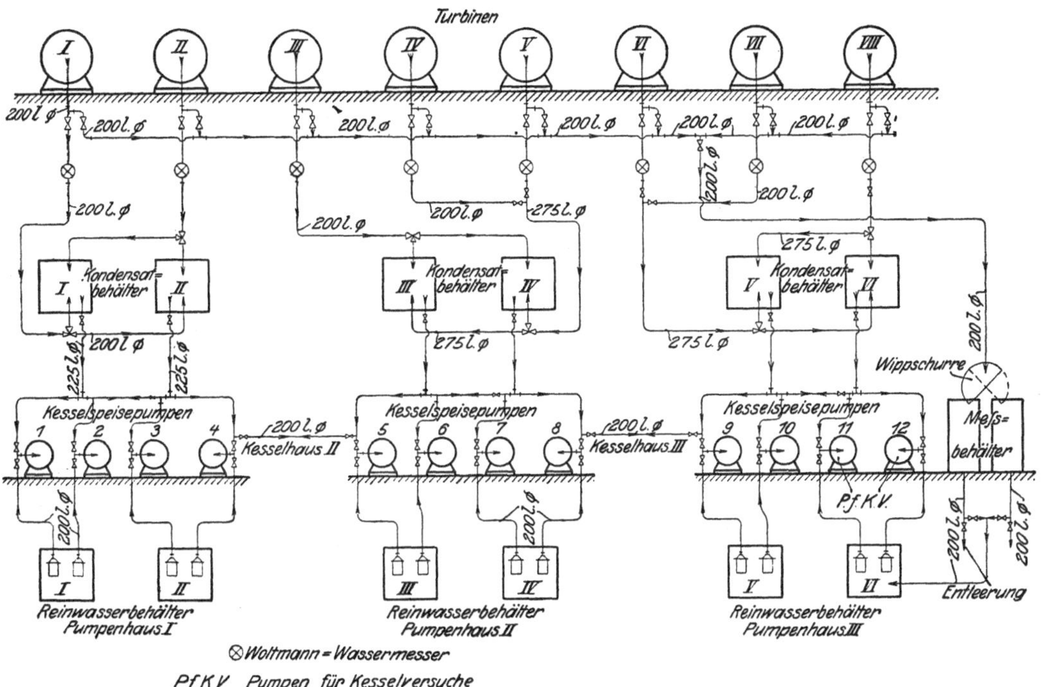

Abb. 712. Rohrleitungsschema zur Messung des Dampfverbrauches der Turbinen.

Aggregat mit jeder der beiden Leitungen verbunden werden kann. Um Meßfehler durch undichte Ventile zu vermeiden und ohne Betriebsstörung jeden beliebigen Kessel untersuchen zu können, wurde die besondere, bereits erwähnte Meßleitung von 100 mm l. W. vorgesehen (Abb. 713). Die Verständigung zwischen Versuchskessel und Meßbehälter erfolgt durch Fernsprecher und Klingelzeichen.

Das Speisewasser wird durch den Abdampf der Kesselspeisepumpen mittels Heizschlangen angewärmt, die in die Kondensatbehälter eingebaut sind. Entsprechend ihrer Leistung von 220 m³/h würden bei voll belastetem Werke schon 3 der 12 vorhandenen Kesselspeisepumpen ausreichen, in Wirklichkeit braucht man aber infolge ungleichmäßiger Speisung mehr, trotzdem geht die durch gewerbepolizeiliche Verordnungen vorgeschriebene Pumpenzahl bzw. die Gesamtpumpenleistung bei so großen Werken über die erforderliche und auch unter sehr ungünstigen Verhältnissen ausreichende Zahl erheblich hinaus. Jede Pumpe hat ein Dampfabsperrventil, das

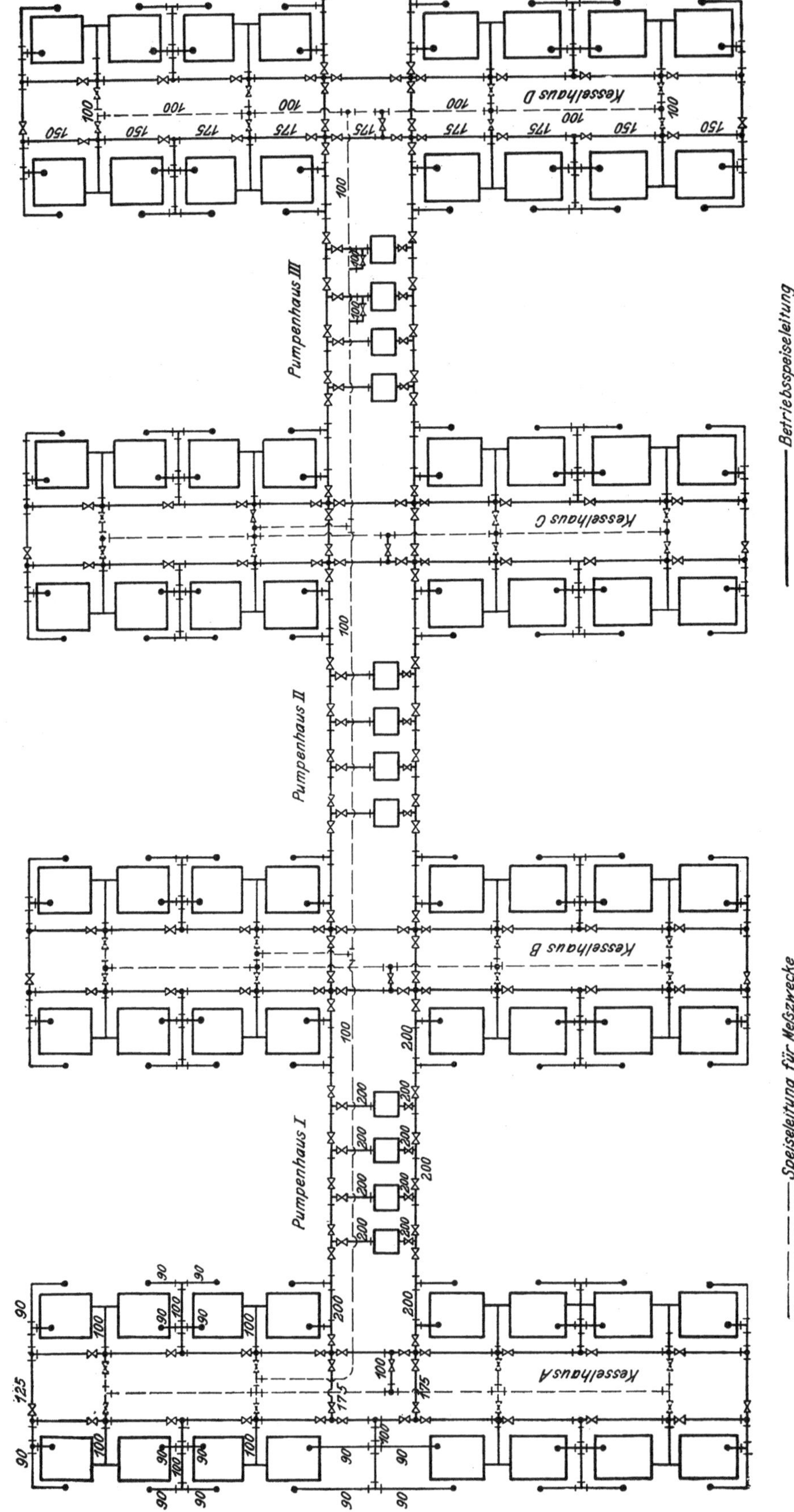

Abb. 713. Schema der Speisewasserversorgung der Kesselanlage.

gleichzeitig als Schnellschlußventil durchgebildet ist, und ein mit diesem Ventil in einem Körper vereinigtes Drosselventil. Das Drosselventil wird durch einen Regulierapparat beeinflußt, der den Dampfzutritt dem jeweiligen Speisewasserbedarf anpaßt, indem er einen bestimmten Druck am Speisewasseraustrittsstutzen aufrecht erhält. Der Druck läßt sich um einen gewissen Betrag höher als der Kesseldruck einstellen. Das Einstellen der Regulierapparate der einzelnen Pumpen auf verschiedene Drucke verhindert, daß bei kleinem Speisewasserverbrauch mehr Pumpen laufen, als zur Deckung des Bedarfes gerade nötig sind. Beträgt z. B. der Kesseldruck 15 at und der normale Druck unmittelbar hinter den Pumpen 16,5 at, so wird Pumpe I auf 16,5 at, Pumpe II auf 16,9 at und Pumpe III auf 17,3 at eingestellt. Die am höchsten eingestellte Pumpe arbeitet dann solange allein, als sie einen Druck von 17,3 at aufrechterhalten kann. Ist ihr dies infolge zu hohen Speisewasserverbrauches nicht mehr möglich, so springt Pumpe II ein, sobald der Druck auf 16,9 at gefallen ist. Reichen beide Pumpen zusammen nicht mehr aus, so tritt Pumpe I in Tätigkeit usw. Dieses Verfahren ist wirtschaftlich und betriebssicher, weil stets die volle Pumpenleistung ohne besonderen Zugriff zur Verfügung steht und weil im Falle des Aussetzens einer Pumpe die nächstfolgende sofort selbsttätig einspringt.

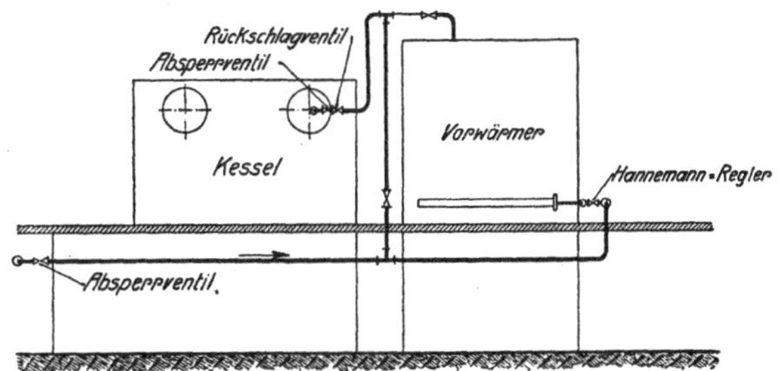

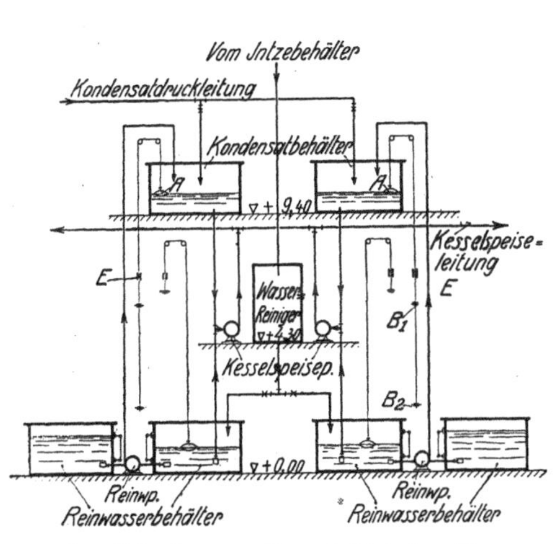

$A =$ Schwimmer, $E =$ elektrische Alarmklingel, B_1, $B_2 =$ Zeiger.
Abb. 714. Vorrichtung zur Anzeige der Wasserstände in den verschiedenen Behältern.

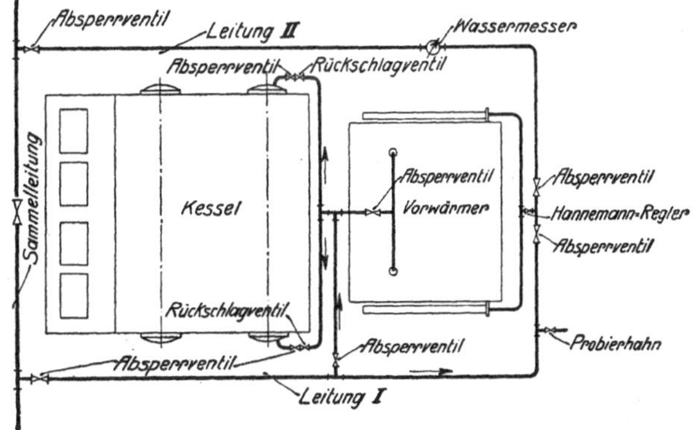

Abb. 715 u. 716. Speisewasserversorgung eines Kessels.

Zur Verhinderung periodischer Druckschwankungen, die von mancherlei Ursachen, wie z. B. hohem Luftgehalt des Speisewassers, Atmen der Rauchgasvorwärmer, rhythmischem Spiel der Speisewasserregler herrühren und die Speiseleitungen gefährden, sitzt hinter jeder Pumpe ein Rückschlagventil, das den Druck in der Pumpe etwas höher als in der anschließenden Rohrleitung hält.

Das Parallelarbeiten mehrerer Pumpen auf sämtliche Kesselhäuser wird im allgemeinen die wirtschaftlichste Betriebsweise sein, weil dann die Zahl der schwach belasteten Pumpen am niedrigsten wird. Trotzdem wurden die Speiseleitungen so ausgeführt, daß die Speisesysteme der verschiedenen Kesselhäuser völlig voneinander getrennt werden können. Diese Betriebsart ist übersichtlicher und sicherer, weil

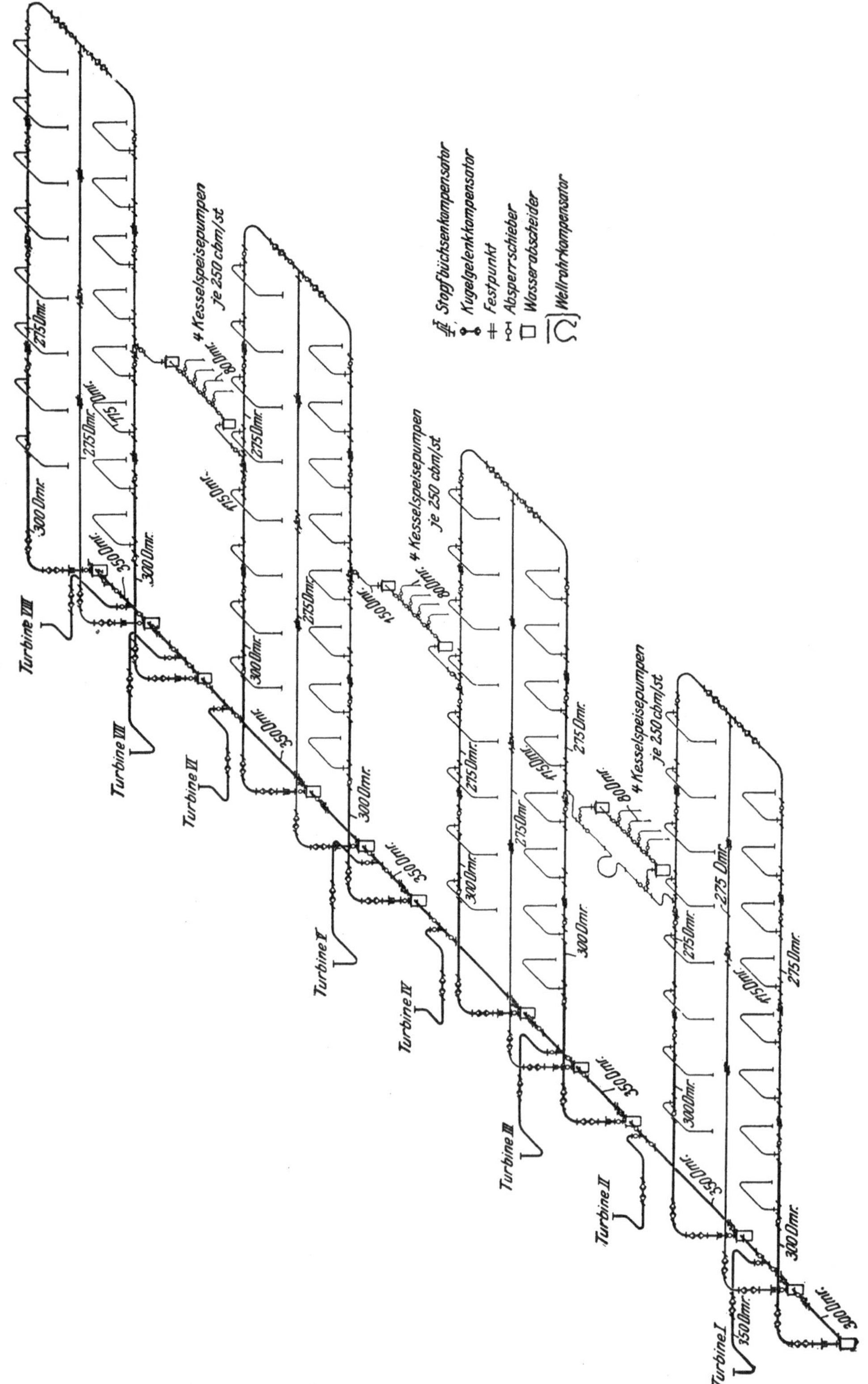

Abb. 717. Schema der Dampfleitungen zwischen Kesseln und Turbinen.

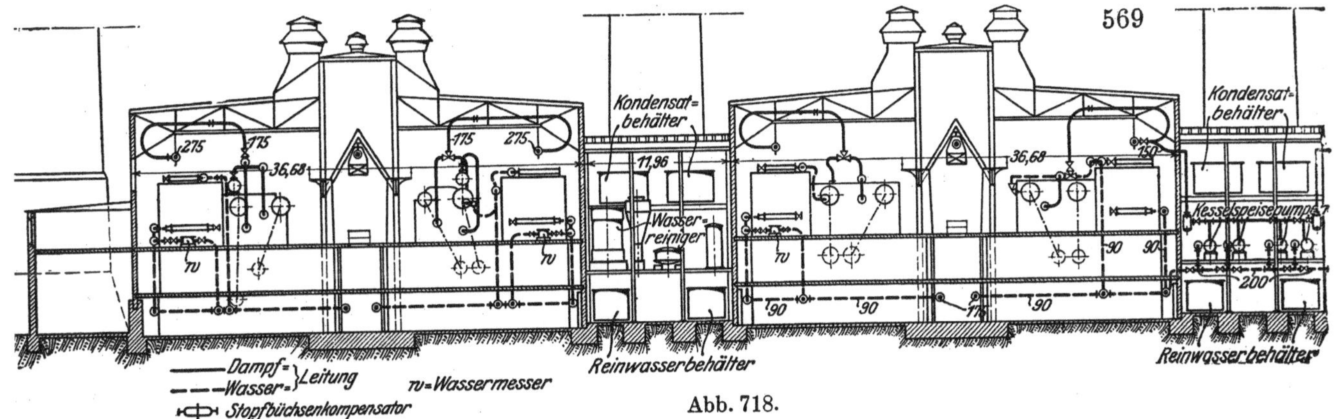

Abb. 718.

Abb. 718 u. 719. Dampf- und Wasserleitungen im Kesselhaus *A*.

Abb. 719.

sonst ein Leitungsfehler, dessen Auffindung in ausgedehnten Kesselanlagen manchmal längere Zeit dauert, den gesamten Betrieb in eine recht kritische Lage bringen kann. Viele Betriebsleiter werden daher im Interesse größerer Einfachheit lieber jedem Kesselhaus eine besondere Pumpengruppe zuweisen und dafür einen kleinen Mehrverbrauch in Kauf nehmen wollen.

Die Wasserbehälter der Pumpenhäuser haben Schwimmer, die den Wasserstand durch Schnurübertragung auf in passender Lage angebrachten Skalen anzeigen und bei tiefstem Wasserstande eine Alarmglocke und eine Signallampe betätigen. Glocke und Lampe sind nicht hintereinander, sondern parallel geschaltet, damit sie nicht gleichzeitig versagen. Zur Erleichterung der Einstellung der Reinwasserpumpen (Zusatzwasserpumpen) haben die Kondensatbehälter Doppelwasserstandsanzeiger. (Abb. 714.)

Jeder Kessel hat 3 Speiseanschlüsse von 90 mm l. W., davon einen für unmittelbare Speisung bei ausgeschaltetem Rauchgasvorwärmer. Will man den Speisewasserverbrauch ohne die umständlichere Behältermessung feststellen, so wird ein in Leitung II eingesetztes Paßstück gegen einen Siemens-Scheibenwassermesser ausgewechselt. In dem gewöhnlich benutzten Leitungsstrang sitzt ein Probierhahn, der etwaige Undichtheiten der bei dieser Messung abgesperrten Ventile anzeigt und dadurch Meßfehler verhindert. Jeder Kessel hat grundsätzlich zwei voneinander völlig unabhängige Absperr- und Rückschlagventile (Abb. 715). Kontinuierliche und gleichzeitige Speisung aller Kessel vorausgesetzt, liegt die Wassergeschwindigkeit in den Speiseleitungen zwischen 0,5 und 1,5 m/s bei normaler und zwischen 0,7 bis 2,1 m/s bei höchster Belastung eines Kesselhauses. Die Anwendung höherer Geschwindigkeiten wäre bei den verzweigten und sehr langen Leitungssträngen wegen der großen bewegten Massen und der bei zufällig gleichzeitigem Schluß mehrerer selbsttätiger Speiseregler zu befürchtenden Stöße gewagt gewesen und hätte besonders dann gefährlich werden können, wenn aus irgendeinem Grunde ein Regler plötzlich schließt oder durch Unachtsamkeit von voller Öffnung auf Schlußlage umgeworfen wird. Die Abschlußventile der selbsttätigen Speiseregler wurden nicht, wie meist üblich, zwischen Kessel und Ekonomiser, sondern vor dem Ekonomiser eingebaut, um von ihm Leitungsstöße tunlichst fernzuhalten.

b) Dampfleitungen.

Die zum Maschinenhaus senkrechte Lage der Kesselhäuser bedingte die Verlegung eines Dampfsammel- bzw. Verteilungsstranges an der gemeinsamen Maschinenhauslängswand, in den die Hauptleitungen der Kessel einmünden und von dem

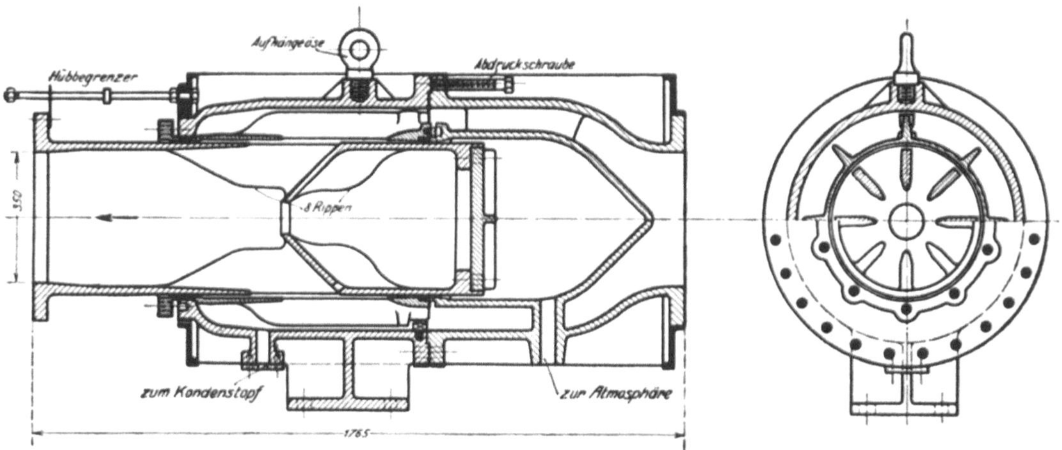

Abb. 720 u. 721. Stopfbüchsenkompensator (Bauart König).

die Turbinenleitungen abzweigen. Für die Anordnung der Dampfleitungen in den Kesselhäusern waren nicht allein Rücksichten auf günstige Dampfgeschwindigkeiten und weitgehende Unterteilbarkeit des Leitungssystems richtunggebend. Wassersäcke und die Führung der Leitungen durch die Bunker hindurch sollten unbedingt vermieden werden. Ferner sollte im Interesse der Betriebssicherheit die Zahl der Kompensatoren möglichst klein sein, was wegen der großen Länge der Leitungen und der zahreichen Kesselanschlüsse um so schwerer zu erreichen war, als gleichzeitig die einzelnen Leitungsstränge in weitgehendem Maße abschaltbar sein mußten. Die gute Nachgiebigkeit der Leitungen wurde aber trotz verhältnismäßig weniger Kompensatoren hauptsächlich durch den Anschluß der Kesselleitungen an die Sammelleitungen mittels hoher senkrechter Bögen erreicht, die das Leitungsnetz in wagerechter und senkrechter Richtung sehr elastisch machen. In gleichem Sinne wirkten die langen senkrechten Schenkel der in den Hauptverteilungsstrang an der Maschinenhauslängswand einmündenden Hauptstränge aus den Kesselhäusern und die Abzweige zu den Turbinen (Abb. 717 bis 719).

Jedes Kesselhaus hat 3 parallele Hauptstränge, je einen über den beiden Kesselreihen und einen dritten unter der Mitte der Bunker (Abb. 726). Sie münden mit einem Ende unter Zwischenschaltung großer Wasserabscheider in den Hauptverteilungsstrang; ihre der freien Kesselstirnwand zu gelegenen Enden sind gleichfalls miteinander verbunden, so daß jedes Kesselhaus gewissermaßen zwei Ringleitungen hat. Die Kessel sind jedoch nur an die Außenstränge angeschlossen, der Dampf aus den von den Turbinen am entferntesten liegenden Kesseln strömt daher vorzugs-

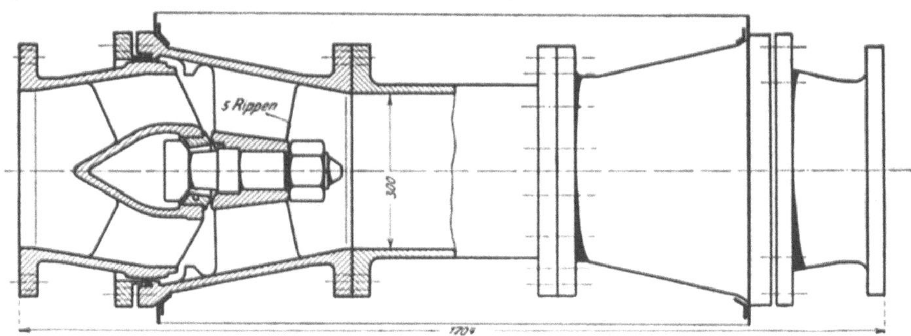

Abb. 722. Kugelgelenkkompensator (Bauart König).

weise durch den mittleren Strang. Dieser Strang wird am besten ganz abgesperrt, wenn das Kesselhaus nicht voll in Betrieb ist. Sind sämtliche 16 Kessel eines Hauses mit je 12000 kg/h belastet und alle 3 Längsstränge eingeschaltet, so beträgt die Dampfgeschwindigkeit kurz vor ihrer Einmündung in den Hauptverteilungsstrang 50 m/s und bei abgesperrtem mittleren Strang 72 m/s, sie steigt bei einer Kesselbelastung von 15000 kg/h auf 62 m/s. Wird daher der mittlere Strang oder ein Stück der Seitenstränge ausgeschaltet, so kann das betreffende Kesselhaus nicht mehr voll ausgenutzt werden. Dieser Nachteil ist später beseitigt worden, indem

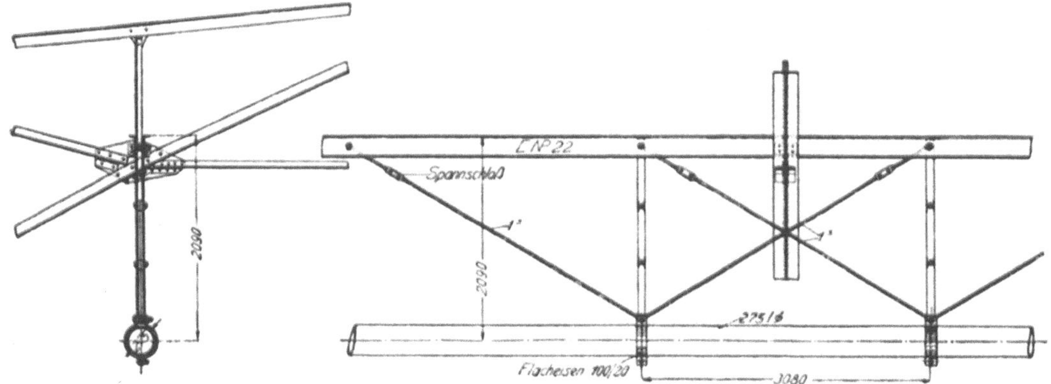

Abb. 723 u. 724. Aufhängung der Dampfleitungen im Dachstuhl.

die nebeneinander liegenden Seitenstränge vom Kesselhaus A und B nachträglich in ihrer Mitte durch eine Leitung miteinander verbunden wurden, die einen gewissen Ausgleich ermöglicht.

Die Längendehnungen werden durch Stopfbüchsen- und Kugelgelenkkompensatoren, Bauart König, aufgenommen (Abb. 720 bis 722). Als Absperrorgane wurden nur Schieber verwendet, die vom nächst gelegenen Fußboden (im allgemeinen dem Heizerstand) durch Zahnradübertragung betätigt werden. Die Betätigungsvorrichtungen können den Dehnungen der Leitungen frei folgen und haben Zeigervorrichtungen, die die Schieberöffnung deutlich angeben. Die Leitungen sind so bemessen und verlegt, daß sie im warmen Zustande winkelrecht zueinander stehen.

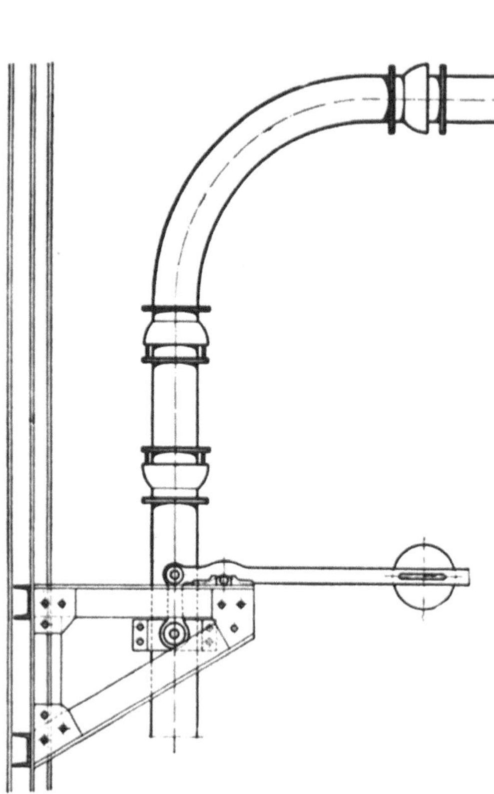

Abb. 725. Aufhängung der senkrechten, an der Maschinenhauswand gelegenen Dampfstränge mit den beiden Kugelgelenkkompensatoren.

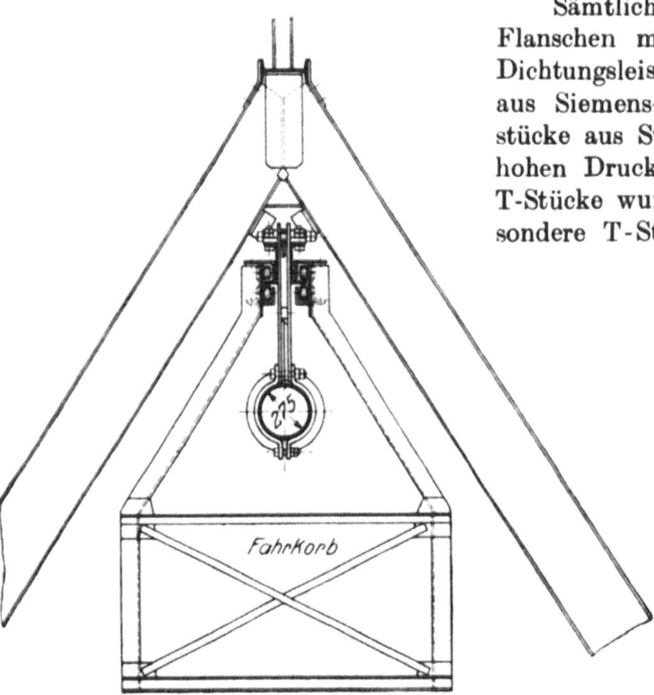

Abb. 726.
Aufhängung des Dampfstranges unter dem Kohlenbunker.

Die Hauptleitungen in den Kesselhäusern sind in Abständen von höchstens 3 m an durchlaufenden, an den Dachbindern befestigten] [- Eisen aufgehängt. Die Hängeeisen haben Hakengelenk und Gewindemuffen. Auch die Stopfbüchsenkompensatoren sind an solchen Eisen oder auf Säulen befestigt.

Die Rohrfestpunkte sind stets zweifach wirkend ausgebildet und besonders sorgfältig montiert (Abb. 723 bis 725). Die Unterstützung der im Übergang von den horizontalen in die senkrechten Rohrstränge sitzenden, kurz aufeinander folgenden Kugelgelenkkompensatoren zeigt Abb. 725. Alle Schrauben der Aufhängevorrichtungen sind durch Gegenmuttern gesichert. Die Wasserabscheider an der Einmündung der Kesselleitungen in den Hauptverteilungsstrang dienen gleichfalls als Festpunkte; sie verhindern seitliche Verschiebungen und lassen nur eine senkrechte Bewegung der Kesselleitungen zu. Die Dehnungen des Hauptverteilungsstranges zwischen zwei Wasserabscheidern werden gleichfalls durch Stopfbüchsenkompensatoren aufgenommen.

Sämtliche Dampfleitungen haben glatte Flanschen mit Dichtungsrillen, aber ohne Dichtungsleisten. Rohre und Flanschen sind aus Siemens-Martin-Flußstahl, die Fassonstücke aus Stahlguß hergestellt. Wegen des hohen Druckverlustes der üblichen Kugel-T-Stücke wurden nach meiner Angabe besondere T-Stücke mit sanften Übergängen angefertigt (Abb. 727 u. 728). Von 175 mm Rohrdurchmesser an sind die Flanschen aufgewalzt und aufgenietet, die Nietköpfe im Rohrinnern sind möglichst flach gehalten. Abgesehen von den Flanschen entsprechen die Dampfleitungen den Normalien des V. D. I. vom Jahre 1912, die Flanschen den Normalien vom Jahre 1900, weil die Abmessungen nach den Normalien vom Jahre 1912 für etwas zu schwach angesehen wurden. Kesselspeise- und Kesselablaßleitungen wurden nach den Normalien des Jahres 1912 ausgeführt.

Alle Dampfleitungen unter 125 mm l. W. wurden 50 mm stark, alle größeren Leitungen 60 mm stark mit Kieselgur isoliert und mit starker Nesselbandage umwickelt. Die Flanschen erhielten 40 mm Isolierung und doppelwandige, zweiteilige abnehmbare Flanschenkappen aus 1 mm starkem Eisenblech. Alle Dampfschieber und Stopfbüchsenkompensatoren haben selbsttätige Kondenswasserableiter mit Umführung.

Ein Gesichtspunkt, an den beim Entwerfen von Rohrleitungen nur selten gedacht wird, wurde besonders beachtet, nämlich der Schutz gegen die verheerenden Folgen von Schlägen durch größere aus den Kesseln in die Leitungen gelangende Wassermengen. Immer wieder klagen die Werke über Turbinenschäden durch mitgerissenes Wasser. Es wurden auch wiederholt Vorrichtungen gebaut und angepriesen, die solche Schäden verhindern sollen; eine weitere Verbreitung gefunden haben sie

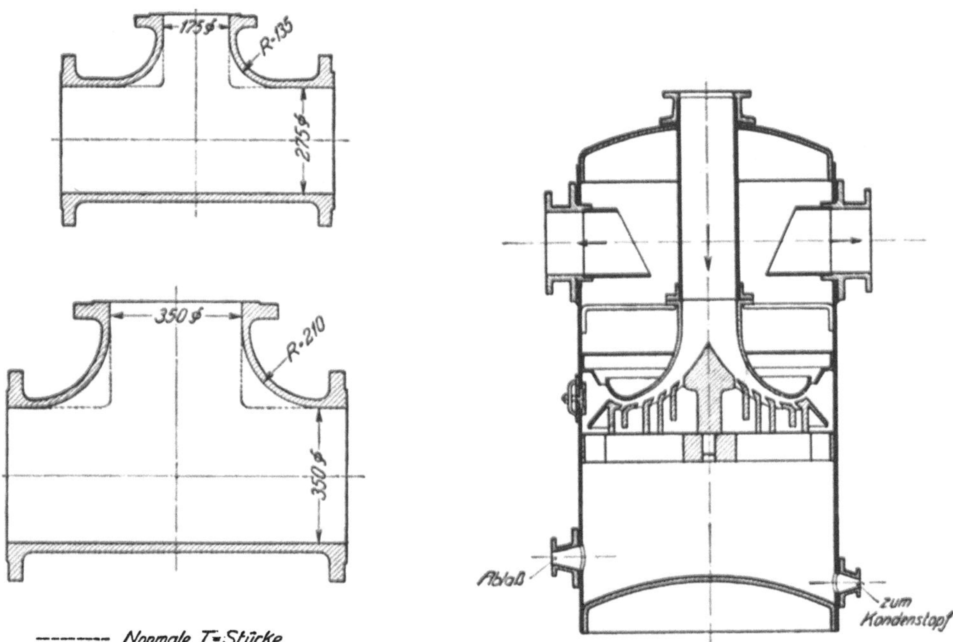

Abb. 727 u. 728. T-Stücke in Sonderausführung.   Abb. 729. Wasserabscheider (Bauart Loß).

indes nicht. Ein einfaches, billiges und zuverlässiges Schutzmittel bietet m. E. die zweckmäßige Anordnung der Rohrleitung selbst. Wasserabscheider schützen zwar auch bis zu einem gewissen Grade, wollte man sich aber auf sie allein verlassen, so würden sie — abgesehen von anderen Nachteilen — für größere Turbinen so außerordentliche Abmessungen erhalten, daß sie kaum untergebracht werden können. Sie sind aber trotzdem nützlich, wenn man die Dampfleitungen zwischen Kessel und Turbine in geeigneter Weise so verästelt und unterteilt, daß mitgerissenes Wasser unterwegs in zahlreiche, kleinere Teile getrennt wird, die hinter den richtig angeordneten und bemessenen Wasserabscheidern dann eine zerstörende Wirkung nicht mehr ausüben.

Aus diesen Erwägungen heraus wurden an den Einmündungen der Kesselleitungen in den Hauptverteilungsstrang reichlich bemessene Wasserabscheider eingebaut, die Turbinen aber nicht unmittelbar an sie, sondern an ihre Verbindungsleitung (Hauptverteilungsstrang) angeschlossen. Die sonst unmittelbar vor den Turbinen sitzenden Wasserabscheider fielen weg. Die Wasserabscheider, Bauart Loß, schleudern Wasser und Schmutz durch Zentrifugalkraft aus, lagern sie in einem, dem

Dampfstrom entzogenen Raume ab und verhindern dadurch, daß sie vom Dampfe wieder aufgenommen werden (Abb. 729). Weitgehende Vorsichtsmaßnahmen gegen unreinen Dampf sind in Werken mit hohem Belastungsfaktor besonders wichtig, weil die aus dem hartgebrannten Schlamm gebildeten harten, körnigen Staubteile die scharfen Schaufelkanten der Turbinen schnell abnutzen. Ferner wachsen durch unreinen Dampf die freien Schaufelquerschnitte zu, wodurch ein Axialschub entsteht, der das Kammlager der Turbinenwelle unzulässig hoch belastet. Fast noch gefährlicher ist ein plötzliches Verschlammen, das manchmal durch schwere Bedienungsfehler in der Dampfkesselanlage (Überspeisen usw.) verursacht wird, da sich dann das starke Anschwellen des Axialschubes nicht durch allmähliche Temperaturerhöhung des Kammlagers kenntlich macht und daher rechtzeitigen Eingriff nicht ermöglicht.

Abb. 730. Dampfleitungen oberhalb der Garbekessel.
(Belichtung durch Ober- und Seitenlichter, Stocheröffnungen im Kohlenbunker oberhalb der Lutteneinmündungen.)

Wenn auch richtig gebaute Kessel im ordnungsgemäßen Betriebe kein Wasser in die Leitungen spucken, so wird doch infolge versagender Speisewasserregler oder unaufmerksamer Bedienung ein solches Mitreißen nicht immer ganz zu vermeiden sein. In Golpa, wo der Betrieb in einem ungewöhnlich großen Werk innerhalb kürzester Frist mit ungeschulten Mannschaften aufgenommen werden mußte, waren Wasserschläge besonders zu befürchten. Die Kessel sind denn auch während der ersten Betriebswochen wiederholt derart überspeist worden, daß das Wasser aus den auf den Dampfsammlern sitzenden Ventilen herausspritzte, ohne daß die Turbinen beschädigt worden wären. Es zeigte sich bei dieser Gelegenheit der Vorteil einer zweckmäßig angeordneten Rohrleitung, nämlich ihre selbsttätige, von irgend welcher besonderen Wartung oder Bedienung unabhängige Schutzwirkung, die deshalb so wertvoll ist, weil es wochen- und monatelang dauern kann, bis sie in Tätigkeit tritt. Gerade in solchen Fällen versagen aber Schutzvorrichtungen, deren Zuverlässigkeit von mehr oder weniger sorgfältiger Bedienung abhängt, weil sie erfahrungsgemäß gar nicht oder nur unzureichend gewartet werden, wenn erst eine gewisse Zeit verflossen ist, ohne daß sie gebraucht wurden.

Die verschiedenen Kesselhäuser sind dampfseitig nur durch den Hauptverteilungsstrang miteinander verbunden, da jede Turbine von zwei Seiten her Dampf bekommen kann. Lediglich die Kesselhäuser A und B haben in ihrer Mitte noch eine Verbindung, weil sonst Kesselhaus A ganz ausfallen könnte, wenn Turbine 1 gerade zur Überholung geöffnet ist und gleichzeitig im Hauptverteilungsstrang zwischen den beiden Kesselhäusern ein Fehler auftritt. An diese Verbindung sind auch die Speisepumpen angeschlossen, denen in den anderen Pumpenhäusern durch eine besondere Leitung Dampf zugeführt wird.

c) Kühlwasserleitungen.

Die beiden, zu einer Turbine gehörenden Kühlwasserpumpen drücken das Wasser durch eine gemeinsame Gußeisenleitung von 1000 mm l. W. mit Muffen-

Abb. 731. Ansicht der Kühltürme mit dem Kraftwerk im Hintergrund.

dichtungen, die im Kondensatorkeller unter Flur verlegt und im Freien unmittelbar ins Erdreich eingebettet ist, auf die Kühltürme. Jeder der 11 Türme hat zwei Steigrohre, die 7500 mm über Gelände in zwei Hauptverteilungsrinnen ausgießen, an die zahlreiche weitere Verteiler angeschlossen sind (Abb. 732). Von den Rinnen fällt das Wasser durch Düsen auf Prellteller, die es fein zerstäuben. Die Kühlluft wird durch treppenstufenartig einander überdeckende Führungswände, die gleichzeitig das niederrieselnde Wasser zentral nach dem Sammelbehälter im Fundament leiten, auch den innen liegenden Schichten zugeführt und gleichmäßig über den ganzen Querschnitt des Kühlturmes verteilt.

Ursprünglich sollte jede 16000-kW-Turbine mit zwei Kühltürmen zusammen arbeiten. Da anfangs einige Turbinen nur mit 11000 kW belastet waren ($\cos \varphi = 0{,}55$), waren insgesamt 11 Kühltürme erforderlich. Jetzt wird der Betrieb so geführt, daß sämtliche laufenden Turbinen parallel an eine Ausgleichleitung angeschlossen sind, die alle Kühltürme gleichmäßig zur Kühlung heranzieht. Das rückgekühlte Wasser läuft den Pumpen durch gemauerte Kanäle wieder zu, nachdem es zuvor durch

Filter und Trommelsiebe von Staub und Ruß gereinigt wurde. Ein Kanal an der Maschinenhauslängswand sorgt für den Ausgleich der Wasserzufuhr zu den einzelnen Kühlwasserpumpen und ermöglicht es, mit nur einem Pumpensatz und halber Turbinenleistung zu fahren, wenn der Saugkorb der anderen Pumpe verstopft ist oder nachgesehen werden muß. Für die Vornahme dieser Arbeit kann die entsprechende Pumpenkammer durch Schützen von den übrigen Kühlwasserkanälen abgesperrt werden (Abb. 705 u. 706).

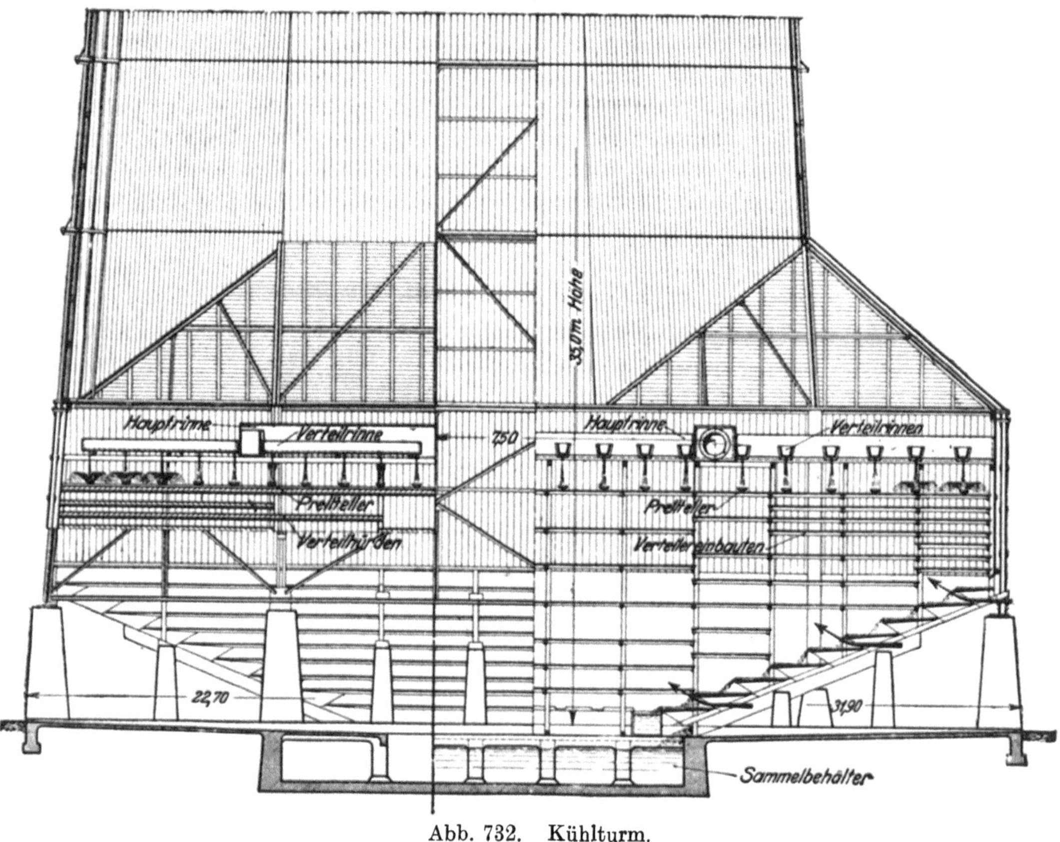

Abb. 732. Kühlturm.

Die Filter in den Kühlwasserrücklaufkanälen können ohne Betriebsstörung gereinigt werden, indem man das Wasser solange durch Umführungskanäle leitet.

Mit 35 m Höhe und $22{,}7 \times 31{,}9$ m Grundfläche gehören die Kühltürme zu den größten Deutschlands. (Abb. 731.)

9. Schaltanlage.

a) Schaltbild des Kraftwerkes.

Ursprünglich waren 64000 kW durch 4 Hochspannungs-Freileitungen an die 25 km entfernten Reichsstickstoffwerke in Piesteritz und 33000 kW mit der Generatorspannung durch Kabel an die dicht beim Kraftwerk liegende Salpetersäurefabrik zu liefern. Nach Wegfall der Salpetersäureherstellung wurde zur Milderung der Kohlennot die freiwerdende Leistung nach Berlin geführt. Die für die Kraftübertragung nach Piesteritz günstigste Spannung von 82500 V war für die Fernleitung nach dem 120 km entfernten Berlin zu niedrig. Die Schaltanlage mußte deshalb in einen Teil für 80000 V und einen für 110000 V getrennt werden. Diese Unterteilung wäre natürlich unterblieben, wenn die Stromversorgung Berlins von Anfang an geplant gewesen wäre, und es wird zurzeit erwogen, ob es sich nicht empfiehlt, die für die Stickstoffabrik gewählte Spannung von 80 000 V durch geeignete Maßnahmen in eine Spannung von 110 000 V umzuändern. Bei den bisher für größere Kraftwerke verwendeten Schaltbildern wurden vielfach mehrere Ölschalter für einen einzelnen Generator oder einen einzelnen Abzweig benutzt, weil man der Meinung war, daß der Einbau vieler Apparate die Betriebssicherheit erhöhe. Diese Ansicht teile ich nicht, da die Erfahrung gezeigt hat, daß eine Schaltanlage um so betriebssicherer und übersichtlicher ist, je weniger Apparate eingebaut sind. Bei

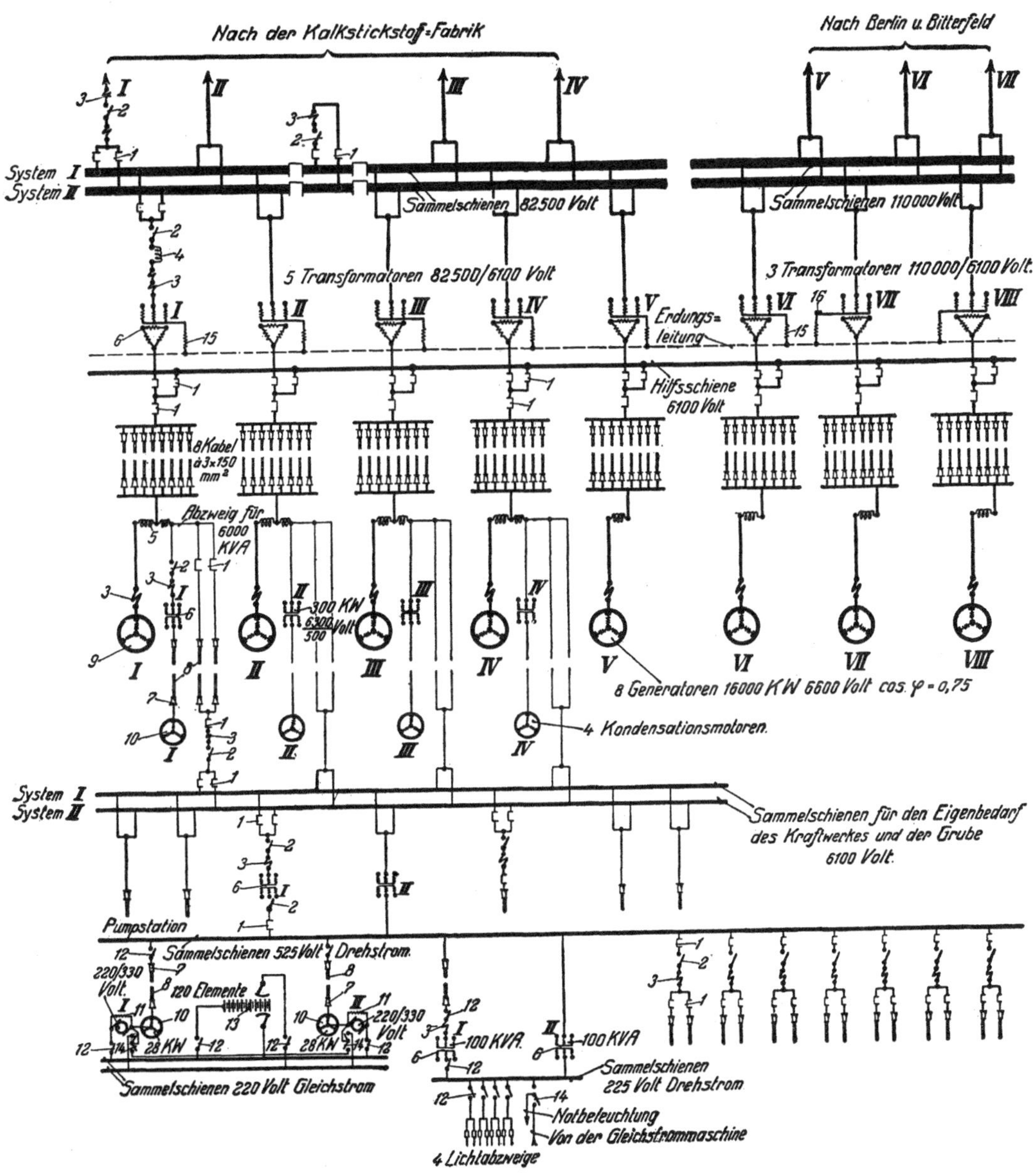

Abb. 733. Schaltbild des Kraftwerkes Golpa.

1 Trennschalter.	*5* Reaktanzspule.	*9* Drehstrommaschine.	*13* Batterie.
2 Ölschalter.	*6* Transformator.	*10* Drehstrommotor.	*14* Trennstücke.
3 Stromwandler.	*7* Kabelendverschluß.	*11* Gleichstrommotor.	*15* Erdungsdrosselspule.
4 Drosselspule.	*8* Kabel.	*12* Schalthebel.	*16* Umschalter.

Anmerkung: Der besseren Übersichtlichkeit wegen ist die Ausstattung der verschiedenen Stromabzweige im allgemeinen nur in einem Zweig vollständig eingezeichnet.

dem Entwurf des Schaltbildes legte ich daher den größten Wert auf eine möglichst einfache Schaltung.

Wie bereits erwähnt wurde, wird der größte Teil des erzeugten Stromes durch mehrere Fernleitungen nach dem Stickstoffwerk bzw. nach Berlin geleitet. Die Nebenbetriebe des Kraftwerkes und der benachbarten Grube verbrauchen nur einen verhältnismäßig kleinen Teil der Gesamtleistung, nämlich 6000 kVA bei 6000 V Spannung. Mit anderen Verbrauchern in der Nähe des Kraftwerkes brauchte beim Entwurf des Kraftwerkes nicht gerechnet zu werden. Da also der Hauptbedarf auf der 80000 bzw. 110000 V Seite liegt, war es nicht nötig, die Maschinen auf der 6000 V Seite parallel zu schalten. Es wurde daher jeder Generator mit einem Transformator gleicher Leistung starr verbunden, die Parallelschaltung geschieht durch einen auf der 80000 bzw. 110000 V Seite eingebauten Ölschalter (Abb. 733). Durch diese Schaltung spart man sämtliche 6000 V Schalter für die Generatoren und Transformatoren und vermeidet am sichersten die Gefahren plötzlicher Kurzschlußströme. Würden nämlich 5 Generatoren von 22000 kVA auf der 6000 V Seite parallel geschaltet werden, so wächst der plötzliche Kurzschlußstrom auf 150000 A, eine Strom-

Abb. 734. Reaktanzspulen.

stärke, die den Apparaten und Leitungen aus thermischen und dynamischen Gründen auch vorübergehend nicht zugemutet werden darf. Bei der Parallelschaltung der Generatoren auf der 80000 bzw. 110000 V Seite sind die Gefahren der Kurzschluß-ströme infolge der hohen Spannung und der Eigenreaktanz der Transformatoren wesentlich gemildert. Trotzdem wurde der Sicherheit halber jeder Generator noch mit einer besonderen Reaktanzspule versehen (Abb. 734), weil Erfahrungen über den Betrieb von Karbidöfen solcher Größe nicht vorlagen und man daher während der ersten Betriebszeit mit häufigen Kurzschlüssen rechnen mußte. Aus diesem Grunde wurde auch das Doppelsammelschienensystem der 80000 V Seite so eingerichtet, daß eine weitgehende Unterteilung des Betriebes jederzeit möglich ist. Jeder Generator kann mit einer der 4 Freileitungen unmittelbar und auf eine besondere Ofengruppe in der Stickstoffabrik geschaltet werden.

Die sonst üblichen Sammelschienen auf der 6000 V Seite fehlen ganz.

Der für die Nebenbetriebe des Kraftwerkes und für die benachbarte Grube erforderliche Strom von 6000 V Spannung müßte somit zweimal transformiert werden, wenn man ihn in der bisher üblichen Weise den Hauptsammelschienen entnehmen wollte. Er wird daher unmittelbar an den Klemmen eines Generators unter Vorschaltung einer Reaktanzspule abgezweigt. Aus diesem Grunde sind an die zuerst aufgestellten 4 Generatoren Leitungen angeschlossen, die zu einer für die Nebenbetriebe des Kraftwerkes dienenden Schaltanlage führen. Diese hat ebenfalls ein Doppelsammelschienensystem erhalten, damit während des Betriebes Erweiterungen und Reparaturen ohne Gefahr ausgeführt werden können. Für gewöhnlich wird der Kraftbedarf der Nebenbetriebe nur von einem Generator gedeckt, doch können auch mehrere Maschinen parallel auf die Sammelschienen arbeiten. Trotz dieser Hilfsparallelschaltung der Maschinen kann ein schädlicher Kurzschlußstrom nicht auf-

Abb. 735.
Kern eines 22000 kVA Transformators.

treten, weil in jede von den Generatoren zu der 6000 V Schaltanlage führende Leitung eine Reaktanzspule mit einer Durchgangsleistung von 6000 kVA eingebaut ist. Hinter dieser Reaktanzspule zweigt eine Leitung ab, welche unter Zwischenschaltung eines Transformators den Motor für die Kondensationspumpen speist. Der Motor läuft daher weiter, selbst wenn das 80000 oder 6000 V Netz durch Auslösen der Ölschalter spannungslos geworden ist.

Der Zufall könnte es nun wollen, daß z. B. Generator I und der Transformator, der zur Maschine V gehört, gleichzeitig ausfallen, während der zur Maschine I gehörende Transformator und Generator V betriebsfähig geblieben sind. Um in solchen Fällen die Verbindung irgend eines Transformators mit irgend einem Generator zu ermöglichen, ist noch eine Hilfssammelschiene auf der 6000 V Seite für die Leistung einer Maschine angeordnet worden.

Das an manchen Stellen übliche Verfahren, nämlich den gesunden Transformator in die Kammer des reparaturbedürftigen zu bringen, dauert aber bei so großen Transformatoren wesentlich länger als das Ein- und Ausschalten der an den Hilfssammelschienen sitzenden Trennschalter.

Die Gefahren, die in großen Kraftwerken durch. plötzliche Kurzschlußströme entstehen können, sind somit bei der in Golpa benutzten Schaltung vermieden. Die in den Generatorstromkreis eingebaute Hauptreaktanzspule hat eine Reaktanzspannung von $7^1/_2$ vH, die Reaktanzspannung der für die Nebenbetriebe bestimmten Spule beträgt 5 vH bei einer Durchgangsleistung von 6000 kVA gegenüber 22000 kVA der Hauptspule. Eigenartig ist die Ausführung beider Spulen insofern, als sie äußerlich betrachtet für jede Phase als ein Ganzes erscheinen.

Für den Überstromschutz sind Generatoren und Transformatoren mit unabhängigen Maximalzeitrelais und mit Rückstromrelais ausgestattet. Die Freileitungen haben ebenfalls unabhängige Zeitrelais erhalten. Alle Relais sind Niederspannungsinstrumente, die von Strom- und Spannungswandlern gespeist werden. Die in den Freileitungen eingebauten Stromwandler treten äußerlich nicht in Erscheinung, weil die 6 Durchführungsisolatoren der Ölschalter als Stromwandler ausgebildet sind, indem sie je einen Eisenring erhalten haben, um den die Sekundärspule für das Maximalrelais und das Amperemeter gewickelt ist. Mit entsprechend erhöhtem Spannungsabfall kann jede Freileitung statt des Normalstromes von 135 A den doppelten Strom ohne schädliche Erwärmung übertragen. Trotz dieser Stromänderung braucht die Einstellung der Relais nicht verändert zu werden, weil die Sekundärspulen der Stromwandler je nach der zu übertragenden Stromstärke auf der Schalttafel parallel bzw. hintereinander geschaltet werden. Zur Erhöhung des Generatorschutzes wird die Erregung durch Einschalten eines Widerstandes in den Erregerstromkreis geschwächt, wenn die Ölschalter durch das Maximal- oder Rückstromrelais ausgelöst werden. Diese Einrichtung hat den Zweck, eine bei plötzlicher Entlastung der Turbine etwa

Abb. 736. Betriebsfertiger 22 000 kVA Transformator.

auftretende Spannungserhöhung zu vermeiden bzw. einen etwa entstehenden Brand der Generatorwicklungen einzudämmen. Bisher war es allgemein üblich, die für den Überstromschutz des Generators erforderlichen Stromwandler im Schalthaus selbst, also in der Nähe der Ölschalterkammern, anzubringen. Im Kraftwerk Golpa stehen die Stromwandler für den Maximalschutz im Maschinenhauskeller in der Nähe der Generatorklemmen. Die Stromwandler für die Rückstromrelais befinden sich dagegen wie üblich im Schalthaus und zwar auf der 80 000 bzw. 110 000 V Seite jedes Transformators. Durch diese Schaltungsart wird der Generator auch dann gegen Überstrom geschützt, wenn in der verhältnismäßig langen Verbindungsleitung zwischen Generator und

Transformator ein Kurzschluß entsteht und wenn ein Generator einzeln auf eine Ofengruppe arbeitet. Es war nicht möglich, die für den Maximalschutz erforderlichen Stromwandler auch für die Rückstromrelais zu verwenden. Die Stromwandler für den Rückstromschutz mußten vielmehr auf der 80 000 bzw. 110 000 V Seite eingebaut werden, da sonst die Relais bei einem Fehler in der Zuleitung des Generators zum Transformator nicht auslösen würden.

Solange die Maschinen 6 bis 8 auf die Salpetersäurefabrik arbeiteten, wurde so geschaltet, daß je eine Maschine auf je 4 Öfen arbeitete. Ein Maschinenölschalter kam nicht zur Verwendung, weil das Überstromrelais im Falle eines Kurzschlusses im Ofensystem oder in den Zuleitungen zu den Öfen die Erregung der Maschine abschaltete und dadurch den Generator schützte. Der Überstromschutz und die Schaltung der Nebenbetriebs-Schaltanlage ist in bekannter Weise ausgebildet. Außer den für die Kohlenförderung und für die Grube erforderlichen 6000 V Abzweigen sind noch drei Anschlüsse für Stationstransformatoren vorgesehen. Zunächst sind zwei Transformatoren 6000—500 V für den Kraftbedarf und zwei Transformatoren 500—220 V für den Lichtbedarf aufgestellt. Die Notbeleuchtung der Station und die elektrische Betätigung der verschiedenen Schaltapparate erfolgt durch eine 220 V Batterie, die durch zwei Drehstrom-Gleichstromumformer geladen wird.

Der an die Stickstoffabrik bzw. an Berlin gelieferte Strom wird auf der 80 000 bzw. 110 000 V Seite gemessen. Zu diesem Zweck sind die Strom- und Spannungstransformatoren für die Zähler auf der Hochspannungsseite jedes 22 000 kVA Transformators eingeschaltet (Abb. 733). Sie bestehen aus 3 Einphasen-Transformatoren, deren Nullpunkt an Erde gelegt ist, so daß sie gleichzeitig als Erdkontrolle verwendet werden können.

Abb. 737. Bedienungs- und Meßinstrumente im Maschinenraum.

Die Messung des an die Stickstoffabrik bzw. Berlin gelieferten Stromes durch einen einzigen Zähler hätte den Einbau von Sammelschienen-Stromwandlern erfordert. Abgesehen davon, daß mit Rücksicht auf Betriebssicherheit in die Sammelschienen selbst Apparate nicht eingebaut werden sollten, wäre der Einbau von Sammelschienen-Stromwandlern auch deshalb auf Schwierigkeiten gestoßen, weil man von vornherein nicht wußte, ob der Betrieb gruppenweise oder parallel arbeiten würde.

Die Spannung des Kraftwerkes wird durch die bekannten Schnellregler reguliert, welche gewöhnlich nur eine Maschine beeinflussen. Die Regulierung der Stickstofffabrik geschah nur durch Spannungsspulen, während bei der Übertragung nach Berlin auch die Stromspulen in Tätigkeit treten, die von einem in der 6000 V Seite des Generators eingeschalteten Stromwandler gespeist werden.

Der Überspannungsschutz des Kraftwerkes Golpa wurde in der Weise durchgebildet, daß ein hoher Sicherheitsgrad der Schalteinrichtung gewählt unter Verzicht auf die sonst üblichen Schutzvorrichtungen, wie Hörnerableiter, Kondensatoren usw.

Nur die Transformatoren haben auf der Hochspannungsseite Campos-Drosselspulen zum Schutze gegen Sprungwellen. Zur Unterdrückung der bei Isolatorüberschlägen entstehenden Überspannungen wurde der Nullpunkt der 22 000 kVA Transformatoren über eine Petersen-Erdschlußspule mit der Erde verbunden. Mit Rücksicht auf die Unterteilung des Betriebes hat jeder Transformator auf der 80 000 V Seite eine solche Spule erhalten, auf der 110 000 V Seite ist nur eine Spule eingebaut, die mittels Trennschalter an die verschiedenen Transformatoren gelegt werden kann. Die zwischen Transformator und Generator verlegten Kabel wirken durch ihre Kapazität von selbst als Generatorschutz. Als weiterer Schutz der Generatoren ist die Erdung des Nullpunktes über einen Widerstand geplant. Der hohe Sicherheitsgrad der Hochspannungsapparate bewährte sich in Golpa in unerwartet günstiger Weise. Die bestehende Schaltanlage konnte nämlich für die Kraftübertragung nach Berlin ohne Schwierigkeiten einheitlich erweitert werden, weil alle für die 80 000 V Seite gelieferten Schalteinrichtungen auch für 110 000 V noch genügende Sicherheit boten.

b) Anordnung der Schaltanlage.

Die im Schaltbild dargestellten Apparate verteilen sich hauptsächlich auf 3 Räume. Im Maschinenhauskeller stehen die Stromwandler für die 6000 V Seite, die Reaktanzspulen, Meßtransformatoren, Kabelendverschlüsse und die Ölschalter für die Pumpenmotore. In einem Anbau an der Kopfseite des Maschinenhauses ist die Bedienungstafel, die Batterie, der Ladeumformer und die 6000 V Schaltanlage mit den Stations-Transformatoren untergebracht (Abb. 738). Der dritte, weitaus größte Raum besteht aus einem Gebäude von 105 m Länge, das senkrecht zur Längs-

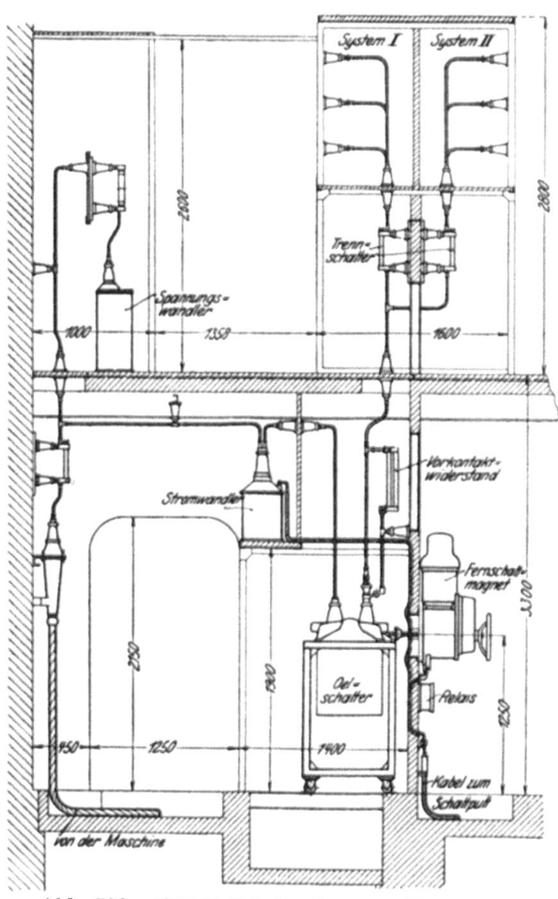

Abb. 738. 6000 V Schaltanlage am Kopfende des Maschinenraumes.

achse des Maschinenhauses errichtet und mit ihm durch eine Brücke verbunden ist. Es enthält die 22 000 kVA Transformatoren und die Schaltapparate der 80 000 bzw. 110 000 V Seite.

Schalthaus und Betätigungstafeln wären zur Erzielung der günstigen Kabelverteilung an der Längsseite des Maschinenhauses errichtet worden, wenn nicht die Kühltürme und die zahlreichen Rohrleitungen im Wege gewesen wären. Zudem hatten eingehende Berechnungen ergeben, daß der Mehraufwand für Kabel infolge der Anordnung des Schalthauses an der Stirnseite kleiner wurde als die Mehrkosten der Rohrleitungen, die bei einer anderen Lage der Kühltürme entstanden wären.

Die von den Klemmen der Generatoren abzweigenden, blank verlegten Leitungen führen über Stromwandler zu Reaktanzspulen, welche neben dem Turbinenfundament stehen und weiter zu einem kleinen Anbau am Filterhaus, der die Spannungstransformatoren für die Meßinstrumente, den Schnellregler und die Endverschlüsse für 10 Kabel von 3×150 mm² Querschnitt enthält. Durch 8 dieser Kabel wird der Strom zu dem im Schalthaus stehenden 22 000 kVA Transformator geleitet. Die beiden anderen Kabel führen von den vier zuerst aufgestellten Generatoren zu der 6000 V Schaltanlage für die Nebenbetriebe des Kraftwerkes. Ein weiterer Abzweig von der Reaktanzspule der Nebenbetriebe versorgt über einen im Maschinenhaus-

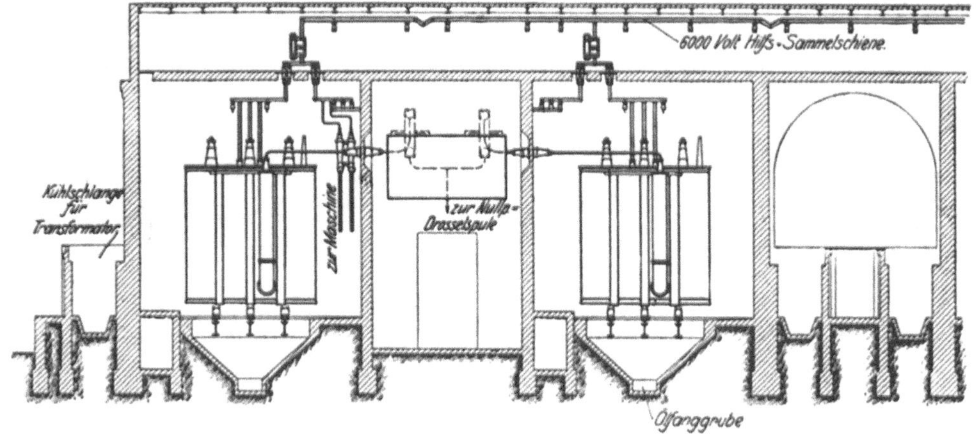

Abb. 739. Schnitt durch die Transformatorenkammern.

keller aufgestellten Ölschalter und einen 6000/500 V Transformator den Motor der Kondensationspumpen. Die 6000 V Verbindungskabel sind der größeren Sicherheit halber für eine Betriebsspannung von 12 000 V isoliert, sie liegen 1 m unter Fußboden im Erdreich und sind durch Steinlagen voneinander getrennt. Im Keller des Maschinenhauses neben dem Turbinenfundament ist auch der für elektrische Fern-

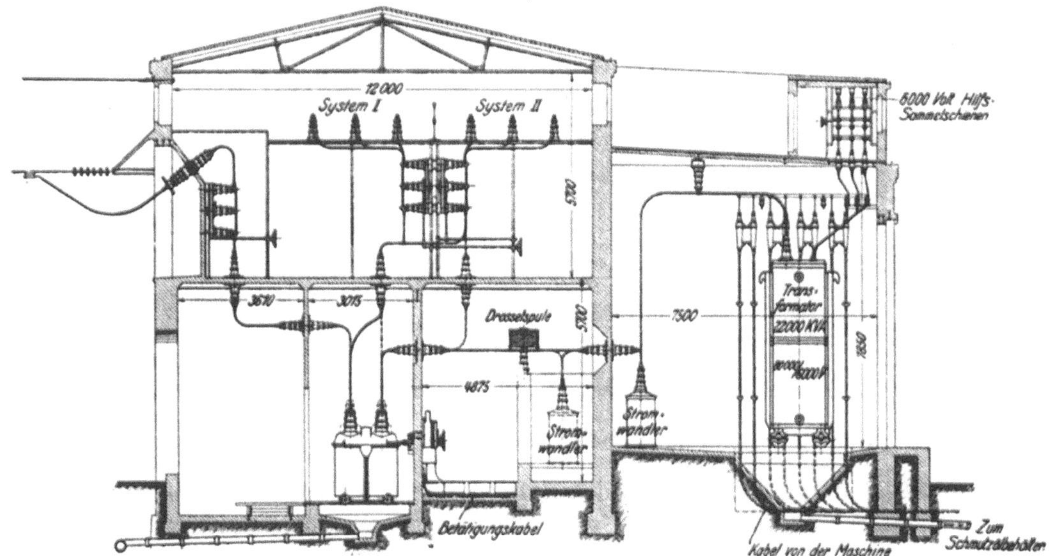

Abb. 740. Schnitt durch die Hochspannungsanlage.

steuerung eingerichtete Magnetregulator aufgestellt, damit die Haupterregerleitungen so kurz als möglich werden. Neben jeder Turbine steht auf dem Maschinenhausflur eine Säule mit einer optisch-akustischen Vorrichtung zur Verständigung zwischen Turbinenwärter und Schaltwärter, die außerdem ein Wattmeter trägt, damit auch der Turbinenwärter die Belastung des Generators jederzeit leicht feststellen kann. Die 6000 V Schaltanlage für den Licht- und Kraftbedarf des Werkes und der be-

nachbarten Grube ist in einem an der Stirnseite des Maschinenhauses errichteten
Anbau untergebracht. Die 6000 und 500 V Ölschalter befinden sich im Erdgeschoß,
die zugehörigen Sammelschienen in dem darüber liegenden Zwischengeschoß (Abb. 738).
Für die Nebenbetriebe genügt ein verhältnismäßig kleines Schaltermodell, weil der
bei Kurzschluß auftretende Strom durch die Reaktanzspulen beschränkt wird. Die
Ölschalter haben fahrbare Gestelle und sind in feuersicheren Kammern aufgestellt.
Im Zwischengeschoß sind noch die Ladeumformer und die 220 V Batterie für die
Betätigung der Schaltapparate und für die Notbeleuchtung eingebaut. In dem
obenerwähnten Anbau stehen auf Maschinenhausflurhöhe die Meßinstrumententafeln,

Abb. 741. Gang vor den Kammern für die 100 000 V Ölschalter.

Schaltpulte, Relais, Zählertafeln und die Batterie- und Umformertafeln. Die Meßinstrumententafel, die nur die Felder für die Generatoren enthält, hat der besseren
Übersicht halber eine runde Form (Abb. 737). Auf ihr sitzen nur die Meßinstrumente, während die Betätigungsschalter und die Signalvorrichtungen für die Betätigung der Schaltapparate auf einem Schaltpult angeordnet sind, das sich vor der
Meßinstrumententafel befindet. Diese Einrichtung hat den Vorteil, daß der vor dem
Pulte stehende Schalttafelwärter sämtliche Felder übersehen kann, ohne seinen Platz
zu wechseln. Senkrecht zur Meßinstrumententafel stehen die Felder für die Syn-
chronisierapparate und für die Schnellregler. Die mittelbar beleuchtete Betätigungstafel ist durch eine Glaswand vom Maschinensaal abgetrennt, damit der Schalttafel-

wärter durch das Geräusch der Maschinen nicht gestört wird. In dem Betätigungsraum befinden sich außerdem noch die für eine gegenseitige leichte Verständigung erforderlichen Fernsprechzellen. Auf der Meßinstrumententafel sind unterhalb der Instrumente kleine Signallampen angeordnet, welche die Stellung der an die Sammelschienen angeschlossenen Trennschalter der 80 000 bzw. 110 000 V Seite anzeigen. Jedes Generatorfeld hat ein Wattmeter, Voltmeter, Amperemeter, einen Phasenanzeiger, 3 Erdschlußvoltmeter, Volt- und Amperemeter für die Erregung und ein

Abb. 742. Galerie mit den 100 000 V Durchführungsisolatoren.

Thermometer für die Öltemperatur des zugehörigen Transformators. Die Erdschlußvoltmeter können sowohl auf die Hochspannungsseite wie auf die Niederspannungsseite der Transformatoren geschaltet werden. Die Freileitungsfelder haben in jeder Phase ein Amperemeter. Das Sammelschienen-Kupplungsfeld auf der 80 000 V Seite hat außer 3 Amperemetern noch ein Wattmeter mit Ausschlag nach beiden Seiten. Dieses Kuppelungsfeld war notwendig, weil der Betrieb der Stickstofffabrik je nach Bedarf gruppenweise bzw. parallel geführt werden sollte. Nur aus diesem Grunde wurden auch 4 Trennschalter in das 80 000 V Sammelschienensystem eingebaut.

Hinter der Meßinstrumententafel befindet sich ein Raum mit den Batterie-, Zähler-, Relais- und Umformerschalttafeln und den registrierenden Instrumenten. Um eine saubere und übersichtliche Verlegung der zahlreichen Meßleitungen zu ermöglichen, haben die Tafeln für die Meßinstrumente, Zähler und Relais auf der Rückseite Marmorzwischenwände. Von hier aus führen die zahlreichen Meß- und Betätigungskabel zu den in den verschiedenen Räumen aufgestellten Schaltapparaten und zu den Strom- und Meßtransformatoren. Als Betätigungskabel wurden 10 adrige Kabel mit verschiedenfarbigen Adern verwendet. Um sie vor mechanischen Beschädigungen

Abb. 743.   100 000 V Trennschalter.

zu schützen, haben sie Eisenbandumwicklung, jedoch wegen der Feuergefahr nicht die übliche Juteumhüllung. Die Betätigungskabel haben flache Endverschlüsse, die vor den Hochspannungskammern in der Nähe des Fernschaltmagnetes unterhalb von Klemmleisten angebracht sind. Die Bedeutung der Meß- und Betätigungsleitungen für einen sicheren Betrieb darf nicht unterschätzt werden. Es wurde deshalb in Golpa der sorgfältigen Verlegung dieser Leitungen die größte Aufmerksamkeit gewidmet. Die sonst üblichen Anschlußklemmen der Meßleitungen wurden durch eine Spezialkonstruktion „System Kannengießer" ersetzt, die eine übersichtliche Anordnung und leichte Bezeichnung der Klemmen bzw. Stromkreise gestattet.

Das zweistöckige Hauptschaltgebäude enthält im Erdgeschoß die einpoligen 80 000 bzw. 110 000 V Ölschalter, die durch feuersichere Wände voneinander getrennt sind (Abb. 739 und 740). Die Trennung der einzelnen Phasen ist nicht erfolgt, weil sie praktisch keine Vorteile ergibt und nur die Übersicht erschwert. Die Anordnung der Ölschalter in Golpa ist insofern eigenartig und neu, als die Türen der Ölschalterkammern nach dem Freien in einen Gang führen, von dem aus die Schalter mittels Transportwagen in einen an der freien Stirnseite des Schalthauses liegenden Reparaturraum gebracht werden können (Abb. 741). Die Ölschalterkästen sind fest mit dem Deckel verschraubt und nicht zum Herablassen in der Kammer eingerichtet, jedoch ermöglichen die Transportrollen eine leichte Montage und Demontage und damit auch eine rasche Kontrolle. Um die 3 Ölbehälter eines Stromkreises im Reparaturraum nachzusehen und wieder betriebsfähig einzuschalten, braucht man etwa 2 Stunden. Die Ölschalter unterbrechen jede Phase an 2 Stellen innerhalb sogenannter Löschkammern. Die Löschkammern haben sich in der vierjährigen Betriebszeit vorzüglich bewährt. Trotz zahlreicher, durch äußere Ursachen nicht weit vom Kraftwerk in den Freileitungen entstandener Kurzschlüsse hat nicht ein einziger Schalter versagt. Auch bei Einschaltung auf bestehende Kurzschlüsse haben die Schalter tadellos gearbeitet. Die Erfahrungen mit dieser Ölschalterkonstruktion in Golpa haben die Erwartungen vollauf bestätigt; in Deutschland war bis damals noch kein 100 000 V Schalter derartig großen Kurzschlußleistungen ausgesetzt gewesen. Die zu einem Stromkreis gehörenden 3 Ölschalterelemente sind mechanisch gekuppelt, sie können von der Schalttafel aus elektrisch betätigt werden.

In dem Gang im Obergeschoß, in dem die Fernantriebe der Ölschalter untergebracht sind, befinden sich an der Decke die Camposdrosselspulen; Kanäle im Fußboden nehmen die zur Bedienungstafel führenden Betätigungsleitungen auf. In einem seitlichen Anbau befinden sich die 22 000 kVA Transformatoren sowie die

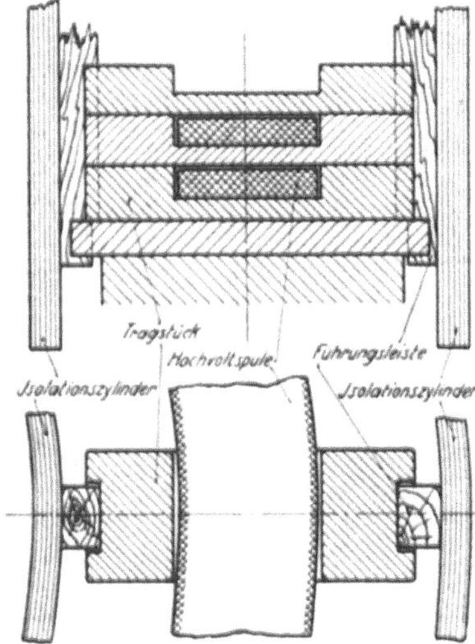

Abb. 744 u. 745. Lagerung der Spulen der 100 000 V Transformatoren.

Strom- und Spannungstransformatoren für die 80 000 bzw. 110 000 V Seite. Auch die Erdschlußspulen der 80 000 V Seite sind in den Transformatorenkammern untergebracht. Die Erdschlußspule der 110 000 V Seite ist dagegen zusammen mit den erforderlichen Trennschaltern in einer besonderen Kammer aufgestellt. Zwischen je 2 Transformatorkammern befinden sich im Freien die Behälter mit den Kühlschlangen für die Transformatoren (Abb. 739), daneben in einem abgeschlossenen Raum die Ölumwälzpumpen. Oberhalb der Transformatorkammern sind in einem Laufgang die 6000 V Hilfssammelschienen mit den erforderlichen Trennschaltern angeordnet (Abb. 739). Diese Hilfssammelschiene hat in Abständen von 20 m ein Ausdehnungsstück, sie hat sich trotz der Ausführung in Zink bewährt. Das Obergeschoß des Schalthauses enthält die Doppelsammelschienen der 80 000 bzw. 110 000 V Seite mit den erforderlichen Trennschaltern, von hier aus führen die Leitungen über einen Trenn- und Erdungsschalter ins Freie. Die Durchführungsisolatoren der Freileitungen sind durch einen kleinen Vorbau gegen atmosphärische Einflüsse geschützt und von einer Galerie aus leicht zugänglich (Abb. 742 u. 743). Diese Art der Einführung der Freileitungen in das Gebäude ist eine Neuanordnung der A. E. G., die elektrisch und baulich allen Anforderungen entspricht. Die Tatsache, daß sie vielfach Nachahmung gefunden hat, beweist ihre Zweckmäßigkeit. Die Trennschalter der 80 000 bzw. 110 000 V Anlage sind dreipolig. Mit dem mechanischen Antrieb können die Trennschalter der beiden Doppelsammelschienensysteme von einem Bedienungsgang aus geschaltet werden (Abb. 743 u. 748). Auch die Bedienung des Sammelschienentrennschalters durch Handrad hat sich als einfach und zweckmäßig erwiesen. Um Schaltfehler möglichst zu vermeiden, zeigt eine Signallampe dem Schalttafelwärter an, ob der zu den Trennschaltern gehörige Ölschalter aus- oder eingeschaltet ist; eine im Ölschalterraum angebrachte Lampe gibt die Stellung des zugehörigen Trennschalters an. Sämtliche Stützisolatoren der 80 000 V Anlage bestehen noch aus Porzellan, die der Trennschalter und Sammelschienen der 110 000 Volt-Anlage sind aus Geax hergestellt. Die Porzellanisolatoren haben zwar zu Störungen keinen Anlaß gegeben, Geax-Isolatoren sind jedoch mechanisch widerstandsfähiger und daher besonders für Trennschalter geeignet. Die Geax-Isolatoren haben sich bisher gut bewährt, obgleich sie teilweise in ungeheizten Räumen stehen und somit starken Temperaturschwankungen ausgesetzt sind.

c) Transformatorenanlage für 80 000 V und 110 000 V.

Die Hochspannungstransformatoren sind ähnlich wie die zugehörigen Ölschalter, aber auf der entgegengesetzten Seite des Schalthauses in einem Anbau in großen, feuersicheren Zellen untergebracht und können auf drei Paar Rollen, die zur gleichmäßigen Gewichtsverteilung federnd befestigt sind, gleichfalls unmittelbar auf einen Transportwagen geschoben und über eine Drehscheibe entweder in den bereits mehrfach erwähnten Reparaturraum im Maschinenhaus oder aber auf das Bahnanschlußgleis geschafft werden (Abbildung 736).

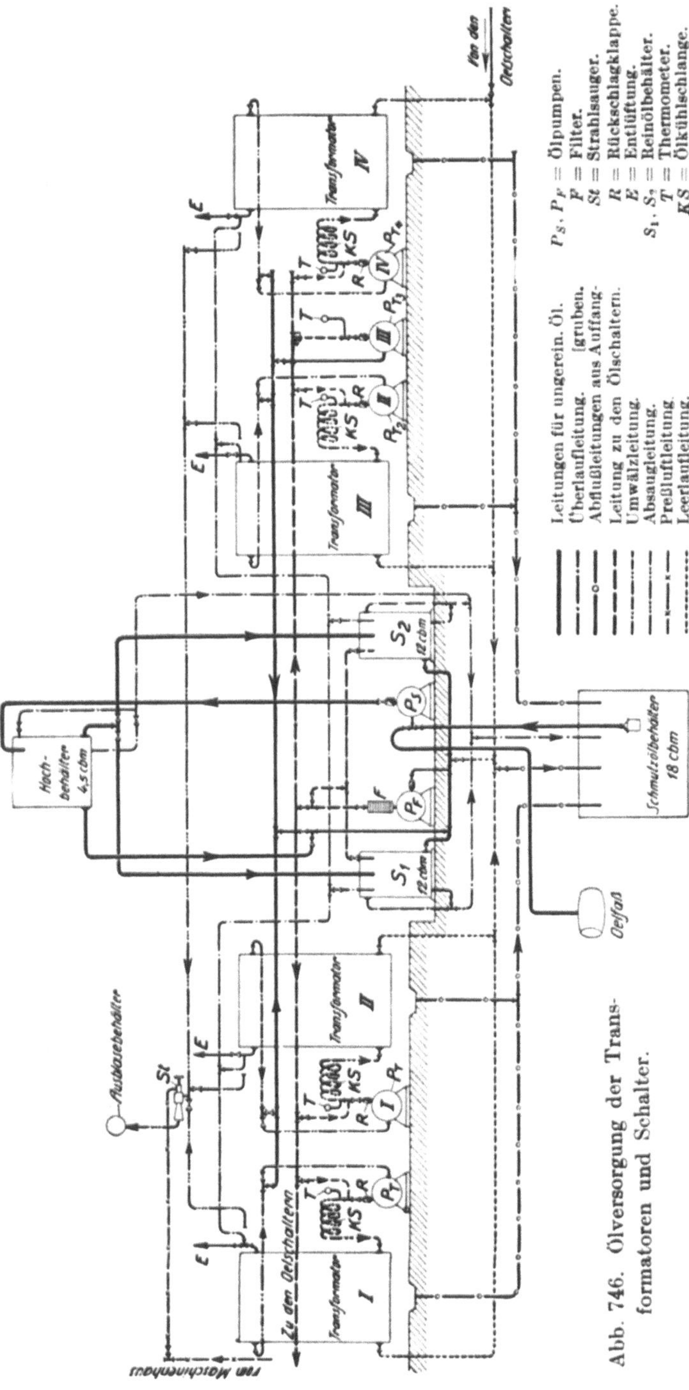

Abb. 746. Ölversorgung der Transformatoren und Schalter.

Jeder Transformator hat 22 000 kVA Leistung und bei Dreieck-Sternschaltung ein Übersetzungsverhältnis von 6300/84 200 V, bzw. 6300/110 000 V. Die aus senkrechten runden Schenkeln bestehenden Kerntransformatoren haben doppelkonzentrische Wicklungen (Abb. 735). Den Schenkeln zunächst liegen die Niedervoltspulen, dann kommen die Hochvoltspulen, auf die nochmals Niedervoltspulen folgen. Sämtliche Spulen sind durch besondere Formstücke druckfrei gelagert und voneinander isoliert (Abb. 744 u. 745), wodurch die Unveränderlichkeit ihrer Lage und eine sehr gute Festigkeit gegen Kurzschlüsse erzielt wird. Ein betriebsfertiger Transformator wiegt einschließlich Ölfüllung 73 t, hat eine Grundfläche von 4150×1660 mm und ist bis zur Spitze der Isolatoren 6000 mm hoch. Trotz ihrer Höhe konnten die Transformatoren mit Öl gefüllt auf einem Sonderwagen an ihren Aufstellungsort gebracht werden, zwar nicht in ihrem eigenen Ölgefäß, sondern in einem besonderen Hilfskasten. Die Ölkästen sind so kräftig versteift, daß die Transformatoren an Ort und Stelle evakuiert werden können.

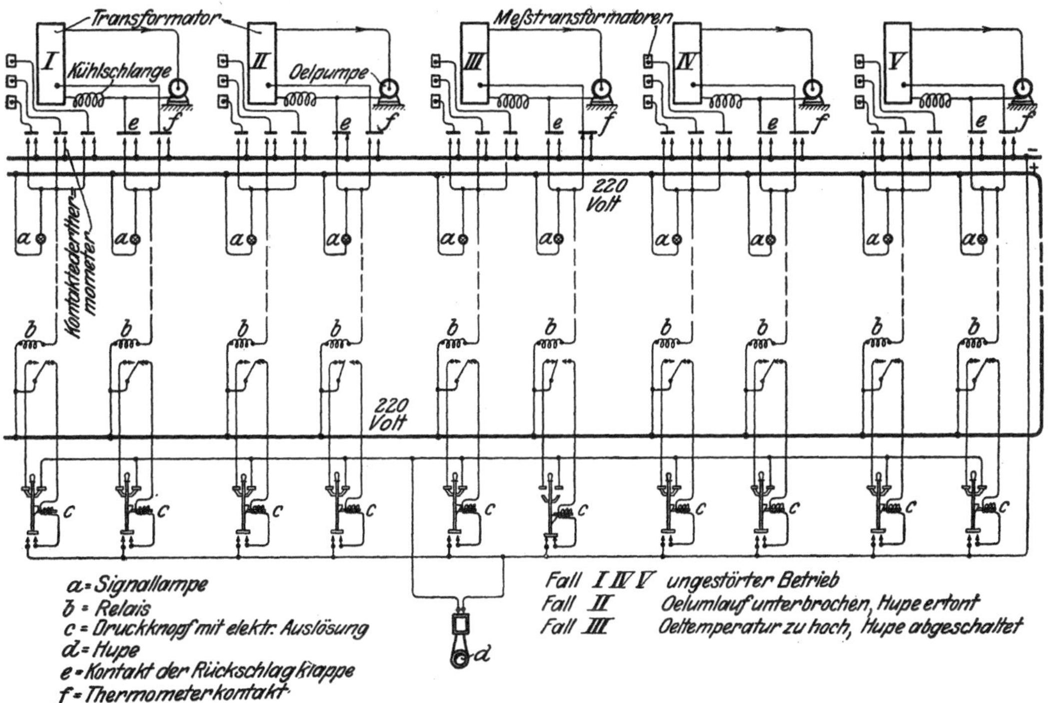

Abb. 747. Schema der Sicherheitsvorrichtungen in der Ölversorgungsanlage.

Es wurden folgende Werte gemessen:

Eisenverlust	80 kW	$= 0{,}364$ vH,
Kupferverlust	95 kW	$= 0{,}431$ vH,
Gesamtverluste	175 kW	$= 0{,}795$ vH,
Wirkungsgrad		$= 99{,}2$ vH,
Kurzschlußspannung		$= 3{,}5$ vH.

Die Verlustwärme wird außerhalb der Transformatoren durch besondere Schlangen von 220 m² Kühlfläche abgeführt, die in gemauerten Behältern von rd. 24 m³ Inhalt in einem Wasserbade ruhen (Abb. 739). Jeder Transformator hat eine besondere Pumpe, die das Öl durch die Schlange drückt. Das Wasser wird dem großen Kühlwasserkreislauf des Werkes an seinem Eintritt in die beiden ersten Turbinen durch elektrisch betriebene Kreiselpumpen von je 150 m³/h Leistung entnommen und fließt entweder in die Wasserbehälter der beiden ersten Kühltürme oder in die Klärbehälter zurück (Abb. 660).

Die Ölversorgung der Transformatoren arbeitet folgendermaßen:

Grundsätzlich werden die Transformatoren nur mit gefiltertem Öl gefüllt (Abb. 746), eine Ölkocheinrichtung ist also nicht vorhanden. Das in Fässern an-

gelieferte Öl wird durch Pumpe P_s über einen Hochbehälter nach den Sammel-
behältern S_1 oder S_2 gefördert. Von da drückt es Pumpe P_f durch Filter F in
die Transformatoren. Ein Transformator kann in etwa 2 Stunden gefüllt werden.
Um auch im normalen Betriebe das Öl ohne Betriebsunterbrechung filtrieren zu
können, wird die Ölumwälzpumpe des betreffenden Transformators mit der Ölfilter-
pumpe parallel geschaltet. Soll ein Transformator repariert werden, so wird die
Ölfüllung mittels Pumpe P_s über den Hochbehälter nach Behälter S_1 oder S_2 geschafft.

Eine ausgemauerte Grube unter jedem Transformator fängt das Öl auf, wenn
ein Transformatorkasten undicht wird, und leitet es in einen Schmutzölbehälter im
Hofe. In diesen Behälter werden auch die Transformatoren bei Feuersgefahr durch
Schieber, die von Hof aus geöff-
net werden, entleert. Später
wird das Öl gegebenenfalls durch
Pumpe P_s wieder zugeführt. Die
Ölleitungen sind an die Transformatoren mit biegsamen Pan-
zerschläuchen angeschlossen.

Soll ein Transformator nach
einer Reparatur oder dergl. wieder mit Öl gefüllt werden, so
wird er durch einen, mit Preßluft betriebenen Strahlsauger
evakuiert. Gleichzeitig wird
das Öl durch Kurzschließen der
Transformatorenwicklungen erwärmt.

Da die Sicherheit des ganzen
Betriebes in hohem Maße vom
ordnungsmäßigen Arbeiten der
Ölumwälzpumpen und von der
guten Abkühlung des warmen
Öles abhängt, sind weitgehende
Vorsichtsmaßregeln getroffen
worden, um Unregelmäßigkeiten
sofort festzustellen. Jeder Transformator hat ein im Schaltraum
des Maschinenhauses unter-
gebrachtes Fernthermometer.

Abb. 748. 100 000 V Durchführungsisolator mit Trennschalter
in der abziehenden Freileitung.

Außerdem ist in die Ölumwälz-
leitung eine Rückschlagklappe
und ein Kontaktthermometer eingebaut, die bei gestörtem Ölumlauf oder bei Überschreiten der Höchsttemperatur auf der Schalttafel im Maschinenhaus eine Huppe
und eine Lampe einschalten.

Beim Ansprechen des Kontaktthermometers oder der Rückschlagklappe wird
eine Lampe a neben der Ölpumpe im Transformatorenhaus eingeschaltet, die anzeigt, welcher Transformator in Unordnung ist (Abb. 747). Zu dieser Lampe ist ein
Relais b parallel geschaltet, das über den Druckknopf c die Signalhuppe d betätigt.
Sie kann durch Niederdrücken des Knopfes c wieder stillgesetzt werden, ohne daß
das Relais in seine Ruhestellung zurückgeht und ohne daß Lampe a erlischt. Damit
nicht vergessen wird, die Huppe wieder einzuschalten, hat Knopf c eine elektrische
Auslösung, die ihn in Ruhestellung zurückschnappen läßt, wenn der Ölumlauf wieder

in Ordnung ist, d. h. wenn die Kontakte der Rückschlagklappe oder der Thermometer wieder geöffnet sind. Die elektrische Auslösung des Druckknopfes hat Selbstunterbrechung, damit die Spule in der Ruhestellung nicht dauernd unter Strom steht. Die Relais haben Signalscheiben mit der Nummer der zugehörigen Transformatoren und zeigen dadurch an, welcher Transformator gestört ist. Die Huppe bleibt für die übrigen Transformatoren auch dann in Alarmbereitschaft, wenn sie von einem oder mehreren Transformatoren abgeschaltet wurde. An die Signalleitung sind noch Maximalkontakt-Thermometer angeschlossen, die in die 3 zu jedem Transformator gehörenden Meßtransformatoren eingebaut sind. Sämtliche Druckknöpfe und Relais sitzen auf einer gemeinsamen Marmorplatte im Schaltraum in der Nähe der Betätigungstafel.

Die Bedienung der Signalanlage ist sehr einfach. Gleichzeitig mit dem Ertönen der Huppe erscheint die Signalscheibe am Relais. Die Huppe wird durch Niederdrücken des Druckknopfes wieder ausgeschaltet. Nachdem dann der Transformator in Ordnung gebracht wurde, schaltet sich die Signalanlage selbsttätig wieder ein.

Gegen Brandgefahr wurden umfassende Maßregeln getroffen. Alle Ölschalter und Transformatoren stehen in gemauerten, feuerfesten Zellen, deren eiserne Türen unmittelbar ins Freie führen. Nur für die Zellen der 6000 V Ölschalter ist eine Ausnahme gemacht, sie münden in einen gemeinsamen Gang (Abb. 738). Auf die Ölfanggrube unter den Hochspannungstransformatoren wurde schon hingewiesen; ähnliche Gruben sind auch unter den Hochspannungs-Ölschaltern angeordnet. Die Niederspannungs-Transformatoren haben keine Gruben und auch keine Ölkühlung erhalten. Ihre Kammern wurden daher ausgiebig belüftet, die Luft tritt unterhalb der Transformatoren ein und zieht durch Schächte in der Kammerdecke ab. Um das Übergreifen eines Brandes zu verhindern, sind Luftzu- und -abfuhr der einzelnen Kammern völlig voneinander getrennt. Auch der Einbau besonderer selbsttätiger Feuerlöscheinrichtungen war vorgesehen. Er gelangte jedoch nicht zur Ausführung, weil sich inzwischen bei anderen Anlagen ihr Wert als zweifelhaft herausgestellt hatte. Sie setzen nämlich voraus, daß die Türen der Ölschalter bzw. Transformatorkammern bei einem Brande dicht schließen. Dies ist indes nicht der Fall, weil die Türen fast stets im Augenblick des Entstehens eines Brandes so heftig aufgeschleudert werden, daß sie sich gänzlich verbiegen und in ihre ursprüngliche Lage nicht mehr zurückkehren.

10. Fernleitung.

Als sich im Spätsommer 1917 das Kriegsamt zum Bau der Fernleitung Zschornewitz—Berlin entschlossen hatte, wurde mit einer Betriebsübergabe in den ersten Monaten des Jahres 1918 gerechnet. Es standen demnach für die Errichtung der über 100 km langen Leitung nur 3 bis 4 Monate zur Verfügung und es mußte alles aufgeboten werden, um die Arbeit in so kurzer Zeit zu bewältigen. Wenngleich die AEG über sehr tüchtige Montagekolonnen verfügte, die schon im Winter 1916 und Frühjahr 1917 unter den schwierigsten Verhältnissen 100 000 V Leitungen für das Rheinisch-Westfälische Elektrizitätswerk gebaut hatten und diese Mannschaften noch durch bewährte Leute einer Baufirma und Soldaten und Gefangene verstärkt wurden, so ließ sich die ursprünglich festgesetzte Bauzeit doch nicht einhalten. Hieran waren in erster Linie das zum Teil überaus ungünstige Gelände und die außerordentlichen Schwierigkeiten der Materialbeschaffung, vor allem der Isolatoren, schuld. Die Lieferung wurde auf verschiedene Fabriken verteilt, diese waren aber ihrerseits von den Unterlieferanten für die zur Porzellanherstellung nötigen Rohstoffe abhängig.

Als Isolatoren kamen entweder Hewlett-Isolatoren oder gekittete Kappenisolatoren in Frage. Während aus deutschen Anlagen über Hewlett-Isolatoren keine ungünstigen Berichte vorlagen, hatten Kappenisolatoren nicht überall befriedigt. Ihre ursprüng-

liche Bauart hatte vielmehr wiederholt geändert werden müssen, und längere Erfahrungen über die neueste Ausführungsform lagen nicht vor; da man außerdem zu
ihrer Herstellung den schwer zu beschaffenden Temperguß brauchte, sollten durchweg Hewlett-Isolatoren verwandt werden, ein Entschluß, der sich später allerdings
nicht voll aufrechterhalten ließ.

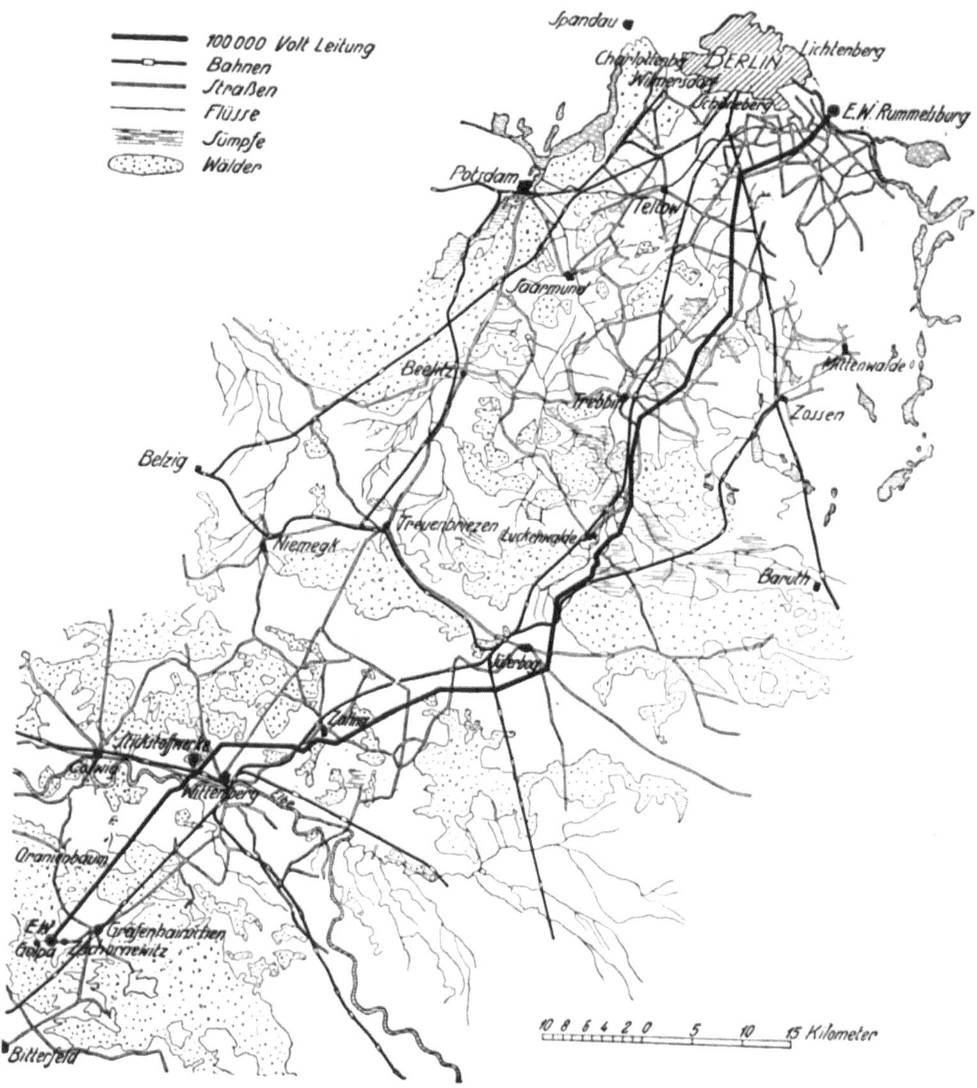

Abb. 749. Fernleitung Golpa—Berlin.

　　　Vor Bestellung der Hewlett-Isolatoren durchgeführte Versuche bestätigen die
schon früher gemachte Beobachtung, daß ihre Durchschlagfestigkeit nicht viel höher
liegt als ihre Überschlagfestigkeit. Hierauf wird aber bei Hochspannungsisolatoren
allgemein mit Recht Wert gelegt. Während für Kappenisolatoren das Verhältnis
$\dfrac{\text{Durchschlagfestigkeit}}{\text{Überschlagfestigkeit}} = \text{rd.} \dfrac{1,5}{1}$ ist, wurde für Hewlett-Isolatoren höchstens $\dfrac{1,2}{1}$
erreicht. Die Anzahl der für eine Hänge- oder Abspannkette erforderlichen Isolatoren
hängt nun lediglich von der Überschlagspannung des Einzelgliedes unter Regen
oder Nebel ab, denn es ist für die Betriebssicherheit ohne wesentliche Bedeutung,
ob die Überschlagspannung bei trockenem Wetter erheblich höher als bei feuchtem

ist. Gelingt es daher, die „trockene" Überschlagfestigkeit herabzusetzen, ohne dadurch die feuchte zu verringern, so kann auch für Hewlett-Isolatoren das Verhältnis $\frac{1,5}{1}$ erreicht werden. Diesem Zweck dienen die von der AEG eingeführten Schutzbügel, die die unter Regen naß werdende Isolatorfläche überbrücken und für Hewlett-Iso-

Abb. 751. Spreekreuzung.

Abb. 750. Türme der Elbekreuzung.

latoren sogar ein etwas günstigeres Verhältnis als $\frac{1,5}{1}$ ergeben. Sie gestatten ferner, den Durchmesser der Hewlett-Isolatoren, den man bisher möglichst klein machte, zu vergrößern und dadurch die „feuchte" Überschlagfestigkeit zu erhöhen. Endlich haben Versuche der Porzellanfabrik Hermsdorf gezeigt, daß die Anwendung der

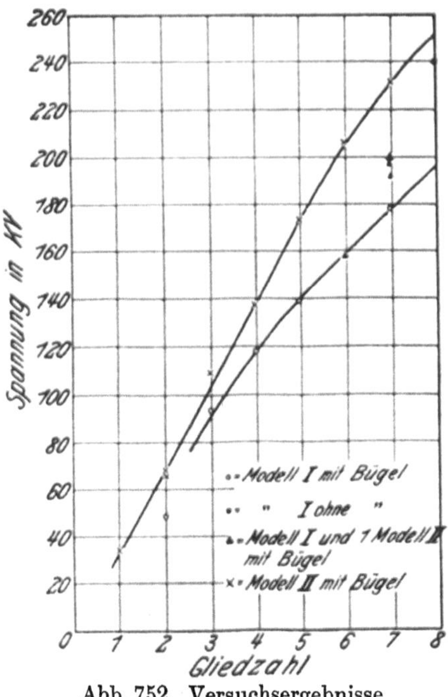

Abb. 752. Versuchsergebnisse
an Hochspannungsisolatoren.

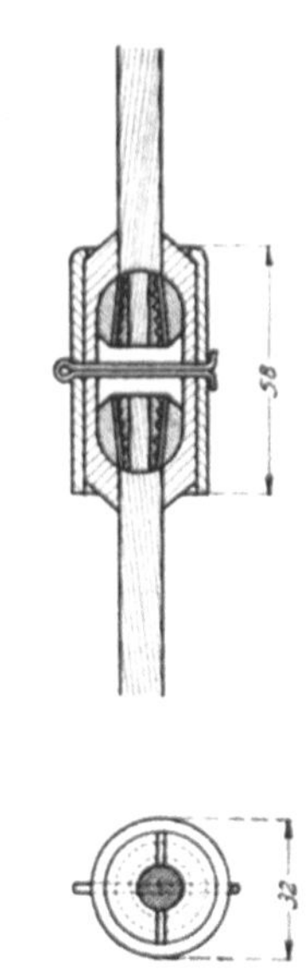

Abb. 753 u. 754.
Bay-Verbinder.

Bügel eine wesentlich höhere Überschlagspannung für die ganze Kette ergibt, wenn auch nur ein Isolator mit größerem Durchmesser ausgeführt wird. Unter sonst gleichen Versuchsbedingungen steigt die Überschlagspannung von 158000 V bei 6 kleinen Isolatoren auf 192000 V, wenn 5 kleine und 1 großer Hewlett-Isolator zusammengebaut wurden (Abb. 752).

Leider konnte von dieser Erfahrung bei der Fernleitung Zschornewitz—Berlin kein Gebrauch gemacht werden, weil die Herstellung der größeren Isolatoren zu lange gedauert hätte. Man mußte sogar während des Baues an anderer Stelle frei gewordene Kappenisolatoren mit verwenden, trotzdem konnte die Fernleitung infolge der widrigen Verhältnisse den Betrieb erst Ende Mai aufnehmen.

Die Gesamtlänge der Leitung vom Kraftwerk Golpa bis zu dem neben dem Kraftwerk Rummelsburg der Städtischen Elektrizitätswerke Berlin errichteten Transformatorenwerk beträgt 128,7 km (Abb. 749). Die Leitung benutzte bis jenseits der Elbe das im Jahre 1915 errichtete Gestänge der 80000-V-Übertragung nach den Reichsstickstoffwerken in Piesteritz eine Zeitlang mit. Später hat aber die Berliner Leitung auch auf dieser Strecke ein besonderes Gestänge bekommen. Während die ursprünglich verlegte Leitung aus Kupferseil von 700 mm² besteht, wurde die gesamte 100000-V-Leitung aus Aluminiumseil von 19 Einzeldrähten von 2,8 mm Durchmesser und 19 kg/mm² Festigkeit mit einem Gesamtquerschnitt von 120 mm² ausgeführt. Nur an der Elbekreuzung und den anschließenden Spannfeldern sind die schon beim ersten Ausbau mitverlegten Leitungen aus Bronze- bzw. Kupferseil geblieben.

Die Maste der Strecke Zschornewitz—Piesteritz haben im allgemeinen einen Höchstabstand von 200 m, der im Überschwemmungsgebiet der Elbe auf 300 m erhöht wurde. Die Spannweite der Elbkreuzung beträgt 295 m, die der Spreekreuzung 211 m (Abb. 751). Da die Bestimmungen der Wasserbauinspektion für Flußkreuzungen fünffache Sicherheit verlangen, ergab sich bei dem verwendeten Bronzeseil von 70 kg/mm² Festigkeit für den Elbübergang ein Durchhang von 15 m und bei der vorgeschriebenen Höhe des tiefsten Punktes der untersten Leitung über Wasserspiegel von 32 m eine Höhe der Kreuzungsmaste über Erde von 61,5 m.

Abb. 755.
Abspann- und Verdrillungsmast.

Die Spannweite der Übertragung Piesteritz—Berlin ist im allgemeinen 250 m. Um bei diesem Mastabstand keinen übermäßig großen Durchhang zu bekommen, wurden die Vorschriften des schweizerischen elektrotechnischen Vereins zugelassen, die bei —30°C ohne Zusatzlast eine fünffache Sicherheit verlangen, und noch über die während des Krieges für Aluminiumseil zugelassene Höchstbeanspruchung von 8 kg/mm² hinausgehen. Dies entspricht bei —5°C und der den deutschen Freileitungsnormalien entsprechenden Zusatzlast einer Beanspruchung von 9,3 kg/mm².

Die in Abständen von rund 2,5 km angeordneten Abspannmaste können zwei Drittel des einseitigen Leitungszuges aufnehmen. Zwischen Piesteritz und Berlin wurden 357 Tragmaste, 34 Abspannmaste, 36 Eckmaste, 23 Maste für Postkreuzungen (Abb. 756), 31 Maste für Bahnkreuzungen und 2 Türme für die Kreuzung

Abb. 756. Sechsfache Postkreuzung nahe Zschornewitz.

der Spree aufgestellt. Sämtliche Maste bestehen aus Flußeisen von 40 kg Festigkeit. Die Tragmaste und Abspannmaste haben Roste aus imprägnierten Holzschwellen, die Eck-, und Kreuzungsmaste Betonfundamente. Die zum Teil sehr ungünstigen Bodenverhältnisse (Fließsand, starker Wasserzufluß zu den Baugruben) erforderten stellenweise Verstärkungen oder Sonderausführungen der Fundamente; im Moorgebiet bei Luckenwalde mußten 5 Maste auf Betonpfähle gesetzt werden. Durch die schwierige Wasserhaltung und die Bauausführung in der ungünstigsten Jahreszeit wurden die Arbeiten überaus erschwert und ihre Fertigstellung erheblich verzögert.

Für die Fernübertragungen wurde das Enteignungsrecht bewilligt und das vereinfachte Enteignungsverfahren zugelassen, um eine möglichst grade Leitungsführung zu ermöglichen. Das Enteignungsverfahren brauchte jedoch nur in wenigen Fällen durchgeführt zu werden. Die Leitung führt durch 72 Gemarkungen und überspannt 1787 Grundstücke, 64,1 ha Wald mußten ausgeholzt werden.

Die Ketten der Tragmasten haben je 6 Hängeisolatoren, die der Abspannmaste je 8 Abspannisolatoren. Die Hewlett-Isolatoren einer Kette sind durch Seilschlingen aus verzinktem Eisenseil mit Spezialverbindern (Abb. 753 u. 754) zusammengeschlossen, die einen einfachen, und schnellen Zusammenbau ermöglichen. Lediglich auf dem letzteren, rd. 2 km langen Teil der Fernleitung Zschornewitz—Bitterfeld, mit einer Gesamtlänge von 15,4 km, haben die Ketten zur größeren Sicherheit gegen den Einfluß der Säuredämpfe aus den naheliegenden chemischen Fabriken 8 Hängeisolatoren bzw. 10 Abspannisolatoren erhalten.

Die Aluminiumseile im freien Felde werden zum Schutze beim Eintreiben der Dorne durch 2 hintereinander angebrachte Aluminium-Nietverbinder mit Aluminiumblecheinlagen zusammengehalten. Die Verbindung der entlasteten Aluminiumseile zwischen den Ketten der Abspannmaste geschieht durch 2 hintereinander sitzende Aluminiumschraubverbinder, die der Erdungsseile durch 2 Eisenschraubverbinder. Jedes Gestänge hat 2 Erdungsleitungen aus Stahlseilen von 50 mm^2 Querschnitt und 40 kg/mm^2 Festigkeit. Der Leiterabstand beträgt 3250 mm, die kürzeste Entfernung zwischen den beiden Leitungssystemen 5904 mm, der Mindestabstand der stromführenden Leitungen vom Erdboden ist im freien Felde 6 m, über Straßen und Fahrwegen 7 m. Sämtliche Kreuzungen von Bahnen und Reichsposthauptleitungen haben bruchsichere Aufhängung der Hochspannungsleitungen durch Doppelspannketten, untergeordnete Postleitungen und Fernsprechanschlüsse wurden an den Kreuzungen verkabelt.

Die Fernübertragung Zschornewitz—Bitterfeld hat nur 1 Stromkreis (3 Leitungen) und nur 1 Erdungsseil, ist aber im übrigen ebenso ausgeführt wie die nach Berlin.

Die Maste wurden von vornherein für die Anbringung von 2 Stromkreisen eingerichtet, doch wurde zunächst nur 1 Kreis verlegt. Um beim Anbringen des zweiten Systems die gegenseitige Beeinflussung zu vermeiden, wurden die Leitungen nach einer Vereinbarung mit dem Reichspostamt dreimalig verdrillt, indem das eine System im entgegengesetzten Sinne wie das andere gedreht wurde. Zu diesem Zwecke ist die Leitung Piesteritz—Berlin in 9 annähernd gleiche Strecken unterteilt, an deren Enden Maste mit besonders für die Verdrillung ausgebildeten Querarmen stehen (Abb. 755).

Die mittlere der 3 untereinander liegenden Leitungen eines Stromkreises ist mit größerer Ausladung an einem entsprechend verlängerten Querarm aufgehängt. Ein Zusammenschlagen untereinander liegender Leitungen, wie es bei plötzlichem Abfallen von Schnee- oder Eisansätzen an anderer Stelle hin und wieder beobachtet wurde, ist daher nicht zu befürchten.

Wie bisher so wird auch in Zukunft eine der Hauptschwierigkeiten der Trassierungsarbeiten in den Verhandlungen mit den Grundbesitzern über die Aufstellung der Maste liegen, besonders solange das unbedingt erforderliche Starkstromwegegesetz noch nicht besteht. Jedenfalls darf gesagt werden, daß durch eine sorgfältig und folgerichtig durchgeführte Trassierung viel Zeit und Geld gespart werden kann. Es empfiehlt sich, die Leitungsführung zunächst an Hand einer Karte (Maßstab etwa 1:25 000) ungefähr festzulegen und die Strecke mit den interessierenden Behörden (Eisenbahn-, Post-, Bergbaubehörden usw.) gemeinsam abzugehen. Sind alle zuständigen Stellen zugegen und können ihre Einwände sofort besprochen und geklärt werden, so wird vermieden, daß die von einer Behörde genehmigte Leitungsführung von einer anderen wieder umgestoßen wird. Am Schlusse der Bereisung werden die geforderten Maßnahmen am besten gemeinsam protokollarisch festgelegt. Gleichzeitig sollte auf den Katasterämtern ermittelt werden, ob die Leitung über Großgrundbesitz führt. Ist nämlich für diesen eine Einigung erfolgt, so sind von den kleineren Besitzern im allgemeinen keine größeren Schwierigkeiten mehr zu erwarten. Für wichtige Fernleitungen wird die Eintragung der Masten ins Grundbuch nicht zu umgehen sein, schon aus diesem Grunde sollte man sich vor den Trassierungsarbeiten Katasterunterlagen beschaffen und zwar etwa wöchentlich für die jeweils abzusteckende Strecke.

11. Kolonie.

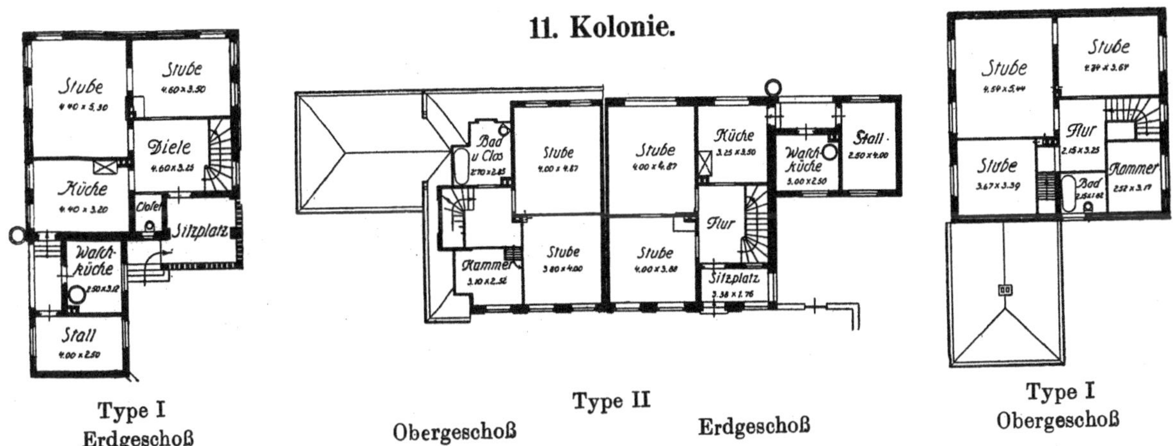

Type I
Erdgeschoß

Type II
Obergeschoß Erdgeschoß

Type I
Obergeschoß

Einfamilienhäuser.

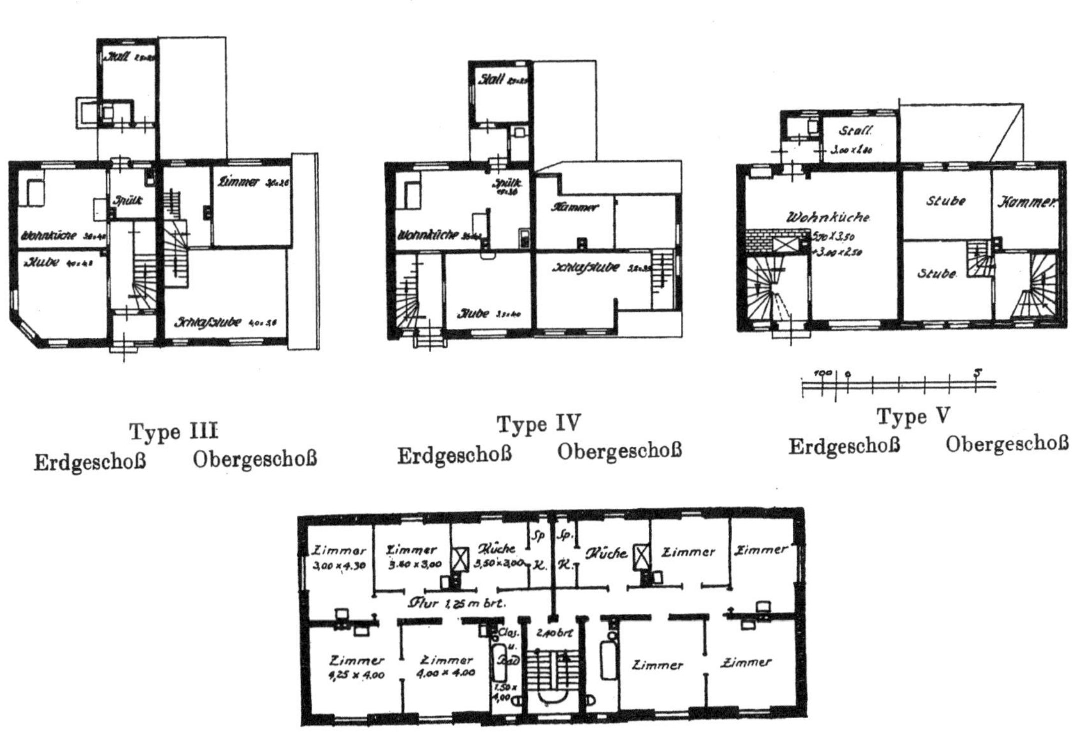

Type III
Erdgeschoß Obergeschoß

Type IV
Erdgeschoß Obergeschoß

Type V
Erdgeschoß Obergeschoß

Type I

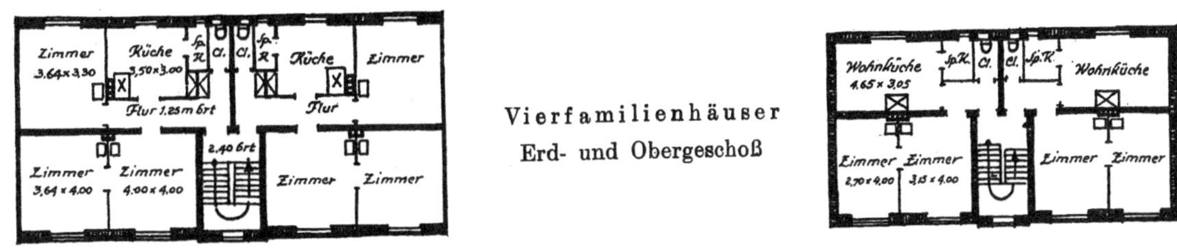

Type II

Vierfamilienhäuser
Erd- und Obergeschoß

Type III

Abb. 757 bis 765. Verschiedene Häusertypen.

Abb. 766. Direktorhaus I.

Abb. 767. Platz mit Betriebsleiterhaus und Transformatorenhäuschen.

Da in der Nähe des Kraftwerkes kein größerer Ort lag, der für eine einigermaßen befriedigende Unterbringung der Arbeiter und Beamten ausgereicht hätte, mußte zugleich mit dem Kraftwerk eine Kolonie gebaut werden, die auch der Belegschaft der Grube Unterkunft bieten sollte. Sie wurde zunächst für die Unterbringung von 200 Familien ausgebaut und in unmittelbarer Nähe des Werkes und der Dorfgemeinde Zschornewitz errichtet, mit der sie verschmolzen werden soll. Die Bearbeitung der Pläne wurde den Architekten Professor von Mayenburg in Dresden und Dr. Klingenberg und W. Issel in Berlin - Lichterfelde übertragen; als künstlerischer Beirat wurde von den Elektrowerken Prof. Peter Behrens zugezogen.

Abb. 768.   Arbeiterhäusergruppe.

Im Juli 1915 wurde mit den Entwürfen und im August desselben Jahres mit der Bauausführung begonnen. Anfang 1917 waren 195 Einzelhäuser, 16 Vierfamilienhäuser und 3 Achtfamilienhäuser fertiggestellt. Ursprünglich waren 4, später 5 Häuserbauarten vorgesehen. Die Arbeiterhäuser sind entweder Einfamilien- oder Vierfamilienhäuser und enthalten im allgemeinen eine Wohnküche,

Abb. 769.   Beamtenhaus.

2 Stuben, Kammer, Stall und Klosett. Sie sind teils zweistöckig, teils einstöckig mit ausgebauter Mansarde (Abb. 757 bis 765). Die Meister- und Beamtenhäuser sind etwas reicher ausgestattet. Sämtliche Häuser führen ihre Spülwässer zur Kläranlage des Werkes und haben fast durchweg kombinierte Ofen- und Herdanlagen, Bauart Druma. An öffentlichen Gebäuden hatte die Kolonie zur Zeit ihres Überganges in

Reichsbesitz den im Jahre 1916/17 erbauten, sehr geräumigen Gasthof, außerdem
wurde das Kaufhaus und die Post vorläufig in geeigneten Häusern untergebracht, bis
sie nach Ausbau des Marktplatzes in besondere Gebäude übersiedeln können. Die Bearbeitung der Erweiterung der Kolonie, die westlich des Anschlußgleises errichtet wird,
wurde wiederum den Architekten Dr. Klingenberg und Issel übertragen. Insgesamt
sollen rd. 600 Häuser, darunter eine Schule, ein Kranken- und ein Gemeindehaus,
sowie eine evangelische und eine katholische Schule erstellt werden.

Abb. 770. Platz mit Transformatorhäuschen, Beamtenhaus und Kraftwerk im Hintergrund.

Als Hauptstraßen waren die von Golpa nach Zschornewitz führende Provinzial-
Chaussee und die von ihr zum Kraftwerk führende Straße gegeben. Die übrigen
Straßen liegen hauptsächlich in Nordsüdrichtung und haben mit Ausnahme der 8 m
breiten Ringstraße eine Breite von 4,5 bis 5,5 m. Schmale Wirtschaftswege ermöglichen die Dungzu- und -abfuhr und vermitteln den Verkehr zu den für die Häuser
des Nordostteiles gesondert errichteten, für 4 bis 6 Familien gemeinsamen Wasch-
küchenhäusern.

Die meisten Häuser haben einen Vorgarten; sie wurden in Massivbau ausgeführt,
weil die Elektrowerke eine eigene Ziegelei besitzen. Ihre Fassaden bieten mit den
in verschiedenen Naturfarben rauh geputzten Flächen, mit weißen Fenstern, Blumen-
kästen, farbigen Türen und Läden, sowie den roten Kronendächern ein freundliches
Bild, das durch die Berankung mit Kletterwein noch gehoben wird. Die Innen-
ausstattung der Häuser ist einfach aber farbenfroh gehalten. Abb. 766—770.

Elektromaschinenbau. Berechnung elektrischer Maschinen in Theorie und Praxis. Von Dr.-Ing. **P. B. Arthur Linker,** Hannover. Mit 128 Textfiguren und 14 Anlagen. (312 S.) 1925.
Gebunden RM 24.—

Elektrische Maschinen. Von Prof. **Rudolf Richter,** Direktor des Elektrotechnischen Instituts Karlsruhe. In zwei Bänden.
Erster Band: **Allgemeine Berechnungselemente. Die Gleichstrommaschinen.** Mit 453 Textabbildungen. (640 S.) 1924.
Gebunden RM 27.—

Ankerwicklungen für Gleich- und Wechselstrommaschinen. Ein Lehrbuch von Prof. **Rudolf Richter,** Direktor des Elektrotechnischen Instituts Karlsruhe. Mit 377 Textabbildungen. (436 S.) 1920. Berichtigter Neudruck. 1922.
Gebunden RM 14.—

Die Hochspannungs-Gleichstrommaschine. Eine grundlegende Theorie. Von Elektro-Ingenieur Dr. **A. Bolliger,** Zürich. Mit 53 Textfiguren. (86 S.) 1921.
RM 3.—

Die symbolische Methode zur Lösung von Wechselstromaufgaben. Einführung in den praktischen Gebrauch. Von **Hugo Ring,** Ingenieur der Firma Blohm & Voß, Hamburg. Mit 33 Textfiguren. (58 S.) 1921.
RM 2.30

Die Berechnung von Gleich- und Wechselstromsystemen. Von Dr.-Ing. **Fr. Natalis.** Zweite, völlig umgearbeitete und erweiterte Auflage. Mit 111 Abbildungen. (220 S.) 1924.
RM 10.—

Die asynchronen Wechselfeldmotoren. Kommutator- und Induktionsmotoren. Von Prof. Dr. **Gustav Benischke.** Mit 89 Abbildungen im Text. (118 S.) 1920.
RM 4.20

Die asynchronen Drehstrommotoren und ihre Verwendungsmöglichkeiten. Von **Jakob Ippen,** Betriebsingenieur. Mit 67 Textabbildungen. (97 S.) 1924.
RM 3.60

Der Drehstrommotor. Ein Handbuch für Studium und Praxis. Von Prof. **Julius Heubach,** Direktor der Elektromotorenwerke Heidenau, G. m. b. H. Zweite, verbesserte Auflage. Mit 222 Abbildungen. (611 S.) 1923.
Gebunden RM 20.—

Die Elektromotoren in ihrer Wirkungsweise und Anwendung. Ein Hilfsbuch für die Auswahl und Durchbildung elektromotorischer Antriebe. Von **Karl Meller,** Oberingenieur. Zweite, vermehrte und verbesserte Auflage. Mit 153 Textabbildungen. (167 S.) 1923.
RM 4.60; gebunden RM 5.40

Anlaß- und Regelwiderstände. Grundlagen und Anleitung zur Berechnung von elektrischen Widerständen. Von **Erich Jasse.** Zweite, verbesserte und erweiterte Auflage. Mit 69 Textabbildungen. (184 S.) 1924.
RM 6.—; gebunden RM 6.80

Die wissenschaftlichen Grundlagen der Elektrotechnik. Von Prof. Dr. **Gustav Benischke,** Berlin. Sechste, vermehrte Auflage. Mit 633 Abbildungen im Text. (698 S.) 1922.
Gebunden RM 18.—

Hilfsbuch für die Elektrotechnik. Unter Mitwirkung namhafter Fachgenossen bearbeitet und herausgegeben von Dr. **Karl Strecker.** Zehnte, umgearbeitete Auflage. **Starkstromausgabe.** Mit 560 Abbildungen. (751 S.) 1925.
Gebunden RM 13.50

Der Quecksilberdampf-Gleichrichter. Von **Kurt Emil Müller,** Ingenieur.
Erster Band: **Theoretische Grundlagen.** Mit 49 Textabbildungen und 4 Zahlentafeln. (226 S.)
1925. Gebunden RM 15.—

Elektrische Starkstromanlagen. Maschinen, Apparate, Schaltungen, Betrieb. Kurzgefaßtes Hilfsbuch für Ingenieure und Techniker sowie zum Gebrauch an technischen Lehranstalten. Von Studienrat Dipl.-Ing. **Emil Kosack,** Magdeburg. Sechste, durchgesehene und ergänzte Auflage. Mit 296 Textfiguren. (342 S.) 1923. RM 5.50; gebunden RM 6.90

Schaltungsbuch für Gleich- und Wechselstromanlagen. Dynamomaschinen, Motoren und Transformatoren, Lichtanlagen, Kraftwerke und Umformerstationen. Ein Lehr- und Hilfsbuch von Studienrat Dipl.-Ing. **Emil Kosack,** Magdeburg. Zweite, erweiterte Auflage. Mit 257 Abbildungen im Text und auf 2 Tafeln. Erscheint im April 1926.

Grundzüge der Starkstromtechnik. Für Unterricht und Praxis. Von Dr.-Ing. **K. Hoerner.** Mit 319 Textabbildungen und zahlreichen Beispielen. (262 S.) 1923. RM 4.—; gebunden RM 5.—

Messungen an elektrischen Maschinen. Apparate, Instrumente, Methoden, Schaltungen. Von Oberingenieur Dipl.-Ing. **Georg Jahn.** Fünfte, gänzlich umgearbeitete Auflage des von **R. Krause** begründeten gleichnamigen Buches. Mit 407 Abbildungen im Text und auf einer Tafel. (401 S.) 1925. Gebunden RM 21.—

Elektrotechnische Meßkunde. Von Dr.-Ing. **P. B. Arthur Linker.** Dritte, völlig umgearbeitete und erweiterte Auflage. Mit 408 Textfiguren. (583 S.) 1920. Unveränderter Neudruck. 1923. Gebunden RM 11.—

Elektrotechnische Meßinstrumente. Ein Leitfaden. Von **Konrad Gruhn,** Oberingenieur und Gewerbestudienrat. Zweite, vermehrte und verbesserte Auflage. Mit 321 Textabbildungen. (227 S.) 1923. Gebunden RM 7.—

Meßgeräte und Schaltungen zum Parallelschalten von Wechselstrom-Maschinen. Von Oberingenieur **Werner Skirl.** Zweite, umgearbeitete und erweiterte Auflage. Mit 30 Tafeln, 30 ganzseitigen Schaltbildern und 14 Textbildern. (148 S.) 1923. Gebunden RM 5.—

Meßgeräte und Schaltungen für Wechselstrom-Leistungsmessungen. Von Oberingenieur **Werner Skirl.** Zweite, umgearbeitete und erweiterte Auflage. Mit 41 Tafeln, 31 ganzseitigen Schaltbildern und zahlreichen Textbildern. (258 S.) 1923. Gebunden RM 8.—

Wirkungsweise der Motorzähler und Meßwandler mit besonderer Berücksichtigung der Blind-, Misch- und Scheinverbrauchsmessung. Für Betriebsleiter von Elektrizitätswerken, Zählertechniker und Studierende. Von Direktor Dr.-Ing. Dr.-Ing. e. h. **J. A. Möllinger.** Zweite, erweiterte Auflage. Mit 131 Textabbildungen. (244 S.) 1925. Gebunden RM 12.—

Elektrische Zugförderung. Handbuch für Theorie und Anwendung der elektrischen Zugkraft auf Eisenbahnen von Baurat Dr.-Ing. **E. E. Seefehlner,** a. o. Professor an der Technischen Hochschule in Wien, Vorsitzender der Direktion der AEG.-Union, Elektrizitätsgesellschaft Wien. Mit einem Kapitel über Zahnbahnen und Drahtseilbahnen von Ingenieur **H. H. Peter,** Zürich. Zweite, vermehrte und verbesserte Auflage. Mit 751 Abbildungen im Text und auf einer Tafel. (670 S.) 1924. Gebunden RM 48.—

Berechnung elektrischer Förderanlagen. Von Dipl.-Ing. **E. G. Weyhausen** und Dipl.-Ing. **P. Mettgenberg.** Mit 39 Textfiguren. (94 S.) 1920. RM 3.—

Tiefbohrwesen, Förderverfahren und Elektrotechnik in der Erdölindustrie. Von Dipl.-Ing. **L. Steiner,** Berlin. Mit 223 Abbildungen. (350 S.) 1926. Gebunden RM 27.—

Die elektrische Kraftübertragung. Von Oberingenieur Dipl.-Ing. **Herbert Kyser.** In 3 Bänden.

Erster Band: **Die Motoren, Umformer und Transformatoren.** Ihre Arbeitsweise, Schaltung, Anwendung und Ausführung. Zweite, umgearbeitete und erweiterte Auflage. Mit 305 Textfiguren und 6 Tafeln. (432 S.) 1920. Unveränderter Neudruck. 1923. Gebunden RM 15.—

Zweiter Band: **Die Niederspannungs- und Hochspannungs-Leitungsanlagen.** Ihre Projektierung, Berechnung, elektrische und mechanische Ausführung und Untersuchung. Zweite, umgearbeitete und erweiterte Auflage. Mit 319 Textfiguren und 44 Tabellen. (413 S.) 1921. Unveränderter Neudruck. 1923. Gebunden RM 15.—

Dritter Band: **Die maschinellen und elektrischen Einrichtungen des Kraftwerkes und die wirtschaftlichen Gesichtspunkte für die Projektierung.** Zweite, umgearbeitete und erweiterte Auflage. Mit 665 Textfiguren, 2 Tafeln und 87 Tabellen. (942 S.) 1923. Gebunden RM 28.—

Die Wasserkräfte, ihr Ausbau und ihre wirtschaftliche Ausnutzung. Ein technisch-wirtschaftliches Lehr- und Handbuch. Von Bauinspektor Dr.-Ing. **Adolf Ludin.** Zwei Bände. Mit 1087 Abbildungen im Text und auf 11 Tafeln. Preisgekrönt von der Akademie des Bauwesens in Berlin. (1424 S.) 1913. Unveränderter Neudruck. 1923. Gebunden RM 66.—

Über Wertberechnung von Wasserkräften. Von Dr.-Ing. **Adolf Ludin** und Dr.-Ing. Dr. rer. pol. **W. G. Waffenschmidt,** Karlsruhe i. B. (Sonderabdruck aus „Der Bauingenieur" 1921, Heft 4.) (20 S.) 1921. RM —.45

Die staatliche Elektrizitätsfürsorge. Von Geh. Baurat Prof. Dr. Dr.-Ing. **G. Klingenberg.** (11 S.) 1919. RM —.60

Wahl, Projektierung und Betrieb von Kraftanlagen. Ein Hilfsbuch für Ingenieure, Betriebsleiter, Fabrikbesitzer. Von Dipl.-Ing. **Friedrich Barth,** Nürnberg. Vierte, umgearbeitete und erweiterte Auflage. Mit 161 Figuren im Text und auf 3 Tafeln. (537 S.) 1925. Gebunden RM 16.—

Schaltungsarten der Haus- und Hilfsturbinen im Kraftwerksbetrieb. Von Dr.-Ing. **Herbert Melan,** Oberingenieur der Siemens-Schuckert-Werke, Abteilung Zentralen. Mit etwa 35 Textabbildungen. Erscheint Ende April 1926.

Das Energiewirtschaftsproblem in Bayern. Eine technisch-wirtschaftlich-statistische Studie. Von Dr.-Ing. **Otto Streck,** Dipl.-Ingenieur. Mit 23 Textabbildungen. (116 S.) 1923. RM 3.60; gebunden RM 4.40

Das Bayernwerk und seine Kraftquellen. Von Dipl.-Ing. **A. Menge,** München. Mit 118 Abbildungen im Text und 3 Tafeln. (112 S.) 1925. RM 6.—

Deutschlands Großkraftversorgung. Von Dr. **Gerhard Dehne.** Mit 44 Abbildungen. (105 S.) 1925. RM 6.—; gebunden RM 7.—

Torfwerke. Gewinnung, Veredelung und Nutzung des Brenntorfes unter besonderer Berücksichtigung der Torfkraftwerke. Von Regierungsbaumeister **Friedrich Bartel.** Zweite, vollständig neubearbeitete Auflage. Mit 317 Abbildungen im Text und auf 5 Tafeln. (228 S.) 1923. RM 11.—; gebunden RM 12.—

Amerikanische und deutsche Großdampfkessel. Eine Untersuchung über den Stand und die neueren Bestrebungen des amerikanischen und deutschen Großdampfkesselwesens und über die Speicherung von Arbeit mittels heißen Wassers. Von Dr.-Ing. **Friedrich Münzinger.** Mit 181 Textabbildungen. (184 S.) 1923. RM 6.—

Die Leistungssteigerung von Großdampfkesseln. Eine Untersuchung über die Verbesserung von Leistung und Wirtschaftlichkeit und über neuere Bestrebungen im Dampfkesselbau. Von Dr.-Ing. **Friedrich Münzinger.** Mit 173 Textabbildungen. (174 S.) 1922. Gebunden RM 6.—

Höchstdruckdampf. Eine Untersuchung über die wirtschaftlichen und technischen Aussichten der Erzeugung und Verwaltung von Dampf sehr hoher Spannung in Großbetrieben. Von Dr.-Ing. **Friedrich Münzinger.** Zweite, unveränderte Auflage. Mit 120 Textabbildungen. (152 S.) 1926. RM 7.20; gebunden RM 8.70

Die Wechselstromtechnik. Herausgegeben von Professor Dr.-Ing. **E. Arnold,** Karlsruhe. In fünf Bänden.

I. Band: **Theorie der Wechselströme.** Von **J. L. la Cour** und **O. S. Bragstad.** Zweite, vollständig umgearbeitete Auflage. Mit 591 in den Text gedruckten Figuren. (936 S.) 1910. Unveränderter Neudruck. 1923.   Gebunden RM 30.—

II. Band: **Die Transformatoren.** Ihre Theorie, Konstruktion, Berechnung und Arbeitsweise. Von **E. Arnold** und **J. L. la Cour.** Zweite, vollständig umgearbeitete Auflage. Mit 443 in den Text gedruckten Figuren und 6 Tafeln. (462 S.) 1910. Unveränderter Neudruck. 1923.   Gebunden RM 20.—

III. Band: **Die Wicklungen der Wechselstrommaschinen.** Von **E. Arnold.** Zweite, vollständig umgearbeitete Auflage. Mit 463 Textfiguren und 5 Tafeln. (383 S.) 1912. Unveränderter Neudruck. 1923.   Gebunden RM 16.—

IV. Band: **Die synchronen Wechselstrommaschinen.** Generatoren, Motoren und Umformer. Ihre Theorie, Konstruktion, Berechnung und Arbeitsweise. Von **E. Arnold** und **J. L. la Cour.** Zweite, vollständig umgearbeitete Auflage. Mit 530 Textfiguren und 18 Tafeln. (916 S.) 1913. Unveränderter Neudruck. 1923.   Gebunden RM 28.—

V. Band: **Die asynchronen Wechselstrommaschinen.**

1. Teil: **Die Induktionsmaschinen.** Ihre Theorie, Berechnung, Konstruktion und Arbeitsweise. Von **E. Arnold** und **J. L. la Cour** unter Mitarbeit von **A. Fraenckel.** Mit 307 in den Text gedruckten Figuren und 10 Tafeln. (608 S.) 1909. Unveränderter Neudruck. 1923.   Gebunden RM 24.—

2. Teil: **Die Wechselstromkommutatormaschinen.** Ihre Theorie, Berechnung, Konstruktion und Arbeitsweise. Von **E. Arnold, J. L. la Cour** und **A. Fraenckel.** Mit 400 in den Text gedruckten Figuren und 8 Tafeln. (676 S.) 1912. Unveränderter Neudruck. 1923.   Gebunden RM 26.—

Arnold-la Cour, Die Gleichstrommaschine. Ihre Theorie, Untersuchung, Konstruktion, Berechnung und Arbeitsweise. Dritte, vollständig umgearbeitete Auflage. Herausgegeben von **J. L. la Cour.** In 2 Bänden.

I. Band: **Theorie und Untersuchung.** Mit 570 Textfiguren. (740 S.) 1919. Unveränderter Neudruck. 1923.   Gebunden RM 24.—

II. Band: **Konstruktion, Berechnung und Arbeitsweise.**   In Vorbereitung.

Die Transformatoren. Von Prof. Dr. techn. **Milan Vidmar,** Ljubljana. Zweite, verbesserte und vermehrte Auflage. Mit 320 Abbildungen im Text und auf einer Tafel. (770 S.) 1925.   Gebunden RM 36.—

Überströme in Hochspannungsanlagen. Von **J. Biermanns,** Chefelektriker der AEG-Fabriken für Transformatoren und Hochspannungmaterial. Mit 322 Textabbildungen. (460 S.) 1926.   Gebunden RM 30.—

Kurzschlußströme beim Betrieb von Großkraftwerken. Von Prof. Dr.-Ing. und Dr.-Ing. e. h. **Reinhold Rüdenberg,** Berlin. Mit 60 Textabbildungen. (79 S.) 1925. RM 4.80

Elektrische Schaltvorgänge und verwandte Störungserscheinungen in Starkstromanlagen. Von Prof. Dr.-Ing. und Dr.-Ing. e. h. **Reinhold Rüdenberg,** Chef-Elektriker, Privatdozent, Berlin. Zweite, berichtigte Auflage. Mit 477 Abbildungen im Text und 1 Tafel.   Erscheint im April 1926.

Arbeiten aus dem Elektrotechnischen Institut der Badischen Technischen Hochschule Fridericiana zu Karlsruhe. Herausgegeben von Prof. Dr. Ing. **R. Richter,** Direktor des Instituts.

Dritter Band: 1913 bis 1918. Mit 111 Textfiguren. (356 S.) 1921.   RM 10.—

Vierter Band: 1920—1924. Mit 202 Textabbildungen. (368 S.) 1925.   RM 24.—

Erster Band: 1908 bis 1909.   Vergriffen.

Zweiter Band: 1910 bis 1911.   Vergriffen.

Additional material *from Bau Großer Elektrizitätswerke,*
ISBN 978-3-663-04084-2, is available at http://extras.springer.com